HANDBUCH DER HAUT= UND GESCHLECHTSKRANKHEITEN

BEARBEITET VON

A. ALEXANDER · G. ALEXANDER · J. ALMKVIST · K. ALTMANN · L. ARZT · J. BARNEWITZ
S. C. BECK · F. BERING · S. BETTMANN · H. BIBERSTEIN · K. BIERBAUM · G. BIRNBAUM · A. BITTORF
B. BLOCH · FR. BLUMENTHAL · H. BOAS · H. BOEMINGHAUS · R. BRANDT · F. BREINL · C. BRUCK
C. BRUHNS · ST. R. BRÜNAUER · A. BUSCHKE · F. CALLOMON · E. CHRISTELLER† · E. DELBANCO
F. DIETEL · O. DITTRICH · J. DÖRFFEL · S. EHRMANN† · J. FABRY · O. FEHR · J. v. FICK†
E. FINGER · H. FISCHER · F. FISCHL · P. FRANGENHEIM · W. FREI · W. FREUDENTHAL · M. v. FREY
R. FRÜHWALD · D. FUCHS · H. FUHS · F. FÜLLEBORN · E. GALEWSKY · O. GANS · A. GIGON
H. GOTTRON · A. GROENOUW · K. GRÖN · K. GRÜNBERG · O. GRÜTZ · H. GUHRAUER
J. GUSZMAN · R. HABERMANN · L. HALBERSTAEDTER · F. HAMMER · L. HAUCK · H. HAUSTEIN
H. HECHT · J. HELLER · G. HERXHEIMER · K. HERXHEIMER · W. HEUCK · W. HILGERS
R. HIRSCHFELD · C. HOCHSINGER · H. HOEPKE · C. A. HOFFMANN · E. HOFFMANN
H. HOFFMANN · V. HOFFMANN · E. HOFMANN · J. IGERSHEIMER · F. JACOBI · F. JACOBSOHN
E. JACOBSTHAL · H. JACOBY · J. JADASSOHN · F. JAHNEL · A. JESIONEK · M. JESSNER
S. JESSNER · W. JOEL · A. JOSEPH · F. JULIUSBERG · V. KAFKA · C. KAISERLING · C. KARRENBERG
PH. KELLER · W. KERL · O. KIESS · L. KLEEBERG · W. KLESTADT · V. KLINGMÜLLER · FR. KOGOJ
A. KOLLMANN · H. KÖNIGSTEIN · P. KRANZ · A. KRAUS † · C. KREIBICH · L. KUMER
E. KUZNITZKY · E. LANGER · R. LEDERMANN · C. LEINER · F. LESSER · A. LIEVEN
P. LINSER · B. LIPSCHÜTZ · H. LÖHE · K. LÖWENTHAL · S. LOMHOLT · O. LÜNING · W. LUTZ
A. v. MALLINCKRODT-HAUPT · P. MANTEUFEL · H. MARTENSTEIN · H. MARTIN · E. MARTINI
R. MATZENAUER · M. MAYER · J. K. MAYR · E. MEIROWSKY · L. MERK † · M. MICHAEL
G. MIESCHER · C. MONCORPS · G. MORAWETZ · A. MORGENSTERN · F. MRAS · V. MUCHA
ERICH MÜLLER · HUGO MÜLLER · RUDOLF MÜLLER · P. MULZER · O. NAEGELI · G. NOBL
M. OPPENHEIM · K. ORZECHOWSKI · E. PASCHEN · B. PEISER · A. PERUTZ · E. PICK
W. PICK · F. PINKUS · H. v. PLANNER · K. PLATZER · F. PLAUT · A. POEHLMANN · J. POHL
R. POLLAND · C. POSNER† · L. PULVERMACHER† · H. REIN · P. RICHTER · E. RIECKE · G. RIEHL
H. RIETSCHEL · H. RITTER · H. DA ROCHA LIMA · K. ROSCHER · O. ROSENTHAL · R. ROSNER
G. A. ROST · ST. ROTHMAN · A. RUETE · P. RUSCH · E. SAALFELD · U. SAALFELD · H. SACHS
O. SACHS † · F. SCHAAF · G. SCHERBER · H. SCHLESINGER · E. SCHMIDT · S. SCHOENHOF
W. SCHOLTZ · W. SCHÖNFELD · H. TH. SCHREUS · R. SIEBECK · C. SIEBERT · H. W. SIEMENS
B. SKLAREK · G. SOBERNHEIM · W. SPALTEHOLZ · R. SPITZER · O. SPRINZ · R. O. STEIN
G. STEINER · G. STICKER · J. STRANDBERG · J. STREIT · A. STÜHMER · G. STÜMPKE · P. TACHAU
L. TÖRÖK · K. TOUTON · K. ULLMANN · P. G. UNNA† · P. UNNA · E. URBACH · F. VEIEL
R. VOLK · C. WEGELIN · W. WEISE · L. WERTHEIM · J. WERTHER · P. WICHMANN · F. WINKLER
M. WINKLER · R. WINTERNITZ · F. WIRZ · W. WORMS · H. ZIEMANN · F. ZINSSER
L. v. ZUMBUSCH · E. ZURHELLE

IM AUFTRAGE
DER DEUTSCHEN DERMATOLOGISCHEN GESELLSCHAFT
HERAUSGEGEBEN GEMEINSAM MIT

B. BLOCH · A. BUSCHKE · E. FINGER · E. HOFFMANN · C. KREIBICH
F. PINKUS · G. RIEHL · L. v. ZUMBUSCH

VON

J. JADASSOHN

SCHRIFTLEITUNG: O. SPRINZ

DRITTER BAND

BERLIN
VERLAG VON JULIUS SPRINGER
1929

VERERBUNG INNERE SEKRETION STOFFWECHSEL

BEARBEITET VON

W. LUTZ · H. W. SIEMENS
J. STRANDBERG

MIT 57 ABBILDUNGEN

BERLIN
VERLAG VON JULIUS SPRINGER
1929

ISBN-13: 978-3-7091-5195-2   e-ISBN-13: 978-3-7091-5343-7

DOI: 10.1007/978-3-7091-5343-7

Inhaltsverzeichnis.

Die Vererbung in der Ätiologie der Hautkrankheiten.

Von Professor Dr. H. W. Siemens-Leiden. (Mit 39 Abbildungen.)

Seite

Einleitung 1
Vererbungsbiologische Vorbemerkungen 3
Die allgemeine Vererbungspathologie in ihrer Anwendung auf die Dermatosen . . 13
  1. Der Begriff der Erbbedingtheit 13
  2. Der Nachweis der Erbbedingtheit 17
    A. Rassenpathologie 18
    B. Familienpathologie 21
    C. Zwillingspathologie 35
  3. Der Nachweis des Vererbungsmodus 46
    A. Dominanz. 46
    B. Recessivität 52
    C. Geschlechtsabhängigkeit 57
    D. Polyidie 64
    E. Polyphänie 66
    F. Heterophänie 72
  4. Die Beziehungen der vererbungspathologischen Forschung zur klinischen
    Dermatologie 74
  5. Ätiologie und Therapie der erblichen Krankheiten 79
Die spezielle Vererbungspathologie der Dermatosen 81
  1. Angiosen. 81
  2. Bullosen 89
  3. Follikulosen und Idrosen 92
  4. Pigmentosen 96
  5. Keratosen 105
  6. Atrophien und Dystrophien 115
  7. Erkrankungen der Haare, Nägel, Zähne, Mundschleimhaut 120
  8. Blastome und Blastoide 133
  9. Entzündliche Dermatosen 153
  10. Infektiöse Dermatosen 158
Literaturhistorische Übersicht 162

Haut und innere Sekretion.

Von Dozent Dr. James Strandberg-Stockholm. (Mit 18 Abbildungen.)

  I. Einleitung 166
 II. Methoden zur Konstatierung von Störungen der inneren Sekretion 169
  1. Klinisches Studium 169
  2. Organtherapie 170
  3. Pathologisch-anatomische Untersuchung 172
  4. Experimentelle Untersuchungen 172
  5. Verschiedene spezielle Proben und Untersuchungen 173

Seite

III. Übersicht über den Zustand der Haut bei typischen Veränderungen in den endokrinen Drüsen 178
 1. Die Schilddrüse 178
 2. Parathyreoidea 183
 3. Die Geschlechtsdrüsen 184
 4. Die Hypophyse 189
 5. Die Nebennieren 193
 6. Thymus 195
 7. Die anderen innersekretorischen Organe. Pluriglanduläre Insuffizienz . . . 196
IV. Die häufigsten Ursachen der Schäden im innersekretorischen System. 198
 V. Das Verhalten der inneren Sekretion bei gewissen Hautkrankheiten unbekannter Ätiologie 199
 1. Verhornungsanomalien 200
 2. Psoriasis 207
 3. Haarkrankheiten 210
 4. Alopecia areata 211
 5. Nagelveränderungen 214
 6. Vasomotorische Störungen 217
 7. Sklerodermie 219
 8. Hautatrophien 223
 9. Pigmentanomalien 224
 10. Durch Blasenbildung charakterisierte Dermatosen (Pemphigus u. a.) . . . 226
 11. Geschwülste 228
 12. Veränderungen der Elastizität der Haut und Abnormitäten im Unterhautfett 230
VI. Die innere Sekretion als disponierendes Moment für Entstehung und Entwicklung von Hautkrankheiten 232
VII. Die Bedeutung der bisher über den Zusammenhang zwischen Haut und innerer Sekretion gewonnenen Kenntnisse für die dermatologische Praxis 237
Literatur 241

Stoffwechsel und Haut.

Von Professor Dr. WILHELM LUTZ-Basel.

I. Erscheinungen an der Haut als Folge von Stoffwechselvorgängen im Körper . 253
 1. Spezifische (obligate) Dermatosen 255
  A. Ablagerungsdermatosen 255
   1. Gichttophus 255
   2. Kalkablagerungen 257
   3. Xanthom 259
   4. Amyloid 260
   5. Schleim 261
   6. Farbstoffe 261
  B. Sensibilisationsdermatosen 262
  C. Dyshormonale Dermatosen 264
 2. Unspezifische (fakultative) Dermatosen 265
  I. Allgemeiner Teil 265
   A. Rolle und Bedeutung des Begriffs der Diathese 266
   B. Rolle und Bedeutung des Begriffs der Disposition 272
   C. Art und Abstammung der einwirkenden Stoffwechselprodukte . . . 276
   D. Auswirkungsmöglichkeiten der Stoffwechseleinflüsse an der Haut . . 279
   E. Art und Weise der Auslösung einer Dermatose 283
   F. Indirekte Einwirkung des Stoffwechsels auf die Haut 286
   G. In der Haut selbst gelegene Ursachen 287
  II. Spezieller Teil 287
   A. Magendarmkanal 288
    1. Einfluß der Nahrung 288
    2. Magendarmstörungen im allgemeinen 291
    3. Magen 292
     a) Sekretionsanomalien 292
     b) Motilitätsstörungen 294
    4. Duodenum und Dünndarm 294
    5. Dickdarm 294
    6. Gastro-intestinale Autointoxikation 295
    7. Diätfrage 298

Seite

B. Leber 298
C. Intermediärer Stoffwechsel 299
  1. Einleitung 299
  2. Die großen Stoffwechselkrankheiten 300
    a) Fettsucht 300
    b) Diabetes mellitus 301
    c) Diabetes insipidus 302
    d) Gicht 302
    e) Endogene Arthropathien 304
    f) BENCE-JONESsche Krankheit 305
  3. Die einzelnen Elemente des Stoffwechsels 305
    a) Allgemeine Untersuchungen 305
    b) Eiweißkörper 306
    c) Fette 308
    d) Kohlehydrate 309
    e) Anorganische Salze 310
    f) Physikalisch-chemische Veränderungen im Blutserum 315
    g) Fermente des Blutes 316
D. Nierentätigkeit 316
E. Stoffwechseleinflüsse pathologischer Gewebswucherungen 319
  1. Tumoren 320
  2. Leukämien 320
  3. Lymphogranuloma malignum (HODGKIN-STERNBERG) 320
  4. Polcythaemia rubra 321
  5. Focal infection 321

II. Erscheinungen im Körper als Folge von Stoffwechselvorgängen in der Haut . 322
  1. Störungen der Hautperspiration 324
  2. Störungen der Wärmeregulation 324
  3. Energieverlust durch die Hautabsonderung 324
  4. Rückwirkung auf den Stoffwechsel 324
  5. Resorption toxischer Produkte aus der Haut 325
  6. Ausfall der inneren Sekretion der Haut 326

III. Erscheinungen an der Haut und im Körper als koordinierte Folgen einer
    übergeordneten Stoffwechselstörung 327

Literatur 328

Namensverzeichnis 354

Sachverzeichnis 367

Die Vererbung in der Ätiologie der Hautkrankheiten.

Von

HERMANN WERNER SIEMENS - Leiden.

Mit 39 Abbildungen.

Einleitung.

Mit dem Bekanntwerden des MENDELschen Gesetzes im Jahre 1900 gewann ein Teilgebiet der ätiologischen Forschung, das bis dahin der Tummelplatz uferloser Spekulationen gewesen war, plötzlich festen Boden unter den Füßen. Schon immer zwar hatte man angenommen, daß die Erbanlagen, welche den Kern unseres Wesens bilden, auch unseren Krankheiten ihren Stempel aufdrücken müßten. Es hatte aber jede Möglichkeit gefehlt, auf diesem Gebiete Gesetz und Regel zu erkennen. Während die Bakteriologie ihre Triumphe feierte, tappte die Vererbungsforschung noch völlig im Dunkeln, und es lag nahe, die Erblichkeit, da man sie ja exakt nicht fassen konnte, als ätiologischen Faktor bei der Krankheitsentstehung überhaupt gering einzuschätzen, sie gar für ein Kuriosum zu halten, das nur in seltenen, praktisch nicht interessierenden Fällen sein Spiel treibt. Als aber die bakteriologische Hochflut abebbte, als es schien, als ob damit das „ätiologische Jahrhundert" vorbei sei, bereitete der botanische und zoologische Mendelismus den Weg, auf dem auch die menschliche Erbforschung Fuß fassen konnte.

Die Vererbungslehre bei Pflanzen und Tieren, die als *experimentelle Vererbungslehre* bezeichnet wird, entwickelte sich in einem erstaunlich kurzen Zeitraum zu der *eigentlichen Grundlage der allgemeinen Biologie*. Sie lehrte uns, mit den Erbanlagen als biologischen Elementarteilchen zu *rechnen*, so daß man den Mendelismus bald als „die Atomlehre des Lebendigen" bezeichnete und für ihn neben der Chemie und der Physik einen Platz in der Reihe der sogenannten *exakten Naturwissenschaften* beanspruchte.

Die *menschliche Erbforschung*, insonderheit die Vererbungs*pathologie*, konnte bei dieser Entwicklung nicht abseits stehen. Sie war bemüht, das Erbe der Bakteriologie zu übernehmen und damit jene Einseitigkeiten auszugleichen, die in den großen Erfolgen der *exogenen* Ursachenforschung mit der Zeit immer peinlicher empfunden worden waren; sie stellte ihnen die methodische Erforschung *endogener* Krankheitsursachen entgegen, um so das „ätiologische Jahrhundert" erst zu einem wirklichen, harmonischen Abschluß zu bringen.

Der Stoff freilich, mit dem der menschliche Erblichkeitsforscher arbeitet, stellt der Forschung größere Hindernisse in den Weg als die genetische Arbeit an Tier und Pflanze. Gerade in der *Pathologie* liegen jedoch die Umstände noch relativ günstig, günstiger jedenfalls als in der Anthropologie. Denn der Arzt gewinnt das Vertrauen der Leute leicht; er will ja nicht nur forschen, sondern auch raten und helfen. Und die Merkmale, die er studiert, sind in ihrem Auftreten sehr viel einfacher festzustellen als die normalen; sie werden vom Laien mehr beachtet, und der Zustand des „Behaftetseins" ist von dem des „Freiseins" besser abzugrenzen. Das gilt zumal von *seltenen* Leiden, deren Erforschung, trotz ihrem eventuell geringen praktischen Interesse, oft gerade zu Ergebnissen von prinzipieller Bedeutung führt. In der menschlichen Vererbungsforschung ist deshalb vorerst ganz allgemein die richtige Fragestellung die des *Arztes*, die Fragestellung also nach der Erblichkeit *pathologischer* Merkmale. Dabei ist der grundsätzliche Wert dieser Forschungsrichtung nicht geringer als der der normalen Vererbungsbiologie; erkennen wir doch an dem Studium der krankhaften Erbanlagen gleichzeitig auch den Mechanismus ihrer normalen Partner.

Von den Spezialfächern der Medizin aber erscheint keines mehr geeignet, in der vererbungspathologischen Forschung eine Rolle zu spielen, als die *Dermatologie*. Sind doch die Eigenschaften der Haut und ihrer Anhänge als Merkmale, deren Ätiologie es zu prüfen gilt, Auge und Hand besonders zugänglich. Der größte Teil aller Vererbungsexperimente am Tier befaßt sich deshalb mit Merkmalen der Integumentalorgane (Haar- und Hautfarbe, Haarform, Hornbildungen). Wie günstig liegt hier das Objekt, wenn man mit anderen Disziplinen, z. B. mit der inneren Medizin und der Psychiatrie vergleicht. Daraus folgt aber auch umgekehrt die große Wichtigkeit, welche schon jetzt die Vererbungsbiologie gerade für die Dermatologie bezüglich der Systematik der Dermatosen, der Prognostik und selbst der Diagnostik gewinnt (vgl. S. 75). Man kann ruhig sagen, „daß der jeweilige Stand der Vererbungswissenschaft auch den jeweiligen Grad unserer Kenntnisse von den in das Gebiet der Hautanomalien fallenden Veränderungen wiedergibt" (Meirowsky). Die (schwereren und leichteren) Anomalien spielen aber in keinem Fach auch *praktisch* eine so große Rolle wie bei uns. Aus diesen Gründen sind „die Folgerungen, die sich aus einer ausgebauten genischen Analytik für die menschliche Hautforschung ergeben würden, geradezu unabsehbar" (Poll). Wir Dermatologen werden folglich in Zukunft auf die täglich sich mehrenden Erfahrungen der Vererbungswissenschaft am allerwenigsten verzichten können.

Vergegenwärtigt man sich die prinzipielle Bedeutung der exakten Vererbungslehre für die Medizin und ihre besondere Bedeutung für die Dermatologie, so muß man sich wundern, wie wenige Mediziner, zumal auch wie wenige Dermatologen auf diesem Gebiete systematisch gearbeitet haben. Bald mehr, bald weniger sorgfältige Kasuistik über familiäre Dermatosen liegt freilich in großer Zahl vor. Seit den ersten richtunggebenden Arbeiten von Hammer und Gossage (1908), die sich beide in methodologisch übereinstimmender Weise mit der dominanten Vererbung befaßten, vergingen aber 11 Jahre bis zu der großen vererbungspathologischen Arbeit von Meirowsky, in der der Autor schrieb: „Der engere Anschluß der Dermatologie an die Vererbungswissenschaft ist ein wissenschaftliches Programm, das noch der Erledigung harrt." Wenn ein derartiger Mahnruf bei der heutigen Literaturproduktion nicht gleich an vielen Stellen neue Kräfte weckt, so muß das besondere Gründe haben. Diese liegen aber gewiß nicht darin, daß die dermatologische Arbeit auf dem jungfräulichen Boden der Vererbungsbiologie weniger verspräche als die auf anderen, längst ausgeschöpften, aber immer noch fleißig bearbeiteten Forschungsgebieten, sondern sie sind, wie ich glaube, vornehmlich dem Umstande zuzuschreiben, daß die *Vorbildung der Mediziner* zu solchen Arbeiten immer noch in erstaunlichem Maße fehlt. Trotzdem alle zugeben, daß die Vererbungswissenschaft nunmehr das exakte Fundament der gesamten Biologie darstellt, daß ein richtiges Verständnis vieler Erscheinungen und Zusammenhänge auf dem Gebiete der Pathologie allein mit ihrer Hilfe möglich ist, klafft hier im Plan des medizinischen

Lehr- und Prüfungsganges immer noch eine
Lücke. „Die mit der Erblichkeitslehre zusammenhängenden wissenschaftlichen Errungenschaften haben sich im überlieferten
Universitätsunterricht noch nicht zu entsprechender Geltung gebracht" (O. HERT-
WIG). Ein solcher Mangel unserer ärztlichen
Bildung ist aber um so mehr zu bedauern, als
die Vererbungsbiologie geradezu einen Schlüssel zu einer vernünftigen Auffassung des
menschlichen Lebens abgibt und daher mit
grundlegend für den gesamten Aufbau der
Bildung, auch der nichtmedizinischen, sein
sollte. Ist doch die Kenntnis um die Erbanlagen nicht nur für das Verständnis von Gesundheit und Krankheit des einzelnen, sondern auch für das Verständnis von Blühen und
Niedergang der Gesellschaften und Staaten
von richtunggebender, entscheidender Bedeutung. Hier ist deshalb „eine zeitgemäße Re-
form des akademischen Unterrichtes ein drin-
gendes Gebot der Gegenwart" (O. HERTWIG).

Bis zur Erfüllung solcher Wünsche aber
darf eine Abhandlung, welche *die Rolle der
Vererbung für die Ätiologie der Dermatosen*
darstellen soll, sich nicht auf einen Bericht
über die bisherigen speziellen Forschungsergebnisse beschränken, sondern sie muß ihr
Hauptgewicht auf die Darstellung *der allgemeinen Vererbungspathologie* in ihren Beziehungen zur Dermatologie legen. Diesen
Weg sind, soweit ich sehe, bisher auch alle
anderen Verfasser medizinischer Handbuchartikel gegangen. Meine Ausführungen sollen
also nicht nur zum Nachschlagen der Erbverhältnisse einzelner Dermatosen dienen,
was eigentlich Sache der betreffenden Kapitel
der speziellen Dermatologie ist, sondern sie
sollen in erster Linie Wesen und Bedeutung,
Methodik und Problematik der dermatologischen Vererbungslehre aufzeigen, um ein
Verständnis für das bisher auf diesem Gebiet
Erreichte und die Möglichkeit selbständigen
eigenen Forschens zu vermitteln.

Vererbungsbiologische
Vorbemerkungen.

Das Wesen der Entdeckung MENDELS liegt in der
Erkenntnis, daß die Erbmasse nicht einfach eine
„Masse" ist, sondern ein Mosaik aus vielen einzelnen
Teilchen, den *Erbanlagen* (Faktoren, Genen, Iden),
die sich nach bestimmtem Gesetz trennen und wieder

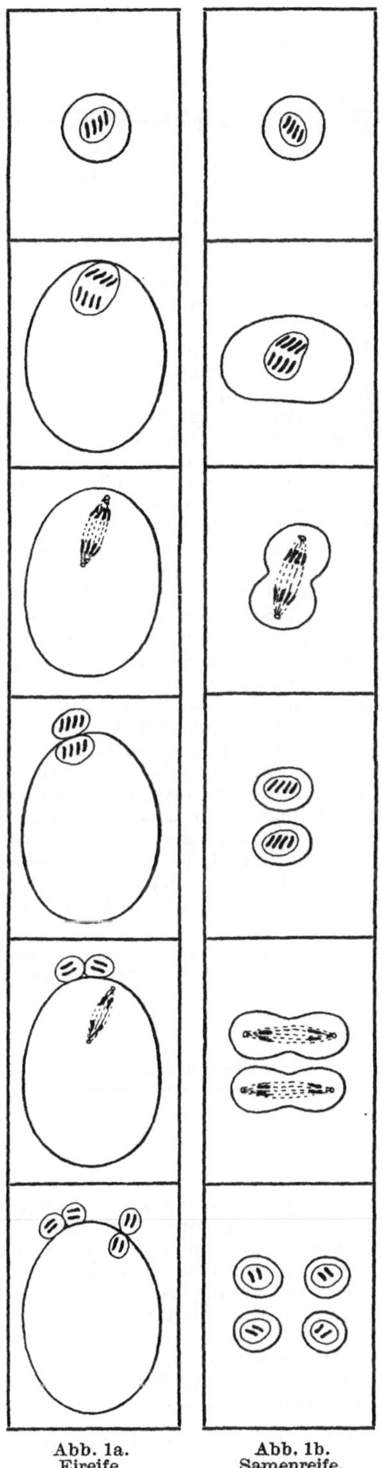

Abb. 1a.
Eireife.

Abb. 1b.
Samenreife.

1*

zu neuen Mosaiken vereinigen, wobei aber jede Anlage ihre Eigenart unabsehbare Generationen hindurch bewahrt. Die Erbanlagen sind zu *Paaren* geordnet, welche bei der Bildung der Geschlechtszellen durch die sog. Reifeteilungen regelmäßig getrennt werden, so daß die fertigen Ei- und Samenzellen nur die Hälfte des Erbanlagenbestandes ihrer Mutterzellen, nämlich von jedem Anlagenpaar nur den einen „Paarling" besitzen. Durch die Reifeteilungen der Geschlechtszellen wird also die Erbmasse halbiert; man spricht deshalb auch von Reduktionsteilung. Diese Halbierung kann man in günstig gelagerten Fällen im Mikroskop *sehen*. Sind doch die Erbanlagen morphologisch als *Teile der Chromosomen* (eigentlich Idiosomen, Erbkörperchen) anzusprechen, die dank ihrer leichten Färbbarkeit als wichtiger Bestandteil des Zellkerns schon lange bekannt sind. Während nun jede Zelle einer bestimmten Tier- oder Pflanzenart immer die gleiche konstante Anzahl von Chromosomen besitzt, weisen die Ei- und Samenzellen regelmäßig nur die halbe Anzahl dieser Gebilde auf (Abb. 1). Die Reifeteilungen bewirken folglich, daß jedes Chromosom, und damit auch jede Einzelanlage (jeder „Paarling") die Wahrscheinlichkeit $^1/_2$ hat, in eine bestimmte Geschlechtszelle hineinzugelangen; dann aber hat logischerweise auch ganz allgemein *jede Erbanlage die Wahrscheinlichkeit* $^1/_2$, von einem Elter auf ein bestimmtes Kind überzugehen.

Dieses *allgemeingültige Grundgesetz jeder echten Vererbung* kommt an der äußeren Erscheinung der Lebewesen in einer ganzen Reihe regelmäßig sich abspielender Vorgänge zum Ausdruck. Ihre Grundregeln lassen sich bequem an dem Beispiel der Wunderblume (Mirabilis Jalapa) erläutern.

Von dieser Blume gibt es eine rot- und eine weißblühende Rasse. Da alle Erbanlagen paarig angelegt sind, so muß — wenn wir die Anlage für die rote Blütenfarbe R nennen — die rotblühende Mirabilispflanze die Erbformel RR haben. Bei der Reifung der Geschlechtszellen trennen sich aber, wie gesagt, die beiden Paarlinge, die fertige Geschlechtszelle hat nur den halben Erbanlagenbestand, und folglich auch nur *ein* R. Vereinigen sich zwei Geschlechtszellen miteinander, so entsteht wieder eine RR-Zelle, die sog. Zygote (Erstzelle), und daraus die RR-Pflanze.

Die weiße Wunderblume hat natürlich keine Anlage für Rot, also kein R. Ihre Formel bezüglich der Blütenfarbe schreiben wir deshalb rr, als Ausdruck dafür, daß eben R fehlt.

Wird nun durch die Kreuzung einer roten und einer weißen Wunderblume eine R-Geschlechtszelle mit einer r-Geschlechtszelle vereinigt, so entsteht eine Pflanze mit der Formel Rr, also ein Individuum, bei dem ein Erbanlagenpaar aus zwei *verschiedenen* Paarlingen besteht. Solche Lebewesen nennen wir *heterozygot* („verschiedenanlagig") in bezug auf das betreffende Erbmerkmal; Organismen, deren Anlagen aus zwei *gleichen* Partnern bestehen (RR oder rr), bezeichnen wir dagegen als *homozygot* („gleichanlagig"). Alle Geschlechtszellen homozygoter (gleichanlagiger) Lebewesen müssen natürlich miteinander übereinstimmen, in unserem Beispiele: sie müssen sämtlich R enthalten. Trennen sich aber die Paarlinge der heterozygoten (verschiedenanlagigen) Rr-Pflanze, so entstehen zur Hälfte R-, zur Hälfte r-Geschlechtszellen. Kombinieren sich diese Geschlechtszellen bei der Befruchtung rein nach der Wahrscheinlichkeit, so sind bei der Kreuzung solcher Heterozygoten (also Rr × Rr) $25^0/_0$ RR, $50^0/_0$ Rr und $25^0/_0$ rr zu erwarten:

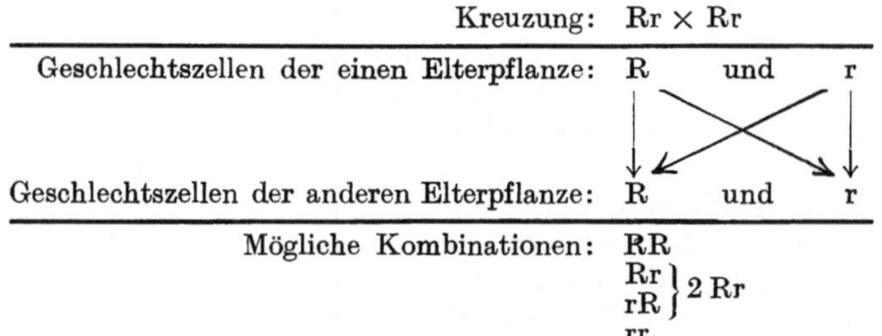

Kreuzung: Rr × Rr

Geschlechtszellen der einen Elterpflanze:	R	und	r
Geschlechtszellen der anderen Elterpflanze:	R	und	r
Mögliche Kombinationen:	RR		
	Rr		
	rR	} 2 Rr	
	rr		

Aus der Kreuzung zweier Heterozygoten entstehen also auch $25^0/_0$ homozygote RR- und $25^0/_0$ homozygote rr-Pflanzen. Die Vermischung der Bastarde führt folglich in einem Teil der Nachkommenschaft zu dem paradoxen Ergebnis einer Rekonstruktion der alten Ausgangsrassen: Die reinrassigen Stammformen „spalten" oder „mendeln" wieder heraus.

Diesen Vorgang veranschaulicht Abb. 2 [1]. Hier sind die heterozygoten Rr-Pflanzen, wie das bei Mirabilis tatsächlich der Fall ist, als rosa (schraffiert) eingezeichnet. Das Vorhandensein von nur einem R statt zweien (also Rr statt RR) kommt hier eben dadurch zum Ausdruck, daß die Farbe der betreffenden Pflanze in der Mitte zwischen der Farbe der beiden Ausgangspflanzen (RR und rr) steht. Dieses *„intermediäre Verhalten"* ist aber eine seltene Erscheinung. In der Regel setzt sich bei den Heterozygoten der eine der beiden

---

[1] P bedeutet Parental- (Eltern-) -Generation, F_1 und F_2 erste und zweite Filial- (Nachkommen-) -Generation.

verschiedenen Paarlinge mehr oder weniger vollständig durch, so daß die Heterozygoten (die „Verschiedenanlagigen") äußerlich der einen der beiden homozygoten Formen gleichen. Das zeigen Abb. 3 und 4.

Auf Abb. 3 ist die Voraussetzung gemacht, daß sich in der äußeren Erscheinungsform des Rr-Bastards die R-Anlage durchsetzt. Die Anlage, welche beim Heterozygoten äußerlich in die Erscheinung tritt, bezeichnet man nun als *dominant* (überdeckend), die andere als *recessiv* (überdeckbar). Rot ist hier also dominant über Weiß. In Abb. 4

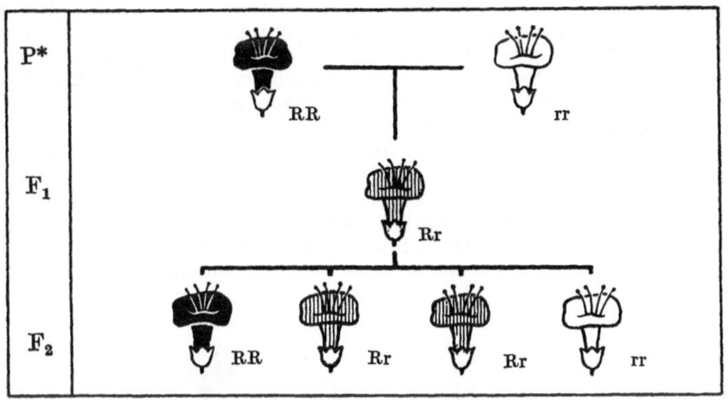

Abb. 2. Kreuzung von roter und weißer Wunderblume.
(Nach SIEMENS: Vererbungslehre und Rassenhygiene.)

dagegen ist angenommen, daß Weiß über Rot dominiert. Wir müssen dann allerdings die Buchstabenbezeichnung ändern, weil man übereingekommen ist, die dominante Erbanlage mit großen, die recessive mit kleinen Buchstaben zu bezeichnen (sog. Presence-Absence-Formulierung). Hier bedeutet darum W die Anlage für weiße Blütenfarbe, w das Fehlen der Anlage für Weiß, also in diesem Falle rote Blütenfarbe.

Das Verständnis der exakten Vererbungsbiologie ist also an die klare Erfassung *zweier Begriffspaare* gebunden: *homozygot-heterozygot* und *dominant-rezessiv* Diese Begriffe

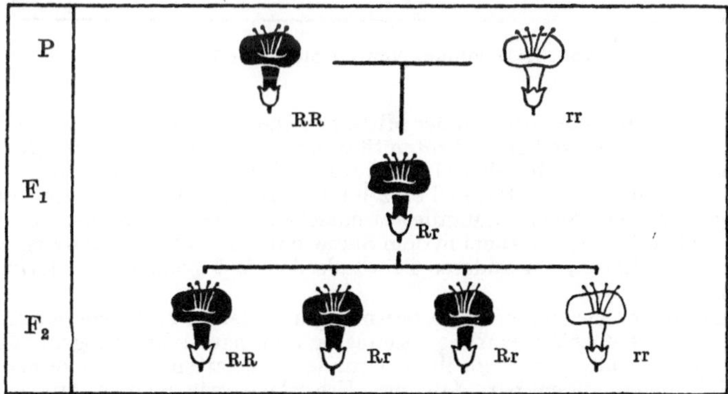

Abb. 3. Kreuzung bei Dominanz.
(Nach SIEMENS: Vererbungslehre und Rassenhygiene.)

beruhen auf der Erkenntnis, daß jedem erblichen Merkmal (und folglich auch jeder erblichen Krankheit) nicht einfach *eine Erbanlage* zugrunde liegt, sondern ein Erbanlagen-*Paar*, dessen einer Paarling vom Vater, dessen anderer von der Mutter stammt. Bei der Bildung der Ei- bzw. Samenzellen werden diese Paarlinge durch die sog. Reifeteilungen — wieder getrennt, so daß 50% der Keimzellen den einen, 50% den anderen Paarling erhalten; jeder Erbanlagenpaarling hat also die Wahrscheinlichkeit $\frac{1}{2}$, auf ein bestimmtes Kind überzugehen.

Enthielten die Ei- und die Samenzelle, aus der ein Individuum hervorgegangen ist, gleiche Paarlinge, so nennt man das Individuum homozygot (gleichanlagig) in bezug auf das betreffende Anlagenpaar; waren die Paarlinge verschieden, z. B. der väterliche gesund, der mütterliche krankhaft, so nennt man das Individuum heterozygot (verschiedenanlagig). Besteht „Verschiedenanlagigkeit" (Heterozygotie), so pflegt nur der eine Paarling manifest zu werden; das ist der „dominante" (überdeckende), der andere der „recessive" (überdeckte). Die Begriffe Dominanz und Recessivität beziehen sich also nur auf die *Manifestation* einer Erbanlage bei *heterozygoten* Individuen.

Dominanz und Rezessivität sind *relative* Begriffe, die nur über das Verhalten einer Anlage zu einer ganz bestimmten anderen etwas aussagen. Ein Merkmal, das gegenüber einem anderen dominant ist, kann also gegenüber einem dritten recessiv sein. Die blaue Augenfarbe erweist sich z. B. als recessiv gegenüber der braunen, verhält sich jedoch dominant gegenüber der roten (d. h. gegenüber der Pigmentlosigkeit beim universellen Albinismus). Für die Vererbungs*pathologie* entstehen aber dadurch gewöhnlich keine Schwierigkeiten, weil die Anlage, auf die hier die Begriffe Dominanz und Recessivität bezogen werden, naturgemäß fast immer *die normale* ist.

Allerdings kann die Dominanz einer Anlage über ihre Paarlingsanlage unvollständig oder unregelmäßig sein. *Unvollständige Dominanz* liegt dann vor, wenn die Heterozygoten der einen Sorte der Homozygoten nicht vollständig ähneln, wenn z. B. im Falle unserer Blumenkreuzung (Abb. 3) die Heterozygoten zwar rot, aber doch eine Spur blasser wären als die homozygot-roten Pflanzen. Das „intermediäre Verhalten", von dem oben die Rede war, ist deshalb nur ein Spezialfall der unvollständigen Dominanz, bei dem die Merkmals-

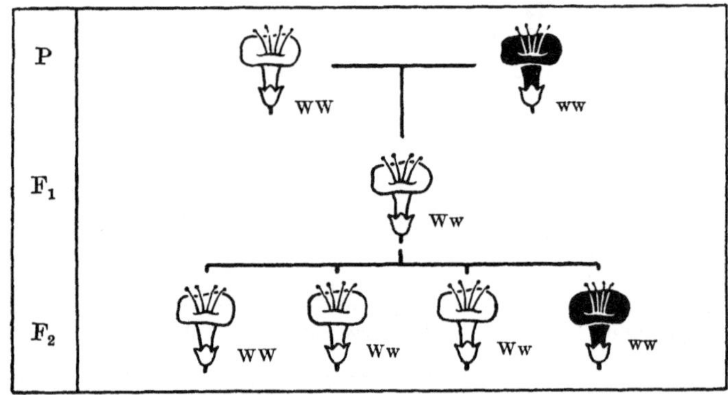

Abb. 4. Dominanz von Farblos über Farbig.

ausprägung der Heterozygoten etwa in der Mitte zwischen den beiden homozygoten Stammformen steht (z. B. rosa bei weißen und roten Stammformen). Von *unregelmäßiger Dominanz* spricht man dann, wenn sich bei den Heterozygoten die einzelnen Individuen verschieden verhalten, wenn also in unserem Beispiel einzelne Heterozygoten rot, andere rosa, vielleicht noch andere weiß wären. Solche „Manifestationsschwankungen" kommen in der menschlichen Pathologie häufig vor, vor allem in dem Sinne, daß ein Teil der heterozygot behafteten Personen tatsächlich krank, ein anderer Teil äußerlich fast gesund (Abortivformen!) oder ganz gesund ist (s. S. 49).

Ob sich eine Anlage gegenüber einer bestimmten anderen, z. B. eine Krankheitsanlage gegenüber dem normalen Anlagepaarling regelmäßig dominant oder unregelmäßig dominant oder recessiv usw. verhält, gehört zu ihren Grundeigenschaften. Es ist deshalb nach den bisherigen Erfahrungen undenkbar, daß eine Erbanlage, wie man es öfters lesen kann, ihren Dominanzcharakter einfach ändert, daß also z. B. aus einer regelmäßig dominanten eine unregelmäßig dominante, oder gar aus einer dominanten eine recessive wird. Ein solcher Anschein kann bei oberflächlicher Beobachtung dadurch erweckt werden, daß die gleiche äußere Eigenschaft nicht selten in verschiedenen Fällen auf ganz verschiedenen Erbursachen beruht, daß z. B. das anscheinend gleiche Leiden in einigen Familien durch eine dominante, in anderen durch eine recessive Anlage bedingt ist (vgl. S. 76). Hier handelt es sich aber dann eben um ätiologisch verschiedene Krankheiten, bei denen übrigens auch die äußere Gleichheit bei genauerer Untersuchung sich meist als keine vollständige herausstellt. Einen wirklichen „*Dominanzwechsel*" gibt es also nicht. Bei den krankhaften Erbanlagen gehört deshalb die Feststellung ihres Dominanzverhältnisses gegenüber der normalen Paarlingsanlage zu den ersten Forschungszielen, vor dessen Erreichung keine sichere Erbprognose möglich ist.

Die Begriffe Dominanz und Recessivität beziehen sich allein auf das Verhalten einer Erbanlage gegenüber dem ihr zugeordneten Paarling. Ob eine Anlage sich zu manifestieren vermag, kann aber auch von Anlagen abhängig sein, die *anderen Erbanlagepaaren* zugehören. Die Epheliden beruhen z. B. auf Anlagen, welche wahrscheinlich auch im Zustand der Heterozygotie manifest, also dominant sind. Bei universellen Albinos der weißen Rasse kommen aber nach meinen Beobachtungen die Epheliden-Anlagen, selbst wenn sie homozygot vorhanden sind, nicht zur Auswirkung: die Albinos sind ephelidenfrei, trotzdem sonst bei ihnen die Pigmentbildung nicht ganz erloschen zu sein braucht (Lentigines). Die Anlage zum Albinismus universalis überdeckt also (im homozygoten Zustand) die Anlagen zur Ephelidenbildung. In solchen Fällen, in denen sich zwei Anlagen, die zu verschiedenen Paaren gehören, in ihrer Manifestation beeinflussen, spricht man nicht von Dominanz und Recessivität, sondern von *Epistase* und *Hypostase*. Die Epheliden sind also dominant gegenüber dem normalen ephilidenfreien Zustand, sie sind aber hypostatisch gegenüber dem universellen Albinismus.

Da es allein vom Zufall abhängt, ob der eine oder der andere Paarling eines Anlagenpaars in eine bestimmte Geschlechtszelle hineingelangt, ließ sich leicht berechnen, was für Nachkommen aus einer Kreuzung heterozygoter Eltern entstehen müssen, und in welchen Mengenverhältnissen wir die verschiedenen möglichen Formen antreffen (S. 4). Analog

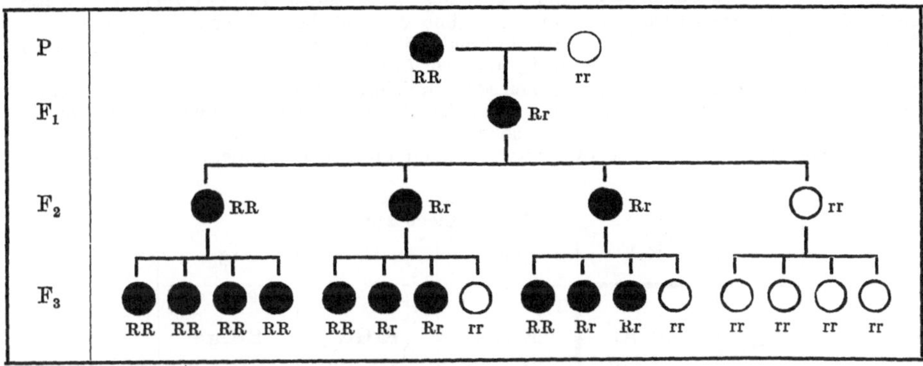

Abb. 5. Schema der MENDELschen Vererbung.

läßt sich natürlich voraussagen, wie sich die Nachkommen bei weiterer Fortpflanzung gestalten. Kreuzen wir die RR-Pflanzen der 2. Filialgeneration von Abb. 3 unter sich, so können nur wieder RR-Pflanzen entstehen (sog. Reinzucht), das gleiche ist mit den rr-Pflanzen der Fall, während die Heterozygoten — unter sich gekreuzt — immer wieder in der charakteristischen Weise aufspalten (Abb. 5).

Ebenso einfach ist es, sich die Verhältnisse bei „*Rückkreuzung*" der Heterozygoten mit einer der reinen Stammformen klarzumachen. Kreuzen wir den Rr-Bastard z. B. mit der rr-Pflanze, so müssen wir folgendes Ergebnis erhalten:

Kreuzung: **Rr × rr**

Geschlechtszellen der einen Elterpflanze: **R** und r

Geschlechtszellen der anderen Elterpflanze: r

Mögliche Kombinationen: **Rr**
rr

Wir erhalten also wieder 50% Heterozygoten und 50% homozygot weiße Pflanzen. Diese Verhältnisse sind in der menschlichen Pathologie beim dominanten Erbgang verwirklicht. Wir brauchen uns nur vorzustellen, daß R eine Krankheitsanlage bedeutet, r den normalen Zustand. Aus der Kreuzung des kranken Heterozygoten mit einem Gesunden entstehen also zur Hälfte kranke, zur Hälfte gesunde Kinder. Aber nicht nur die dominante Vererbung von Krankheiten, auch die Bestimmung des Geschlechts ist als ein Fall von Rückkreuzung aufzufassen. Davon wird weiter unten die Rede sein.

Kompliziertere Verhältnisse treten natürlich ein, wenn wir Individuen betrachten, die sich nicht nur in einem, sondern *in mehreren Anlagepaaren* unterscheiden. Nehmen wir z. B. an, bei den von uns gekreuzten Pflanzen sei nicht nur die Blütenfarbe, sondern auch die Größe ihres Wuchses verschieden (G bzw. g), so daß die Formeln für die Ausgangsrassen RR GG (rot-groß) und rr gg (weiß-klein) heißen: dann würden wir bei der Kreuzung zweier doppelt heterozygoter Pflanzen nicht nur zwei (Abb. 6), sondern vier verschiedene Sorten von Geschlechtszellen erhalten: RG, Rg, rG, rg, und bei der Kombination dieser Geschlechtszellen durch die Befruchtung würden sich folglich 16 Möglichkeiten ergeben (Abb. 7).

Hatten wir bei der Kreuzung von Individuen, die nur in *einem* Anlagepaar verschieden sind, unter den Nachkommen das Verhältnis 3 : 1 [3 mal das dominante Merkmal (RR, Rr, rR), 1 mal das rezessive (rr)], so haben wir hier das Verhältnis 9 : 3 : 3 : 1, nämlich: 9 mal beide dominante Merkmale (RR GG, Rr GG, Rr Gg, RR Gg), 3 mal ein dominantes und ein rezessives (RR gg, Rr gg), 3 mal dasselbe umgekehrt (rr GG, rr Gg) und 1 mal beide rezessive (rr gg). Es zeigt sich hier also die *Selbständigkeit der Erbeinheitspaare* bei der Vererbung. Diese Selbständigkeit aller Anlagepaare muß natürlich zu noch komplizierterem „Aufspalten" der Merkmale führen, wenn die Ausgangsrassen in noch mehr als zwei Anlagepaaren verschieden sind. Für die

	1. Geschlechtszelle	
	R	r
2. Geschlechtszelle R	RR rot	Rr rot
r	Rr rot	rr weiß

Abb. 6. Kombinationsmöglichkeiten bei einem mendelnden Unterschied.

menschliche Vererbungspathologie kommen so komplizierte Verhältnisse aber vorläufig kaum in Betracht, da es uns hier gewöhnlich möglich ist, den Gang einer bestimmten krankhaften Erbanlage (bzw. eines Erbanlagepaares) isoliert ins Auge zu fassen und durch die Generationen zu verfolgen unter Abstrahierung von allen übrigen (normalen) Erbanlagepaaren.

	1. Geschlechtszelle			
	RG	Rg	rG	rg
RG	RRGG rot-groß	RRGg rot-groß	RrGG rot-groß	RrGg× rot-groß
Rg	RRGg rot-groß	RRgg rund-grün	RrGg× rot-groß	Rrgg rund-grün
rG	RrGG rot-groß	RrGg× rot-groß	rrGG kantig-gelb	rrGg kantig-gelb
rg	RrGg× rot-groß	Rrgg rund-grün	rrGg kantig-gelb	rrgg weiß-klein

(2. Geschlechtszelle)

Abb. 7. Kombinationsmöglichkeiten bei zwei mendelnden Unterschieden.

Auch die Selbständigkeit der Anlagepaare kann man sich besser vorstellen, wenn man sich die vermutliche morphologische Grundlage dieser Erscheinungen vergegenwärtigt. Denken wir uns z. B. ein Lebewesen, das in jeder Zelle 4 Chromosomenpaare besitzt, wie etwa die Taufliege Drosophila. Davon mögen 2 Chromosomen, die z. B. vom Vater (d. h. aus der Samenzelle) stammen, krankhafte Erbanlagen enthalten (auf Abb. 8 schwarz eingezeichnet); die betreffende Taufliege ist dann heterozygot bezüglich dieser beiden Chromosomen. Bilden sich nun beim geschlechtsreifen Tier aus der Urgeschlechtszelle die „reifen" Samen- bzw. Eizellen, so lagern sich die Chromosomen jedes Paares aneinander (sog. Syndese), wobei — wie wir nach unseren experimentellen Erfahrungen annehmen müssen — eine Umgruppierung zustande kommt. Es geht also nicht der gesamte Paarlingssatz, der vom Vater stammt, in die eine, der mütterliche Satz in die andere Geschlechtszelle, sondern es bilden sich Mischsätze von allen möglichen Kombinationen. Dabei hängt es nur vom Zufall ab, ob zwei Anlagen, die zu verschiedenen Paaren gehören, zusammenbleiben oder getrennt werden, und somit enthalten die fertigen Geschlechtszellen die verschiedenen, theoretisch möglichen Chromosomenkombinationen rein nach der Wahrscheinlichkeit (Abb. 8).

Nun ist aber die Zahl der beim Erbgang selbständigen Anlagen sehr viel größer als die Zahl der Chromosomen. Es ist deshalb klar, daß jedes Chromosom eine ganze Anzahl von Einzelanlagen enthalten muß. Die Chromosomen werden bei der Syndese folglich nicht als Ganzes umgruppiert (wie es Abb. 8 darstellt), sondern sie tauschen nur einzelne, einander adäquate Teilstücke aus

Abb. 9. Überkreuzung der Chromosomen.

(Abb. 9). Liegen nun zwei Erbanlagen im gleichen Chromosom sehr nahe beieinander, so werden sie beim Austausch auch häufiger zusammenbleiben als zwei Anlagen, die an entgegengesetzten Enden des Chromosoms liegen. Die Häufigkeit, mit der solche Anlagen beisammen bleiben, wird ihrer Entfernung umgekehrt proportional und folglich konstant sein. Die Regel von der „Selbständigkeit der Erbanlagen" beim Erbgang kennt also eine Ausnahme, die wir als *Anlagenkoppelung* bezeichnen und die dadurch zum Ausdruck kommt, daß manche Anlagen eine Neigung haben, in einem bestimmten Prozentsatz der Fälle beieinander zu bleiben. Solche mehr oder weniger häufig gekoppelten Anlagen müssen immer im gleichen Chromosom gelegen sein.

Daß Anlagenkoppelung auch beim Menschen vorkommt, muß man annehmen. Man muß sich aber sehr davor hüten, Erscheinungen, die vorläufig nur an großem experimentellem Material sicherzustellen sind, bei der Erklärung unübersichtlicher Verhältnisse kurzerhand als Hilfshypothen heranzuziehen, wie es in letzter Zeit schon mehrfach geschehen ist. Dadurch laufen wir Gefahr, in die Phantastik der vormendelschen Zeit zurückzufallen. Es ist deshalb hier auch nicht nötig, auf die allgemeinbiologisch so interessanten Einzelheiten des Anlagenaustausches näher einzugehen.

In den bisher herangezogenen Beispielen entsprach stets *ein* Erbanlagenpaar *einer* Außeneigenschaft. Das braucht nicht immer so zu sein. Wir kennen zum Beispiel einen Fall, in dem eine

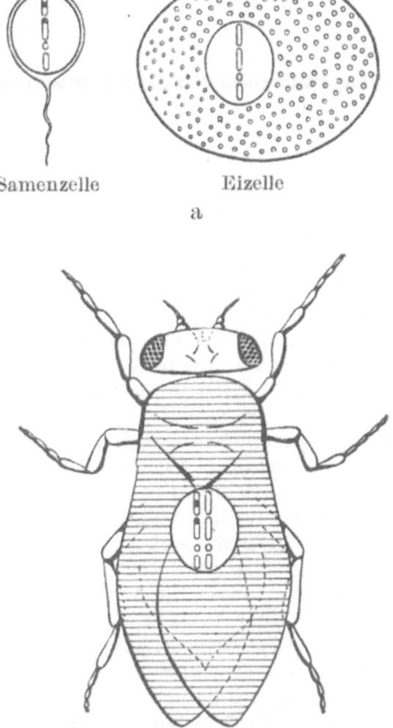

Aus diesen beiden Geschlechtszellen entstandener Bastard

b

Kombinationsmöglichkeiten der Chromosomen bei der Bildung der reifen Geschlechtszellen

c

Reife Geschlechtszellen

d

Abb. 8.

Krankheitsanlage in mehreren Generationen gleichzeitig eine Verhornungsanomalie (Keratosis follicularis spinulosa mit konsekutiver Alopecie), eine Pigmentanomalie (teleangiektatisches Chloasma) und eine chronisch-entzündliche Augenerkrankung (Blepharitis mit Hornhauttrübungen) hervorrief (s. S. 113). Ein sehr banales Beispiel dieser Art aus der normalen Physiologie ist die geschlechtsbestimmende Erbanlage (s. S. 12); denn diese bedingt nicht nur die Ausbildung der sog. primären Geschlechtscharaktere (Testes bzw. Ovarien), sondern sie bewirkt hierdurch gleichzeitig (teils auf hormonalem Wege, teils auch ohne Vermittlung von Inkreten) die zahlreichen geschlechtsunterscheidenden Eigenschaften an den allerverschiedensten Organen und Organsystemen (Körpergröße, Behaarung, Stimme, seelisches Verhalten usw.). In gewissen Fällen lassen sich also mehrere verschiedene oder selbst viele verschiedene Merkmale auf die Wirksamkeit einer einzigen Erbanlage zurückführen. Man spricht dann zweckmäßig von *polyphänen* („vielmerkmaligen") *Erbanlagen* (vgl. S. 66). Die eingangs betrachteten Anlagen wären dagegen als monophäne („einmerkmalige") zu bezeichnen.

Das Verhältnis zwischen Anlage und Merkmal kann aber auch ein umgekehrtes sein: eine einheitlich erscheinende Außeneigenschaft kann durch das Zusammenspiel mehrerer verschiedener Erbanlagenpaare zustande kommen. Solche Eigenschaften wird man dann zweckmäßig als *polyide*[1] („vielanlagige") oder *polymere* („vielteilige") *Merkmale* bezeichnen. Dabei können die einzelnen beteiligten Erbanlagen (Ide, Gene) verschiedene Symptome des polyiden Merkmals bestimmen, *heterologe Polyidie*: bei einem Farbmuster z. B. kann eine Anlage die Art der Farbe, die andere die histologische Verteilung des Farbstoffes, eine dritte die regionäre Lokalisation bedingen, eine vierte kann über die Möglichkeit von Farbbildung überhaupt entscheiden, so daß bei ihrem Fehlen trotz des Vorhandenseins der Anlagen für Art und Verteilung der Farbe Albinismus entsteht. Oder es können die verschiedenen Anlagen sich alle auf genau die gleiche Eigenschaft beziehen, die dann entsprechend der Anlagenbeteiligung nur in der Intensität ihrer Ausprägung wechselt: *homologe Polyidie*. Solche „gleichsinnigen", sich gegenseitig verstärkenden Erbfaktoren liegen z. B. der dunkeln Hautfarbe des Negers zugrunde, so daß man dessen Pigmentanlagen in mendelistischer Schreibweise mit $P_1P_1 P_2P_2 P_3P_3 \ldots P_XP_X$ charakterisieren würde. Dadurch erklärt es sich, daß bei der Kreuzung von Mulatten nicht wieder reine Weiße herausmendeln, entsprechend unserm Blumenbeispiel auf Abb. 3. Vielmehr bewirkt die Vielzahl der Pigmentanlagen, daß bei den Kindern der Mulatten neben homozygot-rezessiven Pigmentanlagepaaren (z. B. p_1p_1) auch wieder homozygot-dominante (z. B. P_2P_2) und heterozygote (P_3p_3, P_4p_4 usw.) zusammentreffen, so daß auch von der Enkel-Generation meist kein Individuum ganz frei von Neger-Pigmentanlagen ist, wenn auch *einzelne* dieser Pigmentanlagepaare, wie bei dem weißen Großelter, völlig fehlen. Bevor man diese Verhältnisse durchschaute, mußte man glauben, daß in dem Fall der Neger-Europäer-Kreuzung überhaupt kein Aufspalten, und folglich überhaupt keine Mendelsche Vererbung vorliege. In Wirklichkeit hat sich aber zeigen lassen, daß die Enkelgeneration solcher Kreuzungen ein Aufspalten unter der geschilderten Voraussetzung ganz deutlich erkennen läßt, da nämlich ein Teil der Mulattenkinder heller als der hellere, ein anderer Teil dunkler als der dunklere Elter ist, was bei der Annahme einer einfachen „verschmelzenden" Vererbung ganz unerklärbar bliebe.

Eine „Verschmelzung" von Erbanlage-Paarlingen kommt überhaupt unter gewöhnlichen Bedingungen niemals vor. Der Mendelismus brachte uns nicht nur die Erkenntnis von der Trennung der Erbanlagepaarlinge durch die Geschlechtszellenbildung und ihrer erneuten Kombination durch die Befruchtung, sondern er lehrte uns auch, daß die Anlagepaarlinge, selbst wenn sie verschieden sind, keinerlei Einfluß aufeinander ausüben. „Verschmelzen" können nur die *Eigenschaften*: Rot und Weiß (Rr) kann Rosa geben (wie in dem Beispiel auf Abb. 2). Daß diese Verschmelzung aber nur eine äußerliche, eine scheinbare ist, zeigt sich bei der Fortzüchtung der rosablühenden Pflanzen; denn dabei scheiden sich die Anlagen R und r reinlich wieder voneinander, als ob sie niemals in dem gleichen Zellkern vereinigt gewesen wären (Abb. 2). Der Mendelismus lehrte uns also die *Vollständigkeit* der Spaltung jedes Anlagepaars, er lehrte uns die sog. *Reinheit der Erbanlagenpaarlinge*.

Ebensowenig wie zwischen der *Zahl* der Erbanlagen und der Zahl der Merkmale besteht ein strenger Parallelismus bezüglich ihres *Charakters*. Das gilt einmal in dem Sinne, daß *die anscheinend gleiche Außeneigenschaft in verschiedenen Fällen auf ganz verschiedenen Erbanlagen beruhen kann*. Kreuzt man z. B. Seidenspinner der Istrianer Rasse, deren Kokons gelb sind, teils mit der chinesischen, teils mit der Bagdadrasse, die beide weiße Kokons haben, so dominiert im ersten Falle die gelbe Kokonfarbe über die weiße, im andern die weiße über die gelbe. Bei den beiden zuletzt genannten Rassen hat also die gleiche weiße Kokonfarbe ganz verschiedene idiotypische Ursachen. Bei der einen Rasse könnte sie z. B. dadurch entstehen, daß in der Erbmasse die Anlage zur Farbbildung fehlt, bei der anderen dadurch, daß eine Anlage vorhanden ist, welche die Entfaltung von

---

[1] Von Id = Erbanlage.

vielleicht gleichzeitig vorhandenen Färbungsanlagen hemmt. Gleiche Merkmale bedeuten also niemals gleiche Ursachen. In anschaulicher Weise hat man hier auf parallele Erscheinungen aus der Chemie hingewiesen, wo auch das gleiche äußere Merkmal (z. B. weiß bzw. farblos) durch ganz verschiedene chemische Konstitutionen (Diamant, Bergkristall, Alaun) erzeugt wird. Es würde deshalb einer biologischen Denkweise vollkommen widersprechen, wenn man aus der anscheinend gleichen Krankheit bei verschiedenen Menschen auf gleichen Grad und gleiche Art der Erbbedingtheit schließen wollte. Anscheinend gleiche Krankheiten können durch ganz verschiedene Erbanlagen (dominante und rezessive Fälle der dystrophischen Epidermolyse), oder auch das eine Mal durch erbliche, das andere Mal durch nichterbliche Faktoren bedingt sein (Nachahmung des Xeroderma pigmentosum durch Röntgenschädigungen, der Epidermolysis bullosa simplex durch Arsenintoxikation). *Der Schluß allein vom klinischen Bild auf die idiotypische Ätiologie ist also niemals zwingend.*

Umgekehrt kann aber auch *die gleiche Erbanlage in verschiedenen Fällen zu ganz verschiedenen Außeneigenschaften führen.* Manche Blumenrassen mit roten Blüten blühen z. B. im Warmhaus weiß, so daß die dort aufgezogenen Pflanzen einer ganz anderen Rasse anzugehören scheinen. Solche Unterschiede können ausgesprochen alternativen Charakter haben. Die Weberdistel (Dipsacus

Abb. 10 a und b. Dipsacus silvestris, normales (a) und zwangsgedrehtes (b) Exemplar. (Nach DE VRIES.)

silvestris) z. B. wächst unter knappen Ernährungsbedingungen gerade, auf gut gedüngtem Boden aber mit zwangsgedrehtem Stengel (Abb. 10). Übergänge zwischen diesen beiden Wuchsformen werden nicht beobachtet; es gibt also bezüglich der Ernährungsbedingungen einen Grenzpunkt, an dem sich entscheidet, ob eine bestimmte Pflanze gerade oder gedreht wächst. Man spricht in solchen Fällen von „umschlagenden Sippen" oder von „festem Dimorphismus".

Auch beim Menschen kann die gleiche Krankheitsanlage je nach den übrigen erblichen und äußeren Bedingungen zu sehr verschiedenen Krankheitsbildern führen (vgl. Heterophänie, S. 72). Oder es kann eine Krankheitsanlage, die in einer Familie vorhanden ist, sich bei einem Teil der damit behafteten Personen äußern, während ein anderer Teil gesund erscheint (z. B. bei der unregelmäßigen Dominanz, s. S. 49). Diese „Konduktoren" können sich bei genauer Untersuchung doch noch als behaftet, wenn auch in abortiver Form, erweisen. Meist aber fehlt bei ihnen jede Spur des Leidens, so daß dann eine völlige Parallele zu den umschlagenden Pflanzensippen vorliegt: wie dort die Pflanzen gerade *oder* gedreht waren, so zeigen hier die mit der Krankheitsanlage Behafteten das voll ausgeprägte Krankheitsbild *oder* sie sind vollständig gesund. Selbst eineiige Zwillinge, die doch erblich übereinstimmen, können infolgedessen zuweilen die erstaunlichsten Verschiedenheiten aufweisen, z. B. kann der eine farbenblind, der andere farbentüchtig sein. Wie Gleichheit der Erkrankung nicht Gleichheit der Erbanlagen bedeuten muß, so kann also auch *Verschiedenheit der Erkrankung allein niemals Verschiedenheit der Erbanlagen beweisen.*

Wenn eine bestimmte Krankheitsanlage nur bei einem Teil der idiotypisch Behafteten zum Ausbruch der Krankheit führt, so kann das seinen Grund darin haben, daß *andere* Erbanlagenpaare die Manifestation verhindern (*Manifestationsschwankung infolge Polyidie* [Vielanlagigkeit]); dann wäre also die Ursache der Manifestation oder ihres Fehlens ebenfalls eine idiotypische (Epistase bzw. Hypostase). Der Grund der Manifestationsstörung kann aber auch in Außenfaktoren liegen (*Manifestationsschwankung infolge Parakinese* [Nebenänderung, nichterbliche Änderung])[1]. Früher hat man geglaubt, daß die Polyidie als Ursache der Manifestationsschwankung die Parakinese bei weitem überwiege, da sich so häufig Umweltfaktoren absolut nicht auffinden lassen. Die nichterblichen Faktoren, welche zur Manifestierung krankhafter Anlagen notwendig sind, brauchen aber durchaus nicht immer in groben Einwirkungen (Traumen, Infektionen usw.) zu bestehen. Diesen sog. „greifbaren Außenfaktoren" tritt vielmehr eine große Zahl meist ganz unbekannter, entwicklungsmechanischer und epigenetischer Vorgänge zur Seite, die, wie uns besonders die zwillingspathologischen Erfahrungen nahegelegt haben, schon während der intrauterinen Entwicklung den werdenden Organismus weitgehend umgestalten. Manches, was man früher auf idiotypische Faktoren zurückgeführt hat, wie z. B. die Variabilität der Scheckzeichnung, tritt also „zweifellos auf Grund innerer Systembedingungen" (also auf Grund nichterblicher Faktoren) in die Erscheinung (V. Haecker). Der Weg zwischen der Erbanlage und dem fertigen Merkmal, der Weg also zwischen Idiotypus und Phänotypus ist offenbar viel komplizierter als man bisher glauben wollte, und unsere bisherigen Einblicke in diesen Mechanismus sind noch recht dürftig. In der zwillingspathologischen Forschung haben wir aber eine Möglichkeit gefunden, auch über Häufigkeit und Umfang solcher nichterblicher Manifestationsstörungen uns mit der Zeit ein besseres Urteil zu bilden.

Eine der merkwürdigsten und interessantesten Ergebnisse der modernen Erblichkeitsforschung liegt in der prinzipiellen Lösung des Problems der *Geschlechtsbestimmung.* Aus gewissen experimentellen Befunden an den verschiedensten Pflanzen und Tieren ergab sich immer zwingender der Schluß, daß bei der Mehrzahl der Lebewesen, besonders auch bei allen höheren Tieren, die Verschiedenheit der Geschlechter in allererster und in entscheidender Linie durch eine *Verschiedenheit bestimmter Erbanlagen* bedingt ist.

Auf Grund der numerischen Gleichheit beider Geschlechter (die sog. Sexualproportion lasse ich hier außer Betracht) war es das Gegebene, den dabei sich abspielenden Vorgang als eine Kreuzung zwischen einer homozygoten und einer heterozygoten Rasse, also als eine „Rückkreuzung" aufzufassen (s. S. 7). Nehmen wir an, daß dabei das Weib den homozygoten, der Mann den heterozygoten Elter darstellt, so würde sich folgende Formel ergeben:

Weib × Mann: WW × Ww

1. Geschlechtszelle:	W
2. Geschlechtszelle:	W oder w
Mögliche Kombinationen:	50% WW
	50% Ww

also zur Hälfte Töchter, zur Hälfte Söhne, was den tatsächlichen Verhältnissen entspricht.

Daß beim Menschen, wie überhaupt bei allen Säugetieren die Geschlechtsbestimmung tatsächlich durch einen derartigen Mechanismus geleitet wird, können wir heute mit Sicherheit annehmen, da der Erbgang der sog. *geschlechtsgebundenen Krankheiten* sich nur mit Hilfe dieser Annahme verstehen läßt. Diese Krankheiten (z. B. Bluterkrankheit, Farbenblindheit, Anidrosis, Keratosis follicularis spinulosa decalvans u. v. a.) vererben sich nämlich so, wie man erwarten müßte, wenn in der soeben gegebenen Formel eine W-Einheit mit einer pathologischen Erbanlage behaftet wäre. In diesem Falle würde ein kranker Mann die Krankheitsanlage (Wᵏ) *niemals* auf einen seiner Söhne vererben können:

---

[1] Man kann dafür auch sagen: Manifestationsschwankung infolge *Mixovariabilität* (E. Baur) oder infolge *Paravariabilität* (Siemens).

gesundes ♀ × kranker ♂: WW × W^{k}w
___

1. Geschlechtszelle: W

2. Geschlechtszelle: W^k oder w
___

Mögliche Kombinationen: W^{k}W (heterozygotes ♀)
Ww (gesunder ♂)
___

Andererseits müßten, wie aus der gleichen Formel hervorgeht, seine Töchter ohne Ausnahme mit der Krankheitsanlage behaftet sein. Da nun der geschlechtsgebundene Erbgang bei menschlichen Krankheiten mit diesen (und auch den sonstigen notwendigen) Voraussetzungen übereinstimmt, so erscheint die Geschlechtsbestimmung beim Menschen *durch eine beim Weibe homozygote, beim Manne heterozygote Erbeinheit* gesichert.

Diese Anschauungen wurden schließlich auch bestätigt durch Befunde, die sich auf dem Gebiete der *Zytologie* erheben ließen. Bei zahlreichen Tierarten unterscheiden sich nämlich die Männchen und die Weibchen durch das Vorhandensein oder durch die Form eines bestimmten Chromosoms, des „Geschlechtschromosoms". So zeigte sich auch bei der vererbungsbiologischen Erforschung der Geschlechtsbestimmung, welche dominierende Rolle den Chromosomen — und damit also dem Zellkern — bei der Vererbung zukommt. Sie sind als die *morphologische Grundlage der Erbanlagen* zu betrachten. Damit aber geht die Vererbungslehre noch über den Zellularismus VIRCHOWs hinaus, denn es gelingt ihr in vielen Fällen, Krankheiten nicht nur auf eine Veränderung bestimmter Zellen, sondern sogar auf eine Veränderung *eines bestimmten Teils einer Zelle* zurückzuführen. Vom morphologischen Gesichtspunkt aus ist also die Vererbungspathologie *Chromosomalpathologie* oder *Chromomeralpathologie* [1]. In abnormen Veränderungen der Chromosomen liegt die eigentliche Ursache der erblichen Krankheiten. Doch dürfen wir vorläufig nicht hoffen, durch zytologische Studien in der menschlichen Vererbungspathologie vorwärts zu kommen. Liegen doch die Verhältnisse beim Menschen für die mikroskopische Beobachtung so ungünstig, daß wir noch nicht einmal sicher wissen, wieviel Chromosomen die menschliche Zelle eigentlich enthält. Ein näheres Eingehen auf die zytologische Vererbungsforschung, z. B. auf die topographischen Karten MORGANs, welche die Lage der Erbfaktoren in den Chromosomen der Taufliege demonstrieren, gehört deshalb vorläufig nicht zu den Aufgaben einer menschlichen Vererbungspathologie.

Die allgemeine Vererbungspathologie in ihrer Anwendung auf die Dermatosen.

1. Der Begriff der Erbbedingtheit.

Die Trennung, die man früher zwischen angeborenen („kongenitalen") und erworbenen, oder zwischen endogenen und exogenen Leiden gemacht hat, wird an theoretischer und praktischer Bedeutung weit übertroffen durch die Trennung in *idiotypische und paratypische*, also in *erbliche und nichterbliche* Krankheiten. Mit dieser Unterscheidung wird ein Moment erfaßt, das für das ätiologische Verständnis der betreffenden Leiden und damit einerseits für ihre allgemeinpathologische Stellung, andererseits für unsere Auffassung von ihrer Prognose und ihrer kausalen Therapie grundlegend ist. Allerdings handelt es sich bei den Begriffen des *Idiotypischen* (Erbbildlichen, Erblichen) und des *Paratypischen* (Nebenbildlichen, Nichterblichen) nur um Orientierungsbegriffe, die erst als Bestandteile des *Phänotypus* (JOHANNSEN), des „Merkmalsbildes", Leben und Bedeutung gewinnen. Das Objekt der ärztlichen Fürsorge oder Forschung, der Patient (bzw. seine Krankheit), repräsentiert also die phänotypische Wirklichkeit, und wir haben die Aufgabe, zu erforschen, wie weit an dem Zustandekommen dieses Phänotypus idiotypische (erbbildliche) und wie weit paratypische (nebenbildliche) Faktoren als Ursache mitgewirkt haben.

Der Ausdruck *Ursache* besagt bereits, daß es hier nicht nur auf die *Mitwirkung* der einen oder der anderen Faktoren ankommt, sondern auf das relative

___

[1] Als Chromomer bezeichnet man das kleinste austauschbare Teilchen eines Chromosoms.

Ausmaß dieser Mitwirkung. Denn mit „Ursache" bezeichnet man zweckmäßig diejenige Bedingung beim Zustandekommen eines Geschehens, welche für unser Verständnis desselben von ausschlaggebender Bedeutung ist. Von *idiotypischen Krankheiten* (Erbkrankheiten) dürfen wir deshalb nur in solchen Fällen reden, in denen die Erbanlagen als ätiologisches Moment auch wirklich *praktisch entscheidend ins Gewicht fallen.* Ebenso dürfen wir von *paratypischen Leiden* nur sprechen, wenn die ätiologische Rolle, welche die Außenfaktoren spielen, dabei auch wirklich praktisch den Ausschlag gibt.

Rein *theoretisch* ist jedes Merkmal und folglich auch jede Krankheit idiotypisch *und* paratypisch bedingt. Auch ein Beinbruch hat eine idiotypische Beschaffenheit zur Voraussetzung, die es gestattet, daß die betreffende Gewalteinwirkung eben zum Knochenbruch führen kann, und selbst die strengstens erblich bedingten Charaktere bedürfen zu ihrer Entstehung, zu ihrer „phänotypischen Manifestation", zum mindesten derjenigen Außenfaktoren, welche für Leben, Wachstum und Entwicklung des betreffenden Organismus notwendig sind (entsprechende Temperatur, Nährstoffe, Licht usw.). *Praktisch* aber bestehen jene großen und für die ärztliche Beurteilung ausschlaggebenden Unterschiede, die zur Aufstellung der „erblichen" und „nichterblichen" Krankheiten geführt haben und ihr Studium notwendig machen.

Wenn aber auch *alles aus den Erbanlagen oder aus der Umwelt* stammen muß, weil es ja eine dritte Ursachenquelle nicht gibt, so läßt sich doch nicht alles unter die Begriffe „idiotypisch" und „paratypisch" einreihen. Zwischen den idiotypischen und den paratypischen Krankheiten liegt vielmehr die große Zahl derer, welche sowohl erbliche wie nichterbliche Faktoren von wesentlicher Bedeutung erkennen lassen; ich habe vorgeschlagen, diese Leiden als *idiodispositionelle* zu bezeichnen.

Nach dem Gesagten liegt es in der Natur des Erblichkeitsbegriffs, daß zwar seine Extreme: idiotypische und paratypische Bedingtheit ätiologisch grundverschieden sind, daß aber zwischen idiotypischen und idiodispositionellen Krankheiten einerseits, zwischen idiodispositionellen und paratypischen andererseits eine scharfe Grenze nicht besteht. Man könnte eine Reihe darstellen, die mit den ausgesprochen und regelmäßig erblichen Krankheiten beginnt (z. B. Keratosis palmo-plantaris oder Xeroderma), während bei den folgenden Gliedern der Einfluß äußerer Faktoren allmählich zunimmt, um schließlich bei gleicher allmählicher Abnahme der Macht der Erbanlagen bei den groben Traumen (z. B. Combustio) zu enden, wo die äußere Ursache infolge praktisch gleicher Empfänglichkeit aller Menschen das allein maßgebende ist; man könnte also *eine Reihe darstellen, die von den idiotypischen zu den idiodispositionellen und von diesen zu den paratypischen Krankheiten unmerklich überführt.*

Die *Aufgabe der Vererbungspathologie* ist demnach eine zweifache: 1. festzustellen, für welche Leiden die Erbanlagen praktisch die *ausschlaggebende* Bedeutung haben, und wie im einzelnen Art und Mechanismus dieser Erbanlagen beschaffen ist (*Erforschung der „idiotypischen Krankheiten"* und ihres Vererbungsmodus), und 2. zu untersuchen, bei welchen Leiden außerdem noch Erbanlagen eine *mitwirkende* Rolle spielen, sowie Ausmaß und Art dieser Mitwirkung zu prüfen *(Erforschung der idiotypischen Dispositionen).*

Es liegt nahe, an die Möglichkeit zu denken, daß sich wenigstens *zwischen „idiodispositionell" und „paratypisch"* eine scharfe Grenze ziehen ließe. Man könnte etwa darin übereinkommen, alle nicht erblichen Leiden, bei denen irgendwelche Erblichkeitsbeziehungen *statistisch nachgewiesen* sind, als idiodispositionell, und nur den Rest als paratypisch zu bezeichnen. Beim endemischen Kropf z. B. ließ sich auf zwillingspathologischem Wege der Nachweis einer Mitwirkung der Erbanlagen führen, da eineiige Zwillinge darin wesentlich ähnlicher gefunden wurden als die (erblich stärker verschiedenen, aber auch unter gleicher Umwelt stehenden) zweieiigen Zwillinge. Der endemische Kropf wäre dann also ein „idiodispositionelles Leiden". Wollte man aber aus einer solchen Terminologie die Konsequenz ziehen, so würde der Begriff des paratypischen Leidens überhaupt verschwinden. Eine irgendwie bedingte Mitwirkung der Erbanlagen ist fast bei jeder Krankheit auch statistisch zu erfassen. Wir brauchen nur zu bedenken, daß z. B. *alle* Krankheiten, die bei beiden Geschlechtern verschieden häufig auftreten, in diesem Sinne idiodispositionell genannt werden müßten, da ja die Unterschiede zwischen den Geschlechtern, auch die sog. sozialen, in letzter Hinsicht erblich bedingt sind. Wie weit das geht, läßt sich an einem Beispiel leicht zeigen. Wenn der Stauchungsbruch der Dachdecker bei Frauen so gut wie nicht vorkommt, so kann man das durch den äußeren Umstand erklären, daß Frauen im allgemeinen nicht auf Dächern arbeiten, so daß sie folglich auch nicht herunterfallen können. Die Ursache aber dafür, daß Frauen nicht Dachdecker werden, ist doch ohne Zweifel weitgehend in der Natur und Bestimmung des Weibes begründet und ist folglich in hohem Grade durch Erbanlagen bedingt. Die Mitwirkung der Erbanlagen beim Stauchungsbruch der Dachdecker ist demnach durch die verschiedene Beteiligung der Geschlechter statistisch sichergestellt, und der Stauchungsbruch der Dachdecker wäre also ein „idiodispositionelles" Leiden.

Eine solche Begriffsabgrenzung würde aber den praktischen Zielen der erbätiologischen Unterscheidung der Krankheiten wenig entsprechen. Denn die Bezeichnungen idiotypisch, idiodispositionell und paratypisch haben eben nur dann ein mehr als akademisches Interesse, wenn in ihnen *die praktische Bedeutung des Kräfteverhältnisses Erbmasse—Umwelt einen Ausdruck findet.* Aus diesem Grunde sollte für Krankheiten, bei denen der Erbeinfluß praktisch nicht ins Gewicht fällt, auch wenn er sich statistisch nachweisen läßt, der Ausdruck paratypisches (nichterbliches) Leiden festgehalten werden. So liegen z. B. die Dinge beim endemischen Kropf, bei dem wir nach unseren jetzigen Kenntnissen doch annehmen müssen, daß trotz der nachgewiesenen Idiodisposition dem unbekannten, durch seine Ortsgebundenheit charakterisierten *Außen*faktor die praktisch ausschlaggebende Bedeutung zukommt. In solchen und ähnlichen Fällen sollte es folglich auch nicht als eine contradictio in adjecto empfunden werden, wenn man von einer „erblichen Disposition (entscheidend) nichterblich bedingter Leiden" spricht. Denn nur wenn die Begriffe „idiotypisch", „idiodispositionell" und „paratypisch" der *praktischen Bedeutung* der ätiologisch wirksamen Faktoren Rechnung tragen, wird es möglich sein, sie zu einem Rüstzeug unserer ätiologischen Erkenntnis und damit eben auch zu einem Rüstzeug der ärztlichen Kunst zu machen.

Wenn aber das Prädikat „Erbbedingtheit" von der praktischen Bedeutung abhängt, die den Erbanlagen bei der Entstehung einer bestimmten Krankheit zukommt, dann muß es auch in Beziehung stehen zu der *allgemeinen Häufigkeit,* mit der die betreffende krankhafte Erbanlage in einer Bevölkerung vorhanden ist. Eine Reibungsblase kann z. B. dadurch entstehen, daß eine ungewöhnlich starke Reibung (z. B. beim Rudern) auf eine Haut einwirkt, deren erbliche Widerstandskraft normal ist, also dem häufigsten Zustand entspricht. Die Reibungsblase erscheint uns dann als das typische Beispiel einer „rein exogenen", einer „paratypischen" Hautveränderung. Sie kann aber auch dadurch zustande kommen, daß eines der sehr häufigen (und unvermeidlichen) leichten Traumen mit einer selten anzutreffenden erblichen Widerstandslosigkeit der Haut zusammentrifft. Sofort ändern wir unsere Stellungnahme, denn die größte *praktische* Bedeutung kommt immer der *seltensten* unter den notwendigen Bedingungen zu, und wir bezeichnen nunmehr eine solche Reibungsblase als erblich bedingt; ihre „Ursache" ist nun nicht mehr das (in seiner Geringfügigkeit so häufige) Trauma, sondern die seltene Erbanlage der Epidermolysis bullosa.

Nehmen wir nun an, daß jeder zweite Mensch eine bestimmte Erbanlage hat, und daß die Menschen mit dieser Erbanlage auf eine bestimmte Infektion mit einer schweren Krankheit reagieren. Wenn diese Infektion jeden 100. Menschen trifft, wird jeder 200. erkranken. Die Krankheit wird keine sichere familiäre Häufung zeigen, sie wird sich in ihrer Verbreitung in erster Linie nach den Eigenheiten des Infektionserregers richten, und sie wird folglich als idiodispositionelle oder gar als paratypische Krankheit angesprochen werden. Das wäre auch vom *praktischen* Gesichtspunkt aus die einzig richtige ätiologische Auffassung, denn eine Ausrottung des Leidens wäre durch Beseitigung des Infektionserregers denkbar, nicht aber durch Beseitigung der disponierten Menschen, da ja in diesem Fall jeder 2. Mensch ausgemerzt werden müßte. Genau umgekehrt würden aber die Dinge liegen, wenn wir annehmen, daß die Infektion jeden 2. Menschen trifft, aber nur jeder 100. dafür empfänglich ist. Hier müßte sich familiäre Häufung des Leidens beobachten lassen und therapeutisch müßte man an einen besonderen Schutz der gefährdeten Familienstämme denken, während für die Mehrzahl der Menschen der Infektionserreger unschädlich wäre.

So wird also der idiotypische Faktor, der zum Zustandekommen einer Krankheit notwendig ist, praktisch um so unwesentlicher, je größer seine allgemeine Häufigkeit ist. Anlagen mit allgemeiner Verbreitung haben überhaupt keine praktisch-ätiologische Bedeutung mehr. Die Erbbedingtheit von solchen Merkmalen (z. B. die Disposition zu Reibungsblasen beim Rudern und zu Brandwunden bei Verbrennungen, oder die Behaftung mit der durchschnittlich vorhandenen Anzahl von Lentigines) und damit überhaupt von „Artcharakteren" hervorzukehren, wäre eine Banalität. Die Frage nach der Erbbedingtheit bekommt für die Vererbungspathologie erst dann einen vernünftigen Sinn, wenn sie *Unterschiede zwischen verschiedenen Personen* ätiologisch erklären will.

Auch bei der Entstehung streng „idiotypischer Krankheiten" wirken also *Außenfaktoren* mit, aber nur solche mit mehr oder weniger allgemeiner Verbreitung. Je seltener diese notwendigen Außenfaktoren im Verhältnis zu der pathologischen Erbanlage werden, desto mehr fallen sie für die Pathogenese praktisch ins Gewicht, desto mehr nimmt die „Erbbedingtheit" des betreffenden Leidens ab. Bei der Syringomyelie hat man sich z. B. vorgestellt, daß sie deshalb so selten familiär auftrete, weil eine ihr zugrunde liegende idiotypische Anomalie (spinale Araphie und Dysraphie) nur unter relativ selten vorhandenen Umweltbedingungen zu gliotischer Proliferation und damit eben zu der Krankheit „Syringomyelie" führe (Bremer). Wäre nun die erbliche Dysraphic weit verbreitet, so würde praktisch über das Auftreten der Syringomyelie natürlich in allererster Linie der Umstand entscheiden, ob die relativ seltenen paratypischen Auslösungsbedingungen vorhanden sind oder nicht. Die Syringomyelie wäre dann als ein schwach idiodispositionelles oder gar als ein paratypisches Leiden zu werten, trotzdem sie auf dem Boden einer streng erblichen dysraphischen Konstitution entstünde.

Solche Überlegungen lehren uns, wie nötig es auf vererbungspathologischem Gebiete ist, daß man sich genaueste Rechenschaft über die vorliegende Fragestellung abgibt. Auch wenn die Dysraphie streng erblich wäre (regelmäßiges familiäres Vorkommen!), bräuchte für die Syringomyelie selbst nicht das gleiche zu gelten, sie bräuchte nicht einmal hochgradig idiodispositionell zu sein.

Der Grad der Erbbedingtheit kann folglich *bei verschiedenen Bestandteilen eines Krankheitsprozesses* ein ganz verschiedener sein.

Das hat sich auf dermatologischem Gebiet sehr deutlich in der Diskussion über die erbliche Bedingtheit der Muttermäler gezeigt. Interessanterweise sind zu gleicher Zeit auch die Psychiater auf das nämliche Problem gestoßen (Rüdin, Kahn). Vor allem muß man zwischen der Erbbedingtheit der *formalen* und der *kausalen Genese* unterscheiden, denn beide können sich bei dem gleichen Leiden ganz verschieden verhalten. Wenn z. B. eine Frau mit schizophrenen Verwandten anläßlich einer Urämie ein schizophrenes Zustandsbild bekommt, so ist hier die formale Genese offenbar erblich bedingt, die kausale aber keineswegs; denn die entscheidende Ursache dafür, daß es hier überhaupt zu einer Psychose kam, liegt offenkundig in der Urämie, also letzten Endes in einer (nichterblichen) Nephritis. Das *Vorhandensein* der Psychose ist hier also nicht erblich bedingt, wohl aber ihr *Charakter*. Auch exogene Leiden schöpfen eben ihre Symptome nicht einfach aus dem Nichts (Rüdin), sondern sie stützen sich bei ihrer Entwicklung auf die vorhandenen erblichen Veranlagungen.

Ähnlich liegen die Dinge bei der Radialislähmung nach Bleivergiftung. Ob diese Lähmung *eintritt*, hängt in erster Linie natürlich von der Bleiintoxikation ab, ob sie *den linken oder den rechten Arm* befällt, richtet sich aber nach der Beanspruchung dieser Arme und folglich danach, ob die vergiftete Person

Rechtser oder Linkser ist. Hier sind also das *Auftreten* der Krankheit und ihre *Lokalisation* in völlig verschiedener Weise verursacht.

Entsprechende Beispiele lassen sich in der Dermatologie leicht auffinden. Manche Menschen bekommen bei Quecksilberintoxikation immer wieder Stomatitis, andere immer wieder Toxikodermien. Hier ist also die Krankheit selbst durch das Quecksilber, ihre Lokalisation durch individuelle, möglicherweise idiotypische Faktoren bedingt. Ferner gibt es Naevi, deren *Form* durch die erblich determinierten Haarstromgrenzen bestimmt wird, deren *Auftreten* aber nicht die geringsten Anhaltspunkte für Erblichkeit darbietet (keine familiäre Häufung usw.). Umgekehrt kann der Umstand, ob überhaupt eine bestimmte Hautkrankheit auftritt, in hohem Grade erblich bedingt sein, während Lokalisation und Umfang der einzelnen Efflorescenz nur allgemeine (z. B. regionäre) oder gar keine Erblichkeitsbeziehungen erkennen lassen, sondern vom sog. „Zufall" abhängen (Epheliden, Recklinghausenflecke, Lentigines, Acne vulgaris). Ist z. B. bei den Linsenflecken eine besondere Häufung von Einzelefflorescenzen (die „Lentiginosis") erblich bedingt, so kann doch das Auftreten einer besonders großen oder besonders geformten Lentigo an einer besonderen Stelle, das uns und dem Patienten praktisch vielleicht als das Wesentlichste erscheint, willkürlich und regellos erfolgen, und daher entscheidend nichterblich bedingt sein. *Die einzelnen Teile eines pathologischen Gesamtbildes* (Efflorescenzenzahl, Efflorescenzenform, Einzelefflorescenz, regionäre Lokalisation) *können also ganz verschieden erblich sein.* Eine Krankheit kurzweg als „erblich" zu bezeichnen, ist deshalb nur dann erlaubt, wenn *das klinisch Wesentliche* an dem betreffenden Leiden erblicher Natur ist. Wir haben folglich am Beginn jeder Erblichkeitsuntersuchung „mit besonderer Mühe und Vorsicht jeweils festzulegen, *welches eigentlich das pathologische Merkmal sei*", dessen Erblichkeitsbeziehungen wir erkunden wollen (KAHN). Der erbätiologischen Fragestellung muß die genaueste klinische Beschreibung und Analyse regelmäßig vorausgehen. Eine Weiterentwicklung der vererbungspathologischen Forschung ist deshalb auf die Dauer nur denkbar, wenn sie Hand in Hand geht mit entsprechenden Fortschritten der klinischen, der histologischen und der sonstigen biologischen Diagnostik.

2. Der Nachweis der Erbbedingtheit.

Die „Erbbedingtheit" ist ein ätiologisches Erklärungsprinzip. Mit seiner Anwendung hat man es sich vielfach leicht gemacht. Wie man in der Medizin des vorigen Jahrhunderts Leiden rätselhaften Ursprungs damit zu erklären glaubte, daß man sie als „kongenital", als in der Anlage vorhanden auffaßte, so sind auch neuere Autoren nicht selten geneigt, in Fällen unbekannter Ätiologie, zumal wenn ähnlich aussehende Leiden als idiotypisch bekannt sind, einfach „Erbbedingtheit" anzunehmen. Dadurch aber wird die Erbmasse, der Idiotypus, zu einem asylum ignorantiae. Vor solchen Kurzschlüssen muß man sich hüten; sie führen zu einer *Überwertung des Erblichkeitsmomentes*, woran gerade dem vererbungspathologisch Interessierten nichts liegen kann. Je mehr wir von der grundlegenden Wichtigkeit dieses Prinzips für die medizinische Ätiologie überzeugt sind, desto weniger werden wir zugeben wollen, daß es „durch Überspannung in Mißkredit gebracht" wird (RÜDIN). Rechnet es sich doch die Vererbungsbiologie zum besonderen Verdienst an, daß sie „mit alteingewurzelten Irrlehren Tabula rasa gemacht" hat (JOHANNSEN), indem sie den Glauben an nicht vorhandene Erbbedingtheiten vielfach zerstörte. Mit der Behauptung, daß ein Leiden, dessen Ursache unbekannt ist, „idioplasmatisch bedingt" sei, ist also der ätiologischen Forschung nicht gedient. Die idiotypische Bedingtheit *muß nachgewiesen werden.*

Dieser Nachweis ist *ausschließlich auf statistischem Wege* möglich[1]. Wie in der übrigen Medizin ist auch hier eine richtige Zahl mehr wert als alle geistreichen Hypothesen (Fr. v. Müller). Und zwar ist jede Art von Erblichkeitsforschung statistisch, auch die sogenannte experimentelle, mit welchem Worte man die Vererbungsforschung der Botaniker und Zoologen zusammenfaßt. Denn bei dieser ist nur *die Materialbeschaffung* experimentell. Unsere menschliche Erbforschung unterscheidet sich von der „experimentellen" nur dadurch, daß wir uns das Material nicht künstlich herstellen können, sondern darauf angewiesen sind, *die* Experimente nachträglich aufzusuchen, welche die Natur und die Laune der Menschen gemacht haben. Aus der Schwierigkeit der Materialbeschaffung erklärt sich auch das langsamere Tempo der menschlichen Vererbungsforschung; von einer großzügigen Organisation der Materialbeschaffung ließen sich deshalb in Zukunft ohne Zweifel auch die größten Fortschritte erwarten.

Das erste statistische Prinzip besteht nun bei jeder Erblichkeitsforschung darin, daß Individuen, die sich erbbildlich besonders ähnlich sind, im Durchschnitt auch äußerlich (phänotypisch) sich mehr gleichen müssen, soweit es sich um erblich bedingte Merkmale handelt. Jede Erblichkeitsforschung beruht also auf der *Feststellung und Bearbeitung von Merkmalshäufung innerhalb bestimmter Verwandtschaftskreise*; als solche kommen aber vornehmlich drei in Betracht: die Rasse, die Familie und die Zwillingsschaft. Ich unterscheide deshalb methodologisch eine *rassenpathologische*, eine *familienpathologische* und eine *zwillingspathologische Erbforschung*.

A. Rassenpathologie.

Über Unterschiede in der *Krankheitshäufigkeit bei verschiedenen Rassen* wissen wir nicht viel Zuverlässiges. Auch soweit sichere Daten vorliegen, ist es aber nur selten möglich, daraus sichere Schlüsse bezüglich erblicher Bedingtheit zu ziehen. Pflegen doch zwei verschiedene Rassen nicht nur in bezug auf ihre durchschnittlichen Erbanlagen, sondern auch in bezug auf allerlei Umweltsbedingungen (Klima, soziale Stellung, Speisesitten usw.) verschieden zu sein, so daß wir bei der ätiologischen Beurteilung der Rassenunterschiede meist vor einer Gleichung mit zwei Unbekannten stehen.

Im Prinzip ist es freilich nicht ausgeschlossen, aus der Kenntnis der Rassenunterschiede Anhaltspunkte für die erbliche Bedingtheit von Krankheiten zu gewinnen; ist das doch auch in der Anthropologie, bezüglich der eigentlichen „Rassenmerkmale" möglich. Bei Krankheiten liegen aber die Dinge schwieriger, weil wir bei ihnen — im Gegensatz zu den anthropologischen Merkmalen — erstens ihre allgemeine Häufigkeit und zweitens ihre Beeinflussung (bzw. Verursachung) durch Außenfaktoren nicht genügend kennen. Die möglichste Feststellung der *allgemeinen Häufigkeit* der Krankheiten gehört deshalb ebenso wie die Erforschung der *nichterblichen Krankheitsursachen* zu den Voraussetzungen der vererbungspathologischen Forschung.

Rassenunterschiede sind nicht nur möglich bezüglich der *Häufigkeit* einer bestimmten Krankheit, sondern auch (eventuell bei gleicher Häufigkeit) bezüglich ihres *Charakters* oder *Verlaufs*. Die Lentigines sind z. B. bei Mongolen (Chinesen) und Europäern anscheinend (d. h. in meinem beschränkten Material) gleich häufig. Ihr Pigmentgehalt ist aber durchschnittlich stark verschieden, da die Mongolen relativ viele dunkle (blaue und braune) Linsenflecke besitzen.

---

[1] Die Trennung der Erblichkeitsforschung in eine statistische und eine genealogische ist ungerechtfertigt. Genealogisch kann nur die Materialordnung sein, die endgültige Betrachtung und Bearbeitung ist immer statistisch.

Der Pigmentgehalt der Lentigines steht also offenbar in enger Beziehung zu der durch die Rasse bedingten Hautfarbe; das heißt aber, ätiologisch ausgedrückt: der Pigmentgehalt der Lentigines ist (in dem genannten Fall) in klinisch feststellbarem Grade von den Erbanlagen abhängig.

Bei allen rassenpathologisch gewonnenen Ergebnissen muß man sich aber sehr vor *Verallgemeinerung* hüten. Wenn ein Unterschied zwischen zwei bestimmten *Rassen* erblich ist, so braucht ein entsprechender Unterschied zwischen zwei anderen natürlich nicht auch erblich zu sein. Vor allem kann man daraus auch nicht schließen, daß die *individuellen* Unterschiede, die in dem betreffenden Merkmal bei den Angehörigen der gleichen Rasse bestehen, auch erblich sein müßten. Bei den Schnecken, die gewöhnlich rechtsgewunden sind, kommt es z. B. vor, daß man in bestimmten Gegenden Massenanhäufungen von Linksexemplaren findet. Es scheinen hier also, wie das für die rechts- bzw. linksäugigen Plattfische sicher ist, verschiedene Rassen und Unterrassen auch einen verschiedenen *rassenmäßig fixierten* Schraubungssinn zu besitzen. Bei Kreuzung der seltenen linksgewundenen Schnecken aus rechtsgewundenen Populationen erhielten aber die verschiedensten Autoren nur normale rechtsgewundene Exemplare. Die *individuelle* Inversion war hier also nicht erblich bedingt. Es spricht vieles dafür, daß bei der Linkshändigkeit des Menschen die Dinge ähnlich liegen.

Der Vergleich verschiedener Rassen braucht sich nicht auf die *lebenden* Rassen zu beschränken. So ist z. B. bekannt, daß die diluvialen Europäer gegenüber der Zahncaries immun gewesen sind, während von der Steinzeit an bis zur Neuzeit etwa gleiche Carieshäufigkeit besteht. Daraus folgt also, falls man nicht Unterschiede in der Ernährung verantwortlich machen will, daß zwischen den diluvialen und den späteren Menschen erbliche Unterschiede in der Cariesneigung bestanden. Auch das würde aber natürlich noch nicht zu dem Schluß berechtigen, daß die *individuellen* Unterschiede, die bei den heutigen Menschen in bezug auf die Caries bestehen, erblich bedingt oder auch nur stärker mitbedingt sein müßten. Das ist eine ganz andere Frage, die eigener Untersuchungen bedarf.

Entsprechend liegen die Dinge, wenn man nicht Menschenrassen, sondern verschiedene *Arten* miteinander vergleicht. Die *vergleichende Pathologie* gehört also ebenfalls in den Bereich der vererbungspathologischen Forschung. Aber auch hier muß man sich vor verallgemeinernden Schlußfolgerungen hüten. Wenn bei der Maus ein bestimmter Krebs recessiv erblich ist, so braucht das nicht einmal mit anderen Krebsen der Maus ebenso zu sein[1], geschweige denn mit den Krebsen des Menschen.

Der Rassenpathologie kann man die *Geschlechterpathologie* anreihen. Denn biologisch betrachtet sind die beiden Geschlechter zwei verschiedene Rassen, d. h. zwei erblich verschiedene Organismenformen, die in obligater Sexualsymbiose leben. Auch auf diesem Gebiet hat sich aber bisher mit dem rein statistischen Vergleich vererbungspathologisch nichts Rechtes anfangen lassen, weil auch hier die Exposition verschieden und in ihrer Wirkung schwer abzuschätzen ist. Die wichtigen Erkenntnisse über die geschlechtsabhängigen Vererbungsmodi verdanken wir der *familien*pathologischen Forschung.

Über die Grenzen des Rassenbegriffs herrscht keine Einigkeit. Manche Autoren nennen jede idiotypische Anlage auch eine Rassenanlage. Dann werden Individuen, die eine bestimmte Krankheitsanlage haben, z. B. Leute mit Albinismus, zu einer *pathologischen* „*Rasse*". Vergleicht man die Häufigkeit bestimmter Krankheiten bei solcher „Rasse" mit der entsprechenden Häufigkeit bei Normalen, so kann man (wie aus dem Vergleich anthropologischer Rassen)

---

[1] In der Tat wurden auch dominant erbliche Neoplasmen bei der Maus beschrieben.

erbätiologische Schlüsse ziehen. Die Rassenpathologie führt uns dann nämlich auf das Gebiet der sogenannten *Konstitutionspathologie,* die die Beziehungen krankhafter Merkmale zu normalen und die Beziehungen verschiedener krankhafter Merkmale zueinander erforscht, und die deshalb weniger mißverständlich als *Korrelationspathologie* bezeichnet werden sollte (vgl. S. 67).

Daß eine Krankheit, die mit einem erblichen (oder erblich stärker mitbedingten) Leiden in hoher Korrelation steht, auch selber engere Beziehungen zu den Erbanlagen haben muß, ist eine selbstverständliche logische Forderung. Eine sehr hohe Korrelation besteht z. B. zwischen endemischem Kropf und Kretinismus (v. Pfaundler). Der Nachweis der idiotypischen Disposition, der auf zwillingspathologischem Wege für den endemischen Kropf erbracht werden konnte, bedeutet deshalb gleichzeitig den Nachweis einer Idio-Disposition für den endemischen Kretinismus. Umgekehrt analog liegen die Verhältnisse zwischen Recklinghausenscher Krankheit und bestimmten Naevi, besonders zwischen Recklinghausenscher Krankheit und Hämangiomen. Die Entstehung von Hämangiomen als direkte Folge der Recklinghausenschen Erbanlage ist oft behauptet worden und zwar auf Grund des Umstandes, daß Angiome bei Recklinghausenkranken gehäuft auftreten sollen. Die Nachprüfung zahlreicher eigener Fälle und des gesamten Literaturmaterials hat aber gezeigt, daß eine solche Häufung nicht nachzuweisen ist. Auf diesem Wege ist also von einer erblichen Disposition zur Angiombildung nichts aufzufinden. Dagegen erkranken Recklinghausenpatienten sicher häufiger als der Erwartung entspricht, an Sarkomen. Damit ist die Abhängigkeit der Sarkombildung von der Recklinghausenschen Erbanlage gesichert und folglich bewiesen, daß *diesen* Sarkomen eine idiotypische Disposition zugrunde liegt.

Aber nicht nur die Beziehung zu anthropologischen Merkmalen oder zu erblichen Krankheiten läßt uns Anhaltspunkte für Erbbedingtheit gewinnen, sondern auch die Beziehung zu nicht rassenbildenden, erblichen Eigenschaften, den sog. *Konstitutionsmerkmalen.* Das sind nur bei einem Bruchteil der Menschen vorhandene, aber nicht eigentlich krankhafte (d. h. nicht erhaltungsgefährdende) Merkmale, deren Erbbedingtheit man meist ungeprüft voraussetzt und die auch untereinander bestimmte Beziehungen aufweisen, wodurch die „Konstitutionsstaten“ und „Diathesen“ entstehen (s. S. 66). Allerdings ist, seit Morel die Beziehung solcher „Stigmen“ zu den Geisteskrankheiten erkannt und auch gleich auf die Spitze getrieben hatte, auf keinem Gebiet der Medizin so maßlos übertrieben worden wie hier. Während nicht weniger Ärzte bei der Mehrzahl der Krankheiten irgendwelche Verknüpfungen mit bestimmten „Konstitutionen“ zu sehen glauben, ergaben die exakten Untersuchungen bisher nur äußerst spärliche Anhaltspunkte auf dermatologischem Gebiet. Das gilt speziell für die Beziehungen der Psoriasis, der Sykosis simplex und anderer Hautleiden zu den *Körperbauformen* (Gans und Gruhle, Stümpke), so daß Bettmann vorschlug, mehr auf die Beziehungen dieser Leiden zu besonderen konstitutionellen *Haut*typen zu fahnden, die nach seinen Erfahrungen vom Typ des Körperbaues unabhängig sind. Aber auch in dieser Richtung konnten bisher keine sicheren Feststellungen gemacht werden.

Wie die Idiosynkrasie nicht den ganzen Organismus zu betreffen braucht, sondern sich auf die Haut allein beschränken kann und tatsächlich oft beschränkt, so brauchen auch die Hautleiden keine Beziehungen zu Eigenheiten anderer Organe aufzuweisen. Und wie selbst erbliche Geisteskrankheiten oft ausbrechen, ohne daß eine „präpsychotische Persönlichkeit“ die Diagnose vorausahnen ließ, so brauchen auch der Neigung zu Dermatosen keine anderen morphologischen oder funktionellen Anzeichen an der Haut vorauszugehen. Offensichtlich sind solche Beziehungen von einem praktisch ins Gewicht fallenden

Ausmaß sogar recht selten, denn es ist bisher nur ausnahmsweise gelungen, sie zahlenmäßig nachzuweisen, wie etwa bei der sog. exsudativen Diathese, d. h. bei der Trias Hautüberempfindlichkeit, Neigung zu Katarrhen und Lymphdrüsenschwellung (TACHAU). Es ist deshalb vorläufig auch die konstitutionspathologische Idee abzulehnen, nach der sich die Familienmitglieder, die mit einem erblichen Hautleiden behaftet sind, gleichzeitig in ihrem sonstigen *Aussehen* und *Wesen* stärker ähneln sollen. Ebenso unbewiesen sind die oft behaupteten Beziehungen vieler *Erb*krankheiten (z. B. das Xeroderma pigmentosum) zur übrigen Krankheitsbereitschaft. Solche Ideen setzen eine so hohe Abhängigkeit der einzelnen Organe voneinander voraus, wie sie praktisch nun einmal nicht existiert; sie richten deshalb vielfach Verwirrung an. Als Aufgabe der Konstitutionspathologie kann ich es infolgedessen nicht betrachten, Korrelationen zu *vermuten* und zu *behaupten*, sondern nur, sie *statistisch nachzuweisen* (vgl. S. 67).

Auch bei erbpathologischen *Korrelations*studien braucht die Fragestellung sich nicht auf die Erbbedingtheit der betreffenden *Krankheit* zu beziehen, sondern nur auf die Erbbedingtheit eines bestimmten Krankheits*symptoms*. Für den *Pigmentgehalt* der Lentigines ist z. B. eine idiotypische Disposition durch die Feststellung ihrer Pigmentarmut bei Albinos, also bei einer „pathologischen Rasse", bewiesen. Eine Beziehung zwischen der *Zahl* der Lentigines, die ja in höherem Grade erblich bedingt ist, und dem Vorhandensein von Tierfellmälern wäre für eine idiotypische Naevusdisposition ebenfalls beweisend gewesen. Allerdings hatten in meinem Material die Naevusträger vollkommen normale Lentigozahlen.

Vergleiche über die Krankheitshäufigkeit bei Rassen oder bei anderen idiotypisch verwandten, größeren Personengruppen sind also ohne Zweifel entwicklungsfähige Hilfsmittel vererbungspathologischer Forschung. Vorläufig aber treten sie hinter der Familien- und Zwillingspathologie an praktischer Bedeutung noch sehr zurück.

B. Familienpathologie.

Die ursprüngliche und gleichsam klassische Methode zum Nachweis der Erbbedingtheit besteht in der *Feststellung der familiären Häufung* einer Krankheit[1]. Allerdings müssen solche Fälle ausgeschieden werden, bei denen die *familiäre Häufung durch Außenfaktoren* zustande kommt, wie es besonders durch Ansteckung bei Infektionskrankheiten, aber zuweilen auch durch gemeinsame Vergiftung u. dgl. vorkommen kann. Früher ist man in diesem Punkt wenig kritisch gewesen, und eine große Reihe jetzt ätiologisch gut bekannter Infektionskrankheiten wurden deshalb lange Zeit einfach für Erbleiden gehalten, wie z. B. die Lepra, der Favus („Erbgrind"), die Scabies. Dementsprechend behandelt das dermatologische Kapitel in der ältesten vererbungspathologischen Monographie (ROUGEMONT 1794) fast ausschließlich *ansteckende* Hautleiden.

Die familiäre Häufung durch Außenfaktoren wird heute meist ganz richtig, erkannt. Eine bedeutsame Quelle des Irrtums bildet dagegen auch jetzt noch die *scheinbare familiäre Häufung*. Müssen doch bei jedem nicht extrem seltenen Leiden gelegentlich schon durch ein *rein zufälliges Zusammentreffen* mehrere Fälle in der gleichen Familie auftreten. Welche überraschende Rolle der bloße Zufall spielen kann, ist ja jedem praktisch tätigen Arzt von der berühmten „*Duplizität der Fälle*" her bekannt. Ist familiäres Auftreten nur ausnahmsweise

---

[1] Dabei ist die *Reihenfolge*, in der in einer Geschwisterschaft die Behafteten auftreten, nur insofern von Bedeutung, als die Bevorzugung der ersten oder der späteren Geburtennummern (mongoloide Idiotie, Zwillingsschwangerschaft) für Mitwirkung nichterblicher Faktoren, also *gegen* Erbbedingtheit spricht, genau so wie eine eventuelle Häufung des Leidens bei Elternpaaren (Lichen ruber).

beobachtet, so darf man sich also dadurch keinen zu großen Eindruck machen lassen. Ist das Material etwas größer, so darf man nicht unterlassen, bei der Beurteilung der Häufigkeit den mittleren Fehler der kleinen Zahl zu berechnen (s. S. 69). Auch dann aber läßt sich die Frage, ob eine „familiäre Häufung" vorliegt, natürlich nur sicher entscheiden, wenn uns durch Kontrolluntersuchungen die *allgemeine Häufigkeit* des betreffenden Leidens bekannt ist.

Bei allgemein *häufigen* Leiden ist die Feststellung, ob überhaupt eine echte familiäre Häufung besteht, besonders schwierig. Das ist eindrucksvoll in den wissenschaftlichen Erörterungen über die Erblichkeit der Linkshändigkeit und über die Erblichkeit des Krebses zutage getreten. Stammbäume von Linkserfamilien sind in großer Zahl beschrieben worden; da aber mit Linkshändigkeit etwa jedes 5. Kind und jeder 10. Erwachsene behaftet ist, so läßt sich die erbbiologische Bedeutung solcher Stammbäume schwer beurteilen. Auch an einem von mir untersuchten Material von rund 1000 Personen ließen sich Linkshändigkeits-Stammbäume konstruieren, wie z. B. Abb. 11 und 12 zeigen (die Erhebungen erstreckten sich nur auf Geschwister und Eltern der Probanden, also nur auf zwei Generationen). Prüft man aber das ganze Material statistisch durch, so zeigt sich, daß die gefundene Häufung die rein wahrscheinlichkeitstheoretisch zu erwartende nicht überschreitet. So hatten die Linkshänder z. B. $9,1 \pm 3,6\,^0/_0$,

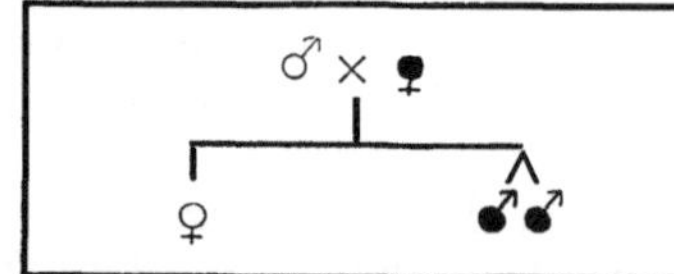
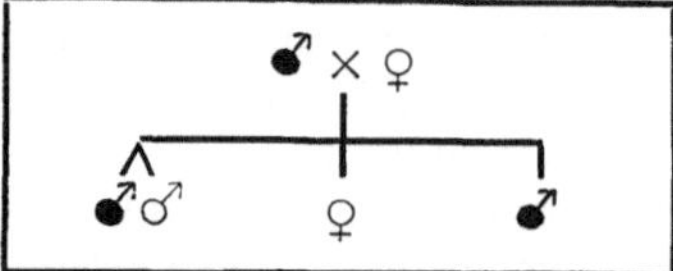

Abb. 11. Linkshändigkeit.

Abb. 12. Linkshändigkeit.

(Eigene Beobachtung.)

die Rechtshänder $8,6 \pm 3,0\,^0/_0$ linkshändige Eltern; ähnlich war es mit ihren Geschwistern bestellt. Von wirklicher familiärer Häufung war also trotz der „Stammbäume" gar nichts vorhanden. Beim Carcinom liegen die Verhältnisse ganz ähnlich. Auch das Carcinom ist sehr häufig; unter denen, die das erwachsene Alter erreichen, stirbt jeder Zehnte daran; jeder Fünfte, d. h. $20\,^0/_0$ aller Menschen sind also an sich schon mit Krebs eines Elters belastet. Inwieweit die bekannten Stammbäume von „Krebsfamilien" eine wirkliche familiäre Häufung und damit eine strengere erbliche Bedingtheit des Krebses beweisen, ist deshalb vorläufig eine offene Frage.

Man kann nun versuchen, durch vererbungspathologische Bearbeitung nicht der Krankheit als solcher, sondern bestimmter *Einzelsymptome* vorwärts zu kommen. So wurden darüber Erhebungen angestellt, ob die *Lokalisation* des Krebses bei den Behafteten der gleichen Familie häufiger, als an sich zu erwarten ist, übereinstimmt. Dabei haben sich in der Tat auffallende Ähnlichkeiten herausgestellt. Das spricht entschieden für Mitwirkung der Erbanlagen bei der Krebsentstehung; aber ein sicherer Beweis ist auf diesem Wege nicht zu führen, da der Umstand, ob überhaupt Krebs entsteht oder nicht entsteht, von äußeren, die Lokalisation aber von erblichen Faktoren (idiotypische loca minoris resistentiae) abhängig sein kann (vgl. S. 16).

Die erste Etappe in der familienpathologischen Forschung besteht natürlicherweise darin, daß man eine *Einzelfamilie* aufs gründlichste und in allen ihren Seitenlinien erforscht, was auch für klinisch-vergleichende Studien von größtem Wert ist. Als Hilfsmittel hierzu dienen uns die Methoden der Genealogie, besonders deren Elemente, die *A-Tafel* (Ahnentafel, Ascendenztafel) und die *D-Tafel* (Descendenztafel). Ein einziger sorgfältig bearbeiteter und umfang-

reicher Stammbaum [1] kann vollständig genügen, uns
über den Grad der Erbbedingtheit eines Leidens und
über seinen Vererbungsmodus aufzuklären. Die Schlußfolgerungen aus solchen Einzelstammbäumen unterliegen aber zwei Fehlerquellen, die für unsere Erkenntnis verhängnisvoll werden können.

Erstens darf man bei einzelnen Stammbäumen,
die man der Literatur entnimmt, nie vergessen, daß
auch der schönste Stammbaum nichts beweist, wenn
er *falsch* ist. Dieser Hinweis klingt sehr banal, ist aber
leider nur zu nötig. Denn es kann gar kein Zweifel
darüber bestehen, daß unsere medizinische Literatur
mit ausgemachten *Schwindelstammbäumen* belastet ist.
Praktisch ist das außerordentlich wichtig, denn gerade
unrichtige Stammbäume können so bemerkenswerte
Abweichungen von dem gewohnten Erbgeschehen
zeigen, daß sie in hohem Maße auffallen, zum Gegenstand ausführlichster Erörterungen und zur Ursache
weitreichender prinzipieller Schlußfolgerungen werden.
Von Stammbäumen mit absonderlichen Erblichkeitsbefunden muß man deshalb vor allen Dingen verlangen, daß die einzelnen erhobenen Befunde und
die Art ihrer Erhebung mit detaillierter Ausführlichkeit mitgeteilt sind. *Ganz besonders aber muß man
verlangen zu wissen, welche Personen des Stammbaums
auch wirklich ärztlich untersucht sind* [2], und bei welchen
sich die Angaben allein auf familienanamnestische Erhebungen stützen. Es hat mir nämlich die Erfahrung
gezeigt, daß familienanamnestische Angaben, die zu
ungewöhnlichen Befunden führen, *geradezu regelmäßig
falsch* sind. Bedeutung muß man natürlich auch
dem Umstand beilegen, ob der Autor eines solchen
Stammbaums als zuverlässig bekannt oder unbekannt ist.

Als anschauliches Beispiel eines unmöglichen, und
daher offenbar erfundenen Stammbaums teile ich
Abb. 13 mit. Hier sollen sämtliche 76 Personen einer
Familie durch drei Generationen mit einem Epithelioma adenoides cysticum BROOKE behaftet gewesen sein. Ein solcher Befund schlägt allem, was wir
seit MENDEL über Erblichkeit wissen, gröblichst ins
Gesicht. Wir sehen uns also wegen einer Aussage,
die SUTTON von einem Neger erhielt, vor die

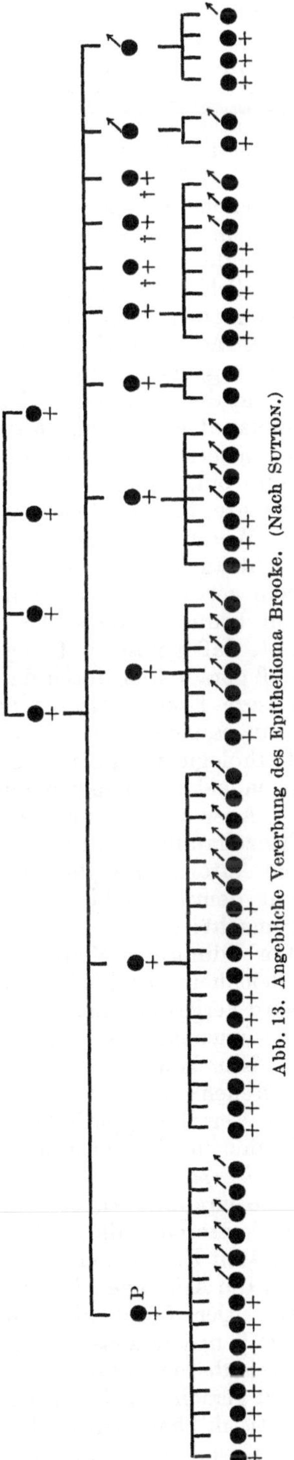

Abb. 13. Angebliche Vererbung des Epithelioma Brooke. (Nach SUTTON.)

---

[1] Unter Stammbaum verstand man ursprünglich eine
namensrechtlich begrenzte D-Tafel („Familien-Stammbaum"),
im weiteren Sinne gebraucht man den Ausdruck jedoch für
jede Descendenztafel und auch für Kombinationen von Descendenz- und Aszendenztafeln (Familientafel, Erbtafel).

[2] Es sollte deshalb geradezu Sitte werden, bei Stammbaumaufzeichnungen die vom Verfasser untersuchten Personen
durch ein besonderes Zeichen kenntlich zu machen. Ich verwende dafür die Zeichen ♂ und ♀, oder ich reduziere die
üblichen Zeichen bei den nur anamnestisch erfaßten Personen
in folgender Weise: ♂ und ♀.

Notwendigkeit gestellt, eine Revision der gesamten modernen Vererbungslehre vorzunehmen!

Auch Stammbäume, die nicht so vornehmlich auf Anamnese beruhen, müssen aber — selbst dann, wenn sie von erstklassigen und als zuverlässig bekannten Autoren stammen — mit größter Vorsicht betrachtet werden, solange nicht sicher ist, für welche seiner Angaben der Autor persönlich einstehen kann. So hat z. B. Nettleship, der sich gerade als Vererbungspathologe eines besonderen Ansehens erfreut, 1906 einen Stammbaum von Farbenblindheit publiziert, in dem eine farbenblinde Frau neben einem farbenblinden auch drei farbengesunde Söhne hat. Ein solcher Befund wurde vorher und nachher (bis auf einen kürzlich von mir entdeckten Fall[1]) nie wieder erhoben, und er erregte wegen des großen theoretischen Interesses, das ihm zukommen würde, Aufsehen, — bis Schiötz durch Zufall in den Besitz eines Sonderdruckes kam, in dem sich bei den angeblich gesunden Söhnen der farbenblinden Frau von Nettleships eigener Hand die Notiz fand, daß es nicht möglich gewesen wäre, sie zu untersuchen. Bekannt ist in Ophthalmologenkreisen auch der Fall von Schöler, dessen 1878 publizierter Stammbaum von Farbenblindheit als eigentümliche Ausnahme des Vererbungsgesetzes jahrzehntelang den verschiedensten Autoren Kopfzerbrechen machte, bis sich herausstellte, daß er in der ersten Wiedergabe verdruckt war.

Wenn der Vererbungspathologe also absonderlichen Stammbäumen, die nicht ausführlich und mit objektiven Unterlagen veröffentlicht sind, nur einen sehr geringen Wert beimißt, so tut er das nicht, um schwer zu erklärende Dinge auf bequeme Weise los zu werden, sondern weil vielfache Erfahrung gezeigt hat, daß gerade auf diesem Gebiete der Zweifel die erste Forscherpflicht ist, daß gerade hier durch das Vertrauen zu dem Autor und seinen Gewährsmännern unsere Erkenntnis oft auf völlig falsche Wege gelockt wird. Besonders soll man es sich zum Grundsatz machen, solchen Angaben aus der menschlichen Pathologie zu mißtrauen, die ein Erbgeschehen schildern, für dessen Möglichkeit noch keine Analogien aus der experimentellen Vererbungslehre vorliegen.

Aber auch wenn die Stammbäume richtig sind, kann die Betrachtung von Einzelfamilien zu ätiologischen Irrtümern führen. Das ist dann der Fall, wenn ein Autor meint, die bei einer Familie gefundene Ätiologie auf andere Familien mit demselben Leiden *verallgemeinern* zu dürfen. Dieser Fehler wird häufig gemacht; er ist eine natürliche Folge der ungenügenden allgemeinbiologischen Vorbildung des Mediziners. Der Blick ist auf die (oft nur scheinbare) klinische Gleichheit des Leidens in den verschiedenen Familien gerichtet, und darüber wird vergessen, daß es ganz unbiologisch ist, im gleichen Phänotypus den Beweis für einen gleichen Idiotypus zu erblicken (vgl. S. 10).

Nun kommt es aber in der ätiologischen Forschung gerade darauf an, festzustellen, *wieweit eine solche Verallgemeinerung berechtigt ist.* Denn das Ziel der Vererbungspathologie kann doch nicht darin liegen, zu ergründen, wie ein Leiden in *einer* bestimmten Familie vererbt wird, sondern wie sich das Leiden *überhaupt* erbätiologisch verhält. Wie weit ist eine bestimmte, klinisch erfaßbare Krankheitseinheit auch eine ätiologische, wie weit ist sie es nicht? Und im letzteren Falle: Wie viele und welche ätiologische Formen stecken in ihr? Letzten Endes kommt es uns doch nicht auf die Ätiologie von *Fällen*, sondern auf die Ätiologie *phänotypischer Einheiten*, auf die Ätiologie von „*Krankheiten*" an. Der familienkasuistischen Betrachtung muß deshalb die *summarische* familienpathologische Arbeit folgen; viele Familien, ja gegebenenfalls *alle* erreichbaren Fälle des betreffenden Leidens müssen zusammengelegt, verglichen und gemeinsam bearbeitet werden. In solcher familienpathologischen „Massenstatistik" hat man vielfach einen Gegensatz zur Familienkasuistik sehen wollen..

---

[1] Klin. Mschr. Augenheilk. **76,** 769 (1926). — Vgl. Abb. 29, S. 61.

Die summarische Betrachtung von Familien bedarf aber der Familienkasuistik als Vorarbeit und ist daher methodologisch nur die Weiterentwicklung der nämlichen Forschungsmethode.

Die *summarische familienpathologische Forschung* begegnet jedoch einer neuen, ganz prinzipiellen methodologischen Schwierigkeit. Da der gleiche pathologische Phänotypus in den verschiedenen Fällen ganz verschiedene Erblichkeitsbeziehungen haben kann und erfahrungsgemäß auch sehr oft hat, so laufen wir bei gemeinsamer Bearbeitung mehrerer Familien in hohem Maße Gefahr, Dinge einfach zu summieren, die grundverschieden sind. Es ist aber das erste Postulat der exakten Erbforschung, daß alle statistischen Methoden zur Feststellung der MENDELschen Proportionen nur auf ein *homogenes idiotypisches Material* angewendet werden dürfen; ja noch mehr: die Geschwisterschaften, welche zur Berechnung des Verhältnisses der Kranken zu den Gesunden zusammengelegt werden, müssen von *idiotypisch einander analogen Elternpaaren* abstammen (also: beide Eltern krank, oder: nur ein Elter heterozygot krank, oder: nur ein Elter homozygot krank, usw.). Bevor man bei einem Leiden summarische familienpathologische Studien treibt, muß man also feststellen suchen, ob und wie weit das Leiden erbätiologisch einheitlich ist, und wie man die Elternpaare der verwendeten Geschwisterschaften idiotypisch zu bewerten hat.

Will man nun aber der Scylla einer Summierung heterogenen Materials aus dem Wege gehen, so erwartet einen die Charybdis einer *Auslese positiver Fälle*. Denn nichts erscheint naheliegender, als daß man, um homogenes Material zu bekommen, aus allen bekannt gewordenen Familien eben diejenigen herausliest, die irgendeinen Vererbungstypus besonders überzeugend darbieten. Es ist aber natürlich nicht schwer, z. B. dominante Vererbung zu beweisen, wenn man vorher alle Fälle, die in eine andere Richtung deuten, einfach ausschaltet. Vom statistischen Standpunkt ist eine solche Auslese jedoch selbstverständlich ganz unerlaubt, das mit ihrer Hilfe gewonnene Ergebnis ein Selbstbetrug. Die Frage, wie diese Auslese sich vermeiden läßt, ist deshalb mit der Zeit immer mehr zu der *Kardinalfrage der familienpathologischen Methodik* geworden. Trat doch immer deutlicher in die Erscheinung, daß die meisten ätiologischen Irrtümer, welche die moderne Vererbungswissenschaft zu korrigieren hatte, auf eine Überschätzung des Erblichkeitsmoments infolge der genannten Auslese zurückzuführen waren.

Überblickt man die exakte vererbungspathologische Forschung seit ihrem Bestehen, so kann man leicht zwei Epochen unterscheiden; die erste, in der man sich auf die Betrachtung eines einzelnen Falles oder mehrerer ausgewählter analoger Einzelfälle beschränkte, die zweite, in der man suchte, von der statistischen Fälschung durch die Auslese positiver Fälle loszukommen, und die Frage nicht nach dem Erbwert einzelner „interessanter" Fälle, sondern universell nach dem Erbwert der ganzen „Krankheit" zu stellen. Der Umschwung setzte besonders mit der Schizophrenie-Arbeit RÜDINs ein, in der im Anschluß an die Arbeiten WEINBERGs die Irrtümer der alten Methode mit Eindringlichkeit auseinandergesetzt wurden.

Will man die Erbbedingtheit eines klinisch umgrenzten Krankheitsbildes erforschen, so besagt also dafür ein Einzelfall, in dem dieses Leiden erblich ist, so gut wie nichts. Auch die *Sammlung aller positiven* Fälle, die sich in der Literatur und in der persönlichen Erfahrung auffinden lassen, gibt ein vollkommen falsches Bild. Ein solcher „Erblichkeitsbeweis" gehört einer vergangenen Epoche der vererbungspathologischen Forschung an. „Das einseitige Anführen positiver Kasuistik ist ausgesprochen unwissenschaftlich und sollte endlich auch von den Klinikern aufgegeben werden" (WEINBERG). Untersuchungen über den Erbwert einer Krankheit haben folglich davon auszugehen, daß *alle diagnostisch sicheren Fälle* des betreffenden Leidens, *ohne Rücksicht auf positiven oder negativen Erblichkeitsbefund*, mit gleicher Sorgfalt familienpathologisch bearbeitet werden. Wir müssen wissen, wieviel negative Fälle einem positiven gegenüberstehen; nur so läßt sich entscheiden, ob die positive familiäre Belastung vererbungsbiologisch für die betreffende „Krankheit" *überhaupt etwas* besagt. Der alte Satz, daß ein positives Resultat mehr wert sei als 10 negative, hat hier keine Geltung, ja er verkehrt sich nahezu in sein Gegenteil: ein positives Resultat bekommt erst dann vererbungsbiologisch einen Wert, wenn die negativen mit ihm verglichen werden können. Sicherheit ist also einzig und allein durch Untersuchung an *unausgelesenem* Material zu erreichen, also an Fällen, die ohne Rücksicht auf positiven oder negativen Erfolg, allein nach *klinischen* Kriterien (Sicherheit der Diagnose) gesammelt worden sind.

Diese unumgängliche Forderung wird nun allerdings stets unerreichbar bleiben für dasjenige Material, welches bisher vererbungspathologisch am meisten bearbeitet wurde: für die *aus der medizinischen Literatur gesammelten Fälle*. Denn diese Fälle stellen ja an sich schon eine im vererbungspathologischen Sinne positive Auslese dar, weil kein Zweifel darüber sein kann, daß Fälle mit positiver Familienanamnese interessanter erscheinen als solche mit negativer und deshalb im Durchschnitt häufiger und ausführlicher publiziert werden (literarisch-kasuistische oder Interessantheits-Auslese). Die „Interessantheit" und damit die Publikationschancen nehmen sogar noch zu, je mehr Familienmitglieder behaftet sind. In jeder vererbungspathologischen Bearbeitung von Literaturmaterial muß man deshalb im Verhältnis zu den Gesunden *viel mehr Kranke* erhalten als der Wirklichkeit entspricht. Hier ist also schon das Ausgangsmaterial notwendig und regelmäßig mit einem groben Fehler behaftet.

Man könnte deshalb daran denken, die Bearbeitung von Literaturmaterial in der Vererbungspathologie überhaupt zu verwerfen. Das ist aber nicht möglich, denn damit würden wir auf das ätiologische Studium zahlreicher Krankheiten vorläufig ganz verzichten. Sind doch gerade die erblichen Krankheiten zum Teil so selten, daß der einzelne Arzt im Laufe seines Lebens nur wenige Fälle zu Gesicht bekommt. Bei einer ganzen Reihe von Leiden sind wir also geradezu auf Literaturmaterial *angewiesen*.

Der Verzicht auf die Bearbeitung des Literaturmaterials ist aber auch nicht notwendig. Denn die Fehler dieses Materials lassen sich durch geeignete Vorsichtsmaßregeln weitgehend korrigieren, und der Rest, welcher unkorrigierbar ist, läßt sich in seiner Wirkung annähernd einschätzen und dann beim Ziehen von Schlußfolgerungen in Rechnung stellen. Auch kann man hoffen, daß es durch die Verbreitung vererbungspathologischer Kenntnisse, vor allem aber durch organisatorische Maßnahmen der vererbungspathologischen Forschung mit der Zeit immer besser gelingen wird, die Autoren von erbpathologisch bedeutungsvollen Fällen zu genügender Berücksichtigung der ätiologisch wichtigen Punkte zu erziehen, so daß schließlich auch das literarische Material als solches vollständiger und daher besser verwendbar wird. Daß das kein unbegründeter Optimismus ist, zeigen die Untersuchungen über die Häufigkeit der Blutsverwandtschaft beim Xeroderma pigmentosum. Von den Fällen nämlich, die vor 1906 erschienen sind, hatten 12% blutsverwandte Eltern. 1906 erschien die Arbeit von Adrian, in der auf die Bedeutung der elterlichen Konsanguinität für die Entstehung des Xeroderma aufmerksam gemacht wurde. Alsbald mehrte sich auch die Zahl der Xerodermafälle mit Blutsverwandtschaft; sie beträgt von 1906 ab 19%. Dies Beispiel zeigt recht deutlich, daß es im Prinzip sicher möglich ist, auf die Publikationsweise der Autoren Einfluß zu gewinnen. Wir (Siemens und Kohn) haben deshalb auch in unserer Xerodermaarbeit einen solchen Versuch gemacht durch Aufstellung eines Schemas für die Erhebung der familienpathologischen Daten bei Xerodermafällen.

Gehen wir nun an die Bearbeitung des vorhandenen Literaturmaterials, dann muß unsere erste Sorge, wie bei jeder vererbungspathologischen Forschung, die *klinische Diagnose* sein. Alle unsicheren oder gar falsch diagnostizierten Fälle sind auszuschalten, die atypischen sind erst gemeinsam mit den typischen, sodann getrennt für sich zu bearbeiten, um festzustellen, ob vielleicht die klinischen Atypien mit ätiologischen Besonderheiten parallel gehen.

Die übrigbleibenden Fälle, das sind also *alle* diagnostisch einwandfreien, müssen sodann *sämtlich* verwertet werden. Einzelne auszuschalten (z. B. die solitären, und nur die familiären heranzuziehen) ist unstatthaft; denn dadurch wird die literarisch-kasuistische Auslese, welche an sich schon den familiären Fällen ein Übergewicht verleiht, noch künstlich verstärkt. Allerdings ist die Vornahme einer solchen nochmaligen Auslese oft nicht zu umgehen. Das ist nämlich der Fall, wenn eine klinisch mehr oder weniger einheitliche Gruppe offenkundig verschiedene Erbgänge aufweist, wie z. B. bei der Epidermolysis bullosa. Da hier dominante und ganz anders erbliche Fälle miteinander klinisch vereinigt sind, wäre es ein Unfug, alle Fälle zu summieren. Es läßt sich infolgedessen nicht vermeiden, daß man die Fälle auch nach Vererbungstypen gruppiert; man darf aber nicht vergessen das zu berücksichtigen, sobald man daran geht, aus den errechneten Zahlen Schlüsse zu ziehen. Ebensowenig zu umgehen ist die Auslese bestimmter Fälle bei solchen klinischen Krankheitsbildern, von denen offensichtlich nur ein Teil idiotypisch bedingt ist, weil familiäres Auftreten nur ausnahmsweise und nur bei einigen Untergruppen vorkommt. Beispiele dieser Art sind die Xanthomatose und die „Naevi". Auch hier muß dann aber die stattgehabte Auslese bei der Formulierung der Schlußfolgerungen in Rechnung gestellt werden.

Eine relative Vermehrung der Kranken kommt bei Literaturmaterial ebenso wie bei eigenen klinischen und poliklinischen Fällen auch dadurch zustande, daß nicht sämtliche existierenden Behafteten gleichmäßig ergriffen werden, sondern daß Familien mit zahlreicheren Behafteten eine größere Aussicht haben zur Kenntnis des Arztes zu gelangen (eine Familie mit zwei Behafteten z. B. eine doppelt so große Aussicht als eine Familie mit einem Behafteten). Außerdem fehlen am Schluß in dem Material alle diejenigen Geschwisterschaften, in denen zufällig und wegen der Kleinheit der Geschwisterschaft gar kein Behafteter vorhanden gewesen ist, während die Geschwisterschaften, die zufällig nur kranke und keine Gesunden enthalten, um so sicherer vertreten sind. Das Zuviel von Kranken, das auf diese Weise entsteht, läßt sich aber mit Hilfe der von WEINBERG angegebenen *Probandenmethode* korrigieren. Die Methode beruht auf der einfachen Überlegung, daß zwar die Probanden (Ausgangspersonen, Erstfälle) einer einseitigen Auslese im Sinne einer Häufung der Kranken unterliegen, daß das aber für ihre Geschwister, für die im übrigen ganz die gleichen Erkrankungswahrscheinlichkeiten bestehen, nicht der Fall ist. Lassen wir also einfach die Probanden fort und zählen wir die Kranken und Gesunden nur unter ihren Geschwistern aus, so müssen wir ohne weiteres das wahre Verhältnis von Krank : Gesund erhalten. Das möge an einem Beispiel erklärt werden.

Sind in den Geschwisterschaften, in denen wir das Verhältnis der Kranken zu den Gesunden auszählen wollen, $1/4$ der Geschwister krank (wie es z. B. bei recessiven Erbleiden, falls beide Eltern gesund sind, zu erwarten wäre), so hat in einer Reihe von Zweikinderehen jedes Kind die Wahrscheinlichkeit $1/4$, krank zu sein, d. h. in jeder 4. Geschwisterschaft wird das erste bzw. das zweite Kind krank sein. Die Wahrscheinlichkeit, daß beide Kinder krank sind, beträgt $1/4 \times 1/4 = 1/16$, wird also unter 16 Geschwisterschaften nur einmal realisiert werden. Wir müssen deshalb in 16 Zweikinderehen folgende Verteilung der Kranken und der Gesunden erwarten (Abb. 14).

In *allen* Familien beträgt das Verhältnis der Kranken zu den Gesunden 8 ♂/♀ : 24 ♂/♀, also 1 : 3. In praxi entgehen aber die Geschwisterschaften 8—16 unserer Zählung, da wir bei ihnen ja das Vorhandensein der gesuchten Krankheitsanlage nicht an dem Befallensein eines Geschwisters erkennen können. Für unsere Statistik stehen uns also nur die Geschwisterschaften mit mindestens einem Behafteten zur Verfügung, und in diesen ist das Verhältnis der Kranken zu den Gesunden 8 ♂/♀ : 6 ♂/♀, also 4 : 3 statt 1 : 3. Noch verkehrter wird das Verhältnis, wenn wir nicht alle Behafteten erfassen, wenn also nicht jede behaftete

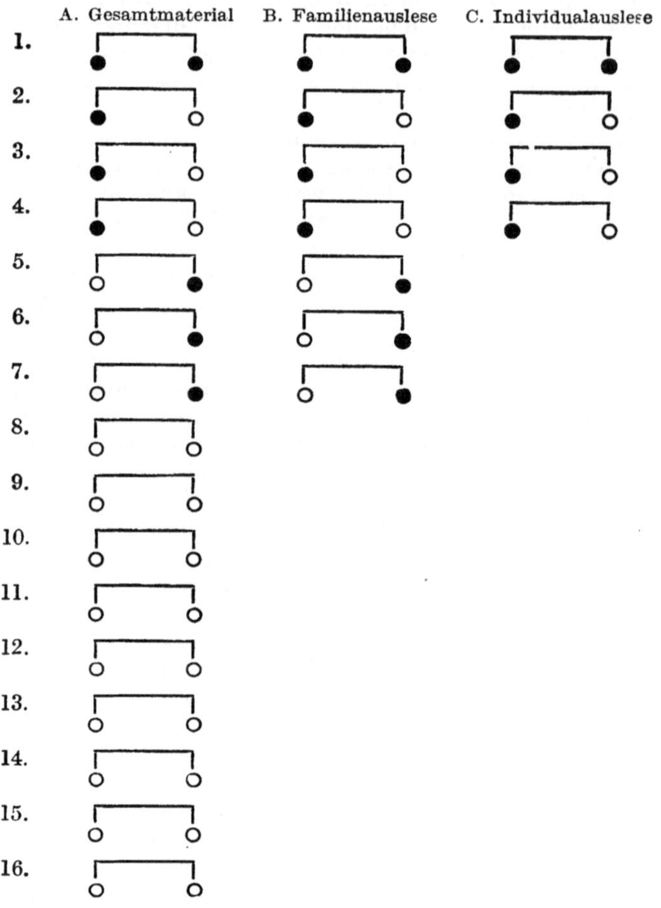

Abb. 14. Wahrscheinliche Verteilung der kranken und gesunden Kinder auf Zweikinderehen bei 25 % Kranken.

Familie eine gleich große Wahrscheinlichkeit hat, in unser Material hineinzukommen, sondern wenn unser Material, wie es z. B. in der Klinik ist, durch eine Auslese einzelner behafteter *Individuen* zustande kommt (Individualauslese). In diesem Falle haben die Familien mit mehr Behafteten eine größere Aussicht, von der Zählung erfaßt zu werden, als die Familien mit wenig Behafteten, und zwar würde in unserem Fall die Familie 1 eine doppelt so große Wahrscheinlichkeit haben, in unser Material hineinzugeraten, als jede der Familien 2—7. Es würden also auf 1 Familie mit 2 Kranken nur 3 Familien mit 1 Kranken kommen (statt 6). In einem Material, das, wie die Klinikkranken, durch Individualauslese zustande gekommen ist, würde also unter den gegebenen Voraussetzungen das Verhältnis der Kranken zu den Gesunden 5 : 3 sein, statt 1 : 3.

Die Probandenmethode, mit der dieses enorme Zuviel an Kranken sehr einfach korrigiert werden kann, besteht also im Grunde in nichts anderem als in einer Weglassung der Probanden oder, umgekehrt ausgedrückt, in einer *Zählung der Probanden-Geschwister.* Sollten von einer Familie mehrere Probanden vorhanden, d. h. sollten von ihr mehrere Kranke selbständig in die Behandlung gekommen sein, so muß die Familie so oft gesondert ausgezählt werden, als Probanden in ihr vorhanden sind.

Nun ist es aus dem Literaturmaterial aber oft sehr schwer, ja unmöglich zu erkennen, ob ein oder mehrere Probanden vorhanden waren. Zuweilen ist die gleiche Familie mehrmals (d. h. von verschiedenen Autoren) publiziert, was die Verhältnisse noch weiter verwickelt. Diesen Schwierigkeiten kann man nur damit begegnen, daß man das Verhältnis Krank:Gesund einerseits unter der Annahme berechnet, daß in jeder Familie nur ein Kranker Proband ist (Reduktionsmethode), andererseits mit der Voraussetzung, daß *sämtliche* Kranke Probanden sind (Geschwistermethode). Man gewinnt so die *Minimal- und Maximalzahl,* zwischen denen die wirkliche Zahl für das Verhältnis der Kranken zu den Gesunden liegen muß.

Die Berechnungsart, welche voraussetzt, daß *alle* Kranken Probanden sind, deckt sich zahlenmäßig mit der sog. *Geschwistermethode* (WEINBERG). Die Anwendung der Geschwistermethode ist aber an die Voraussetzung gebunden, daß *alle* Kranke innerhalb eines bestimmten Forschungsgebietes erfaßt sind. Das wird nun aber bei Literaturmaterial natürlich niemals zutreffen, da ja infolge der oft unvollständigen Angaben nicht einmal die publizierten Fälle alle voll verwertet werden können. Die Geschwistermethode muß deshalb zu hohe Werte für die Kranken ergeben, und wir werden folglich die wahre Verhältniszahl zwar zwischen den mit beiden Methoden erhaltenen Ziffern, aber doch in der Nähe derjenigen Ziffer suchen, die durch die Probandenmethode errechnet worden ist.

Die *Geschwistermethode* gestaltet sich nun bei ihrer Anwendung so, daß man die Erfahrungen über kranke Geschwister in Beziehung setzt zu den gesamten Geschwistererfahrungen, entsprechend der Formel:

$$n\,(n-1) : n\,(p-1) = 1 : x.$$

Dabei bedeutet n die Zahl der erkrankten Geschwister einschließlich des Probanden, p die Zahl sämtlicher Geschwister einschließlich des Probanden, x ist der zu suchende Wert.

In unserem Xeroderma-Material fanden wir z. B. als Verhältnis der kranken zu den gesunden Geschwistern mit der Probandenmethode 1 : 4,2, mit der Geschwistermethode 1 : 2,6. Die wahre Zahl ist also zwischen diesen Verhältnissen, also etwa bei 1 : 3,4 zu suchen, und zwar etwas näher an dem Ergebnis der Probandenmethode, also fast 1 : 4. Ohne Anwendung dieser Korrekturen würden wir viel mehr Kranke, nämlich ein Verhältnis von 1 : 1,7 gefunden haben. Bei regelmäßig recessiver Vererbung hätte man nun 1 : 3 erwarten müssen (s. S. 53); unser Ergebnis von fast 1 : 4 enthält also relativ zu wenig Kranke. Wenn wirklich regelmäßig recessive Vererbung vorläge, sollten wir aber *mehr* Kranke finden als 1 : 3 (also etwa 1 : 2,5), weil ja das Material noch unter der Wirkung der Interessantheitsauslese steht, die eine scheinbare Vermehrung der Kranken bewirkt. Während wir ohne die WEINBERGsche Korrektur beim Xeroderma viel zu viel Kranke finden (1 : 1,7), zeigt also die Durchführung dieser Korrektur, daß in Wirklichkeit *weniger* kranke Geschwister vorhanden sind, als der Erwartung bei einfach recessivem Erbgang entspricht.

WEINBERG hat auch versucht, die Interessantheitsauslese dadurch auszuschalten, daß er das Verhältnis Krank:Gesund nur unter den *entfernteren* Verwandten der Probanden berechnete, von der Idee ausgehend, daß bei diesen entfernteren Verwandten die Bevorzugung der „interessanten" positiven Fälle eine geringere Rolle spielt. In der Tat hat er auf diese Weise bei der Hämophilie niedrigere Krankenziffern erhalten, aber er meint selbst, daß auch sie noch zu hoch sind, weil sich die Folgen der Interessantheitsauslese auch auf diesem Wege nicht völlig ausschalten lassen.

Bei allen Behaftetenziffern, die aus Literaturmaterial gewonnen sind, müssen wir also auch *nach* Anwendung der Probandenmethode noch einen Abzug machen, wenn wir das wahre Verhältnis der Kranken zu den Gesunden kennen lernen wollen. Es wäre deshalb von besonderem Werte, wenn wir erlernten, die Größe dieses erforderlichen Abzugs wenigstens annähernd zu schätzen. Das ist nicht aussichtslos. Es wäre dazu vor allem nötig, die an Literaturmaterial gewonnenen Ziffern von Leiden, die sicher ganz regelmäßig vererben, mit den entsprechenden Ziffern anderer Leiden zu vergleichen. Ich habe versucht, durch eigene Untersuchungen und durch Untersuchungen meiner Mitarbeiter einige Vorarbeiten hierfür zu schaffen, besonders auch durch die gemeinsam mit Kohn verfaßte Xerodermaarbeit. Ich glaube, daß auf diesem Wege noch etwas zu erreichen ist. Vorläufig müssen wir uns bei Literaturmaterial damit begnügen, für die Behafteten gleichsam eine *Maximalzahl* zu erhalten, von der wir wissen, daß sie bezüglich des relativen Anteils der Behafteten eben etwas höher liegt, als den wahren Verhältnissen entspricht (s. S. 50 und 54).

Unter Probanden, die aus der Klinik oder der ärztlichen Praxis stammen, finden sich nicht nur relativ zu viele Fälle mit stärkerer familiärer Belastung, sondern es können diese Probanden *auch nach anderen Gesichtspunkten unbewußt ausgelesen* sein, indem das betreffende Leiden z. B. vorwiegend Leute bestimmter Berufe, Leute bestimmter sozialer Schichten oder Leute eines bestimmten Geschlechtes oder auch nur Fälle von bestimmtem Verlauf und mit bestimmter Lokalisation (Gesicht!) zum Aufsuchen ärztlicher Hilfe veranlaßt. Auf solche Selektionsvorgänge muß man ein wachsames Auge haben; besonders darf man sich nicht dadurch verleiten lassen, vorschnell ätiologisch begründete Geschlechtsabhängigkeiten anzunehmen. So zeigte sich bei meinen Atheromuntersuchungen, daß von 109 Probanden, die aus den Registern der dermatologischen und chirurgischen Poliklinik stammten, 91 Männer und nur 18 Weiber waren. In solchen Fällen muß man bei erblichen Krankheiten das Geschlechtsverhältnis unter den sekundär ermittelten Fällen, also unter den Verwandten der Probanden, feststellen. Es betrug bei meinen Epidermoid-Patienten 26 Männer : 37 Weiber. Das Überwiegen des männlichen Geschlechts unter den primär ermittelten Fällen war demnach offenkundig nur durch Ausleseprozesse bedingt, also etwa dadurch, daß bei den Männern die Epidermoide mehr stören, weil sie weniger durch das Haar verdeckt werden, daß sich Männer leichter zur Operation entschließen u. dgl.

Wegen der geschilderten Mängel des Literaturmaterials müssen wir bei allen Krankheiten, die nicht gar zu selten sind, versuchen, über die Bearbeitung der Literaturfälle hinauszukommen. Wir müssen also versuchen, *eigene Fälle zu sammeln* und vererbungsstatistisch zu bearbeiten.

In erster Linie ist das dadurch möglich, daß wir von einem uns interessierenden Leiden genaue *Familienanamnesen* erheben. Auch hier sind natürlich einige Punkte zu beachten, die schon für die Bearbeitung von Literaturmaterial wichtig waren: es dürfen nur Fälle mit sicherer klinischer Diagnose verwendet werden, die atypischen müssen gegebenenfalls einer Sonderbearbeitung unterzogen werden, es müssen ausnahmslos alle diagnostisch sicheren Fälle herangezogen werden, ohne Rücksicht darauf, ob die Familienanamnese positiv oder negativ ist (bei Nichtbeachtung dieses letzten Punktes würde das selbst gesammelte Material vererbungspathologisch keine Spur mehr wert sein als Literaturmaterial), es müssen bei der schließlichen zahlenmäßigen Bearbeitung die Probanden selbst ausgeschaltet werden (Probandenmethode). Beachten wir das alles, dann können wir erwarten, hier das wirkliche Verhältnis der Kranken zu den Gesunden herauszubringen und nicht nur ein zugunsten der Kranken verschobenes, wie bei der Bearbeitung von Literaturfällen.

Es hängt aber natürlich sehr viel davon ab, wie man bei der Aufnahme der Anamnesen vorgeht. Es dürfte ja bekannt sein, daß Familienanamnesen sehr unzuverlässig sind. Es ist erstaunlich, wie viele Menschen ihre nächsten Verwandten gar nicht kennen, ja nicht einmal wissen, wie viele von ihnen, z. B. von den Geschwistern, noch am Leben sind. Man darf deshalb zu anamnestischen Studien nur solche Erbleiden heranziehen, die auch dem Laien im täglichen Leben auffallen. Leiden, die an bedeckt getragenen Körperstellen, im Munde u. dgl. sitzen, oder die gar Anforderungen an die Diagnostik stellen, sind für solche Untersuchungen überhaupt nicht geeignet. Denn die Familienanamnesen gestatten ja im Grunde nur „Ferndiagnosen", die doch sonst in der Wissenschaft aufs schärfste verpönt sind. Bei auffälligen familienanamnestischen Angaben sollte man auch beachten, ob der Befragte einen zuverlässigen Eindruck macht oder nicht; getrennte Befragung verschiedener Personen der gleichen Familie sollte immer geübt werden, wo sie möglich ist. Daß der Fragesteller sich vor suggestiven Fragen hüten muß, versteht sich in der Theorie von selbst, ist aber in der Praxis durchaus nicht immer leicht.

Da der Erhebung von Anamnesen alle diese Gefahren drohen, von denen sich schwer sagen läßt, ob sie summa summarum zu einer Erhöhung oder zu einer Verminderung der familiären Belastung führen, so kann man daran denken, sich zur besseren Beurteilung der Verhältnisse ein *Kontrollmaterial* zu verschaffen. Man wird sich z. B. sagen, daß bei Befragung von nichtbehafteten Personen gleichen Alters und Geschlechts und gleichen sozialen Standes durch den gleichen Untersucher die Erhebungsfehler durchschnittlich dieselben sein werden, so daß man auf diese Weise ein repräsentatives Vergleichsmaterial für die Beurteilung der familiären Belastung bei Kranken und bei Gesunden erhält. Leider ist das aber, wie ich zuerst bei meinen Linkshändigkeitsuntersuchungen feststellen konnte, durchaus nicht der Fall. Es ist nämlich eine psychologische Tatsache, daß Personen, die selbst mit einem Leiden behaftet sind, viel besser über das Auftreten dieses Leidens unter ihrer Verwandtschaft Bescheid wissen als Gesunde. Um den Nachweis zu führen, daß das für die Linkshändigkeit tatsächlich zutrifft, habe ich sowohl Rechtser wie Linkser meiner dermatologischen Poliklinikabteilung nicht nur nach der Zahl ihrer linkshändigen *Verwandten* befragt, sondern auch nach der Zahl der *nichtverwandten* linkshändigen Personen ihrer Bekanntschaft. Dabei hat sich ergeben, daß die Linkser nicht nur, entsprechend den Angaben umfangreicher älterer Arbeiten, mehr linkshändige Verwandte, sondern relativ sogar noch mehr linkshändige *Bekannte* haben; und zwar kannten die Rechtser $21^0/_0$ verwandte, $26^0/_0$ bekannte Personen mit Linkshändigkeit, die Linkser $55^0/_0$ verwandte und $77^0/_0$ bekannte Personen! Auf analoge Erfahrungen hat in jüngster Zeit WEITZ hingewiesen. Nach ihm sind Magenkranke über das Vorkommen von Magenleiden in ihrer Familie im Durchschnitt sehr viel besser unterrichtet als Magengesunde. Oft hat er beobachtet, daß Patienten mit Magenbeschwerden die Poliklinik aufsuchen, weil sie wegen des Vorkommens von Krebs in ihrer Familie fürchten, selbst krebskrank zu sein. Zahlenmäßige Untersuchungen darüber hat WEITZ nicht angestellt. Aber die Dinge liegen psychologisch ja außerordentlich klar; man muß sich geradezu wundern, daß sie bisher nicht beachtet wurden. Natürlich führte das Übersehen dieser psychologischen Regeln zu schweren Trugschlüssen, und zwar im Sinne einer enormen Überwertung des Erblichkeitsmoments bei den genannten und bei vielen anderen Leiden.

Sehr zweckmäßig ist es auch, sich bei der Anamnesenerhebung keine zu weiten Ziele zu stecken, sondern sich auf die „*Nahverwandten*" der Probanden zu beschränken, worunter ich ihre Eltern, Geschwister und Kinder verstehe. Denn die Erfahrung lehrt, daß die Zuverlässigkeit familienanamnestischer Erhebungen mit der Entfernung vom Probanden nicht im Quadrat dieser Entfernung, sondern noch sehr viel rascher abzunehmen pflegt. Zur Beurteilung der Erblichkeitsverhältnisse sind aber, seit wir die exakten mendelistischen Methoden haben, relativ sichere Angaben schon allein über die Geschwister sehr viel wertvoller als weniger sichere, die durch sechs und mehr Generationen reichen. Die Erforschung *größerer* Verwandtschaftskreise auf dem Wege der Anamnesenerhebung sollte überhaupt nur noch bei sehr auffälligen Leiden versucht werden; denn nur bei solchen kann man erwarten, daß der Proband über die Behaftung auch entfernterer Familienmitglieder wenigstens einigermaßen Bescheid weiß.

Bei Krankheiten der Haut scheinen systematische Anamnesenerhebungen zum Zweck vererbungspathologischer Studien, abgesehen von meiner Atheromarbeit, noch nicht versucht worden zu sein. Unter Beachtung der erörterten Vorsichtsmaßregeln ließe sich aber gewiß manche ätiologische Frage auf diesem Wege beantworten. Ist man sich über die Eignung eines Leidens für solche Untersuchungen nicht klar, so empfiehlt es sich, durch *Stichproben* festzustellen, wieweit den Aussagen der Probanden eine genügende Zuverlässigkeit zukommt. Man muß dann also in einzelnen Fällen die Verwandten der Patienten durchuntersuchen. Bei Fällen mit erbbiologisch auffälligen Angaben sollte man das immer tun.

Das führt schon über zu derjenigen Methode familienpathologischer Arbeit, für die alle bisher besprochenen nur Ersatzmethoden sind, nämlich zu systematischen *Familienuntersuchungen* durch den Arzt selbst. Auch hier müssen wieder alle diagnostisch sicheren Fälle ohne Ausnahme verwertet und die erhaltenen Zahlen mit Hilfe der Probandenmethode korrigiert werden. Soviel ich weiß, sind solche Reihenuntersuchungen von Verwandten dermatologisch Kranker auch noch nie durchgeführt worden, abgesehen von meinen Recklinghausenuntersuchungen [1]. Hier liegt also ein großes Forschungsfeld brach. Untersuchungen dieser Art versprechen aber nicht nur ätiologische Aufklärung, sondern auch eine Erweiterung unserer diagnostischen und prognostischen Kenntnisse durch Kennenlernen der Abortivformen und sonstigen Atypien erblicher Leiden. Das hat sich gerade auch bei den Untersuchungen von Verwandten Recklinghausenkranker gezeigt. Allerdings sind nicht alle Gegenden zu solchen Studien gleich gut geeignet. Mittlere und kleinere Städte mit einem vom Verkehr abgelegenen Hinterland bieten naturgemäß günstigere Verhältnisse dar als Großstädte mit stark fluktuierender Bevölkerung.

Auf jeden Fall steht so viel fest, daß die Durchführung erfolgreicher vererbungspathologischer Untersuchungen in erster Linie *eine Frage der Materialbeschaffung* ist. Denn die zur erbbiologischen Beurteilung nötigen Kreuzungsfälle, die sich der experimentelle Erbforscher ad hoc herstellt, können wir in genügender Menge nur auffinden, wenn wir uns *möglichst viel* Material zu verschaffen trachten. Auch kommt den Häufigkeitsberechnungen nur bei großem Material eine genügende Beweiskraft zu. Das methodologische Ziel jeder vererbungspathologischen Arbeit ist daher immer die systematische „*Sammelforschung*". Soll die aber zustandekommen, so muß sie in größerem Stil vorbereitet und organisiert werden. Erst gilt es, die Adressen einer größeren Anzahl von Probanden aufzutreiben, dann die Probanden und ihre Familien zur Untersuchung zu bewegen. Besonders die gesunden bzw. angeblich gesunden Verwandten der Behafteten werden nur ungern zum Arzt kommen. Die angestrebte Vollständigkeit von Familienuntersuchungen erfordert deshalb wiederholte Briefe, sodann Hausbesuche und Reisen des untersuchenden Arztes sowie Reise- und Gefügigkeitsgelder für die, welche die Untersuchung verweigern wollen. Jede größere Sammelforschung geht darum mit umfangreicher Schreibarbeit und Karthotekisierung einher und ist deshalb nur mit entsprechenden

---

[1] Daß ich das nicht schon häufiger und in größerem Stil durchgeführt habe, ist nur eine Folge ungünstiger äußerer Verhältnisse.

Hilfskräften zweckgemäß durchzuführen. Dabei ist man in Amerika schon so weit gegangen, solche Hilfskräfte (field-workers = wissenschaftliche Hilfsarbeiterinnen) auch zum Erheben der biologischen Befunde zu verwenden. Man hat das mit der Begründung getan, die Fachkenntnis mache voreingenommen und verleite dazu, das zu finden, was man erwarte. Je länger ich mich aber mit vererbungspathologischen Arbeiten beschäftige, um so mehr mußte ich einsehen, daß jede derartige Arbeit nur auf dem Boden einer immer weiter auszubildenden *klinischen* Spezialkenntnis gedeihen kann. Die beste Gewähr für Zuverlässigkeit gibt nicht die Unkenntnis, sondern Selbstdisziplin und Kritik auf dem Boden gerade der solidesten wissenschaftlichen Ausbildung und größten praktischen Schulung. Ich glaube deshalb, daß die Arbeit der field-workers nur so lange zu begrüßen ist, als sie unter genauester Kontrolle des spezialistisch ausgebildeten Arztes steht. Wo diese Vorbedingung erfüllt ist, da dürften allerdings solche Hilfskräfte von unschätzbarem Wert, ja unentbehrlich sein; sonst wird mit der orientierenden Vorarbeit, mit den Nachkontrollen der ärztlich gesicherten Befunde, sowie mit der Überredung und dem Herbeischaffen der zu untersuchenden Personen die beste Zeit vertan.

Eine vererbungspathologische „Sammelforschung" kann von einem einzigen Autor vorgenommen werden (wie ich es in München für die RECKLINGHAUSENsche Krankheit versucht habe) oder sie kann sich auf die von vielen verschiedenen Autoren erhobenen Befunde stützen. Diese letztere Methode ließe natürlich besonders dann Resultate von Wert erwarten, wenn alle beteiligten Autoren nach einem einheitlichen Plane vorgingen. Wegen der Schwierigkeit, eine solche Organisation durchzuführen, ist sie bisher trotz mehrfacher Anregungen dazu (auf dermatologischem Gebiet schon durch HAMMER im Jahre 1908) noch nie gelungen. Mit genügenden Geldmitteln ließe sich aber, wie ich glaube, auch auf diesem Wege eine erfolgversprechende Forschung organisieren.

Neben der Aufsuchung neuen Materials darf die *Festhaltung alter, gut durchforschter Familien* mit wichtigen Befunden nicht vergessen werden, weil die Nachuntersuchung solcher Familien nach längerer Zeit von größtem Erkenntniswert sein kann. Aus begreiflichen Gründen werden Name und Anschrift vererbungspathologisch interessanter Fälle nicht immer mitpubliziert, so daß sie nicht immer in der Weise weiterverfolgt werden können wie der berühmte Fall von THOST (Keratosis palmo-plantaris) 45 Jahre nach der ersten Untersuchung durch mich und WINKLE (s. Abb. 17). Es sollte deshalb eine von einem Archivar oder Bibliothekar geleitete Sammelstelle geschaffen werden, bei der die Anschriften solcher Familien hinterlegt werden können, die aber ihrerseits auch aktiv an Autoren entsprechender Fälle herantritt, um sie zur Hinterlegung von Anschriften aufzufordern. Es bedarf keiner Ausführungen, daß eine solche Einrichtung für die zukünftige Forschung von größter Bedeutung werden könnte.

Außer der Feststellung der familiären Häufung von Krankheiten hat die Familienpathologie noch die Aufgabe, bei allen Leiden mit Verdacht auf Beteiligung recessiver Erbfaktoren auf *elterliche Blutverwandtschaft* zu untersuchen. Denn alle Leiden, die nur bei Krankhaftigkeit *beider* Paarlinge eines Erbanlagenpaares manifest werden, haben zur Voraussetzung ihres Entstehens, daß *beide* (äußerlich meist gesunde) Eltern den gleichen krankhaften Anlagenpaarling besitzen. Ein solches Zusammentreffen muß sich aber — zumal bei seltenen Krankheitsanlagen!) — besonders dann ereignen, wenn sich Verwandte heiraten. Bei einer ganz seltenen, nur in einer einzigen Familie existierenden Anlage wäre eine solche Heterozygotenehe ja überhaupt *nur* bei

Verwandtenheirat, nämlich eben bei Heirat von Mitgliedern dieser Familie untereinander denkbar.

Eine einfache Überlegung ergibt also, daß die allgemeine Häufigkeit eines recessiven Erbleidens und die relative Häufigkeit der Blutsverwandtschaft zwischen den Eltern der Kranken in einem reziproken Verhältnis zueinander stehen. Diese Beziehungen hat zuerst Lenz zahlenmäßig zu erfassen gesucht. Seine Berechnungen liegen der nachstehenden Tabelle zugrunde, in deren mittlerer Spalte ich auch die zu erwartende Gesamtzahl der Krankheitsfälle in Deutschland angegeben habe (Deutschland ist dabei mit 60 Millionen Einwohnern angesetzt):

Beträgt die Häufigkeit einer recessiven Erbkrankheit:	so sind in Deutschland mit dem Leiden Behaftete zu erwarten:	und man findet elterliche Vetternschaft der Behafteten in %.
1 : 1	60 000 000	1,0
1 : 2	30 000 000	1,0
1 : 10	6 000 000	1,2
1 : 100	600 000	1,6
1 : 400	100 000	2,2
1 : 900	66 000	2,9
1 : 1 600	37 000	3,5
1 : 2 500	24 000	4,0
1 : 4 900	12 000	5,1
1 : 10 000	6 000	6,8
1 : 40 000	1 000	12,0
1 : 90 000	650	16,0

Die Tabelle bezieht sich nur auf elterliche *Vetternschaft 1. Grades* (Geschwisterkinder). Dieser Art der elterlichen Blutsverwandtschaft kommt nämlich praktisch die ausschlaggebende Bedeutung zu, da sie nicht nur relativ leicht festzustellen, sondern da auch der Vergleich mit der *normalen* Häufigkeit der Blutsverwandtschaft bei ihr besonders leicht ist. Sie ist außerdem (bei Normalen und bei Kranken) die häufigste Form aller näheren verwandtschaftlichen Verbindungen.

Die allgemeine Häufigkeit der Geschwisterkinderehen läßt sich annähernd schätzen; sie beträgt knapp 1%. Man hat da also eine Vergleichszahl, die bei allen selteneren recessiven Leiden zu merklichen Unterschieden führen muß. Allerdings kann die allgemeine Häufigkeit der Verwandtenehen unter verschiedenen Teilen einer Bevölkerung stark schwanken. In manchen vom Verkehr abgeschlossenen Gegenden oder unter besonderen Bedingungen (z. B. bei Juden) können die Vetternehen 15% aller Ehen und mehr ausmachen. Stammen die mit dem zu untersuchenden Leiden Behafteten aus solchen „Inzuchtgebieten", so kann man sich nur ein sicheres Urteil bilden, wenn man zuvor die durchschnittliche Häufigkeit der Vetternehen in diesem Gebiet feststellt. Praktisch schiene es mir, in solchen Fällen die Häufigkeit der Blutsverwandtschaft unter den *Eltern* der Behafteten mit der unter den *Großeltern* der Behafteten zu vergleichen (vorausgesetzt, daß man nicht Grund zu der Annahme hat, die diesbezüglichen Sitten hätten sich in der betreffenden Gegend im letzten Menschenalter geändert). Die Ehen der Großeltern können gut zum Vergleich herangezogen werden, weil ja deren Blutsverwandtschaft keinerlei Einfluß auf das Homozygotwerden recessiver Krankheitsanlagen haben kann. Angaben über *großelterliche Blutsverwandtschaft*, wie man sie gelegentlich in der Literatur findet, sind deshalb nach unseren jetzigen Kenntnissen vererbungsbiologisch wertlos; sie beweisen sogar eher das Gegenteil von dem, was die Blutsverwandtschaft der Eltern beweist, weil sie zeigen, daß in der Familie des betreffenden Falles Blutsverwandtschaft auch vorkommt, *ohne* daß sie zur Erkrankung der

Kinder führt, und weil sie den Gedanken nahe legen, daß in der Gegend, aus welcher der Fall stammt, Verwandtenehen *überhaupt* besonders häufig sind.

Wie die Tabelle zeigt, gelingt der Beweis der Erbbedingtheit durch Feststellung der Konsanguinitätshäufung am leichtesten und am sichersten bei sehr seltenen Leiden. Bei diesen ist man aber in besonderem Maße auf *Literaturmaterial* angewiesen. Will man jedoch die Häufigkeit elterlicher Blutsverwandtschaft an Literaturfällen feststellen, so muß man in Betracht ziehen, daß bei vielen Fällen nach der Blutsverwandtschaft der Eltern überhaupt nicht gefragt wurde. Diese Fälle werden natürlich als negativ gezählt, woraus folgt, daß man für die Fälle mit Blutsverwandtschaft eine zu kleine Zahl erhalten muß. Immerhin ist sie als Minimalzahl wertvoll. Die Maximalzahl habe ich dadurch zu erhalten versucht, daß ich die Prozentzahl der Fälle mit Blutsverwandtschaft nur unter den Fällen bestimmt habe, bei denen überhaupt Angaben über Vorhandensein oder Fehlen von elterlicher Blutsverwandtschaft gemacht worden sind. Diese Zahl muß deshalb etwas zu hoch sein, weil anzuehmen ist, daß nicht jeder Autor, dem die Frage nach Blutsverwandtschaft verneint wurde, diesen negativen Befund auch mitgeteilt hat.

Die wahre Häufigkeit der elterlichen Blutsverwandtschaft bei einem Leiden muß nun zwischen den beiden so gewonnenen Ziffern liegen. So erhielten z. B. KOHN *und ich* bei 222 Fällen von Xeroderma pigmentosum als Minimalzahl der elterlichen Vetternschaft in dem eben erörterten Sinn $13^0/_0$, als Maximalzahl $47^0/_0$. Die wahre Häufigkeit der elterlichen Vetterschaft beim Xeroderma liegt demnach sicher über $13^0/_0$, schätzungsweise zwischen 20 und $30^0/_0$; sie ist also etwa doppelt so hoch, als man *vor* Anwendung dieser zweifachen Berechnungsmethode angenommen hatte ($11—14^0/_0$) [1].

Natürlich darf bei der Beurteilung von Blutsverwandtschaftsziffern nicht vergessen werden, daß die Zahlen der oben wiedergegebenen Tabelle nur Annäherungswerte darstellen. Denn die Häufigkeit der elterlichen Blutsverwandtschaft bei einem Leiden ist nicht allein von der Häufigkeit der betreffenden Erbanlage, sondern auch von ihrer mehr oder weniger gleichmäßigen Verteilung innerhalb der Bevölkerung abhängig. Praktisch spielen diese Dinge aber meist keine Rolle, weil ja die meisten recessiven Erbkrankheiten so selten sind, daß sich der Nachweis der Konsanguinitätshäufung — bei genügend großem Material — auf alle Fälle erbringen läßt. Ist aber einmal die Häufung elterlicher Blutsverwandtschaft bei einer Krankheit statistisch gesichert, dann ist an der Mitwirkung pathologischer Erbanlagen bei ihrer Entstehung nicht mehr zu zweifeln; denn das Homozygotwerden recessiver Krankheitsanlagen ist die einzige, bisher festgestellte pathogene Inzuchtwirkung, die für menschliche Verhältnisse in Frage kommt.

C. Zwillingspathologie.

Trotzdem schon GALTON (1875) die Zwillingsmethode in ihrer vererbungsbiologischen Bedeutung erkannt und ihre Anwendung durch Erhebung von Anamnesen versucht hat, trotzdem von anthropologischer Seite (WILDER, POLL) mehrfach damit gearbeitet und ihre Wichtigkeit in einer Reihe vererbungsbiologischer Lehrbücher (ERWIN BAUR, SIEMENS, JUL. BAUER, EUGEN FISCHER, v. HOFFTEN, GATES) betont wurde, vermochte sie doch keinen Einfluß auf die menschliche Vererbungslehre zu gewinnen. Erst als 1922/23 dermatologische Arbeiten die Bedeutung *systematischer Untersuchungen* von Zwillingen auf *pathologische Charaktere* hin und die Möglichkeiten ihrer *weitgehenden Aus-*

---

[1] Das alles natürlich unter der Voraussetzung, daß nicht ein größerer Teil der Fälle gerade der positiven Blutsverwandtschaft wegen, publiziert worden ist.

wertung erwiesen, konnte die Diskussion über die damit zusammenhängenden prinzipiellen Fragen der medizinischen Ätiologie einsetzen und mit der vollen naturwissenschaftlichen Ausnutzung der noch kaum übersehbaren Forschungsmöglichkeiten begonnen werden, die in der Zwillingsmethode für die Vererbungspathologie liegen. Seither bildete sich der von mir als „*Zwillingspathologie*" bezeichnete Forschungszweig geradezu seine eigene Literatur, die sich auch schon auf alle Fächer der Medizin und auf verwandte naturwissenschaftliche Gebiete ausdehnte.

Die Gründe dafür, warum systematische ärztliche Untersuchungen von Zwillingen zum Zweck ätiologischer Forschung trotz der Arbeiten von Galton, Poll u. a. so lange unterblieben sind, lagen sicher zu einem großen Teil in dem Umstand, daß die *Diagnose der Ein- und Zweieiigkeit*, ohne die jede erbätiologische Auswertung illusorisch ist, für ein kaum lösbares Problem galt. Man glaubte, diese Diagnose mit genügender Sicherheit allein aus dem Eihautbefund stellen zu können, der erfahrungsgemäß fast niemals mehr zu erhalten ist. Demgegenüber haben mir aber vergleichende Untersuchungen von Zwillingen auf ihren Eihautbefund und auf ihre Ähnlichkeit hin gezeigt, daß die Regel, nach der E.Z. (eineiige Zwillinge) stets gemeinsame, Z.Z. (zweieiige Zwillinge) stets getrennte Placenten und Chorien haben, durchaus nicht immer zutrifft (Siemens). Zum mindesten ist die Entscheidung auf diesem Wege mit unseren gegenwärtigen Mitteln nicht zuverlässig. Der Eihautdiagnose kommt also nicht mehr jene autoritative Stellung zu, die man ihr bisher zuerkannt hat.

Andererseits hat mich die Erfahrung gelehrt, daß eine sichere Eiigkeitsdiagnose durch methodische Untersuchung der Zwillinge auf ihre Ähnlichkeit hin meist eine sehr einfache Sache ist; denn E.Z. ähneln sich in allen erblichen Merkmalen sehr viel mehr, als das bei gewöhnlichen Geschwistern, und folglich bei Z.Z., praktisch überhaupt vorkommt. Alle Zwillinge zerfallen daher in zwei deutlich unterschiedene Gruppen: in solche Paare, die sich durchgehend, also in den verschiedensten körperlichen und seelischen Merkmalen, ausnahmslos oder mit nur vereinzelten Ausnahmen verblüffend ähneln, und solche, bei denen die Ähnlichkeit, wenn sie überhaupt vorhanden ist, sich nur auf einzelne Charaktere bezieht, während immer zahlreiche andere differieren.

Diese beiden Gruppen sind aber nur sicher auseinanderzuhalten, wenn man sich nicht, wie es bisher immer wieder versucht wurde, auf ein einzelnes Merkmal (z. B. die Papillarlinien der Finger) verläßt, da jedes Einzelmerkmal auch bei E.Z. verschieden oder bei Z.Z. gleich sein kann, sondern wenn man eine *größere Anzahl* von Merkmalen der Ähnlichkeitsprüfung unterzieht. Auch bei einer derartigen Prüfung der allgemeinen Ähnlichkeit der Zwillinge darf man sich aber nicht auf den bloßen Eindruck verlassen, da, wie ich zeigen konnte, manche E.Z. bei flüchtiger Betrachtung sehr unähnlich und manche Z.Z. sehr ähnlich erscheinen. Vielmehr ist es notwendig, *die Ähnlichkeit an Hand eines sorgfältig ausgearbeiteten Schemas systematisch und gewissenhaft zu prüfen.* Ein solches Schema muß die Merkmale berücksichtigen, die erfahrungsgemäß 1. bei E.Z. besonders häufig übereinstimmen (also streng erblich bedingt sind), 2. bei Z.Z. besonders selten übereinstimmen (also möglichst kompliziert [polyid] erblich bedingt sind). In dieser Hinsicht haben sich mir die folgenden Merkmale bewährt, deren Befunde bei jedem wichtigen zwillingspathologischen Fall erhoben und mitgeteilt werden sollten:

1. Haarfarbe und -form.
2. Augenfarbe.
3. Hautfarbe.
4. Lanugobehaarung.

5. Sommersprossen.

6. Hautgefäße (Teleangiektasien an Wangen, Schultern, Hinterhaupt usw., Cutis marmorata, Akroasphyxie).

7. Keratosen und Follikulosen (Ichthyosis, Keratosis follicularis, Acne, Milien).

8. Zunge (Furchen) und Zähne.

9. Gesichts- und Schädelbildung.

10. Ohrform.

11. Hand- und Nagelbildung.

12. Körperbau.

In schwierigen Fällen kann man noch Merkmale heranziehen, über deren Auftreten bei Zwillingen vorläufig noch nicht viel sicheres bekannt ist, nämlich

13. Psychische Eigenschaften (Wesen, Schulleistung, Talente, Kriminalität).

14. Erbliche Krankheiten und Mißbildungen (z. B. Struma)

und schließlich

15. Merkmale, die nur durch spezialistische Untersuchungsmethoden zu erfassen sind (Eihautbefund, Daktyloskopie, Capillarmikroskopie, Refraktionsbestimmung der Augen).

Die Diagnose der Eiigkeit auf dem Boden eines solchen Untersuchungsschemas ist *deshalb* so sicher, weil es praktisch so gut wie ausgeschlossen erscheint, daß sich die Kombination einer so großen Zahl verschiedener Erbanlagen bei zwei verschiedenen Zeugungen getreulich wiederholt. Und so hat mir denn auch die Erfahrung an einem großen Zwillingsmaterial gezeigt, daß man bei derartigem Vorgehen bei Schulkindern und Erwachsenen unserer Breiten fast niemals darüber im Zweifel ist, ob die Diagnose auf Eineiigkeit oder auf Zweieiigkeit lauten muß. Ist aber trotzdem ausnahmsweise ein Fall nicht sicher zu diagnostizieren, so kann dieses Paar aus der weiteren Untersuchung ausgeschaltet werden. Eine wirkliche Fehldiagnose braucht deshalb bei der Bestimmung der Eiigkeit heutzutage überhaupt nicht mehr vorzukommen (vgl. Siemens, Virchows Archiv 263, 666.).

Die Anwendbarkeit und Sicherheit dieser polysymptomatischen, vorwiegend *dermatologischen Methode zur Diagnose der Eiigkeit* wurde anfangs von fast allen Autoren in Zweifel gezogen. Seither hat sie sich jedoch schon so vielen anderen Untersuchern bewährt, daß wir hoffen dürfen, die Fabel von der Schwierigkeit der Eiigkeitsdiagnose wird mit der zunehmenden Zahl der Nachprüfungen bald aus der Welt geschafft sein.

Ist es uns aber möglich, die eineiigen Zwillinge von den zweieiigen sicher zu trennen, so kann uns die zwillingspathologische Untersuchung zu einem ganz besonders wertvollen Hilfsmittel bei der Erforschung der Erbbedingtheit werden. Mit ihrer Hilfe ist es nämlich möglich, 1. den Nachweis der *Nichterblichkeit*, 2. den Nachweis der *Erblichkeit*, 3. den Nachweis auch geringgradiger *erblicher Dispositionen* zu erbringen.

Der *Nachweis der Nichterblichkeit* ist für unsere Kenntnisse über die Erbbedingtheit der Krankheiten nicht weniger wertvoll als der Nachweis der Erblichkeit. Ja, dadurch, daß die zwillingspathologische Forschung im Gegensatz zur familienpathologischen auch Erblichkeit *auszuschließen* gestattet, gewinnt sie eine ganz besondere Bedeutung, weil sie uns unmittelbare Auskunft gibt auf die unerläßliche Vorfrage jeder erbätiologischen Untersuchung: inwieweit das zu untersuchende Merkmal überhaupt erblich bedingt ist. Die Zwillingspathologie ist also eine eigene, durch keine andere ersetzbare ätiologische Forschungsmethode.

Die Nichterblichkeit eines Leidens wird nun erkannt aus der Häufigkeit seines diskordanten[1] Auftretens bei E.Z. Schon im einzelnen Fall beweist

---

[1] Diskordant = nur ein Zwilling behaftet, konkordant = beide Zwillinge behaftet (bzw. beide frei). Die Ausdrücke wurden von V. Haecker auf das Verhalten von Elternpaaren angewandt und von mir in die Zwillingspathologie übertragen.

Diskordanz bei E.Z., daß das betreffende Merkmal (soweit man nicht Erbverschiedenheit der Zwillinge durch ungleiche Teilung oder postmitotische Idiokinese annehmen will) nicht von den Erbanlagen allein abhängt, da es ja auch bei erbgleichen Individuen verschieden auftreten *kann*. Doch könnte eine solche paratypische Manifestationsstörung natürlich auch bei einem hochgradig erbbedingten Merkmal gelegentlich vorkommen, und deshalb läßt sich über die Nichterblichkeit *des Merkmals im allgemeinen* auf Grund spärlicher Kasuistik nichts sagen, sondern auch hier müssen wir suchen, durch methodische Materialsammlung zu einer größeren Zahl von Fällen zu kommen, die sich einer summarischen Bearbeitung unterziehen lassen. Das führt zur Weiterentwicklung der Zwillingsmethode von der kasuistischen zu jener statistischen, der erst der große Erkenntniswert der neuesten zwillingspathologischen Befunde gegenüber den bis auf Hippokrates zurückgehenden Einzelbeobachtungen zu danken ist.

Die erste statistische Frage wird aber die sein nach dem *Verhältnis der diskordanten Fälle zu den konkordanten*, um so die Häufigkeit und den Umfang paratypischer Manifestationsschwankungen, also die „*Paravariationsbreite*" kennen zu lernen, mit deren Ansteigen die Bedeutung des Erblichkeitsfaktors natürlich entsprechend abnimmt. Wichtig ist es in jedem Falle, *Kontrolluntersuchungen an zweieiigen Zwillingen* vorzunehmen. Denn da es auch Außenfaktoren gibt, die beide E.Z. regelmäßig in *gleichem* Sinne beeinflussen (z. B. Maserninfektion), zeigt die Verschiedenheit der E.Z. nur das *Mindestmaß* der Paravariabilität an. Solche Außenfaktoren müssen aber bei Z.Z. im allgemeinen *ebenso häufig* übereinstimmend vorhanden sein, während sich in den Erbanlagen Z.Z. im Durchschnitt ja niemals in dem Maße gleichen können wie E.Z. Auch bei weitgehender oder selbst vollständiger Übereinstimmung der E.Z. ist es uns deshalb möglich, Nichterblichkeit sicherzustellen, nämlich durch Feststellung einer *ebenso großen* Übereinstimmung der Z.Z.

Eins der ersten und auffallendsten Ergebnisse, zu dem uns die systematische zwillingspathologische Forschung geführt hat, bestand nun in der Erfahrung, daß in bezug auf pathologische Charaktere *E.Z. sehr viel häufiger verschieden* sind, als man sich hatte träumen lassen. Die Erfahrungen lehrten uns also, daß die Erbbedingtheit nicht weniger Leiden in hohem Maße überschätzt wurde, und daß auch sicher erbliche Leiden nicht selten weitgehend paravariabel sind. Besonders scheinen auch schon in der Embryonalperiode die spätere Form und Funktion der Organe in einem viel höheren Umfang durch nichterbliche Faktoren [1] bestimmt zu werden, als man für möglich gehalten hatte. Diese Konsequenz hat eine ganze Reihe von Autoren veranlaßt, die von uns geübte naheliegendste Interpretierung der Zwillingsbefunde anzuzweifeln (vgl. unten). Daß der Weg von der Erbanlage bis zur fertigen Eigenschaft ein sehr komplizierter ist und durch die verschiedensten scheinbar geringfügigsten Einflüsse erhebliche Störungen erleiden kann, ist uns aber auch durch die neuere entwicklungsmechanische Forschung (Spemann) nahegebracht worden, welche uns die Erkenntnis im Laufe der Ontogenese neu auftretender, auf verschiedenen Lageverhältnissen der Zellen zueinander beruhender und zu gegenseitiger Beeinflussung der Teile führender Entwicklungsfaktoren vermittelt hat. Aber auch die klinisch-, anatomisch- und experimentell-pathologische Forschung hat uns gezeigt, daß die Einwirkung nichterblicher Faktoren auf die werdende Frucht im Mutterleib durchaus nicht mehr so schwer vorstellbar ist. Kennen wir doch zahlreiche angeborene Mißbildungen bei Experimentaltieren wie auch beim Menschen, die mit Sicherheit auf physikalische (mechanische, kalorische,

---

[1] Der meist gebrauchte Ausdruck „Außenfaktoren" ist hier natürlich mißverständlich (vgl. S. 12).

aktinische, osmotische), chemische und infektiöse Ursachen zurückgeführt werden können, oder denen Krankheiten des Fetus bzw. der Eihäute (MALL) zugrunde liegen [1]. Auch im späteren Leben können bekanntlich Merkmale, die man gewöhnlich für erblich fixiert hält, noch vollkommene Umgestaltung erfahren (z. B. Charakterveränderungen nach Traumen und Infektionen). Erinnern wir uns schließlich an die vielfach beobachteten Fälle leichter bis schwerster Mißbildungen bei Tieren, deren Nichterblichkeit durch das Züchtungsexperiment sichergestellt werden konnte [z. B. Steißlosigkeit bei Hühnern (DAVENPORT, DUNN), Wirbelsäulenverbildungen und Star bei Fischen (BERNDT)], so sehen wir, daß die Zwillingspathologie, wenn sie einer zu hohen Einschätzung der Erbbedingtheit bei zahlreichen Krankheiten entgegentritt, nur endlich die Folgerungen zieht, welche uns durch so viele andere Forschungsgebiete nahegelegt waren.

Allerdings begegnet der genaueren Bestimmung der Paravariationsbreite bei vielen Leiden eine Schwierigkeit, der wir vorläufig noch nicht völlig Herr werden können. Will man nämlich feststellen, wie häufig und in welchem Ausmaß eine bestimmte Krankheit bei E.Z. verschieden ist, so müssen die Fälle, welche man daraufhin untersucht, auch wirklich ätiologisch gleich sein; man muß also ätiologisch *„homogenes Material"* haben. Ein Urteil hierüber ist aber vorläufig oft sehr schwierig, da ja, wie früher dargelegt, das gleiche phänotypische Merkmal durch ganz verschiedene Ursachen bedingt sein und daher auch in verschiedenen Fällen ganz verschiedene Grade von Erbbedingtheit aufweisen kann (vgl. S. 10 u. 76). Treffen wir also ein Leiden bei E.Z. bald diskordant, bald in auffallender Übereinstimmung an, wie es z. B. bei Epilepsie, Asthma usw. beobachtet ist, so stehen wir vor der schwierigen Vorfrage, ob hier ein einheitliches Leiden mit entsprechend starken Manifestationsschwankungen vorliegt, oder ob der eine Teil der Fälle eben erblich, der andere Teil nichterblich bedingt ist. Wir stehen damit wieder vor einem Problem, dem wir schon bei Besprechung der familienpathologischen Forschung begegnet waren, und das nur durch gründliche Studien mit allen vorhandenen ätiologischen Forschungsmethoden und durch das Sammeln von Erfahrungen an einem großen Material gelöst werden kann.

Durch die zwillingspathologische Forschung ist aber auch der *Nachweis der Erblichkeit* möglich. Die Erbbedingtheit eines Leidens wird erkannt durch die Häufigkeit übereinstimmender Behaftung beider E.Z. Der einzelne Fall kann natürlich nicht die „Häufigkeit" der Konkordanz beweisen. Die Kasuistik erlaubt also auch hier keine verallgemeinernden Schlußfolgerungen. Regelmäßige Übereinstimmung von E.Z. kann nun aber, wie erwähnt, auch durch regelmäßig gleiche Außenfaktoren, wie bei Masern, zustande kommen. Darum müssen wir auch hier *Kontrolluntersuchungen an Z.Z.* machen. Regelmäßige Übereinstimmung der E.Z. beweist Erblichkeit nur dann, wenn bei Z.Z. häufiger Unterschiede vorkommen, so daß hier nicht die Häufung eines Merkmals unter Verwandten, sondern das *Fehlen* einer solchen Häufung für Erblichkeit entscheidet. Auf diese Weise gelingt der Nachweis der Erbbedingtheit auch bei solchen Leiden, bei denen familienpathologische Untersuchungen kaum durchführbar sind (Leiden mit gleitender oder zeitlich beschränkter Manifestation, wie Zahnanomalien, Epheliden, Keratosis pilaris), oder bei denen es sich nur um quantitative Unterschiede handelt (wie Epheliden). Dem Erblichkeitsbeweise liegt hier also die *„zwillingspathologische Vererbungsregel"* zugrunde, die etwa folgendermaßen formuliert werden kann: Alle erblichen und alle erblich-

---

[1] Eine gute Übersicht gibt BROMAN in BETHE, Handbuch der Physiologie, Bd. 14/1, S. 1063. Berlin: Julius Springer 1926.

dispositionellen Leiden werden bei Z.Z. seltener gemeinsam angetroffen als bei E.Z.

Durch den Vergleich der E.Z. mit den Z.Z. ist es aber auch möglich, über den *Vererbungsmodus* ein Urteil zu gewinnen, da das Verhältnis der konkordantbehafteten zu den diskordantbehafteten Paaren bei den E.Z. und Z.Z. nicht nur entsprechend der Paravariabilität des Leidens, sondern auch entsprechend dem Vererbungsmodus in leicht zu berechnendem Grade wechselt (s. S. 57). Allerdings lassen sich solche Berechnungen nur bei sehr großem Material anstellen; Die Erforschung des Vererbungs*modus* wird deshalb im allgemeinen vorläufig der Familienpathologie vorbehalten bleiben.

Davon macht allerdings ein Modus eine Ausnahme, der sich viel leichter und in vielen Fällen vorläufig allein auf zwillingspathologischem Wege nachweisen läßt: die *Polyidie* (Polymerie, Vielanlagigkeit), d. h. die gleichzeitige Abhängigkeit eines Leidens von mehreren verschiedenen Erbanlagen (Iden). Je mehr Erbanlagenpaare an einer Krankheit ursächlich beteiligt sind, um so geringer muß ja die familiäre Häufung des Leidens sein, um so unmöglicher also der Nachweis seiner Erbbedingtheit auf dem Wege der Familienpathologie. Dagegen muß eine polyid erbliche Krankheit, falls ihre Erbbedingtheit eine hochgradige ist, bei E.Z. regelmäßig konkordant, bei Z.Z. vorwiegend diskordant auftreten (vgl. S. 66). Durch Feststellungen dieser Art ist deshalb schon bei einer Reihe von Dermatosen der Nachweis polyider Erbbedingtheit gelungen (z. B. bei Acne vulgaris, Epheliden, Keratosis pilaris).

Die zwillingspathologischen Methoden sind aber ein so feines Reagens auf Erbbedingtheit, daß man damit auch bei Leiden, die entscheidend nichterblich bedingt sind, praktisch zurücktretende *erbliche Dispositionen* nachweisen kann. Das ist in besonders anschaulicher Weise beim endemischen Kropf, bei den sog. seborrhoischen Ekzemen und bei den Lentigines gelungen. Auch in diesen Fällen stützt sich natürlich der Nachweis der erblichen Disposition auf die Feststellung eines Unterschiedes zwischen der Ähnlichkeit der E.Z. und der der Z.Z.

Der *Vergleich der Ähnlichkeit der E.Z. mit der der Z.Z.* ist bei alternativen Merkmalen sehr einfach, da man hier nur das Verhältnis der konkordanten zu den diskordanten Paaren bei beiden Sorten von Zwillingen zueinander in Beziehung setzt. Die Hyperidrosis palmaris fand ich z. B. bei E.Z. 14 mal konkordant, 1 mal diskordant, bei Z.Z. 8 mal konkordant, 11 mal diskordant. In diesen Zahlen zeigt sich der Einfluß der Erblichkeit unmittelbar. Schwieriger liegen die Dinge aber bei Merkmalen, die man nur quantitativ genügend erfassen kann, wie z. B. die Lentigozahlen oder die Körperproportionen. Hier kann man das durchschnittliche Verhältnis (Siemens) berechnen oder die durchschnittliche prozentuale Abweichung (v. Verschuer), oder man kann sich der Korrelationsberechnungen bedienen.

Das *durchschnittliche Verhältnis* berechnet man folgendermaßen. Man stellt den Zwilling mit der jeweils niedrigeren Zahl (z. B. von Lentigines) in die erste, den mit der jeweils höheren Zahl in die zweite Rubrik und addiert:

	1. Zwilling	2. Zwilling
1. Paar	8	16
2. „	19	23
3. „	7	21
4. „	22	22
5. „	35	39
	91	121

Die Ähnlichkeit dieser eineiigen Zwillinge in bezug auf die Lentigozahl verhält sich also im Durchschnitt wie 91 : 121 oder, in Prozenten ausgedrückt, wie 75 : 100. (Dazu wäre dann noch der mittlere Fehler der kleinen Zahl zu berechnen, vgl. S. 69.) In derselben Weise stellt man das durchschnittliche Verhältnis der Lentigozahlen bei den Z.Z. fest, das nach SIEMENS und SCHOLL etwa 62:100 beträgt. Die erbähnlicheren E.Z. sind sich also bezüglich der Lentigozahl im Durchschnitt ähnlicher als die stärker erbverschiedenen Z.Z. Damit ist der statistische Nachweis erblicher Beziehungen der individuellen Lentigozahl erbracht[1].

Die *durchschnittliche prozentuale Abweichung* wird in folgender Weise gewonnen: Das Maß des einen Zwillings wird von dem des anderen abgezogen, die so erhaltene Differenz halbiert und zu dem kleineren Maß addiert. So erhält man das „mittlere Maß" der beiden Zwillinge. Die halbe Differenz wird dann in Prozenten dieses mittleren Maßes ausgedrückt. Der Mittelwert dieser prozentualen Abweichungen ergibt die mittlere prozentuale Abweichung. Die *durchschnittlichen Differenzen* (DAHLBERG), die auf analoge Weise gewonnen werden, entsprechen dem doppelten Wert der mittleren Abweichungen.

Viel komplizierter ist die Berechnung von Korrelationsmaßen, deren gebräuchlichstes der BRAVAIS-PEARSON*sche Korrelationskoeffizient* ist. Doch würde man die Mühe, die die Berechnung solcher Koeffizienten macht, gern mit in Kauf nehmen, wenn man damit zu klareren Ergebnissen gelangen könnte. Anscheinend ist aber gerade das Gegenteil der Fall. Je schwieriger ein Maß zu berechnen ist, desto schwieriger ist jedenfalls *auch seine biologische Interpretation*. Auf Grund eigener peinlicher Erfahrungen kann ich deshalb vor der Anwendung der Korrelationsmethoden bei der zwillingspathologischen Forschung nur warnen, so lange man über die Zuverlässigkeit und die Bedeutung der damit erhaltenen Ziffern von verschiedenen Fachleuten die entgegengesetzten Ansichten zu hören bekommt. Wie die Korrelationsmessung in der Familienpathologie nicht gehalten hat, was sich besonders englische Forscher davon versprachen, so scheint sie auch in der Zwillingspathologie nicht die erwarteten Ergebnisse zu zeitigen. Auf jeden Fall aber sollte es immer unser Bestreben bleiben, mit den einfachsten Methoden, die noch völlig durchsichtig sind, auszukommen. Es hat auch bisher den Anschein, als ob sie für eine anschauliche Darstellung der Ähnlichkeit von Zwillingen vollständig genügten.

Den Nachweis der Erbbedingtheit kann man weiter noch dadurch sichern, daß man die Ähnlichkeit der Z.Z. (also die Ähnlichkeit „gleichaltriger Geschwister") mit der Ähnlichkeit — gleichaltriger und ungleichaltriger — *Nichtgeschwister* vergleicht. Denn es leuchtet ein, daß sich Geschwister in bezug auf erbliche oder erbdispositionelle Merkmale durchschnittlich mehr ähneln müssen als nichtverwandte Individuen. Das durchschnittliche Verhältnis der Lentigozahlen beträgt z. B. bei Nichtgeschwistern rund 50%, bei gleichaltrigen Geschwistern (= Z.Z.) 62%. Durch Feststellung der Ähnlichkeit der Nichtgeschwister gewinnt man also gewissermaßen den Nullpunkt der individuellen Ähnlichkeit, d. h. denjenigen Grad der Übereinstimmung, der bei den Menschen auf Grund ihres allgemeinen Rassen- oder Artcharakters vorhanden ist, und der infolgedessen bei der Frage nach der Ätiologie *individueller* Unterschiede ausgeschaltet werden muß.

Methodologisch noch wichtiger als der Vergleich der Zwillingsähnlichkeit mit der Ähnlichkeit nichtverwandter Personen ist ein Vergleich der Ähnlichkeit der E.Z. mit der Ähnlichkeit der *Körperhälften*. Führten doch die dermatologischen Zwillingsuntersuchungen zu dem interessanten Ergebnis, daß die alte, auch durch daktyloskopische Befunde (WILDER, POLL) gestützte Anschauung, nach der die E.Z. den beiden Körperhälften entsprechen, in bezug auf die Ähnlichkeit des Integumentalorgans offenbar *ganz allgemeine Geltung* hat. Der Ähnlichkeitsvergleich der beiden Körperhälften bildet also gewissermaßen eine Kontrolle des Ähnlichkeitsvergleichs der E.Z., denn beide Ziffern stimmen im allgemeinen weitgehend überein. Allerdings fanden wir, in Übereinstimmung mit den erwähnten daktyloskopischen Befunden, auch bei den Lentigozahlen die Ähnlichkeit der Körperseiten etwas *geringer* als die der E.Z. (in unserem Material z. B. 71% gegenüber 75%). Es scheint mir aber nicht ausgeschlossen, daß diese Unterschiede nur auf einer statistischen Täuschung beruhen, d. h. daß

---

[1] In meiner Naevusarbeit (1924) habe ich noch eine andere Methode zur Berechnung des durchschnittlichen Verhältnisses verwendet, die aber viel mühsamer ist und doch zu ganz analogen Ergebnissen führt, so daß sich ihre Anwendung wohl nicht lohnt.

sie nur durch die kleineren absoluten Zahlen bedingt sind, mit denen wir es bei den Körperhälften zu tun haben, da hierdurch die Unterschiede des einzelnen Falles stärker ins Gewicht fallen.

Die weitgehende Identität zwischen der Ähnlichkeit der E.Z. und der der Körperhälften läßt sich auch in dem Sinne verwerten, daß man bei seltenen Leiden bzw. einzelnen Symptomen solcher Leiden *die Ähnlichkeit der E.Z. aus der Ähnlichkeit der Körperhälften errechnet*, wie wir das für die Zahl der großen Pigmentflecke bei der Recklinghausenschen Krankheit versucht haben. Hier werden also die Unterschiede der Körperhälften direkt als Maßstab der Paravariabilität benutzt. Zum mindesten erhalten wir auf diese Weise eine *Minimalzahl* für die Paravariabilität. Seit die dermatologischen Zwillingsuntersuchungen die regelmäßigen Analogien zwischen E.Z.-Ähnlichkeit und Körperhälften-Ähnlichkeit aufgedeckt haben, sind also zur Beurteilung der Paravariabilität in gewissen Fällen Zwillingsuntersuchungen gar nicht mehr nötig, da durch Vergleich der Körperseiten ersetzbar. Immerhin wird man heute mit der Anwendung dieser Ersatzmethode noch vorsichtig sein, da wir zwar die Regel kennen, über ihre Ausnahmen aber noch gar nicht Bescheid wissen.

Gegen die vererbungsbiologische Bedeutung der zwillingspathologischen Untersuchungen sind seit unseren ersten Arbeiten eine Reihe von *Einwänden* erhoben worden. Hierbei handelte es sich um *Mißverständnisse der Voraussetzungen* dieses Forschungszweiges *oder unserer Interpretation* der auf diesem Wege gewonnenen Befunde. So hat man die Lehre von der *Erbgleichheit* der eineiigen Zwillinge als ein ungerechtfertigtes „Dogma" bezeichnet und bekämpft. Daß wir bei den E.Z. in der Regel Individuen gleicher Erbformel vor uns haben, ist aber in höchstem Maße wahrscheinlich, da 1. E.Z. nach allem, was wir wissen, aus der gleichen befruchteten Eizelle, also aus demselben Erbanlagenkomplex hervorgehen, da sie 2. in einem ganz erstaunlichen Maße, und zwar in den allerverschiedensten Eigenschaftskomplexen übereinzustimmen (und auch stets von gleichem Geschlecht zu sein) pflegen, und da 3. beidseitig entwickelte Merkmale bei ihnen — soweit bekannt — in mindestens ebenso hohem Maße übereinstimmen wie bei den Körperhälften, denen doch auch gleiche Erbanlagen zugrunde liegen. Dagegen ist es natürlich denkbar, daß *gelegentlich* — durch erbungleiche Teilung (mitotische Idiovariation) oder durch später einwirkende Idiokinese — Erbunterschiede bei E.Z. vorkommen mögen; diese könnten aber wohl nur sehr selten sein, denn sie wären selbstverständlich nicht häufiger zu erwarten als gröbere idiokinetische Veränderungen überhaupt[1]. Ich sehe also nicht den geringsten Grund, daran zu zweifeln, daß die E.Z. in der Regel erbgleich sind. Wäre aber ihre Erbgleichheit wirklich keine ganz vollständige, so wäre deshalb die zwillingspathologische Methode doch nicht weniger anwendbar. Auch Geschwister sind ja durchschnittlich nur zu etwa 50% erbgleich, und trotzdem können wir durch Feststellung der Krankheitshäufung bei Geschwistern Erbforschung treiben. So würde auch die „zwillingspathologische Vererbungsregel" (s. S. 39) ihre Geltung behalten, wenn die E.Z. durchschnittlich nur zu 80 oder zu 90% erbgleich wären. Mir scheint deshalb bei aller Wichtigkeit, welche der Frage nach der Erbgleichheit allgemeinbiologisch zukommt, ihre Bedeutung als Voraussetzung der zwillingspathologischen Forschung doch von manchen Autoren außerordentlich überschätzt zu sein.

Zu besonderen Erörterungen führten die zwillingspathologischen Forschungen auch bezüglich der Frage der *Asymmetrie*. Daß einseitig auftretende Merkmale

---

[1] Die zum Teil enormen Übertreibungen bei der Annahme einer Erbverschiedenheit der E.Z. habe ich in Virchows Archiv **264**, 321 in eingehender Kritik zurückgewiesen.

meist nichts von strengeren Erblichkeitsbeziehungen nachweisen lassen (Fehlen stärkerer familiärer Häufung), war schon lange aufgefallen. Auf diese Frage fiel neues Licht, als sich herausstellte, daß einseitige Krankheiten bzw. Mißbildungen bei E.Z. meist diskordant auftreten, auch wenn sich das anscheinend gleiche Merkmal bei symmetrischem Auftreten vorwiegend konkordant verhält (wie z. B. bei gewissen Zahnanomalien). Hier zeigte sich also recht anschaulich, daß zwischen den drei Erscheinungen: *Einseitigkeit, Diskordanz und Nichterblichkeit* bestimmte Beziehungen bestehen. Diese Erkenntnis führte uns zur Aufstellung einer *morphologischen (laterotopen) Vererbungsregel* mit dem Wortlaut: Typisch einseitige Merkmale sind in der Regel nichterblich, typisch symmetrische Mißbildungen sind meist erblich.

Daß dieser Satz — als Regel — Geltung hat, wird uns durch zahlreiche Tatsachen nahegelegt. Bei ihrer Betrachtung ist es aber zweckmäßig, zu unterscheiden zwischen der Umkehrung der normalen Asymmetrie, also der *Inversion*, und dem *einseitigen Auftreten von Merkmalen*. Daß Inversionen gelegentlich erblich sein können, wird niemand bestreiten. Aber etwas Sicheres wissen wir bis heute darüber nicht. Der Situs viscerum inversus ist zwar ausnahmsweise bei Geschwistern, auch einmal bei zwei E.Z. beobachtet worden. Das einzige aber, was sich zur Zeit bestimmt von ihm aussagen läßt, ist, daß er durch nichterbliche Faktoren entstehen *kann;* das wurde nicht nur durch seine Häufigkeit bei Doppelbildungen (besonders bei der rechts gelegenen Frucht), sondern vor allem auch auf experimentellem Wege (PRZIBRAM, SPEMANN und FALKENBERG) erwiesen. Auch von der Linkshändigkeit, die bei E.Z. meist diskordant gefunden wurde, läßt sich nicht behaupten, daß eine strengere Erbbedingtheit bewiesen sei, so viele Autoren auch dafür eingetreten sind; ich wenigstens habe in meinem Material eine sichere familiäre Häufung nicht feststellen können. Erhebungen über Linkshändigkeit sind jedoch ausnahmslos sehr unsicher, und es ist deshalb eine Klärung der Frage nach der Erbbedingtheit der Inversionen ohne Mithilfe experimenteller Untersuchungen bei Tieren wohl nicht zu erwarten. So deutlich hier aber auch die Inversion als Rassencharakter in die Erscheinung treten kann (z. B. bei Schnecken und Plattfischen), so wenig wissen wir über die Erblichkeit *individueller* Varianten. Daraufhin angestellte Vererbungsexperimente sind sogar bisher — mit einer Ausnahme — negativ verlaufen, d. h. diese individuellen Inversionen haben sich als nichterblich erwiesen (vgl. S. 19). GÜNTHER hat deshalb die Erblichkeit der Inversionen überhaupt geleugnet und zu ihrer genetischen Erklärung seine Strophoplastentheorie ersonnen.

Die typische Inversion kann naturgemäß nur rechts *oder* links sein. Dagegen gibt es zahlreiche Krankheiten und Mißbildungen, die einseitig, aber auch beidseitig auftreten können. Das ist besonders bei solchen Leiden der Fall, die paarig angelegte Organe, z. B. die Augen betreffen, ebenso aber auch bei umschriebenen Veränderungen auf der Körperoberfläche, z. B. Naevi. Bei Vorkommnissen dieser Art wirft sich die Frage auf, ob hier — bei Erbbedingtheit des Grundleidens — dessen einseitiges bzw. beidseitiges Auftreten durch nichterbliche Faktoren bestimmt wird, oder ob es sich tatsächlich um die Erbbedingtheit eines Merkmals *auf einer bestimmten Seite* handelt.

Im ersten Fall wäre zwar die Krankheit erblich, aber doch nicht streng, da paratypische Faktoren darüber entscheiden würden, ob sie sich nur auf einer oder auf beiden Seiten (oder auf gar keiner!) manifestiert. Der betreffenden Erbanlage wäre also eine ,,*Symmetrieschwäche*" eigen, die eine große Paravariabilität bedingen würde. Daß so etwas vorkommt, kann gar keinem Zweifel unterliegen. Bei der Mehrzahl aller erblichen Augenkrankheiten (z. B. erblicher Myopie, erblichem Astigmatismus, erblichem Star, angeblich auch erblicher

Farbenblindheit) sind in den behafteten Familien gelegentlich auch Personen angetroffen worden, die die Familienkrankheit nur auf dem einen Auge zeigen, während bei ihren Nachkommen wieder beide Augen behaftet sein können. Es ist auch nichts Erstaunliches, wenn in solchen Fällen die eine Seite durchschnittlich häufiger erkrankt als die andere (z. B. Extrazehen bei gewissen Hühnern, überzählige Zitzen beim Schwein, Hasenscharten, angeblich auch Naevi vasculosi häufiger links, Hemihypertrophie häufiger rechts), da sich das im Zusammenhang mit der normalen Asymmetrie und der asymmetrischen Lage in utero verstehen ließe. In solchen Fällen würde es sich aber offenbar doch nur um eine *scheinbare* Einseitigkeit handeln, um eine Einseitigkeit als Außenmerkmal, der eine potentiell doppelseitige Anlage zugrunde liegt. Hier kann also die Krankheit zwar erblich sein, sie ist es aber nur teilweise, da *die Seitenbehaftung nichterblich bedingt* ist. Ein sicheres Beispiel dafür ist die Schilderverdoppelung der Gürteltiere, die zwar als solche ausgesprochen familiär auftritt, die aber, wenn sie bei Mutter und Kind einseitig ist, nach meiner Auszählung *ebensooft gegenseitig wie gleichseitig* gefunden wurde.

Die entscheidende Frage ist nun jedoch, ob es außer diesen „erblich-nichterblichen" einseitigen Leiden auch solche gibt, in denen *die Einseitigkeit selber erblich fixiert* ist. Das ist also die Frage danach, ob es getrennte Erbanlagen für die beiden Körperhälften, ob es eine „*monolaterale Vererbung*" gibt. Die Bejahung dieser Frage muß schon deshalb schwer sein, weil eine monolaterale Vererbung durch symmetrielabile Erbanlagen vorgetäuscht werden könnte, wenn die Seitenmanifestation dieser Erbanlagen engere Beziehungen zur normalen Asymmetrie hat. Es ließe sich theoretisch denken, daß in solchem Fall auch Verhältnisse eintreten könnten, die den Schluß von der regelmäßigen Diskordanz der E.Z. auf Nichterblichkeit nicht zwingend machen würden. Fragen wir uns aber, was wir in dieser Beziehung Sicheres wissen, so muß die Antwort lauten: Nichts! Bei einseitigen Merkmalen muß also strenge Erblichkeit zum mindesten sehr selten, eben nur eine Ausnahme von der oben aufgestellten Regel sein. Bis jetzt ist aber noch nicht einmal genügend bewiesen, daß bei Leiden, die in typischer Weise eine bestimmte und immer wieder dieselbe Seite befallen, strenge Erblichkeit überhaupt vorkommt. Mit retrospektiv aufgestellter Kasuistik aus der menschlichen Vererbungspathologie (Gesichtsasymmetrie, Heterochromie usw.) ist ein solcher Beweis natürlich nicht zu erbringen. Und aus der experimentellen Vererbungslehre ist mir bisher kein entscheidender Versuch dieser Art bekannt geworden. *Im allgemeinen* müssen wir deshalb schon in der Einseitigkeit eines Leidens ein Kriterium für seine weitgehend paratypische Natur erblicken, und damit hat die Tatsache, daß einseitige Merkmale auf zwillingspathologischem Wege meist diskordant angetroffen werden, das Wunderbare verloren, das manche Autoren darin zu sehen glaubten.

Als besonders rätselhaft wurde es vielfach empfunden, daß sich regelmäßige Diskordanz auch bei solchen einseitigen Merkmalen feststellen ließ, die bisher für erblich gehalten worden waren (Muttermäler, Linkshändigkeit). Man erinnerte sich dabei der alten Auffassung, nach der die E.Z. den Körperhälften entsprechen, und stellte sich die Sache so vor, daß die Anlage zu einem einseitigen Merkmal, so wie sie nur in eine Körperhälfte gelangt, auch nur in den einen Zwilling übergehen könnte. Es ließ sich jedoch beim Studium der Lentigines zeigen, daß diese Ansicht wenigstens hierfür nicht zutrifft. Denn aus ihr würde logisch folgen, daß ein E.Z. nur die Lentigines einer Körperhälfte haben dürfte, also nur halb so viele wie ein gewöhnlicher Mensch. Die Lentigozahlen bei E.Z. erwiesen sich mir jedoch nicht als vermindert, sondern als ganz normal. Daß Diskordanz einseitiger Merkmale keine natürliche Folge der Zwillingsbildung ist, geht aber schon daraus hervor, daß die verschiedensten einseitigen Merkmale und selbst Inversionen auch schon bei beiden Partnern eines E.Z.-Paares angetroffen wurden. *Solche* einseitigen Merkmale, die familienpathologisch gewisse Beziehungen zu den Erbanlagen erkennen lassen, wurden bei E.Z. sogar relativ häufig konkordant beobachtet (Augenanomalien, Asymmetrien der äußeren Körperform, DARWINsches Höckerchen). Das spricht aber in hohem Grade dafür, daß sich die einseitigen Merkmale bei E.Z. nicht prinzipiell anders verhalten wie die sonstigen Eigenschaften.

Die Vorstellung von der Existenz besonderer Manifestationsbedingungen asymmetrischer Merkmale bei der Zwillingsbildung wurde wohl ursprünglich durch die Beobachtung der sog. *Spiegelbildasymmetrie* nahegelegt. Dieses Phänomen hat aber seine Wunderbarkeit verloren, seit man weiß, daß seine Bedeutung und Häufigkeit enorm überschätzt wurde. Denn die gleiche Erscheinung trifft man auch an, wenn man gewöhnliche Geschwister (Z.Z.) miteinander vergleicht (LAUTERBACH), und von zahlreichen einseitig vorhandenen Merkmalen stellte sich heraus, daß sie bei E.Z. häufiger gleichseitig als spiegelbildlich vorhanden sind (Schilderanomalien bei den Gürteltieren, Lage des Haarwirbels, DARWINsches Höckerchen).

Bis jetzt sprechen also alle Tatsachen dafür, daß Schlüsse aus dem Auftreten *einseitiger* Leiden bei E.Z. genau so berechtigt sind wie solche aus dem Auftreten symmetrischer Merkmale. Daß bei bestimmten einseitigen Merkmalen Ausnahmeverhältnisse *möglich* sind, wird freilich niemand bestreiten; solche Ausnahmen müssen aber erst aufgefunden werden.

Eine Frage, die bei der Auswertung zwillingspathologischer Befunde besonders naheliegt, und die wir deshalb auch in früheren Arbeiten schon berührt haben, ist die, ob die Paravariabilität der E.Z. der *allgemeinen* Paravariabilität entspricht. Zu dieser Fragestellung veranlaßte zuerst unsere Beobachtung, daß gewisse Merkmale (Linkshändigkeit, Hypsikephalie) bei E.Z. oder bei Zwillingen überhaupt häufiger vorzukommen scheinen als sonst[1]. So etwas gilt aber offenbar nur für bestimmte Eigenschaften. Daß Krankheiten und Mißbildungen *ganz allgemein* bei E.Z. gehäuft auftreten sollen, ist ein alter Glaube, den man längst aufgegeben hat. Noch weniger Anhaltspunkte haben wir aber dafür, daß solche bei Zwillingen gehäuften Merkmale nun auch noch häufiger diskordant vorkommen, als ihren Erblichkeitsbeziehungen entspräche. Gerade hierauf würde es aber bei der Auswertung von Zwillingsbefunden ankommen. Trotzdem sind natürlich hier, wie überall, bei unvorsichtiger Auslegung Irrtümer möglich. Denn erstens können nichterbliche Faktoren in utero E.Z. stärker *verähnlichen* als Z.Z., so daß Erblichkeit vorgetäuscht wird. Das trifft z. B. für die intrauterine Syphilis zu, welche von Z.Z. nicht selten den einen verschont, während E.Z. wegen der Gemeinsamkeit ihrer Blutversorgung anscheinend auch immer gemeinsam infiziert werden. Zweitens können vorgeburtliche paratypische Faktoren E.Z. vielleicht auch stärker *verunähnlichen* als Z.Z., so daß Nichterblichkeit vorgetäuscht wird. Das wird wenigstens bezüglich der Körpergröße von den Gynäkologen schon lange behauptet (von WEINBERG aber neuerdings angezweifelt), wenngleich die Unterschiede, welche in dieser Hinsicht die E.Z. gegenüber den Z.Z. vor und bei der Geburt aufweisen sollen, sich später wieder ausgleichen. Dafür aber, daß *krankhafte* Merkmale — mit oder ohne Bindung an die Größenunterschiede — *häufiger* zu diskordantem Auftreten gelangen als ihrer allgemeinen Paravariationslabilität entspricht, haben wir wiederum vorläufig keine genügenden Anhaltspunkte. NEWMAN konnte im

---

[1] Neuerdings hat auch BONNEVIE eine Häufung bestimmter Unregelmäßigkeiten der Papillarmuster bei Zwillingen gefunden.

Gegenteil zeigen, daß bei den Gürteltieren die Größenunterschiede der Vierlings-
feten ohne jeden Einfluß auf die von ihm untersuchten Schilderanomalien sind.
Wir müssen deshalb unbedingt annehmen, daß es sich bei der paratypischen
Beeinflussung in utero, welche die Interpretation zwillingspathologischer Befunde
stören könnte, nur um Ausnahmen handelt [1]. Auch in der Familienpathologie
kommt ja der Feststellung der Häufung eines kongenitalen Leidens bei Geschwistern der Wert eines Erblichkeitsbeweises zu, trotzdem eine solche Häufung
auch bei der angeborenen Syphilis auf Grund gemeinsamer *Infektion* vorhanden
ist. Außer bei der Syphilis spielt eben gleichartige vorgeburtliche Beeinflussung
mehrerer Kinder derselben Mutter praktisch keine Rolle. Wir sollten uns deshalb
auch in der Zwillingspathologie vor übertriebenen Mutmaßungen über die Entstehung besonderer E.Z.-Ähnlichkeiten und E.Z.-Unähnlichkeiten durch parakine-
tische Einflüsse in utero hüten. Kommt es doch in den Naturwissenschaften
nicht darauf an, alle Möglichkeiten herbeizutragen und auszusprechen, die
man sich theoretisch überhaupt denken kann, sondern nur solche Hypothesen zu vertreten, für die sich induktive oder vernünftige deduktive Gründe
beibringen lassen. Wenn sich die Autoren hieran hielten, würde manche unnötige
Verwirrung vermieden und auch dem Forschritt der zwillingspathologischen
Forschung am besten gedient werden.

3. Der Nachweis des Vererbungsmodus.

A. Dominanz.

Bei dominanten Krankheitsanlagen sind die heterozygoten (verschiedenanlagigen) Individuen (Kk) manifest krank. *Die meisten Kranken* sind *heterozygot* behaftet (Kk), denn Homozygotkranke (KK) können bloß entstehen,
wenn sich zwei (heterozygot) Kranke miteinander verbinden. Im allgemeinen
muß daher ein Kranker (Kk), der einen Gesunden (kk) heiratet, durchschnittlich 50% kranke und 50% gesunde Kinder haben:

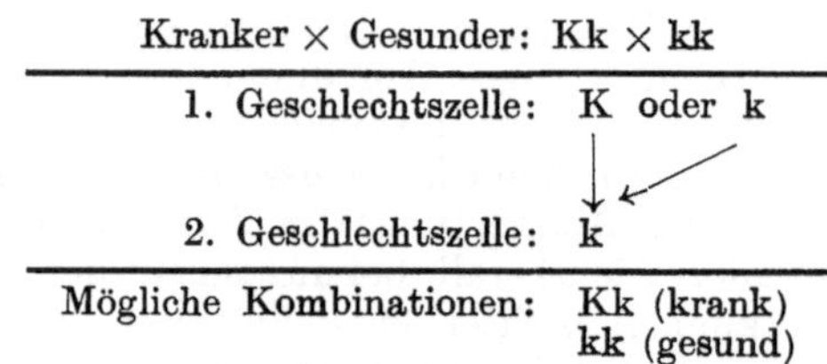

Es entspricht das der „Rückkreuzung" beim Vererbungsexperiment (s. S. 7).
So erklärt es sich, daß die dominante Vererbung den Typus für diejenige Ver-
erbungsart abgibt, die man früher als „direkte Vererbung" bezeichnet hat.
Ist *ein Elter krank*, so ist auch *die Hälfte der Kinder krank*. Von den Eltern des
Probanden ist stets einer behaftet, von seinen Geschwistern und Kindern die
Hälfte; das Leiden muß folglich unter Eltern und Kindern gleich häufig
sein, falls nicht Beziehungen der Krankheit zu bestimmten Altersstufen
bestehen.

Heiraten sich ausnahmsweise zwei Kranke, so ist auf drei kranke Kinder
ein gesundes zu erwarten. Von den drei kranken ist eines homozygot, kann also
ausschließlich kranke Nachkommen erzeugen (Abb. 15). Ein instruktives (wenn

---

[1] Selbst diese können aber beim Vergleich der E.Z. und Z.Z. nur zu Fehlschlüssen
führen, wenn die Sonderparavariabilität E.Z. und Z.Z. in ungleich hohem Grade betrifft.

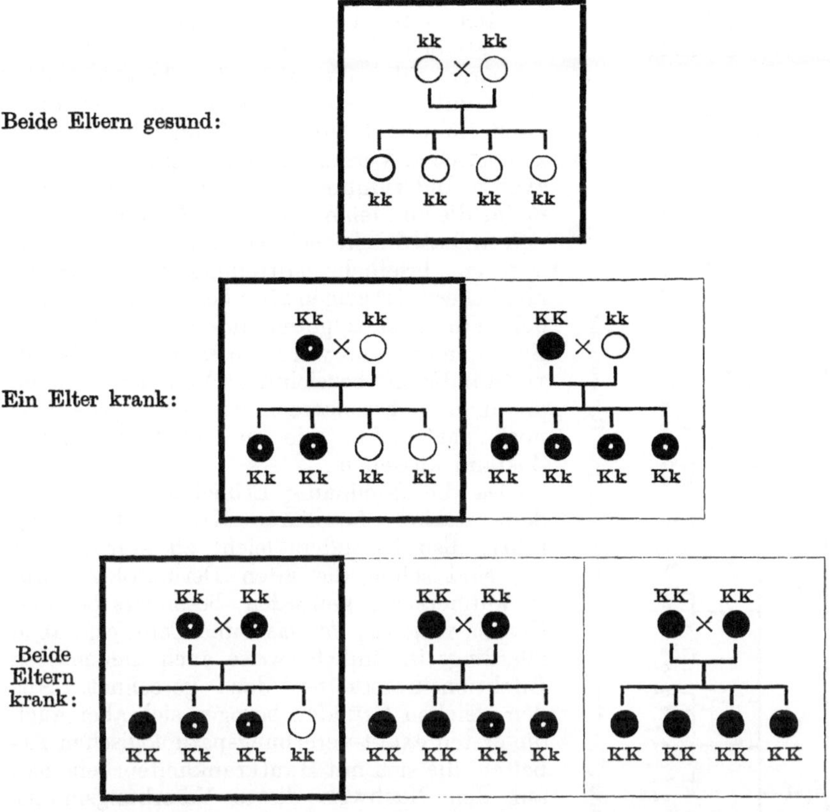

Abb. 15. Übersicht über die dominante Vererbung. (Nach SIEMENS, Vererbungspathologie, 2. Aufl.)

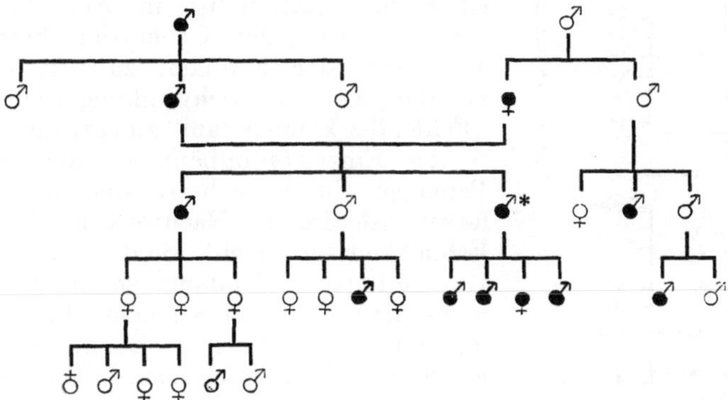

Abb. 16. Dominante Vererbung mit homozygot Krankem (*): Psoriasis. (Nach v. HEINER.)

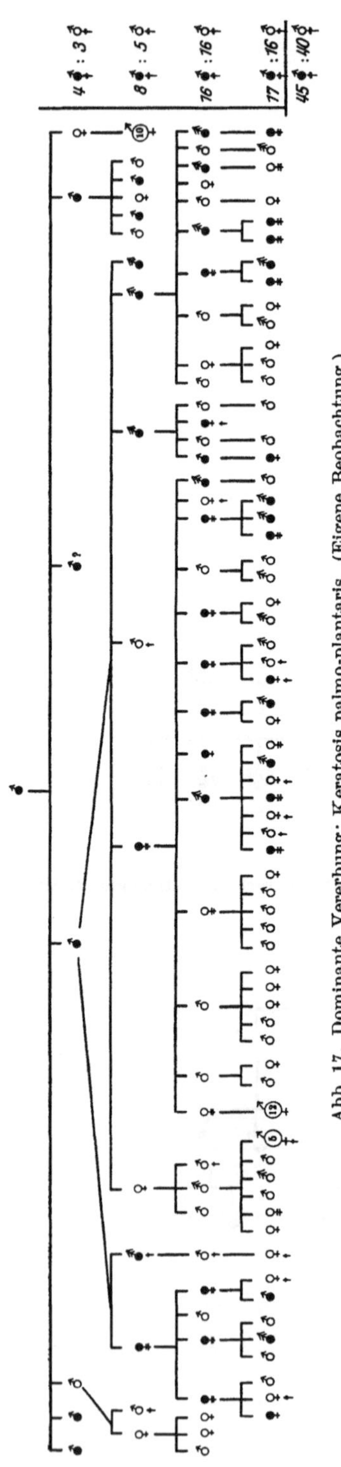

Abb. 17. Dominante Vererbung: Keratosis palmo-plantaris. (Eigene Beobachtung.)

auch als Einzelfall nicht ganz sicheres) empirisches Beispiel hierfür veranschaulicht Abb. 16.

Hier war der anscheinend homozygote Psoriatiker nicht anders, vor allem auch nicht schwerer erkrankt als seine heterozygoten Verwandten, wie das dem Begriff der Dominanz entspricht. Analoges kennen wir aus der zoologischen Vererbungspathologie: ein homozygotes Individuum von verblassenden Schimmeln, die zu Melanomen und Melanosarkomen neigen, hatte nicht *mehr* Tumoren als die heterozygoten (briefliche Mitteilung von Wriedt). Möglicherweise zeigen aber bei anderen Krankheiten die Homozygoten andere oder schwerere Symptome; dann wäre die Dominanz als unvollständig zu bezeichnen. Von den meisten dominanten Dermatosen wissen wir jedenfalls noch gar nicht, wie sie im homozygoten Zustand aussehen.

Da die dominante Erblichkeit zu besonders starker familiärer Krankheitshäufung führt, also besonders leicht zu konstatieren ist, sind schon die alten Dermatologen auf sie aufmerksam geworden, besonders bei Ichthyosis vulgaris, Psoriasis und Canities, haben allerdings irrtümlicherweise auch die meisten Infektionskrankheiten dazu gerechnet. Aus den gleichen Gründen bezogen sich aber auch die ersten exakt-vererbungspathologischen Arbeiten, die sich mit Hautkrankheiten befassen, auf den Nachweis dieses Vererbungsmodus (Hammer, Gossage).

Von dominant-erblichen Hautleiden liegen schon viele umfangreiche Stammbäume vor, einer der größten ist in Abb. 17 wiedergegeben. In jeder Generation beträgt das Verhältnis der Kranken zu den Gesunden annähernd 1:1; die Schwankungen sind auf den „Fehler der kleinen Zahl" zu beziehen (s. S. 69).

An Einzelstammbäumen, die zahlreiche Personen durch mehrere Generationen umfassen, ist also der Nachweis der dominanten Erblichkeit sehr leicht. Sind die Stammbäume von geringerem Umfang, so hängt ihre Beweiskraft von der allgemeinen Häufigkeit des untersuchten Leidens ab. Bei häufigen Leiden wie Krebs (bei Erwachsenen 1:10) oder Linkshändigkeit (etwa 1:8) können natürlich auch relativ große Stammbäume von dominantem Aussehen, wie Abb. 18, auf einer *rein zufälligen* Häufung beruhen (vgl. S. 21, 22). Solchen „Stammbaumeindrücken" gegenüber ist also große Vorsicht am Platze.

Zum Nachweis des dominanten Vererbungsmodus sind aber nicht immer Stammbäume nötig, die durch mehrere Generationen reichen, es genügt die Berechnung des Verhältnisses der Kranken zu den Gesunden unter *den nächsten Verwandten* des Probanden, besonders unter seinen Geschwistern (vgl. S. 31). Natürlich darf dann die Anwendung der Probandenmethode (S. 27) nicht unterlassen werden.

In jedem Fall darf man aber bei der *Feststellung der Behaftetenproportion* nur solche Geschwisterschaften verwenden, die 1. *vollständig bekannt* sind, und die 2. *von idiotypisch analogen Elternpaaren* abstammen. Aus diesem Grunde wäre es z. B. unrichtig, wenn man in Abb. 17 den auf der ersten Zeile verzeichneten Stammvater mitzählen wollte, weil wir ja dessen gesunde (und kranke) Geschwister nicht kennen. (Bei Feststellung des Geschlechtsverhältnisses der Kranken muß er aber natürlich mitgezählt werden.) Ebenso falsch wäre es, bei regelmäßiger Dominanz Geschwisterschaften mitzuzählen, *die von einem Gesunden abstammen*, denn bei ihnen ist ja nicht das zu prüfende Verhältnis 1 : 1 zu erwarten, sondern es ist zu erwarten, daß alle gesund sind. Dagegen müssen Geschwisterschaften, auch wenn sie keinen Kranken enthalten, natürlich

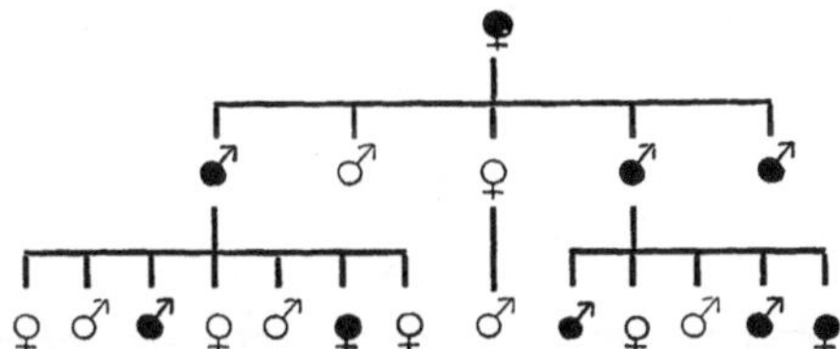

Abb. 18. Vortäuschung dominanter Vererbung: Linkshändigkeit. (STIER.)

mitgezählt werden, *wenn sie von einem kranken Elter abstammen* (Abb. 18, letzte Zeile). Eineiige Zwillinge dürfen nur als eine Person gerechnet werden; es liegt ihnen ja nur *eine* Kopulation zugrunde. Bei nicht angeborenen Leiden muß man die Personen, die das Manifestationsalter noch nicht erreicht haben, ausschalten, wozu WEINBERG (in RÜDINs Dementia praecox-Arbeit) eine eigene Methode (Aufstellung einer „Erlebenstafel“) angegeben hat. Allerdings ist die Anwendung dieser komplizierten Methode meist nicht nötig. Da bei Geschwisterschaften aus einer Ehe krank × krank eine andere Behaftetenproportion zu erwarten ist als bei den Kindern aus einer Ehe krank × gesund (nämlich 3 : 1, statt 1 : 1; vgl. Abb. 15), so müssen solche Geschwisterschaften bei der Auszählung für sich verwertet werden.

Regelmäßig dominante Vererbung, wie sie besonders in dem auf Abb. 17 wiedergegebenen Fall durch den großen Umfang des Stammbaums gesichert werden konnte, ist nun aber, wie ich schon früher betont habe, bei menschlichen Krankheiten offenbar sehr selten. Von allen häufigeren Idiodermatosen scheint sie nur die Keratosis palmo-plantaris diffusa ziemlich allgemein zu zeigen. Schon bei der Epidermolysis bullosa simplex, die im übrigen ein sehr typisches Beispiel dominanter Vererbung ist, sind Unregelmäßigkeiten des Erbgangs nichts Ungewöhnliches mehr.

Die *Unregelmäßigkeiten der Dominanz* zeigen sich bei der Stammbaumbetrachtung darin, daß einzelne Generationen „übersprungen“ werden (Abb. 19), wobei von größtem, auch klinischem Interesse ist, ob sich bei solchen „Konduktoren“ Abortivformen des betreffenden Leidens auffinden lassen. Bei der statistischen Bearbeitung machen sich die Dominanzunregelmäßigkeiten dadurch bemerkbar, daß das Verhältnis der Kranken zu den Gesunden hinter dem erwarteten (1 : 1) zurückbleibt. So fanden z. B. ich und meine Mitarbeiter an gleichmäßig bearbeiteten Literaturfällen bei Keratosis palmo-plantaris, Teleangiektasis (einschließlich Epistaxis), Epidermolysis bullosa simplex *mehr*, bei Moniletrichosis, Xanthomatosis, Morbus Darier usw. *weniger* Kranke als Gesunde in den betreffenden Geschwisterschaften, wie aus der ersten Spalte der nachstehenden Tabelle zu ersehen ist:

	I			II	III
Keratosis palmo-plantaris diffusa . . .	315 : 266	in 29	Familien	286 : 266	52 : 48
Telangiectasis haemorrhagica einschließlich Epistaxis	195 : 157	„ 32	„	163 : 157	51 : 49
Epidermolysis bullosa simplex	177 : 158	„ 16	„	165 : 158	51 : 49
Moniletrichosis	47 : 46	„ 7	„	40 : 46	47 : 53
Xanthomatosis	53 : 58	„ 15	„	38 : 58	40 : 60
Porokeratosis	50 : 89	„ 14	„	36 : 89	29 : 71
Keratosis palmo-plantaris atypica . . .	61 : 105	„ 20	„	41 : 105	28 : 72
Teleangiectasis haemorrhagica ohne Epistaxis	121 : 232	„ 32	„	89 : 232	28 : 72
Dariersche Krankheit	16 : 20	„ 9	„	7 : 20	26 : 74

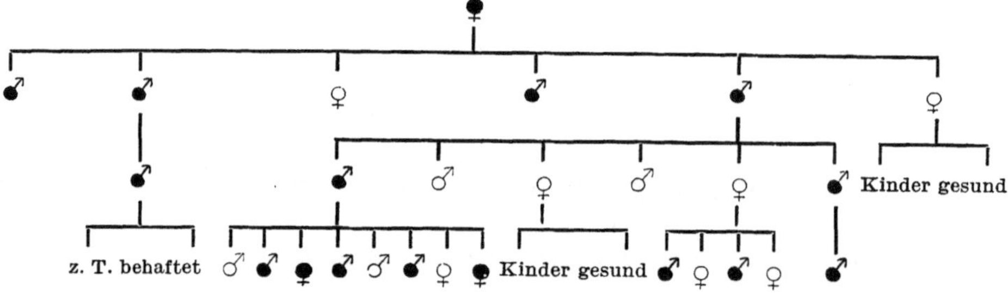

Abb. 19. Unregelmäßig dominante Vererbung: Epidermolysis bullosa (Valentin).

Entsprechend der Abnahme der relativen Anzahl der Kranken wird auch Überspringen von Generationen bei den betreffenden Krankheiten häufiger angetroffen. Durch solche Untersuchungen ist es möglich, über die relative Häufigkeit der Manifestationsstörungen bei den einzelnen dominanten Dermatosen ein Urteil zu gewinnen und so in einer Tabelle gleichsam eine *Skala der Manifestationsfestheit* aufzustellen.

Die große Rolle, welche die Manifestationsstörungen bei den dominanten Hautkrankheiten spielen, wird aber erst deutlich, wenn man bedenkt, daß in jeder Familie mindestens 1 Proband ist, also eine Person, die gerade ihrer Behaftung wegen in das Material hineingelangt ist. Läßt man nun diese, entsprechend dem über die Probandenmethode Gesagtem (S. 27), bei der Auszählung fort, so zeigt sich, daß die Anzahl der Kranken hinter der der Gesunden meist erheblich zurückbleibt. Das ist aus der 2. Spalte der Tabelle zu ersehen, noch leichter aber aus der 3. Spalte, in der die gleichen Zahlen in prozentualer Berechnung wiedergegeben sind.

Aus diesen Ziffern lernen wir, welche enorme Bedeutung die *Unregelmäßigkeiten* der Dominanz für die meisten dominanten Dermatosen haben. Die Manifestationsstörungen gehen zum Teil so weit, daß es fraglich erscheinen könnte, ob die Bezeichnung als unregelmäßig dominante „Erbkrankheit" überhaupt noch berechtigt ist[1]. Bei der Darierschen Krankheit z. B. scheint nur

---

[1] Natürlich geht es andererseits nicht an, solche Leiden, wie es in der Literatur oft geschieht, als „teilweise recessiv" aufzufassen. Denn von recessiven Merkmalen reden wir dann, wenn die *homozygot* Behafteten das Merkmal darbieten. Wie die homozygot Behafteten phänotypisch aussehen, wissen wir aber von den in unserer Tabelle aufgeführten Hautkrankheiten gar nicht sicher. Siehe auch Seite 55.

der kleinere Teil der heterozygot Behafteten das Leiden zur Manifestation zu bringen! Und auch hierbei muß noch im Auge behalten werden, daß sich die gewonnenen Zahlen nur auf die Auslese der familiären Fälle beziehen. Würden wir bei der DARIERschen Krankheit z. B. die Fälle mitberücksichtigen, die solitär sind, bei denen aber Angaben über die gesamte Geschwisterschaft vorliegen, so würden wir eine Behaftetenproportion von 28:61, nach Korrektur 7:61 bzw. 10:90 erhalten. Fragen wir nach der Erblichkeit „der" DARIERschen Krankheit und nehmen wir an, daß alle Fälle einheitlich verursacht sind, so würde also erst etwa jeder 10. Heterozygot das Leiden zur Manifestation bringen!

Die *Ursache* dieser häufigen „Manifestationsschwankungen" kann nun ihrerseits wieder in idiotypischen Faktoren liegen, nämlich in der Wirksamkeit *anderer* Erbanlagen, welche die Entfaltung der Krankheitsanlage verhindern (Manifestationsstörung durch Polyidie, vgl. S. 12). Ein Spezialfall dieser Art ist die sog. Geschlechtsbegrenzung (vgl. S. 62).

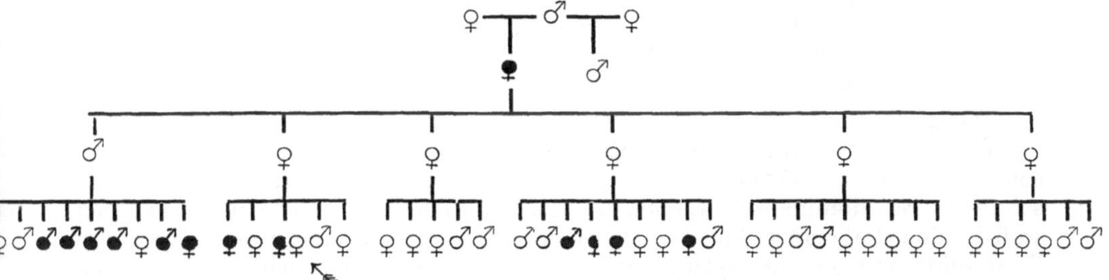

Abb. 20. Nichterblich bedingte Manifestationsstörung bei unregelmäßig dominanter Vererbung: Genuiner Nystagmus. (SIEMENS und WAARDENBURG.)

Oder es können *nicht*erbliche (auch entwicklungsmechanische und epigenetische) Faktoren die Realisierung einer Krankheitsanlage bei einzelnen idiotypisch Behafteten stören (Manifestationsstörungen durch Parakinese, vgl. S. 12). Das konnte auch auf experimentellem Wege festgestellt werden, z. B. bei Hühnern mit erblichen Mißbildungen der Füße, da hier die Zahl der behafteten Individuen wuchs, wenn die Bebrütung schlecht gewesen war. In dem gleichen Sinne spricht die schon relativ große Zahl von Beobachtungen erbgleicher Zwillinge, von denen nur der eine mit einer unregelmäßig dominanten Krankheit behaftet ist. Einen lehrreichen Fall dieser Art (allerdings bei einer Augenanomalie) zeigt Abb. 20. Das hier beobachtete Freisein des einen von zwei erbgleichen Zwillingen spricht natürlich dafür, daß auch in der Elterngeneration der Manifestationsmangel bei den erblich behafteten Individuen durch *nichterbliche* Faktoren bedingt sein kann. So bietet uns die Zwillingspathologie auch die Möglichkeit, daß wir mit der Zeit lernen, paratypische und idiotypische Manifestationsstörungen auseinanderzuhalten.

Eine sehr große praktische Bedeutung haben in der Vererbungsforschung die *scheinbaren Manifestationsunregelmäßigkeiten*. Sie kommen in erster Linie durch *unrichtige Stammbäume* zustande, zumal durch fehlerhafte, pseudologistische oder dissimulierende Familienanamnesen, durch die schon besprochene *Auslese positiver* („interessanter") *Fälle* und durch ätiologisch *heterogenes Material* (Mischung erblicher mit nichterblichen Fällen; vgl. S. 11 u. S. 76). Außerdem kommen künstliche Verschiebungen der Behaftetenproportion bei solchen Leiden vor, deren *Manifestationstermin spät* liegt (alle adulten, präsenilen und senilen Dermatosen), sowie bei Merkmalen, die *frühzeitig wieder verschwinden* oder undeutlicher werden (Epheliden, Keratosis pilaris); außerdem natürlich bei Leiden, die *abortiv* verlaufen können. In solchen Fällen werden Behaftete leicht als normal angesehen, so daß die wahre familiäre Häufung der Leiden unterschätzt wird.

Eine weitere Verschiebung der Behaftetenproportion kann schließlich dadurch zustande kommen, daß die Behafteten eine *erhöhte Sterblichkeit* aufweisen. Je früher der Tod eintritt, desto leichter ist es natürlich möglich, daß die Verstorbenen als gesund gezählt oder womöglich ganz übersehen werden. Den äußersten Fall dieser Art bilden die sog. *letalen Erbanlagen*, das sind Anlagen, die schon vor der Geburt der Frucht, womöglich schon im Keimzellenstadium zum Tode führen. Eine letale Wirkung besitzt z. B. der Faktor für gelbe Haarfarbe (Flavismus) bei bestimmten Mäusen, wenn er homozygot auftritt. Diese gelben Mäuse sind deshalb nicht rein zu züchten, sondern geben, unter sich gekreuzt, immer wieder ein Drittel andersfarbige. Dagegen fand man bei der Sektion gelber Weibchen, die von gelben Männchen befruchtet waren, eigentümlich geschrumpfte Leibesfrüchte, die bei anderen trächtigen Weibchen fehlten, und die folglich als die intrauterin verstorbenen Homozygoten aufzufassen sind. Ob bei menschlichen dominanten Hautleiden etwas Analoges vorkommt, wissen wir vorläufig nicht.

Dagegen kennen wir recessive Dermatosen, die — allerdings erst nach der Geburt — eine so stark erhöhte Mortalität aufweisen, daß man hier noch von semiletalen oder *subletalen Erbanlagen* gesprochen hat (vgl. den nächsten Abschnitt). Bei dominanten Leiden ist das in so hohem Grade nicht möglich, weil ja eine dominante Anlage, die vor der Geschlechtsreife ihres Trägers zum Tode führt, mit diesem zugrunde gehen müßte und folglich nicht weiter vererbt werden könnte. Dadurch erklärt sich wohl auch, daß ganz allgemein die dominanten Erbleiden weniger folgenschwer zu sein pflegen als die recessiven. Doch kommen Beeinträchtigungen der Lebenserwartung auch bei dominanten Hautkrankheiten vor, und konnten z. B. für die unregelmäßig dominante Recklinghausensche Krankheit von meinem Mitarbeiter Gustav August Fischer auch auf (literarisch-) statistischem Wege nachgewiesen werden.

Trotzdem bei regelmäßiger Dominanz die Erblichkeit durch familienpathologische Beobachtungen so leicht und überzeugend festzustellen ist, kann doch auch hier die *zwillingspathologische Methode* noch besondere Vorteile bieten. Das ist vor allem der Fall bei den Merkmalen, die nur eine beschränkte Anzahl von Jahren vorhanden sind. So gelang es erst auf zwillingspathologischem Wege, den dominanten Erbgang für das Tuberculum Carabelli wahrscheinlich zu machen, da Familienuntersuchungen hier der Umstand im Wege steht, daß die jüngeren Familienmitglieder die betreffenden Zähne noch nicht, die älteren nicht mehr zu haben pflegen. Daß zwillingspathologische Studien außerdem auch für die unregelmäßig dominanten Krankheiten von grundsätzlicher Wichtigkeit sind, nämlich zur Aufklärung der Manifestationsschwankungen, wurde schon oben erörtert.

B. Recessivität.

Bei recessiven Krankheitsanlagen sind die heterozygoten (verschiedenanlagigen) Individuen (Gg) äußerlich gesund. *Alle Kranken* sind daher *homozygot* (gleichanlagig) behaftet (gg). Folglich müssen stets beide Eltern des Behafteten die Krankheitsanlage latent in sich tragen; unter den Kindern solcher Ehen müssen dann durchschnittlich $^{1}/_{4}$ krank sein:

Heterozygot-gesund × Heterozygot-gesund: Gg × Gg

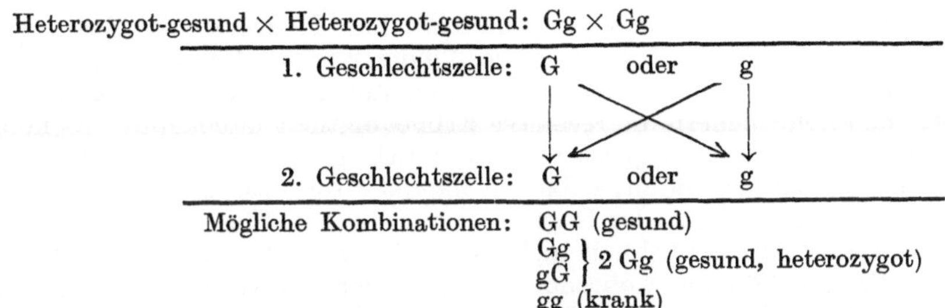

So erklärt es sich, daß bei den recessiven Erbleiden von Erblichkeit im alten Sinne des Wortes meist gar nichts zu konstatieren ist: Eltern und Kinder der Behafteten pflegen gesund zu sein, nur unter den Geschwistern finden sich 25% Kranke:

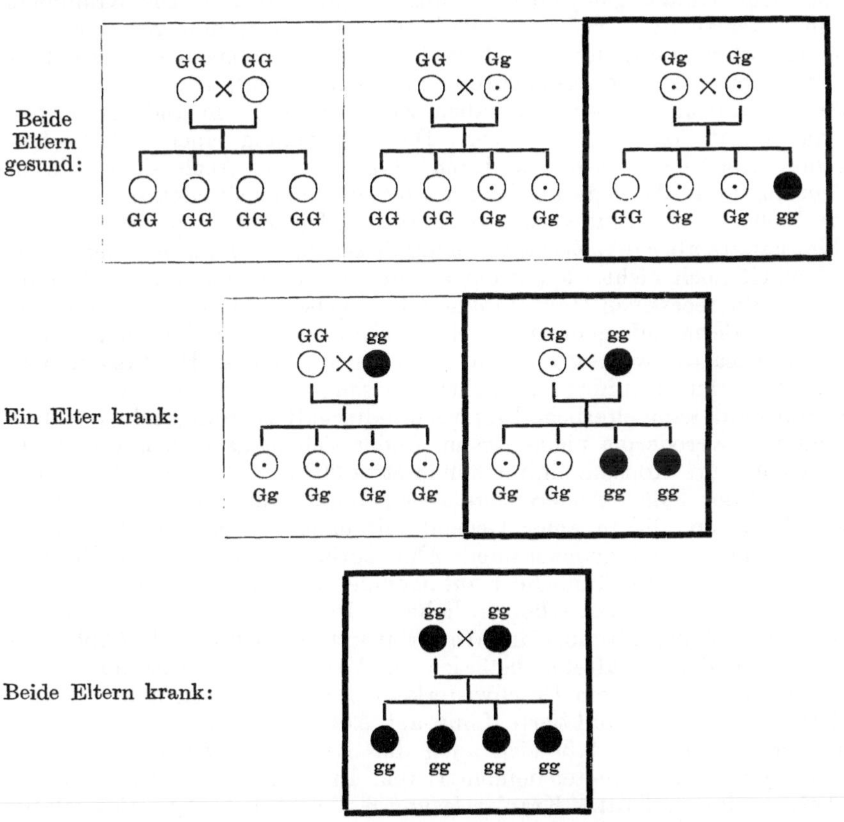

Abb. 21. Übersicht über die recessive Vererbung. (Aus SIEMENS, Vererbungspathologie, 2. Aufl.)

Dadurch kommt es denn auch, daß die Erbbedingtheit der recessiven Leiden, einschließlich der Hautleiden, erst spät erkannt wurde. Vielfach wurden sie wegen der Häufung unter Geschwistern als „familiär" den „hereditären" (dominanten) gegenübergestellt. Ob wegen der Häufung unter Geschwistern Erbbedingtheit anzunehmen sei, war den alten Dermatologen ein Rätsel; die ätiologischen Erörterungen z. B. über den Albinismus (CAZENAVE-SCHEDEL, EBLE,

Alibert, Rayer, Fuchs) machen geradezu den Eindruck der Ratlosigkeit. Besonders verwirrend wirkte es, daß die Kinder aus der Ehe eines Albino mit einem Gesunden fast niemals krank sind. Aber auch heute noch ist manchen dermatologischen Lehrbüchern die recessive Erbbedingtheit unbekannt. Es kommt auch noch vor, daß sie bei typisch recessiven Erbleiden bestritten wird, nämlich dann, wenn es sich um infauste Leiden handelt, die, wie die Ichthyosis congenita, vor der Erreichung der Geschlechtsreife regelmäßig zum Tode führen; man meint dann, daß Erblichkeit nicht möglich sei, weil ja die Behafteten sich nicht fortpflanzen können, während doch die Dinge in Wirklichkeit so liegen, daß die Vererbung eben durch die äußerlich gesunden heterozygoten Geschwister der Kranken erfolgt.

Im Gegensatz zu der im allgemeinen geringen familiären Häufung der recessiven Krankheiten steht ihr massenhaftes Auftreten, wenn sich zwei recessiv Kranke heiraten; denn da hier beide homozygot (gleichanlagig) krank sind, müssen sämtliche Kinder gleichfalls erkranken (vgl. Abb. 21): Die Krankheit entsteht in „Reinzucht". Solche Fälle konjugaler Erkrankungen kommen jedoch bei der Schwere und der Seltenheit der meisten recessiven Leiden natürlich nur ausnahmsweise zur Beobachtung (Taubstummheit, Albinismus).

Bei den recessiven Krankheiten haben wir aber noch ein anderes Mittel, die idiotypische Ätiologie nachzuweisen: Die Feststellung einer statistischen Häufung der elterlichen *Blutsverwandtschaft* (vgl. S. 33). Auch sie wurde in ihrer Bedeutung für die Ätiologie der Hautkrankheiten erst spät erkannt. Adrian wies zwar 1906 auf die Blutsverwandtschaft bei den Eltern gewisser Hautkranker hin, kannte aber den Zusammenhang dieser Erscheinung mit der recessiven Erblichkeit noch nicht. Ich versuchte deshalb zum erstenmal 1921 eine Übersicht über die recessiven Hautkrankheiten zu geben, von denen Albinismus universalis, Xeroderma pigmentosum, Ichthyosis congenita und Epidermolysis bullosa dystrophica die wichtigsten sind. Bei ihnen allen ist Häufung in Geschwisterschaften und Häufung elterlicher Konsanguinität festzustellen.

Im *einzelnen Fall* kann elterliche Blutsverwandtschaft allerdings fehlen; selbst bei dem seltenen Xeroderma pigmentosum findet sich ja nach dem Literaturmaterial nachweisbare Konsanguinität nur in etwa $30^0/_0$, also noch nicht einmal in einem Drittel der Fälle. Andererseits aber gelingt es doch öfters, sämtliche Eltern von Personen, die in einer Gegend mit einer bestimmten Krankheit behaftet sind, auf einen gemeinsamen Ahn zurückzuführen. Ein Beispiel dafür bietet eine xerodermaähnliche Hautatrophie ohne Neigung zu Epitheliomatose (die Behafteten stehen schon in hohem Alter) mit infantilem Star, die ich in drei verschiedenen Familien im Walsertal untersuchen konnte (Abb. 23). Von den 6 Eltern der Behafteten ließ sich ein Vater nicht weiter zurückverfolgen; die Angabe, daß er ein Geschwisterkind seiner Frau sei, ließ sich also nicht sicherstellen (s. die punktierte Linie auf Abb. 22).

An diesem Stammbaum läßt sich auch die *Auszählung der Belastetenproportion* bei recessiven Krankheiten demonstrieren. In den fraglichen Geschwisterschaften beträgt das Verhältnis Krank : Gesund 6 : 11, d. i. 1 : 1,8, also relativ zu wenig Gesunde. Nun sind aber 2 oder 3 der Behafteten als Probanden zu betrachten und folglich entsprechend der Probandenmethode bei der Zählung fortzulassen (s. S. 27). Wir erhalten dann ein Verhältnis von 4 : 11 oder 3 : 11, das macht aber 1 : 2,8 oder 1 : 3,7. Die Zahlen schwanken also deutlich um die bei recessiv kranken Kindern gesunder Eltern zu erwartende Proportion 1 : 3.

Besondere Hilfsmittel zur *Differentialdiagnose zwischen dominanter und recessiver Vererbung* bildet die Aufsuchung konjugaler und Halbgeschwisterfälle. Bei *konjugalen Fällen* (beide Eltern krank) müssen bei Recessivität, wie oben erklärt, sämtliche Kinder krank sein, bei Dominanz ist ein Viertel gesunder zu erwarten (Abb. 15 und 21). Bei *Halbgeschwisterfällen* ist im Falle der Dominanz zu erwarten, daß bei Gemeinsamkeit des kranken Elters die Hälfte, bei Gemeinsamkeit des gesunden Elters keins, also im Gesamtmaterial $1/_4$ der Stiefgeschwister des Probanden gleichfalls krank sind. Bei selteneren recessiven Leiden müssen dagegen erwartungsgemäß sämtliche Stiefgeschwister gesund sein, weil es höchst unwahrscheinlich ist, daß ein Heterozygot in zwei verschiedenen Ehen jedesmal wieder einen Heterozygoten heiratet. Diese Unterschiede im familiären Auftreten demonstriert Abb. 23.

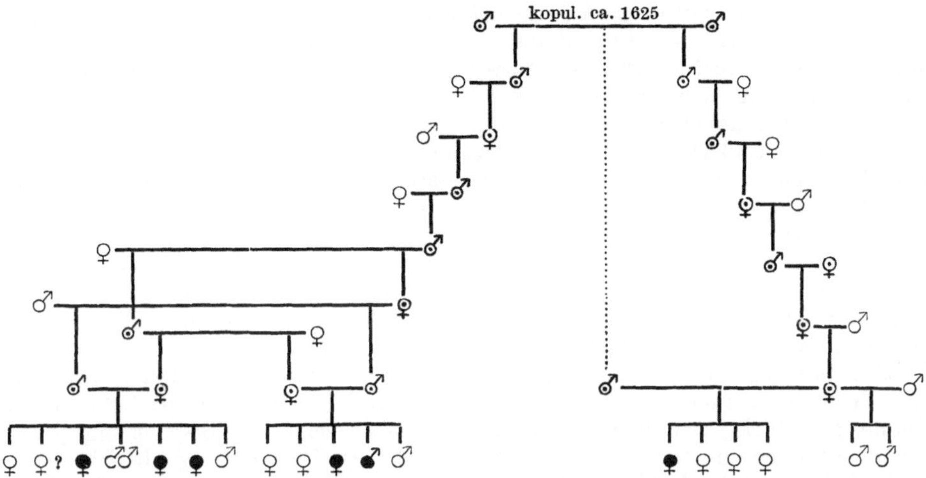

Abb. 22. Elterliche Blutsverwandtschaft bei einer recessiven Krankheit: Xerodermaähnliche Hautatrophie in Kombination mit infantilem Star. (Eigene Beobachtung.)

Es liegt in der Natur des recessiven Erbgangs begründet, daß man im Einzelfall nur selten in der Lage ist, die Erbbedingtheit sicher nachzuweisen, daß dieser Nachweis in überzeugender Form vielmehr meist erst durch *Zusammenlegung vieler verschiedener Geschwisterschaften* gelingt. Um so stärker fallen hier alle die Fehlerquellen ins Gewicht, die früher ausführlich besprochen wurden: falsche Anamnesen, Auslese positiver Fälle usw., besonders aber die ungenügende klinische Abgrenzung und folglich die Summierung ätiologisch heterogenen

Abb. 23. Das Verhalten der Halbgeschwister bei dominanten und bei recessiven Krankheiten.

Materials. Bei der schon erwartungsmäßig geringen familiären Häufung ($1/_4$ der Geschwister krank) ist es hier auch besonders leicht möglich, daß typische Behaftetenziffern durch nichterbliche Leiden vorgetäuscht werden. So fand JORDAN in 69 Geschwisterschaften mit Linkshändigkeit die für Recessivität erwartete Behaftetenproportion, nämlich 90 Linkser zu 321 Rechtsern, also fast $1/_4$ Linkser. Nun sind bei ihm aber die Linkser zum großen Teil Probanden, anscheinend ist in jeder Geschwisterschaft ein Proband. Korrigiert man dementsprechend die JORDANschen Zahlen mit Hilfe der Probandenmethode (s. S. 27), so bleiben nur $1/_{17}$ Linkshänder übrig. Die Zahl paßt aber nicht nur sehr schlecht zu der Erwartung bei einfach recessivem Erbgang, sondern sie

entspricht überhaupt bereits vollständig der *allgemeinen* Häufigkeit der Linkshändigkeit (6%)!

Über *Manifestationsunregelmäßigkeiten* bei recessiven Leiden wissen wir noch
sehr wenig. Beim Xeroderma pigmentosum, dessen recessiv-erbliche Bedingtheit völlig sicher ist (Häufung unter Geschwistern, Häufung elterlicher Blutsverwandtschaft), fanden wir nicht ganz so viel Kranke, als zu erwarten gewesen
wäre. In den betreffenden Geschwisterschaften betrug nämlich das Verhältnis
der Kranken zu den Gesunden etwa 1 : 3,4, statt 1 : 3. Dieses Zuwenig an
Kranken fällt hier aber noch besonders ins Gewicht, weil es sich um Literaturmaterial handelt, bei dem die kasuistische „Interessantheits"-Auslese (S. 26)
nicht ausgeschaltet ist, die auf eine wesentliche Erhöhung der Krankenziffer
hinwirkt. Falls nicht nur eine statistische Täuschung vorliegt, für die aber
Gründe vorläufig nicht ersichtlich sind, lassen sich für diese niedrige Behaftetenziffer nur zwei naheliegende Erklärungen geben: entweder bleibt ein Teil der
Homozygoten äußerlich gesund („unregelmäßig recessive Vererbung"[1]) oder ein
Teil der verwerteten Fälle war nicht recessiv, sondern noch komplizierter bzw.
überhaupt nicht erblich bedingt. Eine Entscheidung wird sich allerdings erst
treffen lassen, wenn wir unseren statistischen Untersuchungen ein Material
zugrunde legen können, welches schon mit Rücksicht auf eine solche vererbungspathologische Verarbeitung *gesammelt* wurde, und wenn wir gleichzeitig in der
klinischen Differenzierung der eventuell vorhandenen, ätiologisch verschiedenen
Formen von Xeroderma weiter vorangekommen sind.

Das Zuwenig an Kranken in den fraglichen Geschwisterschaften würde sich
rein theoretisch auch damit erklären lassen, daß ein Teil der pathologischen
Keime gar nicht zur Kopulation gelangt (sog. selektive Befruchtung oder
Certation) oder in den ersten Monaten nach der Befruchtung abstirbt (sog.
letale Erbanlagen). Beide Erklärungen erscheinen uns aber vorläufig doch
noch zu spekulativ; die Xerodermaanlage führt ja überhaupt nicht direkt
zum Tode, sondern nur indirekt durch die Carcinomatose; mit welchem Recht
also sollten wir annehmen, daß schon die homozygoten Embryonen vermindert
lebensfähig oder gar die Geschlechtszellen vermindert befruchtungsfähig wären!

Andererseits steht es uns aber natürlich frei, die Xerodermaanlage als *subletale Erbanlage* (vgl. S. 52) aufzufassen und zu bezeichnen; denn das Leiden
führt bekanntlich in der Mehrzahl der Fälle vor Erreichung der Geschlechtsreife unausweichlich zum Tode. Es gibt aber recessive Dermatosen, bei denen
dieser subletale Charakter noch ausgesprochener ist. Die mit der schweren
Form der Ichthyosis congenita behafteten Kinder z. B. überleben die ersten
Lebenstage niemals, besonders wohl deshalb, weil sie infolge der Mißbildung
der Lippen nicht saugen können. Das ist ein sehr instruktives Analogon zu
einem bei Bulldoggen beobachteten subletalen Erbfaktor, der in homozygotem
Zustand einen offenen Gaumen bewirkt. Infolgedessen fließt die Milch während
des Säugens durch die Nasenlöcher wieder heraus, so daß die Hündchen bald
nach der Geburt an Inanition zugrunde gehen.

Manifestationsunregelmäßigkeiten wären aber auch nach der Richtung hin
denkbar, daß *Heterozygote* ausnahmsweise *behaftet* sind, was zu einer Erhöhung
der Behaftetenziffer führen müßte. Besonders wichtig bezüglich der Prognostik
wäre es, wenn es gelänge, bei den Heterozygoten (z. B. den Eltern der Kranken)
abortive Formen des recessiven Leidens aufzufinden, an denen man ihre idiotypische Behaftung erkennen könnte. Doch ist das bis jetzt bei Hautkrankheiten
noch nicht gelungen; freilich wurde auch noch nicht systematisch danach
gesucht.

---

[1] Der Manifestationsmangel kann dann natürlich entweder durch Polyidie oder durch
Parakinese bedingt sein (vgl. S. 12).

Bei *Zwillingen* ist der Nachweis des recessiven Vererbungsmodus (wenn man von der gehäuften elterlichen Blutsverwandtschaft und von der Kombination mit familienpathologischen Untersuchungen absieht) auch durch den Vergleich der Häufigkeit des Leidens bei eineiigen und zweieiigen Zwillingen zu erbringen. Bei regelmäßiger Recessivität werden von eineiigen Paaren, sofern sich das Leiden überhaupt bei ihnen findet, stets beide Zwillinge behaftet sein. Während aber dominante Leiden bei zweieiigen Zwillingen eine Häufung von 1 konkordanten zu 2 diskordanten Paaren erwarten lassen (da in $^1/_4$ der Paare beide Zwillinge frei, in $^2/_4$ einer behaftet, in $^1/_4$ beide behaftet sein müssen), können wir für recessive Leiden nur ein Verhältnis von 1 auf 6 erwarten (da nach der Wahrscheinlichkeit für Zweikinderehen $^9/_{16}$ freie Paare auf $^6/_{16}$ einteilig und $^1/_{16}$ doppelt behaftete Paare treffen müßten). Solche Vergleiche haben aber natürlich nur bei großem Material einen Sinn.

C. Geschlechtsabhängigkeit.

Die überraschende vererbungsbiologische Lösung des Problems der Geschlechtsbestimmung hat uns in den Stand gesetzt, auch eine *Analyse der geschlechtsabhängigen Vererbung* von menschlichen Krankheiten anzubahnen. Ist es uns doch mit der Zeit möglich geworden, drei ganz verschiedene Arten von Geschlechtsabhängigkeit erblicher Anlagen zu unterscheiden, nämlich die

1. geschlechtsgebundenen,
2. geschlechtsbegrenzten,
3. geschlechtsfixierten Krankheitsanlagen.

Bei der *geschlechtsgebundenen Vererbung* denken wir uns die krankhafte Erbanlage an die geschlechtsbestimmende Erbeinheit gebunden, die beim Weibe homozygot (WW), beim Manne heterozygot (Ww) vorhanden ist (vgl. S. 12). Hieraus folgt, daß der behaftete *Vater* seine Krankheitsanlage *niemals auf einen seiner Söhne,* dagegen ausnahmslos auf alle Töchter vererben muß, entsprechend der nachstehenden Formel, in der die krankhafte Anlage durch einen oben an das W angefügten Strich kenntlich gemacht ist:

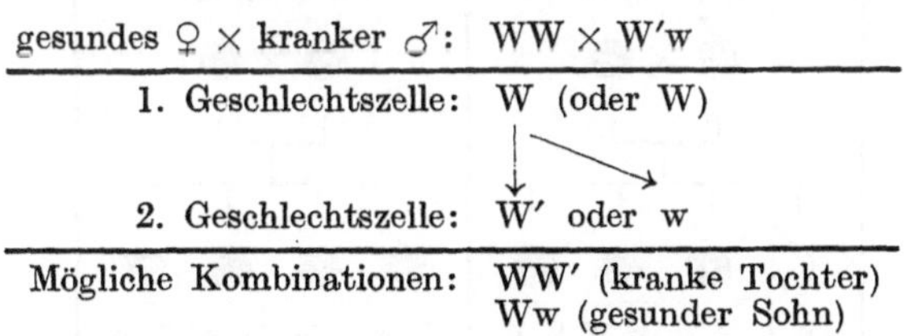

Ist die Mutter der behaftete Teil (WW'), so erbt dagegen die Hälfte der Töchter und die Hälfte der Söhne die betreffende Anlage, so daß hier gegenüber nicht-geschlechtsgebundenen Anlagen keinerlei Unterschied besteht.

Verhält sich die geschlechtsgebundene Anlage *dominant*, d. h. sind alle Heterozygoten (Verschiedenanlagigen) manifest krank, so ergeben sich demnach für das familiäre Auftreten des Leidens folgende Möglichkeiten (vgl. Abb. 24):

Der *dominant-geschlechtsgebundene Erbgang* bewirkt, daß die betreffenden Leiden *bei Weibern häufiger,* bis etwa doppelt so häufig angetroffen werden als bei Männern, da die Weiber ja 2 W (die Männer nur eines) und damit eine zweifache Möglichkeit erblicher Behaftung haben. Infolgedessen hat man schon mehrfach bei menschlichen Krankheiten (auch Dermatosen), die das weibliche Geschlecht bevorzugen, dominant-geschlechtsgebundene Erbbedingtheit vermutet. Es ist aber bisher erst einmal gelungen, die Existenz dieses Modus in

der menschlichen Pathologie an einem empirischen Beispiel zu demonstrieren,
und zwar bei einer Familie mit spinulösen Follikularkeratosen, die von Alopecie
gefolgt und von quälender Bindehaut- und Hornhautentzündung begleitet
waren (Abb. 25)[1].

Der Stammbaum zeigt einleuchtend, wie sämtliche Söhne behafteter

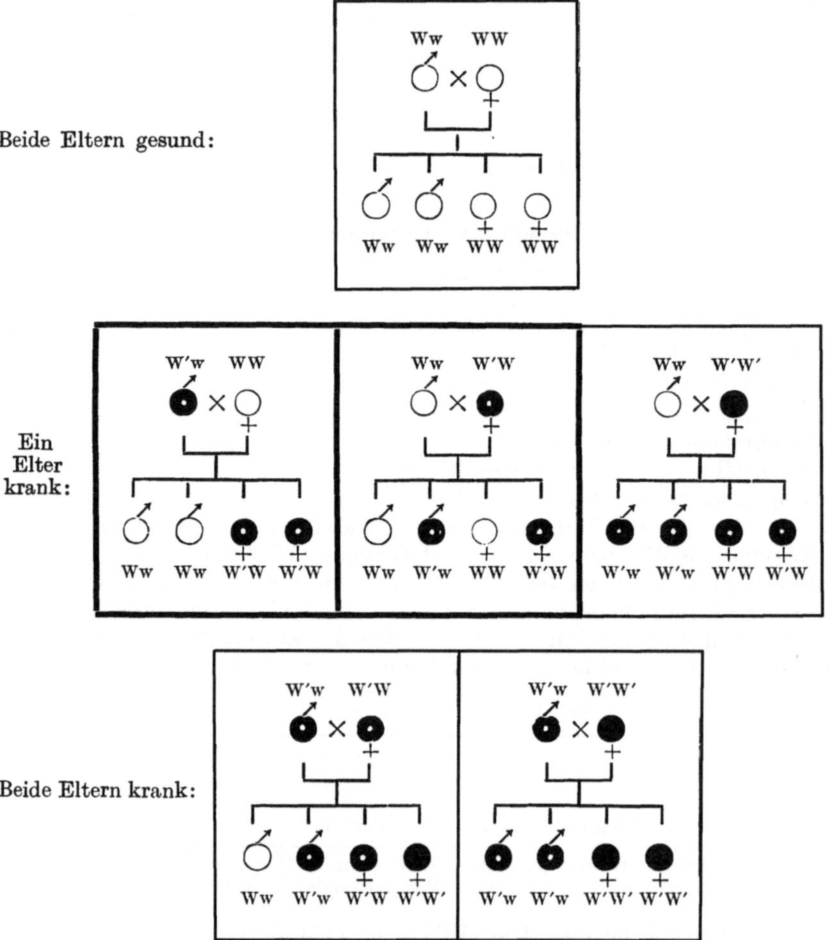

Abb. 24. Übersicht über die dominant-geschlechtsgebundene Vererbung.
(Aus Siemens, Vererbungspathologie, 2. Aufl.)

Männer gesund, sämtliche Töchter behafteter Männer krank sind, während
er im übrigen den Eindruck eines einfach dominanten Erbgangs macht.

Eine größere Rolle spielt in der Pathologie die *recessiv-geschlechtsgebundene
Vererbung*. Bei ihr bleibt die krankhafte Anlage latent, wenn sie durch einen
gesunden Anlagepaarling überdeckt werden kann, also beim heterozygoten
Weibe (WW'). Beim Mann dagegen wird sie stets manifest, da ja bei ihm (W'w)
ein gesunder Anlagenpaarling, der den krankhaften überdecken könnte, nicht

---

[1] Allerdings war die Dominanz keine vollständige, denn bei den behafteten Weibern
waren Haarbereich und Augen verschont.

vorhanden ist. Aus diesen Grundtatsachen
ergeben sich die verschiedenen Formen des
familiären Auftretens (Abb. 26).

Da in den meisten (bei seltenen Leiden
in allen) Ehen nur der eine Elter die krankhafte Anlage besitzt, kommen recessiv-
geschlechtsgebundene Krankheiten *vorwiegend*
(bei seltenen Leiden ausschließlich) *beim männlichen Geschlecht* zur Beobachtung. Weiber
sind nur krank, wenn sie homozygot behaftet
sind, wenn also beide Eltern die Krankheitsanlage gehabt haben; bei den Eltern der
behafteten *Weiber* muß deshalb (bei seltenen
Leiden) *Blutsverwandtschaft gehäuft* anzutreffen
sein, während für das Auftreten der recessiv-
geschlechtsgebundenen Krankheiten bei *Männern* die Inzucht gar keine Rolle spielt.

Da kranke Männer die pathologische Erbanlage stets von ihren Müttern bekommen
(vgl. Abb. 26), und da diese die Anlage häufiger vom Vater als wieder von der Mutter
haben (denn *sämtliche* Töchter kranker Männer
sind heterozygot behaftet), so tritt uns der
recessiv-geschlechtsgebundene Erbgang besonders oft in der Form entgegen, daß sich ein
Leiden *vom Vater über die* (äußerlich gesunde)
Tochter auf den Enkel vererbt (sog. HORNERsche
Regel). Das zeigt sehr schön ein Fall LAMÉRIS
(Abb. 27), der, wie ich durch persönliche
Untersuchung feststellen konnte, dem *dominant*-geschlechtsgebundenen Keratosis folli-
cularis-Fall (Abb. 25) klinisch sehr ähnelt. Es
ist aber natürlich nicht nötig, daß das Leiden
immer auf einen männlichen Vorfahren zurück-
führbar ist; die Anlage kann auch generationen-
lang nur durch weibliche Heterozygoten weiter
vererbt werden (Abb. 28).

Ob *Manifestationsunregelmäßigkeiten* bei
recessiv-geschlechtsgebundenen Anlagen eine
Rolle spielen können, war lange unsicher. Dagegen wurde vor allem angeführt, daß bei der
Farbenblindheit, die ja wegen ihrer Häufigkeit
besonders gut bekannt ist, solche Unregelmäßigkeiten (z. B. manifeste Erkrankung
heterozygoter Frauen) nicht vorkämen. Es
ist mir jedoch gelungen, einen beweiskräftigen
Fall dieser Art aufzufinden (Abb. 29). Daß hier
die behaftete Frau heterozygot ist, muß aus
der völligen Farbentüchtigkeit ihres Sohnes
geschlossen werden[1]. LLOYD und SCHLOESS-
MANN haben bei Hämophilie, MERZBACHER,

____
[1] Andernfalls müßte man Störungen in der Keim-
zellbildung als Ursache heranziehen.

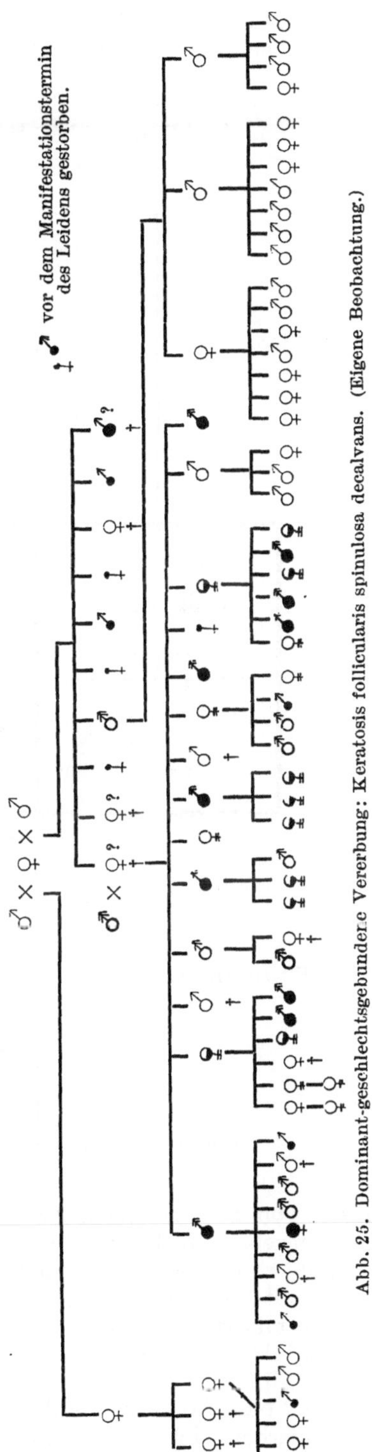

Abb. 25. Dominant-geschlechtsgebundere Vererbung: Keratosis follicularis spinulosa decalvans. (Eigene Beobachtung.)

Waardenburg und Hammer bei Nerven- bzw. anderen Augenleiden Ähnliches beschrieben. In Zukunft muß deshalb auf diese Erscheinungen mehr geachtet werden.

Auch hier kann besonders die *zwillingspathologische Forschung* dazu beitragen, uns Aufklärung über Häufigkeit, Ausmaß und Ursache der Manifestationsschwankungen zu bringen. Hat doch erst die Beobachtung Nettleships,

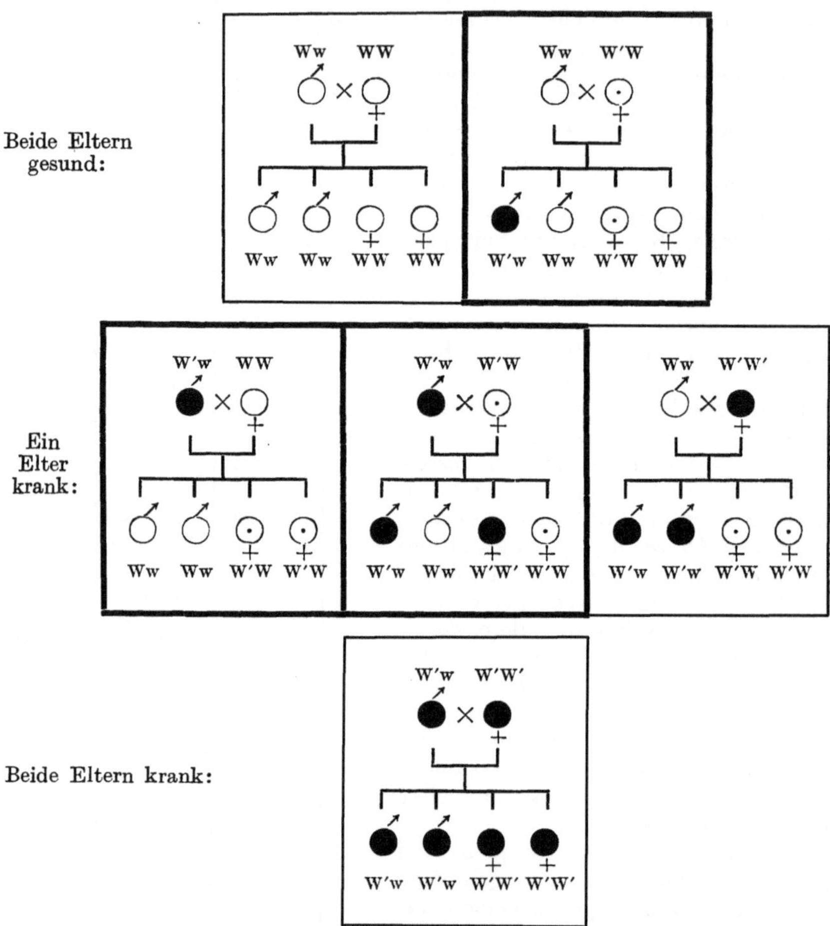

Abb. 26. Übersicht über die recessiv-geschlechtsgebundene Vererbung.
(Aus Siemens, Vererbungspathologie, 2. Aufl.)

in der von zwei eineiigen Zwillingen nur einer farbenblind war, die Anregung dazu gegeben, auch dem in Abb. 29 dargestellten Fall genauer nachzugehen.

Die recessiv-geschlechtsgebundene Vererbung ist *auf dermatologischem Gebiet* mit Sicherheit anzunehmen für einen Teil der Fälle von Schweißdrüsenmangel mit Hypertrichosis und Hypodontie (Abb. 28), für die Follikularkeratose auf Abb. 27, für einige Fälle von Ichthyosis vulgaris und wohl auch für einen Fall kongenitaler nichtmechanischer Blasenbildung von Mendes da Costa und van der Valk. Ein Fall von circumscriptem Albinismus gehört vielleicht auch hierher. Ich habe 1921 im Archiv für Dermatologie versucht, die Bedeutung dieses Modus für die Dermatologie im Zusammenhang darzustellen.

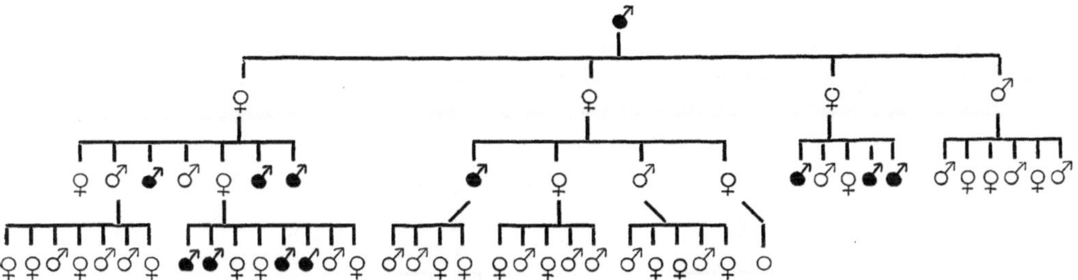

Abb. 27. Recessiv-geschlechtsgebundene Vererbung: Keratosis follicularis spinulosa decalvans mit Degeneratio corneae. (Eigene Beobachtung, Fall von LAMÉRIS.)

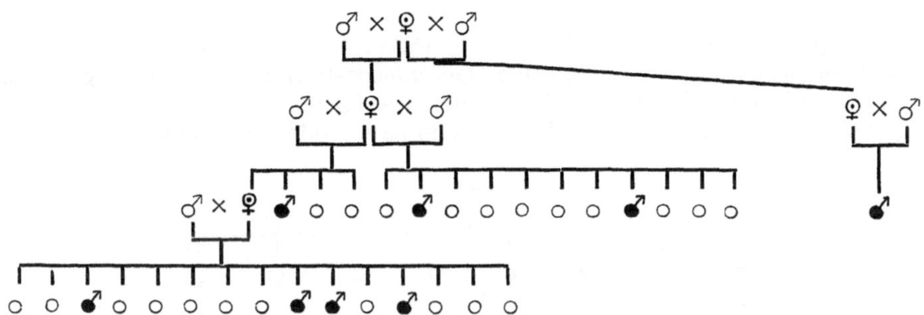

Abb. 28. Recessiv-geschlechtsgebundene Vererbung: Anidrosis hypotrichotica mit Hypodontie. (WECHSELMANN und LOEWY.)

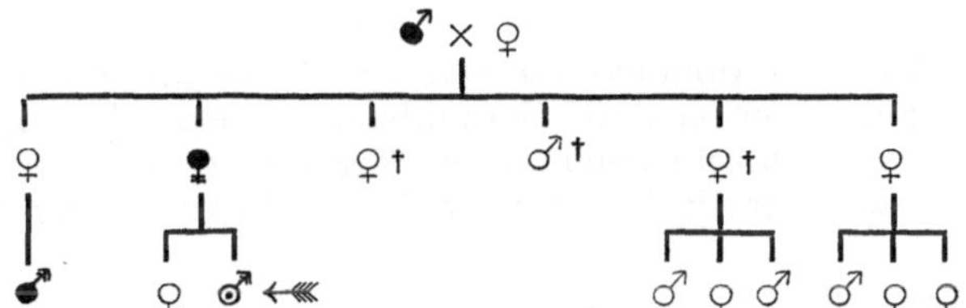

Abb. 29. Manifestationsunregelmäßigkeit bei Farbenblindheit. (Eigene Beobachtung.)

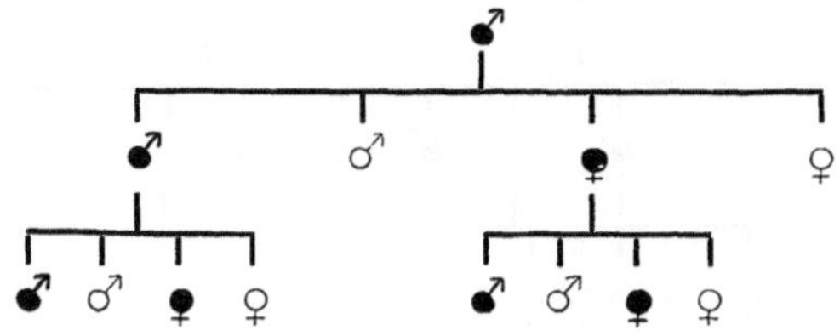

Abb. 30. Dominante Vererbung.

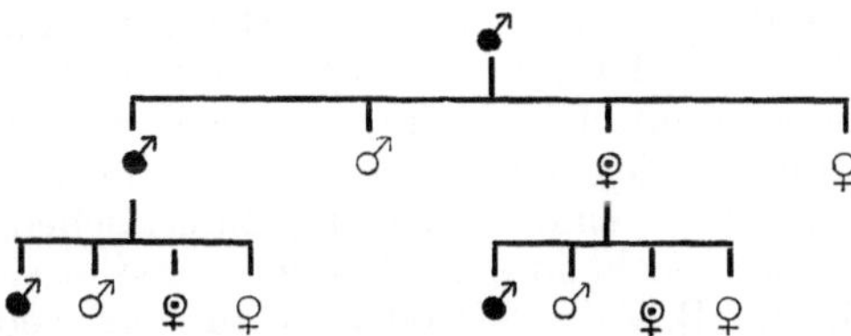

Abb. 31. Dominant-geschlechtsbegrenzte Vererbung beim männlichen Geschlecht.

Wenn eine krankhafte Erbanlage, die *nicht* in der Geschlechtseinheit lokalisiert ist, doch *in ihrer Manifestation* von dem homozygoten bzw. heterozygoten Zustand des geschlechtsbestimmenden Erbanlagenpaars abhängt, dann ent-

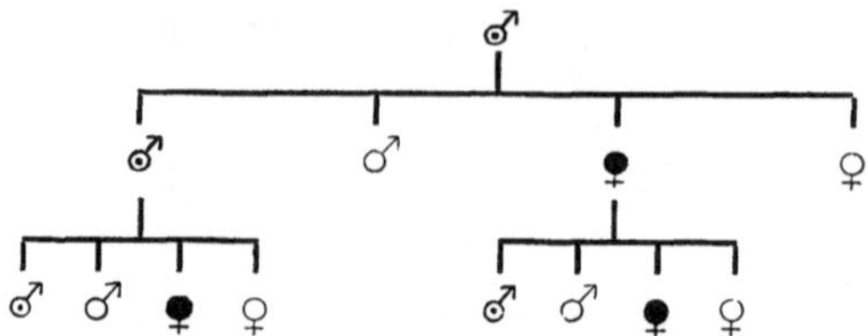

Abb. 32. Dominant-geschlechtsbegrenzte Vererbung beim weiblichen Geschlecht.

steht die *geschlechtsbegrenzte Vererbung*. Dabei tritt die Krankheit bei dem einen Geschlecht häufiger (relative Geschlechtsbegrenzung) oder gar ausschließlich (absolute Geschlechtsbegrenzung) auf; im übrigen vererbt sich die Krankheitsanlage wie eine gewöhnlich dominante oder recessive.

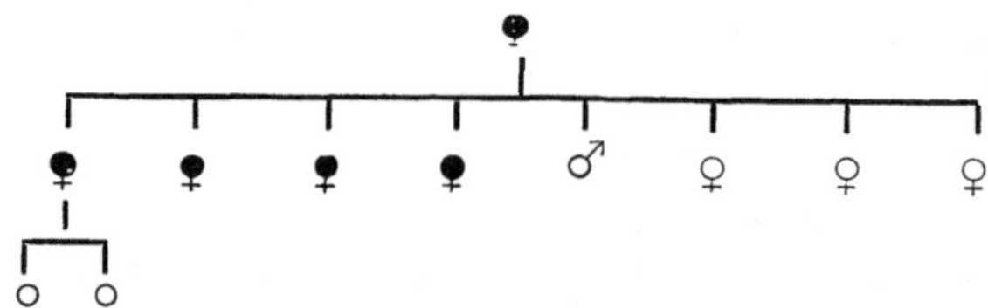

Abb. 33. Vortäuschung dominant-geschlechtsbegrenzter Vererbung: RECKLINGHAUSENsche Krankheit (KÖNIGSDORF).

Der Unterschied der dominanten von der dominant-geschlechtsbegrenzten Vererbung wird am besten aus drei Stammbaumschemata hervorgehen (Abb. 30 bis 32). Mit der geschlechtsgebundenen Vererbung ist keine Verwechslung möglich, weil ja bei dieser die Anlage niemals vom Vater auf den Sohn übergeht.

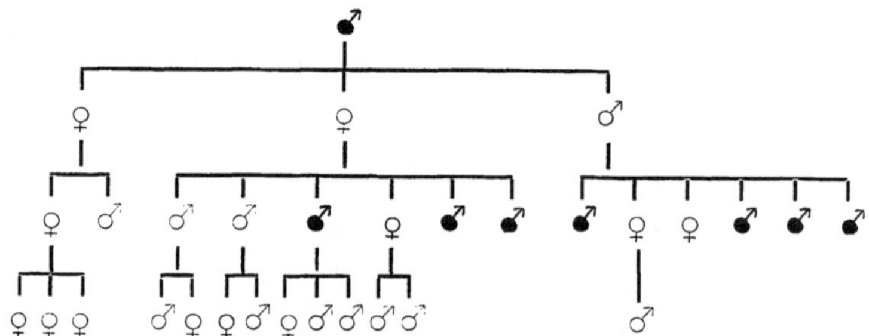

Abb. 34. Dominant-geschlechtsbegrenzte Vererbung beim männlichen Geschlecht: Hypospadie (LESSER) (Ausschnitt).

Geschlechtsbegrenzung einer dominanten Erbanlage kann dadurch vorgetäuscht werden, daß in einer Familie rein *zufällig* nur Weiber oder nur Männer erkranken, was besonders dann leicht eintritt, wenn das eine Geschlecht in der betreffenden Familie an sich schon überwiegt. Ein Beispiel hierfür gibt Abb. 33. Dagegen kann man eine Täuschung ausschließen, wenn *sehr viele* Personen vom gleichen Geschlecht in einer Familie behaftet sind, wie in einigen Fällen von Hypospadie (z. B. Abb. 34) oder — auf das weibliche Geschlecht begrenzt — in dem Fall von idiotypischem sporadischem Kropf auf Abb. 35.

In diesen Fällen handelt es sich um absolute oder fast absolute Geschlechtsbegrenzung, die offenbar selten ist. Der Umstand aber, daß von nicht wenigen Erbkrankheiten das eine Geschlecht bald mehr, bald weniger bevorzugt wird, legt den Gedanken nahe, daß die *relative Geschlechtsbegrenzung* in der menschlichen Pathologie eine größere Rolle spielt. Wie häufig aber dieser Modus bei Dermatosen vorkommt, läßt sich vorläufig nicht sagen, da noch fast gar nicht

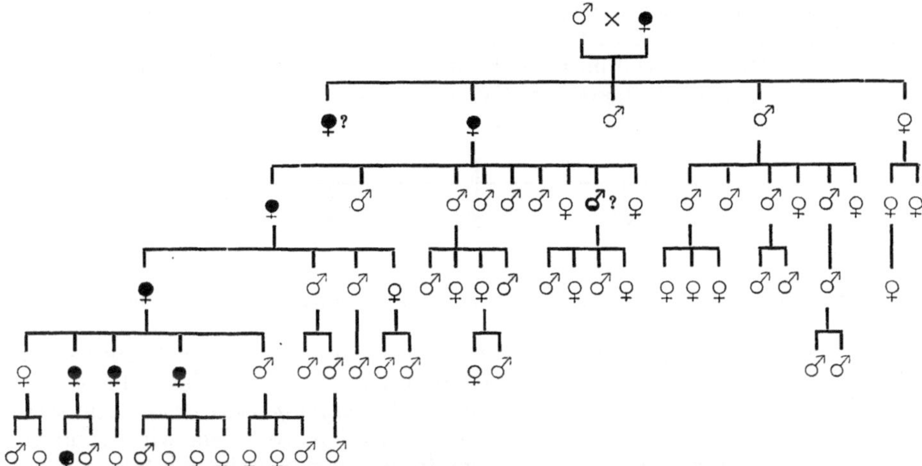

Abb. 35. Dominant-geschlechtsbegrenzte Vererbung beim weiblichen Geschlecht: Idiotypischer sporadischer Kropf. (Eigene Beobachtung.)

auf diesem Gebiete geforscht wurde. Ein Beispiel für relative Geschlechtsbegrenzung einer dominant-erblichen Dermatose ist bisher nur von meinem Mitarbeiter FULDE mitgeteilt worden. FULDE fand nämlich unter 123 Literaturfällen von Porokeratosis Mibelli 88 Männer und 35 Weiber, also $72 \pm 4^0/_0$ Männer. Diese Zahlen machen es wahrscheinlich (zum sicheren Beweis ist das Material noch zu klein), daß wir es hier mit einem Musterbeispiel relativer Geschlechtsbegrenzung bei einer dominanten Hautkrankheit zu tun haben.

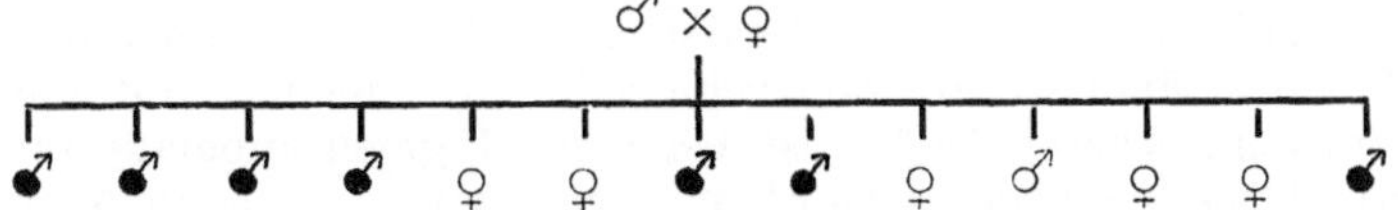

Abb. 36. Vortäuschung recessiv-geschlechtsbegrenzter Vererbung: Xeroderma pigmentosum (BARCKMANN).

Noch weniger bekannt ist die *recessiv-geschlechtsbegrenzte Vererbung*. Bei diesem Erbgang müßte man erwarten, daß das Leiden ab und zu bei Geschwistern desselben Geschlechts angetroffen würde, und zwar halb so häufig wie ein einfach recessives, und daß elterliche Blutsverwandtschaft genau wie bei einfacher Recessivität gehäuft wäre. Auch hier sind bei Betrachtung von Einzelfällen leicht Täuschungen möglich. So hat man vielfach beim Xeroderma pigmentosum Geschlechtsabhängigkeiten annehmen wollen, besonders in Hinsicht auf den Fall von BARCKMANN, in dem sieben Geschwister, und zwar ausschließlich Knaben befallen waren (Abb. 36). Bei vergleichender Betrachtung des *gesamten* Materials konnten wir aber keinerlei Anhaltspunkte für Geschlechtsabhängigkeit des Xeroderma gewinnen. Die Beteiligung der beiden

Geschlechter an den Literaturfällen stimmt sogar besonders gut überein, da wir 149 männliche und 152 weibliche Xeroderma-Kranke fanden (Siemens und Kohn).

Dagegen habe ich durch Bearbeitung der Hydroa vacciniforme einen Versuch gemacht, den recessiv-geschlechtsbegrenzten Erbgang in der Dermatologie festzustellen. Die vorläufig erhaltenen Zahlen sind allerdings nicht beweisend, da das Material viel zu klein ist. Sie sprechen aber jedenfalls im Sinne einer relativen Geschlechtsbegrenzung und können deshalb hier zur Demonstration dieses Modus dienen. Bei der Hydroa findet sich nämlich eine geringe Krankheitshäufung unter Geschwistern. In diesen familiären Fällen fanden sich unter den Behafteten, soweit ihr Geschlecht bekannt war, 12 Männer und 1 Frau [1]; auch in einem von mir mitgeteilten Fall waren zwei Brüder befallen (Abb. 37).

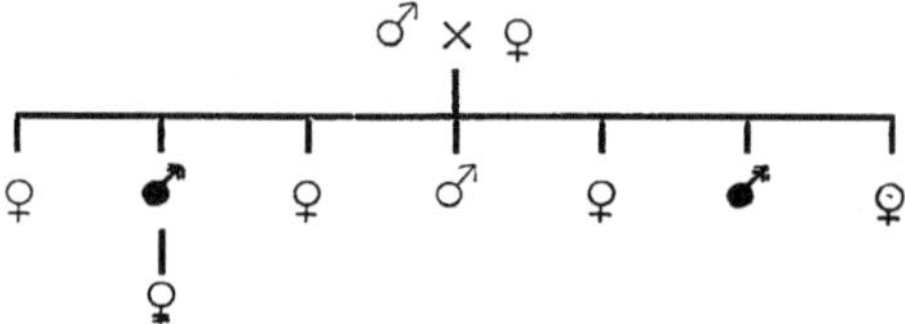

Abb. 37. Recessiv-geschlechtsbegrenzte Vererbung: Hydroa vacciniforme. (Eigene Beobachtung.)

Zweimal bestand Vetternschaft der Eltern, gewöhnlich finden sich aber keine Angaben darüber, ob Blutsverwandtschaft vorhanden war oder gefehlt hat.

Wie über die recessive, so ist auch über die *polyid-geschlechtsbegrenzte Vererbung* bisher so gut wie gar nicht gearbeitet worden, trotzdem wir Grund zu der Vermutung haben, daß einige Dermatosen diesem Erbgang folgen. Bei polyiden (vielanlagigen) Krankheiten (vgl. S. 65) müßte man erwarten, daß sie gelegentlich familiär, sowohl bei Geschwistern wie bei Elter und Kind aufträten, wobei aber die familiäre Häufung in engen Grenzen bliebe (immer nur wenige Personen befallen). Das scheint nun beim Epithelioma adenoides cysticum Brooke und beim Syringom der Fall zu sein. Beide Dermatosen bevorzugen aber außerdem das weibliche Geschlecht. Die Vermutung polyid-geschlechtsbegrenzter Vererbung ist hier also gerechtfertigt — bis systematische Untersuchungen uns eine wirkliche Aufklärung geben.

Bei der *geschlechtsfixierten Vererbung* denken wir uns die krankhafte Anlage nicht an die W-, sondern an die w-Einheit gebunden (vgl. S. 12). Hieraus würde folgen, daß die betreffenden Leiden ausschließlich Männer befallen und von den befallenen Männern auf sämtliche Söhne und niemals auf eine Tochter übertragen werden. Dieser Modus ist bei einer Pigmentanomalie des Fisches Lebistes reticulatus beobachtet worden. Seine Existenz beim Menschen ist noch rein hypothetisch.

Da die geschlechtsbegrenzte und die geschlechtsfixierte Vererbung noch sehr wenig erforscht sind, besteht die Gefahr, daß man sie zum Verständnis ungeklärter Erbverhältnisse zu bereitwillig heranzieht, was schon öfters geschehen ist. Vor solchen Kinderkrankheiten der exakten Vererbungsforschung wird uns gründliches vererbungspathologisches Studium in Zukunft bewahren.

D. Polyidie.

Von *Polyidie* („*Vielanlagigkeit*"; auch Polymerie „Vielteiligkeit") spricht man bei solchen Merkmalen, die von verschiedenen Erbanlagepaaren zugleich abhängen (s. S. 10). Die beteiligten Anlagen (Ide) können dabei im gleichen

---

[1] Neuerdings sind einige weitere Frauen mit familiärer Hydroa beschrieben worden (E. Hofmann).

Sinne wirken, so daß sie nur eine gegenseitige Verstärkung des betreffenden Merkmals bedingen, wie es z. B. bei der Hautfarbe des Negers der Fall ist *(homologe
Polyidie,* vgl. S. 10), oder sie können sich auf verschiedene Symptome des Merkmals beziehen, so daß z. B. die eine Anlage die Farbe, die andere den Umfang,
die dritte die Lokalisation des Merkmals usw. bedingt *(heterologe Polyidie).*

Polyidie im strengsten Sinne des Wortes würde in der Pathologie dann vorliegen, wenn sich eine Krankheit nur beim Zusammentreffen mehrerer bestimmter
Erbanlagen äußert, während die Menschen, bei denen einer dieser Bausteine
fehlt, gesund erscheinen. In solchen Fällen wäre nur eine geringe oder gar
keine nachweisbare familiäre Häufung zu erwarten. Nimmt man den einfachsten Fall an, nämlich, daß nur zwei Erbanlagenpaare (AA und BB) beteiligt
und daß beide dominant sind, so würden also Individuen von der Formel Aa Bb
krank sein, während Aa bb- oder aa Bb- (wie auch AA bb- oder aa BB-) Individuen gesund wären. In diesem einfachsten Falle würden, wenn beide Anlagen
selten sind, $^1/_4$ der Geschwister der Behafteten und $^1/_4$ ihrer Kinder gleichfalls
als krank zu erwarten sein. Nimmt man an, daß beide Anlagen recessiv sind,
so wäre erwartungsgemäß nur $^1/_{16}$ der Geschwister der Kranken gleichfalls
behaftet, bei drei recessiven Anlagen nur mehr $^1/_{64}$. Die familiäre Häufung
polyider Krankheiten nimmt also mit wachsender Zahl der beteiligten Erbanlagen rasch ab und entzieht sich schließlich überhaupt der statistischen
Erfassung. Sie würde aber deutlicher in die Erscheinung treten, wenn eine
der beteiligten Anlagen eine allgemeinere Verbreitung hätte. Ist im Falle der
Zweianlagigkeit die eine bei den meisten oder bei jedem Menschen vorhanden,
so steigert sich entsprechend die Zahl der behafteten Geschwister von $^1/_4$ bis
$^1/_2$, bzw. von $^1/_{16}$ bis $^1/_4$; es geht dann also der zweianlagige Vererbungsmodus
unmittelbar in den einfachen (dominanten, recessiven usw.) Erbgang über.
In dieser Weise ist wahrscheinlich ein Teil der *Manifestationsstörungen* bei
anscheinend einfach dominanten, d. h. also einanlagig dominanten Leiden zu
erklären (vgl. S. 50). Daß ein Leiden wie die einfach dominante Epidermolysis
plötzlich einmal eine Generation „überspringt" (s. Abb. 19 auf S. 50), kann
eben möglicherweise darauf beruhen, daß zur Entstehung der Krankheit außer
der seltenen Krankheitsanlage noch eine normale Erbanlage notwendig ist,
die fast alle Menschen besitzen, die aber gerade bei diesem „Konduktor"
gefehlt hat (sog. Auslösungsfaktoren; entsprechend auch Hemmungsfaktoren[1]).
So würde hier folglich ein Grenzfall zwischen Monoidie (Einanlagigkeit) und
Polyidie (Vielanlagigkeit) vorliegen.

Die Erscheinungen des polyiden Erbgangs kommen also in der menschlichen
Pathologie nur dann zum typischen Ausdruck, wenn die zum Manifestwerden
des erblichen Leidens notwendigen Anlagen *selten* sind. Ob eine solche ausgesprochene polyide Vererbung bei menschlichen Krankheiten und speziell
auch bei Hautkrankheiten vorkommt, wissen wir noch nicht sicher. Sie wäre
am ehesten da zu vermuten, wo familiäre Häufung eines Leidens nur gelegentlich und in geringem Ausmaß anzutreffen, dann aber nicht allein auf Geschwister
beschränkt, sondern auch bei Elter und Kind vorhanden ist, wie anscheinend
bei manchen „Atavismen".

Solche Fälle, in denen Personen mit dem ganzen Satz der Krankheitsanlagen
typisch behaftet, Personen, bei denen eine Anlage fehlt, völlig gesund sind,
haben also vorläufig noch hypothetischen Charakter, wenn man von den hierher zu rechnenden Fällen geschlechtsbegrenzter Vererbung absieht (s. S. 62).
Dagegen hat die zwillingspathologische Forschung in jüngster Zeit die Tatsache

---

[1] Die andere Möglichkeit liegt darin, daß es sich um *paratypische* Manifestationsschwankung handelt (vgl. S. 12).

aufgedeckt, daß eine Reihe von Hautleiden, bei denen klinisch wesentliche *Intensitäts- und Lokalisationsunterschiede* vorkommen, trotzdem in hohem Grade erbbedingt, nämlich bei E.Z. in weitgehender Übereinstimmung anzutreffen sind (Epheliden, Acne vulgaris, Keratosis pilaris). Die Intensitäts- und Lokalisationsunterschiede müssen hier also *auch* zum größten Teil durch Erbanlagen bedingt sein. Und in der Tat bestätigte das experimentum crucis, nämlich die Untersuchung der Z.Z., daß bei ihnen eine so hochgradige Übereinstimmung, wie sie bei E.Z. die ausgesprochene Regel ist, nur sehr selten vorkommt, jedenfalls seltener als sich mit der Annahme monoider Erbbedingtheit verträgt[1]. Einanlagige Erbbedingtheit ist hier folglich ausgeschlossen. Die Zwillingspathologie, der damit zum erstenmal der exakte Nachweis polyider Erblichkeit bei menschlichen Krankheiten gelungen ist, zeigt sich also bezüglich der Feststellung der Polyidie — im Gegensatz zu den Verhältnissen bei den anderen Erbgängen — der Familienpathologie *überlegen*.

E. Polyphänie.

Von *Polyphänie (Vielmerkmaligkeit)* kann man dann sprechen, wenn mehrere verschiedene Außenmerkmale von der gleichen Erbanlage abhängen. Die Polyphänie tritt in die Erscheinung als (idiotypisch bedingte) *Korrelation* bestimmter Merkmale. In der Pathologie können in dieser Weise *mehrere Krankheiten* (z. B. Hautatrophie und Star, Abb. 22, S. 55) aneinander gebunden sein, oder *mehrere Krankheitssymptome* [z. B. neurinomatöse Tumoren mit Pigmentflecken], oder es kann eine *Krankheit mit* bestimmten, mehr oder weniger *normalen Eigenschaften* in Beziehung stehen, aus deren Vorhandensein man dann schon auf die betreffende Krankheitsgefährdung schließen kann. Solche Eigenschaften werden als *Konstitutionsmerkmale* bezeichnet und vielfach zu geschlossenen Syndromen, den Konstitutionsstaten, zusammengefaßt. Die Erscheinung der Polyphänie führt uns deshalb unmittelbar in das Gebiet der *Konstitutionspathologie*.

Unter *Konstitution* verstehen wir die Summe aller nicht bloß vorübergehenden Eigenheiten des Körpers, von denen seine Reaktionsart gegenüber Reizen und folglich seine Disposition zu Krankheiten abhängt. Sind diese zu Krankheiten disponierenden Eigenschaften morphologisch nicht faßbar (wie z. B. die Überempfindlichkeiten), so verwendet man meist dafür den wohl entbehrlichen Ausdruck *Diathese*. Da nicht wenige Konstitutionsmerkmale die Neigung haben, häufiger gemeinsam aufzutreten, so hat man versucht, sie in den sog. *Konstitutionsstaten* (oder Konstitutionsanomalien) zusammenzufassen, also in bestimmten, fester umrissenen Merkmalskomplexen, wobei allerdings die Abgrenzung der einzelnen Typen gegeneinander noch keine befriedigende Lösung gefunden hat. Ebenso strittig ist es vielfach auch noch, was für Beziehungen die Konstitutionsstaten, wie auch ihre einzelnen Merkmale, zur Krankheitsentstehung haben, was sie also für eine Dispositionsbedeutung besitzen, wobei unter *Disposition* ganz allgemein die Wahrscheinlichkeit verstanden ist, mit der bei Vorhandensein der erwähnten Konstitutionsmerkmale bestimmte Krankheitsprozesse auftreten. Die Erforschung dieser Dispositionsbedeutung ist aber natürlich das, worauf es vom ärztlichen Standpunkt aus allein ankommt; die Konstitutionsmerkmale und Konstitutionsstaten sind uns deshalb *Dispositionsmerkmale* und *Dispositionsstaten*, und die Konstitutionspathologie, über deren begriffliche Fassung so viel gestritten wird, ist uns einfach *Dispositionspathologie*, also die Lehre von der Erkrankungswahrscheinlichkeit.

---

[1] Bei einanlagiger Dominanz oder Rezessivität muß die Übereinstimmung der Z.Z. derjenigen gewöhnlicher Geschwister entsprechen, wie sie den Abbildungen auf S. 47 und S. 53 zu entnehmen ist.

Die *Erkrankungswahrscheinlichkeit* läßt sich nun dadurch erfassen, daß man die Beziehungen zwischen den, die individuelle Variabilität der Menschen ausmachenden Eigenschaften einerseits, den Krankheiten andererseits feststellt, sowie auch die Zusammenhänge verschiedener Krankheiten miteinander. Die Dispositions- oder Konstitutionspathologie kann deshalb sinngemäß auch als *Korrelationspathologie* (Zusammenhangspathologie = Syzygiologie) bezeichnet werden. Das eigentliche Ziel der ganzen Konstitutionsforschung liegt folglich darin, 1. die *Häufigkeit* des Zusammenvorkommens von Krankheiten mit anderen (krankhaften oder nicht krankhaften) Merkmalen, und 2. die *Ursache* dieses gehäuften Zusammenvorkommens festzustellen.

Betrachtet man die Konstitutionsforschung unter diesem Gesichtspunkt, so wird es leider offenbar, daß die moderne Konstitutionspathologie großenteils aus ungenügend gestützten und stark übertriebenen Annahmen von Zusammenhängen der bezeichneten Art besteht, und daß man deshalb manchmal versucht ist, geradezu von einer „Konstitutionsmythologie" oder „Korrelationsmythologie" zu sprechen. Freilich ist es auch in der Dermatologie methodologisch ohne Zweifel richtig, in *jedem* Falle nach Zusammenhängen mit Krankheiten anderer Organe oder mit sonstigen nicht pathologischen Eigenheiten des Organismus zu *suchen*, und wir kennen Beispiele genug, die das Vorkommen hochgradiger Korrelationen solcher Art beweisen (Albinismus universalis und Augenstörungen [Nystagmus, Amblyopie, Refraktionsanomalien], Epheliden und Rothaarigkeit, Tigerung und Augen-Labyrinth-Veränderungen [Kolobom, Mikrophthalmus, sekundäres Glaukom, Taubheit] bei den DUNKER-Hunden mit homozygoter Tigerungsanlage). Aber wir sollten uns hüten, solche Beziehungen auf Grund bloßer Eindrücke oder vereinzelter Erfahrungen vorschnell *als bestehend anzunehmen*. Entgegen den Übertreibungen mancher Konstitutionspathologen, nach denen „die Erkrankungen der Haut zum großen Teil nur Manifestationen innerer Anomalien und Störungen darstellen", sollten wir uns der reformatorischen Tat HEBRAs bewußt bleiben, der die Autonomie des Hautorgans in bezug auf viele in ihm sich abspielende Krankheitsvorgänge erstmalig in das rechte Licht gerückt hat.

Besonders gern schließt sich das Vorurteil zwangsmäßiger korrelativer Verknüpfungen an *erbliche* Hautkrankheiten an. Es gehört zu den phantastischen Vorstellungen der vormendelschen Zeit, daß man meint, bei Menschen, die eine bestimmte Erbkrankheit haben, müßten auch noch andere gesundheitliche Störungen und „Degenerationszeichen" gehäuft anzutreffen, müßte gleichsam die ganze „Konstitution" krank sein. Dieser Glaube an einen sog. „Status degenerativus" auf Grund einer gleichsam *obligaten Polyphänie* krankhafter Erbanlagen, hat aber durch die jüngere Erblichkeitsforschung keine Stützen gefunden (kein Zusammenhang zwischen Xeroderma pigmentosum und „Degenerationszeichen" bzw. Pigmentanomalien bzw. internen Carcinomen, zwischen RECKLINGHAUSENscher Krankheit und „Muttermälern" usw.). Wenn also auch niemand leugnen wird, daß in einzelnen Fällen Beziehungen zwischen Haut und inneren Organen (Xanthom), Haut und Körperbau (Prurigo Hebrae, RECKLINGHAUSENsche Krankheit), Haut und Psyche (Adenoma sebaceum) bestehen, so kommen wir doch bei einem Überblick über die erblichen Dermatosen in ihrer Gesamtheit immer wieder auf jene alte, oft bekämpfte Meinung OSKAR SIMONs zurück, daß „viel weniger Dyskrasien, als vielmehr veränderte Gewebszustände des Hautorgans selbst (und wir dürfen hinzufügen: oft auch des Hautorgans allein) bei der Vererbung in Betracht kommen". Die erbliche Krankheit realisiert sich also meist selbständig, ohne den Umweg über die Dyskrasie.

Die auf dem konstitutionspathologischen Gebiet gegenwärtig üblichen Übertreibungen spielen sich in verschiedener Weise ab.

1. Vor allem findet man nicht selten Behauptungen über Zusammenhänge, von denen *überhaupt nichts sicher festgestellt* ist, die nur auf irgendwelchen gelegentlichen Eindrücken basieren, oder die selbst durch Prüfung umfangreichen Materials bereits widerlegt sind. So soll z. B. Ichthyosis vulgaris mit Hypothyreoidismus zusammenhängen, weil in einem einzigen Fall der Grundumsatz eines Ichthyotikers an der unteren Grenze des Normalen (also nicht einmal sicher herabgesetzt!) war; bei Epidermolysis bullosa sollen Keratosen so häufig sein, daß man das Leiden geradezu schon den Keratosen zuzählen wollte — aber unter 500 Fällen ließ sich nicht ein einziger sicherer Fall von Epidermolyse + Keratose auffinden[1]. In anderen Fällen ist wenigstens nicht das Gegenteil bewiesen; z. B. soll bei Rutilismus „oft eine ausgesprochene Minderwertigkeit in Form von Defekten der Psyche und der Sinnesorgane" bestehen; bei Krebskranken sollen Glatzenbildung und Canities besonders selten sein. Wenn solche Ansichten mit der notwendigen Vorsicht als Vermutungen geäußert würden, könnte niemand etwas dagegen haben; man wird allerdings ihren Wert sehr gering einschätzen. So lange es aber in der Konstitutionspathologie üblich bleibt, mit unkontrollierten Eindrücken dieser Art wie mit gutgesicherten

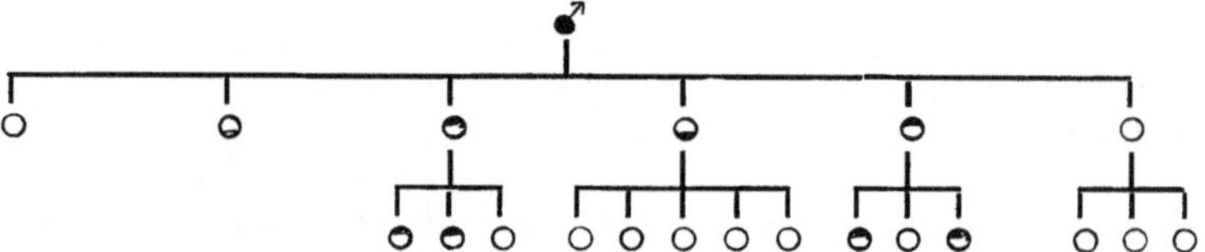

Abb. 38. Vortäuschung von Polyphänie bei einem mit Hypertrichosis (◑) und Zahnanomalien (◐) behafteten Mann. (Nach Michelson.)

wissenschaftlichen Tatsachen umzugehen und daraus gar noch großzügige Verallgemeinerungen abzuleiten, wie etwa die Behauptung, daß „die Behaarung ein besonders feines Reagens auf konstitutionelle Anlagen darstellt": so lange kann man das große Mißtrauen, das zahlreiche Ärzte der konstitutionspathologischen Mode entgegenbringen, nur begrüßen und hoffen, daß solche Art kritikloser Publizistik in Deutschland allmählich seltener wird.

2. Konstitutionspathologische Übertreibungen kommen ferner in unabsehbarer Zahl dadurch zustande, daß *Einzelerfahrungen* mit einer oft erstaunlichen Selbstverständlichkeit *verallgemeinert* werden. Hat man aber bei zwei Darier-Kranken einen Spitzbogengaumen bzw. eine kleine Statur („generelle Hypoplasie"), oder bei Mutter und Sohn mit Keratos follicularis acneiformis eine Lingua dissecata gefunden, so ist damit ein kausaler Zusammenhang zwischen beiden Leiden noch nicht einmal besonders wahrscheinlich gemacht, geschweige denn bewiesen. Bleibt eine derartige Kombination bei Prüfung anderer Fälle vereinzelt, so ist sogar damit zu rechnen, daß es sich um eine zufällige Koinzidenz und durchaus nicht um konstitutionspathologische Zusammenhänge handelt. Bewiesen ist die Zufälligkeit eines solchen Zusammentreffens, wenn sich die kombinierten Anomalien in den späteren Generationen trennen und isoliert weitervererben, wie in Abb. 38.

3. Aber auch in den Fällen, welche sicher Zusammenhänge aufweisen, sind Übertreibungen durchaus an der Tagesordnung. Sieht man z. B. die Literatur auf Recklinghausensche Krankheit und Naevi anaemici durch, so erhält man einen gewaltigen Eindruck von der Häufigkeit der Kombination dieser beiden Affektionen; bei 30 genau untersuchten Recklinghausenkranken konnte ich

---

[1] Später wurden einzelne derartige Fälle beobachtet.

aber noch keinen einzigen Naevus anaemicus entdecken. Die Häufigkeit dieses Zusammenhangs kann also doch auf keinen Fall sehr groß sein.

Es erscheint mir nun überhaupt als das Verhängnis der ganzen Konstitutionspathologie, daß die Korrelationen, welche sie oft mit großer Mühe findet, am Ende *nur wenige Prozent ausmachen*, so daß sich schließlich nichts Rechtes damit anfangen läßt. Was bedeutet es z. B. praktisch, zu wissen, daß Breitwuchs und Brustbehaarung unter den Diabetikern fünfmal häufiger vorkommt als unter den Kontrollfällen, wenn doch auch unter den Diabetikern 75—80% dieses Merkmal *nicht* aufweisen? So kommt es denn, daß viele Konstitutionsfragen, die auf einige Entfernung sich respektabel genug anlassen, um so bedeutungsloser erscheinen, je näher man an sie herankommt (GÖTT).

Wollen wir uns also auf konstitutionspathologischem Gebiete vor groben Täuschungen schützen, so müssen wir uns in jedem Falle auf das gewissenhafteste fragen, *ob überhaupt wirklich eine Korrelation vorhanden ist* und *in welcher Höhe*. Alsdann erst werden wir die Frage nach den formalgenetischen und kausalgenetischen (und auch nach den erblichen) Beziehungen der korrelierten Merkmale aufwerfen.

Bei der Feststellung einer biologischen Korrelation müssen wir uns sorgfältig davor hüten, uns durch *Scheinkorrelationen* täuschen zu lassen. Solche können schon durch ungenügende Methodik, besonders durch Überwertung von Resultaten aus *zu kleinem Material* zustande kommen. Wo es sich nicht um sehr umfangreiches Material handelt, sollte deshalb nie unterlassen werden, den wahrscheinlichen *Fehler der kleinen Zahl* zu berechnen.

Das ist sehr einfach nach der Formel möglich: $m = \sqrt{\dfrac{p\,(100 - p)}{n}}\,{}^0\!/_0$. Dabei bedeutet p den Prozentsatz der Individuen, die ein bestimmtes Merkmal aufweisen, n ist die Summe der untersuchten Individuen. Im Zähler wird also die prozentuale Häufigkeit des Vorhandenseins eines Merkmals (p) mit der prozentualen Häufigkeit seines *Nicht*vorhandenseins (100 — p) multipliziert. Weicht der Prozentsatz der mit dem Merkmal behafteten Individuen von den Behafteten eines normalen Kontrollmaterials um weniger ab, als der dreifache Wert von m beträgt, so kann ein Unterschied in der Merkmalsbehaftung beider Gruppen nicht als gesichert gelten.

Großes Material braucht man besonders dann, wenn man die Beziehung eines Leidens zu Merkmalen feststellen will, die schon allgemein häufig sind. Aus diesem Grunde beruhen z. B. die Behauptungen über die Beziehungen der verschiedensten Krankheiten zur Linkshändigkeit zum großen Teil auf leicht erkennbaren statistischen Täuschungen. Die Feststellung der *allgemeinen Häufigkeit* von Krankheiten und Konstitutionsmerkmalen gehört deshalb zu den vorbereitenden Aufgaben der Konstitutionspathologie (vgl. S. 15).

Die größte Zahl von Scheinkorrelationen kommt aber dadurch zustande, daß das untersuchte Material unter dem Einfluß irgend einer unbewußten *Auslese* gestanden hat. Das ist z. B. schon dann der Fall, wenn die behafteten Personen in höherem Grade aus einer einheitlichen *Altersstufe* stammen als die Kontrollpersonen (Täuschung durch die „Alterskorrelation"). Häufig kommen auch Scheinkorrelationen dadurch zustande, daß die behafteten Individuen aus mehr oder weniger gleicher *Umwelt* stammen. Eine solche „soziale Auslese" ist z. B. eine Mitursache der oft phantastisch ausgelegten Anhäufung körperlicher Anomalien und sog. Degenerationszeichen bei Geisteskranken und Verbrechern, oder auch der Häufung mancher Krankheiten (Diabetes) bei den Juden. Scheinkorrelationen werden ferner durch gleiche *Herkunft* bedingt. So beruht die Korrelation zwischen blauer Augen- und hellblonder Haarfarbe sicher zu einem wesentlichen Teil einfach auf der noch lange nicht vollkommenen Durchmischung der europäischen Rassen. Diese Merkmale zeigen daher auch bei Ehegatten eine Korrelation. Durch analoge Herkunft erklärt sich ferner die Scheinkorrelation, welche wir zwischen recessiven Erbleiden (z. B. Albinismus und Retinitis pigmentosa) bei den Kindern aus Verwandtenehen finden, da ja durch die Verwandtenehe *sämtliche* recessive Leiden leichter manifest werden. Ähnlich könnten vielleicht auch durch keim- und embryoschädigende Einflüsse Scheinkorrelationen mehrerer Leiden bei einem Kind oder des gleichen Leidens bei mehreren Geschwistern entstehen. Schließlich kennen wir noch Scheinkorrelationen durch übereinstimmende *psychische Einstellung*. Linkshänder achten mehr auf Linkshändigkeit in ihrer Verwandtschaft, und man findet infolgedessen bei ihnen anamnestisch eine Korrelation zu Verwandten-Linkshändigkeit, die ganz oder größtenteils eine Scheinkorrelation ist (s. S. 31). Hierher gehört auch das assortative mating, die Heiratsauslese auf Grund ähnlicher körperlicher (Größe), psychischer (Imbecillität, musikalische Begabung) und sozialer Verhältnisse.

Die zahlreichen Fallstricke, die uns die unbewußte Auslese legt, haben die *Statistik* auch in der Medizin um ihren guten Ruf gebracht. Das ist aber durchaus nicht die Schuld der Statistik, deren die Medizin bei keiner wissenschaftlichen und keiner praktischen Frage entraten kann [1]. Vielmehr gilt von der Heilkunde und der Statistik durchaus das Wort Kants, nach dem jede Wissenschaft nur soweit wirkliche Wissenschaft sei, als Mathematik in ihr enthalten ist. Die Statistik wäre niemals als „eine Art zu lügen" bezeichnet worden, wenn man es nicht zugelassen hätte und jetzt noch zulassen würde, daß statistische Daten ganz ruhig publiziert werden, ohne daß angegeben wird, wie groß der Fehler der kleinen Zahl, und vor allen Dingen, *auf welche Weise im einzelnen das Material* und das Kontrollmaterial *gewonnen worden ist.*

Erst bei genauer Kenntnis des Zustandekommens des Materials haben wir also zur Korrelationsberechnung ein wissenschaftliches Recht. Die *Methode der Berechnung* erfolgt dann am einfachsten und, wie ich glaube, auch am besten durch die *prozentuale Ausrechnung* der Häufigkeit eines bestimmten Merkmals bei Personen, die mit einem bestimmten anderen Merkmal behaftet und bei solchen, die davon frei sind.

Eine andere Berechnung ist die mit Hilfe des Bravais-Pearsonschen *Korrelationskoeffizienten*, die, wenn es sich nur um Vorhandensein oder Fehlen zweier Merkmale (also um alternative Variabilität) handelt, sich auch leicht ausführen läßt, wenngleich ihr Ergebnis schwerer zu interpretieren ist als das der einfachen Prozentberechnung.

Den Korrelationskoeffizienten erhält man auf Grund der Formel:

$$k = \frac{a \cdot d - b \cdot c}{\sqrt{(a+b)\,(c+d)\,(a+c)\,(b+d)}},$$

deren Bedeutung aus der Betrachtung der Korrelationstabelle klar wird:

	Merkmal B vorhanden	Merkmal B fehlt	zusammen
Merkmal A vorhanden	a	b	(a + b)
Merkmal A fehlt . . .	c	d	(c + d)
Zusammen.	(a + c)	(b + d)	

a gibt also die Anzahl der Individuen an, die Merkmal A und Merkmal B besitzen, b die Zahl der Individuen, die nur Merkmal A besitzen, usf. Der mittlere Fehler der kleinen Zahl berechnet sich dann nach der Formel $m = \dfrac{1 - k^2}{\sqrt{n}}$. Dabei ist k der errechnete Koeffizient, n die Gesamtzahl der untersuchten Personen. Ist k = 1, so besteht eine voll-

---

[1] Wir können keine sichere *Diagnose* stellen, wenn wir nicht wissen, in welcher ungefähren Häufigkeit die einzelnen Symptome, Atypien und Kombinationen angetroffen werden, keine vernünftige *Therapie* treiben, wenn wir die Heilungschancen des einen Mittels gegenüber denen der anderen nicht wenigstens im groben zahlenmäßig abzuschätzen vermögen.

kommene Korrelation der beiden untersuchten Merkmale, schwankt er um 0 herum, so bestehen keine Beziehungen, ist er $= -1$, so ist die Korrelation eine negative.

Eine weitere zweckmäßige Methode der Berechnung ist die Feststellung der Zahl, die v. PFAUNDLER als *Syntropie-Index* aufgestellt und bezeichnet hat.

Dieser Index berechnet sich nach der Formel $s = \dfrac{n_{AB} \cdot n}{n_A \cdot n_B}$, wobei n die Gesamtzahl der untersuchten Personen darstellt, n_A die Anzahl der Fälle, welche des Merkmal A, n_B die, welche das Merkmal B, n_{AB} die, welche beide Merkmale besitzen. s drückt dann aus, um wievielmal die tatsächlich gefundene Zahl der Kombinationen größer (bzw. kleiner) ist als die, welche bei rein zufälliger Verteilung der Merkmale zu erwarten gewesen wäre. Natürlich kann auch eine mit dem Syntropieindex gewonnene Zahl nur dann Wert beanspruchen, wenn sie sich auf großes Material stützt, und wenn Scheinsyntropien ausgeschlossen sind.

Ist schließlich das Vorhandensein einer wirklichen Korrelation zahlenmäßig gesichert, so werden wir (durch anatomische, physiologische, experimentelle usw. Methoden) zu untersuchen haben, auf welchem Wege die Korrelation *formalgenetisch* zustande kommt, ob es sich um eine morphogenetische Korrelation handelt, wie bei den sog. Systemerkrankungen, um eine nervöse, eine humorale oder eine hormonale; ferner ob es eine subordinierte Korrelation ist oder eine koordinierte, wobei beide Merkmale die gemeinsamen Folgen einer dritten Erscheinung sind; schließlich ob Simultan- oder Sukzessiv-Korrelation vorliegt, welch letztere z. B. bei der Erforschung der sog. prämorbiden Persönlichkeit eine Rolle spielt. — Eine Korrelation kann natürlich auch negativ sein; Albinismus schließt z. B. Epheliden aus. Solche „Dystropien" haben aber bis jetzt für die Konstitutionspathologie keine besondere Bedeutung.

Alle genannten Arten formalgenetischer Korrelationen können nun natürlich *idiotypischer oder paratypischer Natur* sein. Ihr erblicher Charakter läßt sich dann vermuten, wenn ein Leiden mit einer bestimmten Rasse oder mit einem bestimmten Geschlecht korreliert ist. Doch spielen in dem ersteren Falle durch gleiche Herkunft bedingte Scheinkorrelationen sicher eine große Rolle, so bei der Bindung der Haut-, Haar-, Augenpigmente aneinander, oder bei der Bindung bestimmter Intelligenzanlagen an bestimmte Rassetypen (z. B. Dolichocephalie), wie sie von manchen politisch orientierten Anthropologen angenommen werden. Ebensowenig beweisend für Erbbedingtheit ist die Bindung bestimmter Krankheiten an bestimmte Konstitutionsmerkmale. Denn was man heutzutage zur „Konstitution" zu rechnen pflegt, ist sicher nicht alles einfach erblich bedingt (Habitusformen, sog. Degenerationszeichen, sog. Charaktereigenschaften, Überempfindlichkeiten). Auch hier ist also bei Rückschlüssen größte Vorsicht am Platze.

Im Mittelpunkt des ärztlichen Interesses stehen natürlich solche Fälle, wo *zwei Krankheiten aneinander gebunden* erscheinen. Im weitesten Sinne, d. h. wenn man Symptom gleich Krankheit setzt (und ein grundsätzlicher Unterschied besteht hier ja nicht!), ist das natürlich auch bei erblichen Krankheiten sehr häufig der Fall; so z. B. wenn wir bei der Keratosis palmaris et plantaris Hyperidrosis der befallenen Körperstellen antreffen, oder bei der dystrophischen Epidermolysis Atrophien der befallen gewesenen Hautstellen und Verkümmerung der befallen gewesenen Nägel. Nicht selten aber sitzen die korrelierten Leiden an verschiedenen Körperteilen (Hypotrichosis und Nageldystrophien; Anidrosis, Haar- und Zahnanomalien; acneiforme Follikularkeratosen der Ellbogen und Knie, herdförmige Keratosis palmo-plantaris und Pachonychie; spinulöse Follikularkeratosen, Blepharitis und Chloasma) oder selbst an verschiedenen Organen (Albinismus universalis und Refraktionsanomalien der Augen, Atrophia cutis und Katarakt). Besonders ausgeprägte Polyphänie zeigen die sog. *Systemerkrankungen*, bei denen die Abkömmlinge eines bestimmten

Keimblatts elektiv erkrankt sein sollen. Für die Dermatologie kommen diesbezüglich natürlich nur Erkrankungen des Neuroektoderms in Frage, wie sie für die tuberöse Sklerose (Adenoma sebaceum), besonders aber für die Recklinghausensche Krankheit behauptet worden sind. Die Recklinghausensche Krankheit respektiert jedoch nicht die Grenzen des Ektoderms, sondern greift auch auf mesodermale Gebilde über (Knochenveränderungen); sie ist deshalb mit der Vielzahl ihrer Symptome (Pigmentierungen, Tumoren, Schwachsinn, Kyphose, Sarkomdisposition usw.) ein besonders anschauliches Beispiel für die Polyphänie einer pathologischen Erbanlage.

Zeigt ein Leiden (oder ein Symptom) eine sichere Bindung an ein anderes mit bekannter Erbbedingtheit, so ist — wenn sich Scheinkorrelation ausschließen läßt — die idiotypische Natur der Korrelation, also das Vorliegen polyphäner Erblichkeit gesicl ert (vgl. S. 20). Im übrigen besitzen wir natürlich zum Nachweise der Erbbedingtheit einer Krankheitskorrelation keine anderen Mittel als zum Nachweis der Erbbedingtheit überhaupt: d. h. die Feststellung einer Häufung in Rassen, in Familien und in Zwillingsschaften.

Vorübergehende erbliche Korrelationen können auch durch die sog. *Koppelung von Erbanlagen* bewirkt werden, d. h. durch die Erscheinung, daß bestimmte Anlagen bei der Reduktionsteilung häufiger zusammenbleiben, als der Wahrscheinlichkeit entspricht (vgl. S. 9). Doch haben wir in diese Dinge auf dem Gebiete der menschlichen Vererbungspathologie noch so geringe Einblicke, daß wir uns vorläufig davor hüten sollten, die Koppelung zur Erklärung pathologischer Zusammenhänge beim Menschen heranzuziehen.

F. Heterophänie.

Ist eine krankhafte Erbanlage in außergewöhnlich hohem Grade und in eigenartiger Weise durch nichterbliche Faktoren oder durch andere Erbanlagen beeinflußbar, so werden die einzelnen Behafteten derselben Familie klinisch verschiedene Krankheitsbilder darbieten; wir sprechen dann von *Heterophänie (Verschiedenmerkmaligkeit)* der betreffenden Erbanlage.

Im weitesten Sinne besteht Heterophänie schon dann, wenn (z. B. bei unregelmäßig dominanter Vererbung) der eine anlagengemäß Behaftete manifest erkrankt, der andere gesund bleibt, also bei allen sog. Manifestationsschwankungen. Hierher gehören auch diejenigen Fälle, in denen einzelne Familienmitglieder abortiv erkranken (z. B. nur Pigmentanomalien bei der Recklinghausenschen Krankheit). Deutlich kommt aber die Heterophänie erst da zum Ausdruck, wo die Erkrankung desselben Organs bei verschiedenen Personen zu klinisch verschiedenen Krankheitsformen (z. B. Keratosis palmaris diffusa und striata) oder zu völlig differenten Symptomenbildern führt (z. B. durch Lokalisation eines Prozesses in verschiedenen Hirngebieten bzw. durch antagonistische Auswirkung: Myxödem-Basedow) oder wo bei den einzelnen Personen mit der gleichen Krankheitsanlage ganz verschiedene Organe ergriffen werden, so daß die gemeinsame Erbanlage anscheinend wirklich ganz verschiedene Krankheiten verbindet. Das ist z. B. bei der tuberösen Sklerose der Fall, wenn der Großvater nur gehäufte Fibrömchen, die Mutter außerdem Adenoma sebaceum, der Sohn Adenoma sebaceum mit Imbecillität und Krampfanfällen hat (Siemens), oder bei der Recklinghausenschen Krankheit, wenn Mutter und Großvater multiple Hauttumoren, die Tochter multiple Nerventumoren und der Bruder des Großvaters einen Kolossaltumor am Rücken aufweist (Hecker). Ein sehr altes, aber bis heute noch nicht aufgeklärtes Beispiel hierfür ist das angeblich gehäufte Auftreten von Gicht und Asthma in den Familien Ekzemkranker. Schon Lorry (1779) behauptet, man könne die Flechten erben ebenso wie

die Gicht, „in welche sie verwandelt werden können". Besonders RAYER ist
später, auf LORRY fußend, für solche Anschauungen eingetreten. Doch sind die
alten Dermatologen mit der Heranziehung heterophäner Erblichkeit zu ätiologischen Erklärungen noch viel weiter gegangen und haben sich dadurch zu
geradezu grotesken Hypothesen verleiten lassen. So führt ALIBERT (1837)
einen Fall an, in dem sich die Skrofulose der Eltern bei einem Kinde als Ichthyosis
geäußert haben soll; ein anderes, ebenfalls ichthyotisches Kind soll sein Leiden
von seinem Vater geerbt haben, der an Favus litt. ALIBERT glaubte eben einfach,
„daß die verschiedenen Gifte sich ins Unendliche in der tierischen Ökonomie modifizieren und die außerordentlichsten Hautkrankheiten hervorbringen können".

Derartig übertriebene Ideen von einer unendlichen Verwandlungsfähigkeit
der einen Krankheit in eine andere bei der erblichen Übertragung sind aber
durchaus nicht so unmodern. Hat doch erst kürzlich einer der bekanntesten
Konstitutionspathologen die Ansicht vertreten, daß so grundverschiedene
Dinge wie Magenkrebs, Eingeweidekrebs, Magenulcus, Gastroptose, Atonie,
Achylie, Subacidität und Superacidität sich sämtlich auf einen einzigen Erbfaktor als wichtigste ätiologische Grundlage zurückführen ließen.

Aber auch wo solche Meinungen berechtigt sind, muß man sich vor ihrer
Überspannung hüten. Von der RECKLINGHAUSENschen Erbanlage beispiels-
weise wissen wir, daß sie bei den Behafteten der gleichen Familie bald nur
Pigmentierungen, bald Hauttumoren, bald Nerventumoren, bald einzelne
Kolossalgeschwülste, bald auch sarkomatöse Neoplasmen macht. Die Efflorescenzenform, die Organwahl, die maligne Umwandlung scheinen also bei
diesem Leiden weitgehend (nicht vollständig) auf „Zufall" zu beruhen, das
heißt auf erblichen und nichterblichen Faktoren, die *außerhalb der eigentlichen
Recklinghausenanlage* gelegen sind. Hier ist also in bestimmten Grenzen die
Annahme der Heterophänie gerechtfertigt. Deshalb darf man aber nicht so
weit gehen, die RECKLINGHAUSENsche Krankheit, wie es geschehen ist, als
heterophäne „neoplastische Diathese" aufzufassen und dann womöglich Hämangiome, Carcinome usw. bei Recklinghausenkranken oder ihren Verwandten
ebenfalls ohne weiteres als Äußerungen der Recklinghausenanlage anzusprechen;
denn über eine Häufung von Hämangiomen und Carcinomen bei RECKLING-
HAUSENscher Krankheit wissen wir eben *nichts*. Ebenso zurückhaltend müssen
wir mit solchen Hypothesen sein, wenn es sich um Leiden handelt, deren Erblichkeit überhaupt noch nicht genügend bekannt ist.

Auch von der Heterophänie müssen wir eben verlangen, daß sie durch einwandfrei gewonnene, statistische Tatsachen *nachgewiesen* wird. Gibt es doch
eine ganze Reihe von Erscheinungen, die Heterophänie vortäuschen können.
Vor allem kann ein zufälliges Zusammentreffen zweier erblicher Leiden oder
erblicher mit nichterblichen bei verschiedenen Personen der gleichen Familie
vorliegen (z. B. Xeroderma und Magencarcinom). Aus einzelnen Fällen von
Kombination darf also nichts geschlossen werden, sondern nur aus der *statistischen Häufung* solcher Kombinationen in zahlreichen Familien. Auch sonst
kommen alle diejenigen Fehlerquellen in Betracht, die wir für das Zustandekommen von Scheinkorrelationen zweier Krankheiten bei demselben Individuum
namhaft machen konnten (vgl. S. 69). Das Zusammentreffen mehrerer Krankheiten in der gleichen Familie kann also durch unbewußte Auslese bedingt sein,
durch gemeinsame Herkunft der Eltern oder der Kinder (gleicher Stand, gleiche
Umwelt, Heiratsauslese, Inzucht). Auch durch verschiedene Manifestierung
einer Erbanlage in verschiedenen Altersstufen kann Heterophänie vorgetäuscht
werden, wie es bei der RECKLINGHAUSENschen Krankheit der Fall gewesen
ist, bei der man die mit Pigmentflecken behafteten, tumorfreien Frühformen
lange als Abortivformen aufgefaßt hat.

Wollen wir verhüten, daß die Heterophänie in dilettantischer Weise als Hilfshypothese zur Erklärung undurchsichtiger Erbverhältnisse herangezogen wird, so müssen wir aber nicht nur die Täuschungsmöglichkeiten klarstellen, sondern wir müssen vor allem die Erscheinungen der heterophänen Erblichkeit auch besser studieren. Es ist erstaunlich, wie wenig bisher systematische *Vergleiche zwischen den Behafteten derselben Familie* angestellt worden sind, die doch allein über die „*Manifestationsbreite*" und damit eben auch über die Heterophänie der betreffenden Krankheitsanlage Aufschluß geben können. Dabei läßt sich auch klarstellen, ob die Wandlung des Krankheitsbildes durch idiotypische oder durch paratypische Faktoren bedingt ist. Aus *erblichen* Gründen abgewandelte Krankheitsbilder müssen ja ihrerseits wieder Häufung bei Nahverwandten zeigen, so daß die Behafteten einer Familie in Untergruppen von besonderem Charakter zerfallen. Das ist gut an einer Sippe mit Keratosis palmo-plantaris zu demonstrieren; denn hier trat das Leiden bei

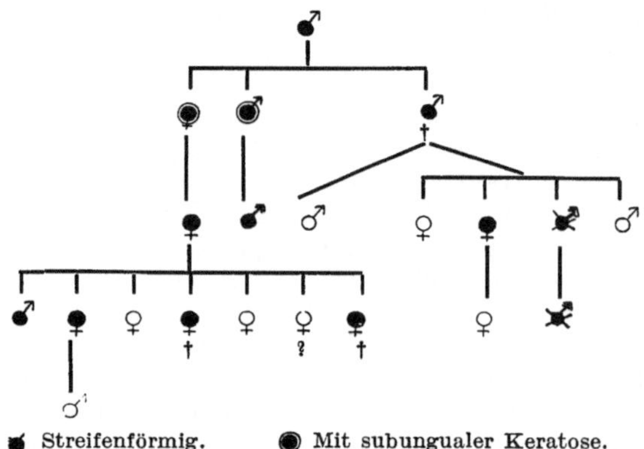

Abb. 39. Heterophänie: Keratosis palmo-plantaris diffusa, striata und cum hyperkeratosi subunguale.
(Eigene Beobachtung.)

zwei der Behafteten streifenförmig, bei zwei anderen in Kombination mit subungualer Keratose auf, wobei die in dieser besonderen Weise Behafteten jeweils auch besonders nah verwandt waren (Abb. 39).

Ebenso lehrreich wie der Vergleich der Behafteten einer Familie ist für die Heterophänieforschung das Studium *eineiiger Zwillingspaare*, von denen beide Teile mit verschiedenen Krankheiten oder Krankheitstypen behaftet sind; z. B. der eine mit Erythrodermia exfoliativa Leiner, der andere mit einem gewöhnlichen seborrhoischen Ekzem (Rominger). Ließ sich auf familienpathologischem Wege die *erbliche* Bedingtheit der Heterophänie feststellen, so lassen sich zwillingspathologisch natürlich nur diejenigen Krankheitswandlungen erfassen, die auf *Paravariation* beruhen. Durch Beschreiten beider Forschungswege wird es uns deshalb gelingen, auch die heterophäne Erblichkeit besser kennen zu lernen und dadurch den mit ihr üblichen Mißbrauch einzudämmen.

4. Die Beziehungen der vererbungspathologischen Forschung zur klinischen Dermatologie.

Da die Medizin im Grunde nichts anderes ist als angewandte Biologie (Lenz), so ist auch die *Vererbung*spathologie Anwendung der erbbiologischen Erkenntnisse auf den kranken Menschen. Sie gehört deshalb zu den notwendigen Bestandteilen der Heilkunde und steht in unmittelbarer Beziehung zu allen

Teilgebieten der klinischen Dermatologie: zur Ätiologie, Diagnostik, Prognostik und Therapie.

Aus dem großen Gebiet der *Ätiologie* behandelt die Vererbungspathologie naturgemäß nur einen bestimmten Ausschnitt. Der Vorwurf ätiologischer Einseitigkeit kann sie deshalb aber nicht treffen: bei der relativen Natur jeder erbätiologischen Erklärung (vgl. das Kapitel über den Erblichkeitsbegriff) ist die Beurteilung der Erbbedingtheit ohne Berücksichtigung der nichterblichen Ursachen und Mitursachen schlechterdings unmöglich. Die Vererbungspathologie befaßt sich deshalb nicht nur mit dem Nachweis, sondern ebensosehr mit dem *Ausschluß der Erbbedingtheit*, und sie gibt, wo ihr das letztere gelingt, einen gewaltigen Ansporn, *nichterbliche Ursachen zu ergründen*. In dieser Hinsicht hat besonders auf internem und psychiatrischem Gebiet die Zwillingspathologie schon zu ganz überraschenden Erkenntnissen geführt (Charakterveränderung, Reizbarkeit und Verminderung der geistigen Leistungsfähigkeit bei einem eineiigen Zwilling infolge Gehirnkomplikation bei Masernpneumonie — HANHART; Kriminalität bzw. sexuelle Invertiertheit mit entsprechenden körperlichen Erscheinungen bei je einem von zwei eineiigen Zwillingen infolge grober Hirnschädigungen — LANGE).

Wie sehr der Vererbungspathologie jede ätiologische Einseitigkeit fern liegt, zeigt sich aber nicht nur darin, daß sie den unbegründeten Glauben an erbliche Bedingtheit in vielen Fällen zerstört, sondern daß sie auch dort, wo der statistische Erblichkeitsnachweis gelungen ist, sich der *Verallgemeinerung* solcher Forschungsergebnisse entgegenstemmt. Hat uns doch gerade die Erbforschung gezeigt, daß gleiche oder sehr ähnliche Krankheitsbilder vollständig verschiedene Ursachen haben können. Das gilt nicht nur in dem Sinne, daß eine Krankheit sich bald nach diesem, bald nach jenem Modus vererbt (dominante und recessive Formen von dystrophischer Epidermolyse, geschlechtsgebundene und nicht geschlechtsabhängige Formen von Keratosis follicularis), sondern vor allen Dingen auch so, daß das anscheinend gleiche Leiden bald erblich, bald nichterblich bedingt ist, oder anders ausgedrückt: daß erbliche Krankheitsbilder durch Wirkung exogener Faktoren nachgeahmt werden können [Poikilodermia vascularis atrophicans, Epheliden oder lokalisiertes Xeroderma pigmentosum durch Röntgenschädigung; Naevi pigmentosi durch Verbrennungen; Lentigines durch internes Carcinom bei der Acanthosis nigricans (BRUCK); Epidermolysis bullosa durch Arsenvergiftung]. Die Tatsache, daß die Epitheliomatose des Xeroderma pigmentosum erblich bedingt ist, besagt deshalb nicht das geringste für andere Hautepitheliome (Teerkrebs!) oder gar Carcinome *innerer* Organe (SIEMENS und KOHN), und die Erbbedingtheit der Teleangiektasien der Wangen und des Hinterhaupts erlaubt nicht den geringsten Schluß auf die Erbbedingtheit anderer Teleangiektasien und der eigentlichen Naevi vasculosi (HENLE), die Erbbedingtheit der Lentigozahl keinen Schluß auf die Erblichkeitsbeziehungen anderer pigmentierter und cellulärer Naevi. Meist ist allerdings die Übereinstimmung zwischen erbbiologisch verschiedenen Krankheitsbildern offenbar keine vollständige, und es gehört deshalb zu den reizvollsten Aufgaben der vererbungspathologischen Forschung, den Beziehungen zwischen bestimmten Erbbedingtheiten und bestimmten klinischen Eigentümlichkeiten nachzuspüren.

Die Vermehrung unseres ätiologischen Wissens kann naturgemäß nicht ohne Einfluß bleiben auf unsere Auffassung vom *System der Hautkrankheiten*. Das aber ist von der größten allgemeinpathologischen Bedeutung, denn die natürliche Systematik ist das eigentliche Ziel jeder richtig erfaßten Krankheitslehre, und ohne sie ist eine wissenschaftliche Krankheitserkennung und Krankheitsbehandlung wie überhaupt eine Medizin als Lehrfach nicht möglich. Schon jetzt muß nun die klinische Forschung auch die erbätiologische zu Hilfe nehmen, um die von ihr aufgestellten Krankheitsbilder nachzuprüfen und dadurch sichern oder umgruppieren zu lassen. Wie die Bakteriologie klinisch ganz unähnliche Bilder einander nahegebracht (Impetigo und Pemphigus neonatorum, „Eczema" marginatum und Trichophytie), klinisch sehr ähnliche voneinander getrennt hat (Diphtherie und diphtherieähnliche Anginen, Trichophytie und trichophytoide Ekzeme), so hat auch die Erbforschung damit begonnen, bald bei der Synthese, bald bei der Analyse von Krankheitsgruppen mitzuhelfen. Denn wenn verschiedene Krankheiten gehäuft bei den einzelnen Mitgliedern der gleichen Familie angetroffen werden (etwa Adenoma sebaceum, Imbecillität und Epilepsie), so ist auch ihre erbätiologische Wesensverwandtschaft erwiesen, während idiotypische Leiden, die keine Häufung individueller oder familiärer Kombination zeigen (Ichthyosis congenita gravis und Ichthyosis congenita larvata) unmöglich als ätiologisch identisch aufgefaßt werden können. Ebenso bedeutet die Feststellung verschiedener Vererbungsmodi bei gleichen oder ähnlichen Krankheitsbildern auch ohne weiteres ihre ätiologische Trennung (Epidermolysis bullosa simplex und dystrophica, Ichthyosis vulgaris und congenita). Denn bei verschiedenen Erbgängen handelt es sich vom Standpunkt der Vererbungslehre um „verschiedene Krankheiten, die nur alle äußerlich unter dem gleichen (oder einem ähnlichen) Krankheitsbild erscheinen" (Goldschmidt). So setzt uns also die Vererbungspathologie in die Lage, einerseits eine *Zusammenfassung* verschiedener Leiden auf Grund *gleicher* Ätiologie, andererseits eine *Trennung* gleicher (bzw. ähnlicher) Leiden auf Grund *verschiedener* Ätiologie vorzunehmen.

Auch hierbei aber hat eine richtig verstandene Vererbungslehre Übertreibungen nicht nötig, wozu ich vor allem den Versuch mancher Autoren rechne, die Systematik der Krankheiten *allein nach erbätiologischen Gesichtspunkten* aufzubauen. Vor solcher Einseitigkeit muß den Vererbungsforscher die Kenntnis *der klinischen Notwendigkeiten* schützen, die ihn lehrt, daß die rein ätiologische Gruppenbildung ihre natürlichen Grenzen hat. Wo aus ganz verschiedenen Ursachen heraus Krankheitsbilder entstehen, die nicht nur klinisch ähnlich sind, sondern auch gemäß analoger pathologischer Bedeutung, analoger formaler Genese und eventuell analoger Prognose und Therapie eine natürliche Einheit bilden (Ekzeme, Toxikodermien, Urticaria, Zoster), da wird die ätiologische Forschung auch niemals als allein entscheidendes Prinzip der Krankheitseinteilung auftreten können; auch erbliche und nichterbliche Formen eines Leidens wird man deshalb zwar in der Praxis, nicht aber im System immer vollständig trennen wollen (erbliche und nichterbliche Epidermolysis, erbliche und nichterbliche Xanthome). Ebenso setzen in der Vererbungspathologie die Eigentümlichkeiten einzelner Familien der fortschreitenden ätiologischen Analyse vielfach ein Ziel. Das ist schon lange bei den dominanten Krankheiten aufgefallen (Poly- und Syndaktylie, Epidermolysis bullosa, Recklinghausensche Krankheit), wo dem betreffenden Leiden in den verschiedenen Familien oft spezifisch verschiedene Erbanlagen zugrunde liegen, die auch in verschiedenem Grade modifizierbar sein können (verschiedene Grade von Unregelmäßigkeit der Dominanz). Analoges habe ich aber kürzlich auch für recessive Leiden (Ichthyosis congenita) festgestellt. Die Vererbungspathologie kann folglich, wie jede ätiologische Lehre, nicht eigenmächtig vorgehen, sondern sie muß *in stetem Einvernehmen mit der Klinik* versuchen, den Parallelismus zwischen ätiologischen Krankheitseinheiten einerseits, klinischen, histologischen usw. andererseits aufzudecken und durch Angleichung dieser verschiedenen Betrachtungsweisen aneinander die theoretisch klarste und praktisch brauchbarste Krankheitseinteilung aufzufinden.

Dabei kann es nicht nur gelingen, für Gruppen, die klinisch atypisch sind, eine eigene Ätiologie aufzufinden (z. B. recessive Erblichkeit für die dystrophische

Epidermolyse), sondern auch für anfangs nur ätiologisch festgestellte Einheiten nachträglich besondere *klinische* Charakteristica nachzuweisen (durchschnittlich mattere Farben und glattere Ränder für die erblich bedingten großen Recklinghausenflecke gegenüber den bisher ohne nachweisbare Erblichkeitsbeziehungen gebliebenen Naevi pigmentosi spili der Normalen; andere Lokalisation, durchschnittlich früheres Auftreten usw. bei den echten Atheromen, den Epidermoiden, gegenüber den falschen, den Follikularcysten[1]); in anderen Fällen werden sich *histologische* Eigenheiten mit ätiologischen in Beziehung bringen lassen (durchschnittlich oberflächlichere Epidermisablösung bei der dominanten, tiefere bei der recessiven Epidermolyse). So ermöglicht es also die Vererbungspathologie dem Kliniker, Willkür und Künstlichkeit bei der Abgrenzung von Krankheitsbildern zu vermeiden, und es hat sich damit in einem erstaunlichen Maße das Wort bewahrheitet, welches schon RAYER (1826) in sein Lehrbuch schrieb: daß man „die Lehre von der erblichen Anlage genau inne haben" müsse, wenn man zu einem wirklichen Verständnis der Hautkrankheiten gelangen wolle.

Von ganz besonderer Bedeutung ist die Vererbungsforschung fernerhin für die *Konstitutionspathologie,* deren eigentliches Wesen bekanntlich in der Korrelation von Krankheiten untereinander, bzw. von Krankheiten mit nichtpathologischen Merkmalen besteht (s. S. 67). Durch Ausbau und Anwendung solider statistischer Methoden wird deshalb die Vererbungspathologie, wie wir hoffen, dieses Sonderfach von dem Spekulativen und Phantastischen, das ihm anhaftet, reinigen. Insbesondere dürfen wir auch Aufklärung erwarten über die viel erörterte Lehre LENGLETs, nach der es 10 Termes principaux (Hypotrichosis, Keratosis palmo-plantaris, Ichthyosis, Atrophia cutis, Epidermolysis usw.; von JADASSOHN und BRÜNAUER um vier weitere Symptome — Pigmentierungen, Zahn-, Schleimhaut-, Augenanomalien — vermehrt) geben soll, welche sich in verschiedener Häufigkeit miteinander kombinieren und auf diese Weise die idiotypischen Dermatosen hervorbringen. So nützlich eine solche Anschauung vom Standpunkt einer deskriptiven Pathologie sein mag: die genetischen Beziehungen der betreffenden Hautkrankheiten sind durch sie eher noch unklarer geworden, weil mancher sich dadurch zu übertriebenen Vorstellungen von der Bindung und folglich von der Wesensverwandtschaft der genannten „Kardinalsymptome" hat verleiten lassen. Solche Überspannungen können aber hier, wie auch sonst, durch eine exakte Korrelationspathologie zurückgewiesen werden; ist es doch in letzter Zeit schon mehrfach gelungen, unrichtige Meinungen von der Zusammengehörigkeit bestimmter Dermatosen zu korrigieren (Epidermolysis bullosa und Keratosen, RECKLINGHAUSENsche Krankheit und Naevi, Naevi vasculosi und Teleangiektasien). Wir dürfen deshalb hoffen, daß durch sorgfältige weitere Studien in dieser Richtung unsere Kenntnis über die individuellen und familiären Korrelationen von Krankheiten endlich auf eine sichere Basis gestellt, und damit dem schrankenlosen Subjektivismus der Konstitutionspathologie der letzten Jahrzehnte ein Ende gemacht wird.

Besondere Aufklärungen sind von der Vererbungspathologie auch über die Genese der *Asymmetrien* zu erwarten. Vorläufig liegen jedoch erst Anfänge zu solchen Studien vor, weshalb ich mich mit dem Hinweis auf früher Gesagtes begnüge (S. 43).

Engste Beziehungen bestehen ferner zwischen der Vererbungsforschung und dem Studium der *formalen Genese* der Krankheiten. Hat doch V. HAECKER die Lehre von der formalen Entstehung der erblichen Merkmale unter dem Namen der „Phänogenetik" als eigene Disziplin der Vererbungsbiologie angliedern

---

[1] Das sind gute Analoga zu den Fortschritten, die uns andere Ursachenlehren, z. B. die Bakteriologie, gebracht haben: dünnere Krusten, gyrierte Formen usw. bei der staphylogenen Impetigo gegenüber der streptogenen (LEWANDOWSKY).

wollen. Uns Dermatologen aber haben besonders die Erörterungen über die Naevustheorien gezeigt, wie sehr die Probleme der formalen und kausalen Genese ineinander greifen.

Aber nicht nur für unsere Auffassung und Beurteilung der Genese der Krankheiten ist die Vererbungspathologie grundlegend, sie wird vielfach auch entscheidend für die Fortschritte der *Diagnostik* derjenigen Leiden, mit denen sie sich befaßt. Denn da das größte Hindernis der vererbungspathologischen Arbeit in einem erbätiologisch heterogenen Material liegt, hat jede vererbungspathologische Forschung mit der subtilsten klinisch-biologischen Analyse der Fälle zu beginnen. Dabei hat der Erbpathologe leider nur zuviel Grund, mit den Leistungen der bisherigen klinischen Diagnostik unzufrieden zu sein (Rüdin); die landläufigen klinische Bilder genügen für seine Zwecke oft nicht, und er muß sich deshalb selbst um eine äußerste Verfeinerung der Diagnose bemühen. Nur auf diesem Wege kann es ja gelingen, jene oben erwähnten klinisch-ätiologischen Parallelen aufzufinden, die erst die Analyse ätiologisch-heterogenen Materials ermöglichen.

Die *Verfeinerung der Diagnose* braucht aber der Vererbungspathologe außerdem, um *Zusammenhänge* mit anderen Anomalien oder mit abortiven Behaftungen erkennen zu können. So kann durch subtilste klinisch-biologische Feststellungen die Aufdeckung von Konduktoren gelingen [bei der Hämophilie durch Gerinnungsprüfung (Schloessmann), bei Keratosis follicularis spinulosa decalvans durch Erkennung der weiblichen Abortivformen, bei der Recklinghausenschen Krankheit durch Studium der isolierten Pigmentierungsanomalien]. Mit ätiologischen und daher auch mit erbätiologischen Fortschritten sind deshalb *klinisch-diagnostische Fortschritte geradezu naturnotwendig verknüpft*, und der klinisch interessierte Forscher, der sich die vererbungspathologischen Methoden nicht aneignet, verzichtet folglich damit auf ein wichtiges Hilfsmittel beim Studium der speziellen Diagnostik.

Das genaueste klinische Studium des Materials ist aber auch deshalb für den Vererbungspathologen unumgänglich nötig, weil er ja vor jeder Untersuchung sich auf das sorgfältigste fragen muß, wie eigentlich das Merkmal zu begrenzen sei, dessen Erblichkeitsbeziehungen er feststellen will (s. S. 17). Denn „gebrauchsfertige Merkmale" (Rüdin), die man einfach am Schreibtisch in Ruhe verarbeiten könnte, gibt es nun einmal nicht. Ohne das subtilste „Phänotypisieren" hängt also die vererbungspathologische Fragestellung selber in der Luft. Sorgfältige klinische Durchdringung muß aber naturgemäß für die Diagnostik fruchtbar sein.

Von ebenso unmittelbarer Bedeutung ist die Vererbungspathologie für die *Prognostik* der Krankheiten. Daß erst durch die Erforschung des Vererbungsmodus und durch die Entdeckung von Abortivformen eine *familiäre* Prognose, d. h. eine Aussage über die Erkrankungswahrscheinlichkeit bestimmter Verwandter möglich wird, versteht sich von selbst und ist bei erblichen Leiden auf Grund unserer modernen vererbungsbiologischen Kenntnisse schon mehrfach möglich und für die Familienangehörigen von der allergrößten praktischen Bedeutung gewesen. Aber auch die *individuelle* Prognose wird bei den erblichen Krankheiten durch die Feststellung ihrer Manifestationsbreite, durch die Anregung zur Erforschung der accidentellen ätiologischen Faktoren und durch das Studium der Früh-, Spät- und Abortivformen (wie z. B. bei der Recklinghausenschen Krankheit) in entscheidender Weise gefördert und empirisch ausgebaut.

Schließlich versteht es sich auch für die *Therapie* von selbst, daß eine *familiäre* Therapie, d. h. eine Prophylaxe durch die Eheberatung in der Sprechstunde eines erbwissenschaftlich vorgebildeten Arztes, erst durch vererbungspathologisches Studium möglich gemacht wird. Doch besteht kein Zweifel, daß auch die *individuelle* Behandlung größten Nutzen aus unseren erbpathologischen Kenntnissen ziehen kann. Mit Recht hat MEGGENDORFER darauf hingewiesen, daß der Irrtum der „Schulmyopie" manchen Begabten dem Studium entrissen, manchem Kurzsichtigen nur einen ungenügenden Ausgleich seiner Sehschärfe gestattet hat. Die Erkenntnis der wahren Ätiologie kann also vor unnötigen Maßregeln bewahren und dadurch in manchen Fällen geradezu wie eine Erlösung wirken.

Eine besondere Möglichkeit therapeutischer Forschung bietet die Vererbungspathologie durch die ärztliche Beobachtung eineiiger Zwillinge. Diesen Weg hat z. B. HALBERTSMA beschritten, als er von eineiigen Zwillingen mit Anaemia plastica den einen mit einer Bluttransfusion, den anderen mit Eisen und Arsen behandelte. Er hat damit ein Prinzip verfolgt, das uns Dermatologen schon lange geläufig ist bei der Klinikbehandlung ausgedehnter Ekzeme, wo wir ja die rechte Körperseite mit anderen Medikamenten zu behandeln pflegen als die linke, um uns ein rascheres und sichereres Urteil über ihre Wirksamkeit zu verschaffen. Übereinstimmende Erkrankungen eineiiger Zwillinge bieten also eine *einzigartige Möglichkeit* zu wirklich exakten vergleichenden Beobachtungen über die Wirkung von Heilmethoden. Hier hat deshalb auch gerade der *praktische Arzt* Gelegenheit, an der therapeutischen Forschung mitzuhelfen, wenn er nur jeden Fall konkordant behafteter, sicher eineiiger Zwillinge nach verschiedenen Methoden behandelt und das Ergebnis veröffentlicht.

Die Wechselbeziehungen zwischen der vererbungspathologischen Forschung einerseits, der übrigen Ätiologie, der Diagnostik, Prognostik und Therapie anderseits sind also so vielseitige und so enge, daß schon heute weder der Kliniker ohne die vererbungspathologischen Lehren, noch der Vererbungspathologe ohne die intimste Vertrautheit mit der klinischen Praxis auskommen kann. Das eine ist also schon heute die unmittelbare und unentbehrliche Voraussetzung des anderen. Möchte diese Wechselwirkung recht erkannt, und der Vererbungspathologie der „Irrweg vom Krankenbett ins Laboratorium" (SAUERBRUCH) (d. h. hier ins *statistische* Laboratorium) erspart bleiben!

5. Ätiologie und Therapie der erblichen Krankheiten.

Was der Vererbungspathologe in erster Linie feststellen will und feststellen soll, das ist die Tatsache, wie weit und auf welche Art eine Krankheit ursächlich auf das Vorhandensein einer krankhaften Erbanlage zurückzuführen ist. Eine ganz andere Frage ist es, *wo diese Krankheitsanlage ihrerseits herrührt.* Wie alle spezielleren Erbanlagen, so können auch die Krankheitsanlagen nicht von Ewigkeit an da sein, sie müssen im Laufe der Entwicklung einmal entstanden sein, und manche Fälle machen es sogar wahrscheinlich, daß die Zeit ihrer Entstehung gar nicht so lange zurückliegt (wie z. B. mein Fall von Keratosis follicularis spinulosa decalvans). Wenn sie aber einmal entstanden sind, so muß damals eine Ursache vorhanden gewesen sein, die diese Änderung des ursprünglichen Idiotypus bewirkt hat. Diese Ursachen bezeichnen wir in ihrer Gesamtheit als *idiokinetische* (erbändernde) *Faktoren* (LENZ).

Worin die idiokinetischen Faktoren beim Menschen bestehen, ist vorläufig unbekannt. Man hat daran gedacht, daß durch Alkohol, Syphilis und Röntgenstrahlen die Veränderung der menschlichen Erbsubstanz bewirkt würde. „Davon wissen wir aber noch nichts" (RÜDIN), zum mindesten gar nichts Sicheres, wenn auch bei der Taufliege der experimentelle Nachweis der Idiokinese durch Röntgenstrahlen gelungen ist (MULLER). Infolgedessen können wir auch nicht daran denken, die krankhaften Erbanlagen selbst durch irgendwelche Maßnahmen willkürlich am einzelnen Kranken zu beeinflussen, etwa gar zu beseitigen. Die erblichen Krankheiten sind also *am Individuum* keiner kausalen Therapie zugänglich, wenn es auch der ärztlichen Kunst oft gelingt, ihre Symptome zu beseitigen.

Die Idiokinese verursacht aber nur *die erste Entstehung* der krankhaften Erbanlagen; die Ursache ihrer *Ausbreitung* ist die *Selektion*. In der Beeinflussung der Selektion liegt also eine weitere (allerdings nicht individuelle) Möglichkeit *kausaler Therapie* erblicher Leiden.

Viele Erbkrankheiten unterliegen an sich schon einer negativen Selektion, einer Ausmerze. Das ist besonders bei recessiven Leiden der Fall (Ichthyosis congenita, Xeroderma), kommt aber auch bei unregelmäßig dominanten vor (Recklinghausensche Krankheit). Das Studium dieser Selektionsverhältnisse gehört natürlich mit in den Aufgabenkreis der vererbungspathologischen Forschung, und der Versuch ihrer Beeinflussung ist zum Teil Sache des praktischen Arztes. Durch sachkundige *Eheberatung* kann er die Erzeugung von Kindern *verhindern*, für die eine größere Behaftungswahrscheinlichkeit besteht, und andererseits kann er erblich nicht behaftete Familienmitglieder darüber aufklären, daß ihre Nachkommenschaft trotz größter familiärer „Belastung" von dem Familienübel frei bleiben wird. So kann er — in einzelnen Fällen — die Erzeugung einer gesunden Nachkommenschaft auch *fördern* und auf diese Weise durch *positive* Selektion kausale Therapie erblicher Krankheiten treiben.

Im großen betrachtet spielen allerdings solche Einzelfälle der ärztlichen Praxis — so entscheidend wichtig sie für die Betroffenen selbst sind — keine besondere Rolle. Für die Zukunft des Gesamtvolkes handelt es sich vielmehr ganz allgemein darum, daß die Erbstämme, die sich im Leben bewähren, und die deshalb im Durchschnitt auch die körperlich und geistig „gesünderen" sind, einen genügend zahlreichen Nachwuchs haben, um sich zu erhalten, ja um die kranken Erbstämme sogar zu überwuchern. Infolge des *Geburtenrück-gangs* ist aber bei allen Völkern des europäisch-amerikanischen Kulturkreises gerade das Umgekehrte der Fall. Denn erfahrungsgemäß pflegen diejenigen Kreise die ausgiebigste Empfängnisverhütung zu treiben, welche die größte Anzahl überdurchschnittlich leistungsfähiger Individuen enthalten (vgl. darüber meine Broschüre: „Vererbungslehre, Rassenhygiene und Bevölkerungspolitik". 4. Aufl. München 1930). Dadurch entsteht für das Fortbestehen der abendländischen Kultur eine Gefahr, von deren Größe und Unmittelbarkeit sich die meisten Menschen nicht die geringsten Vorstellungen machen, da ja unsere sog. Bildung fast ganz auf historisch-philologischem Boden ruht und infolgedessen selbst grobe Unkenntnis in den grundlegendsten biologischen Tatsachen durchaus nicht als Bildungsmangel empfunden zu werden pflegt.

Die (quantitative *und qualitative*) Gefahr des Geburtenrückgangs zu bannen ist aber selbstverständlich nicht mehr Aufgabe des einzelnen praktizierenden Arztes, sondern Aufgabe *medizinisch-politischer Maßnahmen*, wie sie durch die *Rassenhygiene* vertreten werden. Denn es handelt sich darum, den ökonomischen Motiven, die zum Geburtenrückgang der Tüchtigen führen, durch wirtschaftliche Reformen den Boden zu entziehen, und die individualistische Ethik, die sich den Übertreibungen der Empfängnisverhütung nicht genügend entgegenstemmt, durch eine generative zu ersetzen. Allerdings wird es ganz wesentlich von der Stellungnahme der einzelnen *Ärzte* abhängen, ob es gelingen kann, der Masse der Gebildeten noch rechtzeitig die Augen über das drohende Verhängnis und über die Möglichkeiten der Abhilfe zu öffnen. Aus diesem Grunde kommt der Verbreitung vererbungspathologischer Kenntnisse in der Ärzteschaft eine Bedeutung zu, die diesem Fach eine ganz eigentümliche Sonderstellung gegenüber allen anderen medizinischen Hilfswissenschaften einräumt.

An den Fortschritten der menschlichen Vererbungslehre ist eben nicht nur der interessiert, der eine erbliche Krankheit hat oder der eine heilen bzw. verhüten will, sondern ganz allgemein *jeder*, dem die biologische und kulturelle Zukunft seines Volkes nicht gleichgültig ist.

Die spezielle Vererbungspathologie der Dermatosen.

1. Angiosen.

Vorbemerkung. Die *kasuistische Literatur* ist zur Erleichterung weiteren Arbeitens zum großen Teil so zitiert, daß man die Originalstelle rasch auffinden kann. Nach Möglichkeit wurde der Einheitlichkeit halber statt des Originals die Referatstelle im Zbl. f. Hautkrkh. angeführt. Das soll aber natürlich nicht heißen, daß das Original nicht eingesehen wurde; es wurde oft sogar viel Zeit darauf verwandt, die Referatstelle nachträglich aufzufinden.

Schon Darwin hat behauptet, daß die ausgesprochene Neigung, auf seelische Erregungen hin zu erröten *(Erythema fugax,* Affekterythem) in einzelnen Familien vererblich sei. Untersuchungen darüber liegen jedoch bis heute nicht vor. Bemerkenswert ist, daß von zwei 14 jährigen eineiigen Zwillingsschwestern die eine, die aber in ihrer gesamten sexuellen Entwicklung schon wesentlich weiter fortgeschritten war, ausgesprochene Schamröte bei der gemeinsamen Untersuchung zeigte, die andere nicht (Siemens 1924). Natürlich ist das Auftreten des Erythema fugax nicht nur von der Ansprechbarkeit der Hautgefäße, sondern auch von der Stärke der seelischen Erregungen abhängig, die ihrerseits erblich verschieden sein kann. Außer psychischen Momenten können auch äußere Einflüsse (Einatmen von Amylnitrit) flüchtige Hautröte erzeugen. Ob auch diesen Einflüssen gegenüber erbliche Reaktionsunterschiede bestehen, ist nicht bekannt. Bei bestimmten Zuständen (Menopause, Basedowscher Krankheit) ist die Erythemneigung mancher Individuen stark erhöht.

Ganz anders sehen diejenigen Alterationen der Hautgefäße aus, die durch *Kälte* entstehen, und die unter dem Namen *Cutis marmorata* (Kältemarmorierung) bekannt sind. Daß diese Eigentümlichkeit, trotz ihrer allgemeinen Verbreitung, in ihrer Intensität und Lokalisation weitgehend von den Erbanlagen abhängig ist, wurde durch die Zwillingsuntersuchungen bewiesen, da eineiige Zwillinge ceteris paribus (d. h. bei Gleichheit der auslösenden Abkühlung) gleiche Ausprägung der Hautmarmorierung zeigten (Siemens, Loewy), während zweieiige Zwillinge in der Mehrzahl der Fälle deutliche Intensitäts- und Lokalisationsunterschiede erkennen ließen (Siemens). Bei Eunuchoidismus und Kretinismus sollen Cutis marmorata (und Akroasphyxie) besonders häufig vorkommen (J. Bauer); statistische Belege dafür sind mir nicht bekannt.

Auch die *Akroasphyxie* ist in ihrer gewöhnlichen Form sicher weitgehend erbbedingt. Denn sie wurde bei eineiigen Zwillingen auch bezüglich ihrer Einzelsymptome (Cyanose, Schwellung, Zinnoberflecken) übereinstimmend gefunden, während von zweieiigen nur der eine behaftet zu sein braucht (Siemens). Auch bei zwei Schwestern (mit Schleimneurose des Magens, Vagotonie, Asthma, Colica mucosa, Bradykardie, Hyperidrosis und organischen Magenleiden) wurde übereinstimmend Akrocyanose beobachtet [1]. Andererseits gibt es aber offenbar auch Formen dieser Gefäßanomalie, die von den Erbanlagen ganz oder weitgehend unabhängig sind. Dafür spricht schon die Beobachtung, daß von Pyopagen der eine (anämische) Zwilling oft an kalten Händen und Füßen litt, der andere nicht (Henneberg-Steltzner), vor allem aber die Abhängigkeit von der Kälte, sowie das Auftreten bei Unterernährung und bei Krankheiten, über deren Erblichkeit nichts bekannt ist (z. B. Erythromelie, Polyglobulie). Auch soll

---

[1] Frenkel-Tissot: Arch. Rassenbiol. **15,** 337.

bei Tuberkulösen Akrocyanose dreimal häufiger gefunden werden als bei Normalen (Haubensack), was als eine Folge tuberkulöser Toxine aufgefaßt worden ist. Über die angebliche Häufigkeit bei Eunuchoidismus und Kretinismus vgl. oben. *Venöse Stauung* des Gesichts und der Hände mit verdünnter Haut wurde bei einer Mutter und ihren beiden Söhnen beobachtet[1].

Klinische Eindrücke sprechen dafür, daß die Akroasphyxie den idiodispositionellen Boden abgibt für Erfrierungen und Tuberkulide, und daß sie artefiziellen Dermatitiden und Pyodermien einen torpiden Charakter verleiht. So scheint also auf dem Umweg über die Akroasphyxie (und vielleicht auch ohne ihre Vermittlung) auch die Neigung zur *Congelatio* individuelle, und gewiß zum Teil erbliche Verschiedenheiten aufzuweisen. Jedenfalls sprechen dafür die Beobachtungen über das familiäre Auftreten der *Perniones*, wenngleich es bisher anscheinend nur bei den Verwandten Angiokeratomkranker beschrieben worden ist (s. S. 145). Außerdem kommt eine idiodispositionelle Natur der Frostbeulen dadurch zum Ausdruck, daß sie bei Leuten mit Anämie und mit niedrigem Blutdruck (Jadassohn), dessen Erblichkeitsbeziehungen bekannt sind (Weitz), besonders gern auftreten.

Zu den ersten Merkmalen, die auf dermatologischem Gebiet mit modernen Methoden vererbungspathologisch untersucht wurden, gehören die dauernden Erweiterungen der feinsten Hautvenen, die *Teleangiektasien*. Denn schon Hammer wies darauf hin, daß die teleangiektatische *Wangenröte*, ihrem Auftreten bei Eltern und Kindern nach zu schließen, sich bei seinen 21 Fällen offenbar einfach dominant vererbte. Damit harmoniert, daß dieses Merkmal bei beiden Geschlechtern gleich häufig angetroffen wird (Haubensack), und daß sich seine Erbbedingtheit auch durch Zwillingsuntersuchungen sicherstellen ließ. Eineiige Zwillinge zeigten nämlich fast immer, zweieiige nur relativ selten (3 von 16 Fällen) übereinstimmende Wangenrötung (Siemens). Allerdings führen diese Befunde in zweifacher Weise über die Hammerschen hinaus: daß von 12 eineiigen Zwillingspaaren 2 wesentliche Unterschiede aufwiesen (davon litt der weniger behaftete Zwilling das eine Mal an Knochentuberkulose, das andere Mal an stärkerer Innenohrschwerhörigkeit), zeigt doch anschaulich, wie auch nichterbliche Faktoren auf die Entwicklung der Wangenröte Einfluß gewinnen können; und daß eine Übereinstimmung bei zweieiigen Zwillingen relativ so selten gefunden wurde, läßt (wenn es sich an größerem Material bestätigt) einfache Dominanz unmöglich erscheinen (s. S. 66), beweist vielmehr die Mitwirkung anderer Erbanlagen. So sind also die Wangenteleangiektasien nach unseren bisherigen Erfahrungen zwar vorwiegend dominant erblich, einerseits aber in gewissen Grenzen paravariabel, andererseits in ihrer Intensität polyid (mehranlagig) bedingt. Für die Bedeutung nichterblicher Faktoren spricht ja auch die klinische Erfahrung, nach der Männer, welche sich viel im Freien aufhalten (Bauern, Seeleute, Kutscher), besonders häufig ausgeprägte Wangennetze haben, während mir die vermehrte Häufigkeit bei Herzkranken und manifest Tuberkulösen, die von konstitutionspathologischer Seite behauptet worden ist, noch unbewiesen erscheint.

Wie auf den Wangen, kommen sichtbare erweiterte Hautgefäße auch an anderen Teilen des Gesichts (z. B. Nasenrücken, Nasenflügel, Mundwinkel, Lider) und am Körper vor. Auch sie sind anscheinend in hohem Maße erblich bedingt; jedenfalls wurden bei eineiigen Zwillingen übereinstimmende *Teleangiektasien an den Mundwinkeln* beschrieben (Siemens), und auch die *Teleangiektasien im Nacken* (zwischen den Schultern bzw. an der Vertebra prominens) stimmten bei 7 Paaren mehr oder weniger überein, während bei einem Paar,

---

[1] Zinsser: Zbl. Hautkrkh. **18**, 147.

das diskordant behaftet war, die Teleangiektasien sich nur einseitig vorfanden (SIEMENS). Im Gegensatz dazu zeigten zweieiige Zwillinge meist weitgehende Unterschiede. Hier spielen also Erbfaktoren eine überragende Rolle. Die Auffassung dieser Teleangiektasien als ein Symptom gestörter Zirkulation bei Spitzentuberkulose (sog. FRANKsches Phänomen) scheint mir deshalb unberechtigt.

Am Stamme finden sich typische Teleangiektasien nicht nur im Nacken, sondern in ähnlicher Häufigkeit am Kreuzbein und noch häufiger am Rippenbogen. Diese *Sakral-* und *Rippenbogen-Teleangiektasien* sind vererbungsbiologisch noch nicht untersucht. Ihre Erbbedingtheit kann also vorläufig nur per analogiam vermutet werden. Daß von zwei eineiigen Zwillingsschwestern nur die eine Sakralteleangiektasien hatte, die andere nicht (SIEMENS), spricht nicht dagegen, weil es sich nur um einen sehr unbedeutenden Befund handelte, und zwar bei 12 jährigen Kindern, so daß möglicherweise nur eine Differenz im Manifestationstermin vorliegt. Der „Gefäßkranz am Rippenbogen" wurde von manchen Autoren als eine Folge von Stauung (SAHLI) infolge Kreislaufstörungen und Lungenleiden aufgefaßt; in der Tat fand HAEBERLIN dieses Symptom bei 130 derartigen Patienten sehr häufig, machte aber keine Kontrolluntersuchungen an Gesunden. CURTIUS, der auch Gesunde untersuchte, fand dagegen die Rippenteleangiektasien bei den Kranken sogar seltener. Konstitutionspathologisch ist also mit diesem Symptom in der angedeuteten Richtung nichts anzufangen.

Eine Sonderstellung nehmen die *Hinterhaupts-Teleangiektasien* ein (auch als „blasse Feuermale der Kinder" oder als „Naevus Unna" bezeichnet), weil sie gewöhnlich schon bei der Geburt vorhanden sind und in einem Teil der Fälle während des ersten Lebensjahrs wieder verschwinden. Ihre Häufigkeit ist sehr groß. BOSSARD fand von 330 Neugeborenen 58% behaftet; bei etwa 5% ist auch das Gesicht (Stirn, Oberlider, zuweilen Nase) beteiligt (HAGENBUCH). Zählt man nicht nur die flächenhaften Formen, sondern auch die, welche nur ein Gefäßnetz zeigen, so kommt man auf sehr viel höhere Zahlen. Unter 106 meist schulpflichtigen Zwillingen fand ich daher 70% behaftet, SAALFELD unter 400 Erwachsenen 55%, UNNA dagegen, der offenbar nur sehr auffällige Flecke gezählt hat, bloß 10—20%.

Viel Beachtung fand die UNNAsche „Drucktheorie", die diese „Naevi" durch nichterbliche Faktoren, nämlich durch länger dauernde Druckwirkung in der letzten Fetalperiode ätiologisch erklären wollte. Diese Theorie wurde jedoch durch die dermatologischen Zwillingsuntersuchungen widerlegt. Wegen des Vorherrschens der 1. Schädellage müßte man nämlich erwarten, daß die Gefäßerweiterungen häufiger links als rechts säßen; von 77 behafteten Kindern waren aber 70% median behaftet, 16 stärker auf der rechten, 7 stärker auf der linken Seite (SIEMENS 1924). Auch bestand kein Unterschied in der Behaftung des erstgeborenen und des letztgeborenen Zwillings; denn von 30 behafteten Paaren, von denen sicher bekannt war, welches der erstgeborene Zwilling ist, waren 19 mal beide Kinder gleich intensiv behaftet, 5 mal wies der ältere, 6 mal der jüngere Zwilling die stärkeren Teleangiektasien auf. Vor allem aber ließ sich zeigen, daß diese Gefäßerweiterungen in gleicher Häufigkeit auch bei solchen Kindern auftreten, für die die Voraussetzung der UNNAschen Theorie, die unmittelbare Berührung mit dem knöchernen Gerüst des mütterlichen Beckens, überhaupt nicht zutrifft; denn von 6 in Steißlage und 1 in Querlage geborenen Zwillingen waren alle behaftet, während von 28 in Schädellage geborenen 13 frei waren; von 4 gewendeten Kindern waren 2 frei. Die Ähnlichkeit der Zwillinge war bezüglich der Hinterhauptsteleangiektasien bei den eineiigen groß: unter 42 Paaren fand sich nur 1 sicher diskordantes, 9 mal bestanden merkliche Intensitätsunterschiede. Unter 28 zweieiigen Paaren waren dagegen 2 deutlich

6*

diskordant und 13 wiesen merkliche Intensitätsunterschiede auf. Die Rolle der Erbanlagen tritt in diesen Zahlen deutlich zutage, doch sieht man, daß auch nichterblichen Faktoren eine gewisse Bedeutung zukommt, vor allem hinsichtlich der Intensität der Affektion. Für Erblichkeit, und zwar im Sinne der Dominanz, sprechen auch die Beobachtungen familiärer Häufung, z. B. bei Mutter, sämtlichen 10 Kindern und mehreren Enkeln [1], wenngleich bei einem so häufigen Merkmal natürlich jede Kasuistik nur mit Vorsicht zu bewerten ist. Daß die Hinterhauptsteleangiektasien bei Tuberkulösen besonders häufig seien (J. Bauer, Haubensack), scheint mir nicht gesichert und wenig wahrscheinlich.

Sehr häufig sind Haut-Phlebektasien an den *Beinen*. Auch hier wurden sie ohne überzeugende Begründung allgemein als Stauungsfolgen aufgefaßt [2]. Sie sind — sowohl cutan wie subcutan — bei Frauen 2—4 mal so häufig wie bei Männern (Curtius); dieser Unterschied berechtigt aber noch nicht, die intracutanen Venenbüschel als weibliches sekundäres Geschlechtsmerkmal aufzufassen [3], da sie ja auch bei Männern noch sehr häufig sind (nach dem 40. Jahr bis 28%, Curtius).

Große klinische Bedeutung haben die *Varicen* der Beine, die nach Salaman bei 14% der Soldaten vorhanden sind (bei jüdischen anscheinend seltener), nach Curtius, der über 4000 Fälle untersuchte, bei 20% aller Individuen, welche das 40. Lebensjahr überschritten haben. Dabei verhalten sich Männer und nullipare Frauen gleich, während Frauen, die geboren haben, doppelt so häufig behaftet sind. Sieht man von diesem starken Einfluß der Schwangerschaft ab, so scheinen aber die Varicen vorwiegend erblich bedingt zu sein. Die große Übereinstimmung der Venenzeichnung (auf der Brust, an der Innenseite der Oberarme) fiel schon bei einer Anzahl eineiiger Zwillingspaare, im Gegensatz zu großen Differenzen bei zweieiigen, auf (Siemens). Auch wurden 63 jährige eineiige Zwillingsschwestern mit übereinstimmenden Varicen bebeschrieben (Weitz). Die starke Häufung in manchen Familien (Gutmann, Curtius) legte die Annahme einfach dominanter Erblichkeit nahe; dabei wurde beobachtet, daß Kinder doppelt belasteter Elternpaare besonders früh und stark erkrankten (Kraemer, Curtius), so daß die früh erkrankenden Individuen als homozygot, die spät erkrankenden als heterozygot aufgefaßt wurden (Curtius). Systematische Familienuntersuchungen an 59 Elternpaaren mit 133 Kindern über 25 Jahren wurden von Curtius durchgeführt. Er fand bei Behaftung nur eines Elters $68 \mp 13\%$ der Kinder varikös, bei Behaftung beider Eltern von 14 Kindern 11. Variköse, deren Eltern beide frei sind, scheinen nicht beobachtet zu sein. Die Zahlen entsprechen also weitgehend der Erwartung bei einfacher Dominanz. Interessant ist, daß in einer Familie unter 15 Behafteten 8 mal das linke und nur 2 mal (bei eineiigen Zwillingen) das rechte Bein deutlich bevorzugt war. Daß es auch nichterbliche Formen von Varicosis gibt, zeigt sich an dem gelegentlichen Auftreten solcher Venenerweiterungen neben größeren Narben, an dem sog. Medusenhaupt, sowie an dem häufigen Zusammenvorkommen von Varicen und Naevi vasculosi mit der nichterblichen Hemihypertrophie (unter 195 Literaturfällen höchstens 1 mal familiär), wodurch Telfood veranlaßt worden ist, die genannte Trias als eine klinische Einheit aufzufassen [4].

Sehr häufig sind jenseits der 40 er Jahre auch die varikösen Venenerweiterungen im After, die *Hämorrhoiden*. Curtius fand sie bei 22% der Männer dieser Altersstufe, Kausch glaubte sogar, daß in höherem Alter jeder Mensch einmal daran leide, was gewiß etwas übertrieben ist. Immerhin macht die

[1] Bruck: Dermat. Z. 47, 184.
[2] Galant: Zbl. Hautkrkh. 23, 742.
[3] Novak: Zbl. Hautkrkh. 18, 542.
[4] Wakefield: Zbl. Hautkrkh. 20, 777.

enorme Häufigkeit auch hier exakte Vererbungsuntersuchungen sehr schwer. Zudem ist anzunehmen, daß neben der spezifischen Erbanlage noch andere Faktoren mitwirken; denn das Auftreten von Hämorrhoiden ist bei chronisch Obstipierten wohl eher zu erwarten als bei Personen mit normaler Verdauung. Bei eineiigen Zwillingen wurde einmal beobachtet, daß zwar beide rechtsseitigen Leistenbruch, aber nur einer Hämorrhoiden hatte (CURTIUS). Die klinische Erfahrung lehrt, daß Hämorrhoiden häufig zu Juckreiz führen und folglich den Boden für die Entstehung von Pruritus ani und Analekzem abgeben.

Über eine eventuelle Erblichkeit der *Varicocele* scheinen noch keine Untersuchungen vorzuliegen, obgleich diese Form der Phlebektasie erbbiologisch viel leichter zu erforschen wäre, weil nur 2% aller Männer damit behaftet sind und weil ihre größte Häufigkeit mit dem 20. Jahr im wesentlichen schon erreicht ist. Von PUCHELT wurde behauptet, daß eine Kombination mit Scrotalvaricen besonders häufig sei, was aber meinen bisherigen Eindrücken nicht entspricht.

Bei der Vielzahl pathologisch-anatomisch so nah verwandter, und doch klinisch so scharf unterschiedener Formen von Venenerweiterungen lag es nahe, die konstitutionspathologische Frage aufzuwerfen, ob die verschiedenen Teleangiektasien engere Beziehungen zueinander aufweisen. Denn sie könnten doch alle nur Ausdruck einer allgemeinen Venenwandschwäche sein, wie es freilich auch umgekehrt denkbar wäre, daß lokale Faktoren bei ihrer Entstehung den Ausschlag geben und der *allgemeine* Zustand der Gefäße, wenn er vielleicht auch individuelle Unterschiede aufweist, doch nicht entscheidend ins Gewicht fällt. Dieser Frage bin ich zuerst dadurch nachgegangen, daß ich untersuchte, wie häufig bei 33 Fällen von Naevi vasculosi Wangen-, Rippen-, Hinterhaupts-, Nacken- und Sakralteleangiektasien sowie Naevi aranei und Angiomata senilia vorhanden waren (1927). Ich fand nun in diesem Material außer einem Patienten mit ungewöhnlich vielen Angiomata senilia weder eine Häufung der verschiedenen Phlebektasieformen bei den Naevuspatienten, noch sonst eine auffällige Kombination mehrerer Phlebektasieformen miteinander. Mein Material, das bezüglich der Naevi vasculosi an anderem Orte verwertet ist (s. S. 144), war natürlich viel zu klein, um Beziehungen zwischen den einzelnen Teleangiektasienformen *auszuschließen*, aber es genügte doch zu dem starken Eindruck, daß — wenn auch vielleicht keine vollständige — so doch eine *weitgehende Unabhängigkeit* im Auftreten der verschiedenen, anatomisch so ähnlichen Gefäßanomalien besteht. In großem Stile, an über 4000 Personen, wurde diese Fragestellung alsdann von CURTIUS aufgenommen. Er stellte fest, daß nicht nur im Alter, wo die Teleangiektasien sehr häufig sind, sondern auch in jüngeren Jahren Personen mit nur einer Teleangiektasieform viel seltener sind als solche mit mehreren Formen. Er glaubt aus dieser Tatsache schließen zu können, daß die Beziehungen der einzelnen Phlebektasien sehr eng seien, sogar eng genug, um sie alle bloß als Symptome einer allgemeinen Venenwanddysplasie, des sog. „Status varicosus" auffassen zu können. Das kann selbstverständlich zutreffen, scheint mir aber bei so häufigen Merkmalen ohne sorgfältige Ausrechnung der einzelnen Beziehungen nicht beweisbar. Zu seinem Status varicosus rechnet CURTIUS außer den Gesichts-, Hinterhaupts-, Nacken-, Sakral-, Rippen- und Bein- (cutane einzelne, cutane dichte, subcutane einfache, variköse) Teleangiektasien auch die Hämorrhoiden, die Varicocele, die sog. Naevi aranei, die Lippenangiome, die Angiomata senilia, die Naevi vasculosi und das habituelle Nasenbluten (das stets durch Septumvaricen bedingt sein soll). Doch sind auch für diese Symptome genauere Korrelationsberechnungen vorläufig noch nicht publiziert. Bei dem Status varicosus sollen gleichzeitig auch Hernien und Plattfüße gehäuft vorkommen, so daß es sich dabei nicht nur um eine Venenwandschwäche, sondern um eine allgemeine Bindegewebsschwäche handeln soll. Der Status varicosus soll ausnahmslos beim Rhinophym vorhanden sein und gehäuft beim Glaukoma simplex (15 Fälle). Da unter 14 Fällen von Syringomyelie seine Symptome 12 mal angetroffen wurden, nimmt Curtius an, daß auch die Syringomyelie durch eine allgemeine erbliche Schwäche des Bindegewebes und der Venen mitbedingt sei. Allerdings betont Curtius, daß nicht alle Einzelsymptome des Status gleich hoch zu bewerten sind; geringe Bedeutung als Ausdruck des Status varicosus hätten z. B. die cutanen einzelnen Beinphlebektasien.

Wenn bei Entstehung der Teleangiektasien das Entscheidende eine *allgemeine* Venenwandschwäche und nicht eine *lokale* Gefäßstörung ist, so muß man sich wundern, daß einzelne dieser Gebilde (Wangenteleangiektasien, Varicen, s. oben) eine gesetzmäßige Erblichkeit in bestimmten Familien zeigen. Diesen Widerspruch glaubt Curtius durch den Hinweis beseitigen zu können, daß auch bei anderen pathologischen Merkmalen angeblich analoge Verhältnisse gefunden würden (Krebs, Anomalien des Nervensytems, Krankheiten des Intestinaltrakts). Das scheint mir allerdings nur zu zeigen, daß der Widerspruch angeblich auch auf anderen Gebieten besteht, nicht aber, daß er nicht vorhanden bzw. bedeutungslos ist. Andererseits gibt es aber auch Fälle, in denen nicht die gleiche, sondern *verschiedene* Phlebektasieformen bei den einzelnen Mitgliedern einer Familie angetroffen wurden, z. B. beim Vater Hämorrhoiden, beim Sohn Beinvaricen oder Varicocele. Für solche Fälle zieht Curtius als Hilfshypothese die Heterophänie heran, also die Annahme, daß die gleichartige Erbkonstitution bei verschiedenen Menschen zu verschiedenen Merkmalsbildern (Phänotypen) führen könne. Die bunte klinische Symptomatologie sei eben ein Ausdruck der „ursprünglichen Omnipotenz der mesenchymalen Mutterzellen" (K. H. Bauer). Ich habe aber schon im allgemeinen Teil dargelegt, welche Irrtumsmöglichkeiten gerade die Annahme der Heterophänie, und zumal bei so häufigen Merkmalen, mit sich bringt (S. 73). Curtius zieht dann auch selbst den Schluß, daß eine endgültige Klärung der Frage erst nach weiteren Untersuchungen zu erwarten sei.

Teleangiektasien sind auch ein regelmäßiger Befund bei dem rezessiv erblichen Xeroderma pigmentosum; als Teilerscheinung dieser Dermatose sind sie also *rezessiv* erbbedingt. Daß es auch *paratypische* Formen gibt, ist durch die Gefäßerweiterungen in Atrophien (z. B. nach Röntgenverbrennung), in der Umgebung von Narben und über Hauttumoren aller Art genügend bekannt.

Alle besprochenen Teleangiektasien stellen zackige Linien („Gefäßreiserchen") oder flächenhafte Rötungen dar. Außerdem gibt es aber auch rundliche, *punkt- bis knötchenförmige* Venen- (z. T. vielleicht auch Capillar-) Erweiterungen, deren häufigste Form die *Angiomata senilia* (die sog. Capillarvaricen) sind. Sie sind in geringerer Zahl bei Erwachsenen außerordentlich häufig. Ganz vereinzelte derartige Angiömchen wurden bei eineiigen Zwillingskindern 3 mal konkordant (mit verschiedener Lokalisation), 7 mal diskordant, bei zweieiigen 11 mal diskordant gefunden (Siemens). Das spricht für Nichterblichkeit des einzelnen Knötchens seiner Lokalisation nach, schließt aber selbst strengere Erbbedingtheit der allgemeinen Neigung zur Angiomata-senilia-Bildung nicht aus; denn es ist leicht denkbar und dünkt mich sogar wahrscheinlich, daß bei den eineiigen Paaren die nichtbehafteten Zwillinge späterhin sämtlich auch noch Angiömchen bekommen, wie das von mir bei den Milien beobachtet worden ist. Ich möchte deshalb schon jetzt hochgradige Erbbedingtheit dieser Angiomatosis für wahrscheinlich halten. Ob Dominanz vorliegt, wissen wir noch nicht, da Familienuntersuchungen fehlen. Curtius faßt die Angiomata senilia als ein Teilsymptom seines Status varicosus auf, und gibt an, daß sie mit dem Gefäßkranz am Rippenbogen häufig auch in loco kombiniert seien, wovon ich mich aber nicht habe überzeugen können. Früher hat man sie auch als Anzeichen einer inneren Carcinomatose aufgefaßt (DARIER).

Ebensolche papulösen Angiömchen sitzen zuweilen am Scrotum und bei alten Leuten nicht allzu selten an den Lippen. Über ihre Erbbedingtheit ist noch nichts bekannt. Von den *Scrotalangiomen* habe ich bisher den Eindruck gehabt, daß sie keine engeren Beziehungen zu den sonstigen Angiomata senilia hätten. Für die *Lippenangiome* scheint mir das eher denkbar, es wird auch von CURTIUS angenommen, sicheres darüber läßt sich aber noch nicht sagen.

Eine Kombination von papulösem Angiom mit (radiär ausstrahlenden) Gefäßreiserchen stellen die *Naevi aranei* dar, die am häufigsten in der Umgebung der Augen angetroffen werden. Sie wurden bei eineiigen Zwillingskindern 1 mal konkordant in ähnlicher Lokalisation, 3 mal diskordant, bei zweieiigen 2 mal diskordant beschrieben (SIEMENS). Familienuntersuchungen liegen nicht vor. Am wahrscheinlichsten ist es mir, daß auch hier der einzelne Herd von den Erbanlagen weitgehend unabhängig, daß aber die Neigung, überhaupt Naevi aranei zu bilden, mehr oder weniger erblich bedingt ist. Die Zugehörigkeit dieser Phlebektasien zum Status varicosus scheint mir nach meinen klinischen Eindrücken fraglich, wird aber von CURTIUS angenommen.

Eine bemerkenswerte Sonderstellung nehmen in vererbungspathologischer Beziehung die *multiplen hämorrhagischen Teleangiektasien* (OSLERsche Krankheit) ein, die punkt- und knötchenförmige Gefäßerweiterungen im Gesicht, an den Nägeln und besonders auf der Schleimhaut des Mundes, der Nase und der Conjunctiven bilden und mit habituellem Nasenbluten (auch Pharynx-, Magen- und möglicherweise Gehirnblutungen) infolge Ruptur solcher Varicen einhergehen. Sie wurden schon von GOSSAGE an 3 Familien vererbungspathologisch bearbeitet und als dominant aufgefaßt. Mein Mitarbeiter HENLE fand in 12 Familien ein Verhältnis von 66 Kranken zu 50 Gesunden, wenn er die Personen mit habitueller Epistaxis *ohne* sichtbare Teleangiektasien als behaftet mitzählte. Es liegt also offenbar einfach dominanter Erbgang vor. Doch kommen gelegentlich wohl auch Manifestationsstörungen vor (3 mal sollen die Eltern frei gewesen sein, neuerdings ist auch Überspringen einer Generation beobachtet). Zählt man nur die Teleangiektatiker als Behaftete, die Personen mit Nasenbluten ohne Hautteleangiektasien als Gesunde, so erhält man das Bild einer sehr unregelmäßigen Dominanz, nämlich 40 Kranke zu 76 Gesunden. Die Geschlechter sind in gleicher Weise beteiligt, denn HENLE fand 41 Männer : 49 Weibern, ohne die bloßen Epistaxisfälle 22 Männer : 25 Weibern. Bei der Fortsetzung der HENLEschen Statistik, die ich mit HALTER durchführte, fanden wir in 32 Familien 102 Männer zu 113 Weibern. Das Verhältnis der kranken zu den gesunden Geschwistern betrug 195:157, bei Zählung nur der Teleangiektatiker 121:232. Nach CURTIUS sollen bei den Behafteten die übrigen Symptome des Status varicosus gehäuft vorhanden sein; doch liegen darüber noch kaum Erfahrungen vor.

Die hämorrhagischen Teleangiektasien hat man in Analogie gebracht zu den Fällen von *erblicher Epistaxis* ohne (bekannte) Teleangiektasien, erblicher „idiopathischer *Hämaturie*" (Teleangiektasien im Nierenbecken?) und erblicher *Hämoptyse* [1].

Von erblichen Blutungen *in* die Haut ist mir nichts bekannt außer einem Fall von sog. SCHAMBERGscher *Krankheit* an den Tibiaflächen zweier Brüder [2].

An dieser Stelle möchte ich auch auf die *Urticaria* eingehen, deren formale Ursache von vielen ins Gefäßsystem verlegt wird, wenngleich mir diese

---

[1] FOGGIE: Zbl. Hautkrkh. **27**, 790.
[2] MICHELSON: Zbl. Hautkrkh. **18**, 844.

Auffassung zweifelhaft erscheint. Die Urticaria tritt bekanntlich oft als Toxikodermie auf. Trotzdem könnte die Anlage zu dieser Reaktion erblich bedingt sein, und in der Tat wurde das für die alimentäre Urticaria schon von Hufeland behauptet. Belege dafür wurden allerdings erst in jüngster Zeit bekannt. Es wurden nämlich eineiige Zwillinge beschrieben, die übereinstimmend Urticaria nach Bananen, in einem anderen Fall nach Milch und Eiern bekamen (Versluys). Andererseits wurde aber auch beobachtet, daß von zwei eineiigen Paaren der eine Zwilling Urticaria durchgemacht hatte, der andere nicht, und daß in einem dritten Fall der eine Urticaria, der andere nur Dermographismus hatte (Weitz). Daß Idiosynkrasien der verschiedensten Art zuweilen familiär auftreten, ist lange bekannt. Gelegentlich wurde das auch bei Urticaria beobachtet, z. B. bei 5 Personen in 3 Generationen (Fetscher). Kälteurticaria wurde bei Schwester (seit der Kindheit) und Bruder (etwa seit dem 22. Lebensjahr) beschrieben[1]. Dominante Erbanlagen scheinen also in manchen Fällen doch mit eine Rolle zu spielen. Eine sonderbare Kombination wurde in einer Familie gesehen, in der 10 Personen aus drei Generationen Herpes facialis (der allerdings enorm häufig ist!) durchgemacht haben sollen; denn vier von den Behafteten hatten auch Urticaria gehabt[2].

Die *Urticaria factitia* (Dermographismus) wurde bei eineiigen Zwillingen meist konkordant vorgefunden (v. Domarus, Weitz), doch ist auch ein Fall bekannt, in dem nur der eine Zwilling positiv reagierte (Weitz).

Ein Fall von *Urticaria chronica cum pigmentatione* wurde bei drei Brüdern und dem Kind des einen beschrieben[3].

Der sog. *Strophulus*, die Urticaria papulosa, trat einmal bei eineiigen Zwillingen konkordant auf (Weitz).

Als idiosynkrasische Reaktionen werden auch viele Fälle des *Oedema angioneuroticum Quincke* (Urticaria gigantea) angesehen. Bolten[4] faßt dieses Leiden mit der exsudativen Diathese, der Urticaria, dem angioneurotischen Hydrops ventriculorum, dem Asthma, der genuinen Epilepsie, der genuinen Migräne und der Dysmenorrhöe unter dem Namen „exsudative Paroxysmen" zusammen und hält es stets für eine Reaktion auf ein äußeres, toxisch wirkendes Agens. In der Tat sind ja in manchen Fällen, besonders in solitären, die äußeren Anlässe deutlich, wie z. B., wenn Urticaria mit Quinckeschem Ödem infolge Überempfindlichkeit gegen Kautschuk auftritt[5]. Andererseits sollen sich aber auch in den exogenen Fällen oft Ekzem, Urticaria, Heufieber, Asthma usw. in der Familie nachweisen lassen (Mc Ilvaine-Barrows). Solche Fälle entstehen dann also auf dem Boden einer erblichen Allergie, deren Erbgrad und Erbmodus freilich noch ganz ungenügend erforscht ist. Im Gegensatz hierzu stehen die Fälle, in denen das Ödem selbst familiär ist, und von denen Bulloch schon 1909 über 30 Stammbäume zusammenstellen konnte, die bis durch 6 Generationen (Ensor) reichen. Dabei wurden öfters Generationen übersprungen (Bulloch, Cassierer), so daß man den Eindruck unregelmäßiger Dominanz hat. Eine vererbungsstatistische Bearbeitung wurde erst von Mc Ilvaine-Barrows durchgeführt. Dabei fanden sich unter den Kindern der Behafteten in 31 Familien 168 Kranke zu 167 Gesunden, was bei dem stark ausgelesenen Material gleichfalls auf eine recht unregelmäßige Dominanz hinweist. Dem entspricht es, daß in 16 Fällen beide Eltern behafteter Kinder gesund waren; in 10 dieser Fälle war ein Großelter gleichfalls behaftet. Männer sind unter den Kranken vielleicht

[1] Jadassohn: Dermat. Wschr. 86, 565.
[2] Mc Nair: Zbl. Hautkrkh. 18, 569.
[3] Kyrle: Arch. f. Dermat. 133, 63.
[4] Zbl. Hautkrkh. 19, 36.
[5] Stern: Klin. Wschr. 1927, 1096.

etwas stärker vertreten als Weiber. Die Manifestation des Leidens wird also auch beim familiären Ödem von Außenfaktoren oder von anderen Erbanlagen merklich beeinflußt. In manchen Familien besteht eine besondere Neigung zu bestimmten Lokalisationen, so vor allem zu der gefährlichen Lokalisation am Kehldeckel, wodurch z. B. in einer Familie 12 von den 49 (ENSOR), in einer anderen 6 von den 9 Behafteten (MENDEL) infolge Erstickung ums Leben kamen. Wegen dieser Erblichkeit bestimmter Prädilektionsstellen liegt es nahe, auch den *Hydrops articulorum intermittens* mit hierher zu rechnen, zumal auch er familiär, z. B. bei Mutter und 3 von 4 Kindern [1] beschrieben wurde.

Auch beim familiären Ödem sollen Urticaria, Asthma, Ekzem, Heufieber und andere allergische Zustände in der Familie der Behafteten gehäuft vorkommen (MC ILVAINE-BARROWS). Außerdem wird über Kombination des angioneurotischen Ödems mit Tetanie [2] und mit paroxysmaler Hämoglobinurie berichtet. 38% der Behafteten sollen Neuropathen sein (QUINCKE).

Auch das chronische Lymphödem, die sog. *Elephantiasis congenita* (MILROYsche Krankheit), wurde in unregelmäßig dominanter Vererbung, und zwar bis durch 6 Generationen (MEIGE) beschrieben (BULLOCH). Es gibt darunter tardive Fälle, die zwischen dem 15.—25. Lebensjahr beginnen, z. B. bei 15 Personen in drei Generationen [3]. In einem solchen Fall waren die Eltern beide behaftet und blutsverwandt, das Leiden bei ihrem Kinde bezüglich Beginn und Intensität nicht anders als bei den kranken Verwandten. Einmal war ein tardives Lymphödem bei der Patientin nur am linken Unterschenkel, bei ihrer Schwester angeblich nur am rechten, bei dem Vater angeblich an beiden vorhanden [4]. Sonst wurden einseitige Fälle, deren Zugehörigkeit zur MILROYschen Krankheit allerdings nicht ganz sicher ist, bei Personen aus gesunder Familie beschrieben [5].

2. Bullosen.

Von den blasenbildenden Krankheiten hat besonders die *Epidermolysis bullosa* die Aufmerksamkeit der Vererbungspathologen auf sich gelenkt. Bei jedem Menschen entstehen durch bestimmte mechanische Reize Hautblasen, z. B. beim Rudern, und sie lassen sich auch bei jedem durch Reiben künstlich erzeugen (SIEMENS 1921). Die abnorme Neigung, schon auf ganz unbedeutende Reize mit Bildung solcher Blasen zu antworten, kann toxisch entstanden sein *(Bullosis mechanica toxica)*, z. B. durch Arsen (SIEMENS [6]), wahrscheinlich auch durch Jodoform (STÜHMER) oder Mückenstiche [7]. Sie kann aber auch hochgradig erblich bedingt sein. Dann können die einzelnen Blasen mit restitutio ad integrum abheilen, während immer wieder neue entstehen, oder sie können Atrophien, Epidermiscysten und Nageldystrophien zurücklassen. Danach unterscheidet man klinisch eine einfache und eine dystrophische Form des mechanisch bedingten Blasenausschlags: *Bullosis mechanica simplex* und *Bullosis mechanica dystrophica* (besonders *onychodystrophica*). Diese beiden Formen sind offenbar auch histologisch charakterisiert, da die Blasen in den bisher untersuchten Simplex-Fällen vorwiegend oberflächlich (korneal bis akantholytisch), in den Dystrophica-Fällen vorwiegend tief (epidermolytisch, d. h. zwischen Epidermis und Cutis) saßen (SIEMENS 1921); dabei ist es denkbar, daß die Tiefe der Blasen bei den dystrophischen Fällen eine Folge der entstandenen Hautatrophie ist (FUHS).

---

[1] FRENKEL-TISSOT: Arch. Rassenbiol. **15**, 42.
[2] BOLTEN: Dtsch. Z. Nervenheilk. **63**, 360.
[3] BRANDT: Mitt. Grenzgeb. Med. u. Chir. **37**.
[4] REICH: Zbl. Hautkrkh. **10**, 74.
[5] PAINTER-BEAU: Zbl. Hautkrkh. **2**, 448.
[6] Arch. f. Dermat. **149**, 71.
[7] CHABLE: Zbl. Hautkrkh. **21**, 34.

Die familiäre Häufung bei der Epidermolysis wurde schon von Gossage und Hammer-Adrian statistisch bearbeitet; doch haben diese Autoren einfache und dystrophische Fälle zusammengezählt, da man damals die beiden Formen noch nicht so scharf unterschied und die Notwendigkeit der Trennung, gerade vom vererbungsbiologischen Standpunkte, noch nicht kannte. Eine Sonderbearbeitung der *Bullosis mechanica simplex* ergab in 16 Familien ein Verhältnis von 177 kranken zu 158 gesunden Geschwistern (Siemens 1922). Die Vererbung konnte bis durch 7 Generationen verfolgt werden. Überspringen von Generationen kommt gelegentlich vor, möglicherweise etwas häufiger bei Weibern. Ein Überwiegen der Männer, das im Gesamtmaterial vorhanden ist (z. B. im Material Sakaguchis 223 Männer zu 139 Weibern) läßt sich bei den Simplex-Familien statistisch nicht nachweisen: in 25 Familien wurden unter 217 Behafteten $59 \mp 11^0/_0$ Männer gezählt (Siemens 1922). Die einfache Epidermolysis ist also — wenigstens in der Mehrzahl der Fälle — eine dominante Idiodermatose mit in engen Grenzen gehaltenen Manifestationsunregelmäßigkeiten.

Ganz anders liegen die Dinge bei der *Bullosis mechanica dystrophica*. Sie wird nur selten in mehreren Generationen einer Familie angetroffen; dagegen fand ich in einer früheren Zählung 20 Geschwisterfälle und 6 mal elterliche Blutsverwandtschaft. Hier spielt also offenbar — wenigstens bei einem wesentlichen Teil der Fälle — eine rezessive Erbanlage eine Rolle. So lassen sich aus dem bunten Krankheitsbild der mechanisch bedingten Blasenausschläge zwei Hauptformen aussondern: eine *klinisch einfache, histologisch oberflächliche, dominante* und eine *(onycho-)dystrophische, histologisch tiefe, rezessive* Form.

Als klinische Abart der dystrophischen Form sind Fälle mit narbigen Contracturen der Finger und mit Ankylosen und Verkürzungen der Endphalangen beschrieben (Hofmann). Auch diese „*Bullosis mechanica dystrophica mutilans*" erwies sich als rezessiv, da sie in vier Geschwisterschaften angetroffen wurde, von deren Elternpaaren sich drei auf denselben Ahn zurückführen ließen, während das vierte auch konsanguin und mit den anderen verwandt war. Ätiologisch das gleiche gilt von denjenigen Fällen, die im 1. Lebensjahr unter Fieber und septischen Erscheinungen an Kräfteverfall starben (Jenny). Denn bei dieser „*Bullosis mechanica letalis s. maligna*" handelte es sich um 7 Kinder aus 5 Geschwisterschaften, die zwei Familienkreisen der gleichen Gegend angehörten und von denen 4 blutsverwandte Eltern hatten. Vielleicht gehören hierher auch Fälle mit *angeborenen Hautdefekten*, z. B. bei zwei, auch mit Blasen behafteten Geschwistern, die am dritten Tage unter Atemstörung und Cyanose starben [1].

Im Gegensatz hierzu scheinen die relativ seltenen dystrophischen Fälle, die dominant sind, klinisch besonders leicht zu verlaufen. Bemerkenswerterweise scheint bei ihnen die Dominanz viel unregelmäßiger zu sein als bei den dominanten *Simplex*-Fällen; denn das Verhältnis der Kranken zu den gesunden Geschwistern betrug bei den drei am ausführlichsten mitgeteilten Fällen nur 41 : 85, zeigt also ein eindrucksvolles Überwiegen der Gesunden (Siemens). Selbst die dominanten Fälle der dystrophischen Form sind folglich den dominanten der einfachen Form offenbar nicht ohne weiteres erbbiologisch an die Seite zu stellen.

Dadurch, daß die Bullosis mechanica simplex meist dominant, die Bullosis mechanica dystrophica in einem wesentlichen Teil der Fälle rezessiv ist, erweist sich, daß die beiden von uns herausgestellten Hauptgruppen dieses Leidens nicht nur klinisch (und histologisch), sondern auch tiefgreifend ätiologisch differieren und daher, wenn man will, „wesensverschiedene" Krankheitstypen sind. Dies wurde mit der Behauptung bestritten, daß schon mehrfach beide

---

[1] Heinrichsbauer: Zbl. Hautkrkh. **24**, 396.

Krankheitsbilder in der gleichen Familie angetroffen seien. Diese Behauptung hat sich aber als unrichtig erwiesen. Ein intrafamiliäres Zusammentreffen dieser Art ist bisher nie mit Sicherheit beobachtet worden, und selbst wenn das einmal geschehen sollte, würde ein solcher Ausnahmefall natürlich keine allgemeine Schlußfolgerung erlauben. Daß regelmäßige Beziehungen zwischen der Art des familiären Auftretens und dem klinischen Bilde bestehen, hat sich auch korrelationsstatistisch erfassen lassen. Dabei zeigte der Korrelationskoeffizient zwischen Erbgang (wahrscheinlich dominante und wahrscheinlich rezessive Fälle) und klinischer Form (einfach und dystrophisch) in dem bis 1923 erreichbaren Material den hohen Wert von $0{,}62 \mp 0{,}09$ (SIEMENS 1923). Der ätiologische Unterschied zwischen den beiden Hauptformen der mechanisch bedingten Blasenausschläge kommt dadurch deutlich zu zahlenmäßigem Ausdruck.

Übrigens wurden einmal unter vier behafteten Geschwistern auch behaftete *Zwillinge* angetroffen (RIETSCHEL). Bezüglich der *Rasse* galt früher die Meinung, daß die mechanischen Bullosen „bei den Völkern germanischer Rasse" (BLUMER), besonders bei den Deutschen gehäuft vorkämen. In den letzten Jahren wurden aber auch Fälle bei Mongolen und Negern beschrieben.

Die Bullosis mechanica ist oft mit Hyperidrosis palmaris et plantaris kombiniert. Dagegen ist die Behauptung engerer Beziehungen zu Keratosen unzutreffend, da unter mehr als 500 Epidermolytikern aus etwa 200 Familien nur ganz ausnahmsweise sichere Keratosen anzutreffen waren[1]. Von amerikanischen Autoren wurde ein Zusammenhang mit Alopecia congenita betont[2], der aber auch nur für ganz wenige Fälle zutrifft. In einem solchen Fall, den ich bei zwei Geschwistern beobachten konnte, war der in der Schulzeit auftretende Haarausfall Folge unregelmäßig begrenzter atrophischer Veränderungen, die sich an der Haut der Scheitelgegend nach den dort häufigen traumatischen Blasen eingestellt hatten.

Höchst rätselhaft ist immer noch die Ätiologie der *spontan* entstehenden Blasenausschläge, in erster Linie des *Pemphigus*. Trotzdem schon RAYER 1837 dieses Leiden für erblich erklärte, hat sich familiäres Auftreten bis heute niemals sicher feststellen lassen. Auch Blutsverwandtschaft der Eltern wurde bisher anscheinend nur zweimal angetroffen (BETTMANN). KARTAMISCHEW[3], den seine Untersuchungen zu der Anschauung führten, daß dem Pemphigus eine Störung des Kochsalzstoffwechsels zugrunde liege, hält diese für familiär und hofft, daß man sie durch Kochsalzbestimmung im Urin bei den gesunden Verwandten nachweisen könne, da ihm ein solcher Nachweis bei Pemphiguskranken auch im latenten Stadium gelang. Auffallend ist, daß mehrere Dermatologen den Eindruck hatten, der Pemphigus sei bei Juden besonders häufig (NEISSER, JADASSOHN, ZIELER).

Ebenso dunkel ist die Ursache der *Dermatitis herpetiformis Duhring*. Einmal konnte dieses Leiden allerdings bei 12 Personen in drei Generationen beobachtet werden[4], war hier also offenbar dominant erblich.

Ein pemphigusähnlicher kongenitaler Ausschlag, *Bullosis spontanea congenita* (SIEMENS), bei dem auch mechanische Blasen vorkommen, wurde bei mehreren, klinisch nicht übereinstimmenden Fällen beschrieben, wobei 3 mal auch Geschwister und einmal Onkel und Neffe behaftet waren[5] (SIEMENS, SCHLEIBINGER). Vielleicht gehört hierber auch der „angeborene Pemphigus" bei einem Kind, dessen Vater 2 Geschwister an demselben Leiden verloren

---

[1] SIEMENS: Arch. f. Dermat. **139**, 80 (vgl. auch S. 68).
[2] Zbl. Hautkrkh. **21**, 75.
[3] KARTAMISCHEW: Arch. f. Dermat. **148**, 69.
[4] SIEMENS: Arch. f. Dermat. **139**, 80.
[5] SIEMENS: Arch. f. Dermat. **139**, 80.

haben soll (Mautner). Eine Sonderstellung nimmt klinisch und ätiologisch ein kongenitaler, nicht mechanischer Blasenausschlag ein („Bullosis spontanea congenita maculata“), der mit Hypotrichosis und eigentümlichen Pigmentverschiebungen kombiniert war und sich deutlich rezessiv-geschlechtsgebunden vererbte, da er bei 7 Knaben auftrat, deren Mütter 4 Schwestern waren, und bei dem tochterlichen Enkel einer 5. Schwester [1].

Um eine „Bullosis actinica“ auf Grund einer Porphyrin-Diathese handelt es sich bei dem sog. *Hydroa aestivale s. vacciniforme.* Doch ist auch bei ihm eine abnorme Neigung zu mechanischer Blasenbildung beobachtet worden [2], was ich aus eigener Erfahrung bestätigen kann, da mir im floriden Stadium die Erzeugung von Reibungsblasen mit der von mir ausgearbeiteten Methode sehr viel rascher als beim Normalen gelang. Ein derartiger lichtbedingter Blasenausschlag kann, wie die Bullosis mechanica, auf toxischem Wege, z. B. durch Luminal [3] entstehen: *Bullosis actinica toxica.* Doch spielt bei der Mehrzahl der Fälle eine krankhafte Erbanlage sicher eine wichtige Rolle, da $10^0/_0$ der veröffentlichten Kranken gleichfalls behaftete Verwandte hatten (Siemens 1922). Dabei handelt es sich fast immer um Geschwister, unter starkem Vorwiegen des männlichen Geschlechts, so daß — mit aller Reserve — die Möglichkeit rezessiv-geschlechtsbegrenzter Vererbung (freilich mit nur relativer Geschlechtsbegrenzung) in Betracht gezogen wurde (Siemens, Hofmann). Im Sinne der Rezessivität spricht auch das Vorkommen elterlicher Blutsverwandtschaft, von dem bis jetzt 3 mal berichtet wurde [4]. Für zwei schon früher bekannte und entfernt verwandte Fälle von schwerstem Hydroa mutilans konnte interessanterweise nachträglich elterliche Blutsverwandtschaft nachgewiesen werden (Hofmann). Die geschwisterlichen Hydroafälle scheinen besonders häufig mit charakteristischen Nagelveränderungen einherzugehen (Siemens 1922). Die wenigen Fälle, in denen Personen verschiedener Generationen behaftet sind, und in denen folglich dominante Erbbedingtheit in Frage kommt, scheinen dagegen ohne Nageldystrophien und ohne Mutilationen zu verlaufen (Hofmann). Von einer kleinen Zahl der publizierten Fälle (7 Fälle) wird die Kombination mit Hypertrichosis berichtet [5].

Über die *Sommerprurigo*, die gleichfalls auf einer Überempfindlichkeit der Haut gegen Licht beruht, vgl. S. 155.

3. Follikulosen und Idrosen.

Für die *Rosacea*, die bekanntlich noch ungeklärte Beziehungen zur Acne hat, wurde schon von Erasmus Darwin Erbbedingtheit in Betracht gezogen, so daß er sogar von einer „Gutta rosea hereditaria“ sprach. Seitdem erhielt sich, trotz Fehlens aller positiven Befunde, die Ansicht von der Erbbedingtheit der Rosacea bei vielen dermatologischen Autoren, wenngleich sie oft starke Einschränkungen machten, indem sie daneben auf die Bedeutung äußerer Faktoren (Unmäßigkeit, Alkohol) und sonstiger Erkrankungen (Seborrhoe, Magen-Darmstörungen, Störungen der Geschlechtsfunktion bei Weibern, Herz- und Lungenleiden, Erkrankungen der Nasenschleimhaut und der Nebenhöhlen, Zahncaries) hinwiesen oder die Erblichkeit nur für einzelne Fälle gelten lassen wollten. Eine tatsächliche Angabe fand ich erst bei Lesser, der flüchtig erwähnt, daß er einen Fall gesehen habe, welcher „durch drei Generationen vererbt

---

[1] Mendes da Costa und van der Valk: Arch. f. Dermat. **91**, 3 und mündliche Mitteilung.
[2] Gray: Zbl. Hautkrkh. **21**, 193.
[3] Haxthausen: Zbl. Hautkrkh. **23**, 334.
[4] Hofmann: Dermat. Z. **53**, 301.
[5] Gray: Zbl. Hautkrkh. **21**, 193.

war." Nach seiner Meinung sollen die erblichen Fälle auch eine klinische Besonderheit haben, nämlich schon im jugendlichen Alter auftreten. Systematische Untersuchungen sind nicht bekannt; Aufklärung ist hier besonders von der zwillingspathologischen Forschung zu erwarten. Die teleangiektatische Form soll bei den Männern häufiger sein, da diese den äußeren Ursachen (Alkohol, Witterungseinflüsse) stärker ausgesetzt sind. Bei der eigentlichen Acne rosacea sollen die Frauen mit 70% (370 Fälle, BULKLEY) überwiegen. Die hypertrophische Form, das sog. *Rhinophym*, soll fast nur bei Männern vorkommen. CURTIUS sucht alle Formen, auch das Rhinophym, in seinen Status varicosus einzuordnen (s. S. 85).

Ebensowenig war bis vor kurzem über die Erblichkeit der *Acne vulgaris* bekannt. Auch hier haben einzelne Autoren (besonders VEIEL und WOLFF) familiäres Auftreten durch mehrere Generationen behauptet, ohne dafür bestimmte Belege zu liefern. Die Mehrzahl der Dermatologen hat die Möglichkeit einer idiotypischen Bedingtheit bei der Acne überhaupt ignoriert. Um so überraschender war es, daß mit der zwillingspathologischen Arbeitsmethode der exakte statistische Nachweis sehr enger Erblichkeitsbeziehungen gelang. 36 eineiige Zwillingspaare mit Acne vulgaris oder verwandten follikulären Affektionen zeigten in der Behaftung auffallende Übereinstimmung oder im Höchstfall nur recht unbedeutende Differenzen, während von 12 zweieiigen Paaren 10 starke Verschiedenheiten aufwiesen; darunter war in 8 Fällen überhaupt nur der eine Zwilling behaftet (SIEMENS 1926). Die Verhältnisse liegen folglich ganz ähnlich wie bei den Epheliden und müßten nach dem bis jetzt vorliegenden Material erbbiologisch etwa in die gleiche Größenklasse eingereiht werden. Vereinzelte Fälle übereinstimmender Acne bei eineiigen Zwillingen wurden auch von WEITZ und CLARK-STIBBENS [1] mitgeteilt; v. VERSCHUER sah einmal eineiige Zwillinge mit Differenzen in der Acneentwicklung. In anderen Fällen stimmten auch atypische Acneformen bei Verwandten auffallend überein, z. B. narbige Hautinfiltrate mit zahlreichen Comedonen im Nacken bei eineiigen Zwillingen (WEITZ), Keloidacne bei 2 Brüdern [2], Acne vulgaris profunda (Gesichtsnarben) bei 2 Brüdern, von denen der jüngere auch am Stamm behaftet war [3].

Die hochgradige Erbbedingtheit der Acne vulgaris ist jetzt also durch die statistischen Zwillingsbefunde gesichert. Der Erblichkeitsmodus ist familienpathologisch noch nicht erforscht; wahrscheinlich spielen dominante Erbanlagen die entscheidende Rolle. Auf jeden Fall liegt aber keine einfache Dominanz vor. Die großen, auch klinisch wesentlichen Unterschiede, die bezüglich Intensität, Form und Lokalisation des Leidens bei fast allen zweieiigen Zwillingspaaren angetroffen wurden (SIEMENS 1926), zeigen deutlich das Vorhandensein einer polyiden (vielanlagigen) Erbbedingtheit. Die Geschlechter scheinen gleich häufig beteiligt zu sein, da von manchen Autoren ein Überwiegen der Knaben, von anderen ein Überwiegen der Mädchen angegeben wird [4]. Nur die Acne conglobata scheint fast allein bei Männern vorzukommen, zumal wenn sie nicht mit Tuberkulose kombiniert ist [5]. Die Acne ist oft mit Seborrhoe, angeblich auch mit Pityriasis simplex verbunden; Rosacea, Alopecia praematura und Ekzematide sollen ihr oft nachfolgen (DARIER). Häufig leiden Acnekranke an habitueller Obstipation (JADASSOHN).

Der Acne vulgaris sehr ähnliche Krankheitsbilder können bekanntlich auch durch exogene Einflüsse (bei disponierten Personen) hervorgerufen werden.

---

[1] Zbl. Hautkrkh. **21**, 170.
[2] ROSSI: Zbl. Hautkrkh. **27**, 639.
[3] KRAUS: Zbl. Hautkrkh. **19**, 465.
[4] BULKLEY, HAUBENSACK: Zbl. Hautkrkh. **20**, 435.
[5] H. HOFFMANN: Zbl. Hautkrkh. **19**, 1.

Diese „*Acne toxica*" wird in den verschiedensten gewerblichen Betrieben beobachtet; sie kann sowohl durch äußerlich (Schmieröl, Teer, Schwefel, Chrysarobin usw.) wie durch innerlich (Jod, evtl. Chlor) wirkende Stoffe bedingt sein. Ob auch ihr eine bestimmte Idio-Disposition zugrunde liegt, ist noch nicht bekannt.

Der Acne bzw. ihren Comedonen stehen klinisch die als *Milien* bezeichneten Horncysten nahe. Solche kleinen Cystchen sind sicher oft paratypischer Natur, z. B. in Narben oder als Folgen abgeheilter Blasenausschläge. Als Bestandteil der dystrophischen Epidermolyse können sie rezessiv erbbedingt sein. Die vulgären Milien, die in der Umgebung der Augen sitzen, wurden bei eineiigen Zwillingen diskordant beobachtet, wenn es sich um ganz vereinzelte (1—2) Exemplare handelte (6 Paare), aber konkordant, wenn sie multipel vorhanden waren (bei einem Paar 4 und 9, beim anderen 38 und 22 Cystchen). Bei zweieiigen Zwillingen wurden jedoch auch *multiple* Milien (5 Cystchen) *dis*kordant angetroffen (Siemens). Einmal beobachtete ich bei eineiigen Zwillingen 2 Milien diskordant, aber bei einer Nachuntersuchung nach mehreren Jahren multiple Milien bei *beiden* Kindern.

In diesen Befunden tritt die Erbbedingtheit der vulgären „Miliosis" ganz deutlich zutage, allerdings auch das Überwiegen nichterblicher Faktoren bei den *einzelnen* Milien. Daß dieser Erbbedingtheit *dominante* Faktoren zugrunde liegen, dünkt mich wahrscheinlich. Denn ich sah multiple Milien in einem sehr ausgesprochenen Falle bei Mutter und Sohn; in einem anderen Fall bei einer Schwester und 2 Brüdern, deren Eltern allerdings frei waren. Schon früher hat Jadassohn angegeben, multiple Milien glegentlich familiär beobachtet zu haben. Methodische Untersuchungen fehlen. Daß diese Milien bei manifest Tuberkulösen dreifach gehäuft seien (Haubensack), scheint mir unbewiesen.

Die Acne vulgaris kann außer Narben auch *Follikularcysten* hinterlassen, und es ist zu vermuten, daß auch dieser spezielle Ausgang, der ja nur bei bestimmten Fällen eintritt, erblich bedingt ist. Die Follikularcysten oder sog. falschen Atherome kommen aber auch mehr oder weniger unabhängig von der Acne vor. Im allgemeinen liegen bei ihnen, wie Anamnesenerhebung an 109 Atheromkranken ergab, keine Anhaltspunkte für eine erbliche Genese vor (Siemens 1923). Zwar wurde ausnahmsweise familiäres Auftreten festgestellt, doch läßt sich nicht ausschließen, daß es sich hier um Verwechslung mit echten Atheromen handelte, deren erbliche Bedingtheit ja sichergestellt ist (s. unten). Am ehesten könnte man vermuten, daß denjenigen Follikularcysten, die multipel auftreten, bei denen also eine allgemeinere Neigung zur Bildung follikulärer Retentionen besteht, eine idiotypische Disposition zugrunde liegt. Die Mehrzahl der Follikularcysten (etwa $85^0/_0$) sind aber in der Einzahl vorhanden, im Gegensatz zu den echten Atheromen, die meist (in etwa $85^0/_0$ der Fälle) multipel angetroffen werden (Siemens 1923).

Allerdings gibt es eine klinische Abart der Follikularcysten, die in Form etwas durchscheinender, eine ölige Flüssigkeit enthaltender, meist kleiner Tumoren multipel an Stamm und Kopf auftritt, und die engere Erblichkeitsbeziehungen zu haben scheint. Denn dieses, als *Steatocystoma multiplex* oder Sebocystomatosis bezeichnete Krankheitsbild wurde in 2 von 5 Fällen familiär angetroffen, und zwar einmal bei 3 Geschwistern, das andere Mal bei 2 Brüdern, Mutter und Großmutter. Hier scheint also eine unregelmäßig dominante Erbanlage eine Rolle zu spielen (Siemens).

Sehr deutlich tritt die Erbbedingtheit bei den sog. echten Atheromen, den *multiplen Epidermoiden* zutage, die nicht aus verstopften Follikeln, sondern aus abgeschnürten, während der Entwicklung in die Subcutis verlagerten Epidermisteilen entstehen, und die fast ausschließlich am behaarten Kopf lokalisiert sind. Von diesen Gebilden behauptete schon Paget, daß der Mehrzahl der Erkrankten Verwandte mit der gleichen Mißbildung bekannt seien. Von den anderen Autoren ging aber niemand so weit, und gerade in den dermatologischen Arbeiten und Lehrbüchern fand man überhaupt meist garnichts von Erblichkeit erwähnt, ein Zeichen, daß ihre Bedeutung nicht hoch angeschlagen wurde. Bestimmte Angaben über familiäres Auftreten (meist durch 2 oder 3 Generationen) sind nur vereinzelt, hauptsächlich von Chirurgen gemacht. Eine ausführliche Stammbaumpublikation wurde, wenn man von atypischen Fällen absieht (s. unten), wohl nur von SCHNEIDER geliefert. In dieser Familie waren 11 Personen in 5 Generationen behaftet, das Verhältnis der kranken zu den gesunden Geschwistern betrug 10 : 21, es lag also stark unregelmäßige Dominanz vor. Wie häufig aber eine solche Erblichkeit bei Epidermoiden gefunden wird, welche Rolle also die Erblichkeit allgemein in der Ätiologie der echten Atherome spielt, war aus all diesen Behauptungen und Befunden auch nicht annähernd zu beurteilen.

Nun zeigte sich aber bei der Anamnesenerhebung an 109 Atheromfällen, von denen 51 als Epidermoide aufgefaßt werden mußten, daß familiäres Auftreten in 68% dieser Fälle nachweibar war (SIEMENS 1923). Von 10 Eltern dieser Epidermoidkranken waren 23%, von 199 Geschwistern 10%, von 99 Kindern 1% sicher behaftet. Da sich die geringe Behaftung der Geschwister und besonders der Kinder weitgehend durch den späteren Manifestationstermin der Epidermoide erklärt (durchschnittlich im 28. Lebensjahr), so ist aus diesen Zahlen auf eine unregelmäßige Dominanz zu schließen. Von den Eltern sind nur halb so viele behaftet, als bei regelmäßiger Dominanz zu erwarten wäre; da es sich aber auch hier um Minimalzahlen handelt (die Epidermoide der Eltern werden den Kindern zuweilen unbekannt geblieben oder die Eltern vor der Manifestation der Tumoren gestorben sein), so darf man annehmen, daß bei gut der Hälfte bis $^2/_3$ der mit der Krankheitsanlage Behafteten die Epidermoide auch manifest werden. Betrachtet man diese Manifestationsstörungen gemeinsam mit der relativen Häufigkeit familiären Auftretens (s. oben), so ergibt sich ohne weiteres der Schluß, daß wahrscheinlich in allen Fällen von typischem Epidermoid die entscheidende Ursache in einer unregelmäßig dominanten Erbanlage gelegen ist. Unter den 51 Epidermoidfällen waren fast 80% Männer. Hier lag aber offenbar eine unbewußte Auslese des Materials vor; denn von den behafteten Verwandten dieser 51 Fälle waren 26 männlich und 37 weiblich. Die Bevorzugung eines Geschlechts war also an diesem Material nicht nachweisbar.

Die früher oft vertretene Annahme, daß die Epidermoide mit „arthritischer Diathese" zusammenhingen, scheint jetzt verlassen zu sein, trotzdem eine Familie mit 8 Behafteten (in 3 Generationen) bekannt wurde, die zum Teil gleichzeitig auch an Gicht und Psoriasis litten[1]. Eine sehr merkwürdige Kombination wurde in einer anderen Familie angetroffen, in der 17 Personen in 4 Generationen Atherome und Leukonychia totalis hatten. Zwei Familienmitglieder, Sohn und Enkelin eines Behafteten, hatten nur Leukonychie ohne Atherome (A. W. BAUER). Hier verhielten sich die Kranken zu den gesunden Geschwistern wie 16 : 9, die Dominanz schien also — im Gegensatz zu den klinisch typischen Fällen — regelmäßig zu sein. Eine weitere ungewöhnliche Korrelation bestand in einer Familie, in der außer dem Patienten Mutter, Tante und Großmutter behaftet waren, und in der die Atherome bei allen Behafteten eine Neigung zu maligner Entartung gezeigt haben sollen (BORELIUS), die übrigens, ebenso wie die Entwicklung von Hauthörnern, gelegentlich auch sonst beobachtet wurde.

---

[1] VERROTTI: D. Kongr. 1907.

Hier anschließen möchte ich die *Dermoide,* bei denen im Gegensatz zu den Epidermoiden das familiäre Auftreten ganz zurücktritt. Es wurde zwar gelegentlich beobachtet, seine Seltenheit steht aber in keinem Verhältnis zu dem relativ häufigen Vorkommen der Dermoidcysten (Koltonski). Der oft behaupteten Zusammengehörigkeit der Epidermoide und der Dermoide muß man deshalb entgegenhalten, daß beide ihrem ätiologischen Wesen nach durchaus verschiedene Cystenformen sind. Ob die Dermoide bei Negerinnen mehr als doppelt so häufig sind wie bei Weißen (Brown), scheint mir schwer beweisbar.

Von der *Hyperidrosis palmo-plantaris* wurde mehrfach dominante Erblichkeit behauptet, ohne daß positive Unterlagen dafür existierten. Erst die dermatologischen Zwillingsuntersuchungen zeigten sicher, daß überhaupt Erbbedingtheit besteht, da die Hyperidrosis bei 3 eineiigen Zwillingspaaren stets konkordant bei 3 zweieiigen 2 mal diskordant war. Aber auch die normalen Variationen von Trockenheit und leichter Feuchtigkeit der Handflächen zeigten bei 32 weiteren eineiigen Paaren volle Übereinstimmung und nur bei einem Paar eine geringe Differenz, während unter 20 zweieiigen Paaren sich 9 befanden, von denen der eine Zwilling trockene, der andere leicht feuchte Hände hatte (Siemens 1924). Familienuntersuchungen fehlen noch. Daß es aber sowohl dominante wie rezessive Formen von Palmo-plantar-Idrose gibt, ist schon deshalb gewiß, weil ja diese Funktionsanomalie in fester Korrelation zu manchen erblichen Hautkrankheiten (Keratosis palmo-plantaris, Ichthyosis, Epidermolysis bullosa) steht.

Auch die *Hyperidrosis nasi* wurde 2 mal bei eineiigen Zwillingen konkordant, einmal bei zweieiigen diskordant gefunden (Siemens), scheint also wie die Palmaridrose erblich bedingt zu sein.

Eine Hyperidrosis, speziell der Palmae und Plantae, besteht häufig auch bei der *Granulosis rubra nasi* Jadassohn. Von einer Anzahl von Autoren wird sie als eine cutane Manifestation der Tuberkulose aufgefaßt. In einem gewissen Widerspruch hierzu steht aber, daß das Leiden gelegentlich familiär, besonders bei Geschwistern beobachtet wurde[1]. Zuweilen besteht eine familiäre Kombination auch mit Hyperidrosis nasi, was ich selbst an einem Patienten und seinem sonst gesunden Bruder feststellen konnte. In anderen Fällen sind gleichzeitig Akrocyanose oder Frostbeulen vorhanden, wie bei 2 behafteten Geschwistern, von denen allerdings nur das eine auch akrocyanotisch war[2].

Als Folgeerscheinung der Granulosis rubra nasi treten zuweilen die *Hydrocystome* auf, für die ebenfalls gelegentlich familiäre Häufung beschrieben ist (Mirolubow). In anderen Fällen scheinen äußere Einflüsse (Ofenhitze) für ihre Entstehung ausschlaggebend zu sein.

4. Pigmentosen.

Die normale Hautfarbe ist das auffälligste Rassenmerkmal des Menschen; werden doch die Hauptstämme des menschlichen Geschlechtes einfach nach ihrer Hautfärbung bezeichnet. Die erbliche Bedingtheit des Hautpigments tritt dadurch augenfällig hervor; doch gibt es bekanntlich auch Außenfaktoren, die einen nicht unwesentlichen Einfluß darauf ausüben (Bestrahlung, Reibung). Auch die Neigung, auf diese Außeneinflüsse zu reagieren, ist jedoch erheblich von den Erbanlagen abhängig und rassenmäßig verschieden. Dadurch erklärt es sich z. B., daß die Europäer-Hottentottenmischlinge an den frei getragenen Körperstellen vielfach dunkler befunden wurden als selbst die Hottentotten (E. Fischer); sie hatten eben von den Hottentotten die dunklere Hautfärbung,

---

[1] Mirolubow, Kraus: Zbl. Hautkrkh. **26**, 346.
[2] Thibierge-Aizière: Zbl. Hautkrkh. **22**, 365.

von den Europäern die stärkere Neigung zum „Einbrennen" ererbt. Schon
hieraus ergibt sich, daß die normale Hautfarbe von *mehreren* Iden abhängt.
Das trifft aber auch dann noch zu, wenn man von der verschiedenen Reaktion
auf Außeneinflüsse absieht. Aus der Mischung von Weißen mit Negern entstehen keine konstant vererbenden Braunen; sondern die Kreuzung dieser
Mulatten unter sich ergibt ein deutliches „Aufspalten": ihre Nachkommen
weisen starke Farbunterschiede auf, sogar so starke, daß ein Teil von ihnen
heller als der hellere, ein anderer Teil dunkler als der dunklere Elter ist (DAVEN-
PORT). Das ist aber ein genügender Beweis dafür, daß das Hautpigment des
Negers von mehreren verschiedenen Erbanlagepaaren abhängt, die sich bei
der Befruchtung unabhängig voneinander kombinieren (s. S. 10). Mindestens
müssen 2 Erbfaktoren für Braun und einer für Gelb in der Negerhaut vorhanden
sein (E. FISCHER). Die Dinge werden noch dadurch kompliziert, daß es offenbar
Erbfaktoren gibt, die gleichzeitig Haut-, Haar- und Augenfarbe beeinflussen,
sowie solche, die sich nur auf zwei oder selbst nur auf eines dieser Systeme
beziehen.

Ein näheres Eingehen auf diese noch recht unklaren Verhältnisse ist keine
Aufgabe der Pathologie. Sie sind aber in ihrer Kompliziertheit gerade besonders
lehrreich als Gegenstück zu dem meist so viel einfacheren Erbgeschehen bei individuellen Anomalien, besonders als Gegenstück zu dem erst einmal beobachteten
Melanismus. Dabei handelte es sich um eine auffallende Dunkelfärbung der
Haut, besonders an den Stellen größerer mechanischer Beanspruchung (um
die Gelenke, an den Hautfalten), die bei 14 Personen in 4 Generationen angetroffen wurde [1]. Hier lag also offensichtlich einfach dominante Vererbung vor,
denn die ganze Familie teilte sich alternativ in melanistische und ganz normal
pigmentierte Individuen auf ohne Übergänge. Auch bestand keine feste Korrelation zwischen dem Melanismus und der Augenfarbe, da auch behaftete Individuen mit hellen, graublauen Augen beobachtet wurden. Ob die in der Familie
verbreitete Annahme richtig ist, nach der die dunkle Farbe von einer angeblich
mulattischen oder kreolischen Urgroßmutter des Stammvaters herrühre,
erscheint auf Grund dieser Vererbungsverhältnisse sehr fraglich. Es gibt viele
Beispiele dafür, daß sich in Familien mit auffallenden Eigenheiten derartige
Märchen bilden.

Abnorme diffuse Hautverfärbungen können auch durch andere Pigmente als
Melanin bedingt sein, gelbe Färbung z. B. durch Gallenfarbstoffe und Lipochrome.
Vom *Ikterus* gibt es bekanntlich eine dominant erbliche Form (hämolytische
Anämie), die häufig mit Turmschädel, Cholecystitis und Pigmentsteinen kombiniert ist (GÄNSSLEN) [2]. Sie wurde auch einmal bei zweieiigen Zwillingen diskordant beobachtet (SIEMENS). Die Dominanz ist nicht ganz regelmäßig;
einzelne Familienmitglieder zeigen nur das Grundsymptom (Herabsetzung der
osmotischen Erythrocyten-Resistenz) ohne das eigentliche Krankheitsbild [3].
Andererseits kann aber dieses Krankheitsbild auch als Folge äußerer Einflüsse, z. B. nach intestinalem Infekt [4] auftreten, so daß also auch paratypische
Formen existieren (MEULENGRACHT). Übrigens soll auch der *Icterus neonatorum
gravis* gelegentlich bei Geschwistern beobachtet worden sein [5].

Für die sog. *Xanthosis,* eigentlich *Cholesterochromie* lassen sich meist sehr deutlich äußere Ursachen auffinden (Überernährung mit Spinat, Karotten u. dgl.); ich
sah diese Verfärbung einmal übereinstimmend bei eineiigen Zwillingskindern.

---

[1] SCHEIDT: Arch. Rassenbiol. **17,** 135. Während der Drucklegung wurden·weitere Fälle
kekannt. Vgl. ORTH, Arch. f. Dermat. **158,** 95.

[2] NONNENBRUCH: Münch. med. Wschr. **1922,** 1343.

[3] SIMMEL: Arch. f. klin .Med. **142,** 252.

[4] KÖNIG: Klin. Wschr. **1924,** 1584.

[5] SIMMEL: Münch. med. Wschr. **1927,** 1309.

Doch gibt es auch Fälle von *Gelbfärbung der Haut unbekannter Natur,* die familiär beobachtet wurden[1], und für die deshalb die Annahme erblicher Bedingtheit naheliegt.

Braunfärbung der Haut kommt auch bei der oft familiären Gaucherschen *Krankheit* vor, sowie — infolge Hämosiderinablagerung (Hämochromatose) beim *Bronzediabetes,* der allerdings erst einmal familiär, bei Mutter und mehreren Kindern[2] beobachtet worden ist.

Von stärker pigmentierten Individuen und solchen mit „gestörter Farbkorrelation" zwischen Haut und Haaren wird behauptet, daß sie *schwerere* tuberkulöse Prozesse hätten[3]; andere Autoren freilich behaupten analoges gerade von den Pigmentarmen. Bei Kindern sollen Beziehungen bestehen zwischen stärkerer Pigmentierung der Bauchhaut oder der Inguinalgegend einerseits, Tuberkulose, chronischer Ruhr usw. andererseits[4]. Allen diesen Angaben fehlen aber noch genügende statistische Unterlagen.

Einer ausführlicheren Besprechung bedürfen auch die *regionären* Pigmentierungen. Bei den *großfleckigen* regionären *Überpigmentierungen* lassen sich meist keine Erblichkeitsbeziehungen feststellen. Darauf weisen schon die Bezeichnungen Chloasma gravidarum, uterinum, hepaticum, cachecticorum hin, trotzdem natürlich die Neigung, bei der Schwangerschaft, bei einer Kachexie und dergleichen Chloasmata zu bilden, vielleicht erblich sehr verschieden ist. Andererseits gibt es aber Fälle von spontanem *Chloasma,* für die sich Erbbedingtheit nachweisen ließ. So wurden 7 jährige eineiige Zwillingsschwestern bebeschrieben, die beide eine unscharf begrenzte, schmutzigbraune Pigmentierung auf der Stirn in dem Winkel hatten, in dessen Knie der Scheitel beginnt; bei 18 jährigen eineiigen Zwillingsschwestern wurden übereinstimmende schmutzigbraune Pigmentstreifen an Stirnhaargrenze und Oberlippe beobachtet (Siemens). Bemerkenswert ist, daß bei Pyopagen, deren eine entbunden hatte, das Chloasma an den Schläfen sowie die Pigmentierung der Warzenhöfe und der Linea alba bei beiden übereinstimmte (Hübner); das scheint mir auf die vermittelnde Wirkung eines im Blute kreisenden Inkretes hinzuweisen. Familiäre Häufung eines teleangiektatischen Chloasma auf Wangen und Schläfen wurde in einem Fall dominant geschlechtsgebundener Keratosis follicularis spinulosa decalvans (Siemens) beschrieben (s. S. 113); als Bestandteil dieser Idiodermatose zeigte hier natürlich auch das Chloasma geschlechtsgebundene Erbbedingtheit.

Unter den *kleinfleckigen regionären Überpigmentierungen* spielen die *Epheliden* die erste Rolle. Von ihnen hatte schon Lorry (1779) angegeben, daß sie bei (zweieiigen) Zwillingen häufig diskordant auftreten, und er hatte daraus geschlossen, daß sie schon in den ersten Urstoffen enthalten sein müßten. Von den späteren Autoren fand ich aber allein bei Fuchs die Bemerkung, daß sie „in manchen Familien erblich" seien. Vererbungspathologische Untersuchungen stellte als erster Hammer an. Er fand in 70 Familien 48 mal die Epheliden von den Eltern auf ihre Kinder vererbt; dabei wurden 5 mal beide Eltern als behaftet angegeben, und in diesen 5 Familien waren von 35 Kindern 30 behaftet. In den Familien mit nur einem sommersprossigen Elter waren dagegen von 222 Kindern 68% befallen. Das würde der Annahme dominanter Erbbedingtheit gut entsprechen; die hohen Behaftetenziffern ständen damit im Einklang, weil bei einem so häufigen Merkmal ein Teil der Behafteten natürlich homozygot sein muß. Zur Annahme der Dominanz stimmt es aber nicht, daß in 22 von 70 Familien beide Eltern als nicht behaftet angegeben wurden.

---

[1] Werner: Zbl. Hautkrkh. **2**, 47; Lipschütz: D. W. 87, 975.
[2] Frisch: Zbl. Hautkrkh. **6**, 88.
[3] Schultz: Beitr. Klin. Tbk. **59**, 65.
[4] Thomas: Zbl. Hautkrkh. **16**, 681.

HAMMER glaubt das dadurch erklären zu können, daß die Epheliden bis zum 30. Lebensjahr häufig wieder verschwinden, „so daß wohl viele der Eltern doch behaftet gewesen sein werden". Er betont aber ausdrücklich, daß die Sachlage nicht als geklärt angesehen werden kann.

Viel positiver stellt sich MEIROWSKY auf den Boden der dominanten Erbbedingtheit, da er den Stammbaum einer Familie mitteilen konnte, in der 26 Personen in 5 Generationen behaftet waren[1]. Später hat RAMEL[2] kurz angegeben, daß er eine Familie mit 43 Behafteten beobachtet habe, in der sich die Epheliden dominant vererbten.

Systematische Untersuchungen brachte seit dem ersten Versuch von HAMMER erst wieder die Zwillingsforschung. Bei 62 von mir untersuchten eineiigen Zwillingspaaren im Alter von 1—23 Jahren war die Übereinstimmung in der Intensität und Lokalisation der Sommersprossen eine auffällige: 22 mal waren beide Kinder frei, 18 mal waren beide gering, 18 mal beide in mittlerem Grade, 4 mal beide stark behaftet. Bei 8 dieser Paare fanden sich trotzdem gewisse Unterschiede, die sich aber zum Teil durch verschieden starke Besonnung der Zwillinge erklärten. In anderen Fällen erstreckte sich dafür die Übereinstimmung bis auf Kleinigkeiten (vgl. DECKING). Diese fast völlige Gleichheit der Sommersprossenentwicklung bei eineiigen Zwillingen wurde von anderen Autoren, teils an Einzelfällen, teils auch an größerem Material bestätigt (früher schon von AHLFELD, später von WEITZ, v. VERSCHUER, WAARDENBURG u. a.)[3]. Es ergibt sich daraus unmittelbar der hohe Grad der erblichen Bedingtheit der Sommersprossen. Im Gegensatz zu diesem Verhalten bei eineiigen Zwillingen fand ich unter 58 zweieiigen Paaren 6 mal beide Kinder frei, 10 mal war die Ephelidenbildung bei beiden im wesentlichen gleich, 25 mal bestanden Unterschiede, die über das Verhalten eineiiger Zwillinge hinausgingen, 17 mal war nur ein Kind befallen (SIEMENS und DECKING). Besonders bemerkenswert waren dabei die Unterschiede in der regionären Ausbreitung der Sommersprossen. Jedenfalls sind von den 58 zweieiigen Paaren 72% deutlich verschieden; das beweist aber, daß von einfacher Dominanz keine Rede sein kann, sondern daß *polyide* Vererbung, offenbar unter wesentlicher Beteiligung dominanter Faktoren, vorliegt.

Außer diesen vulgären Epheliden ist noch *eine besondere Form* beschrieben, die bezüglich ihrer Lokalisation eine *intraregionale Inversion* zeigt; d. h. es sind zwar dieselben Regionen bevorzugt, aber innerhalb dieser Regionen die sonst relativ ausgesparten Hautpartien stärker befallen (Lider, Mund, Gegend der Hautfurchen) und sogar solche beteiligt, die sonst gerade charakteristischerweise frei zu sein pflegen (Palmae, Conjunctiva, Mundschleimhaut). Dieser Sommersprossentypus wurde bei 2 Brüdern und dem Sohn des einen angetroffen und hatte möglicherweise auch bei der Großmutter bestanden[4]. Auch hier war also erbliche Bedingtheit, welche der Erbbedingtheit der vulgären Sommersprossen analog sein könnte, nachzuweisen. Ätiologisch hat die atypische Lokalisation dieser „Ephelides inversae" noch insofern ein besonderes Interesse, als sie durch die Behaftung wenig belichteter Körperstellen (Schleimhäute, Palmae) erkennen läßt, wie sehr die kausale Bedeutung der Belichtung für

---

[1] Allerdings ist der Fall nicht klar, weil MEIROWSKY im Text zwar von „Epheliden", unter dem Stammbaum aber von „Lentigines" spricht.

[2] Zbl. Hautkrkh. 21, 43.

[3] Wenn demgegenüber allein MEIROWSKY behauptet, daß sich die Epheliden bei seinen eineiigen Zwillingen „weder in bezug auf Zahl, Größe, Lokalisation und Intensität der Pigmentierung" gleichen, so kann ich mir das nur dadurch erklären, daß er an die Übereinstimmung ganz unnatürliche Ansprüche stellt.

[4] SIEMENS: Dermat. Z. 53, 575.

die Lokalisation der Sommersprossen auf Kosten des Erblichkeitsmoments oft überschätzt worden ist.

Vielleicht gehört in diesen Zusammenhang auch der Fall, in dem ein Mann, 2 seiner Schwestern und 5 von seinen 7 Kindern dunkelbraune Pigmentierungen verschiedener Schleimhäute, z. B. auch des Rectums aufwiesen, da die Kinder gleichzeitig unzählige dunkle Fleckchen im Gesicht hatten[1]. Bei 3 oder 4 der Behafteten bestanden außerdem rezidivierende Nasenpolypen und Polyposis intestinalis adenomatosa, die bei zweien auch zum Ileus führte.

Schon von den alten Dermatologen wurde behauptet, daß Sommersprossen besonders bei Leuten mit roten und mit blonden Haaren oder bei Leuten mit weißer Haut vorkämen. Eine Prüfung dieser Eindrücke durch methodische Untersuchungen an fast 3000 Kindern ergab, daß zwischen Sommersprossen und heller Augenfarbe eine Korrelation besteht, die aber gering ist. Etwa doppelt so groß ist die Korrelation zwischen Sommersprossen und Rotgehalt der Haare, noch etwas größer die zwischen Sommersprossen und heller Hautfarbe; dabei zeigte sich, daß gelblich getönte Haut besonders geringe Neigung zu Sommersprossen hat. Überraschenderweise stellte sich ferner heraus, daß zwischen Sommersprossen und Helligkeit des Haares (die getrennt vom Rotgehalt notiert wurde) keine Korrelation nachweisbar war; die Beziehung gilt also nur für den Rotgehalt des Haares, nicht für die Haarfarbe als solche (Siemens 1924).

Die Untersuchungen ergaben ferner, daß die Größe der einzelnen Sommersprossen im allgemeinen ihrer Menge proportional ist; ihr Pigmentgehalt scheint dagegen in gewissen Grenzen im umgekehrten Verhältnis zu ihrer Größe und Menge zu stehen (Siemens 1924); bei heller Komplexion sind sie also relativ blaß. Damit harmoniert die Angabe, daß sie bei Albinoidismus besonders hell seien[2]. Bei Albinismus fehlen sie (bei der weißen Rasse) überhaupt, auch wenn die entsprechenden Erbanlagen vorhanden sind (Siemens); Albinismus ist also, trotz der weißen Haut, epistatisch über die Epheliden. Daß Sommersprossen bei manifest Tuberkulösen 3 mal so häufig seien wie im Durchschnitt (Haubensack), möchte ich für unwahrscheinlich halten, soweit es sich nicht durch den vermehrten Aufenthalt der Phthisiker in Licht und Luft von selbst versteht.

Vielfach sieht man kleinfleckige Pigmentierungen, die den Epheliden sehr ähnlich, aber doch ätiologisch von ihnen verschieden sein können. Hierher gehören die seltenen Pigmentfleckchen am Stamm und in der Umgebung der großen Gelenkbeugen bei Greisen, sowie die symptomatischen ephelidenartigen Flecke bei anderen Hautkrankheiten (Recklinghausensche Krankheit, Xeroderma pigmentosum, Teerschädigung der Haut, Acanthosis nigricans), die als Bestandteile dieser Dermatosen mit ihnen natürlich auch die Ätiologie teilen. Schließlich aber gibt es noch nichterbliche Epheliden, die als *artefizielle* nach Röntgenbestrahlung und Sinapismen oder als *konkomittierende* bei Lichen Vidal, Hautatrophie, Sklerodermie und Vitiligo auftreten können[3].

Fleckige Pigmentierungen, besonders an Gesicht, Hand- und Fußrücken, charakterisieren auch die *Pigmentanomalie* Komaya[4], die unter 12 japanischen Fällen 4 mal in 2 Generationen und 4 mal bei Geschwistern angetroffen wurde; 5 mal stammten die Behafteten von blutsverwandten Eltern ab.

Allen diesen Epidermispigmentationen stehen diejenigen Überpigmentierungen gegenüber, die durch Ansammlung von Chromatophorenhaufen in der Cutis zustande kommen. Das ist vor allem der Fall bei einem erst kürzlich bekannt gewordenen Krankheitsbild, der *Melanosis corii degenerativa* (oder

---

[1] Peutz: Zbl. Hautkrkh. **2**, 275.
[2] Zimmermann: Arch. Rassenbiol. **15**, 131.
[3] Siemens: Dermat. Z. **53**, 575.
[4] Arch. f. Dermat. **147**, 389.

Incontinentia pigmenti BLOCH), bei der sich vor oder bald nach der Geburt an Stamm und Extremitäten stahlgraue, spritzer- und sternchenförmige Fleckchen bilden, die sich in zackigen, oft unterbrochenen Linien anordnen und nach einigen Jahren zum Teil wieder verschwinden, manchmal unter Zurücklassung leichter Atrophie. Dabei besteht histologisch ein eigentümlicher Degenerationsprozeß in Form von Aufblähung und Vakuolisierung der pigmentarmen Basalzellen [1]. Diese Pigmentdermatose wurde 2 mal solitär, aber in Kombination mit anderen Störungen (LITTLEsche Krankheit bzw. einseitige Netzhautablösung) beobachtet (SIEMENS, SULZBERGER), einmal bei Vater und 2 Töchtern (NAEGELI), einmal schließlich (unter der Diagnose systematisierter Naevus) in weitgehender Übereinstimmung bei zwei eineiigen Zwillingen (BARDACH). Die Erbanlagen sind also hier sicher von großer Bedeutung, ohne daß sich schon näheres darüber sagen ließe.

Noch tiefer in der Cutis liegen die den Chromatophoren ähnlichen Melanoblasten oder Mongolenzellen, die das histologische Substrat des *Mongolenfleckes* bilden. Diese blauen, meist in der Sakralgegend lokalisierten Flecke werden besonders bei Neugeborenen angetroffen und bilden sich meist bald wieder zurück. Sie sind am häufigsten bei der gelben Rasse, häufig auch noch bei Mischlingen zwischen Farbigen und Weißen [2], am seltensten bei den Europäern. Da sie histologisch identisch sind mit den tiefliegenden Coriumpigmentierungen der Affen (ADACHI), werden sie als Atavismen aufgefaßt. Sie dürfen nicht mit den blauen Naevi verwechselt werden (s. S. 141). Ihre Erblichkeitsverhältnisse sind noch unklar. Von angeblich eineiigen Zwillingen war der eine beiderseitig behaftet, der andere frei [3]; dagegen wurden zweieiige Zwillinge (eigentlich zwei von dreiigen Drillingen) einmal mit konkordanter Behaftung beobachtet (OREL); auch wurden die Flecke bei 2 Geschwistern beschrieben [4]. Systematische Untersuchungen, die wohl besonders bei Farbigen und bei Mischlingen Erfolg versprächen, scheinen zu fehlen.

Ein noch wenig geklärtes Kapitel der dermatologischen Vererbungspathologie bildet der *Albinismus*, der klinisch und ätiologisch recht vielgestaltig ist. Man unterscheidet zweckmäßig nach der Ausbreitung einen Albinismus universalis und einen Albinismus circumscriptus, und nach der Intensität des Farbstoffmangels einen Albinismus completus und einen Albinismus incompletus. Der *Albinismus universalis completus* ist am längsten bekannt. Die alten Autoren kannten auch schon seine Häufung bei Geschwistern und die Entstehung albinotischer Kinder aus den Ehen zweier Albinos; daß aber trotzdem die meisten Albinos normal gefärbte Eltern und Kinder hatten, erzeugte geradezu einen Zustand von Ratlosigkeit den Erblichkeitserscheinungen des Albinismus gegenüber, und so ist die alte dermatologische Literatur in dieser Hinsicht voll von Widersprüchen und Zweifeln, die sich auch bei HEBRA noch nicht gelöst haben. Der universelle Albinismus ist recht selten; für Nordamerika wurde seine Häufigkeit auf 1 : 10 000 berechnet (DAVENPORT), für Europa auf 1 : 10 000 bis 1 : 20 000 (PEARSON-NETTLESHIP-USHER). Manche Behafteten dunkeln im Laufe des Lebens nach. Die Häufung des Leidens unter Geschwistern ist augenfällig; BATESON berechnete „aus einer Anzahl von Zahlenangaben, die aus verschiedenen Quellen stammten", 115 Kranke zu 174 gesunden Geschwistern. Bei einfach-rezessiver Erbbedingtheit wären nur 72 : 216 zu erwarten, doch erklärt sich das Zuviel an Kranken hier offenbar durch die Nichtanwendung der Probandenmethode. In Nordamerika fand man elterliche Blutsverwandtschaft

---

[1] SIEMENS: Arch. f. Dermat. **157**, 382.
[2] FERREIRA: Zbl. Hautkrkh. **4**, 346.
[3] SILBER: Zbl. Hautkrkh. **23**, 550.
[4] COMBY: Zbl. Hautkrkh. **2**, 275.

in 33⁰/₀ der Fälle (Davenport, Pearson usw.), doch errechnete Weinberg [1] aus den von Pearson zusammengestellten Stammbäumen nur 14—15⁰/₀
Vetternehen. Aus Ehen zweier Albinos gehen fast ausschließlich albinotische
Kinder hervor, doch gibt es von dieser Regel auch Ausnahmen (Weldon),
ein Beweis, daß die Annahme einfach-rezessiver Erbbedingtheit zwar das meiste,
aber doch nicht alles erklärt. 6 mal waren Zwillinge diskordant, 3 mal solche
unbekannten Geschlechts konkordant behaftet [2]. Außerdem wurden konkordante eineiige Zwillinge beobachtet, die einer Vetternehe 2. Grades entstammten, und 10 jährige (eineiige ?) Zwillinge, die beide auch völlig haarlos
waren [3]. Bei Negern, bei denen der Albinismus sehr auffällt, ist er relativ oft
beschrieben (Pearson usw.); bei Juden soll er, wie andere rezessive Krankheiten,
häufiger sein als bei Nichtjuden (Seyfarth).

Der universelle komplette Albinismus des Menschen zeigt im Gegensatz
zu dem der Tiere alle Übergänge zum universellen inkompletten und zum
circumscripten. Auch ist er meist nicht autonom, sondern in gesetzmäßiger
Häufigkeit mit anderen Störungen verbunden (Raynauds Status albinoticus).
Im Vordergrund steht die Korrelation zu Augenfehlern; fast immer findet sich
Nystagmus und Amblyopie, in etwa $^3/_4$ der Fälle Astigmatismus mit Hyperopie
oder Myopie, oft auch Strabismus (vgl. die Dissertation meines Mitarbeiters
Caspary). Angeblich sollen auch Störungen des Nervensystems, Wachstums-
disharmonien der einzelnen Körperteile und besondere Anfälligkeit zu den
verschiedensten Krankheiten häufig sein, was mir aber im einzelnen noch nicht
genügend sicher erscheint. An der Haut der Albinos sollen oft Teleangiektasien
auffallen (J. Bauer), was auch meinen Eindrücken entspricht (z. B. an der
Hinterseite des Halses), ohne daß ich schon entscheiden möchte, ob die Gefäßerweiterungen häufiger vorhanden oder ob sie nur besser zu sehen sind. Das
gleiche ist von der Rosacea behauptet (J. Bauer). Vor allem aber sollen — schon
nach den alten Autoren — die Albinos (ebenso wie die Blonden) ,,zu Hautausschlägen sehr geneigt" sein (J. Bauer), womit natürlich in erster Linie Ekzeme gemeint sind. Auch das aber scheint mir bisher noch ganz unbewiesen,
soweit man nicht die abnorm starke Reaktion auf die Belichtung damit meint,
die sich infolge des Fehlens eines Pigmentschutzes von selbst versteht. Kartzek [4]
berichtet auch über experimentelle Untersuchungen, die für eine andere Hautreaktion bei Albinos sprachen. Daß die Epheliden sich bei Albinos der weißen
Rasse ebensowenig manifestieren können wie das diffuse Hautpigment, wurde
schon oben erwähnt; die Lentigines scheinen mir dagegen öfters Pigment zu
enthalten, wenngleich auch sie meist sehr blaß oder selbst pigmentlos sind, und
dann als rötliche, gefäßmalähnliche Gebilde erscheinen.

Allgemeiner Albinismus wird bei den allerverschiedensten Tierarten gefunden. Auch hier ist er bemerkenswerterweise analog dem menschlichen Albinismus
meist einfach rezessiv. Doch ist das Weiß des Edelschweines und des veredelten
Landschweines dominant gegenüber dem Schwarz und dem Rot des bayerischen
Landschweines [5]. Abweichende Verhältnisse sind besonders leicht verständlich,
wenn das ,,Weiß" *auch formalgenetisch* auf ganz anderen Prozessen beruht,
wie z. B. beim Kanarienvogel, dessen dominant-letale weiße Farbe durch Alipo-
chromismus (Ausfall des Fettfarbstoffs in den epidermoidalen Gebilden) bedingt
ist [6]. Allerdings soll es auch weiße Kanarien geben, die rezessiv und nicht letal sind.

---

[1] Münch. med. Wschr. **1922**, 749.

[2] Seyfarth: Virchows Arch. **228**, 483.

[3] Zimmermann: Arch. Rassenbiol. **15**, 113.

[4] Wien. klin. Wschr. **1922**, Nr 35.

[5] Kronacher: Zbl. Hautkrkh. **16**, 27.

[6] Duncker: Zbl. Hautkrkh. **25**, 529.

Im Gegensatz zum Menschen ist der universelle Albinismus der Tiere meist autonom. Doch kommen auch korrelative Bindungen vor. Albinotische Katzen (SCHÖNLEIN) und Hunde (BEYER) leiden oft an Taubheit infolge Veränderungen am CORTIschen Organ[1]. Weiße Mäuse scheinen sogar auch psychisch von den grauen verschieden, nämlich weniger wild zu sein. Daß weiße (und gescheckte) Rinder und Schweine leichter Sonnenbrand und die letzteren relativ leicht Fagopyrismus bekommen[2], ist nicht verwunderlich und entspricht analogen Verhältnissen beim Menschen.

Einen großen Formenreichtum zeigt klinisch der *Albinismus universalis incompletus*. Totale Albinos können im Alter nachdunkeln, oder es kann von vornherein die Haut komplett albinotisch, die Iris gut pigmentiert sein. Alle solche Fälle werden auch als *Albinoidismus, Semi-Albinismus* oder *Leucismus* bezeichnet. Selbst die normale Blondheit hat man als einen solchen inkompletten Albinismus aufgefaßt. Hierher gehört auch der *Flavismus* der Tiere[3] und durch die Verkoppelung mit besonders pigmentarmer Haut in gewissem Sinne sogar der *Rutilismus* (s. diesen, S. 121). Auch der inkomplette Albinismus mag sich in einem Teil seiner Formen rezessiv verhalten, in anderen ist er anscheinend unregelmäßig dominant (JABLONSKI), in den nur auf das Auge beschränkten Formen rezessiv-geschlechtsgebunden (NETTLESHIP). Doch sind unsere Kenntnisse noch ungenügend. Auch bei den Tieren gibt es unvollständige Leukopathien, z. B. bei den Säugetieren weiße Exemplare mit braunen, gelben oder blauen Augen. Ihre Wesensverschiedenheit vom kompletten Albinismus läßt sich gut daraus erkennen, daß sie bei Kreuzung mit Albinos farbige Nachkommen geben (WRIEDT). Bei den Rindern gibt es auch weiße Tiere, die erbbiologisch nur extreme Varianten von bunten oder von sog. Rückenschecken sind. Bei Hunden gibt es außerhalb der Albinoreihe einen braunäugig-weißen Typ und den sog. weißen Bullterriertyp, die beide einfach rezessiv sind. Bei mehreren Hunderassen gibt es auch einen blauäugig-weißen Typ, der dominant ist und sehr variable graue Flecken hat (weißgesprenkelt); doch haben auch die anderen weißen Farben außerhalb der Albinoreihe mehr oder weniger ausgesprochene Pigmentflecken (WRIEDT).

Auch dem Albinismus incompletus, wie überhaupt der Blondheit, werden bestimmte Krankheitsdispositionen zugeschrieben (besonders Ekzeme, Tuberkulose, Nerven- und Augenstörungen). Ich übergehe das aber, weil dafür sichere Unterlagen vorläufig fehlen. Auf jeden Fall scheinen die für komplette Albinos typischen Augensymptome hier keine Rolle zu spielen. Bei Tieren dagegen sind solche Verknüpfungen mehrfach bekannt geworden. Weiße Renntiere sind keine Albinos, denn sie haben dunkle Augen; trotzdem wird bei ihnen mangelhaftes Seh-, Hör- und Geruchsvermögen gefunden (HADWEN). Katzen, bei denen der universelle Albinismus zuweilen mit Irispigmentierung verschiedenen Grades einhergeht, sollen zuweilen taub sein. Ebenso ist der weiße Bullterriertyp der Hunde oft mit Taubheit verbunden. Die Weißsprenkelung geht bei den homozygot Behafteten häufig mit Augenstörungen (Colobom, Mikrophthalmus, zuweilen auch Glaukom), Taubheit und allgemeiner Schwäche, und bei den Hündinnen mit verminderter Brunst einher (WRIEDT).

Im Gegensatz zum universellen Albinismus ist der *Albinismus circumscriptus* des Menschen in seinen am besten bekannten Formen dominant erblich. Besonders wenn *mehrere* weiße Flecke vorhanden sind, spricht man von *Scheckung*. Solche Fälle sind schon früher bei Farbigen aus dem Nyassaland (PEARSON-NETTLESHIP-USHER), neuerdings auch bei Weißen (MEIROWSKY) genauer beschrieben worden.

---

[1] Arch. Rassenbiol. 15, 125.
[2] HADWEN: J. Hered. 17, 450.
[3] Vgl. S. 52.

Die Ausdehnung der Scheckflecken weist bei den einzelnen behafteten Familienmitgliedern — wie auch bei den eineiigen Zwillingen bzw. Doppelmonstren der Tiere (Haecker) — in gewissen Grenzen Unterschiede auf, doch sind immer wieder die gleichen Gegenden bevorzugt (Stirn, Scheitel, Bauch, Unterschenkel). Weniger ausgedehnte Fälle, die nur als weißer Fleck oder weiße bzw. gelbweiße Haarlocke (meist an der Stirn) in die Erscheinung treten, werden als *Poliosis circumscripta* bezeichnet; auch sie wurden als regelmäßig-dominantes Merkmal bis durch 6 Generationen verfolgt, und zwar bis zu 42 Behafteten in derselben Familie [1,2]. In einem dieser Fälle (Pearson usw.) schien sich die weiße Locke rezessiv-geschlechtsgebunden zu vererben. Ob der umschriebene Albinismus bei farbigen Rassen häufiger ist, wie oft behauptet wurde, scheint mir fraglich; vielleicht gelangt er dort nur leichter zur Kenntnis.

In Analogie zu der dominanten Scheckung beim Menschen steht die Scheckung vieler Haustiere, die sich gleichfalls dominant verhält, z. B. beim Kaninchen. Doch können weiße Abzeichen bei Tieren sich auch anders vererben; sie können selbst rezessiv sein, wie z. B. der weiße Brustfleck in bestimmten Hundezuchten [3] oder die weißen Abzeichen an Kopf und Beinen bei Pferden [4].

Weiße Flecke können natürlich auch durch äußere Einwirkungen entstehen, z. B. durch entzündliche Prozesse in der Haut oder durch Traumen, Verätzung und dergleichen. Es ist nicht berechtigt, weil verwirrend, solche Depigmentationen als „albinotisch" zu bezeichnen, wie man es manchmal lesen kann. Aber auch weiße Flecke, die schon bei der Geburt vorhanden sind, brauchen nicht immer erblich bedingt zu sein wie der Albinismus circumscriptus. Solche Flecke wurden bei eineiigen Zwillingen 4 mal diskordant beobachtet, bei zweieiigen 2 mal, ebenso (Siemens). Sie waren also in diesen Fällen sicher überwiegend nichterblich bedingt. Es ist deshalb auch bei ihnen außerordentlich unzweckmäßig, von Albinismus zu reden. Wir sollten vielmehr, soweit wir ätiologisch differenzieren können, nur die idiotypischen pigmentlosen (oder pigmentarmen) Flecke so nennen, die beim Menschen im großen und ganzen immer symmetrisch (bzw. median) sind, die nichterblichen, meist grob asymmetrischen dagegen *Naevi depigmentosi*.

Eine besondere Form während des Lebens auftretender depigmentierter Flecke stellt die *Vitiligo* dar. Ihre Ursache ist rätselhaft, zumal auch Erblichkeitsbeziehungen im allgemeinen nicht nachzuweisen sind. Nur ausnahmsweise, in etwa einem Dutzend Fällen der Literatur [5] wird über familiäres Auftreten berichtet. Auch ich sah einen Fall in sehr ähnlicher Ausbreitung bei zwei erwachsenen Brüdern. Bei einem relativ so häufigen Leiden sind das sehr spärliche Befunde, so daß wir uns hüten müssen, aus ihnen verallgemeinernde Schlüsse zu ziehen. In einem konjugalen Fall [6] wurde über die Kinder nichts mitgeteilt. Einmal wurden ichthyotische Zwillinge gesehen, von denen einer eine Vitiligo am Genitale hatte [7]; doch ist nicht bekannt, ob sie eineiig waren. Nach Jeanselme soll in den Tropen eine familiäre (kontagiöse?) Form besonders der Hände und Füße vorkommen, die mit Nagelveränderungen und zuweilen mit Gelenkschmerzen einhergeht [8]. Bei Farbigen wurde die Vitiligo schon oft

---

[1] Mazzini: Zbl. Hautkrkh. **16**, 684.
[2] Als Albinismus wurde auch ein angeblich angeborenes, syphiliformes Leukoderm bei einem Algerier aufgefaßt, dessen beide Brüder angeblich gleichfalls damit behaftet waren (Bonnet-Corréard: Zbl. Hautkrkh. **24**, 367). Die Mitteilung erscheint mir noch recht unsicher.
[3] Plate: Verh. dtsch. Zool. Ges. **1925**, 89.
[4] Pobzhansky: Bull. Bur. of Gen. **1927**, 106.
[5] Almkvist: Zbl. Hautkrkh. **22**, 855; Hofmann: Z. **23**, 620.
[6] Dujardin: Zbl. Hautkrkh. **22**, 855.
[7] Möller: Zbl. Hautkrkh. **15**, 433.
[8] Polak: Dermat. Wschr. **83**, 1669.

beobachtet (PEARSON-NETTLESHIP-USHER), doch wurde der Eindruck geäußert, daß sie in Indien bei Eingeborenen und Europäern doch seltener sei als bei uns (POLAK). Die Angabe, daß sie in unseren Gegenden bei Brünetten häufiger sei, scheint mir schon deshalb zweifelhaft, weil sie bei diesen natürlich leichter bemerkt wird. Höchst unsicher sind auch die Behauptungen über das endemische Auftreten der Vitiligo in bestimmten Ländern, z. B. Rußland und Turkistan. Anscheinend bestehen manchmal personelle oder selbst familiäre Beziehungen zur Alopecia areata[1]. Recht zweifelhaft sind die oft behaupteten Beziehungen zum Nervensystem; am ehesten kommen noch Tabes und Basedowsche Krankheit in Frage.

5. Keratosen.

Hyperkeratosen mit mehr oder weniger universeller Ausbreitung bezeichnet man zweckmäßig als *Ichthyosis*. Bei der vulgären Ichthyosis wird die Verhornungsanomalie meist erst im Laufe der ersten zwei Lebensjahre bemerkt; von diesem Leiden grundsätzlich zu trennen ist die „Ichthyosis inversa", bei der gerade diejenigen Körpergegenden stark befallen sind, die bei der gewöhnlichen Ichthyosis mehr oder weniger ausgespart zu sein pflegen (Beugen, Gesicht, Hände), und die ihres meist pränatalen Beginnes wegen Ichthyosis congenita genannt wird.

Daß die *Ichthyosis vulgaris* oft familiär auftritt, war schon den alten Dermatologen von ALIBERT und BATEMAN an bekannt, ebenso aber, daß sich in vielen Fällen von Erblichkeit nichts nachweisen läßt. Bei eineiigen Zwillingen wurde Ichthyosis vulgaris 3 mal beschrieben[2], jedesmal konkordant. Übereinstimmend waren auch (allerdings in verschiedener Intensität) Zwillinge befallen, deren Eiigkeit nicht sicher bekannt ist, und die gleichzeitig akromegale Erscheinungen und Graefes Symptom hatten[3], in einem anderen Fall solche, von denen zwei Zweige einer ichtyotischen Familie abstammten (HELLER). Von einem weiteren, diskordant ichthyotischen Paar ist die Eiigkeit gleichfalls unbekannt[4]. Familiär wurde die Ichthyosis in fast der Hälfte der Fälle angetroffen, und zwar etwa ebenso oft bei Verfahren und Nachkommen wie bei Geschwistern (GASSMANN). In einzelnen Familien ließ sie sich bis durch 4 und 5 Generationen verfolgen (HELLER, LEVEN). In den 4 größten Stammbäumen, die ich in der Literatur fand, zählte ich 35 kranke zu 33 gesunden Geschwistern. Angesichts dieser scharfen Auslese der Fälle ist die Anzahl der Kranken für Dominanz zu gering; dem entspricht es, daß Überspringen von Generationen häufig gefunden wird. Es handelt sich also bei den dominanten Fällen im allgemeinen sicher um eine sehr *unregelmäßige* Dominanz. Manche Autoren haben angenommen, daß die Unregelmäßigkeiten in Wirklichkeit nicht so groß sind, da in den Ichthyosisfamilien viele der angeblich gesunden Personen abortiv behaftet wären; methodische Untersuchungen darüber fehlen aber. Die Geschlechter sind im allgemeinen gleich häufig betroffen. Die alten Dermatologen glaubten zwar an eine Bevorzugung der Männer, doch ist diese Meinung durch die unzulässige Verallgemeinerung des Falles LAMBERT entstanden, in dem eine Ichthyosis von klinisch sehr atypischer Form angeblich bei 9 oder 10 Männern in 4 Generationen beobachtet worden war. Da die Vererbung durch die behafteten Männer erfolgte, würde hier dominant-geschlechtsbegrenzte Vererbung anzunehmen sein (SIEMENS 1921), doch ist es fraglich, ob überhaupt mehr als 4 Familienmitglieder ichthyotisch waren, in welchem Falle die Begrenzung

---

[1] SABOURAUD: Lehrb. 1924.
[2] SIEMENS: Zwillingspathologie; CLARK-STIBBENS: Zbl. Hautkrkh. 21, 170.
[3] MÖLLER: Zbl. Hautkrkh. 15, 433.
[4] DE LINERA: Thèse Paris 1878.

auf das männliche Geschlecht natürlich ein Zufall sein könnte. Jedenfalls lehrt der Fall Lambert, wie sehr man sich vor Verallgemeinerungen von einer Familie auf eine ganze Krankheit hüten muß, besonders natürlich, wenn auch noch das klinische Bild mit den sonstigen Fällen nicht völlig übereinstimmt, wie hier.

Neuerdings hat man nun freilich auch Fälle beobachtet, die der Bevorzugung des männlichen Geschlechts eine Unterlage — wenn auch eine ganz andere — geben würden, nämlich Fälle mit anscheinend rezessiv-geschlechtsgebundener Vererbung (Orel). Dieser Erbgang dürfte aber nur ganz ausnahmsweise vorhanden sein, so daß das Verhältnis der Geschlechter in der Gesamtheit der Fälle dadurch nicht wesentlich beeinflußt werden kann. Unter den etwa 6 Familien, für die bisher rezessive Geschlechtsgebundenheit angenommen wurde [1], befindet sich ein Fall, in dem 11 Männer und 2 Frauen in 4 Generationen behaftet sind; die ichthyotischen Frauen entstammen der Ehe eines Behafteten mit einer Frau aus derselben Familie, die ein Konduktor gewesen sein kann, da der Bruder ihrer Mutter behaftet war [2]. Auffallenderweise soll das klinische Bild von dem der gewöhnlichen Ichthyosis vulgaris nicht abgewichen haben.

Dafür daß es auch rezessive Fälle von Ichthyosis vulgaris gibt, haben wir noch keine genügenden Anhaltspunkte. Über Blutsverwandtschaft der Eltern, die Thibierge in einigen Fällen konstatiert haben wollte, ist seither nur noch zweimal [3] berichtet worden.

Verschiedene Autoren (Tommasoli, Strauss, du Mesnil) haben die Meinung geäußert, daß Tuberkulose bei Ichthyotikern besonders häufig sei. Rivers hat sogar Stammbäume in dieser Richtung veröffentlicht und angegeben, daß Phthisiker 8 mal so oft Ichthyosis hätten als Nichttuberkulöse. Seine Befunde scheinen mir aber nicht überzeugend. Auch die erhöhte Neigung der ichthyotischen Haut zu chronischen Ekzemen wird oft wohl über Gebühr betont [4]. Eigentümlich ist, daß von 9 Kindern einer seit 3 Generationen ichthyotischen Familie 8 auf die Vaccination mit generalisiertem Blasenausschlag reagierten, der in zwei Fällen sogar tödlich endete (de Beurmann-Gougerot).

Ganz anders wie die Ichthyosis vulgaris verhält sich in erbbiologischer Beziehung die *Ichthyosis congenita*. Bis in die neuere Zeit hinein war sie in dieser Hinsicht den Dermatologen ein Rätsel. Thibierge sagt noch in der Pratique dermatologique: „tout ce que l'on en sait, se réduit à l'absence d'hérédité", und dementsprechend hält Golay noch 1921 toxische Einflüsse, nämlich reichlichen Salzgenuß der Mutter während der Schwangerschaft für die mögliche Ursache. Da andererseits die Erblichkeitsbeziehungen der Ichthyosis vulgaris längst bekannt waren, so wurde diese „Inkongruenz in den Erblichkeitsverhältnissen" beider Leiden auch schon früh dazu benutzt, die Wesensverschiedenheit von Ichthyosis congenita und Ichthyosis vulgaris zu begründen (Jarisch, Lesser).

Mit der Zeit stellte sich aber heraus, daß auch für die Ichthyosis congenita die Erbanlagen von größter Bedeutung sind, freilich in einer ganz anderen Weise als bei der vulgären Ichthyose. Schon eine flüchtige Zusammenstellung von 1921 ergab, daß etwa in jedem 9. Literaturfall Geschwister erkrankt sind, und daß Blutsverwandtschaft der Eltern in 12 % der Fälle angegeben wird; ferner, daß auch bei der *Erythrodermie congénitale ichthyosiforme*, die zum Teil mit der II. Form der Ichthyosis congenita zusammenfällt, unter 42 Fällen 7 mal Geschwister behaftet und 4 mal die Eltern blutsverwandt waren (Siemens).

---

[1] Die Fälle von Guerrero (Zbl. Hautkrkh. 4, 137) und Fornara (Zbl. Hautkrkh. 22, 358), die auch als rezessivgeschlechtsgebunden aufgefaßt wurden, gehören nicht hierher, da in ihnen Behaftung von Weibern bzw. Übertragung durch Männer vorkam.
[2] Csörsz: Zbl. Hautkrkh. 28, 785.
[3] Hofmann: Zbl. Hautkrkh. 23, 619; Siemens: Zbl. Hautkrkh. 26, 463.
[4] Siemens: Arch. f. Dermat. 149, 466.

Eine genauere erbstatistische Bearbeitung des Literaturmaterials erschien schwierig, da das klinische Bild der Ichthyosis congenita ein sehr wechselvolles ist. Andererseits schien es aber gerade interessant, zu untersuchen, ob sich die drei Formen des Leidens, die *Ichthyosis congenita gravis, larvata* (Erythrodermie congénitale ichthyosiforme) und *tarda* (RIECKE) gleich oder verschieden verhalten würden. Verwertbar waren 242 Fälle aus 204 Familien. Eine Geschlechtsabhängigkeit bestand nicht, da von den 200 Kranken bekannten Geschlechts $54,5 \mp 4\%$ männlich waren. Die familiären Fälle kamen unerwarteterweise zum größten Teil auf das Konto der II. Form; bei ihr waren von 111 Fällen 21% familiär, von den 69 bzw. 24 Fällen der I. und III. Form nur 6 bzw. 8%. Dementsprechend berechnete sich das wahrscheinliche Verhältnis der kranken zu den gesunden Geschwistern bei der II. Form auf etwa 1 : 6, bei der I. und III. Form auf etwa 1 : 20. Analog verhielten sich die drei Formen bezüglich der elterlichen Blutsverwandtschaft. Bei der II. Form wurde sie stark erhöht gefunden, 2 bis 3 mal so häufig wie in den älteren Statistiken, nämlich etwa 25% Vetternehen; bei der I. und III. Form beliefen sich dagegen die Vetternehen nur auf 1 bzw. 4%, wodurch bei dem geringen Material überhaupt noch keine Erhöhung der Konsanguinitätsziffer bewiesen ist (SIEMENS 1929). Zwillinge wurden 4 mal beschrieben, 2 mal konkordant (Eineiigkeit nicht ganz sicher), 2 mal diskordant (verschiedengeschlechtlich).

Durch diese Ziffern ist für die II. Form rezessive Erbbedingtheit statistisch sichergestellt; bei der I. und III. Form sind nur gewisse Anhaltspunkte dafür gewonnen, die vorläufig keinen Beweis liefern. Auch bei der II. Form aber sind nur halb so viel Kranke vorhanden, als bei regelmäßiger Rezessivität zu erwarten wäre; man muß folglich annehmen, daß ein Teil der homozygot Behafteten nicht erkrankt, oder daß sich in dem Material auch Fälle befinden, die anderer (kompliziert oder gar nicht erblicher) Ätiologie sind. Wir werden hier also in erhöhtem Maße vor die gleichen Probleme gestellt, denen wir vorher schon beim Xeroderma pigmentosum begegnet waren (vgl. S. 116).

Läßt sich für die I. und III. Form vorläufig Rezessivität nicht sicher beweisen, so läßt sich doch wenigstens, soweit das bisherige Material reicht, Dominanz ausschließen. Elter und Kind waren bisher noch in keinem gesicherten Fall behaftet, ebensowenig die Stiefgeschwister der Kranken. Die Trennung der Ichthyosis congenita von der Ichthyosis vulgaris ist also in dieser Beziehung viel vollständiger als die Trennung der einfachen und der dystrophischen Form bei der Epidermolysis, da sich die dystrophische Epidermolyse in einer ganzen Reihe von Fällen auch dominant vererbt.

Tritt die Ichthyosis congenita bei Geschwistern auf, so gilt die Regel, daß die Geschwister der gleichen Form angehören. Als Ausnahme ist das Nebeneinander von II. und III. Form gelegentlich beobachtet, das Nebeneinander von I. und II. Form aber noch nie mit genügender Sicherheit. Der Zeitpunkt des Beginns der Ichthyosis, durch den sich die II. und III. Form unterscheiden, scheint also weniger erbbiologisch fixiert zu sein als die Intensität der Erscheinungen. Auf jeden Fall sind aber die drei Formen nicht wahllos über die Familien verteilt, eine Kombination von I. und III. Form in der gleichen Geschwisterschaft wurde überhaupt noch nicht beobachtet, und es ist deshalb trotz aller klinischen und ätiologischen Verwandtschaft unmöglich, die verschiedenen Formen ätiologisch einfach zusammenzuwerfen. Ohne Zweifel ist es nicht der gleiche Faktor, welcher die I., die II. und die III. Form hervorruft[1].

Ein alter dermatologischer Streit herrscht darüber, ob der Übergang, den die III. Form in gewisser klinischer Hinsicht zwischen Ichthyosis congenita

---

[1] SIEMENS: Arch. f. Dermat. **156**, 624.

und vulgaris bildet, uns zur Annahme einer Wesensverwandtschaft beider Ichthyosisformen berechtigt. Die Tatsachen, zu denen uns die erbpathologische Forschung geführt hat, sprechen sehr entschieden für scharfe Trennung. Sie zeigen, daß der klinische Übergang jedenfalls *kein ätiologischer* Übergang ist, da beide Ichthyosisformen zum mindesten in der überwiegenden Mehrzahl der Fälle durch ganz verschiedene Erbanlagen bedingt sind. Der *Beweis* einer Zusammengehörigkeit könnte allein durch die gehäufte Kombination beider Leiden in der gleichen Familie geliefert werden. Nun zeigt freilich das Studium der Literatur, daß die Verwandten kongenital Ichthyotischer gelegentlich Zeichen von Ichthyosis vulgaris hatten [1]. Das läßt bei der Häufigkeit der vulgären Ichthyose aber natürlich nur den einen Schluß zu, daß ein *vermehrtes* Auftreten dieser Anomalie in den Familien kongenitaler Ichthyotiker eben *nicht* existiert. Die Vererbungspathologie verlangt deshalb die grundsätzliche ätiologische Trennung der beiden Ichthyosisformen.

Übrigens bestehen auch vom klinischen Standpunkt Bedenken dagegen, die tardive Ichthyosis congenita einfach als eine Übergangsform zur Ichthyosis vulgaris aufzufassen. Die Blasenbildung und die Palmoplantar-Keratosen, zwei der vulgären Ichthyosis besonders fremde Symptome, sind nämlich bei der III. Form viel häufiger beschrieben als bei der I. und II. (Siemens). In dieser Beziehung kann also auch *klinisch* von einem „Übergang" gar nicht die Rede sein.

Wie zur Ichthyosis vulgaris, so suchte man auch die Grenze zur Keratosis palmo-plantaris, die ja ein Teilsymptom der Ichthyosis congenita ist, zu verwischen. Auch hier wurden einzelne Fälle familiärer Kombination beschrieben (Siemens), in denen aber die Palmoplantarkeratose so geringfügig war, daß es sich gut um ein zufälliges Zusammentreffen handeln kann; geringgradige Verdickungen der Handflächen- und Sohlenhaut sind ja recht häufig. Auf jeden Fall läßt sich schon jetzt sagen, daß *engere* Beziehungen zur Keratosis palmo-plantaris nach den umfangreichen Erfahrungen der Autoren ausgeschlossen sind.

Auch die Frage, ob Mißbildungen und sonstige Krankheiten bei den kongenitalen Ichthyotikern oder bei ihren Verwandten gehäuft auftreten, muß verneint werden, abgesehen vielleicht von allgemeiner Unterentwicklung, die sich in den betreffenden Fällen gut als Folgezustand des Hautleidens (wie beim Xeroderma pigmentosum) auffassen ließe. Ein paarmal ist auch über Anomalien der Schilddrüse bzw. der Keimdrüsen berichtet.

Als „Abortivform" der Ichthyosis congenita bzw. der Hyperepidermotrophie sind unscheinbare Keratosen an Kniekehlen, Achselfalten, Nabel und Mammillen beschrieben [2], für die gleichfalls der Nachweis familiärer Kombination mit der Ichthyosis congenita nicht erbracht ist. Deshalb und wegen der erörterten ätiologischen Exklusivität der verschiedenen Intensitätsgrade der kongenitalen Ichthyosen möchte ich diese kleinherdige Hyperkeratose, die „*Keratosis parvi-areata*" höchstens als eine eigene Unterform der Ichthyosis congenita auffassen. Die Notwendigkeit einer solchen Trennung erscheint um so größer, als sich bei den dermatologischen Zwillingsuntersuchungen ergeben hat, daß hier viel eher dominante als rezessive Erbbedingtheit vorliegt, daß hier also auch ein einschneidender ätiologischer Unterschied gegenüber der kongenitalen Ichthyosis zu bestehen scheint. Die Keratosen der Kniekehlen waren nämlich bei den eineiigen Zwillingen immer konkordant, bei 19 Paaren in gleicher, bei 8 in mäßig verschiedener Intensität. Von 21 zweieiigen Paaren waren 12 konkordant,

---

[1] Siemens: Arch. f. Dermat. **156**, 624.
[2] Jadassohn: Zbl. Hautkrkh. **24**, 582; Grünmandel: Z. **25**, 177.

davon 7 mit Intensitätsunterschieden, und 9 diskordant, davon aber 8 Paare mit nur ganz unbedeutender Behaftung (SIEMENS). Hiernach ist also die Intensität des Leidens etwas paravariabel (Differenzen bei den Eineiigen!), unter Berücksichtigung dieses Faktors die Ähnlichkeit der Zweieiigen aber recht groß (nur 1 grobdiskordanter Fall unter 21 Fällen), also größer als bei Rezessivität zu erwarten wäre (S. 57). Sicheres läßt sich darüber allerdings erst durch Familienuntersuchungen feststellen. Übrigens wurden auch *Mammillarkeratosen* einmal bei eineiigen und einmal bei zweieiigen Zwillingen angetroffen, das erste Mal konkordant, das zweite Mal diskordant (SIEMENS).

Auch bei anderen herdförmigen Keratosen wissen wir noch wenig über ihre Erbbedingtheit. *Keratosen an den Knien* wurden bei eineiigen Zwillingen 10 mal beschrieben, immer konkordant, 3 mal mit Intensitätsunterschieden, 4 mal mit Beteiligung der *Ellbogen*; bei zweieiigen Zwillingen wurden sie 12 mal beobachtet, davon nur 7 mal konkordant und unter den Konkordanten 5 mal mit Intensitätsunterschieden. Die Ellbogen waren 5 mal beteiligt, darunter 4 mal diskordant. Einmal war nur die Ellbogenhaut keratotisch, auch in diesem Falle war der Zwillingsbruder frei. Die Keratosen der Knie und der Ellbogen sind also, wenn sie auch gelegentlich als Berufsdermatose entstehen können (Scheuerfrauen), ihrem Auftreten und großenteils auch ihrer Intensität nach meist erblich bedingt. Untersuchungen über den Vererbungs*modus* liegen noch nicht vor.

Analoges gilt von den *Keratosen am Malleolus internus*, die bei eineiigen Zwillingen 2 mal konkordant, bei zweieiigen 1 mal diskordant gesehen wurden; in dem letzteren Fall fanden sich bei dem nichtbehafteten Zwilling allerdings Andeutungen der Anomalie (SIEMENS).

Keratosen an der Vorderseite des Fußgelenks über den Muskelsehnen wurden bei eineiigen Zwillingen 2 mal konkordant, bei zweieiigen 2 mal ebenso (jedoch in dem einen Fall mit Intensitätsunterschied), 3 mal diskordant festgestellt (SIEMENS). Auch hier scheinen also die Erbanlagen von wesentlicher Bedeutung zu sein.

Mit der Ichthyosis congenita kann die protrahierte Exfoliatio lamellosa neonatorum, die sog. *Ichthyosis sebacea* verwechselt werden. Auch bei diesem Leiden sind Erblichkeitsbeziehungen nicht ausgeschlossen, da von den etwa 12 publizierten Fällen 2 familiär gewesen sein sollen (Patient, Mutter und Tante bzw. 3 Geschwister mit konsanguinen Eltern). Etwas bestimmtes läßt sich aber nicht sagen, da das Leiden klinisch noch so wenig bekannt ist[1], daß die Diagnose meist unsicher bleibt, was gerade auch für den sicher familiären Fall bei 3 Geschwistern (GOULD) zutrifft.

Hier anschließen möchte ich das eigentümliche Krankheitsbild der *Erythro- et Keratodermia variabilis*, das bisher nur 6 mal, und zwar immer bei Weibern beobachtet wurde, darunter einmal bei Mutter und Tochter[2].

Vererbungspathologisch die erste Rolle spielt unter den circumscripten Hyperkeratosen die *Keratosis palmaris et plantaris*. Sie kommt klinisch in drei verschiedenen Formen vor: *diffus*, wobei die Fußsohle gelegentlich freibleibt, *areiert*, d. h. in Herden (en plaques), und schließlich in Form von Efflorescenzen, die in ihrer typischen Ausprägung klinisch und histologisch Knötchen sind, also *papulös*.

Alle drei Formen können auf Grund nichterblicher Bedingungen entstehen bzw. auf diesem Wege nachgeahmt werden; vor allem durch Arsen, Kolophonium, Pech, aber auch als Bestandteil nichterblicher Leiden (Ekzeme, Pityriasis

---

[1] SIEMENS: Arch. f. Dermat. 156, 624.
[2] MENDES DA COSTA: Zbl. Hautkrkh. 18, 786.

rubra pilaris), möglicherweise selbst durch Syphilis [1]. Auch bei den erblichen Fällen, soweit sie nicht exzessiv entwickelt sind, spielt die manuelle Arbeit als Mitursache eine Rolle; deshalb ist auch nicht selten die rechte Hand stärker befallen als die linke. Manche Fälle, besonders der papulösen Form, sind tardiv.

Die *Keratosis palmó-plantaris diffusa* gehört wegen ihres auffallenden familiären Auftretens zu den ersten Dermatosen, die vererbungsbiologisch bearbeitet wurden. Die Vererbung konnte bis durch 6 Generationen (Siemens und Winkle) verfolgt werden, und es ist sehr bemerkenswert, daß in den typischen Fällen Überspringen einer Generation fast nie beobachtet wurde. Die Keratosis palmo-plantaris diffusa bietet daher das beste dermatologische Beispiel für eine ganz *regelmäßige* Dominanz. Das tritt natürlich um so deutlicher zutage, je umfangreicher ein Stammbaum ist, und läßt sich deshalb am besten aus der Fortführung der früher von Thost veröffentlichten Deszendenztafel erkennen (vgl. Abb. 18). Trotzdem dieser Stammbaum jetzt mehr als 150 Personen umfaßt, von denen fast 50 ärztlich untersucht sind, wurden abortive Fälle oder gar Konduktoren bisher nirgends aufgefunden. Das Verhältnis der kranken zu den gesunden Geschwistern beträgt 45 : 39, entspricht also der Erwartung bei regelmäßiger Dominanz (42 : 42) sehr gut [2]. Schon früher hatte Gossage in 28 Familien aus der Literatur 222 Kranke zu 184 Normalen festgestellt, Adrian in 13, durch 3—5 Generationen reichenden Familien 181 : 165, Brünauer in 22 Familien 286 : 208. Ich fand bei einer vorläufigen Zählung mit Winkle, bei der nur klinisch typische Fälle verwendet wurden, in 25 Familien 309 kranke : 263 gesunden Geschwistern. Das Verhältnis der kranken Männer zu den kranken Frauen beträgt in diesen Familien 188 : 165, ist also anscheinend normal. In einem Fall wurde interessanterweise beobachtet, daß zwei behaftete Brüder zwei behaftete Schwestern aus einer anderen Familie heirateten; von den 10 Kindern dieser beiden Ehen waren 8 behaftet, keines wies eine abnorm schwere oder sonst atypische Keratose auf [3].

Daß das Krankheitsbild der Palmo-plantar-Keratose ätiologisch nicht einheitlich ist, zeigt sich an dem abweichenden Verhalten mancher Fälle, besonders solcher, die auch klinisch atypisch sind. In 12 familiären Fällen mit klinischen Atypien fanden ich und Winkle ein Verhältnis von 44 kranken zu 82 gesunden Geschwistern, also eine auffallend geringe Behafteten-Proportion. Mehrfach ist sogar solitäres Auftreten beschrieben, ein paarmal auch Behaftung von Geschwistern, deren Eltern frei waren (Siemens). In einigen Fällen hören wir von behafteten Geschwistern, die einer Vetternehe entstammten (Bettmann, Jadassohn, Papillon-Lefevre). Es gibt also neben der regelmäßig dominanten Form auch sicher solche mit anderer Ätiologie, offensichtlich unregelmäßig dominante oder noch komplizierter bedingte, möglicherweise selbst rezessive und wohl auch nichterbliche. In einem Fall, in dem 4 Generationen hindurch nur Weiber behaftet waren (Ballantyne-Elder), wurde dominant-geschlechtsbegrenzte Vererbung in Betracht gezogen (Siemens); sicher ist das aber nicht, da nur 5 Personen krank waren.

Von verschiedengeschlechtlichen Zwillingen war 2 mal nur das Mädchen behaftet [4], von gleichgeschlechtlich zweieiigen der eine wesentlich stärker als der andere [5]. Einmal wurden 9 jährige eineiige Zwillingsschwestern beschrieben, die beide eine ungewöhnlich derbe, glatte, gelbliche Sohlenhaut hatten (Siemens). Noch deutlicher trat bei den Zwillingsbeobachtungen die hochgradig erbliche

---

[1] Oliver: Zbl. Hautkrkh. **25**, 233.
[2] Siemens: Arch. f. Dermat. **157**, 392.
[3] Hahn: Dermat. Z. **18**, 138.
[4] Raff, Tomkinson: Zbl. Hautkrkh. **25**, 793.
[5] Heymann: Zbl. Hautkrkh. **22**, 612.

Bedingtheit auch unbedeutender Hyperkeratosen an den Palmae zutage. Denn bei eineiigen Zwillingen wurde eine ungewöhnlich starke Felderung der Handflächen 5 mal konkordant gefunden; in einem dieser Fälle, in dem das Symptom nur unbedeutend entwickelt war, bestand allerdings ein Intensitätsunterschied. Bei zweieiigen Zwillingen wurde dagegen die Palmarfelderung 1 mal konkordant mit deutlichem Intensitätsunterschied, und 1 mal diskordant angetroffen (SIEMENS).

Diffuse Palmo-plantar-Keratosen sind manchmal ein Symptom anderer erblicher Hautkrankheiten (Ichthyosis congenita, DARIERsche Krankheit); dann folgen sie natürlich in ihrem Erbgang den für jene Leiden gültigen Gesetzen. Sind sie autonom, so sind sie oft mit Hyperidrosis palmo-plantaris verbunden; zuweilen finden sich Nagelveränderungen, und zwar auch bei den anderen Formen. Ausnahmsweise wurde auch Korrelation mit sonstigen Störungen beschrieben, vor allem in einer Familie, in der sich das Leiden durch 5 Generationen vererbte; hier wiesen die Behafteten gleichzeitig Hypotrichosis, Nageldystrophien und Trommelschlegelfinger auf, die mit röntgenologisch nachweisbaren Knochenveränderungen an den Endphalangen einhergingen [1]. Von den auch in neuerer Zeit noch behaupteten Beziehungen zur Epidermolysis bullosa und zur Ichthyosis vulgaris habe ich mich nicht überzeugen können, obwohl bei der letzteren eine geringfügige Mitbeteiligung der Palmae und Plantae sehr häufig ist. Daß in einer Familie 2 von 7 Behafteten gleichzeitig Spitzbogengaumen hatten (BRÜNAUER), möchte ich für Zufall und nicht für den Ausdruck eines besonderen Erbgeschehens halten (vgl. S. 68).

Noch unsicherer sind unsere Kenntnisse über die *Keratosis palmo-plantaris areata*. Eine ihrer Formen, die mit Keratosis follicularis acneïformis korreliert ist, wird noch unten erwähnt (S. 113). Viele Fälle, besonders die solitären, sind schwer von den gewöhnlichen Druckkeratosen, den *Calli* und *Clavi* zu trennen, zumal auch diesen oft eine individuell verschiedene, erbliche Disposition zugrunde liegt. Das zeigen anschaulich drei Fälle eineiiger Zwillinge, bei denen an den Seitenrändern der Plantae, bzw. an Ferse, Großzehenballen und Großzehe (bei Ichthyosis vulgaris), bzw. allein an den Großzehenballen symmetrische Schwielen konkordant vorhanden waren, während von zweieiigen Zwillingen 2 mal nur der eine (am Fersenrand) ein drittes Mal beide in sehr verschiedener Intensität (an der Planta) behaftet waren. In einem vierten Fall hatten allerdings beide reichliche Schwielen an den Handflächen, nach Angabe der Mutter von eifrig betriebenem Turnen (SIEMENS).

Besonderes Interesse verdienen die Fälle, in denen die Verhornung in Streifenform auftritt. Die *Keratosis palmo-plantaris striata* wurde bisher meist nur bei einem Mitglied einer Familie beobachtet; war sie familiär, so hatten die anderen Behafteten *diffuse* Verhornungen. Nur in drei Familien waren Geschwister, bzw. Elter und Sohn streifenförmig befallen [2]; auch hier hatten aber die anderen behafteten Verwandten, soweit solche vorhanden waren, *diffuse* Keratosen. Die Vererbung erstreckte sich in den betreffenden Familien bis durch 4 Generationen; Konduktoren wurden nicht beobachtet. In der einen Familie zeigten zwei Geschwister eine Kombination mit subungualen Keratosen. Es wurden hier also drei verschiedene Formen desselben Leidens in *einer* Familie angetroffen (diffus, streifenförmig, mit subungualer Keratose), und zwar jeder Untertyp wieder in sich familiär (bei Nahverwandten), so daß hier die Abwandelbarkeit der Palmarkeratose durch andere Erbfaktoren, also ein Mischfall von dominanter und polyider Vererbung angenommen werden muß (s. S. 74).

---

[1] H. FISCHER: Dermat. Z. 32, 114.
[2] SIEMENS: Arch. f. Dermat. 157, 392.

Bemerkenswert ist, daß in allen drei Fällen familiärer Keratosis striata +
diffusa keine Hyperidrosis vorhanden war.

Noch sehr wenig erforscht sind die Erblichkeitsverhältnisse bei der *Keratosis
palmo-plantaris papulosa* (Keratoma dissipatum hereditarium palmare et plantare Brauer, Keratodermia maculosa disseminata palmaris et plantaris Buschke).
Manche vertreten die Meinung, daß es sich dabei um zwei verschiedene Krankheiten handle, von denen die eine erblich, die andere nichterblich sei. Jedenfalls ist in einem Teil der Fälle familiäres Auftreten nach Art unregelmäßiger
Dominanz beobachtet. Einmal waren 9 Männer in zwei Generationen erkrankt[1],
so daß man an Geschlechtsbegrenzung denken muß. Ein anderes Mal wurde
das Leiden bei einem Mann beschrieben, dessen Sohn eine diffuse Palmo-plantar-
Keratose hatte; diese war allerdings erst im 10. Lebensjahr aufgetreten und
heilte auf Behandlung wieder ab, ist also diagnostisch nicht einwandfrei[2].

Die gleichen Efflorescenzen, welche die Keratosis palmo-plantaris papulosa
charakterisieren, kommen an den Händen und Füßen auch bei anderen Hautkrankheiten, speziell bei keratotischen Naevi vor; solche *„Naevi keratosi papulosi"*
(Keratoma dissipatum naeviforme Brauer), die sich durch die Willkürlichkeit
des befallenen Hautbezirks, durch Einseitigkeit und solitäres Auftreten (also
Nichterblichkeit) charakterisieren, müssen natürlich von der ihnen ähnlichen
Keratose getrennt werden[3].

Die widersprechendsten Ansichten finden sich in der Literatur über die
sog. *Krankheit von Meleda.* Liest man aber die alten Arbeiten durch, so kann
kein Zweifel darüber aufkommen, daß das auf genannter Insel so häufige Leiden
eine diffuse Palmo-plantar-Keratose ist, bei der auch Teile des Hand- und Fuß-
rückens, des Unterarms und Unterschenkels, und in etwa der Hälfte der Fälle
auch Ellbogen und Knie mitergriffen sind. Es handelt sich also um eine *Keratosis palmo-plantaris transgrediens.* Sie ist aber von der gewöhnlichen diffusen
Palmo-plantar-Keratose nicht nur durch dieses klinische Charakteristikum,
sondern auch durch ihr erbbiologisches Verhalten unterschieden. In den wenigen
bekannten Stammbäumen hatten nämlich die Behafteten stets gesunde Kinder,
erst die Enkel waren wieder behaftet[4]. Es liegt demnach sicher *keine regelmäßige*
Dominanz vor wie bei den nicht transgredierenden Fällen. Das gilt aber
nicht nur für die unvollständig mitgeteilten Fälle aus Meleda, sondern der
Regel nach auch für die bei uns beobachteten Fälle von Keratosis palmo-
plantaris transgrediens (Siemens). Der Unterschied zwischen der gewöhnlichen und der transgredierenden Form der Palmo-plantar-Keratosen ist also
ein prinzipieller.

Ganz unbekannt waren bis vor kurzem die Erblichkeitsverhältnisse bei den
Follikularkeratosen. Über ihre häufigste Form, die *Keratosis follicularis lichenoides*
(Lichen pilaris) brachten jedoch die dermatologischen Zwillingsuntersuchungen
Aufklärung. Denn von 46 eineiigen Zwillingspaaren waren 6 übereinstimmend
stark, 25 übereinstimmend schwach befallen, 11 übereinstimmend frei; nur
4 Paare, die an der Grenze der Behaftung standen, wiesen mäßige graduelle
Differenzen auf. Auch in der Form und Lokalisation der Follikelverhornungen
waren sich die eineiigen Zwillinge hochgradig ähnlich. Dagegen waren von 28
zweieiigen Paaren nur 2 übereinstimmend behaftet, zwei weitere übereinstimmend frei. 10 mal war ein Zwilling stark, der andere schwach behaftet, 8 mal
der eine schwach, der andere gar nicht; 6 mal war der eine stark behaftet, der
andere frei (Siemens). Das Verhältnis der konkordanten zu den diskordanten

[1] Brauer: Arch. f. Dermat. **114**, 211.
[2] Siemens: Zbl. Hautkrkh. **21**, 144.
[3] Brauer: Zbl. Hautkrkh. **23**, 776.
[4] Neumann: Arch. f. Dermat. **42**, 163.

Paaren betrug also bei den Eineiigen 31 : 4, bei den Zweieiigen 2 : 24. Darin zeigt sich sehr eindrucksvoll nicht nur die hochgradige Erbbedingtheit der Keratosis pilaris, sondern auch ihre polyide Bedingtheit, da bei einfacher Dominanz zweieiige Zwillinge ja sehr viel häufiger übereinstimmen müßten. Die Verhältnisse liegen hier also ganz ähnlich wie bei den Sommersprossen, nur kommen sie sogar noch schöner zum Ausdruck, weil die Erbbedingtheit der Epheliden durch den Einfluß der Belichtung doch etwas überdeckt wird. Übrigens hat auch WEITZ die Keratosis follicularis bei eineiigen Zwillingen immer gleich gefunden. DARIER hat angegeben, daß fast ein Drittel aller Behafteten gleichfalls behaftete Verwandte habe. Systematische Familienuntersuchungen sind mir aber nicht bekannt; sie sind auch schwer mit Erfolg durchzuführen, weil sich die Keratosis follicularis erst relativ spät und langsam entwickelt und beim Erwachsenen — allerdings gewöhnlich mit Hinterlassung feiner Närbchen — bald wieder verschwindet. Auch in dieser Hinsicht bestehen hier also Analogien zu den Sommersprossen.

Als eine Varietät der Keratosis pilaris wird das *Ulerythema ophryogenes* (Keratosis pilaris faciei) aufgefaßt. Unter den wenigen Fällen, die von diesem Leiden beschrieben wurden, konnte gelegentlich auch familiäres Auftreten beobachtet werden, in einem Fall sogar bei 2 Männern und 4 Weibern in zwei Generationen[1].

Das Ulerythem führt klinisch zu der *Keratosis follicularis spinulosa decalvans* [2] über, die vererbungspathologisch von besonderem Interesse ist. Es handelt sich dabei um feinste stachelförmige Haarbalgverhornungen, die zu teilweisem bis völligem Verlust von Wimpern, Brauen und Kopfhaar führen und mit Lichtscheu, Blepharitis und Hornhauttrübungen (bei den erwachsenen Männern auch mit einem eigentümlichen teleangiektatischen Chloasma des Gesichts) einhergehen. Sie wurden in einer Familie bei 10 oder 11 Männern in 3 Generationen angetroffen[2]. 10 Weiber waren abortiv behaftet, d. h. sie zeigten die gleichen Follikularkeratosen ohne die Alopecie und ohne die Lidentzündung (vgl. Abb. 26 auf S. 59). Da sämtliche Töchter behafteter Männer behaftet, sämtliche Söhne behafteter Männer frei waren, liegt hier das erste Beispiel dominant-geschlechtsgebundener Vererbung in der menschlichen Pathologie vor. Allerdings ist die Dominanz wegen der abortiven und wechselnden Form des Leidens bei den Frauen als unvollständig und unregelmäßig zu bezeichnen. Ein ganz ähnliches Krankheitsbild spinulöser dekalvierender Follikularkeratosen, das außer der Lichtscheu auch noch mit Degeneratio corneae einherging, wurde von LAMÉRIS bei 12 Männern in 5 Generationen beobachtet und von SIEMENS [3] näher beschrieben. Die Übertragung geschah nur durch Töchter behafteter Männer. Wenn diese wirklich ganz frei waren, läge hier ein Musterbeispiel rezessiv-geschlechtsgebundener Erblichkeit vor.

Ein besonders dunkles Kapitel der Dermatologie bilden die acneiformen Follikularkeratosen, die unter verschiedenen Namen, vor allem als Keratosis follicularis contagiosa Brooke ein sagenhaftes Leben führen. Ein von dieser BROOKEschen Keratose wohl unterschiedener, aber doch ihr ähnlicher Krankheitstyp wurde erst in jüngster Zeit als eigene wohlcharakterisierte Dermatose aufgefaßt [4]. Bei dieser *Keratosis follicularis acneiformis* bestehen außer den komedo- oder acneknötchenähnlichen Haarbalgverhornungen Verdickungen der Nägel sowie umschriebene Keratosen an Palmae und Plantae und an der Mundschleimhaut, so daß man auch von einer „*Keratosis multiformis*" sprechen könnte. Von den etwa 8 bisher beschriebenen Fällen war die Mehrzahl familiär.

---

[1] GALEWSKY: Arch. f. Dermat. **143**, 57.
[2] SIEMENS: Arch. f. Dermat. **151**, 384.
[3] Arch. Rassenbiol. **17**, 47.
[4] SIEMENS: Arch. f. Dermat. **139**, 62.

Bald waren Elter und Kinder, bald nur Geschwister befallen, immer aber nur wenige Familienmitglieder. Die Vererbungsverhältnisse scheinen also kompliziert zu sein; anscheinend stehen sie der unregelmäßigen Dominanz nahe.

Die Keratosis multiformis führt von den Hyperkeratosen zu der dyskeratotischen Darierschen *Krankheit* über. Von 120 Fällen dieses Leidens aus der Literatur fand mein Mitarbeiter Fr. Fischer 32 familiär. Die Vererbung wurde aber nie durch mehr als drei Generationen beobachtet. Das Verhältnis der kranken zu den gesunden Geschwistern betrug in den verwertbaren 9 familiären und 12 solitären Fällen 28 : 61, auch in den familiären nur 16 : 20. Daraus ergibt sich das Bild einer besonders unregelmäßigen Dominanz (vgl. S. 50). Eine Geschlechtsabhängigkeit besteht nicht, denn es waren von 116 Fällen $53 \mp 5^0/_0$ Männer befallen. Elterliche Blutsverwandtschaft wurde bisher nicht beobachtet[1]. Gelegentlich wurden Abortivformen beschrieben, einmal auch bei Mutter und Sohn. Eine Systematisierung des Leidens wurde in 4 familiären und 13 solitären Fällen angetroffen, aber immer nur bei einem Familienmitglied. Halbseitigkeit war in 2 Fällen vorhanden, die beide solitär waren.

Die Dariersche Krankheit ist häufig mit Hyperkeratosis und Hyperidrosis palmo-plantaris kombiniert. Auf Grund eines Falles, in dem gleichzeitig auch die Seborrhöe familiär war, wurde angenommen, daß zum Auftreten der Darierschen Krankheit zwei voneinander unabhängige Erbanlagen, eine für die Seborrhöe und eine für den Darierprozeß, notwendig wären [2]. Ohne methodische Untersuchungen läßt sich darüber aber nichts sicheres sagen, zumal ja auch die Erbbedingtheit der Seborrhöe noch höchst ungeklärt ist. Sonstige körperliche Anomalien wurden bei Darierkranken kaum in auffallender Häufigkeit angetroffen (vgl. Fr. Fischer). Dagegen scheinen psychische Störungen, besonders Imbezillität, etwas häufiger vorzukommen als bei Normalen.

Ein der Darierschen Krankheit verwandter, als *Epidermodysplasia verruciformis* bezeichneter Krankheitsprozeß wurde einmal bei dem Sprößling einer Vetternehe beschrieben[3], so daß die Vermutung rezessiver Erbbedingtheit auftauchte. Eine Schwester des Patienten war geisteskrank, ein Bruder hatte Opticusgliom, 5 weitere Geschwister waren gesund.

Die hier anzureihende *Acanthosis nigricans* ist zwar meist Folge einer bösartigen Geschwulst der inneren Organe und insofern von den Erbanlagen weitgehend unabhängig, wurde jedoch ein paar Mal in Kombination mit Stoffwechselstörungen familiär beobachtet, und zwar bei Bruder und Schwester als angeborenes Leiden mit Diabetes mellitus (Miescher), bzw. bei Mutter und zwei Kindern, nach dem 10. Jahre beginnend, mit Fettsucht (W. Jadassohn). Eine einheitliche formalgenetische Betrachtung der nichterblichen und der erblichen Fälle erscheint möglich auf dem Boden der Annahme, daß — teils sekundär durch den Tumor (Intoxikation oder Metastasenbildung), teils primär durch Entwicklungsstörung — ein das Hautwachstum regulierendes inkretorisches Organ geschädigt wird (Miescher). Die Acanthosis nigricans geht oft mit ephelidenähnlichen und lentigoähnlichen Efflorescenzen einher (vgl. S. 141).

Eine ganz eigene Stellung nimmt klinisch die *Porokeratosis Mibelli* ein mit ihren kreis- und guirlandenförmigen, ein atrophisches Zentrum begrenzenden Hornstreifen. Sie wurde noch von Neisser für kontagiös gehalten, und mit dieser Annahme wurde auch die Tatsache erklärt, daß sie oft, und zwar bis durch 4 Generationen familiär auftritt. Doch hat schon Gossage an 10 Familien aus der Literatur ihre Erblichkeitsverhältnisse untersucht und sie als dominante

---

[1] Auch bei Bizzozero (Arch. f. Dermat. **93**, 73) waren nur die Eltern der Mutter Geschwisterkinder, was also keinen Schluß auf Rezessivität zuläßt.

[2] Brünauer: Arch. f. Dermat. **145**.

[3] Lewandowsky-Lutz: Arch. f. Dermat. **141**, 193.

Erbkrankheit aufgefaßt, da er ein Verhältnis von 48 kranken zu 72 gesunden Geschwistern errechnete. Mein Mitarbeiter FULDE fand von 57 Literaturfällen 24 familiär, 33 solitär. In mehreren Fällen wurden Konduktoren bzw. Abstammung von gesunden Eltern festgestellt. Das Verhältnis der kranken Geschwister zu den gesunden berechnete sich in den 14 verwertbaren Familien auf 50 : 89. Dem Leiden liegt also, zum mindesten in der Mehrzahl der Fälle, eine dominante Erbanlage zugrunde, die jedoch besonders starke Manifestationsunregelmäßigkeiten zeigt. Diese Unregelmäßigkeiten können zum Teil nur scheinbare sein, da der Manifestationstermin des Leidens sehr wechselt und oft erst im erwachsenen Alter liegt. Sehr bemerkenswert ist, daß in dem bisherigen Material unter 123 Fällen $72 \mp 12^0/_0$ Männer waren. Es besteht hier also anscheinend eine *relative* Geschlechtsbegrenzung, wie sie sonst in der menschlichen Pathologie noch nie in so typischer Weise statistisch festgestellt werden konnte.

Ein- oder zweimal wurde die Porokeratosis bei Angehörigen der mongolischen Rasse beobachtet. Zwei- oder dreimal war sie nur einseitig vorhanden (FULDE); diese Fälle gehörten zu den solitären.

6. Atrophien und Dystrophien.

Die *Narben* können als das Paradigma exogener Hautaffektionen erscheinen. Das trifft aber nicht für alle Narben zu, nicht einmal für alle traumatischen. Gar nicht selten sind sie Bestandteil bzw. Endstadium erblicher Hautleiden (Acne vulgaris, Keratosis follicularis, Fälle von Alopecia cicatrisans) und folgen dann natürlich, soweit sie obligat sind, dem Erbgang des Grundübels. Das kann, wie die Epidermolysis bullosa dystrophica lehrt, sogar mit solchen Atrophien der Fall sein, die in gewisser Weise als traumatische aufgefaßt werden müssen. Narben können also dominant, polyid und rezessiv erblich sein. In anderen Fällen können die narbenbildenden Verletzungen willkürlich beigebracht, das Vorhandensein der Narben also rein nichterblich, ihre spezielle, z. B. hypertrophische Form aber hochgradig erblich bedingt sein (vgl. Keloide, S. 149).

Eine Sonderstellung nehmen die angeborenen Narben bzw. frischen Hautdefekte ein, die als *Aplasia cutis congenita* bekannt sind. Wenn auch zutreffen mag, daß sie meist amniogen entstehen, und daß die Erblichkeitsmomente dabei eine untergeordnete Rolle spielen[1], so ist es doch augenscheinlich, daß das nicht für alle Fälle gelten kann. Wurden doch eineiige Zwillinge beschrieben, die übereinstimmend angeborene Hautdefekte und Keloide in der Gegend des Kopfhaarwirbels aufwiesen[2]. In anderen Fällen waren angeblich Elter und Kind bzw. Geschwister behaftet, z. B. mit einem Hautdefekt am Scheitelbein, der allerdings traumatisch (durch Klystierspritze bei der Geburt) entstanden sein soll[3], oder mit einer Hautatrophie über der Pfeilnaht, an deren Stelle ein Knochendefekt vorhanden war[4]. Einmal sind Geschwister mit angeborenen Hautdefekten und Blasen beschrieben[5], so daß die Abgrenzung von der Bullosis mechanica letalis nicht sicher möglich war (s. S. 90). Bemerkenswert ist in ätiologischer Beziehung, daß mit Aplasia congenita nicht selten solche eineiigen Zwillinge behaftet sein sollen, die gemeinsam mit einem Fetus papyraceus geboren werden (LUNDWALL), wie z. B. in dem Fall von VORON-BOUVIER[6].

Von größtem vererbungspathologischem Interesse ist das sog. *Xeroderma pigmentosum*, bei dem unter dem Einfluß der Belichtung an den freigetragenen

---

[1] LUNDWALL: Zbl. Hautkrkh. **25**, 335.
[2] LOEWY: Zbl. Hautkrkh. **16**, 802.
[3] GRAFF: Zbl. Hautkrkh. **2**, 187.
[4] BÜRGER: Zbl. Hautkrkh. **19**, 257. Vgl. auch die Fälle angeborener Hypoplasie auf S. 118.
[5] HEINRICHSBAUER: Zbl. Hautkrkh. **24**, 396.
[6] Zbl. Hautkrkh. **16**, 588.

Körpergegenden Atrophien, Teleangiektasien, Pigmentierungen und schließlich
Epitheliome entstehen, so daß die Behafteten meist frühzeitig zugrunde gehen.
Der Prozeß ist also sozusagen eine „Atrophia actinica epitheliomatosa". Die
Vermehrung der elterlichen Blutsverwandtschaft bei den Xeroderma-Patienten
ist schon frühzeitig aufgefallen; Bayard, Forster und Adrian schätzten sie
bereits auf 11 bzw. 12%. Einen Versuch, die Behafteten-Proportion unter den
Geschwistern festzustellen, machte zuerst Dresel; seine Ziffern (32 Kranke zu
89 Gesunden) sind aber nicht repräsentativ, da sie an einer kleinen Zahl ausgewählter Geschwisterfälle gewonnen wurden. Trotzdem war im Prinzip an
der rezessiven Erbbedingtheit nicht mehr zu zweifeln, denn die Häufung der
Blutsverwandtschaft einerseits, das Auftreten bei Geschwistern in 30% der
Fälle andererseits (Siemens 1921) ließen keine andere Erklärung zu. Hypothesen über einen exogenen Ursprung des Leidens, z. B. durch „Erbsyphilis"[1]
sind deshalb nur bei völliger Ignorierung der erbbiologischen Tatsachen möglich.
Das trat noch klarer zutage durch die genauere Bearbeitung der Erblichkeitsverhältnisse des Xeroderma; denn dabei bestätigte sich nicht nur, daß in $\frac{1}{3}$ der
Fälle (34%) auch Geschwister befallen sind, sondern es zeigte sich, daß die
Blutsverwandtschaftsziffer noch wesentlich höher liegt, als man vordem angenommen hatte, nämlich bei etwa 25% (zwischen 17 und 59%) aller Fälle; die
Häufigkeit elterlicher Vetternschaft beträgt dabei etwa 20% (zwischen 11 und
47%). Das Verhältnis der kranken zu den gesunden Geschwistern beläuft sich
bei 333 Literaturfällen aus 222 Familien nach der Reduktionsmethode auf eine
Zahl, die zwischen 1 : 2,6 und 1 : 4,2 liegt, also etwa auf 1 : 3,4 (Siemens und
Kohn 1925). Bei rein rezessiver Erbbedingtheit wären etwas mehr Kranke zu
erwarten (1 : 3), zumal in dem hier bearbeiteten Material, das ja unter der Einwirkung einer literarisch-kasuistischen Auslese steht. Deshalb folgt aus dem
errechneten Verhältnis, daß entweder nicht alle homozygot Behafteten manifest
erkranken (unregelmäßig rezessive Vererbung), oder daß es — wie ich vor allem
glauben möchte — Fälle gibt, die klinisch dem rezessiven Xeroderma entsprechen,
aber anderer Ätiologie sind. Diese Tatsache beeinträchtigt jedoch naturgemäß
nicht die souveräne Bedeutung rezessiver Erbanlagen für die Xeroderma-
entstehung. Damit stimmt auch überein, daß Vorfahren und Nachkommen
der Behafteten (mit nur einer angeblichen Ausnahme) immer frei waren, ebenso
die Stiefgeschwister (bisher mindestens 16 Fälle). Dagegen waren Geschwister
der Eltern und Vettern mehrmals betroffen. Das Verhältnis der kranken Knaben
zu den kranken Mädchen betrug 149 : 152; eine Geschlechtsabhängigkeit des
Xeroderma besteht also nicht. Ebenso erwies sich die mehrfach vertretene
Annahme, daß in einer Familie oft nur Geschwister des gleichen Geschlechts
erkranken, als unbegründet. In 7% der Fälle waren die Patienten jüdischer
Abstammung, was offenbar damit im Zusammenhang steht, daß die jüdischen
Fälle viel häufiger von blutsverwandten Eltern abstammen als die nichtjüdischen,
nämlich in 44% (gegenüber 17%) der Fälle (Siemens und Kohn).

Vor Klarstellung der rezessiven Erbbedingtheit des Xeroderma pigmentosum
glaubte Pick, als Ursache des Leidens eine besonders große Differenz in der Haut-
Haar-Augenfarbe der beiden Eltern anschuldigen zu müssen. Diese Hypothese hat
sich bis auf den heutigen Tag erhalten. Bei Durcharbeitung der Literatur ließ
sich aber nichts ermitteln, was sie stützen könnte (Siemens und Kohn). Ebensowenig entspricht es den bis jetzt vorliegenden Befunden, daß die Mütter der
Behafteten meist blond oder rothaarig seien[2]. Derartige ätiologische Theorien
sollten deshalb aufgegeben werden. Viel leichter ließe sich denken, daß bei den
(heterozygoten) Angehörigen der Xeroderma-Kranken abnorme Pigmentierungen,

---

[1] Junès: Zbl. Hautkrkh. **16**, 574.
[2] Wile: Zbl. Hautkrkh. **23**, 65.

gleichsam als Abortivform des Leidens, aufträten. Das ist besonders von den Sommersprossen behauptet worden, weil ja ephelidenähnliche Flecke zu den typischen Symptomen des Xeroderma gehören. Unter den Eltern und gesunden Geschwistern der Literaturfälle, das ist unter annähernd 1000 Personen, ließen sich aber nur 20 mal Angaben über abnorme Pigmentierungen auffinden. Zieht man dabei die allgemeine Häufigkeit der Sommersprossen und Lentigines in Betracht, so versteht sich ohne weiteres, daß die Befunde nicht für die Existenz solcher Abortivformen, sondern eher dagegen sprechen, d. h. in dem Sinne, daß pigmentbildende Abortivformen, wenn sie überhaupt vorkommen, jedenfalls außerordentlich selten sein müssen.

Eine ganz andere Frage ist die, ob bei *homozygot* behafteten Personen Abortivformen des Xeroderma vorkommen. Das hat man für zwei Schwestern angenommen, bei denen sich seit dem zweiten oder dritten Lebensjahr eine aus Rötung, Pigmentflecken, Teleangiektasien und Schuppung bestehende Lichtdermatose entwickelte[1]. In dem gleichen Sinne sprechen natürlich die Fälle, in denen das Xeroderma tardiv auftritt, und überhaupt alle, bei denen es tumorfrei verläuft.

Von der rezessiven Anlage, die zum Xeroderma pigmentosum führt, hat man vielfach angenommen, daß sie gleichsam die ganze „Konstitution" verändere, d. h. also daß sie polyphän (vielmerkmalig) sei. So glaubte man, bei den Behafteten auch bestimmte Eigenarten der Komplexion zu bemerken, nämlich, daß sie besonders häufig helle Haut-, Haar- und Augenfarbe hätten (PICK); oder man meinte, daß „Degenerationszeichen", Mißbildungen und sonstige Krankheiten, einschließlich Lues, bei ihnen bzw. ihren Angehörigen gehäuft vorkämen. Schließlich warf man die Frage auf, ob die Familie der Behafteten nicht besonders viele Fälle von Carcinom aufweise, weil man sich vorstellte, daß das Xeroderma pigmentosum gleichsam nur eine besondere Art der Auswirkung einer allgemeinen „Krebsdisposition" darstelle. Für alle diese Hypothesen hat aber das Studium der bisher beschriebenen Fälle keine Anhaltspunkte ergeben (SIEMENS und KOHN). Nur scheinen die Behafteten etwas häufiger als normal in der allgemeinen körperlichen und geistigen Entwicklung zurückzubleiben, was sich aber zwanglos als Folge ihres bedauernswerten Zustandes und ihres dadurch eingeengten Lebensspielraums auffassen ließe. Sieht man hiervon ab, so ist auf jeden Fall die große Mehrzahl aller Xeroderma-Patienten durchaus normal.

Eine besondere Art diffuser, xerodermaähnlicher *Hautatrophie*, die *mit Cataracta congenita* kombiniert war, wurde (auf eine alte Mitteilung von ROTHMUND hin) von mir im Walsertal aufgefunden, und zwar bei 6 Personen aus 3 Geschwisterschaften, deren Eltern sämtlich miteinander blutsverwandt waren (vgl. S. 55, Abb. 23). Hier ist also ein kombiniertes Haut-Augen-Leiden offensichtlich von einer einzigen rezessiven Erbanlage abhängig. Eine allgemeine *Hautatrophie mit Hypotrichosis und Nageldystrophie* wurde einmal bei Großmutter, Mutter und Tochter beschrieben[2].

Inwieweit der *Atrophia senilis* individuell verschiedene erbliche Dispositionen zugrunde liegen, ist noch nicht bekannt. Sicher ist aber aus klinischen Beobachtungen, daß auf ihre Entstehung, besonders auch auf ihre Neigung, Keratosis senilis und Epitheliome zu bilden, Bestrahlung und Witterung von erheblichem Einfluß sind („Seemanns-" und „Landmannshaut").

Recht vielgestaltig sind die *circumscripten Hautatrophien*. Durch das Nebeneinander von Depigmentierung, Hyperpigmentierung und Teleangiektasien

---

[1] LEWITH: Dermat. Wschr. **79**, 844.
[2] OLIVER: Zbl. Hautkrkh. **17**, 70.

ähnelt dem Xeroderma pigmentosum in hohem Maße die *Poikilodermia vascularis atrophicans*. Sie ist wohl meist solitär, wurde aber 3 mal bei Geschwistern beobachtet[1]. Ganz analoge klinische Bilder können paratypisch (durch Röntgenverbrennung) entstehen.

Angeborene Hautatrophie oder Hauthypoplasie in Form gruppierter, meist rundlicher, etwa linsengroßer Depressionen an den Schläfen wurde bei 14 Personen beiderlei Geschlechts in vier Generationen beobachtet, wobei aber Überspringen von Generationen (auch von 2 Generationen hintereinander) vorkam[2]. Die Ursache dieser „*Hypoplasia* oder *Atrophia maculosa congenita*", die wenig zweckmäßig als symmetrischer „Naevus aplasticus" bezeichnet wurde, ist also offenbar in einer unregelmäßig dominanten Erbanlage gelegen.

Eine „*Atrophia pigmentosa palpebrarum*", bei der die Haut der Unterlider stark verdünnt und durch ephelidenähnliche Flecke und reichliche oberflächliche Venenbildung dunkelgefärbt war, wurde als dominante Anomalie in fünf Generationen einer Familie angetroffen (R. Peters).

Verdünnte Haut mit venöser Stauung *des Gesichts und der Hände* fand sich einmal bei einer Mutter und ihren zwei Söhnen[3], eine Atrophie *der Handflächen* mit Beteiligung der Fingerrücken und selbst der Aponeurosen bei Mutter und Tochter[4].

Eine auf *Ellbogen, Knie und Endphalangen* beschränkte Hautatrophie verhielt sich in einer Familie offenbar dominant, denn sie konnte durch 4 Generationen verfolgt werden, wobei 19 Personen behaftet, 21 frei waren (Seifert).

Auch solche Hautatrophien, denen entzündliche Stadien vorausgehen, können ausnahmsweise familiäre Beziehungen haben. Das gilt ebenso für die *Acrodermatitis atrophicans*[5] wie für die *Sklerodermie*, der anscheinend schon Alibert unter dem Begriff der „Leuca" erblichen Charakter zugesprochen hat. Sie wurde mehrmals bei Geschwistern, einmal auch bei Mutter und Kindern beschrieben; in einem Fall waren die Eltern der erkrankten Geschwister blutsverwandt (Cassierer). Insbesondere wurde auch die *Sklerodaktylie* (bzw. ihr ähnliche Krankheitsbilder) familiär angetroffen, z. B. bei Vater und Tochter (J. Bauer), in Kombination mit Nekrose der Fingerspitzen bei Vater und ältestem Sohn, während die beiden jüngeren Söhne an Angiokeratoma Mibelli litten (Pringle), als Bestandteil der Ichthyosis congenita bei 2 Schwestern[6].

Solche Fälle können äußerlich der Raynaud*schen Krankheit* ähneln, der allerdings periodische Gefäßstörungen zugrunde liegen. Auch sie tritt gewöhnlich solitär auf, ist aber zuweilen bei Geschwistern oder bei Elter und Kind, einmal bei Großvater und Enkel (Cassierer), einmal schließlich bei 4 Personen in zwei Generationen (Grote) beobachtet.

Hier möchte ich auch erwähnen, daß die *Kraurosis vulvae*, die ja ihrem Wesen nach eine progressive sklerotische Atrophie von Haut und Schleimhaut ist, einmal bei eineiigen Zwillingsschwestern beschrieben wurde, von denen aber nur die eine befallen war (v. Verschuer).

Eine Sonderstellung nehmen die anetodermatischen *Striae cutis distensae* ein, die den Ärzten besonders als „Striae gravidarum" bekannt sind. Trotz der anerkannten Bedeutung der Schwangerschaft für ihre Entstehung bestehen sicher die größten individuellen Verschiedenheiten in der Neigung, durch die

---

[1] Zinsser; Bettmann: Arch. f. Dermat. **129**, 101; Janovsky: Arch. f. Dermat. **130**, 388. Allerdings sind die Diagnosen dieser Fälle zum Teil umstritten. S. auch Baer, S. 124.
[2] Brauer: Dermat. Wschr. **25**, 646.
[3] Zinsser: Zbl. Hautkrkh. **18**, 147.
[4] Audry-Dalous: Ann. Dermat. **1900**, 781.
[5] Nobl: Zbl. Hautkrkh. **22**, 311.
[6] Aberastury: Zbl. Hautkrkh. **20**, 77.

Gravidität solche Striae zu bekommen. Außerdem können auch eine ganze Reihe anderer körperlicher Zustände zur Striabildung führen, besonders Abdominaltumoren, Ascites, Infektionskrankheiten, die mit langem Krankenlager einhergehen (Typhus, Dysenterie), sowie Lungen- und Pleuraaffektionen, bei denen die Striae oft einseitig, auffallenderweise auf der gesunden Seite auftreten [1]. Außerdem wird ihre Entstehung durch rasch zunehmendes Körpergewicht, auch ohne daß es sich direkt um Fettsucht handeln müßte, begünstigt, besonders wenn gleichzeitig die Körperdecken oft gedehnt werden (z. B. durch Turnen), sowie in den Perioden des Wachstums.

Die klinische Feststellung so zahlreicher äußerer Faktoren schließt aber natürlich nicht aus, daß trotzdem eine idiotypische Disposition zur Striabildung eine wesentliche Rolle spielt. Aus kasuistischen Beobachtungen über familiäres Auftreten der Striae (LEVEN) läßt sich allerdings wenig schließen, da die Striae allgemein zu häufig sind [2]; sie werden bei Männern auf 6%, bei Frauen, die nicht geboren haben, auf 36% (BRÜNAUER), bei Müttern, besonders Multiparen fast bis zu 100% geschätzt [3]. Der Beweis für das Vorhandensein einer erbbedingten Disposition wurde deshalb erst durch die Zwillingspathologie geliefert; denn 2 mal wurden Striae bei eineiigen Zwillingen beobachtet, und in beiden Fällen bestand bezüglich ihrer Ausdehnung und Lokalisation eine ganz auffallende Übereinstimmung [4]. Daß von weiblichen Pyopagen die eine, welche geboren hatte, Striae aufwies, die andere nicht (HÜBNER), spricht natürlich nicht dagegen. Ganz unklar ist aber noch die formale Genese, und wir wissen deshalb nicht, ob das Substrat für diese Idiodisposition einfach in irgendwelchen besonderen Wuchsverhältnissen gegeben ist oder in einer abnormen Dehnbarkeit und Zerreißlichkeit bestimmter Cutisteile oder schließlich in der Bildung elasticaschädigender Toxine. Auf Grund einer Beobachtung, bei der die Striae 3 von 9 Kindern nichtbehafteter Eltern befielen, wurden sie als streng erblich, und zwar als einfach rezessiv bedingt aufgefaßt und wegen der angenommenen Erblichkeit als „Naevus linearis atrophicus et depigmentosus" bezeichnet [5]. Dagegen wurde von LIPPERT [6] Stellung genommen, und es bedarf wohl auch keiner Ausführungen, daß die einzelne Beobachtung eines familiären Falles in keiner Weise zu so speziellen erbbiologischen Schlußfolgerungen und zu so prinzipiellen Begriffstrennungen berechtigt.

Mit Atrophie geht manchmal auch die auffallende Schlaffheit der Lidhaut, *Dermochalasis* (Dermatolysis) *palpebrarum*, einher, die einmal bei 4 Personen in 4 Generationen beobachtet wurde [7]. Sie kann aber auch, selbst schon im jugendlichen Alter, solitär auftreten. Bei der präsenilen Form glaube auch ich dominante Vererbung gesehen zu haben. In einem älteren Fall soll gleichzeitig eine Dermochalasis der linken Halsseite bei 4 Personen in 3 Generationen vorhanden gewesen sein, wobei das Leiden auch einmal durch einen Nichtbehafteten übertragen wurde [8]. Eine Art Dermochalasis tritt an den verschiedensten Hautpartien (besonders Gesicht, Hals, Hände, Bauch, Genitale) nach Schwinden stärkeren Fettpolsters recht häufig ein, zumal im Alter, kann aber vielleicht auch durch infektiöse Erkrankung des Nervensystems zustande kommen [9].

---

[1] BRÜNAUER: Arch. f. Dermat. **143**, 110.
[2] JADASSOHN: Zbl. Hautkrkh. **20**, 22.
[3] Daß nullipare Frauen anscheinend häufiger behaftet sind als Männer, wird wohl mit der stärkeren Neigung der Weiber zum Fettansatz zusammenhängen.
[4] SIEMENS: Zwillingspath., S. 53; MEIROWSKY: Arch. Rassenbiol. **16**, 441.
[5] LEVEN: Arch. f. Dermat. **140**, 403.
[6] Arch. f. Dermat. **144**, 169.
[7] LAFON-VILLEMONTE: Arch. d'Ophthalm. **26**, 639.
[8] GRAF: Caspers Wschr. **1836**, 225.
[9] KROLL: Zbl. Hautkrkh. **23**, 62.

Auffallende, asymmetrisch lokalisierte, auch geradezu monströse Fälle sind meist ein Symptom der Recklinghausenschen Krankheit.

Der Dermochalasis steht klinisch die als *Cutis capitis* (verticis) *gyrata* bezeichnete faltenbildende Hyperplasie der Kopfhaut nahe, über deren Erblichkeitsbeziehungen nichts Sicheres bekannt ist. Sie kann essentiell sein; in einem solchen Fall war Vater und Sohn behaftet[1]. Nicht selten aber ist das gleiche oder ein sehr ähnliches klinisches Krankheitsbild Folgezustand entzündlicher Hyperplasien (Ekzem, Furunkulose u. a.) oder Tumoren (Naevi, Recklinghausensche Krankheit), bzw. Teilerscheinung eines Allgemeinleidens: Akromegalie, Myxödem, Kretinismus, Leukämie[2]. Ein Fall, der nur auf der linken Kopfseite bestand, war charakteristischerweise paratypisch, nämlich durch Trauma entstanden[3]. Bei Idioten und Epileptikern soll die Anomalie in Kombination mit abnormen Haarwirbeln öfters angetroffen werden (J. Bauer). Ob die Fähigkeit mancher Tiere (Löwen, Tiger) zu willkürlicher Faltenbildung der Kopfhaut mit der Cutis gyrata in Analogie gestellt und dann diese Anomalie als Atavismus aufgefaßt werden darf (H. Fischer), ist noch recht unsicher.

Für Erblichkeitsbziehungen der *Cutis laxa* (Gummihaut) haben wir gleichfalls nur geringe Anhaltspunkte. Denn während die Anomalie in 2 Fällen familiär war, und zwar einmal bei Vater und Sohn (Kopp, Siemens), das andere Mal nach Aussage des Patienten bei 10 Personen in 3 Generationen[4], erweist sich die überwiegende Mehrzahl der bisherigen Fälle als solitär. Die Frage nach der Erbbedingtheit der Cutis laxa im allgemeinen muß also noch offen bleiben. Die Störung ist oft mit Überstreckbarkeit der Gelenke und nach meinen Erfahrungen auch nicht selten mit eigentümlichen, zum Teil traumatisch bedingten angiomatösen Tumoren an Ellbogen und Knien verbunden.

7. Krankheiten der Haare, Nägel, Zähne und Mundschleimhaut.

Wie die normale *Haarfarbe* bei Menschen und Tieren im wesentlichen erblich bedingt ist[5], so ist das auch mit der abnormen Rothaarigkeit, dem *Rutilismus*, der Fall. Allerdings gibt es auch *Außen*faktoren, die den Haaren einen rötlichen oder rötlichgelben Schimmer verleihen, was besonders an der „Rotgelbbleichung" der Haarenden (Siemens[6]) deutlich wird. Diese Bleichung der Haarenden (und des Scheitels) ist auch bei Haaren, die am Grunde rotfrei sind, in unseren Breiten so häufig, daß der Einteilung der Haare in eine rothaltige und eine rotfreie Reihe[7] (E. Fischer) nicht die prinzipielle rassenbiologische Bedeutung zukommen kann, die man ihr zugesprochen hat[8]. Damit soll aber nichts gegen die Erbbedingtheit der Rothaarigkeit gesagt werden. Denn selbst die Neigung zur Rotgelbbleichung muß in hohem Grade von den Erbanlagen abhängen, da bei eineiigen Zwillingen nicht nur die Grundfarbe des Haares, sondern auch ihre Bleichung fast immer weitgehend übereinstimmt (Siemens 1924).

---

[1] Sprinz: Arch. f. Dermat. **132**, 281.

[2] H. Fischer: Arch. f. Dermat. **141**, 251; Nijkerk: Zbl. Hautkrkh. **16**, 908.

[3] Hecht: Arch. Rassenbiol. **15**, 339.

[4] Wiener: Arch. f. Dermat. **148**, 599.

[5] Der Modus ist, wie bei den meisten normalen Merkmalen, kompliziert, auch die Geschlechtsanlage ist dabei beteiligt (dunklere Haarfarbe der weiblichen Bevölkerung in Baden, Dänemark, Schottland).

[6] Arch. f. Dermat. **147**, 210.

[7] Die parallel von Gelblichweiß über Goldblond, Goldbraun bis Braunschwarz und von Silbergrau über Aschgrau, Dunkelgrau bis zu echtem Schwarz gehen.

[8] In jüngster Zeit hat auch Fischer auf Grund von Beobachtungen, welche meine Mitteilungen bestätigten, diesen Standpunkt aufgegeben und in Konsequenz davon seine Haarfarbentafel verändert.

Über den Modus, nach dem sich die Rothaarigkeit beim Menschen vererbt, wurden schon viele Untersuchungen angestellt, ohne daß die Frage völlig geklärt werden konnte. Auf jeden Fall scheint Rot unabhängig vom melanotischen Pigment vererbt zu werden (DAVENPORT), und Braun bzw. Schwarz gegenüber rezessiv (HAMMER) oder wohl besser hypostatisch zu sein. Die Verhältnisse werden weiter durch Lokalisationsfaktoren kompliziert sowie dadurch, daß auch das Geschlecht einen gewissen Einfluß ausübt, wie man aus der häufigen Rothaarigkeit des Bartes bei dunklem Kopfhaar vermuten kann.

Dermatologisch interessant ist die Rothaarigkeit besonders durch ihre Beziehungen zu anderen Merkmalen, die allerdings oft maßlos übertrieben werden. Hat man doch den Rutilismus geradezu als den Ausdruck eines Symptomenkomplexes, als eine „kleine Konstitution" (HAECKER) bezeichnet und den Rothaarigen eine Neigung zu besonderen Formen der Tuberkulose (J. BAUER), sowie eine besondere Häufigkeit von Defekten der Sinnesorgane und der Psyche (HANHART) nachgesagt! Sicher sind dagegen die Beziehungen der Rothaarigkeit zu besonders pigmentarmer, sehr lichtempfindlicher, „karminweißer" Haut und zu den Epheliden, die schon an anderer Stelle besprochen wurden (S. 100).

Im Gegensatz zu der „Rotgelbbleichung" stellt die Farbveränderung des Altershaars eine „Weißbleichung" dar. Tritt sie vorzeitig auf, so spricht man von *Canities praematura*, die schon PLENK, ROUGEMONT und FUCHS als erblich bekannt war. EBLE glaubte allerdings mehr an eine Keimschädigung, da er meinte, frühzeitiges Ergrauen bei Leuten gesehen zu haben, die „von greisen Eltern erzeugt" waren. Auf jeden Fall wissen wir jedoch auch heute noch nicht mehr davon, als daß die Canities praematura zuweilen familiär vorkommt, wie z. B. bei 10 Personen dreier Generationen in familiärer Kombination mit Diabetes (TRAUB), so daß man dominante Erbbedingtheit vermuten kann. Methodische Untersuchungen fehlen. Ein ähnlicher Prozeß ist bei den Schimmeln, die bekanntlich dunkle Haut haben („Leukotrichosis"), dominant erblich und im Alter mit Neigung zur Bildung melanotischer Geschwülste verbunden. *Verspätetes* Ergrauen, „*Canities tarda*", kann wohl in ähnlicher Weise erblich bedingt sein.

Bei eineiigen Zwillingen wurden einmal am Kopfhaarwirbel einige Haarbüschel beobachtet, die deutlich dunkler pigmentiert waren als das übrige Haar, also eine *Melanotrichosis circumscripta*. Die dunklen Stellen zeigten in Form und Größe bei beiden Knaben geringe Verschiedenheiten (SIEMENS 1924).

Das Krankheitsbild der *Hypertrichosis* umfaßt klinisch außerordentlich verschiedene Bilder. Vor allem muß man universelle und circumscripte Überbehaarungen unterscheiden. Die universellen zerfallen in *Hypertrichosis primaria s. lanuginosa* und in *Hypertrichosis secundaria s. terminalis*. Von beiden Formen sind einige Fälle mit familiärem Vorkommen beschrieben [1], eine vererbungsbiologische Bearbeitung oder auch nur Zusammenstellung darüber existiert aber meines Wissens in der Literatur nicht [2]. Jedenfalls kann die *Persistenz der Lanugohaare* auf einer dominanten Erbanlage beruhen, da sie sich in einer Familie bei 40 Personen durch 6 Generationen verfolgen ließ [3]. Ihre Abhängigkeit vom Erbbild trat deutlich bei den Zwillingsuntersuchungen zutage, da sie bei eineiigen Zwillingen immer konkordant, bei zweieiigen bisher immer diskordant gefunden wurde (SIEMENS). Die ausgeprägten Fälle sind als sog. „Hundemenschen" bekannt, so z. B. ein Burmese aus dem Hinterland von Ava, dessen Tochter nebst ihren beiden Söhnen gleichfalls behaftet war.

---

[1] LANDAUER: Zbl. Hautkrkh. **23**, 179.
[2] Eine ungedruckte Dissertation, die diese Lücke zum Teil ausfüllt, stammt von meinem Mitarbeiter ADAM.
[3] MORI: Zbl. Hautkrkh. **18**, 536.

Männliche Individuen scheinen etwas zu überwiegen. Nicht selten bestehen gleichzeitig Störungen der Zahnentwicklung (Mense). Geringe Grade sollen bei den Pygmäen und den Australnegern Rassenmerkmal sein (Paulsen). Auch glauben manche, daß das Erhaltenbleiben der Lanugohaare bis zu gewissem Grade zum Bilde der infantil-asthenischen jugendlichen Tuberkulose gehöre (J. Bauer).

Die universelle *Hypertrichosis secundaria s. terminalis* scheint meist solitär aufzutreten. Die Annahme Dresels, daß sie rezessiv erblich sei, dürfte deshalb höchstens für einen Teil der Fälle zutreffen. Nicht selten stellt sie sich uns als Teilerscheinung oder gar als Folge einer inneren, besonders einer inkretorischen Störung dar. Vor allem wird auf ihr Zusammentreffen mit Infantilismus und Bildungsfehlern der weiblichen Genitalien hingewiesen (vgl. J. Bauer), mit Hyperplasien der Nebennierenrinde, mit Akromegalie und mit Tumoren, speziell solchen der weiblichen Geschlechtsorgane[1]. Zuweilen soll sie mit leichter Glykosurie einhergehen (J. Bauer). Schon normalerweise soll während der Schwangerschaft eine stärkere Behaarung auftreten, während andererseits bei großen und mittelgroßen Fettleibigen (Redlich), bei Asthenikern und Infantilen das Haarkleid meist unter dem Mittel bleiben soll (J. Bauer). Bei Diabetikern sind reichliche Brustbehaarung und Breitwuchs etwa 5 mal häufiger als sonst (Bondi). Zyklothyme sollen häufig weiches Haar, erhöhte Neigung zu „Geheimratsecken" und zu billardkugelartiger Glatzenbildung, besonders starkes Genital- und Axillarhaar und mittlere Stamm- und Gliederbehaarung haben, Schizothyme in den ersten 2 Jahrzehnten sehr dichtes Haupthaar, bis zur Pelzmützenbehaarung und unterdurchschnittliche Behaarung an Genitalien, Achseln, Stamm und Gliedern; nur bei Asthenikern soll es zuweilen zu einem besonderen „Späthaarwuchs" kommen[2]. Bei Hypergenitalismus beobachtet man charakteristischerweise eine „*Hypertrichosis praecox*". Die Stärke des Haarwuchses ist selbstverständlich auch rassenmäßig und familienweise (Redlich) verschieden. Bei Hottentotten, Buschmännern und Feuerländern ist die Terminalbehaarung besonders schwach (J. Bauer). Bei uns scheinen brünette, dunkelhaarige Frauen häufiger Hypertrichosis zu haben (Redlich); freilich fällt sie bei ihnen auch mehr auf.

Hypertrichosis circumscripta kann durch die verschiedensten äußeren Einflüsse entstehen, vor allem schon durch hyperämisierende Prozesse, also durch Hitze, Reibung und chronische Entzündung, wie beispielweise nach heißen Handbädern[3], bei Sackträgern, nach Ponndorfimpfungen[4], über gonorrhoisch oder syphilitisch erkrankten Gelenken[5], in der Nähe von Narben, nach Verletzungen peripherer Nerven (Redlich) usw. In anderen Fällen aber kommt erbliche Bedingtheit oder höhergradige erbliche Mitbedingtheit in Betracht, wie z. B. bei der sog. *Pelzmützenbehaarung* (Hereinwachsen des Kopfhaars in Stirn und Schläfen, eventuell bis zur Verbindung mit den stark entwickelten Brauen und mit Synophris). Denn dieser begegnet man anscheinend besonders häufig bei Abnormitäten des Schädels (Mikro-, Pyrgokephaloid, schmale oder niedere Stirn, Caput quadratum) und überhaupt bei Oligophrenien. Lingua plicata soll bei Personen mit Pelzmützenbehaarung 7 mal, „Altweiberbart" bei den Frauen 8 mal häufiger sein als im Durchschnitt (Haubensack). Die *Synophris* ist oft nur ein Teilsymptom der Pelzmützenbehaarung; bei Intelligenten sind

---

[1] Redlich: Zbl. Hautkrkh. Konstit.lehre **12**, 740.
[2] Kretschmer: Arch. Rassenbiol. **16**, 111.
[3] Caplesceo: Zbl. Hautkrkh. **19**, 132.
[4] Linser: Zbl. Hautkrkh. **20**, 273.
[5] Fuhs: Zbl. Hautkrkh. **17**, 46; Werther: Zbl. Hautkrkh. **19**, 107; Dahlmann: Zbl. Hautkrkh. **19**, 131.

stärkere Grade von Synophris sehr selten (HAUBENSACK). In manchen Fällen lassen sich auch Beziehungen zum inkretorischen System vermuten, z. B. dann, wenn sich bei 2 Schwestern (bei denen übrigens auch Vater und Bruder hypertrichotisch waren) ein *Frauenbart* entwickelt [1].

Eine enge Beziehung zu schwacher Begabung und Lingua plicata (und Linkshändigkeit) wird auch von *starker Behaarung der Unterschenkel* bei Weibern behauptet (HAUBENSACK), auffallend *lange Wimpern* sollen besonders bei tuberkulösen Kindern häufig sein [2]. Gut gesichert erscheint die Korrelation der *Hypertrichosis lumbosacralis* zur Spina bifida occulta, da diese Mißbildung der Wirbelsäule unter 42 Fällen nur 4 mal vermißt wurde (TILLMANNS). Freilich ist sie auch ohne diese Kombination familiär, bei Großvater, Vater und Sohn (GEYL) beobachtet worden. Da die Spina bifida häufig die Ursache der Enuresis sein soll (MATTAUSCHEK), so können möglicherweise auch zwischen dieser und der sakralen Hypertrichose Beziehungen bestehen. Klumpfuß wurde mit Spina bifida mehrmals gemeinsam angetroffen.

Alle die aufgezählten Beziehungen besagen nun, selbst soweit sie sicher sind, vererbungspathologisch nicht viel. Exakte Erbforschung ist auf diesem ganzen Gebiet noch fast gar nicht getrieben; wenn sie aber irgendwo in Angriff genommen wird, dann können die angeführten korrelationspathologischen Daten und Behauptungen dabei als Anregung für die Wahl der Fragestellung von Wert sein.

Hier sei auch an die Untersuchungen über die Vererbung der menschlichen *Haarwirbel* erinnert, die zum Teil mehr in das anthropologische Gebiet gehören. Die Befunde an 46 Familien mit 154 Kindern haben anscheinend gezeigt, daß der normale, uhrzeigergerechte *Drehsinn* der Scheitelwirbel dominant, der umgekehrte Drehsinn rezessiv ist. Auch die Bildung von *Doppelwirbeln*, welche in etwa $7^0/_0$ aller Fälle gefunden wurden, soll einfach rezessiv sein [3]. Es soll kein Zusammenhang mit der Haarrichtung im Nacken, mit dem Auftreten von Scheitelwirbeln und mit der Singstimme bestehen (SCHWARZBURG). Dagegen ist behauptet worden, daß Doppelwirbel bei Taubstummen und Psychopathen gehäuft vorkämen (FÉRÉ).

Etwas besser sind unsere Kenntnisse über die Vererbung der *Hypotrichosen*. Zwar haben die Behafteten oft normale Eltern, andererseits aber ist bereits eine ganze Reihe von Familien bekannt gemacht worden, in denen sich Haarlosigkeit bzw. Haararmut durch viele Generationen verfolgen ließ. In 6 solchen Familien zählte GOSSAGE 26 kranke zu 10 gesunden Geschwistern. Die summarische Methode ist hier aber nur mit großer Zurückhaltung zu verwenden, weil die Fälle klinisch so große Verschiedenheiten aufweisen, daß auch ätiologische Differenzen angenommen werden müssen. JACOBSEN [4] trennte wenigstens die Fälle in solche mit und solche ohne gleichzeitige Nageldystrophie. Er fand 4 sicher dominante der ersten, einen sicher dominanten der anderen Art, 2 mit sicher dominanter Nageldystrophie ohne Haarwuchsstörung. Das Verhältnis der kranken Männer zu den kranken Frauen betrug in diesen Familien 59 : 58; Geschlechtsabhängigkeit besteht hier also nicht. Einmal soll auch das Überspringen einer Generation beobachtet worden sein (JACOBSEN). ZIMMERMANN [5] erwähnt völlig haarlose (eineiige ?) Zwillinge, die gleichzeitig universellen Albinismus (ohne Nystagmus) hatten.

---

[1] LEVEN: Zbl. Hautkrkh. **25**, 1.
[2] Frauen und Kinder sollen aber an sich schon längere Wimpern haben.
[3] SCHWARZBURG: Zbl. Hautkrkh. **23**, 734.
[4] Zbl. Hautkrkh. **27**, 638.
[5] Arch. Rassenbiol. **15**, 128.

Am weitesten verfolgt wurde die Hypotrichosis in einer Familie, in der 62 Personen in 7 Generationen behaftet waren [1]. Hier lag regelmäßige Dominanz vor. Klinisch waren besonders Brauen und Cilien, später auch der Kopf betroffen, die Axillen fehlten meist, die übrigbleibenden Haare waren auffallend dick, hart und geknickt. In der Literatur findet man oft die Angabe, daß die Hypotrichosis rezessiv sei (Danforth). Das kann für einzelne Fälle zutreffen, zumal in einer Familie kongenitale Alopecie bei 4 von 10 Geschwistern auftrat, die normale aber blutsverwandte Eltern hatten [2]. Ein anderes Mal hatte ein Knabe aus einer Verwandtenehe eine kongenitale Alopecie mit xerodermaähnlicher Affektion der Wangen [3]. Meist aber beruht die Meinung von der rezessiven Erbbedingtheit der Hypotrichosis auf Mißverständnissen, die durch Verallgemeinerung des Falles von Eugen Fischer [4], den ich für unregelmäßig dominant halte, und durch Verwechslungen mit der hypotrichotischen Anidrosis (s. S. 125) zustande gekommen sind. Auch die 29 angeblich rezessiven *japanischen* Fälle von Alopecia congenita [5] scheinen unregelmäßig dominant zu sein, da es von ihnen heißt, sie seien meist vom Vater auf die Tochter oder von der Mutter auf beide Geschlechter vererbt. *Nicht* rezessiv ist wahrscheinlich auch der Fall eines kongenital alopezischen Bauern, der angeblich aus ganz gesunder Familie stammte [6], weil nämlich seine 5 behafteten Kinder in 2 verschiedenen Ehen erzeugt waren.

Die kongenitale Alopecie des Kopfes kann auch *fleckförmig* auftreten. Dieses Krankheitsbild wurde einmal bei einem farbigen Mädchen gesehen, dessen Bruder abortiv behaftet war [7]. Unter den nageldystrophischen Fällen findet sich einer, der sich durch 4 Generationen verfolgen ließ, und bei dem *nur die Brauen* auffallend dünn waren [8]. Absonderlich ist der Befund einer Familie, in welcher der hypotrichotische Vater ein hypo- und ein hypertrichotisches Kind hatte [9].

Daß die von Jacobsen zusammengestellten dominant behafteten Familien meist französischer Abkunft waren, kann ein Zufall sein.

Außer der Kombination mit Nageldystrophie scheinen nur selten Kombinationen der Hypotrichosis mit anderen Anomalien zu bestehen. Zahnanomalien scheinen zum mindesten seltener zu sein als bei der Hypertrichosis; die oft geäußerte Behauptung ihrer Häufigkeit beruht wohl wiederum auf Verwechslung mit der Anidrosis. Auch innersekretorische und Sensibilitätsstörungen sollen vorkommen [10]. Ein paar Fälle von Alopecia congenita betrafen Kinder mit Epidermolysis bullosa [11] (s. S. 91). Die Kombination mit follikulären Keratosen (Keratosis follicularis spinulosa decalvans) ist dort nachzulesen (S. 113).

Hypotrichosen sind auch bei Tieren öfters beschrieben. Hier können aber die Haaranlagen völlig fehlen („Atrichosis"), was beim Menschen noch nicht beobachtet ist [12]. Bei den sog. „Nackthunden" ist das Leiden dominant erblich [13]; es ist hier mit Haarbüscheln an Scheitel, Schwanzspitze und Zehen, mit Zahn-

---

[1] Unna: Zbl Hautkrkh. **18**, 789.
[2] Stein: Zbl. Hautkrkh. **18**, 520.
[3] Baer: Arch. f. Dermat. **84**, 17.
[4] Arch. Rassenbiol. **7**, 50.
[5] Sobajima: Zbl. Hautkrkh. **27**, 277.
[6] Berglund: Zbl. Hautkrkh. **4**, 344.
[7] Fox: Zbl. Hautkrkh. **21**, 75.
[8] R. Hoffmann: Arch. f. Dermat. **89**, 381.
[9] Pinkus: Arch. f. Dermat. **50**, 347.
[10] Oliver-Gilbert: Zbl. Hautkrkh. **21**, 75.
[11] Siemens: Arch. f. Dermat. **139**, 80; Oliver-Gilbert.
[12] Landauer: Zbl. Hautkrkh. **23**, 179.
[13] Pringshorn: Zbl. Hautkrkh. **2**, 507.

defekten und schlankem Körperbau, zum Teil mit Hautpigmentierung (PLATE),
ja selbst mit einer Hypoplasie der gesamten Haut (SCHEUER-KOHN) verbunden.
Bei Mäusen soll es rezessiv sein (LANDAUER) bzw. intermediär, wobei die Heterozygoten halbnackt sind mit ständiger wellenartiger Verschiebung der haarlosen
Partien[1]. Dabei besteht Herabsetzung der Körpergröße, des Sehvermögens
und der Beweglichkeit; die homozygoten Weibchen sind stets, die Männchen
meist steril. Hypotrichosis wurde aber auch bei Ratten, Meerschweinchen,
Maulwürfen, Ziegen, Rindern und Pferden angetroffen, wo ihre Vererbung
bisher noch weniger genau studiert ist.

Großes vererbungspathologisches Interesse verdient ein mit der gewöhnlichen
Hypotrichosis oft zusammengeworfenes Krankheitsbild, dessen Hauptsymptom
das *Fehlen der Schweißdrüsen* bildet; auch die Talgdrüsen sind beteiligt, die
Tränen- und Speicheldrüsen können aplastisch sein (SIEBERT), es bestehen
Defekte des Gebisses und eine ozänöse Sattelnase. Die ersten Fälle wurden von
WECHSELMANN, LOEWY und TENDLAU beschrieben. Die bis jetzt bekannt
gewordenen familiären Fälle dieser „*Anidrosis hypotrichotica*" zeigen deutlich,
daß dem Leiden eine rezessiv-geschlechtsgebundene Erbanlage zugrunde liegt
(SIEMENS 1921), also ein Erbmodus, der bei Dermatosen bisher nur sehr selten
beobachtet worden ist. Entsprechend diesem Modus findet sich die Störung
in den betreffenden Familien nur bei Männern und ihre Übertragung erfolgt
ausschließlich durch die gesunden Weiber.

Da unter den solitären Fällen auch die Behaftung des weiblichen Geschlechts
vorkommt, was bei rezessiv-geschlechtsgebundener Vererbung ohne gleichzeitige Erkrankung des Vaters nicht denkbar ist, so muß es wohl auch Formen
dieses Leidens geben, die anderer Ätiologie sind.

Die „Anidrosis hypotrichotica sexoligata" wurde auch bei Indern beschrieben.
(THADANI). Der erste dieser Fälle, der eine Hindufamilie aus Scinde mit 10
behafteten Männern betraf, war schon DARWIN bekannt (SIEMENS 1921). Den
paratypischen Fällen von universeller Anidrosis (nach Naphthalin- und Formalin-
intoxikation) fehlen natürlich die charakteristischen Kombinationen und überhaupt die morphologischen Grundlagen.

Einer besonderen Besprechung bedarf die *Alopecia praematura*, der vorzeitige Haarverlust am Scheitel, der zur *Glatzenbildung* führt. Daß er praktisch
nur bei Männern vorkommt und daß er anscheinend erblich ist, war schon
den alten Dermatologen (PLENK, ROUGEMONT, EBLE) aufgefallen; FUCHS
betonte sogar schon ausdrücklich die Übertragung durch die nichtbehafteten
Töchter auf die Enkel. Gelegentlich wurden auch Glatzenstammbäume mitgeteilt[2], die zu der Hypothese führten, daß eine Vererbung mit Dominanzwechsel nach dem Geschlecht bestehe; d. h. also, es sollten bei Männern Homo-
und Heterozygote, bei Weibern nur die Homozygoten erkranken. Wenn das
richtig wäre, dürften aber bei einer so häufigen Erbanlage behaftete Weiber
natürlich nicht so selten sein. Es läßt sich deshalb zur Zeit nicht mehr sagen,
als daß geschlechtsbegrenzte Dominanz wahrscheinlich ist. Übrigens wurde
auch eine Familie beobachtet, in welcher der Ausfall des Kopfhaars 3 Generationen hindurch schon zwischen dem 5.—18. Lebensjahr erfolgte (PETERSEN).

Die Rassen verhalten sich verschieden. Am häufigsten kommt die prämature
Alopecie bei der poikilodermen Rasse vor, weniger häufig bei der melanodermen,
am seltensten bei der xanthodermen (FRIEDENTHAL). Auch bei anthropoiden
Affen wurde sie gelegentlich angetroffen[3].

---

[1] LEBEDINSKY-DAUVART: Zbl. Hautkrkh. **27**, 117.
[2] OSBORN: Arch. Rassenbiol. **15**, 214.
[3] LANDAUER: Zbl. Hautkrkh. **23**, 181.

Die Glatze und die ihr verwandte Calvities frontalis (sog. Geheimratsecken) fehlen bei Eunuchen, was interessanterweise schon Hippokrates aufgefallen war. Dagegen findet man die Calvities frontalis bei virilen Frauen (Stein). Bei Intelligenten, zumal bei Geistesarbeitern (Haubensack) und bei dichtbebarteten, stark stammbehaarten Männern (J. Bauer) sollen Glatzen besonders häufig sein. An ihre Verursachung durch sexuelle Exzesse glaubt man dagegen nicht mehr. Offenbar bestehen Beziehungen zur Seborrhoea capitis, die aber im einzelnen doch recht unklar und umstritten sind.

Im Gegensatz zur Glatzenbildung haben wir bei der *Alopecia cicatrisans Brocq* im allgemeinen keinerlei Anlaß, Erbbedingtheit zu vermuten. Doch wurde eine Familie beschrieben, in der bei Vater und 4 oder 5 Söhnen (vielleicht auch beim Großvater und Urgroßvater) um das 40. Jahr herum ein narbenbildender Ausfall des Kopfhaares einsetzte[1]. In einem anderen Fall waren 2 Brüder behaftet; hier sollen allerdings psychische Traumen vorausgegangen sein[2].

Die *Alopecia areata* ist wahrscheinlich ein Syndrom, dem verschiedene Ursachen zugrunde liegen können. Die wichtigste dieser Ursachen ist wohl die Infektiosität, doch hat man auch die Erblichkeit mit in Betracht gezogen (Sabouraud). Etwas Bestimmtes läßt sich darüber noch nicht sagen. Es sind eine ganze Reihe von familiären Fällen beschrieben worden, darunter 2 Fälle bei Zwillingen, deren Eiigkeit unbekannt war[3]; bei dem einen Paar begann der Haarausfall des einen Zwillings 3 Monate früher als der des anderen. Unter 1000 Fällen zählte Lassar 70% Männer; Spitzer fand ein Verhältnis von 543 Männern zu 274 Weibern; Männer kommen also etwa doppelt so viel zum Arzt als Frauen. Im ersten Jahrzehnt überwiegen jedoch möglicherweise die Mädchen. Ob das bei den familiären Fällen ebenso ist, wurde noch nicht ausgezählt.

Es bestehen ungeklärte, angeblich auch familiäre (Sabouraud) Beziehungen zwischen Alopecia areata und Vitiligo. Dreimal wurde eine familiäre Kombination mit Strabismus angetroffen[4], was aber natürlich noch keinen kausalen Zusammenhang zu bedeuten braucht.

Eine eigene Stellung nimmt die *Aplasia pilorum intermittens* (Moniletrichosis) ein. Sie wurde familiär bis durch 5 Generationen beobachtet. Gossage zählte in den drei größten Familien 31 kranke : 30 gesunden Geschwistern. Die Mehrzahl der Fälle sind aber solitär. Mein Mitarbeiter Heuck[5] fand unter 44 Literaturfällen nur 16 familiäre. In diesen betrug das Verhältnis der kranken zu den gesunden Geschwistern 47 : 46. 5 mal wurden Konduktoren beobachtet. Auf 47 kranke Männer entfielen 43 kranke Weiber. Es liegt hier also unregelmäßige Dominanz ohne Geschlechtsabhängigkeit vor.

Diese Ätiologie kommt aber nicht für alle Fälle von Moniletrichosis in Frage. Denn unter den 28 solitären Fällen finden sich 15 mit nachweislich nicht behafteten Eltern (Heuck). In einem solchen solitären Fall waren die Eltern blutsverwandt[6]. Für die ätiologische Verschiedenheit der familiären und der nichtfamiliären Fälle spricht auch der Umstand, daß (abgesehen von 2 Fällen, in denen Wimpern und Brauen beteiligt waren) Atypien bezüglich Lokalisation und Verlauf (6 Fälle) bisher ausschließlich bei solitären Fällen beobachtet wurden (Heuck).

---

[1] Tümmers-Rosenberg: Dermat. Wschr. **86**, 502.
[2] Carreras: Zbl. Hautkrkh. **20**, 189.
[3] Zinsser: Zbl. Hautkrkh. **23**, 24; Miller: Zbl. Hautkrkh. **21**, 170.
[4] Tomkinson: Zbl. Hautkrkh. **16**, 324.
[5] Arch. f. Dermat. **147**, 196.
[6] Fernet-Rabreau: Zbl. Hautkrkh. **4**, 36.

Das Leiden wurde einmal auch bei marokkanischen Arabern (Vater und 3 Söhnen) beschrieben. Der oft betonte Zusammenhang mit Keratosis follicularis wird unter 45 Fällen nur 13 mal angegeben (HEUCK), ist aber möglicherweise doch eine regelmäßige Begleiterscheinung des Leidens [1]. In einer Familie bestand bei 5 Kranken in 3 Generationen gleichzeitig eine Unterzahl der Zähne mit Verspätung der zweiten Dentition [2].

Auch die seltenen *Pili annulati* (Ringelhaare), die mit der Moniletrichosis verwechselt werden können, wurden teils solitär, teils familiär durch mehrere Generationen [3] beobachtet.

Über die Erblichkeit von Krankheiten der *Nägel* existiert noch keine methodische Untersuchung. Wir besitzen nur eine vererbungspathologische Kasuistik, die aber auch noch wenig umfangreich ist. Sie weist meist auf unregelmäßig dominante Erbbedingtheit hin.

Hyperkeratosis unguium wurde einmal bei 6 Personen in 3 Generationen beobachtet [4], einmal bei 19 Personen in 4 Generationen [5], ein anderes Mal bei 2 Brüdern (BROCHARD-RIGAUD), von *mir* als starke, bis säulenförmige Verdickung bei Mutter und Sohn. Eine leichte Verdickung, seitlich mit Abwärtsbiegung gegen den freien Rand wurde bei 6 Personen in 3 Generationen gesehen [6]. In einem Fall waren nur die Großzehennägel bei 4 Weibern in 4 aufeinanderfolgenden Generationen onychogryphotisch [7]. Bei 13 jährigen eineiigen Zwillingsschwestern waren die Großzehennägel deutlich verdickt, quergefurcht und getrübt (SIEMENS). Ein älterer Autor (BLEY 1846) sah bei seinem Freund im 9. Lebensjahr ein gekrümmtes Nagelhorn des rechten Ringfingers auftreten; die Mutter und die Geschwister sollen im gleichen Lebensalter dieselbe Anomalie (am gleichen Finger?) gehabt haben. In dem anderen Fall des gleichen Autors soll (nach HELLER) auch nur ein Finger, und zwar der rechte Zeigefinger bei Mutter und 2 Kindern befallen gewesen sein (anomales Wachstum des rauh werdenden Nagels), und zwar auch mit Beginn im 9. Lebensjahr. Das Fragezeichen, das HELLER dieser Mitteilung beifügt, erscheint auch mir sehr berechtigt.

Starke Hyperkeratose aller Nägel tritt ferner familiär als Bestandteil jener multiformen Keratose auf, die meist mit *Keratosis follicularis acneiformis* (SIEMENS) einhergeht und deshalb an anderer Stelle besprochen ist (S. 113).

Auch die *Hyperkeratosis subungualis* wurde bei 7 Personen in 3 Generationen festgestellt (WILSON), mit Hypotrichosis an Kopf, Brauen und Lidern bei 8 Personen in 5 Generationen (EISENSTAEDT), und in Kombination mit 2 bis 4 konnatalen, im 6.—9. Monat ausfallenden Schneidezähnen sowie mit Neigung zu Ekzem- und Panaritiumbildung bei 7 Personen in 3 Generationen [8].

Familiäre *Dystrophia unguium* wurde unter Bevorzugung der Daumennägel bei 12 Personen in 4 Generationen beobachtet [9]. In Verbindung mit Hypotrichosis wurde sie sogar schon 6—7 mal durch 4—6 Generationen verfolgt [10]. Dabei kommt es vor, daß einige der Behafteten herdweise normales (JACOBSEN) oder völlig normales Haar haben (NICOLLE-HALIPRÉ). Daß einzelne Kranke

[1] ROSENTHAL-SPREUREGEN: Zbl. Hautkrkh. **20**, 582.
[2] STRANDBERG: Acta Dermat. **1923**.
[3] CADY-TROTTER: Zbl. Hautkrkh. **7**, 188.
[4] EBSTEIN: Dermat. Wschr. **68**, 113.
[5] OREL: Arch. Rassenbiol. **20**, 169.
[6] PARKHURST: Zbl. Hautkrkh. **22**, 858.
[7] KÖHLER: Münch. med. Wschr. **1909**, 661.
[8] MURRAY: Zbl. Hautkrkh. **4**, 140.
[9] TOBIAS: Zbl. Hautkrkh. **19**, 132.
[10] JACOBSEN: Zbl. Hautkrkh. **27**, 638

auch imbezill (NICOLLE-HALIPRÉ), hypothyreotisch (BARRETT) oder strumös[1] waren, braucht wohl noch nicht als Zeichen eines kausalen Zusammenhangs angesehen zu werden. Auch bei eineiigen Zwillingen wurde einmal eine Nageldystrophie festgestellt, die bei beiden ähnlich entwickelt war [2].

Die Nageldystrophien, welche zum Bild der dystrophischen Epidermolysis bullosa gehören, sind natürlich mit dieser erbbedingt, also gewöhnlich rezessiv, manchmal dominant. Analoges gilt von den keratotischen, koilonychotischen und onycholytischen Nagelveränderungen, die bei familiärem Hydroa vacciniforme beschrieben worden sind (SIEMENS 1922).

Onychorhexis ist bei 4 Personen in 2 Generationen (NOBL), sowie bei 5 Geschwistern beschrieben (DUBREUILH-FRÈCHE), Onychorhexis mit Onychoatrophie bei Vater und 2 Kindern (SPRINZ), *Onychoatrophie* mit Streifenbildung und stark rauher Oberfläche bei 2 Zwillingsschwestern und den 3 Töchtern der einen [3]. Opake, etwas schuppende und etwas koilonychotische Nägel ohne Wachstumsneigung wurden bemerkenswerterweise einmal bei einer Frau nur an den Daumen, bei ihrer Tochter an allen Fingern, bei ihrem Sohn an allen Fingern und Zehen angetroffen [4]. Auch kleine kurze Nägel von pergamentartiger Weichheit ohne dystrophische Begleiterscheinungen können familiär auftreten (PETERSEN).

An *Querfurchen* auf den Nägeln litten einmal Mutter und 2 Töchter (SEDGWICK).

Koilonychie wurde mit Platonychie durch 3 Generationen (WÄLSCH), ein anderes Mal durch 2 Generationen (EDDOWS), einmal bei 2 Brüdern (HELLER) festgestellt.

Totale *Anonychie* ist bei 11 Personen in 3 Generationen als unregelmäßig dominantes Erbleiden beschrieben [5]. In anderen Fällen fehlten die Nägel angeblich 11 Personen in 4 Generationen (MENGE) bzw. zweimal je 3 Geschwistern (JACOB, O'NEILL). Isolierte Anonychie des Daumens trat einmal bei Bruder und Schwester auf [6]; dabei hatte der Vater der Kinder eigentümlich spitz zulaufende Nägel. Anonychie mit Onychoatrophie soll bei 12 Personen in 2 Generationen vorhanden gewesen sein (MOST). Ein Patient mit teils fehlenden, teils rudimentären, teils normalen Nägeln soll eine Mutter gehabt haben, die mit totaler Anonychie geboren war [7].

Außerdem tritt die Anonychie familiär auf als Teilsymptom der erblichen Hypo- (Mono- und Bi-)phalangie [8].

Bei einem Mann, seiner Mutter und ihren zwei Brüdern wird von alljährlichem *Nagelwechsel* berichtet (MONTGOMERY), bei einem Vater und zwei Söhnen von angeblich wiederholtem Abfall der Großzehennägel [9]. In einer anderen Familie waren 30—40 Personen mit koilonychotischen, subungual keratotischen Nägeln behaftet, die in der Kindheit nicht geschnitten zu werden brauchten, sich zur Zeit der Pubertät entzündeten und schließlich abfielen (CLOUSTON). Nagelabfall bei Diabetes ist bei Vater und Tochter beschrieben (FOLLET). Eine *partielle* Nagelablösung, *Onycholysis partialis semilunaris*, die etwa mit 25 Jahren begann, betraf einmal zwei Schwestern, die außerdem — wohl als zufällige

---

[1] R. HOFFMANN: Arch. f. Dermat. 89, 381.
[2] SCHOLTZ: Zbl. Hautkrkh. 27, 241.
[3] PIRES DA LIMA: Ann. Dermat. 1924, 266.
[4] MONACELLI: Zbl. Hautkrkh. 17, 800.
[5] CUTORE: Zbl. Hautkrkh. 24, 800.
[6] EBSTEIN: Dermat. Wschr. 68, 113.
[7] LAVROV: Zbl. Hautkrkh. 18, 368.
[8] POL: Zbl. Hautkrkh. 1, 228.
[9] OLIVER: Zbl. Hautkrkh. 26, 491.

Komplikation — an erblichem, angeborenem Schichtstaar litten[1]. Dasselbe Leiden ist als Gewerbekrankheit bei Wäscherinnen bekannt.

Leukonychie entsteht sicher oft durch leichte Traumen, besonders bei der Maniküre. Mehrmals wurde sie aber auch bei Vater und Sohn, einmal in regelmäßig dominanter Vererbung bei 18 Personen in 4 Generationen beschrieben (K. W. BAUER). In diesem Fall litten die Behafteten mit Ausnahme von zweien (Vater und Tochter) gleichzeitig an multiplen Atheromen der Kopfhaut. In einer anderen Familie wurde eine universelle Leukonychie an Händen und Füßen bei Vater und Sohn beobachtet, während der Großvater eine fleckförmige Leukonychie gehabt haben soll (ARLOING).

Systematische Untersuchungen über die herdförmige Leukonychie wurden an Zwillingen durchgeführt (SIEMENS). Bei 9 eineiigen Paaren war die Intensität der Weißfleckung 6 mal gleich, 3 mal etwas verschieden. Unter den differierenden Fällen war einer, bei dem der Unterschied offensichtlich exogen bedingt war; denn der stärker behaftete Zwilling hatte manikürte Hände mit abgelösten Nagelbändchen, der andere nicht. Später konnte ich einmal 20 jährige eineiige Zwillingsschwestern untersuchen, von denen die eine stark ausgeprägte fleckige Leukonychie, die andere ganz normale Nägel hatte, ohne daß Unterschiede in der Nagelpflege bestanden. Bei 4 zweieiigen Zwillingspaaren war die Ausbildung der Weißfleckung 1 mal gleich, 2 mal etwas verschieden, 1 mal war der eine deutlich befallen, der andere frei. Trotzdem die Befunde zahlenmäßig noch gering sind, zeigen sie doch die erbliche Verankerung der vulgären Leukonychie bei nicht unerheblicher, teils mechanisch bedingter, teils ursächlich unbekannter Paravariabilität.

Die *Trommelschlegelfinger* (hippokratische Nagelkrümmung) sind sicher oft Folgeerscheinung von Bronchiektasen, Lungentuberkulose, Herzleiden, Basedowscher Krankheit. Dementsprechend können sie sich, z. B. in phthisischen Familien, bei Elter und Kindern finden (MATECKI). Auch unabhängig von allen inneren Komplikationen wurden sie aber einige Male familiär beobachtet (EBSTEIN, SIEMENS), und zwar selbst mit Verdickung der Knochen (SIMONS). In einer Familie waren sie durch 5 Generationen zu verfolgen und außer den Veränderungen der Fingerknochen noch mit Keratosis palmo-plantaris, Nageldystrophie und Hypotrichosis verbunden[2]. Ungewöhnlich große, leicht aber deutlich hippokratisch gekrümmte Nägel wurden einmal übereinstimmend bei eineiigen Zwillingsschwestern beschrieben (SIEMENS 1924).

Auffallende *Kürze der Nägel* infolge *Nägelknabberns* wurde bei eineiigen Zwillingen einmal konkordant, mehrmals aber diskordant beobachtet[3]. Die psychische Einstellung, die zu dieser häßlichen Angewohnheit führt, ist also von der erblichen Veranlagung weitgehend unabhängig.

Eine besondere Kürze und Breite des Daumennagels, „*Mesonychia pollicis*" (Kolbendaumen) mit entsprechender Verkürzung und Verbreiterung der ganzen Endphalanx, wurde in einer Reihe von Fällen familiär angetroffen, und zwar mit ausgesprochen unregelmäßig dominantem Charakter[4]. In einer „degenerierten" Familie waren angeblich nur Weiber befallen (J. BAUER). Solitäre Fälle sind auch beschrieben. Den Unregelmäßigkeiten der Manifestation entspricht es, daß fast die Hälfte der Fälle nur einseitig behaftet ist (THOMSEN). Formalgenetisch wird eine vorzeitige Verknöcherung der Epiphysenlinie der Endphalanx (THOMSEN), eventuell auch die teilweise Verschmelzung einer Doppelbildung angeschuldigt (J. BAUER).

---

[1] FRIEDMANN: Arch. f. Dermat. **135**, 161.
[2] H. FISCHER: Dermat. Z. **32**, 114.
[3] SIEMENS: Virchows Arch. **263**, 666.
[4] H. HOFFMANN: Klin. Wschr. **1924**, 324; J. BAUER; THOMSEN: Zbl. Hautkrkh. **29**, 666.

Ausnahmsweise sind auch *entzündliche* Veränderungen der Nägel familiär beschrieben worden, nämlich *Nagelekzem* bei Großvater und Enkeln (Allen) bzw. bei zwei Brüdern (Heller) und selbstverständlich *Nagelpsoriasis* (S. 157).

Auch die Krankheiten der *Mundhöhle*, speziell die Anomalien der *Zähne*, wurden noch niemals systematisch auf ihre Erbbedingtheit hin untersucht bis zum Aufkommen der dermatologischen Zwillingspathologie. Für die Erbforschung der Zahnanomalien sind aber die Zwillingsuntersuchungen auch geradezu die Methode der Wahl, da für familienpathologische Untersuchungen infolge des späten Wachstums und des frühen Verlustes der sog. bleibenden Zähne nur die Familienmitglieder der mittleren Altersklassen in Frage kommen, so daß das Sammeln genügend umfangreichen Materials den größten Schwierigkeiten begegnet. Die Vererbungspathologie der Zahnanomalien muß sich deshalb vorläufig fast ganz auf die Zwillingsbefunde stützen [1].

Wirklicher *Riesenwuchs* eines Eckzahns wurde einmal bei eineiigen Zwillingen diskordant beobachtet. Hier war er also ein nichterblicher Unterschied, was aber keinen Schluß auf das allgemeine Verhalten des Riesenwuchses der Canini zuläßt.

Das *Tuberculum Carabelli*, das man lange für ein Zeichen der Syphilis gehalten hat, war in seinen stärkeren Ausbildungsgraden bei den eineiigen Zwillingen immer, bei den zweieiigen in $2/_3$ der Fälle konkordant, was der theoretischen Erwartung bei Dominanz entspricht. Auch Geschwister der Zwillinge wurden behaftet gefunden (Siemens-Hunold). Die schwächer entwickelten Formen der Anomalie waren bei eineiigen Zwillingen gelegentlich diskordant. Das Tuberculum Carabelli ist also dominant erblich bedingt, in seinen schwächeren Ausbildungsgraden jedoch etwas paravariabel.

Die beidseitige *Hyperplasie des Tuberculum incisivum* war bei eineiigen Zwillingen konkordant, die einseitige diskordant. Also anscheinend erbliche Bedingtheit der symmetrischen, nichterbliche Bedingtheit der asymmetrischen Fälle. Sicherheit aber nur durch vermehrte Beobachtungen zu erreichen.

Ein *Embolus* (Zapfenzahn) wurde einmal bei Bruder und Schwester beobachtet (Praeger), bei eineiigen Zwillingen jedoch diskordant (Siemens-Hunold). Die sich widersprechenden Befunde erfordern weitere Studien.

Schmelzhypoplasien wurden bei eineiigen Zwillingen etwa doppelt so oft, bei zweieiigen nur etwa gleich häufig konkordant wie diskordant gefunden. Es besteht also keine strenge Erbbedingtheit, wohl aber eine idiotypische Disposition, die in der größeren Ähnlichkeit der eineiigen gegenüber den zweieiigen deutlich zum Ausdruck kommt.

Die syphilitische Schmelzhypoplasie der Hutchinson*schen Zähne* wurde bei zweieiigen Zwillingen einmal konkordant (Dennie), einmal diskordant (Siemens) angetroffen.

Familiäre *Überzahl der Zähne* ist von Michelson [2] beschrieben worden, ein Vorhandensein *konnataler Schneidezähne*, das sehr selten sein soll (nach Debègue etwa 1 : 6000), bei Mutter und zwei Söhnen (die 12 nichtbehaftete Kinder hatten) von Renard, in Kombination mit subungualer Hyperkeratose bei 7 Personen in 3 Generationen von Murray [3]. Angeborene Zähne wurden auch bei Zwillingen (Ahlfeld) und selbst bei beiden Individualteilen einer Doppelmißbildung (Mayer) angetroffen.

Unterzahl der Zähne (Anodontie) in Form von *symmetrischem Fehlen* (besonders der 2. Incisivi), auch abwechselnd mit abnormer Kleinheit (Mc Quillen),

---

[1] Siemens: Münch.. med. Wschr. **1928**, 1747.
[2] Virchows Arch. **100**. 66.
[3] Zbl. Hautkrkh. **4**, 140.

wurde mehrmals familiär beobachtet. (GÄRTNER [1], SIEMENS-HUNOLD, ROESE, DE TERRA, BORCHARDT, PRAEGER), einmal auch Fehlen von Backzähnen in Verbindung mit Hypertrichosis bei 6 Personen in 3 Generationen [2]. Auch die Zwillingsbefunde sprechen für Erbbedingtheit und sogar für Dominanz: Konkordanz bei eineiigen, $^1/_3$ Konkordanz bei zweieiigen Zwillingen. Beim *asymmetrischen Fehlen* ließ sich bisher jedoch kein Erbeinfluß nachweisen: Überwiegen der diskordanten Paare bei den eineiigen Zwillingen, kein Unterschied im Verhältnis der Konkordanten zu den Diskordanten zwischen eineiigen und zweieiigen (SIEMENS).

Familiäre Hypodontie ist auch bei Hypertrichosis und Hypotrichosis beschrieben, besonders aber bei der hypotrichotischen Anidrosis (S. 125).

Die symmetrische *Drehung um die Längsachse* ist im Gegensatz zum symmetrischen Fehlen in fast der Hälfte der Fälle bei eineiigen Zwillingen diskordant, also von nichterblichen Einflüssen erheblich überlagert. Die bestehende erbliche Disposition zeigt sich jedoch darin, daß von den zweieiigen Zwillingen sogar 4 mal so viel diskordant als konkordant sind. Bei der asymmetrischen Drehung sind die diskordanten Fälle bei den eineiigen Zwillingen noch häufiger, sie übertreffen die konkordanten. Die zweieiigen Zwillinge sind aber noch seltener konkordant, so daß also auch hier eine idiotypische Disposition, wenn auch nur eine geringe, ziffernmäßig nachweisbar ist.

Bei der *symmetrischen Dislokation* (Durchbruch außerhalb der Zahnreihe) sind unter eineiigen Zwillingen die diskordanten Fälle etwa ebenso häufig, unter zweieiigen etwa 5 mal so häufig wie die konkordanten. Hier liegt also eine Erbbedingtheit mittleren Grades vor (SIEMENS). Bei der *asymmetrischen Dislokation* treten die nichterblichen Einflüsse wiederum noch stärker hervor; wir haben bei den eineiigen 2—4 mal soviel, bei den zweieiigen ganz vorwiegend diskordante.

Das symmetrische *Diastema* (Lücke zwischen den Schneide- und Eckzähnen) erweist sich in dem Münchener Zwillingsmaterial als stark erblich bedingt (nur konkordante Fälle bei den eineiigen), das asymmetrische wieder als viel loser an die Erbanlagen gebunden (etwa gleichviel konkordante und diskordante Paare bei den eineiigen), aber doch noch nachweislich idiodispositionell (relativ noch mehr diskordante bei den zweieiigen).

Das *Trema* (Abstand zwischen den mittleren Schneidezähnen) sah KANTOROWICZ 2 mal in zwei aufeinanderfolgenden Generationen und sprach es daher als dominant an. Zum mindesten für die schwächer ausgebildeten Fälle kommt aber regelmäßige Dominanz nicht in Frage, da sie bei eineiigen Zwillingen mehrfach diskordant angetroffen wurden (SIEMENS, HUNOLD, MEIROWSKY [3]). Sicher besteht also Erbbedingtheit mit paratypischen Manifestationsschwankungen, zu einer weiteren Analyse reicht das bisherige Material nicht aus. Im Sinne der Erbbedingtheit sprechen auch rassenpathologische Befunde, da das Trema an Alemannenschädeln und bei den rezenten Schweizern häufiger sein soll als bei anderen Völkern (DE TERRA).

Gitterzähne wurden einmal übereinstimmend bei eineiigen Zwillingen beobachtet (GROTE-HARTWICH).

Symmetrische *Divergenz* von Zähnen wurde bei eineiigen und bei zweieiigen Zwillingen in wenigen Fällen etwa gleich oft konkordant und diskordant gefunden, scheint also bis zu gewissem Grade erblich bedingt zu sein, asymmetrische Divergenz war bei beiden Zwillingsarten viel häufiger diskordant, ist also vorwiegend nichterblich.

---

[1] Dermat. Wschr. **72**, 505.
[2] MICHELSON: Virchows Arch. **100**, 66.
[3] MEIROWSKY: Arch. Rassenbiol. **16**, 441.

Fächerförmige Vortreibung der oberen Frontzähne kam einmal bei eineiigen Zwillingen diskordant vor, kann also bei gleichen Erbanlagen als nichterblicher Unterschied auftreten.

Über familiäre *Progenie* liegen mehrere Arbeiten vor (Habsburger Unterlippe, Familie Goethe), die auf dominante Vererbung hinweisen (Haecker, Strohmayer, Knoche, Kantorowicz). Nach dem Münchener Zwillingsmaterial scheinen aber die Verhältnisse durchaus nicht so einfach zu liegen. Bei den *mesodistalen Bißanomalien* (Prognathie, Progenie, Kopfbiß) waren die diskordanten Fälle unter den eineiigen fast ebenso groß wie die konkordanten. Hier besteht also nur eine Erbbedingtheit mittleren Grades. Die Bedeutung der Erbanlagen wird durch die noch viel größere Unähnlichkeit der zweieiigen Zwillinge (Überwiegen der Diskordanz) bestätigt.

Bei den *vertikofrontalen Bißanomalien* dagegen (offener Biß, tiefer Biß, Kreuzbiß) weisen die eineiigen Zwillinge des Münchener Materials fast nur konkordante, die zweieiigen überwiegend diskordante Befunde auf. Das würde also, bei genügend großem Material, fast reine Erbbedingtheit beweisen, und steht deshalb in einem bemerkenswerten Gegensatz zu dem erbbiologischen Verhalten der vorher beschriebenen anomalen Bißtypen.

Über die Erbbedingtheit der *Caries*, die praktisch besonders wichtig wäre, sind die Befunde noch widersprechend (Siemens-Hunold, Praeger). Die statistischen Feststellungen an beschränktem Material sind bei einem so ungemein häufigen Merkmal natürlich nur mit Vorsicht zu verwerten. Weitere Untersuchungen sind daher notwendig. Auf jeden Fall scheinen nichterbliche Einflüsse eine Rolle zu spielen, die von vererbungsbiologisch orientierten Autoren oft unterschätzt wird. Daß die Caries bei Debilen, bei Tuberkulösen und bei starker Lingua dissecata besonders häufig sei (Haubensack), bedarf noch weiterer Belege.

In zwei Familien wurde bei zahlreichen Individuen durch 3 bzw. durch 5 Generationen eine erbliche „*Pigmentierung*" *der Zähne* beobachtet (Bampton). Ob es sich dabei wirklich um Pigmenteinlagerung handelte, ist allerdings ungewiß, da die histologische Untersuchung fehlt[1]. In der einen Familie waren fast nur die bleibenden, in der anderen auch die Milchzähne braun. Überspringen einer Generation wurde nicht beobachtet. Geschlechtsbegrenzung ist trotz des vorwiegenden Befallenseins von Weibern nicht anzunehmen, da die betreffenden Geschwisterschaften an sich schon überwiegend weibliche Personen enthielten.

Von der *Lingua dissecata* (Kerbzunge) ist familiäres Auftreten bisher nur ausnahmsweise beschrieben, allerdings bis durch 4 Generationen (Payenneville, Siemens, Leven [2]). Methodische Untersuchungen fehlen. Einmal waren 28 jährige, ähnliche [3], ein anderes Mal schulpflichtige, sicher eineiige Zwillingsschwestern (Siemens) übereinstimmend behaftet. Zweieiige Zwillinge wurden dagegen 7 mal diskordant, nur einmal konkordant beobachtet (Siemens). Auch die häufige leichte Furchenbildung auf der Zunge wurde an dem Münchener Material bei eineiigen Zwillingen regelmäßig (17 mal) konkordant, bei zweieiigen im Verhältnis 8 konkordant : 25 diskordant angetroffen. Die strenge Erbbedingtheit tritt in diesen Zahlen sehr deutlich hervor. In einem

---

[1] Nicht zu verwerten ist ein solitärer Fall von „Fleckung der Zähne" (Leven: Klin. Wschr. **1929**, Nr 19), da hier die Flecke vorwiegend weiß waren, so daß ihre Grundlage bei fehlender histologischer Untersuchung ganz unklar bleibt. Die Patientin hatte gleichzeitig eine Pigmentanomalie am Körper, die bald als „Pigmentnaevi", bald als „Albinismus" bezeichnet wird, so daß man auch sie nicht rubrizieren kann.

[2] Arch. Rassenbiol. **16**, 309.

[3] Payenneville: Ann. Dermat. **1905**, 141.

der eineiigen Fälle bestand allerdings eine mäßige graduelle Verschiedenheit (Siemens-Hunold).

Bei Kretinen soll die Lingua dissecata gehäuft vorkommen (Paulsen), ebenso bei mongoloider Idiotie, und zwar in Kombination mit stark verdickten Papillae fungiformes[1]. Ob sie auch zu anderen Merkmalen, wie Schwachsinn, Tuberkulose, Pelzmützenbehaarung, weiblicher Unterschenkelbehaarung, Gerontoxon, Pigmentflecke der Iris, Gesichtsteleangiektasien und Caries Beziehungen hat (Haubensack), erscheint mir noch sehr unsicher.

Ohne Zweifel tritt — auch in meinem Material — die *Exfoliatio areata linguae* (Landkartenzunge) mit besonderer Vorliebe auf Kerbzungen auf. Auch bei ihr bestehen deshalb sicherlich engere Erblichkeitsbeziehungen. Dementsprechend wurde sie mehrfach familiär angetroffen, bis durch 3 Generationen, und war auch dann gewöhnlich mit Lingua dissecata kombiniert[2]. Systematische Untersuchungen fehlen aber auch hier. Daß die Landkartenzunge, wie man vielfach lesen kann, bei Kindern mit exsudativer Diathese, also mit Ekzemen, Katarrhen und Drüsenschwellungen besonders häufig sei, wird von namhaften Pädiatern (z. B. v. Pfaundler) bestritten. Daß man sie bei Teleangiektasien des Gesichts 5 mal so oft anträfe wie im Durchschnitt (Haubensack), halte ich für unbewiesen.

Hypertrophie der Papillae fungiformes wurde bei eineiigen wie bei zweieiigen Zwillingen mehrmals konkordant und mehrmals diskordant angetroffen (Siemens). Die Frage nach der Erbbedingtheit dieser Anomalie steht also noch offen.

Foramina palatina (Siemens), d. h. kleine tiefe Grübchen am Gaumendach, wurden bei eineiigen Zwillingen 4 mal konkordant (mit Intensitätsschwankungen), bei zweieiigen ebenso oft konkordant, 9 mal diskordant beobachtet. Zweimal konnte familiäres Auftreten durch zwei Generationen verfolgt werden (Siemens-Hunold), so daß dominante Erbbedingtheit anzunehmen ist.

Hypertrophische *Talgdrüsen an der Mundschleimhaut* (Fordycesche Krankheit) kamen einmal bei eineiigen Zwillingen konkordant, aber mit erheblichem Intensitätsunterschied vor (Siemens). In einem anderen eineiigen Zwillingsfall ist der Befund unbekannt[3]. Angeblich können sie artefiziell, durch Einspritzung von Bacillenemulsion hervorgerufen werden[4].

Alveolarpyorrhoe wurde bei eineiigen Zwillingen 2 mal beschrieben (Praeger); in jedem Fall waren beide Zwillinge behaftet. Die Beobachtungen sprechen infolgedessen für Erbbedingtheit.

8. Blastome und Blastoide.

Die Frage nach der Erblichkeit der *Carcinome* spielt für uns Dermatologen nicht im entferntesten die Rolle wie für die Internisten und die Chirurgen. Eine eingehende Erörterung des ganzen, sehr verwickelten Problems gehört deshalb nicht hierher. Es soll nur das Grundsätzliche der Problemstellung angedeutet und kurz über die wichtigsten erbbiologisch deutbaren Befunde an *Haut*krebsen berichtet werden.

In den Vordergrund der Betrachtung muß man die Tatsache stellen, daß Krebse, und natürlich auch Hautkrebse, auf exogenem Wege experimentell erzeugt werden können, und zwar durch die allerverschiedensten Noxen: aktinische (Radium, Röntgen), chemische (Teer), infektiöse (Spiropteren, Taenien). Dabei verhalten sich aber die einzelnen Tierarten verschieden; bei Ratten entsteht

---

[1] Weygandt: Med. Klin. **1927**, 747.
[2] Klausner: Arch. f. Dermat. **103**, 1.
[3] Hecht: Arch. f. Dermat. **130**, 301.
[4] Ota-Kinoschita: Zbl. Hautkrkh. **22**, 363.

z. B. kein Teerkrebs, bei Mäusen nur selten einer durch Spiroptereninfektion (J. Bauer). Umgekehrt reagiert auch dieselbe Tierart verschieden auf die einzelnen Tumorsorten. Die Disposition zu spontanen und experimentellen Geschwülsten ist unabhängig von der Empfänglichkeit für Impftumoren, die am besten beim Träger des Primärtumors und bei seinen nächsten Verwandten angehen. Die ärztlich wichtigste Frage ist aber nicht die, ob Unterschiede in der Rassendisposition, sondern ob Unterschiede in der individuellen Disposition vorhanden, und ob diese erblich (familiär) sind. Dafür sprechen nun manche Versuche sehr deutlich, z. B. die Erzielung von 100% positiven Impfresultaten mit einem Täniensarkom bei Jungen aus der Kreuzung empfänglicher Ratten (Woods), während sich umgekehrt in anderen Versuchsreihen die Zusammensetzung der carcinogenen Substanz und die Dauer ihrer Einwirkung als das Entscheidende erwiesen, nicht aber eine individuelle Disposition (Bloch). Der gleiche äußere Reiz macht meist natürlich analoge Tumoren; doch gibt es auch Fälle, in denen die gleiche Ursache beim gleichen Menschen ganz *verschiedene* Geschwülste erzeugte, z. B. spinozelluläre, bowenähnliche und eigentümlich adenoide Epitheliome an einem oft mit Röntgenlicht bestrahlten Handrücken [1]. Daß außerdem für viele Tumoren ausgesprochene Organ- und Lokaldispositionen bestehen, bedarf keiner näheren Ausführungen.

Neben entscheidend umweltbedingten Krebsen gibt es also solche, bei denen individuelle Dispositionen deutlich mitsprechen, und diese individuellen Dispositionen können ohne Zweifel auch idiotypischer Natur sein. Lassen sich so aber schon bei vielen exogenen Epitheliomen erbliche Einflüsse sicher nachweisen, dann wird man sich nicht wundern, wenn bei den spontanen Neoplasmen die Erbanlagen noch mehr in den Vordergrund treten. Viel zitiert werden in dieser Hinsicht die Untersuchungen von Slye an 4000 Mäusen, bei denen übrigens auch Hauttumoren auftraten, und bei denen nicht nur der Krebs als solcher, sondern auch seine spezielle Form, seine Lokalisation, seine Neigung zur Metastasenbildung in bestimmten Organen sich als erblich erwies. Die umfangreichen Kreuzungsexperimente zeigten, daß einfach rezessive Erbbedingtheit vorlag. Daß in bestimmten Zuchten Spontantumoren der Haut gehäuft auftraten, wurde aber auch von anderen beobachtet, z. B. von Hanau, der mehrere Fälle von Cancroiden der Vulva und ihrer Nachbarschaft bei Ratten sah, oder von Borrel, der zahlreiche Hautdrüsenkrebse mit Lymphdrüsen- und Lungenmetastasen bei Mäusen beschrieb. Höchst unberechtigt wäre es jedoch, solche Befunde zu verallgemeinern. Slye fand in ihren Mäusezuchten Rezessivität, andere haben dominant erbliche Mäusekrebse beobachtet, wieder andere überhaupt ein wechselndes Verhalten. Bei der Bananenfliege Drosophila wurde sogar ein Epitheliom studiert, das sich rezessiv-*geschlechtsgebunden* vererbte; es handelte sich dabei um irregulär und rapid wuchernde pigmentbildende Zellen mit unregelmäßigen Mitosen und Neigung zur Metastasenbildung, an denen die behafteten Männchen schon im Larvenstadium zugrunde gingen [2]. Die malignen Neoplasmen, und speziell die Carcinome, sind also erbbiologisch ebensowenig einheitlich wie klinisch und histologisch, und es ergibt sich daraus, daß es ganz unbiologisch wäre, auch etwa nur für den Menschen die Frage *nach der Erbbedingtheit „des" Krebses* aufzuwerfen.

Nun streitet man sich aber vielfach noch darum, ob höhere Grade idiotypischer Bedingtheit beim Carcinom des Menschen überhaupt vorkommen. Die Frage, *ob es beim Menschen erbliche Krebse gibt*, ist für uns Dermatologen

---

[1] Jadassohn: Zbl. Hautkrkh. **21**, 315.
[2] Stark: J. Canc. Res. **1908** III, 279.

jedoch längt gelöst. Denn das *Xeroderma pigmentosum*, das auf einer rezessiven Erbanlage beruht (s. S. 116), führt bekanntlich zwangsläufig zur Bildung von Carcinomen, so daß es sachlich durchaus korrekt sein würde, dieses Leiden „Carcinoma multiplex hereditarium" zu nennen; schon BESNIER brachte ja dafür die Bezeichnung „Epithéliomatose pigmentaire" in Vorschlag. Da das Xeroderma rezessiv ist, liegt hier eine sehr anschauliche Analogie zu SLYES Mäusekrebsen vor, und was bei den Mäusen eine vieljährige experimentelle Arbeit erreichen konnte, haben wir in viel einfacherer Weise, nämlich durch statistische Verwertung klinischer Beobachtungen, im Prinzip genau so gefunden. Ebensowenig wie die Mäusekrebse SLYES erlauben aber die Krebse des Xeroderma eine ätiologische Verallgemeinerung.

Was wissen wir nun über die Erbbedingtheit der *Hautkrebse, wenn wir von den Tumoren des Xeroderma pigmentosum absehen?* Schon ALIBERT hielt ihre Erblichkeit für eine „unbestreitbare Tatsache", ohne allerdings dafür überzeugende Befunde beizubringen. RAYER drückte sich vorsichtiger aus, indem er den Krebs nur als „bisweilen erblich" bezeichnet. Noch weiter steckte FUCHS zurück, denn nach ihm sollte nur mehr „die Anlage zu den Krebsformen" erblich sein, und diese Erblichkeit sollte sich dadurch verschleiern, daß sie bei den einzelnen Behafteten der gleichen Familie zwar zuweilen in denselben, zuweilen aber „in verschiedenen Gebilden" sich äußere. Die Annahme solcher Heterophänien ist aber nur zu oft ein Armutszeugnis, und so räumte denn HEBRA, der sich auch hier allein auf seine Erfahrung verließ, mit den nicht belegten Hypothesen auf und beteuert, daß er selbst beim Epithelialkrebs nirgends Heredität nachzuweisen vermochte.

Mit den Erfahrungen HEBRAs stimmen auch die Erfahrungen unserer Zeit insofern überein, als die dermatologische Forschung in immer größerem Maße die Entstehung der menschlichen Hautkrebse durch äußere Noxen erschlossen hat; wir kennen hier Krebserzeugung durch Röntgenstrahlen, durch Tuberkulose (Carcinom in lupo), durch Traumen (Krebs in alten Brandnarben), Arsen und zuweilen selbst durch Teer (VEIEL). Auch die Fälle, in denen bestimmte *Organ*dispositionen durch äußere Faktoren erklärbar sind (Lippenkrebs bei Pfeifenrauchern, Zungenkrebs bei luischer Leukoplakie und bei Zahnstümpfen, Skrotalkrebs bei Schornsteinfegern), bilden anschauliche Belege für die entscheidende Rolle nichterblicher Faktoren bei der Entstehung vieler Hautkrebse. Chronische Reizzustände verschiedenster Art scheinen also die Hauptquelle für die Carcinomentstehung auf der Haut zu sein. In anderen Fällen ist aber das Vorhandensein einer mehr oder weniger starken erblichen Krebsdisposition unverkennbar; das ist schon dann der Fall, wenn Epitheliome auf dem Boden einer erbbedingten präcancerösen Dermatose entstehen (Epidermoid, vielleicht zum Teil auch Keratosis senilis). Die neuere Literatur brachte uns jedoch auch Unterlagen für die Annahme strengerer Erbbedingtheit bei Hautcarcinomen. Dahin rechne ich vor allem die Beobachtung, daß von eineiigen Zwillingen beide an einem sehr ähnlichen Lippencarcinom erkrankten, wenngleich von einem anderen Paar nur der eine, der stärker der Sonne ausgesetzt gewesen war, einen Hautkrebs bekam (WEITZ). Übrigens wurden auch Krebse anderer Organe mehrmals in gleicher Form und gleicher Lokalisation bei Zwillingen konkordant angetroffen, darunter ein maligner Tumor des Hodens (TWINEM). Weniger beweisend sind die Fälle familiärer Häufung. Bei ihnen handelt es sich anscheinend vorwiegend um Basalzellenepitbeliome im Gesicht, die manchmal auch durch übereinstimmenden Sitz (Nase) oder sehr ähnliche histologische Struktur auffielen[1]. Sie betrafen meist Elter und Kind; in einem Fall waren zwei Brüder

---

[1] POTTEVIN-SURMONT etc.: Zbl. Hautkrkh. **19**, 475; RUSCH: Arch. f. Dermat. **133**, 125; STORM: Zbl. Hautkrkh. **19**, 397.

im Gesicht, der jüngere aber auch multipel am Stamm, die Großmutter an Gesicht und Lippe, ein Onkel angeblich im Gesicht befallen [1]. Stärkere familiäre Häufung wurde wohl noch nie beschrieben. In einem Fall handelte es sich um Lentigo malignus des Lides bei Vater und Tochter [2]. Bedenkt man nun aber, daß das zusammen höchstens ein Dutzend Fälle sind, bei einem doch relativ häufigen Leiden, so erscheint die ganz negative Erfahrung Hebras doch immer noch verhältnismäßig repräsentativ, und man muß sich wundern, was für starke Übertreibungen bezüglich der Erbbedingtheit der Epitheliome bei so dürftigen objektiven Unterlagen in der Literatur anzutreffen sind.

Auch dem Verhältnis der Geschlechter bei den Hautepitheliomen lassen sich Hinweise auf die Bedeutung nichterblicher Faktoren entnehmen. Denn die Männer, die offenbar doch häufiger den hier in Frage kommenden carcinogenen Noxen ausgesetzt sind (Belichtung, Witterung, berufliche Schädigungen), erkranken auch häufiger, vielleicht dreimal so oft als die Weiber, und charakteristischerweise gilt das noch in besonderem Maße für die Carcinome der Unterlippe und Zunge (und Ohren). Ob die Angaben zutreffen, daß beim Oberlippenkrebs die Frauen, beim Carcinom in lupo — trotz der größeren Häufigkeit des Lupus bei Weibern — die Männer überwiegen, entzieht sich meinem Urteil.

Auch von der speziellen Form der Bowen*schen Krankheit* wurde behauptet, daß sie öfters mehrere Mitglieder einer Familie befalle [3]. Sicher ist aber, daß auch Epitheliome dieses Typus durch Teerpinselung (Bloch) und durch Röntgenstrahlen [4] erzeugt werden können.

Ebensowenig wie die Carcinome bilden die *Sarkome* eine ätiologische Einheit in erbbiologischer Beziehung. Familiäres Auftreten essentieller Sarkome ist mir beim Menschen nicht bekannt, außer einem Fall sarkoider Geschwülste bei 5 von 7 Geschwistern [5]. Dagegen gibt es eine pathologische Erbanlage, die offensichtlich eine gewisse Disposition zur Sarkombildung mit sich bringt, das ist die Anlage der Recklinghausenschen Krankheit. Bei diesem Leiden ist nämlich die Häufigkeit der Sarkome stark erhöht; etwa 12% aller Literaturfälle waren daran erkrankt, und zwar werden die bösartigen Geschwülste doppelt so oft bei männlichen wie bei weiblichen Recklinghausen-Kranken angetroffen (Hoekstra). Es erkrankt jedoch meist nur ein Recklinghausen-Kranker in einer Familie an Sarkom; familiäres Auftreten der Sarkombildung wurde bisher nur 3 mal beschrieben (Siemens 1926). Es ist deshalb noch ungewiß, ob es Recklinghausen-Familien mit besonderer Sarkomneigung und solche ohne sie gibt. Sicher ist nur, daß überhaupt Beziehungen zwischen Sarkom und Recklinghausenscher Krankheit bestehen, und daß es folglich nachgewiesenermaßen idiodispositionelle Sarkome gibt.

Auch ein *Melanom* der Haut wurde einmal familiär beobachtet [6]. Das ist interessant im Hinblick auf die melanotischen Tumoren, die als rezessivgeschlechtsgebundenes Merkmal bei der Taufliege beschrieben wurden (S. 134). Daß Schimmel in höherem Alter eine Neigung zur Bildung melanotischer Geschwülste haben, ist bekannt (s. S. 48).

Hier soll auch das sog. *Sarkoma haemorrhagicum multiplex* erwähnt werden, von dem angegeben wird, daß es vornehmlich Männer, und zwar besonders Juden befällt.

Das am heftigsten umstrittene Kapitel der dermatologischen Vererbungspathologie bilden ohne Zweifel die *Naevi*. Wie der Name „Muttermäler" andeutet,

[1] Gray: Proc. roy. Soc. Med. **13**, 108.
[2] Valude-Dudos: Bull. Soc. Ophthalm. Paris **1906**.
[3] Bosellini: Zbl. Hautkrkh. **19**, 48.
[4] Jadassohn: Zbl. Hautkrkh. **21**, 315.
[5] Sellei-Berger: Arch. f. Dermat. **150**, 47.
[6] Richards: Surg. etc. **29**, 266.

hatte man sie ursprünglich auf ein Versehen der Schwangeren zurückgeführt, was aber schon frühzeitig aufgegeben wurde (RICKMANN 1770). Statt dessen erscheint bei den alten Dermatologen die *Erblichkeit* der Naevi als ausgemachte Tatsache (ROUGEMONT, ALIBERT, HUFELAND, NUSHARD, FUCHS) und rangiert in dieser Hinsicht neben der „Erblichkeit des Lupus" und der „Erblichkeit des Krebses". Dieses Dreigestirn entthronte erst der große Skeptiker HEBRA, der kategorisch von den Naevi sagte: *„Heredität ist nur äußerst selten erweislich".* Trotz seiner Autorität blieb aber der Glaube an die Erblichkeit der Naevi in der dermatologischen Literatur erhalten, um schließlich seine schärfste Ausprägung und eine neue Begründung in den Arbeiten von MEIROWSKY und LEVEN zu finden.

MEIROWSKY ging bei seinen Untersuchungen von der auffallenden Lokalisation und von der Form der Muttermäler aus, und es gelang ihm gemeinsam mit LEVEN an einem umfangreichen Bildermaterial aufzuzeigen, was für überraschende Analogien besonders zwischen der sog. Systematisierung der Naevi und der Tierzeichnung vorhanden sind. Aus der gemeinsamen Form schloß er auf gemeinsame *formale Genese,* d. h. er schloß, daß die anscheinende Unabhängigkeit der Tierzeichnung von anderen entwicklungsgeschichtlichen Systemen (Nervenversorgung, Haarströme, Spaltrichtung) auch für die Naevuslinien zutreffe. Wenn auch dieser „Autonomietheorie der Naevussystematisation" (SIEMENS) die von MEIROWSKY postulierte Allgemeingültigkeit nicht zugesprochen werden kann[1], da die Übereinstimmung mit den VOIGTschen Linien (am Oberschenkel) und mit den Haarströmen bzw. Haarstromgrenzen manchmal zu auffällig ist (JADASSOHN), so tritt sie doch als gleichberechtigte Hypothese neben die anderen formalgenetischen Naevustheorien.

Aus der übereinstimmenden Form von Naevuslinien und Tierzeichnung schloß MEIROWSKY aber auch auf eine übereinstimmende *kausale Genese,* und da die Tierzeichnung erblich bedingt ist, schloß er folglich daraus auf erbliche Bedingtheit der Naevi. Daß aber morphologische Analogien nicht zu einem Erblichkeitsnachweis ausreichen, hat uns gerade die moderne Vererbungsforschung mit größter Eindringlichkeit gelehrt. Es gehört zu den grundlegenden Erkenntnissen des Mendelismus, daß der gleiche Phänotyp durch ganz verschiedene Erbanlagen bzw. einmal erblich, das andere Mal nichterblich bedingt sein kann. Der Schluß vom Phänotyp auf den Idiotyp, wie ihn MEIROWSKY zur Grundlage seiner Beweisführung macht, ist also geradezu unbiologisch (vgl. S. 10). Damit entfällt auch die Möglichkeit sogenannter „phylogenetischer Erblichkeitsbeweise" (LEVEN, SIEMENS [2]), nämlich die Annahme, daß ein Leiden erblich bedingt sein müsse, weil es mit einem in der Stammesgeschichte vorhanden gewesenen Merkmal mehr oder weniger übereinstimmt. Auch bei den Naevi kann die Erbbedingtheit mit keinen anderen Methoden gesichert werden, als sie uns die Vererbungswissenschaft eben zur Verfügung stellt, das heißt auch bei ihnen *allein* durch den *Nachweis einer Zunahme der Ähnlichkeit mit der Zunahme des Verwandtschaftsgrades.*

Was wissen wir nun Tatsächliches über familiäre und zwillingsschaftliche Häufung von Muttermälern?

Für *familiäres Auftreten* klinisch typischer Muttermäler (unter Ausschluß der angiomatösen und der Lentigines, welche weiter unten gesondert abgehandelt werden) ist mir bis jetzt kein einziger gesicherter Fall bekannt, d. h. keiner, in dem auch die angeblich behafteten Verwandten vom Autor untersucht und die Befunde mit objektiven Unterlagen mitgeteilt sind. Das gilt in gleicher Weise

---

[1] Dermat. Z. **42**, 65.
[2] Arch. f. Dermat. **155**, 296.

für ausgedehnte *pigmentierte, pilierte, papilläre, keratotische* und *comedonenhaltige, systematisierte* und *nichtsystematisierte Naevi* [1]. Hieraus wird niemand die Möglichkeit eines solchen Vorkommens leugnen oder auch nur für unwahrscheinlich erklären wollen; wenn man aber bedenkt, wie häufig auffallende Naevi beobachtet sind und wie nahe es liegt, sich dabei auch nach der Familie zu erkundigen, so scheint es mir augenfällig, daß Hebras Meinung von der *äußersten Seltenheit der Heredität* bei typischen Muttermälern heute unumstößlich feststeht.

Trotzdem ließe sich denken, daß die Naevi erbbedingt sind, und daß sie nur nicht zu nachweisbarer familiärer Häufung führen, weil ihre Erbbedingtheit kompliziert ist. Aus diesem Grunde habe ich hunderte von Zwillingen untersucht, und meine Befunde wurden von anderen Autoren außerordentlich vermehrt. Dabei ließ sich bis jetzt kein einziger Fall auffinden, in dem *beide* Zwillinge auffallende Naevi der oben bezeichneten Art, geschweige denn solche von gleicher Form und gleicher Lokalisation hatten, dagegen schon eine ganze Reihe von Fällen, in denen von eineiigen Zwillingen der eine behaftet, der andere frei war. Da eineiige Zwillinge erbgleich (und auch nach den wenigen Gegnern dieser Anschauung annähernd erbgleich) sind, so ist meines Erachtens die *regelmäßige* (wenn auch gewiß nicht ausnahmslose) Diskordanz solcher Zwillinge in Hinsicht auf die Naevi ein eindrucksvoller, unmittelbarer Beweis dafür, daß bei ihrer Entstehung nichterbliche Einflüsse die erblichen zum mindesten überwiegen.

Hiergegen ließe sich allein der eine Einwand machen, daß *einseitige* Erbmerkmale sich bei eineiigen Zwillingen ganz besonders verhielten, daß sie sich etwa wie auf einer Seite des Körpers auch nur bei einem Zwilling äußern könnten. Der Gültigkeit dieses rein spekulativen Einwandes widersprechen aber die bisherigen Erfahrungen. Erstens wäre aus der genannten Vorstellung zu folgern, daß eineiige Zwillinge nur halb so viele Naevi hätten wie die übrigen Menschen; daß das nicht zutrifft, ließ sich aber wenigstens für die Lentigines durch die Feststellung beweisen, daß die Lentigozahlen bei eineiigen und zweieiigen Zwillingen gleich groß sind (Siemens). Zweitens konnten Weitz [2] und v. Verschuer [3] zeigen, daß einseitige Merkmale, die engere Erblichkeitsbeziehungen haben (Darwinsches Höckerchen, Haarwirbelanomalien), auch bei eineiigen Zwillingen häufig konkordant auftreten. Drittens war in dem einzigen bisher beobachteten Fall von *bilateralem* Naevus bei eineiigen Zwillingen auch nur der eine Zwilling befallen, trotzdem außer dem Hauptnaevus noch über 60 Satelliten vorhanden waren [4].

Die Lehre von der entscheidend nichterblichen Bedingtheit aller bisher bei eineiigen Zwillingen beobachteten Naevi und damit von der entscheidend nichterblichen Bedingtheit der Mehrzahl der Naevi überhaupt ergibt sich also unmittelbar und zwangsläufig aus der Erfahrung. Dagegen läßt sich selbstverständlich, was ich schon in meiner ersten Arbeit betonte, „nicht ausschließen, daß es Naevi gibt, die erblich bedingt sind" [5]. Und auf Grund gewisser Analogien ist es sogar nicht unwahrscheinlich, daß das für einen Teil der doppelseitigen Naevi zutrifft (Siemens [6]). Vorläufig fehlen uns dafür aber noch beweisende Befunde.

---

[1] Zu einer sorgfältigen Kritik der einzelnen publizierten Fälle ist hier natürlich nicht der Ort.

[2] Klin. Wschr. **1926**, Nr 4 u. 5.

[3] Münch. med. Wschr. **1926**, 1562.

[4] Siemens-Waardenburg: Arch. f. Dermat. **153**, 145.

[5] Siemens: Arch. f. Dermat. **147**, 51.

[6] Arch. f. Dermat. **148**, 625.

Besonderes Interesse wurde den *Naevi pigmentosi spili*, den sog. Milchkaffeeflecken, zugewandt, die zum Teil mit den großen Pigmentflecken bei der RECKLINGHAUSENschen Krankheit klinisch übereinstimmen. Sie werden einzeln bzw. in wenigen Exemplaren so häufig angetroffen, nämlich bei $^1/_3$ bis $^1/_2$ aller Menschen im Münchener Poliklinik-Material (SIEMENS), daß ihr gelegentliches Vorkommen bei mehreren Familienmitgliedern, etwa selbst in der gleichen Körperregion (wie ich es selbst beobachtet habe), noch kein Beweis für ihre erbliche Bedingtheit ist. Familienpathologisch ist deshalb noch nichts Verwertbares darüber bekannt. Wohl aber sind *gehäufte* Flecken dieser Art familiär beschrieben worden (HOLLÄNDER); bei ihnen kann es sich jedoch um etwas ganz anderes, nämlich um Abortivformen der RECKLINGHAUSENschen Krankheit handeln, und sie sind deshalb bei dieser abgehandelt.

Daß die gewöhnlichen Naevi spili von den Erbanlagen weitgehend unabhängig sind, folgt aus den Zwillingsbefunden. Von 56 damit behafteten Zwillingspaaren waren nämlich 21 konkordant, 35 diskordant behaftet (SIEMENS). Wenn hier aber die diskordanten Fälle auch überwiegen, so sind doch die konkordanten immer noch etwas häufiger, als bei rein zufälliger Verteilung zu erwarten wäre (21 statt 13). Das läßt sich im Sinne einer idiotypischen Disposition auffassen. Doch widerspricht dem die Tatsache, daß bei den zweieiigen die Übereinstimmung nicht geringer war als bei den eineiigen; bei ihnen kamen auf 21 konkordante sogar nur 31 diskordante Paare. Das Material ist also noch nicht groß genug, um das Vorhandensein einer erblichen Disposition zur Naevus spilus-Bildung sicherzustellen. Auf jeden Fall zeigen aber die Befunde überzeugend, daß eine solche Idiodisposition, falls sie vorhanden ist, nur eine relativ geringe Bedeutung für die Entstehung der untersuchten Flecke haben kann.

Von der allergrößten Wichtigkeit in vererbungsbiologischer Beziehung ist das Studium der *Lentigines* geworden. Diese Gebilde wurden zwar von den alten Dermatologen nicht zu den Muttermälern gerechnet, und noch HEBRA setzte seine Autorität dafür ein, sie davon abzutrennen, indem er forderte, daß nur wirklich angeborene (im Moment der Geburt vorhandene) Hautmißbildungen als Muttermäler bezeichnet würden. Sein Nachfolger KAPOSI und fast alle späteren Dermatologen hielten sich aber hieran nicht. Veranlaßt durch die klinische und histologische („Naevus"zellen) Ähnlichkeit der größeren Lentigines mit den Tierfellmälern nahmen sie diese Gebilde in die Naevusgruppe auf, wodurch die Naevi aus „meist angeborenen" Fehlern zu „meist erst später entstehenden" wurden; denn die Lentigines sind so außerordentlich häufig (etwa 30 pro erwachsenes Individuum [SIEMENS]), daß die Naevi im HEBRAschen Sinne zahlenmäßig ganz zurücktreten, wenn man sie mit den Linsenflecken zusammenwirft.

Die Häufigkeit der Linsenflecke machte sie aber gerade für zwillingspathologische Studien geeignet. Sollte die „keimplasmatische Naevustheorie" für sie Geltung haben, so mußte es leicht sein, ihre Übereinstimmung bei erbgleichen Individuen aufzuzeigen. Statt dessen ergab sich, daß das einzelne Linsenmal in Tausenden von Fällen bei eineiigen Zwillingen niemals in voller Übereinstimmung angetroffen wurde (SIEMENS). Auch die spätere Vermehrung des Materials durch SIEMENS und SCHOLL auf 8700 Flecke bei etwa 200 Zwillingspaaren sowie zahlreicher anderer Untersucher und Nachprüfer (z. B. PAULSEN, WEITZ, MEIROWSKY, v. VERSCHUER, WAARDENBURG, VERLUYS) ergab immer wieder das gleiche Bild der Diskordanz. Nur einmal unter 4360 Lentigines bei eineiigen Zwillingen fand SIEMENS eine Lentigo bei beiden Kindern übereinstimmend lokalisiert; welche Rolle hierbei der Zufall spielt, läßt sich aber um so weniger sagen, als es sich um einen der sehr häufigen, halblinsengroßen, leicht erhabenen Fleckchen gehandelt hat.

Auf jeden Fall steht nach diesen sehr umfangreichen Befunden verschiedener Untersucher fest, daß die einzelne Lentigo bei erbgleichen Individuen *in der Regel verschieden* ist, daß also die „keimplasmatische Naevustheorie" für sie bestimmt nicht zutrifft. Dem entspricht es, daß auch die *familiäre* Häufung einer bestimmten Lentigo trotz der enormen Verbreitung dieser Gebilde nur außerordentlich selten beobachtet worden ist. Ich selbst verfüge bisher nur über eine einzige derartige Beobachtung bei Vater und 2 Söhnen.

Die „keimplasmatische Naevustheorie" wollte das Ursachenproblem bei den Muttermälern bekanntlich durch die Annahme lösen, daß „jede kleinste Körperstelle" in „ganz genau begrenzten" Bezirken idiotypisch bestimmt sei, und daß folglich in einem gegebenen Naevusfalle diejenigen Erbfaktoren abnorm wären, die dieser circumscripten Hautstelle entsprächen. Die Theorie richtete also ihr Augenmerk ausdrücklich auf *das einzelne Mal*, das sie in seiner Form, in seiner histologischen Struktur und in seiner Lokalisation aus den Erbanlagen erklären zu können glaubte. Mit der Feststellung der *regelmäßigen* Verschiedenheit der Einzellentigo bei erbgleichen Individuen ist daher die Meirowskysche Theorie für die Lentigines widerlegt, und die im Anschluß hieran erst von *mir* aufgeworfene und studierte Frage nach den Erblichkeitsbeziehungen der Lentigo*zahl* hat logischerweise für diese Theorie keinerlei Bedeutung mehr[1]. Die teilweise Erbbedingtheit der Lentigo*zahl*, der „*Lentiginosis*", ließ sich nun durch Ähnlichkeitsvergleiche eineiiger und zweieiiger Zwillinge exakt erfassen (Siemens). Das prozentuale Verhältnis bezüglich der Lentigozahlen beträgt bei eineiigen Zwillingen 75 : 100, d. h. wenn der eine Zwilling 100 Lentigines hätte, kämen auf den anderen im Durchschnitt 75. Bei zweieiigen Zwillingen beträgt dasselbe Verhältnis nur 62 : 100, die Ähnlichkeit ist bei ihnen also geringer. Darin liegt bei dem großen Material (8700 Lentigines bei fast 200 Zwillingspaaren) ein untrüglicher Beweis für die erbliche Mitbedingtheit der Lentigozahl. Entsprechend wurde der Korrelationskoeffizient für die Lentigozahlen eineiiger Zwillinge auf 0,87, für die Lentigozahlen zweieiiger Zwillinge auf 0,68 berechnet. Meirowsky und Lenz fanden bei ihren Nachprüfungen 0,89 und 0,46, bzw. nach Ausschaltung des Alterseinflusses 0,78 und 0,31. So überzeugend aber der Einfluß der Erbanlagen auf die Lentigoentstehung in diesen Zahlen zum Ausdruck kommt, so schwer ist es vorläufig, die *Größe* dieses Einflusses genauer abzuschätzen. Im Vertrauen auf die hohe Korrelationsziffer bei den eineiigen Zwillingen sind Meirowsky und Lenz dafür eingetreten, daß die Lentigozahl zu mehr als $^9/_{10}$ durch die Erbanlagen bestimmt sei. Dem scheint aber zu widersprechen, daß — wie sich aus dem prozentualen Verhältnis deutlich erkennen läßt — die Lentigozahl der Eineiigen um 25%, also um ein Viertel ihrer Gesamtzahl differiert! Vielleicht hat man den Wert der Korrelationsberechnung doch überschätzt, zumal an ihrer Zulässigkeit in diesem Falle von autoritativer mathematischer Seite überhaupt gezweifelt worden ist (Scholl, Siemens 1926).

Immerhin ist soviel schon jetzt gewiß: daß die Lentigozahl in nachweisbarem, wenn auch noch nicht genau zu bestimmendem Maße erblich bedingt ist. Diese erbliche Bedingtheit oder erbliche Mitbedingtheit der Lentiginosis bedeutet theoretisch natürlich auch das Vorhandensein einer erblichen Disposition für die *einzelne* Lentigo. Daß diese Idiodisposition aber praktisch keine Rolle spielt und demnach als außerordentlich gering zu bezeichnen ist, läßt sich aus der *regelmäßigen* Verschiedenheit der einzelnen Lentigo bei den eineiigen Zwillingen ohne weiteres erkennen. Auch bei hochgradigster Erb-

---

[1] Diese selbstverständliche Tatsache ist von mehreren Autoren vollkommen übersehen worden (Meirowsky, Leven, F. Lenz), was die größte Verwirrung in der ätiologischen Naevuslehre zur Folge gehabt hat.

bedingtheit der Lentiginosis wäre also die Einzellentigo makroskopisch, mikroskopisch und in loco sicher *nicht* entscheidend durch die Erbanlagen bestimmt, und sie ist deshalb trotz der theoretisch nachgewiesenen Idiodisposition auf alle Fälle als paratypisch, d. h. als entscheidend nichterblich zu bezeichnen. Daß nichterbliche Entstehung von Lentigines in gewissen Fällen vorkommt, ist übrigens schon früher bekannt gewesen, vor allem durch die Beobachtung neuentstandener cellulärer Linsenflecke nach Quarzlampenbestrahlung bei einem Xerodermakranken (ZIELER), sowie durch das Auftreten von Lentigines bei der Acanthosis nigricans [1].

Wie die Zahl der Lentigines allgemein, so zeigen auch ihre regionäre Lokalisation und gewisse Formeigentümlichkeiten (starke Pigmentierung, Pilierung, Keratose) bei eineiigen Zwillingen etwas größere Übereinstimmung als bei zweieiigen. Auch hier ergeben sich also bestimmte Anhaltspunkte für idiotypische Dispositionen, die sich freilich in bescheidenen Grenzen halten, weil ja sonst bei eineiigen Zwillingen häufiger identische Einzellentigines angetroffen werden müßten. Was speziell den Pigmentgehalt der Lentigines anlangt, so kommt dessen erbliche Mitbedingtheit auch in den Beziehungen zu der erblich bedingten Farbe der gesamten Hautdecke zum Ausdruck, da farbige Rassen durchschnittlich besonders dunkle, Albinos meist besonders pigmentarme bzw. pigmentlose Linsenflecke haben (SIEMENS).

Bei farbigen Rassen scheinen auch solche Lentigines besonders häufig zu sein, die sich durch Pigmentreichtum im Corium auszeichnen und die klinisch mehr oder weniger blau erscheinen. Sie sind den *Naevi coerulei* zuzurechnen, unter welchem Namen histologisch sehr verschiedene Gebilde vereinigt werden [2], und die auf keinen Fall mit dem Mongolenfleck (s. S. 101) identifiziert und verwechselt werden dürfen [3]. Auch diese Naevusform wurde schon einmal bei eineiigen Zwillingen diskordant beobachtet, und zwar in Form eines gut linsengroßen, runden, leicht erhabenen Pigmentmales mit deutlich blauem Zentrum am Unterschenkel (SIEMENS 1924).

Es lag nahe, nach Beziehungen solcher und anderer atypischer Lentigines zur Lentigo*zahl* zu fahnden. Bei dem Vergleich von fast 100 Zwillingen, die atypische Lentigines besaßen, mit ihren atypiefreien Zwillingsgeschwistern zeigten jedoch die atypiebehafteten und die atypiefreien Individuen gleich hohe Lentigozahlen, nämlich 23,8 bzw. 24,5 (SIEMENS 1927).

Den Lentigines pflegt man auch die ähnlichen, aber besonders oft pilierten und meist wenig oder gar nicht pigmentierten „*symmetrischen Gesichtsnaevi*" zuzuzählen. Sie sind bei der Mehrzahl aller Erwachsenen vorhanden, und es besagt deshalb nicht viel, wenn ein derartiges Gebilde in zwei Fällen bei eineiigen Zwillingen übereinstimmend angetroffen wurde (SIEMENS). Auf jeden Fall ist auch bei ihnen das einzelne Mal bei eineiigen Zwillingen in der Regel verschieden, und es ist deshalb, und weil sie in die oben angeführten Lentigoberechnungen mit eingeschlossen waren, anzunehmen, daß auch bei ihnen die Zahl, also die Neigung, überhaupt solche Tumoren zu bilden, in höherem Grade erblich bedingt, die Einzelefflorescenz jedoch makroskopisch, mikroskopisch und in loco vom Erbbilde weitgehend unabhängig ist. Trotz dieser anscheinend analogen Erblichkeitsbeziehungen kann es sich aber hier doch um etwas vollkommen anderes handeln als bei den übrigen Lentigines. Das wäre jedenfalls anzunehmen, wenn wir es dabei wirklich mit rudimentären Sinnesorganen zu tun hätten [4], die dem Tasthaarapparat der Hunde entsprechen.

---

[1] JARISCH, BRUCK: Dermat. Z. **47**, 184.
[2] ARMUZZI: Zbl. Hautkrkh. **25**, 451.
[3] JAMAMOTO: Zbl. Hautkrkh. **19**, 240.
[4] MAC DONAGH, SKLARZ: Dermat.. Wschr. **82**, 462.

Hier anschließen möchte ich die ihrer nosologischen Stellung nach umstrittenen sog. *Fibromata pendula*, die bei älteren Personen ebenfalls sehr häufig sind, besonders am Hals und an den Achselfalten. Auch bei ihnen dürften Zahl und regionäre Lokalisation in höherem Maße erblich bedingt, Form, Größe und spezielle Lokalisation des einzelnen Gebildes aber weitgehend vom sog. Zufall, also von nichterblichen Faktoren abhängig sein. Dem würde es jedenfalls entsprechen, daß das einzelne Fibrömchen bei eineiigen Zwillingen meist diskordant, in zwei Fällen aber auch (an den Achselfalten) konkordant angetroffen wurde (Siemens). Klinisch analoge Geschwülstchen treten im Zusammenhang mit der tuberösen Sklerose auf und sind dann natürlich ätiologisch anders zu bewerten (s. S. 149).

Wie wir gesehen hatten, ließ sich trotz der regelmäßigen Verschiedenheit des einzelnen Linsenflecks bei eineiigen Zwillingen eine erbliche Bedingtheit der Lentigo*zahl* und damit eine gewisse idiotypische Disposition der Lentigines überhaupt nachweisen. Selbstverständlich sind wir aber nicht dazu berechtigt, diese Erfahrung auf die eigentlichen Muttermäler, also auf die Muttermäler im Hebraschen Sinne zu übertragen. Bei diesen wurde nicht nur das Einzelmal der Regel nach (bisher ausnahmslos) bei erbgleichen Personen diskordant gefunden, sondern es liegen auch noch keinerlei Anhaltspunkte für irgendeine idiotypische Disposition vor. Eine solche Idiodisposition wäre jedoch erwiesen, wenn sich zeigen ließe, daß zwischen diesen Muttermälern und der (erblich bedingten) Lentigo*zahl* Beziehungen bestehen. Das wäre natürlich am ehesten für die Tierfellmäler zu erwarten, denen die Lentigines klinisch ja am nächsten stehen. Bei 15 Fällen von Tierfellmälern verschiedener Ausdehnung wurde aber eine durchschnittliche Lentigozahl angetroffen, die der Norm entsprach (28,5); nur die Zahl der sog. Satelliten nahm mit der Größe des Tierfellnaevus zu (Siemens). Für die Muttermäler im engeren Sinne ist also bisher noch nicht einmal der Beweis einer — wenn auch noch so geringen — idiotypischen Disposition gelungen, trotzdem ich zugebe und betone, daß sie a priori wahrscheinlich ist.

Diese Tatsache zeigt, wie sehr man sich vor Verallgemeinerungen hüten muß. Der — ich möchte sagen: biologische — Grundfehler der „keimplasmatischen Naevustheorie" liegt darin, daß sie sich die Verallgemeinerung geradezu zum Prinzip gemacht hat. Was für die Linsenflecke gilt, braucht aber nicht für die Tierfellmäler richtig zu sein, und was für die Tierfellmäler richtig ist, braucht nicht für die Gefäßmäler zuzutreffen. Daß eine Krankheitsgruppe, die klinisch und histologisch so enorm verschiedene Gebilde umfaßt, ätiologisch einheitlich sein soll, empfinde ich geradezu als einen unnatürlichen Gedanken. Allerdings hat die Erbforschung nur klargestellt, daß sich — im Gegensatz zur bisherigen Meinung — die überwiegende Mehrzahl dieser Gebilde durch Hinweis auf die Erbanlagen eben *nicht* genügend ätiologisch erklären läßt. Sie sagt dagegen naturgemäß nichts aus über jene wahre Ursache der Muttermäler, die nunmehr für die Mehrzahl der Fälle außerhalb des Wirkungsbereichs der Erbmasse gesucht werden muß. Über diese wahre Ursache existieren auch sonst nicht mehr als Vermutungen. Wenn Lues eine Rolle spielt [1] oder ein vorausgegangener Zoster [2], so würden eben keine wirklichen Naevi vorliegen. Die Beziehungen zur Tuberkulose (nach J. Bauer und Haubensack sollen Naevi pigmentosi bei Tuberkulösen besonders häufig sein) erscheinen mir unglaubhaft. Die Annahme der Bedeutung zeitweiliger Adhärenzen mit den fetalen Adnexen (Apert) konnte durch Tatsachen noch nicht erhärtet werden, und wir müssen uns deshalb vorläufig mit der Vorstellung entwicklungsmechanischer

---

[1] Gougerot: Zbl. Hautkrkh. **18**, 68.
[2] Jordan: Zbl. Hautkrkh. **23**, 695.

Störungen (WEITZ) infolge der komplizierten Verhältnisse der Epigenese begnügen.

Ganz ähnlich wie bei den bisher besprochenen Mälern liegen die Verhältnisse bei den *Naevi vasculosi*. Nur muß man sich hier noch viel mehr davor hüten, den in der Literatur flüchtig mitgeteilten Fällen Vertrauen zu schenken. Denn viele Autoren bezeichnen neuerdings senile Angiome oder gewöhnliche flächenhafte Teleangiektasien, deren Erblichkeit ja bekannt ist (s. S. 82, 83), als Gefäßmäler (z. B. die UNNAsche Hinterhauptsteleangiektasien), und MEIROWSKY[1] geht sogar so weit, eine gewöhnliche venöse Stauung, wenn sie familiär auftritt, Naevus zu nennen. Vermeidet man aber diese verwirrende Inflation des Naevusbegriffs, so gilt für die Naevi vasculosi (wie für die übrigen Muttermäler) die Regel, daß sie bei eineiigen Zwillingen diskordant auftreten (SIEMENS, LEVEN, V. VERSCHUER, GALTON, APERT, HALE, VERSLUYS). Doch sind von dieser Regel schon einige Ausnahmen bekannt (J. BAUER, V. VERSCHUER, CURTIUS), in denen allerdings Form und Größe des Males nicht näher angegeben und die Lokalisation mindestens in 2 Fällen verschieden gewesen ist, so daß sie wohl für eine idiotypische Disposition, nicht aber im Sinne der „keimplasmatischen Naevustheorie", d. h. nicht im Sinne einer streng erblichen Bedingtheit des einzelnen Males sprechen würden. LENZ berechnete auch Korrelationen von Naevi vasculosi bei eineiigen Zwillingen; es läßt sich aber nicht sagen, was man aus seinen Zahlen schließen darf, weil er nicht angibt, was er (bzw. sein Mitarbeiter MEIROWSKY) eigentlich unter Naevus vasculosus verstanden hat. Für das, was die Dermatologen im allgemeinen so bezeichnen, erscheinen seine Fälle viel zu zahlreich.

Diesen Zwillingsbeobachtungen entspricht, was über familiäres Auftreten von Gefäßmälern bekannt ist. Auch hier gilt als Regel, daß diese Mäler solitär sind, und auch hier sind die Ausnahmen von dieser Regel meist nicht recht zu verwerten, weil nähere klinische Angaben und objektive Unterlagen fehlen. In den wenigen Fällen mit genaueren Angaben handelt es sich um einen ausgedehnten rechtsseitigen Naevus flammeus bei zwei Geschwistern (BENEDIKT), um multiple Cavernome beim Vater und eine isolierte Cavernomgruppe beim Sohn[2], um zwei Gefäßmäler auf der Eichel bzw. eines am Oberschenkel bei zwei Brüdern[3]. Einmal sah ich auch bei zwei Schwestern kavernöse angeborene Angiome zwischen Glabella und linkem inneren Augenwinkel, die wegen ihres progredienten Wachstums beide operiert werden mußten. Bedenkt man dabei die große Häufigkeit der Naevi vasculosi, so scheint es mir schwer zu sagen, wie weit der Zufall am Zustandekommen solcher Fälle mitbeteiligt ist. Da zudem auch die Lokalisation der familiären Mäler bei den einzelnen Familienmitgliedern meist ganz verschieden war, läßt sich aus ihnen wie aus den Zwillingsbeobachtungen höchstens auf eine idiotypische Disposition schließen; daß streng erbliche Bedingtheit eines bestimmten Males vorkommen könne, läßt sich ebensowenig ausschließen wie bei den übrigen Naevi, kommt aber bei der Fülle der negativen Beobachtungen für die überwiegende Mehrzahl der Gefäßmäler ebensowenig in Frage. Auch die Gefäßmäler sind also nach Form, Struktur und Lokalisation in der Regel entscheidend paratypisch bedingt; das Vorhandensein einer gewissen erblichen Disposition ist dabei anzunehmen.

Zu dem gleichen Schluß bezüglich der erblichen Disposition kam *Curtius* durch seine systematischen Korrelationsstudien bei den Phlebektasien (s. S. 85). Denn in seinem Material fand er Beziehungen zwischen den vasculären Naevi (13 Fälle) und den Symptomen seines mehr oder weniger erbbedingten „Status

---

[1] Zbl. Hautkrkh. 18, 147.
[2] SIEMENS: Arch. f. Dermat. 143, 461.
[3] DUBREUILH-CHAMBARDELH: Zbl. Hautkrkh. 12, 458.

„varicosus". Über die Größe dieser Beziehungen macht er aber keine Angaben. Seine Befunde lassen sich deshalb vorläufig nicht verwerten, zumal Siemens schon vorher 33 Fälle vasculärer Mäler auf das Vorhandensein sonstiger Teleangiektasien untersucht hatte und zum *entgegengesetzten* Resultat gekommen war[1]; denn er konnte die verschiedenen Teleangiektasien, Naevi aranei, Angiomata senilia usw. bei seinen Fällen *nicht häufiger* antreffen, als ihrer allgemeinen Verbreitung entspricht. Die Korrelationen, die Curtius annimmt, scheinen also zum mindesten doch nur gering und wohl kaum von praktischer Bedeutung zu sein. Ein sicheres Urteil darüber werden aber erst weitere Untersuchungen ermöglichen.

Bezüglich der erblichen Übertragung der Naevi vasculosi betont Curtius, daß er mit Siemens-Henle vorläufig einen zurückhaltenden Standpunkt einnehmen möchte; an anderer Stelle spricht er zwar der Erblichkeit „eine recht beträchtliche Rolle" zu, denkt dabei aber wohl nur an eine allgemeine erbliche Disposition, da er die Hypothese der Heterophänie heranzieht und so aus der „Omnipotenz der mesenchymalen Mutterzellen" (K. H. Bauer), nicht aber aus den *Erbanlagen* die verschiedene Form und Lokalisation des Males bei den einzelnen Verwandten erklären möchte. Ausdrücklich betont er, daß der Zusammenhang mit dem Status varicosus nur für die venösen Gefäßmäler Geltung habe, also wohl für die Mehrzahl von ihnen, nicht aber für alle.

Gefäßmäler sollen bei Weibern zwei- bis dreimal so oft vorkommen wie bei Männern[2]. Bemerkenswert ist, daß die Naevi flammei schon öfters (bisher 14 Fälle) in Kombination mit Hydrophthalmus congenitus angetroffen wurden[3]. Unsicherer sind die Beziehungen zur kongenitalen Hemihypertrophie, die Telfood veranlaßt haben, Hemihypertrophie, Naevus vasculosus und Varicen als eine klinische Einheit aufzufassen[4]. Unglaubhaft erscheint mir die behauptete Affinität der Naevi vasculosi zur Tuberkulose (J. Bauer), sowie die kausale Beziehung zu Teratom und Zwillingsgravidität, die auf Grund eines einzelnen Falles angenommen wurde, in dem Bruder und wahrscheinlich auch Onkel des Patienten mit Teratom behaftet waren, und die Großmutter Zwillinge geboren hatte[5].

Über die wahren Ursachen der Naevi vasculosi wissen wir ebensowenig wie über die der übrigen Muttermäler. Die Vermutungen darüber fallen deshalb mit jenen zusammen, die oben erwähnt wurden (S. 142). Bei der Schwierigkeit der Abgrenzung gegenüber den Teleangiektasien wird auch auf diese verwiesen (S. 82ff.). In einem Falle wurde angenommen, daß ein Naevus vasculosus durch trophische Störungen infolge Syringomyelie entstand[6].

Wie die Hämangiome sind auch die *Lymphangiome* regelmäßig solitär. Nur in einem unsicheren Fall soll diese Naevusform bei Mutter und Sohn vorhanden gewesen sein (Schnabel).

Daß sich das Negativ des Naevus vasculosus, der *Naevus anaemicus*, ähnlich verhalten wird, ist zu vermuten. Denn er wurde einmal bei eineiigen Zwillingen beobachtet, allerdings in Kombination mit Naevus vasculosus, und war in diesem Falle diskordant (Siemens). Über familiäres Auftreten ist mir bisher gar nichts bekannt geworden, denn in dem einen Fall, der 7 Generationen einer Familie betrifft[7], handelte es sich offenbar um einen Albinismus circumscriptus, weil

---

[1] Klin. Wschr. **1927**, Nr 4.
[2] Kramer, Gessler, Haubensack: Zbl. Hautkrkh. **20**, 435.
[3] Marchesani: Zbl. Hautkrkh. **19**, 392.
[4] Wakefield: Zbl. Hautkrkh. **20**, 777.
[5] Lucksch und Ringelhan: Virchows Arch. **261**, 372.
[6] Barkmann: Zbl. Hautkrkh. **22**, 4.
[7] Dengler: Zbl. Hautkrkh. **17**, 536.

hier der „Naevus anaemicus" mit dem charakteristischen weißen Haarbüschel in der Stirngegend kombiniert war. Gewisse idiodispositionelle Beziehungen der Naevi anaemici werden sich vielleicht durch ihr Studium bei Reckling-hausenkranken erfassen lassen, da sie bei diesen gehäuft zu sein scheinen, wenn auch wohl nicht entfernt in dem Maße, wie oft angenommen worden ist (JADASSOHN, SIEMENS [1]).

Im Gegensatz zu den angiomatösen Naevi steht das seltene *Angiokeratoma Mibelli* (korrekter wäre „Keratoangioma", da die Capillardilatation das Primäre ist) offenbar in Abhängigkeit von schlechten Zirkulationsverhältnissen und von dem äußeren Einfluß der Kälte an Händen und Füßen. Denn es wird gewöhnlich bei Akroasphyktikern angetroffen, und häufig sind Erfrierungen mit Bildung von Pernionen voraufgegangen. Da aber Akroasphyxie und Neigung zu Frostbeulenbildung meist in höherem Maße idiotypisch bedingt sind (S. 81), so kann auch beim Angiokeratoma Mibelli die erbliche Disposition groß genug werden, um zu familiärer Häufung des Leidens zu führen, die sich dann bald nur auf Geschwister, bald auf Elter und Kinder oder angeblich selbst Groß-elter und Enkel erstreckte. Mehrfach wurde beobachtet, daß Geschwister, Eltern und andere Verwandte der Behafteten zwar kein Angiokeratom, wohl aber Perniones aufwiesen. So zeigen die familienpathologischen Beobachtungen augenfällig, daß trotz der ätiologischen Bedeutung der Kälte auch eine idio-typische Disposition als praktisch wesentliches Moment in die Erscheinung tritt. Mehr läßt sich vorläufig nicht sagen, da systematische Untersuchungen fehlen.

Die individuelle und familiäre Kombination des Angiokeratom mit Unter-schenkelvaricen (SCHEUER) dürfte wohl auf Zufall beruhen. Dagegen ist die Behauptung, daß das Leiden auffallend häufig Tuberkulöse befällt, schon des-halb einleuchtend, weil ja bei diesen auch die disponierende Akroasphyxie anscheinend besonders häufig ist. Sollte diese Akroasphyxie der Tuberkulösen, wie manche Autoren glauben, eine toxische Folge der bacillären Erkrankung sein, so hätten wir es hier mit einer nichterblichen erworbenen Disposition zum Angiokeratom zu tun.

Einmal wurde bei Vater und ältestem Sohn gleichzeitig Sklerodaktylie mit Nekrose der Fingerspitzen beobachtet, während die beiden anderen Söhne nur Angiokeratome hatten (PRINGLE).

Das Angiokeratoma MIBELLI kann durch andere nichterbliche Hautaffek-tionen mit circumscripter Erweiterung der Papillargefäße und sekundärer Ver-hornung nachgeahmt werden (BOECKsches Sarkoid, Lupus pernio, sog. Angio-lupoid, papulonekrotische Tuberkulide, Lupus erythematodes), außerdem zuweilen auch durch verrukös werdende senile Angiome (WERTHEIM). Klinisch wie ätiologisch begründet ist ferner die Abtrennung der einseitigen (solitären, gruppierten oder systematisierten), meist angeborenen *keratoangiomatösen Naevi*, bei denen, wie bei fast allen anderen Muttermälern, Anzeichen für idiotypische Bedingtheit (gehäuftes familiäres Auftreten!) bisher noch niemals beobachtet worden sind (WERTHEIM).

Den Muttermälern ähnelt äußerlich die RECKLINGHAUSEN*sche Krankheit*. Doch handelt es sich bei ihr durchaus nicht einfach um eine „Naevuskrankheit", sondern um klinisch und histologisch typische Neubildungen (Neurinomatose), deren begleitende Symptome zum Teil mit Naevi verwechselt werden können, bei näherer Betrachtung sich aber doch deutlich von ihnen unterscheiden [1]. Die Krankheit ist ziemlich selten, schätzungsweise 1 Fall auf 2000 Patienten (DAVENPORT). Ihre Erblichkeitsbeziehungen waren noch zu HEBRAs Zeiten

---

[1] SIEMENS: Arch. f. Dermat. **150**, 80.

unbekannt. Später wurden sie um so mehr überschätzt[1]. Preiser und Davenport fanden unter 115 Kindern Behafteter 43,5% Kranke. Ihr Material war
aber sehr scharf nach Krankheitshäufung ausgelesen, also nicht repräsentativ.
Ihr Ergebnis bewirkte jedoch, daß man seither das Leiden für einfach dominant
hielt. Als demgegenüber einige Autoren auf die Häufigkeit des solitären Auftretens hinwiesen, tröstete man sich einfach mit der Vorstellung, daß diese
negativen Beobachtungen sich durch das Übersehen abortiver Fälle erklärten[2].
Systematische Untersuchungen von 32 Verwandten Recklinghausen-Kranker
zeigten aber, daß die familiäre Häufung des Leidens für einfache Dominanz
tatsächlich viel zu gering ist und auch durch Erfassung der Abortivformen nicht
wesentlich größer wird, weil diese viel zu selten sind (unter 23 Nahverwandten
Recklinghausen-Kranker nur 3 Fälle). Von 14 nicht ausgelesenen Reck-
linghausen-Fällen waren nur 4 familiär[3], von 77 Nahverwandten nur 7 nachweislich behaftet[4]. Die Dominanz ist also bei der Recklinghausenschen
Krankheit in so hohem Maße unregelmäßig, daß die Übertragung der pathologischen Erbanlage häufiger durch äußerlich Gesunde als durch Kranke
erfolgt. Das stimmt gut mit der Beobachtung überein, daß die Fruchtbarkeit der Recklinghausen-Kranken stark vermindert erscheint, was bei einem
regelmäßig dominanten Leiden rasch zur Selbstausmerzung führen müßte
(Siemens 1926).

Diese Befunde wurden durch die Bearbeitung des Literaturmaterials bestätigt[5].
Denn unter 466 Fällen war hier von einer Behaftung der Kinder nur in 18%
der Fälle etwas bekannt, und nur in 16% der Fälle war einer der Eltern behaftet.
Recklinghausen-kranke Männer kommen etwas häufiger zur Beobachtung des
Arztes als Weiber, da sie 57% von 243 Fällen (Davenport) bzw. 64% von
466 Fällen (G. A. Fischer) ausmachen. Die Durchschnittsfruchtbarkeit der
Behafteten scheint außerordentlich niedrig zu sein; bei den Männern vom 50.
und den Weibern vom 40. Lebensjahr an konnte nur eine Kinderzahl von 1,1
pro Person berechnet werden. Auffallend viele Kranke bleiben ledig; bei denen,
welche zur Ehe gelangen, ist das Heiratsalter ungewöhnlich hoch. Bei den
schwereren Fällen scheint auch die Lebenserwartung in statistisch feststellbarem
Maße herabgesetzt (H. A. Fischer).

Für Rezessivität liegen keine Anhaltspunkte vor. Elterliche Blutsverwandtschaft wurde nicht beobachtet. In einem Falle waren zwei Halbgeschwister,
Kinder einer behafteten Mutter, Recklinghausen-krank[6]. Bei Zwillingen wurde
das Leiden noch nicht angetroffen. Dagegen ist es mehrmals halbseitig beschrieben[7]; diese Fälle waren bisher immer solitär. Die Annahme Hoekstras,
daß in den jüngeren Generationen eine Zunahme der degenerativen Erscheinungen
stattfindet, beruht wahrscheinlich auf einer Täuschung durch unbewußte Auslese des Materials; bei der herabgesetzten Lebens- und Fruchtbarkeitserwartung
der schwerer erkrankten Personen haben diese eben schon an sich nur geringe
Aussichten, als Eltern in ein Material hineinzugelangen. Die Dinge liegen
also hier wohl ebenso wie bei der oft erörterten scheinbaren „Anteposition"
erblicher Krankheiten.

---

[1] Die Meinung Behdjets, daß das Leiden durch Syphilis bedingt sei (Dermat. Wschr.
84, 144), steht vereinzelt da.
[2] Apert, H. Fischer, Acuña-Bazan: Zbl. Hautkrkh. 16, 567.
[3] Entsprechend fand Potti (Zbl. Hautkrkh. 21, 309) unter 14 Fällen 5 familiäre.
[4] Siemens: Virchows Arch. 260, 234.
[5] G. A. Fischer: Arch. f. Dermat. 152, 611.
[6] Guillain: Zbl. Hautkrkh. 7, 491.
[7] Porias: Zbl. Hautkrkh. 16, 382; Ostrowsky: Zbl. Hautkrkh. 23, 631; Nadel: Zbl.
Hautkrkh. 23, 633.

Neben der Erbbedingtheit der RECKLINGHAUSENschen Krankheit überhaupt wurde auch die Erbbedingtheit ihrer Einzelsymptome studiert. Von den großen Pigmentflecken der RECKLINGHAUSEN-Kranken steht fest, daß sie bei den behafteten Mitgliedern der gleichen Familie recht verschieden sein können. Sie sind also nicht allein von der spezifischen RECKLINGHAUSENschen Erbanlage abhängig [1]. Um besser beurteilen zu können, wieweit die *Zahl* dieser Flecke unter der Kontrolle der Erbanlagen steht, wurde an 18 Patienten die Ähnlichkeit in der Fleckenzahl beider Körperhälften berechnet. Denn diese entspricht nach unseren zwillingspathologischen Erfahrungen annähernd derjenigen Ähnlichkeit, die für eineiige Zwillinge zu erwarten ist. Auf diese Weise ergab sich, daß die Ähnlichkeit eineiiger Zwillinge in bezug auf die Zahl der RECKLINGHAUSEN-Flecke 64 : 100 beträgt, daß die Fleckenzahl bei erbgleichen Personen also um etwa $^1/_3$ der Gesamtzahl der Flecken schwankt. Die Ähnlichkeit eineiiger Zwillinge bezüglich der Efflorescenzenzahl ist demnach bei den „großen RECKLINGHAUSEN-Flecken" sicher nicht größer als bei den Lentigines. Dagegen ist der *Unterschied* gegenüber der Ähnlichkeit *zweieiiger* Zwillinge natürlich bei den RECKLINGHAUSEN-Flecken erheblich größer, da sich die Ähnlichkeit der Zweieiigen hier nur auf etwa 5 : 100 berechnet, gegenüber 62 : 100 bei den Lentigines (SIEMENS 1926). In diesen Zahlen zeigt sich sehr anschaulich die besondere Bedeutung der Erbanlagen für die Entstehung der großen RECKLINGHAUSEN-Flecke.

In der Familie RECKLINGHAUSEN-Kranker kommen gelegentlich Individuen vor, welche die typischen Pigmentflecke zeigen, aber dauernd neurinomfrei bleiben. Solche „*Abortivformen*" werden allerdings bei Jugendlichen oft voreilig diagnostiziert und mit der typischen Frühform verwechselt, da ja die RECKLINGHAUSENsche Krankheit in der ersten Lebenszeit normalerweise tumorfrei verläuft. Sie sind deshalb seltener, als es der Literatur nach den Anschein hat. Die Abortivformen können in der Weise verlaufen, daß große *und* kleine Flecke vorhanden sind (JADASSOHN, FEINDEL und THIBIERGE), oder daß *nur* kleine (SIEMENS), vielleicht auch, daß *nur* große sich bilden. Am häufigsten scheint die Abortivform zu sein, die nur aus kleinen RECKLINGHAUSEN-Flecken besteht, denn sie wurde unter 32 Verwandten RECKLINGHAUSEN-Kranker 3 mal angetroffen, und zwar 2 mal bei einem Bruder, 1 mal bei dem Vater des Kranken [2]. Unklar sind dagegen in ihrer nosologischen Stellung diejenigen Fälle, bei denen mehrere Mitglieder einer RECKLINGHAUSEN-freien Familie multiple große [3] bzw. multiple kleine [4] Pigmentflecke hatten, die den RECKLINGHAUSENschen Pigmentierungen glichen. Auch hier kann es sich um wirkliche Abortivformen der RECKLINGHAUSENschen Krankheit handeln, aber es läßt sich natürlich nicht ausschließen, daß trotz der äußeren Ähnlichkeit mit den RECKLINGHAUSEN-Flecken eine eigene erbliche Pigmentanomalie vorliegt, die keinen engeren Zusammenhang mit der Neurinomatose besitzt.

Wenn auch die Neigung zu bestimmten Fleckenbildungen mit der RECKLINGHAUSENschen Krankheit erblich bedingt ist, so scheint doch Größe und Lokalisation der einzelnen Flecke von der RECKLINGHAUSENschen Erbanlage unabhängig zu sein. Jedenfalls wurde Übereinstimmung eines bestimmten Fleckes bei den Behafteten derselben Familie bisher noch nicht beschrieben, scheint also höchstens ausnahmsweise vorzukommen. Dagegen wurde mehrmals ein bestimmter Einzeltumor, zum mindesten eine sehr ähnliche Lokalisation eines Einzeltumors bei mehreren behafteten Familienmitgliedern angetroffen,

---

[1] SIEMENS: Virchows Arch. **250**, 234.
[2] SIEMENS: Dermat. Z. **46**, 168.
[3] HOLLÄNDER: Arch. f. Dermat. **143**, 329.
[4] MEIROWSKY-BRUCK: Münch. med. Wschr. **1921**, 1048.

z. B. Lidgeschwülste oder Geschwülste am Gesäß, an der linken Brust bzw. am Rücken bei 2 bis 4 Behafteten der gleichen Familie. Das scheint für die Existenz einer spezifischen Erblichkeit von Einzelefflorescenzen bei der Neurinomatose zu sprechen; doch muß man dabei im Auge behalten, daß die Efflorescenzenerblichkeit sicher keine Eigenheit „der" Recklinghausenschen Krankheit ist, daß sie vielmehr nur in einer starken Minderheit von Familien angetroffen wurde, also entweder dem Grade nach nur äußerst gering oder bloß eine Eigentümlichkeit einzelner ganz weniger Erbstämme ist.

Die Recklinghausensche Krankheit vereinigt in sich nicht nur die verschiedensten Hauterscheinungen, sie ist häufig auch noch mit anderen Störungen kombiniert. Bei mehr als der Hälfte der Fälle bestehen Intelligenzmängel; nicht selten wurden Störungen in der Sexualsphäre festgestellt (Impotenz und Asexualität bei den Männern, verspäteter Beginn und vorzeitiges Erlöschen der Regel bei den Weibern), und auch Störungen des Knochenwachstums (Kyphoskoliose, Kleinwuchs) werden ohne Zweifel viel häufiger angetroffen, als dem Durchschnitt entspricht. So sind folglich auch mesenchymale Gebilde an dem Leiden sicher beteiligt, wodurch sich die öfters vertretene Auffassung als einer „Systemerkrankung" des Ektoderms als zu eng erweist.

Allgemein verbreitet ist auch die Meinung, daß die Recklinghausensche Krankheit besonders häufig mit Naevi (Tierfellmälern, Hämangiomen, Lymphangiomen, Fibromata pendula) kombiniert sei. In dieser Korrelation mit der erblichen Neurinomatose würde ein Beweis dafür liegen, daß die genannten Muttermäler idiodispositionell bedingt sind. Es ließ sich jedoch zeigen, daß die Annahme dieser Beziehungen nur durch die große äußere Ähnlichkeit der Recklinghausen-Symptome mit den verschiedenen Naevi entstanden ist, und daß sich bei kritischer Betrachtung von einem gehäuften Vorkommen typischer Muttermäler bei Recklinghausen-Kranken gar nichts konstatieren läßt[1].

Noch nicht geklärt ist die nosologische Stellung der lappigen, elefantiastischen sog. „Schwimmhosennaevi". Anscheinend handelt es sich dabei gar nicht um Naevi, sondern um eine Erscheinungsform der Neurinomatose, denn von 27 Patienten wiesen 21 noch andere Hauttumoren auf, die sich vielfach als Recklinghausen-Geschwülste erwiesen (Heuer). Auffallend ist dabei, daß familiäres Auftreten bisher in keinem Falle beobachtet wurde.

Ebenso unklar liegen die Verhältnisse bei der Dystrophia pigmentosa Leschke, die bald als eigenes Syndrom aufgefaßt, bald der Recklinghausenschen Krankheit zugeordnet wird, da sie mit analogen Pigmentationen, Kleinwuchs, inkretorischen und Stoffwechselstörungen einhergeht[2].

Die wichtigste Komplikation der Recklinghausenschen Krankheit ist die sarkomatöse Entartung, über die bereits berichtet wurde (S. 136). Mehr als Kuriosum ist ein Fall von Interesse, in dem ein Recklinghausen-kranker Mann eine Frau mit dystrophischer Epidermolysis bullosa heiratete; von den 6 Kindern litten 4 an beiden Krankheiten und je eins an Morbus Recklinghausen bzw. an Epidermolyse allein[3].

Neuerdings werden vielfach auch Beziehungen der Recklinghausenschen Krankheit zur tuberösen Hirnsklerose angenommen, die mir jedoch noch unsicher erscheinen, da sie vielleicht ebenfalls nur durch äußere Ähnlichkeiten beider Leiden vorgetäuscht sind. Die tuberöse Sklerose macht gleichzeitig Hauterscheinungen (Adenoma sebaceum des Gesichts, ähnliche Tumoren an anderen

---

[1] Siemens: Arch. f. Dermat. **150**, 80; G. A. Fischer: Dermat. Wschr. **84**, 89.
[2] Galant: Med. Klin. **1929**, 250.
[3] Curtius-Strempel: Zbl. Hautkrkh. **27**, 157.

Körperstellen, an den Nagelfalzen und an der Zunge, halskrausenartige Fibrömchen [1], vielleicht auch Pigmentflecke) und psychische Störungen (Schwachsinn,
Epilepsie), sowie Tumoren in den verschiedensten inneren Organen (Herz,
Nieren, Magen, Darm [2]) und Augensymptome [3]. Familiäres Auftreten wurde
bis durch 5 Generationen beobachtet [4]. Dabei zeigen die einzelnen Behafteten
zuweilen klinisch sehr verschiedene Krankheitsbilder, z. B. die Mutter nur
Adenom und Halsfibrömchen, das Kind gleichzeitig Schwachsinn und Krämpfe
(SIEMENS), oder Vater und Tochter Hirnsklerose, Adenom und Nierentumor,
Großvater nur Nierengeschwülste (BERG). Man kann deshalb hier neben unregelmäßiger Dominanz auch von heterophäner Erblichkeit sprechen. Systematische
Untersuchungen fehlen noch.

Die Heterophänie (Verschiedenmerkmaligkeit) bezieht sich auch auf das
Adenoma sebaceum, das ja das wichtigste *dermatologische* Symptom der tuberösen
Sklerose darstellt. Denn man kann hier stark divergierende histologische Befunde bei den Mitgliedern der gleichen Familie antreffen (FUHS), wie ja denn
auch die 3 verschiedenen Formen (Typus PRINGLE, Typus HALLOPEAU-LEREDDE-
DARIER, Typus BALZER-MÉNÉTRIER) schon beim gleichen Individuum nebeneinander festgestellt wurden [5]. In einer Familie, in der 4 Frauen in 3 Generationen mit Adenom behaftet waren, litten 2 Geschwister der jüngsten Generation
an Aphasie [6], [7].

Sehr unklar sind die Erblichkeitsverhältnisse beim benignen Cystepitheliom,
dem sog. *Epithelioma adenoides cysticum* BROOKE, beim *Cylindrom* und beim
Syringom. Systematische Untersuchungen fehlen, und die Beurteilung der
Literaturfälle ist schwer, trotzdem familiäres Auftreten schon öfter beschrieben
wurde, da gerade die familiären Fälle nicht genügend histologisch untersucht
sind. Meist waren nur wenige Familienmitglieder befallen, am häufigsten
Mutter und Tochter, da unter den Behafteten mehr als doppelt so viel Frauen
sind wie Männer [8]. Es liegt danach nahe, polyid-geschlechtsbegrenzte Vererbung zu vermuten. Anscheinend können aber die einzelnen Behafteten derselben Familie ganz verschiedene Erkrankungsbilder darbieten, besonders in
histologischer Beziehung [9], so daß auch Anzeichen für Heterophänie vorliegen.
In einem Fall von Epithelioma BROOKE sollen nach den Angaben des Patienten,
eines Negers, sämtliche 76 Mitglieder seiner Familie 3 Generationen hindurch
befallen gewesen sein (SUTTON); diese Angabe ist unglaubwürdig (vgl. S. 23).

Der erbliche Charakter der *Keloide* wurde schon von ALIBERT und FUCHS
betont, und HEBRA kannte eine Familie, in der alle (?) Mitglieder behaftet
gewesen sein sollen. Trotzdem ist bis heute nichts Zuverlässiges über die idiotypische Grundlage dieser Tumoren bekannt. Manche Negerstämme haben
anscheinend eine besonders große Disposition zur Keloidbildung nach Traumen
und nützen das zu „kosmetischen" Zwecken aus. Allerdings ist auch die Art
der Traumen nicht gleichgültig, wie z. B. aus den Fällen hervorgeht, in denen
bei mehrfarbigen Tätowierungen nur an den Stellen der einen Farbe Keloide

---

[1] FREUND: Zbl. Hautkrkh. **3**, 42.

[2] MICHELSON: Zbl. Hautkrkh. **22**, 70.

[3] VAN DER HOEVE: Zbl. Hautkrkh. **14**, 70 und **21**, 725.

[4] FUHS: Zbl. Hautkrkh. **18**, 70.

[5] LOUSTE etc.: Zbl. Hautkrkh. **23**, 556.

[6] HAMILTON: Zbl. Hautkrkh. **14**, 70.

[7] Hier möchte ich auch einen „Bindegewebsnaevus" erwähnen (klinisch: gruppierte
gelbbräunliche Papeln an der oberen Brusthälfte, histologisch: dichte Bindegewebsfasern),
der angeblich auch bei Mutter und Großmutter der Patientin vorhanden gewesen sein soll
(WITH: Zbl. Hautkrkh. **2**, 62).

[8] FINSEN: Zbl. Hautkrkh. **20**, 782.

[9] HANSER-FUHS: Arch. f. Dermat. **156**, 43.

entstehen (Jadassohn); besonders leicht scheinen Verbrennungen und Ver-
ätzungen zu Keloiden zu führen. Ebenso verhalten sich die Körperregionen
verschieden; die hauptsächlichste Prädilektionsstelle ist die Brust. Frauen
sollen viel häufiger befallen sein als Männer (Justus). Über familiäre Fälle
wird in der Literatur nur ausnahmsweise berichtet. Einmal war ein Spontan-
keloid bei Mutter und Tochter mit Basedowscher Krankheit vergesellschaftet[1].
In einem anderen Fall bestanden keloidartig gewucherte Narben bei Mutter
und Kind schon seit Geburt (Frühinsholz). Bei eineiigen Zwillingen wurden
einmal übereinstimmende Keloide am Kopfhaarwirbel im Zusammenhang
mit kongenitalen Hautdefekten angetroffen[2]. Für die Angabe, daß die Keloid-
neigung in Beziehung zur fibrösen Diathese stehe, die ein Bestandteil des Status
hypoplasticus sei und mit prognostisch günstigen Formen der Lungentuberkulose einhergehe, habe ich keine empirischen Belege finden können.

Keloide, die sich an erbliche Hautkrankheiten anschließen (Acne vulgaris),
können natürlich mit diesen erblich sein.

Auch bei der Entstehung der genuinen Form der *Induratio penis plastica*[3]
scheinen die Erbanlagen eine gewisse Rolle zu spielen, ohne daß wir näheres
wüßten. Einmal waren 2 Brüder damit behaftet, die beide auch eine Dupuytrensche *Contractur* gehabt haben sollen[4]. Für die Erblichkeit dieser Contractur, deren Beziehung zur Induratio penis ja bekannt ist, spricht die Tatsache, daß sie schon öfters, bis durch 4 Generationen, familiär beobachtet
wurde[5], auch von mir bei Vater und 2 Söhnen (1 Sohn und 3 Töchter frei) bzw.
bei Patient, Vatersbruder und Großvater. Hier scheinen also unregelmäßig
dominante Erbanlagen eine Rolle zu spielen. Dabei kann die Induratio penis
(Sprogis sagt allerdings „Os priapi"), angeblich auch eine Hyperkeratosis
unguium (Sprogis), im Erbgang als Äquivalent der Contractur auftreten. Daß
Sprogis für *recessive* Erbbedingtheit eintritt, ist offenbar bloß ein Mißverständnis.
Da Männer sehr viel häufiger an der Contractur erkranken (in der Familie
von Sprogis z. B. 15 ♂ und 2 ♀), dürfte Geschlechtsbegrenzung vorliegen.
Anscheinend wurde in einem Fall auch eine linksseitige Dupuytrensche Con-
tractur bei zwei eineiigen Zwillingen beobachtet[6].

Die *Dermatomyome* bieten nach den bisherigen Erfahrungen im allgemeinen
keine Anhaltspunkte für Erbbedingtheit. Nur in einem Fall war auch der
mütterliche Onkel des Patienten mit Leiomyomen der Haut behaftet[7].

Schon lange bekannt ist dagegen die teilweise erbliche Bedingtheit der
Xanthomatose (Cholesterosis cutis). Gossage stellte bereits 7 familiäre Fälle
zusammen und zählte 34 kranke zu 35 gesunden Geschwistern. Seither wird
das Xanthom in der Literatur den dominanten Erbleiden zugezählt. Die Verhältnisse liegen aber doch komplizierter.

Vor allem sind viele Xanthome durch innere Leiden, die durchaus nicht
erblich zu sein brauchen, bedingt (Diabetes, Ikterus, Nephritis, Leberleiden).
Auch die genuinen sind aber meist solitär. Deshalb stellen die *familiären* Fälle
eine besonders starke unbewußte Auslese nach Krankheitshäufung dar, und
das Verhältnis von 53 kranken zu 58 gesunden Geschwistern, das von meiner
meiner Mitarbeiterin Fasold in 15 Familien gefunden wurde[8], erlaubt

---

[1] Widal: Zbl. Hautkrkh. **21**, 726.
[2] Loewy: Dermat. Wschr. 78, 1660, bzw. Meirowsky: Zbl. Hautkrkh. **16**, 376.
[3] Die Fälle nach Gonorrhöe, Syphilis und Trauma werden vielfach gar nicht mehr
zur plastischen Induration gerechnet.
[4] Bruhns: Zbl. Hautkrkh. **14**, 23.
[5] J. Bauer, Löwy: Arch. Rassenbiol. **16**, 238; Sprogis: Zbl. Hautkrkh. **20**, 377.
[6] Wiggam: J. Hered. **14**, 311.
[7] Hagena: Zbl. Hautkrkh. **18**, 72.
[8] Arch. Rassenbiol. **16**, 54.

infolgedessen durchaus nicht den Schluß auf einfache Dominanz. In der Tat kommt oft Überspringen von Generationen vor, nämlich 9 mal in 33 Familien, darunter einmal 2 Generationen hintereinander, und in 9 weiteren dieser Familien waren beide Eltern der Behafteten sicher frei (FASOLD). Die familiären Xanthome sind also — zum mindesten in der Mehrzahl der Fälle — zwar dominant, die Dominanz ist hier aber besonders unregelmäßig. Für das Vorkommen recessiver Formen liegen noch keine genügenden Anhaltspunkte vor, trotzdem in einem Falle die Eltern blutsverwandt waren (ARNDT), und in einem anderen mit Erkrankung aller 5 Geschwister die beiden nichtbehafteten Eltern Hypercholesterinämie aufwiesen [1], [2]. Männer und Weiber sind in gleicher Häufigkeit beteiligt, bei den familiären Fällen 42 : 52, also $45 \mp 15^0/_0$ Männer.

Die Cholesterinablagerung in der Haut entwickelt sich fast immer auf dem Boden einer *Hypercholesterinämie*. Die beschriebenen Unregelmäßigkeiten im dominanten Erbgang der familiären Xanthome könnten deshalb möglicherweise daher rühren, daß nicht die Xanthombildung, sondern nur die Hypercholesterinämie streng erblich bedingt ist. Dafür spricht, daß in mehreren Fällen von tuberösem Xanthom über Hypercholesterinämie bei Geschwistern oder Eltern berichtet wird. Systematische Blutuntersuchungen von Patienten mit Xanthoma palpebrarum und ihrer erreichbaren Nahverwandten konnten denn auch bei 7 unbehafteten Verwandten (5 Kinder, 1 Bruder und dessen Sohn) 4 mal das Vorhandensein einer Hypercholesterinämie aufdecken (SIEMENS-WEINDEL). Wenn das Material vorläufig auch noch gering ist, so beweisen diese Befunde doch jedenfalls, daß die Unregelmäßigkeiten der Dominanz sich vermindern werden, wenn man nicht die Xanthombildung, sondern die Hypercholesterinämie als das zu untersuchende erbliche Merkmal auffaßt. Allerdings sind auch dann noch gewisse Komplikationen des Erbgangs zu erwarten, da es ja Xanthomatöse ohne Hypercholesterinämie (SIEMENS) und sogar solche gibt, denen jedes nachweisbare Cholesterin im Blute fehlt (SIEMENS-WEINDEL), und da einmal bereits auch 2 xanthombehaftete Geschwister ohne Vermehrung des Blutcholesterins beschrieben wurden [3].

Die familiären Xanthome repräsentieren klinisch keinen besonderen Typ. Sie können in jedem Alter, schon vor der Geburt oder erst im Präsenium auftreten. Ebenso können Form und Lokalisation sehr verschieden sein, ausnahmsweise sogar bei den Behafteten der gleichen Familie (FASOLD). In einer Reihe der familiären Fälle handelt es sich um das relativ häufige Xanthoma palpebrarum, das allerdings bei den verschiedenen Rassen große Häufigkeitsunterschiede zeigen soll (JADASSOHN).

Trotz der engen Beziehungen zur Hypercholesterinämie sind bei den familiären Xanthomen diejenigen inneren Leiden, welche erfahrungsgemäß zu Xanthom disponieren, meist nicht vorhanden (FASOLD). Andererseits ist aber auch schon ein Xanthoma diabeticorum bei Mutter und Sohn einer Diabetikerfamilie (die Tochter hatte nur Diabetes) beschrieben worden [4], und es wird behauptet, daß bei den Verwandten der Xanthomatösen auch Cholelithiasis [5] und schwere Atherosklerose [6] als Ausdruck einer erblichen Cholesterindiathese vorkämen. Daß den dominant erblichen Fällen stets hämolytischer Ikterus zugrunde liege (MORICHAU-BEAUCHANT), ist offenbar unrichtig. Dagegen scheint der doppelseitige Arcus lipoides corneae praesenilis und juvenilis (sog. Gerontoxon) relativ

<hr>

[1] Die Mutter allerdings nur 0,168, also noch einen Grenzwert.
[2] SCHMIDT: Zbl. Hautkrkh. 6, 171.
[3] SCHOLTZ: Arch. f. Dermat. 137, 144.
[4] GORDON-FELDMAN: Zbl. Hautkrkh. 16, 58.
[5] PANZEL: Zbl. Hautkrkh. 23, 235.
[6] URBACH: Zbl. Hautkrkh. 16, 643.

oft mit Lidxanthom kombiniert zu sein, da ja die Hypercholesterinämie bis zu gewissem Grade die Vorbedingung für beide ist[1], [2]. Die Verhältnisse werden dadurch kompliziert, daß das Lidxanthom bei Weibern, der Arcus lipoides bei Männern häufiger (vom 45. Jahr an etwa doppelt so häufig) sein soll (Joël).

In einer ganzen Anzahl von Fällen ist auch das sog. *Pseudoxanthoma elasticum*, das freilich mit Cholesterin gar nichts zu tun hat, familiär beschrieben worden, und zwar bisher immer bei Geschwistern[3]. Frauen sollen häufiger befallen sein. In 2 Geschwisterfällen handelte es sich um Japanesen[4]. Man muß folglich an Rezessivität denken, ohne daß sich vorläufig etwas Sicheres sagen ließe.

Ebenso wurde auch das *Pseudokolloidmilium* einmal bei 2 Brüdern beobachtet[5].

Auch bei den multiplen *Lipomen* ist die Erbbedingtheit noch nicht systematisch untersucht, trotzdem sicher engere Erblichkeitsbeziehungen vorliegen. In einem Fall waren Lipome, wenn auch in verschiedener Intensität, bei zwei eineiigen Zwillingen vorhanden (v. Verschuer). Vereinzelte familiäre Fälle, die durch mehrere Generationen gehen, sind schon seit längerer Zeit bekannt[6]; in dem einen soll eine totale Begrenzung auf das männliche Geschlecht vorhanden gewesen sein (Blaschko), was aber auf einem Zufall beruhen kann, zumal Männer überhaupt etwas häufiger behaftet zu sein scheinen (Haferkorn, Steinheil).

Ein *Psammom* des Hinterkopfes wurde einmal bei mehreren Kindern nichtbehafteter Eltern becbachtet (Jadassohn).

Die sog. *Auricularanhänge*, die Chondroblastoide der Ohrmuschel, werden unter otologischen Patienten und Schulkindern einseitig bei $1,5^0/_{00}$, doppelseitig bei $0,1^0/_{00}$ der Personen angetroffen (Wiechmann, Ostmann, J. Bauer-Stein). Sie wurden in einer Anzahl von Fällen familiär beobachtet, und zwar die einseitigen ebenso wie die doppelseitigen[7]. Das gleiche gilt für die sog. *Halsanhänge*. Systematische Untersuchungen existieren noch nicht. Einseitige Ohranhänge wurden einmal bei eineiigen Zwillingen (v. Verschuer[8]), einmal bei zweieiigen (Siemens) diskordant beschrieben, ebenso auch in einem Fall mit fraglicher Eiigkeitsdiagnose (Siemens). Nicht selten sollen sie mit Spaltbildungen (Haymann) sowie mit branchiogenen Fisteln und Cysten (J. Bauer-Stein) kombiniert sein. Bei Ziegen, Schweinen, Rindern usw. kommen ähnliche, als „Glöckchen" oder „Klunkern" bezeichnete Gebilde vor, die gleichfalls Erblichkeitsbeziehungen erkennen lassen, ohne daß man bisher etwas Abschließendes darüber sagen kann.

Von derselben Bildungsstätte, dem Tuberculum anterius, geht anscheinend die *Fistula auris congenita* (Fistula auriculae congenita) aus, mit der $2\text{—}6^0/_{00}$ der Patienten behaftet sind (J. Bauer-Stein). Sie hat dadurch eine spezielle dermatologische Bedeutung, daß sie zu Retention und skrophulodermähnlichen Abszedierungen führen kann[9]. In einer Reihe von Fällen wurde sie familiär beobachtet, und zwar bis durch 5 Generationen (J. Bauer-Stein). Mehrfach ist sie in Kombination mit anderen Anomalien der Ohrmuschel beschrieben worden (J. Bauer-Stein), einmal auch mit einem Auricularanhang der anderen Seite (Seifert).

---

[1] Der einseitige Arcus lipoides ist gewöhnlich nicht hämatogen.
[2] Joël: Klin. Wschr. **1924**, 269.
[3] With, Werther, Friedmann: Arch. f. Dermat. **134**.
[4] Sasamoto: Zbl. Hautkrkh. **4**, 146; Ohns: Zbl. Hautkrkh. **17**, 47.
[5] Bosellini: Ann. Dermat. **1906**, 751.
[6] Petrén: Virchows Arch. **147**, 560.
[7] Siemens: Arch. f. Dermat. **132**, 186; Ohns: Zbl. Hautkrkh. **18**, 371.
[8] Sie sind aber in der betreffenden Publikation (Virchows Arch. **263**, 666) nicht als Ohranhänge diagnostiziert.
[9] Seifert: Zbl. Hautkrkh. **27**, 815; Steiner: Dermat. Wschr. **86**, 325.

Unbekannt sind mir auch systematische Untersuchungen über die Erbbedingtheit der *Hyperthelie* (Mamma accessoria). Bei eineiigen Zwillingen wurden einseitige akzessorische Mammillen einmal konkordant, aber spiegelbildlich beschrieben (SIEMENS), ein anderes Mal beidseitig konkordant, wobei aber der eine Zwilling keine wahre Hyperthelie, sondern nur äquivalente Haarkränze hatte (WEITZ). Später sah ich bei eineiigen Zwillingen noch 5 mal einseitige Mammillae accessoriae, jedesmal diskordant; bei zweieiigen einseitige 3 mal diskordant, 1 mal konkordant spiegelbildlich. Das zeigt also, daß die Kontrolle der Erbanlagen über die Entstehung der meisten einseitigen Fälle eine sehr lose ist. Andererseits sind aber auch einzelne familiäre Fälle in der Literatur beschrieben, einmal z. B. bei 4 Frauen in 4 Generationen[1]. Ein Autor, der unter 70 Behafteten 3 Zwillingsmütter fand, glaubt, daß Frauen mit Hyperthelie häufiger Zwillingsgraviditäten durchmachen[2]; das Material ist aber zu diesem Schluß doch viel zu klein. DARWINs Erklärung der Hyperthelie als Atavismus besagt nichts in vererbungsbiologischer Beziehung und läßt sich nicht auf alle Fälle anwenden, da überzählige Mammillen auch außerhalb der phylogenetisch dafür in Betracht kommenden Region angetroffen werden[3]. Außerdem wissen wir aus den vergleichend-anatomischen Untersuchungen von BRESSLAU[4], daß akzessorische Brustwarzen auch auf dem Wege progressiver Entwicklung entstehen können. Vielleicht wird uns auch das Studium der Erbbedingtheit der überzähligen Zitzen beim Schwein, die ebenfalls meist asymmetrisch auftreten, bessere Einblicke verschaffen (NACHTSHEIM).

9. Entzündliche Dermatosen.

Die *Ekzeme* sind bekanntlich eine klinisch und ätiologisch ungemein vielgestaltige Krankheitsgruppe. Wie bei manchen anderen Hautleiden, so wurde auch bei ihnen von den alten Dermatologen das Erblichkeitsmoment ungeheuer überwertet (LORRY, PLENK, HUFELAND, ALIBERT, RAYER, CAZENAVE). Auch hier war es erst HEBRA, der „gestützt auf reichliche Erfahrung" diesen Anschauungen energisch entgegentrat, und der selbst schon darauf hinwies, daß das gelegentliche familiäre Auftreten[5] bei einem so häufigen Hautleiden keine genügende Stütze für die älteren Anschauungen bildet; vielmehr „läßt sich höchstens daraus entnehmen, daß Ekzeme der Eltern solche der Nachkommenschaft nicht *ausschließen,* zu welcher Annahme man kommen müßte, wenn man in keinem Falle ekzematöse Kinder ekzematöser Eltern vorfände". Im allgemeinen hat deshalb die Publikation sog. „Ekzemfamilien" gar keinen Wert. Ja selbst aus statistischen Angaben, z. B. daß 279 chronische Ekzeme 112 mal direkte Vererbung nachweisen ließen (VEIEL 1862), darf man darum nicht ohne weiteres erbpathologische Schlüsse ziehen. Die bis jetzt vorliegenden Zwillingsbefunde sind (mit Ausnahme der seborrhoischen Ekzeme, s. unten) so spärlich, daß sich auch noch nichts damit anfangen läßt. Immerhin ist es interessant, daß von eineiigen Zwillingen beide ein Ekzem am Naseneingang infolge Schnupfens hatten, von zweieiigen Zwillingen dagegen zwar beide Schnupfen, aber nur einer das Ekzem (SIEMENS). In einem anderen Fall litten von eineiigen Zwillingen beide an einem Nackenekzem infolge Pediculosis, bzw. beide an aufgesprungenen Händen und Füßen (SIEMENS), in einem weiteren hatte nur der eine ein Ekzem (VERSLUYS). Bei zweieiigen Zwillingen sah ich sowohl Intertrigo wie lichenoides Ekzem diskordant, während von Pyopagen berichtet wird, daß sie Intertrigo

---

[1] KLINKERFUSS: Dermat. Wschr. **79,** 1377; ZANGEMEISTER: Münch. med. Wschr. **1918,** 113.
[2] LEICHTENSTERN: Virchows Arch. **73,** 1898.
[3] THEODOR: Zbl. Hautkrkh. **21,** 215.
[4] BRESSLAU: Münch. med. Wschr. **1912,** 2793
[5] JORDAN: Arch. f. Dermat. **156,** 659.

und Ekzem häufig gemeinsam gehabt haben sollen (Booth). Einmal wurde
ein eineiiges Zwillingspaar beschrieben, dessen einer Zwilling die gewöhnlichen
Erscheinungen eines auf Gesicht, Unterbauch und Gesäßgegend beschränkten
exsudativen Ekzematoids zeigte, während der andere zu gleicher Zeit das schwere
Bild der sog. *Erythrodermia desquamativa Leiner* darbot, woraus geschlossen
wurde, daß beide Krankheiten nur Manifestationen der gleichen Erbanlage
(der „exsudativen Diathese") seien (Rominger). Das männliche Geschlecht
soll unter den Ekzempatienten bis doppelt so stark vertreten sein wie das weibliche [1], was zum Teil wohl ein Ausdruck für die stärkere berufliche Exposition
der Männer ist.

In letzter Zeit sind unsere Kenntnisse von den *äußeren* Ursachen der Ekzeme
ganz außerordentlich erweitert und vertieft worden. Die wichtigsten exogenen
Noxen wirken aber nur bei einer Minderzahl von Personen, nur bei denen, die
überempfindlich („idiosynkrasisch" oder „allergisch") sind. Auch bei denjenigen Ekzemen, welche durch Außeneinflüsse ausgelöst werden, können also
die Erbanlagen eine wichtige Rolle spielen; die Grundlage der idiotypischen
Ekzemdisposition bildet dann *die Erbbedingtheit der Überempfindlichkeit.*

Überempfindlichkeiten müssen aber natürlich nicht notwendig idiotypisch
bedingt sein, und die neuesten Forschungen haben uns gelehrt, daß sie das
sogar noch viel weniger sind, als man sich bisher vorgestellt hat, da selbst die
immer für „konstitutionell" gehaltene Primelidiosynkrasie experimentell erzeugt
werden kann (Bloch). Andererseits sind wiederholt Fälle beschrieben worden,
in denen bestimmte Überempfindlichkeiten familiär auftraten. So wurde
z. B. Terpentinersatz-[2], Hg- (Siemens), Sedumüberempfindlichkeit[3] und Ursol-
asthma (Hanhart) bei Elter und Kind beobachtet und Mc Nair[4] glaubt sogar,
die Rhusüberempfindlichkeit als einfach recessiv ansprechen zu können, wozu
sein Material allerdings noch nicht ausreicht. Auch bei eineiigen Zwillingen
wurde Hg-Überempfindlichkeit konkordant angetroffen[5], in einem andern Fall
anamnestisch festgestellte Überempfindlichkeit gegen Ameisenstiche allerdings
diskordant (v. Verschuer). Selbst Serumanaphylaxie mit ähnlichen Erscheinungen wurde bei einer Patientin und zwei Neffen beobachtet[6]. Wie wenig
zwingend solche Beobachtungen sind, läßt sich gut daran erkennen, daß eine
Salvarsanüberempfindlichkeit in Form von Erythem bzw. Urticaria zwar bei
Vater und Kindern beschrieben wurde[7], in einem anderen Fall aber als Salvarsan-
Erythrodermie auch bei Ehegatten[8]. Auf jeden Fall ist die Familienanamnese
wohl bei der Mehrzahl der Überempfindlichen negativ (Rackemann).

Besonders kompliziert werden die Dinge dadurch, daß in manchen Fällen
nicht *eine spezielle* Überempfindlichkeit, sondern anscheinend nur eine Neigung
zu Überempfindlichkeiten der verschiedensten Art erblich bedingt ist. So sind
z. B. Brüder bekannt, von denen einer an Hg-, der andere an Jodoformidio-
synkrasie litt (Waelsch). Da von den Heufieberkranken, also den Pollen-
Idiosynkratikern, 10% gleichzeitig noch andere Idiosynkrasien (Erdbeeren,
Primel, Käse, Ei) haben (Hanhart), muß man auch bei familiärer Kombination
verschiedener Überempfindlichkeiten einen kausalen Zusammenhang für möglich
halten. Das entspräche der Annahme einer Heterophänie (Verschiedenmerkmaligkeit), die freilich immer besonders große Täuschungsmöglichkeiten in

---

[1] Hebra, Moro-Kolb: Mschr. Kinderheilk. **9**, 1.
[2] Galewsky: Arch. Rassenbiol. **15**, 338.
[3] Biberstein: Zbl. Hautkrkh. **22**, 19.
[4] Zbl. Hautkrkh. **17**, 74.
[5] Hanhart: Schweiz. med. Wschr. **1926**, 136.
[6] Schorer: Zbl. Hautkrkh. **18**, 60.
[7] Riehl: Zbl. Hautkrkh. **23**, 521.
[8] Gougerot: Zbl. Hautkrkh. **17**, 584.

sich trägt. Es sind deshalb noch sehr gründliche systematische Untersuchungen notwendig, bis wir in diese verwickelten Verhältnisse etwas besseren Einblick kriegen.

Manche Autoren glauben, daß die Allergie, die zu Dermatitiden führt, eine selbständige Schwäche der Haut darstellt, daß die Ekzematiker also abgesehen von ihrem Hautleiden im allgemeinen gesund sind (JADASSOHN, BLOCH). Andere betonen um so stärker, daß die Ekzeme, besonders die der Kinder, nur ein Symptom eines umfassenderen Krankheitsbildes darstellen, das als *„exsudative Diathese"* ein heiß umstrittenes Kapitel der Dermatologie und Pädiatrie bildet. Kraft dieser „Diathese" sollen die betreffenden Ekzeme mit Neigung zu Schleimhautkatarrhen und mit Hyperplasien der lymphoiden Organe häufiger kombiniert sein, als der zufälligen Verteilung entsprechen würde (TACHAU). Auch zu Stimmritzenkrampf, Asthma und habitueller Obstipation sollen Beziehungen bestehen, sowie zur Überernährung (MORO-KOLB), was auf die Bedeutung nichterblicher Faktoren deutlich hinweist. Die erbliche Bedingtheit der exsudativen Diathese kommt deshalb wohl nur ausnahmsweise „so schön zum Ausdruck, wie in den von F. LENZ abgebildeten Stammbäumen" (HANHART). Auch für das spätere Leben scheint diese Diathese viel weniger zu bedeuten, als häufig angenommen wird, da die Ekzemkinder später fast sämtlich ganz gesund sein sollen (MORO-KOLB). Dessenungeachtet sind die Beziehungen zwischen einer bestimmten Ekzemform, dem „spätexsudativen Ekzematoid" ROSTS, und dem Asthma bronchiale offenbar recht enge, wofür auch einzelne Fälle familiärer Kombination sprechen[1]. Dem Habitus scheint keine Bedeutung zuzukommen. Dagegen ist behauptet worden, daß das chronische Kopf- und Gesichtsekzem *pigmentarme* Säuglinge besonders häufig befalle (MORO-KOLB).

Eine sehr große Rolle spielt das Pigment ohne Zweifel bei der Entstehung des *Erythema* und des *Eczema solare*, deren idiodispositionelle Natur darin also deutlich zutage tritt. Ob auch das *papulöse* Belichtungsekzem, die sog. *Sommerprurigo*, Beziehungen zum Pigmentgehalt der Haut hat, kann ich nicht sagen. Auf jeden Fall tritt sie gelegentlich familiär auf, z. B. in einem mir bekannt gewordenen Fall bei Großmutter, Mutter (nur bis zum 14. Jahr) und Tochter. Einmal wurde sie sogar bei (eineiigen ?) Zwillingen übereinstimmend angetroffen[2].

Den chronisch-papulösen Ekzemen steht die FOX-FORDYCEsche *Krankheit* nahe, von der besonders Jüdinnen betroffen werden sollen. Diese Geschlechts- und Rassendisposition wird formalgenetisch durch die geschlechter- und rassenmäßig verschiedene Ausbildung der apokrinen Drüsen erklärt[3], die hinsichtlich Zahl und Ausbreitung am häufigsten bei den Weißen und zunehmend seltener bei den Negern, Mongolen und Australiern gefunden werden sollen[4]. Männer werden von FOX-FORDYCEscher Krankheit überhaupt nur ausnahmsweise befallen. Trotz dieser dispositionellen Grundlage ist aber von familiärem Auftreten bis jetzt nichts bekannt. Von sehr ähnlichen, also wohl eineiigen Zwillingsschwestern, war die eine schon seit zwei Jahren erkrankt, die andere ganz gesund[5].

Auch der rätselhaften Ätiologie der *Prurigo Hebrae* scheinen wir auf dem Wege der Erbforschung nicht näher kommen zu können. Meist erkrankt nur ein Kind einer Familie daran, wenngleich Auftreten bei Geschwistern auch schon gesehen wurde[6]. Das männliche Geschlecht soll unter den Patienten etwa doppelt so häufig vertreten sein. Daß das Lanugohaarkleid meist auffallend

---

[1] z. B. WITTGENSTEIN: Zbl. Hautkrkh. **19**, 227.
[2] PARKHURST: Zbl. Hautkrkh. **22**, 773.
[3] PICK: Zbl. Hautkrkh. **18**, 481.
[4] LEVEN: Zbl. Hautkrkh. **25**, 1.
[5] v. KARNOWSKI-DOBAK: Arch. f. Dermat. **148**, 76.
[6] BETTMANN: Zbl. Hautkrkh. **17**, 303.

gut erhalten, daß Zahndystrophien und unregelmäßig gebildete Ohrmuscheln besonders häufig seien (Petersen), ist noch nicht genügend belegt.

Die chronisch-squamösen Ekzeme spielen besonders als sog. *Ekzema seborrhoicum* praktisch eine große Rolle. Dahin gehören die schuppenden Herde besonders im Gesicht, zuweilen aber auch an anderen Stellen (Stamm und Extremitäten), deren Erblichkeitsbeziehungen von der dermatologischen Zwillingsforschung aufgedeckt worden sind. Das Hautleiden wurde nämlich bei schulpflichtigen eineiigen Zwillingen 22 mal konkordant, 21 mal diskordant (davon 3 mal nur abortive Behaftung) angetroffen, bei zweieiigen dagegen 8 mal konkordant, 24 mal diskordant (Siemens); Weitz fand bei seinen eineiigen Zwillingen noch häufiger Konkordanz, da bei ihm fast immer beide Zwillinge behaftet waren. In den mitgeteilten Zahlen tritt die idiodispositionelle Natur des Eczema seborrhoicum so deutlich zutage, daß man sich wundern muß, in der Literatur sonst nicht einmal einer Vermutung darüber zu begegnen. Allerdings soll Bonne 60 familiäre Fälle zusammengestellt haben, in denen 25 mal der Vater, 35 mal die Mutter behaftet war; ich habe die Arbeit aber bis jetzt nicht auffinden können.

Durch die zwillingspathologischen Befunde beim Eczema seborrhoicum tritt auch die oft behauptete idiodispositionelle Bedingtheit der *Glatzenbildung*, deren Beziehungen zu seborrhoisch-ekzematösen Prozessen ja oft erörtert werden, in ein neues Licht.

Die seborrhoischen Ekzeme führen klinisch über zur *Psoriasis*, die für fast alle alten dermatologischen Autoren das Paradigma einer erblichen Hautkrankheit war. Auch hier ist aber wieder mit fortschreitender Kenntnis das Urteil zurückhaltender geworden. Allerdings ist familiäres Auftreten häufig, aber nur selten läßt es sich durch eine größere Reihe von Generationen verfolgen wie bei Engman[1], der 14 Personen in 6 Generationen behaftet fand. Manche Autoren geben an, daß ein Drittel[2] oder — wenn man 3 bis 4 Generationen überblicken kann — sogar mehr als die Hälfte aller Fälle[3] gleichfalls behaftete Verwandte haben, dann aber wieder sollen sich unter mehreren 100 Fällen nur 6 familiäre gefunden haben[4]. v. Heiner fand unter 136 Klinikpatienten $17^0/_0$, unter 46 Privatpatienten $29^0/_0$ der Fälle familiär. Männer sollen unter den Patienten stärker vertreten sein als Weiber, im Verhältnis von etwa $3:2$[5]. In einer ganzen Reihe von Fällen wurde das Leiden bei Ehegatten beobachtet[6], was offenbar für die auch aus klinischen Gründen wahrscheinliche infektiöse Natur spricht, bei einem so häufigen Leiden aber auch einfach auf Zufall beruhen kann. Aus dem gleichen Grunde wird man sich wohl davor hüten müssen, die gelegentliche Beobachtung elterlicher Blutsverwandtschaft (Bettmann) als ein Anzeichen für Rezessivität aufzufassen, zumal Fürst bei 66 solitären Fällen niemals Konsanguinität fand.

Interessant ist eine konjugalpsoriatische Ehe, aus der ein psoriatischer Sohn hervorging, dessen sämtliche 4 Kinder wieder Psoriasis hatten (v. Heiner[7]). Da die familienpathologischen Erfahrungen bei der Psoriasis allgemein ja für eine unregelmäßig dominante Erbdisposition sprechen, liegt es nahe, diesen Sohn für einen homozygot disponierten zu halten. Etwas Sicheres läßt sich in einem Einzelfall natürlich nicht sagen. Das klinische Bild der Psoriasis war

---

[1] J. cut. Dis. **31**, 559.
[2] Lesser; Fürst: Zbl. Hautkrkh. **24**, 530.
[3] Scholtz: Zbl. Hautkrkh. **22**, 603.
[4] Knowles: J. amer. med. Assoc. **59**, 415.
[5] Fürst; v. Heiner: Zbl. Hautkrkh. **22**, 767.
[6] Bettmann: Arch. Rassenbiol. **15**, 339; Brünauer; Dér: Zbl. Hautkrkh. **25**, 90.
[7] Vgl. Abb. 17 auf S. 47.

bei diesem „Homozygoten" kein anderes, vor allem auch kein schwereres als bei seinen kranken Verwandten.

Schon mehrmals sah man bei Verwandten eine auffallende Übereinstimmung in der *Lokalisation der Psoriasis*, z. B. nur Großzehe und ein Fingerendglied bei der Mutter, nur Fingernägel und Kopf beim Sohn[1], nur behaarter Kopf bei allen 5 Behafteten einer Familie (v. HEINER), Stirnhaargrenze, Unterschenkel und Glutäus bei zwei Brüdern[2]. Das würde, wenn es häufiger vorkommt, natürlich beweisen, daß auch die Lokalisation der Psoriasis zum Teil unter der Kontrolle bestimmter Erbanlagen steht.

Die zwillingspathologischen Befunde sind bei der Psoriasis noch wenig zahlreich. Bei eineiigen Zwillingen wurde sie 3 mal konkordant angetroffen[3]; in einem vierten, diskordanten Fall (v. VERSCHUER) war das Leiden nur abortiv, nämlich nur unterhalb der linken Kniescheibe vorhanden, und infolgedessen möglicherweise auch die Diagnose nicht sicher. Die Intensität war bei den konkordanten Fällen einmal etwas verschieden, die anderen beiden Male gleich, ebenso wie auch die Lokalisation. Hierüber und über das Verhalten der Psoriasis bei zweieiigen Zwillingen wären weitere Untersuchungen erwünscht. Von 15 jährigen viereiigen Vierlingen, die ich untersuchte, waren auffallenderweise alle vier, ebenso wie der Vater, befallen, allerdings mit großen Unterschieden in der Lokalisation.

Für die Angabe, daß die Psoriasis bei Juden[4] und bei Rothaarigen besonders häufig sei, sind mir keine Belege bekannt. FÜRST hatte den Eindruck, daß in seinem Psoriasismaterial besonders viele dunkelhaarige Individuen vorhanden waren, worüber sich aber ohne Kontrolluntersuchungen kaum etwas Bestimmtes sagen läßt. Die gelegentlich beobachtete familiäre Kombination mit Ekzem, Ichthyosis, Lichen ruber, Lichen Vidal (BETTMANN) und Parapsoriasis[5] braucht noch keinen kausalen Zusammenhang zu bedeuten. Für Beziehungen zu erblichen Stoffwechsel- und Inkretstörungen scheinen mir noch keine genügenden Anhaltspunkte zu bestehen, ebensowenig für Beziehungen zum Habitus[6]; die geringen positiven Resultate erlauben bei dem kleinen Material noch keinen Schluß. Die Blutgruppe I wurde bei 268 daraufhin untersuchten Fällen auf Kosten der Gruppe II relativ oft gefunden, nämlich in $57\,\%$ gegen $28\,\%$ (statt $42\,\%$ gegen $42\,\%$) der Fälle[7].

Der *Lichen ruber*, für den man wie für die Psoriasis eine infektiöse Verursachung vermutet, wird viel seltener familiär, relativ aber noch häufiger konjugal angetroffen. 39 familiären Fällen, in denen vor allem Geschwister, aber auch Elter und Kind befallen waren, stehen 7 Erkrankungen von Elternpaaren gegenüber[8]. Das würde eine praktisch zurücktretende, dominanterbliche Disposition noch möglich erscheinen lassen, spricht aber in höherem Grade doch für Kontagiosität.

Von der *Pityriasis rubra pilaris* scheint es einen erblich bedingten Typ zu geben, da sie gelegentlich familiär angetroffen wurde[9], bis zu 6 Personen in 2 Generationen[10] und einmal, anscheinend mit Störungen endokriner Drüsen verknüpft, bei einem Vater und dreien seiner 4 Kinder[11].

---

[1] HOFFMANN: Arch. f. Dermat. **135**, 228.

[2] KRAUS: Zbl. Hautkrkh. **19**, 465.

[3] SIEMENS 1924, WEITZ, CLARK-STIBBENS: Zbl. Hautkrkh. **21**, 170.

[4] JORDAN: Dermat. Wschr. **74**, 445.

[5] SCHRÖGL: Zbl. Hautkrkh. **23**, 614.

[6] GANS-GRUHLE: Zbl. Hautkrkh. **21**, 169; STÜMPKE: A. D. **155**, 186.

[7] POEHLMANN: Arch. f. Dermat. **155**, 181 und mündliche Mitteilung.

[8] SPITZER: Arch. f. Dermat. **146**, 474.

[9] GÄRTNER: Zbl. Hautkrkh. **2**, 174.

[10] JEANSELME-BURNIER: Zbl. Hautkrkh. **18**, 365.

[11] ZEISLER: Zbl. Hautkrkh. **8**, 254.

Eine kongenitale, universelle *Erythrodermia exfoliativa* wurde einmal bei einer Frau beschrieben, die zwei Geschwister mit einem ähnlichen Leiden gehabt haben soll[1].

Über die Erbbedingtheit der ätiologisch noch unklaren *Pellagra* existieren Untersuchungen, die eine gewisse familiäre Disposition und besonders das familiäre Auftreten bestimmter Symptomenkomplexe (psychische, intestinale Hautsymptome) hervorheben[2]. In der Familie der Kranken wurden gastro-intestinale Störungen auffallend oft angetroffen. Weiße sollen häufiger befallen sein als Neger, diese sollen jedoch mehr Komplikationen von seiten des Zentralnervensystems und mehr letale Fälle aufweisen (Davenport-Muncey). Bei Epileptikern und Idioten soll die Pellagra besonders häufig auftreten (Lombroso).

10. Infektiöse Dermatosen.

Auch die infektiösen Dermatosen müssen von der Vererbungspathologie berücksichtigt werden, nicht nur weil die meisten von ihnen vor der Entdeckung ihrer Erreger für Erbkrankheiten galten, sondern auch weil jeder Infektionskrankheit eine idiotypische Disposition zugrunde liegen kann, und weil die Aufdeckung solcher Idiodispositionen zu den reizvollsten Aufgaben der modernen Vererbungspathologie gehört.

Eins der typischsten Erbleiden war für die Alten der *Favus*, der dieser Anschauung ja auch seinen deutschen Namen Erbgrind verdankt. Wir erklären uns heute sein familiäres Auftreten allein durch Ansteckung. Auch seine Häufigkeit bei den Juden (Zambucco) dürfte allein auf die schlechten sanitären Verhältnisse im europäischen Osten, nicht aber auf Rassendisposition zurückzuführen sein.

Übereinstimmende *Trichophytie* des behaarten Kopfes bzw. ein übereinstimmender Folgezustand davon (Hypotrichosis und narbige Veränderungen der Kopfhaut) wurde einmal bei eineiigen Zwillingen beobachtet (Siemens). In einem anderen Fall von übereinstimmendem „ringworm of the scalp" war die Eineiigkeit nicht ganz sicher[3]. Das Trichophyton violaceum soll besonders häufig bei Juden gefunden sein (Karrenberg).

Impetigo contagiosa sah ich bei eineiigen Zwillingen 4mal diskordant, v. Verschuer und vielleicht auch Miller je einmal konkordant. Interessant ist ein Fall von zweieiigen (verschiedengeschlechtlichen) Zwillingen, in dem das eine Kind *Pemphigus neonatorum*, das andere eine *Dermatitis exfoliativa Ritter* hatte[4]; die Pflegerin der Kinder war gleichzeitig an Impetigo bullosa erkrankt.

Sehr auffallend sind die Beobachtungen, die über *Erysipel* bei Zwillingen vorliegen. In einem Fall, dessen Eiigkeit nicht bekannt ist, trat bei beiden Kindern in der 3. Lebenswoche eine linksseitige Mastitis auf, an die sich ein Erysipel anschloß, das bei beiden Zwillingen auch die linke Hand befiel (Miller). Bei zwei eineiigen Zwillingspaaren wurden übereinstimmende Erysipele beobachtet, die von gleichen Gesichtsstellen ausgingen, ohne daß Anhaltspunkte für eine Ansteckungsmöglichkeit vorhanden waren; von zwei anderen eineiigen Paaren machte nur der eine Zwilling die Erkrankung durch (Weitz).

Den durch Pyokokken hervorgerufenen Dermatosen kann man wohl das *Erythema exsudativum multiforme* anreihen, das in der nichtdermatologischen Vererbungsliteratur mehrfach unter den erblichen Hautkrankheiten aufgeführt wird. Dafür spricht bis jetzt aber garnichts. Bei eineiigen Zwillingen wurde es einmal diskordant angetroffen (v. Verschuer). Zu Herzfehlern (Syntropie 3,0) und vielleicht auch zu Tuberkulose (Syntropie 1,8) bestehen statistisch erfaßbare Beziehungen (v. Pfaundler und v. Seht).

---

[1] Portmann: Zbl. Hautkrkh. **19**, 833.   [2] Davenport-Muncey: Arch. Rassenbiol. **15**, 215.
[3] Zbl. Hautkrkh. **21**, 170.   [4] van der Valk: Zbl. Hautkrkh. **27**, 780.

Das nahestehende *Erythema nodosum* trat einmal ausnahmsweise bei Großmutter, Enkelin und noch einem männlichen Verwandten mit einigen Tagen
Zwischenraum auf[1]. Es zeigt Beziehungen zur hämorrhagischen Diathese
(Syntropie fast 7) und zur Nephritis (Syntropie fast 5) (v. PFAUNDLER und
v. SEHT).

Ganz unsicher sind unsere Kenntnisse über die Existenz einer erblichen Disposition bei der *Gonorrhöe*. Es gibt Partnerfälle, die in diesem Sinne sprechen
(mehrere an verschiedenen Quellen infizierte Brüder bekommen Arthritis);
andere Fälle dagegen sprechen für die Existenz arthrotroper und lymphangio-
troper Kokkenstämme[2]. Die Sachlage ist also unklar.

Auch für die bacillären Infektionen, die *Lepra* und den *Lupus vulgaris* ist
die Zeit vorbei, in der man sie für Musterbeispiele erblicher Hautkrankheiten
hielt. Wir kennen heute bei ihnen keinerlei Erblichkeitsbeziehungen mehr,
nicht einmal sichere Beziehungen zum Habitus. Mit einer Beobachtung tuberkulöser Zwillinge unbekannter Eiigkeit, von denen der eine vier *Hauttuberkulide*
hatte (ORGLER), läßt sich auch nichts anfangen. Bemerkenswert ist dagegen
ein Fall, in dem Mutter und Tochter, die beide allerdings keinerlei Anzeichen
für Tuberkulose boten, ein *Granuloma annulare* von verblüffend ähnlicher
Lokalisation aufwiesen[3].

Eher wie bei der Tuberkulose der Haut ist bei der *Syphilis* der Nachweis von
Erblichkeitsbeziehungen zu erwarten. Um die enormen individuellen Verschiedenheiten im Verlauf dieses Leidens erklären zu können, muß man ja
einerseits auf Verschiedenheiten von Spirochäten-Unterrassen, andererseits auf
Verschiedenheiten der „Terrains", also der Reaktion des erkrankten Individuums
zurückgreifen[4]. Diese Reaktionsunterschiede könnten aber natürlich zu einem
großen Teil erblich bedingt sein. Der Umstand, daß die eineiigen Zwillinge
vielleicht ausnahmslos, sicher aber häufiger konkordant behaftet sind als die
zweieiigen, darf allerdings nicht in diesem Sinne verwertet werden, da ja bei
ihnen auch die Infektionsbedingungen in höherem Maße übereinstimmen (das
Material hat mein Mitarbeiter WUPPERMANN, Dissertation München 1919,
zusammengestellt); wohl aber spricht es für die Mitwirkung idiotypischer Faktoren, wenn bei eineiigen Zwillingen und überhaupt bei Blutsverwandten *Verlauf
und Lokalisation der Lues* besonders ähnlich sind. Solche Beobachtungen sind
nun öfter publiziert worden, z. B. kongenital syphilitische Taubheit bei drei
Geschwistern[5], besonders hochgradige Mesaortitis luica bei zwei Brüdern
(EHRMANN), gleiche Erscheinungen an den Tonsillen und im Rachen bei drei
Schwestern, die früher mehrmals lakunäre Angina bei hypertrophischen
Tonsillen durchgemacht hatten[6], sehr ähnliche kongenital-luische Nasen- und
Gaumenulcerationen mit Drüsengummen bei zwei Schwestern[7], lupoide Lues
vor dem linken Ohr bei Mutter und Sohn[8]. Dazu kommen entsprechende Fälle
bei eineiigen Zwillingen, in denen beide an kongenital-syphilitischer Schwer-
hörigkeit (SIEMENS) bzw. an sog. syphilitischem Pemphigus bei negativer
Wassermannscher Reaktion[9] litten. Auch bei systematischen Untersuchungen
zeigte sich, daß z. B. Kongenital-Syphilitiker mit Neurolues 8 mal so oft Mütter
und über 3 mal so oft Väter mit Neurolues haben als Kongenital-Syphilitiker

---

[1] ROBINSON: Zbl. Hautkrkh. **23**, 219.
[2] JADASSOHN: Zbl. Hautkrkh. **20**, 743.
[3] CALLOMON: Dermat. Wschr. **82**, 317.
[4] NORDMANN: Dermat. Wschr. **78**, **65** u. **104**.
[5] KARY: Münch. med. Wschr. **1920**, 1025.
[6] POPOWA: Zbl. Hautkrkh. **9**, 225.
[7] JADASSOHN: 9. Dtsch. Dermat. Kongr. 1906.
[8] SCHOCH: Dermat. Wschr. **80**, 711.
[9] ARZT: Zbl. Hautkrkh. **3**, 430.

ohne Nervenbeteiligung[1]. Die überwiegende Mehrzahl dieser Beobachtungen läßt sich aber natürlich nicht nur als Anzeichen einer erblichen Organdisposition, sondern auch als Folge bestimmter Organotropien des Spirochätenstammes auffassen. Beweisend sind deshalb nur die Fälle, in denen die ähnlich erkrankten Verwandten sich nicht gegenseitig, sondern an verschiedenen Quellen infiziert haben. Im Gegensatz dazu sind aber eine ganze Reihe von Beobachtungen bekannt, in denen *nicht*verwandte Personen, die sich gegenseitig oder an gleicher Quelle angesteckt haben (z. B. Elternpaare), auffallende Verlaufsähnlichkeiten aufweisen; das spricht dann umgekehrt natürlich für die Bedeutung bestimmter Spirochätenvariationen und gegen erbliche Organdisposition. Ein Urteil über die Bedeutung der Erbanlagen bei den Verlaufseigentümlichkeiten der Syphilis abzugeben, ist deshalb heute noch nicht möglich, wohl aber wissen wir bereits, welche Beobachtungen in diesem oder in jenem Sinne verwertet werden dürfen, und werden deshalb vielleicht auch hier mit unseren Kenntnissen vorwärts kommen.

Korrelationspathologisch ist von Interesse, daß zwischen Syphilis und Rachitis bzw. zwischen Syphilis und Tuberkulose Dystropien (0,22 bzw. 0,12) gefunden wurden (v. Pfaundler und v. Seht), und daß bei den behandelten Patienten mit Blutgruppe I, vielleicht auch bei denen mit Blutgruppe II, die Wa.R. schneller negativ werden soll als bei den übrigen[2].

Die bei der primären, sekundären und tertiären Syphilis soeben erörterten Fragestellungen und Probleme wiederholen sich natürlich bei der progressiven *Paralyse*, einem Leiden, das früher für ausgesprochen erbbedingt galt[3]. Jetzt denkt man auch hierüber viel weniger positiv, wenn es auch noch Autoren gibt, die wenigstens die *Resistenz* gegen das Auftreten einer Paralyse für erblich halten möchten[4]. Unsere bisherigen Erfahrungen sind aber in diesem Sinne nur schwer zu verwerten, was besonders auch für die viel umstrittenen Beobachtungen über Rassendispositionen zur Paralyse gilt (angebliche Häufigkeit bei Juden, Seltenheit bei nichtzivilisierten Rassen). Denn bei den verschiedenen Rassen sind eben meist auch gerade diejenigen Umweltfaktoren sehr verschieden, die als exogene Ursachen für eine Paralysedisposition immer mit in Betracht gezogen werden (geistige Anstrengung, antisyphilitische Behandlung).

Aber nicht nur das Auftreten einer Paralyse beim Syphilitiker, sondern auch ihre spezielle Form könnte natürlich erblich mitbedingt sein. Als Illustration hierfür gilt ein Fall, in dem ein Paralytiker mit charakteristisch depressiven und paranoiden Symptomen einen nichtsyphilitischen Vater hatte, der in höherem Alter vorübergehend das gleiche Syndrom zeigte (Plaut). Auch bei den verschiedenen Rassen sollen sich typische Unterschiede in der Form der Erkrankung feststellen lassen, z. B. eine besondere Häufigkeit atypischer Krankheitsbilder bei den Negern (Plaut) oder ein Überwiegen der affektiven mit Zurücktreten der dementen Formen bei den Juden[5]. Sehr eigentümlich ist, daß die Väter der Paralytiker (887 Fälle) wesentlich häufiger an Arteriosklerose, besonders an Gehirnapoplexie sterben als die Väter der sonstigen Geisteskranken[6]. Die Morbidität der Mütter zeigt keine Besonderheiten. Man möchte also meinen, daß eine besondere arteriosklerotische Disposition, die deutlich erblich bedingt ist, zu den Mitursachen der Paralyse gehört.

Schließlich stellt uns auch die *Tabes dorsalis* noch einmal vor dieselben ätiologischen Fragen. Auch hier sind familiäre Fälle beschrieben und sie scheinen

---

[1] Kemp-Poole: J. amer. med. Assoc. **84**, 1395.
[2] Klövekorn: Dermat. Z. **50**, 294; Gundel: Klin. Wschr. **1927**, 1703.
[3] Rüdin: Arch. Rassenbiol. **16**, 167.
[4] v. Wagner-Jauregg: Wien. klin. Wschr. **1928**, 545.
[5] Gutmann: Arch. Rassenbiol. **16**, 67.
[6] Donner: Zbl. Hautkrkh. **22**, 546.

sogar bei der juvenilen Tabes ungemein häufig zu sein, da man gleichzeitiges Vorkommen von Metalues bei den Eltern in mehr als der Hälfte der Fälle angetroffen und mehrfach auch Geschwister erkrankt gefunden hat [1]. Andererseits sollen aber gerade bei der Tabes auch konjugale Fälle besonders häufig sein, was freilich manche Autoren bestreiten und durch die beliebte Veröffentlichung positiver Fälle erklären [2].

Ein besonderes vererbungspathologisches Interesse beansprucht die Syphilis noch dadurch, daß man sie vielfach *als Ursache neuer Krankheitsanlagen* angeschuldigt hat. Auf Grund klinischer Einzeleindrücke ist immer wieder die Meinung vertreten worden, daß auch nicht infizierte Kinder syphilitischer Eltern häufig minderwertig (z. B. schwachsinnig, muskeldystrophisch) seien [3], und daß diese Minderwertigkeit ein Ausdruck der durch die Lues geschädigten Erbmasse, also ihrerseits erblich sei. Umfangreiche systematische Untersuchungen in dieser Richtung haben aber bisher immer nur zu negativen Resultaten geführt, denn es hat sich dabei gezeigt, daß unter den nichtinfizierten Kindern Syphilitischer nicht mehr Kranke, Mißbildete und Psychopathen vorhanden sind, als man auch ohne alle Syphilis schon erwarten müßte (MEGGENDORFER, HUSLER). Vorläufig ist es also entschieden unberechtigt, in der Syphilis ein Idiokineticum zu sehen. Auch die Anschauung, daß die Lues eine Ursache der Zwillingsschwangerschaft sei [4], scheint mir durch die Beobachtung, daß einmal von 14 monochorischen Zwillingspaaren 9 luisch waren, nicht bewiesen, und durch die Fülle der gegenteiligen Erfahrungen genügend widerlegt.

Auch dem *Herpes* wurde früher vielfach ein konstitutioneller und erblicher Charakter zugesprochen. Heute dagegen weiß man davon nichts mehr, bemüht sich vielmehr um die Sicherstellung seiner infektiösen Ätiologie. Nur über eine Familie fand ich berichtet, in der 10 Personen in drei Generationen *Herpes facialis*, 4 davon gleichzeitig Urticaria gehabt haben sollen [5]; ohne nähere Angaben will das aber bei einem so außerordentlich häufigen Leiden wohl kaum etwas besagen, und es scheint mir in dieser Richtung bemerkenswert, daß auch ein angeheirateter Mann der betreffenden Familie als behaftet bezeichnet wurde. Ebensowenig wird man die Beobachtung, daß zwei eineiige Zwillinge im Abstand von 6 Wochen nach einem fieberhaften Prodromalstadium einen *Zoster* bekamen (AHLFELD) als einen Beweis für Erblichkeit auffassen wollen, wenngleich der Umstand, daß beide Male der 5. und 6. Intercostalraum befallen war, den Gedanken an das Vorhandensein einer erblichen Organdisposition nahelegt. In einem anderen Fall wurden *zwei*eiige Zwillinge beschrieben, von denen nur der eine einen Zoster durchgemacht und davon eine charakteristische Narbe zurückbehalten hatte (SIEMENS).

Varicellen wurden bei 7 eineiigen Zwillingspaaren immer konkordant, unter 12 zweieiigen einmal diskordant beobachtet (VERSLUYS), *Variola* bei sehr ähnlichen 3 jährigen Zwillingsschwestern einmal konkordant (AHLFELD).

Durch ein filtrierbares Virus werden die *Verrucae planae et vulgares* hervorgerufen, für welche die Zwillingspathologie überraschenderweise eine erbliche Disposition aufgedeckt hat, falls nicht eine Täuschung durch das noch relativ geringe Material vorliegt. Bei eineiigen Zwillingen waren die Warzen nämlich 4 mal konkordant, 11 mal diskordant vorhanden, bei zweieiigen Zwillingen unter 11 Fällen immer diskordant (SIEMENS) [6].

---

[1] BAUMGART: Arch. Rassenbiol. **14**, 462.
[2] SÉZARY: Zbl. Hautkrkh. **19**, 530.
[3] ROLLIN: Zbl. Hautkrkh. **25**, 237.
[4] PERÉZ: Zbl. Hautkrkh. **11**, 344.
[5] Mc NAIR: Zbl. Hautkrkh. **18**, 569.
[6] Bei den „Verrues familiales héréditaires" von EMERY, GASTON und NICOLAU handelt es sich vermutlich um DARIERsche Krankheit (FUHS).

Hier seien auch die sog. *Verrucae seniles s. seborrhoicae* erwähnt, die freilich nosologisch kaum hierher gehören, und die gelegentlich schon in verhältnismäßig frühen Altersstufen familiär beobachtet wurden (Jadassohn). Die Neigung, Verrucae seniles zu bekommen, kann also sehr wohl in höherem Grade erblich bedingt sein, wenn auch von 21 jährigen eineiigen Zwillingsbrüdern vorläufig nur der *eine* ein linsengroßes Exemplar am Rücken aufwies. Aufklärung kann nur durch systematische Untersuchungen gewonnen werden. Daß die Verrucae seniles bei schwach Begabten doppelt so häufig wären als bei Normalen (Haubensack), scheint mir nicht genügend belegt. Ihre Beziehungen zur Seborrhöe sind unklar, solche zu senilen Angiomen, weichen Fibromen und Naevi (Darier), soweit sie nicht auf Alterskorrelation beruhen, ganz unbewiesen.

Von den sog. akuten Exanthemen wurden die *Masern* bei 13 bzw. 24 eineiigen, wie auch bei 7 bzw. 15 zweieiigen Zwillingen immer konkordant gefunden (Siemens, Versluys).

Dagegen wurde der *Scharlach* interessanterweise bei eineiigen Zwillingen 2 mal konkordant, bei zweieiigen 4 mal diskordant beschrieben (Siemens, Versluys), was entschieden dafür spricht, daß die Unempfänglichkeit gegen Scharlach, welche die Mehrzahl der Menschen zu besitzen scheint[1], erblich bedingt ist. Allerdings ist auch ein Fall bekannt, in dem von eineiigen Zwillingsschwestern die eine einen leichten Scharlach durchgemacht haben, die andere, trotzdem sie bis zum Beginn der Erkrankung beisammen waren, frei geblieben sein soll (Nettleship).

Im Gegensatz zu den scharlachresistenten gibt es bekanntlich auch solche Menschen, die nicht einmal durch einen überstandenen Scharlach vor einer Neuansteckung geschützt sind. Auch diese Unfähigkeit zur Bildung von Schutzstoffen kann möglicherweise erblich bedingt sein; das anzunehmen legt wenigstens ein Fall nahe, in dem zwei Schwestern und ihre mütterliche Tante in der Kindheit zweimal Scharlach durchgemacht hatten (Bluhm).

Röteln wurden einmal bei eineiigen Zwillingen gemeinsam angetroffen (Versluys).

Nachbemerkung: Bei einem Handbuchartikel, der sich über das ganze Gebiet der Dermatologie erstreckt, war Vollständigkeit ein unerreichbares Ziel. Es ist deshalb bei jeder einzelnen Krankheit auch das betreffende Kapitel im *speziellen* Teil des Handbuches einzusehen.

Literaturhistorische Übersicht.

In das Schriftenverzeichnis wurden selbstverständlich keine kasuistischen Arbeiten aufgenommen (wobei eine Grenze nicht zu finden gewesen wäre), sondern nur solche mit grundsätzlich vererbungspathologischer Fragestellung. Wenn dabei meine Arbeiten und die meiner Mitarbeiter auffallend stark vertreten sind, so hat das keinen anderen Grund als den, daß von den übrigen dermatologischen Autoren eben noch relativ wenig vererbungspathologisch gearbeitet worden ist, und daß sich folglich meine Ausführungen (besonders auch die des allgemeinen Teil) hauptsächlich auf die eigenen Arbeiten stützen.

1794 Rougemont: Abhandlung über die erblichen Krankheiten. Frankfurt a. M.
1889 White: Hereditary dermatoses. Proc. internat. Congr. Dermat. Paris 363. (Unzugänglich.)
1903 Morichau-Beauchant et Bessonnet: Le Xanthome héréditaire et familial. Les relations avec la diathèse biliaire. Arch. gén. Méd. 192, 2313.
1906 Adrian: Die Rolle der Konsanguinität der Eltern in der Ätiologie einiger Dermatosen der Nachkommen. Dermat. Z. 9, 258.
1908 Gossage: The inheritance of certain human abnormalities. Quart. J. Med. 1, 331.
　　　Hammer: Die Bedeutung der Vererbung für die Haut und ihre Erkrankungen. 10. Kongr. dtsch. dermat. Ges.
　　　Lenz: Arch. Rassenbiol. 16, 105.

1909 Bulloch: Chronic hereditary trophoedema. Treasury of human inheritance Vol. 2, p. 32.

Bulloch: Angioneurotic Oedema. Treasury of human inheritance 3, 38.

1910 Stainer: The hereditary transmission of defects in man. London. (Unzugänglich.)

1911 Hammer: Die Anwendbarkeit der Mendelschen Vererbungsregeln auf den Menschen. Münch. med. Wschr. Nr 33.

1912 Bettmann: Über die Vererbung von Hautanomalien. Verh. naturhist.-med. Ver. Heidelberg 11, 301.

Bettmann: Die Mißbildungen der Haut. Schwalbes „Morphologie der Mißbildungen", III. Teil. Jena.

Hammer: Über die Mendelsche Vererbung beim Menschen. Med. Klin. 1033.

1913 Pearson, Nettleship and Usher: A Monograph on albinism in man. London.

1916 Davenport and Muncey: A study of the heredity of Pellagra in Spartanburg Country, South Carolina. Eng. Rec. Off. Bull. Nr 16.

Osborne: The inheritance of baldness. J. Hered. 7, 347.

1917 Dresel: Inwiefern gelten die Mendelschen Vererbungsgesetze in der menschlichen Pathologie? Virchows Arch. 224, 256.

1918 Preiser and Davenport: Multiple neurofibromatosis and its inhéritance. Amer. J. med. Soc. 156, 507.

1919 Meirowsky: Über die Entstehung der sog. kongenitalen Mißbildungen der Haut. Arch. f. Dermat. 127, 1.

1920 Seyfarth: Beiträge zum totalen Albinismus, seine Vererbung und die Anwendung der Mendelschen Vererbungsgesetze auf menschliche Albinos. Virchows Arch. 228, 483.

1921 Meirowsky und Leven: Tierzeichnung, Menschenscheckung und Systematisation der Muttermäler. Arch. f. Dermat. 134, 1.

Siemens: Über Vorkommen und Bedeutung der gehäuften Blutsverwandtschaft der Eltern bei den Dermatosen. Arch. f. Dermat. 132, 206.

Siemens: Über rezessiv-geschlechtsgebundene Vererbung bei Hautkrankheiten. Arch. f. Dermat. 137, 69.

Siemens: Zur Klinik, Histologie und Ätiologie der sog. Epidermolysis bullosa traumatica (Bullosis mechanica), mit klinisch-experimentellen Studien über die Erzeugung von Reibungsblasen. Arch. f. Dermat. 134, 454.

1922 Bettmann: Zur Ätiologie der Psoriasis. Dtsch. med. Wschr. 762.

Hoekstra: Über die familiäre Neurofibromatosis mit Untersuchungen über die Häufigkeit von Heredität und Malignität bei der Recklinghausenschen Krankheit. Virchows Arch. 237, 79.

Mc Ilvaine and Barrows: Heredity of angioneurotic edema based on a review of the literature. Genetics 7, 573.

Meirowsky: Über Genodermatosen. Zbl. Hautkrkh. 4, 241.

Siemens: Über seltenere und kompliziertere Vererbungsmodi bei Hautkrankheiten. Arch. f. Dermat. 138, 433.

Siemens: Studien über Vererbung von Hautkrankheiten. I. Epidermolysis bullosa hereditaria (Bullosis mechanica simplex). Arch. f. Dermat. 139, 45.

Siemens: Studien über Vererbung von Hautkrankheiten. II. Hydroa vacciniforme. Arch. f. Dermat. 140, 314.

Siemens: Die spezielle Vererbungspathologie der Haut. Virchows Arch. 238, 200.

1923 Fulde: Studien über Vererbung von Hautkrankheiten. IV. Porokeratosis Mibelli. Arch. f. Dermat. 144, 6.

Henle: Studien über Vererbung von Hautkrankheiten. III. Gefäßmäler und Teleangiektasien. Arch. f. Dermat. 143, 461.

Siemens: Literarisch-statistische Untersuchungen über die einfache und die dystrophische Form der sog. Epidermolysis (autonome Bullosis mechanica). Arch. f. Dermat. 143, 390.

Siemens: Studien über Vererbung von Hautkrankheiten. V. Atherom, — zugleich ein Beitrag zur Klinik der Epidermoide und der Follikularcysten. Arch. f. Dermat. 144, 175.

1924 Fasold: Studien über Vererbung von Hautkrankheiten. VI. Xanthom (Cholesterosis cutis). Arch. Rassenbiol. 16, 54.

Heuck: Studien über Vererbung von Hautkrankheiten. VII. Moniletrichosis. Arch. f. Dermat. 147, 196.

Mc Nair: Hereditary Immunity to Rhus Dermatitis. Med. J. a. Rec. 119, 129.

Praeger: Die Vererbungspathologie des menschlichen Gebisses. Zahnärztl. Rdsch.

Siemens: Über die Bedeutung der Erbanlagen für die Entstehung der Muttermäler. Arch. f. Dermat. 147, 1.

Siemens: Die Zwillingspathologie. Ihre Bedeutung, ihre Methodik und ihre bisherigen Ergebnisse. Berlin.

Siemens: Zur Kenntnis der Epheliden, mit Bemerkungen über Haarbleichung und Haarfarbenbestimmung. Arch. f. Dermat. 147, 210.

Siemens und Hunold: Zwillingspathologische Untersuchungen der Mundhöhle. Arch. f. Dermat. 147, 409.

Spitzer: Über familiären Lichen ruber. Arch. f. Dermat. 146, 474.

1925 Fischer, Fr.: Studien über Vererbung von Hautkrankheiten. VIII. Darierbsche Krankheit. Arch. Rassenbiol. 16, 404.

Siemens: Läßt sich die „keimplasmatische Naevustheorie" aufrecht erhalten? Arch. f. Dermat. 148, 625.

Siemens und Kohn: Studien über Vererbung von Hautkrankheiten. IX. Xeroderma pigmentosum (mit Mitteilung von fünf neuen Fällen). Z. Abstammungslehre 38, 1.

Tobias: The significance of heredity in diseases of the skin. Med. J. a. Rec. 121, 289.

1926 Brünauer: Über Schleimhautveränderungen bei vererbbaren Dermatosen. Wien. klin. Wschr. 409 u. 447.

Decking: Ephelidenuntersuchungen zum Ausbau der Siemensschen Methode zur Diagnose der Eineiigkeit. Münch. med. Wschr. 1188.

Fischer, G. A.: Studien über Vererbung von Hautkrankheiten. X. Die Nachkommenschaft der Recklinghausen-Kranken. Arch. f. Dermat. 152, 611.

Hanhart: Über die konstitutionelle Disposition zu Idiosynkrasien und ihre Vererbung. Schweiz. med. Wschr. 136.

v. Heiner: Beiträge zur Erblichkeit der Psoriasis. Dermat. Z. 48, 176.

Hofmann: Über den Erbgang bei Epidermolysis bullosa hereditaria. Arch. f. Rassenbiol. 18, 353.

Lenz: Über die Erblichkeit der Muttermäler auf Grund von Untersuchungen an 300 Zwillingspaaren. Z. Abstammungslehre 41, 119.

Scholl: Neue Untersuchungen über die Ätiologie der Linsenmäler. Klin. Wschr. 463.

Siemens: Zur Klinik und Ätiologie der Naevi. Arch. f. Dermat. 151, 377.

Siemens: Ätiologisch-dermatologische Studien über die Recklinghausensche Krankheit. Virchows Arch. 260, 234.

Siemens: Die Vererbungspathologie der Acne. Münch. med. Wschr. 1514.

1927 Fürst: Zur Vererbung der Psoriasis. Arch. f. Dermat. **153**, 212.
Leven: Erblichkeitslehre mit besonderer Berücksichtigung der Dermatologie. Zbl. Hautkrkh. **25**, 1.
Poll: Erbkunde und Haut. Dermat. Wschr. **84**, 849.
Scholtz: Konstitution und Vererbung in der Dermatologie. Zbl. Hautkrkh. **22**, 602.
Siemens: Untersuchungen über die Beziehungen verschiedener Naevusformen zueinander, als Beitrag zur ätiologischen Naevusforschung. Klin. Wschr. 153.
1928 Brünauer: Zur Vererbung des Keratoma hereditarium palmare et plantare. Acta dermato-vener. (Stockh.) **4**, 489.
Curtius: Untersuchungen über das menschliche Venensystem. I. Mitt.: Die hereditäre Anlage der Bein-Phlebektasien. Dtsch. Arch. klin. Med. **162**, 194.
Curtius: Untersuchungen über das menschliche Venensystem. II. Mitt.: Die allgemeine, ererbte Venenwanddysplasie (Status varicosus). Dtsch. Arch. klin. Med. **162**, 330.
Curtius: Untersuchungen über das menschliche Venensystem. III. Mitt.: Septumvarizen und Oslersche Krankheit als Teilerscheinung allgemeiner ererbter Venenwanddysplasie (Status varicosus). Klin. Wschr. Nr 45.
Siemens: Die Vererbungspathologie der Mundhöhle. Münch. med. Wschr. 1747.
Siemens: Zur Differentialdiagnose und Prognose der überlebenden Fälle von Ichthyosis congenita. Arch. f. Dermat. **156**, 624.
1929 Kösters: Neue zwillingspathologische Untersuchungen der Mundhöhle. Dtsch. Mschr. Zahnheilk. 65.
Siemens: Studien über Vererbung von Hautkrankheiten. XI. Ichthyosis congenita. Arch. f. Dermat. **158**, 111.

Haut und innere Sekretion.

Von

James Strandberg - Stockholm.

Mit 18 Abbildungen.

I. Einleitung.

Die Vertreter der modernen Dermatologie sind den Fortschritten in der
Entwicklung der Medizin stets genau gefolgt, und man hat eifrig versucht,
die neuen Errungenschaften auch in diesem Spezialfach fruchtbringend zu
machen. So war es selbstverständlich, daß die Lehre von der inneren Sekretion,
die in den letzten Jahrzehnten vollständig revolutionierend wirkte, auch für
unsere Auffassung über die Haut und ihre Krankheiten Bedeutung bekam.
Es zeigte sich bald, daß die endokrinen Organe einen weit größeren Einfluß
auf die Haut und ihre Funktionen hatten, als man jemals geahnt hatte. „Man
kann wohl ohne Übertreibung sagen, es wächst kein Haar, es krümmt sich kein
Nagel am Körper, es teilt sich keine Zelle, es gelangt kein Gewebe zur funktions-
reifen Ausbildung, es sei denn unter der Direktive der Blutdrüsen" (Biedl).

Bald wurde von verschiedenen Seiten eine Dermatose nach der anderen
als endokrin bedingt erklärt, oft ließ man aber leider der Phantasie allzu freien
Lauf. Fast alle Hautkrankheiten unbekannter Ätiologie können ja, wenn man
durchaus will, mit den endokrinen Drüsen und dem eng mit ihnen zusammenhängenden vegetativen Nervensystem in Zusammenhang gebracht werden.
Der Beweis für den endokrinen Ursprung einer Krankheit ist jedoch sehr schwer
zu erbringen, und hier mußten oft bloße Annahmen und Hypothesen den wissen-
schaftlich bindenden Beweis ersetzen. Die Reaktion ließ denn auch nicht auf
sich warten.

Die Kritik, die u. a. von mehreren Forschern über Konstitutionspathologie
repräsentiert war, zeigte deutlich, daß man oft Ursache und Wirkung verwechselt hatte. Veränderungen in den endokrinen Organen können gleichzeitig
mit Hautaffektionen auftreten, diese müssen also nicht notwendig den innersekretorischen Störungen subordiniert sein. Bei der Beurteilung dieser Verhältnisse kann man nie vorsichtig genug sein. Eine kräftige Betonung hat
Biedl diesem Moment mit folgenden Worten gegeben, die wohl der Beachtung
wert sind: „Vor jede Deutung der Befunde sollte eine Warnungstafel gestellt
sein mit jenen drei Buchstaben, die man in mancher Stadt Amerikas zur Warnung
der Automobillenker an allen Wänden antrifft: „A. B. C." (Always be careful)".

Trotz alledem wirkte die Anwendung der über die innere Sekretion erworbenen Kenntnisse in hohem Maße befruchtend auf die Dermatologie und wird
ihr sicher auch fernerhin sehr zustatten kommen. Dies dürfte ohne weiteres
begreiflich sein, wenn man den großen Einfluß bedenkt, den die Inkretorgane auf
den Stoffwechsel, das Wachstum und die Funktion des Nervensystems ausüben.

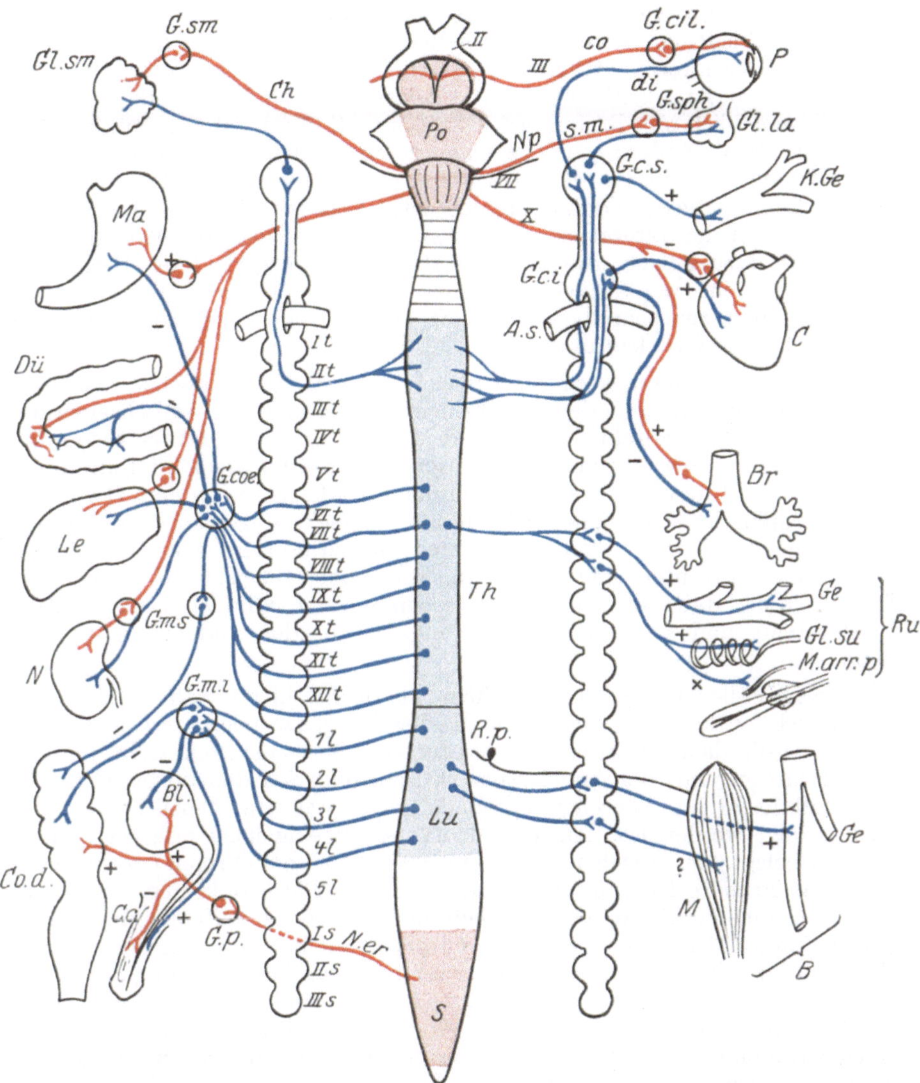

Abb. 1. Schema der Innervation der inneren Organe des Menschen durch das sympathische (blau) und das parasympathische (rot) System. (Nach einer Modifikation des MEYER-GOTTLIEBschen Schemas.) II Opticus; III Oculomotorius; VII Facialis; X Vagus; It—XIIt Thorakalganglien; 1l—5l Lumbalganglien; Is—IIIs Sakralganglien. A. s. Art. subclavia; B Bein; Bl Blase; Br Bronchien; Ch Chorda tympani; C Cor; co constrictorisch; Co. d. Colon descendens; di dilatorisch; Dü Dünndarm; G. c. i. Ganglion cervicale inferis; G. cil. Ganglion ciliare; G. coe. Ganglion coeliacum; G. c. s. Ganglion cervicale superius; G. p. Ganglion pelvicum; G. sm. Ganglion submaxillare; G. sph. Ganglion sphenopalatinum; Gl. la. Glandula lacrimalis; Gl. sm. Glandula submaxillaris; Gl. su. Glandula sudoripara; K. Ge. Kopfgefäße; Le Leber; Lu Lumbalmark; M Muskel; M. arr. p Mm. arrectores pilorum; Ma Magen; N Niere; N. er. Nervus erigens; Np. s. m. Nervus petrosus superficialis maior; P Pupille; Po Pons; R. p. Radix posterior; Ru Rumpf; S Sakralmark; Th. Thorakalmark. (Aus BETHE, Handbuch der Physiologie Bd. 10. Berlin: Julius Springer 1927).

Wie stets bei wissenschaftlicher Forschung, werden auch hier die Fortschritte durch ein richtiges Abwägen von Phantasie und Kritik erreicht; sie sind beide erforderlich, und die Kritik darf nicht lähmend wirken, nur regulierend. Die Rolle der inneren Sekretion bei Entstehung und Entwicklung einer ganzen Reihe von Dermatosen zu bestreiten, ist kaum möglich. In den meisten Fällen fehlt vielleicht noch der sichere Beweis, aber die große Zahl der von verschiedenen Seiten gesammelten Erfahrungen, die darauf deuten, daß gewisse Dermatosen oft im Zusammenhang mit innersekretorischen Störungen auftreten, kann nicht unbeachtet gelassen werden. Daß manche Krankheiten, die angeblich mit der inneren Sekretion in Zusammenhang stehen sollten, sich später als Veränderungen erwiesen, deren Ursache z. B. eher im Sympathicus zu suchen war, ist erklärlich, wenn man weiß, wie eng das Zusammenwirken zwischen diesen Organsystemen ist. Verfolgt man die Entwicklung dieser Fragen in der Literatur, so sieht man übrigens, daß die Verfasser jetzt immer mehr dazu neigen, die Ursache ätiologisch unergründeter Dermatosen Veränderungen im vegetativen Nervensystem oder kongenitalen Störungen der Entwicklung zuzuschreiben, statt sie auf Veränderungen der innersekretorischen Organe zurückzuführen.

Wenn man von der bekannten Tatsache ausgeht, daß zwischen dem vegetativen Nervensystem und den endokrinen Drüsen eine enge Wechselwirkung in bezug auf die Organfunktionen besteht, die also einer „dreifachen Sicherung" (Selbstregulierung, vegetativer Innervation und hormonalem Einfluß) unterworfen sind, wird man einsehen, daß bei der Entscheidung, ob eine Dermatose, z. B. eine trophische Störung in der Haut, auf innersekretorischen Veränderungen beruht, folgende Möglichkeiten zu beachten und zu erörtern sind: Die Ursache von krankhaften Hauterscheinungen kann pro primo, auf erblicher Anlage usw. beruhend, in der Haut selbst liegen, pro secundo durch Schäden des vegetativen Nervensystems und pro tertio durch Schäden in den endokrinen Organen bedingt sein.

In vielen Fällen hat es den Anschein, als ob die hier erwähnten Ursachen zusammenwirken könnten, ein Umstand, der das ganze noch verwickelter und schwerer ergründlich gestaltet. Das vegetative Nervensystem steht in enger Wechselbeziehung mit den endokrinen Drüsen, und Schäden in diesen werden sich deshalb leicht im ersteren zu erkennen geben, was u. a. deutlich von Mogilitsky gezeigt worden ist. Auch Josephy hat es eingehend erörtert und mit Beispielen belegt. Zu entscheiden, ob ein Schaden im endokrinen oder nervösen System das Primäre ist, fällt nicht immer leicht. Die endokrinen Organe, die nur bei den höheren Tierarten entwickelt sind, haben die Aufgabe, den Aufbau und das Funktionieren der Gewebe des Körpers zu kontrollieren und zu regulieren. Sind diese von vornherein minderwertig, so wird die Wirkung der Inkretorgane erschwert oder unmöglich. Julius Bauer drückte dies folgendermaßen aus: „Überall handelt es sich bei den endokrinen Effekten um eine Steigerung oder eine Hemmung autochthon chromosomaler Potenzen, um eine Regulation von morphologischen und funktionellen Vorgängen, deren Grundlagen in den betreffenden Erfolgsorganen selbst gegeben sind. Die inkretorischen Organe dienen, wie ich dies ausgedrückt habe, gewissermaßen als Multiplikator oder Kondensor bzw. als Rheostat für bestimmte Erbanlagen des Wachstums, der Skeletproportionen, der Entwicklung und senilen Rückbildung, der komplizierten Stoffwechselvorgänge usw., und ein richtiges Verständnis endokriner Funktionen wird immer nur unter Berücksichtigung dieses Wirkungsmechanismus, dieser Interferenz endokrin-hormonaler mit den autochthonen Kräften der Erfolgsorgane möglich sein. Die Tatsache, daß das inkretorische Organsystem phylogenetisch verhältnismäßig noch jung ist, erklärt wohl zum Teile auch mit seine Labilität, allgemeine Vulnerabilität und die individuelle Variabilität seiner Ausbildung und Funktionskraft".

II. Methoden zur Konstatierung von Störungen der inneren Sekretion.

Die Methoden, die zur Verfügung stehen, um zu entscheiden, ob eine Hautkrankheit auf endokriner Grundlage steht, sind in der Hauptsache folgende:

1. Genaues Studium der Klinik der Krankheit.
2. Versuche mit Organtherapie.
3. Pathologisch-anatomische Untersuchungen.
4. Experimentelle Untersuchungen.
5. Verschiedene spezielle Proben und Untersuchungen (pharmakodynamische und biologische Proben, Stoffwechseluntersuchungen usw.).

1. Klinisches Studium.

Ein Studium der Klinik von Hautkrankheiten stößt natürlich nicht auf größere Schwierigkeiten. Die dermatologische Literatur ist auch sehr reich an deskriptiven und kasuistischen Mitteilungen über verschiedene Krankheitsgruppen. Dagegen scheint auch in Krankengeschichten, in denen der rein dermatologische Teil genau und detailliert untersucht und beschrieben ist, der Allgemeinzustand des Patienten oft weniger beachtet zu sein. In der nicht-dermatologischen Literatur ist das Verhalten aus leicht erklärlichen Gründen nicht selten das umgekehrte.

Was die klinischen Momente betrifft, die man beim Versuch, eine endokrine Störung zu eruieren, berücksichtigen soll, so ist ihre Zahl sehr groß. Viele an sich unbedeutende Symptome können oft gute Anhaltspunkte geben. Genaue Anamnese in bezug auf Heredität und vorhergegangene Krankheiten, Untersuchungen der Körperdimensionen durch anthropobiometrische Messungen, Untersuchung von Skelet, Körperfülle, allgemeiner Beschaffenheit der Haut, Behaarung und Pigmentierung, Schweiß- und Talgdrüsensekretion, Feuchtigkeitsgrad der Haut, Beschaffenheit der Nägel, Untersuchung der Mundhöhle, unter besonderer Beachtung der Zunge und der Zähne, von Blutbild und Blutbeschaffenheit, Darmfunktion, Respirationsfrequenz, Eruierung evtl. psychischer Defekte, sind Beispiele für die Wege, die Indizien zur Stärkung der Annahme einer Störung in den endokrinen Organen geben können. Hierzu kommen natürlich mehr unmittelbare Untersuchungen der endokrinen Organe. Testikel und Schilddrüse sind der direkten Palpation zugänglich. Dasselbe gilt in gewissem Maße von den Ovarien. Durch Röntgenuntersuchung der Sella turcica bekommt man einen Begriff von den Größenverhältnissen der Hypophyse. Zur Kenntnis der Funktion der Geschlechtsdrüsen ist es wichtig, den Zeitpunkt des Eintretens der Pubertät zu ermitteln und bei weiblichen Individuen, wie es sich mit den Menses usw. verhält. Ein näheres Eingehen auf hierhergehörige Fragen ist in diesem Zusammenhang nicht erforderlich, diesbezüglich mag auf die vielen und vortrefflichen Handbücher verwiesen sein, in welchen die innere Sekretion behandelt wird (BIEDL, FALTA, ZONDEK, BAUER u. a.).

Es ist selbstverständlich, daß man hier keine Schlüsse für den Einzelfall ziehen kann. Wenn ein an einer Hautkrankheit leidendes Individuum einige mehr oder weniger augenfällige klinische Anzeichen einer gestörten inneren Sekretion aufweist, so kann die Hautkrankheit dessenungeachtet völlig unabhängig von diesen aufgetreten sein. Das ganze muß im Zusammenhang mit anderen Untersuchungen beurteilt und mit Erfahrungen aus größerem gleichartigen Material verglichen werden.

2. Organtherapie.

Die ersten Anfänge der Organtherapie lassen sich in der Geschichte der Medizin weit zurückverfolgen. Schon in uralten Zeiten enthielten manche Heilmittel Teile von verschiedenen Tieren, aber erst seit dem Jahre 1888, seit Brown-Séquard und seinen bekannten Selbstversuchen zur Verjüngung mit Testikelextrakt, kann man von Organtherapie im modernen Sinne sprechen. Die Organbehandlung hat seitdem eine rasche Entwicklung durchgemacht. Neue Methoden und neue Präparate wurden veröffentlicht, und es konnten glückliche Resultate aus den verschiedensten Gebieten der Medizin, so auch aus der Dermatologie, berichtet werden. Leider brachten die Unzuverlässigkeit der Beobachtungen und die nicht selten nicht einwandfreien Geschäftsmethoden der Heilmittelfabrikanten Verwirrung mit sich, machten es schwer, die wirkliche Bedeutung dieser Therapie richtig einzuschätzen, und trugen dazu bei, daß ihr oft mit Mißtrauen begegnet wird.

Die Organbehandlung kann verschiedene Ziele haben und, wie gesagt, auf verschiedene Weise durchgeführt werden. In der Mehrzahl der Fälle handelt es sich vielleicht um eine sog. *Substitutionstherapie,* d. h. man bezweckt, mangelhafte Drüsentätigkeit zu ersetzen oder zu verstärken. Hierbei kommen, wie bekannt, Präparate zur Anwendung, die aus innersekretorischen, dem Tierkörper entnommenen Drüsen — Schilddrüse, Nebenschilddrüse, Geschlechtsdrüse, Nebenniere usw. — hergestellt sind. Im allgemeinen werden die Mittel per os genommen. In vielen Fällen scheinen jedoch Injektionen stärker zu wirken. Im Jahre 1849 gelang Berthold zum erstenmal eine *Transplantation* endokriner Drüsen, und zwar der Geschlechtsdrüse an Hähnen. Seitdem wurden ähnliche Operationen an anderen Tierarten und auch mit anderen Drüsen vorgenommen. So wurde die Schilddrüse das erstemal von Schiff im Jahre 1884 transplantiert. Diese Versuche, die anfangs nur gemacht wurden, um den biologischen Effekt der betreffenden Operation zu studieren, wurden später auch therapeutisch ausgenutzt (Lexer, Kocher, v. Eiselsberg u. a.). Stanley berichtete kürzlich über Behandlung mit einer Art Transplantation des Testikels, speziell bei Hautkrankheiten. Das Präparat, das in einer sowohl aus Drüsen- wie Zwischensubstanz des Testikels bereiteten Masse von pastenähnlicher Konsistenz bestand, wurde dem Patienten unter die Bauchhaut injiziert. Bei Behandlung von 66 *Acne vulgaris-Fällen* erzielte er in 44 Fällen (= 82%) gute Resultate.

Auch *Kombination* verschiedener Drüsenpräparate wurde versucht, und nach diesem Prinzip hergestellte Heilmittel gibt es nunmehr in reichlicher Auswahl. Mitunter wird Kombination von Einnahme per os und von Injektionen empfohlen, sowie Kombination mit anderen Behandlungsformen, z. B. Organ- und Kolloidtherapie (Luithlen).

Um durch verstärkten Blutzufluß zu den endokrinen Organen deren Wirksamkeit zu steigern, wurde zu Bädern, Wärmebehandlung, Diathermie (Leszczyński) und anderen Verfahren gegriffen. Durch nicht-spezifische Reizungstherapie, z. B. durch parenterale Injektion von Proteinen, versuchte man die Zelltätigkeit zu erhöhen. Steinachs berühmte Operation, die Unterbindung des Vas deferens, beruht theoretisch auf demselben Gedankengang, nämlich einer Steigerung der innersekretorischen Tätigkeit des Testikels.

In der letzten Zeit wurde auch die *Röntgentherapie* als Stimulierungsmethode für die endokrinen Organe herangezogen. In der Dermatologie hat besonders Brocks Reizungstherapie des Thymus bei Psoriasis mehrfach Versuche zu diesem Zwecke veranlaßt. Der Wert dieser Form von Röntgenbehandlung ist jedoch recht umstritten. Eine Reihe von Forschern glaubt gute Resultate mit ihr erzielt zu haben, andere verhalten sich dagegen sehr skeptisch. Rubin z. B.

gibt als seine an 3500 behandelten Fällen gewonnene Erfahrung an, daß Organpräparate per os oder als Injektion wenig wirksam seien, und daß mit Röntgenbestrahlung weit bessere Resultate erzielt würden. RAVAUT, LENZ und andere sind der Ansicht, daß die durch Röntgenbehandlung erzielte Besserung nur vorübergehend sei und nicht auf einer spezifischen Reizwirkung beruhe, sondern durch Strahlenwirkung auf den ganzen Organismus oder durch plötzliche Störung des innersekretorischen Gleichgewichts hervorgerufen sei. LENZ zeigte übrigens durch Tierversuche, daß auch die geringsten Röntgendosen beim Thymus keine Steigerung der sezernierenden Tätigkeit der Drüse hervorrufen, vielmehr seine Involution beschleunigen. Dies stimmt gut mit der Auffassung vieler Röntgenologen, z. B. HOLZKNECHTs und seiner Schule, überein, die den Gedanken an eine stimulierende Wirkung der Röntgenstrahlen prinzipiell von der Hand weisen; diese wirken nach ihnen immer lähmend oder destruierend.

Die chirurgischen Eingriffe besitzen ebenso wie die Röntgentherapie ihren größten Wert bei Behandlung von Hyperfunktion, oder wo es sonst wünschenswert ist, die Tätigkeit innersekretorischer Drüsen herabzusetzen. Sterilisierung durch Röntgentiefenbehandlung der Ovarien ist, wie bekannt, jetzt ein häufiger Eingriff. Bei Dysfunktion sind die Verhältnisse schwerer zu überblicken, und klare Behandlungsindikationen kaum aufstellbar[1].

Der Effekt der Organtherapie muß immer mit der allergrößten Vorsicht beurteilt werden. Sie ist, wie ASHER hervorhebt, äußerst selten sicher begründet, und die Resultate sind deshalb schwer vorauszusehen. Dies ist nur bei sicheren Ausfallssymptomen möglich, und selbst dann kaum verläßlich. Wie bei der Bewertung jeder anderen Therapie, so weiß man auch hier nicht immer, ob der erzielte Effekt post oder propter auftrat. Viele Dermatosen und darunter auch solche, von denen manche annehmen, daß sie auf endokriner Basis stehen, z. B. Psoriasis, kennzeichnen sich durch eine gewisse Periodizität des Verlaufs mit Wechsel von spontanen Remissionen und Verschlechterung. Eine Besserung durch einen Organextrakt braucht nicht unbedingt zu zeigen, daß die Krankheit auf mangelhafter Funktion der entsprechenden Drüse beruht. Soviel wir wissen, gibt es infolge der engen Wechselbeziehung zwischen den Drüsen kaum eine streng genommen uniglanduläre Krankheit. Bei Dysfunktion ist, wie eben erwähnt, der Wert der Behandlung unmöglich zu beurteilen. Durch Organtherapie kann auch die Beschaffenheit der Haut so verändert werden, daß das Terrain für die Entwicklung gewisser Hautkrankheiten weniger geeignet wird. Feuchtigkeit und Temperatur der Haut, ebenso wie der Stoffwechsel im allgemeinen, können derart beeinflußt werden, daß eine Dermatose evtl. nach Organtherapie ausheilt, auch wenn sie nicht endokrinen Ursprungs ist. Ferner darf man nicht vergessen, daß z. B. die Thyreoideapräparate Jod enthalten, eine Substanz, die auch in kleinen Dosen eine günstige Einwirkung auf gewisse Krankheiten ausüben kann.

Es liegt auch die Möglichkeit vor, daß eine Substitutionstherapie trotz Richtigkeit der Indikationsstellung ohne Wirkung bleibt. Nach HENRI CLAUDE scheinen z. B. bei der pluriglandulären Insuffizienz die Drüsen nur zu oft so schlecht veranlagt zu sein (endokrine Debilität), daß die Organbehandlung nicht stimulierend wirken kann. Eine gewisse Funktionstauglichkeit muß nämlich bei einem Organ immer vorausgesetzt werden, wenn man eine erhöhte Aktivität erreichen will.

Aus all dem geht ,wie mir scheint, ohne weiteres die Unrichtigkeit der Behauptung hervor, die man oft, z. B. in HARROWERS Monographie, vorgebracht sieht, daß die Diagnose einer endokrinen Störung am besten durch Organtherapie, ex juvantibus, gestellt wird.

---

[1] Der therapeutische Wert von sekretionsherabsetzenden Mitteln wie Antithyreoidin (MÖBIUS) und Rodagen (LANZ) ist sehr umstritten. Auf den Stoffwechsel scheinen diese und ähnliche Präparate keine Wirkung zu haben (FALTA).

3. Pathologisch-anatomische Untersuchung.

Was die pathologisch-anatomische Untersuchung betrifft, so ist das Studium der Haut selbst — außer zur Sicherstellung der dermatologischen Diagnose — nicht das wesentliche. Wichtiger ist, daß bei der Autopsie von Fällen mit Hautkrankheiten, in welchen der Verdacht besteht, daß sie auf Veränderungen in den endokrinen Organen beruhen, diese einer genauen Untersuchung unterzogen werden; aber auch diese Erkenntnisquelle ist vom wissenschaftlichen Standpunkte wenig ergiebig, da Hautkrankheiten relativ selten zum Tode führen, und das Interesse bei einer evtl. vorkommenden Obduktion deshalb meist auf andere Umstände gerichtet ist. Heller fand bei Durchsicht von 14 000 Sektionsprotokollen, daß ein Zusammentreffen endokrin aufgelöster Affektionen mit nachweisbaren Veränderungen in den inkretorischen Organen zu den allergrößten Seltenheiten gehört. Er schlägt deshalb eine Sammelforschung über die pathologische Anatomie der endokrinen Drüsen bei denjenigen Hautkrankheiten vor, bezüglich derer man den Verdacht hegt, daß sie durch Veränderungen dieser Organe verursacht seien, und legt einen Plan für eine solche Massenuntersuchung vor. Daß dies sehr wünschenswert und von großem Nutzen für die angestrebte Erweiterung unserer Kenntnisse über diese Fragen wäre, ist ohne weiteres einzusehen. Man darf jedoch nicht vergessen, daß auch ein Befund von pathologischen Blutdrüsen bei einer Obduktion nicht sicher beweist, daß ein Zusammenhang mit einer eventuellen Dermatose bestand. Es ist schwer, ja — auch bei mikroskopischer Untersuchung — oft unmöglich zu entscheiden, ob eine krankhafte Veränderung in einem endokrinen Organ eine primäre Affektion ist oder nicht. Sie kann sekundär, durch Marasmus, Kachexie, Intoxikation oder Infektion, hervorgerufen und eine den Hautsymptomen nur parallel gehende Erscheinung sein. Die in Rede stehenden Drüsen sind nämlich, wie die Erfahrung gezeigt hat, sehr empfindlich gegen Insulte verschiedener Art.

Sind einerseits konstatierbare Veränderungen in den innersekretorischen Organen nicht beweisend, so kann man anderseits vielleicht dasselbe auch in den Fällen sagen, in denen sie bei der Untersuchung unverändert befunden wurden. Es ist nämlich denkbar, daß vorübergehende oder vielleicht funktionelle Störungen im endokrinen System vorhanden gewesen waren, daß sich diese aber einer Konstatierung post mortem entziehen. Die Sammlung von Erfahrungen bei der Sektion von Fällen, die während des Lebens gut beobachtet waren, muß jedoch von der größten Bedeutung sein.

4. Experimentelle Untersuchungen.

Durch experimentelle Untersuchungen sind viele schöne Resultate erzielt worden, die unsere Kenntnisse über den Einfluß der endokrinen Drüsen auf die Haut erweitert haben. So wurden durch Tierversuche eine ganze Reihe Ausfallssymptome festgestellt. Wir werden im folgenden Gelegenheit haben, hierauf zurückzukommen. Beim Studium des Dysfunktion und auch der Hyperfunktion ist mit diesen Methoden seltener etwas zu erreichen. In der letzten Zeit scheint jedoch eine Anzahl von Versuchen zur Hervorrufung eines Hyperthyreoidismus bei Tieren Erfolg gehabt zu haben. So berichten Sainton, Maximin und Mamou über solche gelungenen Experimente an Hühnern und Kaninchen mit Thyroxin. Die Beschaffenheit der Haut des Menschen und der gewöhnlichen Versuchstiere ist indes sehr verschieden, und deshalb sind die krankhaften Veränderungen nicht immer vergleichbar. Nicht einmal bei verschiedenen, einander nahestehenden Tierarten werden die Ausfallssymptome immer gleich (siehe weiter unten über die Einwirkung der Schilddrüsenexstirpation auf die Haarbekleidung bei Schaf, Ziege und Schwein).

5. Verschiedene spezielle Proben und Untersuchungen.

Groß ist die Zahl der Versuche, die vorgenommen wurden, um die innersekretorischen Störungen exakter bestimmen und lokalisieren zu können. Dabei stößt man jedoch auf mannigfaltige Schwierigkeiten. Oben ist auf die enge Beziehung zwischen den einzelnen Drüsen hingewiesen worden, aber das Problem wird durch den Zusammenhang zwischen der inneren Sekretion und dem autonomen Nervensystem noch verwickelter. Das letztere steht nämlich sowohl unter dem Einfluß des zentralen Nervensystems wie auch der inneren Sekretion, d. h. es kann auf zentrale und auf periphere Reizung reagieren. Man muß sich deshalb auch in der Dermatologie davor hüten, hinter jeder Störung in der vegetativen Innervation unbedingt eine inkretorische Anomalie zu sehen. Oft genug sind einzelne pathologische endokrine Symptome die Folge, und nicht die Ursache einer abnormen Sympathicusinnervation (BAUER).

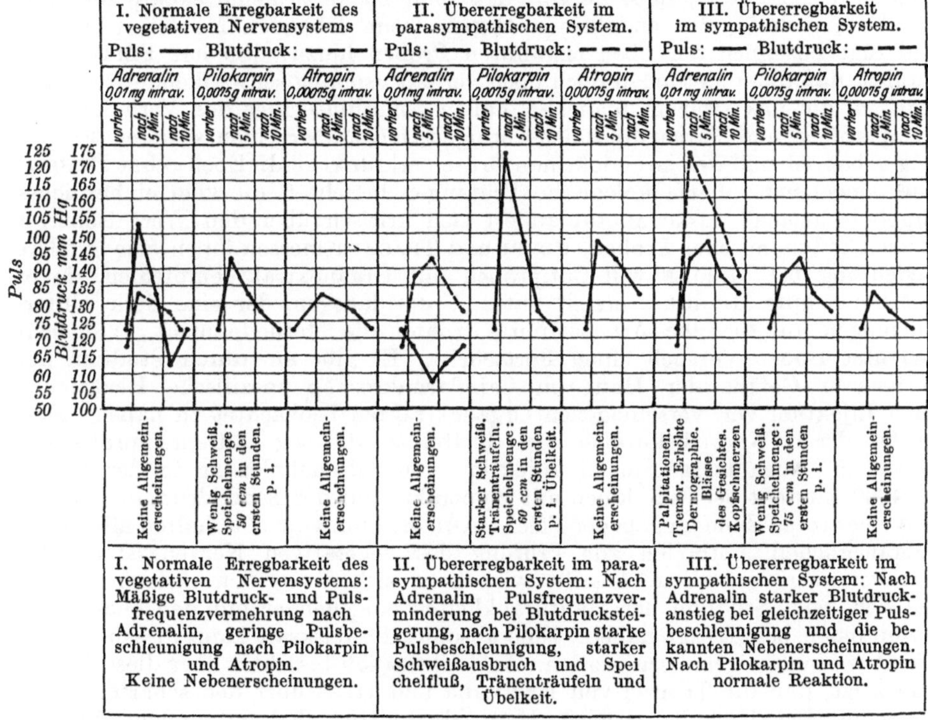

Abb. 2. Graphische Darstellung der Wirkung von Adrenalin, Pilokarpin und Atropin
auf Puls und Blutdruck.
(Aus L. R. MÜLLER, Die Lebensnerven. 2. Aufl. Berlin: Julius Springer 1924.)

Es würde zu weit führen, diese Verhältnisse klarlegen zu wollen, die auch von dermatologischer Seite (u. a. von GRUMACH, H. HOFFMANN, PULVERMACHER, GRUSS, ARTOM u. a.) Gegenstand näherer Untersuchungen waren. In HIRSCHs Handbuch der inneren Sekretion hat JOSEPHY kürzlich eine sehr instruktive Arbeit unter dem Titel: „Normale und pathologische Anatomie der vegetativen Zentren des Zwischenhirns, des Sympathicus und Parasympathicus" publiziert. Bezüglich des autonomen Nervensystems, der Pharmakologie des vegetativen Nervensystems und der trophischen Einwirkung des Nervensystems sei auf die Arbeiten von SPIEGEL, FRÖLICH und FLEISCHHACKER im 10. Bande des Handbuches der

normalen und pathologischen Physiologie (Verlag Julius Springer, Berlin 1927)
verwiesen, sowie auf das klassische Werk von L. R. Müller: Die Lebensnerven.

Die gewöhnlichsten pharmakodynamischen Funktionsproben bestehen in
Injektion von Pilocarpin zur Vagusreizung, von Atropin zur Vaguslähmung
und von Adrenalin zur Sympathicusreizung. Auch die Methodik dieser Proben
soll hier nicht referiert werden, sie findet sich in den eben genannten Arbeiten
ausführlich behandelt (siehe besonders die Darstellung von Platz bei Müller,
sowie ferner R. Neumann). Zur Illustration der Variationen in der Erregbarkeit des sympathischen und parasympathischen Systems bei Proben mit Adrenalin, Pilocarpin und Atropin ist die vorstehende, von Platz ausgearbeitete
graphische Darstellung (Abb. 2, S. 173) wiedergegeben (L. R. Müller, Die Lebensnerven, 2. Aufl. Berlin: Julius Springer 1924, S. 118).

H. Hoffmann, der über eine ganze Serie solcher in den Jahren 1920—1924
an der dermatologischen Klinik in Breslau systematisch ausgeführten Untersuchungen berichtete, hebt hervor, daß man bis jetzt keine exakte Methode
zur Untersuchung der endokrinen Organe beim lebenden Menschen besitzt,
und fügt bezüglich der oben erwähnten Proben hinzu: „So hat Peritz ausgeführt, daß diese Methoden doch noch verhältnismäßig schwankende Resultate
ergeben, die uns zwar in manchen Fällen Aufschluß über das Verhalten des
Sympathicus und Parasympathicus bringen, nicht aber einen sicheren Finger-
zeig geben, ob und welche endokrinen Drüsen erkrankt sind. Ebenso hat Bruhns
über eingehende pharmakologische Prüfungen berichtet, die kein einheitliches
Ergebnis hatten". Bertaccini äußert sich kritisch über den Wert isolierter
pharmakodynamischer Proben, Peyri und Tragant messen ihnen eine größere
Bedeutung bei. Leone will Cutiproben mit Organextrakt empfehlen, da er
mit ihnen gute Resultate erzielt hatte, Gans dagegen, der eine Serie Untersuchungen auf dieselbe Art ausführte, rühmt die Methode nicht. Vielleicht
bedeutet Bocks Versuch einen Fortschritt. Er gibt an, durch Studium der
peripheren Gefäße der Haut im Capillarmikroskop spezifische Reaktionen
nach Injektion von verschiedenen Organextrakten beobachtet zu haben. Eine
Probe, deren Wert diskutabel sein dürfte, ist die sog. Adrenalinprobe von
Goetsch. Nach intradermaler Injektion von Adrenalinlösung in der Stärke
1 : 4000 entsteht bei Individuen mit Hyperaktivität der Schilddrüse ein weißer,
von einer roten Zone umgebener Fleck. Artom, Pletnew u. a. halten alle bisher
gebräuchlichen Methoden zur Prüfung des vegetativen Nervensystems für
unzuverlässig, und diese Ansicht wird ganz sicher von den meisten geteilt,
die sich beim Studium der Hautkrankheiten eingehender mit den endokrinen
Symptomen beschäftigt haben. Eine absolute Beweiskraft kann diesen Proben
offenbar nicht beigemessen werden. Auch Grumach berichtet über diese Fragen
und zeigt, daß die Theorie von Eppinger und Hess über den scharfen Anta-
gonismus zwischen den beiden Hauptabschnitten des autonomen Nervensystems, auf welche die funktionellen Proben aufgebaut sind, nicht stichhält.
Schon im Jahre 1911 publizierten Petrén und Thorling eine Untersuchung,
aus der hervorging, daß man bei pharmakodynamischen Proben mitunter
Patienten finden kann, die sowohl auf vagotrope als auf sympathikotrope
Mittel reagieren, und spätere Untersucher konstatierten dasselbe.

Besonders von französischer Seite (z. B. Laignel-Lavastine) verwandte
man eine Reihe sog. sympathischer Hautreflexe als Hilfsmittel zur klinischen
Untersuchung: Trousseaus „meningitischen" Streifen, rote Reaktionsstreifen
bei leichtem Streichen über die Haut, Sergents suprarenalen Streifen, ein
weißer Strich beim Streichen über die Haut, und Maranins Symptom, ein leicht
auftretendes Erythem beim Streichen der Haut über der Schilddrüse. Dieses
letztere Phänomen, das einer vasomotorischen „Hypersympathie" zugeschrieben

wird, läßt sich nach MARANIN bei 80% der Individuen beobachten, die an Hyperthyreoidismus leiden. In diesem Sinne wird eine ganze Reihe ähnlicher Symptome erwähnt, die aber für die Beurteilung, ob eine Hautkrankheit auf endokriner Basis steht oder nicht, keine größere Bedeutung besitzen dürften.

Auch auf mechanischem Weg wird das vegetative Nervensystem geprüft, mittels des ASCHNERschen Bulbusdruckversuches, des TSCHERMAKschen Vagusdruckversuches, des ERBENschen „Hockversuches" und der Beeinflussung der Herztätigkeit durch die Atmung.

Die ASCHNERsche Probe besteht darin, daß man einen Druck auf den Bulbus ausübt. Bei vagotonen Individuen tritt dabei eine Bradykardie auf. Das Phänomen wird durch eine über den Trigeminus hervorgerufene Reizung des Vaguszentrums erklärt.

Bezüglich der anderen Proben, die keine größere praktische Bedeutung besitzen, wird auf die neurologischen Handbücher verwiesen.

Der Einfluß der Inkretorgane auf den Stoffwechsel war Gegenstand eingehender Studien, und man suchte hier einen neuen Weg, um zu einer Lösung der innersekretorischen Probleme zu kommen. Die Verbrennung im Organismus sowie der Mineralstoffwechsel werden nämlich durch die inkretorischen Organe geregelt. Welche Bedeutung die erstere für die Lebensfunktionen, auch für die der Haut, hat, braucht hier nicht besonders betont zu werden. Die Rolle des Mineralstoffwechsels wurde vorwiegend von ZONDEK studiert. Die Lebenstauglichkeit des Organismus beruht nicht nur auf dem Vorhandensein gewisser Kationen, K, Ca, Na, P und Mg, sondern vielmehr auf der Verteilung der Elektrolyten. Ca-Überschuß führt zum Überschuß von H-Ionen, d. h. zu Acidose, und K-Überschuß zur Vermehrung der OH-Ionen, d. h. zu Alkalose. Jede Veränderung der Elektrolytkonzentration entspricht einer Veränderung des vitalen Zustandes der Zellen. Der Wassergehalt und das Schwellungsvermögen der Haut beruhen auf der H-Ion-Konzentration, deren Variationen die der Gewebskolloide und auch der Fermente beeinflussen, z. B. dadurch die Pigmentbildung. Von Fermenten, die auf die Haut wirken und unter hormonalem Einfluß stehen, mögen auch erwähnt sein: Diastase, Lipase, Tryptase und Nuklease (KLOPSTOCK und BUSCHKE). Nach OSWALD verlangsamt herabgesetzte Schilddrüsentätigkeit die fermentativen Prozesse. Ca aktiviert das Thrombin, und der Mangel an Ca verlangsamt also die Blutkoagulierung und bedingt Neigung zu Blutungen. Die Konzentrationsveränderung der Elektrolyten ruft Nervenreizung hervor, und nach ZONDEKs Studien am vegetativen Nervensystem scheint die Sympathicusreizung mit Ca-Anhäufung und die Parasympathicusreizung (Vagusreizung) mit K-Anhäufung in Zusammenhang zu stehen.

Daß Veränderungen der unter hormonaler Einwirkung stehenden Stoffwechselprozesse große Bedeutung für das Entstehen von Hautkrankheiten besitzen, ist selbstverständlich, und welche Rolle die Veränderungen dabei möglicherweise spielen könnten, wurde u. a. von WERTHER erörtert. Der Wert nachweisbarer Veränderungen im Stoffwechsel für die Differentialdiagnose gestörter Inkretion ist jedoch schwer zu beurteilen, da die Tätigkeit der verschiedenen Drüsen ineinander greift. PULAY sagt, indem er auf dieses Ineinandergreifen hinweist, u. a.: „Thymus, Nebenniere; Hypophyse; Zirbeldrüse, sie alle werden den Stoffwechsel beeinflussen, und auch hier werden sich antagonistisch und synergistisch zueinander arbeitende Gruppen voneinander unterscheiden lassen. Inwiefern nun das endokrine System wieder das Primäre, der Mineralstoffwechsel das Sekundäre dabei sein wird, läßt sich heute nach keiner Weise entscheiden". Das nachstehende Schema nach BAUER beleuchtet dies und zeigt auch, welche Einwirkung die endokrinen Drüsen auf den Organismus ausüben. Mit + ist befördernde, mit — hemmende Wirkung bezeichnet.

	Eiweiß-stoff wechsel	Kohle-hydrat-stoff-wechsel	Calcium-stoff-wechsel	Wachs-tum	Ge-schlechts-ent-wicklung	Erregbar-keit des vege-tativen Nerven-systems	Blut-bildung
Thyreoidea . .	+	+		+		+	+
Parathyreoidea	—		—			—	
Thymus . . .			—	+			
Hypophyse . .		+		+	+		
Geschlechts-drüsen . . .	+	—		—	+	—	+
Nebennieren .		+			+		
Pankreas . . .		—					

Eppinger, Falta und Rudinger gaben folgendes Schema für den Kohlehydratstoffwechsel an:

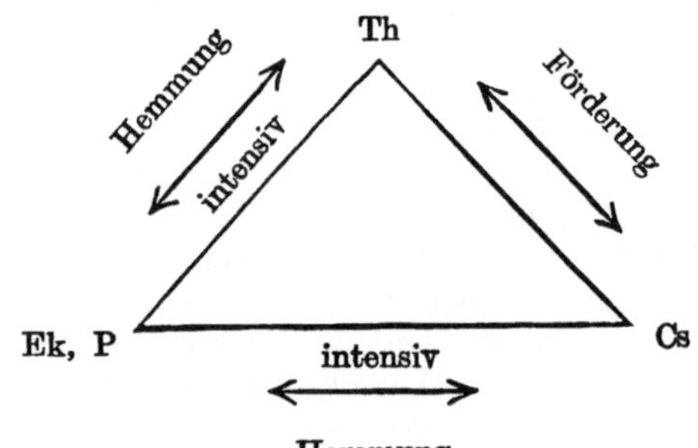

Th Thyreoidea, P Pankreas, Cs Chromaffines System, Ek Epithelkörperchen.

Dies bedeutet in Kürze folgendes:

1. Hyperfunktion des chromaffinen Systems führt bezüglich des Kohlehydratstoffwechsels zu Glykosurie.

2. Das Pankreas hemmt diese Glykosurie; Hypofunktion des Pankreas befördert sie.

3. Die Epithelkörper nehmen in dieser Beziehung die gleiche Stellung ein wie das Pankreas.

4. Die Schilddrüse befördert die Wirkung des chromaffinen Systems und die bei seiner Überfunktion aufgetretene Glykosurie, da ja bei Schilddrüsenmangel die Adrenalinglykosurie herabgesetzt ist.

Aschner ging bei Besprechung des Stoffwechsels und der Hypophyse in Hirschs Handbuch der inneren Sekretion (2. Bd., Lieferung 2) auf diese Frage ein und legte eine Reihe anderer ähnlicher Schemata vor.

Er gibt folgende Gruppierung der Drüsentätigkeit bezüglich Eiweiß- und Fettstoffwechsel:

befördernd:	*hemmend:*
Thyreoidea	Pankreas
Chromaffines System	Epithelkörperchen
Hypophyse	
Ovarium, Testikel.	

Bezüglich des Kalkstoffwechsels ist die Wissenschaft noch nicht zu einem vollständig sicheren Resultat gelangt, aber eine provisorische Aufteilung, auf Grund der bisher gemachten Untersuchungen, sieht folgendermaßen aus:

befördernd: *hemmend*:
Hypophyse   Geschlechtsdrüsen
Thyreoidea
Epithelkörperchen.

Wenn die Stoffwechseluntersuchungen auch keine sicheren Anhaltspunkte für die Beantwortung der Frage geben können, ob die eine oder andere Drüse normal funktioniert, und wenn sie auch ziemlich umständlich und wohl nur an einer gut ausgerüsteten Klinik ausführbar sind, so haben sie doch eine sehr große Bedeutung für die Inkretforschung. Bei Myxödem z. B. soll untersucht werden, ob der Grundumsatz herabgesetzt ist. Wenn es sich nicht so verhält, kann man einen Hyperthyreoidismus mit ziemlich großer Sicherheit ausschließen. Beim Studium von Krankheiten, die mit der inneren Sekretion in Zusammenhang gebracht worden sind, werden denn auch immer regelmäßiger Stoffwechseluntersuchungen vorgenommen, und die Mitteilungen und Resultate darüber erscheinen häufig in der Fachliteratur. Von systematischen Untersuchungen, die an einem größeren Material verschiedener Dermatosen durchgeführt wurden, mögen nebst den eben erwähnten Forschungen PULAYs die Arbeiten von URBACH, LÉVY-FRANCKEL und JUSTER, VOELCKER, SCHOLTZ, LIPPITZ genannt werden. In einer kürzlich publizierten Zusammenstellung hob LIPPITZ folgende Untersuchungen als wünschenswert und an einer dermatologischen Klinik durchführbar hervor: „Bestimmung der Mineralien K und Ca mit ihren Beziehungen zu den vegetativen Funktionen und den endokrinen Drüsen, in zweiter Linie von Na und Mg, ferner der organischen Stoffwechselprodukte: Rest-N, Harnsäure, Zucker, Hämatoporphyrin (wenigstens qualitativ) und der mit dem Säure-Basenhaushalt zusammenhängenden Faktoren". Wie man sieht, sind es jedoch ziemlich beschwerliche und zeitraubende Untersuchungen, die dieser Vorschlag enthält. Dies geht auch aus der kurzen Beschreibung über den Gang der Untersuchungen hervor, mit der LIPPITZ seinen Aufsatz abschließt.

Beurteilt man die Resultate mit der nötigen Kritik, so werden sie eine gute Hilfe für unser Verständnis der verschiedenen Hautaffektionen und zeigen, daß eine ganze Reihe von Dermatosen in einem gewissen Zusammenhang mit der inneren Sekretion steht. Es muß jedoch hervorgehoben werden, daß die Methode nicht überschätzt werden darf, sondern nur als ein Glied der klinischen Untersuchung zu betrachten ist. Daß man dieses Problem nicht allzu einseitig betrachten soll, wird von BRUUSGAARD, VOELCKER u. a. betont.

Von biochemischen und biologischen Methoden, durch die man glaubte, hormonale Störungen feststellen zu können, ist eine ganze Reihe angegeben worden. Die bekannteste dürfte die *Abwehrfermentreaktion* von ABDERHALDEN sein. Die großen Erwartungen, die man anfangs in sie setzte, haben sich jedoch nicht erfüllt, und man muß leider sagen, daß die Methode keine praktische Bedeutung für die Erforschung des Zusammenhanges zwischen Hautveränderungen und innerer Sekretion besitzt (BAUER, GANS, H. HOFFMANN u. a.). Auch Verbesserungen der Methode, wie HIRSCHs interferometrische Methode und die Mikro-KJELDAHL-Stickstoffbestimmung nach ABDERHALDEN und FODOR, erwiesen sich in der Dermato-Venereologie nach den Untersuchungen von RINK, DIETEL u. a. als unzuverlässig oder geradezu irreführend. Bezüglich des Wertes der ABDERHALDENschen und ähnlicher Reaktionen wie der Thyreoidinprobe PARISOTs und RICHARDs, der Enzymreaktionen von REBAUDI und SIVORI, sowie der von POEHLMANN, KARS, LEONE angegebenen serologischen Reaktionen sei auch auf deren Überprüfung und Kritik durch ARTOM verwiesen.

Aus dieser kurzen Übersicht über die Methoden, die uns zur Verfügung stehen, um zu entscheiden, ob Hautveränderungen eventuell auf gestörter

Inkretion beruhen, ist ersichtlich, daß sie alle noch mehr oder weniger mangelhaft sind. Bauer betont nachdrücklich und mit Recht, daß man sich bezüglich der Diagnose und Therapie nicht lediglich vom Ausfall gewisser, spezieller Proben leiten lassen darf, weil diese ja immer einen beschränkten Wert haben, und er fügt temperamentvoll hinzu: „Der Biochemiker und Stoffwechselmann mag damit zufrieden sein, für den behandelnden Arzt aber ist es beschämend, daß er sich von diesen „Spezialisten" hatte bestimmen lassen. In der praktischen Diagnostik und Therapie innersekretorischer Störungen hat nur der Kliniker, kein anderer zu entscheiden, die anderen haben sich zunächst noch auf die Forschung zu beschränken".

Trotz aller Schwierigkeiten liegt etwas Lockendes im Studium der endokrinen Störungen. Es eröffnen sich dem Forscher ständig neue Gesichtspunkte. Daß man aus einzelnen Fällen, wie genau untersucht sie auch sein mögen, keine allgemeinen Schlüsse ziehen darf, ist selbstverständlich. Aber durch Zusammenstellung von Beobachtungen und Versuchsresultaten bekommt man doch allmählich eine Vorstellung von den tatsächlichen Verhältnissen. Man darf auch hoffen, daß es durch verfeinerte Untersuchungsmethoden und Zusammenarbeit zwischen den Vertretern verschiedener Gebiete der Medizin in Zukunft gelingen wird, die Schleier, die noch über der Frage des Zusammenhanges zwischen innerer Sekretion und Hautkrankheiten schweben, zu lüften.

Es ist aus vielen Gründen sehr schwer, ein allseitiges und zutreffendes Bild über das Kapitel *die Haut und die innere Sekretion* zu geben. Hierzu trägt nicht zum mindesten die enorme Literatur bei, welche über die zu diesem Gebiet gehörigen Fragen existiert. Es ist unmöglich, alles zu durchforschen, und nicht leicht, Spreu und Weizen zu scheiden. Klassische Darstellungen der Endokrinologie wurden von Biedl, Falta, Schäfer, Zondek, Weil, Aschner, Bauer u. a. gegeben. Spezielle Zusammenstellungen über Haut und innere Sekretion liegen gleichfalls von Malcolm Morris, v. Poór, Cedercreutz, Strandberg, Pulvermacher, Gans, Werther, Lévy-Franckel und Juster, Schumacher, Dercum, Feldmann, Sáinz de Aja, Covisa und Bejarano, H. Hoffmann, Sirota, Brelet u. a. vor.

Gewisse Kapitel über die Haut waren Gegenstand besonderer Untersuchungen z. B. von H. Hoffmann, Bruusgaard, Josefson, Wiener, Pulvermacher, Jordan, Artom, Bertaccini, Sparacio, Mariani u. a.

Diese Arbeiten sind mit reichhaltigen Literaturverzeichnissen versehen, und wer sich für das Thema interessiert, wird in dem im Erscheinen begriffenen Werk „Handbuch der inneren Sekretion", herausgegeben von M. Hirsch, Verlag C. Kabitzsch, Leipzig 1926, den größten Teil unseres gegenwärtigen Wissens über die innere Sekretion wiedergegeben finden.

III. Übersicht über den Zustand der Haut bei typischen Veränderungen in den endokrinen Drüsen[1].

1. Die Schilddrüse.

In bezug auf dieses Organ sind die Ausfallsymptome gut untersucht, einerseits bei Menschen, anderseits durch Tierversuche. Zum erstenmal wurden die Veränderungen durch Athyreoidismus beim Menschen von Reverdin und von Kocher (1882—1883) zum Gegenstand eingehender Studien gemacht. Sie beschrieben unabhängig voneinander die Symptome, die bei Patienten

---

[1] Dieses Kapitel bildet in der Hauptsache eine Neubearbeitung des entsprechenden Teiles der von mir herausgegebenen Monographie: Beitrag zur Frage der Bedeutung der inneren Sekretion in der Dermatologie, Stockholm: I. Marcus 1917.

auftraten, deren Schilddrüse wegen Struma total exstirpiert worden war. KOCHER nannte den Zustand *Kachexia strumipriva* und REVERDIN *Myxoedème postopératoire.*

Kennzeichnend für diesen Krankheitszustand sind sowohl psychische wie somatische Entwicklungsstörungen: Idiotie, Veränderungen im Skeletwachstum mit gehemmter Verknöcherung, gestörter Stoffwechsel sowie Hautsymptome. Sehr charakteristisch sind die letztgenannten, die myxödematösen Veränderungen, die sich auch bei einer ganzen Reihe von anderen auf Athyreoidismus oder Hypothyreoidismus beruhenden Krankheitszuständen einstellen, wie *Myxoedema adultorum, M. infantum, M. congenitum, endemischer Kretinismus* usw. Die Veränderungen betreffen die ganze Haut, treten aber am stärksten im Gesicht hervor, besonders um die Augenlider und an den Händen, die plump und tatzenähnlich werden. Die Haut wird wachsbleich, alabasterähnlich, eigentümlich ödematös verdickt, trocken und oft von kleinen kleienförmigen Schuppen bedeckt. Fingerdruck hinterläßt im Gegensatz zum Verhalten beim renalen Ödem keine Spuren, die Verschiebbarkeit der Haut gegen die Unterlage und die Geschmeidigkeit sind verringert, was dazu beiträgt, dem Kranken ein steifes und plumpes Aussehen zu geben. Die Talgdrüsensekretion ist herab gesetzt, ebenso auch Schweißsekretion und Perspiratio insensibilis. Die Zirkulation in der Haut ist gestört, was sich oft durch eine augenfällige Akrocyanose zu erkennen gibt. Die Haut fühlt sich kühl an, und die Patienten klagen oft über Kältegefühl. Die Haarbekleidung wird sehr in Mitleidenschaft gezogen. Das Haupthaar wird trocken und glanzlos, verliert seine Farbe, wird brüchig und fällt reichlich aus. Dieselbe Veränderung bemerkt man an den Haaren der Achselhöhlen

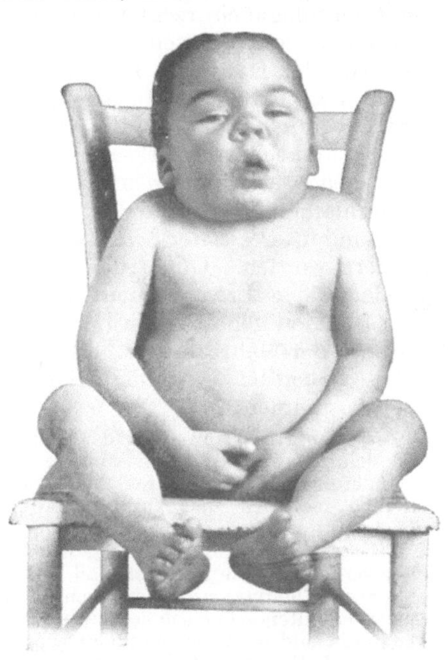

Abb. 3. Sporadischer Kretinismus.
(Aus W. FALTA, Die Erkrankungen der Blutdrüsen. 2. Aufl. Berlin: Julius Springer 1928).

und den der Pubes, beim Mann auch am Bart. Der Haarnachwuchs ist stark gehemmt (LÉVY und ROTHSCHILD). Besonders über den Ohren und hinten im Nacken neigt das Haar offenbar zum Ausfallen (STURGIS). Als charakteristisch wurde auch das nach HERTOGHES (mitunter auch nach LÉVY-ROTHSCHILD) benannte Symptom des Verlustes der seitlichen Partien der Augenbrauen bezeichnet, dessen diagnostischer Wert jedoch zweifelhaft erscheint, da es sowohl bei gesunden Individuen wie bei solchen mit Hypothyreoidismus, auch bei Keratosis pilaris erythematosa (Ulerythema ophryogenes) konstatiert wurde (HELLER, BAUER). Die Nägel werden trocken, glanzlos, mißfarbig, geriffelt, brechen leicht und wachsen langsam.

An den Schleimhäuten, besonders in Mundhöhle und Rachen, sieht man Veränderungen, die denen der Haut gleichen. Durch myxödematöse Anschwellung wird die Zunge plump und groß und hat keinen Platz mehr im Munde, sondern wird, sich durch den halbgeöffneten Mund vordrängend, sichtbar, was dem Kranken ein abstoßendes und ausdrucksloses Aussehen verleiht.

Sehr bald wurde man auf das Vorkommen abortiver Myxödemformen aufmerksam. So beschrieb Hertoghe unter dem Namen *Hypothyreoidisme bénign chronique* Fälle ohne deutliches Myxödem, aber mit vasomotorischen Störungen, Anidrosis, Hypotrichosis und anderen Hautveränderungen, bei welchen Thyreoideabehandlung ebenso wie beim genuinen Myxödem gute Resultate gab. Eine andere große klinische Arbeit, die den Zusammenhang zwischen mehreren Hautveränderungen und Hypothyreoidismus nachweist, ist eine oft zitierte Studie von Lévi und Rothschild. Seither ist in der Literatur eine große Zahl von Mitteilungen über ähnliche Beobachtungen erschienen. Perl weist darauf hin, daß diese Zustände herabgesetzter Schilddrüsenfunktion häufig und auch der Diagnose zugänglich sind, obgleich sie in ihrer Symptomatologie ein recht wechselndes Bild geben, mit psychischen Störungen, Symptomen vom Nervensystem, vom Digestionskanal usw., sowie in erster Reihe von der Haut. Es ist wichtig, sie im Gedächtnis zu behalten, weil sie oft sehr dankbare Objekte einer geeigneten Therapie sind.

Eine bereits im Jahre 1913 abgeschlossene, auf umfassende Kenntnis der Literatur und sehr aufmerksames und eingehendes Studium einer Reihe eigener, lange beobachteter Fälle gegründete Monographie über die klinischen Äußerungen der chronischen Insuffizienz der Schilddrüse, die eine Fülle wertvoller Beobachtungen und interessanter Schlüsse enthält, ist in russischer Sprache von Pedenko publiziert worden. Unter den gewöhnlich verkannten Initialsymptomen des Myxödems der Erwachsenen, welches nach Pedenko unberechtigt für ein seltenes Leiden gehalten wird, scheinen die Veränderungen der Haut und ihrer Adnexe in der Mehrzahl der Fälle zu den allerfrühesten zu gehören. Moderow, der diese Arbeit im Zentralblatt referierte, faßt die Symptome in Kürze folgendermaßen zusammen:

„Die eigenartige Schwellung der Haut verursacht eine Änderung der Gesichtszüge und des Gesichtsausdruckes: Verdickung der Stirnhaut und besonders des oberen Lidrandes, Formänderung der Nase, Ohren und Lippen (insbesondere die abhängende untere Lippe), Vertiefung der Stirn- und Nasolabialfalten. Am übrigen Körper ist die Hautschwellung besonders auffallend über den Schlüsselbeinen und am Hand- und Fußrücken. Früh setzt eine Trockenheit und Empfindung des Zusammenziehens der Haut ein, schwindet das Schwitzvermögen. Die Haut ist blaß, kalt, trocken, pastös; es stellt sich starkes Schuppen ein, Schwielenbildung an Ellenbogen, Knien, Handtellern und Fußsohlen, in einzelnen Fällen tiefe, blutende und schmerzhafte Rhagaden an Sohlen, Handtellern und Fingerrücken; die letzteren sind oft verschmutzt und lassen sich nicht reinwaschen. Oft sind hartnäckige *Ekzeme*, auch Schuppenflechte, die nur einer spezifischen Thyreoidinbehandlung weichen. Die Kopfhaare werden trocken, glanzlos, borstig, brüchig, fallen leicht aus, manchmal bilden sich große kahle Flecke; ebenso das Barthaar bei Männern. Augenbrauen und Wimpern sind spärlich. Die Nägel werden dünn, trocken, brüchig, ihr Wachstum ist bedeutend verlangsamt. Sehr oft schwellen ebenso die Schleimhäute an: Zunge, Zäpfchen, Nasenmuscheln, auch Stimmbänder, was Änderung der Stimme und Sprache bedingt. Auch in dem vielgestaltigen klinischen Bilde der chronischen *Hypothyreose (inkomplettes Myxödem, Dysthyreose, kretinoide Degeneration, thyreogener Infantilismus)* finden sich die Hautveränderungen besonders oft. Im Grunde sind es dieselben wie oben, nur in verschiedener Stärke und Ausbreitung, manchmal nur angedeutet. Die trockene, rauhe, reichlich schuppende Haut erinnert manchmal an Ichthyosis. Die Schweiß- und Talgabsonderung ist herabgesetzt. An Ellenbogen und Knien finden sich oft Schwielen. Die charakteristische Verdickung und Konsistenzänderung der Haut ist eher am Gesicht, besonders an Stirn und oberem Lidrand, über den Schlüsselbeinen und den Unterschenkeln zu erkennen. Es besteht eine Neigung zu Dermatosen: Urticaria, Pruritus, Acne, Ekzem, Psoriasis, exfoliative Dermatitis, die der üblichen Behandlung trotzen und glänzend auf Thyreoidin ansprechen. Die Veränderungen der Haare und Nägel sind die gleichen wie bei Myxödem.‟

Anhangsweise kann auch die *Myxoedema tuberosum* genannte Hautaffektion erwähnt werden. Es handelt sich um eine Kombination von symmetrisch gruppierten, halbkugeligen, derben, hanfkorn- bis kirschgroßen Knötchen mit den üblich diffusen Myxödemveränderungen (Jadassohn-Doessekker-H. Hoffmann, Lewtschenkow, Brogow). Nach Tryb gibt es auch Fälle, wo diese

Knötchen sich an ganz normaler Haut entwickeln. Histopathologisch zeigt die Veränderung eine eigenartige mucinöse Degeneration.

Die pathologisch-anatomischen Veränderungen der Haut bei Myxödem sind noch nicht vollständig klargelegt. Sowohl die chemischen wie die histologischen Erscheinungen gaben kein einheitliches Bild. Im allgemeinen wird eine Verdickung und ödematöse Schwellung des kollagenen Bindegewebes sowie perivasculäre Rundzelleninfiltration hervorgehoben (vgl. CEELEN). Außerdem ist, wenigstens in manchen Fällen, im Corium und evtl. auch in der Subcutis eine schleimartige Substanz zu beobachten. Diese scheint mitunter Mucin zu sein, erweist sich aber manchmal als nicht vollständig identisch mit Mucin (DÖSSEKKER, H. HOFFMANN u. a.). Auch Zunahme der Bindegewebszellen im Papillarkörper, Vakuolisierung der Schweißdrüsen, Hyperplasie des Epithels in den Haarfollikeln, Pigmentzunahme in der Epidermis, Hypertrophie des Fettgewebes in der Subcutis, Degeneration der elastischen Elemente usw. werden als histologische Befunde bei diesem Zustand angeführt. Im übrigen sei auf WEGELINs Darstellung und erschöpfendes Literaturverzeichnis in dem von HENKE und LUBARSCH herausgegebenen Handbuch der speziellen pathologischen Anatomie und Histologie verwiesen.

Die Ausfallsymptome wurden von einer großen Anzahl von Forschern wie HOFMEISTER, TATUM, V. EISELSBERG u. a. eingehend an Tieren studiert, wobei sich beweisen ließ, daß die Operation eine ganze Reihe von Entwicklungsstörungen auch bezüglich der Haut zur Folge hat. Hunde und Kaninchen verloren ihr Haar, Schafe bekamen kurze, dünne Wolle, Ziegen dagegen kräftigen Haarwuchs. Die langen Haare ließen sich jedoch in Büscheln ausreißen. Sowohl bei Schafen wie bei Ziegen verkrümmten sich die Hörner. MOSSU konstatierte bei einem im Alter von einigen Monaten operierten Schwein myxödematöse Veränderungen mit infiltrierten Hautfalten und abwechselnd kahlen und mit langen dicken Borsten bedeckten Hautpartien (ref. nach BIEDL).

Wie man sieht, sind es durchgreifende Veränderungen, die die Haut erleidet, wenn der regulierende Einfluß der Thyreoidea fortfällt. Hierzu kommt ferner eine fehlerhafte Funktion der Haut, auf die gleichfalls hingedeutet wurde. Die herabgesetzte Temperatur und das Gefühl von Kälte dürften mit Störungen im Stoffwechsel zusammenhängen. Der Grundumsatz kann auf die Hälfte des normalen heruntergehen. Die herabgesetzte Verbrennung erklärt die Neigung zu Fettanhäufung, und die verringerte N-Ausscheidung (deren tägliche Menge auf 5—10 g sinken kann) wird bei erhöhter N-Zufuhr nicht nennenswert erhöht. Die N-Anhäufung hat Wasserretention, Ödembereitschaft, zur Folge. POPPER untersuchte das Schwellungsvermögen der Haut in n/10-HCl-Lösung bei normalen Tieren und solchen, denen die Schilddrüse exstirpiert worden war. Bei den letzteren konnte die Haut bedeutend mehr, in gewissen Fällen bis zu achtmal mehr Flüssigkeit aufnehmen.

Schleimbildung und Kalkstoffwechsel der Haut werden gleichfalls durch die Thyreoidea reguliert (H. HOFFMANN).

Eine nicht unerhebliche Rolle spielt das endokrine System und besonders die Schilddrüse im Kampfe des Organismus gegen Infektionen und Intoxikationen. Die Schilddrüse wurde auch als ,,Entgiftungsdrüse“ aufgefaßt. Tierversuche haben diesbezüglich sehr interessante Resultate ergeben, aus welchen hier einige Beispiele kurz angeführt werden mögen. Thyreoidektomierte Tiere gehen leichter an Hg-Vergiftung zugrunde als die Kontrolltiere. HUNT zeigte durch Versuche an Ratten, daß die Resistenz der Tiere gegen Aceto-Nitril durch Verfütterung kleiner Thyreoideamengen beträchtlich erhöht wird, eine Methode, die sogar bei Standardisierung von Schilddrüsenpräparaten zur Anwendung kam. Bei Morphinvergiftung hatte die Thyreoidea in Versuchen an

Ratten die umgekehrte Wirkung. Bram zeigte, daß Basedowkranke Chinin bedeutend besser vertragen als Normale. Eine eingehende Besprechung dieses Themas findet sich bei Bauer, der hervorhebt, daß die individuelle Überempfindlichkeit gegen verschiedene Heilmittel mindestens teilweise auf verschiedenen Zuständen der Inkretorgane beruhen dürfte. Die allergische Konstitution der Haut und ihr Zusammenhang mit den endokrinen Drüsen wurde auch von Pulvermacher erörtert.

Das über Intoxikationen Gesagte gilt im großen ganzen auch von der Bekämpfung von Infektionen durch die Haut, wobei man einen Zusammenhang zwischen den endokrinen Organen und Bakterizidie, Phagocytose und Antikörperbildung nachweisen konnte (Tokumitso, Asher u. a.; vgl. Lindner). Diese Schutzkräfte werden durch experimentelle Schilddrüsenexstirpation vermindert, nehmen aber bei Verfütterung von Thyreoideapräparaten wieder zu.

Was die *Hyperfunktion* der Thyreoidea betrifft, so wurde sie besonders bei Morbus Basedowii beobachtet und beschrieben. Es ist jedoch schwer zu entscheiden, ob es sich hier um eine reine Hyperfunktion handelt oder um eine mehr oder weniger ausgesprochene Dysfunktion. Diese Frage sowie der wohlbekannte Symptomenkomplex bei Basedow soll hier jedoch nicht näher besprochen werden.

Die Hautveränderungen bei dieser Krankheit variieren und können mitunter vollständig fehlen. Im allgemeinen haben die Basedowkranken einen reichlichen Haarwuchs und eine dünne und geschmeidige Haut (Holmgren). Recht oft sieht man diffuse, circumscripte oder halbseitige Hyperidrose. Rein vasomotorische Störungen wie einfache Kongestionen, Trousseausche Flecken, wie auch Urticaria und Pruritus sowie flüchtige Ödeme sind nicht selten. Depigmentierungen und Pigmentierungen kommen ebenso wie bei Athyreoidose vor, aber zum Unterschied gegen das Verhalten bei dieser ist die Pigmentierung hier oft an gewissen Körperteilen lokalisiert, wie an Augenlidern, Achselfalten, Leisten, Brustwarzen, und in seltenen Fällen auch in der Mundschleimhaut (Kocher, Strümpell, Sattler). Die abnorme Pigmentierung wurde auch mit eventuellen kompensatorischen Veränderungen in anderen endokrinen Organen, vor allem Nebennieren und Geschlechtsdrüsen in Zusammenhang gebracht (Beberich und Fischer-Wasels).

In gewissen Fällen werden die Veränderungen denen bei Hypothyreoidismus sehr ähnlich: myxödemartige Zustände mit trockener Haut, Hypotrichose, vorzeitiges Ergrauen des Haares, Trockenheit und Sprödigkeit der Nägel usw. Bauer beobachtete in zwei Fällen Leukonychie.

Ein großer Teil dieser Hautveränderungen mag rein zufällig auftreten, nach verschiedenen Zusammenstellungen sind jedoch die Hautanomalien bei Morbus Basedowii so häufig, daß man einen ursächlichen Zusammenhang nicht verkennen kann. v. Poór sagt: „Die Hautveränderungen bei dem auf Hyperthyreoidismus beruhenden Basedow sind nicht spezifischer Art und werden nur pathognomonisch, wenn man sie als Teil des Symptomenkomplexes in Betracht zieht. Ein in ausgesprochener Weise mit dem Hypothyreoidismus in kausalem Nexus stehender gemeiner Hautkrankheitstypus ist bisher nicht bekannt".

Hyde und Mc Even sahen unter 111 Basedowfällen 49 Hyperidrosen, 15 Hautpigmentierungen, 5 diffuse Sklerodermien, ausgesprochene Fälle von Alopecien, Vitiligo, Urticaria und Erythem, Mannheim unter 41 Fällen 14 Patienten mit Haarausfall (vgl. v. Poór). Eppinger behauptet, daß Hypotrichose häufig sei, Sattler sah sie in 23% seiner Fälle. Holmgren gibt in seiner Untersuchung von 127 Basedowfällen nur 14 mit Hautsymptomen an; diese niedrige Ziffer kann aber darauf beruhen, daß bei seiner Untersuchung,

die in erster Linie Studien über das Längenwachstum beabsichtigte, Hautveränderungen nicht immer notiert worden waren.

Im Dezember 1926 war die Frage der Bedeutung der Schilddrüse in der
Dermatologie beim italienischen Dermatologenkongreß in Rom als Verhandlungs-
thema aufgestellt. Artom, Bertaccini und Sparacio hielten instruktive
und erschöpfende Einleitungsvorträge, und in der folgenden Diskussion äußerte
sich eine ganze Reihe bekannter Forscher. Ein ausführlicher Bericht findet
sich in den Kongreßverhandlungen [La ghiandola tiroide in dermatologia, Giorn.
ital. dermat. 68, 2 (1927), Ref. Zbl. Hautkrkh. 25, 104].

2. Parathyreoidea.

Dem über die Schilddrüse Gesagten mögen auch einige Worte über die
Parathyreoidea angeschlossen sein. Nach der Entdeckung dieser Drüsen durch
Sandström im Jahre 1880 wurden ihr Bau und ihre Funktion genau studiert.
Hier wurden, wie bei anderen Inkretorganen, die Ausfallsymptome am besten
bekannt.

Die Bedeutung der Drüse für den Stoffwechsel, besonders den Mineralstoffwechsel, gibt sich bei Schäden in ihr vielfach nicht zum mindesten am Knochen-
system und am vegetativen Nervensystem zu erkennen. Exstirpation der Drüse
oder Destruktion durch pathologische Prozesse rufen, wie wir wissen, Tetanie
hervor. Diese ist von einer ganzen Reihe verschiedener Störungen in ektodermalen Organen begleitet: mangelhafte Verkalkung des Dentins, Hypotrichose und atrophische Nagelveränderungen. Diese letzteren führen mitunter zu Abfall der Nägel. Parathyreoideaveränderungen scheinen auch
Linsentrübungen (Schiötz), oft in Form von Cataracta perinuclearis, hervorzurufen.

Die Thalliumalopecie, die besonders von Buschke und seiner Schule studiert
wurde, bringt man mit der inneren Sekretion in Zusammenhang, und es spricht
vieles dafür, daß der Effekt auf dem Wege einer Einwirkung auf die Glandula
parathyreoidea zustandekommt. Mit Thallium vergiftete Mäuse bekommen
nämlich außer Haarausfall auch Skelettsymptome sowie Katarakt. Ginsberg
gibt an, daß bei $11^0/_0$ von den Mäusen, die mit Thallium gefüttert worden waren,
binnen 6 Wochen Katarakt auftrat. Dieser beginnt wie ein seniler Katarakt
und entwickelt sich zu einer Cataracta zonularis. Um zu erforschen, wie Thallium
auf das Auge wirkt, wurde es einerseits in den Conjunctivalsack eingeträufelt,
anderseits in die vordere Kammer injiziert. Das Resultat war negativ. Dieser
Umstand spricht nach Ginsberg für die Richtigkeit der Annahme von Buschke
und Peiser, daß die Veränderungen als endokrin, durch die Nebenschilddrüsen erzeugt, zu deuten sind. Diese letzteren Forscher betonen auch, daß
bei Thalliumalopecie der Tiere alle Haare außer den Sinneshaaren ausfallen,
die unter dem Einfluß des Zentralnervensystems stehen. So kann auch dieses
Verhalten als Stütze für den endokrin-sympathischen Mechanismus der Thallium-
wirkung bezeichnet werden.

Auch bei den in der Dermatologie zur Epilierung vorgeschlagenen Dosen,
6—8 mg per Kilogramm Körpergewicht, treten mitunter sogar heftige Neben-
wirkungen auf, die auf Schäden inkretorischer Art deuten.

Auf dem italienischen Dermatologenkongreß in Rom 1926 berichtete
Mariani über die Bedeutung der Parathyreoidea in der Dermatologie. Bei
Veränderungen der Haare, der Nägel, der Hautdrüsenfunktion und der Elastizität der Haut (Onychodystrophie, Alopecie, Sklerodermie) muß man auch
an die Nebenschilddrüsen denken. Dasselbe gilt auch für pruriginöse Syndrome.
Ein Autoreferat seines Vortrages ist in den gedruckten Kongreßverhandlungen
zu finden.

3. Die Geschlechtsdrüsen.

Die Rolle der Geschlechtsdrüsen für die Entwicklung gewisser Zustände in der Haut und deren Adnexen war schon lange beachtet worden. Die sichersten

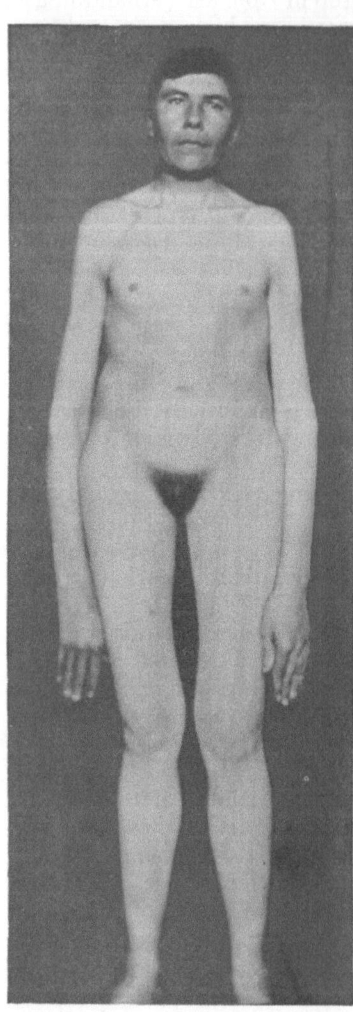

Resultate liefert auch hier das Studium der Ausfallsymptome. Diese sind bezüglich der Geschlechtsdrüsen, besonders der männlichen, infolge der seit alters her bei manchen Volksstämmen aus verschiedenen Gründen ausgeführten Kastration recht gut festgestellt. Allgemein bekannt sind ja die päpstlichen Kastraten. Junge Knaben kastriert man im Orient, um als Haremswächter geeignete Eunuchen zu erhalten, und aus religiösen Gründen bei der Sekte der Skopzen in Rumänien und Rußland. Diese letzteren waren Gegenstand interessanter Untersuchungen von TANDLER und GROSZ und später von KOCH.

Erst nach der Pubertät Kastrierte gibt es selten, aber doch mitunter, z. B. infolge von Trauma, bei bösartigen Tumoren und bei Tuberkulose. Bei der Frau wird Kastration eigentlich nur nach der Pubertät vorgenommen.

Bei verschiedenen Haustieren: Pferden, Rindern, Hunden, Katzen, Schweinen, Schafen, Hühnern usw. wurde seit langer Zeit aus verschiedenen Gründen methodisch Kastration vorgenommen. Wie man sieht, kann sich die Kenntnis der Ausfallsymptome seitens der Geschlechtsdrüsen also auf ein reichhaltiges Material stützen.

Von den Symptomen, die ein kastriertes Individuum kennzeichnen, sollen hier nur einige kurz genannt werden, nämlich Störungen in der Entwicklung der Genitalien, der Ossification, des Längenwachstums, der Psyche usw. Ein auch für die Dermatologie beachtenswertes Symptom sind dagegen die Veränderungen des Unterhautzellgewebes, das oft eine erhöhte Fettansammlung aufweist.

Beim Mann zeigt sich die Wirkung der Kastration verschieden, je nachdem ob die Operation vor oder nach der Pubertät vorgenommen worden war. Bei früher Kastrierung geben sich die Veränderungen am deutlichsten zu dem

Abb. 4. Skopze Iwan Gregor, 24 Jahre alt, angeblich im 5. Lebensjahre kastriert. Auffällige Länge der Extremitäten. Gesamtlänge 184 cm, Spannweite 204 cm, Unterlänge 108 cm.

Zeitpunkte zu erkennen, da unter normalen Verhältnissen die Pubertät einzutreten pflegt. Infolge der gehemmten Verknöcherung werden diese Individuen lang und mager, was besonders auf dem Wachstum der langen Röhrenknochen beruht. Arme und Beine werden deshalb im Verhältnis zu dem relativ kurzen Rumpf unproportioniert lang. Die langen Kastraten sind mitunter mager, die meisten sind jedoch durch Fettansammlungen, besonders an den Brustpartien und an der Beckenregion gekennzeichnet, wodurch die Gestalt ein weibliches Aussehen bekommt. Das für die kastrierten Skopzen charakteristische schläfrige und indolente Aussehen beruht ¯nach TANDLER und GROSZ auf Fettwülsten unter der Haut lateral vom oberen Augenlid. Bei den nach der Pubertät Kastrierten tritt keine Veränderung im Längenwachstum ein; sie werden im allgemeinen fett (Abb. 4 und 5).

Die Haut der Kastrierten wird mehr oder weniger dünn, trocken und glanzlos, und es hat den Anschein, als ob die Tätigkeit der Hautdrüsen in toto gehemmt wäre. Die Gesichtshaut wird schmutzig grau und von Furchen und Falten durchkreuzt, was dazu beiträgt, der Haut ein ältliches Aussehen zu geben.

Die Geschlechtsdrüsen scheinen eine bestimmte Einwirkung auch auf das Haarwachstum zu haben. Die Kastraten weisen im allgemeinen nur eine geringe Entwicklung der Lanugohaare im Gesicht auf, am Körper fehlen sie vollständig. Die Pubeshaare fehlen oder werden dünn, und im letzteren Falle wachsen sie nicht in einer Spitze gegen den Nabel hinauf, sondern die obere Haargrenze bildet, wie normalerweise bei der Frau, eine horizontale Linie. Axillarhaare sind vorhanden, wenngleich im allgemeinen spärlich, Haare am Perineum fehlen in der Regel. Der Bart ist nicht vorhanden oder wird rudimentär. In vorgeschrittenem Alter entwickeln sich oft einzelne Borsten wie bei alten Frauen. Das Haupthaar ist im großen ganzen normal, mitunter jedoch auffallend reichlich, obgleich trocken und glanzlos. Als eine Eigentümlichkeit mag erwähnt werden, daß nach SABOU-

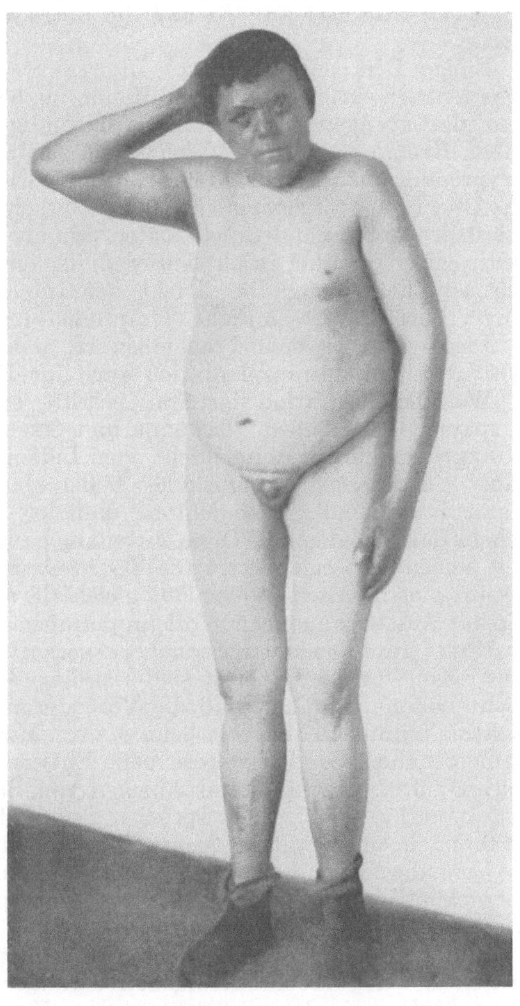

Abb. 5. Eunuchoid Karl K., 51 Jahre alt. Fettanhäufungen an der Unterbauchregion und an den Cristae iliacae. Hypoplasie des Genitale. (Abb. 4 und 5 nach J. TANDLER und S. GROSZ.)

RAUD bei Kastraten Kahlköpfigkeit nicht existieren soll, da infolge der reduzierten Wirksamkeit der Talgdrüsen keine Seborrhöe vorkommt. Als Beispiel wird angeführt, daß von den 147 Eunuchen Abdul Hamids keiner kahl war.

Es wurde früher angedeutet, daß die Wirkung einer Kastration in der Regel stärker ist, wenn die Operation in jungen Jahren, besonders vor der Pubertät ausgeführt wurde. Daß auch eine später ausgeführte Operation charakteristische Symptome mit sich bringen kann, wird durch eine Arbeit von LICHTENSTERN erwiesen, in der zwei Krankengeschichten mitgeteilt sind. Die eine betrifft einen 29 jährigen Soldaten, dessen Testikel durch einen Schuß fortgerissen wurden. Schon binnen 6 Wochen stellten sich typische Kastratensymptome ein. Die Libido sexualis verschwand, der Panniculus adiposus nahm zu, besonders um den Hals und im Gesicht, das ein indolentes Aussehen bekam. Der Bart verschwand und ebenso ein großer Teil der Lanugohaare. Das Haar in der Linea alba fiel aus, so daß die obere Grenze der Pubeshaare horizontal wurde.

Einige Zeit darnach hatte Lichtenstern Gelegenheit, einen ähnlichen Schaden bei einem 28 jährigen Manne zu beobachten. Die Symptome waren dem des ebengenannten Falles vollständig gleich. Zufälligerweise war am selben Krankenhause ein 40 jähriger Mann mit einem angeborenen Bruch und Kryptorchismus in Behandlung. Da der Bruch Schmerzen verursachte, wurde die Operation vorgenommen, und Lichtenstern benutzte die Gelegenheit, um dem durch Schuß Geschädigten den aus dem Bruch des anderen Patienten exstirpierten Testikel zu implantieren, der im übrigen, wie sich zeigte, beträchtlich atrophiert war. Der Effekt der Implantation war großartig. In ganz kurzer Zeit gingen sämtliche Symptome zurück.

Dieser Fall ist sehr beachtenswert, weil er deutlich den therapeutischen Wert der Testikeltransplantation auch für Hautveränderungen zeigt.

Was die Kastration der Frau betrifft, so kennt man eine solche fast nur in späten Altersklassen. Tandler und Grosz erwähnen, daß ein Arzt namens Roberts in einem Reisebericht von Indien weibliche Kastraten beschrieben habe. Sie waren groß, muskulös, ließen Mammae und Pubeshaare vermissen. Menstruation und Libido fehlten, und der Zustand glich also dem bei weiblichem Eunuchoidismus. Diese Mitteilung hat jedoch infolge mangelhafter Exaktheit keinen größeren Wert. Die Beschreibung der Walküren aus dem Altertum mit ihrer männlichen Psyche läßt gleichfalls an Eunuchoidismus denken, ebenso wie das Aussehen mancher Vorkämpferinnen der Frauenfrage (nach den Bildern in Molls Handbuch der Sexualwissenschaft zu urteilen). Sichere Fälle von Kastration vor der Pubertät sind allerdings bei der Frau fast unbekannt. Vielleicht kommt es daher, daß die Veränderungen bei den beschriebenen Fällen nicht so auffallend sind wie beim Mann. Man sieht hier oft eine in mehr oder weniger hohem Grade heterosexuelle Entwicklung der sekundären Geschlechtszeichen. Die Frau bekommt Anlagen von Bart und Schnurrbart, die Lanugohaare werden kräftiger, es sprießen Perinealhaare hervor, und die Pubeshaare wachsen in einer Spitze gegen den Nabel hinauf.

Veränderungen des Unterhautzellgewebes, der Haarbekleidung und Hornentwicklung, sowie der Effekt von Transplantation der Geschlechtsdrüsen wurden auch an Tieren studiert.

Im obigen war ausschließlich von vollständigem Verlust der Geschlechtsdrüsen und den dabei auftretenden Veränderungen die Rede. Mit dem Namen *Eunuchoidismus* oder vielleicht besser *Hypogenitalismus* resp. *Hyporchismus* und *Hypovarismus* werden dagegen Entwicklungsstörungen bezeichnet, die man mit mangelhafter Funktion der Geschlechtsdrüsen in Zusammenhang brachte. Die Symptome gleichen mehr oder weniger denjenigen, die im Anschluß an Kastration auftreten, weshalb wir uns nicht bei ihnen aufzuhalten brauchen.

Hyperfunktion der Geschlechtsdrüsen ist bei sog. *Pubertas praecox* zu beobachten. In einigen Fällen scheinen die Veränderungen durch Tumoren in Testes und Ovarien verursacht zu sein (Veberly, Sacchi u. a.). In anderen Fällen wieder, und vielleicht in den meisten, liegt die Ursache in Tumoren anderer endokriner Organe, wie der Glandula pinealis und den Nebennieren. Reuben und Manning stellten 400 Fälle aus der Literatur zusammen und teilten 12 eigene mit. Von den Hautsymptomen ist besonders die Behaarung auffallend, da sie sich wie bei Erwachsenen des betreffenden Geschlechtes entwickelt.

So beschrieb PETÉNYI einen Knaben, der seit seinem zweiten Lebensjahre Zeichen eintretender Pubertät mit Bart- und Schnurrbartwachstum, Lanugo-, Pubes- und Axillarhaar usw. aufwies. Er starb im Alter von 3 Jahren, und bei der von PUHR ausgeführten und beschriebenen Obduktion wurden von der Nebennierenrinde ausgegangene Tumoren konstatiert.

Auch nach der Pubertät auftretende Tumoren in den Geschlechtsdrüsen

Abb. 6. Perrückengeweih eines in der Gefangenschaft kastrierten Rehbockes. Mächtige Excrescenzen an Stirn- und Parietalregion, pendelnde Geschwulstmassen zu beiden Seiten der Schnauze, die Augen zudeckend. (Nach J. TANDLER und S. GROSZ.)

und in anderen endokrinen Organen, z. B. den Nebennieren, können Hypertrichose hervorrufen (JOSEFSON, MC AULIFF u. a.).

Mit dem Pubertäts-, sowie mit dem Graviditäts- und Senescenzzustand treten bekanntlich gleichfalls eine Reihe von Veränderungen an der Haut auf. Bei der Pubertät stellen sich Zeichen erhöhter Vitalität der Haut ein. Die Talg- und Schweißdrüsensekretion nimmt zu, die Nägel werden kräftiger, und durch Veränderungen in Behaarung und Unterhautfett machen sich sekundäre Geschlechtszeichen geltend. Während sich das Unterhautfett beim Jüngling im Verhältnis zur Muskulatur reduziert, nimmt der Panniculus adiposus beim Mädchen zu, besonders an Nates und Brustpartien. Was die Haarbekleidung betrifft, wird bei beiden Geschlechtern eine Wachstumszunahme der Lanugohaare und ein Hervorsprießen von Pubeshaaren, Haaren in den Axillen und um den Anus beobachtet. Bei den Crines pubis bemerkt man einen deutlichen Unterschied betreffs ihrer oberen Grenze, die beim Manne in den meisten Fällen in einem Dreieck mit der Spitze gegen den Nabel hinaufgeht, während sie bei der Frau eine horizontale Linie bildet. Der auffallendste Unterschied ist jedoch die Entwicklung von Bart und Schnurrbart beim Mann. Bei der Frau wird das Haupthaar länger und kräftiger, beim Manne scheint die Veränderung hier eher in entgegengesetzter Richtung zu gehen.

Bei der Gravidität sind viele typische Hautsymptome zu beobachten, nämlich eine erhöhte Pigmentierung der Linea alba, der Areola mammae und der Achselfalten. Eine leichte Hypertrichose scheint nach Halban die Regel zu sein. Waelsch wies hypertrophische Veränderungen in den Axillarschweißdrüsen nach. Vasomotorische Hautveränderungen sind ebenso wie bei den Menses und bei eintretender Menopause nicht ungewöhnlich.

Die Zeit des Klimakteriums und des entsprechenden Alters beim Manne ist durch eine ganze Reihe verschiedener regressiver Veränderungen in der Haut, u. a. mit mangelhafter Elastizität und abnehmendem Turgor gekennzeichnet. Das Haar ergraut und fällt beim Mann besonders an der Stirn aus; bei ihm ist auch eine stärkere Entwicklung der Lanugohaare zu beobachten. Die Augenbrauen sowie die Haare im äußeren Gehörgang und in den Nasenöffnungen zeigen ein stärkeres Wachstum. Bei der Frau machen sich Ansätze zu Schnurrbart und Bart bemerkbar. Auch an den Nägeln werden senile Veränderungen beobachtet. Sie werden trocken, spröde, geriffelt und verlieren ihren Glanz.

Man kann natürlicherweise, und mit Recht, eine ganze Reihe Einwendungen gegen die Annahme machen, daß die hier genannten Hautveränderungen nur auf der Tätigkeit der Geschlechtsdrüsen beruhen. Es können ganz sicher auch andere Momente eine größere oder geringere Rolle spielen. Die übrigen endokrinen Drüsen haben gleichfalls Perioden zu- und abnehmender Tätigkeit, die Wechselbeziehungen zwischen den endokrinen Organen erschweren es zu entscheiden, in welchem Maße ein Symptom der einen oder anderen Drüse zuzuschreiben ist.

So dürfte es sehr zweifelhaft sein, ob die Pigmentierung während der Gravidität ein direkt auf der veränderten Funktion der Ovarien beruhendes Symptom ist. Vieles spricht dafür, daß sie mit den Nebennieren zusammenhängt. Dasselbe gilt von der während der Gravidität zu beobachtenden Hypertrichose. Übrigens kann man während der Schwangerschaft sowohl Symptome von Veränderungen in der Thyreoidea wie in der Hypophyse sehen, nämlich myxödematöse und akromegale Zustände.

Die Alterskachexie wäre nach Horsley und Vermehren vielleicht auf eine senile Degeneration der Thyreoidea zurückzuführen. Auch an eine pluriglanduläre Insuffizienz hat man gedacht. Möglich ist, daß die Hautveränderungen zunächst mit geänderten Ernährungsverhältnissen infolge verschlechterter Zirkulation zusammenhängen. Tatsache ist jedoch, daß man durch Geschlechtsdrüsentherapie eine Besserung der senilen Veränderungen beobachten kann. Seit den klassischen Versuchen von Brown-Séquard sind viele Verjüngungsmethoden beschrieben worden. Transplantation wurde sowohl bei Menschen wie Tieren mit gutem Erfolg vorgenommen (Harm, Voronoff u. a.). Ob die Wirkung der Steinachschen Operation, Unterbindung des Samenstranges, einer erhöhten innersekretorischen Wirksamkeit des Testikels zugeschrieben werden kann, ist wohl noch strittig.

Der unter dem Namen *Geroderma genito-distrofico* von RUMMO und FER-RANINI beschriebene Krankheitszustand, der sich durch in frühem Alter auftretende senile Veränderungen in der Haut und Dystrophie des Genitalapparates kennzeichnet, soll nach diesen Verfassern auf Veränderungen in der Thyreoidea beruhen, während VARIOT und PIRONNEAU die Ursache in einer pluriglandulären Insuffizienz sehen wollen. TRAMONTANO beschrieb einen Fall, der bei Obduktion Unterentwicklung von Testes, Schilddrüse und Hypophyse zeigte, und im allgemeinen dürften es wohl Veränderungen in diesen Organen sein, die Geroderma hervorrufen. MARIOTTI hebt die *Bedeutung* von *Syphilis*, speziell kongenitaler Syphilis, als direkter Ursache hervor. Eine gute Vorstellung von der Frequenz der Lokalisation der Syphilis in den Inkretorganen gibt eine Zusammenstellung von BUSCHKE und JOST. Sie erwähnen auch, daß von französischer und anderer Seite viele auf Lues congenita beruhende Fälle von Eunuchoidismus, Senilismus, genito-dystrophischem Senilismus, sowie Hypogenitalismus (ALFRED und EDVARD FOURNIER, COSTA, FRAGOLA, BARTHÉLEMY, HUTINEL und STÉVENIN, CASTEX und WALDORP) und regressivem Infantilismus (CASTEX und WALDORP, DE SOUZA, ALOYSIO DE CASTRO) beschrieben sind.

Da manche Tumoren, besonders der Krebs, in gewissem Maße als Altersphänomene anzusehen sind, ist es natürlich, daß man auch bei ihm an innersekretorische Veränderungen als disponierendes Moment dachte. LAUTER-HORN und OLT (zitiert nach E. SCHWARZ) betonten die diesbezügliche Bedeutung der Geschlechtsdrüsen. Von MAISIN, DESMEDT und JACMIN ausgeführte Tierexperimente zeigen, daß man bei kastrierten Mäusen bedeutend schneller Teerkrebs hervorrufen kann als bei nicht kastrierten. Es wurde konstatiert, daß die Zeit zwischen dem papillomatösen Stadium und beginnender Umwandlung in Carcinom bei den kastrierten im Durchschnitt 29 Tage betrug gegen 66 Tage bei den Kontrolltieren. Metastasen in den inneren Organen traten bei $73^0/_0$ der kastrierten Tiere auf, dagegen nur in $33^0/_0$ bei den nicht kastrierten.

Beim Studium der Biologie der Geschlechtsdrüsen kam man zu verschiedenen Auffassungen darüber, an welche Teile des Organs die hormonale Wirkung gebunden ist. Während eine Reihe von Forschern wie KYRLE, STERNBERG und VORONOFF den germinativen Teil für den in innersekretorischer Beziehung wichtigsten hält, verlegen TANDLER und GROSZ, LICHTENSTERN, STEINACH u. a. diese Wirkung auf das interstitielle Gewebe. Diese Frage soll jedoch hier nicht erörtert werden. Man darf bloß nicht vergessen, daß nicht die Größe der Organe, z. B. der Testes, für den Grad der inkretorischen Wirksamkeit ausschlaggebend ist. Unter dem Ausdruck Hypogenitalismus versteht man also nicht eine im ganzen verkleinerte Geschlechtsdrüse, sondern eine herabgesetzte Tätigkeit der innersekretorischen Funktion der Drüse.

4. Die Hypophyse.

Es hat sich gezeigt, daß die Hypophyse in mehreren Beziehungen in engem Zusammenwirken mit den Geschlechtsdrüsen steht. Bei mangelhafter Inkretfunktion der Geschlechtsdrüsen vergrößert sich die Hypophyse, und es ist oft schwer zu entscheiden, ob Symptome bei verschiedenen Krankheitszuständen Veränderungen in der Hypophyse oder in den Geschlechtsdrüsen zugeschrieben werden sollen.

Die Hypophyse besteht bekanntlich aus drei Teilen: dem vorderen Lappen, der normalerweise etwa $^2/_3$ des ganzen Organs einnimmt, der schmalen Pars intermedia und dem hinteren Lappen. Der vom Ektoderm stammende vordere Lappen weist eine an die Thyreoidea erinnernde Drüsenstruktur auf. Der hintere Lappen, der seinen Ursprung aus dem Diencephalon nimmt, besteht hauptsächlich aus Neuroglia. Ob die Pars intermedia, die epithelialer Natur und beim Menschen rudimentär ist, entwicklungsgeschichtlich zum vorderen oder hinteren Lappen gehört, ist noch nicht vollständig entschieden. Aschner glaubt, daß sie am wahrscheinlichsten ein topographisch modifizierter Teil des vorderen Lappens sei und keine andere Funktion habe als dieser, während Biedl dem Zwischenlappen besondere Aufgaben zuschreiben will. Aus dem vorderen Teil der Drüse wird ein Extrakt erhalten, das sog. *Tetheiin,* ein Lipoid, das in erster Linie das Wachstum zu beeinflussen scheint. Der hintere Lappen produziert *Pituitrin* mit kontrahierender Wirkung auf die glatte Muskulatur.

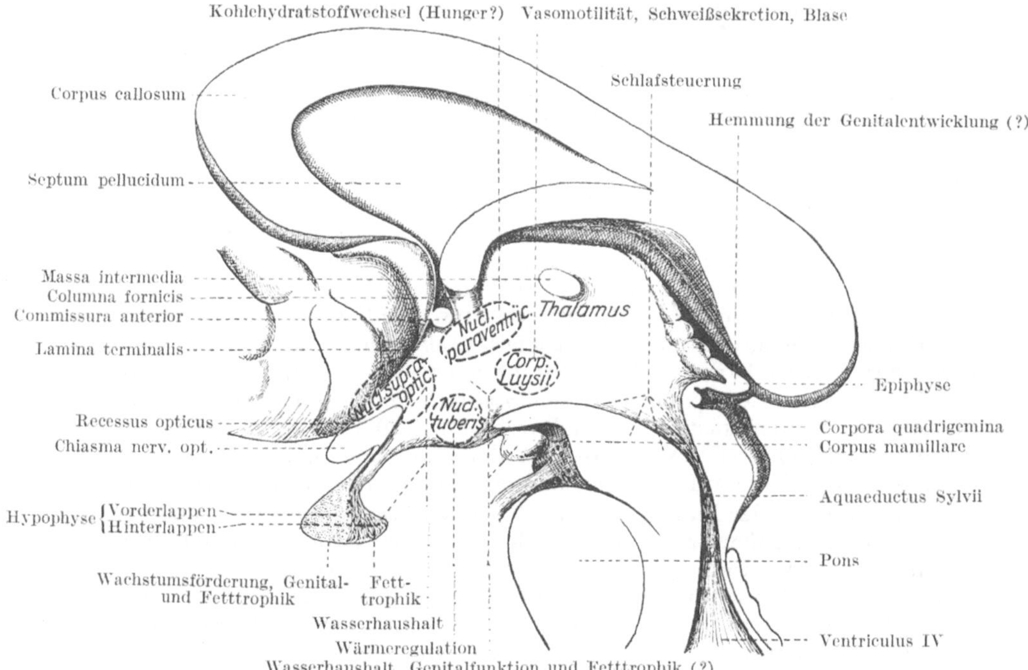

Abb. 7. Schema der Topographie der vegetativen Nervenzentren am Boden des III. Ventrikels. (Nach L. R. Müller.)

Bezüglich der chemischen Zusammensetzung des Extraktes aus dem hinteren Lappen liegen in der letzten Zeit Untersuchungen aus Amerika von Abel vor, die vielleicht großen praktischen und theoretischen Wert erhalten dürften.

Die vor langem aufgestellte Hypothese, nach welcher die Basis des Mittelhirns, also das Gebiet in der unmittelbaren Nähe der Hypophyse, der Sitz verschiedener trophischer Zentren sei, scheint sich als richtig zu erweisen. Aschner gab viele Belege dafür und äußert sich folgendermaßen: „Die Wirkungsweise der Hypophyse (wie auch der Zirbeldrüse) unterscheidet sich von der anderer Blutdrüsen besonders auch dadurch, daß sie in anatomischem und wahrscheinlich auch funktionellem Zusammenhang mit dem Gehirn stehen und so nicht nur ihr Sekret in die Blutbahn, sondern auch in die Lymphwege des Gehirns abgeben.

Es entstehen so nicht nur durch die Blutbahn vermittelte Allgemeinwirkungen auf den Organismus und das Genitale, sondern auch lokale Wirkungen auf das zwischen Hypophyse und Zirbeldrüse liegende Zwischenhirn, dessen Bedeutung

als „vegetatives Zentrum für Stoffwechsel, Eingeweide und auch das Genitale"
immer deutlicher hervortritt.

Unser Wissen über die Hypophyse scheint jedoch in vielen Beziehungen
noch mangelhaft zu sein. So viel dürfte man jedoch als sicher annehmen können,
daß der vordere Lappen als ein „Wachstumsorgan", der hintere Lappen als
ein „Stoffwechselorgan" aufgefaßt werden kann. Krankhafte Veränderungen
in der Drüse rufen eine ganze Reihe verschiedener Störungen hervor. Bei
gesteigerter Funktion beobachtet man Riesenwuchs, Vergrößerung der Geschlechtsteile, Hypertrichose, vermehrte Verbrennung und verminderte Zuckertoleranz, bei verminderter Funktion Symptome von Zwergwuchs, Infantilismus
der Geschlechtsteile, Hypotrichose, verminderte Verbrennung und erhöhte
Zuckertoleranz. Die Wachstumsstörungen sind hier durch Schäden im vorderen
Lappen, die Stoffwechselstörungen durch Schäden im hinteren Lappen hervorgerufen, eventuell unter Mitwirken von Störungen seitens der Zentra im Boden
des III. Ventrikels. So werden die bei Hypophysenleiden oft beobachtete,
vorübergehende Glykosurie, ebenso wie die Polyurie und die Polydipsie, Schäden
im Hypothalamus zugeschrieben.

Mittels Tierversuchen wurden manche dieser Fragen durch die Arbeiten
von Horsley, Marinesco, v. Eiselsberg, Biedl, Leischner, Cushing, Aschner u. a. gelöst. Ein großer Teil unseres Wissens über die Funktion der Hypophyse wurde auch durch klinische Beobachtungen erworben. Seit Pierre
Marie im Jahre 1886 den hypophysären Ursprung des abnormen Riesenwachs-
tums klargelegt hatte, wurden die Studien über dieses Organ mit großem Erfolg
betrieben, und es hat sich gezeigt, daß viele Veränderungen in der Haut mit
der Hypophyse zusammenhängen.

Bei der *Akromegalie*, die jetzt wohl allgemein als ein Ausdruck von Hyperfunktion der Hypophyse, besonders ihres vorderen Teiles angesehen wird,
treten außer Störungen im Skeletwachstum usw. auch Hautsymptome auf.
Sie äußern sich in einer auffallenden Verdickung und Rauhigkeit der Haut,
an der außerdem oft Pigmentation und Mollusca pendula auftreten. Die Talgdrüsensekretion ist im allgemeinen erhöht, und mitunter kommen Veränderungen in der Schweißsekretion hinzu, z. B. in Form von profusen Schweiß-
ausbrüchen. Hypertrichose ist ein nicht ungewöhnliches Symptom. Das Haar
ist oft dicht, und das einzelne Haar gröber als normal. Bart und Schnurrbart
werden struppig, die Augenbrauen buschig. Sonst schütter behaarte Stellen
erhalten dichten Haarwuchs. So kann sich Lanugo an Armen, Beinen und
Rumpf zu einem wirklichen Pelz entwickeln. Bei Frauen treten nicht selten
steife Borsten an Lippen und Kinn auf, reichlicher Haarwuchs längs der Linea
alba und Haare um den Anus. Oft sieht man Veränderungen an den Nägeln. Sie
werden von Erb (zitiert nach Heller, dieses Handbuch, Bd. XIII/2) folgendermaßen geschildert: „Die Nägel sind erheblich verbreitert, in ihrer Wölbung verändert, teils stärker gewölbt, teils mehr platt, manchmal verlängert, nicht selten
aber auch abnorm kurz, brüchig, auffallend längsgerichtet, rasch wachsend."

Rowe, Winter und Lawrence haben über eine auf das Studium von
400 Fällen basierte Untersuchung berichtet, in welchen Veränderungen in der
Glandula pituitaria konstatiert worden waren. In den meisten Fällen scheint
es sich um eine Hyperfunktion gehandelt zu haben. Hypertrichosis, die gewöhn-
lichste Hautveränderung, wurde in 28% der Fälle notiert. Außer Hypertrichosis
wird angegeben, daß in 23% der Fälle andere Veränderungen der Haut wie
Rauheit, Trockenheit oder abnorme Fettigkeit vorlagen. Ausgesprochene Ekzeme oder vasomotorische Störungen wurden nicht beobachtet.

Nach Falta ist für Akromegalie charakteristisch, daß die Haut sich, zum
Unterschied von Myxödem, in Falten aufheben läßt.

Histologisch zeigt die Haut bei Akromegalie eine verdickte Epidermis mit hypertrophischen Papillen, sowie Bindegewebszunahme in der Subcutis mit Rundzelleninfiltration, die sich bis in die Muskelansätze und Muskeln erstreckt. Die Hautdrüsen werden leicht ektatisch (vgl. Marie, Marinescu und Albert, zit. nach v. Poór).

Die Zunge wird verdickt und die Schleimhaut zeigt anatomische Bilder, die denen der Haut gleichen.

Während die Akromegalie besonders in bezug auf Haut und Schleimhäute große Ähnlichkeiten mit dem Zustand bei Hypothyreoidismus aufweist, entsteht bei Unterfunktion des Vorderlappens der Hypophyse ein Zustand, der an Eunuchoidismus nach Kastration erinnert. Durch Tierversuche von Cushing, Aschner u. a. hat man einen guten Einblick in die Ausfallsymptome bekommen. Die Tiere, die eine Hypophysenexstirpation überleben, weisen nämlich charakteristische Symptome auf. Junge Hunde zeigen Wachstumshemmung, werden fett, und die Entwicklung der Genitalien hört auf. Die Milchzähne persistieren, ebenso die Lanugohaare. Zum Unterschied von den sich normal entwickelnden Kontrolltieren sehen die operierten wie kleine, plumpe, zottige Bären aus. Durch die Schwere der Fettmassen und infolge der psychischen Veränderungen werden sie stumpf und still. Wenn die Operation an älteren Tieren vorgenommen wird, so bestehen die hervortretendsten Veränderungen bei ihnen meist in einer erhöhten Fettablagerung.

Im Jahre 1901 beschrieb Frölich einen von ihm operierten Fall von Hypophysentumor bei einem 14jährigen Knaben mit Symptomen, die nicht einer Akromegalie entsprachen; die hervortretendsten Symptome waren vielmehr eine starke Fettablagerung in der Subcutis und infantile Genitalien. Später wurden mehrere ähnliche Beobachtungen gemacht, und die Krankheit, die, wie sich zeigte, auf Hypopituitarismus beruhte, geht jetzt im allgemeinen unter dem Namen *Dystrophia adiposo-genitalis.*

Beginnt die Krankheit im Kindesalter, so bleiben die Pubertätszeichen aus; beginnt die Krankheit bei einem Erwachsenen, so ist eine Rückbildung der sekundären Geschlechtszeichen zu beobachten. Die Haut wird alabasterweiß bleich, dünn, trocken, leicht schuppend und fühlt sich kalt an. Ferner tritt eine Hypotrichose mit spärlichen oder fehlenden Lanugo und Crines pubis auf, auch Trockenheit und Dünne des Haupthaares. Beim Mann bekommt die Haarbekleidung Neigung zu heterosexueller Entwicklung (Schäfer). Dystrophische Nägel scheinen selten zu sein (Falta).

Außer diesen hier als typisch beschriebenen Veränderungen sind mitunter andere Hautsymptome zu beobachten, wie vasomotorische Störungen in Form von Urticaria und Dermographismus. Abnorme Schweißsekretion kommt nach Hirsch sehr oft vor, und zwar meistens als erhöhte Sekretion. Die Haut weist mitunter als Folge von Ausspannung durch das subcutane Fett Striae albicantes auf. Ferner darf man nicht vergessen, daß die Krankheit einen verschiedenen Entwicklungsgrad aufweisen kann, und daß hier, ebenso wie bei Hypothyreoidismus, auch Abortivfälle vorkommen.

Im Jahre 1914 beschrieb M. Simmonds ein Krankheitsbild, das nunmehr den Namen *Kachexia hypophyseopriva (pituitaria)* oder *Dystrophia marantogenitalis, Typus* Simmonds trägt. Die Krankheit ist die Folge von gehemmter Funktion der Hypophyse und wahrscheinlich auch der in ihrer Nähe gelegenen Zentra in der Gehirnbasis; sie ist durch eine progrediente Kachexie mit Fettverlust und Atrophie der Geschlechtsdrüsen charakterisiert. Was die Hautveränderungen betrifft, so weisen sie Bilder auf wie die bei seniler Atrophie. Die Haut wird trocken, dünn und glanzlos. Sie wird leicht schuppend und verliert ihre Elastizität. Das Haar ergraut und fällt aus, und auch die Nägel werden atrophisch. Die Krankheit, die im allgemeinen im Laufe einiger Jahre durch fortschreitende Kachexie zum Tode führt, ist manchmal schwer von ähnlichen Zuständen zu unterscheiden, die infolge von malignen Tumoren, mesenterialer Drüsentuberkulose, Schrumpfniere und vielleicht vor allem von pluriglandulärer Insuffizienz auftreten können.

Beim sog. *hypophysären Zwergwachstum*, das auf schon fetal oder im frühen Kindesalter aufgetretener Unterfunktion der Hypophyse beruht, kann eine Reihe Hautsymptome, ähnlich wie die hier beschriebenen, vorliegen. Auch dem Geroderma ähnliche Zustände sind beobachtet worden.

Bezüglich der Diagnose von Hypophysenleiden mag nur gesagt sein, daß der klinischen Untersuchung hier verschiedene spezielle Methoden besonders zustatten kommen, vor allem die Röntgenstrahlen. Mit ihrer Hilfe wird die Größe der Sella turcica und gleichzeitig die der Hypophyse bestimmt, sie geben ferner die Möglichkeit, das Skeletwachstum zu konstatieren. Auch die Stoffwechseluntersuchungen haben einen wichtigen Platz im Untersuchungsplan. Die Therapie bei Hyperfunktion besteht in erster Linie in operativer oder radiologischer und bei Hypofunktion in Organbehandlung.

5. Die Nebennieren.

Nachdem ADDISON im Jahre 1855 nachgewiesen hatte, daß krankhafte Veränderungen in den Nebennieren eine besondere Krankheit hervorrufen, die man später mit seinem Namen bezeichnete, war das Interesse für die Erforschung der Bedeutung dieser Organe geweckt. Durch unzählige Tierexperimente hat man einen guten Begriff von der Physiologie dieser Drüsen bekommen. Das wichtigste Sekret des Nebennierenmarks, das *Adrenalin*, das TAKAMINE und ALDRICH im Jahre 1901 darstellen konnten, ist das bekannteste Hormon, und auch seine chemische Struktur ist konstatiert. Über die Bedeutung dieses Präparates in verschiedenen Teilen der Medizin brauchen wir hier keine Worte zu verlieren.

„Warum die in der Marksubstanz vor sich gehende Bildung eines Reizhormons für das vegetative Nervensystem mit seinen Auswirkungen auf nahezu alle Organe, vor allem auf Blutdruck- und Kohlehydratstoffwechsel, räumlich vereint erscheint mit einem morphologisch und funktionell ganz anders beschaffenen Apparat, der lebenswichtigen Nebennierenrinde, die ein Zentralorgan des Lipoidstoffwechsels darstellt, mit gewissen morphogenetischen und jedenfalls auch entgiftenden Funktionen, wissen wir nicht." Mit diesen kurzen Worten charakterisiert BAUER unser Wissen über die Nebennieren. Daß Krankheiten in einem Organ mit so verschiedenartigen Aufgaben wechselvolle Symptome hervorrufen können, ist leicht einzusehen. Hier sollen nur kurz die Veränderungen in der Haut erörtert werden.

Eines der wichtigsten Symptome bei Morbus Addisoni ist, wie bekannt, die Bronzefärbung der Haut. Die Pigmentierung beginnt im allgemeinen auf unbedeckten, also dem Licht ausgesetzten Teilen der Haut oder an Stellen, wo sie durch die Kleider oder auf andere Weise (z. B. durch Pflaster, Bandagen) Druck oder Reibung ausgesetzt ist. Fußsohlen, Handflächen und Nägel bleiben im allgemeinen verschont, so daß ihre lichte Farbe auffällt. Das Haar dagegen dunkelt oft. Auch die sichtbaren Schleimhäute nehmen an der Veränderung teil, aber die Pigmentierung wird hier nicht diffus, sondern eher fleckig, blauschwarz und schiefergrau. Histologisch erweist sich die Pigmentierung als durch Anhäufung eines eisenfreien Farbstoffes in den Basalzellen der Epidermis bedingt.

Durch experimentelle Schädigungen oder Exstirpation der Nebennieren konnte man eine Reihe für Morbus Addisoni charakteristische Symptome wie

Kachexie, Blutdrucksenkung, Hypoglykämie usw. hervorrufen, aber nicht Melanodermie. Daß das in Rede stehende Leiden jedoch mit einer — meistens durch Tuberkulose — geschädigten Funktion der Nebennieren zusammenhängt, ist durch eine Menge klinisch und pathologisch-anatomisch einwandfrei untersuchter Fälle erwiesen. Möglich ist jedoch, daß viele von den Symptomen bei Addison nicht ausschließlich von den Nebennieren abhängen, sondern von Veränderungen im Sympathicus. Die Adrenalinproduktion steht unter Einwirkung des Splanchnicus, und das Adrenalin ruft seinerseits Reizung der sympathischen Innervation hervor. Einen Schaden dieses Mechanismus könnte man sich also an jeder beliebigen Stelle im Sympathicus-Nebennierenmark-Sympathicus-System vorstellen (BAUER). LAIGNEL-LAVASTINE bezeichnen als *Addison fruste* ein Krankheitsbild, das in gewissen Beziehungen Addison ähnelt, und durch Tuberkulose in dem vor der Aorta gelegenen sympathischen Nervennetz verursacht zu sein scheint.

Neue Forschungen über das Hautpigment zeigten jedoch, daß die Nebennieren wenigstens in gewissen Fällen eine große Rolle für die Pigmentbildung spielen (MEIROWSKY, KÖNIGSTEIN, BIEDL, HOFSTÄTTER, BLOCH, HEUDORFER, WIGERT u. a.). Wir wollen hier nicht weiter auf diese Frage eingehen, und begnügen uns mit einem Hinweis auf BLOCHs Besprechung der Hautpigmentierung in diesem Handbuch (Bd. I).

Außer den hier beschriebenen Hautveränderungen, die bei Nebennierenschaden auftreten, mögen noch einige andere Hautsymptome genannt werden, die auf den Nebennieren beruhen können. Durch Exstirpation dieses Organs wird außer Asthenie, Abmagerung usw. auch Haarausfall hervorgerufen. Hyperfunktion der Nebennieren ist als eine Folge von Tumoren bekannt. Auf Hyperfunktion des chromaffinen Systems infolge von Tumoren im Mark soll hier nicht näher eingegangen, sondern bloß erwähnt werden, daß das Krankheitsbild in diesen Fällen durch Symptome beherrscht wird, die auf arteriellem Hochdruck beruhen, so Herzklopfen, vasomotorische Störungen, rascher Puls usw.; daneben kommen auch profuse Schweißausbrüche vor.

Bei Hyperfunktion der Nebennierenrinde ist Hypertrichose das Symptom, das am stärksten in den Vordergrund tritt. Diese Frage wurde im vorhergehenden im Zusammenhang mit Pubertas praecox berührt, da außer einer stärkeren Behaarung auch gesteigerte Funktion der Geschlechtsdrüsen zu beobachten ist. Man pflegt deshalb von einem genito-suprarenalen Syndrom zu sprechen. APERT gab ihm den Namen *Hirsutismus*, worunter jedoch vielleicht im allgemeinen die Tendenz zu Behaarung maskulinen Typs bei weiblichen Individuen verstanden wird. Die Nebennierenrinde hat sowohl auf den Haarwuchs wie auf die Geschlechtsentwicklung eine deutliche Einwirkung. Die abnorme Haarentwicklung bei Akromegalie, Gravidität und vielen anderen Zuständen kann ganz sicher auf den Nebennieren beruhen, die hierbei oft vergrößert sind. In gewissen Fällen scheint sich aus einem auf Fettsucht und Hypertrichose beschränkten genito-suprarenalen Syndrom ein Zustand mit Kachexie, Haarausfall, Psychasthenie, Melanodermie und anderen Zeichen von Nebenniereninsuffizienz (LANNOIS, PINARD und GALLAIS) entwickeln zu können.

Das Nebenrindenmark hat auch eine wichtige Aufgabe als entgiftendes Organ. Epinephrektomierte Tiere sind empfindlicher gegen Bakterien, Bakteriotoxine und chemische Gifte verschiedener Art als die Kontrolltiere. So sollen Ratten nach der Operation 400—500 mal empfindlicher gegen Morphin sein als vorher. Auch endogene schädliche Substanzen, z. B. solche, die sich aus der Muskelarbeit ergeben, werden durch die Nebennieren unschädlich gemacht. Die Asthenie und Kachexie bei Addison beruhen wahrscheinlich zum großen Teil darauf, daß die entgiftende Tätigkeit der Nebennieren herabgesetzt oder

aufgehoben ist. Vielleicht hängt diese neutralisierende Fähigkeit mit dem
Reichtum des Organes an Lipoiden (38,88°/₀ der Trockensubstanz der Nebenniere besteht nach BIEDL aus Lipoiden) und besonders seinem Gehalt an Cholesterin zusammen. Diese Frage, wie alles, was die normale und pathologische
Physiologie der Nebennieren betrifft, ist von BAYER in HIRSCHs Handbuch
der inneren Sekretion ausführlich behandelt. Nach MARINO enthalten die
Nebennieren unter normalen Verhältnissen 25—27 mal so viel Cholesterin wie
dieselbe Gewichtsmenge Blut. Das Cholesterin ist bekannt wegen seiner
Fähigkeit, Saponine und verschiedene Gifte wie Curare und Strychnin zu
neutralisieren.

6. Thymus.

„Es ist schwierig und nicht sehr dankbar, über die Physiologie eines Organs
zu schreiben, dessen Vorrichtungen so wenig bekannt sind." Mit diesen Worten
beginnt E. THOMAS nicht ohne Grund seine Darstellung über den Thymus in
HIRSCHs Handbuch der inneren Sekretion. Obgleich es vielleicht streng genommen richtig ist, daß der Thymus, wie dies HAMMAR behauptet, nicht
nachweislich ein endokrines Organ darstellt, ist es doch deutlich, daß die Drüse
mit der Inkretion in engem Zusammenhang steht. Thymus, Geschlechtsdrüsen
und Thyreoidea scheinen in bezug auf ihre Funktion ganz besonders miteinander
in Kontakt zu stehen. Der Thymus involviert sich bei der Pubertät. Die
Geschlechtsdrüsen sind nach HAMMAR als Thymusdepressoren zu betrachten.
Dasselbe gilt von den Nebennieren. Die Schilddrüse dagegen übt einen ex-
zitatorischen Einfluß aus.

Tierversuche mit Exstirpation des Thymus ergaben wechselnde Resultate.
Während manche Experimentatoren keinen Einfluß des Eingriffes konstatieren
konnten, fanden andere einen recht bedeutenden, und zwar in bezug auf Wachstum, Verkalkung usw. Die erstgenannten hatten erwachsene Tiere operiert,
die letzteren junge, unausgewachsene. Ganz sicher übt die Drüse auch
beim Menschen ihre Funktion hauptsächlich und vielleicht ausschließlich in
denWachstumsjahren aus, bevor die Geschlechtsdrüsen ihre volle Reife erreichten.
Gegen mehrere, in gewissen Beziehungen positive Tierversuche wurde eingewendet, es lasse sich nicht ausschließen, daß der Eingriff Schäden an benach-
barten Organen wie Schilddrüse und Nebenschilddrüse hervorgerufen habe
(vgl. z. B. THOMAS bei Erwähnung des Versuches von LINDEBERG).

Daß der Thymus bei jungen Individuen eine Rolle für das Wachstum und
den Ernährungszustand im ganzen spielt, ist sehr wahrscheinlich, wenn auch
noch nicht völlig bewiesen. Betreffs des Kalkstoffwechsels sind die Meinungen
geteilt. BAUER z. B. meint, daß der Thymus zu den Hormonorganen zu rechnen
sei, und daß er einen befördernden Einfluß auf den Kalkstoffwechsel ausübe,
so daß er einen besseren Kalkumsatz bewirke. THOMAS gibt an, der Thymus
habe keinen Einfluß auf den Kalkstoffwechsel und spiele deshalb keinerlei
Rolle bei abnormer Ossification, z. B. bei Rachitis. Dagegen hält er für wahrscheinlich, daß die Drüse die Lymphocytenbildung hormonal stimuliere.

In diesem Zusammenhang mag auch mit einigen Worten an die Konstitutionsanomalie erinnert werden, die unter dem Namen *Status thymico-lymphaticus* bekannt ist. Ihr typisches Bild ist durch ein pastöses Aussehen (d. h.
Blässe der Haut, Muskelschlaffheit und Einlagerung von wasserhaltigem Fett)
gekennzeichnet, sowie durch eine universelle Hyperplasie des lymphatischen
Apparates, Milz, Zungenfollikeln, innere Lymphdrüsen und Thymus einbegriffen
(PFAUNDLER). An der Haut kommen dabei außerdem eine ganze Reihe verschiedenartiger Veränderungen vor, wie abnorme Pigmentierungen, Häm-
angiom und andere Formen von Naevi. In der Haarentwicklung werden nicht

selten Anomalien beobachtet. Bei gleichzeitiger Hypoplasie der Geschlechtsdrüsen fehlt oft die sekundäre Haarbekleidung am Rumpf. In anderen
Fällen sieht man eine heterosexuelle Entwicklung der Haarbekleidung, d. h.
Frauen bekommen Anlage zu Bart und Schnurrbart, während diese sich bei
Männern schlecht entwickeln. Die Grenze der Crines pubis zeigt beim Manne
weiblichen und bei der Frau den männlichen Typus (Wiesel). Individuen,
die an dieser Konstitutionsanomalie leiden, sind für verschiedene krankhafte
Zustände, u. a. auch in den endokrinen Organen prädisponiert, z. B. für Hypoplasie der Genitalien (Bartel, Kyrle).

Ob die bei diesen Zuständen vorkommenden Veränderungen im Thymus
oder im Lymphapparat das Ursprüngliche, und die anderen Symptome nur
eine Folge sind, ist wohl noch sehr zweifelhaft. Wiesel sagt: „Nach dem heutigen
Stande unseres Wissens müssen wir vielmehr annehmen, daß der Status thymicolymphaticus im engen Sinne des Wortes nur eine Teilerscheinung einer viel
mehr umfassenden Konstitutionsanomalie vorstellt, da eben auch eine ganze
Reihe anderer Organe bei dieser Konstitutionsanomalie, sei es in ihrem anatomischen Baue, sei es in ihren Funktionen, als minderwertig bezeichnet werden
muß.“

7. Die anderen innersekretorischen Organe.
Pluriglanduläre Insuffizienz.

Bezüglich der anderen Organe mit innerer Sekretion kann man sich in diesem
Zusammenhange sehr kurz fassen. Über die Tätigkeit der Epiphyse ist wenig
bekannt. Wahrscheinlich steht sie, wie schon im vorhergehenden angedeutet
wurde, in Beziehung zu Mittelhirn und Hypophyse. Nieren, Leber, Lymphdrüsen und Placenta haben ganz sicher auch innersekretorische Aufgaben,
deren Bedeutung ist aber, wenigstens was die Haut betrifft, nicht näher bekannt.
Die Haut selbst wurde übrigens von manchen Autoren den endokrinen Organen
gleichgestellt (Krzysztalowicz, Schumacher). Hier mag auch an die von
E. Hoffmann mit dem Namen *Esophylaxie* bezeichnete Funktion der Haut
erinnert werden. In einer kürzlich erschienenen Arbeit hat Pulvermacher
eine eingehende Analyse dieses Problems gegeben; er kommt zu folgendem
Schlußsatz: „Die Annahme, daß die Haut ein innersekretorisches Organ im
engeren Sinne sei, mit Spezifizität des gelieferten Produktes zur Beeinflussung
entfernter Organe auf humoralem Wege, ist bisher nicht erwiesen. Wenn man
aber den Begriff der inneren Sekretion als einen Teil der humoralen Beeinflussung auffaßt und als echte Beeinflussungsorgane die inkretorischen Drüsen
betrachtet, als solche im erweiterten Sinne alle Zellen, Gewebe und Organe,
welche auf humoralem Wege andere energetisch beeinflussen, so gehört die
Haut zu den inkretorischen Organen im weiteren Sinne des Begriffes.“
Über die enorme Bedeutung des *Pankreas* als innersekretorisches Organ
sind unsere Kenntnisse besonders in den letzten Jahren dank den Arbeiten
von Banting, Best und Mc Leod und der Entdeckung des Insulins im Jahre
1922 wesentlich erweitert worden. Das gilt, wie bekannt, zunächst vom Diabetes
und seiner Therapie. Besondere Hautsymptome, die direkt durch fehlerhafte
Pankreasfunktion hervorgerufen werden, sind bisher nicht bekannt. Daß
Diabetes indirekt zu Hautaffektionen wie Pyodermien, intertriginösem Ekzem,
Sproßpilzerkrankungen und brandigen Prozessen disponiert, ist eine alte Erfahrung. Besonders von französischen Dermatologen wurden Versuche mit
Insulintherapie, namentlich bei Psoriasis, gemacht, worauf wir jedoch erst an
einer späteren Stelle eingehen wollen.
Wie bereits mehrfach hervorgehoben wurde, stehen die endokrinen Organe
in enger Wechselbeziehung zueinander, so daß man bei Krankheitszuständen

in einer Drüse sehen kann, wie dies auf eine oder mehrere andere einwirkt. Im allgemeinen ist jedoch nicht schwer zu entscheiden, welche von den Drüsen primär angegriffen ist. Im Jahre 1907 beschrieben CLAUDE und GOUGEROT einen Symptomenkomplex unter dem Namen *Insuffisance pluriglandulaire*. Später haben andere Forscher ähnliche Zustände beobachtet, und auch der Name wurde allgemein akzeptiert. Man darf daran jedoch nur bei Krankheitsfällen denken, wo Symptome von mehreren Drüsen konstatiert wurden, wo es sich aber als unmöglich erweist, eine von ihnen als Kernpunkt des Krankheitsbildes zu erkennen. Ganz sicher ist dieses Syndrom ziemlich selten, und die Diagnose darf auch nicht mißbraucht werden. Endokrine Drüsen sieht man bei pluriglandulärer Insuffizienz in verschiedenen Kombinationen betroffen, und man hat demgemäß gewisse Syndromtypen aufzustellen versucht, z. B. ein thyreo-testiculo-hypophyseo-suprarenales Syndrom und ein thyreo-ovario-suprarenales.

Die Ursache gleichzeitiger Schäden in mehreren Inkretorganen soll in einer fibrösen Sklerose liegen können, und FALTA spricht deshalb von „*multipler Blutdrüsensklerose*“, WIESEL von „*Bindegewebsdiathese mehrerer Blutdrüsen*“. Auch Endarteritiden und Arteriosklerose können in gewissen Fällen als Ursache dieses Krankheitskomplexes vermutet werden. Daß bei pluriglandulärer Insuffizienz Hautveränderungen verschiedener Art auftreten, ist leicht erklärlich, ebenso, daß diese Veränderungen bei den verschiedenen Syndromen höchst beträchtlich variieren können, je nachdem, welche Drüsen angegriffen wurden.

Die Symptome stimmen zwar mit keiner eigentlichen Dermatose überein. Als Beispiel kann ein Fall von O. SPRINZ erwähnt werden. Es handelte sich um einen Mann mit Zeichen eines thyreo-testiculo-suprarenalen Syndroms möglicherweise tuberkulösen Ursprungs. Die Hautsymptome waren hier: Hypotrichosis, bleiche Hautfarbe mit Braunpigmentierung am Halse, Schwellung des Gesichts und der Hände infolge ödematöser Durchtränkung, Akrocyanosis, trophische Nagelveränderungen, verminderte Schweißsekretion, Potenzverlust.

Kürzlich hat EDELMANN unter dem Namen *Dysfunctio pluriglandularis dolorosa* einen Symptomenkomplex beschrieben, den er für ziemlich häufig hält, besonders bei Frauen. Im allgemeinen würden die Symptome fehlgedeutet, als rheumatisch, gichtisch, neuritisch oder rein nervös. Die Patienten klagen über allgemeine Schwäche und Müdigkeit, sowie über ein Gefühl von Schwellung in den Gelenken; objektiv konstatierbar ist eine solche aber nicht. Bei Druck auf die Haut wird Empfindlichkeit zu erkennen gegeben. Häufig bestehen Menstruationsbeschwerden und Obstipation. Der Blutdruck ist oft niedrig, und der Gesamtstoffwechsel scheint in den bisher untersuchten Fällen herabgesetzt gewesen zu sein.

Von Symptomen seitens der Haut und ihrer Adnexe sind genannt: trockene und feinschuppige Haut, Hypotrichose, Sprödigkeit der Nägel. Oft zeigt sich eine Tendenz zu Fettansammlung um Hüften und Schenkel, sowie am unteren Teil des Bauches. Wie aus der Benennung hervorgeht, sind die Symptome nach der Ansicht EDELMANNs auf Dysfunktion mehrerer endokriner Drüsen zurückzuführen: Thyreoidea (Hautveränderungen, herabgesetzter Grundumsatz), Hypophyse (Tendenz zu Fettansammlung), Ovarien (Menstruationsbeschwerden), Nebennieren (Adynie und niedriger Blutdruck).

Während die Prognose der pluriglandulären Insuffizienz im allgemeinen schlecht ist, wird sie besser, wenn die Organbehandlung früh genug einsetzt.

Aus dieser kurzen Zusammenstellung geht hervor, daß Störungen in der Funktion der endokrinen Drüsen eine ganze Reihe von Veränderungen in der Haut hervorrufen können, so z. B. anatomische Deformitäten, gestörte Funktion der Haut-

drüsen, vegetative und vasomotorische Symptome sowie Veränderungen in der Pigmentbildung. Die Hautsymptome können in verschiedener Weise kombiniert, und mehrere gleichartige Veränderungen von verschiedenen endokrinen Organen hervorgerufen sein.

IV. Die häufigsten Ursachen der Schäden im innersekretorischen System.

Es kommen hier sowohl endogene wie exogene Momente in Betracht, und gar oft sieht man eine Kombination von beiden. Eine angeborene konstitutionelle Minderwertigkeit im ganzen inkretorischen System oder in gewissen Drüsen spielt sicher eine sehr große Rolle. Dieser Umstand dürfte eine nicht ungewöhnliche Erscheinung erklären, nämlich die Disposition zu endokrinen Störungen bei manchen Familien. So sieht man nicht selten gehäufte Fälle von Morbus Addison, Diabetes, Myxödem usw. in einer Familie. Bei manchen Familien tritt das Klimakterium der weiblichen Mitglieder ungewöhnlich früh auf; manche sind durch Präsenilität, oder das Gegenteil, Erreichung hohen Alters, gekennzeichnet. Ähnliche Beispiele, die auf verschiedene Anlage im endokrinen System deuten, könnten in Menge angeführt werden.

Von äußeren Momenten, die Schäden in der Inkretion verursachen, mögen Traumata, Intoxikationen und Infektionen, Ernährungsstörungen usw. genannt sein.

Was die Intoxikationen betrifft, zeigte z. B. Kyrle, daß der Alkohol endokrine Schäden hervorrufen kann, und bei Versuchen an Tieren konstatierte man sogar auf diese Weise hervorgerufene histologische Veränderungen in den Drüsen. Über Einwirkung des Thalliums auf die Parathyreoidea ist schon im vorhergehenden bei Erwähnung der experimentellen Arbeiten von Buschke und seiner Schüler die Rede gewesen.

Die Ernährungsverhältnisse spielen eine große Rolle, was in den Kriegsjahren durch verschiedene Beobachtungen bestätigt wurde. Kriegsamenorrhöe, Kriegsödem, Kriegsmelanose sind Beispiele von Krankheiten, die wahrscheinlich mit gestörter Inkretion in Zusammenhang stehen. Vitaminmangel, Hunger und kachektische Zustände rufen Schäden der angedeuteten Art hervor.

Die Inkretionsorgane zeigten sich auch gegen Licht und Temperatureinflüsse empfindlich. Das Klima wirkt deutlich auf die Funktion der Drüsen ein. Dies wurde auch als Erklärung dafür angegeben, daß die Geschlechtsreife bei Südländern früher eintritt als bei Bewohnern des Nordens, sowie für die Beobachtung, daß die innere Sekretion im Winter schwächer ist als in der hellen und warmen Jahreszeit. Hart, der diese Fragen erörterte, brachte eine Menge Beispiele vor, die Wesen und Wirkungsart der endokrinen Drüsen beleuchten. Er glaubt auch den Genius epidemicus dadurch erklären zu können, daß Veränderungen in der Konstitution eintreten, und der Organismus infolge von gewissen durch das endokrine System vermittelten Einflüssen der Außenwelt für Infektionen empfänglicher wird. Diese Einflüsse sind meistens klimatischer Natur.

Bezüglich der Röntgenstrahlen mag nur darin erinnert werden, daß sie in hohem Grade deletär auf die Inkretorgane wirken können. Die stimulierende Wirkung bei schwacher Dosierung ist strittig.

Infektionen verschiedener Art disponieren zu innersekretorischen Störungen. Hier sind vielleicht in erster Linie Tuberkulose und Syphilis zu nennen, aber auch akute Infektionskrankheiten können Schäden im Inkretsystem mit sich bringen. Tumoren, sowohl benigne wie maligne, lokalisieren sich nicht selten in den Blutdrüsen. Störungen — wahrscheinlich auch psychogen bedingte Veränderungen — im vegetativen Nervensystem können schädlich auf die innersekretorischen Organe einwirken.

Fehlerhafte Inkretion bei der Mutter kann sich beim Fetus geltend machen, und anderseits sieht man, daß die Hormone der Mutter auf dem Wege des Blutes oder der Milch einen Fetus, der diesbezüglich einen Defekt aufweist, schützen können. JOSEFSON erwähnt z. B., daß Kinder, die ohne Schilddrüse auf die Welt kommen, mitunter gesund bleiben, so lange sie an der Brust sind, nach dem Aufhören der Brustnahrung aber Myxödem bekommen.

Die Möglichkeiten für das Entstehen innersekretorischer Schäden sind, wie man aus dieser Zusammenfassung ersieht, mannigfaltiger Art. Die Inkretorgane sind sehr empfindlich gegen schädliche Einwirkungen, und besonders gilt dies für konstitutionell schwach veranlagte Drüsen.

V. Das Verhalten der inneren Sekretion bei gewissen Hautkrankheiten unbekannter Ätiologie.

Bei mehreren Hautkrankheiten unbekannter Ätiologie vermutete man, daß die Entstehungsursache zunächst in innersekretorischen Störungen zu suchen sei, und in gewissen Fällen spricht viel dafür, daß es sich wirklich so verhält. SAENGER betonte u. a., daß man bei „Formes frustes“ von Myxödem und Hypothyreoidismus nicht selten hauptsächlich Hautsymptome beobachtet. Man könnte sich demnach denken, daß gewisse Hautkrankheiten nur als solche Abortivformen verschiedener inkretorischer Störungen aufzufassen seien.

JESIONEK sagt bei Besprechung der Mißbildungen in der Haut: „Es sei auch noch folgender Möglichkeit gedacht: Mißbildungen der Haut können dadurch zustandekommen, daß nicht die Haut selbst, aber andere Organe des embryonalen Organismus von kongenital veranlagten Entwicklungsstörungen und Entwicklungshemmungen betroffen werden, und daß von diesen in falscher Weise sich entwickelnden Organen aus (Thyreoidea, Thymus, Hypophysis, Nebennieren) chemische Stoffe der Entwicklung eine falsche Richtung geben. Die Haut kann in irgendwelche auf kongenitaler Veranlassung beruhende primäre Mißbildungsvorgänge anderer Organe sekundär mit einbezogen werden.“ Man hätte also auch bei angeborenen Hautveränderungen an endokrine Ursachen zu denken. In diesem Zusammenhange mag daran erinnert werden, daß JOSEFSON die Bedeutung der Untersuchung der Mutter bei kongenitaler Mißbildung des Abkömmlings betonte. Er hält in gewissen Fällen eine Organbehandlung von Graviden für indiziert, nämlich dann, wenn sie vorher mehrere Kinder mit endokrinen Störungen geboren hatten. Der Wert dieser Therapieform ist jedoch recht begrenzt. Sicherlich können Kinder ohne Schilddrüse frei von Myxödem sein, so lange ihnen Schilddrüsenhormone von der Mutter zugeführt werden, z. B. durch die Milch. Eine neue Schilddrüse können sie jedoch nicht bekommen, und der Effekt der Therapie kann sonach nur temporär sein. Thalliumvergiftete Mäuse gebären haarlose Junge, nach dem Partus aber, wenn die Thalliumzufuhr für die Jungen aufhört, wächst das Haar. Durch therapeutische Maßnahmen bei der Mutter erbliche Anlagen beim Abkömmling zu beeinflussen, dürfte kaum möglich sein.

Wie schwierig es ist, die Bedeutung endokriner Störungen als ätiologischer Faktoren, besonders in der Dermatologie, zu beurteilen, ist im vorhergehenden betont worden. Im nachstehenden werden wir noch mehrfach Veranlassung haben, auf dieses Moment hinzuweisen. Schon hier kann ein Umstand hervorgehoben werden, den auch ARTOM bei Besprechung der Thyreoidea anführte, nämlich der, daß man in Fällen, wo eine Hyperfunktion zu konstatieren ist, oft dieselben Hautveränderungen findet wie in Fällen, wo das Gegenteil, eine Hypofunktion besteht. Heller, der sich bei der Beurteilung der Rolle der Inkretion in der Dermatologie sehr skeptisch verhält, meint, es sei kaum zu denken, daß andere als universell ausgebreitete Hautveränderungen auf einer solchen Grundlage entstehen können. Es ist allerdings richtig, daß die in Rede stehende Genese bei einem solchen Verhalten leichter zu verstehen ist, es liegt aber doch nichts absolut Unmögliches in der Annahme, daß auch lokalisiertere Veränderungen von inkretorischer Art sein können. Betrachten wir die Haut-symptome bei typischen endokrinen Störungen, so sehen wir, daß sie nicht immer universell sind, sie treten vielmehr, wenigstens in vielen Fällen, am stärksten herdweise hervor. Vasomotorische Veränderungen äußern sich mit einer gewissen Vorliebe als Akrocyanose, bei Basedow wird oft abnormes Schwitzen in gewissen Hautgebieten lokalisiert, oder auf die Achselfalten oder ander-wärts lokal begrenzte Pigmentierung beobachtet, bei Eunuchoidismus ist die Fettansammlung nicht überall gleich, sondern an gewissen Körperpartien angehäuft, die Hypertrichose ist oft örtlich begrenzt, und bei Akromegalie sind nicht selten verstreut stehende Warzen und Fibrome sowie Hautveränderungen in Form der für die Krankheit typischen Verdickung an Händen und Füßen am hervortretendsten. Hier stößt man wieder auf die Schwierigkeit, zwischen Veränderungen zu unterscheiden, die auf dem Wege über die Inkretion ent-standen sind und solchen über das sympathische Nervensystem. Aber die Wechselwirkung zwischen diesen Organsystemen ist so intim, daß der Unter-schied hierbei oft genug mehr in Worten als in der Sache selbst liegt. Wenn man vorsichtig sein will, kann man ja vom endokrino-sympathischen System sprechen.

1. Verhornungsanomalien.

Im vorhergehenden wurde erwähnt, daß bei gestörter innerer Sekretion häufig Verhornungsanomalien konstatiert werden, und die Möglichkeit eines solchen Ursprungs gewisser Dermatosen, die durch abnorme Verhornungsprozesse gekennzeichnet sind, liegt also recht nahe. Eine der häufigsten hierher gehörenden Krankheiten ist die *Ichthyosis vulgaris*, und wir wollen deshalb zunächst erörtern, wie sich die Verhältnisse bei ihr gestalten.

Bei der klinischen Untersuchung von Ichthyosis vulgaris findet man, wenn nicht immer, so doch auffallend oft Umstände, die auf einen Zusammenhang mit tiefergehenden Veränderungen hinweisen. Janowsky schreibt in Mračeks Handbuch: „Die allgemeine Ernährung leidet im ganzen nicht, wohl aber ist die gesamte Entwicklung bei solchen Individuen manchmal zurückgeblieben. Dieselben sind oft von kleiner Statur und wenig entwickeltem Knochenbau; auch rudimentäre Genitalien wurden bei ihnen verzeichnet; doch scheint dies nicht die Regel zu sein, da zumeist die Ichthyotischen in dieser Richtung keinen Unterschied gegen gesunde Menschen darbieten."

Ichthyosis vulgaris tritt häufig familiär auf, und man sieht Familien, wo diese Anomalie in mehreren Generationen vorkommt. Sie pflegt oft dominant vererbt zu werden, aber kürzlich berichtete Lundborg über einen Stammbaum, der sich auf 5 Generationen erstreckte, in welchen die Ichthyose als familiäres, recessiv vererbliches Leiden auftrat. Oft wird behauptet, daß Konsanguinität, Tuber-kulose und Syphilis in der Ascendenz zu dieser Mißbildung disponieren.

Das hier Gesagte spricht nicht direkt für, aber noch weniger gegen die Annahme eines Zusammenhanges mit der Inkretion. Dagegen ist mitunter zu beobachten, daß andere Symptome, die auf einen solchen Konnex deuten, beim Ichthyotiker vorkommen. Hypotrichose und Anidrose können auch auf

Mißbildungen der Haut allein beruhen. Nicht selten konstatiert man jedoch fehlerhafte Zahnanlage, Infantilismus, Kombination mit Kretinismus und Myxödem, RECKLINGHAUSENs Neurofibromatose sowie psychische Störungen, wie Imbecillität und Dementia praecox. Schon C. BOECK will deshalb eine gemeinsame Ursache dieser Störungen annehmen. Später fand diese Frage immer mehr Beachtung, und vom klinischen Gesichtspunkte liegen in vielen Fällen Anknüpfungspunkte an die innere Sekretion vor. HEINRICHS und HENNINGSEN studierten diese Umstände an norwegischen Ichthyosegeschlechtern und nahmen auch eine histologische Untersuchung der Nerven von Individuen mit Ichthyose und RECKLINGHAUSENscher Krankheit vor. Sie konstatierten Defekte im Neurilemmakern und sind der Ansicht, daß die Ursache hiervon vielleicht in der Inkretion zu suchen ist.

In einzelnen Fällen und mit wechselnden Resultaten wurden pharmakodynamische Proben vorgenommen (ARTOM, BERTACCINI, LÉVY-FRANCKEL und JUSTER, FORNARA u. a.). Der letztgenannte beschrieb einen Fall von familiärer Ichthyose, wo die Proben positiv ausfielen und für eine Dysfunktion der Thyreoidea sprachen. Mitunter scheinen diese Proben jedoch negative Resultate zu geben, was ich selbst in mehreren Fällen konstatieren konnte.

Es liegen Obduktionsbefunde vor, bei welchen die endokrinen Drüsen verändert waren (z. B. BECK), es wird aber auch das Gegenteil berichtet. In dieser Beziehung interessant ist eine Mitteilung von SAETHRE über einen 58 jährigen Mann mit Ichthyose, die mit Infantilismus und Paranoia kombiniert war. Kurz nach der Entlassung aus dem Spital, in welchem er behandelt worden war, kam der Patient durch einen Unfall um. Bei der Obduktion waren weder makro- noch mikroskopische Veränderungen in Gehirn, Hypophyse, Thyreoidea oder Testes nachzuweisen.

In den letzten Jahren wurde von mehreren Seiten versucht, durch Stoffwechseluntersuchungen Klarheit über diese Frage zu gewinnen. Es mögen einige Beispiele angeführt werden. MARIE KROGH und CARL WITH untersuchten den Grundumsatz bei Ichthyose und fanden, daß er oft bedeutend niedriger war als normal, was für eine

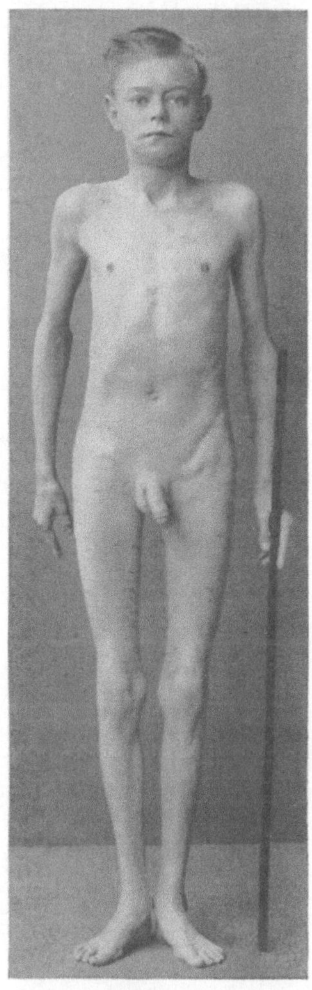

Abb. 8.
Infantilismus und Ichthyosis vulgaris. 19 Jahre alter ♂, Länge 153 cm, Gewicht 32 kg.

mangelhafte Schilddrüsenfunktion sprach. PORTER fand in 12 von 18 untersuchten Fällen den Grundumsatz herabgesetzt und vertritt deshalb den Standpunkt, daß die häufigste Ursache zu Ichthyose in einem Hypothyreoidismus zu suchen sei. Die Herabsetzung des Gesamtstoffwechsels scheint jedoch nicht immer der Intensität der Ichthyose zu entsprechen. Diesen obengenannten Untersuchungen widerstreiten nämlich andere gleichartige, z. B. von TALBOT und HENDRY sowie SIEMENS. Die ersteren untersuchten 8 Kinder und erhielten ein negatives Resultat in bezug auf einen Zusammenhang mit der Schilddrüse.

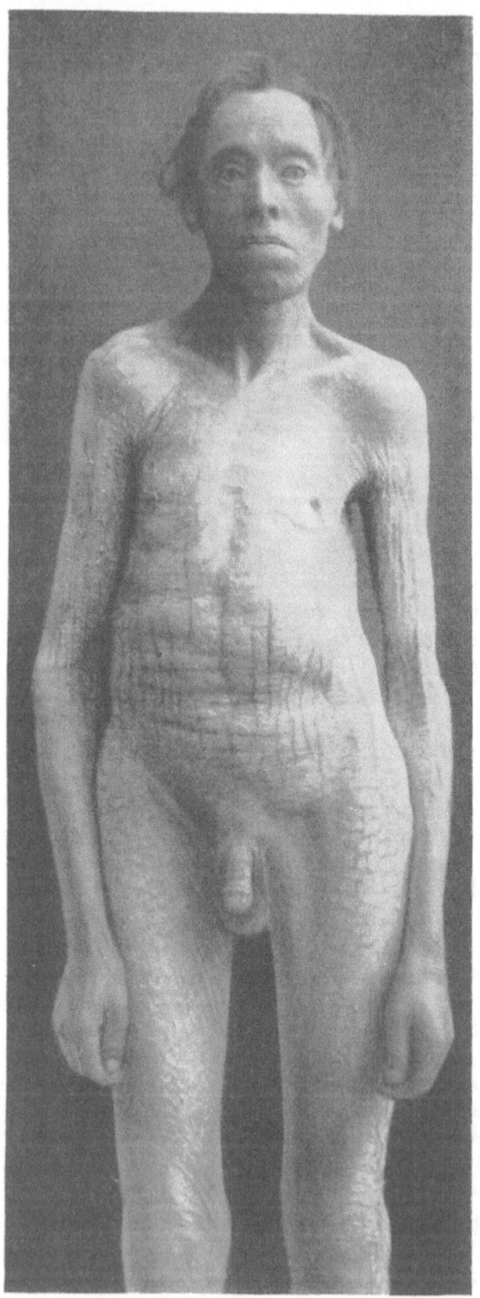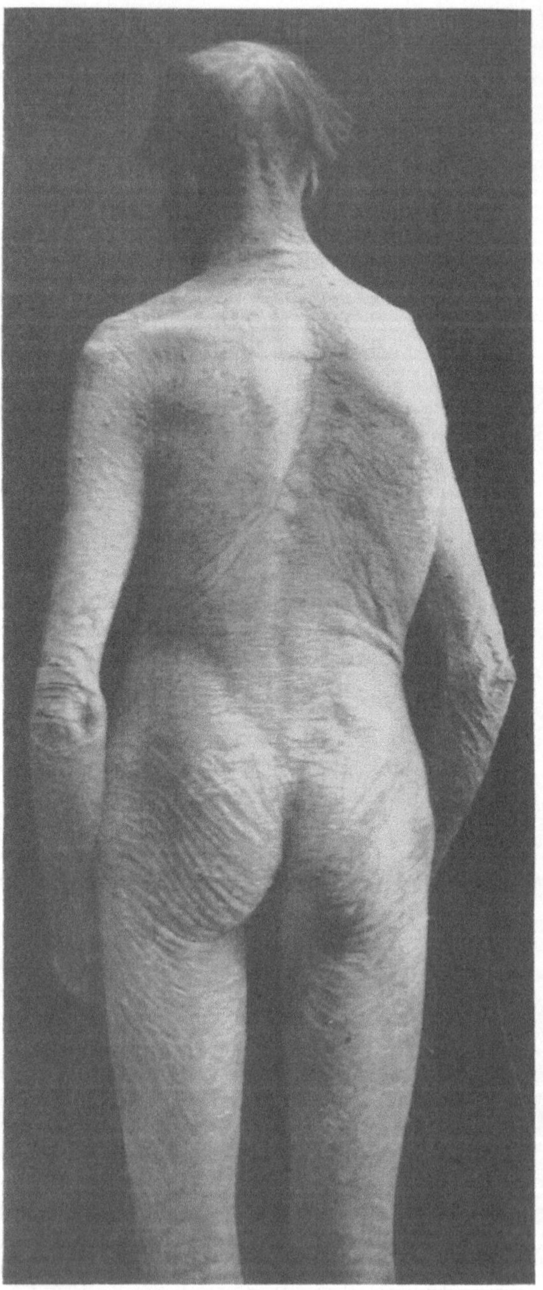

Abb. 9a und b. Ichthyosis vulgaris und körperliche und psychische Minderwertigkeit.
(Bauer, Mitglied einer Familie, in der mehrere ähnliche Degenerationstypen vorkamen.)

Siemens fand bei Erwachsenen in 9 Fällen einen normalen Grundumsatz und bei 3 eine Erhöhung zwischen $17,7^0/_0$—$44,4^0/_0$, also überhaupt kein Zeichen von Unterfunktion der Thyreoidea.

Es ist ja selbstverständlich, daß man bei Ichthyose Organtherapie versuchte, und zwar in erster Linie mit Thyreoideapräparaten. Die Resultate werden verschieden geschildert. Manche Verfasser preisen das Mittel, andere verhalten sich reservierter oder ganz ablehnend. Was meine eigenen Erfahrungen betrifft, so muß ich sagen, daß man in gewissen Fällen Erfolge sieht, sie sind jedoch in der Regel ziemlich mäßig und kaum mit den bei Thyreoideabehandlung von Myxödem erzielten vergleichbar. Nach PORTER hat man die besten Resultate von der Behandlung mit Thyreoidea in denjenigen Fällen von Ichthyose zu erwarten, wo der Grundumsatz herabgesetzt ist; je größer die Herabsetzung, desto besser die Resultate.

Wie ersichtlich, stimmen die Resultate der gemachten Untersuchungen nicht überein, und die Ansicht, daß die Ursache der Ichthyose in Störungen der inneren Sekretion gesucht werden muß, ist nichts weniger als allgemein akzeptiert (siehe auch ARTOM, BERTACCINI, BETTMANN, GASSMANN, LÉVY-FRANCKEL und JUSTER, POTTENGER, RIECKE u. a.). Daß man in vielen Fällen einen diesbezüglichen Zusammenhang findet, ist jedoch nicht zu bestreiten, wie aber u. a. BRUUSGAARD hervorhob, sind die Veränderungen in Haut und Inkretion vielleicht nur Ausdruck einer und derselben Konstitutionsanomalie.

Das hier über Ichthyosis vulgaris Gesagte gilt im großen ganzen auch von den anderen angeborenen Verhornungsanomalien: *Ichthyosis congenita, Ichthyosis atypica verschiedene Formen, Keratoma hereditarium palmare et plantare, Keratosis follicularis und Epidermolysis bullosa hereditaria.* Ich hatte in einer vorhergehenden Arbeit Anlaß, diese Frage näher zu analysieren und mich dabei JADASSOHNs Ansicht anzuschließen, nach der ein enger Zusammenhang zwischen diesen Affektionen besteht. Oft sieht man Kombinationen zwischen ihnen, und es kann dann schwer sein, um nicht zu sagen unmöglich, eine Veränderung unter eine gewisse Diagnose einzureihen. In diesem Zusammenhang auf diese Krankheiten einzugehen, ist also kaum erforderlich und aus Gründen der Platzersparnis nicht möglich. Die beigegebenen Bilder von beobachteten Fällen (Abb. 10—14) können in gewissem Maße das hier Gesagte illustrieren. Betont sei, daß man auch in Fällen ausgebreiteter und schwerer Formen von Verhornungsanomalien bei diesen Patienten im übrigen nicht selten vergebens nach etwas Abnormem sucht.

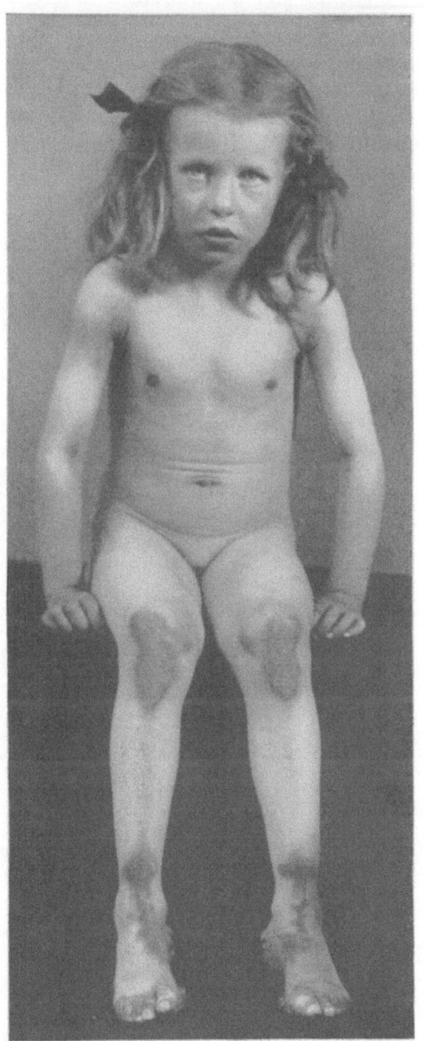

Abb. 10.
Keratoma palmare et plantare congenitale. Keratodermia linearis symmetrica. Xerodermia. 5 jähriges ♀, psychisch zurückgeblieben, aber körperlich normal entwickelt. Vater, Mutter und Geschwister gesund.

Ich hatte kürzlich Gelegenheit, einen sehr hochgradigen Fall von Ichthyose zu beobachten, bei dem die Haut auf großen Flächen zu zentimeterdicken, zerklüfteten, schwarzen Hornschichten umgewandelt war, und an Palmae und Plantae gewaltige Keratosen vorlagen. Der Patient, ein 32 jähriger Arbeiter, war ungewöhnlich kräftig und stattlich gebaut und machte einen intelligenten und aufgeweckten Eindruck. Bei der Untersuchung wurden die inneren Organe normal befunden, das vegetative Nervensystem reagierte bei pharmako-dynamischen Proben normal, und die Stoffwechseluntersuchungen gaben normale Werte. Über ähnliche Mißbildungen in der Familie war nichts bekannt, und es lag keine Konsanguinität in der Ascendenz vor.

Eine Verhornungsanomalie, die in gewissem Maße eine Sonderstellung einnimmt, ist die DARIERsche Krankheit (*Psorospermosis follicularis vegetans*).

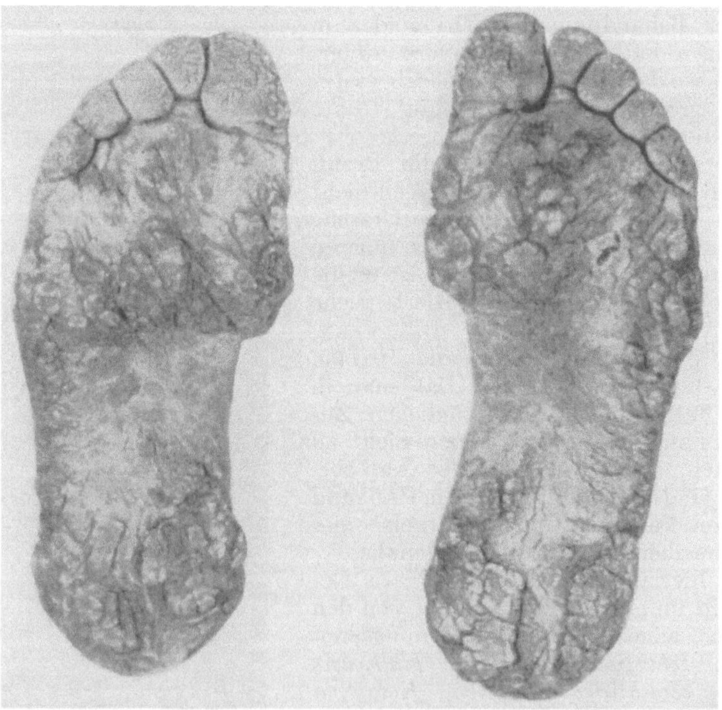

Abb. 11. Fußsohlen des in Abb. 10 dargestellten Mädchens.

Auch diese Krankheit sieht man nach JADASSOHN zusammen mit anderen Verhornungsanomalien oder in Familien, wo solche vorkommen, auftreten. BOECK und andere Forscher beobachteten Fälle, wo die Krankheit mit psychischen Defekten kombiniert war. Im übrigen sei auf BRÜNAUERs erschöpfende Zusammenstellung über die Symptomatologie dieser Krankheit verwiesen [1]. MALCOLM MORRIS sprach sich schon früh dahin aus, daß die Krankheit auf endokriner Basis stehe, und später haben ihm viele zugestimmt (vgl. WISE und PARKHURST). Sichere Beweise wurden jedoch nicht erbracht. Eine gewisse Stütze für die Auffassung gibt eine kürzlich von STÜMPKE und FEUERHAKE gemachte Mitteilung. Bei einer Frau mit Hypofunktion der Ovarien lagen außer DARIERscher Krankheit auch ausgesprochene Skeletveränderungen in Form von Osteopsathyrosis idiopathica tarda vor, einer Affektion, bezüglich welcher starker Verdacht besteht, daß sie mit Funktionsstörungen in der inneren

[1] Dieses Handbuch, Bd. VIII/2.

Sekretion zusammenhängt. Die Möglichkeit, daß Haut- und Skeletsymptome nur rein zufällig gleichzeitig auftraten, kann natürlich nicht ganz ausgeschlossen werden, besonders wenn nur ein einziger derartiger Fall vorliegt.

Im Zusammenhang mit den Verhornungsanomalien mag auch *Acanthosis nigricans* kurz erwähnt werden. Die abnorme Verhornung ist hier mit Hyperpigmentierung kombiniert. Seit POLLITZER zuerst, im Jahre 1890, die Krankheit beschrieben hatte, sind nach PECHUR und ČERKES 115 Fälle in der Literatur beschrieben worden. Obgleich die Krankheit selten ist, hat sie großes Interesse erweckt, weil sie ein deutliches Beispiel dafür ist, wie Veränderungen in inneren Organen auf die Haut rückwirken, und zwar in diesem Fall mit typischen Symptomen. Es werden

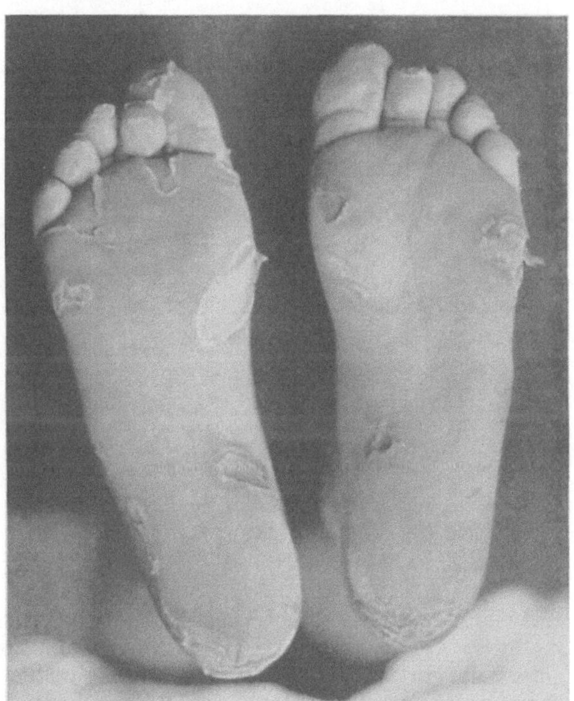

Abb. 12a. Infantilismus und Dyskeratosis. 17 j. ♂. Körperlänge 155,5 cm, Gewicht 35,4 kg.

Abb. 12b. Fußsohlen des in Abb. 12a dargestellten Knaben.

nämlich bei dieser Dermatose oft maligne Tumoren, vorzugsweise Carcinom in den Bauchorganen konstatiert. Nach statistischen Angaben von HESS im Jahre 1904 und BRUNETTI, FREUND und STURLI im Jahre 1921 fand sich in etwa 40% der Acanthosisfälle Carcinom vor.

Anfangs hielt man die Krankheit für den Ausdruck einer Autointoxikation durch Resorption von den malignen Tumoren, man konnte aber, wie DARIER sagt, schwer verstehen, warum nur wenige Tumoren, und darunter oft kleine, die in Rede stehende Dermatose hervorrufen. Es scheint daher wahrscheinlicher, daß die Lokalisation der Tumoren der ausschlaggebende Faktor ist, und man hat dabei in erster Linie an eine Schädigung des Bauchsympathicus gedacht. Eine gewisse Schwierigkeit bleibt jedoch bei der Erklärung der juvenilen Form der Krankheit und bei den Fällen, bei denen keine Tumoren vorhanden sind.

Im Jahre 1921 machte Miescher eine äußerst interessante Mitteilung über zwei Schwestern, die schon von Geburt an Symptome von Acanthosis nigricans zeigten. Die Erscheinungen gingen weiter bis zum 7.—10. Lebensjahre und zeigten nachher Tendenz zu Rückbildung. Außerdem bestanden durchgreifende

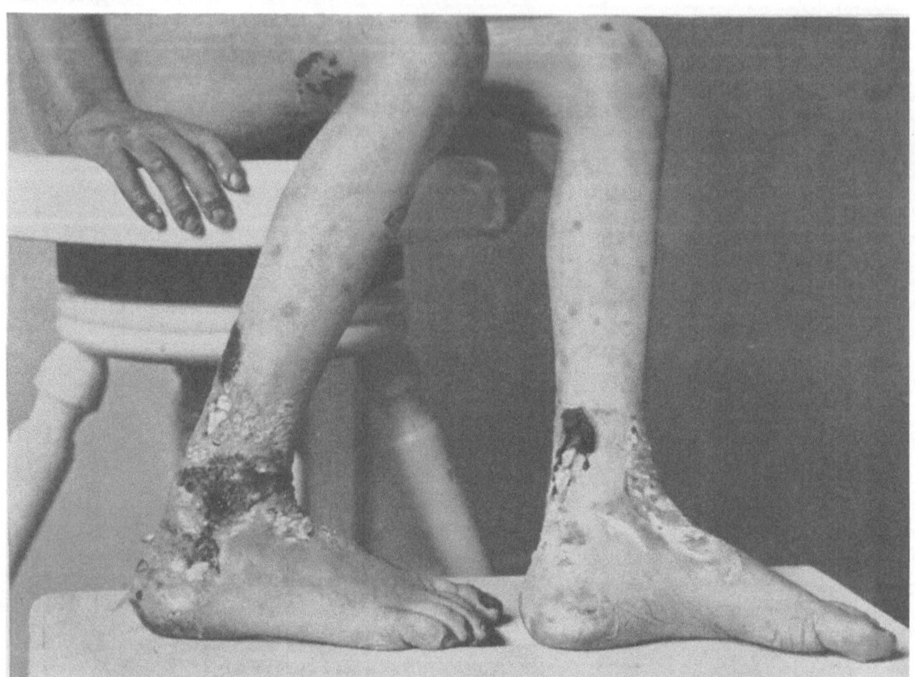

Abb. 13. Epidermolysis bullosa hereditaria. ♂ 10 Jahre alt. Gewicht 16,2 kg.
(Bruder des in Abb. 12a dargestellten Patienten.)

Entwicklungsstörungen: Imbecillität, Hypertrichose und hochgradiger Diabetes mellitus. Später berichtete Werner Jadassohn über einen familiären Fall einer mit Fettsucht und Störungen im Zuckerstoffwechsel verbundenen Acanthosis nigricans bei Mutter, Tochter und Sohn. Ein einzelner Fall mit denselben Symptomen wurde gleichzeitig von Miescher beobachtet. Brunetti, Freund und Sturli konnten bei einem großen Teil aller beobachteten und publizierten Fälle der Krankheit einen Zusammenhang mit endokrinen Symptomen nachweisen und legen diesem Umstand bei Erklärung der Pathogenese der Krankheit große Bedeutung bei. Miescher tritt für denselben Gedankengang ein und glaubt, die Ursache liege in Stoffwechsel- oder hormonalen Störungen. Bei der juvenilen Form oder wo keine Tumoren vorliegen, sei das Primäre ein Schaden an inkretorischen Organen, in anderen Fällen trete der Inkretionsschaden sekundär durch andere Krankheitszustände auf, z. B. durch maligne Tumoren.

2. Psoriasis.

Es mag wie ein Armutszeugnis erscheinen, daß es der Wissenschaft noch nicht gelungen ist, die Ursache dieser Krankheit zu eruieren, die so häufig, in bezug auf Verlauf und Aussehen charakteristisch, und überdies der Untersuchung so leicht zugänglich ist. Es wurden viele Theorien aufgestellt, von welchen eigentlich zweien die größte Beachtung zuteil wurde, den Theorien nämlich, daß man es hier entweder mit einer parasitären Krankheit oder mit einer Konstitutionsanomalie zu tun habe. Gegenwärtig hat es den Anschein, daß diese beiden Theorien nicht mehr in direkt gegensätzlichem Verhältnis zueinander ständen, sondern sich miteinander vereinen ließen oder vielleicht richtiger gesagt, beide erforderlich sind, um die Pathogenese der Krankheit zu erklären [1].

Die interne Therapie bei Psoriasis bemühte sich wohl ursprünglich nur, den Allgemeinzustand im ganzen zu beeinflussen. Im Jahre 1893 legte BRAMWELL die Resultate seiner Thyreoideabehandlung bei Psoriasis vor. Er bekam bald Anhänger, und von vielen Seiten, besonders aus Frankreich und England (MALCOLM MORRIS), liefen lobende Berichte über die Behandlung ein. Dies legte den Gedanken nahe, daß Störungen der inneren Sekretion, besonders der Schilddrüse, eine Rolle für die Entstehung der Krankheit spielen könnten. Man kann jedoch kaum sagen, daß diese Erklärung durchschlug. Die Behandlungsresultate waren nicht überzeugend, und die anderen Beweise sehr mangelhaft.

Im letzten Jahrzehnt wurde diese Frage wieder mit erhöhtem Interesse aufgegriffen, vielleicht in erster Linie auf Grund der unabhängig voneinander ausgeführten Forschungen von ŠAMBERGER und von BROCK. Der erstgenannte war der Ansicht, daß Psoriasis eine eitrige Entzündung sei, die durch nichtspezifische Bakterien bei Individuen mit parakeratotischer Diathese entsteht. Die

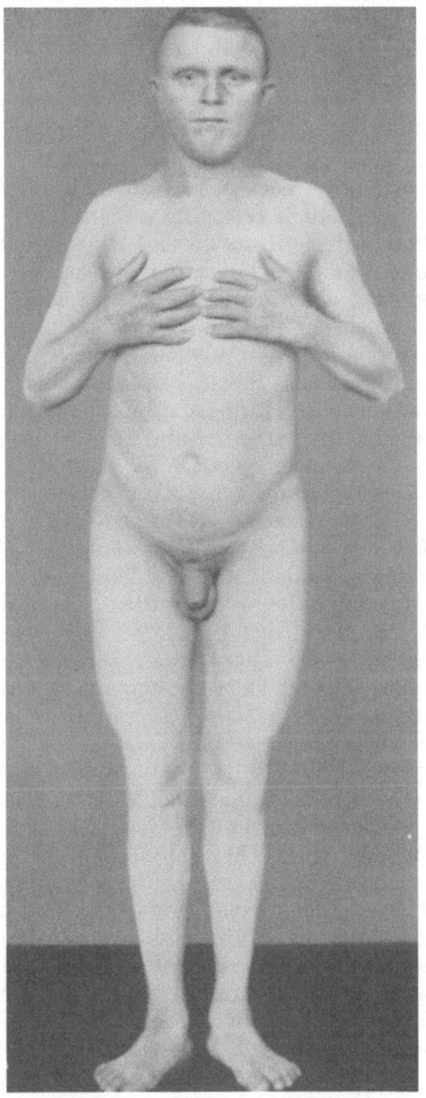

Abb. 14. Hypopituitarismus und Ichthyosis atypica (Erythrodermie ichthyosiforme congénitale) bei einem 22 j. ♂. Körperlänge 152 cm.

Diathese äußere sich als eine Dyskrasie bei den zur Verhornung bestimmten Epithelzellen, und deren herabgesetzte Vitalität sei die Ursache für das typische Aussehen der Psoriasiseffloreszenzen und damit für das Wesen der ganzen

---

[1] Siehe den Ergebnisbericht KARL, H.: Zusammenfassender Überblick über die heutigen Theorien von der Psoriasisätiologie im Zbl. Hautkrkh. 28, 641.

Krankheit. Von Biedls Behauptung ausgehend, daß der Thymus beim Menschen einen wichtigen hormonalen Einfluß auf die Vitalität der Haut ausübt, besonders im Fetalstadium und in der Zeit vor der Pubertät, bevor die Geschlechtsdrüsen den Hauptteil der Thymusfunktion übernommen haben, meint Šamberger, daß vom Thymushormon eine günstige Einwirkung auf Psoriasis zu erwarten sein müßte. Dies gab den Anstoß zu therapeutischen Versuchen mit Thymusextrakt, die in mehreren Fällen überraschend gute Resultate gaben. Bei Injektion wirkten die Präparate kräftiger als per os.

Ungefähr gleichzeitig hatte Brock an der Klinik Klingmüllers beobachtet, daß sich die Krankheit bei Röntgenbehandlung von Psoriasisherden am oberen Teil der Brust in gewissen Fällen verschlechterte, in anderen besserte, ja sogar ausheilte. Dies betraf nicht nur Herde an der bestrahlten Hautoberfläche, sondern auch Herde an anderen Teilen des Körpers. Bei näherem Nachforschen konstatierte Brock, daß die Dermatose bei Bestrahlung des Thymusgebietes und Wahl einer richtigen Dosis rasch ausheile. Wurde die Dosis überschritten, so trat das Gegenteil, eine Verschlechterung, ein. Die geeignete Dosis war für Erwachsene eine halbe Epilationsdosis mit 2—4 mm Aluminiumfilter und für Kinder im Alter über 4 Jahre bloß $^1/_3$—$^1/_4$ Epilationsdosis mit 2—3 mm Aluminiumfilter. Diese Dosen sollen die Tätigkeit des Thymus angeblich steigern und erhöhte Hormonbildung bewirken. Ist die Dosis größer, so wird der Thymus geschädigt. Die Röntgenbehandlung darf nicht vor Ablauf von mindestens zwei Monaten wiederholt werden und soll wegen ihrer eventuell kumulativen Wirkung dann schwächer genommen werden als bei der ersten Bestrahlung.

Šamberger und Brock waren also auf verschiedenen Wegen zu der Auffassung gelangt, daß Psoriasis der Ausdruck einer Dysfunktion der Haut sei, einer parakeratotischen Diathese, sowie ferner, daß das Thymushormon die Aufgabe habe, die Vitalität der Haut aufrechtzuerhalten, speziell in bezug auf Verhornung des Epithels. Für Brock scheint die Thymusbehandlung jedoch eine kausale Therapie zu sein, da die parakeratotische Diathese nach ihm auf mangelhafter Thymusfunktion beruht, für Šamberger dagegen ist diese Therapie nur symptomatisch, da er meint, daß die der Krankheit zugrunde liegende Diathese viele andere Ursachen habe. Der Thymus spielt wahrscheinlich seine größte Rolle im Kindesalter, und deshalb sollen die Resultate der Organtherapie in dieser Zeit am augenfälligsten sein.

Diese Mitteilungen weckten natürlich lebhaftes Interesse für die Frage nach Ätiologie und Therapie der Psoriasis, und es wurde eine große Zahl von Nachuntersuchungen gemacht. Die Resultate waren verschieden. Gawalowski, Hesse, Leszcyński, Steiner, Metschanski, Carilton, Radaeli, Rejsek u. a. stimmen im großen ganzen mit dem hier betreffs Thymus und Psoriasis Gesagten überein. Die Resultate scheinen, wie Šamberger vermutete, im allgemeinen bei jungen Individuen am besten zu sein. So behandelte Steiner 11 Psoriatiker nach Brock und gab gleichzeitig Thymustabletten. 3 Fälle wurden geheilt, 2 gebessert. Alle 5 Fälle betrafen bemerkenswerterweise Kinder.

Unter denen, die keine Spur von Wirkung der Thymusbestrahlung sahen, mag Fischman genannt sein. Über eine mäßige und sehr zweifelhafte Wirkung wird von Lévy-Franckel, Juster, Cottenot und Jean, Ravaut, Scholtz u. a. berichtet. Ich selbst erprobte die Behandlung mit Thymustabletten per os (Parke Davis u. Co.) bei einer Reihe von Psoriasisfällen, konstatierte aber keinen merklichen Effekt. In der Diskussion nach einem Vortrage von Metschanski erwähnt Wienert einen Fall von Larynxnekrose nach wiederholter Thymusbestrahlung, und von Nast u. a. wurde hervorgehoben, daß man äußerst vorsichtig vorgehen müsse, um dieser Gefahr zu entgehen.

Der eventuelle Zusammenhang mit den übrigen endokrinen Organen wurde von neuem und mit Hilfe moderner Untersuchungsmethoden studiert. Auch hier gingen die Auffassungen auseinander. CARRERA fand bei genauer Untersuchung von 36 Psoriasisfällen keinen Zusammenhang mit der Inkretion. VEROTTI betont, daß man oft Veränderungen in der Ovarialfunktion findet. ROCKLIN, ŽIRMUNSKAJA und KOČNEV sahen gute Resultate bei Röntgenbehandlung der Hypophyse. Nach LESCZYŃSKI wird der Psoriatiker mit einer Entwicklungsstörung sui generis geboren, deren Ursache in den in Kopf und Hals gelegenen inkretorischen Organen: Thyreoidea, Thymus und Hypophyse, zu suchen sei. Er empfiehlt Drüsenbehandlung und Diathermie. Nach LÉVY-FRANCKEL, JUSTER, COTTENOT und JEAN fände man beim Psoriatiker oft Zeichen gestörter Inkretion, aber die Organbehandlung gebe geringe Resultate. Dasselbe gelte von der Bestrahlung endokriner Drüsen. RAVAUT meint, daß die hier und da beobachteten guten Resultate durch Organbestrahlung nicht die Bedeutung eines spezifischen Phänomens hätten, sondern von der Strahlenwirkung auf den Organismus im ganzen herrührten.

ARTOM prüfte die eventuelle Rolle der Schilddrüse bei Psoriasis u. a. auch durch eingehende Untersuchung des endokrino-sympathischen Systems mit allen zur Verfügung stehenden Methoden: pharmako-dynamischen Proben, Stoffwechseluntersuchungen, ABDERHALDENs und ähnlichen Reaktionen usw. in 10 Fällen. Das Resultat war im großen ganzen negativ. BERTACCINI scheint derselben Ansicht zu sein, nämlich, daß der Thyreoidea kaum ein entscheidender Einfluß auf die Pathogenese der Psoriasis zukommen könne. SPARACIO dagegen mißt dieser Drüse offenbar größere Bedeutung bei. Bei 9 von 13 Fällen von Psoriasis fand er die Thyreoidea verändert; bei 6 im Sinne eines Hyperthyreoidismus, bei 3 im Sinne eines Hypothyreoidismus.

Kürzlich äußerten sich BUSCHKE und CURTH über Psoriasis und das endokrine System, besonders in bezug auf die Behandlung. Sie sind der Ansicht, daß die Krankheit auf angeborener Anlage beruht, und daß die Symptome durch verschiedene äußere und innere Faktoren ausgelöst werden können. Was die Stoffwechselstörungen betrifft, so sei eine Zunahme der Harnsäureretention zu beobachten, wenn die Krankheit mit Gichtsymptomen kombiniert ist. Ein engerer Zusammenhang mit Diabetes scheint nicht vorzuliegen, die Blutzuckerwerte halten sich, im Gegenteil, gern an der unteren Grenze. Sie konnten auch keinen Zusammenhang mit dem Thymus beobachten, und Thymusbestrahlung blieb ohne Wirkung. Was die Hypophyse betrifft, so fanden sie in 5 von 32 röntgenologisch untersuchten Fällen eine Vergrößerung der Sella turcica. Von Hypophysenpräparaten sahen sie in einem Fall, der mit hypophysärer Fettsucht kombiniert war, günstige Resultate. In einem anderen Falle mit hochgradiger psoriatischer Arthropathie, der zum Tode führte, wurde die Hypophyse untersucht und normal befunden. Ein Zusammenhang mit der Schilddrüse ist mitunter augenfällig, meist in Form von herabgesetzter Funktion; so wird von einem fast moribunden Patienten mit schwerer Psoriasis berichtet, der ohne Lokalbehandlung, lediglich durch Thyreoideatabletten geheilt wurde. Dies stimmt recht gut mit meiner eigenen Erfahrung an einigen schweren Fällen von generalisierter Psoriasis überein. Auch ALMKVIST hat ähnliche Beobachtungen demonstriert. Außerdem scheint mir die Thyreoideabehandlung mitunter eine gute unterstützende Methode bei Fällen von Psoriasis zu sein, die mit Fettsucht kombiniert sind.

Schließlich mag auch erwähnt werden, daß — hauptsächlich von französischer Seite — Insulinbehandlung bei Psoriasis versucht und empfohlen worden ist. Die theoretische Begründung lag in der Einwirkung dieses Mittels auf den Stoffwechsel, besonders in bezug auf Zucker und Lipoide. RAVAUT, BITH und DUCOURTIOUX berichteten im Jahre 1925 über drei mit gutem Resultat behandelte

Fälle und aus der sich an die Mitteilung anschließenden Diskussion, an der sich u. a. Darier, Lortat-Jacob, Lévy-Franckel und Louste beteiligten, ging hervor, daß die Psoriasisfälle im Hinblick auf das Vorliegen von Hyperglykämie und Cholesterinämie ausgewählt werden müssen, um ein positives Resultat erwarten zu können. Später teilte Ferond 18 derartige Fälle mit. Blasi unterzog an Pasinis Klinik 19 Psoriasisfälle verschiedener Ausbreitung einer genauen Analyse. 6 zeigten niedrige Blutzuckerwerte und wurden deshalb nicht insulinbehandelt. In 8 Fällen bestand Hyperglykämie, in 6 mäßige Cholesterinämie und in 1 Falle mit Augenlidxanthom eine hochgradige ($3^0/_{00}$). In 5 von den insulinbehandelten Fällen war die Wirkung auf die Hautsymptome gut, in den anderen sah man keinen Effekt. Grzybowski konnte nicht so glänzende Behandlungsresultate sehen wie manche französische Forscher und weist darauf hin, daß die Methode, abgesehen davon, daß sie sehr unsicher ist, auch beschwerlich und teuer wird. Mittels Insulin ex juvantibus der Ursache von Psoriasis auf die Spur zu kommen, ist offenbar nicht möglich.

Es liegt vieles vor, was dafür spricht, daß zwischen der inneren Sekretion und Psoriasis in gewissen, aber bei weitem nicht in allen Fällen ein Zusammenhang besteht. Ganz sicher kann aber eine gut angepaßte Organtherapie in der einen oder anderen Form mitunter von Nutzen sein. Leider muß man jedoch zugeben, daß das einzige, was wir gegenwärtig über die Ätiologie von Psoriasis wirklich sicher wissen, ist, daß wir darüber nichts Sicheres wissen.

3. Haarkrankheiten.

Eine der ersten Beobachtungen über krankhafte Veränderungen durch Einwirkung der endokrinen Drüsen auf den Organismus betraf deren Einfluß auf die Haarentwicklung. Aus dem Vorhergehenden ist deutlich ersichtlich, daß Störungen in fast allen endokrinen Organen entweder Hypo- oder Hypertrichose verursachen können. Es gibt eine Reihe von Haarkrankheiten, deren Ätiologie die Dermatologie noch nicht erforschen konnte, und es liegt unter solchen Umständen nahe zu untersuchen, ob diese Krankheiten in irgendeiner Weise mit der inneren Sekretion zusammenhängen.

Über *Hypertrichosis lanuginosa* und *Alopecia congenita*, zwei seltene Hemmungsmißbildungen, die auf schwere Veränderungen in der Haarentwicklung deuten, möchte ich mich ziemlich kurz fassen und im übrigen auf die reichhaltige Literatur in dieser Frage (Lévi-Rothschid, Hertoghe, Buschke, Bettmann, Josefson u. a.) hinweisen. In einer früheren Arbeit habe ich mehrere Umstände zusammengestellt, die dafür sprechen, daß hier mitunter ein Zusammenhang mit der inneren Sekretion zu merken ist. So beobachtet man dabei oft Zeichen gestörter Inkretion von anderen Teilen der Haut oder des übrigen Organismus, z. B. abnormes Verhalten der Dentition, der Verhornung und Pigmentierung der Haut usw. Man kann sich natürlich das Entstehen dieser Veränderungen entweder als eine selbständige kongenitale Unterentwicklung der Epidermis und ihrer Organe oder als sekundäre auf dem Wege der Inkretion hervorgerufene Erscheinung vorstellen. Im ersteren Falle sind die inkretorischen Veränderungen den Störungen in der Haarentwicklung rein beigeordnet und nicht die Ursache der Alopecie oder Hypertrichose.

Buschkes bekannte Versuche über die Thalliumalopecie haben gezeigt, daß Haarausfall auf experimentellem Wege durch von außen zugeführte Gifte hervorgerufen werden kann, und ferner, daß gravide Versuchstiere, an die Thallium verfüttert wurde, haarlose Junge gebären. Ferner haben wir im vorhergehenden bei Besprechung der Thalliumalopecie hervorgehoben, daß sie wahrscheinlich durch endokrine Schäden, vermutlich in der Parathyreoidea, ausgelöst wird.

4. Alopecia areata.

Die Ursache dieser eigentümlichen und häufigen Krankheit war Gegenstand vieler Erwägungen. Von einer der ältesten Theorien, der parasitären, ist man immer mehr abgekommen. Daß die Krankheit in irgendeinem Zusammenhang mit dem Nervensystem steht, ist wohl ziemlich klar. Der „nervöse" oder „dystrophische" Ursprung wurde eifrig erörtert, und es wurden viele Gründe für einen solchen genannt. Nervöse Symptome sind nämlich bei Alopecia areata oft zu beobachten, und besonders scheint mir dies bei malignen Formen der Fall zu sein. Auch die Möglichkeit einer endokrinen Ätiologie wurde natürlich zur Erklärung herangezogen, und viele klinische Umstände sprechen dafür, daß diese mindestens in vielen Fällen zutreffend sein kann.

Der Zusammenhang mit der inneren Sekretion ist oft durch klinische Untersuchungen nachweisbar. SABOURAUD hob hervor, daß man bei diesen Patienten oft Zeichen von Störungen in der Funktion der Geschlechtsdrüsen, z. B. Menstruationsbeschwerden, findet. Ferner scheint die Krankheit bei Morbus Basedowii nicht selten zu sein, und BASEDOW selbst war dazu geneigt, Alopecia areata für ein Symptom des nach ihm genannten Syndroms zu halten (SABOURAUD). Auch bei Hypophysenleiden wird mitunter, wenn auch selten, Alopecia areata beobachtet. JACQUET und ROUSSEAU-DECELLE beschrieben z. B. einen Fall von Alopecia areata bei einer Akromegalie. BRUUSGAARD beobachtete einen Fall bei einer Frau mit pluriglandulärer Insuffizienz. Die mit Alopecia areata oft gleichzeitig auftretende Vitiligo lenkte die Gedanken auf die Nebennieren. Dystrophische Nagelveränderungen kommen bei Alopecia areata, besonders bei ihren schweren Formen, nicht selten vor.

CEDERCREUTZ, der sich für die Lehre vom endokrinen Ursprung der Alopecia areata als dem wahrscheinlichsten einsetzte, hat eine Reihe von Gründen dafür angeführt. Unter anderen beruft er sich auf den bei dieser Krankheit beobachteten Zusammenhang mit krankhaften Veränderungen an den Zähnen und sagt darüber: „Ein Zusammentreffen von Haarschwund und Zahncaries kommt, wie bekannt, in Fällen von Alopecia areata vor, und JACQUET, der dieses Zusammentreffen besonders hervorgehoben hat, wollte die Zahnläsion als das Primäre und die Alopecia als sekundär hervorgerufen ansehen. JACQUETs Auffassung ist häufig widersprochen worden.

Wollte man theoretisch eine Ursache der Alopecia areata suchen, so wäre meiner Ansicht nach am ersten an einen innersekretorischen Einfluß zu denken. Diese Annahme würde auch Klarheit schaffen über den Zusammenhang zwischen der Hautaffektion und der allgemeinen nervösen Störung, die so oft in dieser oder jener Form bei den schweren Fällen von Alopecia areata stark hervortreten."

CEDERCREUTZ betont ferner, daß sich die Erfahrung betreffs des häufigen Auftretens von Alopecia areata bei Luetikern gut mit dieser Auffassung vereinbaren läßt. Bei Lues werden nicht selten endokrine Organe angegriffen, und die hierbei entstandenen Schäden könnten dann eine Alopecia areata zur Folge haben. LÉVI-ROTHSCHILD sprach schon früher eine ähnliche Vermutung aus.

Hier mag jedoch der Einwand erhoben werden, daß die Rolle, die Lues für das Entstehen dieser Krankheit spielen soll, eine Auffassung, die besonders von SABOURAUD vorgebracht wurde, kaum allgemein anerkannt ist. Ich selbst konnte, trotzdem ich schon seit langem hierauf geachtet hatte, Syphilis nicht auffallend oft in der Anamnese von Fällen mit Alopecia areata finden. JORDAN fand unter 140 Patienten mit dieser Hautaffektion nur 9 Fälle von Syphilis, und ORR bei Untersuchung von 100 Fällen nur 1 mit positivem Wassermann.

Dohi stellte kürzlich 994 Fälle von Alopecia areata zusammen und meint, daß bei dieser Krankheit ein ursächlicher Zusammenhang mit endokrinen Störungen vorliegt. Buschke sieht in Alopecia areata ein einheitliches Krankheitsbild, dessen Ursache in einer zentralen Störung, vermutlich im Gebiete des vegetativ-endokrinen Systems liege. Lévy-Franckel, Juster u. a., die diese Fragen eingehend studierten, scheinen im großen ganzen ähnlicher Ansicht zu sein. Auf einen näheren Bericht über die Resultate der klinischen Untersuchung bei Alopecia areata wollen wir hier nicht eingehen. Beobachtungen von Fällen mit gleichzeitigen Zeichen gestörter Inkretion liegen massenhaft vor. Erwähnt sei jedoch, daß man sehr oft trotz genauester Untersuchungen überhaupt keinen Zusammenhang mit der inneren Sekretion konstatieren kann.

Von speziellen Untersuchungen mag erst das Resultat pharmako-dynamischer Proben hervorgehoben werden. Unter 7 Fällen mit Alopecia areata konstatierte Bertaccini nur bei 1 Patienten normale Verhältnisse, von den anderen waren 3 hypervagoton, 3 hypersympathikoton. Nach Fujiwara fallen die pharmako-dynamischen Proben bei Alopecia areata nur recht selten positiv aus, und dann nur mit schwacher Reaktion. Er weist deshalb die Annahme zurück, daß die in Rede stehende Krankheit lediglich als Störung des vegetativen Nervensystems zu erklären wäre. Lévy-Franckel und Juster weisen darauf hin, daß viele Reflexe so ausfallen, daß sie auf Störungen im Sympathicus deuten (reflexes oculo-cardiaque, pilo-moteur, naso-facial).

Für einen Zusammenhang mit der Thyreoidea sprechen die bei manchen Fällen festgestellten Stoffwechselstörungen. Unter 25 untersuchten Fällen konstatierten Lévy-Franckel und Juster einen erhöhten Grundumsatz bei 18, einen herabgesetzten bei 5.

Auch Versuche, auf experimentellem Wege Alopecia areata bei Tieren hervorzurufen, sind vorgenommen worden. Max Joseph gelang es, durch Exstirpation des zweiten Cervicalganglienpaares bei der Katze kahle Flecken hervorzurufen. Bourguignon konstatierte Haarausfall bei Hunden ,,après ligature temporaire de pédicules vasculonerveux du corps thyreoide". Kürzlich versuchten drei französische Forscher, Sainton, Maximin und Mamou, Hyperthyreoidismus dadurch zu erzeugen, daß sie Hühnern und Kaninchen längere Zeit hindurch mit dem Futter und durch Injektion Thyreoideaextrakt zuführten. Hierbei entstanden an den Federn resp. an den Haaren der Tiere Veränderungen, die klinisch an Alopecia areata erinnerten: kahle Flecken und Canities. Hierher mögen schließlich auch die vielbesprochenen Thalliumversuche Buschkes an Ratten zu rechnen sein. Mitunter wurde sogar fleckenförmiger Haarausfall, ähnlich wie bei Alopecia areata beobachtet, bei Mäusen und Ratten durch Thallium (Buschke), bei Kaninchen durch Abrin (Bettmann). Diese herdweisen Alopecien fanden jedoch ihre natürliche Erklärung durch das Vorkommen lokaler Wachstumszentren des Haares in der Tierhaut, und die Erscheinung ist nach Linser und Kähler ,,bedingt durch den relativ embryonalen Typus des Haarwechsels und manifestiert sich an dem einzelnen Haarwuchszentrum als dem Locus minoris resistentiae". Es ist, wie auch Linser betont, bei diesen und ähnlichen Tierversuchen wichtig, sehr kritisch zu erwägen, bevor man Schlüsse über ähnliche Verhältnisse bei der menschlichen Haut zieht, die sich in vielen Beziehungen von der der verschiedenen Versuchstiere unterscheidet.

Man kann kaum sagen, daß die Wirkung der Organtherapie bei Alopecia areata überzeugend als ein Beweis endokrinen Ursprungs imponiert hat. In der großen Mehrzahl der Fälle war das diesbezügliche Resultat offenbar ziemlich schwach, wenn auch manche Forscher über einzelne mehr oder weniger geglückte Kuren berichteten. Dohi meint, daß die Behandlung mit Organpräparaten mitunter nützlich sein kann, Lévy-Franckel und Juster konstatierten in einer Anzahl von Fällen gute Resultate, ebenso DARIER. COTTENOT empfiehlt Radiotherapie und Galvanisation der Schilddrüse. In den vielfachen Versuchen mit Thyreoideabehandlung, die ich vornahm, war das Resultat in einer geringen Anzahl von Fällen deutlich positiv, in den meisten Fällen dagegen praktisch genommen gleich Null. In einer Serie von 9 Fällen mit Alopecia areata maligna, die ich mit Thyreoidea behandelte, war bei 3 ein spärlicher, aber doch deutlicher Nachwuchs zu bemerken.

Als eigentümliche Beobachtung mögen eine Reihe vollständig gleichartiger Fälle von NORMAN, MEACHEN und PROVIS, von C. BOECK und vom Verfasser angeführt werden, die gravide Frauen mit Alopecia areata totalis betreffen, die während der Schwangerschaft ihr Haar wiederbekamen. In BOECKs wie auch in meinem Falle wiederholte sich dieses Phänomen in mehreren aufeinanderfolgenden Graviditäten. Einige Zeit nach dem Partus fiel das ganze Kopfhaar aus, um während einer neuerlichen Gravidität wieder nachzuwachsen. Möglicherweise ist dies auf solche Weise zu erklären, daß der Haarwuchs der Mutter durch Hormone des Fetus günstig beeinflußt wurde. Es ist jedoch zu bemerken, daß Thyreoideabehandlung in dem von uns beobachteten Fall kein Nachwachsen des Haares bewirkte. Ein anderes bemerkenswertes Verhalten, das ich konstatieren konnte, ist, daß bei Patienten mit Dementia praecox und gleichzeitiger Totalalopecie im Zusammenhang mit vorübergehender Besserung des psychischen Zustandes ein, wenn auch spärliches Wiederwachsen des Haares auftrat. Der Hirsutismus mit periodischem Irresein ist nach LAIGNEL-LAVASTINIE recht häufig und hängt wahrscheinlich mit innersekretorischen Störungen zusammen.

Abb. 15.
Alopecia areata und Dementia praecox. Spärliches Wiedererwachen des Haares in Zusammenhang mit vorübergehender Besserung des psychischen Zustandes.

Daß das Behandlungsresultat mitunter ziemlich überraschend sein kann, läßt sich durch einige Beobachtungen illustrieren. GENNER erwähnte z. B. einen Fall mit Totalalopecie und Nagelveränderungen, bei dem die Thyreoideabehandlung keine Spur von Wirkung auf das Haar hatte, während die Nägel wieder normal wurden. Ich selbst hatte Gelegenheit, einen 48jährigen Mann zu beobachten, der seit 3 Jahren infolge erschütternder psychischer Einwirkungen in seinem Beruf in einen schweren neurasthenischen Zustand verfallen war. Im Zusammenhang hiermit trat eine Alopecia areata decalvans mit schweren Nagelveränderungen auf. Es wurden alle möglichen Therapieformen versucht, darunter auch Thyreoideabehandlung, aber ohne Resultat. Schließlich wurde Behandlung mit Kalk (Calcium lacticum, 6 g pro die) eingeleitet. Kein Effekt bezüglich des Haares, die Nägel aber wurden normal. Der Patient versuchte später, die Kalkmedikation auszusetzen, die krankhaften Nagelveränderungen begannen aber wieder, um nach neuerlicher Kalkbehandlung sofort zu verschwinden, ein Verhalten, das natürlich den Gedanken an Veränderungen im vegetativen Nervensystem nahelegen muß.

Die Ätiologie der Alopecia areata dürfte wohl noch als nicht sicher festgestellt zu bezeichnen sein. Daß die hier oft konstatierten nervösen Störungen eine

Rolle spielen, ist deutlich. Mir persönlich ist die Auffassung Buschkes u. a. am ansprechendsten, nach der die Krankheit auf zentrale Veränderungen im vegetativ-endokrinen System zurückzuführen wäre. Bindende Beweise für die Richtigkeit dieser Annahme fehlen jedoch noch.

Außer Alopecia congenita, Hypertrichosis lanuginosa und Alopecia areata existieren noch andere Haarkrankheiten mit unbekannter Ätiologie, bei welchen die Ursache vielleicht in der Inkretion zu suchen ist. Ergrauen des Haares wird ebenso wie Trockenheit und Sprödigkeit bei einer Reihe von endokrinen Störungen beobachtet. Eine eigentümliche, aber typische Mißbildung des Haares ist die *Aplasia moniliformis* oder *Monilethrix*. Bodin, der über diese Mißbildung in „Pratique dermatologique" (Besnier, Brocq, Jacquet) berichtete, sucht die Ursache in „une lésion nerveuse centrale de nature héréditaire et qui commande les altérations pilaires". Zusammengehalten mit der Äußerung von Lévi-Rothschild: „l'appareil pileux ait son fonctionnement subordinne la glande thyreoide, toutes reserves faite pour l'action à précises des autres glandes endocrines", läßt dies natürlich unwillkürlich an die innere Sekretion als Erklärung der Entstehung von Monilethrix denken. Auf dem Kongreß der Nord. Dermat. Vereinigung in Stockholm 1922 hatte ich Gelegenheit, einige Mitglieder einer Familie zu demonstrieren, in der mehrere Fälle dieser Affektion in drei Generationen vorgekommen waren. Die Krankheit war mit Keratosis pilaris kombiniert, was häufig der Fall zu sein scheint, außerdem lagen aber bedeutende Veränderungen in der Zahnentwicklung vor, persistierende Milchzähne, unvollständige Dentition usw. Diese Zeichen deuteten also gleichfalls auf die Inkretion.

Der Weg zur Entstehung des *symptomatischen Haarausfalls* nach Fieberkrankheiten wie Influenza, Typhus, Erysipelas usw., ebenso wie nach einer Gravidität mag natürlich gleichfalls über das endokrin-sympathische System gehen. Die experimentelle Thalliumalopecie und ihr wahrscheinlicher Zusammenhang mit diesem System machen eine solche Erklärung ziemlich naheliegend.

5. Nagelveränderungen.

Nagelveränderungen treten oft als Teilsymptome bei mehreren Dermatosen auf, mitunter aber auch, ohne daß andere Symptome von der Haut konstatiert werden. Im letzteren Falle ist die Diagnose schwer, und stellt man sie, so bleibt die Pathogenese nicht selten unaufgeklärt, sofern es sich nicht um rein äußerliche Schäden oder parasitäre Affektionen handelte. Da man erfahrungsgemäß weiß, daß verschiedenerlei Störungen der inneren Sekretion wie Myxödem, Akromegalie, Hyporchismus usw. oft von trophischen Nagelveränderungen begleitet sind, und da man bei vielen Dermatosen, bei welchen Nagelveränderungen beobachtet werden, aus recht guten Gründen vermutet, daß sie mit Veränderungen im vegetativ-endokrinen System zusammenhängen, ist es nicht zu verwundern, daß man an die Möglichkeit dachte, es könnte die innere Sekretion und Störungen in ihr vielen ätiologisch unerforschten Nagelaffektionen zugrunde liegen. Dies ist auch von vielen Seiten behauptet worden, und es wurden Fälle beschrieben, wo ein solcher Zusammenhang ziemlich wahrscheinlich ist. Die Vermutungen sind allerdings nicht eingehender durch pharmako-dynamische Proben oder Stoffwechseluntersuchungen gestützt; es findet sich aber schwer Gelegenheit, solche an Individuen vornehmen zu können, die sich, abgesehen von einem oder dem anderen mehr oder weniger häßlichen Nagel, gesund fühlen. Ich will nicht näher auf ein Referieren beschriebener Fälle mit vermutlich endokrinen Nagelstörungen eingehen, sondern verweise auf die Mitteilungen Bertaccinis, Lévy-Franckels, Justers u. a. Auch ich selbst habe diese Fragen anderwärts recht eingehend behandelt.

Julius Heller, der hervorragende Spezialist in der Onychopathologie, hat ziemlich scharf gegen die seiner Ansicht nach viel zu große Leichtfertigkeit Einspruch erhoben, mit der gewisse Verfasser die Ursache von Nagelveränderungen in inkretorischen Störungen sehen wollen. Er hat vielleicht im großen ganzen recht, scheint diese Frage aber doch etwas einseitig zu betrachten. In vielen Fällen, z. B. bei gewissen Formen von Onychogryphosis, muß auch er zur Annahme trophischer Störungen als vermutlicher Erklärung gewisser Nagelveränderungen greifen. Diese brauchen sicherlich nicht immer sympathicoendokrinen Ursprungs zu sein, wenn man aber mitunter diesen Verdacht hegt, dürfte es verzeihlich sein.

Was *Onychia sicca syphilitica* betrifft, so vermutet Heller, daß die Ursache dieser Affektion, die 8 Monate bis 16 Jahre nach dem Primäraffekt beobachtet wurde, in spezifisch syphilitischen Prozessen vermutlich papulösen Charakters in Nagelbett und Nagelmatrix zu suchen ist. Diese Annahme muß wundernehmen, besonders wenn man weiß, daß das Leiden, das gegen Behandlung sehr refraktär ist, bei Fehlen anderer syphilitischer Symptome und bei negativem Wassermann vorkommen, und entweder, wie es scheint, das ganze Leben hindurch bestehen oder allmählich nach mehreren Jahren von selbst verschwinden kann (siehe unten Fall 2). Eine zentrale Ursache dieser Veränderung, die im allge-

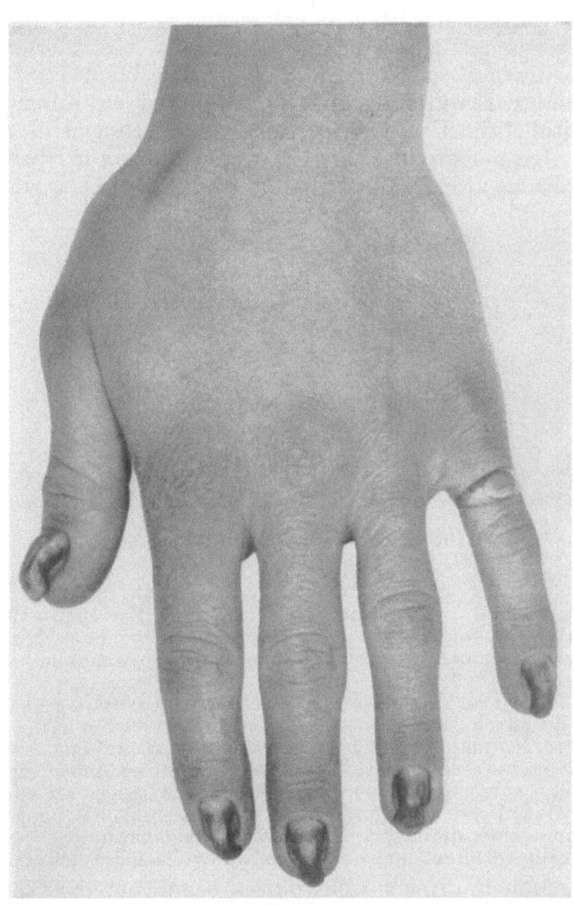

Abb. 16. Onychogryphosis. (Fall 1.)

meinen gleichzeitig alle Nägel trifft, scheint das Wahrscheinlichste zu sein, und wenn man sich diesen Schaden im vegetativ-endokrinen System lokalisiert denkt, so ist dies nichts Auffallendes, besonders wenn die Symptome im Zusammenhang mit vasomotorischen Störungen auftreten.

„Wird einmal bewiesen, daß trophische Zentren oder endokrine Drüsen von der Syphilis in solchen Nagelfällen affiziert sind, so würde ich natürlich die Krankheitsbereitschaft der Nagelorgane als erklärt ansehen. Bis dahin muß das Urteil vorsichtig und zurückhaltend sein", sagt Heller. Das ist natürlich vollständig richtig, aber ich muß doch darauf hinweisen, daß die Vermutung einer endokrinen Ursache wenigstens von mir mit sehr großem Vorbehalt vorgebracht wurde. Hellers Behauptung, „man muß doch annehmen, daß in der Nagelmatrix und im Nagelbett Prozesse sich abspielen, die mit der Bildung von syphilitischen Papeln in der Hohlhand Ähnlichkeit haben", ist nicht so vorsichtig aufgestellt und entbehrt auch jeglicher Stütze, z. B. durch klinische Erfahrung und anatomische Untersuchungen. Es ist mit anderen Worten eine unbewiesene Behauptung. Ich will auch hinzufügen, daß in den meisten Fällen von Onychia sicca syphilitica, die ich beobachten konnte, während des Krankheitsverlaufes keine Papeln in der flachen Hand zu konstatieren waren.

Es fällt natürlich gänzlich außerhalb des Rahmens dieser Arbeit, auf eine wissenschaftliche Polemik einzugehen, besonders wenn sie, wie hier, zu keinem positiven Resultat führen kann. Ich konnte jedoch nicht umhin, diese kurzgefaßte Erwiderung aufzunehmen, weil sie mir zu beleuchten scheint, wie diskutabel die Ursache der Nagelveränderungen in vielen Fällen sich gezeigt hat.

Ich möchte in diesem Zusammenhang zur Illustration des oben Ausgeführten in Kürze zwei Krankengeschichten wiedergeben, die ich bereits früher publizierte, die ich jetzt aber durch einen Bericht über ihren weiteren Verlauf vervollständigen kann.

Fall 1 (von Heller in diesem Handbuch XIII/2 auf S. 97 angeführt).

Bei einem 18 jährigen Mechaniker entwickelten sich ohne nachweisbaren Anlaß im Laufe von 8—9 Monaten hochgradig onychogryphotische Veränderungen, die auf beigefügten Bildern ersichtlich sind. Die Nägel wurden vollständig klauenähnlich. Anamnese und Unter-

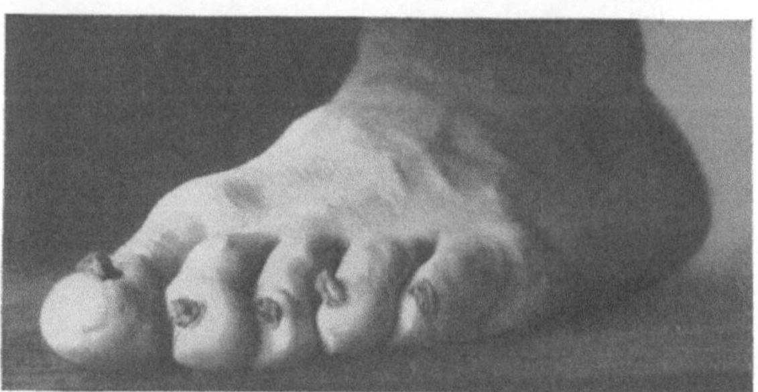
Abb. 17. Onychogryphosis. (Fall 1.)

suchung der inneren Organe ergaben nichts von Interesse. Keine Lues, kein Pilz in den Nägeln. Der Patient wurde in den Jahren 1912—1917 beobachtet. Die Nägel waren im großen und ganzen in dieser Zeit unverändert. Mitunter fiel ein Fingernagel ab, es wuchs aber bald wieder ein ähnlicher nach. Allmählich entwickelte sich eine leichte Akrocyanose.

Hier mag die *Fortsetzung der Krankengeschichte* gegeben werden. Nach einigen Jahren, in denen ich den Patienten aus den Augen verloren hatte, sah ich ihn wieder. Er war dicker geworden und sah frisch und gesund aus. Die Nägel waren vollständig normal. Er hatte, wie er berichtete, eines Tages während seiner Arbeit eine Hämoptyse bekommen, sei ins Spital gebracht worden und habe danach länger als ein Jahr in einer Tuberkulose-Heilstätte gelegen. Gleichzeitig mit der Besserung des Lungenleidens und Allgemeinzustandes waren auch die Nägel allmählich normal geworden. Seine Tuberkulose wurde jetzt für geheilt gehalten, und der Mann war vollständig arbeitsfähig.

Man muß sich wohl damit begnügen, die Nagelveränderung für den Ausdruck einer „trophischen Störung" zu erklären. Vielleicht darf man sie auch mit Tuberkulose in Zusammenhang bringen, aber in welchem Organ? Kaum im Nagelbett oder der Nagelmatrix.

Fall 2. Eine 31 jährige Bedienerin suchte am 21. 1. 1915 Hilfe wegen Lues secundaria (Papul. muc. vulvae). Seitdem regelmäßige Kur durch 3 Jahre mit Neosalvarsan, Hg und JK. Die Patientin war während der Krankheit schwermütig und grüblerisch und war mit Selbstmordgedanken umgegangen. Im Oktober 1915 bekam sie plötzlich einen Anfall von Bewußtlosigkeit. Nach dem Erwachen war sie verwirrt und klagte über Schwindelgefühl und Kopfschmerzen. Sie wurde ins Krankenhaus St. Göran überführt, wo eine genaue Untersuchung vorgenommen wurde. Wa.R. in Blut und Cerebrospinalflüssigkeit negativ. Die Diagnose wurde auf Hysterie gestellt, und die Patientin ging weiterhin ihrer Arbeit nach, ohne ähnliche Anfälle zu bekommen.

Sie gibt an, ihre Hände und Füße seien schon 3—4 Jahre vor der Syphilisinfektion kalt und blaurot gewesen. Im Herbst 1915 begannen die Nägel mißfarbig und häßlich zu werden. Das Haar begann reichlicher auszufallen als vorher. Seit mehreren Jahren litt sie an Verstopfung, und die Menses waren regelmäßig, aber sehr spärlich gewesen. Von den inneren Organen sonst nichts Abnormes. Thyreoidea palpabel, nicht vergrößert.

Status im September 1916.

Haarwachstum schlecht, keine Seborrhöe. Die Hände cyanotisch, fast weinrot. Hände und Füße fühlen sich feucht und kalt an. Die Haut sonst normal und frei von Sensibilitätsstörungen. Die Nägel sowohl an den Händen wie an den Füßen schmutzig gelbgrau, glanzlos, verdickt und etwas rauh. Sie sind spröde und brechen leicht am freien Rande ab, so daß der distale Teil des Nagelbettes nicht vollständig bedeckt ist. An den Seitenrändern ist der Nagel hier und da unterminiert. Der Nagelwall leicht angeschwollen. Die Diagnose wurde sowohl von mir wie am Krankenhause St. Göran auf Onychia sicca syphilitica gestellt, und andere Fachkollegen pflichteten ihr bei Demonstration des Falles in der dermatologischen Gesellschaft in Stockholm bei.

Außer der antiluetischen Behandlung bekam die Patientin zeitweise Thyreoideabehandlung, wodurch die Obstipation sehr günstig beeinflußt wurde, die Menses wurden reichlicher, und auch die Akrocyanose schien zurückzugehen. Das Haar wuchs besser und bekam seinen Glanz wieder, die Nägel aber blieben unverändert.

Es mag nun kurz über den *späteren Verlauf* berichtet werden. Die spezifische Behandlung wurde im Januar 1918 abgeschlossen. Während der Krankheit waren bis zum Jahre 1924 wiederholt Wassermannproben genommen worden. Nach den ersten Monaten des Jahres 1915 waren die Proben immer negativ bis auf eine im April 1918.

Im Jahre 1922 begannen die Nägel an der Basis hell zu werden, die blaurote Färbung der Hände nahm ab, und im Anfang des Jahres 1924 wiesen die Hände ein im ganzen normales Aussehen auf, mit vollständig gesunden Nägeln. Pat. hatte sich in den letzten Jahren auf dem Lande aufgehalten und das Gefühl gehabt, daß dies ihr gut getan hätte. Sonst war die Besserung ganz spontan aufgetreten.

Dieser Fall bietet gewisse Ähnlichkeiten mit dem vorigen. Daß die Nagelveränderungen auf syphilitischen Papeln im Nagelbett beruht hätten, scheint ziemlich unwahrscheinlich. Es liegt wohl näher, die Veränderungen hier, ebenso wie im vorhergehenden Falle, als eine trophische, auf einem mehr zentral gelegenen Schaden beruhende Störung aufzufassen, die ihrerseits auf die Nagelmatrix einwirkte.

6. Vasomotorische Störungen.

Zu den vielen wichtigen Aufgaben der inneren Sekretion gehört auch die Regulierung des Gefäßtonus. Dafür, daß Veränderungen in der inneren Sekretion sich durch Zirkulationsstörungen zu erkennen geben, sahen wir früher Beispiele, z. B. bei Besprechung von Morbus Basedowii, bei dem mitunter vasomotorische Symptome in Form flüchtiger Ödeme, TROUSSEAUscher Flecken, Urticaria usw. zu beobachten sind. Die Rolle der inneren Sekretion für die Entstehung mancher Dermatosen, die sich durch vasomotorische Störungen charakterisieren, ist jedoch schwer zu präzisieren. Oft ist nämlich die Ätiologie bei diesen Krankheitszuständen ziemlich kompliziert und liegt offenbar in mehreren zusammenwirkenden Ursachen.

Angioneurotische Ödeme, Urticaria, Akroparästhesien, Erythromelalgie, Sklerodaktylie und RAYNAUDsche Krankheit sind Beispiele von solchen vasomotorischen Störungen. Auch wenn in einzelnen Fällen hormonale Einflüsse dem Krankheitsbild ihr Gepräge zu geben scheinen, ist der Zustand hier kaum ihrer Wirkung allein zuzuschreiben. Es ist deshalb unnötig, in diesem Zusammenhang auf diese speziellen Krankheiten einzugehen. Ihre Ätiologie und Pathogenese sind übrigens in diesem Handbuch, Bd. VI/2, eingehend erörtert, weshalb auf diese Darstellungen von TÖRÖK, HIRSCHFELD und MUCHA hingewiesen wird.

Zwei vasomotorische Störungen, die in der letzten Zeit Beachtung gefunden haben, und die außerdem in mehr direkten Zusammenhang mit der Inkretion gebracht worden sind, mögen jedoch kurz erwähnt werden.

Unter dem Namen „*la main hypogénitale*", die Hypogenitalhand, beschreibt MARAÑON einen Symptomenkomplex, der sich in Cyanose, Feuchtigkeit, Kälte und einer leicht pastösen Schwellung der Hände äußert. Der Zustand wird besonders bei jungen Individuen mit unterentwickelten Genitalien, und zwar vorzugsweise bei solchen weiblichen Geschlechtes beobachtet. MARAÑON meint außerdem, daß oft eine Hypofunktion der Thyreoidea nachweisbar sei.

Der Symptomenkomplex ist ganz sicher, mindestens was die Hautveränderungen betrifft (auch die Füße weisen, meiner Erfahrung nach, nicht selten ähnliche Symptome auf), ungefähr zur Zeit der Pubertät keine Seltenheit. Auch THOMAS betonte die Häufigkeit dieses vasomotorischen Syndroms bei Kindern im schulpflichtigen Alter und berichtete über 52 beobachtete Fälle von Schulkindern zwischen 7 und 14 Jahren, 40 Mädchen und 12 Knaben. Er gibt an, daß bis auf 5 Kinder alle in der Entwicklung etwas zurückgeblieben waren. Bei 50% fand sich eine vergrößerte Thyreoidea, was unter den anderen Schulkindern im entsprechenden Alter nur bei 3% der Fall war. Außerdem waren die befallenen Kinder in bezug auf die Intelligenz etwas zurück und wiesen ein gewisses apathisches Verhalten, sowie schwerfälligere Auffassung auf als ihre gleichalterigen, gesunden Kameraden. THOMAS meint, der Zustand sei einem Hypo- oder Dysthyreoidismus zuzuschreiben. Man kann vielleicht auch an mangel- oder fehlerhafte Funktion anderer endokrinen Drüsen denken.

Eine andere häufige vasomotorische Störung, die in der letzten Zeit eifrig erörtert worden ist und in vielen Beziehungen dem von MARAÑON beschriebenen Zustande gleicht, ist die sog. *Erythrocyanosis crurum puellaris*. Wie aus dem Namen hervorgeht, ist die Erkrankung meist bei jungen Mädchen zu beobachten. Sie zeigt sich als symmetrische blaurote, cyanotische Verdickung der Unterschenkel, meist an der Außenseite, zwischen Fußknöchel und Wade. Die Haut läßt sich nicht in Falten aufheben, ist teigig angeschwollen und fühlt sich feucht und kalt an. Im cyanotischen Gebiet sind infolge größerer oder kleinerer Blutungen um die Follikeln zinnoberrote Partien zu bemerken. Die Follikeln sind außerdem, wie bei Keratosis pilaris, verhornt. Lokale Infiltrate finden sich zum Unterschiede gegen das Verhalten bei Erythema induratum nicht vor.

Das Leiden ist unter verschiedenen Namen beschrieben: *Oedema strumosum* (BALZER-ALQUIER); *Erythema induratum atypicum* (DENEKE); *Erythema venosum* (LENGFELLNER), *Oedème asphyxique symmétrique des jambes chez les filles lymphatiques* (THIBIERGE und STIASSNIE), *Erythrocyanosis symmetrica* (CURSCHMANN, BOLTE), *Erythrocyanosis crurum puellaris* (MENDES DA COSTA und VAN OORTLAU), *Erythrocyanosis cruris feminarum frigida* (KARWOWSKI).

Ätiologie und Pathogenese werden verschieden erklärt und waren Gegenstand des Meinungsaustausches. Nach THIBIERGE und STIASSNIE waren ihre beobachteten Fälle mit Lymphatismus behaftet, die meisten hatten spärliche Menstruationen. Vielleicht beruht die Krankheit auf Funktionsstörungen der Thyreoidea. BOLTE ist der Ansicht, daß ein Zusammenhang mit der Ovarialfunktion vorliegt. Wahrscheinlich sei die Cyanose Ausdruck einer durch die Ovarien hervorgerufenen Tonussteigerung des Vagus. MENDES DA COSTA ist ähnlicher Ansicht, glaubt aber, daß auch andere Faktoren eine Rolle spielen, wie Tuberkulose und Kälte. Es ist ja bemerkenswert, daß das Leiden häufiger geworden zu sein scheint, seit die Frauen durch die strengen Gesetze der Mode gezwungen sind, wenn nicht ganz, so doch fast barbeinig zu gehen, und dies auch im Winter. E. JUSTER hebt hervor, daß außer Ödem auch Keratosis pilaris und ichthyosiforme Veränderungen der Haut beobachtet werden können, und daß man die Krankheit bei Zuständen sieht, die auf gestörte Inkretion, besonders Dysovarie und Dysthyreoidismus deuten. So werden als häufige begleitende Symptome Menstruationsstörungen, plethorisches Aussehen, Kältegefühl, Apathie oder auch umgekehrt gesteigerte Reizbarkeit, erhöhte Fettansammlung um Schultern und Hüften, Hyperidrose an Händen und Füßen,

Hypertrichose am Rumpf, und besonders auch an der Oberlippe, Neigung zu Hautblutungen usw. genannt. Von Hemiplegie betroffene Extremitäten zeigen mitunter infolge von Störungen im Sympathicus Veränderungen, die der Erythrocyanose gleichen, und JUSTER hält es deshalb nicht für unwahrscheinlich, daß das Syndrom mit Veränderungen der Vasomotoren wie der inneren Sekretion in Zusammenhang zu bringen ist. PAUTRIER und LÉVY sehen endokrine Störungen als eine der vornehmlichsten Ursachen des Leidens an, und auch JADASSOHN meint, daß die Inkretion dabei eine Rolle spielen kann; hierfür spreche die mitunter zu beobachtende Fettsucht. KARWOWSKI dagegen bezweifelt stark den endokrinen Ursprung der Krankheit.

Außer Kälte nahm man auch Tuberkulose als disponierendes Moment an, besonders wegen einer gewissen Ähnlichkeit mit Erythema induratum. Von dieser Krankheit scheint die Erythrocyanose zu trennen zu sein, sie dürfte jedoch umgekehrt zu verschiedenen Formen von Tuberkuliden disponieren können. Sowohl von französischer wie von deutscher Seite wurde die angeblich disponierende Rolle der Tuberkulose für das Auftreten von Erythrocyanose erörtert, und die Ansichten darüber sind ziemlich verschieden. Nach MILIAN sieht man bei histologischer Untersuchung zwischen den Fettlappen eine Anhäufung von großen Bindegewebszellen und auch Infiltrate von Lymphocyten und Riesenzellen, die sich zu kleinen tuberkuloiden Knötchen sammeln können. In vielen Fällen spricht auch der Verlauf für einen Zusammenhang mit Tuberkulose (GALEWSKY, BRUHNS, MILIAN). DARIER meint, es liege kein Widerspruch darin, daß die Krankheit sowohl mit Tuberkulose als mit Veränderungen im Sympathicus und der Inkretion zusammenhängen solle. Die Tuberkulose könne ihre Wirkung entweder direkt oder indirekt über den Sympathicus oder die endokrinen Drüsen ausüben.

Wie man sieht, sind sich die meisten Verfasser darüber einig, daß bei Erythrocyanosis crurum puellaris ein Zusammenhang mit der inneren Sekretion vorliegt. Die Rolle der Tuberkulose für das Entstehen ist umstritten, dagegen scheint die Krankheit ihrerseits zu Tuberkuliden zu disponieren.

Organtherapie wurde in mehreren Fällen versucht, einerseits mit Thyreoidea-, anderseits mit Ovarialpräparaten. Es scheint aber, daß von dieser Behandlung kein Resultat zu erwarten ist. Bessere Wirkung wird durch Massage, Wärme und andere Formen unspezifischer Therapie erreicht (JUSTER).

7. Sklerodermie.

Die Ansichten über die Ätiologie und Pathogenese der Sklerodermie gehen ziemlich stark auseinander. Die Literatur über diese Krankheit ist sehr umfangreich und enthält viele eingehende Studien über diese Fragen. LAENNEC und DELARNE gaben kürzlich ein Übersichtsreferat über dieses Thema, und eine moderne und erschöpfende Arbeit erschien auch aus JADASSOHNs Klinik in Breslau von H. HOFFMANN. In dieser Darstellung ist das meiste zu finden, was über den Zusammenhang von Sklerodermie und innerer Sekretion gesagt werden kann; HOFFMANN hat auch durch eigene eingehende Studien und experimentelle Untersuchungen unser Wissen über ihre Ätiologie einen guten Schritt vorwärts gebracht. Ferner werden diese Fragen von KOGOJ und in einem sehr kritischen Artikel von BRUUSGAARD in ausgezeichneter Weise beleuchtet.

Schon seit langem war man auf die Möglichkeit eines Zusammenhanges zwischen Sklerodermie und innerer Sekretion aufmerksam geworden. Bei klinischer Untersuchung stieß man nämlich auf mehrere Umstände, die in diese Richtung deuten, und schon im Jahre 1895 brachte SINGER die Vermutung vor, daß die Sklerodermie auf Dysthyreoidismus beruhe. Es ist eine Reihe von

Fällen beschrieben, bei welchen die Thyreoidea verändert war. Oft sah man eine Kombination von Sklerodermie und Morbus Basedowii. So glaubt Dittesheim, in nicht weniger als 47% von Basedowfällen Sklerodermie konstatiert zu haben. Aber nicht nur bei Hyperthyreoidismus, auch bei Hypothyreoidismus hat man Sklerodermie beobachtet. Eine dritte Gruppe von Fällen besteht aus solchen, wo man trotz genauester Untersuchungen überhaupt keine Zeichen für eine Störung der Inkretion finden konnte. Hier die verschiedenen Autoren zu nennen, würde zu weit führen und ist auch überflüssig; diesbezüglich mag auf H. Hoffmanns oben angegebene Arbeit verwiesen sein.

Was hier über die Thyreoidea gesagt ist, gilt im großen ganzen auch von den anderen endokrinen Organen: Nebennieren, Hypophyse, Geschlechtsdrüsen, sowie von Thymus und pluriglandulärer Insuffizienz. Mitunter ist eine gewisse Ähnlichkeit zwischen Morbus Addisoni und Sklerodermie zu beobachten, eine Kombination von Sklerodermie und Akromegalie, ebenso wie Vergrößerung der Sella turcica ohne deutliche akromegale Symptome (vgl. Strümpell, Rasch). Menstruationsstörungen im Zusammenhang mit Sklerodermie sind nichts Ungewöhnliches. Auch über Auftreten von Sklerodermie im Anschluß an gynäkologische Eingriffe, wie Exstirpation von Uterus und Ovarien, Tubenunterbindung usw. wird berichtet (vgl. Jessner). Nobl beschrieb Fälle von Sklerodermie bei persistierendem Thymus. In vielen Fällen wollte man die Ursache der Krankheit in einer gleichzeitig vorliegenden pluriglandulären Insuffizienz suchen. Bekannt ist, daß die Sklerodermie oft von vasomotorischen und trophischen Störungen verschiedener Art begleitet wird. Auch Skeletveränderungen sind nicht selten. Nach Leontjewa sind in der Literatur etwa 200 Sklerodermiefälle mit Veränderungen in Knochen und Gelenken und gleichzeitig konstatierten Funktionsstörungen in den innersekretorischen Drüsen beschrieben.

Diese klinischen Beobachtungen wurden in einer großen Zahl von Fällen durch Obduktionsbefunde gestützt (Matsui, Jedliča, Benard, René und Couland u. a.). Auch die Bedeutung von Tuberkulose und Syphilis und akuten Infektionen als ursächliche Momente wurde hervorgehoben. Nach Laignel-Lavastine ist die Ursache der Veränderungen in den endokrinen Organen oft in einer leichten Streptokokkeninfektion zu suchen.

Diese klinischen und pathologisch-anatomischen Befunde allein beweisen jedoch nicht den endokrinen Ursprung der Sklerodermie. Bruusgaard, der diese Frage einer Prüfung unterzog, ist der Ansicht, daß die von gewissen Seiten gemachten Angaben über die Kombinationen von Sklerodermie, z. B. mit Morbus Basedowii, nicht stichhaltig seien. Es dürften nicht ohne weiteres alle Formen von Hautverdickungen als Sklerodermie bezeichnet werden. Oft seien eingehende histologische Untersuchungen erforderlich, um eine sichere Diagnose zu stellen. Es können entweder rein zufällig oder auch durch dieselbe Ursache, z. B. durch Gefäßveränderungen oder als Ausdruck einer und derselben Konstitutionsanomalie gleichzeitig in der Haut und den endokrinen Organen Veränderungen auftreten; dann sind aber die Hautsymptome keine Folge eventueller inkretorischer Störungen. Ferner darf man nicht vergessen, daß die endokrinen Drüsen bei kachektischen und marantischen Zuständen sowie bei verschiedenerlei Infektionen und Intoxikationen leicht angegriffen werden und pathologische Veränderungen zeigen. Dies erklärt die Häufigkeit glandulärer Affektionen als Obduktionsbefund (Henry Claude).

Wenn z. B. Schilddrüsenveränderungen eine wichtige Ursache der Sklerodermie wären, müßte man, wie Jadassohn bei der Erörterung dieser Fragen hervorhebt, eine Anhäufung dieser Krankheit in ausgesprochenen Strumagegenden erwarten. Seine eigene Erfahrung aus Bern deutet nicht in diese

Richtung. Struma war dort endemisch, Sklerodermie aber relativ selten. LEVIN und HELLER, die die Sklerodermie für eine Angiotrophoneurose halten, messen der Inkretion offenbar geringe Bedeutung für diese Krankheit bei, und eine Autorität wie CASSIERER meint: „daß die Annahme einer Schilddrüsenerkrankung als primäre Ursache der Sklerodermie in keinem Falle gerechtfertigt erscheint, und daß in den nicht gerade zahlreichen Fällen, in denen gewisse Beziehungen einer Erkrankung dieses Organs zur Sklerodermie vorhanden zu sein scheinen, mit der Möglichkeit einer auf gleichem Boden entwickelten, koordinierten oder einer einfachen sekundären Schädigung gerechnet werden muß.“

Wenn das Resultat der klinischen und pathologisch-anatomischen Untersuchungen also auch von verschiedenen Seiten verschieden aufgefaßt wird, und der Wert der Befunde schwer zu beurteilen ist, so darf man doch sagen, daß Zeichen gestörter innerer Sekretion und Veränderungen in der Sympathicusinnervation bei Sklerodermie so oft beobachtet wurden, daß eine Eruierung des diesbezüglichen Zusammenhanges der Kernpunkt in der Frage der Ätiologie und Pathogenese der Krankheit wird.

Man hat auch versucht, durch Anwendung geeigneter Untersuchungsverfahren wie pharmako-dynamischer Proben, Stoffwechseluntersuchungen u. dgl., tiefer in das Problem einzudringen. H. HOFFMANN nahm an einer ganzen Serie genau untersuchter Fälle pharmako-dynamische Proben vor. Er stellt die Resultate folgendermaßen zusammen: „Was meine eigenen Untersuchungsergebnisse angeht, so wurde eine krankhafte Veränderung *einer* endokrinen Drüse nur vereinzelt, eine Erkrankung mehrerer mit Sicherheit überhaupt nicht festgestellt. Dagegen erwies sich in allen Fällen (den diffusen und circumscripten) das sympathische Nervensystem untererregbar (Blutzucker nach Adrenalin und allgemeine Adrenalinreaktion), das parasympathische übererregbar. Der Zusammenhang zwischen Sklerodermie und sympathischem Nervensystem scheint mir also an meinem verhältnismäßig großen Material experimentell bewiesen. Die Frage, ob die Erkrankung primär ihren Sitz im autonomen System hat (Unter- oder Übererregbarkeit seiner Teile), oder ob das autonome System erst durch eine Störung endokriner Drüsen (Hauptdrüsen?) sekundär erkrankt, ist wegen des ausführlich besprochenen innigen Zusammenhanges beider nicht mit Sicherheit zu entscheiden.“

Die Stoffwechseluntersuchungen geben ziemlich variierende Resultate. LORTAT-JACOB und LEGRAIN konstatierten in mehreren Fällen einen herabgesetzten Grundumsatz. HANNAY, STOKES und SUSSMANN teilten ähnliche Beobachtungen mit; es wurde aber auch über einzelne Fälle mit erhöhtem Grundumsatz berichtet. Eigentlich ist dies ja nur in Übereinstimmung mit den klinischen Beobachtungen, daß Sklerodermie sowohl bei Hypo- wie bei Hyperthyreoidismus auftritt. Die Schleimbildung und der Kalkstoffwechsel in der Haut werden durch die Thyreoidea reguliert, und deshalb wurden auch mucinöse Degeneration und Calcinose, die mitunter bei Sklerodermie zu beobachten sind, als Argument für den Anteil der Schilddrüse an dieser Krankheit angeführt (H. HOFFMANN).

HOFFMANN versuchte die ABDERHALDENsche Methode, trotzdem er sich ihrer Unsicherheit vollständig bewußt war, sowohl bei Sklerodermie wie bei mehreren anderen Dermatosen. Die Ausschläge waren jedoch so schwach, daß, wie er selbst sagt, die Methode, auch wenn man ihr Wert beimessen will, keine diagnostische Bedeutung bekommen kann.

Versuche mit Opotherapie lieferten äußerst variierende Resultate. Von mehreren Seiten wird Organtherapie aber doch empfohlen, und es sind viele Vorschläge zu verschiedenen derartigen Verfahren gemacht worden: Thyreoideabehandlung, pluriglanduläre Opotherapie, Röntgentiefenbestrahlung und Diathermie der Thyreoidea, Hypophyse, des Thymus und anderer Drüsen usw. Über einzelne gute Resultate wird von Forschbach, Patzek, Orsi, Hügel, Nouger u. a. (vgl. H. Hoffmann) berichtet. Recht oft scheinen diese therapeutischen Verfahren jedoch ein ziemlich schlechtes oder gar kein Resultat zu geben, und eine Stütze für unsere Auffassung über die endokrine Ätiologie der Krankheit ist damit kaum gewonnen worden.

Will man das Wichtigste der über die Ätiologie der Sklerodermie geführten Diskussion zusammenfassen, so muß man mit Barkman darin übereinstimmen, daß noch keine Theorie vollständig zufriedenstellend ist. Manche Umstände sind jedoch deutlich, nämlich daß man bei Sklerodermie oft gleichzeitige Veränderungen in verschiedenen endokrinen Organen oder Störungen in ihrer Funktion findet. Sowohl Hypo- wie Hyperfunktion werden konstatiert, und in vielen Fällen traten Veränderungen auf, die als eine Dysfunktion gedeutet wurden. Oft sind Störungen im sympathischen Nervensystem nachweisbar. Organtherapie wirkte in einer Anzahl von Fällen, aber lange nicht in allen günstig ein. Infektionen, sowohl akute wie chronische, und von den letzteren besonders Tuberkulose und Syphilis, spielen in vielen Fällen deutlich eine Rolle in bezug auf die Ätiologie der Krankheit.

Barkman meint, daß die Entstehungsursache der Sklerodermie in zwei Faktoren zu suchen ist, nämlich 1. angeborener Disposition des Bindegewebes und 2. einer die Reaktion auslösenden Ursache, z. B. Infektion, Trauma oder Veränderungen im Gefäßsystem. Diese vorsichtige und mehr allgemein gehaltene Äußerung ist kaum danach angetan, Opposition zu erwecken, sie gibt aber auch keine wirkliche Antwort auf die Frage nach der Ätiologie der Sklerodermie.

Nach Crosti ist die Sklerodermie Ausdruck einer trophoneurotischen Krankheit, die mehrere verschiedene Organsysteme trifft und sich nur unter gewissen konstitutionellen Verhältnissen entwickelt.

Kraus ist der Ansicht, daß die Sklerodermie das Symptom einer primären Gefäßkrankheit, eventuell funktioneller Natur sei. Veränderungen in den endokrinen Drüsen, wenn solche konstatiert werden, sind nur eine Folge der allgemeinen Atrophie. Daß manche Sklerodermiefälle sichtlich mit Morbus Basedowii im Zusammenhang stehen, erklärt er so, daß beide Krankheiten hier dem sympathischen Nervensystem untergeordnet sind. Danach würde es auch eine nervöse Form von Sklerodermie ohne nachweisbare Gefäßveränderungen geben.

Curschmann betont die Häufigkeit eines gleichzeitigen Vorkommens von pluriglandulärer Insuffizienz mit diffuser Sklerodermie, er hält aber die eine Krankheit nicht für die Folge der anderen. Sie seien beide nur als koordinierte Symptome aufzufassen, die auf einem Schaden der vegetativen Zentren beruhen. Vielleicht ist der Sympathicusschaden nicht nur der eigentliche und einzige schädliche Faktor, man kann sich vielmehr auch denken, daß er für das unbekannte oder infektiöse Agens sensibilisierend oder vorbereitend wirkt, das schließlich die Veränderungen in Haut- und Inkretorganen hervorruft. Heller findet, daß sich diese Ansicht gut mit der Lewin-Hellerschen Theorie vereinen läßt, nach der die Sklerodermie eine zentral bedingte Angio-Trophoneurose ist.

Leontjewa kommt auf Grund eigener Untersuchungen und Literaturstudien zu dem Schluß, daß die Ursache der meisten Sklerodermiefälle eine Autointoxikation sei, als Folge von Funktionsstörungen, die in den innerkretorischen Drüsen durch Infektionskrankheiten, nervöse und Nervenkrankheiten, sowie durch chronische Infektionskrankheiten, besonders Lues und Tuberkulose, entstehen. Ferner könne Insuffizienz der endokrinen Drüsen Ausdruck einer angeborenen Konstitutionsanomalie sein. Die Autointoxikation trete oft in Form von trophischen, trophoneurotischen und angiotrophoneurotischen Prozessen in verschiedenen Geweben auf und gebe früher oder später das Bild einer typischen Sklerodermie. Hoffmann stimmt dieser Ansicht bei, will aber als auslösendes Moment der Autointoxikation außer Funktionsstörungen im endokrinen System auch solche im autonomen Nervensystem annehmen.

Kogoj schließlich drückt sich folgendermaßen aus: „Wir glauben mit Bezugnahme auf unsere Fälle mit an Bestimmtheit grenzender Wahrscheinlichkeit annehmen zu dürfen, daß sowohl eine neurotisch-vegetative als auch eine innersekretorische Komponente die Ursache der Krankheit abgeben. Durch diese Annahme werden auch die an anderen Teilen des Organismus als der Haut auftretenden trophischen Störungen verständlich gemacht und die in derma sich anfangs abspielenden reaktiven Entzündungen erklärt, wie wir das schon bei Besprechung der Histogenese angedeutet haben. Desgleichen die durch Sympathikektomie hier und da erzielte vorübergehende Besserung. Wir haben es also bei den Sklerodermien mit einem dem Organismus selbst entstammenden schädigenden Agens zu tun, welches zweifellos den innersekretorischen Drüsen entstammt; ob es direkt oder im Wege des autonomen Nervensystems wirkt, ist noch unentschieden, doch scheint das letztere wahrscheinlicher zu sein, wobei fraglich bleibt, welcher von den beiden Faktoren primär geschädigt ist."

Trotz des reichlichen Materials, das hier vorliegt, muß man leider eingestehen, daß Ätiologie und Pathogenese der Sklerodermie in vielen Beziehungen nicht vollständig klar liegen. Die Untersuchungsmethoden sind noch sehr mangelhaft, und die Lücken in der Beweisführung müssen deshalb nur zu oft mit Hypothesen ausgefüllt werden. Man muß deshalb, wenn man ehrlich sein will, Bruusgaard recht geben, der kurz erklärt: die Ätiologie der Krankheit ist noch nicht ermittelt.

8. Hautatrophien.

Im Anschluß an die Sklerodermie mögen auch einige Worte über die Hautatrophien gesagt sein. Die *senile Hautatrophie* und ihr Zusammenhang mit der Inkretion wurde schon vorher erwähnt. Eine Affektion, die man nicht vergessen darf, ist die *Akrodermatitis atrophicans* (Herxheimer). Wenn auch das klinische Bild dieser Krankheit von dem der Sklerodermie abweicht, so konstatiert man doch oft Kombinationen zwischen ihnen, daß man nicht umhin kann, an eine gleichartige Ätiologie zu denken. Von den Verfassern, die für einen endokrinen Ursprung der Akrodermatitis eintraten, mögen Pautrier und Olga Eliascheff, sowie vor allem Singer genannt werden. Ferner sei auf Jessners und Loewenstamms Untersuchung und Bericht über 66 Fälle dieser Dermatose hingewiesen. In nicht weniger als 23 von ihnen wurde eine gleichzeitige Sklerodermie beobachtet. Bei Frauen sah man die Symptome mitunter im Zusammenhang mit Gravidität und Menopause auftreten, bei Znständen also, die eventuell auf einen Einfluß der Ovarialfunktion hinweisen. Symptome einer abnormen Thyreoideafunktion wurden jedoch nicht konstatiert, und sowohl Thyreoidea- wie Ovarialtherapie ergaben kein Resultat, wohl aber beeinflußte Sympathektomie in zwei Fällen die subjektiven — nicht aber die objektiven — Symptome. Jessner bezweifelt nicht die Möglichkeit, daß die Krankheit mit der Inkretion in Zusammenhang stehe, aber noch ist die Frage nicht gelöst, und in der Hauptsache könnten dieselben Gründe für und wider angeführt werden wie bei der Sklerodermie.

Daß auch bei anderen Formen von Hautatrophie der Verdacht aufgetaucht ist, sie stünden mit inkretorischen Störungen in Zusammenhang, ist erklärlich. v. Poór wollte auch im *Xeroderma pigmentosum* (Kaposi) eine inkretorische Störung sehen, die Gründe erscheinen aber kaum überzeugend. Zum mindesten spielen hier ererbte konstitutionelle Anlagen in ausschlaggebender Weise mit. Eine Hautveränderung, auf die jedoch in diesem Zusammenhange aufmerksam gemacht werden muß, sind die *Striae cutis distensae*. Gewöhnlich wird die Erscheinung als Folge einer Ausdehnung der Haut, z. B. während der Gravidität durch Volumzunahme, erklärt. Darier betont jedoch in seinem Lehrbuch, daß diese Form von Hautatrophie nicht nur bei Ausdehnung der Haut konstatiert werden kann, sondern auch bei Abmagerung, wie nach Tuberkulose, Abdominaltyphus und verschiedenen Nervenkrankheiten. Dieser Umstand deutet seiner Ansicht nach auf eine spezifische Disposition oder eine trophische Störung als beitragende Ursache. Jadassohn gibt auch zu, daß toxische Substanzen sicherlich eine Einwirkung auf das elastische Gewebe haben. Der auflockernde Einfluß der Gravidität auf die elastischen Elemente im Becken ist ja wohl bekannt, und möglich ist es, wie ich schon oben hervorhob, daß ähnliche Veränderungen in der Haut für das Entstehen der Striae disponieren. Kogoj, der diese Frage einem eingehenden Studium unterwarf, hält die Dehnung nur für das auslösende Moment, das primäre sei ein Toxin, Striatoxin, das wahrscheinlich von den primär oder sekundär geschädigten oder veränderten Drüsen mit innerer Sekretion geliefert wird.

Striae treten, wie gesagt, nicht nur bei Graviden auf, sondern auch bei Männern mit verschiedenen Krankheitszuständen. Mitunter sieht man Striae bei dafür disponierten Individuen in der Pubertätszeit spontan auftreten. Als entgegengesetztes Phänomen wird eine erhöhte Resistenz der Haut erwähnt, Fälle von Graviditäten, die keine Striae hinterlassen. Nach Nardelli kann das Studium der Striae bei der Beurteilung der Konstitution eines Individuums von Bedeutung sein. Treten „Striae cutis puberales" auf, so sprechen diese für eine nicht ganz normale Pubertätsentwicklung.

9. Pigmentanomalien.

Abnorme Pigmentierung ist bekanntlich oft ein Teilsymptom verschiedener Krankheiten, besonders solcher, wo inkretorische Störungen vorliegen, z. B. bei Morbus Addisoni, Bronzediabetes und Chloasma uterinum. Mitunter ist die Pigmentveränderung das hervortretendste Symptom, und das ganze imponiert dann als Dermatose. So bei *Vitiligo*.

Daß man bei dieser Krankheit an Veränderungen im sympathico-endokrinen System als ursächliches Moment dachte, ist leicht verständlich, und man muß auch zugeben, daß vieles vorliegt, was hierfür spricht.

Wenn man die Klinik der Krankheit ins Auge faßt, so findet man vieles, was in diesem Zusammenhange Erwähnung verdient. Das symmetrische Auftreten der Krankheit und die Entwicklung überhaupt lassen vielleicht in erster Linie an einen trophoneurotischen Ursprung denken. Das Auftreten der Vitiligo im Anschluß an einen Shock, z. B. durch Schreck bei einem Unfall, ein mehrfach geschildertes Phänomen, das ich, wie vermutlich die meisten Dermatologen, das eine oder andere Mal konstatieren konnte, trägt dazu bei, diesen Verdacht zu bestärken. Eine gewisse neurogene Konstitution, Asthenie, Hyperidrose usw. werden nicht selten bei Patienten beobachtet, die diese Dyschromie zeigen, und mitunter läßt sich die Kombination von inkretorischer Störung mit Vitiligo nachweisen; bei Hypothyreoidismus, z. B. bei Basedowpatienten, tritt nicht selten Vitiligo auf. Artom bringt in seiner Zusammenstellung über „Thyreoidea und Haut" eine Menge solcher, von verschiedenen Seiten gesammelter Mitteilungen. Aber auch Nebennierenaffektionen, Insuffizienz in Ovarien und in den Langerhansschen Inseln der Leber kommen als Begleit- oder präkursorische Symptome vor.

BLUM und BENDA erwähnen bei Besprechung der indirekten Bedeutung syphilitischer Infektion für die Entstehung der Affektion, daß nach französischen und ausländischen Statistiken in 50—81,9% der Vitiligofälle Syphilis konstatiert wurde (!). Oft tritt das Symptom im Anschluß an spätsyphilitische Veränderungen in Aorta, Meningen und Nervensystem auf. Sie geben auch an, daß man in vielen Fällen durch spezifische Behandlung Besserung erzielen kann. Auch Tuberkulose wurde als disponierendes Moment bezeichnet; die diesbezügliche Bedeutung der Syphilis wird jedoch von vielen bezweifelt. So finden FLARER, WALDORP und BORDO keinen Zusammenhang mit ihr, und ich selbst muß sagen, daß ich die Mehrzahl der von mir beobachteten Vitiligofälle nicht unter Syphilitikern gefunden habe. Ebensowenig konnte ich eine Einwirkung antisyphilitischer Behandlung auf Vitiligo bei Luetikern konstatieren.

Nach EHRMANN ist das häufige Vorkommen von krankhaften Veränderungen der Bauchorgane, eventuell im Verein mit Darmstörungen, bei Vitiligo zu beachten. Das würde in gewissen Fällen die Tatsache erklären können, daß Dermographismus bei Vitiligo häufig ist. Die Kombination von Vitiligo mit Lichen Vidal, die gleichfalls beschrieben wurde, ist wohl unschwer zu verstehen, besonders wenn man, wie EHRMANN, im Dermographismus das auslösende Moment einer Neurodermitis sieht.

Eine mehrfach erwähnte Kombination ist die von Alopecia areata und Vitiligo. Da eine solche sehr häufig vorkommt, ist man geneigt, eine gemeinsame Ursache dieser beiden Leiden anzunehmen.

Wenn also schon aus dieser kurzgefaßten Übersicht hervorgeht, daß sich bei der klinischen Untersuchung vieles ergeben hat, was auf sympathico-endokrine Störungen deutet, so muß doch zugegeben werden, daß man in vielen Fällen von Vitiligo beim besten Willen nichts findet, was für einen Zusammenhang mit endokrinen Einflüssen spricht.

Untersuchungen des Stoffwechsels und des vegetativen Nervensystems durch pharmako-dynamische Proben geben keine sichere Antwort auf die Frage nach Ätiologie und Pathogenese der Vitiligo. In vielen Fällen kann man allerdings Stoffwechselstörungen finden, was aber kaum zu verwundern ist, wenn es sich um Fälle handelte, wo schon die klinische Untersuchung z. B. Thyreoideaveränderungen nachgewiesen hatte. ARTOMs genaue Analyse von 9 Vitiligofällen auch mit pharmako-dynamischen Proben ergab praktisch ein geringes Resultat. LÉVY-FRANCKEL und JUSTER sind der Ansicht, daß der Grundumsatz bei Vitiligo im allgemeinen abnorm ist, entweder zu hoch oder herabgesetzt. Bei Capillaroskopie fanden sie im großen ganzen dieselben Phänomene wie bei Alopecia areata. Die Capillaren waren an den hyperpigmentierten Zonen gut entwickelt, an den depigmentierten fast nicht zu finden. In den Fingerspitzen wurden Zeichen von Vasoconstriction konstatiert.

FLARER machte eine eingehende Untersuchung von 20 Vitiligofällen im Hinblick auf einen eventuellen sympathico-endokrinen Ursprung. Außer einer Reihe allgemein nervöser Erscheinungen soll das Gefäßsystem in 15 Fällen Symptome von Labilität mit kräftiger Reaktion der Vasoconstrictoren auf Adrenalin und der Dilatatoren auf Pilocarpin gezeigt haben.

Organtherapie in verschiedener Form wurde von vielen Seiten bei Vitiligo versucht, das Resultat scheint aber in der Regel negativ gewesen zu sein.

Ein sicherer Beweis für den endokrinen Ursprung der Vitiligo liegt gegenwärtig offenbar noch nicht vor. Die von FLARER ausgesprochene Ansicht scheint jedoch ansprechend zu sein und wird sicher von vielen geteilt, die sich mit der Frage der Ätiologie und Pathogenese der Vitiligo beschäftigt haben. Er meint nämlich, daß es sich bei Vitiligo am wahrscheinlichsten um eine trophoneurotische

Störung im Gebiet des vegetativen Nervensystems handelt, das seinerseits in engem Kontakt mit den endokrinen Drüsen steht. Der nähere Zusammenhang ist uns — teilweise infolge der unzureichenden Untersuchungsmethoden — noch verborgen.

10. Verschiedene durch Blasenbildung charakterisierte Dermatosen. (Pemphigus u. a.)

Im Zusammenhang mit der Gravidität treten bei der Frau normalerweise eine Anzahl Hautsymptome auf wie Hypertrichose, Hyperpigmentierung usw., aber auch gewisse Dermatosen oft von urticarieller und pruriginöser Natur. Hier mag in erster Linie an *Herpes gestationis* erinnert werden. Diese Affektion hat in ihrem Auftreten viele Ähnlichkeiten mit einer Toxikodermie, und wahrscheinlich ist sie auch mindestens in der Mehrzahl der Fälle als Wirkung gewisser im Blut zirkulierender Stoffe aufzufassen. Die Art dieser Stoffe ist uns noch unbekannt. Ob sie aus dem Uterus und seinem Inhalt stammen oder anderwärts entstehen, wissen wir nicht. Hier mag nur kurz ein Fall angeführt werden, den ich selbst beobachtete und schon früher publizierte.

Es handelte sich um eine Frau, die zum zweiten Male an Herpes gestationis litt. Als sie zur Untersuchung kam, stellte sich heraus, daß sie außer Hautsymptomen auch eine leichte Struma aufwies, die nach Aussage der Patientin nicht immer, sondern nur während der Graviditäten vorhanden war. Ausgehend von den Angaben JOSEFSONS wie auch SCHMAUCHS, daß man durch Thyreoideabehandlung mit gutem Resultat eine Entlastungstherapie einleiten könne, und zwar besonders in Fällen mit Schilddrüsenvergrößerung bei Mädchen in der Pubertätszeit und Frauen während der Gravidität wurde hier der Versuch mit einer solchen Medikation gemacht. Die Wirkung war glänzend, es verschwanden sowohl Struma wie Hautsymptome.

Dies spricht natürlicherweise dafür, daß die Funktion der Thyreoidea bei der Entstehung der Symptome in diesem Falle eine Rolle gespielt hatte. Auch in später beobachteten Fällen von Herpes gestationis versuchte ich dann Thyreoideabehandlung, der Effekt blieb aber leider aus. In diesen Fällen war jedoch keine Struma zu beobachten gewesen.

Noch in Dunkel gehüllt ist die Ätiologie der *Impetigo herpetiformis*. Im allgemeinen tritt sie während der Gravidität auf, es kommen aber auch Ausnahmen von dieser Regel vor. *Acrodermatitis continua suppurativa* (HALLOPEAU) weist große Ähnlichkeit mit dieser Krankheit auf; daß hier eine ähnliche Pathogenese vorliegt, ist äußerst wahrscheinlich. In einer früheren Arbeit beschrieb ich drei Fälle von Akrodermatitis continua suppurativa und legte eine Reihe von Umständen vor, die einen eventuellen Zusammenhang mit der Inkretion vermuten lassen: eine gewisse Übereinstimmung zwischen Attacken der Krankheit und der Geschlechtsdrüsenfunktion, in manchen Fällen Infantilismus und andere Zeichen von Inkretionsstörungen usw.

Die Ursache von *Dermatitis herpetiformis* (DUHRING) und *Pemphigus* war Gegenstand eifriger Forschungen, und es ist ja klar, daß man auch hier nach Möglichkeiten eines endokrinen Ursprungs suchte. Herpes gestationis und Dermatitis herpetiformis sind in ihrer Symptomatologie im großen ganzen identisch; nur der Zusammenhang mit der Gravidität beim erstgenannten Leiden unterscheidet es von dem letzteren. Es lag deshalb nahe, daß man auch bei diesem einen gewissen Zusammenhang mit gestörter Inkretion sehen wollte. Von Forschern, die sich in der letzten Zeit für die Annahme einsetzten, daß Dermatitis herpetiformis eine inkretorische Störung sei, mag ROST genannt werden, dessen Argumentation und Untersuchungen sehr interessant sind. Bekanntlich besteht bei dieser Krankheit eine sehr große Überempfindlichkeit gegen Jod (JADASSOHN, JESSNER und H. HOFFMANN, NAEGELI u. a.). Da die

Schilddrüse wahrscheinlich eng mit dem Jodstoffwechsel im Organismus verbunden ist, und SPITZER zeigte, daß Untersuchungen nach ABDERHALDEN auf einen Zusammenhang zwischen der Thyreoidea und Dermatitis herpetiformis deuten, beschlossen ROST und STUBER, diese Frage näher zu studieren.

STUBER konstatierte, daß Versuchstiere mit erhaltener Schilddrüse die Fähigkeit besaßen, intravenös injizierte Guanidinessigsäure zu methylieren, d. h. in Kreatin zu verwandeln. Der Thyreoidea beraubte Tiere ließen diese Fähigkeit vermissen, die jedoch nach Fütterung mit Thyreoideapräparaten oder anorganischem Jod wieder auftrat. Dasselbe ereignete sich nach Zufuhr von Serum normaler, d. h. nicht thyreopriver Tiere, oder von menschlichem Serum. Serum von thyreoidektomierten Tieren war in dieser Beziehung wirkungslos. Serum von Patienten mit Dermatitis herpetiformis zeigte sich gleichwertig mit dem von schilddrüsenlosen Tieren. Während also gesundes Menschenblut hinreichend Jod enthält, um Guadininessigsäure zu methylieren, ist dies bei Blut von Patienten mit Dermatitis herpetiformis nicht der Fall. Daraus zieht ROST den Schluß, daß die Ursache der Dermatitis herpetiformis in einer gestörten Thyreoideafunktion zu suchen ist. Es sind vielleicht nicht alle Forscher von der Richtigkeit dieser Annahme überzeugt; daß es aber Fälle gibt, die auf einen solchen Zusammenhang deuten ,ist augenfällig. BETTMANN erinnerte u. a. an Beobachtungen über Dermatitis herpetiformis im Zusammenhang mit Dysmenorrhöe, spontane Heilung der Krankheit nach Strumaoperation usw.

BUSCHKE hat, einerseits zusammen mit OLLENDORFF, anderseits mit LANGER, die Frage eines eventuellen innersekretorischen Ursprunges von Pemphigus erörtert. Bei klinischen Untersuchungen zeigt sich oft ein gewisser Zusammenhang zwischen der Funktion der Geschlechtsdrüsen und den Ausbrüchen von Pemphigus. BUSCHKE berichtet sowohl eigene wie auch in der Literatur erwähnte Beispiele hierfür. Es scheint jedoch, daß man bei einem Teil dieser Fälle die Möglichkeit einer anderen Diagnose, z. B. Herpes gestationis und Dermatitis herpetiformis nicht sicher ausschließen kann.

Die bei Pemphigus beobachtete Störung im Kochsalzumsatz mit konsekutiver Kochsalzretention ist nach BUSCHKE und OLLENDORFF wahrscheinlich der Ausdruck eines funktionellen oder organischen Schadens des im Mittelhirn gelegenen Zentrums für den Kochsalzstoffwechsel. Der gesteigerte Eiweißzerfall kann vielleicht aus Störungen in den innersekretorischen Drüsen herrühren.

Es wird ferner angeführt, daß man bei Sektion von Pemphigusfällen oft pathologisch veränderte Inkretorgane gefunden hat. Hier mag jedoch, wie schon mehrere Male vorher in dieser Darstellung, eingewendet werden, daß man bei Patienten, die in einem vielleicht mit Sekundärinfektion verschiedener Art komplizierten Zustande von Marasmus zugrunde gehen, schon a priori pathologische Bilder von den Blutdrüsen erwarten muß. Anatomisch nachgewiesene krankhafte Befunde in den Inkretorganen können also rein sekundäre Phänomene vorstellen — sind es vielleicht in den meisten Fällen — und dürfen also nicht von vornherein als beitragende Ursache zum Grundleiden aufgefaßt werden.

Wie man sieht, finden sich viele Lücken in der Beweisführung, die darauf ausgeht, einen eventuellen Zusammenhang zwischen den hier besprochenen blasenbildenden Affektionen und der inneren Sekretion zu eruieren. Eine wirksame therapeutische Beeinflussung scheint durch Organpräparate nicht oder nur in Ausnahmefällen erzielt worden zu sein, ebensowenig eine Hilfe für die Diagnose und Erforschung der Krankheitsursachen. Organtherapie wurde nämlich von vielen Seiten bei Pemphigus versucht, und wenn man auch das eine oder andere Mal eine gewisse Besserung beobachtete (BERDE), so hat sich doch gezeigt, daß in der Regel nicht viel von ihr zu erwarten ist. Hier mag aber in Paranthese darauf hingewiesen sein, daß bei exfoliativen Dermatitiden, wo die Differentialdiagnose im allgemeinen schwer ist, eine Thyreoideabehandlung mitunter von Nutzen sein kann. Dies wurde schon im vorhergehenden bei Besprechung der generalisierten Psoriasis erwähnt, bei der man Fälle von exfoliativen, pemphigusähnlichen Dermatitiden sehen kann, die bei Heilung durch Thyreoideabehandlung einzelne Herde von Psoriasischarakter zurücklassen. Daß ein Fall von typischem Pemphigus durch Organtherapie geheilt wurde, dürfte wohl kaum vorgekommen sein.

„Für die Annahme, daß Störungen der inneren Sekretion beim Pemphigus im Spiele sein könnten, hat sich nichts Greifbares ergeben", sagt Bettmann, und ganz sicher mit Recht. Buschke und Langer drückten sich auch mit einer gewissen Zurückhaltung aus, und die Schlußworte ihrer Arbeit mögen hier zitiert sein. „Jedenfalls möchten wir glauben, daß es uns an Hand der angeführten Beispiele und derjenigen aus der Literatur gelungen ist, ein für die Ätiologie der Blasenerkrankungen, besonders des Pemphigus, wertvolles Material zusammenzutragen, das aber nunmehr nicht als abgeschlossenes Ganzes betrachtet werden kann, sondern nur den Anlaß dazu bieten soll, zu weiterer Forschung in dieser Richtung anzuregen, um aus den einzelnen Bausteinen ein festes Gebäude zu errichten. Es scheint uns dabei, daß wir als pathogenetische Ursache für die Blasenerkrankungen eine Störung in dem sympathischen Ring zu suchen haben, sei es, daß ein übergeordnetes sympathisches Zentrum, das wir im Zwischenhirn zu suchen haben, durch eine Veränderung verschiedener Art und Ätiologie gestört ist, oder aber, daß durch eine organische oder funktionelle Erkrankung eines oder mehrerer endokrinen Organe in dem Gleichgewichtsverhältnis zwischen diesen und dem sympathischen Nervensystem eine Störung erfolgt. Hieraus resultiert dann die Erkrankung der Haut, zu der hier entweder eine angeborene oder durch äußere oder innere Momente heraus erworbene Disposition vorliegt."

11. Geschwülste.

Ein Versuch, das Auftreten von Hautgeschwülsten mit der inneren Sekretion in Beziehung zu bringen, scheint vielleicht auf den ersten Blick etwas gewagt, die Erfahrung hat jedoch gelehrt, daß gewisse klinische Verhältnisse bei manchen Tumorkrankheiten in diese Richtung deuten.

Oft sieht man eine familiäre Disposition zu Hautgeschwülsten. „Bei Sonderlingen, geistig Zurückgebliebenen oder Schwachsinnigen trifft man oft zahlreiche und große Naevi; man glaubt daher, sie zu Stigmata der Degeneration stempeln zu können" (Darier). *Adenoma sebaceum* (Pringle) kann als Beispiel dafür genannt werden. Die Erfahrung hat ferner gelehrt, daß verschiedene Geschwülste, z. B. das Epitheliom, vorzugsweise in vorgerücktem Alter auftreten. Gewisse Zustände disponieren hierfür. Betrachtet man die sog. präcancerösen Dermatosen näher, so findet man unter ihnen mehrere, bei welchen sich eine endokrine Komponente vermuten läßt. So disponieren die senile Hautatrophie, Xeroderma pigmentosum und Keratombildungen im allgemeinen zu Cancroiden. Patienten mit Darierscher Krankheit sterben nach Boeck oft an Carcinom, gewöhnlich jedoch an Cancer ventriculi. Die senile Haut ist u. a. auch durch das Auftreten kleiner Hämangiome „points rubis" gekennzeichnet. Im vorhergehenden wurde erwähnt, daß bei Status thymico-lymphaticus oft reichlich Naevi sowie bei Akromegalie Fibrome und Mollusca pendula auf der Haut zu sehen sind.

Das Leiden, das in diesem Zusammenhang hauptsächlich hervorgehoben werden muß, ist die *Neurofibromatosis Recklinghausen*. Hier sind nämlich oft psychische Störungen und Skeletmißbildungen neben Hautsymptomen zu konstatieren. Oft werden bei diesen Patienten sowohl klinisch als pathologisch-anatomisch Zeichen einer gestörten inneren Sekretion beobachtet. Einige Beispiele hierfür mögen nachstehend angeführt werden.

Hintz teilte eine Beobachtung an einer Frau mit, die folgende Veränderungen aufwies: Imbecillität, Kyphoskoliose, Struma, Adenoma sebaceum und Neurofibromatose. Die Kombination dieser Symptome bei ein und demselben Patienten lockten natürlich zur Annahme einer gemeinsamen Ursache. Hirschmann sah in einem Falle eine Kombination von Neurofibromatose und Dermatitis herpetiformis und meint, daß dies für einen gemeinsamen Ursprung beider Affektionen spricht. Interessant ist eine Mitteilung von Vignolo-Lutati über drei Fälle von Recklinghausenscher Krankheit in derselben Familie (Mutter, Tochter, Tante). Eine der Patientinnen war von Geburt an psychisch minderwertig, eine wies außer Neurofibromatose auch Symptome von Morbus Addisoni mit Asthenie, Bronzefärbung des Gesichtes und Halses, profusen Schweißen usw. auf.

Das gleichzeitige Auftreten von Neurofibromatose und Morbus Addisoni oder anderen Nebennierenveränderungen wurde oft beobachtet. Wechselmann führt Mitteilungen darüber von Chauffard, Adrian und Merck an und betont, daß sich der Verdacht auf ein Mitwirken endokriner Störungen bei der Recklinghausenschen Krankheit nicht abweisen lasse. Hierfür spräche besonders die mitunter gemachte Beobachtung einer Kombination mit Osteomalacie.

In mehreren beschriebenen Fällen von Neurofibromatose, z. B. in einem von Lier, fanden sich Zeichen gestörter Endokrinie in Form einer Dystrophia adiposo-genitalis. Eine Röntgenuntersuchung des Schädels zeigte eine tiefe Depression im Dach der Keilbeinhöhle. Lier spricht die Vermutung aus, daß ein den Hauttumoren analoges Neurofibrom in der Gegend der Hypophyse vorlag und die Dystrophie verursachte. Galewsky und Kreibich machten ähnliche Beobachtungen.

Berson und Loveiko berichteten über einen Fall von Recklinghausen mit pluriglandulärer Insuffizienz. Es fanden sich folgende Symptome: diffuse Pigmentierung (Nebennieren), Atrophie des einen Testikels, sexuelle Frigidität, Hypotrichose (Unterfunktion der Geschlechtsdrüsen), Skoliose, Gesichtsasymmetrie, Prognathie, verschiedene Länge der Extremitäten (vorderer Lappen der Hypophyse), verkleinerte Thyreoidea, psychische und intellektuelle Minderwertigkeit (Schilddrüse).

Tucker berichtete über 9 Fälle von Recklinghausenscher Krankheit; in allen — in einem von ihnen auch bei der Sektion — lagen Zeichen gestörter innerer Sekretion, im allgemeinen mit Veränderungen in der Hypophyse vor. In drei Fällen fanden sich akromegale Symptome, in einem Falle Erscheinungen, die für eine hypophysäre Hypofunktion sprachen. 8 Fälle zeigten ausgesprochene Pigmentierung, in 7 Fällen wurde niedriger Blutdruck konstatiert.

Mitunter sieht man bei Neurofibromatose, daß die Tumoren Neigung zu periodeweisem Wachstum zeigen. Interessant ist eine hierher gehörige Mitteilung von Sandmann über eine Patientin, deren Tumoren während einer Schwangerschaft rasch anwuchsen.

Adipositas dolorosa (Dercum) ist eine Krankheit, die in gewissen Beziehungen an die Neurofibromatose erinnert. Nicht selten kombiniert sich diese Krankheit mit vasomotorischen Störungen, mit Anidrose oder Hyperidrose, mit abnormer Pigmentierung, Hypotrichose oder vorzeitigem Ergrauen des Haares, trophischen Nagelstörungen oder anderen Zeichen, die auf eine Beteiligung des vegetativen Systems schließen lassen (Dora Goering). Dercum selbst scheint der Ansicht gewesen zu sein, daß die Ursache der Krankheit in einem

Dysthyreoidismus zu suchen sei. Nach Falta wurden in 9 von 11 obduzierten Fällen Schilddrüsenveränderungen konstatiert.

Daß man in vielen Fällen verschiedener Formen von Hautveränderungen endokrine Störungen findet, ist deutlich. Wie man sich den näheren Zusammenhang hierbei vorstellen muß, ist nicht völlig klargestellt. Wechselmann wollte in der Neurofibromatose eine auf innersekretorischen Anomalien beruhende toxische Krankheit sehen, eine Meinung, die aber wohl nicht von allen geteilt wird. Wahrscheinlicher dürfte sein, daß die Hauttumoren nicht durch Veränderungen in der Inkretion bedingt sind, sondern daß sie koordiniert auftretende Symptome sind, die auf demselben konstitutionellen Faktor beruhen. Dies stimmt mit Verocays Ansicht überein, daß man es bei Neurofibromatose mit einer auf kongenitaler Basis stehenden Systemkrankheit zu tun hat. Hierfür spricht eine Reihe pathologisch-anatomischer Befunde, z. B. Befunde von Tumoren, die denen der Haut gleichen, auch in inneren Organen, tuberöser Sklerose im Gehirn usw.

12. Veränderungen der Elastizität der Haut und Abnormitäten im Unterhautfett.

In aller Kürze mögen einige eher als Mißbildungen denn als Dermatosen aufzufassende Veränderungen in der Beschaffenheit der Haut erwähnt werden.

Die Dehnbarkeit der Haut kann mitunter enorm erhöht sein, so daß man sie in lange Falten und Zipfel ziehen kann. Man spricht von *Dermatolyse, Cutis elastica, Cutis laxa.* Histologisch sind dabei praktisch genommen keine Veränderungen zu konstatieren. Eine der letzteren nahestehende Veränderung ist die sog. *Cutis verticis gyrata.* Nach Fischer fanden sich im Jahre 1922 nur 128 Fälle in der Literatur mitgeteilt. In einer späteren Übersicht gab Grön einige weitere Fälle an. Nach Fischer soll man prinzipiell in ätiologischer Beziehung zwei Gruppen dieser Anomalie unterscheiden. In die erste Gruppe fallen Fälle, die von pathologischen Prozessen in der Haut verursacht sind: Entzündungen, Tumoren u. dgl. Die zweite Gruppe umfaßt Fälle, wo die Haut außer Veränderungen in der Dicke und Elastizität normal ist. Nur für diese letztere Gruppe soll man nach Fischer die Bezeichnung *Cutis verticis gyrata* oder *striata* verwenden. In diesen Fällen sind oft andere Symptome, wie übermäßige Biegsamkeit der Gelenke, vor allem aber psychische Defekte wie Idiotie, Mikrocephalie und verschiedene Formen von Minderwertigkeit zu beobachten. Mitunter fand man auch gleichzeitig Zeichen gestörter innerer Sekretion. Schwank berichtete über einen Fall bei pluriglandulärer Insuffizienz. Sabat, Adrian und Fischer sahen eine Kombination mit Akromegalie, und letzterer will hier einen ätiologischen Zusammenhang finden. Die Beweise für den innersekretorischen Ursprung aller Fälle der zweiten Gruppe Fischers sind jedoch sehr schwach; in der ersten Gruppe kann er überhaupt nicht in Frage kommen. Wahrscheinlich muß man sich vorläufig noch darein finden, die Veränderung als eine kongenitale Mißbildung anzusehen, deren nähere Ursache nicht bekannt ist.

Daß einerseits verschiedene Partien des Körpers, anderseits verschiedene Individuen ungleiche Entwicklung des Unterhautfettes aufweisen, kann, muß aber nicht durch die innere Sekretion bedingt sein. Die „lipomatöse Tendenz" (v. Bergmann) oder „Lipophilie" (Günther) differiert normalerweise an verschiedenen Regionen des Körpers, was dazu beiträgt, die Verschiedenheit der Körperform zwischen Mann und Frau zu schaffen, mit größeren Fettablagerungen um das Becken und die Büste bei der letzteren. Die Tendenz zur Fettablagerung an gewissen Partien beruht zunächst auf der Natur der Fettzellen an der betreffenden Stelle. Ein schöner Beweis hierfür sind die von mir, E. HOFFMANN u. a. beschriebenen Fälle sog. *Hängebauchs auf dem Handrücken* nach Transplantation. Einer dieser Fälle mag hier kurz geschildert werden (einen weiteren, ganz identischen Fall konnte ich kürzlich beobachten).

Bei einem 12 jährigen Mädchen wurde, um einen Defekt auf dem Handrücken zu decken, gestielte Transplantation vorgenommen. Das Gewebe wurde von der Bauchhaut genommen. Anfangs war das kosmetische Resultat gut, als die Patientin aber älter und gleichzeitig fetter wurde, wuchs das Transplantat und zeigte, als die Patientin 35 Jahre alt war, das Aussehen, wie es aus der Abbildung hervorgeht.

Mitunter sieht man, wie im vorhergehenden erwähnt ist, daß die Fettentwicklung durch innersekretorische Störungen in verschiedener Weise verändert wird. Fettsucht, aber auch Reduktion von Fett, kann bei Krankheiten in Schilddrüse, Geschlechtsdrüsen, Hypophyse und Nebennieren auftreten. An die *multiple symmetrische Lipomatose*, die *Krankheit* DERCUMS (die im obigen kurz erwähnt wurde) und *Lipodystrophia progressiva* und ihren Zusammenhang mit der Inkretion will ich hier nur erinnern, ohne in eine Erörterung von Einzelheiten einzugehen, für die auf die endokrinologischen Lehrbücher verwiesen wird.

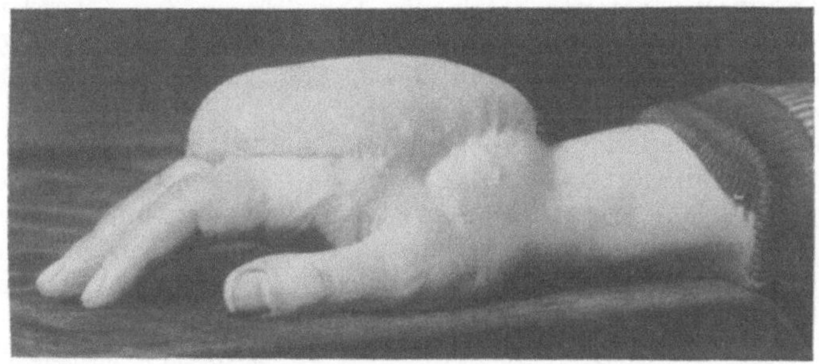

Abb. 18. Fettbruch nach Transplantation.

Wenn man das Resultat der in diesem Kapitel vorgebrachten Erörterung über die Möglichkeiten des endokrinen Ursprungs diverser Dermatosen zusammenfaßt, so kann man sagen, *daß in keinem Falle eine Dermatose sicher konstatiert wurde, die ausschließlich auf innerer Sekretion beruhte. Die Möglichkeit, daß gewisse Hautkrankheiten nur als Abortivformen von solchen Hautveränderungen aufzufassen sind, die bei Schäden in Inkretorganen typisch sind, ist kaum vorhanden. Eine Dermatose, bei der sowohl die klinische Untersuchung, die pharmako-dynamischen und Stoffwechselproben und die pathologische Untersuchung als auch das Resultat der Organtherapie konstant auf gestörte innere Sekretion deuten, wie es z. B. bei Myxödem der Fall ist, existiert nicht.* Es liegt immer der eine oder andere Mangel in der Kette der Beweise vor, und eine Kette ist niemals stärker als ihr schwächstes Glied. Aus diesen Gründen der inneren Sekretion jede Bedeutung als ätiologisches Moment für die Entstehung von Dermatosen abzusprechen, davon kann keine Rede sein, ebensowenig wie man z. B. von der Bedeutung eventueller Störungen der Verdauung, Nierenfunktion oder des Stoffwechsels in der Dermatologie absieht, weil man kein für sie allein charakteristisches Krankheitsbild der Haut nachweisen kann. Daß die innere Sekretion oft in dominierender Weise auf das klinische Bild mehrerer Hautkrankheiten einwirkt, unterliegt keinem Zweifel, und es ist zu hoffen, daß man in Zukunft durch verfeinerte Untersuchungsmethoden und erweiterte Erfahrungen die Bedeutung dieser Einwirkung weit besser erfassen und ausnutzen können wird, als es jetzt möglich ist.

VI. Die innere Sekretion als disponierendes Moment für Entstehung und Entwicklung von Hautkrankheiten.

Während die Bedeutung der inneren Sekretion als direkt hervorrufende Ursache von Hautkrankheiten diskutabel und mehr oder weniger stark bezweifelt ist, ist die Rolle, die die Inkretion indirekt als disponierender Faktor spielt, ohne weiteres ersichtlich. Schon lange ist man sich darüber klar, daß sowohl physiologische wie pathologische Veränderungen im Gesamtorganismus zu Hautkrankheiten disponieren können. Was die Wirkung des Zustandes der endokrinen Drüsen betrifft, so wurde dem Einfluß der Geschlechtsdrüsen auf die Haut vielleicht die größte Beachtung zuteil.

Manche Hautkrankheiten sind bei Männern häufiger als bei Frauen und umgekehrt. Pubertät, Gravidität und Klimakterium spielen auch in der Dermatologie eine wichtige Rolle. „Sie modifizieren das Verhalten der Haut und schwächen dadurch vielfach ihre Widerstandskraft gegenüber allen möglichen äußeren und inneren Schädlichkeiten", schreibt Bloch. Wir sehen, daß manche Hautkrankheiten im Pubertätsalter beginnen, um später spontan zurückzugehen. Sabouraud betonte stark die Einwirkung der Geschlechtsdrüsen auf die Talgdrüsenfunktion, und die Bedeutung, die sie damit für Entstehung und Entwicklung von *Seborrhöe* und deren Folgesymptomen, *Acne vulgaris, seborrhoisches Ekzem, Haarkrankheiten* usw. haben. Das Auftreten der Seborrhöe ist an gewisse Lebensperioden gebunden. Beim Neugeborenen sind häufig kleine Acnepusteln an der Nase zu beobachten. In den ersten Lebenswochen entwickelt sich oft ein seborrhoisches Ekzem, das zu Generalisierung neigt und sich klinisch und prognostisch von den hartnäckigeren pruriginösen Ekzemen unterscheidet, die später auftreten, im allgemeinen erst im zweiten oder dritten Lebensmonat oder sogar noch später.

Die Erklärung hierzu liegt vielleicht in der Tätigkeit der Geschlechtsdrüsen. In der zweiten Hälfte des Fetallebens befinden sich diese in starkem Wachstum, und gleichzeitig ist auch die Funktion der Talgdrüsen gesteigert. Ein Ausdruck dafür ist die von der eigenen Haut des Fetus gebildete Vernix caseosa. Nach dem Partus hört das Wachsen der Geschlechtsdrüsen auf, und ihre Funktion schlummert bis zur Zeit des Herannahens der Pubertät. Bei Eintritt der Geschlechtsreife beginnen Seborrhöe mit Acne vulgaris, ekzematöse Veränderungen usw., und dieser Zustand bleibt lange Zeit bestehen und hat seinen Höhepunkt in den Jahren, wo die Geschlechtsdrüsen am tätigsten sind, um nachher allmählich, und zwar einigermaßen parallel mit der Aktivität der Geschlechtsdrüsen, abzunehmen.

Gewisse Krankheiten zeigen einen deutlichen Zusammenhang mit der Menstruation, so z. B. *Dermatitis dysmenorrhoica* (Matzenauer-Polland). Auch bei *Herpes genitalis, Herpes simplex, Urticaria und verschiedenen vasomotorischen Störungen* kann man einen solchen Zusammenhang sehen.

Bei der Gravidität zeigen sich Veränderungen wie *Chloasma uterinum, vasomotorische Störungen, Pruritus, Herpes gestationis, Impetigo herpetiformis* usw. und zur Zeit des Klimakteriums *Rosacea, Furunkulose, Pruritus, Hauttumoren* usw. (vgl. Wiener). Jadassohn sagt: „Daß viele der mit Genitalien in Beziehung gesetzten Dermatosen in Morphologie und Auftreten bekannten Toxikodermien ähneln, läßt sich nicht leugnen (Acne, Pigmentierungen, Urticaria usw.)". E. Hoffmann weist darauf hin, daß es an und für sich für Schwangerschaft spezifische Dermatosen nicht gibt, aber es werden durch die Schwangerschaft wie in einem Experiment eine Anzahl Hautausschläge erzeugt, die der Dermatologe nicht reproduzieren kann. Durch eingehendes Studium der Schwangerschaftsdermatosen kann auch die Dermatologie bereichert werden.

Ekzem, Dermatitiden, Tuberkulide und andere entzündliche Prozesse in der Haut weisen bei den obengenannten physiologischen Wendezeiten in der Tätigkeit der Geschlechtsdrüsen oft Exacerbationen auf. *Lupus vulgaris* hat mitunter die Tendenz, sich während der Gravidität zu verschlechtern, und JORDAN meint sogar, daß dadurch die Einleitung eines Abortes erforderlich werden kann. Ich selbst beobachtete mehrere Male eine beträchtliche Verschlechterung von *Erythema induratum* während der Gravidität, was jedoch mit erschwerter Zirkulation in den Beinen zusammenhängen und auf dieselbe Weise zu erklären sein mag wie die Neigung zu Varicen und Ekzem an den Unterschenkeln während der Schwangerschaft. *Hidradenitiden* und *Schweiß-ekzem* treten gleichfalls mit besonderer Vorliebe in dieser Periode auf. Nach JUMON ist Hyperidrose ein gewöhnliches Pubertätssymptom, besonders bei jungen Mädchen.

FREUND und KRAUSE meinen, daß die Haut in den physiologischen Wechselperioden des Sexuallebens der Frau: Menses, Gravidität und Lactation gegen Röntgenstrahlen empfindlicher sei als sonst (ref. nach LUITHLEN). Bei Krankheiten der weiblichen Genitalien werden mitunter allerhand Hautveränderungen konstatiert (FREUND, WIENER u. a.). Auch beim Mann können in gewissen Fällen Veränderungen in den Genitalien zu Dermatosen disponieren. So scheint Prostatahypertrophie mitunter Pruritus hervorrufen zu können, was jedoch auf anderen Faktoren, z. B. Harnretention, beruhen kann.

Die senile Haut, deren Veränderungen mindestens teilweise mit einer Involution der Geschlechtsdrüsen in Zusammenhang stehen, wird oft der Sitz von mancherlei Hautaffektionen wie *Pruritus, Ekzem, Hauttumoren* usw. Eine sehr interessante Beobachtung machte KYRLE. Er zeigte nämlich, daß bei Knaben, die wegen Psoriasis, Prurigo, Ekzem usw. in FINGERs Klinik aufgenommen worden waren, sehr häufig eine Hypoplasie der Testikel vorkam; im Laufe einiger Jahre sah er dies in mehr als 100 Fällen.

Im obigen war die Rede davon, daß verschiedene Hautkrankheiten im Zusammenhang mit Pubertät, Gravidität, Lactation und Klimakterium auftreten oder sich verschlechtern. Manchmal, wenn auch seltener, sieht man dagegen, daß Hautsymptome bei diesen Zuständen verschwinden, z. B. daß Patienten bei der Pubertät ihre Hautkrankheit „auswachsen", was man mitunter, aber leider nicht immer, bei Kinderekzemen beobachten kann. Die *Kinderurticaria* bzw. richtiger die Neigung zu ihr verschwindet mit den Jahren, oder die Krankheit nimmt statt des Bildes von *Strophulus infantum* den Typus einer gewöhnlichen Urticaria an. *Mikrosporie* und in gewöhnlichen Fällen *Trichophytia capillitii* heilen mit der Pubertät spontan. *Favus capillitii* heilt nicht, in der Regel wird aber der Haarboden nach der Pubertät nicht von Favus infiziert, was alles auf einen geänderten Chemismus des Haarbodens deutet, der ihn zu einem weniger günstigen Nährboden für den Hautpilz macht. *Acne vulgaris* scheint sich während der Gravidität oft höchst beträchtlich zu bessern (KAUFMANN, SEITZ u. a.).

Psoriasis gehört ebenfalls zu den Leiden, die in gewissen Fällen mit der Tätigkeit der Sexualdrüsen in Zusammenhang gebracht werden. So sagt RADCLIFFE CROCKER, „Psoriasis may clear up during pregnancy". PETRINI u. a. sind derselben Ansicht.

Auch das *Wachstum der Haare* zeigt Beziehungen zur Geschlechtsdrüsenfunktion. Oft hängt dies mit der Seborrhöe zusammen. So werden Kastraten kaum je kahlköpfig. Nach der Gravidität ist oft ein Haarausfall zu beobachten, ähnlich wie der toxische, der manche Infektionskrankheit begleitet. Die Rolle, die die innere Sekretion für Haarentwicklung, Haarwechsel usw. spielt, wurde schon erörtert.

Veränderungen in der Schilddrüse disponieren ganz deutlich zu Hautkrankheiten verschiedener Art. So hat die Myxödemhaut Neigung zu ekzematösen Prozessen, und Hypotrichose bildet einen Teil des Myxödemsyndroms. Daß Veränderungen im Chemismus von Blut und Haut, der eng mit der Funktion der Thyreoidea zusammenhängt, sowie Veränderungen der Feuchtigkeit und des Schwellungsvermögens der Haut in der einen oder anderen Richtung deren Widerstandsfähigkeit herabsetzen und den Boden für Hautkrankheiten bereiten, ist leicht verständlich. Geänderte Funktion der Schilddrüse disponiert für viele vasomotorische Störungen wie Erythem, abnormes Schwitzen usw., was z. B. bei Basedow ersichtlich wird. In den vorhergehenden Kapiteln ist mehrfach auf die enge Verknüpfung verschiedener Hautkrankheiten mit der Schilddrüse hingewiesen.

Der Aufgabe der endokrinen Drüsen als „Entgiftungsdrüsen" wurde in der letzten Zeit immer mehr Beachtung geschenkt. Hier sind Schilddrüse und Nebennieren vielleicht in erster Linie zu nennen. Dieses Verhalten und die Bedeutung der Schilddrüse in bezug auf die Toleranz gegen Chinin, Morphin und andere Gifte ist im vorhergehenden schon erwähnt worden. So können die Heilmittelexantheme und Toxikodermien, wie allergische Phänomene überhaupt, mit der inneren Sekretion in Zusammenhang gebracht werden (Pulvermacher). Von den für den Dermatologen wichtigen Symptomen, die in der letzten Zeit teilweise durch die innere Sekretion und Schäden an ihr erklärt wurden, mögen Salvarsanexanthem und nitroide Krisen nach Salvarsaninjektion (Levy, Georges, Juster und Lafont), sowie Röntgenkater und Röntgenkachexie (H. Hirsch) genannt werden.

Die Inkretion ist für den Organismus auch ein wichtiger Faktor bei der Bekämpfung von Infektionen durch Bactericidie, Phagocytose und Antikörperbildung. Daß sich bei Schäden im endokrinen System leichter Infektionsprozesse in der Haut entwickeln, wird also eine natürliche Folge.

Was hier über die Schilddrüse gesagt ist, gilt in gewissem Maße auch von der Hypophyse und anderen Drüsen mit innerer Sekretion. Bei Veränderungen der Hautpigmentierung, z. B. bei Chloasma uterinum und Vitiligo liegt vieles vor, was auf einen Zusammenhang mit der Nebennierenfunktion deutet. Recht oft ist es jedoch schwer, die Inkretionsstörungen in eine gewisse Drüse zu lokalisieren, einerseits wenn die Symptome nicht ausgesprochen sind, anderseits wenn infolge der engen Wechselbeziehungen zwischen den Drüsen Symptome von mehreren Drüsen gleichzeitig zu beobachten sind. Man begegnet deshalb auch in der Literatur oft genug Ausdrücken wie „Störung des endokrinen Gleichgewichts", „endokrine Dysfunktion", „pluriglanduläre Insuffizienz" usw. Letztere ist eine Diagnose, die wahrscheinlich oft viel zu leichtfertig gestellt wird und für die typischen Fälle reserviert werden sollte, wo keine bestimmte Drüse im Kernpunkt des Krankheitsbildes steht (siehe das vorhergehende Kapitel).

Hier alle Mitteilungen über Fälle durchzugehen, wo an die Inkretion als disponierendes Moment für die Entstehung von Dermatosen gedacht werden kann, ist natürlich unmöglich. Es mögen jedoch einige Stichproben angeführt werden.

Eines der häufigsten Symptome in der Dermatologie ist Jucken, *Pruritus*. Es kann freilich bei verschiedenen pathologischen Prozessen in der Haut ein sekundäres Phänomen sein. In gewissen Fällen ist jedoch das Jucken das Primäre und die Hautveränderungen sind sekundär durch Kratzen und Reiben aufgetreten. Unter den Faktoren, die Jucken hervorrufen, nehmen die Veränderungen in der inneren Sekretion einen wichtigen Platz ein. So zeigt es sich oft bei der Gravidität, während der Menopause als klimakterisches Symptom, z. B. in Form von Pruritus vulvae, bei seniler Degeneration der Haut, bei Myxödem, Basedow, Diabetes usw.

Kürzlich wurde ich von einem Patienten mit hypophysärer Fettsucht und intensivem Jucken konsultiert, das sich gegen jegliche Behandlung als refraktär erwies.

Das Jucken kann man sich in diesen und ähnlichen Fällen auf verschiedene Weise entstanden denken, z. B. direkt durch toxische Stoffe hormonalen Ursprungs, die durch das Blut in die Haut getragen werden, oder indirekt durch Veränderungen der Hautzirkulation oder -innervation. Möglich ist auch, daß der inkretorische Schaden die Haut nicht direkt beeinflußt, sondern in erster Linie ein anderes Organsystem, z. B. den Digestionskanal, und daß Störungen in dessen Funktion auf die eine oder andere Weise das Jucken auslösen.

Betrachtet man das Ekzem und seine verschiedenen Formen, so scheint die Inkretion hier in vielen Fällen eine Rolle zu spielen. Nach EHRMANN ist dies oft bei einer Gruppe von Zuständen der Fall, die verschiedene Namen tragen: *Eczema nummulare, Eczema en plaques, Neurodermitis circumscripta* (BESNIER und BROCQ), *Dermatitis lichenoides pruriens* (NEISSER), *Lichen circumscriptus chronicus* (VIDAL). Er sagt nämlich: „Eine Gruppe von Neurodermitiden weist auf Störungen der inneren Sekretion als Haupt- und Mitursache des Leidens hin. Obenan stehen Veränderungen der Funktion der Thyreoidea, des Ovariums, die Kombinationen bei Wechselwirkung beider untereinander und mit Störungen der Pankreasfunktion. Von verschiedenen Forschern, namentlich EPPINGER, RUDINGER und FALTA, wurde bekanntlich der Zusammenhang der inkretorischen Funktion der Thyreoidea und des Pankreas (Depression) nachgewiesen — Glykosurie." Die durch die Inkretion hervorgerufenen Hautsymptome werden oft durch den Digestionskanal und Störungen seiner Funktion vermittelt. Bei Krankheiten in den Inkretorganen können Störungen in der Magen-Darmfunktion auftreten, was z. B. bei Basedow bekanntlich nicht selten ist. Nach GROTE wird die Inkretion bei chronischen Enteritiden mitunter durch einen zum Pankreas fortgeleiteten entzündlichen Prozeß geschädigt. Die Folge kann eine alimentäre Glykosurie sein. In manchen Fällen hat es auch den Anschein, daß der Zusammenhang zwischen Darmstörung und Inkretstörung funktioneller Art wäre. „Wenn wir das Gesagte überblicken, so müssen wir sagen, daß die Erfahrung für einen unmittelbar oder mittelbar auf dem Wege des autonomen Nervensystems ablaufenden Einfluß toxischer Abbauprodukte von Eiweißkörpern oder auf Störungen in Hormonbildung, vielleicht auch für Rückwirkung der letzteren auf das vegetative Nervensystem spricht. Auch die Neurasthenie wirkt nicht als solche, sondern durch den Einfluß der neurasthenischen Zustände auf die Funktionen des Magen-Darms und seine Motilität auf dem Wege des autonomen Nervensystems und der endokrinen Drüsen und auf die verdauenden Drüsen" (EHRMANN).

Auch bei dem in bezug auf seine Ätiologie unerforschten *Lichen ruber planus* hat manchen Forschern der Gedanke an die Möglichkeit eines Zusammenhanges mit der Inkretion vorgeschwebt. So brachte KOGOJ im Sommer 1927 auf dem Dermatologenkongreß in Straßburg, wo diese Krankheit das Hauptthema der Verhandlungen war, die Ansicht vor, es sei wahrscheinlich, daß bei der Entstehung von Lichen ruber planus zwei Hauptfaktoren zusammenwirken, einerseits ein noch unbekanntes Virus, anderseits eine gewisse Disposition der Haut, die bewirke, daß dieses hypothetische Virus Hautsymptome hervorruft. Diese Disposition, die mit ŠAMBERGERs „diathèse hyperkeratosique" identisch ist, entwickle sich „sous l'influence d'une fonction anormale de glandes à sécrétion interne coincidant avec une activité défectueuse du système nerveux autonome, mais pourrait aussi être primitive et conditionnée par le plasma embryonnaire".

Wie man sieht, ruht Kogojs Annahme über die Mitwirkung der Inkretion bei Entstehung von Lichen ruber planus auf einer Reihe von Hypothesen, und es kann ihr deshalb kaum eine Bedeutung beigemessen werden.

Die Rolle der Parathyreoidea für die Entstehung von Dermatosen wurde gleichfalls betont, und Racinowski berichtete über ekzematöse Veränderungen in 5 letal verlaufenen Fällen von Parathyreoideaschäden bei Kindern. Die Hautmanifestationen boten klinisch und histopathologisch nichts besonders Abweichendes und ließen sich nur als eine besondere (ekzematoide) Reaktionsart des Organismus gegen die schädlichen toxischen Einflüsse erklären.

Die Thymusfunktion wurde besonders bei den Krankheiten im Kindesalter beachtet, dessen „Status thymico-lymphaticus" man als disponierendes Moment für Hautkrankheiten angesehen hat. Bei der exsudativen Diathese von Kindern scheint nach der übereinstimmenden Behauptung mehrerer Forscher eine Übererregbarkeit des vegetativen Nervensystems vorzuliegen, was übrigens auch oft bei erwachsenen Ekzempatienten zu konstatieren ist. Britt und Thiel fanden bei fast allen Patienten mit konstitutionellem Ekzem eine erhöhte Erregbarkeit des vegetativen Systems bei pharmako-dynamischen Proben. Luerssen und Lange beobachteten dies in 25 von 43 untersuchten Ekzemfällen.

In einer kürzlich erschienenen Arbeit publizierten Neumark und Tschatschkowska ihre Studien über das Verhalten des Blutzuckers bei verschiedenen Hautkrankheiten. Die bisher vorliegenden Resultate (Willy Pick, Mc Glasson, Hudelo u. a.) unterziehen sie einer ziemlich scharfen Kritik, da diese ihrer Ansicht nach in mehreren Fällen nicht mit der erforderlichen Genauigkeit bei Ausführung und Beurteilung der Untersuchungen erzielt seien. Bei Analyse von 200 Fällen kamen sie zu dem Ergebnis, daß man bei Dermatosen nur selten eine Hyperglykämie beachtenswerten Grades konstatieren kann, nämlich in ihrem Material nur in 23 Fällen, d. i. $11,5^0/_0$. Nur in 1 von 27 untersuchten Ekzemfällen, aber in 3 von 10 Neurodermatitisfällen lag eine Hyperglykämie von mehr als 120 mg-$^0/_0$ vor. Bei gleichzeitiger Untersuchung der Funktion des vegetativen Nervensystems und des Blutzuckergehalts fanden sie eine gewisse Übereinstimmung zwischen den Veränderungen beider Faktoren. Ihrer Ansicht nach entspricht einer Normalglykämie eine Amphotonie, einer Hyperglykämie eine erhöhte Reizbarkeit des Sympathicus oder Untererregbarkeit des Parasympathicus und einer Hypoglykämie eine Untererregbarkeit des ganzen vegetativen Nervensystems oder nur seines sympathischen Teiles.

Herlitz, der die Blutzuckerregulierung bei gesunden Säuglingen und solchen mit exsudativer Diathese näher studierte, erörtert dabei den Zusammenhang zwischen Hautausschlägen und der bei Fällen mit „frischem" exsudativen Hautausschlag nachgewiesenen Tonussteigerung des vegetativen Nervensystems im Lebergebiet. Seiner Ansicht nach sprechen starke Gründe für die Auffassung, daß die Tonussteigerung durch die Ausschläge verursacht wird, während das entgegengesetzte Verhalten wenig Wahrscheinlichkeit für sich hat. Eine ähnliche Erklärung für dieses Phänomen ist natürlich auch bei Erwachsenen möglich, und es kann in diesem Zusammenhang von Interesse sein, an Lojanders Beobachtung zu erinnern, daß nach der durch künstliche Höhensonne hervorgerufenen Lichtdermatitis eine erhöhte alimentäre Glykämie entsteht.

Die Bedeutung des sympathico-endokrinen Systems für die Regulierung des Gefäßtonus ist im vorhergehenden mehrmals berührt worden. Viele vasomotorische Symptome der Haut disponieren ihrerseits zu Hautkrankheiten, und man kann darin also einen indirekten Zusammenhang zwischen der Inkretion und der Hautveränderung sehen. Hier braucht nur auf das bei Besprechung von Erythrocyanosis crurum puellaris Gesagte hingewiesen zu werden. Hyperthyreoidismus wird nach Covisa, Bejarano u. a. auffallend oft bei Individuen mit verschiedenen Formen von Tuberkuliden wie papulonekrotische Tuberkulide und Erythema induratum BAZIN konstatiert. Die Erklärung hierfür liegt wohl am ehesten in den durch mangelhafte Schilddrüsenfunktion hervorgerufenen Zirkulationsstörungen mit venösen Stauungen in distalen Körperteilen, welche Stauungen zur Anhäufung gewisser Stoffe disponieren, die, seien sie toxischer oder bakterieller Natur, Hautveränderungen auslösen. Akrocyanose disponiert auch deutlich zu Perniones und Kälteschäden.

Die Prädilektionsstellen für die Lokalisation vieler Dermatosen finden mitunter eine natürliche Erklärung in den Zirkulationsverhältnissen der Haut. Daß die Inkretion dabei oft eine Rolle spielt, ist deutlich.

Die klinisch zu beobachtende Tatsache, daß Krankheiten wie Erythema exsudativum multiforme, Erythema nodosum, Purpura, Herpes zoster im Frühjahr gehäuft auftreten, hat nach HART ihre Ursache darin, daß die innere Sekretion in dieser Jahreszeit besonders lebhaft ist. Wie vorher erwähnt, glaubte er auch zu finden, daß der Genius epidemicus auf Konstitutionsveränderungen beruht, die durch Einwirkung der Inkretion zustande kommen.

Im vorhergehenden wurde bei Besprechung der Geschlechtsdrüsen die Frage der Bedeutung der inneren Sekretion als disponierendes Moment für die Entstehhng und Entwicklung von Hauttumoren berührt, und daran erinnert, daß außer Altersveränderungen auch Kastration die carcinomatöse Degeneration zu begünstigen scheint.

Die hier angeführten Beispiele mögen genügen, um zu zeigen, *daß Störungen in der Inkretion in verschiedener Weise das Hautmilieu verändern und es für Insulte verschiedener Art empfänglicher machen.*

VII. Die Bedeutung der bisher über den Zusammenhang zwischen Haut und innerer Sekretion gewonnenen Kenntnisse für die dermatologische Praxis.

Aus den vorhergegangenen Kapiteln ist ersichtlich, daß man bei vielen typischen Schäden und Defekten der Inkretorgane auch Symptome seitens der Haut sieht. Diese Fälle kommen jedoch seltener in Behandlung des Dermatologen, sondern fallen in der Regel in das Gebiet des Internisten oder Chirurgen. Bei mehreren in bezug auf ihre Ätiologie noch unaufgeklärten Dermatosen besteht in gewissen Fällen Verdacht auf eine endokrine Ursache, obgleich die Beweise hierfür nicht bindend sind. Oft sieht man jedoch Symptome von der Haut und dem sympathico-endokrinen System gleichzeitig vorkommen, wenn auch nicht nachweislich subordiniert, sondern als nebeneinander auftretende Erscheinungen. Wenn es sich um die Einwirkung der Inkretion auf das Hautmilieu handelt, befindet man sich auf festerem Boden. *Eine normal fungierende innere Sekretion scheint ein gewisser Schutz gegen verschiedene Hautkrankheiten zu sein. Endokrine Störungen müssen deshalb vom Dermatologen beachtet und wenn möglich behoben werden.*

Eine rein kausale Therapie mit Organpräparaten ist in der Dermatologie relativ selten indiziert, dagegen sind sie mitunter gut als Hilfsmethode verwendbar. Man muß sich darüber klar sein, daß das Behandlungsresultat oft schwer vorauszusehen ist, und daß anderseits ein gutes Resultat nicht dazu berechtigt, ex juvantibus eine Diagnose auf die Ätiologie zu stellen. Von den angewendeten Organpräparaten dürften die aus Thyreoidea gewonnenen die handgreiflichste Wirkung haben. „Die Organtherapie, soweit sie sich über die Anwendung der Schilddrüsenpräparate und des Insulins hinaus erstreckt, erfreut sich keines soliden Rufes. Ganz mit Recht!", sagt BAUER

mit einem Beklagen der geschmacklosen Reklame der profithungrigen Heilmittelfabrikanten, und der Kritiklosigkeit, mit der die Organtherapie von
vielen Seiten betrieben wird. Diese Äußerungen haben ihre Spitze ganz sicher
nicht zum mindesten gegen die Anwendung der Mittel in der Dermatologie
gerichtet.

Besonders in der englischen und französischen Literatur kam die Thyreoideabehandlung auf Grund des von Reverdin und Kocher entdeckten Zusammenhanges zwischen Schilddrüse und Myxödem in den neunziger Jahren in Mode
und wurde als vortreffliches Mittel gegen verschiedene Hautaffektionen wie
Ekzem, chronische Urticaria, rezidivierenden Herpes, Psoriasis, Trophödem,
Sklerodermie, prämature Alopecie und Canities gepriesen. Man scheint jedoch
in der Regel keine Fälle gewählt zu haben, in welchen Schilddrüsenveränderungen zu entdecken waren, sondern die Thyreoideapräparate rein empirisch
bei allerlei Hautkrankheiten versucht zu haben. Das von Heinsheimer 1895
und Ewald 1896 zusammengestellte Material ist oft sehr widerspruchsvoll
und erlaubt kein endgültiges Urteil über den Wert der Schilddrüsentherapie.

Allmählich begann man, kritischer vorzugehen. Während man sich früher
nur vorwärtstasten mußte, besteht jetzt die Möglichkeit, die Fälle mittels der
modernen Untersuchungsmethoden besser auszuwählen.

Die besten Resultate werden mit Thyreoideabehandlung offenbar bei Hypothyreoidismus erreicht. In der Bestimmung des Grundumsatzes hat man eine
gute Methode, die Therapie auf sicherere Indikationen zu gründen als früher,
und ferner die Möglichkeit, ihre Wirkung zu kontrollieren. Bei Fällen von
myxödematösen Zuständen und gleichzeitigen Hautsymptomen sind natürlich
Schilddrüsenpräparate indiziert, und die Behandlung kann glänzende Resultate
geben. Aber auch bei verschiedenen Formen von Verhornungsanomalien wie
Ichthyose, Lichen pilaris, Dariers Krankheit, Prurigo, Sklerodermie, Psoriasis,
Hypotrichose, Pruritus, vasomotorischen Störungen usw. kann ein Versuch
mitunter ratsam sein (Bregman, Benard, Block, Carrera, Davidson, Gastou,
Löwenstein, Lortat-Jacob und de Gennes, Morris, Pulay und viele andere).
Eine wertvolle Hilfe ist die Thyreoideatherapie auch bei Abmagerungskuren,
die in der dermatologischen Praxis nicht selten erforderlich sind. Bei Dystrophia
adiposo-genitalis und bei Dercums Krankheit, Adipositas dolorosa, scheint
die Schilddrüsentherapie mitunter eine fast spezifische Wirkung zu haben.

Testikel- und Ovarialpräparate sind natürlicherweise theoretisch bei mangelhafter Funktion der entsprechenden Drüsen indiziert. Oft genug sieht man
jedoch, wie auch Pulay betont, daß Schilddrüsenpräparate hier eine bessere
Wirkung haben. Dies ist wenigstens teilweise darauf zurückzuführen, daß
Hypogenitalismus auf andere endokrine Organe rückwirkt und mitunter auch
auf die Thyreoidea. Sonst werden Geschlechtsdrüsenpräparate gegen alle
möglichen Zustände und vielerlei Dermatosen empfohlen. Daß man bei Beurteilung der Resultate hier sehr kritisch sein muß, ist klar, da die Suggestion
ebenso beim Patienten wie beim Arzte den Effekt der Therapie in ein helleres
Licht stellen kann.

Ovarialpräparate kommen hauptsächlich bei Hautkrankheiten mit gleichzeitigen Beschwerden menstrueller Natur, Amenorrhöe, Dysmenorrhöe sowie
während des Klimakteriums in Anwendung. Ein Leiden, gegen welches gern
Ovarialbehandlung verordnet wird, ist Pruritus vulvae. Man soll jedoch im
Auge behalten, daß die Ursachen dieses Leidens recht verschieden sind. Mitunter ist die Ätiologie in äußeren Momenten wie Reizung durch Fluor, Oxyuren
usw. zu suchen; in anderen Fällen wieder spielen sicher nervöse Reizmomente
eine Rolle, aber auch Veränderungen in der Genitalsphäre. Unter anderen
hat Föl des das letztgenannte hervorgehoben und sich dahin geäußert, daß

hormonale Behandlung in diesen Fällen indiziert und sehr wirkungsvoll sei. Die Bedeutung hormonaler Einflüsse bei Pruritus wird auch von HAAS stark betont. Er meint, daß die ätiologische Behandlung deshalb in erster Linie in einer endokrinen Therapie besteht. Man sieht in diesen Fällen jedoch mitunter eine Verschlechterung sowohl durch Ovarial- wie durch Thyreoideabehandlung.

ARNOLDI und WARNEKOS sind der Ansicht, daß die Veränderungen ihren Grund oft in Störungen des intermediären Stoffwechsels, besonders der Leberfunktion haben, und raten deshalb in diesen Fällen zu einer antidiabetischen Kost, auch wenn keine Zeichen von Diabetes vorliegen. Es ist übrigens augenfällig, daß eine ganze Reihe von Veränderungen im Klimakterium als Intoxikationsphänomene auftreten, und ganz sicher können auch sie auf Veränderungen im Stoffwechsel zurückgeführt werden (vgl. WIENER). Die flüchtigen Kongestionen und Schweißausbrüche, die in dieser Lebensperiode so häufig sind, werden durch Organtherapie oft günstig beeinflußt. Hier mag jedoch darauf hingewiesen sein, daß in mehreren sog. Organpräparaten, die zur Verwendung bei klimakterischen Beschwerden bestimmt sind, außer Drüsenextrakt auch andere Bestandteile zur Beeinflussung des Nervensystems enthalten sind. Die Angabe über die Zusammensetzung des Klimaktons „Knoll“ lautet z. B.: 0,030 g Ovarden, 0,006 g Thyraden, 0,150 g Bromural, 0,150 g Calcium-Diuretin. Bei einer Dosis von 6 solchen Bohnen (diese Dosis wird empfohlen) bekommt der Patient also nicht weniger als 0,9 g Bromural täglich, und daß das einen Einfluß auf nervöse Symptome haben muß, ist klar. Bei günstigem Effekt zu entscheiden, ob er dem Organextrakt zuzuschreiben ist, ist deshalb kaum möglich.

Unter den Dermatosen, für die Geschlechtsdrüsenbehandlung empfohlen wird, finden sich auch Seborrhöe und Acne (BLOCH, STANLEY, SCHMIDT u. a.). Im allgemeinen scheint man jedoch geneigt zu sein, an Stelle von Präparaten, die nur aus Geschlechtsdrüsenextrakt bestehen, solche zu verwenden, die aus dem Extrakt mehrerer endokriner Organe zusammengesetzt sind.

WALTHER PICK erprobte und empfahl Organbehandlung bei Acne vulgaris, indem er davon ausging, daß man bei dieser Krankheit im allgemeinen drei Symptome beobachtet, die auf eine fehlerhafte innere Sekretion deuten, nämlich 1. Beginn der Krankheit im Zusammenhang mit der Pubertät, 2. spärlicher Haarwuchs beim Manne, aber umgekehrt Andeutung von Bartwuchs und stärkere Lanugobehaarung bei der Frau, sowie 3. herabgesetzter Sexualtrieb (besonders das letzte Symptom scheint jedoch durchaus nicht konstant zu sein). Zum Unterschied von der trockenen, glanzlosen Kastratenhaut ist die Haut bei Acne fett und glänzend, was darauf deutet, daß es sich nicht um eine reine Hypofunktion handelt, sondern eher um eine Dysfunktion, und dies wahrscheinlich nicht nur seitens der Geschlechtsdrüsen, sondern aller sog. Pubertätsdrüsen, also auch Thymus, Nebennieren und Hypophyse. Mit Horminum masculinum und femininum, Thelygan und Testogan erreichte PICK gute Resultate, besonders in den Fällen, wo die Acne mit Rosacea kombiniert war.

Behandlung mit pluriglandulären Mitteln wurde übrigens auch von anderer Seite erprobt und empfohlen (STÜMPKE, LEDERMANN, GASTOU, BLOCK u. a.). Diese Behandlung scheint jedoch für sich allein seltener zum Ziele zu führen und dürfte deshalb nur als eine unterstützende Kur aufzufassen sein, welche die übliche äußere Behandlung nicht überflüssig macht.

Hypophysenbehandlung wurde, seit STRÜMPELL die Hypothese über den hypophysären Ursprung der Sklerodermie aufgestellt hatte, bei dieser Krankheit versucht, in der Regel jedoch ohne glänzende Resultate. Im allgemeinen scheint man es deshalb auch hier vorzuziehen, den Extrakt mit dem anderer

Drüsenorgane kombiniert zu geben. Auch Nebennierenextrakt wurde aus rein theoretischen Gründen bei manchen krankhaften Zuständen verwendet, wo die Wahrscheinlichkeit von Nebennierenaffektionen vorlag, wie bei Acanthosis nigricans und mancherlei Pigmentveränderungen. Mitunter, durchaus aber nicht immer, wurde ein günstiger Effekt konstatiert. In mehreren Beziehungen von großem Interesse ist Rowntrees Bericht über das Addisonmaterial an der Klinik Mayo in Rochester, der nicht zum mindesten der Frage der Behandlung und der Behandlungsresultate gilt. Nach Muirheads Vorschrift wurden große Dosen Epinephrin (= Adrenalin) subcutan oder oral und rektal gegeben neben gleichzeitiger Verabreichung von Nebenniere (sowohl Rinde wie Mark). Wenn auch keine Heilung erreicht wurde, so war doch der symptomatische Effekt auffallend gut.

Von der Einwirkung des Pituitrins und Adrenalins auf die Zirkulation und von der enormen Bedeutung, die diese Präparate deshalb in der Medizin gewonnen haben, können wir hier absehen. Dasselbe gilt in gewissem Maße vom Effekt des Hypophysenextraktes auf den Stoffwechsel bei hypophysären Formen von Fettsucht, z. B. bei Dystrophia adiposo-genitalis.

Von dem reichhaltigen Arsenal von Organpräparaten, die zur Verfügung stehen, mögen nur kurz einige weitere genannt werden. Extrakt der Glandula parathyreoidea wurde bei verschiedenen Formen von vasomotorischen Störungen vorgeschlagen: Akrocyanose, Perniones, angioneurotische Ödeme, Raynaudsche Krankheit, variköse Symptomenkomplexe usw. Ich selbst habe in ziemlich großem Ausmaße Parathyreoideatabletten (Parke, Davis u. Co.) bei Perniones angewendet, konnte aber dadurch keine augenfällige Besserung beobachten.

Die Thymuspräparate sowie die Frage der Einwirkung des Insulins auf Hautkrankheiten wurden bereits bei Besprechung der Psoriasis erörtert. Die Ansichten über den Wert dieser Mittel in der Dermatologie sind nicht einheitlich. Übrigens ist dabei zu sagen, daß diese Präparate bei Hautkrankheiten nicht als hormonale Substitutionstherapie verwendet werden, sondern um den Stoffwechsel in einer für die Ausheilung der Affektionen günstigen Richtung zu beeinflussen. Dies gilt auch oft genug von anderen Organpräparaten. Beim Gebrauch von Extrakt der Nebenniere, Hypophyse und Parathyreoidea kann man, wie Bauer betont, nur sagen, daß man sich einer lediglich pharmakodynamischen Therapie bedient.

Wenn also Indikationen und Behandlungseffekt bei Organpräparaten sehr schwer zu bewerten sind, so gilt das nicht weniger von den anderen Formen endokriner Therapie bei den Hautkrankheiten. Ich denke hier in erster Linie an Stimulierung der Drüsenfunktion durch Röntgenstrahlen und eventuell durch Diathermie. Wie differierend die Urteile hierüber sind, geht aus dem im Laufe dieser Darstellung Gesagten zur Genüge hervor; es kommt aber auch eine Reihe anderer Methoden zur Anwendung, mit denen versucht wird, die Inkretion zu beeinflussen.

Nach Scholtz haben Störungen der inneren Sekretion eine Bedeutung für die Entstehung und Entwicklung von Ekzem, was sich besonders während der Gravidität und des Klimakteriums zeigt, aber der Einfluß der gestörten Inkretion auf das Ekzem erfolge nicht direkt, sondern durch eine Reizung des vegetativen Nervensystems. Deshalb richte die Ovarialtherapie hier auch so wenig aus, während eine Behandlung, die darauf ausgeht, das Nervensystem zu beruhigen, sich als wirksam erweisen könne.

Proteinkörpertherapie und die sog. Kolloidtherapie (Aderlaß und nachfolgende Injektion von Autoserum) wirken nach Luithlen wahrscheinlich durch eine Umstimmung der Gewebe unter dem Einfluß der innersekretorischen Drüsen, entweder so, daß der ganze Organismus und somit auch die Zirkulation der Haut beeinflußt wird, oder so, daß die Einwirkung über den Stoffwechsel geht. Proteinkörpertherapie und Kolloidtherapie werden am besten mit Organtherapie kombiniert und durch sie verstärkt, die auch die Fähigkeit besitzt, die Reaktionsweise der Gewebe zu verändern. Mehrere in der Dermatologie gebräuchliche Heilmittelformen haben eine Einwirkung auf die Inkretion und können diese auf verschiedene Weise beeinflussen. Zur Beleuchtung dieses Momentes mag eine weitere Äußerung von BAUER zitiert werden: „Es ist anzunehmen, daß alle Bestrebungen, die allgemein gesteigerte Erregbarkeit des Nervensystems bei Hyperthyreoidismus zu dämpfen, auch in dem Sinne wirksam sind, daß sie die Ansprechbarkeit des Substrates für übermäßig zuströmende Hormone herabsetzen. In diesem Sinne wirken also die verschiedenen Nervina, allerhand physikalische, hydro- und klimatotherapeutische Maßnahmen. Das Arsen setzt die stoffwechselsteigernde Wirkung des Schilddrüsenhormons herab (LIEBESNY, KOWITZ), gehört also gleichfalls in diese Gruppe. Seeklima steigert den Grundumsatz, im Höhenklima erhöht sich die Toleranz für Kohlehydrate, Effekte, deren Mechanismus vorderhand nicht aufgeklärt ist. Wahrscheinlich ist hier auch einzureihen die therapeutische Verordnung von Bettruhe einerseits, sportlicher Betätigung anderseits, Quarzlichtbestrahlung usw."

Bisher wurden vorzugsweise Methoden berührt, die eine herabgesetzte Funktion der endokrinen Organe stimulieren oder ersetzen sollten. Bei Symptomen von Hyperfunktion ist natürlich ein entgegengesetzter Effekt, eine Verminderung der Hormonzufuhr, wünschenswert. Im Kapitel über die Organtherapie wurde eine Reihe von Verfahren genannt: operative Eingriffe, Röntgenbehandlung usw. Auch hier kommen mancherlei diätetische und physikalische Behandlungsformen zur Verwendung. Möglich ist auch, daß man durch nervine und andere Heilmittel nicht nur die Erregbarkeit des vegetativen Nervensystems, sondern auch die Hormonproduktion selbst herabsetzt.

Überblicken wir die Frage der praktischen Bedeutung unserer gegenwärtigen Kenntnis über den Zusammenhang zwischen Inkretion und Haut, so ergibt sich in Kürze folgendes Resultat: Eine hormonale Substitutionstherapie, die das Ideal wäre, ist in der Dermatologie leider nur relativ selten indiziert, dagegen findet man oft ein gutes Hilfsmittel in der Organtherapie, um durch eine Beeinflussung der Milieuverhältnisse die Heilung von Dermatosen zu erleichtern. Der diesbezüglich wirksamste Organextrakt stammt aus der Schilddrüse. Eine Veränderung von Chemismus, Innervation und Zirkulation der Haut kann auch auf andere Weise, z. B. durch Proteinkörper- und Kolloidtherapie, durch Nervina, Bäder, Klimawechsel, Körperübungen, Röntgenstrahlen usw. bewirkt werden. Möglich ist, daß der Effekt hier manchmal durch eine Einwirkung auf die Inkretion ausgelöst wird oder wenigstens mit einer solchen in Zusammenhang steht.

Literatur.

ACHARD, CH. et J. THIERS: Le virilisme pilaire et son association à l'insuffisance glycolytique. Bull. Acad. Méd. 86 (1921). — APERT, E. et BACH: Oedème disparaissant par le traitement thyroidien. Arch. Méd. Enf. 31, 611—613 (1928). — APERT, E.: Sur l'hirsuitisme. Bull. Soc. méd. Hôp. Paris 41, Nr 4 (1925). — APERT, E. STEVENIN et R. BROCA: Hirsuitisme chez un garçon de douze ans. Etude de metabolisme basal. Bull. Soc méd. Hôp. Paris 38, Nr 37 (1922). — ARNOLDI, W. und K. WARNEKOS: Die Behandlung des Pruritus vulvae. Münch. med. Wschr. 72, Nr 20. — ARTOM, M.: La ghiandola tiroide in dermatologia. Giorn. ital. Dermat. 68, II. 2 (1927). — ASCHNER, B.: (a) Menstruationsdermatosen. Zbl. Gynäk. 51, Nr 25 (1927). (b) Der Einfluß der Hypophyse auf die weiblichen Geschlechtsorgane. Med. Klin. 20, Nr 48 (1924). (c) Physiologie der Hypophyse. HIRSCHS Handbuch der inneren Sekretion, 2. Lief. 1. — ASHER, LEON: (a) Die Bedeutung innerer Sekrete für die Formbildung beim Menschen. Naturwiss. 9, H. 16 (1921). (b) Grundlagen der Organtherapie.

Klin. Wschr. **3**, Nr 38 (1924). (c) Beiträge zur Physiologie der Drüsen. Ref. Zbl. Hautkrkh. **16**. (d) Prinzipielle Fragen zur Lehre von der inneren Sekretion. Klin. Wschr. **1**, Nr 3 (1922). — Mc Auliff: Hypertrichosis, Veränderungen in den weiblichen sekundären Geschlechtsmerkmalen und innere Sekretion. J. amer. med. Assoc. Ref. Dermat. Z. **1916**, Nr 11.

Balzer et Alquier: Oedème strumeux ou erythème induré chez une jeune fille. Ann. de Dermat. **1900**, 625. — Barkman, Åke: Parmis les théories pathogéniques les plus en vogue à l'heure actuelle en est-il une qui explique avec précision l'origine de la sclérodermie congenitale et diffuse? Upsala Läk.för. Förh. **31**, H. 3/6 (1926). — Bau-Prussak, S.: La dégénérescence génito-sclérodermique. Revue neur. **1** (1926). — Bauer, J.: (a) Korrelation der inneren Sekretion und des vegetativen Nervensystem. J.kurse ärztl. Fortbildg **14**, H. 1 (1923). (b) Innere Sekretion, ihre Physiologie, Pathologie und Klinik. Berlin: Julius Springer 1927. (c) Individual constitution and endocrine glands. Bull. Buffalo gen. Hosp. **1**, Nr 3 (1923). — Bauer, R.: Hautaffektionen der Wechseljahre und ihre Therapie. Zbl. Gynäk. **47**, Nr 5 (1923). — Bayer, G.: Nebennieren. Handbuch der inneren Sekretion von M. Hirsch, 3. Lief. **2**. — Bayer, Gustav und R. von den Velden: Klinisches Lehrbuch der Inkretologie und Inkretotherapie. Leipzig: Georg Thieme 1927. — Beberich, J. nnd B. Fischer-Wasels: Schilddrüse und innere Sekretion. Handbuch der inneren Sekretion von Max Hirsch, 3. Lief. **1**. — Bechet, Paul: The dermatologic symptoms of endocrine dysfunction. Arch. of Dermat. **4**, Nr 5 (1921). — Beck, S. C.: Über anatomische und funktionelle Veränderungen der Schilddrüse bei Ichthyosis. Ber. 11. Kongreß dtsch. dermat. Ges. Wien. **1913**, 359. — Benard, R.: Un cas d'eczéma rebelle chez une dysthyroïdienne. Guérison complète et rapide par opothérapie. Bull. Soc. méd. Hôp. Paris **40** (1924). — Bénard, René et Couland: Sclerodermie et hypophyse. Bull. Soc. méd. Hôp. Paris **38**, Nr 32 (1922). — Berblinger, W.: (a) Klimakterische Gesichtsbehaarung und endokrine Drüsen. Z. Konstit.lehre **10**, H. 4 (1924). (b) Zur Frage der Gesichtsbehaarung bei Frauen (in Zusammenhang mit Keimdrüsen, Nebennieren und Hypophyse). Z. Konstit.lehre **12**, H. 2 (1926). — Berde, K.: Über die Organotherapie des Pemphigus. Ref. Zbl. Hautkrkh. **26**, 387 (1928). — Berson, V. und E. Loveiko: Ein Fall von Recklinghausenscher Krankheit. Ref. Zbl. Hautkrkh. **25**, 206. — Bertaccini, G.: Ricerche sui rapporti fra alterazioni endocrinico-simpatiche e alcune malattie cutanee. Giorn. ital. Mal. vener. Pelle **65**, H. 2 (1924). Giorn. ital. Dermat. **66**, H. 2 (1925). (b) La ghiandola tiroide in dermatologia. Giorn. ital. Dermat. **68**, H. 2 (1927). — Berthold, A.: Transplantation der Hoden. Z. Anat. u. Physiol. **1849**, 42. — Bettmann, S.: (a) Beitrag zur Lehre von den kongenitalen Dyskeratosen. Arch. f. Dermat. **110** (1911). (b) Über experimentelle Alopecie. Diskussion: Lassar, Blaschko, Heller, Justus, Buschke, Saalfeld, Bettmann. 5. internat. Dermat.-Kongreß Berlin **1914**. (c) Über angeborenen Haarmangel. Arch. f. Dermat. **9** (1902). — Biedl, A.: (a) Innere Sekretion. Berlin u. Wien: Urban u. Schwarzenberg 1916 u. 1922. (b) Die Konstitution in ihrer endokrinen Bedingtheit. Z. ärztl. Fortbildg **1927**. — Blamoutier, P.: Goitre exophthalmique et Kraurosis de la vulve survenant après la ménopause. Étude pathogenique et therapeutique. Paris méd. **12** (1922). — Blasi, A. C.: Glicemia e colesterinemia nella psoriasi e cura insulinica. Giorn. ital. Dermat. **68**, H. 2 (1927). — Bloch, Br.: (a) Über Beziehungen zwischen Hautleiden und endokrinen Störungen. Schweiz. med. Wschr. **56**, Nr 31 (1926). (b) Diathesen in der Dermatologie. Sonderdruck aus Verh. dtsch. Kongreß inn. Med. **27**. (c) Einiges über die Beziehungen der Haut zum Gesamtorganismus. Klin. Wschr. **1**, Nr 4 (1922). (d) Der jetzige Stand der Pigmentlehre. Zbl. Hautkrkh. **8**, H. 1/2 (1923). — Bloch, E.: Raynaudsche Krankheit und Hypophyse. Klin. Wschr. **6**, Nr 10 (1927). — Blum, Paul et R. Benda: Données récentes sur le vitiligo. Bull. méd. **38**, Nr 4 (1924). — Bock, Karl A.: Das peripherste Gefäßsystem und seine Beeinflussung durch Organpräparate. Z. exper. Med. **55**, H. 3/4 (1927). — Boeck, C.: Vier Fälle von Darierscher Krankheit. Arch. f. Dermat. **22**, 857 (1891). — Bolk: Über den Charakter der morphologischen Veränderungen bei Erkrankungen der endokrinen Organe. Kgl. Akad. Wiss. Amsterdam **29** (1921). — Bolte, F.: Erythrocyanosis cutis symmetrica. Klin. Wschr. **1**, Nr 12 (1922). — Bolten: Sklerodermie. Ref. Zbl. Hautkrkh. **8**, 125 (1923). — Borchardt, L.: (a) Die thyreosexuelle Insuffizienz, eine besondere Form der multiplen Blutdrüsensklerose. Dtsch. Arch. klin. Med. **143**, H. 1/2 (1923). (b) Über thyreosexuelle Insuffizienz. Mschr. Geburtsh. **64**, H. 5/6 (1923). — Bramwell, B.: The treatment of psoriasis by the internal administration of thyreoid extract. Brit. med. J. **1893**. — Bregman, A.: Die Behandlung des essentiellen Pruritus genitalis mit Thyreoidea. Schweiz. med. Wschr. **7** Nr 4 (1923). — Brelet: Glandes endocrines et dermatoses. Gaz. Hôp. **98**, Nr 45 (1925). — Britt und Thiel: Ergebnisse von experimentellen Untersuchungen des vegetativen Nervensystems unter besonderer Berücksichtigung der Hautkrankheiten und der Beobachtung der Pupille. Münch. med. Wschr. **1925**, 155. — Brocq-Besnier: La pratique dermatologique. Paris 1900. — Brock, W.: (a) Über Zusammenhang von Dermatosen und innerer Sekretion. Dtsch. med. Wschr. **1921**, Nr 47. Arch. Dermat. **138** (1922). — Bruhns: (a) Berlin. dermat. Ges. 20. Mai 1924. (b) Erythrocyanosis crurum puellaris

(Mendes da Costa) oder Congelatio mit Perniones folliculares acuminati (Klingmüller). Aussprache 559. Zbl. Hautkrkh. 21, 557. — Brünauer, S. R.: Über Schleimhautveränderungen bei Morbus Darier und über die Pathogenese dieser Erkrankung. Acta dermatovener. (Stockh.) 6, H. 2 (1925). — Brunetti, Lodovico, Emanuele Freund e Adriano Sturli: Su un caso di acanthosis nigricans. Giorn. ital. Mal. vener. Pelle 1921, H. 6. — Bruusgaard, E.: (a) Alopecia areata. Norsk. Mag. Laegevidensk. 83, Nr 2 (1922). (b) Om hudsygdomme ved stofvekselanomalier og lidelser i de endokrine kirtler med saerlig henblik paa sklerodermiernes pathogenese. Med. Rev. (norw.) 1927, Nr 10—11. — Buschke: (a) Sklerodermie mit Alopecie (2 Fälle). Zbl. Hautkrkh. 20, 257. (b) Nervöse und endokrine Störungen bei Kindern mit Alopecia areata. Zbl. Hautkrkh. 12, H. 9, 434. (c) Impetigo herpetiformis. Zbl. Hautkrkh. 25, 514. — Buschke, A. und W. Curth: Psoriasis und endokrines System besonders in therapeutischer Beziehung. Dtsch. med. Wschr. 53, Nr 19 (1927). — Buschke, A. und Werner Jost: Syphilis und endokrines System. Zbl. Hautkrkh. 24, 473. — Buschke, A. und Bruno Peiser: (a) Über die endokrine Wirkung und die praktische Bewertung des Thalliums. Dermat. Wschr. 74, Nr 19 (1922). (b) Zur Ätiologie der Alopecia areata. Dermat. Wschr. 80, Nr 7 (1925). (c) Thalliumalopecie und Sinneshaare. Beitrag zur Frage des Wirkungsmechanismus des Thalliums. — Buschke, A., Bruno Peiser und Erich Klopstock: Über einen Fall von akuter Thalliumvergiftung beim Menschen nebst weiteren Beobachtungen bei der klinischen Verwendung des Thalliums. Dtsch. med. Wschr. 52, Nr 37 (1926).

Carilton, R.: De l'étiologie endocrino-sympathique et du traitement ophothérapique du psoriasis. Rev. franç. Endocrin. 4, Nr 1 (1926). — Carlucci, Raffaele: Contributo alla studio della sclerodermia. Fol. med. (Napoli) 1924, Nr 2. — Carrera, J. L.: (a) Beziehungen des Ekzems zu den endokrinen Drüsen. Ref. Zbl. Hautkrkh. 27, 68. (b) Endokrine Sekretion und Psoriasis. Prensa méd. argent. 12, Nr 2 (1925). Ref. Zbl. Hautkrkh. 20, 459. — Castellino, P.: Contributo clinico alla patogenesi e alla terapia della sclerodermia. Riforma med. 40 (1924). — Castle, W. T.: The endocrine causation of scleroderma, including morphoea. Brit. J. Dermat. 35 (1923). — Cedercreutz, A.: (a) Un cas de „white spot disease" localisé au côté gauche du cou chez une fillette de 13 ans, et accompagné d'hémiatrophie faciale gauche. Acta dermato-vener. (Stockh.) 3 (1922). (b) Über Rosacea nasi, insbesondere bei Frauen. Acta dermato-vener. (Stockh.) 3, H. 3/4 (1922). (c) Aplasie pilaire, Goître, Cataracte juvénile. Förh. nord. dermat. (schwed.) 6. Kongreß, Helsingfors 1924. (d) Nyare undersöhningar angaende etiologien till alopecia areata. Finska Läk. sällsk. Hdl. 1911, 285. (e) Der Einfluß der inneren Sekretion auf die Haut und deren Adnexa. Prakt. Erg. Hautkrkh. 3 (1914). — Ceelen, W.: Über Myxödem. Beitr. path. Anat. 69 (1921). — Chang, Hsi Chun: Specific influence of the thyreoid gland on hair growth. Amer. J. Physiol. 77 (1926). — Ciarocchi, G.: Observations factes sur 547 cas d'Alopecie en aires. Internat. Congress Dermat. 1896, Trans. 707. — Claude, Henri: Le rôle de la prédisposition congénitale dans l'insuffisance pluriglandulaire. Encéphale 16 (1921). — Covisa, J. S. und J. Bejarano: (a) Positive Tatsachen über Beziehungen zwischen Dermatosen und innerer Sekretion. Ref. Zbl. Hautkrkh. 18, 847. (b) Positive Tatsachen über die Beziehungen zwischen Dermatosen und endokrinen Veränderungen. Ref. Zbl. Hautkrkh. 16, 563. (c) Tuberkulide und Hypothyreoidismus. Actas dermo-sifiliogr. 14, Nr 1/2 (1922). — Crosti, A.: A proposito di un caso di sclerodermia generalizzato progressiva. Giorn. ital. Dermat. 68, H. 4 (1927). — Crouzon, Marquézy et Lemaire.: Hirsutisme avec diabète et troubles psychiques. Discussion sur l'origine endocrinienne. Bull. Soc. méd. Hôp. Paris 40 (1924). — Curschmann, Hans: (a) Über Adipositas dolorosa. Med. Klin. 19, Nr 27 (1923). (b) Über Myxödem der Erwachsenen. Med. Klin. 22, Nr 15 (1926). (c) Zur Klinik und Pathophysiologie des Myxödems. Dtsch. Z. Nervenheilk. 98, H. 1/3 (1927). (d) Zur Behandlung der Sklerodermie. Ther. Gegenw. 67, H. 6 (1926). (e) Vasomotorische und trophische Neurosen. Münch. med. Wschr. 71, Nr 29 (1924). — Cushing, Harvey and Leo M. Davidoff: The pathological findings in four autopsied cases of acromegaly with a discussion of their significance. Monogr. Rockefeller Inst. med. Res. 1927, Nr 22.

Danforth, C. H.: Studies on hair with special reference to hypertrichosis. V. Factors affecting the growth of hair. Arch. of Dermat. 12, Nr 2 (1925). — Darier, J.: (a) Grundriß der Dermatologie. Berlin: Julius Springer 1913. (b) Acanthosis nigricans. Prat. dermat. 1. — Davidson, Anstruther: California State J. Med. 19, Nr 6 (1921). — Deleixhe et J. Firhet: Un cas d'hirsutisme surrénalien. Ann. Soc. méd.-chir. Liège 60, 11. Dez. 1927. — Dercum, F.: Problems in diseases of the internal secretions, with illustrative cases. Med. Clin. N. Amer. 4, Philadelphia 1921. — Dietel: Untersuchungen über die Korrelation innerer Drüsen mit Hautkrankheiten. Zbl. Hautkrkh. 25, 25. — Dohi, Sh.: Über die Alopecia areata. Ref. Zbl. Hautkrkh. 26, 154. — Dössekker: Über einen Fall von atypischem tuberösem Myxödem. Arch. f. Dermat. 123 (1916). — Drouet, L.: Endocrinides cutanées (sclérodermie, épidermolyse bulleuse) chez un myxoedemateux. Bull. Soc. franç. Dermat. 35 (1928).

EBAUGH, FRANKLIN G. and R. G. HOSHIN: A case of distrophia adiposogenitalis. Endocrinology 5, Nr 1 (1921). — EDELMANN, ADOLF: Dysfunctio pluriglandularis dolorosa. Wien. med. Wschr. 78, Nr 13 (1928). — EHRMANN, S.: (a) Beziehungen der ekzematösen Erkrankungen zu inneren Leiden. Slg Abh. Dermat. 4, H. 5. (b) Über den Zusammenhang der Neurodermitis mit Erkrankungen des Verdauungstraktes und Störungen der inneren Sekretion. Arch. f. Dermat. 138 (1922). (c) Diffuse Sklerodermie. Zbl. Hautkrkh. 18, 517. (d) Über den Zusammenhang innerer Krankheiten mit Hautkrankheiten. Wien. med. Wschr. 72, Nr 42 (1922). — EISELSBERG, v.: Zur Frage der dauernden Einheilung verpflanzter Schilddrüse und Nebenschilddrüse usw. Arch. klin. Chir. 106 (1915). — ENGELBACH, W.: (a) Studies on hair growth and pigmentation. Med. Clin. N. Amer. 9, Nr 1 (1925). (b) Endocrine adiposity. Med. Clin. N. Amer. 6, Nr 1 (1922). — EPPINGER, H.: (a) Das Myxödem. LEWANDOWSKYs Handbuch. (b) Die BASEDOWsche Krankheit. LEWANDOWSKYs Handbuch. — EPPINGER, H. und L. HESS: Die Vagotonie. Berlin: August Hirschwald 1910. — EPPINGER, RUDINGER und FALTA: Über die Wechselwirkung der Drüsen mit innerer Sekretion. Z. klin. Med. 61, 62. — EWALD: Über die therapeutische Anwendung der Schilddrüsenpräparate. Diskussion mit vielen Rednern. Verh. 14. Kongreß inn. Med. Wiesbaden 1896.

FALTA, W.: Die Erkrankungen der Blutdrüsen. Berlin u. Wien: Julius Springer 1928. — FELDMANN, S.: The endocrinological aspect of dermatology. Med. J. a. Rec. 119, Nr 1 (1924). — FEROND, M.: L'insuline en dermatologie. Le Scalpel 79, Nr 10 (1926). — FISCHER: Arch. f. Dermat. 141, H. 2. — FISCHER, H.: Familiär hereditäres Vorkommen von Keratoma palmare et plantare, Nagelveränderungen, Haaranomalien und Verdickung der Endglieder der Finger und Zehen in 5 Generationen. Dermat. Z. 32, H. 2/3 (1921). — FISCHER, W.: Hauterkrankungen im Anschluß an Strumaoperation. Berl. dermat. Ges. Sitzg 5. Dez. 1926. — FISCHER-WASELS, B. und J. BERBERICH: Epithelkörperchen und innere Sekretion. Handbuch der inneren Sekretion von MAX HIRSCH, 3. Lief. 1. — FISCHL: Zbl. Hautkrkh. 1, 14. — FISHMAN, M.: Zur Röntgentherapie und Ätiologie der Psoriasis. Ref. Zbl. Hautkrkh. 25, 664. — FLARER, F.: Ricerche sul sistema endocrino-simpatico in alcuni casi di vitiliginae. Giorn. ital. Dermat. 66, H. 2 (1925). — FÖLDES, LAJOS: Ätiologie und Therapie des Pruritus vulvae. Ref. Zbl. Hautkrkh. 23, 253. — FORNARA, P.: Sopra un caso di ittiosi famigliare. Arch. ital. Dermat. 1, H. 6 (1926). — FRAMONTANO, VINCENZO: Su di un caso di Geroderma genito-distrofico. Gazz. internaz. med.-chir. 26, Nr 5 (1921). — FRÄNKEL, MANFRED: (a) Die Stellung des Bindegewebes im endokrinen System. Berl. klin. Wschr. 58, Nr 21 (1921). (b) Streubehandlung oder endokrine Drüsenwirkung. Dtsch. med. Wschr. 47, Nr 9 (1921). — FREUND, H. W.: Haut bei schwangeren und genitalkranken Frauen. Kongreß dtsch. dermat. Ges. 1898. — FROWEIN, BERNHARD: Zur Kenntnis der Adipositas dolorosa. Dtsch. Z. Nervenheilk. 1921, H. 1/2. — FUCHS, H.: Über Poikilodermie. Dermat. Z. 48, H. 1/2 (1926). — FUJIWARA, A.: Alopecia areata und vegetatives Nervensystem. Ref. Zbl. Hautkrkh. 24, 59.

GALANT, J. S.: Untersuchungen über Hypertrichose bei Frauen. Arch. Frauenkde u. Konstit.forschg 11, H. 2 (1925). — GALEWSKY: Beitrag zur Kenntnis der Alopecia areata. Dermat. Wschr. 81, Nr 37 (1925). — GANS, O.: Über die Beziehungen von Hautveränderungen zu den Störungen der endokrinen Drüsen. Zbl. Hautkrkh. 12, H. 1/2. — GARFUNKEL, B.: Zum Krankheitsbild des Eunuchoidismus auf Grund pathologisch-anatomischer Untersuchung. Beitrag path. Anat. 72, H. 2 (1924). — GASSMANN: Histologische und klinische Untersuchungen über Ichthyosis. Arch. f. Dermat. 1904, Ergänzungsheft. — GASTOU: L'opothérapie en dermato-syphiligraphie. Le Scalpel 76, Nr 26 (1926). — GAWALOWSKI, KAREL: (a) Alopecia confluens thyreogenes. Ceská Dermat. 3, H. 2 (1922). Ref. Zbl. Hautkrkh. Nr 4, 268. (b) Thymusfunktionssteigerung durch Röntgen und ihr Einfluß auf die Haut. Ref. Zbl. Hautkrkh. 8, 173 (1923). (c) Die Thymusbestrahlung und die Haut der Psoriatiker. Acta dermato-vener. (Stockh.) 4 (1923). — GENNER: Alopecia totalis mit Nagelveränderungen. Dän. dermat. Ges. Zbl. Hautkrkh. 22, 475. — GINSBERG, S. und A. BUSCHKE: Über die Augenveränderungen bei Ratten nach Thalliumfütterung (Katarakt und Iritis) und ihre Beziehung zum endokrinen System. Klin. Mbl. Augenheilk. 71 (1923). — GOERING, DORA: Beziehungen des vegetativen Nervensystems zum Fettgewebe. MÜLLERs „Die Lebensnerven." — GOLAY, J.: Sur le rôle du système sympathique dans la pathogénie d'un grand nombre de dermatoses. Schweiz. med. Wschr. 53 (1923). — GOTTLIEB, KURT: Die Pathologie der Dystrophia adiposo-genitalis. Erg. Path. 19 (1921). — GRÖN, K.: Cutis verticis gyrata, UNNA. Tidskr. norske Laegefor. 1925, Nr 1. — GRUMACH: (a) Die Lehre vom Sympathicus-Parasympathicus. Zbl. Hautkrkh. 10, 1. (b) Autonomes Nervensystem und Haut. Zbl. Hautkrkh. 10, H. 3/4. — GRUSS, R.: Dermatosen und vegetatives Nervensystem. Wien. med. Wschr. 76 (1926). — GRZYBOWSKI, M.: Zur Behandlung der Psoriasis mittels Insulin. Ref. Zbl. Hautkrkh. 23, 213. — GUILLAIN, GEORGES, TH. ALAJOUANINE et R. MARQUÉZY: Sclérodermie progressive avec cataracte double précoce chez un infantile. Bull. Soc. méd. Hôp. Paris 39, Nr 32 (1923).

HAAS, L.: (a) Über die Röntgenhypersensibilität der Haut besonders bei innersekretorischen Störungen. Dtsch. med. Wschr. 48, Nr 34 (1922). (b) Zur Frage der Ätiologie und Therapie des Pruritus. Wien. klin. Wschr. 37, Nr 52 (1924). — HALBAN, J.: Über ein bisher nicht beachtetes Schwangerschaftssymptom (Hyperthricosis graviditatis). Wien. klin. Wschr. 1906, Nr 1. — HAMMAR: Menschenthymus. Leipzig 1926. — HARROWERS monograf. on the internal secretion. Endocrinology in pediatrics. 1, Nr 4 (1921). — HART, C.: Zum Wesen und Wirken der endokrinen Drüsen. Berl. klin. Wschr. 58, Nr 21 (1921). — HART-DRANT: Keratosis palmaris et plant. Arch. of Dermat. 11, Nr 4 (1925). — HEIMANN-HATRY: Zur Ätiologie der Sklerodermie. Universelle Sklerodermie bei hypophysärem Zwergwuchs. Wien. med. Klin. 21, Nr 25 (1925). — HEINRICHS, J. und P. HENRIKSON: Krankheiten ektodermalen Ursprungs. Norsk. Mag. Laegevidensk. 84, Nr 1 (1923). Ref. Zbl. Hautkrkh. 9, 106. — HEINSHEIMER, F.: Entwicklung und jetziger Stand der Schilddrüsenbehandlung. München: J. F. Lehmann 1895. — HELLER, J.: (a) Eine Sammelforschung über die pathologische Anatomie der endokrinen Drüsen bei Hautaffektionen mit angeblich endokriner Pathogenese. Dermat. Z. 48, H. 1/2 (1926). (b) Was ergibt die Untersuchung von 400 Fällen endokriner Störungen für die Onychopathologie? Zbl. Hautkrkh. 18, 485. (c) Die Krankheiten der Nägel. Berlin: August Hirschwald 1900 und in diesem Handbuch 13 II. — HELLER und PULVERMACHER: Aussprache zu dem Vortrag PULVERMACHER!: Angio- und Trophoneurosen der Haut mit besonderer Beziehung zu den endokrinen Drüsen. Zbl. Hautkrkh. 16, 867. — HERLITZ, C. W.: Studien über die Blutzuckerregulierung bei gesunden Säuglingen und solchen mit exsudativer Diathese. Acta paediatr. (Stockh.) 8, Suppl. 3. — HERMSTEIN, A.: (a) Striae cutis distensae und Hypophysentumor. Arch. f. Dermat. 146, H. 3 (1924). (b) Striae bei Hypophysentumor. Zbl. Hautkrkh. 11, H. 6/7. — HERTOGHE, E. und J. H. SPIEGELBERG: Die Rolle der Schilddrüse bei Stillstand und Hemmung des Wachstumsund der chronische gutartige Hypothyreoidismus. München: J. F. Lehmann 1900. — HESS: Münch. med. Wschr. 1903, Nr 38. — HESSE, M.: Über die Ätiologie der Psoriasis. Arch. f. Dermat. 146, H. 2 (1924). — HEUDORFER: Untersuchungen über die Entstehung des Oberhautpigments und dessen Beziehung zur ADDISONschen Krankheit. Arch. f. Dermat. 134, 339 (1921). — HINTZ, A.: Ein Fall von Naevus Pringle und Neurofibromatosis. Arch. f. Dermat. 1911, 277. — HIRCHMANN, C.: Über das gleichzeitige Vorkommen einer Neurofibromatosis und Dermatitis herpetiformis Duhring. Halle 1912. — HIRSCH, H.: Über Röntgenkater und -kachexie. Dtsch. med. Wschr. 48, Nr 49 (1922). — HIRSCH, MAX: Handbuch der inneren Sekretion. Leipzig: Curt Kabitzsch 1927. — HOESSLIN, H. v.: Die Beziehung der Haut und ihrer Gebilde zur Konstitution ihres Trägers. Münch. med. Wschr. 68, Nr 26 (1921). — HOFBAUER, J.: (a) Ovarialtherapie klimakterischer Toxikodermien. Zbl. Gynäk. 46, Nr 14 (1922). (b) Die Bedeutung der innersekretorischen Drüsen für die Klinik der Graviditätstoxikosen. Verh. dtsch. Kongreß inn. Med. 1921. — HOFFMANN, E.: Scleroedema (Scleremia) adultorum nach Grippe mit Veränderung an den cutanen Nerven. Arch. f. Dermat. 145 (1924). — HOFFMANN, H.: (a) Untersuchungen über endokrine Störungen bei Hautkrankheiten, insbesondere Sklerodermie und Akrodermatitis atrophicans. Klin. Wschr. 4, Nr 20 (1925). (b) Über circumscriptes, planes Myxödem mit Bemerkungen über Schleim und Kalk bei Poikilodermie und Sklerodermie. Arch. f. Dermat. 146, H. 1 (1923). (c) Kalk, Mucin, Myxödem, Sklerodermie, Calcinose. Arch. f. Dermat. 145 (1924). (d) Untersuchungen über endokrine Störungen bei Hautkrankheiten, insbesondere Sklerodermie und Akrodermatitis. Acta dermato-vener. (Stockh.) 6, H. 4 (1926). (e) Beziehungen zwischen Haut und den endokrinen Drüsen. Ref. Zbl. Hautkrkh. — HOFMEISTER: Beitr. klin. Chir. 11 (1894). — HOLMGREN, J.: Über den Einfluß der BASEDOWschen Krankheit und verwandter Zustände auf das Längenwachstum nebst einigen Gesetzen der Ossification. Leipzig: Metzger u. Wittig 1909. — HOLZKNECHT, G.: Gibt es eine indirekte Reizwirkung der Röntgenstrahlen? Wien. med. Wschr. 75, Nr 3 (1925). — HORSLEY: Functional nervous disorders due to loss of thyreoid gland and pituitary body. Brit. med. J. 1, 323; 2, 411 (1906).

JACQUET, L.: Nature et traitement de la pelade. Ann. de Dermat. 1912, 97. — JACQUET et ROUSSEAU-DECELLE: Pelade chez un acromegalique. Bull. de Dermat. 1912, 1912. — JADASSOHN, J.: (a) Familiäre Blasenbildung auf kongenitaler Basis usw. Verh. dtsch. dermat. Ges. 9. Kongreß Bern 1906, 381. (b) Hautkrankheiten und Stoffwechselanomalien. Referat, erstattet 5. internat. Dermat.-Kongreß. Berlin 1904. Berlin: August Hirschwald 1905. — JADASSOHN, WERNER: Familiäre Acanthosis nigricans mit Fettsucht. Arch. f. Dermat. 150, H. 1 (1926). — JAFFÉ, R. und J. TANNENBERG: Nebennieren. Handbuch der inneren Sekretion von MAX HIRSCH, 4. Lief. 1. — JEDLIČKA, JAROSLAV: Zur Beziehung endokriner Organe. Ref. Zbl. Hautkrkh. 1921, Nr 1, 187. — JEDLIČKA, V.: (a) Sklerodermie und innere Sekretion. Ref. Zbl. Hautkrkh. 23, 771. (b) Pathogenese de Alopecia thyreogenes. Ref. Zbl. Hautkrkh. 17, 801. — JESIONEK, A.: Biologie der gesunden und kranken Haut. Leipzig: F. C. W. Vogel 1916. — JESSNER, MAX: (a) Sklerodermie en plaques nach Uterusexstirpation. Zbl. Hautkrkh. 22, 18. (b) Akrodermatitis chronica atrophicans (nach Röntgenkastration) + Psoriasis. Zbl. Hautkrkh. 22, 17. — JESSNER, MAX und ARTUR LOEWENSTAMM: Bericht über 66 Fälle von Akrodermatitis chronica atrophicans. Dermat. Wschr. 79, Nr 40 (1924). — JORDAN, A.: (a) Hautveränderungen bei Schwangeren. Zbl. Hautkrkh.

8, 369 (1922). (b) 140 Fälle von Alopecia areata. Dermat. Wschr. 80 (1925). (c) Über Vitiligo. Dermat. Wschr. 76, Nr 5 (1923). — Jordan, A. und E. Romeikowa: Über einen Fall von Akrodermatitis chronica atrophicans und Melanodermie. Dermat. Z. 39 (1923). — Josefson, A.: (a) Dentition, hårutveckling och inre sekretion. Hygiea (Stockh.) 1914. (b) Om endokrina skelett - och utvecklingsrubbningar. Sv. Läk.sällsk. Hdl. 41 (1915). (c) Atrichia congenita und innere Sekretion. Arch. f. Dermat. 123, H. 1 (1916). — Joseph, Max: Zur Ätiologie der Alopecia areata. Zbl. med. Wiss. 1888, Nr 5. — Juliusberg, F.: Acne vulgaris et rosacea. Zbl. Hautkrkh. 9, 1. — Jumon, H.: Les hyperhidroses chez l'enfant. Progrès méd. 48 (1921). — Juster, E.: (a) Les érythèmes infiltrés ou infiltrations érythèmo-cyanotiques des neuro-endocriniens. Bull. Soc. franç. Dermat. 33, Nr 4 (1926). (b) L'érythro-cyanose sus-malléolaire, étude clinique et therapeutique. Presse méd. 35, Nr 103 (1927). (c) Le facteur sympathique de la crise nitroïde. Paris méd. 13, Nr 32 (1923).

Kämmerer, H. und Carl Lober: Über cerebrale Reizerscheinungen bei endokrinen Störungen der Genitalsphäre. Münch. med. Wschr. 70, Nr 7 (1923). — Kapferer: Über Impetigo herpetiformis und Schwangerschaft. Arch. Gynäk. 120 (1923). — Karwowski, A. v.: Zur Frage der Erythrocyanosis crurum puellaris. Dermat. Wschr. 85, Nr 34 (1927). — Kermauner, Fritz: Dehnungsstreifen der Haut. Mschr. Geburtsh. 64, H. 3/4 (1923). — Kern, M.: Dermographia in relation to dysthyreoidism. Amer. Med. 33, Nr 9 (1927). — Koch, W.: Über die russisch-armenische Kastratensekte der Skopzen. Jena: Gustav Fischer 1921. — Kocher, A.: Die Pathologie der Schilddrüse. Kongreß inn. Med. 1906. — Kogoj, Fr.: (a) Un cas de maladie de Hallopeau. Acta dermato-vener. (Stockh.) 8, H. 1 (1927). (b) Über Atrophodermien und Sklerodermien. Acta dermato - vener. (Stockh.) 7. (c) Réunion Dermatologique de Strassbourg (12. Juni 1927). Ref. Acta dermato-vener. (Stockh.) 9, H. 1 (1928, Juni). (d) Beitrag zur Ätiologie und Pathogenese der Striae cutis distensae (atrophicae). Arch. f. Dermat. 149, H. 3 (1925). — Königstein, H.: Über das Verhalten der Haut in chemischer und physiologischer Beziehung nach experimenteller Entfernung der Schilddrüse. Zbl. Hautkrkh. 17, 485. — Kraseman, E.: Zur Kenntnis der Menstruatio praecox. Mschr. Kinderheilk. 19, Nr 4 (1921). — Kraus, E. J.: (a) Zur Pathogenese der diffusen Sklerodermie. Zugleich ein Beitrag zur Pathologie der Epithelkörperchen. Virchows Arch. 253 (1924). (b) Zur Pathogenese der Dystrophia adiposogenitalis. Med. Klin. 20, Nr 38 (1924). — Krogh, Marie und Carl With: On the standard metabolism in ichtyosis. Acta dermato-vener. (Stockh.) 3, H. 3/4 (1922). — Krzystalowicz, Frank: Über die Rolle der Haut im Organismus. Polska Gaz. lek. 1921, Nr 13. — Kuhlmann, Bernhard: Ein Beitrag zur Differentialdiagnose zwischen rudimentärem Myxödem und Hypovarismus. Münch. med. Wschr. 68 (1921). — Kyrle J.: (a) Genitalunterentwicklung bei Knaben und Hautkrankheiten. Arch. f. Dermat. 119 I, 165. (b) Über Entwicklungsstörungen der menschlichen Keimdrüsen im Jugendalter. Wien. klin. Wschr. 1910, 1583.

Laennec, T. et J. Delarne: Les sclérodermies. Gaz Hôp. 100, Nr 7 (1927). — Laignel-Lavastine: (a) Femmes à barbe et endocrino-psychiatrie. Paris méd. 11, Nr 44 (1921). (b) Sclérodermie. J. des Prat. 37, Nr 49, 807. (c) Réflexes sympathiques cutanés. Gaz. Hôp. 96, Nr 74 (1923). — Laignel-Lavastine et Pierre Bourgeois: Gérodermie génito-dystrophique avec rheumatisme chronique et vagotonie. Bull. Soc. méd. Hôp. Paris 43, Nr 22 (1927). — Laignel-Lavastine, E. Coulaud et Largeau: Sclérodermie aigue. Bull. Soc. méd. Hôp. Paris 38, Nr 34 (1922). — Ledermann, R.: (a) Die Behandlung der Acne vulgaris. Dtsch. med. Wschr. 53, Nr 46 (1927). (b) Psoriasis und Vitiligo. Zbl. Hautkrkh. 13, 126. — Lenz, M.: Investigation of thymus stimulation by roentgen rays. Amer. J. Roentgenol. 13, Nr 3 (1925). — Leone, R. E.: Un nuovo metodo semplice di sondaggio biologico delle glandole endocrini. Fol. med. (Napoli) 10, Nr 15 (1924). — Leontjewa, L. A.: Über Veränderungen der Knochen und Gelenke bei Sklerodermie. Arch. f. klin. Chir. — Lereboullet, P.: Hypophyse et dystrophies infantile. J. Méd. franç. — Lereboultet, P. et J. J. Gournay: Action des extraits thymiques sur le développement des organes génitaux. Bull. Soc. Pédiatr. Paris 25, Nr 6/7 (1927). — Leschke, Erik: Die Wechselwirkung der Blutdrüsen bei der Basedowschen Krankheit, dem Diabetes mellitus und dem Verjüngungsproblem. Wien. med. Wschr. 71, Nr 1 (1921). — Leszczyński, R: (a) Die Opotherapie der Psoriasis mit Hilfe der Diathermie. Ref. Zbl. Hautkrkh. (b) Zur Pathogenese der Psoriasis. Ref. Zbl. Hautkrkh. 14, 59. — Leszczyński, R. v.: (a) Die Opotherapie der Psoriasis vulgaris mittels Diathermie. Dermat. Wschr. 83 (1926). (b) Zur Pathogenese der Poikilodermie (Jacobi). Dermat. Wschr. 84, Nr 10 (1927). — Lévi et de Rothschild: Nouvelles études sur la physio-pathologie du corps thyreoïde et des autres glandes endocrines. Paris 1911. — Levin: Skin lesions associated with evidences of endocrine disorder. Arch. of Dermat. 3, Nr 3 (1921). — Levin und Heller: Die Sklerodermie, eine monographische Studie. Berlin 1895. — Levin, O. L. und E. B. Smith: Pityriasis rubra pilaris. Ref. Zbl. Hautkrkh., Nr 1, 43. — Lévy, Georges, Juster et Lafont: Troubles endocriniens et crises nitroïdes. Ann. Mal. vénér. 18 (1923). — Lévy-Franckel, Ducortioux et Brêtillon: Resultats obtenus dans quelques affections chroniques (dermatoses ou syphilis nerveuse). Bull. Soc. franç. Dermat. **33**, Nr 7 (1926). — Lévy-Franckel, A. et E. Juster: (a) Syndrome endocrino-sympathique de la pelade. Presse méd. **30** (1922). (b) Le métabolisme basal en dermatologie. Bull. méd. **38**, Nr 4 (1924). (c) Kératodermie palmaire congénitale avec kératomes juxtaarticulaires; insuffisance thyroïdienne et testiculaire. Bull. Soc. franç. Dermatol. **1924**, Nr. 7. (d) Encéphale **18**, Nr 4 (1923). (e) The rôle played by disturbances of the sympathetic nervous system and of the endocrine glands in the pathogenesis of cutaneous affections. Urologic Rev. (f) Le rôle du système endocrino-sympathique dans la pathogénie de certains troubles trophiques cutanés. Presse méd. **31**, Nr 60 (1923). (g) Troubles pilaires, pigmentaires, keratodermiques et ungueaux consécutifs à de lésions des nerfs périphériques. Leur pathogénie. Bull. Soc. franç. Dermat. **1923**, Nr 7. (h) Vitiligo avec troubles nerveux sensitifs et sympathiques; l'origine sympathique du vitiligo. Bull. Soc. franç. Dermatol. **1922**, Nr 7. — Lévy-Franckel, Juster et van Bogaert: Etude de métabolisme basal chez les peladiques. Bull. Soc. franç. Dermat. **1923**, Nr 6. — Lévy-Franckel, Juster, Cottenot et Jean.: Recherches sur le psoriasis et resultat obtenus par le traitement endocrinien et l'irradiation des glandes vasculaires sanguines. Bull. Soc. franç. Dermat. **1923**. — Lichtenstern, R.: Mit Erfolg ausgeführte Hodentransplantation am Menschen. Münch. med. Wschr. 9. Mai **1916**, 673. — Lier, W.: Fall von Neurofibromatosis Recklinghausen. 11. Kongreß dtsch. dermat Ges. Wien, Sept. **1913**. — Lilienstein: Onycholysis partialis. Zbl. Hautkrkh. **26**, 356 (1928). — Lindeberg: Über den Einfluß der Thymusektomie an dem Gesamtorgane und die Drüsen innerer Sekretion usw. Fol. neuropath. eston. **2**, 924. Zit. nach Ber. Physiol. **30**, 759 (1925). — Lindner, T.: Något om leverns betydelse vid schizofreni. Med. För. Tidskr., März **1928**. — Linser und Kähler: Experimentelles zur Thalliumalopecie. Arch. f. Dermat. **155**, 175 (1928). — Lippert, H.: Über den Morbus Darier. Dermat. Z. **35**, H. 1/2 (1921). — Lippitz, O.: Der Wert von Stoffwechseluntersuchungen für die Dermatologie. Zbl. Hautkrkh. **26**, H. 7/8 (1928). — Lojander, W.: Alimentäre Glykämiereaktion bei verschiedenen Hautkrankheiten. Duodecim (Helsingfors) **43**, Nr 12. — Lortat-Jacob et L. de Gennes: Placard pseudo-phlegmoneux et eczématides chez une myxoedémateuse. Guérison par opothérapie thyroidienne. Bull. Soc. méd. Hôp. Paris **40**, Nr 19 (1924). — Lortat-Jacob et Legrain: Presse méd. **31**, Nr 65 (1923). — Lortat-Jacob, L.: Quelques enseignements tirés des relations des dermatoses avec les perturbations fonctionnelles de divers appareils. Presse méd **33**, Nr 103. — Louste, A. Lévy-Franckel et E. Juster: Les résultat du traitement du lichen plan par l'irradiation de la région médullaire. Ref. Zbl. Hautkrkh. **25**, 413. — Löwenstein, A.: Hautveränderungen auf Grund von inneren Sekretionsstörungen und Linsentrübung. Klin. Mbl. Augenheilk. **76** (1926). — Luerssen: Untersuchungen über Veränderungen des vegetativen Nervensystems bei Ekzematikern. Zbl. Hautkrkh. **18**, 336. — Luerssen und Lange: Über das Verhalten des vegetativen Nervensystems bei Ekzematikern. Arch. f. Dermat. **149** (1925). — Luithlen, F.: Die Beeinflussung der inneren Sekretion als ätiologische Therapie bei Dermatosen der Pubertät und des Klimakteriums. Med. Klin. **17**, Nr 8 (1921).

Mac Callum, W. G.: Acute diffuse scleroderma. Trans. Assoc. amer. Physicians. **41** (1926). — Maisin, J., P. Desmedt et L. Jacqmin: Influence de la castration sur l'éclosion et l'évolution du cancer chez la souris blanche. C. r. Soc. Biol. **94**, Nr 11 (1926). — Majocchi, D.: Sopra un caso di eritrodermia angio-ectasica circoscritta agli arti e alla faccia da probabile origine endocrina. Giorn. ital. Mal. vener. Pelle **63**, H. 2 (1922). — Maniotti, Ettore: Geroderma genito-distrofico ed ipofisario da sifilide ereditaria. Giorn. ital. Mal. vener. Pelle **62** (1921). — Marañon, G.: (a) Über die hypogenitale Hand (= Acrocyanose). Siglo méd. **1921**, Nr 3527. Ref. Zbl. Hautkrkh. **2**, 229. (b) La main hypogénitale. Rev. Méd. **39** (1922). — Marburg, Otto: Zur Frage der Lipodystrophia progressiva. Arb. neur. Inst. Wien **30** (1927). — Mariani, G.: Cute e paratiroidi. Giorn. ital. Dermat. **68**, H. 2 (1927). Marie et Bernardou: Un cas de dégénérescence mentale avec hypertrichose. Encéphale **18**, Nr 7 (1923). — Marinesco, G.: De la destruction de la glande pituitaire chez le chat. C. r. Soc. Biol. **44** (1892). — Martinez, G.: Ref. Zbl. Hautkrkh. **8**, 33 (1923). — Matsui, S.: Über die Pathologie und Pathogenese von Sclerodermia universalis. Ref. Zbl. Hautkrkh. **31**, 55 (1924). — Meirowsky: Der gegenwärtige Stand der Pigmentfrage. Zbl. Hautkrkh. **8**, 97 (1923). — Memmesheimer, A.: Ein Beitrag zur Frage des Röntgenkaters. Strahlenther. **16**, H. 5 (1924). — Mendes da Costa, S. und M. van Oort-Lau: Über Erythrocyanosis crurum puellaris. Acta dermato-vener. (Stockh.) **7**, H. 1 (1926). — Metschanski: Behandlung der Psoriasis. Zbl. Hautkrkh. **18**, 335. — Miescher: Acanthosis nigricans forme fruste. Zbl. Hautkrkh. **21**, 44. — Miescher, Guido: Zwei Fälle von kongenitaler familiärer Akanthosis nigricans, kombiniert mit Diabetes mellitus. Dermat. Z. **32** (1921). — Mogilnitzky, B.: Zur Frage der pathologischen Veranderungen des vegetativen Nervensystems bei Erkrankungen der endokrinen Drüsen. Virchows Arch. **257**, H. 3 (1925). — Molčanov, V. und J. Davydovskij: Klinik und Pathogenese des Hirsutismus. Ref. Zbl. Hautkrkh. **23**, 673. — Monacelli, M.: Onicoatrofia famigliare di origine endocrina. Giorn. ital. Dermat.

66, H. 2 (1925). — Moraviecka, J.: Ein Fall von Basedowscher Krankheit mit Sklerodermie und Osteomalacie. Ref. Zbl. Hautkrkh. 25, 105. — Morris, Malcom: The internal secretion in the relation to dermatology. Brit. med. J. 1913, Nr 2733, 1037. — Mraček, F.: Handbuch der Hautkrankheiten. Wien: Alfred Hölder 1905. — Mucci, A.: Di due famiglie con ittiose volgare per eredo-sifilide. Giorn. ital. Mal. vener. Pelle 65, H. 4. — Müller, R. L.: Die Lebensnerven. Berlin: Julius Springer 1924.

Nahamura, K.: An autopsy of a case of akantosis nigricans and a contribution to the knowledge of its pathogenesis. Jap. J. of Dermat. 24, Nr 7 (1924). — Nardelli, Leonardo: Il probabile fattore endocrino nella patogenesi delle „striae cutis atrophicae". Endocrinol. 1, H. 3 (1926). — Neumann, R.: Ther. Gegenw. 1919, H. 7. — Neumark, S. und L. Tschatschkowska: Über das Verhalten des Blutzuckers bei einigen Hautkrankheiten. Dermat. Wschr. 86, Nr 14 (1928). — Nicolas und Gaté: Endokrine Störung luetischen Ursprungs. Ref. Zbl. Hautkrkh. 21, 802. — Nobl: Wien. dermat. Ges. 9. Nov. 1904; 6. März 1919; 21. Juni 1923; 25. Okt. 1923. — Noguer, M.: Über den endokrinen Ursprung der generalisierten Sklerodermie. Ref. Zbl. Hautkrkh. 20, 60. — Norman, Meachen and Provis: A case of alopecia areata totalis cured by pregnancy an relapsing with the re-establishment of the menses. Brit. J. Dermat. Juli 1912.

Olivet, Jeannot: (a) Die sekundäre weibliche Behaarung, ein Hypophysenmerkmal. Z. Konstit.lehre 10 (1924). (b) Über den angeborenen Mangel beider Eierstöcke, zugleich ein Beitrag zur Frage der Kastration und der Behaarung. Frankf. Z. Path. 29, H. 3 (1923). — Ormsby and Mitchell: Scleroderma. Arch. of Dermat. 9, Nr 5 (1924). — Orr, H.: Alopecia areata and syphilis. Brit. J. Dermat. 36, Nr 2 (1924).

Pagniez, Ph. et L. Rouqués: Oedème dur de quatre membres d'origine dysthyroïdienne. Guerison par l'opothérapie thyroïdienne. Bull. Soc. méd. Hôp. Paris 44, Nr 6 (1925). — Pariser, C.: Die Behandlung der Urticaria mit Keimdrüsenhormonen. Ther. Gegenw. 68, H. 4 (1927). — Patzsche, W. und Ernst Sieburg: Zur Ätiologie der Menstrualexantheme. Arch. f. Dermat. 146 (1923). — Pautrier, L. M. et Olga Eliascheff: Contribution à l'étude de la dermatite chronique atrophique. Ann. de Dermat. 2, Nr 6. — Pautrier, L. M. et G. Lêvy: Trois cas d'érythro-cyanose symétrique sus-malléollaire. Bull. Soc. franç. Dermat. 34, Nr 5 (1927). — Pechur, G. und M. Cerkes: Acanthosis nigricans. Ref. Zbl. Hautkrkh. 26, 392. — Pedenko, A.: Chronische Insuffizienz der Schilddrüse bei Erwachsenen (russ.). Rusk. Vest. Dermat. 5, Nr 4, 338—355; Nr 5, 444—462; Nr 6, 556 bis 576; Nr 7, 668—685; Nr 8, 780—795; Nr 9, 892—914; Nr 10, 1004—1015, u. dtsch. Zusammenfassung 1016—1017 (1927). Ref. Zbl. Dermat. von G. Moderow. — Perl, J. E.: Über inkomplette Formen des Myxödems. Z. Neur. 71 (1921). — Pernet, J.: Über einen Fall von Sklerodermie und Hautverkalkung. Arch. f. Dermat 152, H. 2 (1926). — Petenyi, Geza et Ludwig Puhr: Über die interrenale Dystrophie. Ref. Zbl. Hautkrkh. 26, 65. — Petrén, K. und J. Shorling: Untersuchungen von Vagotonus und Sympathicotonus. Z. klin. Med. 73 (1911). — Petrini: Influence de la grossesse sur le Psoriasis vulgaire. Bull. de Dermat. 1912. — Peyri, J. M. und José Tragant: Feststehende Tatsachen bei den Beziehungen zwischen Dermatosen und endokrinen Affektionen. Ref. Zbl. Hautkrkh. 27, 800. — Pfaunder: Diathesen in der Kinderheilkunde. Sonderdruck aus Verh. dtsch. Kongreß inn. Med. 28. — Pfeiffer, Miklos: Dermographismus und innere Sekretion. Orv. Hetil. (ung.) 1922, H. 7. Ref. Zbl. Hautkrkh. 5, 228. — Pick, Walther: Acne und innere Sekretion. Arch. f. Dermat. 131, (1921). Pletnew, D.: Vergleichende klinische Beobachtungen aus dem Gebiete des vegetativen Nervensystems. Z. klin. Med. 103, H. 2 (1926). — Pogany, Kálmán und Lipót Szondi: Das Verhältnis der für die einzelnen Lebensalter charakteristischen Hauterkrankungen zur inneren Sekretion. Ref. Zbl. Hautkrkh. 11, 39. — Polland, R.: Der Haarausfall, seine Ursachen und neue Wege zu seiner Bekämpfung. Zbl. Hautkrkh. 24, 601. — Pontoppidan, B.: Subcutane Kalkknoten bei plurigland. Insuffizienz. Hosp.tid. (dän.) 64 (1921). — Póor, F.: Die durch Störungen im weiblichen Genitalsystem hervorgerufenen Hautleiden. Ref. Zbl. Hautkrkh. 16, 563. — Poos, Fritz: Über die indirekte Strahlenschädigung des Organismus bei isolierter Organbestrahlung. Klin. Wschr. 1, Nr 17 (1922). — Popper, Andreas: Über das Verhalten der Haut schilddrüsenloser Tiere. Diss. Gießen 1927. — Porter, A.: Basal metabolism in ichtyosis. Brit. J. Dermat. 38, Nr 12 (1926). — Pottenger, F. M.: The neurological and endocrinological aspects of ichthyosis, chronic indurative eczema and some of the minor formes of so-called trophic changes in dermal tissues. Endocrinology 10, Nr 2 (1926). — Prodanoff, A.: Sur un cas de maladie d'Addison. Ann. Anat. path. méd.-chir. 2, Nr 2 (1925). — Pulay, Erwin: (a) Zur Klinik und Therapie des Pruritus und der Furunculose. Med. Klin. 17 (1921). (b) Ausblicke für die Behandlung von Hautkrankheiten mit Organpräparaten. Dtsch. med. Wschr. 52, Nr 5 (1926). (c) Transmineralisation und Haut. Dtsch. med. Wschr. 52, Nr 7 (1926). — Pulvermacher, L.: (a) Hautveränderungen bei der Menstruation und in der Gravidität in ihrem Zusammenhange mit der innersekretorischen Tätigkeit der Keimdrüsen. Arch. Frauenkde u. Eugenet. 7, H. 1 (1921). (b) Von der allergischen Konstitution der Haut und ihren Beziehungen zu endokrinen Drüsen. Zbl. Hautkrkh. 18, 479. (c) Ist die Haut ein innersekretorisches Organ? Hirschs Handbuch der inneren Sekretion. (d) Von den Beziehungen der endokrinen Drüsen zur Haut. Zbl. Hautkrkh. 12, H. 9, 433; 13, 127. Diskussion ibidem 129. (e) Einführung in den Begriff der inneren Sekretion und die Arbeitseinstellung der innersekretorischen Drüsen, insbesondere der Haut. Zbl. Hautkrkh. 8, 209 (1923).

Quervain, F. de: Zur Frage des infantilen Myxödems und des dystropischen Hypothyreoidismus. Endokrinol. 1 (1928).

Racinowski, A.: Hautveränderungen bei Parathyreoideastörungen. Zbl. Hautkrkh. 10, 167. — Radaeli, A.: Osservazioni sui supposti rapporti eziologici fra alterazioni endocrine e psoriasi. Giorn. ital. Dermat. 67, H. 4 (1926). — Ramazzotti, V.: Patogenesi e terapia della sclerodermia. Giorn. ital. Mal. vener. Pelle 64, H. 1 (1923). — Rasch, C.: Dysthyreoidismus und Atrophie der Haare und Nägel bei einem Mädchen von 26 Jahren. Forh. nord. dermat. For. (dän.) 1919, 141 (1921). — Raspi, M.: Di un caso di „cutis laxa‟. Riv. Clin. pediatr. 25, H. 9 (1927). — Ratner, J.: Beiträge zur Pathogenese und Klinik des suprareno-genitalen Symptomenkomplexes. Med. Klin. 21, Nr 21 (1925). — Ravaut, Paul, Bith et Ducourtioux: L'action de l'insuline sur l'évolution du psoriasis. Bull. Soc. franç. Dermat. 32, Nr 6 (1925). — Reitter, C.: Abnormes Längenwachstum der Wimpern bei Überfunktion der Nebennieren. Z. Augenheilk. 59, H. 6 (1926). — Rejsek, B.: Ursache der Schuppenflechte. Ref. Zbl. Hautkrkh. 22, 768. — Reuben, Mark S. and Randolph Manning: Precocious puberty. Arch. Pediatr. 39, Nr 12 (1922) u. 40, Nr 1 (1923). — Reye: Das klinische Bild der Simmondschen Krankheit (hypophysäre Kachexie) in ihrem Anfangsstadium und ihre Behandlung. Münch. med. Wschr. 73, Nr 22 (1926). — Richter, W.: Über lokales Myxödem der Haut mit Beziehung zum Basedow. Dermat. Wschr. 84, Nr 1/2 (1927). — Riecke, E.: Lehrbuch der Haut- und Geschlechtskrankheiten. Jena: Gustav Fischer 1923. — Rinck, Hans: Untersuchung über Abderhaldens Abbauvorgänge bei Haut- und Geschlechtskrankheiten. Arch. f. Dermat. 153, H. 1 (1927). — Rochlin, D., Zirmunskaja, K. und N. Kočnev: Zur Pathogenese der Psoriasis und über die ersten Ergebnisse der Behandlung mittels Röntgenbestrahlung der Hypophysis. Ref. Zbl. Hautkrkh. 23, 214. — Roederer, J.: Sclérodermie en plaques améliorée par l'opothérapie pluriglandulaire. Bull. Soc. franç. Dermat. 33, Nr 4 (1926). — Roggen, Anna: Myxödem und Hypophysis. Jb. Kinderheilk. 100, III. F.: 50, H. 5/6 (1923). — Rosental, S. K.: Zur Ätiologie der Alopecia areata. Ref. Zbl. Hautkrkh. 8, 508. — Rost, G. A.: (a) Über Lipodystrophia progressiva sive paradoxa. Arch. f. Dermat. 147, H. 3, 147. (b) Über die Beziehungen der Dermatitis herpetiformis zur Funktion der Schilddrüse, Klin. Wschr. 1924, Nr 1. (c) Hautkrankheiten. Fachbücher für Ärzte 12. Berlin: Julius Springer 1926. — Rowe, Allan Winter and Charles Henry Lawrence: Studies of the endocrine glands. II. The pituitary. Endocrinology 12, 245—322 (1928). — Rowntree, L. G.: (a) Organotherapy in Addisons disease. J. of Pharmacol. 23, Nr 2 (1924). (b) Studies in Addisons disease. J. amer. med. Assoc. 84, Nr 5 (1925). — Rubin, Herman H.: The endocrines as factors in urologic and cutaneous conditions. Urologic Rev. 29, Nr 12 (1925). Rud, Einar: Ein Fall Raynaudscher Krankheit mit Nebenniereninsuffizienz. Hosp.tid. (dän.) 70, Nr 2 (1927).

Sabouraud, R.: (a) Entretiens dermatologiques. Paris: Masson et Cie. 1922. (b) Pelade et Hyperthyreoïdisme. Medicine, Nov. 1927. (c) Sur les rapports de la pelade et de la syphilis surtout héréditaire. Presse méd. 1921, Nr 59. (d) Maladie du cuir chevelu. Paris: Masson et Cie. 1902. (e) Sur les origines de la pelade. Trans. third internat. Congress dermat. London 1896. (f) Nouvelles recherches sur l'étiologie de la pelade. Ann. de Dermat. 1913, 89. (g) Pelade et goître exophtalmique. Ann. de Dermat. 1913, 140. — Sabouraud et Vernes: De la réaction de Wassermann aux peladiques. Ann. de Dermat. 1911, 257. — Saenger, A.: Hyothyreoidismus (Forme fruste des Myxödems). Dermat. Wschr. 56, 358 (1913). — Saethre, H.: Ein Fall von Ichtyosis congenita mit Infantilismus und Paranoidea demens. Norsk. Mag. Laegevidensk. 85, Nr 4 (1924). — Sainton et Mamou: Hyperthyreoïdisme provoqué par la thyroxine synthétique chez un malade atteint d'un syndrome pluriglandulaire avec sclérodermie et cataracte. Bull. Soc. franç. Soc. med. Hôp. 43, Nr 37 (1927). — Sainton, Maximin et Gastou: L'hyperthyreoïdisme et son action sur les phanéres. Diskussion: Sabouraud, Juster. Bull. Soc. franç. Dermat 12. Jan. 1928. - Sáinz de Aja, Enrique Alvarez: Positive Tatsachen über Beziehungen zwischen Hautkrankheiten und endokrinen Erkrankungen. Ref. Zbl. Hautkrkh. 18, 847. — Salkan, D.: Pathogenese der Sklerodermie. Ref. Zbl. Hautkrkh. 21, 299. — Šamberger, F.: (a) Über das Wesen der Psoriasis. Acta dermato-vener. (Stockh.) 2, H. 3, 359 (1921). (b) Ein bis jetzt unbeschriebenes Symptom der Psoriasis. Ein Schlüssel zu ihrer Pathogenese. Dermat. Wschr. 67 (1918). — Sattler, H.: Basedowsche Krankheit. Graefe-Saemisch, Handbuch der gesamten Augenheilkunde. Leipzig 1908. (b) Die Basedowsche Krankheit. Leipzig: Wilh. Engelmann 1908/1910. — Schäfer, E. A.: The endocrine organs. London 1916. — Schamberg, Jay Frank: Research problems in dermatology. Arch. of Dermat. 4, Nr 3 (1921). — Scherber, G.: Die Impetigo herpetiformis. Wien. med. Wschr. 76,

Nr 31 (1926). — SCHERESCHEWSKY, N. A.: (a) De l'influence des sécrétions endocriniennes sur la pousse de poils. Rev. franç. Endocrin. **3**, Nr 5 (1925). (b) Haarwuchs und innere Sekretion. Ref. Zbl. Hautkrkh. **17**, 801. — SCHIFF: Bericht über eine Versuchsreihe betr. Exstirpation der Schilddrüse. Arch. f. exper. Path. **18** (1884). — SCHIÖTZ, C.: Katarakt og indere Sekretion. Norsk. Mag. Laegevidensk. **1913**, Nr 3 u. Nr 9. — SCHMAUCH, G.: Die Schilddrüse der Frau und ihr Einfluß auf Menstruation und Schwangerschaft. Mschr. Geburtsh. **1913**, Nr 38. — SCHMIDT, ERNST: Therapeutische Erfolge mit Hormin. Med. Klin. **17** (1921). — SCHNEIDER, ALBERT: Dermographia: Dermographic tests and observations. J. amer. pharmaceut. Assoc. **16**, Nr 7 (1927). — SCHOENHOF: Symmetrische Sklerodermie, kombiniert mit trophoneurotischen Symptomen. ·Zbl. Hautkrkh. **16**, 162. — SCHOLTZ, W.: Die innere Behandlung der Hautkrankheiten. Slg Abh. Dermat. **3**, H. 8. — SCHOLTZ und LIPPITZ: Stoffwechsel und Hautkrankheiten. Zbl. Hautkrkh. **25**, 644. — SCHUMACHER, C.: Innere Sekretion und ihre Störungen. Hautkrankheiten und endokrine Störungen. Dtsch. med. Wschr. **51**, Nr 37 (1925). — SCHWANK: Fall von pluriglandulärem Syndrom. Bemerkungen über Cutis verticis gyrata. Ref. Zbl. Hautkrkh. **14**. — SCHWARZ, E.: Die wichtigeren Ergebnisse der experimentellen Geschwulstforschung. Zbl. Hautkrkh. **2**, 145. — SEITZ, L.: Schwangerschaftstoxikosen und Haut. Aussprache von: E. HOFFMANN, TH. SACHS und R. KAUFMANN. Zbl. Hautkrkh. **27**, H. 1/2 (1928). — SERGENT, E.: (a) Relations pathogénétiques du myxoedème fruste de l'adulte avec l'insuffisance ovarienne ou testiculaire. Rev. franç. Endocrin. **3**, Nr 3 (1925). (b) Le diagnostic de la maladie d'ADDISON. Bull. Soc. méd. Hôp. Paris **38** (1922). — SÉZARY, A.: Les methodes d'examen des malades atteints d'affections endocriniennes. J. Méd. franç. **12**, Nr 6 (1923). — SICILIA: Die Dermatosen hyposekretorischen Ursprungs und logische Aneinanderreihung der Krankheitsketten in der Klinik. Ref. Zbl. Hautkrkh. **15**, 435. — SIEMENS, H. W.: Untersuchungen über den Stoffwechsel Ichtyotischer. Arch. f. Dermat. **149**, H. 3 (1925). — SINGER, O.: Beiträge zur Klinik und Ätiologie der Hautatrophien. Arch. f. Dermat. **136** (1921). — SIROTA, A. und S. RABINOVIČ: Über den Zusammenhang zwischen Hautkrankheiten, endokrinem System und vegetativem Nervensystem. Ref. Zbl. Hautkrkh. **23**, 389 — SIROTA, L.: Frage vom Zusammenhang der gestörten Funktion des endokrinen Systems mit Hauterkrankungen. Zbl. Hautkrkh. **25**, 274. — SISSON, R. J.: Cutis verticis gyrata. J. amer. med. Assoc. **86**, Nr 15 (1926). — SKLARZ, ERNST: (a) Über multiple neurotische Hautgangrän und ihre Beziehung zur inneren Sekretion. Arch. f. Dermat. **132** (1921). (b) Zur Frage der herdweisen Keratosen an Händen und Füßen, gleichzeitig ein Beitrag zur Konstitutionsfrage bei Dermatosen. Acta dermato-vener. (Stockh.) **5**, H. 3 (1925). — SOLOWJEW, TH.: Zur Frage der Hypertrichose bei Frauen. Arch. Frauenk. u. Konstit.forschg **13**, H. 1/2 (1927). — SPARACIO, B.: La tiroide in dermatologia. Giorn. ital. Dermat. **68**, H. 2 (1927). — SPRINZ, O.: Berlin. dermat. Ges., Sitzg 11. Nov. 1919. — STANLEY, L. L.: The influence of testicular substance implantations on acne. Urologic Rev. **30**, Nr 1 (1926). — STEIN, L.: Behandlung gewisser Formen hartnäckigen Haarausfalles mit Galvanisation der Schilddrüse. Wien. med. Wschr. **74**, Nr 50 (1924). — STEINER, E.: Zur Thymustherapie der Psoriasis vulgaris. Dermat. Wschr. **78**, Nr 18 (1924). — STRANDBERG, J.: Fall von Hauttransplantation mit eigenartigem Resultat. E. HOFFMANN. Ibidem. Dermat. Z. **22**, H. 9. (b) Beitrag zur Frage der inneren Sekretion in der Dermatologie. Stockholm: Isaac Marcus 1917. (c) Das Resultat von Thyreoideabehandlung in 9 Fällen von Alopecia areata maligna. Acta med. scand. (Stockh.) **52**, H. 1—2 (1919). (d) A contribution to our knowledge of aplasia monileformis. Acta dermato-vener. (Stockh.) **1923**. (e) Acrodermatitis continua (HALLOPEAU). Acta dermato-vener. (Stockh.) **6**, H. 3 (1925). — STRAUSS, H.: (a) Über Hirsutismus suprarenalis. Klin. Wschr. **7**, Nr 1 (1928). (b) Über Hirsutismus und Virilismus suprarenalis. Dtsch. med. Wschr. **52**, Nr 50 u. 51 (1926). — STRÜMPELL: Beitrag zur Pathologie und Anatomie der Akromegalie. Dtsch. Z. Nervenheilkunde **11** (1897). — STÜMPKE, G.: Über Beobachtungen betreffend die Ätiologie der Acne vulgaris. Dermat. Wschr. **80**, Nr 2 (1925). — STÜMPKE, G. und E. FEUERHAKE: Zur Ätiologie des Morbus Darier. Arch. f. Dermat. **153** (1927). — SZONDI, LIPOT und LAJOS HAAS: Der Pruritus essentialis als klinisches Symptom der pluriglandulären Blutdrüsenerkrankungen. Ref. Zbl. Hautkrkh. **2**, (1921).

TALBOT, F. B. und MARY HENDRY: The basal metabolism of children with ichtyosis. Amer. J. Dis. Childr. **29**, Nr 6 (1925). — TANDLER, J. und S. GROSZ: (a) Die biologischen Grundlagen der sekundären Geschlechtscharaktere. Berlin 1913. (b) Einfluß der Kastration auf den Organismus. Wien. klin. Wschr. **1907**. (c) Die Skopzen. Arch. f. Entw.mechan. **1910**, 235. — THIBIERGE, G. et J. STIASSNIE: Oedème asphyxique symétrique des jambes chez les jeunes filles „lymphatiques". Bull. Soc. franç. Dermat. **1921**, Nr 3. — THOMAS, E.: (a) L'acrocyanos dans la période scolaire. Schweiz. Rdsch. **21**, Nr 21 (1921). (b) Physiologie des Thymus. Handbuch der inneren Sekretion von M. HIRSCH, 3. Lief. 2. — THORNLEY: Acquired facial pigmentation with probable polyglandular trouble. Arch. of Dermat. **3** (1921). — TOMKINSON, J.: Alopecia areata and strabismus: Familial groups. Brit. med. J. **1924**. — TOMMASI, L.: Sclerodermia generalizzata e distroidismo postencefalitico. Giorn.

ital. Dermat. **68**, H. 2 (1927). — TOMOR, ERNST: Innere Sekretion und Schwangerschaft. Arch. Frauenkde und Eugenet. **7**, H. 2 (1921). — TOWLE: Myxoedema. Arch. of Dermat. **4** (1921). — TRYB, A.: Über eine seltene Erkrankung der Haut mit Schleimhautanhäufung. Arch. f. Dermat. **143**, H. 3 (1923). — TRYB, ANTON: Beitrag zur Ätiologie der Impetigo herpetiformis. Arch. f. Dermat. **132** (1921). — TUCKER, BEVERLY R.: RECKLINGHAUSENs disease. With especial consideration of the endocrine connection. Arch. of Neur. **11** (1924).

URBACH, ERICH: (a) Untersuchungen über den Energiestoffwechsel bei Hautkrankheiten. I. Die Bestimmung des respiratorischen Gaswechsels als klinische Untersuchungsmethode in der Dermatologie. Arch. f. Dermat. **152**, H. 2 (1926). (b) Koinzidenz von Haarausfall mit ovariellen Störungen. Zbl. Hautkrkh. **23**, 36.

VEROCAY: Zur Kenntnis der „Neurofibrome“. Beitr. path. Anat. **48**, 1. — VEROTTI, G.: Contributio clinico e terapeutico alla pathogenesi della psoriasi volgare. Giorn. ital. Mal. vener. Pelle **64**, H. 2 (1923). — VIDONI, GIUSEPPE: Contributio allo studio delle dismorfie endocrine. Arch. di Antrop. crimin. **41**, H. 4 (1921). — VIGNOLO-LUTATI: Sopra due casi di malatia di RECKLINGHAUSEN. Ref. Dermat. Zbl. **1910**, 305. — VILLA, L.: L'elemento endocrino nella diagnostica comune ed extraendocrinologica (Analisi clinica). Endocrinologica **2**, H. 2/3 (1923) u. **3**, H. 1/3 (1923). — VIRCHOW: Zur normalen und pathologischen Anatomie der Nägel, insbesondere über hornige Entartung und Pilzbildung an den Nägeln. Verh. phys.-med. Ges. Würzburg **1855**, 83. — VÖLKER: Über den Gaswechselgrundumsatz bei ausgedehnten Hautleiden. Zbl. Hautkrkh. **24**, 590.

WALDORPE, C. P. und C. A. BORDO: Endocrine vegetative Studien bei Vitiligo. Rev. Soc. Med. in y Soc. Fisiol. Ref. Zbl. Hautkrkh. **23**, 390. — WALTER, FRANZ: Über die Bedeutung der endokrinen Drüsen für die Ätiologie der Impetigo herpetiformis. Arch. f. Dermat. **140**, H. 1 (1922). — WASSILEW, E. K. und A. P. JORDAN: Zur Frage der Abhängigkeit der Hauterkrankungen von Störungen im System der innersekretorischen Drüsen. Ref. Zbl. Hautkrkh. **18**, 204. — WECHSELMANN, W.: Über osteomalacische Veränderungen bei Neurofibromatose. Dermatologische Studien **20** (UNNAs Festschr. 1). — WEIL, ARTHUR: Die innere Sekretion. Berlin: Julius Springer 1921. — WEINHARDT: Die Bedeutung der inneren Sekretion bei Hautkrankheiten, speziell bei der Psoriasis. Med. Korresp.Bl. Württemberg **62**, Nr 7 (1922). — WERTHER: Endokrine Zusammenhänge bei Hautkrankheiten. Arch. f. Dermat. **151** (1926). — WIENER, K.: Die Beziehung der Genitalorgane zu Hautveränderungen. Slg Abh. Dermat. H. 6. — WIESEL, J.: Der Status thymico-lymphaticus. LEWANDOWSKYs Handbuch. — WIGERT, V.: Katatonie und Melanodermie. Acta psychiatr. (København.) **1**, H. 1 (1926). — WILE, U. J. and GEORG H. BELOTE: Syphilitic alopecia, its relation to neurosyphilis. Arch. of Dermat. **13** (1926). — WINSTEL, ANDRÉ: Gland endocrines et dermatoses. Rev. franç. Endocrin. **3**, Nr 1 (1925). — WISE and PARKHURST: Notes on two unusual cases of DARIERs disease. Arch. of Dermat., Okt. **1920**.

ZONDEK, H.: (a) Die Krankheiten der endokrinen Drüsen. Berlin: Julius Springer 1923. (b) Über pluriglanduläre Insuffizienz. Dtsch. med. Wschr. **49**, Nr 11 (1923). — ZONDEK, S. G.: Die Elektrolyte. Berlin: Julius Springer 1927. — ZUCCOLA: Contributo all'opoterapia dello scleroderma. Policlinico **30**, H. 30 (1923). — v. ZUMBUSCH, L.: Die Beziehungen der Hautkrankheiten zu Krankheiten anderer Organe. JESIONEK. Prakt. Erg. Hautkrkh. **1910**, 267.

Stoffwechsel und Haut.

Von

WILHELM LUTZ - Basel.

Da die Haut nicht bloß eine einfache Umhüllung, sondern einen eigenen
lebenden Teil des Körpers darstellt, muß sie mit ihm als Gesamtorganismus
sowohl, wie auch mit seinen einzelnen Organen in engster Verbindung und in
ständigen gegenseitigen Beziehungen und Beeinflussungen stehen.

Dieser Erkenntnis wird seit einiger Zeit, besonders nachdem die morphologischen Methoden sich bis zu einem gewissen Grade erschöpft haben, wieder
in vermehrtem Maße Beachtung geschenkt und „eine neue Richtung geht
darauf hinaus, das Bewußtsein von den notwendigen und gesetzmäßigen
Korrelationen zwischen Haut und inneren Organen wieder herzustellen"
[BLOCH (a)].

Ein großer Teil dieser Wechselwirkungen zwischen Haut, Gesamtorganismus
und inneren Organen spielt sich naturgemäß auf dem Wege des Stoffwechselaustausches ab; die Frage, in welcher Form und in welchem Ausmaß auf diesem
Wege Änderungen in den Lebensvorgängen auf der einen Seite sich auf der
andern auswirken können, ist deshalb sehr naheliegend und entsprechend oft
schon erörtert worden.

Diejenigen Erscheinungen pathologischer Natur, welche mit mehr oder
weniger Sicherheit oder Wahrscheinlichkeit auf Störungen in diesen gegenseitigen Austauschbeziehungen zurückgeführt werden können resp. zurückgeführt worden sind, an Hand unserer heutigen Kenntnisse über diese Rela-
tionen und ihren Ablauf zusammenzustellen und zu sichten, ist die vom Heraus-
geber für den vorliegenden Artikel gestellte Aufgabe.

Hierfür gliedert sich das ganze Gebiet naturgemäß in drei Hauptabteilungen,
allerdings sehr verschieden großen Inhalts:

In einer *ersten* ist zu erörtern, welche Möglichkeiten der Beeinflussung
der Haut von innen her durch den Stoffwechsel bestehen, und welche Dermatosen mit Störungen dieser internen Einflüsse in Verbindung gebracht werden
können.

In einer *zweiten* ist umgekehrt zu verfolgen, welche Einwirkungen von der
Haut her und von Veränderungen an ihr auf dem Wege des Stoffwechselaustausches auf den Gesamtorganismus und auf innere Organe ausgeübt werden
können.

In einer *dritten* ist schließlich kurz zu streifen, inwiefern Erscheinungen
an der Haut und an inneren Organen nicht durch gegenseitige Beeinflussung
bedingt, sondern koordiniert durch eine gemeinsame übergeordnete Ursache
hervorgerufen sein können.

I. Erscheinungen an der Haut als Folge von Stoffwechselvorgängen im Körper.

Es ist wohl der historischen Entwicklung zuzuschreiben, wenn von den drei genannten Möglichkeiten der gegenseitigen Beziehungen gerade diese erste, die sich mit der Auswirkung interner Störungen an der Haut befaßt, stets im Vordergrund des Interesses gestanden und am meisten Beachtung und Bearbeitung gefunden hat.

Für die Humoralpathologie und die Krasenlehre konnte ja eine Hautkrankheit nichts anderes sein als der Ausdruck einer Änderung der Zusammensetzung und der Beschaffenheit der Körpersäfte, um so mehr, als die Haut als ein zur Ausscheidung kranker Säfte bestimmtes Organ angesehen wurde; aber auch späterhin sind, wohl unter der Nachwirkung humoraler Theorien, die Versuche, Hautkrankheiten auf interne Einflüsse zurückzuführen, immer wieder aufgenommen worden, besonders wenn eine neue Hypothese oder eine neue Forschungsmethode neue Handhaben dafür zu bieten schien.

Ein Versuch, die zerstreuten Anschauungen und Ergebnisse zunächst einmal zu sichten, zu erörtern und das Tatsächliche aus den vielen Angaben festzustellen, wurde erstmals am 5. internationalen Dermatologenkongreß unternommen, indem an diesem das Thema Hautaffektionen bei Stoffwechselanomalien zur Diskussion gestellt und in ausführlicheren Referaten beleuchtet wurde.

Es ist das große Verdienst von J. Jadassohn (a), neben den Referaten von C. v. Noorden, L. D. Bulkley (a) und H. R. Crocker (a) in einer breit angelegten Ausführung die bis dahin vorgebrachten Anschauungen und Resultate zusammengestellt und kritisch besprochen zu haben. Es ist vor allem diese mühevolle und sorgfältige Darstellung, welche eine Grundlage für spätere Arbeiten geschaffen hat. Auch wir werden uns immer wieder auf sie zu beziehen haben und werden öfters für die ältere Literatur auf sie verweisen können.

Seitdem ist die Frage der internen Ätiologie der Dermatosen ein Thema geblieben, das immer gerne wieder in allgemeinen Aufsätzen erörtert worden ist.

Von solchen sind zu erwähnen zunächst die ausführlicheren Referate von Bloch (b, c) und von v. Zumbusch (a), die kleinere Monographie von L. D. Bulkley (b) und die Darstellungen von Salomon-v. Noorden und von Bosellini.

Im Rahmen anderweitiger Ausführungen wird ferner die interne Ätiologie der Hautkrankheiten behandelt von Brocq (a), Jadassohn (b), Darier (a), Spiegler-Grosz, K. Ledermann, kürzere Erwähnung findet sie in den Lehrbüchern von Crocker (b), Darier (b, c), Macleod (a) und R. L. Sutton (a).

Mehr eine Art orientierender Übersichten bieten die Mitteilungen von Ullmann (a), Bulkley (c, d), Crocker (c), Dore, Bloch (a, d, p), Lassar (a), Wende, Finger (a), Hirschberg, Schuyler-Clark, Cunningham (a), Krzysztalowicz (a, b, c), Waelsch (a), Engmann (a), Galloway (a, b), Withfield (a), Nonohay, Wise-Eller, Buschke-Peiser, Dyboski, Guy, Lortat-Jacob (a), Goeckermann, Lutz, Touton, A. Strauss, J. R. Pels, Williams, Hess, Michael (a), Lippitz, Combes, ebenso der Atlas von Mayr (a).

Die Bedeutung des Stoffwechsels wird gelegentlich auch in Darstellungen einzelner Dermatosen ausführlicher erörtert, z. B. für das Ekzem von Besnier (a), Pinkus (a), Riecke (a), für den Pruritus von Jacquet (a), Darier (c), Sellei (a), für die Prurigo von Jacquet (b).

Überblickt man diese mehr allgemeinen Darstellungen und vergleicht man die in den letzten Jahren erzielten Ergebnisse mit den früheren, so erhält man leider den Eindruck, daß wir im ganzen in der Erforschung dieser Zusammenhänge nicht sehr viel weitergekommen sind und eigentlich nicht sehr viel positive Einblicke gewonnen haben. Wir finden neue Methoden und neue Theorien, gutes Beweismaterial ist aber im ganzen noch recht spärlich vorhanden,

„wir sind um viele Einzeltatsachen und viele gewagte Hypothesen reicher geworden, aber arm geblieben an sicher fundierten, chemisch und physikalisch verankerten Theorien" [Bloch (a)].

Anderseits aber ist es bei der völligen Unklarheit, mit der wir der Entstehung mancher Hautkrankheiten gegenüberstehen, doch immer wieder naheliegend, interne Vorgänge zur Erklärung heranzuziehen, und je mehr in den letzten Jahren Fortschritte in der Erkenntnis des Stoffwechselaustausches zwischen den Geweben gemacht worden sind, desto mehr werden diese Beziehungen wieder erörtert und um so mehr drängt sich einem die Möglichkeit, sie exakter nachweisen zu können, doch immer wieder auf.

„Jetzt versuchen wir die unzweifelhaft zahlreichen und wichtigen Beziehungen zwischen den Krankheiten der Haut und denen des Gesamtorganismus und besonders der inneren Organe nicht mehr nur durch klinische Eindrücke, sondern durch experimentelle, bakteriologische und chemische Forschung aufzuklären" [Jadassohn (c)].

„Was Not tut, ist ein exakter, biologischer, chemisch oder physikalisch faßbarer Ausdruck des Zusammenhangs zwischen Haut und übrigem Organismus" [Bloch (d)].

Es hat sich ja in bezug auf die Entstehung von Hautkrankheiten aus inneren Ursachen schließlich seit 1905 doch auch allerlei Positives herausgestellt, das zur Abklärung des ganzen Gebietes beiträgt, so daß der Überblick immerhin etwas leichter fällt und auch positive Grundlagen für weitere Forschungen sich ergeben.

Einfacher sind die Verhältnisse damit allerdings nicht geworden. Sie haben sich sogar, namentlich durch die Einblicke, welche wir in die gegenseitigen Beziehungen und Wechselwirkungen zwischen Stoffwechsel, innerer Sekretion und Nervensystem erhalten haben, recht wesentlich kompliziert und es ist, da diese drei Faktoren sich sehr mannigfaltig überkreuzen und kombinieren, eine reinliche Scheidung der verschiedenen Einflüsse sehr schwer durchzuführen.

Eine einheitliche Darstellung ohne zuviele Abirrungen wird nur möglich sein, wenn wir uns im wesentlichen an den Begriff des Stoffwechsels halten und auf ihm als Maß und Richtung gebendem Leitgedanken unsere Ausführungen aufbauen.

Die anderen beiden mit ihm in so enger Beziehung stehenden Faktoren der inneren Sekretion und des Nervensystems müssen wir als Grenzgebiete betrachten, auf die wir nur soweit übergreifen wollen, als es für das Verständnis der zu behandelnden Vorgänge eben erforderlich ist.

In der Auffassung des Begriffes Stoffwechsel halten wir uns an Jadassohn (a) und „benützen den Ausdruck, um nicht unnatürliche Scheidungen einführen zu müssen im weiten Sinne und nennen Stoffwechselanomalien alle diejenigen Störungen im normalen Verlauf der Lebensfunktionen, welche im wesentlichen in einer Abnormität der Ernährung bestehen, sei es, daß diese die Aufnahme, die Verarbeitung, die Resorption oder die Ausscheidung des Nährmaterials oder die sogenannten intermediären Stoffwechselvorgänge betrifft".

Auch zur Gliederung des gesamten Materials halten wir uns an die von Jadassohn (a) vorgeschlagene, auch von Bloch (c) angenommene Einteilung.

Ein erster Abschnitt umfaßt die spezifischen resp. obligaten Dermatosen, d. h. diejenigen, „welche ohne die betr. Ernährungsstörung überhaupt nicht vorkommen" [Jadassohn (a)]; resp. diejenigen, „bei denen der Zusammenhang zwischen Stoffwechsel und Dermatosen, so weit unsere lückenhaften Kenntnisse überhaupt ein Urteil gestatten, gewissermaßen ein zwangsläufiger ist, so daß wir aus dem Vorhandensein der Dermatosen mit Sicherheit oder wenigstens mit sehr großer Wahrscheinlichkeit auf eine Stoffwechselstörung schließen können" [Bloch (c)].

Der zweite Abschnitt mit den unspezifischen, resp. fakultativen Stoffwechseldermatosen „enthält das ganze große Heer der mit Stoffwechselanomalien in

Zusammenhang gebrachten Dermatosen, die auch bei, soweit wir wissen, Stoff-
wechsel-Gesunden vorkommen" [JADASSOHN (a)]; resp. diejenigen Dermatosen, „in deren meist komplexer Ätiologie neben anderen exogenen oder endogenen Faktoren gelegentlich auch Anomalien des Stoffwechsels als kausale
Bedingungen eingreifen können" [BLOCH (c)].

1. Spezifische (obligate) Dermatosen.

Da in diesen Abschnitt diejenigen Hautaffektionen einzuordnen sind, bei
welchen ihrer Erscheinungsform nach bereits mit einiger Sicherheit ein Rück-
schluß auf die Bedeutung und Mitwirkung von Stoffwechselprodukten in der
Entstehung gezogen werden kann, ist es natürlich, daß wir hier vorwiegend
gut charakterisierten Dermatosen begegnen, welche klinisch als eigene Krankheitsbilder imponieren. Deshalb finden auch die meisten von ihnen eine besondere Darstellung in eigenen Kapiteln dieses Handbuchs.

Auf diese werden wir deshalb hier nicht allzu ausführlich eingehen und auch
nicht die gesamte Literatur dazu anführen, wir werden vielmehr aus den sie
betreffenden Arbeiten hauptsächlich diejenigen Tatsachen hervorheben, welche
für das Verständnis der Beziehungen dieser Hauterscheinungen zu Stoffwechselvorgängen, also für unser eigentliches Thema von Wichtigkeit sind. Für die
klinische Beschreibung und andere Einzelheiten sei auf die speziellen Kapitel
dieses Handbuches hingewiesen.

Den Stoff ordnen wir nach BLOCH (c) in drei Gruppen ein:

A. Ablagerungsdermatosen.

Es handelt sich um Hauterscheinungen, die dadurch erzeugt sind, daß
ein bestimmtes im Stoffwechsel kreisendes Produkt sich an der Haut in besonderen Depots ablagert.

Insofern ist die Abstammung dieser Dermatosen von Stoffwechselprodukten
durchaus eindeutig.

Hingegen besteht noch eine recht große Unsicherheit über die Art und Weise
des Zustandekommens der Ablagerungen. Namentlich übersehen wir noch
nicht genau, wie weit mehr dem Verhalten des betreffenden Stoffes im kreisenden
Blut, z. B. seiner Anreicherung darin oder seiner chemischen Konstitution,
oder wie weit mehr lokalen Verhältnissen an den Ablagerungsorten, z. B. Ge-
websschädigungen oder besonderen Affinitäten, eine Bedeutung zukommt.

Es wird dies bei den einzelnen Affektionen noch deutlich hervortreten.

1. Gichttophus.

Es handelt sich nach der allgemeinen Anschauung um die Ablagerung von
Mononatriumuratkrystallen im Bindegewebe selbst.

CHAUFFARD-WOLF weisen freilich nach, daß auch Cholesterin am Aufbau beteiligt ist.
Sie beschreiben ein feingranuliertes, fetthaltiges Zentrum, mit Cholesterinkrystallen, um-
geben von einer Zone feinster Harnsäurenadeln, die wiederum umrahmt sind von einer
fibroblastischen Bindegewebsschicht mit zahlreichen Riesenzellen. Diese letztere ist nur
als Gewebsreaktion anzusehen, da entzündliche Erscheinungen, speziell Leukocyten und
Blutgefäßneubildungen fehlen. Die Autoren nehmen an, daß zunächst Cholesterin und
Natriumurat sich in Lösung gemischt vorfinden und sich erst beim Auskrystallisieren in
den zwei Zonen anordnen.

GRÜN weist nach, daß das bei BIELSCHOWSKY-Imprägnation erscheinende Fasergerüst
nicht echten im Tophus enthaltenen Gitterfasern entspricht, sondern durch Silbernieder-
schlag an der Oberfläche der Harnsäurekrystalle entsteht.

Eine besondere Rolle spielt die Frage, ob die Ausscheidung der Harnsäure
in gesundes Gewebe erfolgt oder ob vorgängig der Abscheidung eine Nekrose
der Gewebe vorhanden sein müsse.

Letztere Ansicht wurde besonders von Ebstein (a) vertreten: „Ich halte dafür, daß die Ernährungsstörung der Gewebe das Primäre, das Auskrystallisieren der Urate der sekundäre Vorgang ist" und an anderer Stelle „das Primäre ist ein Erguß von uratreichen Gewebssäften, welche in den Geweben eine schneller oder langsamer auftretende und ebenso fortschreitende Ernährungsstörung veranlassen, welche nicht nur zur Nekrose der Gewebspartien führt, sondern auch das Auskrystallisieren von Mononatriumurat bedingt".

Auch v. Noorden (b) ist der Meinung, daß ohne Mitwirkung einer Urikämie, die er für unsicher hält, durch irgend ein Ferment die Gewebe abgetötet werden können und in diesen nekrotischen Herden sich Harnsäure bildet und in fester Form abscheidet.

Demgegenüber nehmen Stellung Riehl (a), His (a), Freudweiler (a), Krause.

Riehl (a) und Krause finden in ihren Präparaten die Harnsäurekrystalle mit ihren Spitzen in den Zellwall, welcher den Herd umgibt, hineinragen; Riehl (a) ferner in der Nachbarschaft des Hauptherdes lockere Krystallmassen in gesundem, von jeder Nekrose freiem Gewebe und in Lymphgefäßen, deren Endothelzellen vollkommen unverändert sind.

Daß diese Nadeln nicht erst postmortal ausgefallen sind, zeigt Freudweiler (b), der nachweist, daß bei künstlicher Steigerung des Harnsäuregehaltes der Körperflüssigkeiten, wie sie bei Hühnern durch Ureterenunterbindung entsteht, frisch entzündliche, an der äußeren Haut hervorgerufene Herde die Harnsäure in sich niederschlagen, während Nekrosen keine Neigung zur Inkrustation zeigen.

Auch Chauffard-Wolf betonen das vollkommene Fehlen nekrotischen oder in Nekrose begriffenen Gewebes.

Wie weit sonst dem erhöhten Harnsäuregehalt des Blutes und wie weit einer besonderen Gewebsaffinität eine Bedeutung zukommt, ist noch durchaus offen [M. B. Schmidt (a)]. Denn schon für die Erklärung der Gichtentstehung im allgemeinen wird diesen beiden Momenten neben dem weiteren einer Nierenfunktionsstörung sehr verschiedenes Gewicht beigelegt.

Während nach den Theorien von Tannhauser und von Brugsch-Schittenhelm-Harpuder (siehe Schittenhelm) mehr eine Summation der Harnsäure im Körper betont wird, bei ersterem auf Grund einer Niereninsuffizienz, bei letzteren auf Grund von Störungen fermentativer Vorgänge, nimmt Umber (a) eine gesteigerte Affinität der Gewebe zur Harnsäure, Gudzent (a) ein verstärktes Festhalten der Harnsäure im Gewebe (Uratohistächie) an.

Harpuder und Spitz halten den Ausfall der Urate im Gewebe für eine Erscheinung, welche wesentlich durch eine physikalisch-chemische Anomalie derselben bedingt sein dürfte.

Interessant ist in dieser Hinsicht die Beobachtung von Kaiser, bei dessen Patienten sich in der Haut der Fingerphalangen in reaktionsloser Umgebung aus Harnsäurekrystallen zusammengesetzte Knötchen und an den Ohren mehrere große Tophi bildeten. Da sonstige Symptome einer Gicht bei dem Patienten bis dahin nicht aufgetreten waren, wird das Bild als primäre Hautgicht angesprochen.

Eine einfache Deutung der Entstehung der Gichttophi wird dadurch erschwert, daß die Löslichkeit der Harnsäure physikalisch-chemisch viel komplizierter ist, als man früher annahm.

Die Löslichkeit der Harnsäure in reinem Wasser bei 37° beträgt 1 : 15500.
Sie kommt aber in zwei Formen vor, in der

$$C-O \qquad\qquad\qquad C'-OH$$
$$NH \qquad\qquad\qquad\qquad N$$

Lactamform (unbeständig) und der Lactimform (beständig)

Entsprechend haben wir auch für die Löslichkeit der Salze bei 37°:

	Lactam	Lactim	Mischform
Prim. KUr	1 : 266	1 : 402	1 : 370
Prim. NaUr	1 : 469	1 : 710	1 : 665
Prim. NH_4Ur	1 : 1225	1 : 1848	1 : 1352

In wässeriger Lösung, namentlich aber bei Gegenwart von Eiweißkörpern ist ein Teil kolloid gelöst und dessen Verhalten (nach Freundlich u. a.) ergibt sich aus folgender Tabelle:

Kolloidelekrolyt		Mittlere Teilchengröße
Molekulardisperser Anteil	*Kolloidaler Anteil*	
1. Alkali-Ionen	1. Neutrales Kolloid	$2{,}310^{-5}$ cm
2. Urat-Ionen	2. Kolloid-Ionen (Kolloid. Urat-	(23)
3. Undissoziiertes Urat	anionen, oder Kolloidteilchen,	
	die OH'-Ionen absorbiert haben)	

Erst durch eine weitere Abklärung des physikalisch-chemischen Verhaltens der Harnsäure ist eine Deutung des Entstehens der Gichttophi der Haut zu erwarten. Eine solche erscheint aber um so dringender, je vielgestaltiger das Bild der Gicht im allgemeinen ist.

Durch die neuesten Untersuchungen G. EMBDENs u. a. ist eine Beteiligung der Purine (Adenylphosphorsäure) auch am Muskelstoffwechsel nachgewiesen. Es ist noch nicht abzusehen, welche Bedeutung dieser Befund für die Pathologie des Purinstoffwechsels hat.

2. Kalkablagerungen[1].

Diese stehen in gewisser Beziehung der Gicht nahe, so daß man nach dem Vorgang von M. B. SCHMIDT (b, c) von Kalkgicht zu sprechen pflegt.

Im Prinzip dürften zwei Gruppen zu unterscheiden sein:

Die erste enthält diejenigen Fälle, bei welchen die Ablagerungen in der Haut als sog. Kalkmetastasen im Verlaufe innerer zur Zerstörung von Knochengewebe führender Krankheiten auftreten.

Das erste Beispiel hierfür hat JADASSOHN (a) veröffentlicht: Bei einem 12 jährig. Knaben mit chronischer Staphylokokkenosteomyelitis der rechten Darmbeinschaufel und mehrerer Rippen, sowie ausgedehnter Halisterese der langen Röhrenknochen und des Beckens fanden sich neben Kalkmetastasen in Endokard, Lungen und Nieren auch solche der Haut, in Form symmetrisch an Schultern, Ellbogen, Oberschenkeln und Knien gelegener einheitlicher, ein feines Netzwerk gelbweißlicher, etwas erhabener Linien aufweisender Plaques. Die Ablagerung an diesen Stellen erklärte sich in der Weise, daß durch intensives Wachstum mit Ausdehnung und partieller Zerreißung der elastischen Fasern dort Striae zustande gekommen waren, in denen der Kalk sich niederschlagen konnte.

Ein weiteres Beispiel solcher Kalkmetastasen bei einem Patienten mit lymphatischer Leukämie hat KERL (a) mitgeteilt.

Vielleicht könnte auch LÖWENBACHs Patientin, die an einer ausgedehnten Lungentuberkulose zugrunde ging und bei der sich ebenfalls die elastischen Fasern als mit Kalk imprägniert erwiesen, in diese Gruppe zu rechnen sein.

Eine ganz eigenartige Beobachtung beschreiben WEIDMANN-SHAFFER an einer Hand, welche einem alten Arteriosklerotiker wegen Osteomyelitis abgenommen worden war. Hier fand sich der Kalk nicht nur im Bindegewebe des Coriums, sondern auch in Schweißdrüsen, Nervenstämmen und ganz eigentümlich auch in den Zellen der Epidermis abgelagert.

Die zweite Gruppe der Hautverkalkungen unterscheidet sich von der erstgenannten dadurch, daß hier eine Zerstörung von Knochengewebe nicht erkenntlich ist. Die Verkalkungen treten in verschiedener Ausdehnung auf, sie beschränken sich zum Teil mehr auf die Hände, zum Teil sind sie eine Begleiterscheinung auch ausgedehnter interner Kalkablagerungen, wie sie unter dem Begriff der Calcinosis universalis, resp. interstitialis rubriziert werden.

Oft bilden sich dabei an der Haut stärkere Atrophien und Verhärtungen, so daß diese das Aussehen einer Sklerodermie annehmen kann.

In bezug auf die Pathogenese der Verkalkungen wird zum Teil auf diese sklerodermatischen Erscheinungen großes Gewicht gelegt, es dürfte sich aber doch nicht stets um einen ganz einheitlichen Prozeß handeln.

Ausgesprochen sklerodermatische Veränderungen liegen vor in den Fällen von DIETSCHY, METSCHERSKII, OEHME, L. EHRMANN, HUNTER, KERL (a), MERKLEN-WOLF-VALLETTE, vielleicht auch PONTOPPIDAN.

Bei KERL (a) und OEHME scheint eine Art Sklerödem vorangegangen zu sein, bei NEUWIRTH mehr circumscripte infektiös-rheumatische entzündliche Veränderungen.

Andere Fälle zeigen mehr nur das Bild der Sklerodaktylie, z. B. H. WEBER, SCHOLEFIELD-WEBER, THIBIERGE-WEISSENBACH (a), bei weiteren finden sich mehr nur vasomotorische, zum Teil Raynaud-artige Erscheinungen angegeben, z. B. WILDBOLZ, LEWANDOWSKY (a), WICHMANN (derselbe Fall wie STAEHELIN und SALLE), UMBER (b), PROFICHET, HUNTER (Fall JEANNE), H. HOFFMANN-JADASSOHN, GUHRAUER.

Keine sklerodermatischen Veränderungen sind erwähnt bei MOREL-LAVALLÉE, RIEHL (b), LICHAREW, DUNIN, MEMMESHEIMER (a) und POSPELOW. MOSBACHER betont ausdrücklich, daß durch den Facharzt keine Zeichen von Sklerodermie festgestellt wrden konnten.

Bei den meisten der Fälle sind die vasomotorischen Störungen der Knotenbildungen offenbar vorangegangen. Bei einzelnen (GUHRAUER) könnten sie auch die Folge sein.

---

[1] S. a. NAEGELI, Band 13/1 dieses Handbuches.

Bei Profichet wird das Auftreten von Kalkablagerungen vor der Hautsklerose beobachtet. Auch Krause und Trappe schreiben, daß die Haut über den Kalkpartien ein durchaus sklerodermatisches Bild bot, halten aber dafür, daß dieses sekundär durch die Ablagerungen bedingt sei. Ähnlich ist wohl der Fall von Versé (der gleiche wie Marchand und v. Gaza) und der von Tilp anzusehen.

Die Frage, ob die Veränderungen im Gewebe der Ablagerung vorangegangen sind, ist natürlich für die Auffassung der Genese wichtig.

Aus diesem Grunde schreibt Oehme: „nach unserer Auffassung liegt also das Primäre der besprochenen klinischen Syndrome nicht in einer Ausfällung von Kalksalzen, etwa auf Grund einer Übersättigung der Körpersäfte, sondern in einer degenerativen Veränderung der kollagenen Bindesubstanz, die zu Kalkniederschlägen führen kann.

Auch Thibierge-Weissenbach (b) nehmen eine primäre Gewebsstörung an, und Versé glaubt, daß ohne Annahme einer zur Verkalkung disponierenden Veränderung des Bindegewebes nicht auszukommen sei. Ihm scheint es „nach verschiedenen Befunden, die kaum eine andere Deutung zulassen, daß der eigentlichen Verkalkung eine stellenweise auch makroskopisch hervortretende Durchtränkung des Bindegewebes mit einer kalkreichen plasmatischen Flüssigkeit voranzugehen pflegt, in der sich auch feine Fibrinnetze ausscheiden können. Die Fibrillen resp. die Zwischensubstanz quillt und durch Kohlensäureschwankungen schlägt sich aus der stagnierenden Calciumflüssigkeit das Salz nieder".

Er lehnt sich damit an die Hofmeistersche Auffassung an, daß bei Überladung des Serums mit Kalksalzen eine Neutralisation oder Entziehung der Kohlensäure des Gewebes Anlaß zum Ausfallen von Calciumphosphaten und -carbonaten gibt.

Auch Liesegang schreibt der regelmäßigen Kohlensäureproduktion der Zellen eine große Bedeutung als Lösungsmittel für phosphorsauren und kohlensauren Kalk zu. Eine Zelle mit normaler Kohlensäureproduktion bleibt kalkfrei, sobald diese aber nachläßt oder aufhört, kann die Zelle verkalken.

Merklen-Wolf-Vallette machen darauf aufmerksam, daß sich Niederschläge nicht nur in den sklerotischen Partien, sondern auch in unverändertem Gewebe finden, so daß doch auf humorale Bedingungen mehr Gewicht zu legen sei.

Auch Vallette (a) und Wolf-Vallette betonen die Veränderung der Löslichkeitsverhältnisse für das Ca im Plasma.

Kleinmann betrachtet als bedingende Ursache für die Ca-Ablagerungen eine Anhäufung von Ca- und PO_4-Ionen. Das Ausfallen der Salze erfolgt auf Grund von Löslichkeitsverhältnissen nach Anreicherung in den verkalkenden Geweben.

Mosbacher möchte die Entscheidung offen lassen, „die Ursache für die Knotenbildung ist noch nicht geklärt. Es liegt entweder eine primäre Störung des Kalkstoffwechsels — Kalkretention oder Veränderung des kolloidalen Systems im Blute — mit anschließender Erkrankung des die Ablagerungen umgebenden Gewebes vor, oder es handelt sich um eine auf vasomotorischen Störungen beruhende Erkrankung der Gewebe mit nachfolgender Ausfällung von Kalksalzen".

Er führte bei seinem Patienten und einer normalen Kontrolle Untersuchungen des Kalkgehaltes im Blute durch. Die beiden erhielten 14 Tage zunächst kalkarme Diät. Im Blut fand sich beim Kranken 0,025% CaO, bei der Kontrolle 0,024%. (Die Werte von 17,9 mg % Ca erscheinen gegenüber der Norm von 10 mg % auffallend hoch.) Anschließend erhielten beide 14 Tage normale Diät und danach 2 Wochen stark kalkhaltige Kost. Nach Abschluß der kalkhaltigen Periode hatte der Kranke 0,06% CaO, der Normale 0,04%, ersterer also eine stärkere Erhöhung.

Auch Umber (b) hatte in seinem 2. Fall einen Bilanzversuch auf Kalk und Magnesium durchgeführt. Er erhielt bei der Patientin für den Magnesiumstoffwechsel eine Übereinstimmung mit der Kontrolle, für den Kalkstoffwechsel eine Retention.

Beide Autoren möchten jedoch bei der Schwierigkeit der Bestimmung aus solchen Einzelbeobachtungen noch keine weitgehenden Schlüsse ziehen.

Von großem Interesse dürften die Beziehungen zwischen Kalk und Schleim sein, auf welche H. Hoffmann hingewiesen hat.

Die Frage der Kalkablagerung in der Haut wird eben erst einer Klärung zugänglich sein, wenn wir über das physiologisch-chemische Verhalten des Kalks im Organismus besser Bescheid wissen.

Trotz dem eingehenden Studium der letzten Jahre, die namentlich durch das Rachitisproblem immer erneut angeregt wurden und für die wir auf den zusammenfassenden Essay von K. Klinke verweisen, bestehen noch über die wesentlichsten Grundfragen erhebliche Kontroversen. Sicherlich ist auch der kleinere Teil des Calciums in ionaler Lösung vorhanden (etwa 20—30%), ob aber der Rest in übersättigtem Zustand gelöst ist, wie namentlich F. Hofmeister begründete, oder aber in komplexer Bindung zum Teil absorbiert an Kolloide (Eiweißkörper) wie K. Klinke zu beweisen suchte, ist noch strittig.

Wir möchten aber betonen, daß trotz der Differenz der *Deutungen* im einzelnen, die mehr formalen Charakter tragen, an der *Tatsache* jedenfalls nicht gezweifelt werden kann, daß die kolloiden Eiweißkörper für die Zustandsform des Calciums im Organismus und damit für sein Verhalten auch unter pathologischen Bedingungen die wesentlichste Rolle spielen.

3. Xanthom[1].

Seit den Untersuchungen von PINKUS-PICK wissen wir, daß es sich um Ablagerungen von Cholesterinestern in der Haut handelt, die nach der jetzt vorherrschenden Annahme bei den hier zu besprechenden spontanen, nicht sekundär degenerativ in entzündlichen Herden entstehenden Xanthomen infiltrativ in die Zellen des Bindegewebes, spez. die reticulo-endothelialen Zellen aufgenommen werden [ARZT (a), PAUTRIER-LÉVY, DIETRICH-KLEEBERG, KYRLE, ROWLAND].

Durch das Hervorheben dieser Tatsache erscheint das Auftreten von Xanthomen einerseits bei Allgemeinkrankheiten wie Diabetes mellitus, Diabetes insipidus [SEQUEIRA (a), GRIFFITH (a)] und Leberleiden, anderseits als spontane naeviforme Tumoren in einem ganz anderen Licht [JADASSOHN (e)]. Es hat dieses verschiedenartige Auftreten heute nur Bedeutung im Hinblick auf die Genese der Xanthome, indem daraus hervorgeht, daß offenbar Störungen verschiedener Organe, vielleicht sogar auch nur lokale Verhältnisse an der Haut für die Cholesterinablagerung ursächlich verantwortlich sein können.

Daß lokalen Verhältnissen an der Haut eine Bedeutung beigemessen werden muß, wird jetzt wohl allgemein zugegeben, wohl schon deshalb, weil lange nicht alle Cholesterinämien zu Xanthombildung führen. Von einzelnen Autoren wird freilich immer das Bestehen einer Hypercholesterinämie verlangt.

So vertritt E. SCHMIDT diese Ansicht auf Grund der Beobachtung einer Familie mit fünf Kindern, die alle mehr oder weniger ausgedehnte Hautxanthome aufwiesen. Vater und Mutter waren frei, doch fand sich bei allen ausgesprochene Hypercholesterinämie. Bei der ältesten Tochter fiel zur Zeit der Menses der Blutcholesterinspiegel fast zur Norm ab. Dabei wurden die Tumoren deutlich leicht entzündlich und schmerzhaft. E. SCHMIDT nimmt an, daß in diesem Moment eine vermehrte Ablagerung von Cholesterin in den Tumoren auf Kosten des dabei aus dem Blut verschwindenden stattfindet. Auch bei einer anderen Patientin fand er zeitweise den Blutcholesterinspiegel normal.

Von neueren Autoren legen, u. a. ähnlich wie schon CHAUFFARD-LAROCHE, das Hauptgewicht auf den Stoffwechsel ARNING-LIPPMAN, BURNS, HARRISON-WHITFIELD, JAMAKAWA-KASHIWABARA, ROWLAND.

Neben diesen Xanthomfällen mit erhöhtem Blutcholesteringehalt sind von ARZT, SIEMENS (a), HERRMANN-NATHAN, M. JESSNER, BAAR, WILE, eigentlich auch PULAY (f) Fälle mit normalem gefunden und mehr, besonders diejenigen, welche zum Xanthoma juvenile multiplex disseminatum gehören, für die Bedeutung lokaler Verhältnisse (die SIEMENS als Cholesterophilie der Gewebe bezeichnet), verwendet worden.

ROSENTHAL und BRAUNISCH haben den SIEMENSschen Fall genau untersucht. Sie konnten auch mit der Duodenalsonde eine normale Ausscheidung des Cholesterins durch die Leber nachweisen, so daß auch die Annahme ausgeschlossen werden konnte, der das Cholesterin verarbeitende Apparat könnte evtl. gestört sein und das nicht ausgeschiedene Cholesterin in Hautdepots abgelagert werden. Sie erklären die Entstehung mit einem primären Dekonstitutionsprozeß der Zellen, welche eine besondere Affinität für Cholesterin erlangen und es so zur Speicherung bringen.

ADLERSBERG hält es auf Grund des Nachweises einer enormen Ausscheidung oberflächenaktiver Stoffe im Urin, die höchstwahrscheinlich durch Beimengung großer Mengen von Gallensäuren verursacht wird, für möglich, daß die Überschwemmung des Blutes mit letzteren durch Änderung der Löslichkeitsverhältnisse des Cholesterins dessen Stoffwechsel beeinflußt.

Zur Frage der Bedeutung der Cholesterinämie für die Xanthome ist sehr interessant die Mitteilung von FLANDIN-DUCOURTIOUX-PÉCHÉRY: Von 4 Fällen mit Xanthomen wird der erste — diabetische Xanthome — durch Insulin gut beeinflußt, das Cholesterin geht von 410 mg % auf 170 mg % zurück und steigt nach der Kur wieder an, ohne daß die Xanthome rezidivieren. Im 2. Falle — Xanthom bei Leberstörung – mit 195 mg % Blutzucker

---

[1] S. a. URBACH, Band 12/2 dieses Handbuches.

und 440 mg % Cholesterin geht jeder der wiederholt auftretenden Schübe von Xanthom auf Insulin zurück, ebenso der Blutzucker., während die Cholesterinämie unbeeinflußt bleibt. Der 3. Fall — Lidxanthelasmen — ergibt Rückgang der Cholesterinämie ohne Beeinflussung der Xanthome; im vierten — tumorförmige, hereditäre, familiäre Xanthome — schließlich bleiben Hypercholesterinämie und Xanthome vollkommen unbeeinflußt.

Diese Mitteilung ist auch insofern interessant, als sie die Möglichkeit nahelegt, daß die günstige Beeinflussung diabetischer Xanthome durch Insulin, wie sie z. B. von Engmann-Weiss (a), Gordon-Feldmann, v. Bommel, Lough-Killian mitgeteilt wird, vielleicht doch nicht nur als Folge einer zentralen Wirkung aufzufassen ist, sondern auch auf die Möglichkeit einer peripher an der Lebenstätigkeit der Gewebszellen angreifenden Wirkung des Insulins hindeuten kann.

Einen neuen Gesichtspunkt bringen Wile-Eckstein-Curtis in die Xanthomfrage. Sie fanden bei der Analyse dreier Fälle in den Tumoren nicht mehr Cholesterin als normalerweise in der menschlichen Haut gefunden werde. Der größte Teil der Fettsubstanzen werde durch andere Lipoide gebildet. Ähnlich schon Weidmann.

Für die Lokalisation hat man öfters lokale Traumen verantwortlich machen wollen. Nach seinen experimentellen Ergebnissen — bei einem von fünf Kaninchen traten nach 97 tägiger Eigelbfütterung nur an der sehr geschützt liegenden Innenfläche der Ohren Xanthelasmen auf — möchte Ishimaru (a) diese nicht zu hoch bewerten und lieber auf die Cholesterinämie·das Hauptgewicht legen.

Über den Stoffwechsel des Cholesterins selber besteht noch nicht vollständige Klarheit, z. B. sind die Fragen, inwiefern das Cholesterin der Nahrung von Wichtigkeit ist (Gross), (Beeinflussung von Xanthomen auf dem Ernährungswege durch Gáal-Bognár, Herrmann-Nathan),·oder ob und wie das Cholesterin im Organismus auf- und abgebaut werden kann, noch nicht gelöst [Hueck (a)].

Eine Klärung der Xanthomfrage wird erst möglich sein, wenn wir über die Zustandsform, in der das Cholesterin in der Haut vorkommt, ausreichend unterrichtet sind. Bekanntlich ist die Bestimmung des gesamten Cholesterins keine so einfache.Aufgabe, da die meist angewandte colorimetrische Methode gegenüber der allerdings mühsameren gravimetrischen Digitoninfällung mannigfache Fehlerquellen besitzt, ganz abgesehen von den Schwierigkeiten einer vollständigen Extraktion. Wichtig erscheint auch die Frage, wieviel Cholesterin als solches und wieviel als Ester vorhanden ist, vor allem aber welche Lösungsgenossen vorhanden sind und in wie großer Menge, die das in Wasser ja unlösliche Suspensionskolloid in Lösung erhalten.

Diese lokalen Bedingungen erscheinen als von ganz besonderer Bedeutung, wie sich z. B. aus den Untersuchungen von O. Merkelbach ergibt, der fand, daß die Menge des Cholesterins in der Galle, deren Gehalt an Gallensäuren parallel geht und nicht dem Cholesteringehalt des Blutes. Auch der Ernährungsform dürfte wohl nicht die überragende Bedeutung zukommen, die man ihr früher zusprach, seitdem eine synthetische Bildung des Cholesterins im Tierkörper durch die Untersuchungen von Enderlen und Tannhauser zum mindesten sehr wahrscheinlich gemacht ist (siehe bei Bürger).

Wenn man ferner bedenkt, daß die Ablagerung von Cholesterin in alterndes Gewebe ein sozusagen physiologischer Vorgang ist (Arcus senilis corneae), und daß bei den notorisch mit Hypercholesterinämie einhergehenden Krankheiten (Diabetes mellitus und Lipoidnephrose) eine Cholesterinablagerung durchaus nicht häufiger vorkommt als normal, so wird es wahrscheinlich, daß nicht eine Veränderung des Cholesterinstoffwechsels (Versé), sondern eine Strukturveränderung der Grundsubstanz als primäres pathogenetisches Moment anzusehen ist.

4. Amyloid[1].

Amyloidablagerungen in der Haut bestehen einerseits als Begleiterscheinung einer allgemeinen Amyloidose.

Mikroskopisch ist das bereits von Schilder nachgewiesen worden, der bei 7 unter 14 an allgemeiner Amyloidose Verstorbenen Amyloid in der Haut finden konnte. Am

---

[1] S. a. Königstein, Band 13/1 dieses Handbuches.

Lebenden wurde die Miterkrankung der Haut zuerst von KÖNIGSTEIN (a) in zwei Fällen festgestellt.

Andererseits sind als Beispiele umschriebener, soweit erkennbar nur in der Haut lokalisierter Amyloidose Fälle von GUTMANN (a, b, c), JULIUSBERG (a, b), und KÖNIGSTEIN (a) publiziert worden. Nach FREUDENTHAL scheint Amyloid in der Haut überhaupt häufiger vorzukommen als man bisher angenommen hat.

Was das Zustandekommen der Ablagerungen anbelangt, so nehmen die einen Autoren an, LEUPOLD (a, b), KUCZYNSKY, daß abbaubedürftiges Material im Blute kreisen müsse, und an bestimmten Orten abgelagert werde. Nach LEUPOLD findet dies an Stellen statt, an denen eine Häufung von gepaarten Schwefelsäuren sich findet, welche die Rolle eines Ferments übernehmen.

Die Annahme SCHMIEDEBERG-KRAWKOWs, daß das Amyloid Chondroitinschwefelsäure enthalte, ist freilich durch die Untersuchungen HANSSENs (a) als widerlegt anzusehen. Die Tatsache, daß es sich um einen hochmolekularen, vielleicht dem Globulin nahestehenden Eiweißkörper handle, läßt es plausibel erscheinen, daß er in zahlreichen Organen, als auch am jeweiligen Ort der Erkrankung gebildet werden kann.

Nach KUCZYNSKY spielt eher ein abbauendes Ferment eine Rolle.

Auch nach LETTERER kann mehr an die Bedeutung lokaler Verhältnisse gedacht werden, indem nach ihm die vermehrte Abgabe von Globulin aus den Zellen nach dem Gewebssaft und dem Blute die Hautrolle spielt und somit die Amyloidsubstanz an der Stelle abgelagert werden kann, an der sie entsteht.

Nach DOMAGK kommt dem lokalen Prozeß, der Störung des intermediären Eiweiß-stoffwechsels der Zellen, namentlich der Endothel-, Reticulum- und Bindegewebszellen überhaupt die ausschlaggebende Bedeutung zu. Er schreibt: „Erste Vorbedingung ist das Vorhandensein von eiweißabbauenden Zellen und Fermenten, in deren Umgebung es dann unter bestimmten Bedingungen zur Ausfällung der entstehenden Spaltprodukte kommt, entweder weil erstens es teilweise nicht zum Abbau des Eiweißes, zu leicht löslichen Amino-säuren infolge Überangebots und Zellschädigung kommt, oder zweitens Fermente in der Richtung wirksam sein können, daß sie lösliches Eiweiß in schwer lösliche oder unlösliche Produkte überführen und nicht nur abbauen, sondern auch aufbauen.“

Man kann auch nach H. LOESCHCKE das Amyloid als ein lokales Präcipitat mit Leuko-cytenantigen auffassen.

Die isoliert auftretenden Hautamyloidosen lassen natürlich eher an solche lokale Verhältnisse denken.

5. S c h l e i m.

Die Schleimablagerungen seien hier nur der Vollständigkeit halber erwähnt, da es sich nach den vorliegenden Arbeiten weniger um eine Absonderung aus den Körpersäften, als um eine lokale Umwandlung von Hautgewebe in schleimartige Substanzen handelt, wobei freilich ein Einfluß vom Stoffwechsel her durch die Mitwirkung der inneren Sekretion eine Rolle spielen kann. Es sei auf die Arbeiten von DOESSECKER (a), TRYB, H. HOFFMANN, KREIBICH (a), PAWLOW verwiesen.

6. F a r b s t o f f e.

Es ist zunächst das *natürliche Hautpigment* zu erwähnen.

Nach den Untersuchungen von BLOCH soll es sein Zustandekommen einer cellulären Oxydase verdanken, welche mit einem wahrscheinlich auf dem Blutweg an die Haut heran-gebrachten Melanogen das Melanin bildet. Besonders auf Grund der Untersuchungen an einem Addisonfall (BLOCH-LÖFFLER) möchte BLOCH die Vorstufe des Pigments in einem Brenzkatechinderivat vermuten. Einzelheiten siehe bei BLOCH (m, n), GANS (a), MEIROWSKY[1].

In zweiter Linie ist der Pigmentierung bei *Hämochromatose* zu gedenken.

Bei dieser genetisch noch nicht restlos abgeklärten Affektion finden sich zweierlei Pig-mente, ein eisenhaltiges und ein eisenfreies in den Organen, und zwar enthalten die Par-enchymzellen der Organe und ihre Stützsubstanz meist beide gemischt mit Vorwiegen des Fe-haltigen, die glatten Muskelzellen und die Epidermiszellen jedoch nur das nicht auf Eisen reagierende Pigment. Während das erstere als Hämosiderin vom Blute abgeleitet werden kann, ist für letzteres nach HUECK (b) der zwingende Beweis für seine hämatogene Natur nicht erbracht worden. Es könnte also zur Gruppe der Lipofuscine gestellt werden, ohne daß deshalb seine Entstehung aus Zerfallsprodukten des Blutes ausgeschlossen sei.

BORK betrachtet die Farbstoffablagerung als Ausdruck einer Stoffwechselstörung, die zur Bildung eines proteinogenen Pigments führt.

---

[1] S. a. MEIROWSKY und HABERMANN, Band 13/1 dieses Handbuches.

Hier ist eine Abklärung erst zu erwarten von den eingehenden Untersuchungen über die Porphyrine, die von H. Fischer in Gemeinschaft mit Borst und ihren Schülern in großzügiger Weise in Angriff genommen sind.

Es sei hier auch auf die Pigmentierung bei perniziöser Anämie hingewiesen (Mosse, Lennartz, Schucany).

Ein weiteres, das bekannteste Beispiel von Farbstoffablagerung ist der *Ikterus*, die Durchtränkung der Gewebe mit gallensauren Salzen. Auf dessen Genese ist hier wohl nicht weiter einzugehen.

Einem eigenen Körperprodukt entstammt schließlich auch die bläuliche Verfärbung der Achselhöhlengegend und des Cerumens beim *Alkaptonuriker*.

Es handelt sich um eine Umwandlung der Homogentisinsäure in den Talgdrüsen zu einem Farbstoff.

Einem ähnlichen Vorgang wird auch die in einigen Fällen angegebene graugelbliche Verfärbung der Wangenhaut zuzuschreiben sein [Umber-Bürger, Umber (c), Ebstein (b), Osler (a), J. Bauer (a)]. Auch bei der Carbolochronose wurde diese Färbung festgestellt (Fishberg).

Nicht mehr zu den autogenen Farbstoffen dürfte nach den neueren Ergebnissen die sog. *Xanthose* der Haut zu rechnen sein.

Sie ist von Salomon-v. Noorden zuerst bei schweren Diabetikern entdeckt worden.

Umber (b) wollte den Farbstoff auf degenerative Vorgänge im intermediären Zellstoffwechsel des schweren Diabetikers zurückführen. Er trennt die Xanthose streng von den echten Xanthomen ab. Im Blutserum zeigt sich dieselbe Gelbfärbung wie in der Haut. Beim Ausschütteln geht der Farbstoff in den Äther über, steht also den Lipoiden nahe.

Salomon (a) hat dann die Xanthose auch beim völlig Gesunden nachgewiesen und gezeigt, daß der Farbstoff spektroskopisch mit außerhalb des menschlichen Körpers sich vorfindenden Lipochromen wie Carotin oder Lutein aus Eigelb übereinstimmt. Er schließt daraus, daß die Luteinvermehrung aus der Nahrung stammt und setzt später (b) die Xanthose den Verfärbungen der Haut durch Lipochrome der Nahrung gleich, wie sie schon durch Moro, später durch Hess-Myers, Kaupe, Klose, Stöltzner (a), Schüssler, Ryhiner, Dollinger, Hashimoto, Kohn, Hanssen (b), Miyake u. a. beschrieben worden sind.

Auch für die diabetische Xanthose nehmen Bürger-Reinhart, Labbé, Niehaus, R. Barthélemy, Weber (a, b), Head-Johnson an, daß der Farbstoff aus der Nahrung stamme.

Salomon (a), H. Strauss, Altmann halten für das Zustandekommen doch auch noch eine Disposition für notwendig. Labbé, ebenso Perretti suchen diese in einer Unfähigkeit des Kranken, die Lipochrome auszuscheiden, Barthélemy, Verne in einer mangelhaften Fähigkeit, die Lipoide zu assimilieren resp. die Färbung durch Oxydation zu zerstören.

Eine ganz eigenartige Beobachtung ist die von Weber (c), die er pseudoikterische Xanthose nennt. Der 54jährige Patient hatte von Jugend auf gelb ausgesehen, sein Blutserum erschien Weber (c) dunkler gefärbt als normal, so daß er eine Xanthämie annimmt. Spektroskopisch wurde freilich nicht geprüft.

B. Sensibilisationsdermatosen.

Diese Gruppe hat Bloch (c) für diejenigen Dermatosen aufgestellt, bewelchen ein bestimmter, sog. sensibilisierender Stoff im Körperkreislauf nachi gewiesen werden kann. Er genügt an sich noch nicht, um eine Erkrankung der Haut hervorzurufen, sein Einfluß aber bereitet sie in der Weise vor, daß eine weitere externe, an sich auch noch nicht eine typische Affektion bedingende Noxe, z. B. das Licht charakteristische Hauterscheinungen erzeugen kann. Der Stoff kann im Körper selbst gebildet oder mit der Nahrung von außen eingeführt werden (endogene, resp. exogene Sensibilisation.)

Die *Hydroa aestivalis oder vacciniformis* ist das typische Beispiel einer endogenen Sensibilisationsdermatose. Die sensibilisierenden Stoffe, welche ihren Erscheinungen zugrunde liegen, gehören in die Gruppe der Porphyrine.

Es sind verschiedene dieser Körper dargestellt worden, namentlich Hämato-, Kopro- und Uroporphyrin [Fischer (a, b), Schumm, Günther (a, b), Hausmann (a), Koenigsdörffer]. Für die menschliche Pathologie sind besonders die letzteren beiden von

Bedeutung. Koproporphyrin entsteht im Darm und zwar nach FISCHER (b) als normales Stoffwechselprodukt aus dem Myohämoglobin der Nahrung. Aus resorbiertem Koproporphyrin wird durch Carboxylierung Uroporphyrin, das für die Ausscheidung durch die Nieren besonders günstige Verhältnisse bietet, aber auch das stärkst sensibilisierende Präparat ist. Wenn es also in größeren Mengen im Körper kreist und nicht rasch ausgeschieden werden kann, treten je nach der Menge mehr oder weniger heftige Erscheinungen der Sensibilisierung auf.

Über die genaueren Verhältnisse, unter denen mehr oder weniger Kopro- und Uroporphyrin sich bilden, und z. B. darüber, ob auch der Darmflora dabei evtl. eine Bedeutung zukommen kann, besteht einstweilen noch keine Klarheit.

Für die Fälle von Porphyrinurie, bei denen keine Hauterscheinungen aufgetreten sind, nehmen ARZT-HAUSMANN an, daß sicher auch Porphyrine in einer Form im Organismus vorkommen, in welcher sie keinerlei photodynamische Wirkung ausüben.

Für diejenigen Fälle von Hydroa, in welchen keine Porphyrine im Urin nachgewiesen werden konnten, hat PERUTZ (a) darauf aufmerksam gemacht, daß auch auf die von FISCHER entdeckte Porphyrinvorstufe, das Porphyrinogen, geachtet werden müsse.

Kürzlich hat HAXTHAUSEN (a) zum erstenmal Gelegenheit gehabt, auch bei einer durch Luminal hervorgerufenen Porphyrinurie Hauterscheinungen vom Typus der Hydroa zu beobachten.

Für exogene Sensibilisation finden sich typische Beispiele besonders bei Tieren.

Erwähnt seien hiervon die Erkrankungen verschiedener Haustiere durch Buchweizen, der Pferde durch Trifolium hybridum, der Schafe nach Hypericum crispum, der Schweine nach Lachnanthes [Näheres siehe bei JESIONEK (a) und HAUSMANN (a)].

Aus der menschlichen Pathologie wäre vielleicht hier an die Melanodermitis toxica (E. HOFFMANN) zu erinnern (siehe bei HABERMANN).

Neben diesen sichergestellten Sensibilisierungsdermatosen finden sich einige weitere Hautkrankheiten, bei denen die Möglichkeit einer exogenen oder endogenen Sensibilisierung immer etwa wieder erwogen wird. Wenn auch die Sachlage noch nicht endgültig beurteilt werden kann, seien die Affektionen doch hier kurz angeführt.

Eine mit verhältnismäßig charakteristischen Erscheinungen einhergehende Erkrankung ist die *Pellagra*.

Der Gedanke, daß eine intern wirkende photodynamische Substanz eine Rolle spielen könne, ist zuerst von ASCHOFF und HAUSMANN (b) geäußert worden.

Auf Grund von Tierversuchen haben sich für diese Möglichkeit auch HORBACZEWSKI, LODE, RAUBITSCHEK ausgesprochen. Wenn sie ihre Resultate auch nur mit Vorbehalt für die Pellagragenese verwerten, so darf nach RAUBITSCHEK doch aus ihnen geschlossen werden, daß im Mais photobiologische Sensibilisatoren vorhanden, und daß diese imstande sind, albinotische Tiere nach mehr oder weniger intensiver Belichtung unter charakteristischen Erscheinungen zu töten.

UMNUS macht für die Hauterscheinungen speziell den im Mais enthaltenen gelben Farbstoff als Sensibilisator verantwortlich, und führt die übrigen Erscheinungen auf ein zweites toxisches Moment zurück. HUZAR spricht sich ebenfalls für eine Sensibilisierung der Haut durch einen fluorescierenden Farbstoff aus.

Neuerdings nehmen auch ITHO, MOOK-WEISS, J. C. SUTTON eine Lichtsensibilisierung an.

Diese Ansichten von der Bedeutung des Lichts sind freilich nicht unwidersprochen geblieben.

Von DEJACO wird die Lokalisation von pellagrösen Erscheinungen an unbelichteten Körperstellen betont, ebenso von MERK (a) das Nichtübereinstimmen der Grenzen des pellagrösen und des solaren Erythems. Auch die Beobachtung von NEUSSER (a) kann gegen die Bedeutung des Lichts angeführt werden, welcher hervorhebt, daß bei Zigeunerkindern, deren nackter Körper der Sonne überall in gleicher Intensität ausgesetzt ist, doch nur Hände und Füße erkranken können.

BABES (nach RAUBITSCHEK) führt an, daß unter sehr lichtarmen Bedingungen lebende Gefangene trotzdem von Pellagra befallen werden.

Gegen die Bedeutung des Lichts haben sich auf Grund von Tierversuchen RONDONI (nach RAUBITSCHEK) und RÜHL gewendet.

GAY-MC. IVER konnten neuerdings die Sensibilisierung weißer Mäuse mit Maisextrakten gegen Licht nicht bestätigen, und OPPENHEIM erhielt bei photodynamischen Versuchen nur negative Resultate.

HAUSMANN (a) glaubt, daß das Vorkommen von Pellagra bei Negern die Auffassung als Sensibilisierungskrankheit zwar nicht völlig unmöglich, jedoch sehr unwahrscheinlich mache. Immerhin hält er sich (c) doch noch nicht für berechtigt, die Pellagra aus den Lichtaffektionen mit unbekannter Ätiologie zu eliminieren.

Eine besondere Art der Sensibilisation glauben JOBLING-LLOYD annehmen zu können, indem sie aus den Faeces Pellagrakranker Aspergillusarten züchten konnten, welche an den Nährboden durch Lipoide und Alkohol extrahierbare fluorescierende Substanzen abgaben, die sich im Mäuseversuch als stark photodynamisch wirkend herausstellten.

Außer dieser verhältnismäßig typischen Pellagra seien ferner einige Hautkrankheiten erwähnt, die eigentlich als unspezifische Dermatosen erst im zweiten Abschnitt zu besprechen wären, welche aber, soweit als für sie eine interne Sensibilisation gegen Licht in Frage kommt, doch schon hier im Zusammenhang wenigstens kurz gestreift werden dürfen.

Die älteste ist das von TH. VEIEL zuerst beschriebene *Eczema solare*, über welches weiterhin WOLTERS, UNNA (a) und MÖLLER, neuerdings NOBL (a) und FALK berichtet haben. Eigenartig ist ein Fall von DELBANCO, welcher ein Eczema solare mit Hämatophorphyrinurie beobachtete.

Nicht mit dem Eczema solare zusammenzuwerfen ist die Sommerprurigo (Summereruption Hutchinson), welche BERLINER auch auf Lichtsensibilisation zurückführen möchte. MÖLLER und JESIONEK (a) verhalten sich dieser Auffassung gegenüber ablehnend.

SELLEI-LIEBNER sehen die Prurigo aestivalis nicht als einheitliches Krankheitsbild an, sondern rechnen Eczema solare und Prurigo simplex chronica recidivans dazu. Sie konnten eine Lichtüberempfindlichkeit feststellen. Auch E. PICK (a) möchte sie als eine selbständige Erkrankung in der Gruppe der Lichtdermatosen ansehen. HAXTHAUSEN (b) stellt die verschiedenen Eruptionsformen unter dem Titel „chronische polymorphe Lichtausschläge" zusammen.

Sehr interessant sind die früher von WARD und OCHS (a) bereits beschriebenen, in neuerer Zeit von DUKE, BEINHAUER (a) und FREY mit Recht nachdrücklicher hervorgehobenen Fälle von Urticaria solaris.

Ebenfalls mit dem Licht in Zusammenhang gebracht haben einen papulösen Ausschlag CASTANS und PERUTZ (b).

Schließlich weist PULAY (a) für einen Fall von Lupus erythematodes sehr nachdrücklich auf die Möglichkeit einer Photosensibilisation hin, und zwar betrachtet er als Sensibilisator die Harnsäure. Ein allgemeiner Schluß ist aus dieser einen Beobachtung nicht möglich, wenn auch sonst wohl allgemein zugegeben wird, daß dem Licht in der Genese des Erythematodes eine Bedeutung zukommt, schon entsprechend seiner Lieblingslokalisation und seiner nicht selten beobachteten Exacerbation im Frühjahr oder nach intensiverer Besonnung.

Des näheren soll hier auf diese unspezifischen Affektionen nicht eingegangen werden. Bei Besprechung ihrer Genese im 2. Abschnitt wird auf die Möglichkeit und die Art des Mitwirkens einer Sensibilisierung nochmals zurückzukommen sein.

C. Dyshormonale Dermatosen.

Für *spezifische* Hautveränderungen, welche auf die Funktion oder den Ausfall eines innersekretorischen Organs unmittelbar zurückgeführt werden, können Beispiele ohne Schwierigkeit genannt werden.

Wir brauchen hier nur das Myxödem beim Ausfall der Schilddrüse, die Pigmentierung des Addisonkranken beim Ausfall der Nebennieren, den Einfluß der Keimdrüsen auf Haut und Anhangsorgane zur Zeit der Pubertät und im Klimakterium zu erwähnen.

Ausführlicher kann und soll hier darauf nicht weiter eingegangen werden. Der Bedeutung der inneren Sekretion für die Dermatologie ist ein besonderes Kapitel des Handbuchs gewidmet.

Immerhin sei auch hier wie im vorangehenden Abschnitt des Überblicks halber darauf hingewiesen, daß natürlich auch *unspezifische* Hauterscheinungen mit der inneren Sekretion in Verbindung gebracht werden.

Für die Abhängigkeit von innersekretorischen Funktionen lassen sich besonders die während der Menstruation und unter der Gravidität auftretenden unspezifischen Dermatosen heranziehen.

Diese demonstrieren dadurch, daß sie periodisch jeweils mit dem betreffenden Zustand auftreten und im Intervall wieder verschwinden, aufs deutlichste den Zusammenhang. Die Hautaffektionen, welche dabei besonders in Frage kommen, finden sich in der ausführlichen Arbeit von SCHEUER, ferner bei OPEL und WIENER zusammengestellt.

Viel unsicherer ist natürlich die Annahme eines Zusammenhangs mit inner-sekretorischen Vorgängen bei denjenigen Dermatosen, bei welchen eine solche klinische Periodizität nicht besteht [siehe bei PULVERMACHER (a)].

Bei diesen hat man eben vielfach neben anderen Erklärungsmöglichkeiten auch an die innere Sekretion gedacht. Als Beispiel seien bloß die fraglichen Beziehungen des Ekzems zu den verschiedensten innersekretorischen Drüsen genannt, ferner die der Ichthyosis, der Sklerodermie, der Dermatitis herpetiformis zur Schilddrüse, des Pemphigus zu den Ovarien, der Psoriasis zur Thymus.

Es ist denkbar, daß mit Hilfe der neuerdings in Angriff genommenen Grundumsatz-bestimmungen etwas weitere Einblicke gewonnen werden können, LÉVY-FRANCKEL-JUSTER-VAN BOGAERT, LÉVY-FRANCKEL-JUSTER, URBACH (a, f), PULAY (b), SPARACIO (a), FALCHI (a), CROSTI (verschiedene Dermatosen), LORTAT-JACOB-LEGRAIN (Sklerodermie), KROGH-WITH, SIEMENS (b) (Ichthyosis), KLEPPER (Dermatitis herpetiformis), SELLEI (b), (Rosacea junger Mädchen, MASSA-CHAPEAUROUGE (Ekzem).

Ausführlicher kann auch darauf hier nicht eingegangen werden. An der Stelle des zweiten Abschnitts, an welcher wir uns ausführlicher damit zu beschäftigen haben, welche internen Momente für die Erzeugung unspezifischer Dermatosen eine Rolle spielen und in welcher Weise sie in der Genese mitwirken können, werden wir die innersekretorischen Einflüsse nochmals zu erwähnen haben.

2. Unspezifische (fakultative) Dermatosen.
I. Allgemeiner Teil.

In diesem Abschnitt hätten wir uns mit den Möglichkeiten von Zusammen-hängen zwischen Stoffwechselvorgängen und solchen Dermatosen zu befassen, aus deren Erscheinungsform, nicht wie bei denen im ersten Abschnitt, ohne weiteres ein bestimmter Hinweis auf einen derartigen Zusammenhang abge-leitet werden kann.

Die Hautaffektionen, die hier zur Besprechung kommen werden, sind zum einen Teil solche, die wir in einer ganzen Anzahl der Fälle auf eine bestimmte auslösende, vorwiegend externe Ursache zurückführen können; in Fällen, in welchen wir nun eine externe Noxe nicht eruieren können, ist es, da diese ja oft sehr verschiedener Natur sind, durchaus erlaubt, auch an die Möglichkeit einer störenden Einwirkung vom Stoffwechsel her zu denken.

Zum anderen Teil sind es solche Dermatosen, über deren Ursachen und Entstehungsweise wir überhaupt noch keinerlei sichere Anhaltspunkte haben; bei diesen drängt sich deshalb noch viel mehr immer wieder die Frage auf, ob nicht gerade bei ihnen internen Einflüssen eine maßgebende Bedeutung zuge-schrieben werden müsse.

Die Dermatosen, welche in diesem Sinne mit inneren Störungen in Zusammen-hang gebracht werden, lassen sich etwa folgendermaßen zusammenstellen:

1. Erytheme, Erythema exsudativum multiforme und nodosum, Purpura.
2. Urticaria, Strophulus, Prurigo.
3. Dermatitis herpetiformis, Pemphigus, Herpes simplex.
4. Ekzem.
5. Seborrhöe, seborrhoisches Ekzem, Acne vulgaris, Rosacea.
6. Lichen ruber, Psoriasis, Lupus erythematodes.
7. Pruritus, Neurodermitis.
8. Akroasphyxie, RAYNAUDsche Krankheit.
9. Sklerodermie, Hautatrophien, Vitiligo.
10. Störungen im Haar- und Nagelwachstum.

Es sind das diejenigen Affektionen, bei denen wir in Lehr- und Handbüchern bald mehr, bald weniger häufig unter der Besprechung der Ursachen die Angabe finden, daß interne Momente für ihre Entstehung eine Rolle spielen können.

Leider sehen wir aber zugleich auch an der Kürze dieser Angaben, die meist nur sehr allgemein gehalten sind, bereits sehr deutlich, daß wir über die genaueren Zusammenhänge sehr wenig orientiert sind, und daß es sich meist nur um aus klinischen Eindrücken gewonnene Voraussetzungen und Annahmen handelt. Beweise finden sich sozusagen keine, die Erklärungsversuche bewegen sich meist in Vermutungen.

Darier (b) spricht sich deshalb folgendermaßen aus: „Il n'est pas possible de dresser le tableau des manifestations cutanées de la goutte, de l'urémie ou insuffisance urinaire, de l'insuffisance hépatique, de la cholémie, des dyspepsies gastro-intestinales etc., une tentative de ce genre se heurterait à trop d'inconnues. A propos des erythèmes, urticaires, purpuras, éczemas, lichens, prurits, prurigos, acnés, j'ai noté le peu que l'on sait de la relation de ces dermatoses avec les troubles généraux de la nutrition.

Ähnlich schreibt Jadassohn (f) über das Ekzem, „so sehr ich selbst von der Bedeutung der verschiedenen inneren Zustände und Krankheiten für das Ekzem überzeugt bin, so wenig glaube ich doch, daß wir jetzt schon imstande sind, immer oder auch nur sehr oft klar zu stellen, welche Rolle diese ‚dispositionellen Momente' spielen."

Wenn also auf der einen Seite die Voraussetzung interner Einflüsse doch immer wieder geäußert wird, so sind auf der anderen Seite gerade bei den Dermatosen dieses Abschnitts die positiven Anhaltspunkte hierfür so schwierig zu überblicken und zu erfassen, daß der Versuch einer Darstellung des bisher Erreichten von vornherein entmutigend wirkt.

In vielen der Arbeiten, welche diesen Zusammenhängen nachgehen, findet sich leider auch eine sehr verschiedene Interpretation gewisser Begriffe, vieles wird durcheinander gemengt, sehr vieles Hypothetische wird mehr oder weniger als sicher angesehen, kurz ein klares Erfassen der einzelnen Ansichten ist oft sehr schwer und meist bleibt wenig Positives übrig.

Ja Bloch (c) sieht sich sogar zur Frage veranlaßt, ob nicht die Problemstellung a priori eine verfehlte sei und „ob wir nicht der Suggestion der alten Krasenlehre unterlägen, wenn wir das Hautorgan mit einer Intensität in Beziehung zum Stoffwechsel zu bringen versuchten, wie es uns bei anderen Organen nicht einfalle".

Wenn deshalb auch die folgenden Ausführungen zu keiner befriedigenden Lösung gelangen werden, so möchten sie doch wenigstens versuchen, eine gewisse Übersicht in die weitschichtige Materie zu bringen und durch möglichst klares Herausarbeiten gewisser Definitionen eine Grundlage für das gegenseitige Verständnis weiterer Arbeiten zu schaffen.

Es läßt sich dabei nicht umgehen, zunächst eine Anzahl allgemeinerer Ausführungen über die Möglichkeiten des Zusammenhangs zwischen Stoffwechselanomalien und Dermatosen und über die Verwendung hierbei öfters vorkommender Begriffe vorauszuschicken.

A. Rolle und Bedeutung des Begriffs der Diathese.

Diese Bezeichnung ist im Laufe der Zeit und von den verschiedenen Autoren in sehr verschiedenartiger Weise angewendet und interpretiert worden und mit ihr verbinden sich deshalb ganz besonders allerhand Unklarheiten.

In bezug auf die historische Entwicklung des Begriffs sei auf die Zusammenstellungen von His (b), Léri (a, b) und Le Gendre verwiesen, denen etwa folgendes zu entnehmen ist:

Für die allererste Medizin bedeutete Diathese einen Zustand schlechthin, Gesundheit oder Krankheit, bald aber wurde Diathese die Bezeichnung eines Krankheitszustandes. Die krankhafte Störung betraf dabei das Gleichgewicht des Gesamtkörpers, und Organveränderungen erschienen nicht als Ursache, sondern als Folge und Äußerung der Gesamtstörung. Versuche, die Entstehung von Krankheiten genauer zu erklären, finden sich bei Hippokrates und Galen. Sie stützen sich auf die Lehre von den vier Körpersäften, Schleim, Blut, schwarze und gelbe Galle. „Wo die vier Grundqualitäten in richtiger Mischung vorhanden sind, besteht Temperies und damit Gesundheit. Jedoch kann das eine oder andere Element vorwiegen, ohne daß dadurch die Grenzen der Gesundheit überschritten werden. Dies prägt sich aus in dem verschiedenen Habitus und Temperament der Menschen. Nimmt ein Element durch einseitige Ernährung oder andere von außen wirkende Ursachen über die zulässige Grenze hinaus zu, dann wird die Temperies gestört, es entsteht Krankheit und die Natur sucht gemäß ihrer Vis medicatrix durch Ablagerung oder Abscheidung des überschüssigen Elements die richtige Mischung wieder herzustellen. Hieraus geht hervor, daß ein von außen hinzutretendes Element um so leichter das Gleichgewicht stört, je mehr es in der ursprünglichen Mischung bereits präponderierte, d. h. schon das Temperament enthielt in sich die Disposition zu bestimmten Erkrankungen und deren Entstehen wurde ebensowohl vom Maße der eingedrungenen Schädlichkeiten als auch von der individuellen Beschaffenheit des exponierten Körpers bestimmt" [His (b)]. Ein letzter Ausläufer der Humoralpathologie ist die Krasenlehre von Rokitansky, nach der gleichartige krankhafte Veränderungen in zahlreichen Körperorganen durch eine fehlerhafte Zusammensetzung des Blutes — eine Dyskrasie — verursacht sein sollten.

Als den humoralen Anschauungen gegenüber allmählich aus den Arbeiten von Morgagni, Bichat, Virchow u. a. eine neue Auffassung von der Entstehung der Krankheiten, welche den Sitz der Erkrankung in die einzelnen Organe verlegte, sich immer mehr durchsetzte, mußte auch der Begriff der Diathese eine neue Fassung erhalten.

Von Chomel wurde er nun in folgender Weise interpretiert: „la diathèse est une disposition en vertu de laquelle plusieurs organes ou plusieurs points de l'économie sont à la fois ou successivement le siège d'affections spontanées dans leur développement et identiques dans leur nature, lors même qu'elles se présentent sous des apparances diverses."

Ähnlich äußert sich Teissier oder noch kürzer Nysten: „La diathèse est une disposition générale en vertu de laquelle un individu est atteint de plusieures affections locales de même nature".

Eine Zeitlang wurde dann der hauptsächlich in Frankreich aufrecht erhaltene Begriff der Diathese sehr wechselnd und zum Teil sehr weitgehend gefaßt, indem er sowohl zur Bezeichnung der Disposition zur Krankheit als der Krankheit selber, als auch ihrer Ursachen verwendet wurde.

Diesen Typus vertritt für die Dermatologie vor allem Bazin, von dessen Klassifikation aber gerade ihrer Unklarheit wegen nichts mehr übrig geblieben ist, so daß wir hier nicht weiter darauf einzugehen haben.

Eine einheitlichere, mehr wieder nur einige Symptome umgrenzende Fassung geht dann auf Noël Guéneau de Mussy zurück. Dieser macht auf klinische Beziehungen zwischen Rheumatismus, Migräne, Asthma, Ekzem, kongestiven und sekretorischen Störungen, Neuralgien aufmerksam und auf ihre Bedeutung nicht nur im Leben des einzelnen Individuums, sondern auch bei Mitgliedern einer Famiile. Hinter diesen verschiedenen Erscheinungen, die sich durch verschiedene Lebensalter desselben Individuums und durch Generationen der Familie hindurchziehen, vermutet er einen gemeinsamen Faktor: „quand nous admettons des maladies constitutionelles ou diathésiques, nous n'en faisons pas des entités abstraites, bien que nous ne puissions pas dire quelle est la modalité organique qui leur correspond. Nous affirmons qu'entre leurs manifestations morbides, qui se succèdent ou éclosent sous l'influence de causes exceptionelles, il y a un lien constitutionel, que derrière elles il y a un état anormal de la constitution, le plus souvent héréditaire; il s'accuse souvent dès l'enfance, il se révèle pendant le cours de la vie par des symptomes qui lui sont propres et il peut modifier avec plus ou moins d'énergie, par son intervention la physionomie des maladies accidentelles ou même d'autres maladies constitutionelles. Cette disposition anormale, cette modalité persistante de l'organisme vivant, nous l'appelons diathèse."

Diese Auffassung des Begriffs im Sinn einer familiären Disposition zu einer Anzahl bestimmter Krankheiten bleibt von da an die hauptsächlich vertretene.

„Man versteht unter Diathese meist nicht Krankheitsbereitschaft überhaupt, sondern eine spezielle Form der Bereitschaft zu bestimmten symptomatischen Veränderungen im Organismus" (Borchardt).

Von Dermatologen äußert sich Brocq (a): tout sujet hérite donc d'une disposition générale de l'organisme qui fait, qu'il est plus ou moins apte que d'autres à contracter certaines affections accidentelles parasitaires, ou à voir se développer chez lui certaines lésions organiques ou certains états morbides. C'est à cette disposition générale que les vieux médécins français avaient donné le nom de diathèse. Elle reste latente ou se manifeste d'une manière tangible suivant que les causes occasionelles ou déterminantes auxquelles est sousmis le sujet sont favorables ou non à la production de diverses expressions morbides.

Ähnlich sagt Darier (a): Diathèse est une manière d'être congenitale et familiale qui crée une disposition congénitale et héréditaire à certaines maladies, à certaines dermatoses en spécial.

Und in ähnlichem Sinn lauten auch die 1911 am deutschen Kongreß für innere Medizin, der sich mit den Diathesen beschäftigte, gegebenen Definitionen:

„Diathese ist ein individuell angeborener, oftmals ererbter Zustand, der darin besteht, daß physiologische Reize eine abnorme Reaktion auslösen und Lebensbedingungen, welche von der Mehrzahl der Gattung schadlos ertragen werden, krankhafte Zustände (sc. an mannigfachen Organen und Gewebssystemen) auslösen" [His [b]].

Die Frage nach dem Vorkommen von Diathesen im Kindesalter, d. h. ob es Kinder gibt, welche mehr als andere, mehr als es dem Durchschnitt der Gesamtheit entspricht, mehr als art-, altersgemäß, physiologisch ist, Bereitschaft zu bestimmten Störungen aufweisen, läßt sich nur mit ja beantworten" [Pfaundler (a)].

„Als Diathese definieren wir zunächst ganz allgemein einen hereditär übernommenen, oder seltener im späteren Leben erworbenen pathologischen Zustand, eine ihrem Wesen nach unbekannte Stoffwechselstörung, die sich in der verschiedensten Weise an dem oder jenem Organ oder Organkomplex, bei dem oder jenem Glied der Familie, als abnorme krankhafte Reaktion gegen habituelle oder außergewöhnliche Schädlichkeiten des Lebens äußert" [Bloch (e)].

Ähnlich schreibt später auch Feer (a): „Gewöhnlich aber bezeichnet man als Diathese eine latente, meist angeborene Krankheitsanlage, ohne nachweisbaren Ausgang von einem Organ, die an verschiedenen Stellen des Körpers zu oft verschiedenen Krankheitserscheinungen führen kann, schon auf physiologische Reize, die andere Individuen ohne Schaden ertragen."

Als ein gegen früher neues Moment wird in diesen Definitionen der Umstand hervorgehoben, daß die Erkrankung auch schon auf Einwirkung von Reizen, die von physiologischen Grenzen an sich wenig abweichen, eintreten kann.

Auch Pinkus (b) unterstreicht dies sehr stark, wenn er sagt: „Diathese bedeutet nichts anderes als eine Umschreibung des Wortes: erhöhte Veranlagung zur Reaktion auf normalerweise unschädliche Reize."

Je nach den Manifestationen, die man nun in dem genannten Sinn zueinander glaubte in Beziehung bringen zu dürfen, hat man versucht, eine Anzahl besonderer Diathesen zu unterscheiden und abzugrenzen. Die bekanntesten sind der Arthritismus — entsprechend der Lithämie der englischen Autoren —, der Lymphatismus, der Status thymolymphaticus, die exsudative Diathese.

Für die Definition des *Arthritismus* seien als allgemeine Beispiele angeführt:

Méry-Terrien: „Niemand wird heutzutage die Verwandtschaft in Zweifel ziehen, welche zwischen Gicht, Diabetes, Migräne, Steinkrankheiten und gewissen Dermatosen besteht. Das gemeinsame Band ist die arthritische Diathese. Arthritismus ist keine eigentliche Krankheit, sondern eine Diathese, d. h. eine Prädisposition zu einer ganzen Gruppe von Affektionen."

M. Mendelssohn: „Der Hauptsache nach ist die Schaffung des Begriffs Arthritismus in Frankreich wohl dem Bedürfnis entsprungen, eine gewisse pathologische Verwandtschaft, eine konstante Beziehung verschiedener Affektionen zum Ausdruck zu bringen. Es ist schwierig, von dem Krankheitsbegriff des Arthritismus eine befriedigende Definition zu geben. Es ist keine Krankheit an sich. Er stellt die Prädisposition zu einer ganzen Gruppe von Krankheitszuständen dar. Er ist eine Diathese, eine Konstitutionsanomalie."

J. Bauer (b): „Als Arthritismus oder Herpetismus — Lithämie — bezeichnen französische Autoren jene vererbbaren Körperverfassungen, welche man offenkundig zur Erklärung der unbestreitbaren Tatsache supponieren muß, daß gewisse Erkrankungen wie Gicht, Fettsucht, Diabetes, Konkrementbildungen in Gallen- und Harnwegen, prämature Arteriosklerose, Rheuma, Migräne, Neuralgien, Asthma bronchiale, Ekzeme und andere Dermatosen einerseits bei ein und demselben Individuum mit einer gewissen Vorliebe in variablen Kombinationen simultan oder sukzessiv aufzutreten und anderseits in mannigfacher Verteilung und Gruppierung die verschiedenen Glieder einer Familie heimzusuchen pflegen."

Von dermatologischer Seite gibt Brocq (a) für den *Arthritiker* folgenden Entwicklungsgang: Im Säuglingsalter nässendes, mehr oder weniger impetiginisiertes oder papulovesiculöses Ekzem, später gelegentlich ersetzt durch Urticaria oder Entzündungen der Nasenschleimhaut, adenoide Vegetationen, rhino-bronchite spasmodique, crises de gastroenterite, Frostbeulen. Im Pubertätsalter céphalées, crises de mélancholie, acné, séborrhoe, später Asthma, Neurasthenie, Alopecia seborrhoica. Beim Erwachsenen treten auf: seborrhéides tenaces, névrodermite chronique circonscrite, crises viscerales, Migräne, Neuralgien, Dyspepsien, coliques hépatiques ou nephritiques, crises de rhumatisme ou de goutte vraie. Im Alter zeigt sich Arteriosklerose, Pruritus und Ekzem.

Den *Lymphatismus* umschreibt er folgendermaßen: ce qui est certain c'est que les enfants peuvent hériter de cet état particulier, qui dans leurs jeunesse leur donne un facies spécial, bouffi, pâle qui les prédispose aux coryzas chroniques, aux hypertrophies amygdaliennes, aux végétations adénoides et à leur conséquences, à l'hypertrophie de la lèvre superieure, aux engelures, à l'acroasphyxie, aux adénopathies, à l'otorrhée, aux conjunctivites, aux kératites phlycténulaires, aux pyodermites, à l'impétiginisation des dermatoses, à l'infection tuberculeuse, et c'est ce que nous appelons la prédisposition lymphatique.

Für die *exsudative Diathese* sind die Symptome in den Arbeiten von CZERNY (a), PFAUND-LER (a, b) TACHAU (a, b), KLOTZ (a) u. a. genügend ausführlich zusammengestellt.

Wir erwähnen nur an der Haut Gneis, Milchschorf, Ekzem, Neurodermitis, Prurigo, an den Schleimhäuten Landkartenzunge, periodisch auftretende und rezidivierende Katarrhe, Asthma.

Es ist kein Zweifel, daß die meisten dieser Diathesen verschiedene Manifestationen gemeinsam haben, ebenso wie die Symptome auch allein, ohne andere diathetische Manifestationen sich sonst vorfinden können. Eine scharfe Abgrenzung einzelner Diathesen ist daher nicht gelungen.

„Viele Symptome sind anderen Diathesen gemeinsam und manche gedeihen zweifellos in gleicher Form auch auf einem Terrain, für dessen diathetische Prädisposition keinerlei Anhaltspunkte vorhanden sind. Dies macht die Abgrenzung der einzelnen Formen so unendlich schwierig und ist der Grund, weshalb noch keine der bisher genannten Diathesenformen hinreichend scharf charakterisiert werden konnte. Die Besprechung und Symptomatik bleibt unvollkommen, bis das Wesen der Diathese, ihr anatomisches und funktionelles Substrat aufgedeckt ist" [HIS (b)]. Ähnlich FINKELSTEIN (a) u. a.

Man wird demnach im allgemeinen PFAUNDLER (a) wohl recht geben müssen. wenn er sagt, daß die lymphatische, die exsudative und die arthritische Diathese und der Status thymolymphaticus sich sehr nahe ständen, so daß man sie vom praktischen Standpunkt aus ruhig zusammenfassen und gemeinsam aufzuklären versuchen könne. Jedenfalls können wir für unsere Zwecke sehr gut diese Ansicht teilen.

An Versuchen, das Wesen der Diathesen aufzuklären, hat es nicht gefehlt.

Ihr Ziel ist in der Hauptsache, ein gemeinsames Substrat, eine gemeinsame Ursache für die an Lokalisation und Erscheinungsform so mannigfaltigen Einzelmanifestationen zu finden.

Diese Versuche hat PFAUNDLER (a) in vorzüglicher Weise charakterisiert und zu ihnen abklärend Stellung genommen. Er wirft dabei als Hauptfrage auf: „Lassen sich die Erscheinungen der genannten Diathesengruppe von *einem* Punkt aus erklären ?, existiert *ein* Angelpunkt ?, *ein* gemeinsames Zentrum ?"

In diesem *unizentrischen* Sinn treten zwei Erklärungsmöglichkeiten besonders hervor. Die *erste* ist die *humorale*:

„In bezug auf eine solche unizentrische Erklärung leuchtet es ein, daß von verschiedenen Organen aus die verschiedensten pathologischen Reaktionen zu gewärtigen sind, wenn nur die Beschaffenheit des auf alle einzelnen Teile des Körpers einwirkenden Blutes von der Norm abweicht" [PFAUNDLER (a)].

Einer Lösung der Diathesenfrage in diesem Sinn haben weitaus die meisten und besonders die älteren Arbeiten gegolten. In dieser Hinsicht berühren sich eben die Diathesen eng mit unserem Thema, und etwaige Ergebnisse würden auch diesem zugute kommen.

Als erster hat wohl in gründlicherer Weise BOUCHARD versucht, eine Stoffwechselstörung zu eruieren. Aus einer speziellen Analyse der Stoffwechselvorgänge beim Diabetes wird er darauf geführt, daß die primäre Ursache für die Entstehung aller mit dem Arthritismus zusammengebrachter Krankheitserscheinungen auf eine Verlangsamung der Verbrennungsvorgänge im Körper zurückzuführen sei. Diese Verlangsamung ist primär auf eine Störung der Zellaktivität zurückzuführen, die wahrscheinlich durch Insuffizienz der Sekretion von Fermenten oder durch Störung des Nerveneinflusses, der diese Fermente ins Spiel bringt, bedingt ist. Diese primäre Zellstörung bildet nun ein Hindernis bei den Oxydationen, indem die Säuren nicht mehr zu der leicht eliminierbaren Kohlensäure oxydiert werden, sondern als ungenügend verbrennbares vergiftendes Moment im Körperkreislauf bleiben. Diese Stoffwechselstörung, diese Anhäufung saurer Produkte kann an sich genügen, um eine Krankheit hervorzurufen, z. B. Gicht, Diabetes, Fettsucht. Daneben aber kann sie auch nur eine Disposition schaffen, auf deren Grundlage durch akzidentelle Reize Krankheiten entstehen können.

Der Standpunkt von Bouchard wird heute noch — vielleicht allerdings etwas weniger klar — aufrecht erhalten: „Pour nous fidèles à l'enseignement de Bouchard nous acceptons sa définition de la diathèse, un trouble permanent de mutations nutritives, qui prépare, provoque et entretient des maladies differentes comme formes symptomatiques, comme siège anatomique, comme processus pathologique" (le Gendre).

Im Gegensatz zu Bouchard behaupten Joulie und seine Anhänger (nach Mendelssohn), daß die Hauptursache der Verlangsamung der Ernährung bei den Arthritikern in einer humoralen Hypoacidität zu sehen sei.

Nach Mendelssohn, der den Arthritismus in letzter Linie ebenfalls auf Stoffwechselstörung zurückführt, kann dieser in manchen Fällen gesteigert, in manchen verlangsamt sein. Das Wesentliche sei die Störung des Gleichgewichts zwischen Dissimilations- und Assimilationsvorgängen.

Auf eine einfache Formel hat Gaucher (a) die Erklärung der Symptome der Diathese gebracht. Er nimmt an, daß es durch eine unvollständige Verbrennung der Eiweißkörper infolge eines ralentissement de la nutrition im Organismus zur Anhäufung ungenügend umgewandelter stickstoffhaltiger Substanzen (Harnsäure, Leucin, Tyrosin, Kreatin, Kreatinin, Xanthin, Hypoxanthin) komme. „D'après cette conception j'ai pu définir la diathèse une autointoxication chronique par les matières extractives azotées."

Auch M. Comby führt den Arthritismus auf eine Stoffwechselstörung zurück und schreibt: „le dernier mot n'est pas encore dit sur cette question de chimie biologique, mais il s'ágit sans doute d'une autointoxication (Harnsäure, Urate, Alloxurkörper).

Cunningham (b, c) setzt Lithämie einer Überernährung gleich. Er möchte die Bezeichnung Lithämie durch Acidosis ersetzen, da den Prozessen doch eine Säureüberladung zugrunde liege.

Gegen die Überschätzung der Stoffwechselstörung in der Genese der arthritischen Erscheinungen haben sich bereits französische Stimmen geäußert.

So schreibt Darier (a) für den Begriff der Diathese im allgemeinen „en quoi cette prédisposition organique consiste exactement, en troubles fonctionelles, en malformations organiques en alterations humorales c'est ce qu'on ignore."

Über den Arthritismus im besonderen schreibt er weiter: „le mot arthritisme exprime une idée juste, quand on l'emploie à désigner un ensemble de troubles et d'affections dont quelques dermatoses qui se succèdent et se remplacent chez les membres d'une même famille ou chez un même sujet, mais on ne saurait aller plus loin."

Auch Besnier hat sich schon recht vorsichtig geäußert, wenn er schreibt: à la condition pour nous expresse, de ne pas donner à ce mot (diathèse) une signification scientifique ferme, ni une acceptation concrète et fermé.

Ähnlich warnt Jacquet (c); Léri (b) sagt geradezu „il ne reste donc pour constituer la notion de diathèse qu'un rapport exclusivement clinique entre differents affections".

Im deutschen Sprachgebiet hat im allgemeinen die Annahme einer Stoffwechselstörung wenig Boden gefaßt.

Am ausgesprochensten hat sich Stöltzner (b) für eine solche eingesetzt. Er hat als Ursache der Diathesen eine Anhäufung von unverbrennbaren Säuren im Körper angenommen und deshalb den allgemeinen Namen Oxypathie für diese Störung vorgeschlagen.

Feer (a) sagt gelegentlich in bezug auf die Diathese, „solange uns die zugrunde liegenden Stoffwechselstörungen unbekannt sind", auch Bloch (e) nennt in der Definition der Diathese sie „eine ihrem Wesen nach unbekannte Stoffwechselstörung", beide denken also an mögliche humorale Einflüsse, kommen aber im weiteren nicht mehr darauf zurück.

Für die exsudative Diathese hat schon Czerny (a) als Ursache eine Störung im Fettstoffwechsel und einen kongenitalen Defekt im Chemismus des Körpers, betreffend hauptsächlich jene Gewebe, welche die großen Schwankungen im Wasserhaushalt regulieren, angenommen.

In der Folge sind vielfach Stoffwechseluntersuchungen durchgeführt worden. Sie haben wohl einzelne Resultate gezeitigt, jedoch genügen sie nicht zu einer einheitlichen Erklärung.

„Zahlreiche mühevolle Untersuchungen des Gesamtstoffwechsels blieben ohne Erfolg, um dem Wesen der exsudativen Diathese näher zu kommen" [Klotz (a)]. Ähnlich Feer (a), Niemann (a, b), Pfaundler (a, b), Tachau (a), Scheer (a), Heubner, Siemens (c).

Wir müssen somit Pfaundler (a) auch jetzt noch recht geben, wenn er 1911 sagte, daß für die Diathesen eine einwandfreie Stoffwechselstörung bis dahin nicht nachgewiesen worden sei.

Er betont deshalb mit Recht, wie HERING, PORGES (a), SIEMENS (c), daß somit nichts die Identifizierung des Begriffs Diathese mit Dyskrasie, wie sie von manchen Autoren etwas eilig und aus der historischen Entwicklung heraus auch erklärlich angenommen worden sei, rechtfertige.

Auch für die Lehre der Metastasenbildung, die eine Zeitlang — durch BROCQ bis zuletzt — sehr stark betont worden ist, liegt nach diesen Ergebnissen keine faßbare Grundlage vor.

Es liegt im Sinn dieser Metastasenlehre, daß eine im Körper zirkulierende Noxe sich bald an einem, bald an einem anderen Organ fixieren und an ihm Krankheitsäußerungen hervorrufen könne, so daß nach dem Verschwinden einer Dermatose eine Affektion eines internen Organs auftrete [BROCQ (a, b, c, h), GAUCHER (a), DUPEYRAC, HUDELOT, v. DÜRING]. Ein bekanntes Beispiel hierfür ist das alternierende Auftreten von Asthma und Ekzem, resp. Neurodermitis, welches öfters zugegeben wird [S. JESSNER (a), VALLERY-RADOT-HAGUENAU, LOW (c), DRAKE]. Daß die Ursache dafür jedoch eine humorale sein müsse, ist keinesfalls bewiesen.

Da sich somit zur Erfassung der Genese der Diathesenmanifestationen im allgemeinen keine einheitliche Stoffwechselstörung, also keine humorale Erklärung hat eruieren lassen, können wir auch für unser Thema, die sog. diathetischen Hautmanifestationen leider aus den Ergebnissen keinerlei Schlüsse in der Hinsicht ziehen, daß uns ihre humorale Genese verständlicher würde. Soweit die Befunde im einzelnen sich auf Dermatosen beziehen, werden wir sie im speziellen Teil anführen.

Als *zweite* Möglichkeit einer unizentrischen Erklärung kann nach PFAUNDLER (a) an das ebenso wie humorale Einflüsse überall im Körper hingelangende Nervensystem, resp. an *neuroendokrine* Zusammenhänge gedacht werden.

Diese Theorie sei hier nur kurz erwähnt, da sie im ganzen relativ wenig berücksichtigt worden ist. Als Beispiel sei nur MENDELSSOHN angeführt, welcher glaubt, daß der Arthritismus im Prinzip auf eine Stoffwechselstörung zurückgeführt werden müsse und daß das Nervensystem dabei als Regulator eine wichtige Rolle spielen dürfte. Bei dem gegenwärtigen Stand unserer Kenntnisse über die Bedeutung des Zentralnervensystems bei den Funktionen der verschiedenen Organe, insbesondere der Blutgefäßdrüsen lasse sich sehr schwer sagen, wie weit die arthritische Dyskrasie rein humoralen oder nervösen Ursprungs sei. Die neurohumorale Theorie sei vielleicht am rationellsten: der Arthritismus erschiene so als eine Dyskrasie, die durch eine antenatale, d. h. schon vor der Geburt vorhandene, vererbte Verschlechterung der Säfte und durch Mangel der normalen regulatorischen Wirksamkeit des Zentralnervensystems zustande käme.

Diesen unbefriedigt gelösten unizentrischen Erklärungsversuchen stellt nun PFAUNDLER (a) eine andere Auffassung gegenüber, die *plurizentrische*.

Nach dieser wären die verschiedenartigen Manifestationen einer Diathese in der Weise zu erklären und miteinander in Zusammenhang zu bringen, daß die einzelnen erkrankenden Organe die Disposition zur Erkrankung in sich selber tragen würden. Es läge also eine Eigenschaft der einzelnen Organe, leichter anfällig zu sein, vor.

Diese Annahme wird von den meisten Autoren geteilt, so daß man heute von den verschiedenen koordinierten Zeichenkreisen einer Diathese zu sprechen pflegt [FINKELSTEIN (a) u. a.].

TACHAU (c) bemerkt dazu freilich mit Recht, daß nichts damit gewonnen sei, wenn man eine Pandiathese in sog. Zeichenkreise zerlege, die sich nur zufällig zusammenfinden, ohne ein gemeinsames Band aufzuweisen. Im Begriff der Diathese liege doch der Sinn, daß eine Anzahl von Teilbereitschaften oder Zeichenkreisen in irgend einer gesetzmäßigen Weise zueinander gehörten.

Auch PFAUNDLER (a) hat das schon so aufgefaßt, wenn er schreibt, „es ergibt sich denn, daß zwar jedes Zeichen auf rein ektogener Basis entstehen kann, also an sich nichts Charakteristisches bildet, daß sich aber im Auftreten, in der Verknüpfung, in der Lokalisation der Symptome bei den Diathesen doch gewisse Eigenartigkeiten offenbaren, die dem Ganzen Stil und Richtung geben."

Ähnlich SIEMENS (c): „der Begriff der Diathese ist ja eigentlich ein Symbol für Zusammenhänge, deren Ursache wir nicht kennen. Wir finden gelegentlich dieselben Manifestationen an einem einzelnen Organsystem wie bei den Diathesen, doch dürfen wir damit nicht von Diathese reden, also muß schon ein gemeinsamer Zusammenhang noch gesucht werden."

Vom dermatologischen Standpunkt aus hat sich ähnlich auch Jadassohn (e) geäußert: „Den Fällen, in denen Zusammenhänge von Hautanomalien mit Gicht, Asthma, Rheumatismus usw. bestehen, stehen allerdings unzählige, anscheinend isolierte, ganz analoge Hautkrankheiten gegenüber. Das will schließlich doch nichts anderes sagen, als daß bei den einen Individuen bzw. Familien eine spezifische Reizbarkeit oder Beschaffenheit der Haut, bei den anderen eine solche auch oder nur anderer Organe, bzw. des gesamten Organismus vorhanden ist."

Es ist auffallend, wie sich in der Allergieforschung Zusammenhänge zwischen verschiedenen Affektionen haben aufdecken lassen, die in hohem Maße an die Zusammenhänge bei den diathetischen Manifestationen erinnern; Auftreten von Asthma, Urticaria, Heufieber usw. beim selben Individuum oder bei verschiedenen Familienmitgliedern.

Es drängt sich deshalb auch der Gedanke auf, die Erklärung der genannten Diathesen mit Hilfe der Allergie zu geben und einzelne Autoren sprechen bereits nach dem Vorgang von Bloch (e) von allergischer Diathese [Sokolow, Galup (a, b)]. „Wir kommen so dazu, das Ekzem ganz allgemein als eine Teilerscheinung einer allergischen Diathese aufzufassen, die sich nur auf die Haut oder auch auf andere Organe erstrecken kann" Bloch (q).

Man muß zugeben, daß sich Erscheinungen, wie das Alterieren von Asthma und Ekzem auf diese Weise sehr einleuchtend erklären lassen, doch sollte man, wie Siemens (c) sagt, noch nicht zu sehr verallgemeinern.

Ausführlicher können wir jedoch auf diese Allergiefragen nicht eingehen und verweisen daher auf die Arbeiten von Doerr (a, b, c, d), v. Noorden (c), Bloch (f, o, q), Putzig, Kämmerer, Lehner-Rajka u. a.

Auch mit den mit dem Problem der Diathesen weiter zusammenhängenden Fragen, z. B. der Konstitution und Vererbung können wir uns hier nicht näher beschäftigen.

Es würde dies zu weit wegführen und ich verweise hierfür auf die Arbeiten von Bloch (e), J. Bauer (b), Hart, Toenissen, Hansemann, Pfaundler (c), Klotz (a) u. a.

Wir müssen uns vielmehr damit begnügen, hier in der Hauptsache nur den einen Begriff herauszugreifen, den die plurizentrische Auffassung in den Vordergrund stellt, den der Organdisposition, für uns insbesondere also der Hautdisposition.

Dieser Begriff spielt in den mit der Erklärung der Genese der Dermatosen sich beschäftigenden Ausführungen eine große Rolle, und da zur richtigen Erfassung des pathogenetischen Geschehens ihnen wirklich die größte Rolle zukommt, müssen wir hier so genau als möglich zu fixieren suchen, in welchem Sinn er verwendet werden soll.

B. Rolle und Bedeutung des Begriffs der Disposition.

Am ausführlichsten hat sich mit dem Begriff der Disposition wohl Brocq (a, b, c, d) beschäftigt, bei seinen Bemühungen ein möglichst klares System der Hautkrankheiten auf ätiologischer Basis auszuarbeiten.

Auf Grund altbekannter Tatsachen, wie z. B. derjenigen, daß bei Einwirkung einer Schädigung nur ein Teil der ihr ausgesetzten Personen zu erkranken braucht, oder daß die gleiche Ursache bei verschiedenen Individuen ganz verschiedene, und daß umgekehrt verschiedene Ursachen beim selben Menschen die gleichen Hauterscheinungen erzeugen, wurde er dazu geführt, diese Formen von Dermatosen als „réactions cutanées" von den ätiologisch einheitlichen „entitées morbides" zu trennen und für ihre Entstehung das Hauptgewicht auf eine der Haut des betreffenden Individuums innewohnende besondere Disposition zu legen.

Vielleicht am schärfsten präzisiert er seine Ansicht in folgenden Sätzen: „Les réactions morbides cutanées pures, ne sont par conséquent que des aspects objectifs spéciaux, que des lésions épidermiques et dermiques spéciales qui dépendent exclusivement: 1⁰ de la morbidité du sujet, c'est-à-dire de sa disposition du moment à être malade, 2° de la pré-disposition spéciale qu'ont ses téguments à réagir de telle ou telle manière sous l'influence de cette morbidité, 3° d'une cause occasionelle quelconque qui met en jeu cette prédis-position, et qui peut être un simple traumatisme, un parasite quelconque, un microbe, une minime intoxication accidentelle comme chez le plupart des prurigineux. Dans les réactions cutanées pures, la maladie est donc essentiellement constituée par cette morbidité et cette prédisposition du sujet qui dominent toute la scène pathologique."

Man darf daraus wohl annehmen, daß er die besondere Prädisposition zu erkranken in die Haut selber verlegt, um so mehr, als er sie später auch als Idiosynkrasie bezeichnet. Allerdings ist in seinen weiteren Ausführungen sehr schwer auseinander zu halten, inwieweit diese Prädisposition als der Haut innewohnende Eigenschaft betrachtet und inwieweit sie nicht doch als von humoralen Beeinflussungen abhängig oder auch erzeugt angesehen wird.

Dies drückt sich wohl schon darin aus, wenn Brocq (a) die Idiosynkrasie fast mit den-selben Worten umschreibt wie den Begriff der Diathese: Chaque individue porte donc en lui même en naissant tout un faisceau de prédispositions qui constituent son individualité morbide. Il en résulte un état special qui lui est propre, et grâce auquel il réagit d'une manière particulière quand les causes morbifiques exercent sur lui leur action. C'est à cet état, que nous pouvons pas définir d'une manière plus précise dans l'état actuel de la science, que l'on à donné le nom idiosyncrasie. Grâce à lui, un individu donné pourra prendre impunément du bromure par exemple alors qu'un autre verra ce developper chez lui sous l'influence du même médicament des éruptions nodulaires considérables.

Als weitere Schwierigkeit tritt dann in seinen folgenden Ausführungen hinzu, daß es kaum möglich ist, den Einfluß der internen Vorgänge daraufhin zu beurteilen, ob sie eigentlich die Prädisposition schaffen, oder ob sie sie nur fördern, oder ob sie schließlich überhaupt auch auslösend wirken.

Deshalb sagt z. B. Blaschko (a) in seiner Kritik „hatten also zunächst diese exkremen-tiellen Produkte nur den Boden für die krankheitserzeugenden Momente ebnen helfen und die Ursache für die individuelle krankhafte Reaktionsweise des Patienten abgegeben, seine Widerstandskraft vermindert, so tauchen sie mit einem Male als Krankheitserreger selbst auf".

Diese unscharfe Abgrenzung der einzelnen Begriffe voneinander einerseits und der Umstand, daß Brocq zur Stütze seiner Ansicht Beziehungen der allerverschiedensten Dermatosen zu sehr banalen internen Affektionen heraus-sucht anderseits, haben zur Ablehnung seiner Auffassungen geführt.

Leider ist damit vielleicht doch auch seine unzweifelhaft verdienstliche Konzeption der „réactions cutanées" etwas zu sehr in den Hintergrund gedrängt worden.

In dieser Hinsicht hatte sich eigentlich schon Besnier (a) wesentlich vorsichtiger, ja sogar genauer ausgedrückt: „Dans toutes ces directions, les prédisposés à l'éczéma temoignent, selon les modes diverses, d'une orientation anormale de leur vie organique, de leur nutrition interstitielle, d'une intolerance tégumentaire spéciale, et d'une aptitude morbide à éven-tualités multiples, dont les circonstances individuelles déterminent la particularisation"; und etwas später „il est vrai que dans les cas de cet ordre l'insuffisance emonctoriale et l'autotoxémie, l'auto-intoxication, semblent bien manifeste; mais les notions scientifiques que l'on peut réunir au sujet de ces phénomènes biochimiques, et de ces insuffisances fonc-tionelles restent rudimentaires; et parmi les autointoxications precisées, glycémie, urémie, cholémie, uricémie etc.; aucune ne produit régulièrement, ni sûrement, l'éczema, même avec les concours des conditions eczématigènes communes. Assurément chez certains sujets rien n'est plus manifeste que l'action eczématigène de la glycémie, de la dyscrasie goutteuse, des insuffisances rénales, des autointoxications intestinales, des intoxications alimentaires, etc., mais chez beaucoup d'autre ces conditions existent sans jamais provoquer le processus eczématique."

Das kann doch nur in dem Sinn interpretiert werden, daß eben auf seiten der Haut selber der bestimmende Faktor, die intolerance tégumentaire speciale vorhanden sein muß, damit die Dermatose überhaupt entstehen kann.

Als ein neueres Beispiel, wie leicht man die Begriffe durcheinander mengen kann, seien die Ausführungen von Finkelstein (a) über die inneren Ursachen des Kinderekzems genannt.

Er schreibt zunächst, daß sehr wahrscheinlich für die Ekzementstehung eine primäre veränderte Beschaffenheit der Haut es sei, welche dem Aufkommen entzündlicher Vorgänge Vorschub leiste, resp. an anderer Stelle (S. 803) „selbst eine Teilbereitschaft im Sinne von

Pfaundler im großen Rahmen des Neuroarthritismus vereint sich somit das Ekzem mit einer je nach der Schwere der genannten konstitutionellen Belastung größeren oder kleineren Zahl anderer Teilbereitschaften".

Damit wird doch der Haut selbst eine ihr spezifisch angehörende Eigenschaft zuerkannt.

Wenige Seiten vorher aber (S. 798) steht der Satz „eine abnorme Beschaffenheit der Haut kann nicht wohl bestehen, ohne die Gegenwart übergeordneter innerer Störungen, durch welche die Beschaffenheit und Reaktion der Haut beeinflußt werden kann, gerade beim Säugling läßt sich häufig der Beweis führen, daß durch Änderungen der allgemeinen Stoffwechselverhältnisse zum mindesten die Beschaffenheit und Reaktion der Cutis und damit auch die Erscheinungsform des Ekzems beeinflußt werden kann; auch für die Deckschicht ist nach mancherlei Beobachtungen wahrscheinlich, daß der Zustand, der ihre Ekzembereitschaft verschuldet, nicht primär örtlich ist, sondern ebenfalls von allgemeinen Störungen beherrscht wird".

Damit wird auch wohl die erst der Haut als eigen zugeteilte Beschaffenheit doch nicht als primäre Eigenschaft aufgefaßt, sondern von humoralen Einflüssen abhängig gemacht.

Daß solche humorale Einflüsse eine Bedeutung für die Reaktion oder besser gesagt Reaktionsbereitschaft der Haut haben, ist natürlich selbstverständlich. Wie aber weiter unten noch des näheren anzuführen sein wird, muß diese Art der Beeinflussung von dem Begriff der primären Hautdisposition absolut getrennt werden. Denn es ist ganz klar, daß wir in die sich so vielfach überkreuzenden Vorgänge nur einen Einblick erhalten können, wenn wir durch möglichst scharfe Definition die einzelnen Begriffe sauber auseinanderhalten.

Es ist das große Verdienst von Jadassohn (a), im Anschluß an die Diskussion der Brocqschen Auffassung als erster nachdrücklich dafür eingetreten zu sein, die Ursache für das Entstehen trotz verschiedener Reize gleichartiger Dermatosen in die Haut selber zu verlegen.

„Die Auffassung, daß viele Hautkrankheiten, bei denen unzweifelhaft die Individualität eine große Rolle spielt, nicht auf eine Abnormität der gesamten „Konstitution, sondern auf eine Schwäche, auf eine abnorme Reaktionsfähigkeit der Haut gegen mannigfache oder gegen ein einzelnes („spezifisches") schädliches Agens zurückzuführen sind, liegt und lag den Vertretern der Diathesenlehre — auch in ihrer neuesten Form — meist fern. Mir haben gerade meine Erfahrungen an medikamentösen Dermatosen eine solche Auffassung sehr nahe gebracht; denn ich kann nicht finden, daß diese „idiosynkrasischen" Wirkungen auch nur in einer größeren Zahl der Fälle bei Menschen auftreten, die sonst irgend ein Zeichen „dyskrasischer" Veranlagung haben. Es resultiert vielmehr für den Unbefangenen der Eindruck, daß es das Hautorgan selbst, resp. nur einzelne Bestandteile oder sogar Gegenden desselben sind, welche mit den auf dem Blutwege oder von außen an sie herantretenden Substanzen in außergewöhnlicher Weise reagieren."

Diese Auffassung, das Hauptgewicht für die Entstehung einer bestimmten Dermatosenform auf die besondere Reaktionsfähigkeit der Haut selber zu legen, hat sich von da an immer mehr Geltung verschafft.

Es seien hierfür nur folgende Belege angeführt:

„Bei zahlreichen Individuen, die auf unendlich geringere Reize als Durchschnittspersonen mit Hauterscheinungen reagieren, kann man, trotz sehr eingehender physiologischer, chemischer, mikroskopischer usw. Untersuchungen weder in den Organen, noch im Blut, noch in den Sekreten und Exkreten, wenigstens mit unseren heutigen Hilfsmitteln irgendwelche Abnormität, noch eine allgemeine Intoxikation oder Stoffwechselanomalie, noch eine eigentümliche oder fehlerhafte Konstitution, also keine die Haut von innen her umbildende, prädisponierende und ihre Widerstandsfähigkeit herabsetzende Momente entdecken. In diesen Fällen helfen wir uns jetzt so, daß wir bei dem Betreffenden von einer gegenüber gewissen Schädlichkeiten vorhandenen Idiosynkrasie, also von einer spezifischen Eigenschaft der menschlichen Haut oder nur einzelnen Partien derselben sprechen" (Róna).

„Die Disposition der Haut ist in letzter Linie in den Eigenschaften ihres Chemismus und in ihrer Affinität zu chemischen Stoffen begründet" und „bei genauerer Betrachtung erweisen sich die inneren Krankheitsursachen vielfach als präexistente Anomalien des Hautchemismus. Sie treten als solche erst in Erscheinung, wenn sie von ihrem spezifisch wirksamen Reiz getroffen werden" [Jesionek (b)].

Auch Hall (a) betont ausdrücklich, daß die Bedeutung, welche der Haut selber für die Entstehung von Hautausschlägen zukommt, stets in Erinnerung behalten werden müsse.

In bezug auf spezielle Dermatosen ist die Bedeutung der Disposition der Haut selber besonders nachdrücklich für das Ekzem hervorgehoben und bewiesen

worden [JADASSOHN (f), LEWANDOWSKY (b), BLOCH (f, g), JÄGER, PINKUS (b),
TACHAU (d), BLASCHKO (b), KROMAYER (a), RIEHL (d), HIGHMAN (a, b) u. a.].

Wir sehen hier besonders deutlich, wie ganz verschiedene Ursachen immer wieder dieselbe Hautreaktion bedingen, so daß unbedingt der Haut selber ein wesentliches Moment
für die Entstehung der Dermatose zuerkannt werden muß.

Sehr interessant für die Frage der speziellen Disposition der Haut ist die
Diskussion, die in neuester Zeit über Lichen ruber und Psoriasis stattgefunden
hat. Die Beurteilung ist hier freilich viel schwieriger insofern, als wir nicht wie
beim Ekzem mit den verschiedensten bekannten Noxen die Dermatose willkürlich erzeugen können, sondern jeglicher Einblick in die Genese dieser beiden
Dermatosen, die man eher den „entitées morbides" zuzurechnen geneigt war,
völlig fehlt.

Die Diskussion über den Lichen ruber ist durch die lichen-ruber-ähnlichen Salvarsanexantheme in Fluß gekommen. BUSCHKE-SKLARZ (a, b) werden durch ihre Beobachtungen
dazu geführt, eine besondere Disposition der Haut der betr. Individuen anzunehmen, welche
bedingt, daß eine von vornherein nicht einheitliche Schädigung mit der Eruption von
Lichen-ruber-Efflorescenzen beantwortet wird. Der Lichen ruber scheide damit aus der
Gruppe der spezifischen Dermatosen aus und sei als eine bestimmte, auf der Konstitution
beruhende Reaktionsform der Haut anzusehen. Also eine Formulierung, welche dem Sinn
der „réactions cutanées" von BROCQ durchaus entspricht.

Auf die verschiedenen Auffassungen von WIRZ, FREI-TACHAU, BUSCHKE-SKLARZ brauchen
wir hier nicht näher einzugehen, das für uns hier wichtige Prinzip, welches JADASSOHN (g)
am zweckmäßigsten so präzisiert, daß neben dem echten Lichen ruber ein toxisch bedingter
Doppelgänger vorkommen könne, daß also auch der bisher als besondere Dermatose auf-
gefaßte Lichen ruber zu den réactions cutanées gehöre, liegt im Sinn aller dieser Ausführungen.

Auch WIRZ stimmt damit überein, wenn er lichenoide Dermatosen anerkennt, die zu
Meinungsverschiedenheiten hinsichtlich der Diagnose echter Lichen ruber oder lichenoides-
toxisches Exanthem Anlaß geben können.

ŠAMBERGER (a) stellt geradezu eine hyperkeratotische Diathese auf, als eine angeborene
oder erworbene Anlage der Haut, auf einen x-beliebigen zur Entzündung führenden Reiz
mit Bildung von Lichenefflorescenzen zu antworten. Nach seiner Auffassung ist der Lichen
ruber „am häufigsten ein Ekzem, manchmal vielleicht auch eine Urticaria und möglicherweise eine Neurodermitis, deren klinisches Bild durch Erscheinungen, welche aus der grundlegenden hyperkeratotischen Diathese des Patienten hervorgegangen sind, bis zur Unkennt-
lichkeit verwischt ist".

In gleichem Sinn hat ŠAMBERGER (b) schon früher auch der Psoriasis eine
parakeratotische Diathese zugrunde gelegt.

Für ihn ist demzufolge die Psoriasis eine eitrige Dermatitis, die durch einen beliebigen
Reiz bei einem Menschen mit parakeratotischer Diathese hervorgerufen werden kann.
Letztere ist einzig und allein die Ursache, daß nicht banal eitrige, sondern typisch psoriatische
Efflorescenzen entstehen. Sie ist die Folge einer herabgesetzten Vitalität der zur Keratini-
sation bestimmten Zellen (der von SAMBERGER gebrauchte Ausdruck Dyskrasie ist wohl
besser auszumerzen).

In ähnlichem Sinne äußern sich zur Psoriasis PEYRI-ROCAMORA „une réaction cutanée
propre à l'individu" und BERNHARDT (a) „das Wesen der Psoriasis ist nur zu verstehen,
wenn man sie als eine konstitutionelle, kongenitale und hereditäre Allgemeinerkrankung
ansieht. Der Psoriatiker bringt eine ganz bestimmte Disposition zur Welt".

Auch BUSCHKE-LANGER (a) weisen anläßlich der hyperkeratotischen Exantheme bei
Gonorrhöe darauf hin, daß es sich bei dieser Reaktionsform wie bei der Psoriasis arthropathica, zu der sie zweifellos Beziehungen aufweise, um Erscheinungen handle, deren Entstehung auf eine besondere konstitutionelle Reaktionsform der Haut zurückzuführen sei.

BETTMANN (a) hat für die DARIERsche Psorospermose darauf hingewiesen, daß bei ihr
entschieden eine spezielle Reaktionsfähigkeit der Haut angenommen werden müsse, indem
bei einem Darierkranken banale, chemisch oder thermisch erzeugte Reizefflorescenzen
direkt in Psorospermosisefflorescenzen übergingen.

Meines Erachtens lassen sich auch für den Lupus erythematodes als eine
möglicherweise durch verschiedene Ursachen bedingte réaction cutanée ähnliche
Überlegungen anstellen.

Es ist wahrscheinlich, daß durch genaue Erblichkeitsforschungen, auf deren
Bedeutung für die Diathesenfrage SIEMENS (c), der sich ja für die Dermatologie

besonders mit den Vererbungsverhältnissen befaßt hat, in gleichem Sinn hinweist, weitere Einblicke gewonnen werden können.

Natürlich dürfen sie nicht mehr so allgemein gehalten sein wie die Versuche von Brocq (c) oder Rapin, sondern müssen die neuere Methodik berücksichtigen.

Bei Lichen ruber wird ja häufig über familiäre Fälle berichtet und über die Psoriasis haben z. B. Marcuse, E. Hoffmann (a), Kurt Fürst, Bernhardt (a), Dér Mitteilungen veröffentlicht. Siehe auch die Beobachtungen von Waelsch (a).

Für uns resultiert aus dem Angeführten auf alle Fälle, daß wir genügenden Grund haben, die Disposition zur Erkrankung als eine besondere Eigenschaft der Haut selbst anzusehen.

So weit wir also im folgenden von Disposition der Haut sprechen, verstehen wir darunter eine der Haut, resp. den sie zusammensetzenden Teilstücken angeborenerweise innewohnende Eigenschaft, kraft der das einzelne Individuum auf eine Einwirkung interner oder externer Natur — deren quantitativen Verhältnissen natürlich auch eine gewisse Bedeutung zukommt — mit einer Hautveränderung von einem bestimmten klinischen Typus reagiert.

Damit wäre einer der Faktoren, der für die Entstehung der hier in Betracht kommenden unspezifischen Dermatosen von Wichtigkeit ist, genau fixiert und danach lassen sich dann die humoralen Einflüsse besser sondern und nach ihrer Wirkungsweise genauer analysieren.

Die Disposition als angeborene Eigenschaft der Haut tritt besonders deutlich da hervor, wo ein idiosynkrasisches Exanthem bei erst- und einmaliger Einwirkung eines Stoffes, der z. B. seiner Seltenheit nach kaum vorher einmal auf den Betreffenden eingewirkt haben kann, sofort zum Ausbruch kommt.

Tritt eine Hautreaktion erst nach länger dauernder Beschäftigung mit solch einem Stoff ein, so kann man freilich sagen, die Idiosynkrasie sei erst erworben, der Patient sei erst sensibilisiert worden.

Aber auch da kann unsere Auffassung vorerst beibehalten werden. Die Disposition der Haut, zu erkranken, d. h. in diesem Falle zugleich auch die Disposition, sensibilisiert zu werden, ist eben angeboren in ihr doch schon vorhanden gewesen, da sie sonst nicht hätte sensibilisiert werden können. Wir begegnen ja neben einer erkrankenden Person genügend Individuen, welche der gleichen Schädigung über lange Zeit hin ausgesetzt sind und nicht erkranken; also muß ihnen die Disposition dazu fehlen. In diesem Sinn hat sich schon Doerr (b, f) deutlich ausgesprochen.

Bloch-Steiner haben freilich in Versuchen über die künstliche Erzeugung des Primelekzems (s. auch Bircher) festgestellt, daß unter bestimmten Versuchsbedingungen ein außerordentlich hoher Prozentsatz von Menschen an Primelekzem erkranken kann, so daß in diesem Falle die Disposition, an Ekzem zu erkranken, schon fast eine normale Eigenschaft der Haut wäre.

Es ist nun freilich möglich, daß das Primelgift in der konzentrierten Form, in der es in diesen Versuchen angewendet wurde, einen sehr hochgradigen reizenden Einfluß entfaltet und es damit mehr auf quantitative Verhältnisse ankommt, oder daß sonstige spezielle Verhältnisse eine Rolle spielen.

Vorerst ist die Zahl der Personen, bei denen eine allergische Erkrankungsfähigkeit sich zeigt, der Norm gegenüber verhältnismäßig noch so klein, daß wir mit einer besonderen Disposition der Haut zur betreffenden Reaktionsform immerhin noch rechnen und diese Auffassung für unsere weitere Besprechung aufrecht erhalten dürfen.

C. Art und Abstammung der einwirkenden Stoffwechselprodukte.

Wenden wir uns nun der Frage zu, was für Produkte es sein dürften, welche als Folge von Stoffwechselstörungen gebildet werden und zu Störungen der normalen Lebensvorgänge an einzelnen Organen, speziell also an der Haut führen können, so wird man sie wohl in zwei verschiedenartigen Gruppen unterzubringen haben:

1. Auf der einen Seite kann es sich um ein dem normalen Stoffwechsel *fremdartiges Produkt* handeln, sei es, daß im Verlauf aller mit der Assimilation und Dissimilation zusammenhängender Vorgänge ein überhaupt fremdartiger, von der Haut als toxisch empfundener Körper gebildet wird, sei es, daß ein an sich normales intermediäres Produkt nicht wie gewöhnlich weiter verarbeitet und umgebildet wird, sondern unverändert oder unausgeschieden bleibt und so ebenfalls wie eine fremde Noxe wirkt.

Auf dieser Auffassung der Existenz eines fremdartigen schädlichen Stoffes basiert die früher so viel verwendete Lehre der Autointoxikation.

Lange Zeit war diese Bezeichnung ein Schlagwort, mit dem man unklare Beziehungen zu inneren Vorgängen einigermaßen bestimmt zu haben glaubte.

„Wo ein scharfer ätiologischer Begriff fehlt, stellt sich jetzt das Wort Autointoxikation mit fast reflektorischer Sicherheit ein" [JADASSOHN (b)].

Heute wissen wir, daß damit noch nicht viel gesagt ist, sondern daß damit mehr nur eine Bezeichnung existiert, um anzugeben, in welcher Richtung man eine ätiologische Ursache vermutet.

In diesem Sinne wird das Wort heute hauptsächlich, z. B. in den Lehrbüchern oder auch sonstigen Arbeiten öfters noch verwendet, z. B. für Erythema exsudativum multiforme [R. L. SUTTON (a)], MAC LEOD (a), ANTHONY]; Prurigo [MAC LEOD (a)]; Dermatitis herpetiformis [HALLÉ, HARTZELL (a, b)]; Ekzem [v. DÜRING (a), S. JESSNER (b), ROCAZ, LEULLIER]; Psoriasis [GAUCHER (b), RHEE, VEROTTI (b)]; Lupus erythematodes [CROCKER (a), MAC LEOD (b), MORRIS, R. L. SUTTON (a)]; Pruritus [NEISSER, S. JESSNER (c)]; Vitiligo [JESIONEK (b)]; RAYNAUDsches Gangrän [MAC LEOD (a)] usw.

In dieser Weise kann natürlich der Begriff Autointoxikation verwendet werden. Nur müssen wir uns dabei klar sein, daß wir stets versuchen müssen, das Toxin genauer zu erfassen und womöglich chemisch zu bestimmen [JOHNSTON (a), ULLMANN (b)].

Den älteren Versuchen, aus dem Blut (QUINQUAUD) oder dem Urin (GRIFFITHS, COLOMBINI) eine solche Noxe zu eruieren, kommt kaum eine große Bedeutung zu. Von neueren Autoren haben EPPINGER-GUTMANN und HARRIS versucht, dem Histamin eine solche Rolle zuzuschreiben, ausgedehntere Forschungen sind — wohl aus technischen Schwierigkeiten — aber unterblieben.

DARIER (a) hat schon dazu geschrieben: „Nons moins imparfaitement élucidée est la question des éruptions *autotoxiques,* ce ne sont ni l'urée dans les nephrites ni l'acide urique dans la goutte qui sont coupables, mais très complexes sont les poisons retenus et fabriqués dans l'organisme dans le cas de lésion des émonctoires ou de troubles fonctionnels du tractus intestinal et très obscur est le mécanisme par lequel ils suscitent des éruptions" und ähnlich äußern sich u. a. JADASSOHN (b), ULLMANN (b), SCHUYLER-CLARC, ADAMSON, SPIEGLER-GROSZ, ENGMANN (a).

JESIONEK (b) schreibt z. B. „entzündliche Dermatosen im Gefolge von Autointoxikationszuständen kommen vor, oft auch ohne daß wir der primären Erkrankung eines inneren Organs klinisch gewahr werden"; S. JESSNER (b): „sichere, wenn auch in ihrer Entstehungsweise und in ihren chemischen Eigenschaften leider wenig geklärte Vorgänge".

Wenn man beim Vergleich mit Arzneidermatosen bedenkt, wie kleinste Quantitäten eines Stoffes schon zur Erzeugung großer Dermatitiden genügen, wird es hinlänglich klar, daß der Nachweis eines solchen Körpers mit enormen Schwierigkeiten verbunden sein muß und daß eine sichere Lösung dieser Frage noch auf sich warten lassen dürfte.

Erst kürzlich glaubt WALZER bei einer Urticaria factitia die Annahme einer im Körper kreisenden toxischen Substanz durch Übertragung auf andere gesichert zu haben.

2. Zudem können es auf der anderen Seite ja auch *normale Stoffwechselprodukte* sein, welche unter bestimmten Bedingungen die Haut abnorm beeinflussen.

Auf diese zweite Art der Einwirkungsmöglichkeit wird erst in neuerer Zeit wieder mehr aufmerksam gemacht, obwohl auch früher schon von JADASSOHN (b), SPIEGLER-GROSZ, ZYPKEN nach JADASSOHN (a), STAEHELIN darauf hingewiesen worden ist.

Die reichen Ergebnisse, welche die moderne Forschung auf dem Gebiet der physiologischen Chemie aufzuweisen hat, lassen schon zur Genüge erkennen, in wie weitgehendem Maße Verschiebungen in den Mengenverhältnissen der normalen in den Körpersäften enthaltenen Stoffe sich an den Lebensvorgängen der verschiedenen Organe und ihrer Zellen auswirken und zu pathologischen Veränderungen Anlaß geben können. Diesen Feststellungen wird auch für die Genese der Dermatosen in Zukunft eine stets zunehmende Bedeutung zukommen.

Es ist nicht möglich, hier ausführlicher auf die allgemeinen Tatsachen und Probleme einzugehen, es sei dafür auf die Werke und Arbeiten von Hofmeister, Spiro, Höber, Schade und vieler anderer hingewiesen.

Von dermatologischer Seite hat neben zahlreichen Bearbeitern einzelner Komponenten besonders Pulay (c) versucht, für diese Fragen eine einheitliche Grundlage zu schaffen. Es ist dies jedoch in keiner Weise gelungen und wir werden später noch zur Genüge sehen, daß wir von einheitlichen Befunden und Erklärungsmöglichkeiten über die Bedeutung der Zusammensetzung der Körpersäfte für die Genese von Dermatosen noch ebenso weit entfernt sind, wie von dem vorhin genannten einwandfreien Nachweis toxischer Körper.

Wir führen deshalb hier keine Einzelresultate an, sondern bringen diese Befunde erst im speziellen Teil.

Immerhin müssen wir hier hervorheben, daß auch mit dem Nachweis eines solchen toxischen Körpers oder einer Verschiebung normaler Produkte noch lange nicht alles getan ist.

Die bloße Feststellung einer solchen Veränderung im Stoffwechsel gibt uns ja noch durchaus keinen Anhaltspunkt für ihre Bedeutung. Sie kann natürlich schon durch eine innere Störung bedingt, das ursächliche Moment für die Hautkrankheit sein, sie kann aber ebensowohl umgekehrt durch die Dermatose hervorgerufen worden sein, oder schließlich parallel mit dieser, einer übergeordneten Ursache ihren Ursprung verdanken. Dies wird in Zukunft viel mehr berücksichtigt werden müssen [Nathan-Stern (a), Mayr (d)].

Vorerst bestand und besteht in der überwiegenden Mehrzahl der Arbeiten die Tendenz, die erhobenen Befunde von einer inneren Organstörung abhängig und für die Entstehung einer Dermatose ursächlich verantwortlich zu machen. Deshalb werden die Befunde fast alle in unserer ersten Abteilung aufgezählt. Es ist jedoch kein Zweifel, daß manche Einzelfeststellungen ebenso gut in der 2. oder 3. Abteilung angeführt werden könnten.

Anstatt die Verschiebung eines intermediären Produktes zu bestimmen und daraus auf eine Organstörung rückwärts zu schließen, hat man natürlich auch umgekehrt mit Funktionsprüfungen und mit mehr oder weniger genauen statistischen Methoden versucht festzustellen, ob man nicht bei bestimmten Hautkrankheiten immer wiederkehrende gleiche Störungen desselben inneren Organs nachweisen könnte. Es ist verständlich, daß auch dieser Weg bis jetzt nur wenig sichere Ergebnisse gezeitigt hat.

Wir brauchen uns ja bloß kurz zu vergegenwärtigen, welch eine Unsumme von chemischen Umsetzungen und Teilprozessen einerseits überhaupt im Verlauf des Ernährungsstoffwechsels statthat und wie anderseits die einzelnen Vorgänge aufs engste miteinander verknüpft sind, um sofort zu erkennen, welche Schwierigkeiten allen Versuchen, einzelne dieser Prozesse einmal aus den Gesamtvorgängen zu isolieren und dann wo möglich noch Störungen darin auf bestimmte Funktionsdefekte zurückzuführen, entgegen stehen müssen.

Wie schwierig ist schon der Einfluß der eingeführten Nahrung im Hinblick auf Zusammensetzung und Gehalt an schlechter verträglichen Substanzen zu beurteilen, wie schwierig sind weiterhin die einzelnen Vorgänge des Aufschließens der Nahrung im Darm, der Einwirkung der Verdauungssekrete und der Darmflora, sowie der Resorption durch die Darmwand gegeneinander abzuschätzen, wie eng sind weiterhin das Angebot an resorbierten Stoffen vom Darm her an die Leber und deren Verwertung, Umbau und Weitergabe an den Stoffwechsel in der Leber miteinander verknüpft und voneinander abhängig und welch feine Wechselwirkung besteht schließlich zwischen dem Kreislauf und den Ausscheidungsorganen.

Nicht zu übersehen ist weiterhin, wie evtl. eine nachweisbare Funktionsstörung bereits die Folge einer unerkannten vorhergegangenen sein, oder auch erst später im abnormen Verlauf weiterer Reaktionen sich auswirken kann.

Hier muß auch nochmals auf die Möglichkeit des Eingreifens *übergeordneter Organe* hingewiesen werden.

Auf der einen Seite sind hierbei die innersekretorischen Drüsen zu erwähnen.

Diese können einmal so gut wie jedes andere Organ durch eine fehlerhafte Funktion Vorgänge auch unspezifischen Charakters in der Haut direkt hervorrufen, sei es, daß die Drüsen selber ein toxisches Produkt liefern oder durch Funktionsausfälle sonst kompensierte Noxen nicht mehr unschädlich machen.

Sie können aber auch, und das ist hier besonders hervorzuheben, dadurch auf die Haut einen Einfluß ausüben, daß sie zunächst die Stoffwechselvorgänge in anderen Organen modifizieren, so daß dann erst aus deren Störung ein die Haut schädigendes Moment hervorgeht.

Auf der anderen Seite ist als eines übergeordneten Organs des Nervensystems zu gedenken.

Es sei nur daran erinnert, wie durch seinen Funktionszustand — speziell durch die antagonistischen Tonusverhältnisse des sympathischen und parasympathischen Nervensystems — die Intensität verschiedenster Organfunktionen weitgehend herauf- oder herabgesetzt werden kann [siehe z. B. die Arbeiten von BRACK (a, b, c) KLAUDER-BROWN (c)].

GOLAY hat sogar das sympathische Nervensystem als Grundlage einer Klassifikation verwenden wollen.

Auch auf den engen Zusammenhang zwischen innerer Sekretion und Nervensystem untereinander sei hier noch hingewiesen.

Es ist natürlich nicht möglich, auf alle diese Auswirkungen der verschiedenen Momente aufeinander näher einzugehen. Die gegenseitigen Verbindungen sind derart kompliziert, daß eine Übersicht darüber nicht zu erreichen wäre. Wir können uns deshalb nicht weiter darauf einlassen, wir möchten nur die große Bedeutung dieser übergeordneten Organe nochmals betont haben.

D. Auswirkungsmöglichkeiten der Stoffwechseleinflüsse an der Haut.

Wenden wir uns nun der weiteren Frage zu, in welcher Weise die genannten Stoffwechselveränderungen sich an der Haut auswirken können, so beschäftigen wir uns zunächst nur mit der unmittelbaren Einwirkung auf die Haut selber, als Ganzes genommen. Auf die indirekte Einwirkung wird später gesondert noch einzugehen sein.

Wenn wir uns hierfür nun nur auf die Erfahrung an Dermatosen, welche aus klinischen Eindrücken mit mehr oder weniger Wahrscheinlichkeit mit dem Stoffwechsel in Zusammenhang gebracht worden sind, stützen müßten, so könnten wir zur Lösung dieser Frage sehr wenig beitragen. Glücklicherweise gibt es aber ein Gebiet, auf dem wir den Einfluß von außen oder von innen an die Haut herangebrachter fremdartiger Produkte genauer studieren können, die Toxikodermien.

Auf ihre Bedeutung hat von jeher JADASSOHN (b) nachdrücklichst hingewiesen und er und seine Schüler haben zu ihrer Erforschung wertvolle Beiträge geliefert.

Wir führen definierte Noxen in den Körper ein, beobachten ihre Auswirkung und haben dazu die Gelegenheit, je nachdem die Versuche zu wiederholen oder zu variieren. Auf diese

Weise ist es doch möglich geworden, gewisse Einblicke in das Krankheitsgeschehen zu erhalten und diese erlauben es uns, bis zu einem gewissen Grade doch aus ihnen Analogieschlüsse auf die im Gebiet der Stoffwechseldermatosen mit freilich meist noch unbekannten Noxen, aber doch wohl in ähnlicher Weise sich abspielenden Geschehnisse zu ziehen.

Nach diesen experimentellen Forschungen sind wohl zwei Arten der Einwirkungsmöglichkeit solcher Produkte auf die Haut auseinander zu halten:

1. Die eine Form der Einwirkung kann in dem Sinne aufgefaßt werden, daß zwischen dem an die Haut gelangenden chemischen Produkt und dem Protoplasma dieser letzteren eine *ungewöhnliche pathologische Wechselwirkung* stattfindet. Diese kann z. B. im Sinne einer Antigenantikörperreaktion aufgefaßt werden, so wie wir sie bei den Phänomenen allergischer Erkrankungen jetzt allgemein annehmen.

Diese Art der Betrachtungsweise steht für eine Anzahl von Dermatosen augenblicklich im Vordergrund des Interesses. Sie hat für die akuten entzündlich-eruptiven Exantheme auch recht viel Wahrscheinlichkeit für sich.

Die Urticaria ist das lange bekannte Beispiel hierfür. Auch für den ihr nahestehenden Strophulus infantum mehren sich die Angaben, welche ihn als Folge einer anaphylaktischen Reaktion gegen Nahrungsmittel aufzufassen erlauben. Für das Erythema exsudativum multiforme hält R. L. Sutton (a) eine anaphylaktische Genese für das wahrscheinlichste. Für das Ekzem wird Bloch (g) auf Grund ausgedehnter Untersuchungen dazu geführt, zu sagen, „die ekzematöse Reaktion ist in Analogie zu setzen mit den aus der Immunitätsbiologie bekannten Antigenantikörperreaktionen".

Im Hinblick auf unser Thema ist besonderes Gewicht auf die Tatsache zu legen, daß es Bloch (h) gelungen ist, die Entstehung eines Ekzems von innen her, auf dem Blutweg zu beweisen, einmal mit Jodkali (Peter), das andere Mal mit Urotropin an einem extern gegen Formalin Empfindlichen. Beispiel für solche durch interne Verabreichung ausgelöste Ekzeme sind seitdem mehrere publiziert worden, z. B. gegen Chinin von Bloch (f) und E. Pick (b), gegen Salicyl von Jadassohn (f).

Daß es sich dabei nicht um eiweißartige Antigene gehandelt hat, braucht uns in der Gleichsetzung der Auffassung mit den früher genannten Beispielen von Nahrungsmittelanaphylaxie nicht mehr zu beirren, da die Grenze zwischen eiweißartigen und nicht eiweißartigen Antigenen nicht mehr, besonders nach den Untersuchungen von Landsteiner, in der ursprünglichen Weise aufrecht zu erhalten ist [siehe bei Doerr (a, b, c), W. Jadassohn (a, b), Bloch (n)].

In den genannten Beispielen ist nun freilich immer das Allergen von außen in den Körper eingeführt worden. Um eine Affektion dieser Art als eigentliche Stoffwechselkrankheit ansehen zu können, müssen wir natürlich verlangen, daß der auslösende Stoff im Körper selbst gebildet wird.

In diesem Sinne schreibt schon Jadassohn (a): „Wer freilich, wie ich, auch an Ekzemformen bei intern bedingten medikamentösen Dermatosen, z. B. durch Jodkali, glaubt, der wird auch Ekzeme annehmen können, bei denen die externe Ätiologie ganz oder fast ganz zurücktritt" und an anderer Stelle „ich halte es für sehr wohl möglich, daß einzelne Menschen gegen die Produkte selbst der normalen Verdauungstätigkeit eine besondere Überempfindlichkeit haben, so daß jede stärkere Resorption zu Eruptionen führen kann. Ja, ich kann mir vorstellen, daß die habituelle Urticaria, an welcher sonst ganz gesunde Menschen und selbst Familien leiden, auf eine besondere Idiosynkrasie gegen normale Stoffwechselprodukte zurückzuführen ist." Auch Chipman (a) nennt interne auslösende Ursachen neben den externen.

Bloch hat durch Schürch mit einer ganzen Menge normaler Stoffwechselprodukte Überempfindlichkeitsprüfungen an der Haut ausführen lassen; ein einziger Ekzematiker reagierte gegen β-Oxybuttersäure, alle anderen Versuche fielen negativ aus. Auch die Cutanprüfungen, welche Usher an Ekzematikern mit gestörter Zuckertoleranz mit Dextrose vornahm, ergaben nur negative Resultate.

Der positive Nachweis der krankheitserregenden Wirkung eines normalen Stoffwechselprodukts steht also noch aus.

2. Die zweite Form einer Einwirkungsmöglichkeit auf die Haut vom Stoffwechsel her möchte ich in der Weise charakterisieren, daß die an die Haut

gelangenden, entweder abnorme oder an sich normale, jedoch in ihrem quantitativen Verhältnis gegeneinander verschobene Produkte enthaltenden Körpersäfte in dem Sinne sich geltend machen, daß der normale Ablauf der Lebensvorgänge in den einzelnen Zellen oder Zellkomplexen in bezug auf An- und Abbau gestört wird und daß dadurch mit der Zeit abnorme regressive oder progressive Vorgänge erzeugt werden. Man könnte diese Einwirkungsweise als eine Art *Ernährungsschädigung* oder als *Nährschaden* bezeichnen.

Diese Art der Einwirkung dürfte besonders für die klinisch chronischen, torpideren, nicht so exsudativ-entzündlichen Dermatosen einleuchten.

Wir haben oben bereits auf die Bedeutung der Ergebnisse der physiologischen Chemie hingewiesen und möchten an dieser Stelle besonders betonen, daß sicher diesen Verhältnissen für die Auffassung der Einwirkungsmöglichkeiten vom Stoffwechsel her auf die Haut nicht genügend Beachtung geschenkt werden kann. Zweifellos wird hier manches noch an Einblick zu gewinnen sein.

Die Toxikodermien bieten uns für diese Art der Einwirkungsweise wenigstens ein Beispiel in den durch Arsen erzeugten Hyperkeratosen und Pigmentverschiebungen. Vielleicht sind die wuchernden Jodo- und Bromoderme auch hierher zu rechnen.

In ähnlichem Sinne ist wohl auch von den Klinikern der Einfluß der diabetischen und gichtischen Stoffwechselstörung auf die Haut aufgefaßt worden und eine Arbeit Mc Donaghs zu verstehen.

Luithlen hat als erster versucht, dieser Frage experimentell nachzugehen (a, b, c, d).

Er hielt Kaninchen teils unter verschiedener Ernährung, teils beeinflußte er sie durch Verabreichung von Salzsäure, Oxalsäure, Calciumchlorid und prüfte ihre Hautempfindlichkeit unter den verschiedenen Bedingungen mit Hilfe von Crotonreizproben. Auf Grund seiner Untersuchungen glaubt er folgende Sätze für erwiesen annehmen zu können (f), „die chemische Zusammensetzung der Haut ist mit dem allgemeinen Stoffwechsel von der Ernährung abhängig, durch sie bedingt und daher durch sie zu beeinflussen; eine Änderung des Chemismus des Gewebes führt zu einer Änderung seiner Lebenstätigkeit, auf die also durch die Nahrung eingewirkt werden kann, ebenso wie durch Zufuhr von Giften und Medikamenten. Dabei brauchen die Einflüsse nicht einmal sehr eingreifend zu sein, denn es genügen oft nur Verschiebungen im Gleichgewichte einzelner Stoffe zueinander, um große Wirkungen auszulösen. Es kommt eben in der Natur oft nicht auf die Stärke eines Eingriffs an, sondern darauf, in welcher Weise er imstande ist, das Leben der Zelle zu beeinflussen, welche Vorgänge er an ihr auszulösen vermag. Diese Sätze sind bisher nur für den Mineralstoffwechsel erwiesen worden. Sie vermitteln uns die Erkenntnis, warum bei Stoffwechselanomalien, bei harnsaurer Diathese, Gicht, Diabetes, Säurevergiftungen und anderen Autointoxikationen besonders leicht Hauterscheinungen auftreten".

Klauder-Brown (a, b) bestätigen in Nachuntersuchungen, daß die Hautsensibilität durch Grünfütterung und durch Calciuminjektionen tatsächlich vermindert, durch Hafernahrung erhöht wurde, dagegen fanden sie die Irritabilität durch Salz- und Oxalsäure nicht beeinflußt. In Erweiterung der Versuche fanden sie erhöhte Hautirritabilität, auch bei experimentell erzeugter Nephritis und Hepatitis, verminderte bei Narkose und nach intramuskulären Injektionen von menschlichem Serum und von Gelatine. Zwischen dem Calciumgehalt des Blutes und der Hautempfindlichkeit fanden sie keine sicheren Beziehungen, immerhin sprechen die erst genannten Fütterungsversuche dafür, daß die Basen eine Rolle spielen. Die veränderte Sensibilität der Haut wird durch physikalisch-chemische Störungen in den Hautzellen bedingt. Analysen der Haut selber ergaben außerordentlich wechselnden Gehalt, sowohl an jeder Base für sich, als an den Gesamtbasen. Immerhin scheint zwischen Hautreizbarkeit und Mineralgehalt der Haut ein umgekehrtes Verhalten gegenüber Calcium und ein paralleles gegenüber Kalium zu bestehen.

Kaete Fürst liefert den Nachweis, daß bei Prüfung der Reizbarkeit gegen Senföl vorgängige Salzsäurezufuhr ebenso entzündungswidrig wirkt wie Chlorcalciumzufuhr.

Börnstein konnte durch verschiedene Ernährung den Gehalt der Mäusehaut an Calcium und Kalium nicht beeinflussen, so daß sie eine Speicherung dieser beiden Kationen durch die Haut ablehnt.

Hahn kann auf Grund seiner Nachprüfungen den Schluß von Luithlen, daß die Hafertiere stärker reizbar werden als die Grünfuttertiere, nicht bestätigen. Er kann nur feststellen, daß die ungünstigen Ernährungsbedingungen die Reaktionsfähigkeit der Tierhaut im Verhältnis zu den normal genährten Tieren herabsetze. Im übrigen konstatiert er ein individuell äußerst verschiedenes Ansprechen der einzelnen Tiere auf die Reizung überhaupt.

Diese letztere Tatsache wurde in unserem Laboratorium bei Bemühungen, die Luithlenschen Experimente zu wiederholen, durch Jezler ebenfalls festgestellt. Die Reizreaktionen fielen derart different aus, daß die Untersuchungen nicht publiziert wurden.

In diesem Zusammenhang ist auch auf die Resultate der Fütterungsversuche an Tieren mit einseitiger oder ungenügender Ernährung hinzuweisen, ohne daß wir dabei schon auf die einzelnen möglichen mitspielenden Faktoren (Transmineralisation, Vitamine usw.) eingehen, auf die weiter unten noch zurückzukommen sein wird.

Bezzola, Luksch, Holst, Ballner erzeugten beim Meerschweinchen nach ausschließlicher Ernährung mit Mais, Heller bei Pferden mit Kartoffeln und Kleiefütterung Alopecie, Frisco erhielt durch Verabreichung bakterienfreier Infuse von verdorbenem Fleisch und Mais ebenfalls Alopecie und Entzündungserscheinungen. Auch Mouriquaud, Mouriquaud-Michel-Barre erzielten mit eingeschränkter Ernährung Haarausfall. Maurel konnte bei Meerschweinchen durch reichliche Stickstoffzufuhr und Verminderung der Wasseraufnahme einen juckenden, schuppenden und krustösen Ausschlag hervorrufen, der jedesmal rasch schwand, wenn ein Teil des Stickstoffes durch an Calorien gleichwertige N-freie Nahrung ersetzt wurde, um bei verminderter N-Fütterung sofort wieder aufzutreten. In Versuchen Knapps zeigten Ratten Entzündungen an der Augenbindehaut. Die Unterernährung war dabei nicht verantwortlich, man mußte vielmehr die Einseitigkeit in der Ernährung als ursächlichen Faktor anerkennen. Tierversuche von Gigon (a) zeigen, daß auch eine einseitige übermäßige Ernährung das Wachstum junger Kaninchen deutlich beeinflussen kann. Auch Finkelstein (b) sagt einmal bei der Ekzembehandlung, das Problem liegt in einer durch die Ernährungsweise zu bewirkenden Umwandlung der pathologischen Zusammensetzung der Körpersäfte und speziell der Haut in die normale.

Es handelt sich freilich stets um durch äußere Einwirkung bedingte Einflüsse. Wir dürfen aber wohl hier schon betonen, daß doch unzweifelhaft zuzugeben ist, daß auch bei normaler Nahrung je nachdem infolge irgendwelcher Organstörungen oder abnormer Verhältnisse bei der Resorption und Verarbeitung quantitative Verschiebungen in der Ausnützung und damit im Angebot der einzelnen Produkte resultieren können, so daß damit auch eine — diesmal intern verursachte — einseitige Ernährung zustande kommt (vgl. Tierversuche Eckert). Wir werden hierauf noch weiterhin zurückzukommen haben.

Daß die neuerdings vielfach angestellten Untersuchungen über solche quantitativen Verschiebungen bei Dermatosen noch keine allgemeinen Schlüsse in bezug auf die Pathogenese zulassen, haben wir schon erwähnt. Die einzelnen Befunde werden weiter unten noch anzuführen sein.

Interessant sind die Versuche auf histochemischem Wege in der Haut selber den Gehalt an verschiedenen Bausteinen zu bestimmen oder im Schnitt eine veränderte Zusammensetzung resp. einen verschiedenen oder abnormen Gehalt an einzelnen Stoffen nachzuweisen.

In diesem Sinne hat sich schon Unna (b, c) mehrfach bemüht. Mit neuen Methoden sind Gans (b), Gans-Pakheiser, Gans-Schlossmann, Dähn, Nathan-Stern (a) den Verschiebungen im Calcium- und Kaliumgehalt nachgegangen und auf noch breiterer Basis versuchen Königstein (b, c), Königstein-Urbach, Urbach (b, f), Klauder-Brown, H. Brown, Boernstein, Urbach-Fantl, Urbach-Sicher (a, b) weiterzukommen. Auch van Kerckhoff verwendet die lokale Untersuchung bei seinen Psoriasisstudien.

Es ist sicher, daß auf diesem Wege noch Wertvolles entdeckt werden kann.

3. Nach diesen beiden weitaus am meisten hervortretenden Möglichkeiten des Einflusses vom Stoffwechsel her auf die Haut, ist hier doch als drittes noch kurz die Frage zu streifen, ob der Haut nicht doch auch eine Bedeutung als *Excretionsorgan* zukomme und ob bei Ausübung dieser Funktion nicht gelegentlich auch richtige toxische, und sie deshalb schädigende Stoffe von ihr bewältigt werden müßten.

Wir haben früher schon gesehen, daß die Auffassung der Haut als Ausscheidungsorgan eine alte ist, daß sie früher eine recht große Rolle in der Erklärung der Dermatosengenese gespielt hat und daß sie von einzelnen Vertretern wie Gaucher (a), Hudelot, Leullier, Bulkley (a), M. Comby, Heim, bis in die Neuzeit aufrecht erhalten worden ist.

Auch Jesionek (b) streift diese Möglichkeit. „Überall im Körper können die chemischen Verbindungen entstehen, welche, wenn sie in die Haut gelangen und namentlich, wenn sie von der Haut zur Ausscheidung gebracht werden, auch eine vollkommen normal sich verhaltende Haut beschädigen und in den Zustand der Entzündung versetzen können."

E. HOFFMANN (a, b) wirft an einer Stelle einmal die Frage auf, ob nicht die exsudative Diathese, viele Ekzem- und Urticariaformen, evtl. auch die Psoriasis und Acne Ausscheidungskrankheiten oder Excretionsdermatosen sein könnten, bei denen der Organismus sich von abnormen Stoffwechselschlacken befreit und diese durch die Haut ausstößt, oder wenigstens den Versuch dazu macht.

Auch KLINGMÜLLER (a) schreibt einmal beim Ekzem „nicht ganz unwahrscheinlich ist auch die Annahme, daß sich irgendwelche Stoffe bilden, welche in die Haut ausgeschieden werden".

In seiner ursprünglichen Form kommt jedenfalls diesem Gedanken keine große Bedeutung mehr zu. Doch darf in diesem Zusammenhang darauf hingewiesen werden, daß der Haut als Depotorgan vielleicht doch mehrfach eine Rolle zukommen könnte.

Natürlich ist die genannte Art der Ausscheidung nicht zu verwechseln mit der Ausscheidungstätigkeit der an der Haut für eine solche bestimmten Anhangsorgane, der Schweiß- und Talgdrüsen.

Diese haben an sich als Drüsen eine sekretorische Aufgabe und es ist von vornherein natürlich durchaus möglich, daß in diese Ausscheidungsorgane auch einmal abnorme Stoffe hinein, oder durch sie hindurch gelangen und zu einer pathologischen Erscheinung Anlaß geben können. [Vikariierende Funktion bei Uridrosis, ferner Chromidrosis, Frage des Menotoxins (PATZSCHKE-SIEBURG, GENGENBACH).]

Dies werden wir hier nicht gesondert besprechen, sondern nach den Quellen der ausgeschiedenen Produkte weiter unten anführen.

E. Art und Weise der Auslösung einer Dermatose.

Nachdem wir erst die nach unserer Ansicht vorhandenen Möglichkeiten der Einwirkung interner Störung auf die Haut überhaupt präzisiert haben, müssen wir jetzt weiter fragen, in welcher Weise diese Einflüsse nun den Ausbruch einer Dermatose veranlassen können.

Auch hier sind wieder zwei Möglichkeiten scharf auseinander zu halten:

erstens kann die Stoffwechseleinwirkung das Exanthem unmittelbar durch ihren eigenen Einfluß direkt auslösen,

zweitens kann sie aber auch die Haut, klinisch zunächst nicht erkennbar, nur in dem Sinne beeinflussen, daß diese entweder auf die gleiche Einwirkung späterhin mit einer eigenartigen ausgeprägten Reaktion antwortet (Allergie) oder aber, daß sie, unter der internen Stoffwechseleinwirkung stehend, irgend einer anderen (mechanischen, thermischen, chemischen, bakteriellen) Schädigung, welche an sie herantritt mit einer veränderten Reaktionsfähigkeit gegenüber steht.

Diese zweite Art des Einflusses im einzelnen Fall scharf herauszuheben, begegnet häufig Schwierigkeiten:

Einerseits ist diese — in ihrer Art ja auch disponierende Wirkung von der oben beschriebenen Hautdisposition zu trennen. Sie bildet neben ihr und der auslösenden Ursache einen dritten Faktor, den man vielleicht, um das evtl. irreführende disponierend nicht zu gebrauchen, als mitunterstützend, mitbedingend, evtl. konkommittierend bezeichnen könnte. Der hier gemeinte Einfluß ist also nur in dem Sinne zu verstehen, daß die Reizschwelle der bereits vorhandenen angeborenen Disposition der Haut zu einer bestimmten Erkrankung herab- oder auch heraufgesetzt wird.

Anderseits ist dieser mitunterstützende Einfluß nicht immer leicht von der auslösenden Ursache abzugrenzen. Sobald diese externer Natur ist, gelingt es meist leicht, sobald sie aber auch einen internen Ursprung hat, liegt ein Durcheinandermengen der beiden Begriffe sehr nahe, wie dies z. B. beim Kinderekzem auch schon von FEHR (a), KLINGMÜLLER (b) getadelt worden ist.

Wenn also auch Schwierigkeiten in der Abgrenzung nicht zu bestreiten sind, so sollte doch ein Herausarbeiten der einzelnen Momente jeweils nach Möglichkeit versucht werden, da dies nur zur Abklärung unserer Kenntnisse beitragen kann.

Wenn nun die unter D. besprochenen beiden Hauptbeeinflussungsmöglichkeiten der Haut vom Stoffwechsel her, also entweder im Sinne einer speziellen Reaktion, oder im Sinne eines Nährschadens zum Ausbruch einer Dermatose führen, so kann dies sowohl in der einen wie in der anderen der ebengenannten Weisen, also unmittelbar auslösend oder nur mitunterstützend erfolgen.

1. Unmittelbare Auslösung. Diese ist besonders offensichtlich beim sofortigen Auftreten der Dermatose auf den zugeführten Reiz, z. B. beim Eintritt einer allergischen Reaktion nach Zufuhr des Antigens.

Hier ist die erste Annahme, die einer speziellen Reaktionsform besonders naheliegend.

Weniger sicher zu bestimmen ist die unmittelbare Auslösung einer Dermatose auf dem Weg der zweiten Art der Beeinflussung, im Sinne des Nährschadens. Die Genese der Arsenkeratose dürfte sie im Prinzip sichern, der Nachweis wird aber sonst sehr schwer zu erbringen sein.

Vielleicht dürfen diejenigen Fälle nicht genital lokalisierter diabetischer Dermatitiden, welche durch Insulininjektionen sehr rasch zum Verschwinden gebracht werden (Davis-Calhoun, Narducci) in diesem Sinne zu deuten sein.

2. Mitunterstützende Wirkung. Als Beispiel für die erste Beeinflussungsmöglichkeit im Sinn einer spezifischen Reaktion können wohl diejenigen Vorgänge genannt werden, welche bei den früher genannten Sensibilisationsdermatosen unspezifischer Art die Haut in der Weise alterieren, daß sie auf die Lichteinwirkung unerwartet reagiert.

Ferner kann man in bezug auf den allergischen Reaktionsmodus an folgende Möglichkeiten einer mitunterstützenden Wirkung des Stoffwechsels bei ihrem Zustandekommen denken:

Einmal könnte man diejenigen Vorgänge hierher rechnen, welche man als sensibilisierende aufzufassen pflegt, d. h. für die eine bestimmte Reaktionsform latent disponierte Haut wird durch den gleichen Stoff soweit vorbereitend beeinflußt, bis der Moment erreicht ist, von dem ab sie auf die weitere Zufuhr andersartig, meist mit einer klinisch heftigen Reaktion antwortet.

Daß es sich um körpereigene Stoffe handeln kann, hat schon Jadassohn (f) hervorgehoben: „Wir können uns nicht nur, wie ich früher betont habe, eine Idiosynkrasie, sondern auch eine Sensibilisierung selbst gegen Produkte des normalen Stoffwechsels vorstellen."

Es ist diese Art des Einflusses aber doch eine etwas andere, spezifischer vorbereitende, als die nur allgemein unterstützende, die ich hier insbesondere meine.

Mehr in diesem letzteren Sinn darf man aber zweitens sicher annehmen, daß Stoffwechselvorgänge in der Weise einen Einfluß ausüben, daß ein allergischer Patient leichter oder schwerer, mehr oder weniger intensiv auf einen auslösenden Reiz ansprechbar werden kann dadurch, daß durch Variationen im Stoffwechsel die Reizschwelle geändert, d. h. herauf- oder herabgesetzt wird. Vielleicht läßt sich z. B. auch auf diese Weise, nicht nur durch die Annahme eines unwissentlichen Ausfalles der Noxe oder einer temporären spezifischen Desensibilisation das zeitweise Verschwinden und Wiederauftreten eines Ekzems unter gleichen Verhältnissen und anscheinend durch die gleichen Traumen erklären.

Schließlich wäre es sogar denkbar, daß unter solch veränderten internen Bedingungen auch eine Sensibilisierbarkeit der Haut erzeugt werden könnte, so daß die Haut nicht nur wie oben angegeben stets auf Grund einer angeborenen Fähigkeit sensibilisiert wird, sondern diese Fähigkeit neu erwerben könnte.

Beispiele für die mitunterstützende Einwirkung des Stoffwechsels bei der zweiten Beeinflussungsmöglichkeit der Haut im Sinn einer Ernährungsschädigung sind die Beobachtungen, nach denen die Haut durch Stoffwechselveränderungen in der Weise modifiziert wird, daß die verschiedensten krankheitserregenden Momente leichter auf ihr Fuß fassen können. Diese Art der Einwirkung ist schon lange anerkannt. Es mögen bloß folgende Zitate als Belege dienen:

„Alle möglichen Einflüsse können vorübergehend oder dauernd den Chemismus der Haut verändern, z. B. steigert Diabetes die Disposition angesichts der Beobachtung, welche man an der Haut des Diabetikers machen kann; es ist unmöglich daran zu zweifeln, daß die Ernährung auf die chemische Zusammensetzung der Haut und ihre Disposition zur

Erkrankung von Einfluß ist, nicht in dem Sinn, daß die Ernährung irgend eine Hautentzündung verursachen würde, vielmehr in dem Sinn, daß die Ernährung die Haut in den Stand versetzt, äußeren entzündungserregenden Einwirkungen einen mehr oder weniger großen Widerstand entgegen zu setzen" [Jesionek (b)].

„Überhaupt schwächen innere Momente sehr die Widerstandsfähigkeit der Haut durch Umänderung des Chemismus ihrer Gewebe. So verändert bei Diabetes der in der Haut zirkulierende Zucker oder andere toxische Substanzen derart die chemische und physikalische Konstitution des Hautgewebes (dessen Zellen und Blutserum), daß es den verschiedenen chemischen Substanzen, des weiteren besonders den Eiterkokken gegenüber fast gänzlich wehrlos wird. Ebenso vulnerabel wird die Haut infolge anderer, allgemeiner konstitutioneller Alterationen und Stoffwechselstörungen, wie z. B. Harnsäure-Diathese, Schilddrüsenerkrankungen usw., infolge von Autointoxikationen, die durch die verschiedensten Ursachen entstehen können, wie z. B. Lungen-, Magen-, Darm-, Nierenerkrankung und ungenügende Funktion, ferner durch Anämien, Kachexie oder infolge von Alkohol und anderen Blutgiften (veränderter Chemismus des Hautgewebes)" (Róna).

„Die Beziehungen zwischen endogener Komponente und pathologischer Manifestation ist in der Regel eine indirekte: die interne Störung ruft die Dermatose nicht unmittelbar hervor, sondern sie stimmt nur — ähnlich wie wir das bei den Sensibilisationsdermatosen gesehen haben — das Hautorgan so um, daß an und für sich banale oder nicht pathogene Reize eine pathologische Reaktion, d. h. die manifeste Dermatose auslösen" [Bloch (c)].

„Il semble donc bien qu'il puisse y avoir en dehors des actions externes des influences d'origine interne qui modifient la résistance normale des téguments. L'imperméabilité rénale, le défaut d'oxydation, les fermentations gastro-intestinales, l'hypofonctionnement ou le dysfonctionnement des glandes vasculaires sanguines etc. nous ont paru parfois singulièrement faciliter les diminutions de la résistance. Les secousses subies par le system nerveux nous semblent être une des causes majeures des états que nous étudions" [Brocq (e)].

Auch Luithlen (e) faßt die Ergebnisse seiner Tierexperimente in dem Sinn zusammen, daß die Haut durch die Verschiebung der Stoffwechselsubstanzen nicht direkt zu einer Erkrankung geführt hat, sondern durch sie nur die Entzündungsbereitschaft erhöht wird:

„Die Befunde geben die Erklärung für die Disposition zu Hautkrankheiten, für das häufige Auftreten dieser bei Stoffwechselerkrankungen, sie zeigen die Abhängigkeit der Lebensverhältnisse der Haut von der Ernährung und geben uns die Berechtigung, durch Diät und Medikation auf diese einzuwirken. Denn wir können auf Grund meiner Mineralstoffwechselanalysen verstehen, warum wir bei harnsaurer Diathese, Gicht oder Diabetes Ekzem und Furunculose auftreten sehen. Durch die Säurevergiftung wird die Entzündungsbereitschaft der Haut erhöht, sie selbst als Nährboden verändert. Wir begreifen, daß durch Störungen der Verdauung, durch Fehler in der Ernährung, besonders bei Kindern Hautkrankheiten bedingt sein können. Das was durch meine chemischen Untersuchungen für den Mineralstoffwechsel erwiesen wurde, gilt wahrscheinlich auch für andere Verhältnisse, so daß manche Erfolge der Naturheilkunde unserem Verständnis näher gerückt sind."

Von den einzelnen Dermatosen ist es besonders das Ekzem, bei dem immer wieder nach Ernährungsstörungen gefahndet wurde und so finden wir auch gerade bei ihm recht häufig den Einfluß solch interner Faktoren als mitbegünstigende Ursache erwähnt.

„Die Wiener Schule glaubt weder an die Existenz von Dyskrasien als Ursache des Ekzems, noch nimmt sie an, daß Erkrankungen des übrigen Organismus an der Haut direkt Ekzem hervorrufen. Dagegen ist es eine unzweifelhafte, durch unzählige Beobachtungen erhärtete Tatsache, daß gewisse allgemeine oder Organerkrankungen für die Entstehung von Ekzem eine Disposition schaffen, so daß die Haut derartiger Kranker den äußeren schädigenden Einflüssen weit weniger Widerstand entgegenzusetzen vermag, als die gesunder Menschen und anderseits der Verlauf weit hartnäckiger sich gestaltet" [Riehl (d)].

Ähnlich äußern sich Lesser (a), Klingmüller (a), Zieler, S. Jessner (b), Pinkus (b, c), Bloch (g) u. a. Einzelne lehnen eine unmittelbare Auslösung sogar recht schroff ab, „innere Ursachen gibt es nach unserer Auffassung nicht, sie schaffen vielmehr nur eine Disposition [Klingmüller (a)].

Es ist nicht ganz leicht, die einzelnen genannten Momente genau auseinanderzuhalten, man sollte es aber doch versuchen, denn auf diese Weise dürfte sich die Situation in bezug auf Auswirkung interner Stoffwechselverhältnisse allmählich doch etwas abklären lassen. An Einzelheiten wird aber noch sehr viel auszuarbeiten sein, bis wir einmal einen etwas genaueren Einblick besitzen.

Dann wird auch die Frage des Angriffspunktes der Stoffwechselprodukte mehr oder weniger nur an einzelnen Bestandteilen der Haut genauer erörtert werden können, wie wir ihn jetzt z. B. für den Pruritus an die sensiblen Nerven-endigungen, für die Urticaria und den Strophulus mehr an die Blutgefäße, für das Ekzem vielleicht auch nur an die Epidermiszellen verlegen.

F. Indirekte Einwirkung des Stoffwechsels auf die Haut.

Neben dieser direkten Beeinflussung der Haut durch den Stoffwechsel, wie wir sie bisher rein betrachtet haben, müssen wir jedoch hier auch auf die Möglichkeit der indirekten Einwirkung hinweisen. Diese greift auf dem Weg über das Nervensystem an der Haut an.

Es braucht hier nicht hervorgehoben zu werden, wie weitgehend alle Lebens-vorgänge der Haut, gleichwie die aller Organe überhaupt, unter dem regulieren-den Einfluß des Nervensystems stehen.

An sich ist es ja von vornherein schon wahrscheinlich, daß die konstitutio-nelle Beschaffenheit und Funktionsart des Nervensystems mit für die durch die angeborene Anlage bedingten Reaktionsformen der Haut von Bedeutung sein kann. Hierauf ist an dieser Stelle nicht weiter einzugehen.

Dagegen ist hier hervorzuheben, daß das Nervensystem auch weitgehend der Beeinflussung durch Veränderungen seiner Nährflüssigkeit unterliegt und daß dadurch an ihm auch wieder Zustandsänderungen vorkommen können, die seine Reaktionsfähigkeit variieren, so daß diese nun wieder an der Haut sich bemerkbar machen kann.

Die Mitwirkung des Nervensystems für das Auslösen einer Dermatose kann wieder eine direkt auslösende oder mehr eine prädisponierende, mitunter-stützende sein.

Für die Möglichkeit der direkten Auslösung von Hauptphänomenen durch das Nervensystem spricht z. B. die Entstehung eines Zosters auf Grund einer diabetischen Neuritis, ferner läßt die Blasenbildung bei Paralyse oder anderen Nervenkrankheiten sehr wohl sich in diesem Sinne auffassen. Bei atrophi-sierenden Dermatosen wie Raynaudscher Gangrän, Sklerodermie und ähnlichen trophischen Störungen ist der direkte Einfluß des Nervensystems sogar das wahrscheinlichste.

Hierher gehört auch die Frage des zentral ausgelösten Pruritus, ferner muß der Angioneurosenfrage gedacht werden.

Wohl viel weiter reichende Bedeutung als diesem direkt auslösenden Ein-fluß dürfte aber dem Zustand des Nervensystems als prädisponierendem, d. h. mitunterstützendem, einen Ausbruch einer Dermatose begünstigendem Faktor zukommen. Es braucht ja bloß an die tägliche Beobachtung erinnert zu werden, was für einen Einfluß der sog. „allgemein nervöse Zustand" des Patienten auf den Verlauf und die Entwicklung einer Dermatose ausübt.

Erinnert sei an das Parallelgehen des Calcium-Kaliumgehalts des Blutserums mit Erregbarkeitsschwankungen des autonomen Nervensystems (Brack) und an die Calciumverschiebungen in der Haut selbst unter verschiedenen autonomen Pharmaka [Klauder-Brown (c)].

Wir können also sehr wohl annehmen, daß durch irgendwelche Stoffwechsel-störung das Nervensystem in einen Zustand erhöhter Irritabilität gerät und auch unter diesem indirekten Einfluß die Haut in einen Zustand kommt, daß sie leichter auf Schädigungen anspricht, die ihr sonst keinen besonderen Eindruck gemacht haben. Es wäre also die gleichartige mitunterstützende Beeinflussung für den Ausbruch einer Dermatose, nur nicht wie wir oben gesehen haben, durch Nährschädigung an der Haut selbst, sondern durch Stoffwechselbeeinflussung des Nervensystems.

Diese indirekte Einwirkung auf die Haut wird wohl in Zukunft noch genauer herausgearbeitet und beobachtet werden müssen.

G. In der Haut selbst gelegene Ursachen.

Schließlich ist im allgemeinen Teil noch ein Punkt zu erwähnen, der erst neuerdings nachdrücklichere Beachtung gefunden hat.

Es kann nämlich sehr wohl sein, daß für eine Erscheinung an der Haut nicht unbedingt dem Stoffwechsel die Hauptschuld zuzuschreiben ist, sondern es ist auch denkbar, daß die Beziehungen zwischen den beiden in dem Sinne gestört sind, daß die Haut infolge eines Defektes ihrer Zellen nicht in der Lage ist, die normalerweise ihr vom Stoffwechsel her angebotenen Bestandteile und Nährstoffe in der üblichen Weise zu verwerten.

Man wird hier namentlich an die Möglichkeit eines Mangels oder einer Funktionsstörung der in den Epidermiszellen vorhandenen Fermente denken.

Als erster hat diesen Gedanken BLOCH (i) für die Genese der Vitiligo näher ausgeführt, indem er es für möglich hält, daß an den depigmentierten Partien den Epidermiszellen, die Dopaoxydase fehlt, so daß das Propigment nicht umgewandelt werden kann.

Neuerdings sind durch die Arbeiten von WOHLGEMUTH und seinen Mitarbeitern, KLOPSTOCK-BUSCHKE, YAMASAKI, MELCZER (a) eine ganze Menge verschiedener Fermente in der Haut nachgewiesen worden, denen sehr wohl eine ähnliche Bedeutung gelegentlich zukommen kann. Zu erinnern ist an die Befunde URBACH-SILCHER, nach denen die Haut verschieden große Mengen Zucker retinieren kann.

Damit dürften wir wohl alle die verschiedenen Momente, welche im allgemeinen für unser Thema von Wichtigkeit sind, angeführt und so weit als möglich in ihrer Einzelbedeutung umgrenzt haben.

Die Ausführungen sind leider zum Teil etwas breit ausgefallen, es schien mir aber unumgänglich notwendig, zunächst die allgemeinen Begriffe möglichst genau zu fixieren und abzugrenzen, damit die denkbaren Auswirkungen der im speziellen Teil aufzuzählenden Stoffwechselvorgänge so klar als möglich überblickt werden können.

II. Spezieller Teil.

Wenn wir nun zur Darstellung der im einzelnen bisher erhobenen und im Sinn einer für Dermatosen ursächlichen Wirkung gedeuteten Befunde übergehen, so muß hier nochmals das betont werden, was bereits die allgemeinen Ausführungen zur Genüge demonstriert haben, daß wir in die Einzelheiten der komplizierten und weitgehend miteinander verknüpften Vorgänge eben doch noch recht wenig Einblick haben. Eine genaue Abgrenzung und Zuteilung der verschiedenen Einzelbeobachtungen ist deshalb außerordentlich schwierig.

Wir können vorerst deshalb nichts anderes tun, als zuerst die einzelnen mit dem Stoffwechsel im einleitend angegebenen Sinne zusammenhängenden Organe und ihre Funktionsstörungen resp. die auf solche zurückgeführten abnormen Produkte, soweit sie eben für Dermatosen verantwortlich gemacht werden, zu besprechen und dann die Befunde an einzelnen der Stoffwechselkomponenten, die nicht von Organstörungen abhängig gemacht werden können, der Reihe nach anzuführen.

Wir bilden hierzu am einfachsten vier Abschnitte: Verdauungskanal, Leber, intermediärer Stoffwechsel, Ausscheidungsorgane. Anhangsweise daran ist der Einfluß pathologischer Gewebe, die natürlich auch einen Stoffwechseleinfluß geltend machen können, kurz zu streifen.

Manches, was danach jetzt noch als quasi primäre Ursache angeführt wird, kann natürlich ebensogut von einem übergeordneten Einfluß abhängig sein. Speziell verweise ich dabei nochmals auf die früher schon gestreifte Wirkung der Hormone und des Nervensystems in ihren verschiedenen Korrelationen, die für manche Störungen, welche im folgenden angeführt werden, übergeordnete Regulationsmechanismen bedeuten können.

A. Magendarmkanal.

1. Einfluß der Nahrung.

Schon gleich zu Beginn der Besprechung der Verdauungsvorgänge und ihrer Störungen ergibt sich die Schwierigkeit, die eigentlich enterogen bedingten Einflüsse von denen abzutrennen, welche noch eine unmittelbare Folge der eingeführten Nahrung sein können.

Diese Schwierigkeit ist von jeher hervorgehoben worden und durchaus nicht immer eindeutig zu lösen. Wir müssen deshalb ganz kurz auch auf die durch die Ernährung bedingten Beeinflussungsmöglichkeiten hier eingehen.

In der Hauptsache sind Störungen durch die eingeführte Nahrung auf dreierlei Weise denkbar.

a) Es kann die eingeführte Nahrung ein verdorbenes oder toxisches Produkt enthalten, welches nach der Resorption auf die Haut als Gift wirkt.

Meistens bedingt gleichzeitig die verdorbene Nahrung auch gastro-intestinale Störungen, und da ist es bereits schon schwer zu entscheiden, ob Darmkatarrh und Hauterscheinungen parallel Folgen der eingeführten Noxe sind, oder ob durch den Magen-Darmkatarrh erst sekundär für die Haut toxische Produkte erzeugt und resorbiert worden sind.

In der Regel handelt es sich um erythematöse, urticarielle, evtl. hämorrhagische Exantheme, wie sie auch durch bekannte Toxine hervorgerufen werden können.

Von speziellen Symptomenkomplexen ist die Pellagra zu erwähnen, welche von manchen Autoren als eine Intoxikation durch verdorbenen Mais angesehen wird. Das Toxin soll teils durch Zersetzung des Maiseiweißes selbst, teils durch im verdorbenen Mais enthaltene Mikroorganismen gebildet werden [Lombroso, Antoniu, Umnus u. a. (s. bei Raubitschek), de Probitzer, Luithlen (f)].

Von manchen wird dem Toxin sensibilisierende Wirkung zugeschrieben (Huzar), wie wir schon erwähnt haben.

Gegen eine direkte pflanzliche Gifteinwirkung spricht sich Külz aus, da er nie sofort nach Genuß einer noch so großen Menge verdorbenen Maises Pellagraerscheinungen auftreten sah.

Für die Möglichkeit eines alkohollöslichen Toxins spricht die Beobachtung eines pellagroiden Symptomenkomplexes bei Alkoholikern durch Jadassohn (h). Auch sonst wird Pellagra mit Alkoholgenuß öfters in Verbindung gebracht [Pellagre alcoholique der Franzosen, s. bei Günther (a)], neuerdings auch amerikanische Autoren (Smith, Shattuck, Fordyce, Oliver-Finnerud).

Während des Krieges hat die von Riehl (e) beschriebene Melanose eine größere Rolle gespielt. Riehl (e) hat eine mit der Nahrung aufgenommene Noxe als wahrscheinlichste Ursache in Betracht gezogen, wobei unter Umständen auch eine Sensibilisation eine Rolle spielen kann [s. bei Kerl (b)].

Die Einführung, resp. Auswirkung eines mit der Muttermilch eingeführten Toxins wird dann namentlich von den Franzosen für die Genese des Kinderekzems als möglich angesehen (Variot, Quillier, Leullier, L. Fischer u. a.).

Weiterhin haben Leiner (a) und Beck für die Genese der Erythrodermia desquamativa angegeben, daß der auslösende toxische Faktor vielleicht mit der Muttermilchnahrung aufgenommen werde.

b) Vielfach als Ausfluß einer Nahrungsmittelintoxikation sind früher die heutigen Nahrungsmittelanaphylaxien aufgefaßt worden. Diese müssen wir natürlich heute von der Intoxikation schlechthin abtrennen, da sie zwar schon unmittelbar bedingt sind, aber nicht in der Weise, daß verdorbene Nahrung eine Rolle spielt, sondern, daß die Haut der verschiedensten Individuen eine allergische Reaktionsbereitschaft gegen einzelne an sich absolut unschädliche Nahrungsbestandteile hat.

Tritt die Hauteruption unmittelbar im Anschluß an die Einverleibung der betreffenden Substanzen ein und kann sie auch in gleicher Weise durch Einführung des betreffenden Stoffes auf anderem Wege, z. B. durch subcutane Injektion unmittelbar erzeugt werden, dann ist wohl der Zusammenhang mit der unveränderten Nahrungsmittelsubstanz ein einwandfreier, klarer.

Der betreffende Stoff wird im Darmkanal kaum eine besondere Veränderung erleiden. Auch wenn angenommen werden muß, daß zum so raschen Zustandekommen einer Eruption eine besondere Durchlässigkeit des Magen-Darmkanals für die betreffende Substanz vorausgesetzt werden muß, so ist dies mit der dispositionellen Eigenart des betreffenden Menschen in Zusammenhang zu bringen und hat mit eigentlichen Verdauungsvorgängen nichts zu tun.

Das Auftreten einer Urticaria, eines Erythems, eines Strophulus nach den mannigfaltigsten Nahrungsmitteln sind hierfür seit langem bekannte und anerkannte Beispiele. Nach Low (a) beschreiben auch ein Erythema exsudativum multiforme: ENGMANN nach Schweinefleisch, GALLOWAY nach schwarzen Johannisbeeren und Nüssen, FORDYCE nach Hummer. Auch R. L. SUTTON (a) hält eine Provokation des Erythema exsudativum multiforme durch fremdes Eiweiß für wohl möglich.

Viel schwieriger abzuschätzen ist die Entstehung einer Dermatose auf Grund einer solchen idiosynkrasischen Reaktion gegen ein Nahrungsmittel, wenn sie sich nicht mit einem derartigen plötzlichen Ausbruch aus voller Gesundheit unmittelbar an die Einverleibung des Nahrungsmittels anschließt, sondern wenn es sich mehr um chronische, nur mit gelegentlichen Exacerbationen verlaufende Affektionen handelt.

Das meist umstrittene Beispiel hierfür ist das Kinderekzem. Es sind besonders amerikanische Autoren, welche auf Grund von Hautsensibilitätsprüfungen mit großer Überzeugung für diese Theorie eingetreten sind, ich erwähne unter vielen anderen STRICKLER (a, b), TOWLE, ENGMANN-WANDER, O'KEEFE (a), PINESS-MILLER, BAAGE, GARTJE.

Eine Überempfindlichkeit gegen Stoffe, die von der Mutter her durch die Milch übertragen werden, haben Low (a), TALBOT [bei Low (a)], SHANNON, O'KEEFE (b) nachgewiesen. Ein Ekzem bei einer erwachsenen Frau bezieht ROWE auf Weizen und Milch.

Je länger, je mehr setzt aber doch die Kritik gegen die Auffassung des Kinderekzems als anaphylaktischer Nahrungsmittelreaktion ein. Auch hier kann ich nur einige wenige Autoren nennen, z. B. MC CORMAC, GRULÉE, GERSTLEY (a, b), NOEGGERATH-REICHLE, STUART, ORMSBY, KERLEY, RAMIREZ.

Nach ihnen sind die Verhältnisse jedenfalls noch nicht als gelöst zu betrachten. TACHAU (d) besonders hat mit Recht hervorgehoben, daß die Hautsensibilitätsprüfungen eigentlich nie ekzematoide Reaktionen ergeben, sondern, im Gegensatz zu den Cutanprüfungen beim Ekzem von BLOCH, JADASSOHN und vielen anderen immer nur in Form einer urticariellen Quaddel verlaufen.

Unter den sonstigen chronischen Dermatosen wird von M. B. COHEN und von FLANDIN der Pruritus in manchen Fällen auf Nahrungsmittelanaphylaxie zurückgeführt, ebenso von WISE-RAMIREZ, welche mit Erfolg desensibilisieren konnten.

Über die Prurigo schreibt S. JESSNER (d), „daß alimentäre Ursachen mitspielen, daß es sich um eine allergische Reaktion auf animale Eiweißstoffe u. a. handelt, ist sehr wahrscheinlich".

HOGE nimmt bei einer Acne Milchüberempfindlichkeit an.

SCHWARTZ (a) schreibt den Nahrungsproteinen eine wichtige Rolle für die Entstehung von Prurigo und von Dermatitis herpetiformis zu.

c) Eine besondere Bedeutung dürfte schließlich den quantitativen Verhältnissen der Nahrung zuzuschreiben sein.

Ich gehe dabei nicht auf die Folgen einer allgemeinen Unterernährung ein, wie wir sie z. B. als Pityriasis tabescentium bei kachektischen Zuständen kennen, sondern möchte mehr auf die Bedeutung partieller Unterernährung hinweisen.

Hierzu sei zunächst an die schon genannten Tierversuche von BEZZOLA, HOLST, LUKSCH, BALLNER, MOURIQUAUD u. a. erinnert, welche hauptsächlich zur Abklärung der Pellagragenese angestellt worden sind und auf alle Fälle den Einfluß einseitiger Nahrung auf das Tierfell demonstrieren.

Für die Pellagra wird heute der Unterernährung eine recht große Bedeutung beigemessen.

Dabei wird zum Teil bloß auf die Unterernährung respektive einseitige Kost im allgemeinen Gewicht gelegt, siehe bei RAUBITSCHEK, ferner LUSTIG, NICOLAS-MASSIA-DUPASQUIER, BONHOEFFER, BUSCHKE-LANGER, AULDE, RONDONI, GOLDBERGER und Mitarbeiter,

Shattuck, Wheeler (a, b), O'Leary-Goeckermann, Casabianca, Szarvas, Chotzen, Carley, Oppenheim, zum Teil wird die Pellagra geradezu als Avitaminose aufgefaßt, z. B. Mouriquand, Funk, Hindhede, Itoh. Gegen Vitamineinfluß wendet sich Rühl.

Als Avitaminose faßt Meska (a) die Acne auf, ferner (b) möchte er auch bei einer Anzahl von parasitären Dermatosen das Fehlen der Vitamine in der Ernährung als schwereren Verlauf verantwortlich machen. Auch Luithlen (f) äußert sich ähnlich: „Manche Ernährungsdermatosen und manche Entzündungsprozesse dürften sich in diese Gruppe (sc. Avitaminosen) einreihen lassen."

Einzelne Autoren wie Wittmann, Hackel, Nobel denken für die Genese der Erythrodermia desquamativa Leiner an die Mitwirkung eines Vitaminmangels.

Beim Skorbut hat Nicolau (a) eine follikuläre Keratose beschrieben, ferner Lier sklerodermatische Veränderungen als Folge.

Die Frage, ob gelegentlich das Kinderekzem mit Rachitis Beziehungen haben könne, sei hier nur kurz gestreift [Crocker (b), Jadassohn (a), Feer (a), Stoeltzner (b)]. Feer (a) möchte eher ein zufälliges Zusammentreffen annehmen, vielleicht lägen gemeinsame ursächliche Momente in der Milchüberfütterung.

Schließlich sei noch die Beobachtung von Bloch (k) erwähnt, welcher, wie auch Lanz in einer Selbstbeobachtung [angeführt von Jadassohn (a)] als Folge lang dauernder vegetarischer Ernährung Querfurchenbildung an den Nägeln sich entwickeln sah.

Bei den anämischen Zuständen, die ja auch eine Art Unterernährung für die Haut bedingen, scheint die Reduktion der Nährstoffe eine gleichmäßige zu sein, da spezielle Dermatosen nicht provoziert werden.

In gleicher Weise wie der Unterernährung ist auch der Überfütterung mehrfach die Schuld für die Entstehung von Dermatosen zugeschrieben worden [Brocq (a), Bulkley (b, c)].

Besonders ist es das Säuglingsekzem, welches am ehesten damit in Zusammenhang gebracht wird.

Bei Feer (a) finden sich zahlreiche Angaben hierüber zusammengestellt und er selbst spricht sich dahin aus, „es besteht kein Zweifel, daß Art und Menge der Ernährung des Kindes einen weitgehenden Einfluß auf das Zustandekommen und die Heilung des Ekzems ausüben".

Im allgemeinen wird hauptsächlich die Überfütterung an sich als schädlich und auslösend angesehen [Feer (a), Leiner (b), Klingmüller (b), Rey, Steinitz, J. Comby, O. v. Bergmann, Marfan, Rocaz, Griffith (b) u. a.]. Es ist dies wohl auch noch am zweckmäßigsten, da wir über die Bedeutung der einzelnen Bestandteile, die, wie wir später sehen werden, auch im speziellen angeschuldigt worden sind, noch zu wenig Kenntnisse besitzen.

Die Überernährung wird weiterhin für den Strophulus recht oft als Ursache angesehen [Feer (a), Weigert, Hübner].

Für die Erythrodermia desquamativa denkt L. Bauer an eine Überernährung mit Milch.

Ein übermäßiger Genuß von Süßigkeiten resp. Kohlenhydraten oder auch von Fett wird für die Acne mehrfach angeschuldigt [Whitfield (b), Jarisch, Lassar (b), Wils, Chipman (b), Bulkley (b), J. A. Scott], für die Rosacea von Eastwood, für das Ekzem von Ravitch-Steinberg (a).

Für die Psoriasis schließlich betonen Lassar (b) und Bulkley (b, c), für Psoriasis und Ekzem Brocq (f, g) die Bedeutung der Überernährung.

Einen sehr interessanten Beitrag hierzu liefert auch F. Veiel, welchem in bezug auf die Bedeutung der Diät bei Psoriasis der Krieg eine wichtige Erfahrung gebracht hat. „Es zeigte sich nämlich, daß viele der früher überernährten Psoriatiker, die allmählich unter dem Zwange der sich immer mehr verschlechternden Kriegskost ihr überschüssiges Fettpolster los wurden, zugleich auch die Neigung zur Psoriasis mehr und mehr verloren haben. Besonders instruktiv sind einige Fälle von früher sehr starken männlichen Kranken, die so schwere und häufig rückfällige Formen von Psoriasis hatten, daß sie vor dem Kriege meistens zweimal im Jahre eine mehrwöchige klinische Behandlung nötig hatten. Je schlechter während des Krieges die Ernährung wurde, je mehr ihr Körperfett einschmolz, desto harmloser wurde ihre Psoriasis und zum Teil waren sie, wovon ich mich selbst überzeugen konnte, allmählich völlig frei geworden. Soweit sie nun nach dem Kriege das verminderte Körpergewicht festgehalten oder nur in mäßigem Grade wieder zugenommen hatten, ist auch die Psoriasis in erträglichen Grenzen geblieben. Bei anderen dagegen, die nach Kriegsende besonders bei einem Aufenthalt im Auslande sich bemüht haben, ihre frühere Fülle in kurzer Zeit wieder zu erreichen, ist auch die Psoriasis wieder zu ihrer alten Blüte gediehen."

Im Zusammenhang mit der Überernährung ist gelegentlich auch der Gedanke einer Hypervitaminose geäußert worden [Tachau, Roessle (siehe bei Spiro)].

Es ist natürlich schwer zu sagen, in welcher Weise sich diese Überernährung am Organismus auswirkt. Ebenfalls aber ist es wohl klar, daß dies nur in enger Verbindung mit dem Stoffwechsel überhaupt geschehen kann und so sind die Nahrungsverhältnisse natürlich aufs engste mit unserem Thema verknüpft.

Nicht unmöglich ist es natürlich, daß bei bestimmten internen Störungen im Stoffwechsel auch bei normaler Nahrung ein Mißverhältnis in der Ausnützung derselben eintreten kann, so daß auch daraus, und zwar in diesen Fällen aus internen Verhältnissen eine partielle Überfütterung oder Unterernährung resultieren kann.

Es zeigt dies nur erneut den engen Zusammenhang und begründet es, weshalb wir die Ernährung kurz streifen mußten.

2. Magendarmstörungen im allgemeinen.

Wenn wir nun auch diese externen Einflüsse so weit als möglich ausschalten, so stehen auch in den internen Verhältnissen einer klaren Einsicht noch genügend Schwierigkeiten entgegen.

Einerseits ist es sehr schwer, eine Störung auf einen bestimmten Darmabschnitt zu lokalisieren [CROCKER (a), JOHNSTON (b)] oder festzustellen, wo sie sich letzten Endes auswirkt, indem z. B. eine abnorme Magensekretion erst in den tieferen Stellen des Darmes zur Entstehung toxischer Produkte führen kann. Anderseits ist die Mitwirkung der Darmflora schwer zu überblicken, namentlich in Hinsicht darauf, ob die Mikroorganismen selber toxische Produkte bilden, ob sie sie aus der Nahrung frei machen, oder ob sie schließlich durch Reizung der Darmwand dort Resorptionsstörungen hervorrufen [siehe bei MAGNUS-ALSLEBEN (a)].

Nicht in Betracht ziehen wir hier natürlich die Auswirkung von Entozoen, wie sie schon von CASARINI (a), JACQUET (d), WERSSILOWA (a) für Askariden, von EHRMANN (a) für Tänien und in letzter Zeit wieder öfter beschrieben worden sind, z. B. für Askariden von PENTAGNA und CEDERBERG, für Oxyuren durch SCHÜTZ (a) und SCHRÖPL.

Viele Autoren beschränken sich deshalb darauf, Verdauungsstörungen im allgemeinen anzuführen und sprechen einfach von Folgen eines Magendarmkatarrhs, von Enteritiden oder Dyspepsien.

Unter den Dermatosen, welche als Folgen solcher Erscheinungen genannt werden, sind zu nennen Erytheme, Urticaria, Strophulus, QUINCKEsches Ödem, Ekzem, Pruritus, Acne, Rosacea. JADASSOHN (a), welcher die älteren Einzelangaben zusammengetragen hat, so daß ich sie hier nicht mehr besonders anführe, kommt bei der kritischen Durchsicht zum Schluß, daß die Bedeutung der Magendarmaffektionen für manche Hautkrankheiten zwar nicht zu leugnen sei — sie erscheine ihm im Gegenteil a priori und auf Grund mancher eigener und mancher in der Literatur niedergelegten Beobachtungen sehr wahrscheinlich —, aber daß unsere Kenntnisse noch enorm unvollkommen und unsere Anschauungen noch ganz hypothetisch seien.

Auch BULKLEY (b), welcher Urticaria, Acne, Ekzem, Pruritus, Psoriasis, Dermatitis seborrhoica, Herpes, Haarausfall, oder SPIEGLER-GROSZ, welche Urticaria, Pruritus, Strophulus, Acne auf gastrointestinale Störungen zurückführen, oder ULLMANN (a), welcher Juckreiz, ekzematöse lichenoide, erythematöse, urticarielle Hautveränderungen mit Darmatonien parallel verlaufen sah, können eindeutige Beweise für den Zusammenhang nicht erbringen.

Neueren Arbeiten gelingt dies ebensowenig, z. B. WHITE (a) (Ekzem, Acne, Rosacea, Pruritus, Urticaria, Seborrhöe, seborrhoisches Ekzem). SICILIA (a) (Ekzem, Prurigo, Furunculose, Acne vulgaris, Pemphigus vulgaris u. a.), GUILLIOME (Ekzem, Acne, Herpes, Furunkel, und gewisse Erytheme).

Von einzelnen Dermatosen sind etwa folgende mit gastrointestinalen Störungen im allgemeinen in Zusammenhang gebracht worden:

Erytheme: JADASSOHN (b), GARDINER, GALLOWAY (c, f); Urticaria: HUTINEL, GALLOWAY (d), LESSER (a), OCHS (b), JADASSOHN (b), SCHERBER; Strophulus: HUTINEL; QUINCKEsches Ödem: LE CALVÉ (a), WIEL, ZÜLZER; Herpes: JADASSOHN (b); Prurigo: ROBIN und LEREDDE, FINGER (b), SCHERBER; akutes Ekzem: JACQUET-JOURDANET, S. JESSNER (b), JOHNSTON (c), SIBLEY, OCHS (b), KAUDERS, BEINHAUER; Kinderekzem: s. bei FEER (a), ferner Rocaz, Fischer, Ochs (c), K. Ledermann. Hier warnen immerhin vor Überschätzung der Magendarmstörung z. B. Klingmüller (b), Hall (b, c), Feer (a) („überzeugende Beweise sind nirgends gegeben").

Bei Acne wird die Bedeutung der Darmstörungen besonders viel erwähnt, doch ist sie noch recht umstritten, wie schon Jadassohn (a) hat zeigen können. Von neueren Autoren bejahen den Zusammenhang u. a. Thibierge (a), Brocq (a), Kapp, Jadassohn (b), Sabouraud (a), Whitfield (b).

Die Diskrepanz der Meinungen erhellt wohl am besten aus folgenden beiden Zitaten:

„Les troubles digestifs, une hygiène alimentaire défectueuse, les dyspepsies gastriques, la constipation habituelle, jouent un rôle tout aussi important" [Darier (c)].

„Für die viel verbreitete Annahme, daß Störungen im Magendarmkanal für die Entstehung der Acne maßgebend seien, lassen sich bestimmte Anhaltspunkte nicht gewinnen" [Rost (a)].

Chronischer Dyspepsie wird weiterhin Bedeutung zugemessen von Ullmann (a) für die Seborrhöe; von Johnston (b), Cedercreutz, Eastwood, Barber (f) für Rosacea; von Jarisch für die Vitiligo.

Auffallend häufig glauben auch Schütz (b), v. Düring (b), Culver beim Lichen ruber planus Magendarmstörungen anzutreffen.

Eine eigenartige, aus psoriasisartigen Flecken, Ekzemplaques und lichenoiden Papeln gemischte Eruption sah Etienne plötzlich etwa $1/2$ Jahr einen Tag nach dem Aussetzen einer Diarrhöe, die etwa $1/2$ Jahr bestanden hatte, auftreten und auf Purgantien heilen.

Neben diesen in bezug auf die Darmvorgänge mehr allgemein gehaltenen Aufgaben finden sich jedoch auch solche über genauer lokalisierte Störungen als Ursache von Dermatosen.

3. Magen.

a) Sekretionsanomalien.

Ausführliche Untersuchungen über Sekretionsstörungen bei verschiedenen Dermatosen hat zuerst Spiethoff (a) mitgeteilt.

Er findet unter 11 Kindern mit Strophulus 5 mit Subacidität und 2 mit einem für ihr Alter wohl erhöhten Säuregehalt des Magens. Bei 15 Kinderekzemen 7 mal Subacidität. In 10 Fällen von Pruritus senilis 3 mal Hyper-, 3 mal starke Subacidität und bei 5 anderen Pruritusfällen 2 mal Sub-, 1 mal Hyperacidität, dabei waren sehr viele dieser Fälle mit Ekzem kompliziert. Unter 15 Ekzemfällen bei Erwachsenen fand sich 5 mal Sub-, 3 mal Hyperacidität. Von 3 Prurigofällen war einer subacid, ebenso einer von 2 Rosaceafällen. Spiethoff hat später die Magenuntersuchungen weiter fortgesetzt. Die Ergebnisse seiner zweiten (b) Mitteilung lassen sich folgendermaßen zusammenstellen:

Es finden sich Magensekretionsanomalien in

| Total-Prozent der Fälle | davon | |
	sub- oder anacid	hyperacid
bei Pruritus 70%	39%	31%
„ chron. Urticaria . . . 58%	41%	17%
„ Strophulus 82%	77%	15%
„ Ekzem 54%	30%	23%
„ Kinderekzem . . . 52%	39%	13%
„ Rosacea und Acne . 73%	42%	33%

Er glaubt, daß bei Ekzem positive Befunde häufiger sein würden, wenn man generell Ekzeme untersuchen würde und nicht nur diejenigen, welche von vornherein etwas auf interne Störungen verdächtig sind. Den Zusammenhang zwischen den Magenerscheinungen und den Hautveränderungen möchte er in der Weise deuten, daß infolge des veränderten Magenchemismus Toxinbildung verursacht werde. Soweit darauf hin untersucht wurde, ging dem Subaciditätsgrad der Indicangehalt im Urin parallel. In einer letzten Mitteilung hat Spiethoff (c) schließlich Ekzematiker, hautkranke und hautgesunde Patienten miteinander verglichen. Die Resultate sind folgende:

Vorkriegszeit:

	subacid	normal	hyperacid
Ekzematiker	55%	38%	7%
Andere Hautkranke	55%	34%	11%

Nachkriegszeit:

	subacid	normal	hyperacid
Ekzematiker	29%	47%	24%
Andere Hautaffektionen	39%	39%	21%
Hautgesunde	30,8%	52,2%	17%

Man kann nicht sagen, daß die Variationen zwischen Ekzematikern und Hautgesunden sehr große seien.

Ähnliche Befunde teilt AHLENDORF mit, der in 50 Fällen von Pruritus, Strophulus, Urticaria, Ekzem, Rosacea 20 mal Sub- resp. In- und 11 mal Peracidität erheben konnte.

WALSH findet bei Acnefällen in 40% Anacidität, häufig auch bei Urticaria und bei Ekzemen. Die Hypacidität und die Dermatose heilen oft auf HCl-Verabreichung. Daneben erwähnt er einen Ekzempatienten mit Hyperacidität, der auf reichlich Natriumbicarbonat heilte.

SAISON fand bei Ekzem, Prurigo, Lichen Vidal fast ständig Magenstörungen, besonders Buttersäuregärung. Auch unter seinen Psoriatikern waren von 28 Fällen 18 dyspeptisch.

Über Dermatosen im einzelnen finden sich weiterhin folgende Angaben:

Urticaria: RÖMHELD schreibt: „ich persönlich sah in einzelnen sehr hartnäckigen Urticariafällen, die anderweitig schon mit Serum und dem ganzen Rüstzeug der äußeren Dermatologie behandelt worden waren, durch Einwirkung auf die bestehende Anacidität mit großen Dosen Pepsin-Salzsäure und von Magenspülungen glänzende Erfolge."

Ähnlich sagt JADASSOHN (e), „dagegen scheint es mir nach den Untersuchungen SEILERs an meinem Material kaum mehr zweifelhaft, daß in vielen, besonders auch chronisch rezidivierenden Fällen von Urticaria selbst bei anscheinend gesundem Gastrointestinaltrakt Anomalien in den chemischen und motorischen Magenfunktionen eine wichtige Rolle spielen."

LIER-PORGES publizieren zwei Fälle mit fehlender freier Salzsäure, welche auf Salzsäurezufuhr rasch heilten.

PORGES (b), ebenso SINGER (a) schreiben später freilich, man dürfte diese Befunde nicht verallgemeinern, da gelegentlich die gleiche Therapie in analogen Fällen ohne erkennbaren Grund versagt habe.

Ekzem: WALLER findet in 22 von 27 Fällen eine erhebliche Hyperacidität und Hyperchlorhydrie, und setzt sie in ursächlichen Zusammenhang mit dem Ekzem.

Für die *Neurodermitis* und den mit dieser in engem Zusammenhang stehenden Pruritus und Dermographismus hat nachdrücklichst EHRMANN (b) auf die Bedeutung von Magenstörungen hingewiesen. Man muß allerdings bemerken, daß seine klinische Darstellung nicht der Neurodermitis im Sinn des Lichen simplex chronicus Vidal entspricht, sondern Veränderungen beschreibt, die man als zum Ekzem gehörig ansprechen muß. Sein Schüler URBACH (c) bezeichnet auch ganz analoge, in der Klinik EHRMANN untersuchte Fälle geradezu als Ekzem.

Nach seiner letzten Mitteilung findet EHRMANN (c) neben anderen Störungen unter 200 Fällen seiner Neurodermitis 56% der Kranken anacid oder hypacid, eine geringe Anzahl hyperacid.

URBACH (c) teilt Untersuchungen an 32 in der Abteilung EHRMANN geprüften Fälle mit (von denen ich nicht weiß, ob sie bei EHRMANN schon mitgezählt sind), in denen 10 mal freie Salzsäure gänzlich fehlte; 13 mal war sie stark, 6 mal mäßig verringert und nur in 4 Fällen normal. Er erwähnt weitere 150 Magensaftuntersuchungen bei chronischen Ekzemen, die in der überwiegenden Mehrzahl eine Hypacidität ergaben. EHRMANN führt in einer Arbeit (c) 63 Fälle an, von denen 20 anacid, 12 stark hypacid und 8 ausgesprochen hypacid waren. Auch LIER-PORGES führen eine Dermatitis mit Anacidität an, die auf Salzsäurezufuhr heilte.

Acne vulgaris: KNOWLES-DECKER finden in 10 von 25 Fällen herabgesetzte Acidität, die allerdings in keiner Beziehung zur Schwere des Prozesses stehe, doch würden die Fälle auf Salzsäurezufuhr besser.

Auch HÜBSCHMANN hatte bei einem Acnefall erst therapeutischen Erfolg, als die Hyperacidität gebessert wurde.

KETRON-KING finden von 27 mit Probefrühstück untersuchten Fällen 13 hyp-, 3 hyperacid und 11 normal.

Rosacea: RYLE-BARBER finden A- und Hypochlorydrie in 50% (7 von 13 Fällen), ebenso EASTWOOD in der Hälfte von 50, GRINTSCHAR-RACHMANOFF in 86% von 80 Fällen.

Weiter hat BROWN 50 Rosaceafälle untersucht und völlige Achlorhydrie in 7, deutliche Hypochlorhydrie in 8, geringe in 13 Fällen gefunden. Er legt deshalb den Sekretionsverhältnissen keine zu große Bedeutung bei. Zum Vergleich untersuchte er 50 verschiedene andere Dermatosen (Ekzem, Psoriasis, Prurigo, Pruritus, Dermatitis herpetiformis, Lupus erythematodes usw.) und fand bei ausgedehnteren akuten Dermatosen relativ häufig ausgesprochene Hyperchlorhydrie (Psoriasis, seborrhoische Dermatitis, Prurigo, Lupus erythematodes).

DÜMICHEN hat bei Rosacea cum Acne in 96% Störungen des Magenchemismus, hauptsächlich Subacidität festgestellt, bei Acne varioliformis in 58%.

Demgegenüber beschuldigen Hyperchlorhydrie für die Entstehung von Rosacea SABOURAUD (a, b), GIGON (b) und CROCKER (c). J. BAUER (b) warnt vor Überschätzung der Befunde.

Einen Fall einer exsudativen *Psoriasis* möchte SPIETHOFF (d) als durch Magenanacidität verursacht anzusehen.

Einen eigentümlichen chronischen pigmentierten papulösen Ausschlag bei einem Potator führt GASSMANN evtl. auf einen Magenkatarrh zurück.

b) Motilitätsstörungen.

Neben den sekretorischen Störungen sind auch die Motilitätsverhältnisse des Magens berücksichtigt worden.

Funk-Grundzach stellten bei Strophulus infantum bedeutende Magenerweiterung fest. Butte (a) fand in einer größeren Reihe von Fällen mit Ekzem, Herpes, Urticaria, Alopecia areata phonendoskopisch und perkutorisch wesentliche Magenerweiterung, welche mit der Besserung des Hautleidens sich zurückbildete. Bei Psoriasis und seborrhoischem Ekzem fand sich kein derartiges Parallelgehen.

Ehrmann (c, d) erwähnt mehrere Fälle von Magenatonie, darunter einen Knaben, bei dem jeweils mit der Atonie im 4., 9., 10. und 11. Lebensjahr das Ekzem rezidivierte.

An Ehrmanns Abteilung hat Urbach (c) eine größere Zahl der von Ehrmann Neurodermitis, von Urbach jedoch Ekzem genannten Affektion untersucht und röntgenologisch kontrolliert. Er fand 13 mal Hypersekretion, 5 mal Hyperperistaltik, 7 mal Hypermotilität, 8 mal ptotisch elongierten Magen, 5 mal Atonie, 3 mal Hypotonie und 1 mal Kaskadenmagen. Auch Ketron-King finden bei Acne in 93% ihrer Fälle röntgenologisch Magenfunktionsstörungen.

Interessant sind die Ausführungen von Lortat-Jacob (a), der weniger an Magendilatation denken möchte, als daran, daß häufig in diesen Fällen ein Magenulcus übersehen worden sei, durch dessen Erosionen unverträgliche Stoffe eindringen konnten, die sonst anders abgebaut worden wären. Er empfiehlt deshalb auf Blutungen zu achten und therapeutisch Wismut zu versuchen.

Auch nach Ravitchs (a) Erfahrung kommen bei Magen- und Duodenalgeschwüren rezidivierende Ekzeme vor.

4. Duodenum und Dünndarm.

Es sind besonders Mängel in der Absonderung der zufließenden Verdauungssekrete (Galle, Pankreassaft), welche hier beschuldigt werden.

Ehrmann hat mehrfach (b, c, d, e) auf die Bedeutung verminderter Pankreasfunktion hingewiesen, die oft mit Störungen der Magenverdauung kombiniert auftreten. Er hat durch Pankreon therapeutische Resultate erzielt.

Ähnlich weist Singer (a) auf Pankreashypocholie hin, ferner J. Bauer (b), Cheinisse und Rueda (a, b).

Störungen im Gallenzufluß hebt Ehrmann (d, e) hervor.

Bei der Unmenge von Spaltungen und Umsetzungen, welche die Nahrung gerade in diesem Darmabschnitt erleidet, ist es wahrscheinlich, daß hier der Grund für noch manche Störung liegen kann. Wir sind nur nicht in der Lage sie nachweisen zu können, und so muß einstweilen dieser Abschnitt sicher zu kurz ausfallen.

5. Dickdarm.

Mehr als die Vorgänge im Dünndarm haben die im Dickdarm Beachtung gefunden, weil das längere Verweilen des Inhalts in diesem Darmabschnitt mit den Fäulnis- und Gärungsvorgängen eher an die Bildung abnormer Produkte denken läßt. Deshalb wird auch der Obstipation besondere Bedeutung beigemessen.

Für den Pruritus führt Ehrmann (e) in 70% der Fälle Obstipation an, in 10% spastische Atonie. S. Jessner (c) weist auf die Bedeutung großer irreponibler Hernien hin, die dnrch Stagnation des Inhalts Jucken auslösen können.

Nach S. Jessner (b) kommt auch für Ekzeme der Obstipation eine Rolle zu, ebenso nach Harris. Urbach (c) erwähnt in seinen Fällen schwere Obstipation, Gärungsdyspepsie und chronische Blinddarmentzündung.

Für Urticaria, Erythema nodosum oder multiforme wird Obstipation oder mechanische Darmstenose von Ehrmann (a, b), Atonie des Kolons von Marcovici als Ursache genannt.

Staehelin beschreibt drei Fälle von Quinckeschem Ödem, die deutlich mit Obstipation parallel gingen.

Für die Neurodermitis bilden nach Ehrmann (b, c) wieder in der Mehrzahl der Fälle Dickdarmstörungen die Grundlage. Gewöhnlich handle es sich um eine Kolitis leichterer und schwerer Art, die fast immer mit Störungen der Motilität verbunden sei.

Regelmäßig sieht auch Singer (b) bei Neurodermitis eine schwere rectale Obstipation. Er betont besonders, daß die dort resorbierten Fäulnisprodukte durch direktes Eindringen in die Vena cava der entgiftenden Funktion der Leber entgehen.

Ein eigenartiges generalisiertes Erythem mit Blasenbildung leitet Ravogli von einer Kolitis ab, zwei scarlatiniforme Erytheme Gardiner von Intoxikation bei Obstipation.

Für Acne und Rosacea heben die Bedeutung der Obstipation Brocq (a), Jarisch, Bulkley (b), Thibierge (a), Sabouraud (a) hervor. Ketron-King weisen röntgenologisch in 70% der Fälle Stauungen im Darm nach.

Eine eigenartige psoriasiforme Dermatose in einwandfreiem Zusammenhang mit Obstipation beschreibt Gelinsky, ebenso Blum-Terris Blaseneruptionen.

Neben Obstipation im allgemeinen wird auch den durch ulceröse, narbenbildende, stenosierende Prozesse bedingten Einflüssen Gewicht beigelegt.

So erwähnt Ehrmann (f) ein Ekzem bei Ileocöcaltuberkulose, das nach deren operativen Beseitigung heilte und mit ihrem Rezidivieren wieder auftrat. Ähnlich konnte er (a) Erytheme durch Erweiterung von Darmstrikturen zur Abheilung bringen, ebenso ein Ekzem auf Grund einer gonorrhoischen Mastdarmstriktur, das bei deren Wiedererscheinen rezidivierte. Schließlich teilt er eine Neurodermitis factitia bei einem granulierenden Geschwür an der Grenze zwischen Flexur und Rectum mit.

Auf die Bedeutung der Typhlitis weist Porges (c) hin.

Er fand sie in einem großen Teil der Fälle von Neurodermitis, Strophulus, Urticaria und Ekzem. Die Typhlitis wird durch Obstipation bedingt und der vermehrt gebildete Schleim und die vermehrt abgesonderten Darmsekrete bilden das Substrat der Fäulnis.

Schließlich bringt Fournier Pruritus, Prurigo, Urticaria und Ekzem mit chronischer Appendicitis in Zusammenhang und Fuld spricht von einer Urticaria appendicularis, welche nach Appendektomie verschwindet (analoger Fall Blum-Terris).

6. Gastro-intestinale Autointoxikation.

Diese ist natürlich eng verknüpft mit den eben genannten Dickdarmstörungen. Die Obstipation übt ihren schädlichen Einfluß hauptsächlich wohl durch die Bildung intestinaler Toxine aus. Es können aber sicher auch solche Produkte entstehen, ohne daß klinische Erscheinungen am Darm darauf hinweisen müssen. Es muß der gastro-intestinalen Autointoxikation also doch auch ein eigener Abschnitt zugeteilt werden.

Die Annahme einer gastro-intestinalen Autointoxikation in der Genese von Dermatosen geht zurück auf Singer (c, d) und E. Freund, welche für die Entstehung des Erythema exsudativum multiforme auf Grund des Befundes reichlicher Fäulnisprodukte (Indol, Skatol, Ätherschwefelsäuren, Diamine) im Urin eine solche Darmintoxikation glaubten annehmen zu dürfen.

Die Indicanurie hat als ein auf Darmintoxikation hinweisendes Symptom längere Zeit eine Rolle gespielt, ihre Bedeutung ist jedoch sehr verschieden eingeschätzt worden und in neuerer Zeit eigentlich recht zurückgetreten, wie das z. B. aus den Ausführungen bei Schmidt-v. Noorden hervorgeht.

Gegen ihre Bedeutung für Dermatosen hat sich schon Heveroch gewendet, der bei Ekzem, Psoriasis, Pruritus, Dermatitis herpetiformis in keiner Weise ihre Vermehrung nachweisen konnte.

Lichtenstein findet in 40—50% der Fälle der verschiedensten Dermatosen Indican. Cubigsteltig kann unter Hautkranken kaum mehr Fälle mit Indicanurie finden, als unter normalen, dermatosenfreien Kontrollpatienten. Auch die neueren Untersuchungen von Krone-Mc Caw lassen keinerlei Regel erkennen.

Trotzdem glaubt Guchenjkij für Ekzeme, Erytheme, Pruritus, Urticaria und Lupus erythematodes und Acne doch der Indicanbestimmung eine Bedeutung für die Auffassung dieser Affektionen als enterogene Autointoxikationen beimessen zu dürfen.

Engmann (b) konstatierte bei Dermatitis herpetiformis regelmäßig Indican zur Zeit der Exacerbation, mißt auch sonst dem Indican Bedeutung zu (c). Kapp findet bei Acnefällen regelmäßig Indol im Urin und auch Whitfield (a) legt bei Pruritus und Urticaria auf den Indicannachweis noch einiges Gewicht.

Der Wert des Indicannachweises ist jedenfalls problematisch geworden. Die Theorie der gastro-intestinalen Autointoxikation wird aber auch davon unabhängig für eine ganze Anzahl von Dermatosen aufrecht erhalten [Crocker (c)].

Wie schon E. Freund und Singer (c) hält auch Panichi das Erythema exsudativum multiforme für intestinal bedingt.

Die Urticaria sieht besonders Wolff als weitaus am häufigsten durch Reizungen des Intestinaltractus durch chemische und toxische Irritamente erzeugt an, ähnlich nehmen Intoxikationen an Finger (a), Lassar (a, b), Ochs (b), Singer (b), Deutsch, Whitfield (a), Finkelstein-Galewsky-Halberstaedter.

Für den Strophulus durch gastro-intestinale Autointoxikation traten besonders ältere Autoren, Zappert, Josef, Blaschko, Comby (siehe bei Feer), Grosz (a) ein. Feer selbst glaubt, daß jedenfalls ein Teil der Fälle ätiologisch aufzufassen sei, als eine toxische angioneurotische Dermatose intestinaler Natur und damit gleichbedeutend mit gewissen Formen der Urticaria beim Erwachsenen.

Für Urticaria und Strophulus wird allerdings heute die Annahme einer unbestimmten Intoxikation durch die genauere Vorstellung und den Nachweis einer Nahrungsmittelidiosynkrasie wohl mehr und mehr verdrängt werden.

Für das Quinckesche Ödem betonen die gastro-intestinale Autointoxikation Staehelin, le Calvé (b), Morichau-Beauchant, Quincke.

Für Pruritus machen Jessner (c) und Whitfield die gastro-intestinale Autointoxikation verantwortlich.

Für gastro-intestinale Autointoxikation bei Prurigo treten Finger (b), Grosz (a), Lassar (a, b), Hübner, Steiner-Vörner, Singer (a) ein, gegen diese Annahme wendet sich v. Zumbusch (a).

Für das Ekzem durch gastro-intestinale Autointoxikation plädieren K. Ledermann, W. Scholtz (a), Jessner (b), Ochs (b), Calvary. Feer (a) vermißt bei Durchsicht der älteren Angaben allerdings für diese Annahme Beweise.

Für die Erythrodermia desquamativa denkt Leiner (a) an die Möglichkeit einer Intoxikation vom Darmkanal her. Ähnlich Petényi, während Eliasberg eine solche bezweifelt.

Für die Dermatitis herpetiformis macht Engmann (a, b) die gastro-intestinale Autointoxikation verantwortlich, ebenso Low (a) und für bullöse Affektionen überhaupt Johnston (a).

Bei Acne nehmen u. a. Ochs (b), Kapp, Grosz (a) eine gastro-intestinale Autointoxikation an, Grosz (a) sah günstige therapéutische Wirkungen durch Beeinflussung der Darmgärung. Ähnlich glaubt Lutz einen Einfluß gewisser Fermentpräparate (Lacteol, Lactoferment) gesehen zu haben. Die Bedeutung des Darmkanals ist aber, wie wir schon oben gesehen haben, hier noch umstritten. Eine Rosacea heilte Ruhnke durch Gelonida aluminii subacetici.

Von seltenen Affektionen bringen mit der gastro-intestinalen Autointoxikation in Zusammenhang Ehrmann (f) die Sklerodermie (negative Befunde durch Bloch-Reitmann), Arning eine Raynaudsche Gangrän, Evans manche Depigmentierungen.

Für die Bedeutung der gastro-intestinalen Autointoxikation bei Psoriasis führt Whitfield (a) zwei alte, lange ohne Erfolg anderweitig behandelte Fälle an mit reichlich Indican im Urin, die auf Darmdesinfektion durch Kreosot abheilten.

Ebenfalls sah er durch Kreosot bei einem Lupus erythematodes, der im Gegensatz zum üblichen Befund reichlich Indican aufwies, eine Abheilung und Verschwinden des Indicans. Auch Galloway (d) und Crocker (c) bringen den Erythematodes mit Darmintoxikationen in Verbindung.

Schließlich ist zu erwähnen, daß einzelne Autoren auch die Pellagra hauptsächlich auf abnorme Vorgänge im Darmkanal zurückführen.

Bekannt ist die Annahme von Neusser (b), nach welcher der verdorbene Mais an sich keine pellagrogenen Gifte, wohl aber ihre Vorstufen enthalten soll. Bei normal funktionierenden Verdauungsorganen würden diese Muttersubstanzen verdaut und ausgeschieden, lägen jedoch irgendwelche Magendarmstörungen vor, würden sie zu aktiven Giften umgestaltet.

Auch nach Giaxa wird zunächst die Darmschleimhaut teils chemisch, teils durch die Gärungs- und Fäulnisprodukte des Maises chemisch geschädigt, so daß sie keinen Schutz mehr gegen die Resorption der intestinal entstehenden Gifte bietet. Von neueren Autoren haben für die Pellagra Mils, Lowery, Bond, Jarbrough, Aveta die Darmintoxikationstheorie wieder aufgenommen.

Auf die noch ungeklärte Rolle der Darmfunktion in der Genese der Porphyrine sei ebenfalls noch hingewiesen.

Auch an den Anhangsgebilden der Haut soll sich die gastro-intestinale Autointoxikation gelegentlich bemerkbar machen.

So sind Fälle von Indicanausscheidung (Chromidrosis) durch die Schweißdrüsen beschrieben worden von Török, Crocker (b), E. Gans, Luce-Veigl, Matsubashi, Schoch.

Auch die Talgdrüsen müssen hier erwähnt werden. Sie bilden das Substrat der Acne vulgaris, und wenn sich für diese ein Zusammenhang mit der gastro-intestinalen Autointoxikation herausstellt, der allerdings, wie wir oben gesehen haben, noch verschieden hoch eingeschätzt wird, so müßte man doch annehmen, daß das resorbierte toxische Produkt durch die Talgdrüsen ausgeschieden wird und dort seine Wirkung entfaltet.

Ausgehend von der Annahme, daß sich im Dickdarm reichlicher Zersetzungsprodukte anhäufen, hat MANTLE therapeutisch Waschungen des Dickdarms empfohlen.

Er hatte anscheinend gute Erfolge bei Urticaria, Pruritus, Acne vulgaris, Rosacea und Ekzem; bei Psoriasis sah er wenigstens Besserung. Einen auffallend guten Erfolg bei einem sehr hartnäckigen Ekzem beschreibt LOW (a), bei Urticaria lobt sie HAZEN.

Einen sehr guten Einfluß auf Psoriasis sah WINFIELD von solchen Irrigationen, gleichzeitig mit oraler Verabreichung von Acidum lacticum. Er brachte durchschnittlich in 23 von 40 Fällen den Schub zur Heilung, 14 mal wenigstens zur Besserung. Bei Ekzem empfiehlt SPURGIN Darmwaschungen mit Salzlösung.

Im Sinne einer gastro-intestinalen Autointoxikation werden auch diejenigen Exantheme aufgefaßt, welche im Anschluß an aus anderer Ursache applizierte Kolonirrigationen beobachtet worden sind, indem eben durch die Spülung Toxine leichter zur Resorption gebracht worden seien [MOORHOUSE, HILL, STILL, HELLER, GALLOWAY (d), CRAWFORD].

Einzelne Autoren haben versucht, durch genauere Analyse des Stuhles einen Einblick in die Darmgärungsverhältnisse zu gewinnen.

Einerseits hat man versucht, die Bakterienflora genauer zu bestimmen. WILLOCK, LEDINGHAM, HARRIS können keine entscheidenden Befunde angeben. DANYSZ (a, b) hat auf Grund seiner Untersuchungen z. B. die Psoriasis als anaphylaktische, durch Darmbakterien bedingte Dermatose aufgefaßt und anscheinend mit gutem Erfolg mit entsprechenden Vaccinen behandelt. Auch LOW (a) denkt für Dermatitis herpetiformis und Pemphigus an die Genese durch Bakterienproteine aus dem Dickdarm her. In dieser Hinsicht berührt sich die Frage der gastro-intestinalen Autointoxikation eng mit der später anzuführenden Theorie der „focal infection".

Aus zu viel Trockensubstanz im Stuhl bei einigen Dermatosen schließt OEFELE auf zu starke Resorption und daher ungünstige Wirkung der Nahrungsmittelverwertung.

WHITE (b, c) versucht aus den Befunden von Fett und Kohlenhydraten im Stuhl deren Verwertung zu bestimmen und ändert danach je nachdem die Nahrung. Auch O'KEEFE (a) findet in etwa 20% der Fälle aller Ekzematiker im Stuhl eine Störung der Fett- und in 10% eine solche der Kohlenhydratausnützung.

Die Fäulnis- und Gärungsverhältnisse bei über 900 Patienten mit verschiedenen Dermatosen hat SCHWARTZ (b) systematisch untersucht und bei entzündlichen Hautaffektionen ziemlich häufig Störungen gefunden, eine bestimmte Schlußfolgerung läßt sich jedoch nicht daraus ziehen.

ROSENBUND-MEYERSTEIN haben bei Kindern Cutanprüfungen mit Stuhl und Urin angestellt und glauben, daß positive Resultate häufiger und stärker mit Stuhl resp. Urin von ekzematösen Kindern erhalten werden, als mit solchen von hautgesunden.

EPPINGER-GUTMANN suchten bei Urticaria im Stuhl die Menge des Histamins, dessen gefäßtonusändernde Wirkung in Betracht kommen könnte, zu bestimmen, erhielten jedoch keine Abweichung von der Norm. HARRIS konnte ähnliche Untersuchungen nicht abschließen.

Im ganzen dürfte aus der Zusammenstellung wohl hervorgehen, daß unsere Einblicke in diese Verhältnisse noch recht gering sind und daß ein größerer Teil der beigebrachten Angaben auf Vermutungen oder indirekten Schlüssen beruht.

„Leider fehlt es in der ganzen Frage der Autointoxikation noch immer an gut und vollkommen beobachteten Tatsachen in klinischer, besonders auch in chemischer Beziehung, ebenso oft fehlt es aber auch an der nötigen Kenntnis und am Verständnis des bereits sicher Feststehenden" [ULLMANN (b)].

Wenn auch nach den Versuchen von MAGNUS-ALSLEBEN (b) im Prinzip das Vorkommen toxischer Produkte im Stuhl nachgewiesen ist, so haben wir in ihre Bedeutung für Dermatosen noch nicht mehr Einblicke erhalten als schon die Ausführungen JADASSOHNs (a) und BLOCHs (b) angeben.

BLOCH (b) läßt eigentlich nur die von HYMANS V. D. BERGH-GRUTTERINK beschriebene enterogene Cyanose als einwandfreies Beispiel gelten.

Es ist in der Hauptsache immer wieder der klinische Eindruck, der uns an die Möglichkeiten einer solchen Beziehung denken läßt; wir werden in Zukunft nach Methoden suchen müssen, um sie auch wirklich zu beweisen.

7. Diätfrage.

Ein kurzes Wort darf hier vielleicht auch noch der Bedeutung der Diät bei Hautkranken gewidmet werden [N. G. Smith, Martin (a), Esch]. Sie ist besonders betont worden von Brocq (a). Auch Lassar (b) hat sich einmal darüber ausgesprochen.

Die einen, welche sich mit Diätverordnungen abgeben, beabsichtigen damit Dyspepsien oder Darmreizungen zu heilen oder die gastro-intestinale Autointoxikation zum Verschwinden zu bringen (Brocq, Legrain, Lévy-Frankel).

Die meisten aber suchen durch Verminderung der Nahrung einer Überlastung des Darmes und damit in der Hauptsache einer Überernährung entgegen zu wirken [G. H. Fox, Stelwagon, Bulkley (a, b, e, f), F. Veiel, Dardel, Hübner, Porosz, Dembo]. Bulkley (g) legt viel Gewicht auf die richtige Applikation der Milchdiät.

Diejenigen, welche einen bestimmten Nahrungsbestandteil als ursächlichen Faktor für eine Dermatose ansehen, werden natürlich dessen Reduktion anstreben, z. B. Bulkley (f) oder Brocq (f), welche bei Psoriasis eine Überlastung im Eiweißstoffwechsel annahmen.

Auf diese Möglichkeiten werden wir im Kapitel über den intermediären Stoffwechsel nochmals zurückzukommen haben. Sie zeigen uns hier nun auch wieder, wie eng Nahrungs- und Stoffwechselverhältnisse miteinander verknüpft sein können.

Seitdem wir den Einfluß der Diät auf den Verlauf der parathyreopriven Tetanie kennen (Luckhardt und Mitarbeiter) wird man den indirekten Einfluß des Nahrungsregimes immer im Auge behalten müssen.

B. Leber.

Der Leber muß in unserer Darstellung ein eigenes Kapitel eingeräumt werden, da ihr als einem Hauptregulationsorgan des Stoffwechsels besonders vielerlei Funktionen zukommen.

Im vorhergehenden Kapitel haben wir bereits erwähnt, daß Störungen in der exkretorischen Funktion der Leber in der Gallenabsonderung durch Beeinflussung der Verdauung eine Bedeutung für Dermatosenentstehung vom Magendarmkanal her haben können.

In diesem Kapitel wären dagegen hauptsächlich die internen Stoffwechselvorgänge der Leber zu berücksichtigen, und zwar einmal diejenigen, welche als entgiftende Funktionen der Leber gegen aus dem Darm eindringende toxische Stoffe anzusehen sind (Wegele) und anderseits diejenigen, welche mit den Funktionen zusammenhängen, welche die Leber in der Regulierung des normalen Stoffwechsels und bei ihrer Mitarbeit im Auf- und Abbau seiner Produkte ausübt. Beide Funktionen zeigen — namentlich wenn wir bedenken, wie wenig wir über die Variationen im Angebot vom Darm her orientiert sind — wieder besonders deutlich, wie schwer die Abgrenzung von Störungen auf ein einzelnes Organ durchzuführen ist. Anderseits müssen wir auch wieder erkennen, wie gering unser Einblick in die in der Leber sich abspielenden Vorgänge überhaupt noch ist [Magnus-Alsleben (c), Laqueur, Fischler, Chauffard], wenn auch durch die Arbeiten von Mann-Magath in jüngster Zeit vieles klarer geworden und manches noch zu erhoffen ist (Mann-Magath, Rosenthal, Staub).

So ist auch ein Einblick in den Zusammenhang zwischen gestörter Leberfunktion und Dermatosenentstehung ein recht spärlicher und aus diesem Grunde wohl überhaupt in der Literatur wenig berücksichtigt.

Am bekanntesten ist der den Ikterus nicht selten begleitende Pruritus. Außer diesem werden als Begleiterscheinungen von Ikterus angegeben bei Jadassohn (a) Urticaria,

Erythema exsudativum multiforme, Erytheme, Herpes zoster, bei K. Ledermann erythematöse, roseolaähnliche und urticarielle Exantheme.

Als eine Folge mangelhafter Leberfunktionen auch ohne Ikterus erwähnen Bulkley (b, e, h): Ekzem, Urticaria und Pigmentierungen der Haut, Crocker (a): Analpruritus, Arnoldi-Warnekros: Vulvapruritus, Macleod (a): toxische Erytheme und Purpura.

Mit Lebercirrhose werden in Verbindung gebracht Urticaria und Erytheme bei Jadassohn (a), Urticaria und Purpura bei Dore, Erythema exsudativum multiforme (f), Urticaria (f), Purpura (a) und Lupus erythematodes (b, f) von Galloway, multiple Blutungen durch Bloch (b).

Auf die Bedeutung der Leberfunktion, d. h. der Cholämie für Urticaria und besonders Prurigo weisen Besnier (b) und Gilbert-Lereboullet hin.

In neueren Untersuchungen ist Brack (a, b, c) dazu gelangt, der Leber eine Rolle bei der Genese der Prurigo zuzuschreiben, aber wahrscheinlich nicht auf dem Wege des Stoffwechsels, sondern auf nervös-reflektorischem Weg.

Rosenblom-Cameron bestimmten bei einer chronischen Urticaria eine deutliche N-Retention und möchten aus dieser auf eine Funktionsstörung der Leber schließen.

Larat-Siebenmann finden unter 13 Ekzematikern bei 9 ausgesprochene Urobilinurie, bei 9 Übermaß an Urobilinogen, bei 5 Vermehrung des Indicans, die alle mit der Heilung verschwanden. Sie betrachten diese Stoffe nicht als direkte Ursache des Ekzems, sondern als Indicatoren einer Leberstörung, durch welche auch die noch unbekannten schädigenden Stoffe erzeugt werden. Auch Falchi (b) konstatiert in 40% seiner 96 Ekzem kranken Leberfunktionsstörungen. Urticaria bringt Schur (a) mit Cholelithiasis, Menagh mit Infektionen der Gallenwege in Zusammenhang.

Eine Störung der entgiftenden Funktion der Leber gegen Darmtoxine nimmt Singer (b) an bei der Entstehung der Neurodermatosen, ebenso Lortat-Jacob (b) beim Ekzem, auch Towle und Galloway (f) verweisen auf diesen Defekt.

Den internen Leberstoffwechsel glaubt Glaessner (a) beeinflussen zu können. Bei Darreichung von 5 mal täglich 1 g Glykokoll an Leberkranke, welche an Hautjucken litten, verschwand dieses lästige Symptom. Dasselbe wurde erreicht bei urticariellen Affektionen, weniger bei Ekzem und Psoriasis. Glaessner (a) denkt sich, daß das Glykokoll an Säuren unbekannter Natur sich paart und diese dadurch wieder neutralisiert (vielleicht vermehrtes NH_3-Angebot).

Ravaut-Bith-Ducourtioux fassen den Erfolg einer Insulintherapie an Psoriatikern als Effekt einer Beeinflussung gestörter Leberfunktionen auf (6 von 10 ihrer Patienten zeigten alle Hypercholesterinämie, zwei davon Glykämie; im Urin aller reichlich Urobilin). Bei 4 von diesen verschwand die Psoriasis nach 3, 6 und 8 Wochen, 2 rezidivierten gleich nach Aussetzen der Injektionen, ein Fall wurde gebessert, einer blieb unbeeinflußt. Die 4 anderen der 10 Patienten, ohne Lebersymptome, waren gänzlich refraktär.

Erinnert sei noch an das Xanthom bei Leberaffektionen [ältere Literatur gesichtet bei Jadassohn (a)]. Es wäre denkbar, daß wir bei erneuten Untersuchungen vielleicht in den Cholesterinstoffwechsel in der Leber etwas Einblick erhalten könnten.

Es ist somit nicht viel, was sich über Leberstörungen und unspezifische Dermatosen zusammentragen läßt. Es ist aber kein Zweifel, daß neben den Aufspaltungs- und Resorptionsvorgängen im Dünndarm der Leber die größte Bedeutung in der Verwertung der Nahrung zukommt und daß wir hier mit wachsender Erkenntnis der Funktionen noch manchen Aufschluß über die Genese von Dermatosen erhalten können.

C. Intermediärer Stoffwechsel.

1. Einleitung.

Wir haben bereits im allgemeinen Teil darauf hingewiesen, welche große Bedeutung, besonders nach moderner Betrachtungsweise dem intermediären Stoffwechsel in bezug auf quantitative Verschiebungen seiner Produkte zukommen kann. In beiden vorangehenden Kapiteln haben wir auch bereits betonen müssen, wie weitgehend die sich in ihm abspielenden Auf- und Umbauten der einzelnen Bestandteile von der Funktion der verschiedenen inneren Organe und von der Nahrungszufuhr abhängen und mußten sagen, daß wir leider über die Abgrenzung der einzelnen Vorgänge auf die verschiedenen mitwirkenden Organe noch recht wenig Klarheit haben.

In den letzten Jahren sind zahlreiche Untersuchungen über die quantitativen Verhältnisse einzelner Bestandteile des Stoffwechsels bei Dermatosen ausgeführt und abnorme Befunde als Ursache der Hauterkrankung angesehen worden. Sie sind aber meist noch sehr ungleichmäßig und gestatten in keiner Weise irgendwie allgemeine Schlußfolgerungen über die Bedeutung einzelner Stoffe für die Genese von Dermatosen überhaupt.

Da sich zugleich aus den im Blut festgestellten Verschiebungen meist nichts weiteres über die ihnen zugrunde liegenden einzelnen Organstörungen ableiten läßt, können wir uns in der Darstellung noch weniger als bei der Besprechung des Magendarmkanals an die einzelnen Organe halten, sondern wir müssen uns vorerst damit begnügen, die einzelnen Stoffwechselprodukte der Reihe nach anzuführen.

2. Die großen Stoffwechselkrankheiten.

Bevor wir jedoch auf die einzelnen Stoffe eingehen, dürfte es zweckmäßig sein, die sog. großen Stoffwechselkrankheiten und die mit ihnen in Zusammenhang gebrachten Dermatosen vorweg zu besprechen.

Streng genommen sollte man ja die einzelnen Störungen auf bestimmte Produkte dieser großen Stoffwechselkrankheiten zurückführen und sie deshalb bei diesen unterbringen können. Dies ist jedoch vorerst nicht möglich, indem z. B. durchaus noch nicht klar steht, welchem der Stoffwechselprodukte beim Diabetes die die Dermatose erzeugende Bedeutung zukommt. Zudem werden die großen Stoffwechselanomalien, besonders in den älteren Arbeiten doch immer als klinische Einheit berücksichtigt und eine Auflösung würde wohl eine übersichtliche Darstellung verunmöglichen.

Es sind gerade die großen Stoffwechselkrankheiten, bei denen man von jeher gehofft hat, am ehesten einen Einblick in die Zusammenhänge zwischen Stoffwechsel und Hautkrankheiten zu gewinnen, da hier wenigstens die eine Seite, die Stoffwechselstörung, doch mehr oder weniger genau bekannt war.

„Die Beobachtung, daß zwischen zahlreichen Hautkrankheiten und gewissen allgemein als solche anerkannten Stoffwechselanomalien — ich nenne hier nur Diabetes und Gicht — tatsächlich kausale Beziehungen bestehen, ist schon den Begründern der Dermatologie nicht verborgen geblieben und seither bestätigt worden" [Bloch (b)].

Leider hat sich die Hoffnung, spezifische Dermatosen aufzudecken, nur in ganz minimalem Grade erfüllt.

Eigentlich bleibt als solche nur der Harnsäuretophus übrig, da das Xanthom nicht mehr als für den Diabetes spezifisch angesehen werden kann.

Für unspezifische Dermatosen haben wir im allgemeinen Teil bereits mehrfach die Bedeutung der großen Stoffwechselkrankheiten erwähnt und auch über die Art und Weise, wie sie zur Entstehung von solchen beitragen können, gesprochen. Wir sind dabei nicht viel über Vermutungen herausgekommen und es ist wohl auch dieser Einsicht zuzuschreiben, wenn im allgemeinen Mitteilungen über die genannten Zusammenhänge im letzten Jahrzehnt recht spärlich geworden sind.

Was über unspezifische Dermatosen mitgeteilt worden ist, läßt sich unter den einzelnen Stoffwechselanomalien folgendermaßen zusammenstellen.

a) Fettsucht.

Die hier beobachteten Dermatosen können wir im ganzen kurz erledigen.

Gewöhnlich handelt es sich überhaupt nur um sekundär zustande gekommene Hauterscheinungen, speziell intertriginöser und pyodermatischer Natur, welche einmal durch das Reiben der Hautwülste aneinander und durch die in den Falten durch Feuchtigkeitsansammlung erzeugte Maceration der Haut hervorgerufen werden.

Falls es sich um echte Dermatosen handelt, z. B. Ekzem oder Psoriasis, so werden wir zwei Arten der Fettsucht nach Möglichkeit auseinander halten müssen.

Einerseits kann es sich um eine endogene, also wie wir heute annehmen müssen, durch hormonale Störungen bedingte Fettsucht handeln, und wir werden uns dann fragen müssen, ob nicht auch die Dermatose letzten Endes vom innersekretorischen Organ abhängig ist. Deshalb sei hierfür auf den Artikel der inneren Sekretion verwiesen.

Anderseits kann es sich bei diesen vermehrten Fettansätzen auch um eine relative Überfütterung (Änderung der spezifisch-dynamischen Wirkung) handeln, wie wir dies z. B. aus den Angaben von F. Veiel bei Psoriatikern oder beim Kinderekzem weiter oben gesehen haben. Hier fällt dann die Genese der Dermatose im allgemeinen mit den Problemen zusammen, die wir bereits bei der Überernährung erwähnt haben und weiter unten auch streifen werden, wenn Autoren für einzelne Dermatosen die Überladung mit einem bestimmten Nahrungsprodukt als Ursache annehmen wollen.

Die Adipositas dolorosa dürfte hauptsächlich auf einer besonders lokalisierten Disposition des Hautfettgewebes beruhen und weniger mit Stoffwechseleinflüssen im Zusammenhang stehen, wie sie hier zu besprechen sind.

b) Diabetes mellitus.

Hier dürften zunächst die recht oft beobachteten an den Genitalien selbst lokalisierten Dermatitiden von unserem eigentlichen Thema abgesondert werden.

Diese entstehen eben doch nicht auf dem Wege, daß das Hautterrain von innen her besonders zur Erkrankung geneigt gemacht wird, sondern in der Hauptsache auf die Weise, daß durch Benetzung dieser Hautpartien mit dem zuckerhaltigen Urin leichter Macerationen und chemische Reizungen der Haut zustande kommen und ferner eine sekundäre Wucherung von Bakterien mit verstärkter Auswirkung ihrer toxischen Produkte begünstigt wird.

Diese Art Dermatitiden ist deshalb eigentlich eher als eine externe Komplikation anzusehen.

Demgegenüber sind mit der internen Stoffwechselveränderung alle diejenigen Erscheinungen in Verbindung zu bringen, welche an anderen Stellen der Hautdecke sich bemerkbar machen.

Die Haut des Diabetikers wird im allgemeinen als trocken geschildert, häufig mit stärkerer Neigung zu Schuppenbildung.

Als besonders oft beobachtete Folge des Diabetes wird Pruritus angegeben [Spiegler-Grosz, S. Jessner (c), Lesser (a), Neisser, Bunch u. a.].

Weiterhin seien die Pyodermien als eine recht häufige Begleiterscheinung erwähnt. Welcher Umstand ihr Auftreten erleichtert, ist allerdings noch nicht klargestellt. Nach den einen ist es der Zuckergehalt des Gewebes [vgl. Urbach-Silcher (a, b)], nach anderen die (nicht erwiesene) erhöhte Acidität der Körpersäfte (Brunner, Weidenfeld). Interessant sind die Infektionen mit Hefe, wie sie zuerst Ehrmann (g) beschrieben hat, indem er die Erreger nur auf diabetischer Haut eine Dermatose erzeugen sah, während sie auf normaler Haut nicht zum Angehen zu bringen waren.

Die eigentlichen Dermatosen finden sich recht ausführlich zusammengestellt bei Jadassohn (a) und Bloch (b). Ich führe deshalb nicht alle wieder an, sondern erwähne nur einzelne. Eine neuere Zusammenstellung von bei 500 Diabetikern konstatierten Hautveränderungen gibt Greenwood.

Für das Ekzem behaupten u. a. Ehrmann (g), R. L. Sutton (a), Barthélemy, daß dem beim Diabetes vorkommenden eine klinische Spezifität zuzuerkennen sei, doch wird diese Annahme kaum mehr anerkannt, z. B. von Riecke (a), der aber beifügt, „es ist nicht in Abrede zu stellen, daß diese Ekzemformen sich sehr hartnäckig erweisen, wie ich nach eigener Erfahrung bestätigen kann, besonders wenn es nicht gelingt, diätetisch den Zuckergehalt auf ein Minimum herabzudrücken".

Aschenheim stellte bei lymphatischen Kindern, insbesondere solchen mit Ekzem eine Herabsetzung der Assimilationsgrenze für Kohlenhydrate fest. Schon bei gewöhnlicher Nahrung schieden 80—85% von ihnen zeitweise Zucker aus. Sogar bei kohlenhydratarmer Kost kam es unter Umständen zur Ausscheidung, oft wenn nur wenig mehr als 1 g pro Kilogramm Körpergewicht verabfolgt wurde.

Interessant ist die Beobachtung von Waelsch (a), der in der gesamten Nachkommenschaft eines diabetischen Ehepaars eine hochgradige Hautüberempfindlichkeit (Ekzem und Urticaria) feststellen konnte, ohne daß Nachweis von Zucker möglich war. Seborrhoische Dermatitis bei zu kräftigen Patienten in mittlerem Alter bringt Galloway (a) mit Diabetes in Beziehung, weil sie auf Diät zurückgeht.

Psoriasis wird mit dem Diabetes besonders von Nagelschmidt (a, b) in Zusammenhang gebracht, doch können dem andere wie Pick (a), Burgener [nach Bloch (b)], Foster nicht beistimmen. Lortat-Jakob (c) zählt einige Psoriatiker auf, welche in der Ascendenz Diabetiker besitzen. Er hat solche deshalb mit Insulin behandelt und in zwei Fällen wesentliche Besserung gesehen, drei blieben unbeeinflußt.

Das Zusammentreffen von Lichen ruber mit Diabetes wird von Saalfeld, E. Hoffmann (c) und Schütz (b) eher als eine zufällige Kombination angesehen.

Pathogenetisch faßt Unna (d) die Entstehung der diabetischen Gangrän in dem ziemlich unwahrscheinlichen Sinn auf, daß bei dem hohen Zuckergehalt dem Gewebe der notwendige Sauerstoff durch Reduktion durch Zucker in alkalischer Lösung entzogen werde.

Aus neuerer Zeit stammt von Koch (a) die Mitteilung eines makulösen Exanthems bei diabetischen Kindern aus ovalen stecknadelkopf- bis bohnengroßen, bläulich-lividen Flecken oft mit zentral gelegenem rotem Pünktchen. Da das Exanthem hauptsächlich im komatösen Stadium auftritt, ist es vielleicht auf die Gefäßschädigung durch die allgemeine Vergiftung zurückzuführen. Ein gleiches Exanthem beschreibt Bihlmeyer (a) bei einem komatösen 6jährigen Kinde mit Diabetes. Beide Autoren (b) wenden sich gegen die Behauptung von Prym, welcher die Flecken als Flohstiche ansehen möchte. Ein Erythem bei Diabetes demonstrierte Hertzka, doch ist keine nähere Beschreibung im Protokoll angegeben.

Zwei Fälle von papulo-nekrotischem Exanthem an den Beinen zweier etwa 60jähriger Frauen mit rascher Heilung auf antidiabetische Therapie veröffentlichte Tommasi, einen analogen Fall neuerdings Meineri.

Mayr (b) beschreibt ein eigenartiges psoriasiformes pustulöses Exanthem bei einem Diabetiker, welches er als Folge hämatogener Staphylokokkenaussaat ansehen möchte.

Eine ausgedehnte Dermatitis beschreiben schließlich Davis-Calhoun. Diese Beobachtungen haben wir bereits früher erwähnt als wichtig für die Auffassung der Genese der diabetischen Dermatitis, indem sich aus der recht rasch nach Insulintherapie einsetzenden Besserung vielleicht schließen läßt, daß die Dermatose unmittelbar durch Stoffwechselbeeinflussung ausgelöst worden sein konnte. Ähnlich ein Ekzemfall von Narducci. Solche Beobachtungen ermöglichen uns vielleicht doch noch weitere Einblicke.

c) Diabetes insipidus.

In drei Fällen von Diabetes insipidus sah Brayton Trockenheit der Haut, verminderte oder aufgehobene Schweißsekretion und einen allgemeinen milden, bei Nacht etwas stärkeren Pruritus.

d) Gicht.

„Kaum bei einer Stoffwechselanomalie ist ihre Bedeutung für die Haut mehr besprochen worden und kaum bei einer sind die Grundlagen für die Statuierung eines Zusammenhangs dürftiger und unsicherer" [Jadassohn (a)].

Auch Crocker (b), R. L. Sutton (a) und Macleod (a) betonen, daß zwar der Gicht eine Bedeutung als ätiologischem Faktor zukommen könne, daß diese aber weit übertrieben worden sei.

Es ist eben, wie Jadassohn (a) und Bloch (b) hervorheben, außerordentlich schwer, das abzugrenzen, was zum Begriff der Gicht gehört.

„Der Streit um den Zusammenhang von Gicht und Dermatosen ist auch ganz begreiflich, wenn man bedenkt, wie unsicher und schwankend der klinische und pathologisch-chemische Begriff der Gicht ist. Dazu kommt, daß der arthritischen oder uratischen Diathese, die ja die Gicht in sich faßt, eine ganze Anzahl von pathologischen Prozessen zugerechnet wird, die, soviel wir bis jetzt wissen, mit der eigentlichen gichtischen Stoffwechselanomalie nichts zu tun haben" [Bloch (b)].

Nach Lichtwitz sind Tophi, hohe Blutharnsäure, geringe Harnsäurekonzentration im Harn, Gelenkerkrankungen die klassischen Kriterien der Gichtdiagnose.

Nach Brugsch charakterisiert sich die Anomalie des Stoffwechsels des Gichtikers in erhöhtem endogenem Harnsäuregehalt des Blutes, in meist niedrigen oder unternormalen endogenen Harnsäurewerten des Urins und in einer Störung des exogenen Harnsäurestoffwechsels, bestehend in verminderter oder verschleppter Harnsäureausscheidung.

Natürlich ist es unmöglich, alle älteren Arbeiten daraufhin zu prüfen, wie weit sie nun wirklich der Gicht zuzurechnen sind. Es wird auch für das Endergebnis keine sehr große Bedeutung haben. Soweit jedoch Dermatosen speziell nur auf Harnsäureveränderungen untersucht worden sind, werden sie nicht hier, sondern erst weiter unten angeführt werden.

Die älteren bei Gicht beobachteten Hauterscheinungen sind bei Jadassohn (a) ausführlich zusammengestellt und kritisch besprochen, später von Bloch (b) noch ergänzt worden. Sowohl Jadassohn wie Bloch sehen als einzige sichere gichtische Diagnose den Harnsäuretophus an, als möglicherweise spezifisch werden dazu die von Pospelow, Hutchinson und Eddowes [siehe bei Jadassohn (a)] als solche publizierten Beobachtungen genannt.

Von unspezifischen Dermatosen wird als besonders häufig mit der Gicht wohl unbestritten im Zusammenhang der Pruritus erwähnt [SPIEGLER-GROSZ, LESSER (a), S. JESSNER (c), BUNCH, GALLOWAY (e)].

Fraglicher ist der Zusammenhang des Ekzems mit der Gicht. GARROD und BULKLEY (a, b) sind sehr intensiv dafür eingetreten, ferner haben LANG, WAELSCH (a), EHRMANN (g), SPIEGLER-GROSZ und neuerdings wieder KROMAYER (b) geglaubt, aus speziellen Kennzeichen in Lokalisation und Verlauf ein gichtisches Ekzem klinisch abgrenzen zu können.

Demgegenüber kommt JADASSOHN (a) zum Schluß, „daß es ganz unbewiesen sei, daß Ekzeme als in eigentlichem Sinne gichtische Krankheiten vorkommen". Auch KLINGMÜLLER (b) kann nach seinen Erfahrungen nicht zugeben, daß bei Gicht (und Diabetes) besonders leicht Ekzeme auftreten, da er bei Gichtikern kaum je Ekzem gesehen habe. S. JESSNER (b), v. ZUMBUSCH (a), RIECKE (a) verhalten sich gleichfalls ablehnend. Letzterer gibt zu, daß die Gicht wohl das Verhältnis zwischen Hautwiderstand und exogenen Ekzemursachen ändern und so wesentlichen Anteil an der Ätiologie mancher Ekzeme gewinnen mag. ARNDT (a) demonstrierte einen Mann mit den typischen Veränderungen der Gicht und einem trockenen, schuppenden Ekzem, welches beim letzten Gichtanfall stärker hervorgetreten sei.

Für den Zusammenhang wird etwa der Erfolg — die Heilung des Ekzems — einer gegen die Gicht gerichteten internen Therapie verwertet.

„Ekzeme bei Personen mit ausgesprochener Gicht oder gichtischer Veranlagung verlangen zur Heilung fast stets eine äußere Behandlung, wenn auch nicht zu verkennen ist, daß eine erfolgreiche Bekämpfung der Gicht besonders durch Atophanbehandlung die Heilung des Ekzems oft sehr erleichtert, ja bisweilen erst nach Beseitigung der „gichtischen Diathese" in dem Verhalten des Ekzems ein deutlicher Umschwung zur Besserung eintritt und Rückfälle nunmehr ausbleiben" [W. SCHOLTZ (b)].

„So sahen wir solche Affektionen, die Jahre hindurch jeder lokalen Therapie getrotzt hatten, bei vegetarischer Diät und Darreichung von alkalischen Wässern, in wenigen Wochen schwinden" (SPIEGLER-GROSZ). Auch WAELSCH (a) sah 5 Fälle erst auf strenge Diät heilen.

Ein hartnäckiges, seit 26 Jahren andauerndes Ekzem bei einem Patienten, der daneben an heftigen Gichtanfällen litt, heilte nach FOUCAULT bei milder äußerer Therapie unter Colchicumbehandlung der Gicht.

KERN fand bei 6 Ekzemkindern im Gegensatz zu 4 Kontrollkindern in der überwiegenden Mehrzahl der Fälle bei Purinkost eine verschleppte Ausfuhr der im Urin ausgeschiedenen Harnsäure, die sich in ihrer Art kaum von der des Gichtikers unterschied. Die Ausfuhr der Harnsäure ließ sich durch Atophan vermehren. Auch UFFENHEIMER konstatierte bei einem Ekzemkind eine verschleppte Harnsäureausscheidung, ähnlich der des Gichtikers. Eine ähnliche verzögerte Elimination der exogenen Harnsäure fand LINDBERG bei einem jungen Mann, der seit vier Jahren an periodischer Urticaria mit flüchtigen Ödemen gelitten hatte, auch hier ließ sich durch Atophan die Harnsäureausfuhr steigern.

Da die Ausscheidungsverhältnisse der Harnsäure sehr kompliziert sind, läßt sich jedoch aus solchen Einzelbefunden nichts Schlüssiges ableiten.

Nach LESSER (b) gibt es bei Gicht Urticariaeruptionen, „die sich von den gewöhnlichen unterscheiden einmal durch die Chronizität der einzelnen Efflorescenz und dann durch das sehr starke Jucken".

Angioneurotische Ödeme bringt HIS (c) mit Gicht in Zusammenhang.

Weiterhin sind sehr interessant die Mitteilungen von LINDEMANN. Diesem gelang es, in einem Fall typischer und in einem Fall sehr wahrscheinlich echter Gicht, bei denen zeitweilig eine Eruption von Erythema nodosum auftrat, anläßlich eines Purinstoffwechselversuches mit Fütterung von 10 g hefenucleinsaurem Natrium, resp. 245 g Thymus, einen zwei Tage nach der Einnahme einsetzenden Ausbruch schmerzhafter, blauroter, typischer Erythema-nodosum-Knoten an der Haut beider Unterschenkel und Vorderarme experimentell zu provozieren. Ein Fall typischer Gicht zeigte ferner wiederholtes Auftreten ödematöser Hautanschwellungen vom Typus des QUINCKEschen Ödems und Purpura haemorrhagica am rechten Bein und an beiden Unterarmen. Beide Hauterscheinungen seien unter lang durchgeführter purinfreier Diät seit einem Jahre nicht mehr aufgetreten. Weiter fand sich in einem Fall von Psoriasis eine Depression der endogenen Harnsäurekurve und eine verminderte und stark verschleppte Ausscheidung der exogenen Harnsäure. Mit dem ersten Tage purinfreier Ernährung nach vorheriger vergeblicher lang dauernder Salbenbehandlung begann eine äußerst schnelle Rückbildung der Psoriasiseffloreszenzen. Nach 22 Tagen waren sie völlig abgeheilt.

Eine eigentümliche Reizung mit Hitzegefühl und Brennen an den Fingern zugleich mit starker Veränderung (Furchenbildung) der Nägel bringt GUDZENT (b) mit Gicht in Zusammenhang.

Ähnlich scheint die Beobachtung von SCHOENSTEIN zu sein, eine gichtische 70 jährige Frau mit juckenden und schmerzenden, blauroten oder bläulichrosafarbenen Herden mit gelblichen Borken.

Eigenartige Anschwellung der Ohren einmal mit Ödem der Wangen und Augenlider und Ekzem veröffentlicht Vignolo-Lutati.

Der Zusammenhang von Psoriasis und Gicht ist noch recht fraglich.

Dafür tritt ein Bulkley (b) wegen oft überraschend guter Erfolge einer antigichtischen Therapie. Ebstein (a) äußert sich „ich habe mich je länger, je mehr davon überzeugt, daß sich ein bloß zufälliges Zusammentreffen von Psoriasis und Gicht nicht wohl rechtfertigen läßt. Besonders schien es mir mehrfach zum mindesten sehr auffällig, daß oft mit der Steigerung der gichtischen Beschwerden der Ausschlag sich verschlimmerte und frische Eruptionen von Psoriasisplaques erfolgten".

Nicht überzeugt von einem Zusammenhang sind Jadassohn (a), Bloch (b), v. Zumbusch (a, b), Pinkus (d). Schamberg (a) lehnt ihn auf Grund seiner Blutharnsäurebestimmungen aufs bestimmteste ab.

Auf die Kombination von Psoriasis und Arthropathien, welche gelegentlich für einen Zusammenhang mit Gicht verwertet worden sind, werden wir sogleich gesondert zu sprechen kommen.

e) Endogene Arthropathien.

Die Arthropathien haben in gewisser Hinsicht dieselbe Aufmerksamkeit auf sich gelenkt wie die Haut. Auch bei ihnen werden ätiologisch neben der lange Zeit vorherrschenden Annahme von Infektionen jetzt Stoffwechselstörungen mehr betont.

Für bestimmte Formen der chronischen Arthropathien (primäre) hat schon His (d) angenommen, es sei durchaus wahrscheinlich, daß einige Formen der nicht gichtischen Arthropathie auf einer diathetischen Grundlage beruhen.

Diese Arthritiden führt Umber (e) als Osteoarthropathia deformans in einer besonderen Gruppe auf, wobei die chondrotrope Noxe, welche zu der primären Knorpelschädigung führt, endogen sein kann, z. B. ein Stoffwechselgift wie Homogentisinsäure, Harnsäure, Blei und sicher noch weiter bisher unbekannte.

Ebenso führt Rhonheimer Stoffwechselstörungen als ätiologische Möglichkeit an.

Es darf also, besonders in Analogie zu den Arthropathien bei Alkaptonurie, schon angenommen werden, daß gewissen chronischen Gelenkerkrankungen eine Stoffwechselstörung zugrunde liegen kann. Wenn daher eine ungeklärte Hautaffektion öfters mit einer Arthropathie vergesellschaftet zur Beobachtung kommt, drängt sich natürlich die Annahme einer gemeinsamen Stoffwechselursache besonders auf.

Die Frage ist wichtig für die Auffassung der Psoriasis arthropathica.

Die Kombination von Gelenkerkrankungen und Psoriasis ist nicht so selten beobachtet und erstmals von Adrian in dem Sinne bearbeitet worden, daß es sich nicht um ein zufälliges Zusammentreffen handle, sondern daß die beiden Erscheinungen auf einer gewissen gemeinsamen Grundlage beruhen möchten. Diese Ansicht wird heute wohl allgemein geteilt [Jadassohn (i), Bulkley (a), Pinkus (d), v. Zumbusch (b), Waelsch (b), Nobl (b), Morgenstern, A. Falk, Zellner]. Wahrscheinlich sind auch die Beobachtungen von Sicilia (b) hierher zu rechnen.

Über die Art des zugrunde liegenden Prozesses besteht freilich noch keine Einstimmigkeit.

Waelsch (b) und Nobl (b) halten ein infektiöses Moment für wahrscheinlich. Adrian möchte für ganz vereinzelte Beobachtungen an eine Trophoneurose denken. Beziehungen zur Gicht lehnt er für die Arthropathie wie auch für die Psoriasis unbedingt ab. Bergmann möchte für ihre beiden Patienten, die an schwerer Tuberkulose zugrunde gingen, an eine toxisch tuberkulöse Arthropathie im Sinne von Poncet denken. Am weitesten faßt A. Falk die ätiologischen Möglichkeiten, indem nach ihm unter den Fällen der Literatur sowohl typische Bilder der primären chronischen progressiven Polyarthritis, wie des sekundären chronischen Gelenkrheumatismus, wie auch schließlich echter Gicht sich finden.

Lojander (a, b) stellt die Bedeutung der Arthropathien in den Vordergrund und glaubt, daß diesen verschiedene Ursachen zugrunde liegen können.

Abheilung der Arthropathie wie der Psoriasis sah Bär in 4 Fällen durch glykuronsaures Calcium (Sandoz).

Die ätiologische Grundlage der beiden Erscheinungen ist somit noch durchaus ungeklärt, wir müssen aber für unser Thema doch auf die Möglichkeit einer ihnen gemeinsam zugrunde liegenden Stoffwechselstörung hinweisen und abwarten, ob sich eine, vielleicht auch verschiedene solche mit der Zeit genauer

werden präzisieren lassen. Dann wird dieser zunächst nur klinisch gerecht-
fertigte Abschnitt sich auch in der zugrunde liegenden ätiologischen Einteilung
bei bestimmten Stoffwechselvorgängen unterbringen lassen.

Von Interesse ist in dieser Hinsicht auch eine Beobachtung von Mac Leod (c), bei dessen
40 jähr. Patienten im 20. Lebensjahr gleichzeitig mit gelben Flecken am Nacken leichtes
Unbehagen und Schmerzen in Handgelenken und Knien aufgetreten waren und sich mit
der Ausbreitung der Eruption des Xanthoms allmählich verstärkt hatten. Radiographisch
weisen die Knochen der geschwollenen und deformierten Gelenke Erosionen und Unregelmäßigkeiten auf.

f) Bence-Jonessche Krankheit.

Bei dieser Affektion hat Bloch (e) ein eigenartiges, ziemlich reichlich über
den Stamm zerstreutes, auch an Oberschenkeln und Oberarmen ausgebreitetes
Exanthem aus Flecken, Knötchen, krustösen und squamösen Papeln beschrieben.
Zugleich bestanden an den Unterschenkeln Veränderungen von ekzemartigem
Charakter.

Mikroskopisch fand sich eine eigenartige granulöse Degeneration des elastischen Gewebes, dessen Fasern die Tinktionsfähigkeit verlieren und in eine Menge glänzender gelb-
licher Knötchen zerfallen. Nach einer späteren Untersuchung von Glaus werden diese
dann von Bindegewebszellen phagocytiert.

3. Die einzelnen Elemente des Stoffwechsels.

Neben den erstgenannten Bemühungen, bei den eigentlichen Stoffwechselanomalien einen bestimmten Einfluß auf die Genese von Dermatosen festzustellen, stehen diejenigen, welche dem Verhalten einzelner Elemente des intermediären Stoffwechsels nachgehen und versuchen, daraus einen Einblick in
deren Bedeutung für die Entstehung von Dermatosen zu erhalten.

a) Allgemeine Untersuchungen.

Die älteren Autoren haben in dieser Absicht sich besonders mit mehr oder
weniger ausgedehnten Untersuchungen der Urinausscheidung und -zusammen-
setzung beschäftigt.

Der Hauptvertreter dieser Richtung ist Bulkley. Nachdem er 1900 (i) aus 2000 Analysen bei 569 Personen noch keine eindeutigen Resultate erhalten hatte und auch am Kongreß 1904 (a) zwar der Überzeugung Ausdruck gab, daß durch die Urinuntersuchung Stoffwechselstörungen sehr häufig bei Dermatosen nachgewiesen werden, aber nicht für einzelne
solche bestimmt verantwortlich gemacht werden könnten, gibt er 1907 (b) für Ekzem,
Acne, Psoriasis, Pruritus, Erythem, Lichen ruber planus, Urticaria, Alopecia areata genauere
Feststellungen an, ebenso in späteren Veröffentlichungen (k, l, m, n).

Trotz seiner Bemühungen lassen sich jedoch keine einheitlichen Ergebnisse aus seinen
Resultaten ableiten.

Auch die anderen Autoren, die sich ausführlicher mit Urinuntersuchungen beschäftigt
haben wie Gaucher-Desmoulière, Jacquet-Broquin, Gastou, Brocq-Ayrignac, Brocq-
Desgrez-Ayrignac, Brocq-Pautrier-Ayrignac, Brocq-Lenglet-Ayrignac, François-
Dainville, Gastou-Ferreyrolles (a, b), Hallé, Nicolas, Johnston-Schwartz haben
kaum bessere Resultate erzielt.

Daneben findet sich noch eine ganze Anzahl Einzelarbeiten.

Sie sind alle bei Jadassohn (a), Bloch (b), Pinkus (a) und Riecke (a)
kritisch besprochen worden, mit dem Resultat, daß namentlich auch in Berücksichtigung der zum Teil recht primitiven Untersuchungsmethodik keinerlei
Schlußfolgerungen daraus abgeleitet werden können. Wir brauchen deshalb
im allgemeinen hier nicht mehr ausführlicher auf sie einzugehen. Einzelnes, das
vielleicht eine gewisse Bedeutung haben kann, wird weiter unten noch erwähnt
werden.

Die neueren Arbeiten suchen auf dem Wege der genaueren Analyse einzelner
Stoffwechselelemente im Blut der Lösung dieser Frage näher zu kommen.

Besonders ausführlich hat sich damit Pulay (d—k) beschäftigt. Leider lassen sich aus seinen zahlreichen Einzelarbeiten so wenig wie aus der mit einer allgemeinen Einleitung versehenen monographischen Zusammenstellung (c) genügend einheitliche Ergebnisse ableiten, daß sie, wie es wohl in seiner Absicht lag, eine allgemeine Basis für unsere Auffassung über mögliche Zusammenhänge zwischen Stoffwechsel und Dermatosen bilden könnten.

Seine Befunde bilden nicht einmal eine genügend solide Grundlage, um die zum Teil sehr willkürlich daraus abgeleiteten Hypothesen zu tragen. Besonders gefährdet sind die Ergebnisse dadurch, daß, wie von Urbach (d) und Stümpke-Soika (a) bereits getadelt worden ist, die von Pulay zugrunde gelegten Normalzahlen von denen der meisten neueren Autoren abweichen [Repliken Pulay (l, m)]. Auffallend ist besonders auch, wie weitgehend oft die Werte einzelner Elemente bei verschiedenen Patienten mit derselben Affektion schwanken. Bei solchen Differenzen hätten unbedingt parallele Untersuchungen an normalen Personen ausgeführt werden sollen, besonders da es sich eigentlich jeweils nur um recht wenig Untersuchte handelt. Es lassen sich deshalb aus Pulays Arbeiten höchstens allgemeine Anregungen entnehmen.

Ausgedehntere, auf verschiedenerlei Stoffe und auf verschiedene Dermatosen sich beziehende Untersuchungen haben weiterhin ausgeführt: Levin-Kahn, Jessup und Mitarbeiter, Kambayashi-Kiuchi, Schamberg-Brown (a, b, c), Sparacio, Stümpke-Soika (a, c). Auch hier kann man nur sagen, daß irgendwelche Anhaltspunkte für eine generelle Auffassung nicht erreicht worden sind und daß wir auch mit diesen Methoden einstweilen kaum viel weiter gekommen sind.

Im allgemeinen muß man wohl sagen, daß ein Eindringen in die Verhältnisse eben doch nicht so einfach und mit der Bestimmung einzelner Produkte allein zu erreichen sein wird, sondern daß nur auf Grund langwieriger und außerordentlich mühevoller Untersuchungen mit der Zeit vielleicht ein Fortschritt erwartet werden kann.

Einzelne Befunde aus den genannten allgemeinen Arbeiten werden wir mit anderen speziellen Erhebungen im folgenden noch anführen.

b) Eiweißkörper.

Es ist besonders die Psoriasis, für welche die Bedeutung stickstoffhaltiger Produkte betont worden ist. Schamberg-Ringer-Raiziss-Kolmer (a, b, c) haben zusammen ausgedehnte Untersuchungen hierüber veröffentlicht und glauben eine ausgesprochene Neigung zur Retention von Stickstoff bei Psoriatikern gefunden zu haben. Die Stickstoffretention war in der Mehrzahl der Fälle erheblicher, als der mit dem Protein der Schuppen verlorene N-Betrag. Auch sahen sie noch N-Retention, nachdem die Schuppenbildung aufgehört hatte und der Ausschlag als solcher vollständig verschwunden war. Dementsprechend übte eine stickstoffarme Kost einen äußerst günstigen, eine stickstoffreiche Kost einen ungünstigen Einfluß aus, letztere rief in der Regel ein Fortschreiten des Ausschlags hervor.

Eine N-Retention wird auch von Strickler (b) angenommen.

Demgegenüber behauptet Tidy (a, b), daß die gefundene N-Retention überall vorkomme, wo die Haut von ausgedehnteren entzündlichen oder proliferativen Prozessen befallen sei.

Auch Jamieson konnte bei 25 über ein Jahr lang genau verfolgten Psoriatikern kein Parallelgehen zwischen Zu- und Abnahme von Reststickstoff und Harnsäure und der Eruption feststellen, ebenso konnte Géber (b) weder im N- noch im S-Stoffwechsel eine Abweichung höheren Grades feststellen.

Auf Grund von Erfolgen mit vegetarischer Diät, wie sie auch Satterlee angibt, beschuldigt Bulkley (c, o, p) eine zu reichliche Stickstoffzufuhr als Ursache der Psoriasis. Diese Ansicht lehnt Pusey ab, ebenso Audry, welcher betont, daß unter seiner Klientel sicher soviel Psoriatiker seien wie unter der amerikanischen Bulkleys; dabei seien seine Patienten nüchtern und äßen nur wenig Fleisch und kein Hafermehl.

Sweitzer-Michelson konstatierten in vier Fällen erhöhten Blutharnstoff.

Den Eiweißkörpern mißt v. Alstyne deshalb eine ätiologische Bedeutung zu, weil sie den Erfolg parenteraler Proteintherapie in dem Sinn deuten zu dürfen glaubt, daß durch diese der Abbau der eiweißhaltigen Produkte gefördert werde.

Die Aminosäurenausscheidung im Urin von Psoriatikern hat Neiditsch bestimmt und in einer kleinen Minderzahl der Fälle eine Vermehrung konstatiert. Weitaus die meisten aber bewegten sich in normalen Grenzen.

Die N-Retention untersuchten Brodskij-Tulbermann mit Hilfe des Ambardschen Konstanten. Sie erhielten eine solche in schwachem Grad bei Psoriatikern, in starkem bei Ekzem.

Für die Entstehung des Ekzems beschuldigt BROCQ (g) eine übermäßige N-Nahrung. JOHNSTON (c) nimmt eine Störung des N-Stoffwechsels als möglich an. POLANO fand bei chronischen Ekzemen ziemlich konstant eine Erhöhung des N-Koeffizienten im Urin. Nach TESTUT ist bei Ekzem der Blutharnstoff vermindert. STÜMPKE-SOIKA (b) finden bei drei chronischen umschriebenen Ekzemen im Gegensatz zu manchen ausgedehnten klinisch schweren Ekzemformen relativ hohe, später (c) 10mal unter 16 Ekzem- bzw. Neurodermitisfällen eindeutig erhöhte Reststickstoffwerte. Beim Kinderekzem entspricht nach FINKELSTEIN (a) der Stickstoffwechsel im ganzen der Norm. STEINITZ-WEIGERT fanden eine erheblich schlechtere Stickstoffresorption. PETHEÖ stellt einen hohen Gesamtnitrogengehalt und auffallend hohe Harnstoffwerte im Blute wie im Urin fest und glaubt, der Organismus sei nicht imstande, die übermäßigen Eiweißquantitäten zu verbrennen.

Für Pemphigus und Dermatitis herpetiformis sind von älteren schon bei JADASSOHN besprochenen Arbeiten, welche Störungen im N-Stoffwechsel annehmen, zu nennen BOERI, JANOWSKY, STÜVE, RADAELI (a), HARDOUIN, SELENEW, HALLÉ, ferner BUTTE (b), CONSTANTIN, JOHNSTON (a) und neuerdings auch SCHWARTZ (a). Etwas Sicheres läßt sich nicht daraus ableiten; nach den erstgenannten Arbeiten ist der Eiweißzerfall vielleicht eher Folge der Hautkrankheit. Interessant ist die Beobachtung von SCHÄRER, der die Entwicklung von CHARCOT-LEYDENschen Krystallen aus Blasenserum unter dem Deckglas beobachten konnte. VALLETTE (b) hält den Pruritus bei überernährten Arthritikern für durch N-Retention bedingt.

Bei Patienten mit Pruritus fand TONIJAN erhöhten Harnstoff-, Harnsäure- und NaCl-Gehalt im Schweiß, verminderten im Urin und führt daher den Pruritus auf vikariierende Ausscheidung der harnfähigen Stoffe durch die Schweißdrüsen zurück.

Bei Prurigo hält ULLMANN (b) es für möglich, daß die Resorption von N-Substanzen eine Rolle spielen kann.

Für Lichen ruber weisen W. L. BAUM und RADAELI (b) auf die Bedeutung von N-Produkten hin.

FRANCIS schreibt eiweißreicher Kost eine Bedeutung für Acne und für Furunculose zu.

Bei einer Acne fanden STÜMPKE-SOIKA (b) den Reststickstoff im Blut erhöht, ebenso bei einem Lupus erythematodes.

Den N-Stickstoffwechsel bei Sklerodermie fanden normal JASTROWITZ, GITLOW-STEINER, ROWE-MC CRUDDEN.

Schließlich sei die Beobachtung von NEIDITSCH erwähnt, welcher in einem Fall von chronischer Urticaria jeweils parallel mit den neuen Schüben ein ganz auffallend starkes Ansteigen der ausgeschiedenen Aminosäuren fand, so daß hier deren ursächliche Bedeutung nicht von der Hand zu weisen sei.

An die Möglichkeit einer Histamineinwirkung denken EPPINGER-GUTMANN, welche angeben, bei Patienten mit habitueller Urticaria durch möglichst eiweißarme Kost mehrfach gute Erfolge erzielt zu haben.

Erwähnenswert ist hier schließlich noch die eigenartige Beobachtung von ABDERHALDEN-WEIL, welche drei Tage nach einer intraperitonealen Injektion des Heptapeptids des Glykokolls, dem Hexaglycin, eine entzündliche Schwellung der Haut an umschriebener Stelle zu beiden Seiten der Kreuzwirbel auftreten sahen, die im Verlauf von 30 Tagen zur Nekrotisierung und Abstoßung führte.

Besonderes Interesse hat unter den Stickstoffderivaten jeweils die Harnsäure gefunden.

Schon GAUCHER (a, b) und seine Schüler haben in den Purinderivaten die toxischen Produkte sehen wollen, welche zur Entstehung von Dermatosen, speziell von Ekzem und Psoriasis, Anlaß geben sollten. Ähnlich SATTERLEE. Weiterhin hat TOMMASOLI, eigentlich mehr aus theoretischen Überlegungen, welche das Ekzem von einem Punkt aus erklären sollten, heraus die Harnsäure als eine disponierende Condition pathogénique angesehen, ohne jedoch dafür Beweise erbringen zu können.

Von neueren Autoren fanden bei der Untersuchung verschiedener Dermatosen SCHAMBERG-BROWN (a, b) im ganzen sehr große Variationen. Eine Harnsäurevermehrung (über 3,7 mg%) fanden sie in 44% der Fälle von Ekzem, in 33% der Prurituspatienten, in 20% der Psoriatiker und in 12% der Urticariakranken. An anderer Stelle gibt freilich SCHAMBERG (a) an, die Blutharnsäure beim Psoriatiker sei so normal, daß die Frage nach der ätiologischen Beziehung zwischen Psoriasis und Gicht definitiv verneint werden könne.

KAMBAYASHI-KIUCHI fanden Urikämie bei Prurigo (4,79—6,85 mg%) und bei Pruritus (4,34—8,42 mg%). KAMBAYASHI erhob bei Prurigo, Urticaria, Ekzem abnorme Werte. PULAY (c, g) stellt bei einigen Fällen von Ekzem, Urticaria, Pruritus, Prurigo eine Urikämie fest, doch hat schon URBACH (d) hervorgehoben, daß die Normalzahlen eher zu niedrig angesetzt seien. KOHDA findet bei Untersuchung leichter chronischer Hautkrankheiten keine bedeutenden Veränderungen der Purinkörperausfuhr, bei schwereren Fällen fand sich gelegentlich eine deutliche Steigerung, die wohl durch einen erhöhten Zerfall von Hautelementen hervorgerufen werde. Beim Ekzem findet Michael (b) in Übereinstimmung mit Schamberg-Brown (b) in 32 von 75 Fällen einen höheren Blutharnsäurespiegel als 4,0 mg%. Michael-Nicholas stellten fest, daß 1 g Harnsäure, gelöst in Lithiumcarbonat, intravenös injiziert, glatt, ohne klinische Verschlechterung des Ekzems wieder ausgeschieden wird.

Stümpke und Soika (a) fanden unter 7 Ekzemfällen 3mal den Blutharnsäuregehalt erhöht, und in einem dieser Fälle die Harnsäure im Harn vermindert. Ein Fall zeigte im Blutserum und im Harn erniedrigten Harnsäurewert.

Liefmann konnte bei Intertrigo, Erythrodermie und Ekzem im Kindesalter keine Harnsäurevermehrung im Blut nachweisen.

In fast allen Fällen von Urticaria findet Sakagami eine Urikämie (3,2—5,8 mg%). Nach Heilung der Urticaria nahm die Menge der Harnsäure ab. Durch Atophan ließen sich Urikämie und klinische Erscheinungen vermindern.

Bei Psoriasis konnte v. Zumbusch (a) weder in der Harnsäure- noch in der Gesamtstickstoffausscheidung irgendwelche Abweichung von der Norm finden. Stümpke und Soika (a) sahen unter 5 Fällen 2mal die Blutharnsäure erhöht, davon einmal nach purinfreier Diät, 2mal fanden sie im Urin erniedrigte Harnsäurewerte.

Bei einer Sklerodermie konstatierten Bloch-Reitmann keine Abweichungen im Purinstoffwechsel.

Außerordentlich hohe Werte von 8,49 mg% findet Pulay (a, c) bei einem Lupus erythematodes. Auf Grund dieser Ergebnisse sucht er eine neue Theorie der Pathogenese dieser Krankheit im Sinn einer Sensibilisation des Körpers gegen Licht durch die Harnsäure aufzustellen.

Erwähnenswert ist hier schließlich die Ausscheidung von Harnsäure durch die Schweißdrüsen (Melczer, Schneider).

Wie aus den Zahlen ersichtlich, schwankt die Festsetzung der normalen oberen Grenze noch recht beträchtlich. Hält man sich an die durchschnittlich wohl richtige Menge von 4,5 mg%, dürfte eine Anzahl der in den oben genannten Arbeiten als vermehrt angesehenen Werte noch zu den normalen gerechnet werden können.

c) Fette.

Den Fetten im allgemeinen ist hauptsächlich für das Kinderekzem eine Bedeutung zugemessen worden, indem für dieses insbesondere eine übermäßige Zufuhr von Nahrungsfetten verantwortlich gemacht worden ist.

Schon Czerny (a) hat für die exsudative Diathese, zu deren Äußerungen ja auch das Kinderekzem gehört, eine Störung im Fettstoffwechsel verantwortlich zu machen gesucht, weiterhin hat auch Feer (b) am ehesten die Fettsubstanzen ätiologisch in Betracht gezogen, ebenso L. Fischer, Marfan, W. Scholtz (a), Rueda (a). Marfan-Turquety fanden bei einer Amme, die in 20 Monaten 10 Kinder stillte, zwischen dem 10. und 17. Monat einen stets abnorm hohen Fettgehalt der Milch. Drei Säuglinge, die in dieser Periode längere Zeit von ihr gestillt wurden, bekamen sehr ausgedehnte hartnäckige Ekzeme. Diese heilten in 14—20 Tagen ab, wenn die Kinder abgestillt und auf Kuhmilchmolke gesetzt wurden.

Gegen diese Ansicht hat sich besonders Finkelstein (a) ausgesprochen „für den ehedem als Lehrsatz geltenden direkten Zusammenhang zwischen Ekzem und reichlichem Fettgenuß konnten nicht einmal die klinischen Beobachtungen einwandfreie Stützen beibringen".

Jessup und Mitarbeiter stellen fest, daß fettarme Diät ohne Einfluß auf die Heilung der Säuglingsekzeme ist, und daß man mit der gewöhnlichen Diät, ja sogar mit einer sehr fettreichen Kost manchmal bessere Erfolge hat.

Wenn beim exsudativen Kinderekzem Störungen des Fettumsatzes vorhanden wären, so müßten nach Engmann-Weiss (b) die Acetonkörper des Blutes vermehrt sein, falls die Störung in veränderten Oxydationen von Fettsäuren im Körper bestände. Sie fanden bei 9 untersuchten Fällen tatsächlich Aceton, Diacetessigsäure und β-Oxybuttersäure gegenüber der Norm vermehrt, möchten aber doch daraus keine bindenden Schlüsse ziehen. Steinitz-Weigert beobachteten eine vermehrte Fettresorption bei einem Ekzemkind, ferner schließen White (b, c), Towle-Talbot, O'Keefe (a) aus dem Stuhlbefund auf gestörte Fettverdauung als einer Ursache der Kinderekzeme.

Acne und Seborrhöe möchten mit zu reichlicher Fettzufuhr in Zusammenhang bringen u. a. Chipmann (b), Jarisch, Wils, Withfield (b), Low (b), Montgomery-Culver.

Barbaglia stellt bei Psoriatikern eine restlose Fettverdauung fest. Der Fettsäuregehalt des Blutes war zum Teil herabgesetzt.

Unter den Fettsubstanzen hat spezielles Interesse das Cholesterin erregt.

Pulay (c) findet Hypercholesterinämie bei Ekzem, Urticaria, Seborrhöe, doch steht seine Grundzahl mit 60—70 mg% wesentlich unter dem üblichen Durchschnitt von 140 bis

160 mg%. Ishimaru (b) gibt an, daß Cholesterinvermehrung bei Urticaria, Psoriasis, Acne und Ekzem kein regelmäßiger Befund sei. Auch Bernhardt (b), Bernhardt-Zalewsky (a), Rosen-Krasnow finden den Cholesteringehalt bei den verschiedenen Dermatosen sehr wechselnd. Fischl gibt für die Mehrzahl der Fälle von Urticaria, Ekzem, Pemphigus, Duhringscher Krankheit usw. hohe Cholesterinwerte an.

Bei Psoriasis weisen Bernhardt-Zalewsky (b) einen normalen Blutcholesteringehalt nach in 23%, einen vermehrten in 13% und einen verminderten in 64% der Fälle. Fischl findet bei Psoriasis gelegentlich hohe Werte, ebenso Rosen-Krasnow, Blasi leicht erhöhte, ferner Lacroix (a) in einzelnen Psoriasisfällen, die sich zudem durch Insulin bessern ließen. Mitunter hohe Lipoid- und Fettwerte bestimmten bei Psoriasis Bauer-Skutetzky.

Bei Dermatitis venenata sehen vorübergehend hohe Werte Rosen-Krasnow.

Stümpke und Soika (a) finden bei ihren Ekzemfällen einmal den Cholesteringehalt im Blutserum erniedrigt, sonst möchten sie den von ihnen in je einem Fall von Pemphigus und von Erythrodermie gefundenen sehr tiefen Cholesterinwerten insofern eine Bedeutung beilegen, als sie diese als prognostisch schlechtes Anzeichen glauben ansehen zu dürfen.

Bis 300 mg% Blutcholesterin fand Schamberg (b) in drei Fällen seiner pigmentierenden Dermatose.

Der Hypercholesterinämie möchten Bonnefous und Valdiguie (a, b) eine Bedeutung in einigen Fällen von circumscripten Lipomen für deren Genese beimessen.

d) Kohlehydrate.

Veranlaßt durch die Diskussion der Beziehung des Diabetes zu manchen Hauterscheinungen ist auch sonst dem Blutzuckergehalt Aufmerksamkeit geschenkt worden.

Pels findet in 50 Fällen verschiedener Dermatosen den Blutzuckergehalt zwischen 70 und 156 mg%, also ohne Abweichungen. Levin-Kahn entdecken unter einer ebenfalls großen Reihe wahllos untersuchter Hautaffektionen eine beträchtliche Hyperglykämie bei je einem Fall von angioneurotischem Ödem, Erythem, Hyperidrosis, Hodgkin, ferner in mehreren Fällen von Karbunkel, Gangrän, Sklerodermie. Auch Loeb, Rost (b) konstatieren unter zahlreichen verschiedenen Dermatosen nur bei einer kleinen Gruppe, namentlich bei Furunculose, Dermatitis intertriginosa, Ulcus vulvae acutum und Erythema exsudativum multiforme, Hyper-, beim exsudativen Ekzematoid Hypoglykämie.

Lévy-Franckel sah mit Ducourtioux und Brétillon eine Erhöhung in vereinzelten Fällen von Pemphigus, Dermatitis herpetiformis, Pruritus vulvae, Lacroix (b) sehr häufig und ausgesprochen bei Ekzem, Psoriasis, Prurigo, Pruritus.

Unter 200 Fällen verschiedener Hauterkrankungen erhielten Neumark-Tschatschkowska in 23 erhöhte Blutzuckerwerte (124—162 mg% im Gesamtblut, nüchtern), unter 205 untersuchten Hautkranken (Acne, Ekzem, Furunculose, Urticaria Psoriasis, usw.) Fisher nur seltene Abweichungen nach oben.

Von einzelnen Affektionen seien folgende erwähnt:

Hyperglykämie bei Furunculose wird angegeben von Thalhimer, Raynaud-Lacroix-Hadida, Levin-Kahn, Loeb, Lortat-Jacob mit Bourgois, W. Pick (b), Hudelo-Kourilsky, Mc Glasson, Bieber.

Bei Acne, Seborrhöe und Sycosis finden Schwartz-Highman-Mahnken den Blutzucker erhöht. Mc. Glasson findet bei seborrhoischer Dermatitis bei 34 von 44 Kranken Werte über 120 mg%, Feldmann gibt bei Ekzem und seborrhoischer Dermatitis und bei pustulöser Acne etwas Erhöhung an. Bei gewöhnlicher Acne dagegen findet er, wie Levin-Kahn keine Glykämie.

Es sei hier daran erinnert, daß manche Autoren [Lassar (b), Chipman (b), Whitfield (b)] einen übermäßigen Genuß von Süßigkeiten für die Entstehung der Acne, andere, L. Fischer, Towle-Talbot, auch für die Entstehung von Kinderekzemen als wesentlich mitbeteiligte Ursache anführen.

Rosenfeld macht die Mitteilung, daß entgegen Leubuschers Angaben, die Fettnahrung zu weniger Hauttalgbildung führe, während unter Kohlenhydratfütterung die Talgsekretion etwa dreimal so groß sei. Es sei an Wile-Eckstein-Curtis erinnert, welche bei kohlenhydratfreier Diät mit relativer Vermehrung der Fettnahrung Rückbildung von Xanthomen, bei Zuckerzufuhr Verstärkung der Lipämie und Zunahme der Tumoren sahen.

Bei Ekzem finden Hyperglykämie in einigen Fällen Kambayashi-Kiuchi (182 bis 287 mg%), Mc Glasson, Davis-Wills, Hudelo-Kourilsky, Schamberg, Feldmann, Raynaud-Lacroix-Hadida, bei etwa der Hälfte Stümpke-Soika (c). Bei frischen, nicht länger als zwei Wochen alten Hautausschlägen exsudativer Kinder findet Herlitz etwas erhöhte Werte. Klauder konstatierte bei einem 24 jährigen Manne mit akutem erythematösem, vesiculärem in exfoliative Dermatitis übergegangenen Ekzem 290 mg% Zucker im Blut, im Urin kein Zucker. Auf Insulin und Kohlenhydratbeschränkung schnelle Besserung der Hauterkrankung, Blutzuckergehalt 95 mg%.

Bei Psoriasis geben erhöhte Blutzuckerbefunde an Raynaud-Lacroix-Hadida, in 2 von 6, Blasi in 8 von 19 Fällen, W. Pick (b) nahezu konstant (110—160 mg%). Lortat-Jacob mit Bourgois mehrfach (110 mg%). Demgegenüber finden Stümpke-Soika (a) die Blutzuckerwerte stets erniedrigt.

Bei Sklerodermie bestimmten Kambayashi-Kiuchi 290 mg% Blutzucker.

Die normale Grenze wird auch hier nicht von allen Autoren gleichmäßig angesetzt, so daß bei schärferer Kontrolle manche als erhöht bezeichneten Befunde doch als normale angesehen werden könnten.

Von großer Wichtigkeit sind die neueren Arbeiten von Ayres, Campbell-Burgess, Usher, Lojander (c) und namentlich Urbach (f), Urbach-Sicher (a, b). Sie legen Gewicht darauf, daß es nicht genügt, einmal den Blutzucker-spiegel bestimmt zu haben. Nach ihnen ist viel wichtiger die Feststellung der Zuckertoleranz, die oft latente Störungen im Zuckerhaushalt aufdecken kann.

So konstatieren eine herabgesetzte Zuckertoleranz Ayres, Campell-Burgess, Usher bei Ekzemen, Lojander bei einem Teil von Patienten mit Psoriasis, Prurigo, Lichen ruber. Usher-Rabinowitch fanden bei Ekzematikern mit verminderter Zuckertoleranz nach Belastung einen vermehrten Zuckergehalt im Schweiß.

Besonders wertvoll ist dabei die Untersuchung des Zuckergehalts von Haut-stückchen selbst nach Urbach-Sicher (a, b). Vielleicht erklären diese Befunde den Erfolg der Insulintherapie bei manchen Ulcerationen ohne manifesten Diabetes (z. B. Pautrier).

e) Anorganische Salze.

Auf die Bedeutung der Salze ist im allgemeinen gegenüber den organischen Stoffwechselkomponenten weniger geachtet worden, immerhin finden sich besonders aus letzter Zeit eine Anzahl Angaben darüber.

Es handelt sich im allgemeinen um Mitteilungen quantitativer Mengen-bestimmungen der Salze im Blute. Wir haben schon im allgemeinen Teil gesehen, daß generelle Schlüsse sich vorläufig nicht daraus ziehen lassen und daß deshalb den Beobachtungen zunächst nur der Wert einzelner Feststellungen zukommt. Auch die Beurteilung der Bedeutung der Ionenverschiebungen in ihrem Verhältnisse zur Dermatose ist nicht so einfach klarzulegen, da z. B., wie die Untersuchungen von Brack (a, b) zeigen, die Schwankungen des Verhält-nisses von Kalium zu Calcium ganz außerordentlich stark von nervösen Einflüssen abhängig und somit in ihrer Bedeutung für die Hauterscheinung sehr schwer abzuschätzen sind.

α) Salzstoffwechsel im allgemeinen. Dem Salzstoffwechsel im ganzen haben ältere Autoren schon ihre Aufmerksamkeit geschenkt und zum Teil gehofft, durch Bestimmung der Ausscheidungsverhältnisse im Urin Anhaltspunkte hierüber zu gewinnen.

Speziell sind die Verhältnisse der Chlorid- und Phosphatausscheidung (Demineralisation) berücksichtigt worden von Jacquet (a, b, c), Jacquet-Portes, Jacquet-Broquin, Gau-cher-Desmoulière, Gaucher (b), Brocq-Ayrignac, Gastou, Brocq-Lenglet-Ayrignac, Brocq-Desgrez-Ayrignac, Brocq-Pautrier-Ayrignac. Sichere Resultate sind jedoch dabei nicht herausgekommen.

Unter den einzelnen Dermatosen ist es hauptsächlich das Kinderekzem, für dessen Entstehung von einzelnen den Nahrungssalzen im allgemeinen ätio-logische Bedeutung zuerkannt worden ist.

Besonders nachdrücklich hat Finkelstein (b, c, d) darauf hingewiesen und eine beson-dere Vorschrift für die Herstellung einer molkensalzarmen Säuglingsmilch angegeben. Nach L. F. Meyer scheint das ekzematöse Kind über ein reichlicheres Salzdepot zu ver-fügen. Gute Erfolge mit Finkelsteins Kost geben an Geissler, O. Mendelsson, Klotz (b), Schloss. Gelegentlich gute Erfolge sahen Langstein (a, b), Witzinger, Wilkening, weniger Bedeutung legen dieser Auffassung Feer (b), Czerny (b), Spiethoff (c) bei. Bruck und GALEWSKY sahen trotz salzreicher Nahrung Abheilen von Ekzemen, während bei BIRK ein Kind erwähnt ist (Fall 16), bei dem unter Eiweißmilch ein Ekzem auftrat und nach Absetzen des Kindes auf Milch und Mehlsuppe wieder verschwand.

HEUBEL beobachtete zwei Kinder, die immer wieder an Ekzem erkrankten, wenn die Kühe, von denen die Milch stammte, mit Salz (gemeint ist wahrscheinlich Viehsalz, also nicht reines Natriumchlorid) gefüttert wurden.

Die Ursache der Pellagra möchte AULDE in einer Demineralisation des Körpers infolge unzweckmäßiger Nahrung sehen.

β) Säure-Basen-Gleichgewicht. Sehr große Bedeutung wird im allgemeinen dem Verhältnis der Salze in den Körperflüssigkeiten nun in dem Sinn beigemessen, als aus ihren gegenseitigen Beziehungen ein bestimmter Säuerungsgrad der Körperflüssigkeiten und der Gewebe resultiert, welcher natürlich auf die Lebensvorgänge der Zellen von wesentlichem Einfluß sein muß.

Schon eine ganze Anzahl älterer Arbeiten hat sich hierüber geäußert. So hat schon TSCHLENOW bei einer Anzahl verschiedener Dermatosen geglaubt, eine Herabsetzung der Alkalinität des Blutes gefunden zu haben.

Auch VEROTTI (a, b, c) findet eine Zunahme der Acidität des Blutes bei Psoriasis in der aktiven Phase. Dagegen erhebt DACCÓ normale Alkalinitätsbefunde.

Zahlreicher sind die Angaben, welche sich aus den Ausscheidungsverhältnissen des Urins hierüber ein Urteil zu bilden versucht haben, sie sind schon bei JADASSOHN (a), BLOCH (b), RIECKE (a) und PINKUS (a) ausführlicher kritisiert worden.

Ich erwähne als Beispiel deshalb bloß GASTOU, der bei den verschiedensten Dermatosen Hypoacidität feststellte, BORRI und WAUCOMONT, welche bei Ekzem die Acidität herabgesetzt, resp. Neigung zu Hypoacidität fanden, POLANO, welcher im Gegenteil bei chronischen Ekzemen hyperacide Werte erhob, VEROTTI (c), welcher bei Psoriasis neben der erhöhten Acidität des Blutes auch eine solche des Urins während der aktiven Phase konstatierte.

Mehr aus theoretischen Erwägungen macht CUNNINGHAM (b, c) eine Säurewirkung verantwortlich für die verschiedensten Dermatosen (Erythem, Urticaria, Psoriasis, Dermatitis herpetiformis).

In neuerer Zeit haben zuerst BARBER - SEMON bei Seborrhöe eine bemerkenswert konstante Hyperacidität des Urins festgestellt. Wenn diese durch Alkalidarreichung zum Verschwinden gebracht wurde, heilte die Eruption rasch ab. SCHWARTZ-LEVIN-MAHNKEN fanden bei Acne, Psoriasis, Urticaria, Furunculosis und Ekzem die Alkalinität doch so weit herabgesetzt, daß sie glauben, diesem Befund müsse weitere Beachtung geschenkt werden. HANSEN findet bei Ekzemen erniedrigten Wasserstoffexponenten, bei Seborrhöe, seborrhoischem Ekzem, Acne und Cheiropompholyx, DOBLE eine stärkere Säurung des Urins (p_H 4,8—5,8), Alkalitherapie auch hier ausgesprochen erfolgreich.

Im Gegensatz zu diesen Erhebungen können jedoch SWEITZER-MICHELSON bei Psoriasis, Acne vulgaris, Ekzem und Seborrhöe keine Erhöhung feststellen, ebenso wenig konnten LEVIN-KAHN, FELDMANN diese Befunde bestätigen.

JACOBSOHN-JOSEPH können aus ihren Untersuchungen der p_H-Konzentration des Harns keine Grundlagen für Rückschlüsse auf den Säurebasenhaushalt des Organismus bei Dermatosen ziehen. Es gelang ihnen durch interne Alkalizufuhr nicht, die Säurewerte des Urins sicher zu beeinflussen, auch konnte danach in keinem Fall eine Besserung oder gar Heilung der Dermatose beobachtet werden.

Neuere Untersuchungen wenden sich wieder besonders dem Säurebasengleichgewicht im Blut zu. Erhebungen bei verschiedensten Dermatosen stellten an BERTACCINI, CERCHIAI, FLARER, PREININGER (a), POPESCU. Einheitliches läßt sich aber daraus nicht folgern.

Bei Urticaria findet VALLERY-RADOT mit BLAMOUTIER und LAUDAT unter 7 Fällen 2 mal die Alkalireserve herabgesetzt, DROUET-VERAIN (c) finden ebenfalls eine Acidose bei chronischer Urticaria. NEGISHI konstatierte Alkaliverminderung. Auf die mögliche Bedeutung der Säurung als eines Teilfaktors für die Entstehung der Urticaria weist auch KOLLERT hin. GLÄSSNER (b) deutet die therapeutische Wirkung des Glykokolls bei Urticaria so, daß dadurch Säuren neutralisiert würden.

Einen therapeutischen Erfolg mit Alkalien und salzarmer Diät bei chronischer Urticaria berichtet DINKIN, ebenso BURWINKEL.

SCHREUS beobachtete in vielen, vor allem akuten Urticariafällen eine mehr oder weniger deutlich kompensierte Acidose, in anderen eine normale oder leicht erhöhte Alkalireserve. Klinisch sind die beiden Arten nicht unterscheidbar. Bei den erstgenannten wird therapeutisch Alkali gegeben, bei den letzteren Ca oder Strontium.

Beim Ekzem konstatierten Drouet-Verain (a, b) unter 10 Fällen 8 mal eine Verschiebung nach der sauren, 2 mal nach der alkalischen Seite. Die der ersten Gruppe zugehörigen Fälle besserten sich auf reichliche Alkalizufuhr. Stern, gleichfalls C. Bruck unterscheiden saure und alkalische Ekzeme.

Auch Daccó fand bei Ekzematikern eine Verminderung des Alkaligehaltes im Blut.

Levin-Kahn fanden in 42 Ekzemfällen bei denjenigen vermehrte Ionenkonzentration, die mit Diabetes, Furunculose und Hodgkin kombiniert waren.

Beim Kinderekzem findet Brunetti das Blutserum weniger alkalireich, Scheer (b) erhielt durch Säurezufuhr rasche Besserung, ebenso C. Bruck.

Auch an Stoeltzner (b) ist hier nochmals zu erinnern, der das Kinderekzem auf Phosphorsäureanhäufung (Oxypathie) zurückführt und mit Natrium citricum Heilung erzielt, wie sie allerdings von Feer (a) nicht gesehen wurde. Ähnlich behandelt Martin (b) das Ekzem mit Alkalien.

Dem Säurebasengleichgewicht bei Psoriasis schenkte O. Gans (c) Aufmerksamkeit.

Den Pruritus faßt G. Cohen als Folge einer Asphyxie der Haut auf, d. h. als diejenige Empfindung, welche eine stärkere CO_2-Anhäufung in der Haut begleitet. Die CO_2-Anhäufung ist freilich nicht beweisbar. Therapeutische Erfolge mit Zufuhr von Säuren beim Pruritus erwähnen Leo und Köhler. Vonkennel beobachtete in 20 Fällen von primärem Pruritus 14 mal Verschiebungen der Alkalireserve, 12 mal nach der sauren, 2 mal nach der basischen Seite.

Bei Prurigo glaubt Frühwald die gute Wirkung des Atophans auf die Steigerung der Harnsäureausfuhr und damit auf eine Entsäuerung des Organismus zurückführen zu können.

Sehr interessant sind schließlich die Experimente von Wirz (b). Die normale Haut zeigt im Anodenbad (Säuerung) eine fleckig arterielle Rötung, im Kathodenbad (Alkalisierung) ein diffus venöses Erythem. Wurde höhensonnenbestrahlte Haut zur Hälfte in ein Anodenbad getaucht, so trat die Rötung bei 15 von 50 Fällen 10 Minuten früher darauf ein als im nicht untergetauchten Lichtbad. Im Kathodenbad trat die Rötung 5—10 Minuten verspätet ein. Säuerung wirkte als entzündungsfördernd, Alkalisierung hemmend.

Erinnert sei hier auch noch an die Autoren, welche für die Entstehung diabetischer Dermatosen hauptsächlich an Acidose denken (Weidenfeld, Brunner).

Ferner sei auf die Arbeiten von Sauerbruch, Sauerbruch-Hermannsdorfer-Gerson, Bommer (a) hingewiesen, in denen auf die Bedeutung der Säuerung der Gewebe für die Wundheilung und die Tuberkulosetherapie aufmerksam gemacht wird.

γ) Wasserhaushalt. Eng mit der Salz- und Ionenverteilung im Organismus sind neben anderen Faktoren (zentrale Regulation, Niere) die Verschiebungen im Wassergehalt der Gewebe verknüpft. Im einzelnen können wir hier darauf nicht eingehen, da uns die Besprechung sonst weit in die schwierigen Gebiete der Ödemgenese abwegs führen würde, doch möchten wir immerhin hier darauf hingewiesen haben.

Es ist speziell das Kinderekzem, bei dem die Wasserverhältnisse doch etwa berücksichtigt worden sind.

So glaubt Freund, daß es eine Sondereigenschaft der Ekzemkinder sei, bei der von ihm angewandten Versuchsanordnung eine große Menge Wasser im Körper zurückzuhalten. Lederer hält die Labilität des Wassergehaltes der Gewebe bei Milchschorf für das Wesentliche. Auch Pulay (c, n, o), Gerstley (a, b), J. Meyer legen auf die Wasserbewegung in der Pathogenese des Kinderekzems viel Gewicht. Laurent bringt bei einem Patienten mit stark nässendem Ekzem und starken Unterschenkelödemen durch Glykoseinjektionen eine starke Diurese in Gang und erreicht damit auch Heilung des Ekzems.

In neuester Zeit haben Königstein-Urbach, sowie Königstein (b, c) allein die Wasserverschiebung in der Haut unter physiologischen und pathologischen Bedingungen genauer untersucht. Es ist vielleicht mit den von ihnen angegebenen Untersuchungsmethoden mit der Zeit noch ein weiterer Einblick zu gewinnen.

In diesem Zusammenhang dürfte die Frage der Behandlung von Dermatosen mit Mineralwässern und Trinkkuren gestreift werden.

Genauere Beobachtungen liegen im allgemeinen hierüber nicht vor, doch haben auf Erfolge mit solcher Therapie Brocq (a), Lassar (b), Gastou-Ferreyrolles (a, b), Ferreyrolles, Nicolas, Goldstein, Blum hingewiesen.

Nach den Einblicken in die Bedeutung der Transmineralisation ist es sehr einleuchtend, daß mit dieser Therapie Erfolge möglich sein können. Wir stehen aber noch am Beginn der Forschung.

δ) *Calcium.* Befunde über den Blutcalciumspiegel bei verschiedenen Dermatosen liegen folgende vor:

Schwartz-Levin, Percival-Stewart finden zwischen Ca-Gehalt und verschiedensten Dermatosen keine Beziehung; erstere sahen zwar eine Ca-Verminderung bei Acne, Ekzem, Furunculose, Follikulitis, doch halten sie eine bessere Kenntnis des gesamten Ca-Stoffwechsels unbedingt für nötig, wenn irgendwelche Schlüsse aus solchen Befunden gezogen werden sollten.

Auch Thro-Ehn sehen Ca bei Furunculose erniedrigt, bei Acne erhöht, während Levin-Kahn bei Acne normale Werte erheben.

Bei Ekzem finden eine leichte Verminderung des Ca Falchi ($9,2$ mg%), Stein, normale Werte Urbach-Simhandl, vermehrte Scomazzoni.

Normale Werte finden Schamberg-Brown (a), Schamberg bei Psoriasis, Ekzem, Urticaria und einigen anderen Dermatosen, ebenso Falchi (c) in drei Fällen von Psoriasis, bei Prurigo Hebrae, Lupus erythematodes, Purpura. Bei einem Skrofuloderm und 6 Fällen von Lupus vulgaris bestand leichte Verminderung (7 resp. 9 mg%). Gitlow-Steiner finden bei Sklerodermie Ca nicht vermindert, Schultzer konstatiert bei einem Quincke-schen Ödem während der Anfälle Ca-Verminderung. Gegen die Norm veränderte Ca-Werte finden Stümpke-Soika (c) bei 17 von 26 Ekzemen, resp. Neurodermitis, 12 mal erhöhte, 5 mal erniedrigte. Erhöhte Werte erhielten sie ferner bei Psoriasis, Acne und einigen anderen Dermatosen. Sehr hohe Werte von Ca nennen Kambayashi-Kiuchi bei Urticaria ($15,7$ bis $17,0$ mg%), bei Dermatitis exfoliativa ($16,2$ mg%), bei Vitiligo ($19,5$ mg%), bei einem Salvarsanexanthem ($18,6$ mg%). Greenbaum sieht in 63 Fällen von Urticaria den Blut-Ca-Spiegel normal oder gesteigert, Burgess (a) bei Urticaria, Prurigo, Ekzem vermindert.

Das Schwanken der Werte bei verschiedenen Patienten mit gleicher Dermatose betont Sirota.

Es ist hier darauf hinzuweisen, daß auch beim selben Menschen der Ca-Gehalt des Serums durch Nahrungsaufnahme z. B. sehr deutlich beeinflußt wird, so daß bei solchen Untersuchungen auf diese accidentellen Momente weitgehendst geachtet werden muß.

Neurath stellt fest, daß die von ihm geprüften Kinder mit Ekzem, Urticaria, Strophulus keine auffallende Kalkarmut, sondern daß im Gegenteil einige einen hohen Kalkgehalt aufwiesen.

Eine Begründung der schon seit langem eingeführten und z. B. von Wright (b), Bettman (b), Bollag, Seifert, Hecht, Gehrmann, Sannicandro, Bizzozero mehr oder weniger empfohlenen Ca-Therapie, speziell bei Urticaria, Pruritus, nässendem Ekzem, Prurigo Hebrae, Pemphigus vulgaris, läßt sich nach diesen Befunden nicht geben.

Urbach-Simhandl glauben die tatsächlich auf Ca-Therapie eintretende Besserung oder Heilung mancher Ekzemformen nicht auf eine spezifische Ca-Wirkung, sondern auf eine unspezifische Umstimmung der Reaktionsfähigkeit des Organismus durch Ca zurückführen zu müssen. Lehner nimmt neben der Wirkung auf die Gefäßpermeabilität auch Veränderungen im Gewebe an, durch welche dessen Quellungsdruck herabgesetzt werde. Nach Giambellotti beeinflussen Ca-Injektionen evtl. vorhandene Urikämie und Glykämie.

Auch auf die Ansichten von Luithlen über die Bedeutung des Ca, die wir bereits im allgemeinen Teil erwähnt haben, sei hier nochmals hingewiesen, wenn sie auch nicht allgemeine Bestätigung gefunden haben.

Ferner sei die Bedeutung der Ca-Bestimmungen in der Haut nochmals betont, wie sie bei Reizdermatitiden Gans (b), Gans-Pakheiser, Gans-Schlossmann, Dähn, Nathan-Stern (b) ausgeführt haben.

Wrights (b) Angaben, welche die verminderte Koagulationsfähigkeit des Blutes mit Ca-Mangel in Zusammenhang bringen, werden weiter unten noch angeführt werden.

ε) *Kochsalz resp. Chloride.* Außer den bereits früher genannten französischen Urinuntersuchungen (Gaucher, Brocq, Jacquet und Mitarbeiter), die weiter keine genaueren Schlußfolgerungen zulassen, hat Grosz (b) eine erhöhte Kochsalzausfuhr festgestellt bei Prurigo, Psoriasis, Pemphigus und Eczema universale. Im Gegensatz zu Kontrollen mit 15—20 g täglicher NaCl-Ausscheidung wurden Werte, allerdings ungleichmäßige, von 25—40 g gefunden.

Beim Säuglingsekzem stellte FREUND unter drei untersuchten Ekzemkindern bei zweien eine erhebliche Chlor-, bei allen dreien eine starke Natriumretention fest, während ein Kontrollkind eine negative Chlor- und nur eine ganz schwach positive Natriumbilanz hatte. MENSCHIKOFF stellte an 6 Kindern fest, daß sie mehr Chlor retinierten als gesunde Kontrollen, daß sie es aber bei geringerer Chloridzufuhr rascher abgeben. Erhöhte Kochsalzzufuhr blieb auf das Ekzem ohne Erfolg und trotz der Retention erfolgte Abheilung.

Normale Kochsalzverhältnisse bei Kinderekzemen konstatierte A. W. BRUCK, ebenso BURGESS (b) bei Ekzemen Erwachsener.

Nach BRINKMANN variiert die Menge des während des Versuchstages ausgeschiedenen Kochsalzes bei exsudativen Kindern sehr stark. In der Regel ist sie bedeutend oder stark herabgesetzt. Zwei Kinder mit Ekzem zeigten normale Werte, bei Wiederholung des Versuches nach Abheilung des Ekzems dagegen Retention.

Auch OPIZ schreibt, daß der Chloridhaushalt bei Exsudativen nicht so zweckmäßig ablaufe wie in der Norm, doch gehen die klinischen Erscheinungen mit ihm nicht parallel.

STÜMPKE-SOIKA (a) erhoben in 7 Ekzemfällen im Blutserum stets normale Kochsalzwerte. Bei 5 Psoriasisfällen fanden sie im Urin 3 mal das Kochsalz erniedrigt,

Das Referat über die Arbeit RAVITCH-STEINBERG (b), die mir im Original nicht zugängig war, ist nicht verwertbar.

Bei 8 Patienten mit besonders starkem Pruritus fand PATKANJAN das Kochsalz im Urin stark vermehrt. Unter NaCl-freier Diät Abnahme und Verschwinden des Juckens. Auch VEYRIÈRES bestimmt bei einem juckenden Erythem NaCl-Retention und Heilung auf salzlose Kost.

Das Nässen bei Ekzem bringen THRONE-V. EYCK-MARPLES-MEYERS mit Chloridretention in Zusammenhang und glauben durch Natriumthiosulfat die Ausscheidung zu befördern.

Vermehrte Aufmerksamkeit ist der Kochsalzretention beim Pemphigus vulgaris geschenkt worden.

CASSAËT-MICHELEAU und MICHELEAU haben in drei Fällen Kochsalzretention festgestellt und durch Entziehung prompte Abheilung der ganzen Hautaffektion erlebt. Die Untersuchungen haben sich allerdings nur auf einzelne Tage beschränkt.

BAUMM hat nach einer genügend langen Beobachtungsperiode in einem Fall keine sichere Störung im Kochsalzstoffwechsel und auch keinen verschlechternden Einfluß der Kochsalzzufuhr, in einem zweiten freilich eine erhebliche Kochsalzretention, allerdings ohne therapeutischen Effekt einer kochsalzfreien Ernährung festgestellt.

STÜMPKE (a) beobachtete in einem Fall in drei Ruheperioden eines Pemphiguspatienten je eine normale, eine etwas gesteigerte und eine etwas verminderte Kochsalzausscheidung, jedoch in den zwischen diesen relativ ruhigen Intervallen liegenden Eruptionsstadien eine auffallend intensive Kochsalzretention.

Die Kochsalzretention ist ebenfalls stark betont worden von KARTAMISCHEW (a, b, c) und POKORNY-KARTAMISCHEW. Sie glauben dieses Symptom sogar zur Frühdiagnose verwerten zu können, indem ein Patient mit wenigen Schleimhautdefekten diese NaCl-Retention aufwies und später erst an der Hauteruption erkrankte. Hieraus sei auch abzuleiten, daß die Stoffwechseländerung nicht von den Veränderungen der Epidermis abhängt, sondern ihr vorangeht. KRISTIĆ findet unter 8 Fällen 4 mal Retention, wobei im ersten die Kochsalzausscheidung mit der Besserung der klinischen Symptome zur Norm zurückkehrte.

URBACH (e) konstatierte fast in allen Fällen auch bei Kochsalzzufuhr verminderte Chloridausscheidung im Harn. In 2 Fällen, in denen ein excidiertes Hautstückchen vor und nach der Kochsalzbelastung untersucht wurde, fand sich eine bedeutende Retention in der Haut. Auch an 4 anderen Excisionen ohne Natriumbelastung zeigte das Hautgewebe auffallend hohe Chlorwerte.

Die Wirkung des Kochsalzes glaubt BRISSON auf Grund experimenteller in vitro-Versuche im Sinne einer fermentativen Anregung der Oxydationsvorgänge in der Haut auffassen zu können.

ζ) *Übrige Ionen.* Diesen ist bis jetzt in ihren Beziehungen zur Dermatose weniger Aufmerksamkeit geschenkt worden.

BRIGGS findet in 3 Fällen von Acne, einer Psoriasis und einer Urticaria im Blutserum völlig normale Werte von Kalium, Magnesium und Phosphaten.

Ebenso geben SCHAMBERG-BROWN (c) bei Psoriasis, Ekzem, Urticaria normale Werte für Kalium, Magnesium und Phosphate an.

STÜMPKE (b) erwähnt, im Blut von Pemphiguskranken erhöhten Phosphatgehalt festgestellt zu haben.

Bei Psoriasis hat Hämmerli eine regelmäßige Retention von Magnesium und eine Mehrausscheidung von Schwefel festgestellt, während Phosphorsäure, Ca und Natriumchlorid nichtspezifische Resultate, ähnlich wie bei anderen Untersuchungen, ergaben.

Géber (b) konnte eine solche Mehrausscheidung von Schwefel nicht bestätigen. Er bringt die Schwankungen der Schwefelausscheidung in Zusammenhang mit der Steigerung oder Verringerung der Nitrogeneinführung.

Auf die Bedeutung der Kieselsäure hat Luithlen (g) besonders für den Alterspruritus hingewiesen, bei dem eine Verarmung der Gewebe an Kieselsäure von Bedeutung sein soll. Der Kieselsäure mißt auch Alessandrini eine Bedeutung in der Genese der Pellagra zu.

f) Physikalisch-chemische Veränderung im Blutserum.

Da auch vorerst in ihrer Ursache noch nicht genauer abgeklärten Veränderungen in der chemisch-physikalischen Beschaffenheit des Blutserums eine Bedeutung zukommen kann, seien die Untersuchungen hierüber doch auch kurz erwähnt, um so mehr, als eine Beziehung zu den oben genannten Stoffwechselstörungen sehr wohl denkbar ist.

α) Gerinnungsfähigkeit des Blutes. Auf die Verlängerung der Blutgerinnungszeit als ursächlichem Moment ist wohl zuerst von Wright (b) bei der nach Injektion von Diphtherieserum auftretenden Urticaria hingewiesen worden. Er brachte diese mit einem verminderten Ca-Gehalte des Blutes in Zusammenhang und erreichte durch Ca-Zufuhr therapeutische Resultate. Auch Paramore fand unter 8 Fällen von Urticaria resp. angioneurotischem Ödem 4 mal eine verminderte Gerinnungsfähigkeit des Blutes, allerdings nur in einem einen Mangel an Kalksalzen. Durch Zufuhr von Kalk ließ sich aber doch die Gerinnungszeit verkürzen. Der therapeutische Erfolg war in einem oder zwei Fällen günstig. Eine anhaltendere Erhöhung der Koagulationsfähigkeit erhielt Götting, wenn er das $CaCl_2$ in 3% Gummiarabicumlösung injizierte.

Solis-Cohen fand gleichfalls herabgesetzte Gerinnungszeit in drei Fällen von Urticaria. Er teilt nach dem Referat daran anschließend einige Beobachtungen anderer Autoren über Gerinnungszeit bei Ekzem, Acne und Pruritus mit. Das Original war mir leider nicht zugänglich. Savill hält in seinen Pruritusfällen eine verminderte Blutgerinnungsfähigkeit für möglich, allerdings könne auch ein erhöhter Harnsäuregehalt daran schuld sein.

Etwas erhöhte Gerinnungsfähigkeit und vermehrten Ca-Gehalt bei Urticaria konstatiert Greenbaum.

v. Deschwanden hat sich in konsequenter Weise mit der Blutgerinnungszeit beschäftigt. Bei 5 gleichartigen Fällen von chronischem sog. konstitutionellem Ekzem wurde dabei einheitlich eine auffallende Verlängerung der Gerinnungszeit von durchschnittlich 56,8 gegenüber 36,4 Minuten normal festgestellt. Bei akuten Ekzemen und bei gewöhnlichen chronischen Ekzemen vom Typus des Gewerbeekzems entsprach die Gerinnungszeit der Norm. Bei Urticaria waren die Befunde sehr wechselnd.

Bei der Gruppe der chronischen konstitutionellen Ekzeme hat auch Copelli eine Herabsetzung der Gerinnbarkeit gefunden, während Ekzeme aus äußerer Ursache, seborrhoisches Ekzem und andere Hautkrankheiten normale Werte aufwiesen.

Rejtö stellt bei Annahme eines mittleren Normalwerts von 37 Minuten bei akutem Ekzem eine Gerinnungsdauer von 37—42, bei chronischem Ekzem von 40—55, bei artifiziellen Dermatitiden von 41—62 Minuten fest. Bei einzelnen der Patienten sank die Gerinnungsdauer mit dem Abheilen der Hauterscheinungen. 2 Fälle von Pemphigus vulgaris wiesen eine Gerinnungsdauer von 28—32 Minuten, also eine Erhöhung der Koagulationsfähigkeit auf.

Maeda gibt bei Prurigo, Erythema Bazin, Ichthyosis verminderte Gerinnungszeit an.

β) Viscosität und Kolloidschutzwirkung. Memmesheimer (b, c) konstatierte beim chronischen Ekzem in der Regel erhöhte Viscosität und damit Parallelgehen erniedrigter Oberflächenspannung. Die Herabsetzung der Serumstabilität und die meist kleinen Kalkzahlen entsprechen einer erhöhten Schutzwirkung der Kolloide, die wohl einer Vermehrung des Globulins im Serum zuzuschreiben sei. Bei akuten Fällen war diese Veränderung in geringerem Grade vorhanden. Bei Psoriasis ergaben sich außer erhöhter Schutzwirkung der Kolloide keine wesentlichen Veränderungen der Werte.

Zwei Fälle von Pemphigus vulgaris zeigten hohe Viscositäten und große Serumschutzwirkung.

γ) Senkungsgeschwindigkeit der roten Blutkörperchen. Die Untersuchungen jetzt schon recht zahlreicher Autoren haben gezeigt, daß für die Diagnose und Differentialdiagnose der Hautkrankheiten der Sedimentierungsgeschwindigkeit der roten Blutkörperchen keine praktische Bedeutung zukommt.

Immerhin haben sich Abweichungen von der Norm bei einer Anzahl Dermatosen feststellen lassen. So wird bei frischen Sekundärsyphiliden in der Mehrzahl der Fälle die Senkungsgeschwindigkeit erhöht gefunden [Riecke (b), Pewny, Kersting, Kajikawa]. Ferner geben bei Lupus und Hauttuberkulose Beschleunigung an Preininger (b), Mierzecki-Pytlek, Bommer (b). Bei Pruritus Bommer bei Pyodermien Mayr (c), Bommer, Kersting, Kajikawa, Bazzoli, bei ausgebreiteter Entzündung Riecke, Daido, N. Pawlow. Mayr (c) erhebt bei diffuser Psoriasis Beschleunigung, während Bommer, Pewny, Kersting immer normale Werte antreffen. Akute Ekzeme zeigen nach Mierzecki-Pytlek, Kersting, Bommer Beschleunigung, nach Pewny, Kajikawa, Mayr (c) normale Verhältnisse, Lupus erythematodes ist nach Preininger (b) stets normal, ebenso Urticaria, Strophulus, Zoster, Alopecia areata nach Kajikawa.

Verlangsamte Senkungsgeschwindigkeit fand als einziger Bommer bei Urticaria, Dermographismus und Pruritus, überhaupt keine Sedimentierung erhielt in 8 Fällen Mayr (c), und zwar bei Urticaria, Pruritus, Acne vulgaris und Gonorrhöe.

δ) *Flockungsreaktionen.* Gleichzeitig mit der Bestimmung der Senkungsgeschwindigkeit hat Bommer (b) auch die Resultate von Plasmafällungsreaktionen mit Alkohol und Kochsalzlösung verfolgt, diese gingen im allgemeinen mit der Senkungsreaktion parallel.

Er erhielt starke Flockung bei akuten Pyodermien und Prurigo, ferner bei tiefen Trichophytien, ulceriertem Lupus, nässendem Ekzem und akuten Dermatitiden. Normale Werte ergaben Sycosis vulgaris, geschlossener Lupus vulgaris, trockene Ekzeme, Psoriasis.

Entsprechend der verminderten Senkungsgeschwindigkeit fand er auch verminderte Flockung bei Urticaria, Dermographismus, Pruritus.

ε) *Hämolytische Wirkung.* Untersuchungen nach einer hämolytischen Fähigkeit des Serums bei verschiedenen Hautaffektionen hat Kreibich (b) angestellt. Doch zeigten Seren von Patienten mit Pemphigus, Erysipel, Lues, Combustio, Purpura und staphylogener Pyämie keine solche Auswirkung.

g) Fermente des Blutes.

Stümpke-Soika (c) bestimmten bei 44 verschiedenartigen Dermatosen den Diastase-(Amylase-) gehalt des Blutserums. In 34 Fällen ergaben sich normale bzw. etwas unternormale Werte.

Der Gehalt des Blutserums an Lipase erwies sich bei 15 Hautkranken im allgemeinen normal. Diese erwies sich als in geringem Grade chininfest bei 7 von 10 und als atoxylfest bei sämtlichen Ekzemfällen.

Melczer (c) findet bei einer großen Gruppe von Dermatosen die Blutphenolasen normal, Durdello eine Vermehrung der Lipasen beim Psoriatiker.

D. Nierentätigkeit.

Die bisher besprochenen Störungen und Verschiebungen in den Verhältnissen des Stoffwechsels und der an ihm beteiligten Produkte können natürlich eben so gut wie durch die bisher genannten Störungen der auf- und abbauenden Organe auch durch eine veränderte Funktion der Ausscheidungsorgane, speziell der Nieren bedingt sein.

Es ist dabei durchaus möglich, daß von seiten der Nieren nicht unbedingt leicht erkenntliche Zeichen einer organischen Erkrankung vorhanden sein müssen, es kann sich vielmehr auch nur um funktionelle, quantitative Verschiebungen in den Ausscheidungsverhältnissen handeln. Diese beiden differenten Arten der Störungen werden wohl zweckmäßigerweise auseinander gehalten.

a) Störungen in der Nierensekretion ohne eigentliche Nierenkrankheiten, die ja durch spezifische Erscheinungen im Urin leicht nachzuweisen sind, sind im ganzen noch recht schwer festzustellen, so daß Mitteilungen über diese Art der Erzeugung von Dermatosen recht spärlich und vorerst noch recht unbefriedigend begründet sind.

Bei den meisten der früher erwähnten Untersuchungen, welche durch Verschiebungen der im Urin ausgeschiedenen Substanzen (Demineralisation) Zusammenhänge zwischen Stoffwechselverhältnissen und Dermatosen haben feststellen wollen, findet sich nicht einmal die Überlegung, ob die Verschiebung eigentlich noch an den Auf- und Abbauvorgängen diesseits der Nieren oder erst in den Eliminationsverhältnissen der Nieren selber liegen könne.

Einzelne haben dies allerdings erwogen und sprechen von einer „impérmeabilité rénale", z. B. Lépine, Besnier, Verotti (a), Gaucher (a), Bulkley (b, h), Jelks, Leredde-Perrin, Brocq-Desgrez-Ayrignac, Brocq-Ayrignac, Brocq-Pautrier-Ayrignac.

Von herabgesetzter Eliminationsfähigkeit spricht Radcliffe Crocker (b) als Ursache von senilem Ekzem, „auch wenn keine Albuminurie damit verbunden sei".

Auch R. L. Sutton (a) betont neuerdings funktionelle Nierenstörungen als Ursache für Hauterkrankungen, ebenso Lortat-Jacob (b).

Bussalai betrachtet Hyperindicanämie als Kennzeichen einer gestörten Nierenfunktion, ohne daß weiter klinische Anzeichen für diese vorhanden sein müssen. Er hat eine solche besonders bei Ekzemen gefunden.

Auch Bernhardt-Rygier haben sich im Laufe von Untersuchungen über das Ekzem die Frage vorgelegt, inwiefern ein vermindertes Ausscheidungsvermögen der Nieren eine Rolle in dessen Pathogenese spielen könne. Sie glaubten mit der von Rowntree-Geraghty angegebenen Phenolsulphonphthaleinmethode beim Ekzem oft eine solche sekretorische Niereninsuffizienz nachweisen zu können. Von Butte (b) wird die Vermehrung des Harnstoffs im Blut bei Dermatitis herpetiformis und bei universellem Ekzem auf gestörte Nierenfunktion zurückgeführt.

Vielleicht darf hier die Beobachtung von Wedenski angeführt werden, welcher bei einem 52 jährigen Manne, der aus äußeren Umständen erst 4 Tage nach Beginn einer Harnverhaltung katheterisiert werden konnte, am 6. Tag ein papulöses Erythem auffiel, ohne Fieber, das am 7. Tag wieder abklang. Da nichts von cystitischen Veränderungen angegeben ist, und das Erythem rein auf die Harnverhaltung bezogen wird, dürfte es vielleicht hierher gehören.

Es wäre dies analog der Auffassung, die S. Jessner (c) über den Pruritus bei Prostatikern äußert, „er ist eine Folge der Harnretention, der Überladung des Blutes mit dem Harn angehörigen chemischen Bestandteilen".

Diese Fragen müssen jedenfalls auf Grund exakter Untersuchungsmethoden noch weiterhin geprüft werden.

b) Wesentlich viel leichter ist natürlich ein Zusammenhang von Dermatosen mit Nierenfunktionsstörungen anzunehmen, wenn für letztere aus dem Urinbefund deutliche Zeichen einer Organstörung sprechen, also Albuminurie und Cylinderausscheidung nachweisbar sind.

Dabei ist allerdings die Frage nicht immer ganz leicht zu entscheiden, ob die Hauterscheinungen wirklich eine Folge der Nierenstörungen sind, oder ob nicht umgekehrt die Nierenerkrankung durch die Hautveränderung bedingt war. Nicht selten ist auch die Entscheidung zu treffen, ob nicht Nephritis und Dermatose koordiniert von einer gemeinsamen übergeordneten Ursache abhängig sind. Auf die letzteren beiden Möglichkeiten werden wir später noch zu sprechen kommen, hier haben wir uns nur mit der ersten zu beschäftigen, also mit Dermatosen, welche als von einer Nephritis abhängig angegeben werden.

Man hat einen Teil dieser Dermatosen speziell als Urämide bezeichnet, da sie sehr häufig erst im letzten Stadium der Nephritis aufzutreten pflegen. Es dürfte dies jedoch nur ein gradueller Unterschied sein, so daß wir diese Formen nicht besonders abtrennen wollen. Dagegen muß hier im gleichen Sinne, wie es Walthard bereits getan hat, betont werden, daß man möglichst nur reine Fälle berücksichtigen sollte und deshalb Beobachtungen, bei denen neben oder außer der Nephritis eitrige Entzündungsherde, speziell der Harnwege mitvorhanden gewesen sind, lieber nicht in diese Gruppe miteinbeziehen sollte. Die Beobachtungen von Rosenstein, Finger (c), Raymond (Fall 1 und 6), Ehrmann (a), Weber (d), Gruber (Fall 1), Kaulen (Cystitis oder Pyelonephritis), Merklen, Gruber (Fall 2) (Ureteren- resp. Blasencarcinom), Persy (Fièvre typhoïde à forme rénale).

Die hierher gehörigen Dermatosen finden sich schon einige Male zusammengestellt von Thibierge (b), Merk (b), Jadassohn (a), Glaserfeld. Mir persönlich waren einzelne der älteren Literaturangaben nicht zugänglich, so daß ich für etwa fehlende Autoren auf diese Zusammenstellung verweisen möchte.

Nicht eigentlich zu den Dermatosen gehörig aber doch hier zu erwähnen ist die Ausscheidung von Harnstoff durch die Schweißdrüsen (Uridrosis) bei Urämie (Senator, Török, Salomon-v. Noorden, Strümpell, Portig).

Die bekannteste Erscheinung von seiten der Haut, besonders bei urämischen Zuständen ist der *Pruritus*, der sich in den meisten Lehrbüchern angegeben findet, z. B. bei Senator, Volhard, Strümpell, Thibierge (b), Neisser, Lesser (a), R. Ledermann, Spiegler-Grosz, Lortat-Jacob (a), Merk (b), Crocker (b), Bunch, Jessner (c), Thursfield u. a.

*Prurigo*artige Erscheinungen sind im ganzen selten beobachtet:

Ein Fall von Duval (31 jähriger Mann, zitiert bei Persy als Beobachtung 1) kann wohl nur als Prurigo angesehen werden. Auch die dicht gedrängt stehenden abgekratzten flachen, zum Teil verkrusteten Papeln an Thorax und Rückenfläche fast gleichmäßig, an den Extremitäten an der Streckseite etwas mehr vorhanden in einem Fall von Merk (b) (K. 18 jährig) könnte als Prurigo gedeutet werden. Bei Csillag läßt sich die Abhängigkeit der Hauterscheinung von der Nephritis nicht sicher entscheiden.

Umstritten ist auch Frage der *Urticaria*.

Nach Thibierge (b) ist sie zwar von einzelnen wie Rayer, Duhring, Kaposi beobachtet worden, nach Glaserfeld auch von Leube und Seitz, doch hält sie Thibierge (b) ebenso wie Persy für selten, Hardy habe sie z. B. nie beobachtet.

Merk (b) findet Urticaria fast ebenso häufig wie den Pruritus im Gefolge von Albuminurie, allerdings sei sie hierbei meist der Vorläufer des Pruritus und trete nicht selbständig auf. Im oben erwähnten Falle (K. 18 jährig) sind Urticariaquaddeln ausdrücklich erwähnt, ebenso in einem Fall von Duval (K. 23 jährig). Auch Scherber weist auf das Auftreten von Urticaria bei Nephritis hin. Eine viele Tage anhaltende heftige Urticaria des Gesichts beobachtete weiterhin Volhard. Nach Jadassohn (a) kommt die Urticaria sowohl in der gewöhnlichen Form als in jener klinischen mit derben, lang persistierenden, aufgekratzten Knoten vor, wie sie z. B. J. Baum beschreibt und wie sie wohl auch Merk (b) meint, „eine Urticaria, welche in hartnäckigen und schweren Fällen eine Urticaria papulosa ist". Interessant ist die Mitteilung von Raymond, welcher eine Urticaria factitia in seinem 2. Fall beobachten konnte.

Was sonst etwa von urticariellen Papeln erwähnt wird von z. B. West, Waldo of Clifton, L. Scott, Galloway (a), Gruber (Fall 5) dürfte eher zur Gruppe der Erytheme zu rechnen sein, die ja sehr wohl etwas urticariell aussehen können. Dazu paßt auch, daß mehrfach in der Folge Schuppung angegeben wird.

Die *Purpura* ist nach Glaserfeld eine ziemlich seltene Kombination der chronischen Nephritis. Er stellt eine Anzahl älterer Beobachtungen zusammen. Auch Thibierge (b) erwähnt einige solche (Bartels, Albert Mathieu, P. Lévi). Ferner rechnet Thursfield Purpura zu den nach Nephritiden auftretenden Hauterscheinungen. Eigene Beispiele führen an Persy, Raymond, Scott. Marchand und C. Fox sahen hämorrhagische Erytheme.

Recht umstritten ist die Abhängigkeit von *Ekzemen* von Nierenstörungen.

Merk (b) glaubt eine spezielle Form beobachtet zu haben, welche ein meist streng umschriebenes, papulöses chronisches Ekzem bei Personen vorgerückteren Alters ist, das häufig seinen Sitz an den Unterschenkeln, seltener auch an anderen Körperstellen hat, sich durch intensives Jucken auszeichnet, jedem therapeutischen Versuch so gut wie vollständig widersteht, hingegen spontan unter Bildung von Pigment abheilen kann.

Zwei Fälle von Ekzem bei Nierenkranken hat Jordan beschrieben, deren einer wie die Merkschen mit Pigment abheilte. Als kleinpapulöses Ekzem muß wohl der Beschreibung nach die Eruption im Falle 1 von Duval (62 jähriger Mann) angesehen werden. Ein hartnäckiges diffuses Ekzem sieht Casarini (b) als durch eine Nephritis provoziert an und Pye-Smith bezeichnet eine Eruption als ekzematoide Dermatitis. Thursfield hält einen Zusammenhang für nicht nachgewiesen. Dagegen glaubt Lortat-Jacob (a) neuerdings an Zusammenhang von Ekzem und Nephritis und Ravitch-Steinberg (a) schreiben „we have seen eczema due to nephritis and disappearing when the renal function was restored sufficiently".

Weitaus die meistgenannten im Verlaufe von Nierenkrankheiten auftretenden Erscheinungen sind die *Erytheme*, und zwar finden sich alle Übergänge von einfachen fleckigen Formen über den Typus des Erythema exsudativum multiforme, bis zur Blasenbildung und Nekrose. Es dürften dies im ganzen nur graduelle Unterschiede sein (Thursfield).

Einfach bloß erythematöse Veränderungen werden angegeben von Hawkins, Pye-Smith, Gruber, roseolaähnliche von C. Fox und nach Beobachtungen von Hardy und Quinquaud in den Dissertationen Duval und Merklen, masernähnliche werden genannt von C. Fox, Marchand, Volhard. Als papulöse Erytheme sind diejenigen beschrieben, durch welche erst Huët und später Bruzelius die Aufmerksamkeit überhaupt erstmals auf Zusammenhänge von Dermatosen und Nierenaffektionen intensiver hingelenkt haben. Ebenso werden als papulöse Erytheme bezeichnet Fälle von Le Cronier Lancaster, Polotebnoff, Merk (b), Raymond, Galloway (a) Crocker (a) Pye-Smith, papulös urticarielle von E. Scott, urticarielle von West, Merk (b). Dem Typus des Erythema exsudativum multiforme entsprechen Mitteilungen von Galloway (a, c), Galloway-Macleod, Sachs. Bullöse Dermatosen erwähnen Persy, der auch weiterhin eine

Beobachtung von LANCEREAUX anführt, ferner RAYMOND, L. SCOTT, BARRS-LEEDS, WICKHAM (a), KÖNIGSTEIN-URBACH, WERSSILOWA (b).

Eine besondere Tendenz zur Nekrose beobachteten bei ihren Erythemen EULENBERG, BEYERLEIN (zit. nach GLASERFELD), DALCHÉ-CLAUDE, POLLAND (a), SACHS, R. LEDERMANN, HEDINGER, WALTHARD. In den beiden Fällen von NEUMANN und von POLLAND (b) wird zur Diskussion gestellt, ob es sich nicht um einen Jodpemphigus gehandelt habe, der bei Nephritikern aufgetreten sei. Da bei beiden Fällen im Magendarmkanal Geschwüre vorhanden waren, die ebenso gut als urämische angesehen werden können, ist vielleicht die Auffassung der Hauterscheinung als rein urämischer auch erlaubt.

Nicht selten wandeln sich die Erytheme in *generalisierende, exfoliierende Dermatitiden* um, wie sie besonders von englischen Autoren beobachtet worden sind [BARLOW, WEST, GALLOWAY (a), PYE-SMITH, DUCKWORTH und THURSFIELD]. Je ein variolaähnliches Exanthem beobachteten WEST und WHITFIELD (c).

Eine gleichzeitige Beteiligung der Schleimhaut wird hervorgehoben von HAWKINS, GALLOWAY-MACLEOD, CHIARI, DALCHÉ-CLAUDE, SACHS (Fall 4); in einem Fall von EICHHORST war überhaupt nur die Schleimhaut der Vagina beteiligt.

CROCKER (b) gibt an Dermatitis herpetiformis durch Nephritiden bedingt gesehen zu haben. Nicht sicher zu stellen ist, ob im Fall 3 von LEREDDE-PERRIN die Dermatitis herpetiformis als Folge oder als Ursache der tödlichen Nephritis anzusehen ist.

CROCKER (d) beschreibt einen eigenartigen Fall, in dem ein multiformeähnliches Exanthem sich in einen generalisierten Lupus erythematodes umgewandelt haben soll.

Acneiform war schließlich das Exanthem, welches CHIARI beobachtet hat, hanf- bis erbsengroße, perifollikuläre, nekrotisierende Knötchen.

Von selteneren Dermatosen wäre dann noch zu erwähnen die RAYNAUDsche Gangrän. So hat SENATOR das Absterben der Finger mit einem Gefühl von Kribbeln und krampfhafter Steifigkeit, auf das schon ALIBERT und DIEULAFOY hingewiesen hatten, selbst bei chronischer Urämie gesehen. Es beruhe wohl auf vasomotorischen Störungen, die sich unter Umständen bis zur symmetrischen Asphyxie (RAYNAUD) steigern könnten. 4 Fälle, darunter einen selbst beobachteten, stellt GIBERT zusammen. CASSIRER erwähnt u. a. Fälle von DEBOVE, KRONER, ROQUES.

Was die *Pyodermien*, zum Teil in Form von Pustelchen und Furunkeln, zum Teil in Form ausgedehnter Ekthymata und Nekrosen anbelangt, so ist wohl kein Zweifel, daß diese nur sekundär mit den Nierenstörungen in Zusammenhang stehen, in dem eben in dem in seiner Vitalität herabgesetzten Gewebe die häufig durch das Kratzen tiefer in die Haut implantierten Bakterien einen wesentlich günstigeren Nährboden zu ihrer Weiterentwicklung und zur Erzeugung von Ulcerationen finden. Es braucht auf diese Komplikationen deshalb nicht weiter eingegangen zu werden.

Über die Art und Weise, wie es zur Entstehung aller dieser Hautveränderungen kommt, sind wir noch durchaus im unklaren.

Erythematöse Exantheme sind einige Male histologisch untersucht worden. Nach FOX, RAYMOND, DALCHÉ-CLAUDE, WALTHARD zeigt sich in der Cutis mehr Hyperämie, Ödem und evtl. Hämorrhagien und nur eine leichte entzündliche Reaktion. GRUBER findet dazu auch eine stärker entzündliche Leukocyteninfiltration. ROESSLE sieht ebenfalls stärkere perivasculäre Infiltrate und eigenartige Aufhellung vieler Epithelzellen.

Die genannten Autoren sind alle der Ansicht, daß es sich wohl um eine toxische Schädigung der Gefäßwände handeln muß. Welches Produkt des Stoffwechsels aber hierfür in Frage kommt, ist noch durchaus offen und damit kann uns also auch der histologische Befund nicht zur definitiven Aufhellung der Vorgänge führen.

Vor der Überschätzung der perivasculären Infiltration und Schwellung der Capillarendothelien warnen HERXHEIMER und ROSCHER, da sie diese auch bei Kontrolluntersuchungen feststellen konnten.

E. Stoffwechseleinflüsse pathologischer Gewebswucherungen.

Anhangsweise zu den Störungen der normaliter am Stoffwechsel sich hauptsächlich beteiligenden Organe muß doch auch kurz die Tatsache gestreift werden, daß die Zellen pathologischer Neubildungen ebenfalls einen Stoffwechsel besitzen, und daß sie damit die Möglichkeit haben, durch eigene Produkte unter Umständen auf die Haut einen Einfluß auszuüben. Es sind damit also nicht Metastasen oder an der Haut lokalisierte Herde der betreffenden wuchernden Zellen gemeint, sondern Erscheinungen vorwiegend unspezifischer Natur an der Haut, welche mit dem Stoffwechsel der Tumoren in entsprechendem Zusammenhange stehen können, wie mit den bis jetzt behandelten Einflüssen der normalen, evtl. freilich abnorm funktionierenden Körperorgane.

Es sind besonders fünf Gruppen von pathologischen Wucherungen, denen in diesem Sinn eine Einwirkungsmöglichkeit auf die Haut zukommen kann. Sie seien, da sie in anderen Abschnitten des Handbuchs ausführlich dargestellt sind, hier nur kurz gestreift.

1. Tumoren.

a) Als bekannteste, in gewissem Sinn fast als spezifisch zu bezeichnende Affektion ist hier die *Acanthosis nigricans* zu nennen.

Über die Genese, d. h. über den Weg und die Weise, wie der interne Tumor zur Entwicklung der Hautveränderungen Anlaß gibt, sind wir noch nicht im klaren.

Es wird jetzt vorwiegend an eine Art hormonalen Einflusses gedacht, wie dies besonders Miescher deutlich ausgeführt hat. Er wurde zu seinen Ausführungen durch die Beobachtung einer Acanthosis nigricans bei zwei Geschwistern mit schwerem Diabetes ohne Tumoren angeregt, bei denen die Annahme hormonaler Einflüsse besonders nahegelegt war. Eine ähnliche Mitteilung über familiäre Kombination von Acanthosis nigricans und Fettsucht liegt von W. Jadassohn (c) vor.

In Zukunft wird an solchen Fällen wohl noch ein genauerer Einblick gewonnen werden.

b) Unspezifische Dermatosen sind in wesentlich kleinerer Zahl beschrieben.

Pruritus zum Teil als diagnostisch wichtiges Zeichen wird erwähnt von Kaposi, Neisser, Jadassohn, Lesser (a), Darier (b), S. Jessner (c), Blaschko (c), Wickham (b), Schur (b), Ravitch (a), Küttner, Harf. Bei Blaschko (b) ist besonders wichtig das Verschwinden des Juckeus bei Exstirpation des Tumors und das Wiederauftreten bei dessen Rezidivieren. Prurigoartige Exantheme beobachteten Wickham (b), Jadassohn (a), Bogrow, Rothmann (Fall 3). Ein universell sich ausbreitendes Erythem beschreibt Schur (b), ein polymorphes, teils rubeolen-, teils serumexanthemartiges, mit Hämorrhagien kombiniertes Exanthem Ramel, je ein Erythema multiforme-ähnliches Adler, H. Davis, Rothmann (Fall 2), eine rezidivierende Urticaria bei einem Pankreascarcinom Ravitch (a). Einer Dermatitis herpetiformis gleichen die von Ploeger, Bogrow, Harf, Rothman (Fall 1), Usland (Heilung nach Magenresektion) gesehenen Eruptionen, einer Impetigo herpetiformis der Fall von Buschke (a). Ein eigenartiges Bild in Form erythematösschuppender, zum Teil keratotischer Herde teilen Gougerot-Rupp mit. Schließlich hat Holländer auf Pigmentierungen aufmerksam gemacht, welche mit der Operation des Abdominaltumors zum Stillstand kamen, um beim Rezidiv sich wieder weiter auszubreiten.

Über die Produkte, welche diese verschiedenen Phänomene hervorrufen, haben wir noch keine Kenntnis.

2. Leukämien.

Unter den Hauterscheinungen, welche im Verlauf einer Leukämie auftreten können, finden sich neben Mitteilungen von echten, tumorförmig oder flächenhaft entwickelten Infiltrationen mit echten leukämischen Zellelementen eine ganze Anzahl, in denen banale Dermatosen beobachtet und in ihrer Entstehung auf die Leukämie zurückgeführt worden sind, sog. Leukämide.

Neben einfachem Pruritus handelt es sich um Blutungen, Erytheme, Urticaria, prurigoähnliche, ekzematoide, bullöse Exantheme. Näheres siehe u. a. bei Pinkus (e), Nicolau (b), Paltauf, Bettmann (c), Arndt (b), Mariani, Arzt (b).

3. Lymphogranuloma malignum (Hodgkin-Sternberg).

Auch hier finden sich in gleicher Weise neben echten lymphogranulomatösen Wucherungen in der Haut und neben einfachem Pruritus eine ganze Anzahl unspezifischer, z. B. erythematöser, urticarieller, prurigoartiger, ekzematoider, bullöser Dermatosen als Folgeerscheinungen der Grundkrankheit beschrieben. Näheres siehe u. a. bei Paltauf, Bettmann (c), Mariani, W. Dössekker (b), Schoenhof.

4. Polycythaemia rubra.

Bei dieser Affektion haben E. Pick-Kaznelson (a) als Acne urticata polycythaemica eine eigenartige papulöse Dermatose beschrieben, welche nach jahrelangem, jeder Therapie trotzendem, qualvollen Bestehen durch Abheilung der Polycythämie unter Röntgenbestrahlung restlos zum Verschwinden gebracht werden konnte.

Ein gleiches Exanthem bei Polycythämie hat Mertschanski beschrieben, ferner Werther, welcher es aber lieber pruriginöses Ekzem nennen möchte.

Die Auffassung Richters, der diese Dermatose auf Grund einer eigenen Beobachtung als Rosacea auffassen möchte, ist wohl abzulehnen [E. Pick-Kaznelson (b)].

Eigenartige Veränderungen beschreiben weiterhin Ullmann (c), Gans (d).

5. „Focal infection".

Der Begriff der sog. „focal infection" ist hier nicht in dem Sinn zu verstehen, daß von einem lokalisierten Infektionsherd aus durch hämatogene Aussaat von Erregern an der Haut echte Metastasen erzeugt werden, sondern in dem modifizierten Sinne, daß in umschriebenen bakteriellen Herden mit klinisch kaum in Erscheinung tretenden Entzündungsvorgängen durch fermentative auto- und heterolytische Spaltung des Bakterien- und Zelleiweißes zahlreiche Abbauprodukte gebildet werden [„heterotopic digestion", Roberts (a)], welche resorbiert werden, auf dem Blutwege an die Haut gelangen und dort reaktive Erscheinungen erzeugen sollen [Ravitch-Steinberg (a), Roberts (a, b), Whitfield (a), Semon (a), Low (a), Memmesheimer (e)].

Es ist dies eine Auffassung, wie sie besonders in der angelsächischen Literatur sich häufig findet. Immerhin können schon einzelne der von Ehrmann (a) angeführten Fälle von Urticaria oder Erythem bei Salpingitis, resp. Vaginalfluor in diesem Sinne interpretiert werden. Auch die Auffassung von Paessler über die Genese der sog. Diathese und ihrer Hauterscheinungen (Strophulus, Prurigo, Herpes, Erythema nodosum, Oedema Quincke, Ekzem) deckt sich mit dieser Theorie. Ebenso enthalten die Ausführungen von Danysz (b) über die Bedeutung der Darmbakterien für eine ganze Anzahl von Hautkrankheiten eigentlich dieselben Überlegungen. Auch aus der Theorie der gastro-intestinalen Intoxikation kann manches in diesem Sinne aufgefaßt werden.

Die Herde, in denen diese latenten Abbauvorgänge sich abspielen können, sind u. a. die Zahnwurzeln, die Gingiva, die Tonsillen und Lymphdrüsen, die Nebenhöhlen der Nase und des Ohres, der Gastrointestinaltractus, die Appendix, die Gallenblase, der Urogenitalkanal.

Als Beispiele von Hauterscheinungen, die mit einer derartigen focal infection genetisch in Zusammenhang gesetzt werden, können folgende angeführt werden:

Urticaria und angioneurotisches Ödem: Ravitch (a), Turnbull, Quincke, Barber (a), Semon (b), Low (a).

Erytheme: Roseola und ein scarlatiniformes Erythem Ravitch (a), Erythem bei Bronchiektasen Rüdiger, Erythema multiforme Anthony, Roberts (b), Semon (a, b), R. L. Sutton (b), bullöse Erytheme Sequeira (b), Ravitch (a), Eisenstaedt.

Dermatitis herpetiformis: Barber (c), Roberts (b), Low (a).

Pemphigus: R. L. Sutton (c).

Pruritus und Prurigo: Semon (b), Roberts (a), Low (a).

Ekzem: Ravitch (a), Whitfield (a), Low (a), Visher, Memmesheimer (e), Sidlick, Barber (f).

Acne: Sutton (a, c).

Sklerodermie und Vitiligo Chipman (c), abgelehnt von Ravitch-Steinberg (a).

Psoriasis: Chipman (c), Danysz (b), Cook, Barber (b), Semon (c), Lassueur. Abgelehnt von Ravitch-Steinberg (a).

Herpes zoster: Lain, R. L. Sutton (b), abgelehnt von Heimann.

Alopecia areata: Chipman (c), für manche Fälle Barber-Zamora, Roberts (a). Abgelehnt von Low (a).

Lichen ruber: Chipman (d), Roberts (a, b), Sutton (a), Lain. Abgelehnt von Whitfield (a), Ravitch (b), Ravitch-Steinberg (a).

Lupus erythematodes: Barber (c, d, e), Whitfield (a d), Low (a), Macleod (b), Hartzell (c), Burke.

Der Zusammenhang zwischen focal infection und Dermatose wird von den verschiedenen Autoren nicht mit gleicher Überzeugung vertreten, einzelne mahnen sehr zu einer vorsichtigen Bewertung und möchten auch für manche der Affektionen die focal infection nur als eine mögliche Ursache neben anderen angesehen wissen. Die Annahme des Zusammenhangs stützt sich namentlich auf therapeutische Erfolge, und zwar zum Teil auf Abheilungen, die auf Exstirpation des betreffenden infektiösen Herdes hin, nach vorheriger anderweitiger erfolgloser Behandlung relativ rasch eingetreten sind, zum Teil auf therapeutische Effekte einer Injektionskur mit Vaccine von Streptococcus longus, welcher vorwiegend in den angeschuldigten latenten Infektionsherden gefunden wird.

Aus manchen Krankengeschichten scheint ein deutlicher, zum Teil auffallend prompter Erfolg dieser therapeutischen Maßnahmen hervorzugehen, doch dürfte wohl immerhin der Zusammenhang noch etwas vorsichtig beurteilt werden.

Auch die Art und Weise, in welcher der lokale Infektionsherd und die von ihm abgesonderten Toxine auf die Haut einwirken, ist nicht absolut klargestellt. Die meisten Autoren neigen zur Annahme einer sensibilisierenden Wirkung dieser Eiweißkörper im Sinne der Erzeugung einer anaphylaktischen Reaktion am Hautorgan.

Damit dürften wir die Vorgänge im Organismus, welche auf dem Wege des Stoffwechsels Erscheinungen und Veränderungen an der Haut hervorrufen können, zu Ende besprochen haben. Wir haben versucht, die einzelnen zugrunde liegenden internen Störungen so weit als möglich für sich herauszuarbeiten. Leider müssen wir selbst hier nochmals betonen, daß die Erreichung dieses Ziels dadurch noch sehr verhindert ist, daß eben die verschiedensten Faktoren — speziell Stoffwechsel, Nervensystem und innere Sekretion — bei den in Frage kommenden Vorgängen so eng miteinander verbunden sind, daß sie vorerst nicht restlos entwirrt werden können.

Um weiter zu kommen, ist uns vor allen Dingen eine Vertiefung unserer Kenntnisse der normalen gegenseitigen Beziehungen notwendig.

II. Erscheinungen im Körper als Folge von Stoffwechselvorgängen in der Haut.

Es ist klar, daß bei dem engen Verbundensein der Haut mit dem Gesamtorganismus sich die gegenseitigen Beziehungen nicht allein in der in der ersten Abteilung besprochenen Weise abspielen, also in dem Sinne, daß sich die Vorgänge im Innern des Körpers an der Haut widerspiegeln, sondern daß auch umgekehrt anzunehmen ist, daß die Lebensvorgänge in der Haut auf dem Wege des Stoffwechsels auch einen Einfluß und eine Einwirkung auf die inneren Organe geltend machen.

„Wenn man den eigentlichen Zusammenhang der Haut mit dem übrigen Organismus, vor allem die große Blutmenge, die ständig durch dieses ausgebreitete Organ zirkuliert und seine Abbauprodukte fortschafft, in Betracht zieht, muß es eigentlich wundernehmen, daß nicht jede krankhafte Störung der Haut von Veränderungen im übrigen Organismus gefolgt ist" [Riehl (c)].

Es waren zunächst in der Hauptsache die generalisierten schweren Hautentzündungen, wie der Pemphigus und nässende oder exfoliierende Erythrodermien, sowie die ausgedehnten Verbrennungen, bei denen sich aus den allgemeinen Symptomen, unter denen die Krankheit meist zum tödlichen Ausgang führte, am ehesten der Gedanke aufdrängte, daß diese toxischen Schädigungen, die von der in großen Flächen lädierten Haut zur Resorption gelangten, im Organismus diese Störungen hervorrufen könnten.

In neuerer Zeit waren es dann auf der einen Seite besonders die Einblicke, welche bei infektiösen Dermatosen (z. B. Mykosen, Tuberkulose) und bei allgemeinen Infektionskrankheiten mit starker Beteiligung des Hautorgans gewonnen wurden und auf der anderen Seite die Beobachtungen, welche die durch Einwirkung physikalischer Faktoren auf die unversehrte Haut erzielbare Rückwirkung auf den allgemeinen Körperzustand aufgedeckt haben, die zusammen eine gewaltige Anregung dazu gegeben haben, auch in der normalen Haut die Vorgänge zu studieren, welche möglicherweise im Sinne einer physiologischen Tätigkeit der Haut rückläufig einen Einfluß auf den Gesamtorganismus ausüben könnten.

Schon KREIDL hatte 1902 geschrieben: „Ob nicht das Außerfunktionsetzen großer Hautflächen sowohl bei der Verbrennung als beim Firnissen dadurch von Einfluß ist, daß sich im Gesamtstoffwechsel das Fehlen des Stoffwechsels dieser Hautpartien bemerkbar macht, ist bis jetzt nicht näher untersucht worden und hängt mit der Frage zusammen, ob die Haut nicht, wie andere Organe, eine „innere Sekretion" besitzt, eine Frage, die ich hiermit zur Diskussion stellen will. Dabei kann man sich vorstellen, daß die lebende Haut entweder die Aufgabe hat, gewisse Stoffe für den Gesamtstoffwechsel zu liefern, oder durch ihre Produkte giftige Stoffwechselprodukte zu paralysieren."

In neuerer Zeit haben sich besonders B. BLOCH und E. HOFFMANN dieser Frage zugewendet.

1916 schrieb hierzu E. HOFFMANN (d) „mir scheint die Annahme naheliegend, daß die Bestrahlungen wohl auch die innere Sekretion der Epithelien der Epidermiszellen anregen und durch Bildung oder Vermehrung von Schutzstoffen die Heilung der Tuberkulose befördern. Damit läßt sich bei der zur Zeit angenommenen geringen Penetration der wirksamen Strahlen ihr Effekt am besten erklären und der bekannte günstige Einfluß von Schweißkuren bei manchen Infektionen, sowie der Umstand, daß bei exanthematischen Krankheiten die Haut oft das Grab der Parasiten ist, scheint mir für diese Auffassung als Stütze angeführt werden zu können.

Und fast zu gleicher Zeit wird auf Grund seiner Trichophytiestudien BLOCH (d) dazu geführt zu sagen: „In der Tatsache, daß sich so viele und wichtige Erscheinungen bei den Infektionskrankheiten, welche zu einer allergischen Umstimmung führen und vielleicht auch bei den sog. akuten Exanthemen, gerade in der äußeren Körperdecke abspielen, sehe ich nichts anderes als den Ausdruck einer bis jetzt nicht genügend gewürdigten biologisch wichtigen Funktion des Hautorgans."

E. HOFFMANN hat sich dann weiterhin sehr intensiv für diese nach innen gerichtete biologische Schutzfunktion der Haut, für die er den Namen „Esophylaxie" einführte, eingesetzt (e, f) und diese nach innen gerichtete Funktion der Haut, welche zum Teil geradezu als innere Sekretion bezeichnet wird, hat seither stets weiterhin Interesse gefunden.

Auf der einen Seite sind als Zeichen der selbständigen Arbeitsmöglichkeit der Haut eine ganze Anzahl von Fermenten in ihr nachgewiesen worden [BLOCH (i), WOHLGEMUTH und seine Mitarbeiter, KLOPSTOCK-BUSCHKE, YAMASAKI, MELCZER], auf der anderen ist das Studium der Auswirkung physikalischer Einflüsse durch die Haut nach innen in Angriff genommen worden.

Wie aus den neuesten Zusammenstellungen von E. HOFFMANN (f), seinem Schüler MEMMESHEIMER (d) und von PULVERMACHER (b) hervorgeht, sind bereits gewisse Einblicke und einige Ergebnisse erreicht worden.

„Sie zeigen doch, daß wir auch hier über die reine Empirie hinaus zu einer systematischen wissenschaftlichen Forschung gelangt sind, in der allerdings das meiste und wichtigste noch zu tun übrig bleibt" [BLOCH (e)].

Es würde den Rahmen unserer Aufgabe weit überschreiten, wenn wir hier auf alle diese Entdeckungen und Beobachtungen eingehen wollten.

Sie werden sinngemäßer in den Kapiteln über Physiologie der Haut, über Licht- und Immunitätsbiologie in diesem Handbuch zusammengefaßt.

Auch für die Rückwirkung der Verbrennung auf den Organismus verweisen wir auf den betreffenden Abschnitt dieses Handbuches.

Für unsere Aufgabe möchten wir uns darauf beschränken, dasjenige hier zusammenzustellen, was über die Rückwirkung von entzündlichen, nicht infektiösen Dermatitiden auf den Organismus bekannt ist.

Es bestehen über solche Einflüsse freilich unendlich viel weniger und auch viel weniger verwertbare Mitteilungen als über die umgekehrt verlaufenden, wie sie in der ersten Abteilung behandelt worden sind.

Auch ist es noch sehr schwer zu beweisen, daß der Weg, auf dem sie auf den Organismus zurückwirken, wirklich über den Stoffwechsel geht. Auch bei dieser Art der Beeinflussung müssen wir in Betracht ziehen, daß sowohl durch die Reizung der sensiblen Hautnerven als der sympathischen Blutgefäßnerven reflektorisch weitgehend Reaktionen am einen oder anderen Organ und vielleicht auch im Gesamtkörper ausgelöst werden können, so daß auch von dieser Seite der Einblick recht erschwert ist.

Von den verschiedenen Arten, auf die eine Einwirkung stattfinden kann, glauben wir folgende hier anführen zu können:

1. Störungen der Hautperspiration.

Der Hautperspiration, welche als solche in ihrem Einfluß auf den Gesamtorganismus früher recht hoch eingeschätzt worden ist, wird jetzt eigentlich keine sehr wesentliche Bedeutung mehr beigemessen (Kreidl, Salomonv. Noorden, Bloch (b)], so daß wir hier nicht weiter darauf einzugehen haben.

2. Störungen der Wärmeregulation.

Ausgedehnte Veränderungen an der Haut können auf der einen Seite, z. B. bei den akut entzündlichen Dermatosen durch Abblättern der obersten Schutzschichten, stärkere Durchblutung, Exsudationen, Schweiße, eine Steigerung der Wärmeabgabe bewirken, auf der anderen Seite aber z. B. bei keratotischen Prozessen oder bei Atrophie der in der Wärmeregulation wesentlich mitspielenden Schweißdrüsen auch eine Verminderung der Wärmeabgabe bedingen und dadurch bei dem Verbrauch von Energie im Stoffwechsel einen Einfluß ausüben.

Die Verhältnisse sind im ganzen noch wenig erforscht.

Mit der Vermehrung der Wärmeabgabe befaßt sich Linser.

Untersuchungen über Verminderung der Wärmeabgabe haben Schwenkenbecher, Linser-Schmidt, Bloch mit Gigon (b) ausgeführt.

Sehr deutlich tritt die Wärmestauung auf bei Patienten mit angeborenem Mangel der Schweißdrüsen (Tendlau, Lutembacher).

3. Energieverlust durch die Hautabsonderung.

Es ist recht wahrscheinlich, daß bei ausgedehnt schuppenden oder nässenden Dermatosen der Verlust an Körpersubstanzen durch die Haut ein recht beträchtlicher sein kann.

Genauere Untersuchungen liegen allerdings nur wenige ältere vor, Quinquaud [zit. nach Bloch (b)], Burgsdorf, Salomon-v. Noorden, Selenew, Schlesinger.

Radaeli (b) erklärt die Stickstoffretention, die er bei Pemphigus feststellen konnte, mit dem Verlust von Eiweißsubstanzen durch die Haut. Ebenso faßt Tidy (b) die Retention von Stickstoff bei exfoliierenden Erythrodermien (a) auf. Er betont dies namentlich im Gegensatz zu Schamberg-Ringer-Raiziss-Kolmer, welche die Stickstoffretention bei Psoriasis für das Primäre ansehen.

Kohda läßt unentschieden, ob die Verminderung der Purinbasen im Harn in zwei Fällen von Dermatitis exfoliativa auf eine Retention im Gewebe oder auf Umwandlung der Harnsäure zurückzuführen sei.

4. Rückwirkung auf den Stoffwechsel.

Über diese Einwirkung finden wir fast keine brauchbaren Angaben.

Stüve hat bei einem Pemphigus einen krankhaft gesteigerten Eiweißzerfall festgestellt, ebenso Radaeli bei einem Lichen ruber (a) und bei einem Pemphigus (b). Bei anderen Fällen gelang Radaeli diese Feststellung nicht mehr. Bei einigen Lichen ruber-

Fällen (c) gibt er an unter Arsenwirkung eine Verminderung der Ausscheidung von Harnstoff bei Vermehrung der Ausscheidung anderer stickstoffhaltiger Produkte gefunden zu haben.

Bei schwereren chronischen Hautkrankheiten (Pemphigus, Pityriasis rubra Hebrae, Epithelion) fand KOHDA mitunter deutliche Steigerung der Harnsäureausfuhr im Harn und hält diese als wahrscheinlich durch den erhöhten Zerfall von Hautelement bedingt.

Im Gegensatz zu den meisten Autoren haben NATHAN-STERN (b) festgestellt, daß die Kalium- und Calciumverschiebungen im Blutserum als Folgeerscheinungen der Dermatosen und nicht als deren ätiologische Faktoren anzusehen seien.

Bestimmungen anderer Stoffwechselprodukte in diesem Zusammenhang haben wir nicht finden können.

Es muß aber hier betont werden, daß es bei den in der ersten Abteilung aufgezählten Erhebungen über Verschiebungen im quantitativen Verhalten einzelner Stoffwechselkomponenten vielfach noch durchaus nicht feststeht, in welche Beziehung diese zur Dermatose zu bringen sind.

Entsprechend der Tendenz, für unabgeklärte Hautkrankheiten ätiologisch und pathogenetisch interne Störungen verantwortlich zu machen, hat man sie in diesem Sinne zueinander in Beziehung gesetzt. Es ist aber sehr wohl anzunehmen, daß bei manchen der nicht einmal genügend sichergestellten Befunde das umgekehrte Verhalten auch möglich sein könnte, und daß damit manche der oben angeführten Befunde ebensogut hier genannt werden könnten [NATHAN-STERN (b), MAYR (d)].

Hier wird erst ein genauerer Einblick in die Zusammenhänge eine Lösung bringen. Vorerst müssen wir uns jedenfalls mit sehr wenig oder eigentlich keinen richtigen Ergebnissen begnügen.

5. Resorption toxischer Produkte aus der Haut.

Es liegt natürlich sehr nahe, bei den Zersetzungs- und Abbauvorgängen, die sich bei dem Zugrundegehen zahlloser Zellen in den ausgedehnten Epidermisalterationen abspielen, anzunehmen, daß hierbei toxisch wirkende Produkte gebildet werden, welche zur Resorption gelangen und Schädigungen im Innern hervorrufen können (Eiweißzerfallstoxikosen, PFEIFFER).

In diesem Sinne lassen sich von Erscheinungen bei Dermatitiden folgende anführen:

a) Einmal die allgemeinen Symptome, unter denen die Patienten zugrunde zu gehen pflegen und die am ehesten an Vergiftungen erinnern.

Diese zeigen sich vielleicht reiner als bei Dermatitiden, bei denen immer Nebeneinflüsse mit im Spiele sein können bei der Verbrennung, und stehen dort zur Diskussion.

b) Im Sinne einer toxischen Schädigung hat man dann besonders das Auftreten von Reizungserscheinungen an inneren Organen, speziell die Nierenentzündungen angeführt.

Wenn im Verlaufe einer schon seit längerer Zeit vorhandenen ausgedehnteren Dermatose, mit vorher stets normalem Urinbefund plötzlich Albumen auftritt, so ist ein solcher Zusammenhang immerhin recht naheliegend.

Es wird sich allerdings nicht immer das Dazwischenkommen einer echten bakteriellinfektiösen Ursache ausschließen lassen, wie sie z. B. bei Nephritiden nach Pyodermien oder auch bei sekundär infizierten Ekzemen stets vorhanden sein wird.

Aus Fällen, in denen man über die Zeit des Auftretens der Nierenreizung im Verhältnis zur Hautaffektion keinen Anhaltspunkt hat, läßt sich natürlich kein Schluß ziehen, in denjenigen, in denen die beiden Organe zugleich erkranken, ist die Abhängigkeit beider von einer dritten gemeinsamen Ursache weitaus das wahrscheinlichste.

Bei Dermatosen, bei denen eine große Hautfläche zutage lag, glaubt JAMADA eine auffallende Verminderung der freien Salzsäure des Magens damit in Verbindung bringen zu können. Ebenfalls spricht der Unterdrückung der Hautfunktion PUNTONI einen besonders schädlichen Einfluß auf den Magen und den Darm zu. KALK konnte bei Dermographikern durch Reizung der Haut die Magensekretion anregen.

Für die Entstehung von sog. sekundären Ekzemstellen macht WEIDENFELD die Resorption von am Primärherd gebildeten toxischen Zersetzungsprodukten verantwortlich, indem sich durch Verhinderung des Abflusses nach außen durch impermeablen Verband solche sekundäre Herde künstlich hervorrufen lassen.

Diese Art der Toxinbildung in der Haut hat natürlich nichts mit der in der ersten Abteilung erwähnten Auffassung zu tun, daß die Haut im Körper gebildete toxische Produkte auszuscheiden habe und daß durch deren Verhinderung Rückwirkungen auf den Organismus bedingt werden könnten.

c) Weiterhin hat man als Folge toxischer, von der Haut abgegebener Produkte die Veränderungen in der Zahl und in der Zusammensetzung der weißen Blutzellen ansehen wollen.

Die Zahlenverschiebungen, besonders die Vermehrung der eosinophilen polynucleären Leukocyten haben eine Zeitlang recht großes Interesse gefunden.

Die Resultate der älteren Arbeiten finden sich zusammengestellt bei WINKLER und bei SCHWARZ. Von neueren Autoren haben sich u. a. damit beschäftigt LAUENER, ENGMANN-DAVIS, ELIASCHEFF, TOWLE-SCHWARTZ, NATHAN (a, b).

Es ergibt sich aus ihnen recht einheitlich, daß die Dermatosen, bei denen Eosinophilie festgestellt wird, außerordentlich verschieden sind, so daß sich aus den Befunden bestimmte Rückschlüsse auf die Ätiologie der einzelnen nicht ziehen lassen.

Auch über das Abhängigkeitsverhältnis von Bluteosinophilie und Hauterscheinungen besteht noch keine abgeschlossene Meinung.

Die meisten Autoren sehen die Eosinophilie als durch die Hauterscheinungen bedingt an.

„Die lokale und die Bluteosinophilie sind Prozesse, die wahrscheinlich durch einen bei der Hautaffektion freiwerdenden Körper chemotaktisch ausgelöst werden. Über die Natur dieser Körper wissen wir zur Zeit noch nichts" (WINKLER).

„Es bleibt nichts anderes übrig, als in den Veränderungen des spezifischen Gewebes, des Hautepithels, den Grund für die fast als spezifisch zu bezeichnende Begleiterscheinung, die Hämo-Histoeosinophilie bei den Dermatosen, zu sehen" (SCHWARZ).

„Bei der Dermatitis muß man wohl annehmen, daß die im Blutbild dominierende Veränderung, die Eosinophilie, bedingt ist durch die Bildung besonderer eosinotaktisch wirkender Substanzen, deren Entstehungsort mit Wahrscheinlichkeit in der erkrankten Haut selbst zu suchen sein dürfte" [NATHAN (a)].

Die gerade entgegengesetzte Ansicht vertritt LEREDDE. Nach ihm wird zunächst durch eine toxische Schädigung eine Eosinophilie erzeugt und erst durch die Einwirkung dieser auf die Haut entstehen die sogenannten „Hématodermites", speziell die Dermatitis herpetiformis.

Jedenfalls muß man schon zugeben, daß die gegenseitigen Beziehungen noch nicht vollkommen abgeklärt sind und daß unter Umständen auch beide Affektionen auf die gleiche Ursache zurückgeführt werden könnten.

Neuestens haben MAYR-MONCORPS (a) in dieser Frage die Aufmerksamkeit auf die Bedeutung der Milz gelenkt und aus ihren Experimenten geschlossen, daß das Erlöschen der Milzfunktion zu einem Überwiegen derjenigen Substanzen Anlaß gibt, die Eosinophilie erzeugen, so daß vielleicht bei einer Anzahl Dermatosen mit Eosinophilie an die Auswirkung innerer Störungen, die ihr Zentrum in der Milz haben, zu denken sei. Therapeutische Erfolge mit eiweißfreiem Milzextrakt scheinen diese Ansicht zu stützen [MAYR-MONCORPS (b), BIRKE, PAUL].

6. Ausfall der inneren Sekretion der Haut.

Die Möglichkeit einer solchen Hautfunktion, auf die schon KREIDL hingewiesen hatte, wird heute wieder stärker betont.

Bei manchen universellen Dermatitiden (Quecksilber, Salvarsan, Primeln), welche oft deletär verlaufen können, obschon das Gift zum größten Teil den Organismus verlassen hat oder überhaupt nie in nennenswerter Menge resorbiert worden ist, hat die Annahme gewiß etwas für sich, daß die Ausschaltung einer sekretorischen Hautfunktion, die Beraubung des Organismus an einem hypothetischen „Dermin" an dem fatalen Ausgang schuld sei, analog den unter anderen Formen verlaufenden Folgen einer völligen Ausschaltung der Nebennieren, des Pankreas, der Epithelkörperchen usw. Natürlich liegt hier einstweilen, damit stimme ich mit E. HOFFMANN völlig überein, eine rein hypothetische, unbewiesene Annahme vor" [BLOCH (a)].

Wenn also auch eine experimentelle Stütze für diese Auffassung noch fehlt, so wird dieser Hypothese voraussichtlich doch das Interesse weiterhin erhalten bleiben.

Es sind sehr wenige Daten, die wir hier zusammentragen konnten. Es ergibt sich daraus, daß in dieser Abteilung — der Erforschung der Rückwirkungen von der Haut aus auf den Organismus — vorerst noch recht wenige Grundlagen vorhanden sind, und daß diesem Kapitel in Zukunft doch mehr Aufmerksamkeit geschenkt werden sollte.

III. Erscheinungen an der Haut und im Körper als koordinierte Folgen einer übergeordneten Stoffwechselstörung.

In den beiden ersten Abteilungen ist bereits mehrmals darauf hingewiesen worden, wie unsicher es noch ist, aus der Feststellung einer Verschiebung im quantitativen Verhalten eines Stoffwechselproduktes einen Schluß daraufhin zu ziehen, auf was für einer Organstörung diese Verschiebung beruhe, und wie es auch sehr häufig noch ganz unentschieden ist, in welchem Verhältnis der Befund zu der Hautkrankheit stehe, d. h. ob er für die Entstehung der Dermatose eine ursächliche Bedeutung habe, oder ob er umgekehrt durch die Hautveränderungen erzeugt worden sei.

Zugleich war auch auf die Möglichkeit des Einflussses übergeordneter Faktoren hingewiesen und betont worden, daß der veränderte Stoffwechsel und die Hautkrankheit auch koordiniert einer gemeinsamen Ursache ihre Entstehung verdanken könnten.

Dabei mußte hervorgehoben werden, daß in dieser Hinsicht ein Überblick vorerst noch nicht erbracht werden könne, indem die verschiedenen Organsysteme in ihren gegenseitigen Beeinflussungsmöglichkeiten so eng miteinander verknüpft und durchflochten seien, daß eine übersichtliche Darstellung der Verhältnisse vorerst an der Unmöglichkeit, die einzelnen Fäden zu verfolgen, scheitern müsse.

Aus diesem Gunde können wir uns auch hier nicht darauf einlassen, den einzelnen Verhältnissen nachzugehen, weil wir uns sonst viel zu weit in Einzelheiten verlieren würden.

Wir müssen uns vielmehr darauf beschränken, nur die wenigen einfachen Beispiele anzuführen, die gewöhnlich in dieser Hinsicht herangezogen werden.

Das eine Beispiel betrifft die Beziehungen von Magendarmkanal und Haut.

Wir haben bereits bei der Besprechung der Nahrung und ihrer Verarbeitung im Magendarmtractus erwähnt, daß die Erscheinungen an der Haut nicht nur sekundär von Darmstörungen abhängig zu sein brauchen, sondern daß manchmal kaum zu entscheiden sein werde, ob nicht das gleiche toxische Moment sowohl die Magendarmreizung wie die Hautefflorescenzen hervorgerufen habe.

Genaueren Einblick in die Beziehungen werden natürlich nur zu erreichen sein, wenn man durch Einverleibung der fraglichen schädlichen Noxe auf anderem, z. B. percutanem Wege die gleichen Parallelsymptome auslösen kann.

Durch den Operationsbefund ist interessant eine Beobachtung von STRAUSS: Bei einem plötzlich an akuter Appendicitis erkrankten Soldaten zeigten bei der Operation sämtliche zu Gesicht kommenden Organe der Bauchhöhle zahlreiche kreisrunde, rote, glänzende Flecken von Erbsen- bis Fünfpfennigstückgröße. Unmittelbar nach Beendigung der Operation bemerkte man auf der Haut des Kranken eine mit starkem Juckreiz einhergehende typische Urticaria, die nach drei Tagen abheilte. STRAUSS deutet den Fall so, daß die roten Flecken an den Bauchorganen eine Urticaria interna darstellten, die in der Blinddarmgegend zu Appendicitiserscheinungen geführt hatten.

In 5 Fällen von Sklerodermie macht BUSCHKE (b) Hauterscheinungen und die festgestellte Magenhypacidität von übergeordneten endokrinen Funktionen abhängig.

Das zweite Beispiel betrifft die Beziehungen zwischen Nierenreizung und Dermatose.

Auch hier haben wir schon erwähnt, daß das gegenseitige Abhängigkeitsverhältnis der beiden durchaus nicht immer leicht festzustellen sei. Es ist namentlich der Fall, wenn zunächst im Verlaufe der Dermatose nicht auf den Urin geachtet worden ist.

Diejenigen Fälle von Dermatosen, besonders von Erythemen, Purpura, Urticaria, bei denen mit dem plötzlichen Auftreten des Exanthems auch Nierenreizung sich zeigt, sind, besonders wenn ein intensiverer Fieberschub damit einhergeht, weitaus am klarsten in dem Sinn zu interpretieren, daß eine ihnen gemeinsame Ursache zugrunde liege.

Beispiele hierfür siehe bei Osler (b, c), Foster, Nohl, Sachs.

Es ist dabei besonders schwierig, gegenüber der Reizung durch Stoffwechselprodukte, bakteriell-infektiöse Ursachen auszuschließen.

Auch hier wäre ein Einblick erst möglich, wenn man durch Verabreichung eines Toxins beide Erscheinungen gleichzeitig provozieren könnte.

Zur Frage der Abhängigkeit eines Befundes im Stoffwechsel und der dabei vorhandenen Dermatose von einer übergeordneten Ursache finde ich eigentlich nur eine Bemerkung von Urbach (e), welcher glaubt, daß Blasen, Eiweißzerfall und Kochsalzretention beim Pemphigus koordinierte Symptome des die Pemphiguskrankheit hervorrufenden Agens seien. Ebenso neuestens Balbi.

Es ist zu erwarten, daß beim Studium innersekretorischer Funktionen und ihres Einflusses gleichzeitig auf Stoffwechsel und Haut wohl noch nähere Einblicke gewonnen werden können.

Wir können also auch dieses Kapitel nur in dem Sinne abschließen, daß zur genaueren Aufklärung der Verhältnisse noch eine sehr große Arbeit zu leisten sein wird.

Wir sind damit am Schlusse unserer Aufgabe angelangt.

Beim Überblick über die gewonnenen Resultate dürfte die Befürchtung, der wir eingangs Ausdruck gegeben haben, daß aus den vielen mit unserem Thema in Zusammenhang stehenden Arbeiten verhältnismäßig wenig gesicherte, positive Tatsachen resultieren würden, wohl zu Recht bestehen.

Wir hoffen aber, daß es uns doch wenigstens gelungen sein möge, die Arbeiten immerhin in einer solchen Übersicht zusammenzustellen, daß ein Einblick in die mit ihren Objekten zusammenhängenden Probleme gewonnen werden kann.

Es ist wohl da und dort noch eine Lücke geblieben oder eine Mitteilung übersehen worden und mancher, der in eine der vielen Einzelfragen besser eingearbeitet ist, wird das eine oder andere vermissen. Auch mag die Darstellung gelegentlich etwas stärker schematisch ausgefallen sein, als dies den natürlichen Tatsachen, die sich ja nie in ein einfaches Schema hineindrängen lassen, entspricht.

Bei der Weitschichtigkeit der ganzen Materie waren diese beiden Punkte kaum restlos zu vermeiden.

Wir glauben aber dadurch, daß wir nach Möglichkeit einen Überblick über die gesamten Probleme und, soweit erreichbar, einen Einblick in ihr Geschehen zu geben suchten, doch dem Zweck unserer Aufgabe einigermaßen gerecht geworden zu sein.

Literatur.

Abderhalden, E. und A. Weil: Eine eigenartig lokalisierte Hautveränderung, hervorgerufen durch intraperitoneale Einspritzung eines Polypeptides. Arch. f. Dermat. **129**, 1 (1921). — Abderhalden, E. und B. Zorn: Über die Zusammensetzung der Schuppen bei Psoriasis. Hoppe-Seylers Z. **120**, 214 (1922). — Adamson: On modern views upon the significance of skin eruptions. Lancet **1912**, 911. — Adler: Demonstration. Ref. Dermat. Wschr. **54**, 727 (1912). — Adlersberg, D.: Beobachtungen bei einer ausgedehnten Xanthomatose. Arch. f. Dermat. **148**, 500 (1925). — Adrian: Über Arthropathia psoriatica. Mitt. Grenzgeb. Med. u. Chir. **11**, 237 (1903). — Ahlendorf, M.: Beitrag zu den bei Pruritus,

Erythemen und Urticaria vorkommenden inneren Störungen. Diss. Jena 1910. — ALESSANDRINI, G.: Zit. nach RAUBITSCHEK. — ALSTYNE, ELEANOR VAN NESS VAN: The protein treatment of psoriasis. N. Y. med. J. 108, 327 (24. Aug. 1918). — ALTMANN, M.: Über pseudoikterische Hautverfärbungen bei Diabetikern. Arch. Verdgskrkh. 42, 531 (1928). — ANTHONY, HENRY: Die toxische Ursache des Erythema multiforme. J. of cutan. genito-urin. Dis. 1912, 152. Ref. Dermat. Z. 19, 667 (1912). — ARNDT, G.: (a) Zbl. Hautkrkh. 9, 369 (1924). (b) Zur Kenntnis der leukämischen und aleukämischen Lymphadenose. Dermat. Z. 18, Erg.-H. 1 (1911). — ARNING, ED.: Ein schwerer Fall von Morbus Raynaud. Arch. f. Dermat. 84, 3 (1907). — ARNING, ED. und A. LIPPMANN: Essentielle Cholesterinämie mit Xanthombildung. Z. klin. Med. 89, 107 (1920). — ARNOLDI und WARNEKROS: Die Behandlung des Pruritus vulvae. Münch. med. Wschr. 72, 807 (1925). — ARZT, L.: (a) Beiträge zur Xanthom-(Xanthomatosis-) -frage. Arch. f. Dermat. 126, 809 (1919). (b) Leukämische und pseudoleukämische Dermatosen. Dieses Handbuch 8 I. — ARZT, L. und W. HAUSMANN: Zur Kenntnis der Hydroa. Strahlenther. 11, 444 (1920). — ASCHENHEIM, E.: Über Zuckerausscheidungen im Kindesalter. Klin.-ther. Wschr. 1910, Nr 14. Ref. Dermat. Wschr. 51, 594 (1910). — ASCHOFF, L.: Die strahlende Energie als Krankheitsursache. KREHL-MARCHAND: Handbuch der Allgemeinen Pathol. 1, 160 (1908). — AUDRY, CH.: (a) Psoriasis. BESNIER, BROCQ, JACQUET. La pratique dermatologique. 4, 88. Paris: Masson et Cie. 1904. (b) Über einige Hautsymptome im Verlauf der Enteritis membranacea. J. des Mal. cutan. et Syphil. 1909. Ref. Dermat. Wschr. 50, 22 (1910). — AULDE, J.: Pellagra, eine krit. Studie. Med. Rec. 29. Juli 1916. Ref. Dermat. Wschr. 66, 422 (1918). — AVETA, F.: Sull' etiologia e sulla patogenesi della pellagra. Fol. med. 7, 367 (1921). Ref. Zbl. Hautkrkh. 3, 158 (1922). — AYRES, S.: Glucose tolerance reactions in eczema. Arch. of Dermat. 11, 623 (1925).

BAAGE, K.: Über Säuglingsekzem. Ugeskr. Laeg. (dän.) 87, 1061 (1925). Ref. Zbl. Hautkrkh. 20, 52 (1926). — BAAR: Xanthomatosis ohne Hypercholesterinämie. Wien. med. Wschr. 74, 1425 (1924). — BÄR, H.: Calciumtherapie bei der Arthropathia psoriatica. Münch. med. Wschr. 75, 2011 (1928). — BALBI, E.: Ravalico del loruro di sodio nel pemfigo. Giorn. ital. Dermat. 69, 552 (1928). Ref. Zbl. Hautkrkh. 29, 67 (1929). — BALLNER: Experimentelle Studien zur Frage der Ätiologie der Pellagra. Österr. San.wes. 1910. Zit. nach RAUBITSCHEK. — BARBAGLIA, V.: Il ricambio dei grassi in alcuni casi di psoriasi. Giorn. ital. Dermat. 69, 991 (1928). Ref. Zbl. Hautkrkh. 28, 680 (1928). — BARBER, H. W.: (a) Chronic. urticaria and angioneurotic oedema due to bacterial sensitisation. Brit. J. Dermat. 35, 208 (1923). (b) 2 cases of psoriasis treated by DANYSZs method. Ref. Brit. J. Dermat. 33, 115 (1921). (c) A case of acute lupus erythematodes. Brit. J. Dermat. 27, 365 (1915). (d) A case of lupus erythematodes associated with streptococcal infection of the tonsils. Brit. J. Dermat. 31, 186 (1919). (e) Lupus erythematodes treated with autogenous streptococcal vaccine prepared from enucleated tonsils. Brit. J. Dermat. 32, 304 (1920). — (f) Relationship of oral infection to diseases of the skin. Ref. Zbl. Hautkrkh. 25, 543 (1927). — BARBER und SEMON: Etiology and treatement of seborrhoeic eruptions. Brit. med. J. Sept. 1918, 245. — BARBER, H. W. und A. M. ZAMORA: Alopecia areata. Brit. J. Dermat. 33, 1 (1921). — BARLOW: Brit. med. J. 21. Nov. 1891, 1099. — BARRS-LEEDS, A.: Ein Fall von urämischer bullöser Dermatitis. Brit. J. Dermat. Jan. 1896. Ref. Dermat. Wschr. 22, 177 (1896). — BARTELS: Krankheiten des Harnapparates. ZIEMSSENs Handbuch 9 (1877). — BARTHÉLEMY: Diabétides. BESNIER, BROCQ, JACQUET. La pratique dermatologique 1, 902. Paris: Masson et Cie. 1900. — BARTHÉLEMY, R.: Xanthodermie, Xanthochromie cutanée, Xanthosis, aurantiasis cutis ou Ochrodermatosis. Gaz. Hôp. 98, 601 (1925). Ref. Zbl. Hautkrkh. 17, 880 (1925). — BAUER, J.: (a) Alkaptonurie mit Ochronose. Wien.klin. Wschr. 41, 897 (1928). (b) Die konstitutionelle Disposition zu inneren Krankheiten. Berlin: Julius Springer 1921. — BAUER, J. und K. SKUTEZKY: Zur Pathologie der Blutlipoide mit besonderer Berücksichtigung der Syphilis. Wien. klin. Wschr. 1913, Nr 21. — BAUER, L.: Erythrodermia desquamativa bei an der Brust genährten Säuglingen (ung.). Ref. Dermat. Z. 18, 933 (1911). — BAUM, J.: K.V. Berlin. dermat. Ges. 5. Jan. 1904. Ref. Dermat. Z. 11, 422 (1904) und Dermat. Wschr. 38, 135 (1904). — BAUM, W. L.: Diskussionsbem. J. amer. med. Assoc. 13. Juni 1903. Ref. Dermat. Wschr. 38, 579 (1904). — BAUMM, G.: Ein Beitrag zum Kochsalzstoffwechsel beim Pemphigus. Arch. f. Dermat. 100, 105 (1910). — BAZZOLI, G.: La velocità di sedimentatione dei globuli rossi del sangue in alcune malattie cutanee e nella sifilide. Giorn. ital. Dermat. 66, 1408 (1925). Ref. Zbl. Hautkrkh. 19, 264 (1926). — BECK, S. C.: Über Erythrodermia desquamativa der Säuglinge. Arch. f. Dermat. 106, 9 (1911). — BEINHAUER, L. G.: a) Urticaria solaris. Arch. of Dermat. 12, 62 (1925). — (b) Predisposing factors of eczema. Arch. of Dermat. 16, 12 (1927). — BERGMANN, EMMY: Über Psoriasis und Gelenkerkrankungen. Diss. Berlin 1913. — BERGMANN, OLGA v.: Les reactions cutanées diathésiques chez le nourisson. Thèse de Paris 1911. — BERLINER, C.: Über HUTCHINSONs Sommerprurigo und Summereruption. Dermat. Wschr. 11, 485 (1890). — BERNHARDT, R.: (a) Sur l'étiologie et la pathogénie du psoriasis. Ann. de Dermat. 1926, 27. (b) La cholestérine dans les maladies de la peau. Ann. de Dermat.

1926, 171. — Bernhardt, R. und St. Rygier: Über sekretorische Niereninsuffizienz bei dem vulgären und beim parasitären Ekzem. Arch. f. Dermat. **120**, 309 (1914). — Bernhardt, R. und J. Zalewski: (a) Cholesterinämie bei Hautleiden (poln.). Ref. Zbl. Hautkrkh. **16**, 659 (1925). (b) Die Cholesterinämie bei Psoriasis (poln.). Ref. Zbl. Hautkrkh. **19**, 230 (1926). — Bertaccini, G.: Ricerche sull' equilibrio acidobase e la riserva d'alcali nel sangue in alcune dermopatie. Giorn. ital. Dermat. **69**, 3 (1928). Ref. Zbl. Hautkrkh. **27**, 361 (1928). — Besnier, E.: (a) Eczéma. Besnier, Brocq, Jacquet. La Dermat. pratique **2**, 1. Paris: Masson et Cie. 1900. (b) Sur la question du prurigo. 3. internat. dermat. Kongreß. London **1896**. — Bettmann, S.: (a) Über Umbauvorgänge als Ausdruck spezifischer Reaktionsfähigkeit bei Hautkrankheiten. Arch. f. Dermat. **135**, 65 (1921). (b) Über innerliche Behandlung von Hautkrankheiten mit Calciumsalzen. Münch. med. Wschr. **1909**, Nr 25. (c) Die leukämischen Erkrankungen der Haut. Prakt. Erg. Hautkrkh. **1**, 366 (1910). — Bezzola, L.: Beitrag zur Kenntnis der Ernährung mit Mais. Z. Hyg. **56** (1907). — Bieber, J.: Insulin in furunculosis. Med. J. Rec. **119**, Nr 11 (1924). Ref. Zbl. Hautkrkh. **15**, 201 (1925). — Bihlmeyer, G.: Exanthem bei kindlichem Diabetes. Münch. med. Wschr. **67**, 721 u. 1022 (1920). — Bircher, W.: Experimenteller Beitrag zur Frage des Primelekzems. Dermat. Z. **45**, 271 (1925). — Birk, W.: Ernährungsversuche mit Eiweißmilch. Mschr. Kinderheilk. **9**, 140 (1910). — Birke, R.: Über Milzsafttherapie bei Dermatosen. Münch. med. Wschr. **75**, 2009 (1928). — Bizzozero, E.: Il cloruro di calcio negli eczemi ed il suo meccanismo di azione. Ref. Zbl. Hautkrkh. **24**, 205 (1927). — Blaschko, A.: (a) Eine neue Auffassung der Hautkrankheiten. Arch. f. Dermat. **71**, 449 (1904). (b) Die Erkrankungen der Haut. Kraus-Brugsch, Spezielle Pathologie und Therapie innerer Krankheiten **9 II**. Berlin-Wien: Urban u. Schwarzenberg 1919. (c) Demonstration. Berlin. dermat. Ges. 1. Mai 1900. Ref. Dermat. Z. **7**, 820 (1900). — Blasi, A. C.: Glicemia e Colesterinemia nella psoriasi e cura insulinica. Giorn. ital. dermat. **68**, 681 (1927). Ref. Zbl. Hautkrkh. **24**, 632 (1927). — Bloch, Br.: (a) Einiges über die Beziehungen der Haut zum Gesamtorganismus. Klin. Wschr. **1**, 153 (1922). (b) Beziehungen zwischen Hautkrankheiten und Stoffwechsel. Erg. inn. Med. **2**, 521 (1908). (c) Haut und Stoffwechsel. Verh. Ges. Verdgskrkh. 5. Tag. Wien **1925**. Leipzig: Georg Thieme 1926. (d) Stoffwechsel- und Immunitätsprobleme in der Dermatologie. Korresp.bl. Schweiz. Ärzte **47**, 993 (1917). (e) Diathesen in der Dermatologie. Verh. 28. dtsch. Kongreß. inn. Med. **1911**. Wiesbaden: J. F. Bergmann 1911. (f) Pathogenese des Ekzems. Arch. f. Dermat. **145**, 34 (1924). (g) Ekzem und Diathese. Z. klin. Med. **99** (1924). (h) Beitrag zur Lehre vom Ekzem. Korresp.bl. Schweiz. Ärzte **1917**, Nr 39. (i) Zur Pathogenese der Vitiligo. Arch. f. Dermat. **124**, 209 (1917). (k) Vegetarische Diät, Psoriasis und pathologisches Nagelwachstum. Med. Klin. **1910**, 1527. (l) Über eine bisher nicht beschriebene, mit eigentümlichen Elastinveränderungen einhergehende Dermatose bei Bence-Jonesscher Albuminurie. Arch. f. Dermat. **99**, 9 (1909). (m) Der jetzige Stand der Pigmentlehre. Zbl. Hautkrkh. **8**, 1 (1923). (n) Das Pigment. Dieses Handbuch Bd. I/1. Berlin: Julius Springer 1927. (o) Allergie, Anaphylaxie und Idiosynkrasie in der Dermatologie. Klin. Wschr. **7**, 1065 (1928). — (p) Über die Beziehungen zwischen Hautkrankheiten und Gesamtorganismus. Z. ärztl. Fortbildg. **25**, 722 (1928). (q) The role of idiosynkrasy and allergy in dermatology. Arch. of dermat. **19**, 175 (1929). — Bloch, B. und W. Loeffler: Untersuchungen über die Bronzefärbung der Haut bei der Addisonschen Krankheit. Dtsch. Arch. klin. Med. **121** (1917). — Bloch, B. und Reitmann: Untersuchungen über den Stoffwechsel bei Sklerodermie. Wien. klin. Wschr. **1906**, Nr 21. — Bloch, Br. und A. Steiner-Wourlisch: Die willkürliche Erzeugung der Primelüberempfindlichkeit beim Menschen und ihre Bedeutung für das Idiosynkrasieproblem. Arch. f. Dermat. **152**, 283 (1926). — Blum, P.: Du traitement hydrominéral des maladies de la peau. Progrès méd. **52**, 759 (1924). — Blum, P. and S. Terris: Hydroa bulleux et troubles coliques. Bull. méd. **41**, 1455 (1927). Ref. Zbl. Hautkrkh. **27**, 146 (1928). — Boeri: Peptonuria da pemfigo. Riv. Clin. ter., Juni **1896**. Ref. Arch. f. Dermat. **40**, 415 (1897). — Boernstein, Kaethe: Beitrag zum Mineralstoffwechsel der Haut. Biochem. Z. **172**, 133 (1926). — Bogrow, S. L.: Zur Kasuistik der Dermatitis herpetiformis Duhring. Arch. f. Dermat. **98**, 327 (1909). — Bollag, K.: Beitrag zur Calciumtherapie bei Urticaria im Wochenbett. Münch. med. Wschr. **1913**, 2514. — Bommel van Vloten, W. J. van: Ein Fall von Xanthoma diabeticum. Nederl. Tijdschr. Geneesk. **86**, 2846 (1924). Ref. Zbl. Hautkrkh. **17**, 177 (1925). — Bommer, S.: (a) Die Ernährungstherapie der Hauttuberkulose. Münch. med. Wschr. **75**, 1599 (1928). (b) Plasmareaktionen bei Hautkrankheiten. Dermat. Z. **40**, 151 (1924). — Bond, H. E.: Ätiologie und Behandlung der Pellagra. Med. Rec. 6. Mai **1916**. Ref. Dermat. Wschr. **66**, 423 (1918). — Bonnefous et Valdiguié: (a) Hypercholestérinémie et lipomatose. Ann. de Dermat. **1924**, 290. (b) Lipomatose et hypercholestérinémie. Ann. de Dermat. **1925**, 60. — Bonnhoeffer, K.: Unterernährungspsychosen vom Pellagratypus. Dtsch. med. Wschr. **1923**, 740. — Borchardt: Allgemeine klinische Konstitutionslehre. Erg. inn. Med. **21**, 498 (1922). Bork, K.: Zur Lehre von der allgemeinen Hämochromatose. Virchows Archiv **269**, 178 (1928). Borri: L'acidità urinaria in rapporto ad alcune dermopatie. Giorn. ital. Mal. vener. Pelle **4**,

463 (1902). Ref. Ann. de Dermat. **1903**, 332. — BOSELLINI, P. C.: La dermatologia nei suoi rapporti con la medicina interna. Societá editrice libraria. Milano **1921**. — BOU-CHARD, CH.: Troubles préalables de la nutrition. Traité Path. gén. **3**, 1. Paris: Masson et Cie. 1900. — BRACK, W.: (a) Über das Wesen und die Bedeutung der alimentären Hämo-klasie. Z. ges. exper. Med. **51** (1926) und **61** (1928). (b) Über die Hämoklasie und ihre Bedeutung für Ätiologie und Pathogenese der Prurigo. Arch. f. Dermat. **144**, 490 (1923). (c) Die Abhängigkeit des Juckens und der Hautveränderungen bei Lebererkrankungen von der alimentären Hämoklasie. Klin. Wschr. **4**, Nr 23 (1925). – BRAYTON, A. W.: Haut-erscheinungen bei Diabetes insipidus. J. amer. med. Assoc. **6**. Aug. 1904. Ref. Dermat. Wschr. **40**, 164 (1905). — BRIGGS, A. P.: Ref. nach SCHAMBERG und BROWN. — BRINK-MANN: Chlornatriumausscheidung bei exsudativer Diathese. Mschr. Kinderheilk. **25**, 58. — BRISSON, P.: Le chlorure de sodium agent d'oxydation, son action dans certaines dermatoses. Ann. de dermat. **1913**, 270. — BROCQ, L.: (a) Traité élémentaire de dermatologie pratique. Paris: Doin 1907. (b) Conception générale des dermatoses. Ann. de Dermat. **1904**, 193. (c) Contribution á l'étude clinique de la pathologie générale des dermatoses: les fluxions et les alternances morbides. Ann. de Dermat. **1909**, 145. (d) Conception générale des der-matoses entitées morbi des vraies, syndromes objectifs, réactions cutanées et jeurs combi-naisons. Ann. de Dermat. **1916**, 549. (e) La diminution de la résistance de la peau. Ann. de Dermat. **1914**, 539. (f) Quelques réflexions sur l'étiologie de psoriasis; à propos des récentes publications américaines. Ann. de Dermat. **1910**, 156. (g) Quelques notes élémentaires et pratiques sur les eczémas. Bull. méd. **1911**, 923. — (h) Les alternances morbides en der-matologie. Ann. de Dermat. **1928**, 3. — BROCQ und AYRIGNAC: (a) Résultats de nos recherches sur le chimisme urinaire dans les dermatoses. 5. internat. Dermatologen-Kongreß Berlin **1904**. Berlin: August Hirschwald 1905. (b) Nouvelles recherches sur l'eczéma papu-lovesiculeux. 6. internat. Dermatologen-Kongreß New York **1907**. The Knickerbockers Press. New York **1908**. Ref. Ann. de Dermat. **1907**, 689. — BROCQ, L., A. DESGREZ, J. AYRIGNAC: Etude de la nutrition dans les dermatoses. Ann. de Dermat. **1905**, 681 und 780; **1906**, 433. — BROCQ, LENGLET, AYRIGNAC: Recherches sur l'alopécie atrophiante, variéte pseudo-pelade. Ann. de Dermat. **1905**, 209. — BROCQ, L., L. M. PAUTRIER, J. AYRIGNAC: Les charactéristiques symptomatiques, histologiques et biochimiques de l'eczéma papulo vesiculeux. Ann. de Dermat. **1911**, 513. — BRODSKIJ, L. und D. TULBERMANN: Versuch der Bestimmung der Azotämie bei einigen Hautkrankheiten mittels der Ambard-Konstante (russ.). Ref. Zbl. Hautkrkh. **28**, 539 (1928). — BROWN, H.: (a) The mineral content of human, dog and rabbit skin. J. of biol. Chem. **68**, 729 (1926). Ref. Zbl. Hautkrkh. **26**, 135 (1928). (b) The mineral content of human skin. J. of biol. Chem. **75**, 789 (1927). Ref. Zbl. Hautkrkh. **27**, 598 (1928). — BROWN, W. H.: Some observations on the fractional method of gastric analysis in diseases of the skin. Brit. J. Dermat. **37**, 213 (1925). – BRUCK, C.: Beitrag zur internen Behandlung der Ekzeme. Dermat. Wschr. **88**, 262 (1929). — BRUCK, A. W.: Mineralstoffwechsel und Säuglingsekzem. Mschr. Kinderheilk. **8**, 478 (1909). – BRUGSCH, TH.: Gicht. KRAUS-BRUGSCH, Spezielle Pathologie und Therapie innerer Krank-heiten 1. Berlin-Wien: Urban u. Schwarzenberg 1919. – BRUNETTI, F.: Contributo allo studio della etiologia e patogenesi degli eczemi dei lattanti. Pediatr. prat. **2**, 84 (1925). Ref. Zbl. Hautkrkh. **20**, 52 (1926). — BRUNNER: Alkalinisierung der Gewebe bei diabetischer Furuncu-losis. Med. Klin. **1914**, 242. – BRUZELIUS: On erythema uremicum. Nord. med. Ark. (schwed.) **13**, Nr 24 (1881). Ref. Arch. f. Dermat. **1882**, 527. — BUERGER, M.: Der Cholesterinhaus-halt beim Menschen. Erg. inn. Med. **34**, 583 (1928). — BUERGER, M. und A. REINHART: Über Xanthosis diabetica. Z. exper. Med. **7**, 119 (1919). — BULKLEY, L. D.: (a) Hautaffektionen bei Stoffwechselanomalien. 5. internat. Dermatologen-Kongreß Berlin **1904**. Berlin: August Hirschwald 1905. (b) On the relations of diseases of the skin to internal disorders. New York und London: Rebmann 1906. Übersetzt von K. ULLMANN. Wien 1907. (c) Krank-heiten der Haut in Verbindung mit Krankheiten des Stoffwechsels. Dermat. Z. **12**, 523 (1905). (d) Danger signals from the skin. J. amer. med. Assoc. **48**, 1740 (1907). (e) On the value of a rice diet in certain acute diseases of the skin. Brit. med. J. **24**. Sept. **1910**, 847. (f) Diet and hygiene in diseases of the skin. J. amer. med. Assoc. **59**, 535 (1912). (g) On the wrong and right use of milk in certain diseases of the skin. Brit. med. J. **6**. Okt. **1906**, 849. (h) Diseases of the skin in relation to hepatic and renal disorders. J. of cutan. genito-urin. Dis. **30**, 670 (1912). Ref. Dermat. Wschr. **56**, 391 (1913). (i) Über den Zusammenhang unvollkommener und mangelhafter Harnsekretion mit gewissen Haut-erkrankungen. Verh. amer. dermat. Assoc. **1900**. Ref. Arch. f. Dermat. **58**, 293 (1901). (k) Some problems of metabolism occurring in patients with certain diseases of the skin. J. of cutan. genito-urin. Dis. **29**, 217 (1911). Ref. Dermat. Wschr. **52**, 634 (1911) und Arch. f. Dermat. **110**, 302 (1911). (l) Aus der Urinuntersuchung sich ergebende Indikationen für die Behandlung gewisser Hautkrankheiten. Med. Rec. Nov. **1913**, 921. Ref. Arch. f. Dermat. **119**, 484 (1914). (m) Die Bedeutung des Urins für die Therapie gewisser Hautkrank-heiten. Med. Press a. Circ. **46**, 640 (10. Dez. 1913). Ref. Dermat. Wschr. **59**, 822 (1914). (n) Der Urin und seine Bestandteile als Wegweiser für die Behandlung gewisser Haut-

krankheiten. Urologic Rev. 18. Febr. 1914. Ref. Dermat. Wschr. 58, 663 (1914). (o) On the value of an absolutely vegetarian diet in psoriasis. 6. internat. Dermatologen-Kongreß. New York 1907. The Knickerbockers Press. New York 1908. (p) Report on 140 recent cases of psoriasis in private practice under a strikly vegetarian diet. J. amer. med. Assoc. 57, 714 (1911). — Bunch: A clinical lecture on itching diseases of the skin and their treatement. Lancet 1910, 1251. — Burgess, N.: (a) Calcium metabolisme in diseases of the skin. Guys Hosp. Rep. 78, 350 (1928). Ref. Zbl. Hautkrkh. 29, 1743 (1929). (b) The chlorid content of the whole blood in eczema Brit. J. Dermat. 41, 6 (1929). — Burgsdorf, W.: Grundlage von der Lehre der Pityriasis rubra und experimentelle Untersuchungen über den Stoffwechsel N-haltiger Produkte bei dieser Krankheit. Berl. klin. Wschr. 40, 151 (1903). — Burke: Chronic Prostatitis and lupus erythematosus. Lancet 205 1187 (1923). — Burns, F. S.: A contribution to the study of the etiology of xanthoma multiplex. Arch. of Dermat. 2, 415 (1920). — Burwinkel, O.: Die Behandlung der chronischen Urticaria. Dtsch. med. Wschr. 54, 706 (1928). — Buschke, A.: (a) Impetigo-herpetiformis-ähnliche Hautaffektion bei Mediastinaltumor. Dermat. Wschr. 78, 633 (1924). (b) Verringerung, bzw. Mangel an freier Salzsäure bei Sklerodermie. Dermat. Wschr. 85, 1077 (1927). — Buschke, A. und E. Langer: (a) Hyperkeratotische Exantheme bei Gonorhöe und ihre Beziehungen zur Psoriasis. Dermat. Wschr. 76, 145 (1923). (b) Sporadisches Auftreten von Pellagra in Berlin. Klin. Wschr. 2, 1921 (1923). — Buschke, A. und Br. Peiser: Die Dermatologie im Lichte der neueren Forschung. Z. ärztl. Fortbild. 21, 647 (1924). — Buschke, A. und E. Sklarz (a): Über lichen-ruber-ähnliche Salvarsanexantheme, Lichen ruber, lichenoide Disposition und einige Konstitutionstypen der Haut. Dermat. Wschr. 76, 540 (1923). (b) Über die Bedeutung der Konstitution und Disposition für die Entstehung von Dermatosen mit besonderer Beziehung auf die lichenoiden Salvarsanexantheme. Dermat. Wschr. 79, 1487 (1924). — Bussalai, L.: Indicanuria e funzionalità renale in alcune Dermatosi e specialmente nell' eczema. Il Dermosifilogr. 2, 169 (1927). Ref. Zbl. Hautkrkh. 26, 145 (1928). — Butte, L.: (a) Rapport entre les affections cutanées et les dimensions de l'estomac. Ann. de thér. Dermat. 1902, Nr 4. Ref. Dermat. Wschr. 35, 501 (1903). (b) L'urée du sang à l'état pathologique et en particulier dans les affections cutanées. Ann. de thér. Dermat. 1904, 529. Ref. Dermat. Wschr. 40, 206 (1905).

Calvary, M.: Habituelles Erbrechen und Ekzem bei einem Brustkind. Z. Kinderheilk. 38, 182 (1924). — Campbell, G. u. F. Burgess: Intolerance to sugar as a factor in the production of some dermatoses. Brit. J. Dermat. 39, 187 (1926). — Carley, P. S.: A case of pellagra following voluntary reduction of diet. J. amer. med. Assoc. 91, 879 (1928). — Casabianca, J.: Quelques cas d'érythème pellagreux. Marseille méd. 60, 40 (1923). Ref. Zbl. Hautkrkh. 8, 397 (1923). — Casarini: (a) Urticaria infolge Ascaridiasis. Ref. Dermat. Wschr. 23, 641 (1896). (b) Sulle dermatosi albuminuriche. Giorn. ital. Mal. vener. Pelle 1, 77 (1901). Ref. Ann. Dermat. 1901, 902. — Cassaet und Micheleau: Sur deux cas de pemphigus traités par la dé chloruration. Arch. gén. Méd. 1906, 129. — Cassirer, R.: Die vasomotorischtrophischen Neurosen. Berlin: S. Karger 1912. — Castans, E.: Rezidivierender, durch Sonnenlicht bedingter Ausschlag (span.). Ref. Dermat. Wschr. 55, 887 (1912). — Cederberg, A.: Durch Ascaridiasis hervorgerufene Prurigo-Hebrae-ähnliche Dermatose. Arch. f. Dermat. 150, 393 (1926). – Cedercreutz, A.: Über Rosacea nasi, insbesondere bei Frauen. Acta dermato-vener. 3, 367 (1922). — Cerchiai, U.: Lo Studio della riserva alcalina del sangue in alcune malattie della pelle. Giorn. ital. Dermat. 68, 1570 (1928). Ref. Zbl. Hautkrkh. 27, 757 (1928). — Chauffard, A.: Physiopathologie des insuffisances hépatiques. Presse méd. 1922, 1073. — Chauffard, A. und G. Laroche: Pathogénèse des xanthélasmes. Semaine méd. 1910, Nr 21. — Chauffard, A. und M. Wolf: Structure et évolution des tophus goutteux. Presse méd. 1923, 1013. — Cheinisse: Traitement des éczémas du nourisson par l'opothérapie panrcéatique. Presse méd. 1923, 811. — Chiari, H.: Über einen Fall von urämischer Dermatitis. Prag. med. Wschr. 1905, Nr 36. — Chipman, A. D.: (a) Cutaneous reactions. J. amer. med. Assoc. 59, 106 (1912). (b) Acna etiology and treatement. J. amer. med. Assoc. 60, 582 (1913). (c) Focal infection in she etiology of skin disease. J. of cutan. genito-urin. Dis. 35, 647 (1917). Zit. nach Low (a). (d) The etiology of lichen ruber planus. J. amer. med. Assoc. 71, 1276 (19. Okt. 1918). — Chotzen: Über das Auftreten pellagröser Erkrankungen in Deutschland. Med. Klin. 23, 966 (1927). — Cohen, G.: Pruritus als dyspnoisches Symptom mit Bemerkungen über prurigene Summation. Arch. f. Dermat. 148, 32 (1924). — Cohen, B.: Pruritus of anaphylactic origin. J. amer. med. Assoc. 76, 377 (1921). — Colombini: Premières recherches sur la toxicité urinaire dans quelques dermatoses. Presse méd. 1899. — Combes, F. C.: Some skin manifestations of systemic disease. Med. J. a. Rec. 127, 659 (1928). — Comby, J.: L'eczéma chez les enfants. Arch. Méd. Enf. 19, 617 (1916). — Comby, M.: L'arthritisme chez les enfants. Rev. mens. Mal. Enf. 19 (1901). — Constantin, E.: Dermatite polymorphe végétante et pemphigus végétant. Ann. de Dermat. 1907, 641. — Cook, A.: The pathogenesis of psoriasis. N. Y. med. J. 104, 255 (5. Aug. 1916). — Copelli: Contributo alla conoscenza delle cause dell'eczema.

Ref. Zbl. Hautkrkh. **6**, 350 (1923). — CRAWFORD, R.: Erythematous rashes following the use of enemata. Ther. Gaz. 15. Okt. 1898, 660. Ref. Ann. de Dermat. 1899, 195. – CROCKER, H. R.: (a) Hautaffektionen bei Stoffwechselanomalien. 5. internat. Dermatologen-Kongreß Berlin **1904**. Berlin: August Hirschwald 1905. (b) Diseases of the skin. London: Lewis 1903. (c) The conditions which modify the character of inflammations of the skin and their influence on the treatement. Lancet und Brit. med. J. 21. Febr., 7. u. 21. März 1903. (d) Diskussions-bemerkungen. Lancet 17. März 1900. — CROSTI, A.: Osservatione e ricerche sul meta-bolismo basale in dermatologia. Giorn. ital. Dermat. **69**, 739 (1928). Ref. Zbl. Hautkrkh. **28**, 768 (1928). — CSILLAG: Prurigo Hebrae atypica und Nephritis chronica. Arch. f. Dermat. **50**, 256 (1899). — CUBIGSTELTIG, B.: Über den Wert der Indicanbestimmung bei Hautkrankheiten. Diss. Würzburg 1911. — CULVER, G. D.: A clinical study of lichen planus. Arch. of Dermat. **1**, 43 (1920). — CUNNINGHAM, W. P.: (a) Cutisindex morbi. N. Y. med. J. **98**, 465 (1913). (b) Rheumatisme and the skin. Med. Rec. **88**, 2 (13. Nov. 1915). (c) Etiology en echelon. N. Y. med. J. **108**, 227 (10. Aug. 1918). — CZERNY, A. v.: (a) Die exsudative Diathese. Jb. Kinderheilk. **61**, 199 (1905). (b) Diskussionsbemerkungen. Münch. med. Wschr. **1908**, 823.

DACCÓ, E.: Ricerche ematologiche in alcune dermatosi. Giorn. ital. Mal. vener. Pelle **38**, H. 4 (1903). Ref. Ann. de Dermat. **1904**, 178 und Dermat. Wschr. **37**, 513 (1903). — DAEHN, W.: Über die Calcium- und Kaliumverteilung in der normalen Haut. Dermat. Wschr. **82**, 425 (1926). — DAIDO, N.: On the clinical significance of the sinking reaction of red corpuscles in the dermatology. Ref. Zbl. **22**, 633 (1927). — DALCHÉ, P. et H. CLAUDE: Ulcérations hémorrhagiques de la peau et des muqueuses dans l'urémie. Bull. Soc. méd. Hôp. Paris **1903**, 75. — DANYSZ, J.: (a) Traitement antianaphylactique de l'asthme, de certaines dermatoses et des troubles gastrointestinaux. Presse méd. **1918**, 367. (b) Origine, evolution et traitement des maladies chroniques non contagieuses. Paris 1920. — DARDEL: Diät bei Hautkrankheiten. J. des Prat. **1912**, Nr 7/8. Ref. Dermat. Wschr. **55**, 1278 (1912). — DARIER, J.: (a) Etiologie générale. BESNIER, BROCQ, JACQUET, La pratique dermatologique **1**, 60. Paris: Masson et Cie. 1900. (b) Précis de dermatologie. Paris: Masson et Cie. 1923. (c) Précis de dermatologie. Paris: Masson et Cie. 1928. — DAVIS, H.: On two cases of exsudative erythema associated with malignant disease of the uterus. Brit J. Dermat. **1922**, 12. — DAVIS, H. und L. WILLS: Abnormalities of blood-sugar content in ekzema. Brit. J. Dermat. **37**, 364 (1925). — DAVIS, W. D. und T. J. CALHOUN: Patient with diabetic dermatitis treatet with insulin. Arch. of Dermat. **9**, 340 (1924). — DEBOVE: Note sur un cas de gangrène symétrique des extrémités survenue dans le cours d'une néphrite. L'union méd. **1888**, 869. Zit. nach CASSIRER. — DEJACO, P.: Über Lokalisation und Natur der pellagrösen Hautsymptome. Wien. klin. Wschr. **20**, 967 (1907). — DELBANCO, E.: Eczema solare und Hämatoporphyrinurie. Dermat. Wschr. **70**, 201 (1920). — DEMBO, L. H.: Dietetic and allergic factors in infantile eczema. Amer. Med. **24**, 357 (1928). Ref. Zbl. Hautkrkh. **28**, 442 (1928). — DÉR, O.: Beitrag zur Frage der vererbten Psoriasis (ungar.). Ref. Zbl. Hautkrkh. **25**, 90 (1928). — DESCHWANDEN, J. v.: Über Verlängerung der Blutgerin-nungszeit bei Dermatosen, speziell beim sogenannten konstitutionellen Ekzem. Dermat. Wschr. **81**, 1499 (1925). — DEUTSCH, M.: Über die Wirkung des Magnes. sulfur. bei verschiedenen Intoxikationen. Dtsch. med. Wschr. **47**, 103 (1921). — DIETRICH, E. und J. KLEEBERG: Die Störungen des cellulären Stoffwechsels. Erg. Pathol. **20**, II 2, 986 (1924). — DIETSCHY, R.: Über eine eigentümliche Allgemeinerkrankung mit vor-wiegender Beteiligung von Muskulatur und Integument. Z. klin. Med. **64**, 377 (1907). — DINKIN, L.: Behandlung der chronischen Urticaria mit Alkalien und salzaimer Diät. Dtsch. med. Wschr. **1928**, 228. — DOBLE, F. C.: The acidic value of the urine in skin and other manifestations. Lancet **208**, 272, 616 (1925). J. Army med. Corps **45**, 29 (1925). Ref. Zbl. Hautkrkh. **18**, 880 (1926). — DOERR, R.: (a) Allergie und Anaphylaxie. KOLLE-WASSERMANNs Handbuch der pathogenen Organismen **2**, II, 947. Jena: Gustav Fischer 1913. (b) Die Idiosynkrasien. Schweiz. med. Wschr. **1**, 937 (1921). (c) Die Anaphylaxieforschung im Zeitraum von 1914—1921. Erg. Hyg. **5**, 72 (1922). (d) Die Idiosynkrasien. v. BERGMANN-STAEHELIN, Handbuch der inneren Medizin **4** I, 488. Berlin: Julius Springer 1926. (e) Über Allergie und allergische Hauterkrankungen. Arch. f. Dermat. **151**, 7 (1926). (f) Unterempfindlichkeit und Überempfindlichkeit. Arch. f. Dermat. **150**, 514 (1926). — DÖSSEKKER, W.: (a) Über einen Fall von atypischem tuberösem Myxödem. Arch. f. Dermat. **123**, 76 (1916). (b) Zur Kenntnis der Haut-Lympho-granulomatose. Arch. f. Dermat. **126**, 597 (1919). — DOLLINGER, A.: Grünfärbung eines Säuglings nach Spinatgenuß. Med. Klin. **17**, 1553 (1921). — DOMAGK, G.: Das Amyloid und seine Entstehung. Erg. inn. Med. **28**, 47 (1925). — DORE, E. S.: On cutaneous affec-tions in various diseases. Brit. J. Dermat. **18** (Sept./Dez. 1906). — DRAKE, J. A.: The asthma-eczema-prurigo-complex. Brit. J. Dermat. **40**, 407 (1928). — DROUET, P. et M. VERAIN: (a) L'équilibre acide-base et l'eczéma. Bull. Soc. franç. Dermat. **1926**, 56. (b) Eczéma, acidose et insuline. Bull. Soc. franç. Dermat. **1926**, 439. (c) Variation de l'équilibre acide-base dans un cas d'urticaire chronique. C. r. Soc. Biol. **1926**, 675. — DUCKWORTH,

D.: A case of chronic interstitial nephritis in which dermatitis exfoliativa supervened, Uraemia, Death. Brit. J. Dermat. 1900. Ref. Arch. f. Dermat. **56**, 274 (1901). — Duemichen, E.: Die Veränderungen des Magenchemismus bei Rosacea cum Acne und Acne varioliformis. Diss. Jena 1920. — Duke, W. W.: Urticaria caused by light. J. amer. med. Assoc. **80**, 1835 (1923). — Dunin, Th.: Chron. Eiterungen an den Fingern mit Ablagerung von kohlensaurem Kalk. Mitt. Grenzgeb. Med. u. Chir. **14**, 451 (1905). — Dupeyrac, G.: Les Métastases de l'eczéma. Thèse de Paris 1903. — Durdello, E.: Die Serumlipasen bei Psoriasis und manchen andern Dermatosen (tschech.). Ref. Zbl. Hautkrkh. **25**, 90 (1928). — Düring, E. v.: (a) Zur Lehre vom Ekzem. Münch. med. Wschr. 1904, 1593. (b) Lichen, Lichen neuroticus und Pityriasis rubra pilaris. Dermat. Wschr. **16**, 447 (1893). — Duval, J.: Des éruptions rénales. Thèse de Paris 1880. — Dyboski, T.: Über den Zusammenhang von Hautkrankheiten mit Erkrankungen der inneren Organe (poln.). Ref. Zbl. Hautkrkh. **17**, 172 (1925).

Eastwood, S. R.: Gastric secretion and other digestive factors in rosacea. Brit. J. Dermat. **40**, 91 (1928). — Ebstein, W.: (a) Die Natur und Behandlung der Gicht. 2. Aufl. Wiesbaden: J. F. Bergmann 1906. (b) Zur klinischen Symptomatologie der Alkaptonurie. Münch. med. Wschr. 1918, 369. — Eckert, H.: Ursache und Wesen angeborener Diathesen. Berlin: S. Karger 1913. — Ehrmann, L.: Über einen Fall von Sklerodermie mit cutanen und subcutanen Kalkablagerungen. Diss. Straßburg 1912. — Ehrmann, S.: (a) Toxische und infektiöse Erytheme chemischen und mikrobiotischen Ursprungs. Mracek, Handbuch der Hautkrankheiten **1**, 623. Wien: Alfred Hölder 1902. (b) Beziehungen der ekzematösen Erkrankungen zu inneren Leiden. Slg Abh. Dermat., N. F., H. 5. Halle: Karl Marhold 1924. (c) Über den Zusammenhang der Neurodermitis mit Erkrankungen des Verdauungstrakts und Störungen der inneren Sekretion. Arch. f. Dermat. **138**, 346 (1922). (d) Über den Zusammenhang innerer Krankheiten und Hautkrankheiten. Wien. med. Wschr. 1922, 1685. (e) Über den Zusammenhang von Pruritus usw. mit visceralen und gastrointestinalen Störungen. Dermat. Z. **55**, 248 (1918). (f) Über toxische und autotoxische Dermatosen. Wien. med. Presse **44**, 505 (1903). (g) Über diabetische und gichtisch - arthritische Dermatosen. Wien. med. Wschr. 1902, 2025. — Eichhorst, H.: Über urämische Geschwüre auf der Schleimhaut der Scheide. Med. Klin. **8**, 1536 (1912). — Eisenstaedt, J. S.: Erythema bullosum. J. amer. med. Assoc. **78**, 1365 (1922). — Eliasberg: Beitrag zur Klinik der Erythrodermia desquamativa. Mschr. Kinderheilk. **15**, 277 (1919). — Eliascheff, O.: Contribution à l'étude de la dermatite herpétiforme. Acta dermato-vener. (Stockh.) **4**, 159 (1923). — Engmann, F. M.: (a) The skin a mirror of the system. J. amer. med. Assoc. **73**, 1565 (1919). (b) Vorläufige Mitteilung über die Anwesenheit von Indican im Urin bei Dermatitis herpetiformis. J. of cutan. genito-urin. Dis., Mai 1906. Ref. Dermat. Wschr. **43**, 83 (1906). (c) The significance of indican in the urine of those afflicted with certain diseases of the skin. J. of cutan. genito-urin. Dis. 25. April 1907. Ref. Dermat. Wschr. **45**, 207 (1907). — Engmann, F. M. und R. H. Davis: Einige Beobachtungen an den Zellelementen des Blutes bei 300 Fällen verschiedener Hautkrankheiten. J. of cutan. genito-urin. Dis., Nov. 1914. Ref. Dermat. Wschr. **61**, 655 (1915). — Engmann, F. M. und N. G. Wander: The application of cutaneous sensitisation to diseases of the skin. Arch. of Dermat. **3**, 223 (1921). — Engmann, F. M. und R. S. Weiss: (a) Xanthoma diabeticorum treated with insulin. Arch. of Dermat. **8**, 625 (1923). (b) Exsudative Diathese und Studien von Acetonkörpern im Blut. J. of cutan. genito-urin., Nov. 1916. Ref. Dermat. Wschr. **64**, 401 (1917). — Eppinger, H. und J. Gutmann: Zur Frage der vom Darm ausgehenden Intoxikationen. Z. klin. Med. **78**, 399 (1913). — Esch: Diätetische und physikalische Therapie bei Hautkrankheiten. Med. Klin. 1907, Nr 45. — Etienne, G.: Eruption hybride d'origine autotoxique. Ann. de Dermat. 1899, 704. — Evans, W. H.: Leukodermie und analoge Veränderungen der Pigmentbildung in der Haut. Lancet 16. Febr. 1907.

Falchi, G.: (a) Il metabolismo basale in dermatologia. Giorn. ital. Dermat. **69**, 671 (1928). Ref. Zbl. Hautkrkh. **29**, 42 (1929). (b) Richerche sulla funzionalità del fegato nell'eczema. Giorn. ital. Dermat. **68**, 704 (1927). Ref. Zbl. Hautkrkh. **25**, 87 (1928). (c) Primi resultati sulla ricerca del calcio nel sangue di alcune dermatosi. Giorn. ital. Mal. vener. Pelle **65**, 753 (1924). Ref. Zbl. Hautkrkh. **14**, 175 (1924). — Falk: Frühjahrsekzem K. V. Ref. Zbl. Hautkrkh. **18**, 336 (1926). — Falk, A.: Psoriasis arthropathica. Arch. f. Dermat. **129**, 299 (1921). — Feer, E.: (a) Das Ekzem mit besonderer Berücksichtigung des Kindesalters. Erg. inn. Med. **8**, 316 (1912). (b) Zur Klinik und Therapie des konstitutionellen Säuglingsekzems. Münch. med. Wschr. 1909, 113. — Feldmann, S.: The present status of some of the more common dermatological conditions. Med. J. Rec. **121**, 295 (1925). Ref. Zbl. Hautkrkh. **17**, 324 (1925). — Ferreyrolles: Les eaux de la Bourboule et leur action dans les dermatoses. Thèse de Paris 1904. — Finger, E.: (a) Betrachtungen über die Ätiologie der Hautkrankheiten. Wien. klin. Wschr. 1912, Nr 1. (b) Aphoristisches zur Ätiologie der Prurigo. Arch. f. Dermat. **54**, 403 (1900). (c) Beitrag zur Ätiologie und pathologischen Anatomie des Erythema exsudativum multiforme. Arch. f. Dermat. **25**, 765 (1893). — Finkelstein, H.: (a) Lehrbuch der Säuglingskrankheiten.

Berlin: Julius Springer 1921. (b) Zur diätetischen Behandlung des Säuglings- und Kinderekzems. Z. Kinderheilk. 8, 1 (1913). (c) Zur diätetischen Behandlung des konstitutionellen
Säuglingsekzems. Med. Klin. 1907, Nr 27. (d) Zur Indikation und Technik der Behandlung
des Säuglingsekzems mit molkenarmer Milch. Ther. Mh. 26, 34 (1912). — FINKELSTEIN, H.,
GALEWSKY, HALBERSTAEDTER: Hautkrankheiten und Syphilis im Säuglings- und Kindesalter. Berlin: Julius Springer 1922. — FISCHER, H.: (a) Über Porphyrinurie. Münch. med.
Wschr. 63, 377 (1916). (b) Über Porphyrinurie und natürliche Porphyrine. Münch. med.
Wschr. 70, 1143 (1923). — FISCHER, L.: Acute eczema due to faulty metabolism of food
elements. N. Y. med. J. 108, 805 (9. Nov. 1918). — FISCHL, F.: Über den Cholesteringehalt
des Serums bei Dermatosen. Wien. klin. Wschr. 1914, 983. — FISCHLER, F.: Physiologie
und Pathologie der Leber. Berlin: Julius Springer 1925. — FISHBERG, E.: Über die Carbol-
chronose. Virchows Arch. 251, 376 (1924). — FISHER, J. E.: Blood sugar level in some et
the common skin disorders. Arch. of Dermat. 18, 732 (1928). — FLANDIN, CH.: Les phénomènes d'intolerance au pain complet. Bull. Soc. méd. Hôp. Paris 40, 1376 (1924). —
FLANDIN, DUCOURTIOUX et PÉCHÉRY: Cholestérinémie et glycémie au cours du xanthome.
Bull. Soc. franç. Dermat. 1926, 209. — FLARER, F.: Osservatione sull'equilibrio acido basico
in rapporto all' apparato cutaneo. Biochimica e ter. sperm. 15, 232 (1928). Ref. Zbl. Hautkrkh.
29, 43 (1929). — FORDYCE: Pellagra. Krankendemonstration. Ref. Arch. of Dermat. 11,
854 (1925). — FOSTER, B.: (a) Skin complications of Diabetes. J. amer. med. Assoc. 61,
83 (1913). (b) Die Wichtigkeit von Symptomen innerer Organe bei Dermatosen der exsudativen Erythemaform. J. of cutan. genito-urin. Dis., Nov. 1916. Ref. Dermat. Wschr.
64, 400, (1917). — FOUCAULT, E.: Ein hartnäckiger Fall von Gichtekzem. St. Louis med.
a. surg. J. Sept 1904. Ref. Dermat Wschr. 40, 526 (1905). — FOURNIER, H.: Considérations
sur quelques manifestations cutanées qui peuvent accompagner les appendicites chroniques.
Berl. klin. Wschr. 1904, 973. — Fox, C.: Diskussionsbemerkung. Lancet 77 I, 1493 (3. Juni
1899). — Fox, G. H.: Diet as a therapeutique measure in diseases of the skin. J. of
cutan. genito-urin. Dis., April 1907. Ref. Dermat. Wschr. 45, 205 (1907). — FRANCIS:
Diet in causation of acne and boils. Brit. med. J. 17. Aug. 1912. — FRANÇOIS-DAINVILLE, G.:
Des troubles de la nutrition et de l'élimination urinaire dans les dermatoses diathésiques
(eczéma et psoriasis). Thèse de Paris 1905. — FREI, W.: Lokale urticarielle Hautreaktion
auf Sonnenlicht. Arch. f. Dermat. 149, 124 (1925). — FREI, W. und P. TACHAU: Nochmals
zur Frage der lichen-ruber-artigen Salvarsanexantheme. Dermat. Wschr. 76, 252 (1923). —
FREUDENTHAL: Ein amyloidartiger Körper in der Haut. Klin. Wschr. 7, 1059 (1928). —
FREUDWEILER: (a) Experimentelle Untersuchungen über das Wesen der Gichtknoten.
Dtsch. Arch. klin. Med. 63, 265 (1899). (b) Experimentelle Untersuchungen über die Entstehung der Gichtknoten. Dtsch. Arch. klin. Med. 69, 155 (1901). — FREUND: Zur Kenntnis
des Stoffwechsels beim Säuglingsekzem. 82. Verslg dtsch. Naturforsch. Königsberg. Ref.
Med. Klin. 1910, 1628. — FREUND, E.: Über Autointoxikationserytheme. Wien. klin.
Wschr. 1894. — FRÜHWALD, R.: Atophan bei Hautkrankheiten. Dermat. Wschr. 69, 427
(1919). — FUERST, KAETE: Verminderung der Entzündungsbereitschaft durch Säurezufuhr. Arch. f. exper. Pathol. 105, 238 (1925). — FUERST, KURT: Zur Vererbung der
Psoriasis. Arch. f. Dermat. 153, 212 (1927). – FULD: Urticaria appendicularis. Med. Klin.
1918, 161 und Verh. Ges. Verdgskrkh. 5. Tagg Wien 1925. Leipzig: Georg Thieme 1926. —
FUNK, C.: Prophylaxe und Therapie der Pellagra im Lichte der Vitaminlehre. Münch.
med. Wschr. 1914, Nr 13. — FUNK und GRUNDZACH: Über Urticaria infantum und ihren
Zusammenhang mit Rachitis und Magenerweiterung. Dermat. Wschr. 18, 109 (1894).

GÁAL, A. und J. BOGNÁR: Beiträge zur Pathologie der Xanthomatosis essentialis
(ung.). Magy. orv. Arch. 26, 219 (1925). Ref. Zbl. Hautkrkh. 18, 372 (1926). — GALEWSKY,
E.: Die Behandlung des Säuglingsekzems. Med. Klin. 1910, 1885. — GALLOWAY, J.: (a) The
signs of the skin of certain common diseases. Brit. med. J. 3. Mai 1902. (b) On skin
disease in relation to internal disorders. Lancet 200, 364 (1921). (c) Erythema as an indi-
cator of disease. Brit. J. Dermat. 15 (Juni 1903). Ref. Arch. f. Dermat. 76, 148 (1905) u.
Dermat. Wschr. 37, 307 (1903). (e) The cutaneous manifestations of gout and their treatement. Practitioner 83, 63 (1909). (d) Cutaneous indications of alimentary toxaemia. Brit.
med. J. 1913, 815. (f) On visible signs of visceral disease. Brit. med. J. 21. März 1908,
665. — GALLOWAY, J. und J. M. H. MACLEOD: Erythema multiforme und Lupus erythematodes, ihre Beziehungen zur allgemeinen Toxämie. Brit. J. Dermat. 15 (März 1903). Ref.
Dermat. Wschr. 36, 669 (1903). — GALUP: (a) L'arthritisme, diathèse d'anaphylaxie. Presse
méd. 1912. (b) Le lymphatisme, diathèse d'anaphylaxie-immunité. Presse méd. 1913,
313. — GANS, E.: Über einen Fall von Indicanausscheidung durch die Haut. Berlin. klin.
Wschr. 1905, 685. — GANS, O.: (a) Zur Genese des Hautpigments. Zbl. Hautkrkh. 4, 1
(1922). (b) Über den Calciumgehalt der gesunden und kranken Haut. Zbl. Path. 33,
570 (1923). Ref. Zbl. Hautkrkh. 9, 500 (1924). (c) Zur Pathogenese der Psoriasis vulgaris. Dermat. Wschr. 88, 280 (1929). (d) Über spezifische Hautveränderungen bei Ery-
thrämie. Virchows Archiv 263, 565 (1927). — GANS, O. und PAKHEISER: Über den
Calciumgehalt der gesunden und kranken Haut. Dermat. Wschr. 78, 249 (1924). —

Gans, O. und H. Schlossmann: Über den Einfluß kurzwelliger (ultravioletter) Strahlen auf die Permeabilität der Haut. Dermat. Wschr. 80, 469 (1925). — Gardiner, F.: Ein Fall von Erytheme scarlatiniforme. Brit. J. Dermat., Aug. 1908. Ref. Dermat. Wschr. 47, 408 (1908). — Gartje: Überempfindlichkeit bei konstitutionellem Ekzem. Mschr. Kinderheilk. 26, 57 (1923). — Gassmann, A.: Über einen chronischen, pigmentierten, hyperämisch-papulösen Ausschlag. Dermat. Z. 12, 284 (1905). — Gastou, M.: Formule urinaire des dermatoses. Ann. de Dermat. 1901, 282. — Gastou, M. et Ferreyrolles: (a) Les modifications de l'élimination urinaire sous l'influence des eaux de la Bourboule. Ann. de Dermat. 1905, 651. (b) Action des eaux de la Bourboule sur l'élimination de quelques éléments urinaires dans les dermatoses. Bull. Soc. franç. Dermat. 1907, 128. – Gaucher, E.: (a) Maladies de la peau. Paris: Baillières et fils 1921. (b) Etiologie et symptomes du psoriasis. Gaz. Hôp. 1912, 389. — Gaucher et Desmoulière: Des troubles de la nutrition et de l'élimination urinaire dans le psoriasis. J. Physiol. et Pathol. gén. 1904/05. — Gay, D. M. und M. A. Mc Iver: Photodynamic action of extracts of various grains with special reference to pellagra. Ref. Zbl. Hautkrkh. 7, 184 (1923). — Géber, J.: (a) Die Hauterkrankungen und ihr Zusammenhang mit dem Kranksein des Organismus (ung.). Ref. Zbl. Hautkrkh. 12, 252 (1924). (b) Nitrogen- und Schwefelstoffwechseluntersuchungen bei Psoriasis vulgaris. Dermat. Z. 20, 377 (1913). — Gehrmann: Kalzan bei Hautkrankheiten. Dermat. Zbl. 1920. — Geissler: Beitrag zur Therapie des konstitutionellen Kinderekzems. Münch. med. Wschr. 1909, 387. — Gelinsky: Die Gefahren, Verhütung und Behandlung der abdominalen Infektion. Langenbecks Arch. f. Chir. 103, 986 (1914). — Gengenbach, A.: Menotoxin oder Menstruationszustand. Diss. Basel 1925. — Gerstley, J. R.: (a) Dietary considerations in infantile eczema. J. amer. med. Assoc. 80, 1141 (1923). (b) Reshaping some ideas of infantile eczema. Ref. Zbl. Hautkrkh. 10, 350 (1924). — Giambellotti, E.: Comportamento dell'uricemia, glicosuria et chloremia in seguito a somministratione di calcio per vena. Ref. Zbl. Hautkrkh. 26, 50 (1928). — Giaxa: Zit. bei Raubitschke. – Gibert, M.: De la valeur de la néphrite au cours de la maladie de Raynaud. Thèse de Paris 1899. — Gigon, A.: (a) Über den Einfluß einseitiger Nahrungszufuhr auf den Organismus. Klin. Wschr. 3, 1939 (1924). (b) Gegenseitige Beeinflussung verschiedener Organe bei Krankheiten. Verh. naturforsch. Ges. Basel 32. — Gilbert et Lereboullet: Urticarie et prurigo d'origine biliaire. C. r. Soc. Biol. 54, 1093 (1902). — Gitlow, S. und S. Steiner: Skleroderma with special reference to the blood chemistry. Arch. of Dermat. 9, 549 (1924). — Glaessner, K.: (a) Diskussionsbemerkungen. Verh. Ges. Verdgskrkh. 5. Tagg Wien 1925. Leipzig: Georg Thieme 1926. (b) Die Wirkung des Glycocolls auf urticarielle Zustände. Klin. Wschr. 6, 597 (1927). — Glaserfeld, B.: Welche Beziehungen bestehen zwischen Haut- und Nierenkrankheiten? Dermat. Z. 12, 528 (1905). Glaus, A.: Über multiples Myelocytom mit eigenartigen, zum Teil krystallähnlichen Zelleinlagerungen, kombiniert mit Elastolyse, ausgedehnter Amyloidose und Verkalkung. Virchows Arch. 223 (1917). — Goeckermann, W. H.: The itching skin, a symptom of systemic disease. Med. J. a. Rec. 122, 83 (1925). Ref. Zbl. Hautkrkh. 18, 834 (1926). – Goetting, H.: Über den Einfluß einer Calciumgummilösung auf Blutgerinnung und Blutung. Dtsch. med. Wschr. 1921, 955. — Golay, J.: Sur le rôle du système sympathique dans la pathogenèse d'un grand nombre des dermatoses. Ann. de Dermat. 1922, 407. — Goldberger, J.: The present status of our knowledge of the etiology of Pellagra. Ref. Zbl. Hautkrkh. 24, 635 (1927). — Goldberger, J. und W. F. Tanner: An amino-acid deficiency as the primary etiologic factor in pellagra. J. amer. med. Assoc. 79, 2132 (1922). — Goldberger, J., L. H. Waring und W. F. Tanner: Pellagra prevention by diet among institutional inmates. Ref. Zbl. Hautkrkh. 13, 55 (1924). — Goldstein, O.: Zur Behandlung von Hautkrankheiten in Kurorten. Dermat. Wschr. 56, 368 (1913). — Gordon, W. M. H. und M. S. Feldmann: Report of a case of Xanthoma diabeticum. Ref. Zbl. Hautkrkh. 16, 58 (1925). — Gougerot und Rupp: Dermatose érythémato-squameuse avec hyperkeratose palmoplantaire etc. Paris méd. 12, 234 (1922). Ref. Zbl. Hautkrkh. 5, 229 (1922). — Greenbaum, S.: Blood serum calcium in the urticaria. Arch. of Dermat. 16, 553 (1927). — Greenwood, A. M.: A study of the skin in 500 cases of diabetes. J. amer. med. Assoc. 89, 774 (1927). — Griffith, J. P. C.: (a) Final report on a case of exanthoma tuberosum with diabetes insipidus. Arch. of Pediatr. 40, 630 (1923). Ref. Zbl. Hautkrkh. 12, 44 (1924). (b) The general and dietetic treatement of eczema. N. Y. med. J. 114, 153 (1921). Ref. Zbl. Hautkrkh. 2, 499 (1921). — Griffiths: Über die Darstellung eines Ptomains aus dem Urin Ekzematöser. Ref. Dermat. Wschr. 17, 335 (1893). — Grintschar, F. N. und V. A. Rachmanoff: Rosacea and gastric analysis. Urol. a. cut. Rev. 32, 85 (1928). Ref. Zbl. Hautkrkh. 27, 638 (1928). — Gross, O.: Das Cholesterin, sein Stoffwechsel und seine klinische Bedeutung. Klin. Wschr. 2, 217 (1923). — Grosz, S.: (a) Autointoxikation und Hautkrankheiten. Wien. klin. Rdsch. 21, 553 (1907). (b) Über Beziehungen einiger Dermatosen zum Gesamtorganismus. Wien. klin. Wschr. 1899, Nr 9. — Gruber, G. B.: Über die Pathologie der urämischen Hauterkrankungen. Dtsch. Arch. klin. Med. 121, 241 (1917). — Gruen, E.: Zur Histologie der Gichtknoten. Arch. f. Dermat. 152, 3 (1926). — Grulee, C. G.: Infantile Eczema.

Ref. Zbl. Hautkrkh. **6**, 350 (1923). — Guchenjkij, T.: Indicanausscheidung bei Hautkrankheiten (russ.). Ref. Zbl. Hautkrkh. **19**, 624 (1926). — Gudzent, F.: (a) Das Harnsäureproblem in der Medizin. Z. klin. Med. **99** (1924). (b) Über gichtische Nagelerkrankung. Charité-Ann. **36** (1912). — Günther, H.: (a) Die klinischen Symptome der Lichtüberempfindlichkeit. Dermat. Wschr. **68** (1919). (b) Die Bedeutung der Hämatoporphyrine in Physiologie und Pathologie. Erg. Path. 20 I, 608 (1922). — Guhrauer, H.: Beitrag zur Frage der Kalkansammlungen in der Haut. Dermat. Wschr. **80**, 113 (1925). — Guilliome, A. G.: Les toxémies et la peau. Bull. méd. **4**, 169 (1926). — Gutmann, C.: (a) Zur Kenntnis der Amyloidose der Haut. Dermat. Z. **36**, 65 (1923). (b) Nochmals zur Frage der Amyloidosis der Haut. Dermat. Z. **42**, 76 (1924). (c) Weiteres über Amyloid der Haut. Dermat. Z. **53**, 235 (1928). — Guy, W. H.: The relation of dermatology to internal medicine. Atlantic med. J. **28**, 162 (1924). Ref. Zbl. Hautkrkh. **20**, 163 (1926).

Habermann, R.: Über die sog. Kriegsmelanosen und ihre Beziehungen zu den Teer- und Schmierölschädigungen der Haut. Dermat. Z. **30**, 63 (1920). — Hackel, B.: Klinischer Beitrag zur Frage der Erythrodermia desquamativa Leiner. Mschr. Kinderheilk. **23**, 197 (1922). — Haemmerli: Untersuchungen über den mineralischen Stoffwechsel bei Psoriasis. Dermat. Wschr. **53**, 177 (1911). — Hahn, C. F.: Reizversuche an Kaninchen bei verschiedener Ernährung (nach Luithlen). Arch. f. Dermat. **154**, 200 (1928). — Hall, A. J.: (a) The skin and its relatios. Lancet **200**, 426 (1921). (b) Eine Untersuchung über die Ätiologie des Säuglingsekzems. Brit. J. Dermat. **1905**. Ref. Dermat. Wschr. **41**, 384 (1905). (c) Weiterer Bericht über die Ätiologie des Kinderekzems. Brit. J. Dermat. **1908**. Ref. Dermat. Wschr. **46**, 260 (1908). — Hallé, J.: De la dermatite herpétiforme de Duhring-Brocq chez l'enfant. Arch. Méd. Enf. **1904**, 885. Ref. Ann. de Dermat. **1904**, 815. — Hansemann, v.: Die Konstitution als Grundlage von Krankheiten. Med. Klin. **1912**, 931. — Hansen, P.: Über die Ätiologie und Behandlung des Ekzems. Dermat. Wschr. **84**, 611 (1927). — Hanssen, O.: (a) Ein Beitrag zur Chemie der amyloiden Entartung. Biochem. Z. **13**, 185 (1909). (b) Beitrag zur Kenntnis der Blutserumfarbe und Gelbfärbung der Haut (norweg.). Ref. Zbl. Hautkrkh. **11**, 426 (1924). — Hardouin: Recherches sur les variations de l'élimination de l'urée dans les dermatoses polymorphes douloureuses. Ann. de Dermat. **1900**, 1137. — Hardy: Zit. nach Thibierge (b). — Harf, A.: Über Hauterscheinungen als Frühsymptome des Carcinoms. Zbl. Chir. **52**, 2699 (1925). — Harpuder, K. und Spitz L.: Stoffwechselpathologie der Gicht. Klin. Wschr. **5**, 706 (1926). — Harris, F. G.: The etiology of eczema. Arch. of Dermat. **3**, 579 (1921). — Harrison, G. A. und A. Whitfield: The pathogenesis of xanthomatosis. Brit. J. Dermat. **35**, 81 (1923). — Hart: Konstitution und Disposition. Erg. Path. **20**, I, 1 (1922). — Hartzell, M. B.: (a) Toxic dermatoses, Dermatitis herpetiformis, Pemphigus and some other bullous affections of uncertain place. J. of cutan. genito-urin. Dis. **30**, 119 (1912). Ref. Brit. J. Dermat. **1912**, 338 u. Dermat. Z. **19**, 667 (1912). (b) Dermatitis herpetiformis, its etiology and relationship to certain members of the bullous group of diseases, especially to erythema multiforme and pemphigus. J. of cutan. genito-urin. Dis. **1918**, 487. (c) Lupus erythematodes and focal infection. Arch. of Dermat. **2**, 441 (1920). — Hashimoto, H.: Carotinoid pigmentation of the skin resulting from a vegetarian diet. J. amer. med. Assoc. **78**, 1111 (1922). — Hausmann, W.: (a) Grundzüge der Lichtbiologie und Lichtpathologie. 8. Sonderbd. zur Strahlentherapie. Berlin-Wien: Urban u. Schwarzenberg 1923. (b) Zur Ätiologie der Pellagra. Wien. klin. Wschr. **1910**. (c) Über Licht und Krankheiten. Strahlenther. **22**, 205 (1926). — Hausmann, W. und H. Haxthausen: Die Lichterkrankungen der Haut. Sonderband **11** zur Strahlenther. Berlin u. Wien: Urban u. Schwarzenberg 1929. — Hawkins, F. H.: Uraemic eruption. Brit. med. J. 16. Jan. **1892**. — Haxthausen, H.: Ein Fall von Hydroaähnelndem Lichtausschlag bei einem Patienten mit Hämatoporphyrinurie, hervorgerufen durch Luminal. Dermat. Wschr. **84**, 827 (1927). — Hazen, H. H.: Allergic dermatoses. Arch. of Dermat. **18**, 121 (1928). — Head, G. D. und R. A. Johnson: Carotinemia. Ref. Zbl. Hautkrkh. **3**, 226 (1922). — Hecht, H.: Ein Beitrag zur Calciumbehandlung bei Hautkrankheiten. Dermat. Wschr. **62**, 34 (1916). — Hedinger, E.: Über Dermatitis uraemica. Schweiz. med. Wschr. **1925**, 302. — Heim, G.: Entgiftung des Körpers bei den akuten Exanthemen. Zbl. Kinderheilk. **16**. Ref. Dermat. Wschr. **1909**, 517. — Heimann, W. J.: Diskussionsbemerkungen. Ref. J. amer. med. Assoc. **67**, 431 (5. Aug. 1916). — Heller, J.: Über Erythema exsudativum multiforme nach chem. Reizung der Harnröhre. Dtsch. med. Wschr. **1901**, 165. — Hering: Diathesen und Dyskrasien im Lichte unserer wissenschaftlichen Erkenntnis. Münch. med. Wschr. **1911**, 721. — Herlitz, C. W.: Studien über die Blutzuckerregulierung bei gesunden Säuglingen und solchen mit exsudativer Diathese. Act. paediatr. (Stockh.) **7**, 1 (1928). Ref. Zbl. Hautkrkh. **28**, 538 (1928). — Herrmann, F. und E. Nathan: Zur Frage der Xanthomgenese. Arch. f. Dermat. **152**, 575 (1922). — Hertzka: Eigenartiges Exanthem bei Diabetes mellitus. Ref. Wien. med. Wschr. **72**, 1989 (1922). — Herxheimer, G. und W. Roscher: Über Hautveränderungen bei Nephritis. Münch. med. Wschr. **1918**, Nr 52. — Hess, L.: Haut und innere Medizin. Wien. med. Wschr. **78**, 1282 (1928). — Hess, A. F. und V. C. Myers: Carotinemia a new clinical picture. J. amer. med. Assoc.

73, 1743 (1919). — Heubel: Zur Ätiologie des Ekzems. Münch. med. Wschr. **1902,** 1302. — Heubner: Hufelands Anschauung über die Skrofulose nebst Randglossen. Berl. klin. Wschr. **1910,** 192. — Heveroch: Über das ursächliche Verhältnis der Darmfäulnis zu einigen Dermatosen. Wien. med. Wschr. **1897.** — Highman, W. J.: (a) The pathogenesis of dermatitis including eczema. Arch. of Dermat. **9,** 344 (1924). (b) Eczema and Dermatitis. Arch. of Dermat. **11,** 303 (1925). — Hill, Ch. A.: Urticaria nach Einläufen. Brit. med. J. 12. Juni 1897. Ref. Dermat. Wschr. **27,** 472 (1898). — Hindhede, M.: Protein and pellagra. J. amer. med. Assoc. **80,** 1865 (1923). — Hirschberg: Innere Ursachen bei Hautkrankheiten. Petersburg. med. Z. **37,** 193 (1912). — His, W.: (a) Experimentelle Untersuchungen über das Wesen der Gichtknoten. Dtsch. Arch. klin. Med. **65,** 618 (1900). (b) Geschichtliches und Diathesen in der innern Medizin. Verh. 28. dtsch. Kongr. inn. Med. Wiesbaden: J. F. Bergmann 1911. (c) Angioneurotisches Ödem und intermittierende Gelenkschwellung auf gichtischer Grundlage. Charité-Ann. **36** (1912). (d) Gicht und Rheumatismus. Dtsch. med. Wschr. **1909,** 657. — Hoffmann, E.: (a) Eigenartige längere Zeit an kleiner Hautstelle lokalisierte familiäre Psoriasis. Arch. f. Dermat. **135,** 228 (1921). (b) Dermat. Z. **31,** 143 (1920). (c) Über das Zusammentreffen von Lichen ruber und Diabetes melitus. Dermat. Z. **12,** 654 (1905). (d) Über die Bedeutung der Strahlenbehandlung in der Dermatologie, nebst Bemerkungen über ihre biologische Wirkung. Strahlenther. **7,** 5 (1916). (e) Über eine nach innen gerichtete biologische Schutzfunktion der Haut (Esophylaxie) nebst Bemerkungen über die Entstehung der Paralyse. Dtsch. med. Wschr. **45,** 1231 (1919) u. Dermat. Z. **28,** 257 (1919). (f) Die nach innen gerichtete Schutz- und Heilwirkung der Haut (Esophylaxie). Berlin: S. Karger 1927. — Hoffmann, H.: Über circumscriptes planes Myxödem mit Bemerkungen über Schleim und Kalk bei Poikilodermie und Sklerodermie. Arch. f. Dermat. **146,** 140 (1924). — Hofmeister, F.: ÜberAblagerung und Resorption von Kalksalzen im Organismus. Erg. Physiol. **9,** 429 (1910). — Hoge, A. H.: Acne due to milk allergy. J. amer. med. Assoc. **82,** 789 (1924). — Hollaender, E.: Beiträge zur Frühdiagnose des Darmcarcinoms. Dtsch. med. Wschr. **1900,** Nr 30. — Holst: Über das Vorkommen skorbutischer Symptome bei Pellagra. Zit. nach Raubitschek. — Horbaczewski: Experimentelle Beiträge zur Kenntnis der Ätiologie der Pellagra. Österr. San.wes. **1912,** Nr 21. — Hudelo und Kourilsky: L'hyperglycémie sans glycosurie dans les dermatoses. Bull. Soc. méd. Hôp. Paris **42,** 662 (1926). — Hudelot, L.: Accidents généraux de l'eczéma en particulier chez le nourrisson. Thèse Paris **1906.** — Huebner: Über die diätetische Beeinflussung von Hautkrankheiten. Med. Klin. **1913,** 403. — Huebschmann: Zwei ätiologisch seltene Fälle von Acne vulgaris (tschech.). Ref. Dermat. Wschr. **71,** 853 (1920). — Hueck, W.: (a) Cholesterinstoffwechsel. Verh. dtsch. path. Ges. Würzburg **1925.** (b) Die pathologische Pigmentierung. Krehl-Marchand, Handbuch der allgemeinen Pathologie **3** II. Leipzig: S. Hirzel 1921. — Huet: Erythema papulosum uraemicum. Nederlanderl. Tijdskr. Geneesk. **1869/70** und **1883.** Ref. Arch. f. Dermat. **1870,** 615 u. **1883,** 134. — Hunter, W. K.: Sklerodermie mit subcutanen Kalkablagerungen. Glasgow. med. J. **1913.** Ref. Dermat. Wschr. **57,** 1111 (1913). — Hutinel: L'urticaire dans l'enfance. J. des Prat. **1910,** 275. — Huzar, W.: Die Ätiologie der Pellagra im Lichte neuerer Forschungen. Wien. med. Wschr. **1914,** Nr 6. — Hymans v. d. Bergh und Grutterink: Enterogene Cyanose. Berl. klin. Wschr. **1906.**

Ishimaru, H.: (a) Über die experimentelle Xanthomatose (jap.). Ref. Zbl. Hautkrkh. **11,** 220 (1924). (b) Hautkrankheiten und Cholesterinämie (jap.). Ref. Zbl. Hautkrkh. **11,** 102 (1924). — Itho, M.: Experimentelle Studie über Pellagroid (jap.). Ref. Zbl. Hautkrkh. **19,** 648 (1926).

Jacobsohn, F. und A. Joseph: Untersuchungen über die Wasserstoffionenkonzentration des Harns bei Dermatosen. Med. Klin. **21,** 1771 (1925). — Jacquet, L.: (a) Troubles de la sensibilité. Besnier, Brocq, Jacquet. La pratique dermat. **4,** 330. Paris: Masson et Cie. 1904. (b) Prurigo. Ibid. **4,** 44. (c) Arthritisme. Ibid. **1,** 341. (d) Über eine durch Eingeweidewürmer verursachte Urticaria. Bull. Soc. franç. Dermat. 8. Dez. **1898.** Ref. Dermat. Wschr. **28,** 137 (1899). (e) Nature et traitement de la pelade. Ann. de Dermat. **1900,** 584. — Jacquet et Broquin: Contribution à l'étude hémo-urologique de l'eczéma. 5. internat. Dermatologen-Kongreß Berlin **1904.** Berlin: August Hirschwald 1905. — Jacquet et Jourdanet: Etude étiologique pathogénique et thérapeutique des dermites professionelles des mains. Ann. de Dermat. **1911,** 10. — Jacquet et L. Portes: La viciation hémo-urinaire dans la pelade. Ann. de Dermat. **1901,** 322. — Jadassohn, J.: (a) Hautaffektionen bei Stoffwechselanomalien. 5. internat. Dermat.-Kongreß Berlin **1904.** Berlin: August Hirschwald 1905. (b) Die Toxikodermien. Deutsche Klinik am Eingang des XX. Jahrhunderts **10** II. Berlin-Wien: Urban u. Schwarzenberg 1905. (c) Dermatologie und Syphilidologie. Med. Klinik **1918,** Nr 27. (d) Über „Kalkmetastasen" in der Haut. Arch. f. Dermat. **100,** 317 (1910). (e) Über ätiologische und allgemein pathologische Fortschritte in der Dermatologie. J.kurse ärztl. Fortbildg, April **1913.** (f) Bemerkungen zur Sensibilisierung und Desensibilisierung bei den Ekzemen. Klin. Wschr. **2,** 1680 (1923). (g) Bemerkungen zur Arbeit Frei und Tachau. Dermat. Wschr. **76,** 261 (1923). (h) Über den pellagrösen

Symptomenkomplex bei Alkoholikern in der Schweiz. Korresp.bl. Schweiz. Ärzte. **1915,** Nr 32. (i) Psoriasis und verwandte Krankheiten. Med. Klin. **11,** 1065 (1915). — Jadassohn, W.: (a) Experimentelle Untersuchungen bei einem Fall von Idiosynkrasie gegen Hühnerei. Schweiz. med. Wschr. **1926,** Nr 27. (b) Beiträge zum Idiosynkrasieproblem. Klin. Wschr. **5** Nr 42 (1926). (c) Familiäre Acanthosis nigricans, kombiniert mit Fettsucht. Arch. f. Dermat. **150,** 110 (1926). — Jaeger, H.: De la nature de l'eczéma. Ann. de Dermat. **1923,** 10. — Jamada, Sh. und K. Inouye: Über die Beziehung des Magensafts zu verschiedenen Hautkrankheiten (jap.). Ref. Dermat. Z. **20,** 180 (1913). — Jamakawa, S. und M. Kashiwabara: Beitrag zu den Beziehungen der Lipoidämie zur Entwicklung des Xanthoms. (jap.). Ref. Zbl. **9,** 109 (1924). — Jamieson, R. C.: Experimental work on blood nitrogen in psoriasis. Arch. of Dermat. **4,** 622 (1921). — Janowsky: Über Peptonurie bei Hautkrankheiten und Syphilis. Ref. Arch. f. Dermat. **19,** 547 (1887). — Jarbrough: Pellagra, ihre Ätiologie und Behandlung. Med. Rec. 2. Sept. 1916. Ref. Dermat. Wschr. **66,** 422 (1918). — Jarisch, A.: Die Hautkrankheiten. 2. Aufl., bearbeitet von R. Matzenauer. Wien u. Leipzig: Alfred Hölder 1908. — Jastrowitz, H.: Zur Bilanz des Stoffwechsels bei Sklerodermie. Z. exper. Path. u. Ther. **4,** 419 (1907). — Jelks, J. T.: Autointoxikation durch Insuffizienz der Nieren mit und ohne Nierenerkrankung. Ref. Dermat. Wschr. **33,** 174 (1901). — Jesionek: (a) Lichtbiologie und Lichtpathologie. Prakt. Erg. Hautkrkh. **2** (1912). (b) Biologie der gesunden und kranken Haut. Leipzig: C. W. Vogel 1916. — Jessner, M.: Weiterer Beitrag zur Kenntnis der Akrodermatitis chron. atrophicans. Arch. f. Dermat. **139,** 299 (1922). — Jessner, S.: (a) Hautveränderungen bei Erkrankungen der Atmungsorgane. Würzburg: Curt Kabitzsch 1911. (b) Diagnose und Therapie des Ekzems. Leipzig: Curt Kabitschz 1926. (c) Juckende Hautleiden. Leipzig: Curt Kabitzsch 1926. (d) Lehrbuch der Haut- und Geschlechtsleiden. Leipzig u. Würzburg: Curt Kabitzsch 1920. — Jessup, D. S. D., H. R. Mixsell, R. B. Mc Collum und N. Johann: Metabolism experiments in infantile eczema. Arch. of Dermat. **10,** 14 (1924). — Jobling, J. und A. Lloyd: Observations and reflections on the etiology of Pellagra. J. of the amer. med. Assoc. **80,** 365 (1923). — Johnston, J. C.: (a) Evidence of the existence of an autotoxic factor in the production of some bullous disease. Brit. med. J. **1906,** 6. Okt., 839. (b) Some toxic effects in the skin of disorders of digestion and metabolism. J. of cutan. genito-urin. Dis. **30,** 136 (1912). Ref. Arch. f. Dermat. **112,** 721 (1912). (c) Speculations at to the causation of eczema. J. of cutan. genito-urin. Dis., Dez. **1912** u. Jan. **1913.** Ref. Arch. f. Dermat. **115,** 1063 (1913). — Johnston, J. C. und H. J. Schwartz: Studies in the metabolism of certain skin disorders. 6. internat. Dermatologen-Kongreß New York 1907. The Knickerbockers Press. New York 1908. — Jordan, A.: Über Hautveränderungen bei Nierenkranken. Dermat. Wschr. **39,** 637 (1904). — Juliusberg, F.: (a) Zur Kenntnis des Amyloids der Haut. Dermat. Z. **39,** 153 (1923). (b) Ein Fall von ausgedehnter Amyloidose der Haut. Dermat. Z. **52,** 1 (1928).

Kaemmerer, H.: Allergische Diathese und allergische Erkrankungen. München: J. F. Bergmann 1926. — Kaiser, S.: Primäre Hautgicht. Zbl. Hautkrkh. **18,** 526 (1926). — Kajikawa, H.: Zur Senkungsgeschwindigkeit der roten Blutkörperchen bei Haut- und Geschlechtskrankheiten (jap.). Ref. Zbl. Hautkrkh. **22,** 749 (1927). — Kalk, H.: Zur Frage der Existenz einer histaminähnlichen Substanz beim Zustandekommen des Dermografismus. Klin. Wschr. **8,** 64 (1929). — Kambayashi, T.: A preliminary study of metabolism in itching skin diseases (jap.). Ref. Zbl. Hautkrkh. **10,** 252 (1924). — Kambayashi, T. und M. Kiuchi: Studies on the metabolism in itching dermatosis (jap.). Zbl. Hautkrkh. **10,** 421 (1924). — Kaposi, M.: Pathologie und Therapie der Hautkrankheiten. Wien-Leipzig: Urban und Schwarzenberg 1883. — Kapp, J.: Zur internen Behandlung der Acne. Ther. Mh. **1907,** Nr 3. — Kartamischew: (a) Über die Ödembereitschaft bei Pemphigus vegetans. Arch. f. Dermat. **143,** 184 (1923). (b) Zur Frühdiagnose und Wesen des Pemphigus. Arch. f. Dermat. **146,** 229 (1924). (c) Weitere Untersuchungen über das Wesen des Pemphigus. Arch. f. Dermat. **148,** 69 (1925). — Kauders, F.: Ein Fall von chronischem Ekzem, verursacht durch dyspeptische Störungen. Wien. med. Wschr. **71,** 1602 (1921). — Kaulen, G.: Über Hautblutungen bei Urämie. Mschr. Kinderheilk. **22,** 599 (1922). — Kaupe, W.: Hautverfärbung bei Säuglingen und Kleinkindern infolge der Nahrung. Münch. med. Wschr. **66,** 230 (1919). — Kerckhoff, J. H. P. van: Beiträge zur Kenntnis der Psoriasis vulgaris. Leipzig, Hirzel 1929. — Kerl, W.: (a) Beiträge zur Kenntnis der Verkalkungen der Haut. Arch. f. Dermat. **126,** 172 (1919). (b) Über die Melanose Riehl. Arch. f. Dermat. **130,** 436 (1921). — Kerley, Ch. G.: Eczema in infants and in joung children. Ref. Zbl. Hautkrkh. **22,** 504 (1927). — Kern, H.: Über Harnsäureausscheidung bei exsudativen Kindern und ihre Beeinflussung durch Atophan. Jb. Kinderheilk. **78,** 141 (1913). — Kersting, B.: Über die Senkungsgeschwindigkeit roter Blutkörperchen mit besonderer Berücksichtigung der Haut- und Geschlechtskrankheiten. Dermat. Z. **39,** 33 (1923). — Ketron, L. W. und J. H. King: Gastrointestinal findings in Acne vulgaris. J. amer. med. Assoc. 26. Aug. **1916,** 671. Übersetzt durch W. Lehmann. Dermat. Wschr. **65,** 1048 (1917). — Klauder, J. V.: Generalised Eczema with an unusually high blood sugar content. Arch. of Dermat. **10**, 227 (1924). — Klauder, J. V. und H. Brown: (a) Experimental studies in eczema. I. Study of the sensibility of the skin of rabbits to chemical irritants under experimentaly induced conditions. Arch. of Dermat. **11**, 283 (1925). (b) Experimental studies in eczema II. A correlation of the chemistry with the irritability of the skin of animals under normal and under experimentally induced conditions. Arch. of Dermat. **15**, 1 (1927). — (c) Experimental studies in eczema. Arch. of Dermat. **19**, 52 (1929). — Kleinmann, H.: Untersuchungen über die Bedingungen der Kalkablagerung in tierischen Geweben. Virchows Arch. **268**, 686 (1928). — Klepper, C.: Jodkaliüberempfindlichkeit und Grundumsatz bei Dermatitis herpetiformis. Arch. f. Dermat. **153**, 66 (1927). — Klingmüller, V.: (a) Die ekzematösen Erkrankungen. Deutsche Klinik am Eingang des XX. Jahrhunderts **10**, 2 Berlin-Wien: Urban u. Schwarzenberg 1905. (b) Kinderekzem. Slg Abh. Dermat. **2**, H. 3. Halle: Karl Marhold 1913. — Klinke, K.: Neuere Ergebnisse der Calciumforschung. Erg. Physiol. **26**, 235 (1928). — Klopstock, E. und A. Buschke: Über Vorkommen und Bedeutung von Fermenten in der menschlichen Haut. Dermat. Wschr. **79**, 1485 (1924). — Klose, E.: Hautverfärbung bei Säuglingen und Kleinkindern infolge der Nahrung. Münch. med. Wschr. **66**, 419 (1919). — Klotz, M.: (a) Exsudative Diathese. Handbuch der inneren Medizin von Bergmann und Staehelin. 4 I. Berlin: Julius Springer 1926. (b) Diskussionsbemerkungen. Münch. med. Wschr. **1908**, 823. — Knapp, P.: Experimenteller Beitrag zur Ernährung von Ratten mit künstlicher Nahrung. Z. exp. Path. u. Ther. **5**, 147 (1908). — Knowles, F. C. und H. B. Decker: Gastric acidity in Acne vulgaris. Arch. of Dermat. **13**, 215 (1926). — Koch, H.: (a) Über ein makulöses Exanthem bei Diabetes mellitus. Arch. f. Dermat. **124**, 845 (1917). (b) Exanthem bei kindlichem Diabetes. Münch. med. Wschr. **67**, 1205 (1920). — Koehler, F.: Kasuistische Beiträge zur Ätiologie der Lipomatose und zur Säurebehandlung nach Leo. Berl. klin. Wschr. **1904**, Nr 16. — Koenigsdörffer, H.: Zur Kenntnis der Porphyrie. Strahlenther. **28**, 132 (1928). — Koenigstein, H.: (a) Über Amyloidose der Haut. Arch. f. Dermat. **148**, 330 (1925). (b) Über Wasserverschiebungen in der Haut unter physiologischen und pathologischen Bedingungen. Arch. f. Dermat. **154**, 353 (1928). (c) Wasserverschiebungen in der Haut unter physiologischen und pathologischen Bedingungen. Wien. klin. Wschr. **39**, 799 (1926). — Koenigstein, H. und Urbach: Ein pemphigusartiger Ausschlag bei Urämie, zugleich eine Studie über die Rest-N- und NaCl-Verteilung mit Berücksichtigung der Haut. Wien. klin. Wschr. **37**, 391 (1924). — Kohda, K.: Beitrag zur Kenntnis des Purinstoffwechsels im Harn bei Hautkranken (jap.). Ref. Zbl. Hautkrkh. **10**, 251 (1924). — Kohn, B.: Carotingelbsucht bei Kindern. Z. exper. Med. **36**, 447 (1923). — Kollert, V.: Urticaria und Säurewirkung. Dermat. Z. **31**, 281 (1920). — Krause, K. A.: Zur Kenntnis der Uratablagerungen im Gewebe. Z. Med. **50**, 136 (1903). — Krause, P. und M. Trappe: Ein Beitrag zur Kenntnis der Myositis ossificans progressiva. Fortschr. Röntgenstr. **11**, 229 (1907). — Krawkow: Beiträge zur Amyloidentartung. Arch. f. exper. Path. **40**, 195 (1898). — Kreibich, C.: (a) Mucin bei Hautkrankheiten. Arch. f. Dermat. **150**, 243 (1926). (b) Über einige serodiagnostische Versuche. Wien. klin. Wschr. **1902**, Nr 22. — Kreidl, A.: Physiologie der Haut. Mraček, Handbuch der Hautkrankheiten **1**, 183. Wien: Alfred Hölder 1902. — Kristić, D.: Pemphigus foliaceus vegetans—Heilung, nebst weiterer Untersuchungen über NaCl-Ausscheidung beim Pemphigus. Arch. f. Dermat. **152**, 81 (1926). — Krogh und With: On the standard-metabolism in ichthyosis. Acta dermato-vener. (Stockh.) **3**, 558 (1922). — Kromayer, E.: (a) Krankheitsursachen. Kritische Bemerkungen über den parasitären Ursprung des Ekzems. Arch. f. Dermat. **53**, 85 (1900). (b) Ekzem und harnsaure Diathese. Dtsch. med. Wschr. **1925**, 1526. — Krone und Mc Caw: Indicanuria in dermatology. Brit. J. Dermat. **1924**, 482. — Kroner: Zit. nach Cassirer. — Krzysztalowicz, F.: (a) Die Bedeutung des Stoffwechsels in der Dermatologie (poln.). Ref. Dermat. Wschr. **58**, 701 (1914). (b) Über die Ursachen der Hautkrankheiten und deren Einteilung auf ätiologischer Grundlage. Wien. med. Wschr. **74**, 2805 (1924). (c) L'étiologie des dermatoses comme base de leur classification. Ann. de Dermat. **1926**, 19. — Kuczynsky, M.: Neue Beiträge zur Lehre vom Amyloid. Klin. Wschr. **2**, 727 (1923). — Kuelz, L.: Kriegsärztliche Beobachtungen aus Rumänien, insbesondere über Klinik und Ätiologie der Pellagra. Arch. Schiffs- und Tropenhyg. **22**. — Küttner, H.: Der Pruritus als prämonitorisches Symptom bei malignen Tumoren. Zbl. Chir. **51**, 284 (1924). — Kyrle, J.: Histobiologie der menschlichen Haut und ihrer Erkrankungen. Berlin-Wien: Julius Springer 1925.

Labbé, M.: La xanthochromie cutanée. Presse méd. **33**, 17 (1925). — Lacroix, A.: (a) De la cholestérinémie dans le psoriasis. Bull. Soc. franc. Dermat. **1926**, 515. (b) De la cholestérinémie et de la glycémie dans les dermatoses. Alger, Imprimerie la tipo-litho. 1926. — Lain, E. S.: Diskussionsbemerkung. Ref. J. amer. med. Assoc. **67**, 431, 5. Aug. 1916. — Langstein, L.: (a) Ekzem und Asthma. Berl. klin. Wschr. **1908**, Nr 26. (b) Das Problem der diätetischen Behandlung des Ekzems und des Strophulus infantum. Ther. Mh. **32**, 839 (1918). — Laqueur, F.: Die Stellung der Leber im intermediären Stoffwechsel.

Klin. Wschr. 1, 823 (1922). — LARAT, J. et CH. SIEBENMANN: Eczémas et insuffisance hépatique. Progr. méd. 56, 829 (1920). Ref. Dermat. Wschr. 87, 1659 (1928). — LASSAR, O.: (a) Dermatologie und ihre Beziehungen zur allgemeinen Medizin. Dermat. Z. 15, 6 (1908). Brit J. of Dermat. 19 (Okt. 1907). (b) Ernährungstherapie bei Hautkrankheiten. Dermat. Z. 11, 189 (1904). — LASSUEUR: Antianaphylaxie et psoriasis. Schweiz. med. Wschr. 3, 569 (1922). — LAUENER, P.: Blutuntersuchungen bei hautkranken Kindern. Jb. Kinderheilk 83, 316 (1916). — LAURENT, CH.: Injéctions de sérum glucosé à un malade porteur d'eczéma avec oedème. Bull. Soc. franc. Dermat. 1914, 210. — LE CALVÉ, J.: (a) De l'oedème aigu toxi-névropathique. Thèse de Paris 1901. (b) Le choc hémoclasique et oedème. Gaz. Hôp. 1921, 1533. — LEDERER, R.: Die Bedeutung des Wassers für Konstitution und Ernährung. Z. Kinderheilk. 10, 365 (1914). — LE CRONIER LANCASTER: Diskussionsbemerkung. Brit. med. J. 1891, 21. Nov., 1099. — LEDERMANN, K:. Verhalten der Haut bei inneren Krankheiten. Deutsche Klinik am Eingang des XX. Jahrhunderts 10 II. Berlin-Wien: Urban u. Schwarzenberg 1905. — LEDERMANN, R.: Über Erythema multiforme haemorrhagicum et necroticum als Symptom einer schweren Allgemeinerkrankung. Med. Klin. 1908, Nr 19. — LEDINGHAM: The bacteriological Evidence of intestinal intoxication. Brit. med. J. 1913, 821. — LE GENDRE, P.: Troubles et maladies de la nutrition. ROGER, WIDAL, TEISSIER, nouveau traité de medecine 7. Paris: Masson et Cie. 1921. — LEGRAIN, P.: Régime alimentaire et antisepsie intestinale dans les dermatoses. Le Scalpel 75, 609 (1922). — LEHNER, E.: Ein Beitrag zur Frage der entzündungshemmenden Wirkung des Calciums. Klin. Wschr. 4, 2106 (1925). — LEHNER, E. und E. RAJKA: Allergieerscheinungen der Haut. Slg Abh. Dermat. N. F., H. 10. Halle: Karl Marhold 1927. — LEINER, C.: (a) Über Erythrodermia desquamativa, eine eigenartige universelle Dermatose der Brustkinder. Arch. f. Dermat. 89, 65 (1908). (b) Ernährung und Dermatosen des Säuglings. Med. Klinik 1922, 1241. — LENNARTZ, J.: Beobachtungen über Hautpigmentation bei perniziöser Anämie und ihre diagnostische Bedeutung. Diss. Marburg 1912. — LÉO, H.: Traitement du prurit par l'usage interne des acides. Semaine méd. 17. Dez. 1902. — LÉPINE, J.: Sur la perméabilité rénale dans les affections cutanées. Gaz. hebdom. 25. Juni 1899. — LEREDDE: Hématodermites, BESNIER, BROCQ, JACQUET. La pratique dermat. 2, 790. Paris: Masson et Cie. 1900. — LEREDDE et PERRIN: Anatomie pathologique de la dermatose de DUHRING. Ann. de Dermat. 1895, 453. — LÉRI, A.: (a) Le développement historique de la doctrine des diathèses. Progrès méd. 1912, 133. (b) L'évolution et l'état actuel de la doctrine des diathèses. Progrès méd. 1912, 141. — LESSER, E.: (a) Lehrbuch der Haut und Geschlechtskrankheiten. Berlin: Julius Springer 1914. (b) Diskussionsbemerkung. Ref. Dermat. Z. 11, 422 (1904). — LETTERER, E.: Studien über Art und Entstehung des Amyloids. Beitr. path. Anat. 75, 486 (1926). — LEUBE, v.: Zit. nach GLASERFELD. — LEUBUSCHER, G.: Über die Fettabscheidung des menschlichen Körpers. 17. Kongreß inn. Med. Karlsbad 1899. Wiesbaden: J. F. Bergmann 1899, 457. — LEULLIER, E.: De l'eczéma arthritique chez l'enfant et spécialement chez le nourisson. Thèse de Paris 1901. — LEUPOLD, E.: (a) Untersuchungen über die Mikrochemie und Genese des Amyloids. Beitr. path. Anat. 64, 347 (1918). (b) Amyloid und Hyalin. Erg. Path. 21, I, 120 (1925). — LÉVI, P.: Etute sur quelques hémorrhagies liées à la néphrite albumineuse et à l'urémie. Thèse de Paris 1864; zit. nach THIBIERGE (b). — LEVIN, O. L. und M. KAHN: Studies on the chemistry of the body in diseases of the skin. Amer. J. med. Sci. 162, 688 (1921). Ref. Zbl. Hautkrkh. 4, 120 (1922). — LÉVY-FRANCKEL, A.: Traitement de l'eczéma. J. Méd. Paris 41, 387 (1922). — LÉVY-FRANCKEL, DUCOURTIOUX et BRÉTILLON: Diskussionsbemerkung. Ref. Bull. Soc. franç. Dermat. 1926, 410. — LÉVY-FRANCKEL et JUSTER: Le métabolisme basal an dermatologie. Bull. méd. 38, 109 (1924). Ref. Zbl. Hautkrkh. 13, 349 (1924). — LÉVY-FRANCKEL, JUSTER et VAN BOGAERT: Le métabolisme basal dans les dermatoses. J. Méd. Paris 42, 669 (1923). Ref. Zbl. Hautkrkh. 12, 359 (1924). — LEWANDOWSKY, F.: (a) Über subcutane und periarticuläre Verkalkungen. Virchows Arch. 181, 79 (1905). (b) Über Ekzemprobleme. Korresp.bl. Schweiz. Ärzte 1918, Nr 12. — LICHAREW: Petrificatio cutis. Dermat Wschr. 44, 515 (1907). — LICHTENSTEIN, M.: Über Autointoxikationen bei Hautkrankheiten. Dermat. Zbl. 1910, Nr 4. — LICHTWITZ, L.: Gicht. Fortbildungsvorträge über Stoffwechsel und verwandte Krankheiten. Wiesbaden 1926. Berlin: S. Karger 1926. — LIEFMANN, E.: Über den Harnsäuregehalt des kindlichen Blutes. Z. Kinderheilk. 12, 227 (1915). — LIER, W.: Sklerodermieartige Hautveränderungen nach Skorbut. Dermat. Wschr. 56, 137 (1913). — LIER und PORGES: Dermatosen und Anacidität. Wien. klin. Wschr. 1913, 1974. — LIESEGANG, R. E.: Über Kalkablagerungen der Haut. Arch. f. Dermat. 149, 73 (1922). — LINDBERG, K.: Beitrag zur Kenntnis des Purinstoffwechsels (schwed.). Ref. Zbl. Hautkrkh. 20, 183 (1926). — LINDEMANN, A.: Zur Frage der Stoffwechselerkrankungen. Z. exper. Path. u. Ther. 15, 409 (1914). — LINSER, P.: Über die Wärmeregulation bei universellen Hautkrankheiten. Arch. Dermat. 80, 249 (1906). — LINSER, P. und J. SCHMIDT: Über den Stoffwechsel bei Hyperthermien. Dtsch. Arch. klin. Med. 79 (1904). — LIPPITZ, O.: Der Wert von Stoffwechseluntersuchungen für die Dermatologie. Zbl. Hautkrkh. 26, 329 (1928). — LODE: Zur Ätiologie der

Pellagra. Wien. klin. Wschr. 1910, 1160. — Loeb, M.: Über den Blutzuckerwert bei Hautkrankheiten. Arch. f. Dermat. 152, 653 (1926). — Loeschke, H.: Vorstellungen über das Wesen von Hyalin und Amyloid auf Grund von serologischen Versuchen. Beitr. path. Anat. 77, 231 (1927). — Loewenbach: Zur Kenntnis der Hautverkalkungen. Arch. f. Dermat. 72, 450 (1904). — Lojander, W.: (a) Über Keratodermien im Anschluß an Gelenkaffektionen gonorrhoischen und nichtgonorrhoischen Ursprungs. Acta dermato-vener. (Stockh.) 8, 227 (1928). — (b) Ein Fall von Keratodermia arthritica ohne nachweisbare gonorrhoische Infektion. Acta dermato-vener. (Stockh.) 9, 142 (1928). (c) Untersuchungen über die alimentäre Glycämiereaktion bei einigen Hautkrankheiten. Acta dermato-vener. 9, 203 (1928). — Lortat-Jacob, L.: (a) Quelques enseignements tirés des relations des dermatoses avec les perturbations fonctionelles de divers appareils. Presse méd. 1925, 1699. (b) Les bases cliniques du traitement des eczémas Clin. et Labor. 20. Sept. 1923. Ref. Ann. Dermat. 1924, 687. (c) Psoriasis et hérédité diabétique. Bull. Soc. franç. Dermat. 1925, 101. — Lortat-Jacob et Bourgois: La glycémie dans les dermatoses. Bull. Soc. méd. Hôp. Paris 42, 621 (1926). Ref. Zbl. Hautkrkh. 21, 276 (1927). — Lortat Jacob et Legrain: Le metabolisme basal en dermatologie. Presse méd. 31, 712 (1923). — Lortat Jacob, Legrain et Pelissier: Quelques résultats du traitement insulinique chez les psoriasiques. Bull. Soc. franç. Dermat. 1926, 101. — Lough, W. G. und J. A. Killian: Xanthoma diabeticorum. Med. Clin. N. Amer. 8, 337 (1924). Ref. Zbl. Hautkrkh. 16, 58 (1925). — Low, R. C.: (a) Anaphylaxie and Sensitisation. Green and son Edinburgh 1924. (b) Aetiology of seborrhoes. Lancet 1922, 570. (c) The eczema-asthma-prurigo-complex. Brit. J. Dermat. 40, 389 (1928). — Lowery, J. R.: Pellagra. Med. Rec. 29. Aug. 1914. Ref. Dermat. Wschr. 64, 202 (1917). — Luce und Feigl: Über latente Indoxylidrosis. Zbl. ges. inn. Med. 1918, Nr 24. Ref. Dermat. Wschr. 70, 365 (1920). — Luckhardt und Mitarbeiter: On the prevention of parathyreoid tetany by the oral administration of magnesium chlorid. Amer. J. Physiol. 76, 1. März 1926. — Lucksch: Untersuchungen über die Pellagrafrage. Z. Hyg. 58 (1908). — Luithlen, F.: (a) Tierversuche über Hautreaktion. Wien. klin. Wschr. 24, 703 (1911). (b) Über Chemie der Haut. Wien. klin. Wschr. 1912, 658. (c) Das gegenseitige Kationenverhältnis bei verschiedener Ernährung und bei Säurevergiftung. Arch. f. exper. Path. 68, 219 (1912). (d) Veränderungen des Chemismus der Haut bei verschiedener Ernährung und bei Vergiftungen. Arch. f. exper. Path. 69, 365 (1912). (e) Vorlesungen über Pharmakologie der Haut. Berlin: Julius Springer 1921. (f) Ernährung und Haut. Zbl. Hautkrkh. 7, 1 (1922). (g) Kieselsäuretherapie bei Hautkrankheiten. Wien. med. Wschr. 73, 614 (1925). — Lustig: Studien und Beobachtungen über Pellagra. Dtsch. Arch. klin. Med. 140, 342 (1922). — Lutembacher, R.: Sur un cas d'anhidrose. Ann. de Dermat. 1916, 470. — Lutz, W.: Über die Beziehungen zwischen Stoffwechsel und Hautkrankheiten. Schweiz. med. Wschr. 6, 885 (1925).

Maeda, Y.: Über die Gerinnungszeit des Blutes bei Hautkrankheiten (japan.). Ref. Zbl. Hautkrkh. 27, 362 (1928). — Magnus-Alsleben, E.: (a) Der Einfluß der Mikroorganismen auf die Vorgänge im Verdauungstractus beim erwachsenen Menschen. Handbuch der normalen und pathologischen Physiologie 3. Berlin: Julius Springer 1927. (b) Über die Giftigkeit des normalen Darminhalts. Beitr. chem. Path. 6, 503 (1906). (c) Über die Bedeutung der Eckschen Fistel für die normale und pathologische Physiologie der Leber. Erg. Physiol. 18, 51 (1920). — Mann, Fr. C. und Th. B. Magath: Die Wirkungen der totalen Leberexstirpation. Erg. d. Physiol. 23, 212 (1924). — Mantle, A.: The successful treatement by colon lavation of some cases of eczema psoriasis urticaria acne pruritus. Lancet 30. Juli 1910. — Marchand, F.: Die Störungen der Blutverteilung. Krehl-Marchand, Handbuch der allgemeinen Pathologie 2 I, 297 (1912). — Marcovici, E. E.: The treatement of certain forms of urticaria. N. Y. State J. Med. 28, 724 (1928). Ref. Zbl. Hautkrkh. 29, 502 (1929). — Marcuse, M.: Zur Frage der Erblichkeit und des Wesens der Psoriasis. Dermat. Z. 18, 972 (1911). — Marfan, A. B.: L'eczéma des nourrissons, étiologie, pathogénie, traitement. Nourrisson 11, 289 (1923). Ref. Zbl. Hautkrkh. 13, 52 (1924). — Marfan, A. B. et Turquety: L'eczéma des nourrissons peut-être par ingestion prolongée d'un lait de femme contenant un excès considérable de beurre. Bull. Soc. Pediatr. Paris 20, 290 (1922). Ref. Zbl. Hautkrkh. 8, 30 (1923). — Mariani, G.: Klinischer und pathologisch anatomischer Beitrag zum Studium der cutanen Leukämide etc. Arch. f. Dermat. 120, 781 (1914). — Martin: (a) Hygiene und Diätetik bei Hautkrankheiten. Amer. J. Dermat. 1901, Nr 5. Ref. Dermat. Wschr. 33, 626 (1901). (b) Ekzembehandlung. Amer. J. Dermat. 1899. Ref. Dermat. Wschr. 28, 574 (1899). — Mass, M. E. und E. de Chapeaurouge: Grundumsatz beim Ekzem (span.). Ref. Zbl. Hautkrkh. 28, 442 (1928). — Mathieu, A: Des purpuras cachectiques Arch. gén. Méd., Sept. 1883, cit. nach Thibierge (b). — Matsubashi: Kasuistischer Beitrag zur Chromidrosis (japan.). Ref. Dermat. Wschr. 37, 1070 (1921). — Maurel, L.: Influence d'une alimentation surazotée sur une affection cutanée chez le cobaye. C. r. Soc. Biol. 1904, 553. — Mayr, J. K.: (a) Erscheinungen der Haut bei inneren Krankheiten. Leipzig: F. C. W. Vogel 1926. (b) Hauterscheinungen beim Diabetes. Arch. f. Dermat. 145, 203 (1923). (c) Die Sedimentierungsgeschwindigkeit der Blutkörperchen im Citratblut. Arch. f. Dermat. 134, 225 (1921). (d) Die Dysfunktion der Haut. Münch. med. Wschr. 75, 1063 (1928). — MAYR, J. K. und K. MONCORPS: (a) Die Milz in ihren Beziehungen zur Eosinophilie. Münch. med. Wschr. 72, 683 (1925) u. Virchows Archiv 256, 19 (1925). (b) Virchows Archiv 264, 774 (1927). — MC CORMAC, H.: The treatement of infantil eczema. Lancet 205, 242 (1923). — MC DONAGH, J. E. R.: Treatement of some skin diseases based on the theory of oxydation and reduction. Brit. J. Dermat. 1918, 67. — MC GLASSON, I. L.: Hyperglycemia as an etiologic factor in certain dermatoses. Arch. of Dermat. 8, 665 (1923). — MAC LEOD, J. M. H.: (a) Diseases of the skin. London: Lewis 1920. (b) Lupus erythematosus. Some observations on its etiology. Arch. of Dermat. 9, 1 (1924). (c) Xanthoma tuberosum multiplex associated with peculier changes in certain points of au osteo-arthritic type. Brit. J. Dermat. 22, 267 (1910). — MEINERI, P.: Über einen Fall von Diabetid vom papulonekrotischen Typus (TOMMASI). Giorn. ital. di dermat. 69, 312 (1928). Ref. Dermat. Z. 54, 331 (1928). — MEIROWSKY: Der gegenwärtige Stand der Pigmentfrage. Zbl. Hautkrkh. 8, 97 (1923). — MELCZER, N.: (a) Beiträge zur Kenntnis der Fermente der menschlichen Haut. Dermat. Z. 49, 522 (1927). (b) Untersuchungen über die Ausscheidung harnsaurer Salze durch die Schweißdrüsen. Arch. f. Dermat. 150, 75 (1926). (c) Über die Menge der Blutphenolasen in den verschiedenen Dermatosen. Dermat. Wschr. 84 (1927). — MEMMESHEIMER, A. M.: (a) Ein Fall von Kalkablagerungen in der Haut. Dermat. Wschr. 75, 1223 (1922). (b) Über physiologisch-chemische Serumuntersuchungen bei Hautkranken. Münch. Wschr. 872 (1923). (c) Bedeutung der physikalischen Chemie für die Dermatologie. Klin. Wschr. 6, 319 (1927). (d) Hautreize und Hautesophylaxie. Slg Abh. Dermat., N. F., H. 3. Halle a. S.: Karl Marhold 1927. (e) Experimentelle und klinische Untersuchungen über die Beziehungen zwischen fokaler Infektion und Hautkrankheiten. Arch. f. Dermat. 157, 183 (1929). — MENAGH, F. R.: Etiology and results of treatment in angioneurotic edema and urticaria. J. amer. med. Assoc. 90, Nr 9 (1928). — MENDELSSOHN, M.: Zur Frage des Arthritismus in Frankreich. Verh. 28. dtsch. Kongr. inn. Med. Wiesbaden 1911. Wiesbaden: J. F. Bergmann 1911. — MENDELSSON, O.: Die Behandlung des Säuglingsekzems nach FINKELSTEIN. Dtsch. med. Wschr. 1908, 1808. — MENSCHIKOFF, V.: Chlorretention bei exsudativen Prozessen der Haut. Mschr. Kinderheilk. 10, 439 (1911). — MERK, L.: (a) Die Hauterscheinungen bei Pellagra. Innsbruck 1909. (b) Dermatoses albuminuricae. Arch. f. Dermat. 43, 469 (1898). — MERKELBACH, O.: Cholesterin in der Galle. Diss. Basel 1928. — MERKLEN, P.: De l'anurie. Thèse de Paris 1881, zit. nach THIBIERGE (b). — MERKLEN, WOLF und VALLETTE: Sclérodermie avec concrétions calcaires. Bull. Soc. franç. Dermat. R. S. 1924, 120. — MÉRY et TERRIEN: Die arthritische Diathese im Kindesalter. Erg. inn. Med. 2 (1908). — MÉSKA, A.: (a) Acne und Avitaminose (tschech.). Ref. Zbl. Hautkrkh. 9, 202 (1924). (b) Über die Beziehungen der Hautkrankheiten zur Avitaminose. Dermat. Wschr. 78, 552 (1924). — MESTSCHANSKI, J.: Ein Fall von Acne urticata polycytaemica. Dermat. Wschr. 85, 1350 (1927). — METSCHERSKII, G. J.: Ein Fall von diffuser Sklerodermie. Ref. Arch. f. Dermat. 76, 301 (1905). — MEYER, J.: Physiologie pathologique et traitement des eczémas. J. des Pract. 39, 769 (1925). — MEYER, L. F.: Salzstoffwechsel beim normalen und ekzematösen Säugling. Ref. Jb. Kinderheilk. 67, 611 (1908) und Münch. med. Wschr. 1908, Nr 15. — MICHAEL, J. C.: (a) Relationship of dermatology to internal medicine. South. med. J. 18, 727 (1925). Ref. Zbl. Hautkrkh. 19, 492 (1926). (b) Critical investigation of the relation of the end-products of protein metabolism to eczema and allied disorders. Arch. of Dermat. 14, 294 (1926). — MICHAEL, J. C. und H. O. NICHOLAS: The behavior of injected uric acid in patients with eczema. Arch. of Dermat. 14, 308 (1926). — MICHELEAU, E.: Pemphigus et déchloruration. Arch. gén. Méd. 1907, 527. — MIERZECKI, H. und B. PYTLEK: Hämatologische Untersuchungen bei Hautkrankheiten (poln.). Ref. Zbl. Hautkrkh. 18, 878 (1926). — MIESCHER, G.: Zwei Fälle von kongenitaler familiärer Acanthosis nigricans, kombiniert mit Diabetes mellitus. Dermat. Z. 32, 276 (1921). — MILS, H. P.: Pellagra mit besonderer Beziehung zur Pathologie des Gastrointestinaltrakts. J. amer. med. Assoc. 60, Nr 12 (1913). — MIYAKE, I.: Über Aurantiasis cutis (BAELTZ). Arch. f. Dermat. 147, 184 (1924). — MOELLER, M.: Der Einfluß des Lichts auf die Haut in gesundem und krankem Zustand. Stuttgart: Ferdinand Enke 1900. — MONTGOMERY und CULVER: Der Einfluß des Milchfetts auf die Haut. J. of cutan. genito-urin. Dis. 30 (Juni 1912). Ref. Arch. f. Dermat. 115, 55 (1913). — MOOK, W. H. und R. S. WEISS: Pellagra. Arch. of Dermat. 12, 649 (1925). — MOORHOUSE, J. E.: Enematische Exantheme. Brit. med. J. 29. Mai 1897. Ref. Dermat. Wschr. 27, 472 (1898). — MOREL-LAVALLÉ: Zit. nach WILDBOLZ. — MORGENSTERN, J.: Arthritis psoriatica und Psoriasis bei Gelenkerkrankungen. Wien. Arch. f. klin. Med. 12, 272 (1926). — MORICHAU-BEAUCHANT, R.: Les oedèmes aigues circonscrits de la peau et des muqueuses. Ann. de dermat. 1906, 22. — MORO, E.: Karottensuppe bei Ernährungsstörungen des Säuglings. Münch. med. Wschr. 55, 1562 (1908). — MORRIS, M.: The treatement of Lupus erythematosus. 16. Congress internat. Med. Budapest 1909, sect. de dermat. Budapest 1910, 203. — MOSBACHER, E.: Ein Fall von Kalkablagerungen unter die Haut im Unterhautzellgewebe. Dtsch. Arch. klin. Med. **128**, 107 (1909). — Mosse, M.: Über Hautpigmentierung bei perniziöser Anämie. Arch. f. Dermat. **113**, 759 (1912). — Mouriquaud: Les diéto-toxiques. Presse méd. **1926**, 545. — Mouriquaud, Michel et Barre: Influence de l'alimentation sur la nutrition cutanée. Lyon méd. **130**, 1062 (1921). Nagelschmidt: (a) Psoriasis und Glykosurie. Diss. Berlin 1900. (b) Psoriasis und Pankreas. Berl. klin. Wschr. **1908**, 517. — Narducci, F.: Eczema in sogetto diabetico. Il Dermosifilogr. **3**, 310 (1928). — Náthan, E.: (a) Das Verhalten des Blutbildes bei toxischen Exanthemen nach Quecksilber und Salvarsan und seine allgemeinpathologische Bedeutung. Arch. f. Dermat. **138**, 246 (1922). (b) Über Blutbilduntersuchungen bei Toxidermien und ihre Bedeutung für die Frage der Scharlacheosinophilie. Klin. Wschr. **6**, Nr 15 (1927). — Nathan, E. und Fr. Stern: (a) Über den Mineralgehalt der Haut unter normalen und pathologischen Verhältnissen. I. Mitteilung, Dermat. Z. **53**, 451 (1928), II. Mitteilung **54**, 14 (1928). III. Mitteilung **54**, 232 (1928), IV. Mitteilung **55**, 13 (1929). — (b) Über Kalium- und Calciumschwankungen im Blutserum bei Dermatosen. Klin. Wschr. **7**, 1375 (1928) und Arch. f. Dermat. **156**, 447 (1928). — Negishi, H.: On the amount of alkali in the blood of prurigo cases (jap.). Ref. Zbl. Hautkrkh. **20**, 185 (1926). — Neiditsch, A.: Untersuchungen über den Eiweißabbau bei einigen Dermatosen. Arch. f. Dermat. **116**, 31 (1913). — Neisser, A.: Über das Jucken und die juckenden Hautkrankheiten. Die deutsche Klinik am Eingang des XX. Jahrhunderts 10 II. Berlin-Wien: Urban u. Schwarzenberg 1905. — Neumann, J.: Über eine eigentümliche Form von Jodexanthem an der Haut und an der Schleimhaut des Magens. Arch. f. Dermat. **48**, 323 (1899). — Neumarck, S. und L. Tschatschkowska: Über das Verhalten des Blutzuckers bei einigen Hauterkrankungen. Dermat. Wschr. **86**, 453 (1928). — Neurath: Über die Bedeutung der Kalksalze für den Organismus der Kinder unter physiologischen und pathologischen Verhältnissen. Z. Kinderheilk. **1**, 3 (1911). — Neusser, E.: (a) Über Pellagra. Wien. med. Presse **46**, 1953 (1905). (b) Zit. nach Raubitschek. — Neuwirth, M.: Über einen Fall von Tendofascitis calcarea rheumatica. Mitt. Grenzgeb. Med. u. Chir. **16** 82 (1906). — Nicolas, L.: De l'action des eaux de Vichy dans les dermatoses diathésiques (Eczéma et psoriasis). Thèse de Paris **1910**. — Nicolas, Massia, Dupasquier: Considérations étiologiques sur la pellagre avec 5 observations inédites. Ann. de Dermat. **1922**, 1. — Nicolau, S.: (a) Etude sur une éruption folliculaire et périfolliculaire dans le scorbut (Dermatite papulo-kératosique scorbutique). Ann. de Dermat. **1918/19**, 398. (b) Contribution à l'étude clinique et histologique des manifestation cutanées de la leucemie et de la pseudoleucemie. Ann. de Dermat. **1904**, 753. — Niehaus, F. W.: Case of carotinemia. J. amer. med. Assoc. **82**, 547 (1924). — Niemann, A.: (a) Der Stoffwechsel bei exsudativer Diathese. Bonn: Markus und Weber 1914. (b) Über den gegenwärtigen Stand der Lehre von der exsudativen Diathese. Dtsch. med. Wschr. **47**, 298 (1921). — Nobel, E.: Beitrag zur Behandlung der Erythrodermia desquamativa. Wien. med. Wschr. **72**, 1837 (1922). Nobl, G.: (a) Zur Kenntnis solarer Lichtschädigungen der Haut. Wien. med. Wschr. **1919**, Nr 8. (b) Zur Kenntnis der Psoriasis arthropathica. Arch. f. Dermat. **123**, 632 (1916). — Noeggerath, C. und H. Reichle: Über nicht bakterielle und nicht arzneiliche Überempfindlichkeit bei Kinderkrankheiten. Mschr. Kinderheilk. **24**, 530 (1923). — Nohl, E.: Zu den Beziehungen zwischen Haut und Nierenkrankheiten. Med. Klin. **1919**, Nr 9. — Nonohay, W.: Hautkrankheiten und ihre Beziehungen zur allgemeinen Medizin (port.). Ref. Zbl. Hautkrkh. **4**, 347 (1922). — Noorden, C. v.: (a) Hautaffektionen bei Stoffwechselanomalien. 5. internat. Dermatologen-Kongreß Berlin **1904**. Berlin: August Hirschwald 1905. (b) Die Gicht. v. Noorden, Handbuch der Pathologie des Stoffwechsels **2**, 138. Berlin: August Hirschwald 1907. (c) Diskussionsbemerkungen. Ref. Münch. med. Wschr. **1921**, 28. Ochs, B.: (a) Ein Fall von Urticaria, verursacht durch Sonnenstrahlen. Med. Rec. 30. Juli 1910. Ref. Dermat. Wschr. **54**, 396 (1912). (b) Dermatosen bei Toxämien. Med. Rec. 14. Febr. **1914**. Ref. Dermat. Wschr. **61**, 821 (1915). (c) Infantile eczema. Med. Rec. 22. Nov. **1913**. Ref. Dermat. Wschr. **60**, 251 (1915). — Oefele: Kotanalysen bei Dermatosen. Dermat. Wschr. **40**, 595 (1905). — Oehme, C.: Über diffuse Sklerose von Haut und Muskeln mit Kakablagerungen. Dtsch. Arch. klin. Med. **106**, 256 (1912). — O'Keefe, E. S.: (a) Dietary consideration of eczema in jounger children. J. amer. med. Assoc. **78**, 483 (1922). (b) Protein sensitivity in children with negativ cutaneous reactions. J. amer. med. Assoc. **80**, 1120 (1923). — O'Leary, P. A. und W. H. Goeckerman: Pellagra. Arch. of Dermat. **15**, 107 (1927). — Oliver und Finnerud: Pellagra alcohol. Arch. of Dermat. **15**, 375 (1927). Opel, P.: Über Menstruationsexantheme. Dermat. Z. **15**, 91 (1908). — Opiz: Chlorhaushalt bei exsudativer Diathese. Mschr. Kinderheilk. **26**, 288 (1923). — Oppenheim, M.: Über pellagraähnliche Hauterkrankungen unter der Bevölkerung Wiens. Wien. med. Wschr. **1920**, Nr 30. — Ormsby, O. S.: Allergy and anaphylaxis in dermatology. South med. J. **18**, 881 (1925). Ref. Zbl. Hautkrkh. **22**, 44 (1927). — Osler, W.: (a) Ochronosis. Lancet 2. Jan. **1904**. (b) Die visceralen Läsionen der Erythemagruppe. Brit. J. Dermat. 12. Juli 1900. Ref. Dermat. Wschr. **31**, 392 (1900). (c) On the visceral manifestations of

the erytheme group of skin diseases. Amer. J. med. Sci. 1. Jan. 1904. Ref. Arch. f. Dermat. 74, 117 (1905).
PAESSLER: Sind die sog. Diathesen Konstitutionskrankheiten? Münch. med. Wschr. 1913, 2604. — PALTAUF, R.: Die lymphatischen Erkrankungen und Neubildungen der Haut. MRAČEK, Handbuch der Hautkrankheiten 4, II, 625. Wien u. Leipzig: Alfred Hölder 1909. — PANICHI, R.: Contributo allo studio dell' erithema essudativo multiforme. Giorn. ital. Mall. vener. Pelle 1903 22 u. 179. Ref. Ann. de Dermat. 1904, 818. — PARAMORE, W. E.: Experimentelle Studien an einigen Fällen von Urticaria. Brit. J. Dermat., Juli/Aug. 1906. Ref. Arch. f. Dermat. 86, 360 (1907). — PATKANJAN, K.: Zur Frage des Stoffwechsels bei Hautjucken (russ.). Ref. Zbl. Hautkrkh. 28, 781 (1928). — PATZSCHKE, W. und E. SIEBURG: Zur Ätiologie der Menstrualexantheme. Arch. f. Dermat. 146, 55 (1923). — PAUL, TH. M.: The etiology and treatement of eczema and urticaria. Urologic Rev. 32, 452 (1928). Ref. Zbl. Hautkrkh. 29 50 (1929). — PAUTRIER, M. L. und G. LÉVY: Contribution à l'étude de l'histophysiologie cutanée. Ann. de Dermat. 1924, 700. — PAWLOW, N.: Über die Senkung der Erythrocyten bei Haut- und Geschlechtskrankheiten (russ.). Ref. Zbl. Hautkrkh. 19, 382 (1926). — PAWLOW, P.: Ein Fall von atypischem tuberösem Myxödem. Arch. f. Dermat. 147, 513 (1924). — PELS, J. R.: General Medical aspect of certain diseases of the skin. Clin. Med. a. Surg. 35, 83 (1928). Ref. Zbl. Hautkrkh. 27, 378 (1928). — PELS: The sugar content of the blood in certain diseases of the skin. J. amer. med. Assoc. 55, 2079 (1913). — PENTAGNA, O.: Ascaridiasi et orticaria. Pediatria 1922, 308. Ref. Zbl. Hautkrkh. 8, 337 (1923). — PERCIVAL, G. H. und C. P. STEWART: The calcium content of the blood serum in skin diseases. Brit. J. Dermat. 39, 145 (1927). — PERRETTI, V. R.: La xantochromia cutanea. Gazz. Osp. 47, 961 (1926). Ref. Zbl. Hautkrkh. 22, 513 (1927). — PERSY, P. M.: Contribution à l'étude des manifestations cutanées de l'urémie. Thèse de Paris 1887. — PERUTZ, A.: (a) Hydroa aestivale et vacciniforme. Arch. f. Dermat. 124, 531 (1917). (b) Lichtdermatose. Demonstration. Ref. Zbl. Hautkrkh. 9, 442 (1924). — PETÉNYI, G.: Über LEINERsche Dermatitis (ung.) Ref. Zbl. Hautkrkh. 19, 643 (1926). — PETER, G.: Über hämatogenes Jodekzem und seine Bedeutung für die Ekzemlehre. Dermat. Z. 26, 71 (1918). — PETHEÖ, J. v.: Über Stoffwechseluntersuchungen bei Ekzem. Jb. Kinderheilk. 110, 74 (1925). — PEWNY, W.: Über die Blutkörperchensenkungsgeschwindigkeit. Dermat. Wschr. 74, 537 (1922). — PEYRI-ROCAMORA: Diskussionsbemerkungen. Ref. Presse méd. 1913, 718. — PFAUNDLER, M.: (a) Über Wesen und Behandlung der Diathesen im Kindesalter. Verh. 28. dtsch. Kongr. inn. Med. 1911. Wiesbaden: J. F. Bergmann 1911. (b) Zur Lehre von den kindlichen Diathesen oder Krankheitsbereitschaften. J.kurse ärztl. Fortbildg, Juni 1911. (c) Was nennen wir Konstitution, Konstitutionsanomalie und Konstitutionskrankheit? Klin. Wschr. 1, 817 (1922). — PFEIFFER, H.: Eiweißzerfallsvergiftungen. Krkhforschg 1, 407 (1925). — PICK, E.: (a) Zur Kenntnis der Sommerprurigo (HUTCHINSON). Arch. f. Dermat. 146, 466 (1924). (b) Zur Kenntnis der Chininidiosynkrasie. Dermat. Wschr. 78, 157 (1924). — PICK, E. und G. KAZNELSON: (a) Über eine eigenartige Dermatose bei Polycythaemia rubra. Dermat. Wschr. 80, 159 (1925). (b) Zu den Bemerkungen RICHTERs. Dermat. Wschr. 81, 1735 (1925). — PICK, W.: (a) Psoriasis und Glykosurie. Berl. klin. Wschr. 1901, Nr 3. (b) Blutzuckerbestimmungen bei Psoriasis, Furunculose, Lues. Dermat. Wschr. 72, 297 (1921). — PINESS, G. und H. MILLER: Cutaneous manifestations of Protein allergy. Arch. of Dermat. 14, 145 (1926). — PINKUS, F.: (a) Die Pathologie des Ekzems 1898—1904. Erg. Path. 10. Erg.-Bd. (1906). (b) Beitrag zur Kenntnis der als „Ekzem" bezeichneten Hautkrankheit. Arch. f. Dermat. 131, 353 (1921). (c) Bemerkungen über Pathologie und Therapie des Ekzems. Med. Klin. 2, 215 (1906). (d) Lehrbuch der Haut- und Geschlechtskrankheiten. Leipzig: W. Klinkhardt 1910. (e) Über die Hautveränderungen bei lymphatischer Leukämie und bei Pseudoleukämie. Arch. f. Dermat. 50, 37 (1899). — PINKUS, F. und L. PICK: Zur Struktur und Genese des symptomatischen Xanthoms. Dtsch. med. Wschr. 34, 1426 (1908). — PLOEGER: Diskussionsbemerkungen. Ref. Arch. f. Dermat. 119, 529 (1914). — POKORNY und KARTAMISCHEW: Zur Ödembereitschaft der Dermatitis herpet. Duhring und ihrer Analogie mit dem Pemphigus vegetans. Arch. f. Dermat. 144, 481 (1923). — POLANO: Über Urinuntersuchungen bei Dermatosen. Dermat. Zbl. 12, 194 (1909). Ref. Ann. de Dermat. 535 (1909). — POLLAND, R.: Ein Fall von nekrotisierendem polymorphem Erythem bei akuter Nephritis. Arch. f. Dermat. 78, 247 (1906). (b) Ein Fall von Jodpemphigus mit Beteiligung der Magenschleimhaut. Wien. klin. Wschr. 1905, 300. — POLOTEBNOFF: Zur Lehre von den Erythemen. Dermat. Wschr. 5. Erg.-H. (1887). — PONTOPPIDAN, B.: Subcutane Kalkknoten bei pluriglandulärer Insuffizienz. Hosp.tid. 64, 312 (1921). Ref. Zbl. Hautkrkh. 1, 412 (1921). — POPESCU, A.: Beiträge zum Studium der Alkalireserve des Blutes bei einigen Dermatosen (rum.). Ref. Zbl. Hautkrkh. 29, 42 (1929). — PORGES, O.: (a) Über die Autointoxikation mit Säuren in der menschlichen Pathologie. Wien. klin. Wschr. 1911, 1147. (b) Diskussionsbemerkungen. Ref. Wien. klin. Wschr. 1919, 463. (c) Über den Zusammenhang zwischen Verdauungsstörungen und Dermatosen und dessen Bedeutung für die Behandlung gewisser Hautkrankheiten. Wien. klin. Wschr.

1926, 566. — Porosz, M.: Die Diätbehandlung der Hautleiden. Dermat. Wschr. **50**, 163 (1910). — Portig: Eine seltene Erscheinung auf der Haut eines Patienten mit Niereninsuffizienz. Münch. med. Wschr. **59**, 2511 (1912). — Pospelow, W. A.: Ein Fall von Kalkablagerung in der Haut. Arch. f. Dermat. **140**, 75 (1922). — Preininger, T.: (a) Die Bluthydrogenkonzentration der Psoriasis, Dermatitis und des Ekzems (ung.). Ref. Zbl. Hautkrkh. **27**, 361 (1928). (b) Über die diagnostische Bedeutung der Senkungsgeschwindigkeit roter Blutkörperchen in der Dermatologie. Dermat. Wschr. **80**, 733 (1925). — Probizer, G. de: Die Pellagra im Trentino nach dem Krieg. Dermat. Wschr. **71**, 751 (1920). — Profichet, G. H.: Sur une variété de concrétions phosphatiques sous-cutanées. Thèse de Paris **1900**. — Prym: Exanthem bei kindlichem Diabetes. Münch. med. Wschr. **1920**, 845. — Pulay, E.: (a) Stoffwechselpathologie und Hautkrankheiten. 17. Mitteil. Dermat. Wschr. **73**, 1217 (1921). (b) Wert der Bestimmung des Energiestoffwechsels in der Dermatologie. Dtsch. med. Wschr. **1923**, 975 (c) Stoffwechsel und Haut. Berlin-Wien: Urban u. Schwarzenberg 1923. (d) Zur Klinik und Therapie des Pruritus und der Furunculose. Med. Klin. **17**, 1353 (1921). (e) Zur Pathogenese der Prurigo und des Strophulus infantum. Med. Klin. **17**, 1169 (1921). (f) Stoffwechselpathologie und Hautkrankheiten. Dermat. Wschr. **72**, 465, 489, 511 u. **73**, 1025, 1217, 1245 (1921). (g) Intermediärer Stoffwechsel und Hautkrankheiten. Dermat. Wschr. **75**, 1236 (1922) u. **76**, 81, 577 (1923). (h) Stoffwechselfragen in der Dermatologie. Med. Klin. **19**, 77 (1923). (i) Die Blutchemie und ihre Bedeutung für die Dermatologie. Acta dermato-vener. **4**, 265 (1923). (k) Zur Frage Stoffwechsel und Haut. Arch. Verdgskrkh. **39**, 13 (1926). (l) Kritische Bemerkungen zu den blutchemischen Arbeiten D. E. Pulays, eine Erwiderung. Klin. Wschr. **2**, 1265 (1923). (m) Biochemische Untersuchungen bei Hautkrankheiten. Bemerkungen zur Arbeit von Stümpke und Soika. Med. Klin. **21**, 291 (1925). (n) Wasserhaushalt und Haut. Dtsch. med. Wschr. **50**, 1611 (1924). (o) Quellungs- und Entquellungserscheinungen in ihrer Bedeutung für die Pathologie der Haut. Dermat. Wschr. **74**, 609 (1922) u. **76**, 333 (1923). — Pulvermacher, L.: (a) Hautkrankheiten und innere Sekretion. Slg Abh. Dermat. N. F., H. D. Halle a. S.: Karl Marhold. (b) Ist die Haut ein innersekretorisches Organ? Handbuch der inneren Sekretion **3**. Leipzig: Curt Kabitzsch 1928. — Puntoni, V.: Die Störungen der Hauttätigkeit als Ursache von Magen- und Darmläsionen. Boll. Sci. Med. Bologna **1913**, Nr 8. Ref. Dermat. Wschr. **58**, 702 (1914). — Pusey: Psoriasis and diet. J. of cutan-genito-urin. Dis., April **1919**. — Putzig, H.: Vorkommen und klinische Bedeutung der eosinophilen Zellen im Säuglingsalter, besonders bei der exsudativen Diathese. Z. Kinderheilk. **9**, 429 (1913) u. **10**, 507 (1914). — Pye-Smith: Hautaffektionen, welche im Verlauf von Morbus Brightii auftreten. Brit. J. Dermat. **7** (Sept. 1895). Ref. Dermat. Wschr. **21**, 432 (1895).

Quillier, F.: L'eczéma des nourrissons. Thèse de Paris **1901**. — Quincke, H.: Über das akute umschriebene Ödem und verwandte Zustände. Med. Klin. **1921**, Nr 23, 675. — Quinquaud: Toxizität des Serums bei einigen Hautkrankheiten. Ann. de Dermat. **1893**, 619.

Radaeli, F.: (a) Ricerche sul ricambio materiale in un caso di lichen ruber planus. Giorn. ital. Mal. vener. Pelle **1901**, 416. Ref. Annal. de Dermat. **1902**, 80. (b) Pemphigus et pemphigoides. Giorn. ital. Mal. vener. Pelle **1903**. Ref. Ann. de Dermat. **1904**, 183. (c) Nouvelles recherches sur les échanges organiques dans le lichen plan et sur le mode d'action de l'arsénic. Ann. de Dermat. **1904**, 399. — Ramel, E.: Contribution à l'étude des dermatoses toxiques survenant au cours de tumeurs malignes. Schweiz. med. Wschr. **56**, 790 (1926). — Ramirez, M. A.: Protein sensitisation in eczema. Arch. of Dermat. **2**, 565 (1920). — Rapin, E.: Des angioneuroses familiales. Rev. méd. Suisse romande **1907**, 649. Ref. Arch. f. Dermat. **93**, 411 (1908). — Raubitschek: Pathologie, Entstehungsweise und Ursachen der Pellagra. Erg. Path. 18, I, 662 (1915). — Ravaut, Bith et Ducourtioux: Psoriasis et insuline. Bull. Soc. franç. Dermat. **1926**, 99. — Ravitch, M. L.: (a) Focal infection in relation to certain dermatoses. J. amer. med. Assoc. **67**, 430 (5. Aug. 1916). Übersetzt in Dermat. Wschr. **66**, 58 (1918). (b) Diskussionsbemerkungen. Ref. J. amer. med. Assoc. **67**, 432 (5. Aug. 1916). — Ravitch, M. L. und S. A. Steinberg: (a) Relationship of focal infections to certain dermatoses. J. amer. med. Assoc. **71**, 1273 (19. Okt. 1918). (b) Metabolic influence of chlorid in certain dermatoses. J. of cutan.-genito-urin. Dis., Mai **1915**. Ref. Arch. f. Dermat. **122**, 704 (1918). — Ravogli: Skin eruptions from gastrointestinal disturbances. Urologic Rev., März **1923**. — Rayer: Zit. nach Thibierge (b). — Raymond, P.: Des urémides. Progrès méd. **1901**, 473. — Raynaud, Lacroix, Hadida: Des rapports de la glycémie avec les dermatoses. Bull. Soc. franç. de Dermat. **1926**, 397. — Rejtö, K.: Untersuchungen über die Blutgerinnung bei Hautkrankheiten. Dermat. Wschr. **86**, 567 (1928). — Rey: Über das Säuglingsekzem und seine ätiologischen Beziehungen zum Intestinaltrakt. Jb. Kinderheilk. **56** (1902). — Rhee, G. v.: Psoriasis, some points concerning its etiology and treatment. J. Michigan State med. Soc. **20**, 348 (1921). Ref. Zbl. Hautkrkh. **3**, 453 (1921). — Rhonheimer, E.: Die chronischen Gelenkerkrankungen des Kindesalters. Erg. d. inn. Med. 18 (1920). — Richter, W.: Zu der Arbeit: Eigenartige Dermatose bei Polycythämie. Dermat. Wschr. **81**, 1075 (1925). —

RIECKE, E.: (a) Ekzem. Prakt. Erg. Hautkrkh. 1, 404 (1910). (b) Über die Senkungs-geschwindigkeit der roten Blutkörperchen bei Syphilis und anderen Zustandsänderungen. Dermat. Wschr. 73, 1012 (1921). — RIEHL, G.: (a) Zur Anatomie der Gicht. Wien. med. Wschr. 1897, Nr 34. (b) Ein Fall von Verkalkung der Haut. Münch. med. Wschr. Nr 1902, Nr 4. (c) Über Entwicklung und Forschungswege der neueren Dermatologie. Dermat. Wschr. 73, 1289 (1921). (d) Über Ekzem. Allgem. Wien. med. Z. 1904, Nr 21. Ref. bei RIECKE (a). (e) Über eine eigenartige Melanose. Wien. klin. Wschr. 1917, Nr 25. — ROBERTS, H. L.: (a) Focal infection. Brit. J. Dermat. 35, 319 (1921). (b) Focal infection in relation to the etiology of skin diseases. Brit. med. J. 18. Febr. 1922, 262. — ROBIN und LEREDDE: Du rôle des dyspepsie dans la génèse de quelques dermatoses. Bull. Acad. Méd. 1899 u. J. des Pract. 1899, Nr 30. — ROCAZ: Eczéma des nourrissons. Arch. Méd. Enf. 14, 81 (1911). — ROEMHELD, L.: Der Magen in seinen Wechselbeziehungen zu den verschiedenen Organ-systemen des menschlichen Körpers. Slg zwangloser Abh. Gebiet Verdgskrkh. H. 3/4. Halle a. S.: Karl Marhold 1920. — ROESSLE: Urämische Dermatitis. Virchows Arch. 271, 304 (1929). — RÓNA, S.: Dermatologische Propädeutik. Berlin: Julius Springer 1909. — RONDONI, P.: Bemerkungen über die Pathogenese bei Erkrankungen durch Unter-ernährung und bei Pellagra. Brit. med. J. 3. Mai 1919. — ROQUES: Le traitement opothérapique de la sclérodermie. Ann. de Dermat. 1910, 383. — ROSEN, J. und F. KRAS-NOW: Blood cholesterol findings in syphilis and in other skin diseases. Arch. of Dermat. 13, 507 (1926). — ROSENBLOM, J. und C. CAMERON: Stoffwechselstudien bei einem Fall chronischer Urticaria. J. of cutan. genito-urin. Dis., Nov. 1904. Ref. Dermat. Wschr. 61, 654 (1915). — ROSENBUND, F. und A. MEYERSTEIN: Zur Ätiologie des Säuglings-ekzems. Arch. f. Dermat. 153, 772 (1927). — ROSENFELD, G.: Hauttalg und Diät. Zbl. ges. Med. 1906, Nr 40. — ROSENSTEIN: Zit. nach GLASERFELD. — ROSENTHAL, F.: Die Bedeutung der Leberexstirpation für Pathophysiologie und Klinik. Erg. inn. Med. 33, 63 (1928). — ROSENTHAL, F. und R. BRAUNISCH: Xanthomatosis und Hypercholesterinämie. Z. klin. Med. 92, 429 (1921). — ROST, G. A.: (a) Hautkrankheiten. Bd. 12 der Fachbücher f. Ärzte. Berlin: Julius Springer 1926. (b) Blutzucker und Haut. Dtsch. med. Wschr. 55, 173 (1929). — ROTHMAN, ST.: Über Hauterscheinungen bei bösartigen Geschwülsten. Arch. f. Dermat. 149, 99 (1926). — ROWE, A. H.: Food allergy. J. amer. med. Assoc. 91, 1623 (1928). — ROWE, A. H. and F. H. Mc GRUDDEN: Metabolism observations in sclero-derma. Boston med. J. 190, 121 (1924). Ref. Zbl. Hautkrkh. 14, 202 (1924). — ROW-LAND, R. S.: Xanthomatosis and the reticuloendothelial system. Arch. of internal med. 42, 611 (1928). — RUEDA, P.: (a) Eczéma et séborrhées du nourrisson. Ref. Zbl. 12, 265 (1924). — (b) Behandlung von kindlichen Ekzemen und Seborrhöen mit Pankreaspräparaten (span.). Ref. Zbl. Hautkrkh. 16, 898 (1925). — RUEDIGER, E.: Über ein durch Toxinresorption bedingtes Hauterythem bei Bronchiektasien. Arch. Kinderheilk. 55, H. 1 (1910). — RUEHL, K.: Experimenteller Beitrag zur Ätiologie der Pellagra. Dermat. Wschr. 60, 113 (1915). — RUHNKE, P.: Zur intestinalen Genese und Therapie der Acne rosacea. Dtsch. med. Wschr. 1927, 113. — RYHINER, P.: Pseudoikterus bei Säuglingen und Kleinkindern nach carotinreicher Nahrung. Jb. Kinderheilk. 94 (1920). — RYLE and BARBER: Gastric analysis in Acne rosacea. Lancet 11. Dez. 1920.

SAALFELD, E.: Diabetes und Hautkrankheiten. Dtsch. med. Wschr. 29, 537 (1903). — SABOURAUD: (a) Diskussionsbemerkungen. Ref. Brit. med. J. 10. Aug. 1912, 287. (b) La cure de la suppression du pain en dermatologie. Presse méd. 1917, 91. — SACHS, O.: Be-ziehungen zwischen dem Erythema exsudativum multiforme und den Erkrankungen innerer Organe. Arch. f. Dermat. 98, 35 (1909). — SAISON: Les dermatoses considérées dans leur rapport avec les dyspépsies. Thèse de Paris 1901. — SAKAGAMI, T.: Dermatosis and meta-bolism (jap.). Ref. Zbl. Hautkrkh. 10, 421 (1924). — SALOMON, H.: (a) Über Xanthose der Haut, namentlich bei gesunden Leuten und über Xanthämie. Wien. klin. Wschr. 1919, 495. (b) Über Pseudoikterus nach Mohrrübengenuß. Münch. med. Wschr. 1919, 654. — SALOMON, H. und C. v. NOORDEN: Die Krankheiten der Haut. C. v. NOORDEN, Handbuch der Pathologie des Stoffwechsels 2. Berlin: August Hirschwald 1907. — ŠAMBERGER, F.: (a) Über die diathetischen Hautentzündungen. Wien. med. Wschr. 75, 374 (1925). (b) Ein bis jetzt unbeschriebenes Symptom der Psoriasis, ein Schlüssel zu ihrer Pathogenese. Dermat. Wschr. 67, 687 (1918). — SANNICANDRO, G.: Der Kalkstoffwechsel und der Mechanismus der Kalkwirkung bei einigen Dermatosen. Giorn. ital. Dermat. 1927, 705. Ref. Dermat. Z. 54, 205 (1928). — SATTERLEE, F. LE ROY: Über Psoriasis. Amer. J. Syph. a. Dermat. 4. Ref. Arch. f. Dermat. 5, 580 (1873). — SAUERBRUCH, F.: Wundinfektion, Wundheilung und Ernährungsart. Münch. med. Wschr. 71, 1299 (1924). — SAUERBRUCH, HERRMANNS-DORFER, GERSON: Über Versuche, schwere Formen der Tuberkulose durch diätetische Be-handlung zu beeinflussen. Münch. med. Wschr. 73, 47 (1926). — SAVILL, TH. D.: On the pathology of itching and its treatment by large doses of calciumchlorid. Lancet 1. Aug. 1896, 300. — SCHAERER, R.: Über einen Fall von Pemphigus vegetans mit CHARCOT-LEYDENschen Krystallen in den Hauteffloreszenzen. Med. Klin. 17, 720 (1921). — SCHAM-BERG, J. F.: (a) The known and the unknown about psoriasis. J. amer. med. Assoc. 83,

1211 (1924). (b) Report of three cases of progressive pigmentary dermatosis with particular reference to the blood cholesterol. Brit. J. Dermat. **39**, 389 (1927). Schamberg, J. F. und H. Brown: (a) The relationship of excess of uric acid in the blood to eczema and allied dermatoses, based of an analysis of over two hundred cases. Arch. intern. Med. **32**, 203 (1923). Ref. Zbl. Hautkrkh. **11**, 28 (1924). (b) A study of the blood uric acid in diseases of the skin with particuliar reference to eczema and pruritus. Arch. of Dermat. **8**, 801 (1923). (c) A study of some inorganic salts in the blood in psoriasis and in certain other dermatoses. Arch. of Dermat. **9**, 368 (1924). — Schamberg, J. F., Ringer, Raiziss und Kolmer: (a) Untersuchungen über den Proteinstoffwechsel bei Psoriasiskranken. J. of cutan. genito-urin. Dis., Nov. **1913**. Übersetzt in Dermat. Wschr. **58**, 1 (1914). (b) Summary of research studies in psoriasis. J. amer. med. Assoc. **63**, 729 (1914). (c) Concerning (protein metabolism in diseases of the skin. Brit. J. Dermat. **1914**, 192. — Scheer, K.: a) Über die exsudative Diathese. Zbl. Hautkrkh. **22**, 161 (1926). — (b) Zur Säuretherapie des Ekzems. Münch. med. Wschr. **75**, 852 (1928). — Scherber, G.: Über Urticaria und urticarielle Exantheme. Arch. f. Dermat. **121**, 765 (1916). — Scheuer, O.: Hautkrankheiten sexuellen Ursprungs bei Frauen. Berlin-Wien: Urban u. Schwarzenberg. 1911. — Schilder, P.: Über die amyloide Entartung der Haut. Frankf. Z. Path. **3**, 782 (1909). — Schittenhelm, A.: Gicht und Nucleinstoffwechsel im Lichte neuerer Forschung. Klin. Wschr. **1**, 713 (1922). — Schlesinger: Über die Beeinflussung der Blut- und Serumdichte durch Veränderungen der Haut. Virchows Arch. **130** (1892). — Schloss: Fortschritte auf dem Gebiet des Mineralstoffwechsels im Säuglingsalter während der letzten drei Jahre. Jb. Kinderheilk. **74**, 91. — Schmidt-Noorden, C. v.: Klinik der Darmkrankheiten. München-Wiesbaden: J. F. Bergmann 1921. — Schmidt, E.: Beiträge zur Xanthomfrage. Arch. f. Dermat. **140**, 408 (1922). — Schmidt, M. B.: (a) Ablagerung harnsaurer Salze. Krehl-Marchand, Handbuch der allgemeinen Pathologie **3**, II. 268. Leipzig: S. Hirzel 1921. (b) Kalkmetastase und Kalkgicht. Dtsch. med. Wschr. **39**, 59 (1913). (c) Die Verkalkung. Kehl-Marchand, Handbuch der allgemeinen Pathologie **3**, II, 215. Leipzig: S. Hirzel 1921. — Schneider, J.: Recherche dans la sueur humaine de l'acide urique et de l'urée. Ref. Zbl. Hautkrkh. **17**, 512 (1925). — Schoch, A. M.: Über einen Fall von brauner Chromidrosis. Dermat. Wschr. **80**, 12 (1925). — Schoenhof, S.: Lymphogranulom. Dieses Handbuch 8 I. — Schoenstein, A.: Gichtisches Erythem der Dorsalfläche der Finger. Demonstration. Ref. Zbl. Hautkrkh. **19**, 351 (1926). — Scholefield, R. E und F. P. Weber: A case of sclerodactylia with subcutaneous calcareous concretions. Brit. J. Dermat. **23**, 276 (1911). — Scholtz, M.: Seborrhoic diathesis. Med. J. a. Rec. **119**, 344 (1924). Ref. Zbl. Hautkrkh. **16**, 328 (1925). — Scholtz, W.: (a) Die Prinzipien der Ekzembehandlung. Dtsch. med. Wschr. **35**, 1777 (1909). (b) Die innere Behandlung der Hautkrankheiten. Slg Abh. Dermat. **3**, H. 8, 2. Aufl. Halle a. S.: Karl Marhold 1925. — Schreus, H. Th.: (a) Neue Ergebnisse der Urticariaforschung und Behandlung. Münch. med. Wschr. **1928**, 340. (b) Die Behandlung der Urticaria mit Alkali. Dermat. Z. **53**, 561 (1928). — Schroepl, E.: Neurodermitis durch Oxyuren. Dermat. Wschr. **83**, 1083 (1926). — Schucany, T.: Die Pigmentierungen der Haut bei perniziöser Anämie. Arch. f. Dermat. **121**, 746 (1916). — Schürch, O.: Reizversuche mit physiolog. Substanzen auf der Haut von Normalen und Ekzematikern. Klin. Wschr. **4**, 11 (1925). — Schüssler: Über Hautverfärbung durch Mohrrübengenuß. Münch. med. Wschr. **66**, 596 (1919). — Schütz, J.: (a) Über die Symptomatologie und Ätiologie der Urticaria papulosa infantum, speziell deren Beziehung zur Erkrankung an Oxyuren. Münch. med. Wschr. **1920**, Nr 10. (b) Beiträge zur Kenntnis des Lichen ruber. Arch. f. Dermat. **91**, 231 (1908). — Schultzer, P.: Serumkalkbestimmungen bei Quinckes Ödem (dän.). Ref. Zbl. Hautkrkh. **20**, 184 (1926). — Schumm, O.: Über Hämatoporphyrine und Hämatoporphyrie. Klin. Wschr. **5**, 1574 (1926). — Schur, H.: (a) Urticaria und Cholelithiasis. Wien. klin. Wschr. **40**, 81 (1927). (b) Hautaffektionen als erstes Symptom von Mediastinaltumoren. Wien. klin. Wschr. **1917**, Nr 27. — Schuyler-Clark, A.: Internal causes of skin diseases. N. Y. med. J. **98**, 511 (1913). — Schwartz, H. J.: (a) Studien über den Stoffwechsel der Dermatitis herpetiformis und Prurigo. J. of cutan. genito-urin. Dis., Nov. **1913**. Ref. Arch. f. Dermat. **119**, 22 (1914) u. Dermat. Wschr. **58**, 244 (1914). (b) Association of intestinal indigestion with various dermatoses based on an analysis of more than 900 feces examinations. Arch. of Dermat. **13**, 672 (1926). — Schwartz, H. J., Highman W. J. and H. L. Mahnken: The sugar content of the blood in various diseases of the skin. J. of cutan. genito-urin. Dis. **34**, 159 (1916). Ref. Arch. f. Dermat. **125**, 803 (1920). — Schwartz, H. J. and O. L. Levin: The calcium content of the blood in various diseases of the skin. Arch. of Dermat. **10**, 544 (1924). — Schwartz, H. J., Levin and Mahnken: The alkali reserve in various diseases of the skin. J. of cutan. genito-urin. Dis. **38**, (1919). Zit. nach Sweitzer-Michelson-Schwarz, E.: Die Lehre von der allgemeinen und örtlichen „Eosinophilie". Erg. Path. **17**, I, 137 (1914). — Schwenkebecher: Über die Ausscheidung des Wassers durch die Haut von Gesunden und Kranken. Dtsch. Arch. klin. Med. **79** (1904). — Scomazzoni, T.: Il rapporto K : Ca nel sangue in alcune dermatosi. Giorn. ital. Dermat. **66**, 555 (1925).

Ref. Zbl. 18, 346 (1926). — SCOTT, J. A.: Treatment of acne vulgaris. Brit. med. J. 1924, 150. — SCOTT, L.: Fünf Fälle von Hauteruptionen, welche im Verlauf von Nephritis aufgetreten sind. Brit. J. Dermat. 11 (Juli 1899). Ref. Dermat Wschr. 29, 435 (1899). — SEIFERT, O.: Beitrag zur Behandlung der Urticaria. Dermat. Wschr. 61, 971 (1915). — SEITZ: Zit. nach GLASERFELD. — SELENEW, J. F.: Exsudationen und Keratosen. Dermat. Z. 12, 569 (1905). — SELLEI, J.: (a) Über Jucken (ungar.). Ref. Zbl. Hautkrkh. 18, 835 (1926). (b) Rosacea der Jugendlichen. Dermat. Wschr. 88, 232 (1929). — SELLEI, J. und E. LIEBNER: Über Prurigo aestivalis. Arch. f. Dermat. 152, 19 (1926). — SEMON, H. C.: (a) Dental sepsis in dermatology. Practitioner 111 199 (1923). (b) Some cutaneous effects of dental sepsis. Lancet 202, 889 (1922). (c) Psoriasis treated by DANYSZs method. Ref. Brit. J. Dermat. 34, 18 (1922). — SENATOR: Die Erkrankungen der Nieren. NOTHNAGELs Spezielle Pathologie und Therapie 19, 1 Wien: Alfred Hölder 1906. — SEQUEIRA: (a) Diabetes insipidus with papular and nodular xanthoma. Brit. J. Dermat. 26, 332 (1914). (b) Bullous eruption associated with appendix abscess in a child of three. Brit. J. Dermat. 1911, 295. — SHANNON, W. R.: Eczema in breast fed infants as a result of sensitisation to foods in the mothers dietary. Amer. J. Dis. Childr. 23, 392 (1922). Ref. Zbl. Hautkrkh. 7, 29 (1923). — SHATTUCK, G. CH.: Factors apparently influencing the development of pellagra in Massachusets. Ref. Zbl. Hautkrkh. 10, 431 (1924). — SIBLEY, W. K.: Alimentäre Toxämie in der Dermatologie. Med. Press a. Circ. 21. Mai 1913. Ref. Dermat. Wschr. 58, 163 (1914). — SICILIA: (a) Digestive Dermatosen (span.). Ref. Zbl. Hautkrkh. 13, 265 (1924). (b) Häufige Dermatosen bei Arthritikern (span.). Ref. Zbl. Hautkrkh. 11, 477 (1924). — SIDLICK, D. M.: The etiological relationship of tonsillar focal infection to eczema in children. Med. J. a. Rec. 128, 344 (1928). Ref. Zbl. Hautkrkh. 29, 499 (1929). — SIEMENS, H. W.: (a) Zur Kenntnis der Xanthome. Arch. f. Dermat. 136, 159 (1921). (b) Untersuchungen über den Stoffwechsel Ichthyotischer. Arch. f. Dermat. 149, 466 (1926). (c) Hautkrankheiten und Diathesen. Münch. med. Wschr. 71, 508 (1924). — SINGER, G.: (a) Diskussionsbemerkungen. Ref. Wien. klin. Wschr. 1919, 463. (b) Über die endogene Natur mancher Hautkrankheiten. Wien. klin. Wschr. 38, 1229 (1925). (c) Über den sichtbaren Ausdruck der gesteigerten Darmfäulnis und ihre Bekämpfung. Wien. klin. Wschr. 7, Nr 37 (1894). (d) Klinische Bemerkungen zur Lehre von der Autointoxikation. Wien. med. Presse 1897. — SIROTA, L.: Zur Behandlung der Dermatosen mit Calcium chloratum. Münch. med. Wschr. 1925, 383. — SMITH, S. K.: Two cases of pellagra. Arch. of Neur. 9, 257 (1923). Ref. Zbl. Hautkrkh. 8, 397 (1923). — SMITH, W. G.: Die Diät in der Ätiologie und der Behandlung der Hautkrankheiten. Brit. J. Dermat. 7 (Okt. 1895). Ref. Dermat. Wschr. 21, 497 (1895). — SOKOLOW, A. S.: Hauterscheinungen bei exsudativer Diathese und Anaphylaxie. Jb. Kinderheilk. 111, 211 (1926). — SOLIS-COHEN, M.: Gerinnungszeit des Blutes bei Hautleiden. Amer. J. of Dermat. 16, 31 (1912). Ref. Arch. f. Dermat. 115, 68 (1913). — SPARACIO, B.: (a) Il metabolismo basale in dermatologia. Giorn. ital. Dermat. 69, 761 (1928). Ref. Zbl. Hautkrkh. 28, 769 (1928). (b) Saggi sul chimismo del sangue in alcune dermopatie. Giorn. ital. Dermat. 66, 1481 (1925). Ref. Zbl. Hautkrkh. 20, 42 (1926). — SPIEGLER-GROSZ: Allgemeine Ätiologie der Hautkrankheiten. MRAČEK, Handbuch der Hautkrankheiten Bd. 1, S. 267. Wien: Alfred Hölder 1902. — SPIETHOFF, B. v.: (a) Beitrag zu den bei Pruritus, Erythemen und Urticaria vorkommenden inneren Störungen mit besonderer Berücksichtigung des Gastrointestinaltrakts. Arch. f. Dermat. 90, 179 (1908). (b) Magendarmstörungen bei Haut- und Schleimhauterkrankungen. Münch. med. Wschr. 1912, 991. (c) Variationsbreite des Salzsäuregehalts im Probefrühstück. Münch. med. Wschr. 1923, 232. (d) Natur und Behandlung der Psoriasis. Med. Klin. 10, 1665 (1914). (e) Erfahrungen mit der FINKELSTEINschen salzarmen Kost beim Säuglingsekzem, Strophulus und Prurigo infantum. Münch. med. Wschr. 1908, 1507. — SPIRO, K.: Über Hormone, Minimum und Vitamine. Ann. Schweiz. Ges. Balneologie u. Klimatol. 1923, H. 19. — SPURGIN, P. B.: Eczema treatment by rectal saline injections. Brit. med. J. 24. Mai 1919, 636. — STAEHELIN, R.: Beitrag zur Lehre von der gastrointestinalen Autointoxikation: Oedema cutis dyspepticum und Asthma bronchiale dyspepticum. Charité-Ann. 34, 185 (1910). — STAUB, H.: Über funktionelle Leberdiagnostik. Schweiz. med. Wschr. 1929, 308. — STEIN, A. K.: Calcium bei Ekzem auf Grund einer exsudativen Diathese (russ.). Ref. Zbl. Hautkrkh. 16, 202 (1925). — STEINER, E. und H. VOERNER: Zur Ätiologie der Prurigo. Münch. med. Wschr. 1906, Nr 33. — STEINITZ, E.: Über Vegetarismus und exsudative Diathese. Jb. Kinderheilk. 65, 513 (1907). — STEINITZ, E. und R. WEIGERT: Stoffwechselversuche an Säuglingen mit exsudativer Diathese. Mschr. Kinderheilk. 6, 385 (1910). — STELWAGON, H.: Diet as an etiological factor in diseases of the skin. J. of cutan. genito-urin., Dis. April 1907. Ref. Arch. f. Dermat. 91, 141 (1908). — STERN, C.: Über die Bedeutung der chemischen Reaktionen bei Salben und anderen dermatotherapeutischen Mitteln. Klin. Wschr. 5, 1794 (1926). — STILL: Erythema enematogenes in children. Trans. chir. Soc. Lond. 32, 11. Ref. bei HELLER. — STOELTZNER, W.: (a) Über Pseudoikterus nach Mohrrübengenuß. Münch. med. Wschr. 66, 419 (1919). (b) Oxypathie.

Berlin: S. Karger 1911. — Strauss: Ein seltener Fall von Urticaria. Med. Klin. 1918, Nr 13. — Strauss, A.: Hyperaemia of the skin associated with internal conditions. Atlantic med. J. 30, 155 (1927). Ref. Zbl. Hautkrkh. 24, 62 (1928). — Strauss, H.: Xanthodermia carotinaemica. Med. Welt 2, 1500 (1928). — Strickler, A.: (a) Anaphylactic food reactions in skin diseases with special reference to eczema. N. Y. med. J. 104, 199 (29. Juli 1916). (b) The relation of diet to diseases of the skin. N. Y. med. J. 104, 507 (9. Sept. 1916). — Strümpell, A: Lehrbuch der speziellen Pathologie und Therapie der inneren Krankheiten. Leipzig: F. C. W. Vogel 1922. — Stuart, H.: Observations of infantile eczema. Boston med. J. 190, 410 (1924). Ref. Zbl. Hautkrkh. 13, 357 (1924). — Stuempke, G.: (a) Liegen beim Pemphigus Steigerungen der Kochsalzausscheidung vor? Arch. f. Dermat. 108, 467 (1911). (b) Über blasenartige Hauterkrankungen. Med. Klin. 19, 1044 (1923). — Stuempke, G. und G. Soika: (a) Biochemische Untersuchungen bei Hautkrankheiten. Med. Klin. 1924, 1007. (b) Diskussionsbemerkungen. Verh. Ges. Verdgskrkh. 5. Tagg Wien 1925. Leipzig: Georg Thieme 1926. (c) Biochemische Untersuchungen bei Hautkrankheiten II. Klin. Wschr. 6, 639 (1927). — Stueve, R.: Stoffwechseluntersuchungen betr. einen Fall von Pemphigus vegetans. Arch. f. Dermat. 36, 191 (1896). — Sutton, J. C.: Pellagra. Amer. J. med. Sci. 172, 374 (1926). Ref. Zbl. Hautkrkh. 24, 637 (1927). — Sutton, R. L.: (a) Diseases of the skin. St. Louis: Mosby 1921. (b) Diskussionsbemerkungen. Ref. J. amer. med. Assoc. 67, 431 (5. Aug. 1916). (c) Diskussionsbemerkungen. Ref. J. amer. med. Assoc. 71, 1278 (19. Okt. 1918). — Sweitzer, S. E. und H. E. Michelson: Acidosis in skin diseases. Arch. of Dermat. 2, 61 (1920). — Szarvas, A.: Beiträge zur Ätiologie der Pellagra (ungar.). Ref. Zbl. Hautkrkh. 16, 678 (1925).

Tachau, P.: (a) Die exsudative Diathese Czernys. Zbl. Hautkrkh. 20, 129 (1926). (b) Hautkrankheiten und exsudative Diathese. 4. Mitteil. Z. Kinderheilk. 42, 395 (1926). (c) Zur Lehre von den kindlichen Diathesen. Klin. Wschr. 5, Nr 50 (1926). (d) Die Rolle der Überempfindlichkeit bei den Ekzemen. Med. Klin. 1927, Nr 25/26. — Tendlau, D.: Über angeborene und erworbene Atroph. cutis idiopath. Virchows Arch. 167, 465 (1907). — Testut, G.: L'urée dans l'eczéma. Rev. Méd. de l'est 52, 818 (1924). Ref. Hautkrkh. 17, 69 (1925). — Thalhimer, W.: The relationship of high blood sugar to furunculosis. J. amer. med. Assoc. 76, 295 (1921). — Thibierge, G.: (a) Acnés. Besnier, Brocq, Jacquet. Prat. dermat. 1, 192. Paris: Masson et Cie. 1900. (b) Des relations des dermatoses avec les affections des reins et l'albuminurie. Ann. de Dermat. 1885, 511. — Thibierge, G. und R. J. Weissenbach: (a) Concrétions calcaires souscutanées et sclérodermie. Ann. de Dermat. 1911, 129. (b) Concrétions calcaires souscutanées, sclérodermie et métabolisme du calcium. Paris méd. 16, 85 (1926). — Thro, C. W. and M. Ehn: Zit. nach Schwartz und Levin. — Throne, B., L. S. v. Eyck, E. Marples and C. N. Meyers: The treatement of eczema with sodium thiosulfate. Urologic and cutan. Rev. 30, 530 (1926). — Thursfield, H.: Ref. Lancet 17. März 1900, 773. — Tidy, L.: (a) The metabolism in exfoliative dermatitis. Brit. J. Dermat. 1911, 133. (b) Protein metabolism in diseases of the skin. Brit. J. of Dermat. 1914, 45. — Tilp: Ref. Verh. dtsch. path. Ges. 14, 281 (1910). — Toenissen: Konstitution und Körperzustand. Münch. med. Wschr. 68, 1341 (1921). — Tommasi: Due casi di diabetide a tipo papulo-necrotico. Giorn. ital. Mal. vener. Pelle 1921, 477. Ref. Ann. de Dermat. 1923, 133. — Tommasoli, P.: L'origine alloxurique de l'eczéma. Ann. de Dermat. 1900, 800. — Tonijan, B.: Zur Frage der Zusammensetzung des Schweißes beim Pruritus cutaneus (russ.). Ref. Zbl. Hautkrkh. 27, 759 (1928). — Török, L.: Krankheiten der Schweißdrüsen. Mraček, Handbuch der Hautkrankheiten 1, 385. Wien: Alfred Hölder 1902. — Touton, K.: Stoffwechselstörungen und Hautkrankheiten. Fortbildungsvorträge über Stoffwechsel- und verwandte Krankheiten. Wiesbaden 1926. Berlin: S. Karger 1926. — Towle, H. P.: Protein sensitisation in the production of skin diseases. Arch. of Dermat. 2, 531 (1920). — Towle, H. P. und S. H. Swartz: A study of the blood in some common diseases of the skin. Arch. of Dermat. 9, 554 (1924). — Towle, H. P. und F. B. Talbot: Infantile Eczema and indigestion. Amer. J. Dis. Childr., Sept. 1912. Ref. J. amer. med. Assoc. 29, 1487 (1912). — Tryb, A.: Über eine seltene Erkrankung der Haut mit Schleimanhäufung. Arch. f. Dermat. 143, 428 (1923). — Tschlenoff, M.: L'alcalinité du sang dans quelques dermatoses (russ.). Ref. Ann. de Dermat. 1899, 194. — Turnbull, F. M.: An etiological factor in angioneurotic oedema. J. amer. med. Assoc. 67, 858 (1921).

Uffenheimer, A.: Arthritismus im Kindesalter und Harnsäure-ausscheidung. Mschr. Kinderheilk. 10, 482 (1911). — Ullmann, K.: (a) Zur Beurteilung von Hautanomalien als Ausdruck von Organstörungen. Wien. med. Wschr. 53, 121 (1903). (b) Über autotoxische und alimentäre Dermatosen. Wien. med. Presse 46, 1125 (1905). (c) Fall von Erythrose mit Hautsymptomen bei Polyglobulie. Wien. klin. Wschr. 40, 869 (1927). — Umber, F.: (a) Der jetzige Stand der Ätiologie und Pathogenese der Gicht. Dtsch. med. Wschr. 47, 216 (1921). (b) Über Kalkgicht. Berl. klin. Wschr. 58, 909 (1921). (c) Intermediäre Stoffwechselstörungen. Kraus-Brugsch, Spez. Pathologie und Therapie innerer Krankheiten. Berlin-Wien: Urban u. Schwarzenberg 1919. (d) Diabetische Xanthomatosis. Berl. klin. Wschr. 1916, 829. (e) Zur Klinik der chronischen Gelenkerkrankungen. Fortbildungsvorträge über Stoffwechsel und verwandte Krankheiten. Wiesbaden 1926. Berlin: S. Karger 1926. — UMBER, F. und BUERGER: Zur Klinik intermediärer Stoffwechselstörungen. Dtsch. med. Wschr. 1913, 2337. — UMNUS, O.: Die photobiologische Sensibilisierungstheorie in der Pellagrafrage. Z. Immun.forschg 13, 461 (1912). — UNNA, P. G.: (a) Siehe in der Arbeit BERLINER. (b) Biochemie der Haut. Jena: Gustav Fischer 1913. (c) Histochemie der Haut. Leipzig-Wien: Franz Deuticke 1928. — UNNA-BLOCH: Die Praxis der Hautkrankheiten S. 335. Berlin-Wien: Urban u. Schwarzenberg 1908. — URBACH, E.: (a) Untersuchungen über den Energiestoffwechsel bei Hautkrankheiten. Arch. f. Dermat. 151, 196 (1926). (b) Beiträge zu einer physiologischen und pathologischen Chemie der Haut. I. Zbl. Hautkrkh. 26, 217 (1928). II. Arch. f. Dermat. 156, 73 (1928). (e) Röntgenologische Befunde am Magendarmtrakt bei Ekzemen und ihre Bedeutung für die kausale Therapie. Arch. f. Dermat. 142, 29 (1923). (d) Kritische Bemerkungen zu den blutchemischen Arbeiten E. PULAYS. Klin. Wschr. 2, 785 u. 1266 (1923). (e) Zur Pathochemie des Pemphigus. Arch. f. Dermat. 150, 52 (1926). (f) Die biologisch-chemische Forschungsrichtung in der Dermatologie. Wien. klin. Wschr. 41, 581 (1928). — URBACH, E. und P. FANIL: Methoden zur quantitativ-chemischen Analyse der Haut. Biochem. Z. 196, 471 (1928). — URBACH, E. und G. SICHER: (a) Zuckergehalt der Haut. Wien. klin. Wschr. 41, 1481 (1928). (b) Beiträge zu einer physiologischen und pathologischen Chemie der Haut. III. Der Zuckergehalt der Haut unter physiologischen und pathologischen Bedingungen. Arch. f. Dermat. 157, 160 (1929). — URBACH, E. und F. SIMHANDL: Über den Ca- und K-Gehalt des Blutserums bei Ekzematikern. Klin. Wschr. 2, 1600 (1923). — USHER, B.: The relation of carbohydrate metabolism to eczema. Arch. of Dermat. 18, 423 (1928). — USLAND, O.: Hautausschlag als prämonitorisches Symptom bei Magenkrebs (norweg.). Ref. Zbl. Hautkrkh. 24, 369 (1927).

VALLERY-RADOT, BLAMOUTIER et LAUDAT: Urticaire et réserve alcaline. Bull. Soc. méd. Hôp. Paris 1926, 692. Ref. Zbl. Hautkrkh. 22, 62 (1927). — VALLERY-RADOT et HAGUENAU: Alternances d'asthme et d'eczéma. Bull. Soc. méd. Hôp. Paris 1924, 919. Ref. Zbl. Hautkrkh. 16, 201 (1925). — VALLETTE, A.: (a) Sclérodermie et pierres de la peau. Strasbourg méd. 85, 209 (1927). Ref. Zbl. Hautkrkh. 26, 59 (1928). (b) Le prurit chez les azotémiques. Gaz. Hôp. 100, 559 (1927). Ref. Zbl. Hautkrkh. 24, 793 (1927). VARIOT: Traitement de l'eczéma infantile par les mutations lactées. Gaz. Hôp. 1911, 1795. — VEIEL, F.: Die Behandlung der Psoriasis. Slg Abh. Dermat. N. F. H. 3. Halle: Karl Marhold 1925. — VEIEL, TH.: Über einen Fall von Ekzema solare. Arch. f. Dermat. 19, 1113 (1887). — VERNE, J.: Les pigments carotinoides dans l'organisme humain. Progr. méd. 55, 951 (1927). Ref. Zbl. Hautkrkh. 25, 180 (1928). — VEROTTI, G.: (a) La patogenesi della psoriasi richerche urologiche. Giorn. internat. Sci. med. 1902. Ret. Ann. de Dermat. 1902, 927. (b) Psoriasis, Pathogenese und Therapie. 9. Jverslg Soc. ital. Dermat. Rom 1907. Ref. Arch. f. Dermat. 93, 234 (1908). (c) Nuovo contributo alla pathogenesi della psoriasi. Giorn. internat Sci. med. 1904. Ref. Dermat. Wschr. 40, 526 (1905). — VERSÉ, M.: Über Calcinosis universalis. Beitr. path. Anat. 53, 212 (1912). — VEYRIÈRES: Le régime achloruré en dermatologie. Bull. méd. 2, 861 (1928). Ref. Zbl.Hautkrkh. 28, 782 (1928). — VIGNOLO-LUTATI: Über elephantiasisartige Zustände der Ohrmuschel. Riforma med. 1917, Nr. 34. Ref. Dermat. Wschr. 68, 221 (1919). — VISHER, J. W.: The role of focal infections in the etiology of eczema. Amer. J. med. Sci. 170, 723 (1925). Ref. Zbl. Hautkrkh. 19, 640. — VOLHARD, F.: Die doppelseitigen hämatogenen Nierenerkrankungen. v. BERGMANN-STAEHELIN, Handbuch der inneren Medizin 2. Aufl., Bd. 6. (In Vorbereitung.) (1. Aufl., Bd. III/2. Berlin: Julius Springer 1918). — VONKENNEL: Die praktische Bedeutung des Säure-Basen-Gleichgewichts bei Hautkrankheiten. Dermat. Wschr. 87, 1884 (1928).

WAELSCH, L.: (a) Hautkrankheiten und Stoffwechselanomalien. Prag. med. Wschr. 1905, Nr 43. (b) Über die Beziehungen zwischen Psoriasis und Gelenkserkrankungen. Arch. f. Dermat. 104, 195 (1910). — WALDO of CLIFTON: Zit. nach THURSFIELD. — WALLER, S.: Beiträge zur Ätiologie des Ekzems (ung.). Ref. Zbl. Hautkrkh. 2, 269 (1921). — WALSH, W.: The intelligent treatement of diseases of the skin. Med. Rec. 88, 699 (1915). — WALTHARD, B.: Zur Lehre der urämischen Hautveränderungen. Frankf. Z. Path. 32, 8 (1925). — WALZER, A.: Urticaria. Arch. of Dermat. 18, 868 (1928). — WARD, S. B.: Erythem und Urticaria gleichzeitig mit angioneurotischem Ödem nur durch Einwirkung der Sonnenstrahlen entstanden. N. Y. med. J. 15. April 1905. Ref. Dermat. Wschr. 41, 292 (1905). WAUCOMONT: Quelques notes sur la réaction des urines dans les maladies de la peau. J. Mal. cutan. et Syph. 19, 721 (1908). — WEBER, F. P.: (a) Xanthosis of hands and feet in diabetes mellitus. Ref. Zbl. Hautkrkh. 16, 568 (1925). (b) Cutaneous xanthosis. Ref. Zbl. 19, 241 (1926). (c) Pseudoicteric xanthosis. Brit. J. Dermat. 33, 103 (1921). (d) Spontane symmetrische Ekchymosen der Augenlider und Bindehäute mit ungewöhnlicher Steigerung aller Sehnenreflexe als Vorläufer von urämischem Koma mit tödlichem Ausgang. Brit. J. Dermat., Sept. 1906. Ref. Arch. f. Dermat. 88, 384 (1907). — WEBER, H.: Sklerodermie. Korresp.bl. Schweiz. Ärzte 1978. — WEDENSKI: Ein Fall von Erythema papulosum uraemicum (russ.). Ref. Dermat. Wschr. 34, 456 (1902). — WEGELE, C.: Neuere

Forschungen auf dem Gebiet der intestinalen Autointoxikation und ihrer Behandlung. Würzburg. Abh. 10, H. 8. Würzburg: Curt Kabitzsch 1910. — Weidenfeld, St.: Beiträge zur Pathogenese des Ekzems. Arch. f. Dermat. 111, 891 (1912). — Weidmann, F. D.: Studies in Hypercholesterolaemie. Arch. of Dermat. 15, 659 (1927). — Weidman, F. D. und L. W. Shaffer: Calcification of the skin including the epiderm in connection with excessive bone resorption. Arch. of Dermat. 14, 503 (1926). — Weigert, R.: Praktische Erfahrungen zur Ätiologie und diätetischen Therapie des Prurigo infantum. Mschr. Kinderheilk. 25, 669 (1923). — Wende: Dermatology as a speciality and its relation to internal medicine. J. amer. med. Assoc. 55, 1 (1910). — Werssilowa: (a) Ein Fall von chronischem Erythem, veranlaßt durch Würmer (russ.). Ref. Dermat. Wschr. 49, 509 (1909). (b) Ein Fall von Pemphigus vulgaris, abhängig von parenchymatöser Nephritis. Ref. Dermat. Wschr. 48, 482 (1909). — Werther: Pruriginöses Ekzem (Neurodermie) bei Polycythaemica vera und Asthma. Zbl. Hautkrkh. 14, 295 (1924). Dtsch. med. Wschr. 1925, 1819; Arch. f. Dermat. 151, 359 (1926). — West, S.: Hautaffektionen bei Nierenerkrankungen. Brit. med. J. 11. März 1899 u. Lancet 22. April 1899. — Wheeler, G. A.: (a) Treatement and prevention of pellagra by daily supplemental meal. J. amer. med. Assoc. 78, 955 (1922). (b) Pellagra in relation to milk supply in the househofd. Ref. Zbl. Hautkrkh. 16, 418 (1925). White, Ch. J.: (a) Some statistics of indigestion in dermatological patients. Boston. med. J. 1907, 197. (b) Two modern methods to by employed in the treatment of chronic Eczema. J. amer. med. Assoc. 68, 81 (1917), übersetzt in Dermat. Wschr. 64, 81 (1917). (c) Infantile eczema and examination of the stools. Arch. of Dermat. 7, 50 (1923). — Whitfield, A.: (a) On some points in the etiology of skin diseases. Lancet 201, 61 (1921). (b) Discussion on acne and seborrhoea. Brit. med. J. 10. Aug. 1912. (c) An anomalous case of erythema multiforme in a patient with cardiac and renal disease. Brit. J. Dermat. 15 (Aug. 1903). Ref. Arch. f. Dermat. 76, 146 (1905). (d) Diskussionsbemerkungen. Ref. Brit. J. Dermat. 32, 309 (1920). — Wichmann, W.: Ein Fall von Kalkablagerungen unter der Haut (Kalk-Gicht). Diss. Berlin 1910. — Wickham, L.: (a) Dermatitis renalen Ursprungs. J. des Prat. Ref. Dermat. Wschr. 25, 355 (1897). (b) Le pruritus et la prurigo comme signe révélateur du cancer abdominal. Ann. de Dermat. 1903, 505. — Wiel, H. J.: Angioneurotic oedema. J. amer. med. Assoc. 58, 1246 (1912). — Wiener, K.: Die Beziehungen der Genitalorgane zu Hautveränderungen. Slg Abh. Dermat., N. F., H. 6. Halle a. S.: Karl Marhold 1924. — Wildbolz, H.: Über Bildung von phosphorsauren und kohlensauren Konkrementen in Haut und Unterhautzellgewebe. Arch. f. Dermat. 70, 435 (1904). — Wile, U. J., H. C. Eckstein, A. C. Curtis: Lipoid studies in Xanthoma. Arch. of Dermat. 19, 35 (1929). — Wilkening-Bronstein, Ch.: Beitrag zur diätetischen Behandlung des Säuglingsekzems. Diss. Zürich 1911. — Williams, Ch. M.: Points of contact between dermatology and other branches of medicine. N. Y. State J. Med. 27, 1134 (1927). Ref. Zbl. 16, 380 (1928). — Willock, J. S.: Intestinal mikroorganismes with reference to skin lesions. J. of cutan. genito-urin. Dis. 32, 206 (1914). Ref. Dermat. Wschr. 58, 662 (1914). — Wils, K.: Treatment of acne vulgaris. Brit. med. J. 1924, 252. — Winfield: Lactic acid and caloric irrigations in the treatment of psoriasis. J. amer. med. Assoc. 59, 416 (1912). — Winkler, M.: Blutveränderungen bei Dermatosen. Erg. Path. 16, I, 649 (1912). — Wise, F. und J. J. Eller: Diseases of the skin in their relation to internal medicin. Med. Rev. 30, 114 (1924). — Wise, F. und M. A. Ramirez: Protein sensitisation in pruritus with lichenification. Arch. of Dermat. 11, 751 (1925). — Wittmann, J.: Beitrag zur Klinik der Erythrodermia desquamativa Leiner. Z. Kinderheilk. 35, 275 (1923). — Wirz, F.: (a) Lichen ruber planus und Lues, lichenoides Salvarsanexanthem usw. Dermat. Z. 41, 269 (1924). (b) Die Störung des physikalisch-chemischen Gleichgewichts der Haut durch Säuerung und Alkalisierung. Krkh.forschg 2, 186 (1926). — Witzinger, O.: Zur diätetischen Behandlung des Säuglingsekzems. Wien. med. Wschr. 1909, 1294. — Wohlgemuth, J. und E. Klopstock: (a) Über die Verteilung der Fermente in der Haut. Biochem. Z. 153, 487 (1924). (b) Atmung und Glykolyse der Haut und ihre Beeinflussung durch Fermente. Biochem. Z. 175, 202 (1926). — Wohlgemuth, J. und T. Iketaba: Über Milchsäurebildung in der Haut und ihre Beeinflussung durch verschiedene Strahlenarten. Biochem. Z. 186, 43 (1927). — Wohlgemuth, J. und Y. Nakamura: (a) Über den Zuckerabbau in der Haut. Biochem. Z. 173, 258 (1926). (b) Über das Verhalten der Lipase und über das Vorkommen von Phosphatase, Sulfatase und Carboxylase in der Haut. Biochem. Z. 175, 216 (1926). — Wohlgemuth, J. und N. Sugihasa: Vergleichende Untersuchungen über den Fermentgehalt frischer Haut usw. Biochem. Z. 163, 261 (1925). — Wohlgemuth, J. und Y. Yamasaki: Über die Fermente in der Haut. Klin. Wschr. 1924, 1143. — Wolf, M. und A. Vallette: Goutte calcaire et sclérodermie dans leur rapports avec le metabolisme du calcium. Rev. Méd. 43, 1121 (1926). Ref. Zbl. Hautkrkh. 27, 387 (1928). — Wolff, A.: Die Erytheme und die mit diesen verwandten Krankheiten. Mraček, Handbuch der Hautkrankheiten 1, 533. Wien: Alfred Hölder 1902. — Wolters: Ekzema solare. Arch. f. Dermat 24, 187 (1892). — Wright, A. E.: (a) Beobachtungen über zwei Fälle von Urticaria, behandelt mit Calciumchlorid. Brit J. Dermat. März 1896, Ref. Dermat. Wschr. 22,

658 (1896). (b) On the treatment of the haemorrhages and urticarias wich are associated with deficient blood coagulability. Lancet 18. Jan. **1896,** 153.

YAMASAKI, Y.: Über die Fermente der Haut. Biochem. Z. **147,** 203 (1924).

ZELLNER, E.: Zur Kenntnis der Arthropathia psoriatica. Münch. med. Wschr **75,** 903 (1928). — ZIELER, K.: Lehrbuch und Atlas der Haut- und Geschlechtskrankheiten. 2. Aufl. Berlin-Wien: Urban u. Schwarzenberg 1928. — ZUELZER, G.: Über einen Fall von akutem sog. angioneurotischem Ödem. Arch. f. Dermat. **85,** 361 (1907). — ZUMBUSCH, L. v.: (a) Die Beziehungen der Hautkrankheiten zu Krankeiten anderer Organe. Prakt. Erg. Hautkrkh. **1,** 237 (1910). (b) Psoriasis. Prakt. Erg. Hautkrkh. **2,** 538 (1912). (c) Über Gesamtstickstoff und Harnsäureausscheidung bei Psoriasis. Prag. Z. Heilk. **23,** 290. Ref. Arch. f. Dermat. **68,** 456 (1903).

Namenverzeichnis.

(Die schrägen Zahlen verweisen auf die Literaturverzeichnisse und Quellenangaben im Text).

ABDERHALDEN, E. 177, 227, 307, *328*.
ABEL 190.
ABERASTURY *118*.
ACHARD, CH. *241*.
ADACHI 101.
ADAM *121*.
ADAMSON 277, *328*.
ADDISON 193.
ADLER 320, *328*.
ADLERSBERG, D. 259, *328*.
ADRIAN 26, 54, 90, 110, 116, *162*, 229, 230, 304, *328*.
AHLENDORF, M. 293, *328*.
AHLFELD 99, 130, 161.
AIZIÈNE *96*.
ALAJOUANINE, TH. *244*.
ALBERT 192.
ALDRICH 193.
ALESSANDRINI, G. 315, *329*.
ALIBERT 54, 73, 105, 135, 137, 149, 153, 319.
ALLEN 130.
ALMKVIST *104*, 209.
ALQUIER 218, *242*.
ALSTYNE, ELEANOR VAN 306, *329*.
ALTMANN, M. 262, *329*.
ANTHONY, HENRY 277, 321, *329*.
ANTONIU 288.
APERT, E. 143, 194, *241*.
ARLOING 129.
ARMUZZI *141*.
ARNDT, G. 151, 303, 320, *329*,
ARNING, ED. 259, 296, *329*,
ARNOLDI, W. 239, *241*, 299. *329*.
ARTOM, M. 173, 174, 177, 178, 183, 199, 201, 203, 209, 224. 225, *241*.
ARZT, L. *159*, 259, 263, 320, *329*.
ASCHENHEIM 301, *329*.
ASCHNER, B. 176, 178, 190, 191, 192, *241*.
ASCHOFF, L. 263, *329*.
ASHER, LEON 171, 182, *241*.
AUDRY, CH. *118*, 306, *329*.
AULDE, J. 289, 311, *329*.

AVETA, F. 296, *329*.
AYRES, S. 310, *329*.
AYRIGNAC 305, 310, 317, *331*.

BAAGE, K. 289, *329*.
BAAR 259, *329*.
BABES 263.
BACH *241*.
BAELTZ *343*.
BAER *124*.
BALBI, E. 328, *329*.
BALLANTYNE 110.
BALLNER 282, 289, *329*.
BALZER 149, 218, *242*.
BAMPTON 132.
BANTING 196.
BÄR, H. 304, *329*.
BARBAGLIA, V. 308, *329*.
BARBER, H. W. 292, 293, 311, 321, *329*, *347*.
BARDACH 101.
BARKMAN, ÅKE 63, *144*, 222, *242*.
BARLOW 319, *329*.
BARRE 282, *344*.
BARRETT 128.
BARROWS 88, 89, *163*.
BARRS-LEEDS, A. 319, *329*.
BARTEL 196.
BARTELS 318, *329*.
BARTHÉLEMY, R. 189, 262, 301, *329*.
BASEDOW 211.
BATEMAN 105.
BATESON 101.
BAU-PRUSSAK, S. *242*.
BAUER 169, 173, 175, 177, 178, 179, 182, 193, 194, 195, 237, 240, 241, 309.
BAUER, A. W. 95.
BAUER, J. 35, 81, 84, 102, 118, *120*, 121, 122, 126, *129*, 134, 142, 143, 144, *150*, 152, 153, 168, *242*, 262, 268, 272, 293, 294, *329*.
BAUER, K. W. 129.
BAUER, K. H. 86, 144.
BAUER, L. 290, *329*.
BAUER, R. *242*.
BAUM, J. 318, *329*.

BAUM, W. L. 307, *329*.
BAUMGART *161*.
BAUMM, G. 314, *329*.
BAUR, ERWIN 12, 35.
BAYARD 116.
BAYER, G. *195*, *242*.
BAZIN 237, 267.
BAZZOLI, G. 316, *329*.
BEAU *89*.
BEBERICH 182.
BECHET, PAUL *242*.
BECK, S. C. 201, *242*, 288, *329*.
BEINHAUER, L. G. 264, 291, *329*.
BEJARANO 178, 236, *243*.
BELOTE, GEORG H. *251*.
BENARD, R. 220, 238, *242*.
BENDA 225, *242*.
BENEDIKT 143.
BERBERICH, J. *242*, *244*.
BERBLINGER, W. *242*.
BERDE, K. 227, *242*.
BERG 149.
BERGER *136*.
BERGLUND *124*.
BERGMANN, OLGA V. 230, 290, *329*.
BERGMANN, EMMY 304, *329*.
BERLINER, C. 264, *329*, *351*.
BERNARDON *247*.
BERNDT 39.
BERNHARDT, R. 275, 276, 309, 317, *329*, *330*.
BERSON, V. 229, *242*.
BERTACCINI G. 174 178, 183, 201, 203, 209, 212, 214, *242*, 311, *330*.
BERTHOLD, A. 170, *242*.
BESNIER, E. 135, 214, 235, *242*, *253*, 270, 273, 299, 317, *329*, *330*, *333*, *338*, *341*, *350*.
BESSONNET *162*.
BEST 196.
BETHE *167*.
BETTMAN 313.
BETTMANN, S. 20, 91, 110, *118*, *155*, *156*, 157, *163*, 203, 210, 212, 227, 228, *242*, 275, 313, 320, *330*.
BEURMANN, DE 106.
BEYER *103*.

BEYERLEIN 319.
BEZZOLA, L. 282, 289, *330*.
BIBERSTEIN *154*.
BICHAT 267.
BIEBER, J. 309, *330*.
BIEDL, A. 166, 169, 178, 181, 190, 191, 194, 195, 207, *242*.
BIHLMEYER, G. 302, *330*.
BIRCHER, W. 276, *330*.
BIRK, W. 311, *330*.
BIRKE, R. 326, *330*.
BITH 209, *249*, 299, *346*.
BIZZOZERO, E. *114*, 313, *330*.
BLAMOUTIER, P. *242*, 311, *351*.
BLASCHKO, A. 273, 275, 296, 320, *330*.
BLASI, A. C. 210, *242*, 309, 310, *330*.
BLEY 127.
BLOCH 134, 136, 154, 155, 194, 232, 239, *242*, 252, 253, 254, 255, 261, 262, 266, 268, 270, 272, 275, 276, 280, 285, 287, 289, 290, 296, 297, 299, 300, 301, 302, 304, 305, 308, 311, 323, 324, 326, *330*, *351*.
BLOCH, E. *242*.
BLOCK 238, 239.
BLUHM *162*.
BLUM, P. 225, *242*, 295, 312, *330*.
BLUMER 91.
BOCK, KARL A. 174, *242*.
BODIN 214.
BOECK, C. 201, 204, 213, 228, *242*.
BOERI 307, *330*.
BOERNSTEIN, KAETHE 281, 282, *330*.
BOGAERT, VAN *247*, 265, *341*.
BOGNÁR, J. 260, *335*.
BOGROW, S. L. 320, *330*.
BOLK *242*.
BOLLAG, K. 313, *330*.
BOLTE, F. 218, *242*.
BOLTEN *88*, *89*, *242*.
BOMMEL, VAN 260, *330*.
BOMMER, S. 312, 316, *330*.
BOND, H. E. 296, *330*.
BONDI 122.
BONHOEFFER, K. 289, *330*.
BONNE 156.
BONNEFOUS 309, *330*.
BONNET *104*.
BONNEVIE 45.
BOOTH 154.
BORCHARDT, L. 131, *242*, 267, *330*.
BORDO, C. A. 225, *251*.
BORELIUS 95.
BORELL 134.
BORK, K. 261, *330*.
BORRI 311, *330*.
BORST 262.
BOSELLINI, P. C. *136*, *152*, 253, *331*.

BOSSARD 83.
BOUCHARD, CH. 269, 270, *331*.
BOURGEOIS, PIERRE *246*, 309, 310, *342*.
BOURGUIGNON 212.
BOUVIER *115*.
BRACK, W. 279, 286, 299, 310, *331*.
BRAM 182.
BRAMWELL, B. 207, *242*.
BRANDT *89*.
BRAUER *112*, *118*.
BRAUNISCH, R. 259, *347*.
BRAVAIS 41, 70.
BRAYTON, A. W. 302, *331*.
BREGMAN, A. 238, *242*.
BRELET 178, *242*.
BREMER 16.
BRESSLAU 153.
BRÉTILLON *246*, 309, *341*.
BRIGGS, A. P. 314, *331*.
BRINKMANN 314, *331*.
BRISSON, P. *331*.
BRITT 236, *242*.
BROCA, R. *241*.
BROCHARD 127.
BROCK, W. 170, 207, 208, *242*.
BROCQ, L. 214, 235, *242*, 253, 267, 268, 271, 273, 274, 275, 276, 285, 290, 292, 295, 298, 305, 307, 310, 312, 313, 317, *329*, *330*, *331*, *333*, *337*, *338*, *341*, *350*.
BRODSKY, L. 306, *331*.
BROGOW 180.
BROMAN *39*.
BRONSTEIN *352*.
BROOKE 23, 64.
BROQUIN 305, 310, *338*.
BROWN 96, 170, 188, 279, 281, 282, 286, 306, 307, 308, 313, 314, *331*.
BROWN, H. 282, *331*, *340*, *348*.
BROWN, W. H. *331*.
BRUCK *141*, *147*.
BRUCK, A. W. *75*, *84*, 310, 314, *331*.
BRUCK, C. 312, *331*.
BRUGSCH, TH. 256, 302, *330*, *331*.
BRUHNS, C. *150*, 174, 219, *242*.
BRÜNAUER, St. R. 77, 110, 111, *114*, *119*, *156*, *164*, *165*, *204*, *243*.
BRUNETTI, 205, 206, *243*, 312, *331*.
BRUNNER 301, 312, *331*.
BRUUSGAARD 177, 178, 203, 211, 219, 220, 223, *243*.
BRUZELIUS 318, *331*.
BUERGER, M. *331*.
BULKLEY, L. D. *93*, 253, 282, 290, 291, 295, 298, 299, 303, 304, 305, 306, 317, *331*.
BULLOCH 88, 89, *162*, *163*.
BUNCH 301, 303, 318, *332*.
BURGENER 301.

BÜRGER *115*, 260, 262, *351*.
BURGESS 310, 313, 314.
BURGESS, F. *332*.
BURGESS, N. *332*.
BURGSDORF, W. 324, *332*.
BURKE 321, *332*.
BURNIER *157*.
BURNS, F. S. 259, *332*.
BURWINKEL, O. 311, *332*.
BUSCHKE, A. 145, 183, 189, 198, 209, 210, 212, 214, 227, 228, *243*, 244, 253, 275, 287, 289, 320, 323, 327, *332*, *340*.
BUSSALAI, L. 317, *332*.
BUTTE, L. 307, 317, *332*.

CADY *127*.
CALHOUN, T. J. 284, 302, *333*.
CALLOMON, F. *150*.
CALVARY, M. 296, *332*.
CALVÉ, LE 291, 296, *341*.
CAMERON, C. 299, *347*.
CAMPBELL, G. 310, *332*.
CAPLESCEO *122*.
CARILTON, R. 208, *243*.
CARLEY, P. S. 290, *332*.
CARLUCCI, RAFFAELE *243*.
CARRERA, J. L. *126*, 209, 238, *243*.
CASABIANCA, J. 290, *332*.
CASARINI 291, 318, *332*.
CASPARY 102.
CASSAËT 314, *332*.
CASSIERER 88, 118.
CASSIRER, R. 319, *332*.
CASTANS, E. 264, *332*.
CASTELLINO, P. *243*.
CASTEX 189.
CASTLE, W. T. *243*.
CASTRO, ALOYSIO DE 189.
CAZENAVE 53, 153.
CEDERBERG, A. 291, *332*.
CEDERCREUTZ, A. 178, 211, *243*, 292, *332*.
CEELEN, W. 181, *243*.
CERCHIAI, U. 311, *332*.
ČERKES, M. 205, *248*.
CHABLE *89*.
CHAMBARDEL *143*.
CHANG, HSI CHUN *243*.
CHAPEAUROUGE, E. DE 265, *342*.
CHAUFFARD, A. 229, 255, 256, 259, 298, *332*.
CHEINISSE 294, *332*.
CHIARI, H. 319, *332*.
CHIPMAN, A. D. 280, 290, 308, 309, 321, *332*.
CHOMEL 267.
CHOTZEN 290, *332*.
CIAROCCHI, G. *243*.
CLARK *93*, *105*, *157*, 253, 277, *348*.
CLAUDE, HENRI 171, 197, 220, *243*, 319, *333*.

CLOUSTON 128.
COHEN, B. *332.*
COHEN, G. 312, *332.*
COHEN, M. B. 289.
COLOMBINI 277, *332.*
COMBES, F. C. 253, *332.*
COMBY 101, 296.
COMBY, J. 290, *332.*
COMBY, M. 270, 282, *332.*
CONSTANTIN, E. 307, *332.*
COOK, A. 321, *332.*
COPELLI 315, *332.*
CORRÉARD *104.*
COTTENOT 209, 213, *247.*
COULAND 220, *242, 246.*
COVISA, J. S. 178, 236, *243.*
CRAWFORD, R. 297, *333.*
CROCKER, RADCLIFFE 233, 253,
277, 290, 291, 293, 295, 296,
299, 302, 317, 318, 319, *333.*
CROSTI, A. 222, *243,* 265, *333.*
CROUZON *243.*
CSILLAG 318, *333.*
CSÖRSZ *106.*
CUBIGSTELTIG, B. 295, *333.*
CULVER, G. D. 292, 308, *333,*
343.
CUNNINGHAM, W. P. 253, 270,
311, *333.*
CURSCHMANN, HANS 218, 222,
243.
CURTH, W. 209, *243.*
CURTIS, A. C. 260, 309, *352.*
CURTIUS 83, 84, 85, 86, 87,
93, 143, 144, *148, 165.*
CUSHING 191, 192, *243.*
CUTORE *128.*
CZERNY, A. VON 269, 270, 308,
310, *333, 350.*

DACCÓ, E. 311, 312, *333.*
DAEHN, W. 282, *333.*
DAHLBERG 41.
DAHLMANN *122.*
DÄHN 313.
DAIDO, N. 316, *333.*
DALCHÉ, P. 319, *333.*
DALOUS *118.*
DANFORTH, C. H. 124, *243.*
DANYSZ, J. 297, 321, *333, 349.*
DARDEL 298, *333.*
DARIER, J. 87, 93, 113, 149,
162, 205, 210, 213, 219, 224,
228, *243,* 253, 266, 267, 270,
277, 292, 320, *333.*
DARWIN 81, 125, 153.
DARWIN, ERASMUS 92.
DAUVART *125.*
DAVENPORT 39, 97, 101, 102,
121, 145, *158, 163.*
DAVIDOFF *243.*
DAVIDSON, ANSTRUTHER 238,
243.
DAVIS, H. 309, 320, *333.*
DAVIS, R. H. 326, *334.*

DAVIS, W. D. 284, 302, *333.*
DAVYDOVSKIJ, J. *247.*
DEBÈGUE 130.
DEBOVE 319, *333.*
DECELLE 211, *245.*
DECKER, H. B. 293, *340.*
DECKING 99, *164.*
DEJACO, P. 263, *333.*
DELARNE 219, *246.*
DELBANCO, E. 264, *333.*
DELEIXHE *243.*
DEMBO, L. H. 298, *333.*
DENEKE 218.
DENGLER *144.*
DENNIE 130.
DÉR, O. *156,* 276, *333.*
DERCUM, F. 178, 229, 231, *243.*
DESCHWANDEN, J. v. 315, *333.*
DESGREZ, A. 305, 310, 317,
331.
DESMEDT, P. 189, *247.*
DESMOULIÈRE 305, 310, *336.*
DEUTSCH, M. 296, *333.*
DIETEL 177, *243.*
DIETRICH, E. 259, *333.*
DIETSCHKY, R. 257, *333.*
DIEULAFOY 319.
DINKIN, L. 311, *333.*
DITTESHEIM 220.
DOBAK *155.*
DOBLE, F. C. 311, *333.*
DOERR, R. 272, 276, 280, *333.*
DÖSSEKKER, W. 180, 181,
243, 261, 320, *333.*
DOHI, SH. 212, *243.*
DOLLINGER 262, *333.*
DOMAGK, G. 261, *333.*
DOMARUS v. 88.
DONNER *160.*
DORE, E. S. 253, 299, *333.*
DRAKE, J. A. 271, *333.*
DRANT *245.*
DRESEL 116, *163.*
DROUET, L. *243.*
DROUET, P. 311, 312, *333.*
DUBREUILH 128, *143.*
DUCKWORTH, D. 319, *333.*
DUCOURTIOUX 209, *246, 249,*
259, 299, 309, *335, 341, 346.*
DUDOS *136.*
DUEMICHEN, E. 293, *334.*
DUHRING 226, 318, *337.*
DUJARDIN *104.*
DUKE, W. W. 264, *333.*
DU MESNIL 106.
DUNCKER *102.*
DUNIN 257, *334.*
DUNKER 67.
DUNN 39.
DUPASQUIER 289, *344.*
DUPEYRAC, G. 271, *334.*
DURDELLO, E. 316, *334.*
DÜRING, E. v. 271, 277, 292,
334.
DUVAL, J. 318, *334.*
DYBOSKI, T. 253, *334.*

EASTWOOD, S. R. 290, 292,
293 *334.*
EBAUGH, FRANKLIN G. *244.*
EBLE 53, 121, 125.
EBSTEIN, W. *127, 128,* 129,
256, 262, 304, *334.*
ECKERT, H. 282, *334.*
ECKSTEIN, H. C. 260, 309, *352.*
EDDOWES 302.
EDELMANN, ADOLF 197, *244.*
EHN, M. 313, *350.*
EHRMANN 159, 225, 235, 291,
293, 294, 295, 296, 301, 303,
317, 321.
EHRMANN, L. 257, *334.*
EHRMANN, S. *244, 334.*
EICHHORST, H. 319, *334.*
EISELSBERG v. 170, 181, 191,
244.
EISENSTAEDT, J. S. 127, 321,
334.
ELDER 110.
ELIASBERG 296, *334.*
ELIASCHEFF, OLGA 223, *248,*
326, *334.*
ELLER, J. J. 253, *352.*
EMBDEN, G. 257.
ÉMERY 161.
ENDERLEN 260.
ENGELBACH, W. *244.*
ENGMANN, F. M. *156,* 253, 260,
277, 289, 295, 296, 308, 326,
334.
ENSOR 88, 89.
EPPINGER, H. 174, 176, 182,
235, *244, 245,* 277, 297,
307, *334.*
ERB *191.*
ESCH 298, *334.*
ETIENNE, G. 292, *334.*
EULENBERG 319.
EVANS, W. H. 296, *334.*
EWALD 238, *244.*
EYCK, L. S. v. 314, *350.*

FALCHI, G. 265, 299, 313, *334.*
FALK, A. 264, 304, *334·*
FALKENBERG 43.
FALTA, W. 169, 176, 178, *179,*
191, 192, 197, 230, 235, *244.*
FANTL, P. 282, *351.*
FASOLD 150, 151, *164.*
FEER, E. 268, 270, 290, 291,
292, 296, 308, 310, 312, *334.*
FEHR 283.
FEINDEL 147.
FELDMANN 178, 260, 309, 311.
FELDMANN, M. S. *151, 336.*
FELDMANN, S. *244, 334.*
FÉRÉ 123.
FERNET *126.*
FEROND, M. 210, *244.*
FERRANINI 189.
FERREIRA 101.

FERREYROLLES 305, 312, *334,* *336.*
FETSCHER 88.
FEUERHAKE, E. 204, *250.*
FINGER, E. 233, 253, 291, 296, 317, *334.*
FINKELSTEIN, H. 269, 271, 273, 282, 296, 307, 308, 310, *334,* *335.*
FINNERUD 288, *344.*
FINSEN *149.*
FIRHET, J. *243.*
FISCHER *244,* 262, 263, 292.
FISCHER, E. 96, 97, *120.*
FISCHER, EUGEN 35, *124.*
FISCHER, FR. 114, *164.*
FISCHER, GUSTAV AUGUST 52, *164.*
FISCHER, H. *111, 120, 129,* *244,* 262, *335.*
FISCHER, L. 288, 308, 309, *335.*
FISCHER, W. *244.*
FISCHER-WASELS, B. 182, 230, *242, 244.*
FISCHL, F. *244,* 309, *335.*
FISCHLER, F. 298, *335.*
FISHBERG, E. 262, *335.*
FISHER, J. E. 309, *335.*
FISHMAN, M. 208, *244.*
FLANDIN, CH. 259, 289, *335.*
FLARER, F. 225, *244,* 311, *335.*
FLEISCHHACKER 173.
FODOR 177.
FOGGIE *87.*
FÖLDES, LAJOS 238, *244.*
FOLLET 128.
FORDYCE 288, 289, *335.*
FORNARA, P. *106,* 201, *244.*
FORSCHBACH 222.
FORSTER 116.
FOSTER, B. 301, 328, *335.*
FOUCAULT, E. 303, *335.*
FOURNIER 295.
FOURNIER, ALFRED 189.
FOURNIER, EDVARD 189.
FOURNIER, H. *335.*
FOX *124,* 319.
FOX, C. 318, *335.*
FOX, G. H. 298, *335.*
FRAGOLA 189.
FRAMONTANO, VINCENZO *244.*
FRANCIS 337, *335.*
FRANCOIS-DAINVILLE, G. 305, *335.*
FRÄNKEL, MANFRED 244.
FRÈCHE 128.
FREI, W. 275, *335.*
FRENKEL *81, 89.*
FREUDENTHAL 261, 335.
FREUDWEILER 256, 335.
FREUND *149,* 233, 312, 314, *335.*
FREUND, EMANUELE 205, 206, *243,* 295, *335.*
FREUND, H. W. *244.*
FREY 264.

FRIEDENTHAL 125.
FRIEDMANN *129, 152.*
FRISCH *98.*
FRISCO 282.
FRÖLICH 173, 192.
FROWEIN, BERNHARD *244.*
FRÜHINSHOLZ 150.
FRÜHWALD, R. 312, *335.*
FUCHS 54, 98, 121, 125, 135.
FUCHS, H. 137, 149, *244.*
FUHS, H. 89, *149,* 161.
FUJIWARA, A. 212, *244.*
FULD 295, *335.*
FULDE 63, 115, *163.*
FUNK 290, 294, *335.*
FUNK, C. *335.*
FÜRST *156,* 157, *165.*
FÜRST, KAETE 281, *335.*
FÜRST, KURT 276, *335.*
FUSS *122.*

GÁAL, A. 260, *335.*
GALANT, J. S. *84, 148, 244.*
GALEN 266.
GALEWSKY *113, 154,* 219, 229, *244,* 296, 311, *335.*
GALLAIS 194.
GALLOWAY, J. 253, 289, 291, 296, 297, 299, 301, 303, 318, 319, *335.*
GALTON 35, 36, 143.
GALUP 272, *335.*
GANS 20, *157,* 174, 177, 178, 261, 282, 313, 321.
GANS, E. 296, *335.*
GANS, O. *244,* 312, *335, 336.*
GÄNSSLEN 97.
GARDINER, F. 291, 295, 336.
GARFUNKEL, B. *244.*
GARROD 303.
GARTJE 289, *336.*
GÄRTNER *131, 157.*
GASSMANN, A. 105, 203, *244,* 293, *336.*
GASTON, M. 161, 238, 239, *244,* *249,* 305, 310, 311, 312, *336.*
GATÉ *248.*
GATES 35.
GAUCHER, E. 270, 271, 277, 282, 305, 307, 310, 313, 317, *336.*
GAWALOWSKI, KAREL 208, 244.
GAY, D. M. 263, *336.*
GAZA v. 258.
GÉBER, J. 306, 315, *336.*
GEHRMANN 313, *336.*
GEISSLER 310, *336.*
GELINSKY 295, *336.*
GENGENBACH, A. 283, *336.*
GENNER 213, *244.*
GENNES, L. DE 238, *247.*
GEORGES 234, *244, 246.*
GERAGHTY 317.
GERSON 312, *347.*

GERSTLEY, J. R. 289, 3 12, *336*
GESSLER *144.*
GEYL 123.
GIAMBELLOTTI 313.
GIAXA 296, *336.*
GIGON, A. 282, 293, 324, *336.*
GILBERT, M. *124,* 299, 319, *336.*
GINSBERG 183, *244.*
GITLOW, S. 307, 313, *336.*
GLAESSNER, K. 299, 311, *336.*
GLASERFELD, B. 317, 318, 319, *336, 341, 347, 349.*
GLAUS, A. *336.*
GOECKERMANN, W. H. 253, 290, *336, 344.*
GOERING, DORA 229, *244.*
GOETSCH 174.
GOETTING, H. 315, *336.*
GOLAY, J. 106, *244,* 279, *336.*
GOLDBERGER, J. 289, *336.*
GOLDSCHMIDT 76.
GOLDSTEIN, O. 312, *336.*
GORDON, W. M. H. *151,* 260, *336.*
GOSSAGE 2, 48, 87, 90, 110, 114, 123, 126, 150, *162.*
GÖTT 69.
GOTTENOT 208.
GOTTLIEB, KURT *167, 244.*
GOUGEROT 106, *142, 154,* 197, 320, *336.*
GOULD 109.
GOURNAY, J. J. *246.*
GRAF *119.*
GRAFF *115.*
GRAMBELLOTTI, E. *336.*
GRAY *92, 136.*
GREENBAUM, S. 313, 315, *336.*
GREENWOOD, A. M. 301, *336.*
GRIFFITH, J. P. C. 259, 277, 290, *336.*
GRINTSCHAR, F. N. 293, *336.*
GRÖN, K. 230, *244.*
GROSS, O. 260, *336.*
GROSZ, S. 184, 185, 186, 189, *250,* 253, 277, 296, 301, 303, 313, 318, *336, 349.*
GROTE 118, 131, 235.
GRUBER, G. B. 317, 318, 319, *336.*
GRUHLE 20, *157.*
GRULÉE, C. G. 289, *336.*
GRUMACH 173, 174, *244.*
GRÜN, E. 255, 336.
GRUNDZACH 294, *335.*
GRUSS, R. 173, *244.*
GRUTTERINK 297, *338.*
GRZYBOWSKI, M. 210, *244.*
GUCHENJKIJ, T. 295, *337.*
GUDZENT, F. 256, 303, *337.*
GUÉNEAU, NOËL, DE MUSSY 267.
GUERRERO *106.*
GUHRAUER, H. 257, *337.*
GUILLAIN *244.*

GUILLIOME 291, *337*.
GUNDEL *160*.
GÜNTHER, H. 43, 230, 262, 288, *337*.
GUTMANN 84, *160*, 261, 277, 297, 307.
GUTMANN, C. *337*.
GUTMANN, J. *334*.
GUY, W. H. 253, *337*.

HAAS, LAJOS 239, *244*, *250*.
HABERMANN, R. 263, *337*.
HACKEL, B. 290, *337*.
HADIDA 309, 310, *346*.
HADWEN *103*.
HAEBERLIN 83.
HAECKER, V. 12, 37, 77, 104, 121, 132.
HAFERKORN 152.
HAGENA *150*.
HAGENBRUCH 83.
HAGUENAU 271, *351*.
HAHN *110*.
HAHN, C. F. 281, *337*.
HALBAN, J. 188, *245*.
HALBERSTAEDTER 296, *335*.
HALBERTSMA 79.
HALIPRÉ 127, 128.
HALL, A. J. 274, 292, *337*.
HALLÉ, J. 143, 277, 305, 307, *337*.
HALLOPEAU 149, 226.
HALTER 87.
HAMILTON *149*.
HAMMAR 195, *245*.
HAMMER 2, 33, 48, 60, 82, 90, 98, 99, 121, *162*, *163*.
HÄMMERLI 315, 337.
HANAU 134.
HANHART 75, 121, *154*, 155, *164*.
HANNAY 221.
HANSEMANN v. 272, *337*.
HANSEN, P. 311, *337*.
HANSER *149*.
HANSSEN, O. 261, 262, *337*.
HARDOUIN 307, *337*.
HARDY 318, *337*.
HARF, A. 320, *337*.
HARM 188.
HARPUDER, K. 256, *337*.
HARRIS, F. G. 277, 294, 297, *337*.
HARRISON, G. A. 259, *337*.
HARROWER 171, *245*.
HART, C. 198, 237, *245*, 272, *337*.
HARTWICH 131.
HARTY *245*.
HARTZELL, M. B. 277, 321, *337*.
HARVEY *243*.
HASHIMOTO, H. 262, *337*.

HAUBENSACK 82, 84, *93*, 94, 100, 122, 123, 126, 132, 133, 142, *144*, 162.
HAUSMANN, W. 262, 263, *329*, *337*.
HAWKINS, F. H. 318, 319, *337*.
HAXTHAUSEN, H. 92, 263, 264, *337*.
HAYMANN 152.
HAZEN, H. H. 297, *337*.
HEAD, G. D. 262, *337*.
HEBRA 101, 135, 136, 137, 138, 139, 142, 149, 153, *154*.
HECHT, H. *120*, *133*, 313, *337*.
HECKER 72.
HEDINGER, E. 319, *337*.
HEIM, G. 282, *337*.
HEIMANN, W. J. *245*, 321, *337*.
HEINER v. 47, *156*, 157, *164*.
HEINRICHS 201, *245*.
HEINRICHSBAUER *90*, 115.
HEINSHEIMER, F. 238, *245*.
HELLER, J. 105, 127, 128, 130, 172, 179, *191*, 200, 215, 216, 221, 222, *245*, *246*, 282, 297, *337*.
HENDRY, MARY 201, *250*.
HENKE 181.
HENLE 75, 87, 144, *164*.
HENNEBERG 81.
HENNINGSEN 201.
HENRIKSON, P. *245*.
HERING 271, *337*.
HERLITZ, C. W. 236, *245*, 309, *337*.
HERMANNSDORFER 312, *347*.
HERMSTEIN, A. *245*.
HERRMANN, F. 259, 260, *337*.
HERTOGHE, E. 179, 180, 210, *245*.
HERTWIG, O. 3.
HERTZKA 302, *337*.
HERXHEIMER, G. 223, 319, *337*.
HESS 174, 205, 253.
HESS, A. F. 262, *337*.
HESS, L. *244*, *337*.
HESSE, M. 208, *245*.
HEUBEL 311, *338*.
HEUBNER 270, *338*.
HEUCK *126*, 127, *164*.
HEUDORFER 194, *245*.
HEUER 148.
HEVEROCH 295, *338*.
HEYMANN *110*.
HIGHMANN, W. J. 275, 309, *338*, *348*.
HIJMANS VAN DEN BERGH 297, *338*.
HILL, CH. A. 297, *338*.
HINDHEDE, M. 290, *338*.
HINTZ, A. 229, *245*.
HIPPOKRATES 38, 126, 266.
HIRSCH *171* 6,92, *195*, 221.
HIRSCH, H. *245*.
HIRSCH, MAX *178*, *245*.

HIRSCHBERG 253, *338*.
HIRSCHFELD 217.
HIRSCHMANN, C. 229, *245*.
HIS, W. 256, 266, 267, 268, 269, 303, 304, *338*.
HÖBER 278.
HODGKIN 312.
HOEKSTRA 136, *163*.
HOESSLIN, H. v. *245*.
HOEVE, J. VAN DER *149*.
HOFBAUER, J. *245*.
HOFFMANN *157*.
HOFFMANN, A. 181.
HOFFMANN, E. 196, 231, 232, *245*, 263, 276, 283, 302, 323, *338*.
HOFFMANN, H. 93, *129*, 173, 174, 177, 178, 180, 181, 219, 220, 221, 222, 223, 226, *245*, 257, 258, 261, *338*.
HOFFMANN, R. *124*, *128*.
HOFFTEN v. 35.
HOFMANN 90, *92*, *104*, *106*, *164*.
HOFMANN, E. 64.
HOFMEISTER 181, *245*, 258, 278.
HOFMEISTER, F. 258, *338*.
HOFSTÄTTER 194.
HOGE, A. H. 289, *338*.
HOLLÄNDER, E. 139, *147*, 320, 338.
HOLMGREN, J. 182, *245*.
HOLST 282, 289, *338*.
HOLZKNECHT, G. 171, *245*.
HORBRACZEWSKY 263, *338*.
HORNER 59.
HORSLEY 188, 191, *245*.
HOSHIN, R. G. *244*.
HÜBNER 98, 119, 290, 296, 298, *338*.
HÜBSCHMANN 293, *338*.
HUDELO 236, 309, *338*.
HUDELOT, L. 271, 282, *338*.
HUECK, W. 260, 261, *338*.
HUËT 318, *338*.
HUFELAND 88, 137, 153, *338*.
HÜGEL 222.
HUNOLD 130, 131, 132, 133, *164*.
HUNT 181.
HUNTER, W. K. 257, *338*.
HUSLER 161.
HUTCHINSON 302, *329*, *345*.
HUTINEL 189, 291, *338*.
HUZAR, W. 263, 288, *338*.
HYDE 182.

IKETABA, T. *352*.
INOUYE, K. *339*.
ISHIMARU, H. 260, 309, *338*.
ITHO, M. 263, 290, *338*.

JABLONSKI 103.
JACMIN 189.
JACOB 128.

JACOBSEN *123*, 124, *127*.
JACOBSOHN, F. 311, *338*.
JACQUET, L. 211, 214, *245*, 253, 270, 291, 305, 310, 313, *329, 330, 333, 338, 341, 350*.
JACQMIN, L. *247*.
JADASSOHN, J. 77, 82, *88*, 91, 93, 94, 96, *108*, 110, *119, 134, 136*, 137, 145, 147, 150, 151, 152, 155, *159*, 162, 180, 203, 204, 219, 220, 224, 226, 232, *245*, 253, 254, 255, 257, 259, 266, 272, 274, 275, 277, 279, 280, 284, 288, 289, 290, 291, 292, 293, 297, 298, 299, 301, 302, 303, 304, 305, 307, 311, 317, 318, 320, *338*.
JADASSOHN, WERNER 114, 206, *245*, 320, *339*.
JAFFÉ, R. *245*.
JÄGER, H. 275, *339*.
JAMADA, SH. 325, *339*.
JAMAKAWA, S. 259, *339*.
JAMAMOTO *141*.
JAMIESON, R. C. 306, *339*.
JANOWSKY *118, 200*, 307, *339*.
JARBROUGH 296, *339*.
JARISCH, A. 106, *141*, 290, 292, 295, *308, 339*.
JASTROWITZ, H. 307, *339*.
JAUREGG *160*.
JEAN 208, 209, *247*.
JEANNE 257.
JEANSELME 104, *157*.
JEDLIČA 220.
JEDLIČKA, JAROSLAV *245*.
JEDLIČKA, V. *245*.
JELKS, J. T. 317, *339*.
JENNY 90.
JESIONEK, A. 199, *245*, 263, 264, 274, 277, 282, 285, *339*.
JESSNER 220, 223, 226, 296, 318.
JESSNER, MAX *245*, 259, *339*.
JESSNER, S. 271, 277, 285, 289, 291, 294, 301, 303, 317, 320, *339*.
JESSUP, D. S. D. 306, 308, *339*.
JEZLER 281.
JOBLING, J. 264, *339*.
JOËL *152*.
JOHANN, N. *339*.
JOHANNSEN 13, 17.
JOHNSON 262.
JOHNSTON J. C., 277, 291, 292, 296, 305, 307, *339*.
JORDAN 55, *142, 153, 157*, 178, 211, 233, 318.
JORDAN, A. *245, 246, 339*.
JORDAN, A. P. *251*.
JOSEF 296.
JOSEFSON, A. 178, 187, 199, 210, 226, *246*.
JOSEPH, A. 311, *338*.
JOSEPH, MAX 212, *246*.

JOSEPHY 168, *173*.
JOST, WERNER 189, *243*.
JOULIE 270.
JOURDANET 291, *338*.
JULIUSBERG, F. *246*, 261, *339*.
JUMON, H. 233, *246*.
JUNÈS *116*.
JUSTER, E. 177, 178, 201, 203, 208, 209, 212, 214, 218, 219, 225, 234, *246, 247*, 265, *341*.
JUSTUS 150.

KAHN 16, 17, 306, 309, 311, 312, 313, *341*.
KAISER, S. 256, *339*.
KAJIKAWA, H. 316, *339*.
KALK, H. *339*.
KALK 325.
KAMBAYASHI, T. 306, 307, 309, 310, 313, *339*.
KÄMMERER, H. *246*, 272, *339*.
KANT, IMMANUEL 70.
KANTOWICZ 131, 132.
KAPFERER *246*.
KAPOSI, M. 139, 223, 318, 320, *339*.
KAPP, J. 292, 295, 296, *339*.
KARRENBERG 158.
KARS 177.
KARTAMISCHEW *91*, 314, *339, 345*.
KARTZEK *102*.
KARWOWSKI, A. v. *155*, 218, 219, *246*.
KARY *159*.
KASHIWABARA, M. 259, *339*.
KAUDERS, F. 291, *339*.
KAUFMANN 233.
KAULEN, G. 317, *339*.
KAUPE, W. 262, *339*.
KAUSCH 84.
KAZNELSON, G. 321, *345*.
KEMP *160*.
KERCKHOFF, VAN J. P. 282, *339*.
KERL, W. 257, 288, *339*.
KERLEY, CH. G. *339*.
KERMAUNER, FRITZ *246*.
KERN 303.
KERN, H. *339*.
KERN, M. *246*.
KERSLEY 289.
KERSTING, B. 316, *339*.
KETRON, L. W. 293, 294, 295, *339*.
KILLIAN, J. A. 260, *342*.
KING, J. H. 293, 294, 295, *339*.
KINOSCHITA *133*.
KIUCHI, M. 306, 307, 309, 310, 313, *339*.
KLAUDER, J. V. 279, 281, 282, 286, 309, *339, 340*.
KLEEBERG, J. 259, *333*.
KLEIMANN, H. 258, *340*.
KLEPPER, C. 265, *340*.

KLINGMÜLLER, V. 208, 283, 285, 290, 292, 303, *340*.
KLINKE, K. 258, *340*.
KLINKERFUSS *153*.
KLOPSTOCK, ERICH 175, *243*, 287, 323, *340, 352*.
KLOSE, E. 262, *340*.
KLOTZ, M. 269, 270, 272, 310, *340*.
KLÖVEKORN *160*.
KNAPP, P. 282, *340*.
KNOCHE 132.
KNOWLES, F. C. *156*, 293, *340*.
KOCH 184, 302.
KOCH, H. *340*.
KOCH, W. *246*.
KOCHER, A. 170, 178, 179, 182, 238, *246*.
KOČNEV, N. 209, *249*.
KOEHLER, F. 312, *340*.
KOENIGSDÖRFER, H. 262, *340*.
KOGOJ, FR. 219, 223, 224, 235, 236, *246*.
KOHDA, K. 307, 324, 325, *340*.
KÖHLER *127*.
KOHN 26, 30, 35, 64, 75, 116, 117, 125, *164*.
KOHN, B. 262, *340*.
KOLB *154*, 155.
KOLLERT, V. 311, *340*.
KOLMER 306, 324, *348*.
KOLTONSKI 96.
KOMOYA *100*.
KÖNIG *97*.
KÖNIGSDORF 62.
KÖNIGSTEIN, H. 194, *246*, 261, 282, 312, 319, *340*.
KOPP *120*.
KÖSTERS *165*.
KOURILSKY 309, *338*.
KOWITZ 241.
KRAEMER 84.
KRAMER *144*.
KRASEMAN, E. *246*.
KRASNOW, F. 309, *347*.
KRAUS 93, *96, 157*, 222, *330, 331*.
KRAUS, E. J. *246*.
KRAUSE 233, 256, 258.
KRAUSE, K. A. *340*.
KRAUSE, P. *340*.
KRAWKOW 261, *340*.
KREIBICH, C. 229, 261, 316, *340*.
KREIDL, A. 323, 324, 326, *340*.
KRETSCHMER *122*.
KRISTIĆ, D. 314, *340*.
KROGH, MARIE 201, *246*, 265, *340*.
KROLL *119*.
KROMAYER, E. 275, 303, *340*.
KRONACHER *102*.
KRONE 295, *340*.
KRONER 319, *340*.
KRZYSZTALOWICZ, F. 196, *246*, 253, *340*.

KUCZYNSKY, M. 261, *340*.
KUHLMANN, BERNHARD *246*.
KÜLZ, L. 288, *340*.
KÜTTNER, H. 320, *340*.
KYRLE, J. *88*, 189, 196, 198, 233, *246*, 259, *340*.

LABBÉ, M. 262, *340*.
LACROIX, A. 309, 310, *340*, *346*.
LAENNEC, T. 219, *246*.
LAFONT *119*, 234, *246*.
LAIGNEL 174, 194, 213, 220, *246*.
LAIN, E. S. 321, *340*.
LAMBERT 105, 106.
LAMÉRIS 59, 61, 113.
LANCEREAUX 319.
LANDAUER *121*, *124*, *125*.
LANDOT 304.
LANDSTEINER 280.
LANG 303.
LANGE 75, 236, *247*.
LANGER 227, 228, 275, 289, *332*.
LANGSTEIN, L. 310, *340*.
LANNOIS 194.
LANZ 290.
LAQUEUR, F. 298, *340*.
LARAT, J. 299, *341*.
LARGEAU *246*.
LAROCHE, G. 259, *332*.
LASSAR, O. 126, 253, 290, 296, 298, 309, 312, *341*.
LASSUEUR 321, *341*.
LAUDAT 311, *351*.
LAUENER, P. 326, *341*.
LAURENT, CH. 312, *341*.
LAUTERBACH 45.
LAUTERHORN 189.
LAVALLÉE 257, *343*.
LAVASTINE 174, 194, 213, 220, *246*.
LAVROV *128*.
LAWRENCE, CHARLES HENRY 191, *249*.
LEBEDINSKY *125*.
LE CALVÉ, J. 291, 296, *341*.
LE CRONIER LANCASTER 318, *341*, *342*.
LEDERER, R. 312, *341*.
LEDERMANN 239.
LEDERMANN, K. 292, 296, 299, *341*.
LEDERMANN, R. *246*, 318, 319, *341*.
LEDINGHAM 297, *341*.
LEFEVRE 110.
LE GENDRE, P. 266, 270, *341*.
LEGRAIN, P. 221, *247*, 265, *341*, *342*.
LEHNER, E. 272, 313, *341*.
LEICHNER 191.
LEICHTENSTERN *153*.

LEINER, C. 74, 288, 290, 296, *341*.
LEMAIRE *243*.
LENGEFELLNER 218
LENGLET 77, 305, 310, *331*.
LENNARTZ, J. 262, *341*.
LENZ 34, 74, 79, 143, *162*, *164*, 171.
LENZ, F. *140*, 155.
LENZ, M. *246*.
LÉO, H. 312, *341*.
LEONE, R. E. 174, 177, *246*.
LEONTJEWA, L. A. 220, 222, *246*.
LÉPINE, J. 317, *341*.
LEREBOULLET, P. *246*, 299, *336*.
LEREDDE 149, 291, 317, 319, 326, *341*, *347*.
LÉRI, A. 266, 270, *341*.
LE ROY, F. *347*.
LESCHKE, ERIK *246*.
LESSER 62, 92, 106, *156*, 285, 291, 301, 303, 318, 320, *341*.
LESZCZYSKI, R. v. 170, 208, 209, *246*.
LETTERER, E. 261, *341*.
LEUBEN V. *341*.
LEUBUSCHER, G. 309, *341*.
LEULLIER, E. 277, 282, 288, *341*.
LEUPOLD, E. 261, *341*.
LEVEN 105, *119*, *132*, 137, 140, 143, *155*, *163*, *165*.
LÉVI, P. 180, 210, 211, 214, *246*, 318, *341*.
LEVIN 221, *246*, 306, 309, 311, 312, 313.
LEVIN, O. L. *246*, *341*, *348*, *350*.
LÉVY 179, 219, 234, *246*, 259.
LÉVY, G. *248*, *345*.
LÉVY-FRANCKEL, A. 177, 178, 201, 203, 208, 209, 210, 212, 214, 225, *247*, 265, 298, 309, *341*.
LEWANDOWSKY, F. 77, *114*, 257, 275, *341*.
LEWIN 222.
LEWITH *117*.
LEWTSCHENKOW 180.
LEXER, E. 170.
LICHAREW 257, *341*.
LICHTENSTEIN, M. 295, *341*.
LICHTENSTERN, R. 185, 189, *247*.
LICHTWITZ, L. 302, *341*.
LIEBESNY 241.
LIEBNER, E. 264, *349*.
LIEFMANN, E. 308, *341*.
LIER, W. 229, *247*, 293, *341*.
LIESEGANG, R. E. 258, *341*.
LILIENSTEIN *247*.
LINDEBERG, K. 195, *247*, *341*.
LINDEMANN, A. 303, *341*.
LINDNER, T. 182, 186, *247*.

LINERA, DE *105*.
LINSER, P. *122*, 212, *247*, 324, *341*.
LIPPERT, H. *119*, *247*.
LIPPITZ 177, *247*, *250*, 253, *341*.
LIPPMAN *329*.
LIPPMANN, A. *329*.
LIPSCHÜTZ *98*.
LLOYD, A. 59, 264, *339*.
LOBER, CARL *246*.
LODE 263, *341*.
LOEB, M. 309, *342*.
LOEFFLER, W. 261, *330*.
LOESCHKE, H. 261, *342*.
LOEWENSTAMM, ARTUR 223, *245*.
LOEWY 61, 81, *115*, 125, *150*.
LOJANDER, W. 236, *247*, 304, 310, *342*.
LOMBROSO 158, 288.
LORRY 72, 98, 153.
LORTAT-JACOB, L. 210, 221, 238, *247*, 253, 265, 294, 299, 301, 309, 310, 317, 318, *342*.
LOUGH, W. G. 260, *342*.
LOUSTE *149*, 210, *247*.
LOVEIKO, E. 229, *242*.
LOW, R. C. 271, 289, 296, 297, 308, 321, *342*.
LÖWENBACH 257, *342*.
LÖWENSTEIN, A. 238, *247*.
LOWERY, J. R. 296, *342*.
LÖWY *150*.
LUBARSCH 181.
LUCE 296, *342*.
LUCKHARDT 298, *342*.
LUCKSCH *144*, 282, 289, *342*.
LUERSSEN 236, *247*.
LUITHLEN, F. 170, 233, 240, *247*, 281, 285, 288, 290, 313, 315, *337*, *342*.
LUNDBORG 200.
LUNDWALL *115*.
LUSTIG 289, *342*.
LUTEMBACHER, R. 324, *342*.
LUTZ, WILHELM *114*, 253, 288, 296, *342*.

MAAK 298.
MAC CALLUM, W. G. *247*,
MAC LEOD 196, 253, 277. 299, 302, 305, 318, 319, 321, *335*, *343*.
MAEDA, Y. 315, *342*.
MAGAT, TH. B. 298, *342*.
MAGNUS-ALSLEBEN, E. 291, 297, 298, *342*.
MAHNKEN, H. L. 309, 311, *348*.
MAISIN 189, *247*.
MAJNN 298.
MAJOCCHI, D. *247*.
MALL 39.
MAMOU 172, 212, *249*.
MANIOTTI, ETTORE *247*.

Mann, Fr. C. 298, *342*.
Mannheim 182.
Manning, Randolph 186, *249*.
Mantle, A. 297, *342*.
Maranin 175.
Marañon, G. 217, 218, *247*.
Marburg, Otto *247*.
Marchand, F. 258, 318, *342*.
Marchesani *144*.
Marcovici, E. E. 294, *342*.
Marcuse, M. 276, *342*.
Marfan, A. B. 290, 308, *342*.
Mariani, G. 178, 183, *247*, 320, *342*.
Marie, Pierre 191, 192, *247*.
Marinesco, G. 191, 192, *247*.
Marino 195.
Mariotti 189.
Marples, E. 314, *350*.
Marquézy, R. *243, 244*.
Martin 298, 312, *342*.
Martinez, G. *247*.
Massa, M. E. 265, *342*.
Massia 289, *344*.
Matecki 129.
Mathieu, Albert 318, *342*.
Matsubashi 296, *342*.
Matsui, S. 220, *247*.
Mattauschek 123.
Matzenauer, R. 232, *339*.
Maurel, L. 282, *342*.
Mautner 92.
Maximin 172, 212, *249*.
Mayer 130.
Mayo 240.
Mayr, J. K. 253, 278, 302, 316, 325, 326, *342, 343*.
Mazzini *104*.
Mc Auliff 187, *242*.
Mc Caw 295, *340*.
Mc Collum, R. B. *339*.
Mc Cormac, H. 289, *343*.
Mc Crudden 307.
Mc Donagh, J. E. R. *141*, 281, *343*.
Mc Even 182.
Mc Glasson, J. L. 236, 309, *343*.
Mc Grudden, F. H. *347*.
Mc Ilvaine 88, 89, *163*.
Mc Iver, M. A. 263, *336*.
Mc Nair *88, 154, 161, 164*.
Mc Quillen 130.
Meachen 213, *248*.
Meggendorfer 79, 161.
Meige 89.
Meineri, P. 302, *343*.
Meirowsky, E. 2, 99, 103, *119*, *131, 137*, 139, 140, *143, 147*, *150, 163*, 194, *247*, 261, *343*.
Melczer, N. 287, 308, 316, 323, *343*.
Memmesheimer, A. M. *247*, 257, 315, 321, 323, *343*.
Menagh, F. R. 299, *343*.

Mendel 1, 3, 7, 10, 23, 25, 89.
Mendelssohn, M. 268, 270, 271, *343*.
Mendelsson, O. 310, *343*.
Mendes da Costa 60, *92, 109*, 189, 218, *247*.
Ménétrier 149.
Menge 128.
Menschikoff, V. 314, *343*.
Mense 122.
Merck 229.
Merk, L. 263, 317, 318, *343*.
Merkelbach, O. 260, *343*.
Merklen, P. 257, 258, 317, 318, *343*.
Méry 268, *343*.
Merzbacher 59.
Méska, A. 290, *343*.
Mesnil, du 106.
Mestschanski, J. 208, *247*, 321, 343.
Metscherskii, G. J. 257, *343*.
Meulengracht 97.
Meyer *167*.
Meyer, J. 312, *343*.
Meyer, L. F. 310, *343*.
Meyers, C. N. 314, *350*.
Meyerstein, A. 297, *347*.
Michael, J. C. 253, 308, *343*.
Michel 282, *344*.
Micheleau, E. 314, 332, *343*.
Michelson, H. E. 68, *87, 130*, *131, 149*, 311, *348, 350*.
Mierzecki, H. 316, *343*.
Miescher, Guido 114, 206, *247*, 320, *343*.
Milian 219.
Miller, H. 158, 289, *345*.
Mils, H. P. 296, *343*.
Mirolubow *96*.
Mitschell *248*.
Mixsell, H. R. *339*.
Miyake, J. 262, *343*.
Moderow 180.
Mogilnitzky, B. 168, *247*.
Molčanov, V. *247*.
Moll 186.
Möller, M. *104*, 105, 264, *343*.
Monacelli, M. *128, 247*.
Moncorps, C. 326, *343*.
Montgomery 128, 308, *343*.
Mook, W. H. 263, *343*.
Moorhouse, J. E. 297, *343*.
Moraviecka, J. *248*.
Morel 20, 257, *343*.
Morgagni 267.
Morgan 13.
Morgenstern, J. 304, *343*.
Mori *121*.
Moro, E. *154*, 155, 262, *343*.
Morichau-Beauchant, R. 151, *162*, 296, *343*.
Morris, Malcolm 178, 204, 207, 238, *248*, 277, *343*.
Mosbacher, E. 257, 258, *343*.
Mosse, M. 262, *344*.

Mossu 181.
Most 128.
Mouriquaud 282, 289, 290, *344*.
Mraček, F. *200, 248*.
Mucci, A. *248*.
Mucha, V. 217.
Muirhead 240.
Muller 79.
Müller, L. R. *173, 174*, 190, *248*.
Murray *127, 130*.
Mussy, Noël Guéneau de 267.
Muncey *158, 163*.
Myers, V. C. 262, *337*.

Nachtsheim 153.
Naegeli 100, 226.
Nagelschmidt 301, *344*.
Nahamura, K. *248*.
Nakamura, Y. *352*.
Nardelli, Leonardo 224, *248*.
Narducci, F. 284, 302, *344*.
Nast 208.
Nathan, E. 259, 260, 278, 282, 313, 325, 326, *337, 344*.
Negishi, H. 311, *344*.
Neiditsch, A. 306, 307, *344*.
Neisser, A. 91, 144, 235, 277, 301, 318, 320, *344*.
Ness, van *329*.
Nettleship 24, 60, 101, 103, 105, 162, *163*.
Neumann *112, 319*.
Neumann, J. *344*.
Neumann, R. 174, *248*.
Neumark, S. 236, *248*, 309, *344*.
Neurath 313, *344*.
Neusser 263, 296, *344*.
Neuwirth, M. 257, *344*.
Newman 45.
Nicholas, H. O. 308, *343*.
Nicolas, L. *248*, 289, 305, 312, *344*.
Nicolau, S. 161, 290, 320, *344*.
Nicolle 127, 128.
Niehaus, F. W. 262, *344*.
Niemann, A. 270, *344*.
Nijkerk *120*.
Nobel, E. 290, *344*.
Nobl, G. *118*, 128, 220, *248*, 264, 304, *344*.
Noeggerath, C. 289, *344*.
Noël Guéneau de Mussy 267.
Noguer, M. *248*.
Nohl, E. 328, *344*.
Nonnenbruch 97.
Nonohay, W. 253, *344*.
Noorden, C. v. 253, 256, 262, 272, 295, 317, 324, *344, 347*, *348*.

NORDMANN *159*.
NORMAN 213, *248*.
NOUGER 222.
NOVAK *84*.
NUSHARD 137.
NYSTEN 267.

OCHS, B. 264, 291, 292, 296, *344*.
OEFELE 297, *344*.
OEHME, C. 257, 258, *344*.
OHNS *152*.
O'KEEFE, E. S. 289, 297, 308, *344*.
O'LEARY, P. A. 290, *344*.
OLIVER *110*, *117*, *124*, *128*, 288, *344*.
OLIVET, JEANNOT *248*.
OLLENDORFF 227.
OLT 189.
O'NEILL 128.
OORTLAU VAN 218, *247*.
OPEL 264, *344*.
OPIZ 314, *344*.
OPPENHEIM, M. 263, 290, *344*.
OREL 101, 106, *127*.
ORGLÈR 159.
ORMSBY, O. S. *248*, 289, *344*.
OSBORN *125*.
OSLER, W. 262, 328, *344*.
ORR, H. 211, *248*.
ORSI 222.
ORTH 97.
OSBORNE *163*.
OSTMANN 152.
OSWALD 175.
OTA *133*.

PAESSLER 321, *345*.
PAGET 94.
PAGNIEZ, PH. *248*.
PAINTER *89*.
PAKHEISER 282, 313, *335*.
PALTAUF, R. 320, *345*.
PANICHI, R. 295, *345*.
PANZEL *151*.
PAPILLON 110.
PARAMORE, W. E. 315, *345*.
PARISER, C. *248*.
PARISOT 177.
PARKHURST *127*, *155*, 204, *251*.
PASINI 210.
PATKANJAN, K. 314, *345*.
PATZEK 222.
PATZSCHKE, W. *248*, 283, *345*.
PAUL, TH. M. 326, *345*.
PAULSEN 122, 133, 139.
PAUTRIER, L. M. 219, 223, *248*, 259, 305, 310, 317, 331, *345*.
PAWLOW 261.
PAWLOW, N. 316, *345*.
PAWLOW, P. *345*.
PAYENNEVILLE *132*.

PEARSON 41, 70, 101, 102, 103, 104, 105, *163*.
PÉCHÉRY 259, *335*.
PECHUR, G. 205, *248*.
PEDENKO, A. 180, *248*.
PEISER, BRUNO 183, *243*, 253, *332*.
PELISSIER *342*.
PELS, J. R. 253, 309, *345*.
PENTAGNA, O. 291, *345*.
PERCIVAL, G. H. 313, *345*.
PERÉZ *161*.
PERITZ 174.
PERL, J. E. 180, *248*.
PERNET, J. *248*.
PERRETTI, V. R. 262, *345*.
PERRIN 317, 319.
PERSY, P. M. 317, 318, *345*.
PERUTZ, A. 263, 264, *345*.
PETÉNYI, GEZA 187, *248*, 296, *345*.
PÉTER, G. 280, *345*.
PETERS, R, 118.
PETERSEN 125, 128, 156.
PETHEÖ, J. v. 307, *345*.
PETRÉN, K. 152, 174, *248*.
PETRINI 233, *248*.
PEUTZ *100*.
PEWNY, W. 316, *345*.
PEYRI, J. M. 174, *248*, 275, *345*.
PFAUNDLER v. 20, 71, 133, 158, 159, 160, 195, *248*, 268, 269, 270, 271, 272, 274.
PFAUNDLER, M. *345*.
PFEIFFER, H. 325, *345*.
PFEIFFER, MIKLOS *248*.
PICK *155*, 116, 117, 259, 301.
PICK, E. 264, 321, *345*.
PICK, L. *345*.
PICK, W. 309, 310, *345*.
PICK, WALTHER 239, *248*.
PICK, WILLY 236.
PINARD 194.
PINESS, G. 289, *345*.
PINKUS, F. *124*, 253, 259, 268, 275, 285, 304, 305, 311, 320, *345*.
PIRES DA LIMA *128*.
PIRONNEAU 189.
PLATE *104*, 125.
PLATZ 174.
PLAUT 160.
PLENK 121, 125, 153.
PLETNEW, D. 174, *248*.
PLOEGER 320, *345*.
POBZHANSKY *104*.
POEHLMANN *157*, 177.
POGANY, KÁLMÁN *248*.
POKORNY 314, *345*.
POL *128*.
POLAK *104*, 105.
POLANO 307, 311, *345*.
POLL 2, 35, 36, 41, *165*.
POLLAND, R. 232, *248*, 319, *345*.

POLLITZER 205.
POLOTEBNOFF 318, *345*.
PONCET 304.
PONTOPPIDAN, B. *248*, 257, *345*.
POOLE *160*.
POÓR, F. v. 178, 182, 192, 223, *248*.
POOS, FRITZ *248*.
POPESCU, A. 311, *345*.
POPOWA *159*.
POPPER, ANDREAS 181, *248*.
PORGES, O. 271, 293, 295. *341*, *345*.
POROSZ, M. 298, *346*.
PORTER, A. 201, 203, *248*.
PORTES, L. 310, *338*.
PORTIG 317, *346*.
PORTMANN *158*.
POSPELOW, W. A. 257, 302, *346*.
POTTENGER, F. M. 203, *248*.
POTTEVIN *135*.
PRAEGER 130, 131, 132, 133, *164*.
PREININGER, T. 311, 316, *346*.
PREISER *163*.
PRINGLE 118, 145, 149, 228.
PRINGSHORN *124*.
PROBITZER, G. DE 288, *346*.
PRODANOFF, A. *248*.
PROFICHET, G. H. 257, 258, *346*.
PROVIS 213, *248*.
PRYM 302, *346*.
PRZIBRAM 43.
PUCHELT 85.
PUHR, LUDWIG 187, *248*.
PULAY, D. E. *346*.
PULAY, ERWIN 175, 177, 238, *248*, 259, 264, 265, 278, 306, 307, 308, 312, *346*, *351*.
PULVERMACHER, L. 173, 178, 182, 196, 234, *245*, *248*, 265, 323, *346*.
PUNTONI, V. 325, *346*.
PUSEY 306, *346*.
PUTZIG, H. 272, *346*.
PYE-SMITH 318, 319, *346*.
PYTLEK, B. 316, *343*.

QUERVAIN, F. DE *249*.
QUILLIER, F. 288, *346*.
QUINCKE, H. 89, 296, 321, *346*.
QUINQUAUD 277, 318, 324, *346*.

RABINOVIČ, S. *250*, 310.
RABREAU *126*.
RACHMANOFF, V. A. 293, *336*.
RACINOWSKI, A. 236, *249*.
RACKEMANN 154.
RADAELI 208, 307, 324.
RADAELI, A. *249*.

RADAELI, F. *346*.
RAFF *110*.
RAIZISS 306, 324, *348*.
RAJKA, E. 272, *341*.
RAMAZOTTI, V. *249*.
RAMEL, E. *99*, 320, *346*.
RAMIREZ, M. A. 289, *346*, *352*.
RAPIN, E. 276, *346*.
RASCH, C. 220, *249*.
RASPI, M. *249*.
RATNER, J. *249*.
RAUBITSCHEK 263, 288, 289, *329*, *336*, *344*, *346*.
RAVAUT, PAUL 171, 208, 209, *249*, 299, *346*.
RAVITSCH, M. L. 290, 294, 314, 318, 320, 321, *346*.
RAVOGLI 295, *346*.
RAYER 54, 73, 77, 91, 135, 153, 318, *346*.
RAYMOND, P. 317, 318, 319, *346*.
RAYNAUD 309, 310, 319, *346*.
REBAUDI 177.
REDLICH *122*.
REICH *89*.
REICHLE, H. 289, *344*.
REINHART, A. 262, *331*.
REITMANN 296, 308, *330*.
REITTER, C. *249*.
REJSEK, B. 208, *249*.
REJTÖ, K. 315, *346*.
RENARD 130.
RENÉ 220, *242*.
REUBEN, MARK S. 186, *249*.
REVERDIN 178, 179, 238.
REY 290, *346*.
REYE *249*.
RHEE, G. v. 277, *346*.
RHONHEIMER, E. 304, *346*.
RICHARDS *136*, 177.
RICHTER, W. *249*, 321, *345*, *346*.
RICKMANN 137.
RIECKE, E. 107, 203, 253, *249*, 301, 303, 305, 311, 316, *347*.
RIEHL, G. *154*, 256, 257, 275, 285, 288, 322, *347*.
RIETSCHEL 91.
RIGAUD 127.
RINGELHAN *144*.
RINGER 306, 324, *348*.
RINK, HANS 177, *249*.
RIVERS 106.
ROBERTS, H. L. 186, 321, *347*.
ROBIN 291, *347*.
ROBINSON *159*.
ROCAMORA 275, *345*.
ROCAZ 277, 290, 292, *347*.
ROCHLIN, D. 209, *249*.
ROEDERER, J. *249*.
ROESE 131.
ROESSLE 290, 319, *347*.
ROGGEN, ANNA *249*.
ROGER *341*.
ROKITANSKY, v. 267.

ROLLIN *161*.
ROMEIKOWA, E. *246*.
RÖMHELD 293, *347*.
ROMINGER 74, 154.
RÓNA, S. 274, 285, *347*.
RONDONI, P. 263, 289, *347*.
ROQUES 319, *347*.
ROSCHER, W. 319, 337.
ROSEN, J. 309, *347*.
ROSENBERG *126*.
ROSENBLOM, J. 299, *347*.
ROSENBUND, F. 297, *347*.
ROSENFELD, G. 309, *347*.
ROSENSTEIN 317, *347*.
ROSENTHAL 127, 259, 298.
ROSENTHAL, F. *347*.
ROSENTHAL, S. K. *249*.
ROSSI 93.
ROST, G. A. 226, 227, *249*, 292, 309, *347*.
ROTHMAN, ST. 320, *347*.
ROTHMUND 117.
ROTHSCHILD 179, 180, 210, 211, 214, *246*.
ROUGEMONT 21, 121, 125, 137, *162*.
ROUQUÈS, L. *248*.
ROUSSEAU 211, *245*.
ROWE, A. H. 191, *249*, 289, 307, *347*.
ROWLAND, R. S. 259, *347*.
ROWNTREE, L. G. 240, *249*, 317.
RUBIN, HERMAN H. 170, *249*.
RUD, EINAR *249*.
RÜDIN 16, 17, 25, 49, 78, 79, *160*.
RUDINGER 176, 235, *244*.
RUEDA, P. 294, 308, *347*.
RUEDIGER, E. 321, *347*.
RÜHL, K. 263, 290, *347*.
RUHNKE, P. 296, *347*.
RUMMO 189.
RUPP 320, *336*.
RUSCH *135*.
RYGIER, ST. 317, *330*.
RYLE 293, *347*.
RYHINER, P. 262, *347*.

SAALFELD, E. 83, 302, *347*.
SABAT 230.
SABOURAUD, R. *105*, 126, 185, 211, 232, *249*, 292, 293, 295, *347*.
SACCHI 186.
SACHS, O. 318, 319, 328, *347*.
SAENGER 199.
SAENGER, A. *249*.
SAETHRE, H. 201, *249*.
SAHLI 83.
SAINTON 172, 212, *249*.
SÁINZ DE AJA, ALVAREZ ENRIQUE 178, *249*.
SAISON 293, *347*.
SAKAGAMI, T. 308, *347*.

SAKAGUCHI 90.
SALAMAN 84.
SALKAN, D. *249*.
SALLE, V. 257.
SALOMON, H. 253, 262, 317, 324, *347*.
ŠAMBERGER, F. 207, 208, 235, *249*, 275, *347*.
SANNICANDRO, G. 313, *347*.
SANDMANN 229.
SANDSTRÖM 183.
SASAMOTO *152*.
SATTERLEE 306, 307, *347*.
SATTLER, H. 182, *249*.
SAUERBRUCH 79, 312, *347*.
SAVILL, TH. D. 315, *347*.
SCHADE 278.
SCHAERER, R. 307, *347*.
SCHÄFER, E. A. 178, 192, *249*.
SCHAMBERG, JAY FRANK *249*, 304, 306, 307, 308, 309, 313, 314, 324, *331*, *347*, *348*.
SCHEDEL 53.
SCHEER, K. 270, 312, *348*.
SCHEIDT *97*.
SCHERBER, G. *249*, 291, 318, *348*.
SCHERESCHEWSKY, N. A. *250*.
SCHEUER, O. 125, 145, 264, *348*.
SCHIFF 170, *250*.
SCHILDER, P. 260, *348*.
SCHIÖTZ, C. 24, 183, *250*.
SCHITTENHELM, A. 256, *348*.
SCHLEIBINGER 91.
SCHLESINGER 324, *348*.
SCHLOESSMANN 59, 78.
SCHLOSS 310, *348*.
SCHLOSSMANN, H. 282, 313, *336*.
SCHMAUCH, G. 226, *250*.
SCHMIDT *151*, 239, 295, 324, *348*.
SCHMIDT, E. 259, *348*.
SCHMIDT, ERNST *250*.
SCHMIDT, J. *341*.
SCHMIDT, M. B. 256, 257, *348*.
SCHMIEDEBERG 261.
SCHNABEL 144.
SCHNEIDER 95, 308.
SCHNEIDER, ALBERT *250*.
SCHNEIDER, J. *348*.
SCHOCH, A. M. *159*, 296, *348*.
SCHOENHOF, S. *250*, 320, *348*.
SCHOENSTEIN, A. 303, *348*.
SCHOLEFIELD, R. E. 257, *348*.
SCHÖLER 24.
SCHOLL 41, 139, 140, *164*.
SCHOLTZ 128, *151*, *156*, *165*, 177, 208, 240, *250*.
SCHOLTZ, M. *348*.
SCHOLTZ, W. *250*, 296, 303, 308, *348*.
SCHÖNLEIN *103*.
SCHORER *154*.
SCHREUS, H. TH. 311, *348*.

SCHROEPL, E. 291, *348*.
SCHRÖGL *157*.
SCHUCANY, T. 262, *348*.
SCHULTZ 98.
SCHULZER 313, *348*.
SCHUMACHER, C. 178, 196, *250*.
SCHUMM 262, *348*.
SCHUR, H. 299, 320, *348*.
SCHÜRCH, O. 280, *348*.
SCHÜSSLER 262, *348*.
SCHÜTZ, J. 291, 292, 302, *348*.
SCHUYLER 253, 277, *348*.
SCHWANK 230, *250*.
SCHWARTZ 289, 297, 305, 307, 309, 311, 313, 326.
SCHWARTZ, H. J. *339, 348, 350*.
SCHWARZ 326.
SCHWARZ, E. 189, *250, 348*.
SCHWARZBURG *123*.
SCHWENKENBECHER 324, *348*.
SCOMAZZONI, T. 313, *348*.
SCOTT, E. 318.
SCOTT, J. A. 290, *349*.
SCOTT, L. 318, 319, *349*.
SEDGWICK 128.
SEHT V. 158, 159, 160.
SEIFERT 118, *152, 153*, 313.
SEIFERT, O. *349*.
SEITZ, L. 233, *250, 349*.
SELENEW, J. F. 307, 324, *349*.
SELLEI, J. *136*, 253, 264, 265, *349*.
SEMON, H. C. 311, 321, *329, 349*.
SENATOR 317, 318, 319, *349*.
SÉQUARD 170, 188.
SEQUEIRA 259, 321, *349*.
SERGENT, E. *250*.
SEYFARTH *102, 163*.
SÉZARY, A. *161, 250*.
SHAFFER, L. W. 257, *352*.
SHANNON, W. R. 289, *349*.
SHATTUCK, G. CH. 288, 290, *349*.
SHORLING, J. *248*.
SICHER, G. 282, 310, *351*.
SIBLEY, W. K. 291, *349*.
SICILIA *250*, 291, 304, *349*.
SIDLICK, D. M. 321, *349*.
SIEBENMANN, CH. 299, *341*.
SIEBERT 125.
SIEBURG, ERNST *248*, 283, *345*.
SIEMENS, H. W. 5, 12, 22, *24*, 26, 33, 36, *37, 40, 42,47*, 48, 50, 51, *53*, 54, 55, *58*, 59, 60, 61, 63, 64, 72, 75, 79, *80*, 81, 82, 83, 84, 85, 86, 87, 88, 89, 90, *91*, 92, 93, 94, 95, 96, 97, 98, *99*, *100, 101*, 102, 103, 104, *105*, *106, 107, 108, 109, 110, 111*, *112, 113*, 114, 115, 116, 117, 118, *119, 120*, 121, 122, 123, *124*, 125, 126, 127, 128, *129*, *130*, 131, 132, *133*, 134, 135, 136, *137, 138*, 139, 140, 141, 142, *143, 144, 145*, 146, *147*,

148, 149, *150*, 151, *152*, 153, 154, 155, 156, *157, 158*, 159, 161, 162, *163, 164, 165*, 201, 202, *250*, 259, 265, 270, 271, 272, 275, *349*.
SILBER 101.
SILCHER 287, 301.
SIMHANDL, F. 313, *351*.
SIMMEL *97*.
SIMMONDS, M. 192.
SIMON, OSKAR 67.
SIMONS 129.
SINGER 219, 223, 293, 294, 295, 296, 299.
SINGER, G. *349*.
SINGER, O. *250*.
SIROTA, A. 178, *250*, 313.
SIROTA, L. *250, 349*.
SISSON, R. J. *250*.
SIVORI 177.
SKLARZ, E. *141, 250*, 275, *332*.
SKUTETZKY, K. 309, *329*.
SLYE 134, 135.
SMITH 288.
SMITH, E. B. *246*.
SMITH, N. G. 298.
SMITH, S. K. *349*.
SMITH, W. G. *349*.
SOBAJIMA *124*.
SOIKA 306, 308, 307, 309, 310, 313, 314, 316, *346, 350*.
SOKOLOW, A. S. 272, *349*.
SOLIS-COHEN, M. 315, *349*.
SOLLEI, J. *349*.
SOLOWJEW, TH. *250*.
SOUZA, DE 189.
SPARACIO, B. 178, 183, 209, *250*, 265, 306, *349*.
SPEMANN 38, 43.
SPIEGEL 173.
SPIEGELBERG, J. H. *245*.
SPIEGLER 253, 277, 301, 303, 318, *349*.
SPIETHOFF, B. V. 292, 293, 310, *349*.
SPIRO, K. 277, 290, *349*.
SPITZ, L. 256, *337*.
SPITZER 126, *157, 164*, 227.
SPRINZ, O. *120*, 128, 197, *250*.
SPREUREGEN *127*.
SPROGIS *150*.
SPURGIN, P. B. 297, *349*.
STAEHELIN, R. 257, 277, 294, 296, *349*.
STAINER *163*.
STANLEY, L. L. 170, 239, *250*.
STARK *134*.
STAUB, H. 298, *349*.
STEIN 152, 153.
STEIN, A. K. 313, *349*.
STEIN, L. *124*, 126, *250*.
STEINACH 170, 188, 189.
STEINBERG, S. A. 290, 314, 318, 321, 346.
STEINER *152*, 208, 276, 296, 307, 313.

STEINER, E. *250, 349*.
STEINER, S. *336*.
STEINER-WOURLISCH, A. *330*.
STEINHEIL 152.
STEINITZ, E. 290, 307, 308, *349*.
STELTZNER 81.
STELWAGON, H. 298, *349*.
STERN *88*, 278, 282, 312, 313, 325.
STERN, FR. *344*.
STERNBERG 189.
STÉVENIN 189, *241*.
STEWART, C. P. 313, *345*.
STIASSNIE, J. 218, *250*.
STIBBENS *93, 105, 157*.
STIER 49.
STILL 297, *349*.
STOELTZNER, W. 262, 270, 292, 312, *349*.
STOKES 221.
STORM *135*.
STRANDBERG, JAMES *127, 178*, 211, 213, 214, 216, 231, 235, *250*.
STRAUSS 106, 327, *350*.
STRAUSS, A. 253, *350*.
STRAUSS, H. *250*, 262, *350*.
STREMPEL *148*.
STRICKLER, A. 289, 306, *350*.
STROHMAYER 132.
STRÜMPELL, A. 182, 220, 239, *250*, 317, 318, *350*.
STUART, H. 289, *350*.
STUBER 227.
STÜHMER 89.
STÜMPKE, G. 20, *157*, 204, 239, *250*, 306, 307, 308, 309, 310, 313, 314, 316, *346, 350*.
STURGIS 179.
STÜVE, R. 307, 324, *350*.
STURLI, ADRIANO 205, 206, *243*.
SUGIHASA, N. *352*.
SULZBERGER 101.
SURMONT *135*.
SUSSMANN 221.
SUTTON 23, 149.
SUTTON, J. C. 263, *350*.
SUTTON, R. L. 253, 277, 280, 289, 301, 302, 317, 321, *350*.
SWARTZ, S. H. *350*.
SWEITZER, S. E. 306, 311, *348, 350*.
SZARVAS, A. 290, *350*.
SZONDI, LIPÓT *248, 250*.

TACHAU, P. 21, 155, 269, 270, 271, 275, 289, 290, 335, *350*.
TAKAMINE 193.
TALBOT, F. B. 201, *250*, 289, 308, 309, *350*.
TANDLER, J. 184, 185, 186, 187, 189, *250*.
TANNENBERG, J. *245*.

TANNER, W. F. *336.*
TANNHAUSER 256, 260.
TATUM 181.
TEISSIER 267, *341.*
TELFOOD 84, 144.
TENDLAU, D. 125, 324, *350.*
TERRA DE 131.
TERRIEN 268, *343.*
TERRIS 295, *330.*
TESTUT, G. 307, *350.*
THADANI 125.
THALHIMER, W. 309, *350.*
THEODOR *153.*
THIBIERGE, G *96,* 106, 147, 218, *250,* 257, 258, 292, 295, 317, 318, *337, 342, 343, 346, 350.*
THIEL 236, *242.*
THIERS, J. *241.*
THOMAS, E. 98, *195,* 218, *250.*
THOMSEN *129.*
THORLING 174.
THORNLEY *250.*
THOST 33, 110.
THRO, C. W. 313, *350.*
THRONE, B. 314, *350.*
THURSFIELD, H. 318, 319, *350, 351.*
TIDY, L. 306, 324, *350.*
TILLMANNS 123.
TILP 258, *350.*
TISSOT *81, 89.*
TOBIAS *127, 164.*
TOENISSEN 272, *350.*
TOKUMITSO 182.
TOMKINSON, J. *110, 126, 250.*
TOMMASI, L. *250, 350.*
TOMMASOLI, P. 106, 307, *350.*
TOMOR, ERNST *251.*
TONIJAN, B. 307, *350.*
TORMNASI *343.*
TÖRÖK, L. 217, 296, 317, *350.*
TOUTON, K. 253, *350.*
TOWLE, H. P. 289, 299, 308, 309, 326, *350.*
TRAGANT, JOSÉ 174, *248.*
TRAMONTANO 189.
TRAPPE, M. 258, *340.*
TRAUB 121.
TROTTER *127.*
TRYB, ANTON 180, *251,* 261, *350.*
TSCHATSCHKOWSKA, L. 236, *248,* 309, *344.*
TSCHLENOFF, M. 311, *350.*
TUCKER, BEVERLY R. 229, *251.*
TULBERMANN, D. 306, *331.*
TÜMMERS *126.*
TURNBULL, F. M. 321, *350.*
TURQUETY 308, *342.*
TWINEM 135.

UFFENHEIMER, A. *350.*
ULLMANN, K. 253, 277, 291, 292, 297, 307, 321, *350.*

UMBER, F. 256, 257, 258, 262, 304, *350, 351.*
UMNUS, O. *251,* 263, 288.
UNNA, P. G. 83, *124,* 143, 264, 282, 302, *351.*
URBACH, ERICH *151,* 177, *251,* 265, 282, 287, 293, 294, 301, 306, 307, 310, 312, 313, 314, 319, 328, *340, 351.*
URLAND 320.
USHER, B. 101, 103, 105, *163,* 280, 310, *351.*
USLAND, O. *351.*

VALDIGUIÉ 309, *330.*
VALENTIN 50.
VALK VAN DER 60, *158.*
VALLERY-RADOT 271, 311, *351.*
VALLETTE, A. 257, 258, 307, *343, 351, 352.*
VALUDE *136.*
VARIOT 189, 288, *351.*
VEBERLY 186.
VEIEL 93, 153.
VEIEL, F. 290, 298, 301, *351.*
VEIEL, TH. 264, *351,*
VEIGL 296, *342.*
VELDEN, R. VON DEN, *242.*
VERAIN, M. 311, 312, *333.*
VERMEHREN 188.
VERNE, J. 262, *351.*
VERNES *249.*
VEROCAY 230, *251.*
VEROTTI, G. *95,* 209, *251,* 277, 311, 317, *351.*
VERSCHRUER v. 40, 93, 99, 118, *138,* 139, 143, 152, 154, 157, *158.*
VERSÉ, M. 258, 260, *351.*
VERSLUYS 88, 139, 143, 153, 161, 162.
VEYRIÈRES 314, *351.*
VIDAL 235.
VIDONI, GUISEPPE *251.*
VIGNOLO-LUTATI 229, *251,* 304, *351.*
VILLA, L. *251.*
VILLEMONTE *119.*
VIRCHOW 13, *251,* 267.
VISHER, J. W. 321, *351.*
VLOTTEN, W. J. VAN *330.*
VOELCKER 177, *251.*
VOERNER, H. 296, *349.*
VOLHARD, F. 318, *351.*
VONKENNEL 312, *351.*
VORON *115.*
VORONOFF *115,* 188, 189.
VRIES DE 11.

WAARDENBURG 51, 60, 99, *138,* 139.

WAELSCH, L. 128, 154, 188, 253, 276, 301, 303, 304, *351.*
WAGNER v. *160.*
WAKEFIELD *84, 144.*
WALDO of CLIFTON 318, *351.*
WALDORPE, C. P. 189, 225, *251.*
WALLER, S. 293, *351.*
WALSH, W. 293, *351.*
WALTER, FRANZ *251.*
WALTHARD, B. 317, 319, *351.*
WALZER, A. 277, *351.*
WANDER, N. G. 289, *334.*
WARD, S. B. 264, *351.*
WARING, L. H. *336.*
WARNEKROS, K. 239, *241,* 299, *329.*
WASSILEW, E. K. *251.*
WAUCOMONT 311, *351.*
WEBER, F. P. 257, 262, 317, *348, 351.*
WEBER, H. *351.*
WECHSELMANN, W. 61, 125, 229, 230, *251.*
WEDENSKI 317, *351.*
WEGELE, C. 298, *351.*
WEGELIN 181.
WEIDENFELD, ST. 301, 312, 325, *352.*
WEIDMANN, F. D. 257, 260, *352.*
WEIGERT, R. 290, 307, 308, *349, 352.*
WEIL, ARTHUR 178, *251,* 307, *328.*
WEINBERG 25, 27, 29, 45, 49, *102.*
WEINDL 151.
WEINHARDT *251.*
WEISS, R. S. 260, 263, 308, *334, 343.*
WEISSENBACH, R. J. 257, 258, *350.*
WEITZ 31, 82, 84, 88, 93, 99, 113, 135, *138,* 139, 143, 153, 156, *157,* 158.
WELDON 102.
WENDE 253, *352.*
WERNER *98.*
WERSSILOWA 291, 319, *352.*
WERTHEIM 145.
WERTHER *122, 152,* 175, 178, *251,* 321, *352.*
WEST, S. 318, 319, *352.*
WEYGANDT *133.*
WHEELER, G. A. 290, *352.*
WHITE, CH. J. *162,* 291, 297, 308, *352.*
WHITFIELD, A. 253, 259, 290, 292, 295, 296, 308, 309, 319, 321, *337, 532.*
WICHMANN, W. 257, *352.*
WICKHAM, L. 319, 320, *352.*
WIDAL *150, 341.*
WIECHMANN 152.
WIEL, H. J. 291, *352.*

WIENER, K. 120, 178, 232, 233, 239, *251*, 264, *352*.
WIENERT 208.
WIESEL, J. 196, 197, *251*.
WIGERT, V. 194, *251*.
WIGGAM *150*.
WILDBOLZ, H. 257, *343*, *352*.
WILDER 35, 41.
WILE, U. J. *116*, *251*, 259, 260, 309, *352*.
WILKENING 310, *352*.
WILLIAMS, CH. M. 253, *352*.
WILLOCK, J. S. 297, *352*.
WILLS, L. 309, *333*.
WILS 290, 308, *352*.
WILSON 127.
WINFIELD 297, *352*.
WINKLE 33, 110.
WINKLER, M. 326, *352*.
WINSTEL, ANDRÉ *251*.
WINTER, ALLAN 191, *249*.

WIRZ, F. 275, 312, *352*.
WISE, F. 204, *251*, 253, 289, *352*.
WITH, CARL *149*, *152*, 201, *246*, 265, *340*.
WITTGENSTEIN *154*.
WITTMANN, J. 290, *352*.
WITZINGER, O. 310, *352*.
WOHLGEMUTH, Y. 323, *352*.
WOLF 255, 256, 257, 258, *343*.
WOLF, M. *332*, *352*.
WOLFF 93, 296.
WOLFF, A. *352*.
WOLTERS 264, *352*.
WOODS 134.
WRIEDT 48, 103.
WRIGHT, A. 313, 315, *352*.
WUPPERMANN 159.

YAMASAKI, Y. 287, 323, *352*, *353*.

ZALEWSKY, J. 309, *330*.
ZAMBUCCO 158.
ZAMORA, A. M. 321, *329*.
ZANGEMEISTER *153*.
ZAPPERT 296.
ZEISLER *157*.
ZELLNER, E. 304, *353*.
ZIELER, K. 91, 141, 285, *353*.
ZIMMERMANN *100*, *102*, *123*.
ZINSSER *82*, *118*, *126*.
ZIRMUNSKAJA, K. 209, *249*.
ZONDEK, H. 169, 175, 178, *251*.
ZORN, B. *328*.
ZUCCOLA *251*.
ZUELZER, G. *353*.
ZUMBUSCH, L. v. *251*, 253, 303, 304, 308, *353*.
ZYPKEN 277.

Sachverzeichnis.

Ablagerungsdermatosen 255.
— Amyloidablagerungen 260.
— Farbstoffe s. d. 261.
— Gichttophus s. d. 255.
— Kalkablagerungen s. d. 257.
— Schleimablagerungen 261.
— Xanthom s. d. 259.
Abrin und Alopecia areata 212.
Abwehrfermentreaktion von ABDERHALDEN 177.
Acanthosis nigricans 205, 240.
— — und Diabetes 320.
— — und Fettsucht 320.
— — und Tumoren 320.
— — und Vererbung 100, 114.
Acne und Acidität des Urins 311.
— und Autointoxikation, gastro-intestinale 295, 296, 297.
— als Avitaminose 290.
— und Blutgerinnung 315.
— und Blutzucker 309.
— und Calcium 313.
— und Cholesterin 309.
— conglobata 93.
— und Dickdarmstörungen 295.
— und Eiweißkörper 307.
— und Fette 308.
— und focal infection 321.
— nach Magendarmstörungen 291, 292.
— und Magenmotilität 294.
— und Magensekretion 292, 293.
— als Nahrungsmittelanaphylaxie 289.
— rosacea und Vererbung 93.
— und Senkungsgeschwindigkeit der roten Blutkörperchen 316.
— toxica 94.
— durch Überfütterung 290.
— urticata polycythaemica 321.
— vulgaris und Alopecia praematura 93.

Acne vulgaris:
— — Dominanz 93.
— — und Geschlechtsdrüsen 232, 233.
— — Idiotypie 93.
— — Organtherapie 239.
— — und Pityriasis simplex 93.
— — Polyidie 93.
— — und Seborrhöe 93.
— — und Stoffwechsel 265.
— — und Vererbung 17, 66, 93.
Acrodermatitis atrophicans und Vererbung 118.
Addison fruste 194.
Adenoma sebaceum 228.
— — und Vererbung 67, 72, 149.
Adipositas dolorosa 229, 301.
— — Organtherapie 238.
— — und Thyreoidea 230.
— — Vasomotorenstörungen 229.
Adrenalin 193, 194, 240.
Adrenalinprobe von GOETSCH 174.
Akroasphyxie und Stoffwechsel 265.
— und Vererbung 81, 145.
Akrocyanosis 197, 200, 240.
Akrodermatitis atrophicans 223.
— continua suppurativa 226.
— — und Geschlechtsdrüsen 226.
Akromegalie 191, 192, 194, 211, 220.
Akroparästhesien 217.
Albinismus 101.
— Albinoidismus 103.
— und Augenfehler 102.
— Blutsverwandtschaft, elterliche 101.
— circumscriptus und Vererbung 101, 102, 103, 144.
— completus 101.
— Depigmentationen, nichterbliche 104.
— Diskordanz 104.
— Dominanz 103.

Albinismus:
— und Ekzeme 102.
— und Epitheliden 100.
— Flavismus der Tiere 103.
— Geschlechtsgebundenheit 103.
— und Krankheitsdispositionen, bestimmte 103.
— incompletus 101, 103.
— bei Juden 102.
— Leucismus 103.
— Lokalisation 104.
— Naevi depigmentosi 104.
— bei Negern 102.
— und Nervensystem 103.
— Poliosis circumscripta 104.
— Rezessivität 101, 102, 103.
— und Rutilismus 103.
— Scheckung 103, 104.
— Semi-Albinismus 103.
— Status albinoticus 102.
— und Teleangiektasien 102.
— bei Tieren 102, 103.
— universalis 101.
— — completus 101.
— — incompletus 102, 103.
— und Vererbung 53, 54, 60, 71, 101 ff.
Albinoidismus 103.
Albuminurie und Dermatosen 317.
Alkaptonurie 262.
Allergie 283.
— erbliche 88, 155.
Alopecia areata 211.
— — Abrinversuche 212.
— — und Akromegalie 211.
— — Ätiologie 213.
— — und Dementia praecox 213.
— — decalvans 213.
— — und focal infection 321.
— — und Geschlechtsdrüsen 211.
— — und Hormone, fetale 213.
— — und Hypophyse 211.
— — und Insuffizienz, pluriglanduläre 211.
— — und Irresein, periodisches 213.

Alopecia areata:
— — Kalkbehandlung 213.
— — und Magenmotilität 294.
— — maligna 213.
— — Menstruationsbeschwerden 211.
— — und Morbus Basedowii 211.
— — Nagelveränderungen 211, 213.
— — und Nebennieren 211.
— — und Nervensystem 211.
— — — — vegetatives 212, 213, 214.
— — Organtherapie 212.
— — Proben, pharmakodynamische 212.
— — und Sekretion, innere 211.
— — und Senkungsgeschwindigkeit der roten Blutkörperchen 316.
— — Stoffwechselstörungen 212.
— — Störung, zentrale 212.
— — Sympathicusstörungen 212.
— — und Syphilis 211.
— — Thalliumversuche 213.
— — Therapie 213.
— — und Thyreoidea 211, 212, 213.
— — Tierversuche 212.
— — totalis u. Gravidität 213.
— — Vagusstörungen 212.
— — und Vererbung 126.
— — und Vitiligo 105, 126, 211, 225.
— — Zahnveränderungen 211.
— cicatrisans Brocq und Vererbung 126.
— congenita 210, 214.
— praematura, Dominanz 125.
— — Geschlechtsbegrenzung 125.
— — und Rasse 125.
— — und Vererbung 125.
Alopecie, kongenitale fleckförmige 124.
— — und Vererbung 124.
Alveolarpyorrhöe und Vererbung 133.
Aminosäurenausscheidung bei Psoriasis 306.
Amylase des Blutes und Dermatosen 316.
Amyloidablagerungen 260.
— Amyloidose, allgemeine 260.
— — lokalisierte 261.
— Ätiologie 261.
Anämie, hämolytische, und Vererbung 97.
Anaphylaxie durch Nahrungsmittel 289.

Angiokeratoma Mibelli und Varicen des Unterschenkels 145.
— — und Vererbung 145.
Angiomata senilia und Vererbung 85, 86.
Angiosen und Vererbung 81.
Anidrosis hypotrichotica sexoligata 125.
— — und Vererbung 125.
— und Vererbung 71.
Anlagepaare s. u. Vererbung.
Anodontie und Vererbung 130.
Anonychie und Vererbung 128.
Anthropologie und Erblichkeitsforschung 1, 18.
Aplasia cutis congenita und Vererbung 115.
— monileformis 214.
— pilorum intermittens s. Moniletrichosis und Vererbung 50, 126.
Appendicitis und Dermatosen, 295.
Arcus lipoides corneae praesenilis und juvenilis 151, 152.
— senilis corneae 260.
Arsenkeratosen 281, 284.
Arthritismus 268.
Arthropathien, endogene 304.
— — und Dermatosen 304, 305.
— — Osteoarthropathia deformans 304.
Arzneimittelexantheme und Sekretion, innere 234.
Aschnerscher Bulbusdruckversuch 175.
Atherome und Vererbung 94.
Athyreoidismus s. a. unter Thyreoidea 179.
Atomlehre des Lebendigen 1.
Atrophia actinica epitheliomatosa 116.
— maculosa congenita und Vererbung 118.
— pigmentosa palpebrarum und Vererbung 118.
— senilis und Vererbung 117.
Atrophie der Handflächen und Vererbung 118.
Atrophien und Vererbung 115.
Aurikularanhänge und Vererbung 153.
Autointoxikation, gastro-intestinale und Dermatosen 295.
Avitaminosen 290.

Bakterienflora des Darms und Dermatosen 297.
Behaarung der Unterschenkel, starke, und Vererbung 123.
Belichtungsekzem, papulöses, und Vererbung 155.

Bence-Jonessche Krankheit und Dermatosen 305.
Bindegewebsdiathese mehrerer Blutdrüsen 197.
Bindegewebsnaevus und Vererbung 149.
Bißanomalien, mesodistale und Vererbung 132.
— vertikofrontale und Vererbung 132.
Blasenbildung, kongenitale, nichtmechanische 60.
Blastome und Blastoide und Vererbung 133.
Blutdrüsensklerose, multiple 197.
Blutgerinnung und Dermatosen 315.
Blutserumveränderung, physikalisch-chemische 315.
Blutsverwandtschaft, elterliche 26, 33, 34, 35, 54, 56, 59, 63, 70.
— — und Häufigkeit, allgemeine, eines recessiven Erbleidens 34.
Blutungen und Leukämie 320.
— multiple und Leber 299.
Blutzucker und Nervensystem, vegetatives 236.
— -gehalt u. Dermatosen 309.
Bowensche Krankheit und Vererbung 134, 136.
Braunfärbung der Haut, familiäre 98.
Bromoderme 281.
Bronzediabetes 224.
— und Vererbung 98.
Brooksche Keratose 113.
Bullosen und Vererbung 89.
Bullosis actinica 92.
— — toxica und Vererbung 92.
— mechanica s. a. Epidermolysis bullosa 90.
— — und Alopecia congenita 91.
— — dystrophica 89.
— — — mutilans 90.
— — Formen 89, 90, 91.
— — — ätiologisch differente 90, 91.
— — — Korrelationskoeffizient 91.
— — Hyperidrosis palmaris et plantaris 91.
— — letalis s. maligna 90.
— — — Hautdefekte, angeborene 90.
— — und Keratosen 91.
— — und Rasse 91.
— — simplex 89.
— — toxica 89.
— — und Zwillinge 91.
— spontanea congenita 91.
— — — maculata 92.

Calcinosis universalis s. interstitialis 257.
Calcium und Dermatosen 313.
Calvities frontalis und Vererbung 126.
Canities praematura 121.
— tarda 121.
— und Vererbung 46.
Carbolochronose 262.
Carcinome und Vererbung 133.
Cavernome und Vererbung 143.
Cercation 56.
Cheiropompholyx und Acidität des Urins 311.
Chloasma uterinum 224, 232, 234.
Chloasma u. Vererbung 71, 98.
Chloride und Dermatosen 313.
Cholämie und Dermatosen 299.
Cholelithiasis und Dermatosen 299.
Cholesterin und Dermatosen 299, 308.
Cholesterochromie und Vererbung 97.
Cholesterosis cutis 150.
Chondroblastoide der Ohrmuschel und Vererbung 152.·
Chromidrosis 296.
Chromomeralpathologie 13.
Chromosomalpathologie 13.
Combustio und Hämolyse 316.
Congelatio und Vererbung 82.
Cutanprüfungen mit Stuhl und Urin 297.
Cutis capitis (verticis) gyrata und Vererbung 120.
— elastica 230.
— laxa 230.
— — und Vererbung 120.
— marmorata und Eunuchoidismus 81.
— — und Kretinismus 81.
— — und Vererbung 81.
— verticis gyrata s. striata 230.
Cyanose, enterogene 297.
Cylinderausscheidung und Dermatosen 317.
Cylindrom und Vererbung 149.
Cystepitheliom und Vererbung 149.

Dariersche Krankheit 204, 228, 238.
— — und Vererbung 50, 51, 114.
— Psorospermose und Disposition 275.
Darwinsches Höckerchen 138.
Depigmentationen 104.
Dercums Krankheit 231, 238.
Dermatitiden, entzündliche, nicht infektiöse, Rückwirkung auf den Organismus 324.

Dermatitiden, entzündliche:
— — und Wärmeregulation 324.
— exfoliative 228.
— generalisierende, exfoliierende und Nierenstörung 319.
— und Geschlechtsdrüsen 233.
— und Sekretion, innere, der Haut 326.
Dermatitis dysmenorrhoica 232.
— exfoliativa und Blutzucker 309.
— — und Calcium 313.
— — und Hautabsonderung 324.
— — und Vererbung 158.
— und Flockungsreaktion 316.
— an den Genitalien und Diabetes 301.
— herpetiformis 226.
— — und Acidität des Urins 311.
— — und Autointoxikation 277.
— — — gastrointestinale 295, 296, 297.
— — und Blutzucker 309.
— — und Eiweißkörper 307.
— — und focal infection 321.
— — Jodempfindlichkeit 226.
— — als Nahrungsmittelanaphylaxie 289.
— — und Nierenstörung 319.
— — und Stoffwechsel 265.
— — und Thyreoidea 227.
— — und Tumoren 320.
— — und Vererbung 91.
— intertriginosa und Blutzucker 309.
— lichenoides pruriens 235.
— seborrhoica und Blutzucker 309.
— — bei Diabetes 301.
— — nach Magendarmstörungen 291.
— venenata und Cholesterin 309.
Dermatolyse 230.
Dermatomyome und Vererbung 150.
Dermatose, pigmentierende u. Cholesterin 309.
Dermatosen mit Blasenbildung 226.
— — Acrodermatitis continua suppurativa, s. d. 226.
— — Dermatitiden, exfoliative 228.
— — Dermatitis herpetiformis, s. d. 226.

Dermatosen mit Blasenbildung:
— — und Geschlechtsdrüsen 226.
— — und Gravidität 226.
— — Herpes gestationis 226.
— — Impetigo herpetiformis s. d. 226.
— — Pemphigus s. d. 226, 227.
— — und Sekretion, innere 226.
— — Sympathicusschädigung 228.
— chronische, bei Stoffwechseleinflüssen 281.
— dyshormonale 264.
— — Sekretion, innere 264.
— — unspezifische 264.
— entzündliche und Vererbung 153.
— und Eosinophilie 326.
— familiäre 2.
— infektiöse und Vererbung 158.
— und Mineralwässerbehandlung 312.
— und Nierenreizung 327.
— präcanceröse 228.
— — Adipositas dolorosa s. d. 229.
— — Hautatrophie, senile 228.
— — Keratom 228.
— — Neurofibromatosis Recklinghausen s. d. 228.
— — Xeroderma pigmentosum 228.
— schuppende oder nässende und Energieverlust 324.
Dermin 326.
Dermochalasis (Dermatolysis) palpebrarum und Vererbung 119.
Dermographismus und Flockungsreaktion 316.
— und Hypophyse 192.
— und Vererbung 88.
Dermoide und Vererbung 96.
Diabetes insipidus und Hautanomalien 302.
— mellitus 301.
— — und Dermatosen 301.
Diastase des Blutes und Dermatosen 316.
Diät bei Stoffwechseldermatosen 298.
Diathese 20, 66, 266.
— und Allergie 272.
— Arthritismus 268, 269, 270, 302.
— Begriffsbestimmung 266.
— Disposition, familiäre 267.
— und Erblichkeitsforschung 155, 275.
— Erklärung 269.

Diathese, Erklärung:
— — humorale 266, 267, 269.
— — neuroendokrine 271.
— — plurizentrische 271.
— — unizentrische 269, 271.
— exsudative 269.
— — Ekzem 155.
— — und Fette 308.
— — Haut- und Schleim-
hautsymptome 260.
— — und Nervensystem,
vegetatives 236.
— — und Vererbung 88, 155.
— fibröse 150.
— Hautdisposition 272.
— hyperkeratotische 275.
— Hypoacidität, humorale
270.
— und Konstitution 272.
— Lithämie 268, 270.
— Lymphatismus 268.
— Metastasenlehre 271.
— und Nervensystem 271.
— Organdisposition 271.
— Oxypathie 270.
— parakeratotische 275.
— Stoffwechselunter-
suchungen 270.
— uratische 302.
— Ursachen 269.
— Verbrennungsvorgänge,
verlangsamte 269.
— und Vererbung 272.
— Zeichenkreise, koordi-
nierte 271.
Dickdarm u. Dermatosen 294.
Dickdarmwaschungen, therapeutische 297.
Disposition 272.
— arteriosklerotische und
Vererbung 160.
— Begriffsbestimmung 272.
— familiäre 267.
— der Haut 272, 276.
— — und Erkrankungs-
fähigkeit, allergische 276.
— — und Idiosynkrasie
273, 276, 280.
— — primäre 274.
— — und Sensibilisierung
276.
— Hautbeschaffenheit 274.
— Hautreaktion 274.
— idiotypische 14.
— und Prädisposition 273.
— réactions cutanées 273.
— Reaktionsfähigkeit der
Haut 274.
— und Stoffwechsel 274.
Dominanz s. a. unter Ver-
erbung 5, 6.
Doppelwirbel und Vererbung
123.
Drüsen, endokrine, Einwirkung auf den Organismus
175.

Drüsen, endokrine:
— — und Nervensystem,
vegetatives s. autonomes
168, 173.
— — s. a. Sekretion, innere.
— — und Stoffwechsel s. a.
Sekretion, innere 176.
DUHRINGsche Krankheit und
Cholesterin 309.
Dünndarm und Dermatosen
294.
Duodenum und Dermatosen
294.
Dysfunctio pluriglandularis
dolorosa 197.
Dystrophia adiposo-genitalis
192, 229, 231, 238, 240.
— maranto-genitalis 192.
— pigmentosa Leschke 148.
Dystrophien und Vererbung
115.

Eckzahn, Riesenwuchs des-
selben und Vererbung 130.
Eczema nummulare 235.
— en plaques 235.
— solare 264.
Eiweißkörper und Dermato-
sen 306, 307, 308.
Eiweißzerfallstoxikosen 325.
Ekzem und Acidität in Urin
und Blut 311, 312.
— Allergie 154.
— — zu Dermatitiden
führende 155.
— als Antigenantikörper-
reaktion 280.
— und Autointoxikation 277.
— — gastro-intestinale 295,
296, 297.
— Belichtungsekzem, papu-
löses 155.
— bei BENZE-JONEsscher
Krankheit 305.
— und Blutgerinnung 315.
— und Blutzucker 309.
— und Calcium 313.
— und Cholesterin 308, 309.
— bei Diabetes 301, 302.
— Diathese, exsudative 155,
269.
— und Dickdarmstörungen
294, 295.
— Disposition 154.
— und Eiweißkörper 307,
308.
— Ekzematoid, spätexsuda-
tives 155.
— Entstehung von innen her
280.
— und Erythrodermia des-
quamativa Leiner 154.
— bei Fettsucht 300.
— und Flockungsreaktion
316.

Ekzem:
— und focal infection 321.
— Fox-FORDYCEsche Krank-
heit 155.
— und Geschlecht 154.
— und Geschlechtsdrüsen
233.
— und Gicht 303, 304.
— und Hautdisposition 274.
— und HODGKINsche
Krankheit 320.
— Idiosynkrasie 154.
— nach Jodkali 280.
— und Kochsalz 313, 314.
— und Leber 299.
— nach Magendarmstörungen
291.
— und Magenmotilität 294.
— und Magensekretion 292.
293.
— und Nervensystem, vege-
tatives 236, 240.
— und Nierenstörung 318.
— und Pigment 155.
— bei Säuglingen, pigmentarmen 155.
— seborrhoisches und Ge-
schlechtsdrüsen 232.
— — und Stoffwechsel 265.
— — und Vererbung 74.
— und Sekretion, innere 234,
235.
— und Senkungsgeschwindigkeit der roten Blutkörperchen 316.
— Sommerprurigo 155.
— und Stoffwechsel 265.
— Überempfindlichkeit, Erbbedingtheit derselben 154.
— — Erzeugung, experimen-
telle 154.
— — Heterophänie 154.
— — Kombination verschie-
dener 154.
— — spezielle 154.
— durch Überfütterung 290.
— nach Urotropin 280.
— Ursachen, äußere 154.
— und Viscosität des Blutserums 315.
— und Vererbung 85, 153.
— und Zuckertoleranz 310.
— Zwillingsbefunde 153.
Eczema seborrhoicum und
Vererbung 156.
— solare und Vererbung 155.
Ekzematoid, exsudatives 155.
— — und Blutzucker 309.
Ekzemfamilien 153.
Epithelioma adenoides cysticum Brooke und Ver-
erbung 149.
Ekzemstellen, sekundäre 325.
Elephantiasis und Vererbung
89.
Embolus und Vererbung 130.

Entzündung und Säuregrad
313.
— und Senkungsgeschwindigkeit der roten Blutkörperchen 316.
Eosinophilie 326.
Epheliden und Albinismus
100.
— und Augenfarbe 100.
— Dominanz 98.
— Größe und Pigmentgehalt
100.
— Größe und Zahl 100.
— und Hautfarbe 100.
— Inversion, intraregionale
99.
— Lokalisation 99.
— und Nasenpolypen, rezidivierende 100.
— nichterbliche 100.
— Polyidie 99.
— und Polyposis intestinalis
adenomatosa 100.
— und Rotgehalt der Haare
100, 121.
— und Tuberkulose 100.
— und Vererbung 17, 66, 75,
98.
Ephelides inversae 99.
Epidermodysplasia verruciformis und Vererbung 114.
Epidermoide, multiple 94.
— — und Diathese, arthri-
tische 95.
— — Dominanz 95.
— — Entartung, maligne 95.
— — und Geschlecht 95.
— — und Leukonychia
totalis 95.
— — und Vererbung 94.
Epidermolysis bullosa s. a.
Bullosis mechanica 15, 89,
96, 203.
— — dystrophica, Blutsverwandtschaft, elterliche 90.
— — — Milieu 94.
— — — Nageldystrophien
128.
— — — Recessivität 90.
— — — und Vererbung 54,
71, 75, 76, 90.
— — hereditaria 203.
— — simplex, Dominanz 90.
— — — Häufung, familiäre
90.
— — — und Vererbung 49,
50, 65, 76, 90.
— — und Vererbung 89, 96,
148.
Epinephrin 240.
Epiphyse 196.
Epistase 7.
Epistaxis, erbliche 50, 85, 87.
Epitheliom und Eiweißzerfall,
gesteigerter 325.
— und Vererbung 135.

Epithelioma adenoides cysti-
cum Brooke 23, 64.
Epithelkörperchen s. Parathyreoidea.
Erbanlagen s. u. Vererbung
1, 3.
Erbbedingtheit s. a. unter
Vererbung 13.
ERBENscher Hockversuch 175.
Erbforschung, familienpathologische s. Familienpathologie 18, 21.
— Genealogie 18.
— menschliche 118.
— rassenpathologische siehe
Rassenpathologie 18.
— zwillingspathologische 18.
Erbprognose 6.
Ernährungsschädigung 281.
Erysipel und Hämolyse 316.
— und Vererbung 158.
Erythema exsudativum multiforme als Antigenantikör-
perreaktion 280.
— und Autointoxikation 277.
— — gastro-intestinale 295.
— und Blutzucker 309.
— und Dickdarmstörungen
294.
— und Leber 299.
— als Nahrungsmittelana-
phylaxie 289.
— und Stoffwechsel 265.
— und Vererbung 158.
Erythema fugax und Ver-
erbung 81.
— induratum atypicum 218.
— — Bazin und Blutge-
rinnung 315.
— — — und Thyreoidea
237.
— — und Geschlechtsdrüsen
233.
— nodosum und Dickdarm-
störungen 294.
— — und focal infection
321.
— — und Gicht 303.
— — und Stoffwechsel 265.
— — und Vererbung 159.
— solare und Vererbung 155.
— venosum 218.
Erytheme und Acidität des
Urins 311.
— und Autointoxikation,
gastro-intestinale 295.
— mit Blasenbildung und
Dickdarmstörungen 295.
— und Blutzucker 309.
— und focal infection 321.
— und HODGKINsche Krank-
heit 320.
— und Leber 299.
— und Leukämie 320.
— nach Magendarmstörungen
291.

Erytheme:
— durch die Nahrung 288.
— und Nierenstörung 318.
— und Tumoren 320.
Erythro- et Keratodermia
variabilis und Vererbung
109.
Erythrocyanosis cruris feminarum frigida 218.
— crurum puellaris 218.
— symmetrica 218.
Erythrocyten-Resistenz, osmotische 97.
Erythrodermia desquamativa
Leiner 154.
— — und Autointoxikation,
gastro-intestinale 296.
— — als Avitaminose 290.
— — durch die Muttermilch
288.
— — durch Überfütterung
290.
— exfoliativa Leiner und Vererbung 74, 158.
Erythrodermie und Cholesterin 309.
— congénitale ichthyosiforme
106.
— und Eiweißkörper 308.
Erythrodermien, exfoliierende
und Hautabsonderung 324.
— — und Hautstoffwechsel
322.
Erythromelalgie 217.
Esophylaxie 196, 323.
Eunuchoidismus 184, 185,
186, 192.
Exanthem und Autointoxi-
kation, gastro-intestinale
297.
— bei BENCE-JONESscher
Krankheit 305.
— und Leber 299.
— und Leukämie 320.
— makulöses bei Diabetes
302.
— papulo-nekrotisches bei
Diabetes 302.
— psoriasiformes pustulöses
bei Diabetes 302.
Exfoliatio areata linguae und
Vererbung 133.
— lamellosa neonatorum und
Vererbung 109.

Familienpathologie 21, 74.
— Ahnen-, Ascendenz- s.
A-Tafel 22.
— Ätiologie von Einheiten,
phänotypischen 24.
— Ausgangspersonen 27.
— Auslese 30.
— Blutsverwandtschaft,
elterliche, s. d. 26.
— Descendenz- s. D-Tafel 22.

Familienpathologie:
— Einheitlichkeit, erbätiologische 25.
— Einzelfamilie 22, 24.
— Einzelsymptome 22.
— Elternpaare, idiotypisch einander analoge 25.
— Erblichkeitsbefund, positiver oder negativer 26.
— Familienanamnese 30, 51.
— Familienuntersuchungen 32.
— Fehlerquellen 23.
— Festhaltung gut durchforschter Familien 33.
— Forschung, familienkasuistische 24.
— — summarische, familienpathologische 24.
— Geschwistermethode 29.
— Häufung, allgemeine 18, 22, 48, 69.
— — familiäre 21, 22, 65.
— — — durch Außenfaktoren 21.
— — — scheinbare 21.
— Individualauslese 28.
— Interessantheitsauslese 29.
— Kontrollmaterial 31.
— Lokalisation und Faktoren, erbliche 22.
— Material, homogenes, idiotypisches 25.
— Maximalzahl 30.
— Methodik 25.
— Nahverwandte 31.
— Probanden-Geschwister, Zählung derselben 29.
— Probandenmethode 27, 32.
— Reduktionsmethode 29.
— Sammelforschung 32.
— Schwindelstammbäume 23, 51.
— Stammbäume 23, 47.
— Untersuchung, ärztliche 23.
— Verallgemeinerung 24.
— Vermehrung der Kranken, relative 27.
— Zusammentreffen, zufälliges mehrerer Krankheitsfälle 21.
Farbkorrelation zwischen Haut und Haaren, gestörte 98.
Farbstoffablagerungen 261.
— Alkaptonurie 262.
— Carbolochronose 262.
— Hämochromatose 261.
— Hämosiderin 261.
— Hautpigment, natürliches 261.
— Ikterus 262.
— Pigmentierung bei perniciöser Anämie 262.
— Xanthose s. d. 262.

Favus capillitii und Geschlechtsdrüsen 233.
— und Vererbung 158.
Fermente des Blutes und Dermatosen 316.
Fermentpräparate, Wirkung auf Dermatosen 296.
Fette 308.
— Cholesterin 308.
— und Dermatosen 308.
Fettsucht 300.
— und Dermatosen 300.
— endogene 300.
— durch Überfütterung 301.
Fibromata pendula und Vererbung 142.
Fistula auris congenita und Vererbung 152.
Flavismus der Tiere 103.
Flockungsreaktionen und Dermatosen 316.
Focal infection 321.
— „heterotopic digestion" 321.
— Lokalisation der Herde 321.
— und Stoffwechseldermatosen 321.
Folliculitis und Calcium 313.
Follikularcysten und Vererbung 94.
Follikularkeratosen 58, 59, 60, 66, 71, 75, 98, 111, 112.
— acneiforme 113.
— und DARIERsche Krankheit 114.
— Lichen pilaris 112.
— spinulöse 58.
— Ülerythema ophrygenes 113.
Follikulosen und Vererbung 92.
Foramina palatina und Vererbung 133.
Fox-FORDYCEsche Krankheit und Vererbung 133, 155.
Furunculose und Acidität des Urins 311.
— und Blutzucker 309.
— und Calcium 313.
— und Eiweißkörper 307.
— und Geschlechtsdrüsen 232.
— nach Magendarmstörungen 291.

Gallenzufluß und Dermatosen 294.
Gangrän und Blutzucker 309.
— bei Diabetes 302.
GAUCHERsche Krankheit und Vererbung 98.
Gefäßkranz am Rippenbogen 83.
Gefäßzustand, allgemeiner, und Vererbung 85.

Gelbfärbung der Haut unbekannter Natur, familiäre 98.
Geroderma genito-distrofico 189.
Gerontoxon 151.
Geschlecht und Hautkrankheiten 232.
Geschlechterpathologie 19.
Geschlechtschromosom 13.
Geschlechtsdrüsen 184, 232.
— und Acrodermatitis continua suppurativa 226.
— und Acrodermatitis atrophicans 223.
— und Alopecia areata 211.
— und Blutbildung 176.
— und Dermatosen mit Blasenbildung 226.
— und Ekzem 235.
— und Erythrocyanosis crurum puellaris 218, 219.
— als Faktor, disponierender für Hautkrankheiten 232.
— im Fetalleben 232.
— und Fettpolster 184, 185, 186, 187, 231.
— Geroderma genito-distrofico 189.
— und Geschlechtsentwicklung 176.
— Gravidität 187, 188, 232, 233.
— und Haarwachstum 185, 187, 188, 232, 233.
— und Hautdrüsentätigkeit 185, 187, 232.
— und Hautkrankheiten, Verschwinden derselben 233.
— und Hautveränderungen 185, 187, 188.
— Hyperfunktion 186.
— und Hypophyse 189.
— und Impetigo herpetiformis 226.
— Kastration der Frau 186, 237.
— Kastration des Mannes 184, 237.
— Klimakterium 188, 232.
— Menstruation 232, 233.
— und Nägel 187, 188, 214.
— und Nebennieren 188, 194.
— und Nervensystem, vegetatives 176.
— und Neurofibromatosis Recklinghausen 229.
— Organtherapie 238.
— und Pemphigus 227.
— und Pigmentierungen 188.
— und Psoriasis 209, 233.
— Pubertas praecox 186.
— Pubertät 187, 232, 233.
— und Röntgenstrahlen 233, 188, 233.
— und Schweißdrüsen 187, 188, 233.

Geschlechtsdrüsen:
— Senescenz 187, 188.
— und Sklerodermie 220.
— und Stoffwechsel 176.
— Syndrom, genito-supra-
renales 194.
— und Talgdrüsen 187, 232.
— Transplantation 186.
— Tumoren 186, 187, 232.
— und Unterhautzellgewebe
184.
— und Vasomotoren-
störungen 188, 218.
— und Vitiligo 224.
— und Wachstum 176.
— Wechselperioden, physiologische 233.
— Wirkung, hormonale 189.
Gesichtsnaevi, symmetrische,
und Vererbung 141.
Gewebswucherungen, patho-
logische 319.
— — Focal infection 321.
— — HODGKINsche Krank-
heit 320.
— — Leukämien 320.
— — Polycythaemia rubra
321.
— — und ihre Stoffwechsel-
einflüsse 319.
— — Tumoren 320.
Gicht 255, 302.
— Cholesterin 255.
— und Dermatosen 303.
— Diathese, arthritische und
uratische 302.
— Gewebsaffinität zur Harn-
säure, gesteigerte 256.
— Gewebsnekrose 255, 256.
— Harnsäureausscheidung
ins Gewebe 255.
— Harnsäuregehalt des Blu-
tes, erhöhter 256.
— Harnsäurelöslichkeit 256.
— Harnsäuretophus 255, 300,
302.
— Ödem 303, 304.
Gichttophus 255.
— Mononatriumuratkrystalle
255.
Gitterzähne und Vererbung
131.
Glatzenbildung und Vererbung
125, 156.
Glykämie und Dermatosen
299.
Glykokoll und Dermatosen
299.
Gneis 269.
Gonorrhöe und Senkungsge-
schwindigkeit der roten
Blutkörperchen 316.
— und Vererbung 159.
Gonorrhöeexantheme, hyper-
keratotische und Disposi-
tion 275.

Granuloma annulare und Vererbung 159.
Granulosis rubra nasi Jadassohn und Vererbung 96.
Gravidität und Hautkrank-
heiten 187, 188, 226, 232.
Gutta rosea hereditaria 92.

Haaranomalien und Ver-
erbung 71.
Haarausfall nach Magendarmstörungen 291.
— symptomatischer 214.
Haare und Geschlechtsdrüsen
185, 187, 188, 232, 233.
— und Hypophyse 191, 192.
— bei Insuffizienz, pluriglandulärer 197.
— und Nebennieren 193, 194.
— Organtherapie 238.
— und Parathyreoidea 183.
— und Stoffwechsel 265.
— und Thymus 195, 196.
— und Thyreoidea 179, 180,
182, 234.
— und Vererbung 120.
Haarfarbe und Vererbung 120.
Haarkrankheiten 210.
— Alopecia areata s. d. 211.
— Alopecia congenita 210,
214.
— Aplasia monileformis 214.
— Ergrauen der Haare 214.
— Haarausfall, symptomati-
scher 214.
— Hypertrichosis lanuginosa
210, 214.
— Monilethrix 215.
— Sprödigkeit 214.
— Trockenheit 214.
Haarwirbel und Vererbung
123, 138.
Halsanhänge und Vererbung
152.
Hämangiome und Vererbung
143.
Hämatoporphyrin 262.
Hämaturie, idiopathische, erb-
liche 87.
Hämochromatose 98, 261.
Hämolyse und Dermatosen
316.
Hämoptyse, erbliche 87.
Hämorrhagien durch die Nah-
rung 288.
Hämorrhoiden und Vererbung
84.
Hängebauch auf dem Hand-
rücken 231.
Harnsäure u. Dermatosen 307.
Harnsäureausscheidung durch
die Schweißdrüsen 308.
Harnsäuretophus 255, 300,
302.
Harnstoff im Blut bei Pso-
riasis 306.

Harnstoffausscheidung durch
die Schweißdrüsen 317.
Haut als Depotorgan 283.
— als Exkretionsorgan 283.
— Histochemie 282.
Haut als Organ, endokrines
196.
— Schutzfunktion 323.
Haut- und Körpererschei-
nungen durch Stoffwechselstörung 327.
Hautabsonderung und Ener-
gieverlust 324.
Hautatrophie 223.
— Akrodermatitis atrophi-
cans 223.
— allgemeine, mit Hypotrichosis und Nageldystro-
phie 117.
— circumscripte und Ver-
erbung 117.
— diffuse, xerodermaähnliche
und Cataracta congenita
117.
— an Ellbogen, Knie und
Endphalangen und Ver-
erbung 118.
— des Gesichts und der
Hände und Vererbung
118.
— senile 223, 228.
— — und Hämangiome 228.
— und Stoffwechsel 265.
— Striae cutis distensae 224.
— — — puberales 224.
— Striatoxin 224.
— Xeroderma pigmentosum
223.
Hautblutungen und Ver-
erbung 87.
Hautchemismus 284.
Hautdrüsen und Geschlechtsdrüsen 185, 187, 188.
— und Hypophyse 191.
— und Insuffizienz, pluriglanduläre 198.
— und Parathyreoidea 183.
— und Thyreoidea 179, 180,
182.
Hautelastizität, Cutis elastica 230.
— Cutis laxa 230.
— Cutis verticis gyrata s.
striata 230.
— Dermatolyse 230.
— Hängebauch auf dem
Handrücken 231.
— Lipodystrophia progres-
siva 231.
— Lipomatose, multiple,
symmetrische 231.
— Lipophilie 230.
— und Sekretion, innere 230.
— Tendenz, lipomatöse 230.
— Unterhautfett, ungleiche
Entwicklung desselben 230.

Hautfarbe, normale und Erb-
anlagen 97.
Hautfunktionsstörungen 287.
Hautkrankheiten unbekannter
Ätiologie und Sekretion,
innere 199.
Hautkrebse 133.
— Bowensche Krankheit
134, 136.
— Disposition 134.
— — individuelle 134.
— Entstehung von außen 135.
Erbbedingtheit 134.
— Erbbiologisches 134.
— Erzeugung, experimentelle
133.
— Geschlechtsgebundenheit
134, 136.
— Häufung, familiäre 136.
— Idiotypie 134.
— Organ- und Lokaldispo-
sition 134.
— Rassendisposition 134.
— Recessivität 134.
— beim Tier 134.
— und Vererbung 133.
— und Xeroderma pigmen-
tosum 135.
Hautperspirationsstörungen
324.
Haut-Phlebektasien der Beine
und Vererbung 84.
Hautpigment und Erbanlagen
97.
Hautprodukte, toxische und
ihre Resorption 325.
Hautreaktion, veränderte 283.
Hautreflexe, sympathische
174.
Hautstoffwechsel 322.
— bei Dermatosen, infek-
tiösen 323.
— Einfluß auf den Organismus 322, 324.
— und Eiweißzerfallstoxi-
kosen 325.
— und Ekzemstellen, sekundäre 325.
— bei Erythrodermien, ex-
foliierenden 322.
— Esophylaxie 323.
— Hautabsonderung und
Energieverlust 324.
— Hautperspirationsstörungen 324.
— und Milzstörungen 326.
— Sekretion, innere, der Haut
326.
— und Leukocyten 326.
— bei Pemphigus 322.
— und Reizungserscheinun-
gen an inneren Organen
325.
— und Nierenentzündung 325.
— Resorption toxischer Produkte aus der Haut 325.

Hautstoffwechsel:
— und Stoffwechsel 324.
— Wärmeregulationsstörun-
gen 324.
Hauttrockenheit bei Diabetes
301.
— bei Diabetes insipidus 302.
Hauttuberkulose und Sen-
kungsgeschwindigkeit der
roten Blutkörperchen 316.
Hauttumoren und Sekretion,
innere 198, 233, 237.
Hauttypen, konstitutionelle
20.
Hautveränderungen, angeborene und Sekretion, innere
199.
— und Geschlechtsdrüsen
185, 187, 188.
— und Hypophyse 191, 192.
— bei Insuffizienz, pluriglandulärer 197.
— und Nebennieren 193.
— und Parathyreoidea 183.
— und Thymus 195.
— und Thyreoidea 179, 182.
Hautverkalkungen s. Kalk-
ablagerungen 257.
Hautzusammensetzung, che-
mische, und Ernährung
281.
Hefeinfektionen bei Diabetes
301.
Hemihypertrophie und Ver-
erbung 84, 144.
Herpes und focal infection
321.
— genitalis 232.
— gestationis 226.
— — und Geschlechtsdrüsen
232.
— — und Thyreoidea 226.
— nach Magendarmstörungen
291.
— und Magenmotilität 294.
— simplex und Geschlechtsdrüsen 232.
— — und Stoffwechsel 265.
— — und Vererbung 161.
Heterophänie 11, 72.
Heterozygote 4.
Hidradenitiden und Ge-
schlechtsdrüsen 233.
Hinterhaupts-Teleangiektasien
und Vererbung 83.
Hirnsklerose, tuberöse 148.
Hirsutismus 194.
Histamin im Stuhl 297.
— und Urticaria 307.
Hodgkinsche Krankheit und
Blutzucker 309.
— und Stoffwechselderma-
tosen 320.
Homozygote 4.
Horminum masculinum und
femininum 239.

Hornersche Regel 59.
Hydroa aestivalis s. vacciniformis 262.
— Nageldystrophien 128.
— Porphyrine 262.
— Porphyrinurie durch Luminal 263.
— und Vererbung 64, 92.
— mutilans und Vererbung
92.
Hydrocystome und Vererbung
96.
Hydrops articulorum intermittens und Vererbung 89.
Hypercholesterinämie 151.
Hyperepidermotrophie 108.
Hyperidrosis und Blutzucker
309.
— nasi und Vererbung 96.
— palmo-plantaris und Vererbung 96.
— und Vererbung 71.
Hyperkeratosen und Ver-
erbung 105.
Hyperkeratosis subungualis
und Vererbung 127.
— unguium und Vererbung
127, 150.
Hypersympathie 174.
Hyperthelie und Vererbung
153.
Hyperthyreoidismus s. a.
unter Thyreoidea 182.
Hypertrichosis circumscripta
122.
— — Pelzmützenbehaarung
122.
— — Synophris s. d. 122.
— lanuginosa 210, 214.
— lumbo-sacralis 123.
— praecox 122.
— primaria s. lanuginosa 121.
— secundaria s. terminalis
121, 122.
— und Vererbung 60, 68, 121.
Hypervitaminosen 290.
Hypodontie und Vererbung
60, 131.
Hypogenitalhand 217.
Hypophyse 189, 234.
— Akromegalie 191, 214.
— und Alopecia areata 211.
— Bau 189.
— und Blutbildung 176.
— und Dermographismus 192.
— Diagnose der Störungen
193.
— Dystrophia adiposo-genitalis 192, 229, 231, 238, 240.
— Dystrophia maranto-
genitalis 192.
— und Fibrome 228.
— und Geschlechtsdrüsen
189, 192.
— und Geschlechtsentwick-
lung 176.

Hypophyse:
— und Haarwachstum 191, 192.
— und Hauthistologie 192.
— und Hautveränderungen 191, 192.
— Hypopituitarismus 192.
— Kachexia hypophyseopriva (pituitaria) 192.
— und Mollusca pendula 191, 228.
— und Nagelveränderungen 191, 192, 214.
— und Nervensystem, vegetatives 176.
— und Neurofibromatosis Recklinghausen 229.
— Organtherapie 239, 240.
— und Pigmentierung 191, 234.
— Pituitrin 190.
— und Psoriasis 209.
— und Schleimhäute 192.
— und Schweißsekretion 191, 192.
— und Sklerodermie 220.
— und Stoffwechsel 175, 176, 191.
— und Striae albicantes 192.
— und Talgdrüsensekretion 191.
— Tethelin 190.
— Therapie der Störungen 193.
— Tierversuche 192.
— und Urticaria 192.
— und Vasomotorenstörungen 192.
— und Wachstum 176, 191.
— Wirkungsweise 190.
— Zwergwachstum 193.
Hypophysenpräparate 239, 240.
Hypopituitarismus 192.
Hypostase 7.
Hypothyreoidismus s. a. unter Thyreoidea 179, 180, 192.
Hypotrichosis 179, 180, 182, 183.
— Dominanz 123, 124.
— Geschlechtsabhängigkeit 123.
— lumbosacralis 123.
— und Nageldystrophie 123, 124, 129.
— Recessivität 124.
— bei Tieren 124.
— und Vererbung 123.
— und Zahnanomalien 124.

Ichthyosis 73, 105.
— atypica 203.
— und Blutgerinnung 315.
— congenita 106, 203.
— — Abortivform 108.

Ichthyosis congenita:
— — Blutverwandtschaft, elterliche 106, 107.
— — Dominanz 107, 108.
— — Erythrodermie congénitale ichthyosiforme 106.
— — Formen 107.
— — und Geschlechtsdrüsen 108.
— — Geschlechtsgebundenheit 107.
— — gravis 107.
— — — und Vererbung 76.
— — und Keratosen 108.
— — Keratosis palmoplantaris 108.
— — — parviareata 108.
— — und Krankheiten, andere 108.
— — larvata 107.
— — — und Vererbung 76.
— — und Mißbildungen 108.
— — Recessivität 107.
— — und Schilddrüse 108.
— — tarda 107.
— — und Vererbung 54, 56, 76, 106.
— — bei Zwillingen 107.
— inversa 105.
— sebacea und Vererbung 109.
— und Übergang, ätiologischer zwischen Ichth. cong. und vulg. 108.
— — klinischer zwischen Ichth. cong. und vulg. 107.
— vulgaris 200.
— — Auftreten, familiäres 200.
— — und Blutsverwandtschaft, elterliche 106.
— — Diskordanz 105.
— — Dominanz 105.
— — und Ekzem 106.
— — und Geschlecht 105.
— — Geschlechtsgebundenheit 106.
— — Grundumsatz 201.
— — und Inkretion 200.
— — Konkordanz 105.
— — Organtherapie 203, 238.
— — Recessivität 106.
— — Symptome 200, 201.
— — und Thyreoidea 201.
— — und Tuberkulose 106.
— — und Vererbung 46, 76, 96, 105.
— Wesensverwandtschaft von Ichth. cong. und vulg. 108.
Idiosynkrasie 273, 276, 280.
Idiotypie 14.
Ikterus 262.
— hämolytischer 151.
— neonatorum gravis und Vererbung 97.
— und Vererbung 97.

Ileocöcaltuberkulose und Dermatosen 295.
Impetigo contagiosa und Vererbung 158.
— herpetiformis 226.
— — und Geschlechtsdrüsen 226, 232.
— — und Tumoren 320.
Incontinentia pigmenti Bloch 101.
Indicanausscheidung durch die Schweißdrüsen 296.
Indicanurie und Dermatosen 295, 299.
Induratio penis plastica und DUPUYTRENsche Contractur 150.
— und Vererbung 150.
Inkretorgane s. Sekretion, innere.
Insuffisance pluriglandulaire 197.
Insuffizienz, pluriglanduläre 196.
— — Akrocyanosis 197.
— — und Alopecia areata 211.
— — und Cutis verticis gyrata 230.
— — Fettansammlung 197.
— — und Haare 197.
— — Hautveränderungen 197.
— — Kombinationen, verschiedene 197.
— — Nagelveränderungen 197.
— — und Neurofibromatosis Recklinghausen 229.
— — Pigmentierungen 197, 198.
— — und Schweißsekretion 197.
— — und Sklerodermie 220, 222.
Insulin 240.
Intertrigo und Eiweißkörper 308.
— bei Fettsucht 300.

Jododerme 281.

Kachexia hypophyseopriva (pituitaria) 192.
— strumipriva 179.
Kalium und Dermatosen 314.
Kalkablagerungen 257.
— Calcinosis universalis resp. interstitialis 257.
— und Eiweißkörper, kolloide 259.
— Gewebsstörung, primäre 258.
— Kalkgicht 257.

Kalkablagerungen:
— Kalkmetastasen bei Zerstörung von Knochengewebe 257.
— Kalkstoffwechselstörung, primäre 258.
— Schleim und Kalk 258.
— Sklerodaktylie 257.
— Sklerödem 257.
— Sklerodermie 257.
— Vasomotorenstörungen 257.
— Verhalten, physiologisch-chemisches 258.
— ohne Zerstörung von Knochengewebe 257.
Kalkgicht 257.
Karbunkel und Blutzucker 309.
Kastration und Sekretion, innere 184, 194.
Keloide und Vererbung 149.
Keratodermia maculosa disseminata palmaris et plantaris Buschke und Vererbung 112.
Keratom 228.
Keratoma dissipatum hereditarium palmare et plantare Brauer und Vererbung 112.
— — naeviforme Brauer, Nichterblichkeit 112.
— hereditarium palmare et plantare 203.
Keratosen an den Achselfalten und Vererbung 108.
— der Ellbogen und Vererbung 109.
— am Fußgelenk und Vererbung 109.
— herdförmige 109.
— an den Knien und Vererbung 108, 109.
— an den Mammillen und Vererbung 108, 109.
— am Nabel und Vererbung 108.
Keratosis follicularis 203.
— — acneiformis 71, 111, 113, 127.
— — contagiosa Brooke 113.
— — und Geschlecht 75, 98.
— — lichenoides 112.
— — und Moniletrichosis 126.
— — und Skorbut 290.
— — spinulosa decalvans u. Vererbung 58, 98, 113.
— — und Vererbung 58, 59, 60, 66, 71, 75, 98, 111, 112.
— multiformis 113, 114.
— palmo-plantaris 49, 50, 71, 72, 109, 129.
— — areata 109, 111.
— — Blutsverwandtschaft, elterliche 110.

Keratosis palmo-plantaris:
— — und Calli 111.
— — und Clavi 111.
— — und DARIERsche Krankheit 111.
— — diffusa 49, 72, 109, 110.
— — Dominanz 110, 111.
— — und Epidermolysis bullosa 111.
— — Geschlechtsbegrenzung 110.
— — und Hyperidrosis palmo-plantaris 111.
— — Hypotrichosis 111.
— — und Ichthyosis congenita 111.
— — und Ichthyosis vulgaris 111.
— — und Keratosen, subunguale 111.
— — und Keratosis follicularis acneiformis 111.
— — Krankheit von MELEDA 112.
— — und Nageldystrophie 129.
— — Nagelveränderungen 74, 111.
— — nichterbliche 109, 110.
— — papulosa 109, 112.
— — Polyidie 111.
— — Recessivität 110.
— — striata 72, 111.
— — transgrediens 112.
— — Trommelschlegelfinger 111.
— — — und Vererbung 49, 50, 71, 74, 96, 108, 110.
— parviareata u. Vererbung 108.
— pilaris und Aplasia monileformis s. Monilethrix 214.
— — faciei und Vererbung 113.
— — und Vererbung 66.
— senilis 135.
— und Vererbung 105.
Kerbzunge und Vererbung 132.
Kieselsäure und Dermatosen 315.
Kinderekzem und Acidität des Blutes 312.
— und Blutzucker 309.
— und Eiweißkörper 307.
— und Fette 308.
— nach Magendarmstörungen 291.
— und Magen 292.
— durch die Muttermilch 288, 289.
— und Rachitis 290.
— und Salze, anorganische 310, 311.
— und Wasserhaushalt 312.

Klimakterium und Hautkrankheiten 188, 232.
Klimakton 239.
Kochsalz und Dermatosen 313.
Kohlehydrate 309.
— Blutzuckergehalt 309.
— und Dermatosen 309.
— Zuckergehalt im Schweiß 310.
Koilonychie und Vererbung 128.
Kolbendaumen und Vererbung 129.
Kolloidschutzwirkung des Blutserums und Dermatosen 315.
Konstitution 66.
Konstitutionsmerkmale 20, 66.
Konstitutionspathologie 20.
Konstitutionsstaten 20.
Kopfbiß und Vererbung 132.
Koproporphyrin 262.
Korrelationspathologie 20.
Krankheit von MELEDA und Vererbung 112.
Kraurosis vulvae und Vererbung 118.

Landkartenzunge und Vererbung 133.
Lanugohaare und Geschlechtsdrüsen 188.
— Persistenz derselben und Vererbung 121.
Leber 196.
— Cholämie 299.
— Entgiftung 298.
— Funktion, exkretorische 298.
— und Stoffwechseldermatosen 298.
— Stoffwechselregulierung 298.
— Stoffwechselvorgänge, interne 298.
— und Vitiligo 224.
Lentigines 139.
— Diskordanz 139, 142.
— Disposition, erbliche 140.
— Formeigentümlichkeiten 141.
— Gesichtsnaevi, symmetrische 141.
— Häufigkeit 139.
— Idiotypie 142.
— Lokalisation 141.
— Naevi coerulei 141.
— und Naevustheorie, keimplasmatische 139, 140, 142.
— nichterbliche 141.
— Paratypie 141.
— Pigmentgehalt 141.
— und Vererbung 17, 75, 139.

Lentigines:
— Zahl und Erbbedingtheit 140, 142.
— Zwillingsuntersuchungen 139.
Lentiginosis und Vererbung 140.
Lepra und Vererbung 159.
Leucismus 103.
Leukämide 320.
Leukämien und Stoffwechseldermatosen 320.
Leukocyten und Hautstoffwechsel 326.
Leukonychia totalis 95, 182.
Leukonychie und Vererbung 129.
Lichen circumscriptus chronicus 235.
— pilaris 238.
— — und Vererbung 112.
— ruber und Diabetes 302.
— — und Eiweißkörper 307.
— — und Eiweißzerfall, gesteigerter 324.
— — und focal infection 321.
— — und Hautdisposition 275.
— — nach Magendarmstörungen 291, 292.
— — und Sekretion, innere 235.
— — und Stoffwechsel 265.
— — und Vererbung 157.
— — und Zuckertoleranz 310.
— Vidal und Magensekretion 293.
Lichtausschläge, chronische, polymorphe 264.
Lingua dissecata und Vererbung 132.
Lipase des Blutes und Dermatosen 316.
Lipodystrophia progressiva 231.
Lipomatose, multiple, symmetrische 231.
— — und Vererbung 152.
Lipophilie 230.
Lippenangiom und Vererbung 87.
Lithämie 268, 270.
Lues und Hämolyse 316.
Lupus erythematodes und Autointoxikation 277.
— — — gastrointestinale 295, 296.
— — und Calcium 313.
— — und Disposition 275.
— — und Eiweißkörper 307, 308.
— — und focal infection 321.
— — und Leber 299.

Lupus erythematodes:
— — und Nierenstörung 319.
— — und Senkungsgeschwindigkeit der roten Blutkörperchen 316.
— — als Sensibilisationsdermatose 264.
— — und Stoffwechsel 265.
— vulgaris und Calcium 313.
— — und Flockungsreaktion 316.
— — und Senkungsgeschwindigkeit der roten Blutkörperchen 316.
— — und Vererbung 159.
Lymphangiome und Vererbung 144.
Lymphatismus 268.
Lymphdrüsen 196.

Magendarmkanal und Dermatosen 327.
Magendarmstörungen und Dermatosen 291.
Magenmotilitätsstörungen und Dermatosen 294.
Magensekretionsanomalien u. Dermatosen 292.
Magnesium und Dermatosen 314.
Mamma accessoria und Vererbung 153.
Masern und Vererbung 162.
Melanismus und Vererbung 97.
Melanodermitis toxica 263.
Melanom und Vererbung 136.
Melanose durch die Nahrung 288.
Melanosis corii degenerativa und Vererbung 100.
Melanotrichosis circumscripta und Vererbung 121.
MENDELsches Gesetz 1.
Menstruation und Hautkrankheiten 220, 232.
Mesonychia pollicis und Vererbung 129.
Mikrosporie und Geschlechtsdrüsen 233.
Milchschorf 269.
Milien und Epidermolysis bullosa dystrophica 94.
Milien, multiple 95.
— und Vererbung 94.
— vulgäre 94.
— — Dominanz 94.
— — Rezessivität 94.
Milz und Hautstoffwechsel 326.
Mineralwasserbehandlung der Dermatosen 312.
Mollusca pendula 191, 228.
Mongolenfleck und Vererbung 101.

Moniletrichosis und Keratosis follicularis 127.
— und Vererbung 50, 126.
Monilethrix 214.
Monophänie 10.
Morbus Addisoni s. a. Nebennieren 193, 224, 240.
Morbus Basedowii s. Thyreoidea 182.
Mundschleimhaut und Vererbung 132.
Mundwinkelteleangiektasien und Vererbung 82.
Myxödem 179, 180, 182, 234.
Myxoedema adultorum 179.
— congenitum 179.
— infantum 179.
— tuberosum 180.
Myxoedème postopératoire 179.
Myxödemformen, abortive 180.

Nackenteleangiektasien und Vererbung 82.
Nackthunde, Vererbung 124.
Naevi 136, 195, 196, 228.
— anaemici 144.
— — und Vererbung 144.
— Analogien, morphologische 137.
— aranei und Vererbung 85, 87.
— Auftreten, familiäres 137.
— Autonomietheorie 137.
— coerulei und Vererbung 141.
— depigmentosi 104.
— Diskordanz 138.
— erblich bedingte 138.
— flammei 144.
— — und Hydrophthalmus congenitus 144.
— Genese, formale 137.
— — kausale 137.
— keratoangiomatöse und Vererbung 145.
— keratosi papulosi, nichterbliche 112.
— Lentigines s. d. 139.
— und Lues 142.
— pigmentosi spili 139.
— — und Vererbung 75.
— Seltenheit der Heridität 138.
— Systematisierung 137.
— und Tuberkulose 142, 144.
— vasculosi 143.
— — Auftreten, familiäres 143.
— — Disposition 143, 144.
— — und Geschlecht 144.
— — und Hemihypertrophie, kongenitale 144.

Naevi vasculosi:
— — Idiotypie 143.
— — Lokalisation 143.
— — und Status varicosus
144.
— — und Vererbung 84, 85,
143.
— — Zwillingsuntersuchun-
gen 143.
— und Vererbung 17, 137.
— und Zoster 142.
— Zwillingsuntersuchungen
138.
Naevus aplasticus und Vererbung 118.
— flammeus 143.
— linearis atrophicus et
depigmentosus und Ver-
erbung 119.
— Unna und Vererbung 83.
Naevuskrankheit 145.
Naevustheorie, keimplasmatische 139, 140, 142.
Nagelabfall und Vererbung 128.
Nagelablösung, partielle, und
Vererbung 128.
Nagelanomalien und Ver-
erbung 71, 127.
Nageldystrophie und Keratosis
palmo-plantaris 129.
— und Vererbung 127, 128,
129.
Nagelekzem und Vererbung
130.
Nagelkrümmung, hippokra-
tische 129.
Nagelkürze, auffallende, und
Vererbung 129.
Nagelpsoriasis und Vererbung
130.
Nagelveränderungen 214.
— und Akromegalie 214.
— und Geschlechtsdrüsen
187, 188, 214.
— und Hypophyse 191, 192,
214.
— und Hyporchismus 214.
— und Insuffizienz, pluriglanduläre 197.
— und Myxödem 214.
— Onychia sicca syphilitica
215.
— Onychogryphosis 215.
— Proben, pharmako-dyna-
mische 214.
— Querfurchenbildung bei
Gicht 303.
— — durch vegetarische Ernährung 290.
— und Stoffwechsel 265.
— Stoffwechseluntersuchungen 214.
— und Thyreoidea 179, 180,
182, 214.
— trophische 214, 215, 216,
217.

Nagelwechsel und Vererbung
128.
Nährschaden 281, 284.
Nahrungsmittelanaphylaxie
288.
Narben, angeborene 115.
— und Vererbung 115.
Nasenbluten, habituelles und
Vererbung 85.
Nebennieren 193.
— Addison fruste 194.
— Adrenalinproduktion 193,
194.
— und Alopecia areata 211.
— und Blutbildung 176.
— Entgiftungsdrüsen 194,
234.
— und Fettpolster 194, 231.
— und Geschlechtsdrüsen
188, 194.
— und Geschlechtsentwick-
lung 176.
— und Haare 193, 194.
— Hautveränderungen 193.
— Hirsutismus 194.
— Morbus Addisoni 193, 240.
— und Nervensystem, vege-
tatives 176.
— und Neurofibromatosis
Recklinghausen 229.
— Organtherapie 240.
— Physiologie 194.
— und Pigmentierung 193,
194, 224, 234.
— und Schleimhäute 193.
— Schweißausbrüche 194.
— und Sklerodermie 220.
— und Stoffwechsel 175, 176.
— und Sympathicus 194.
— Syndrom, genito-supra-
renales 194.
— Tuberkulose 194.
— und Vitiligo 224, 234.
— und Wachstum 176.
Nekrose und Nierenstörung
319.
Nephritis und Dermatosen 317.
Nervensystem, vegetatives,
ASCHNERscher Bulbus-
druckversuch 175.
— — und Blutzuckergehalt
236.
— — und Drüsen, endokrine
168, 173, 212.
— — ERBENscher Hockver-
such 175.
— — Funktionsproben,
pharmako-dynamische s.
a. unter Sekretion, innere
174.
— — und Sekretion, innere
168, 173.
— — und Stoffwechselpro-
dukte 279.
— — TSCHERMAKscher Va-
gusdruckversuch 175.

Neurinomatose 145.
Neurodermatosen und Leber
299.
Neurodermitis und Calcium
313.
— circumscripta 235.
— bei Diathese, exsudativer
269.
— und Dickdarmstörungen
294, 295.
— und Magenmotilität 294.
— und Magensekretion 293.
— und Stoffwechsel 265.
Neurofibromatosis Recklinghausen 228.
— Auftreten, familiäres 229.
— und Dystrophia adiposo-
genitalis 229.
— und Gravidität 229.
— und Hypophyse 229.
— und Insuffizienz, pluriglanduläre 229.
— und Nebennieren 229.
— und Osteomalacie 229.
— und Sekretion, innere 229.
Nieren 196.
Nierenreizung und Dermatosen 327.
Nierensekretionsstörungen
und Dermatosen 316.
Nierentätigkeit 316.
— Albuminurie 317.
— Cylinderausscheidung 317.
— Nephritis 317.
— Urämide 317.

Obstipation und Dermatosen
294.
Ödem, angioneurotisches 217,
240.
— — und Blutzucker 309.
— — und focal infection
321.
— — und Gicht 303.
— bei Gicht 304.
— und Vererbung 88, 89.
Oedema strumosum 218.
Oedème asphyxique symmé-
trique des jambes chez les
filles lymphatiques 218.
Onychia sicca syphilitica 215.
Onychoatrophie und Ver-
erbung 128.
Onychodystrophie 179, 180,
182, 183.
Onychogryphosis 215.
Onycholysis partialis semilunaris und Vererbung 128.
Onychorhexis und Vererbung
128.
Organtherapie 237.
OSLERsche Krankheit und
Vererbung 87.

Osteoarthropathia deformans 304.
Ovarialpräparate 238.
Oxypathie 270.

Pankreas 196.
— und Blutbildung 176.
— und Dermatosen 294.
— und Ekzem 235.
— und Geschlechtsentwicklung 176.
— und Hautaffektionen 196.
— und Nervensystem, vegetatives 176.
— und Stoffwechsel 176.
— und Wachstum 176.
Papillae fungiformes, Hypertrophie derselben und Vererbung 133.
Parakinese 12.
Paralyse, progressive und Vererbung 160.
Parathyreoidea 183, 236.
— und Blutbildung 176.
— und Dentinverkalkung 183.
— und Geschlechtsentwicklung 176.
— und Haare 183.
— und Hautdrüsenfunktion 183.
— und Hautelastizität 183.
— und Linsentrübungen 183.
— und Nägel 183.
— und Nervensystem, vegetatives 176.
— und Stoffwechsel 176.
— Onychodystrophie 183.
— Organtherapie 240.
— und Prurigo 183.
— und Sklerodermie 183.
— Thalliumalopecie 183, 198, 210.
— und Wachstum 176.
Parathyreoideatabletten 240.
Paratypie 14.
Paroxysmen, exsudative und Vererbung 88.
Pellagra 263.
— und Autointoxikation, gastro-intestinale 296.
— als Avitaminose 290.
— und Kieselsäure 315.
— Lichtsensibilisierung 263.
— durch Mais, verdorbenen 288.
— und Salze, anorganische 311.
— infolge eines Toxins, alkohollöslichen 288.
— durch Unterernährung 289.
— und Vererbung 158.
Pelzmützenbehaarung und Vererbung 122.
Pemphigus 226, 227.
— angeborener 91.

Pemphigus:
— und Autointoxikation, gastro-intestinale 297.
— und Blutgerinnung 315.
— Blutsverwandtschaft, elterliche 91.
— und Blutzucker 309.
— und Cholesterin 309.
— und Eiweißkörper 307.
— Eiweißzerfall 227, 324, 325.
— und focal infection 321.
— und Geschlechtsdrüsen 227.
— und Hämolyse 316.
— und Hautabsonderung 324.
— und Hautstoffwechsel 322.
— Kochsalzumsatz 91, 227, 313, 314.
— Mittelhirnschädigung 227.
— neonatorum und Vererbung 158.
— Organtherapie 227.
— und Phosphate 314.
— und Stoffwechsel 265.
— und Vererbung 91.
— und Viscosität und Kolloidschutzwirkung des Blutserums 315.
— vulgaris und Calcium 313.
— — nach Magendarmstörungen 291.
Pernionen 240.
— und Vererbung 82.
Phänotypus und Vererbung 13.
Phosphate und Dermatosen 314.
Pigmentanomalie Komaya und Vererbung 100.
Pigmentanomalien 224, 234.
— und Autointoxikation, gastro-intestinale 296.
— Bronzediabetes 224.
— Chloasma uterinum 224.
— und Leber 299.
— und Tumoren 320.
— und Vererbung 67, 72.
Pigmentflecken bei Acanthosis nigricans 100.
— bei Greisen 100.
— bei RECKLINGHAUSENscher Krankheit 100.
— bei Teerschädigung der Haut 100.
— bei Xeroderma pigmentosum 100.
Pigmentierung bei Anämie, perniziöser 262.
— und Geschlechtsdrüsen 188, 224.
— und Hypophyse 191.
— und Insuffizienz, pluriglanduläre 197, 198.
— und Nebennieren 193, 194, 224.

Pigmentierung:
— regionäre 98.
— und Thymus 195.
— und Thyreoidea 182.
— Vitiligo s. d. 224.
Pigmentosen und Vererbung 96.
Pigmentverschiebungen durch Arsen 281.
Pili annulati und Vererbung 127.
Pituitrin 190, 240.
Pityriasis rubra Hebrae und Eiweißzerfall, gesteigerter 325.
— — pilaris und Vererbung 157.
— tabescentium 289.
Placenta und Sekretion, innere 196.
Platonychie und Vererbung 128.
Poikilodermia vascularis atrophicans und Vererbung 75, 118.
Points rubis 228.
Poliosis circumscripta 104.
Polycythaemia rubra und Acne urticata polycythaemica 321.
Polyidie s. a. unter Vererbung 10, 40, 51, 64.
Polyphänie 10, 66.
Porokeratosis Mibelli und Vererbung 50, 51, 63, 114.
Porphyrin 262.
Porphyrin-Diathese 92.
Porphyrine und Darmfunktion 296.
Primelekzem und Disposition 276.
Probandenmethode 27, 30.
Progenie und Vererbung 132.
Prognathie und Vererbung 132.
Prurigo und Acidität des Blutes 312.
— aestivalis 264.
— und Autointoxikation 277.
— — gastro-intestinale 296.
— und Blutgerinnung 315.
— und Blutzucker 309.
— bei Diathese, exsudativer 269.
— und Dickdarmstörungen 295.
— und Eiweißkörper 307.
— und Flockungsreaktion 316.
— und focal infection 321.
— Hebrae und Calcium 313.
— — und Vererbung 67, 155.
— und HODGKINsche Krankheit 320.
— und Kochsalz 313.
— und Leber 299.

Prurigo:
— und Magensekretion 292, 293.
— als Nahrungsmittelanaphylaxie 289.
— und Nierenstörung 318.
— Organtherapie 238.
— und Parathyreoidea 183.
— und Stoffwechsel 265.
— und Tumoren 320.
— und Zuckertoleranz 310.
Pruritus und Acidität des Blutes 312.
— und Autointoxikation 277.
— — gastro-intestinale 295, 296, 297.
— und Blutgerinnung 315.
— und Blutzucker 309.
— und Calcium 313.
— bei Diabetes 301.
— — insipidus 302.
— und Dickdarmstörungen 294, 295.
— und Eiweißkörper 307.
— und Flockungsreaktion 316.
— und focal infection 321.
— und Geschlechtsdrüsen 232, 233.
— und Gicht 303.
— und HODGKINsche Krankheit 320.
— und Kieselsäure 315.
— und Kochsalz 314.
— und Leber 298, 299.
— und Leukämie 320.
— nach Magendarmstörungen 291.
— und Magensekretion 292, 293.
— als Nahrungsmittelanaphylaxie 289.
— und Nierenstörung 318.
— Organtherapie 238.
— und Sekretion, innere 235.
— und Senkungsgeschwindigkeit der roten Blutkörperchen 316.
— und Stoffwechsel 265.
— und Thyreoidea 182.
— und Tumoren 320.
— und Vererbung 85.
Psammom und Vererbung 152.
Pseudokolloidmilium und Vererbung 152.
Pseudoxanthoma elasticum und Vererbung 152.
Psoriasis 156, 207.
— und Acidität in Urin und Blut 311, 312.
— arthropathica 304.
— Ätiologie 207.
— und Autointoxikation 277.
— — gastro-intestinale 295, 296, 297.

Psoriasis:
— und Blutgruppe 157.
— Blutsverwandtschaft, elterliche 156.
— und Blutzucker 309, 310.
— und Calcium 313.
— Cholesterinämie 210.
— und Diabetes 209, 301.
— und Diät, vegetarische 306.
— und Diathese, parakeratotische 207, 275.
— Dominanz 156.
— bei Ehegatten 157.
— und Eiweißkörper 306, 308.
— und Fette 308, 309.
— bei Fettsucht 300, 301.
— und Flockungsreaktion 316.
— und focal infection 321.
— und Geschlechtsdrüsen 233.
— und Gicht 303, 304.
— und Habitus 157.
— und Hautabsonderung 324.
— und Hautdisposition 275.
— Homozygote 156, 157.
— Hyperglykämie 210.
— und Hypophyse 209.
— und Inkretstörungen 157.
— Insulinbehandlung 209, 299, 301.
— und Kochsalz 313.
— und Kolloidschutzwirkung des Blutserums 315.
— und Leber 299.
— Lokalisation 157.
— nach Magendarmstörungen 291.
— und Magensekretion 293.
— und Magnesium 315.
— Organtherapie 238.
— und Ovarien 209.
— Proben, pharmako-dynamische 209.
— und Rasse 157.
— Rezessivität 156.
— bei Rothaarigen 157.
— und Senkungsgeschwindigkeit der roten Blutkörperchen 316.
— und Stoffwechsel 265.
— und Stoffwechselstörungen 157.
— Stoffwechseluntersuchungen 209.
— und Thymus 207, 208, 209.
— Thymusbestrahlung 208.
— und Thyreoidea 207, 209.
— durch Überfütterung 290.
— und Vererbung 47, 156.
— und Zuckertoleranz 310.
— Zwillingsbefunde 157.
Psorospermosis follicularis vegetans 204.
Pubertas praecox 186, 194.

Pubertät und Hautkrankheiten 187, 232.
Purpura und Calcium 313.
— und Hämolyse 316.
— haemorrhagica und Gicht 303.
— und Leber 299.
— und Nierenstörung 318.
— und Stoffwechsel 265.
Pyodermien bei Diabetes 301.
— bei Fettsucht 300.
— und Flockungsreaktion 316.
— und Nierenstörung 319.
— und Senkungsgeschwindigkeit der roten Blutkörperchen 316.

Querfurchenbildung an den Nägeln und Vererbung 128.
QUINCKEsches Ödem und Autointoxikation, gastro-intestinale 296.
— und Calcium 313.
— und Dickdarmstörungen 294.
— und focal infection 321.
— und Gicht 303.
— nach Magendarmstörungen 291.
— und Vererbung 88, 89.

Rassenpathologie 18, 71.
— Krankheitscharakter 18.
— Krankheitshäufigkeit bei verschiedenen Rassen 18.
— Krankheitsverlauf 18.
RAYNAUDsche Krankheit 217, 240.
— und Vererbung 118.
— und Autointoxikation 277.
— — gastro-intestinale 296.
— und Nervensystem 286.
— und Nierenstörung 319.
— und Stoffwechsel 265.
RAYNAUDs Status albinoticus 102.
RECKLINGHAUSENsche Krankheit 145.
— Abortivformen 147.
— Blutsverwandtschaft, elterliche 146.
— Dominanz 146.
— Dystrophia pigmentosa LESCHKE 148.
— Entartung, sarkomatöse 148.
— Erbbedingtheit ihrer Einzelsymptome 147, 148.
— Fruchtbarkeit der Behafteten 146.

RECKLINGHAUSENsche Krank-
heit:
— Frühform, typische 147.
— Halbseitigkeit 146.
— und Hirnsklerose, tube-
röse 148.
— Intelligenzmängel 148.
— und Knochenwachstum
148.
— und Naevi 148.
— Naevuskrankheit 145.
— Neurinomatose 145.
— Neurinomfreiheit 147.
— Pigmentflecke, große 147.
— — kleine 147.
— — Lokalisation 147.
— Recessivität 146.
— und Sarkome 136.
— Schwimmhosennaevi 148.
— Seltenheit 145.
— Sexualstörungen 148.
— und Vererbung 17, 52, 62,
67, 72, 73, 100, 145.
— Zwillingsbefunde 146, 147.
Rezessivität 5, 6.
Rhinophym und Vererbung
93.
Ringelhaare und Vererbung
127.
Rippenbogen-Teleangiektasien
und Vererbung 83.
Röntgenstrahlen und Ge-
schlechtsdrüsen 233.
Rosacea und Autointoxika-
tion, gastro-intestinale
296, 297.
— und Dickdarmstörungen
295.
— und Geschlechtsdrüsen 232.
— nach Magendarmstörungen
291.
— und Magensekretion 292,
293.
— und Stoffwechsel 265.
— durch Überfütterung 290,
291.
— und Vererbung 92.
Röteln und Vererbung 162.
Rothaarigkeit und Epheliden
100, 121.
— Konstitution, kleine 121.
— und Vererbung 121.
Rückkreuzung 7.
Rutilismus 103.
— und Vererbung 116, 120.

Sakral-Teleangiektasien und
Vererbung 83.
Salvarsanexanthem und Cal-
cium 313.
— lichen-ruber-artiges und
Hautdisposition 275.

Salze, anorganische 310.
— — Ausscheidungsverhält-
nisse 310, 311.
— — Calcium 313.
— — und Dermatosen 310.
— — Kalium 314.
— — Kochsalz resp. Chloride
313.
— — Magnesium 314.
— — Phosphate 314.
— — Salzstoffwechsel im all-
gemeinen 310.
— — Säure-Basen-Gleich-
gewicht 311.
— — Wasserhaushalt 312.
Sarcoma haemorrhagicum
multiplex und Vererbung
136.
Sarkome und RECKLING-
HAUSENsche Krankheit
136.
— und Vererbung 137.
Säuglingsekzem und Kochsalz
314.
— durch Überfütterung 290.
— und Vererbung 155.
Säure-Basen-Gleichgewicht
und Dermatosen 311.
SCHAMBERGsche Krankheit 87.
Scharlach und Vererbung
162.
Scheckung 12, 103, 104.
Schilddrüse s. Thyreoidea
178.
Schilddrüsenpräparate 238.
Schleimablagerungen 261.
Schleimhauterscheinungen bei
Diathese, exsudativer 269.
Schmelzhypoplasie und Ver-
erbung 130.
Schneidezähne, konnatale und
Vererbung 130.
Schuppenbildung bei Diabetes
301.
Schwefelsäure und Derma-
tosen 315.
— Zuckergehalt 310.
Schweißdrüsen und Ge-
schlechtsdrüsen 187, 188,
233.
— Harnsäureausscheidung
308.
— und Harnstoffausschei-
dung 317.
— und Hypophyse 191, 192.
— Indicanausscheidung 296.
— und Insuffizienz, pluri-
glanduläre 197.
— und Nebennieren 194.
— Organtherapie 239.
— und Wärmeregulation 324.
Schweißdrüsenmangel und
Vererbung 60, 125.
Schweißekzem und Ge-
schlechtsdrüsen 233.

Schweißsekretion bei Diabetes
insipidus 302.
— und Thyreoidea 179, 180,
182, 234.
Schwimmhosennaevi 148.
Sebocystomatosis und Ver-
erbung 94.
Seborrhöe und Acidität des
Urins 311.
— und Blutzucker 309.
— und Fette 308.
— und Geschlechtsdrüsen
232.
— nach Magendarmstörungen
292.
— Organtherapie 239.
— und Stoffwechsel 265.
— und Vererbung 114, 162.
Sekretion, innere 166.
— — Abwehrfermentreak-
tion von ABDERHALDEN
177.
— — Adrenalininjektion 174.
— — Adrenalinprobe von
GOETSCH 174.
— — und Allergie 182.
— — Anatomie, pathologi-
sche 172.
— — und Arsen 241.
— — Atropininjektion 174.
— — und Bekämpfung von
Infektionen durch die Haut
182.
— — und Blutbildung 176.
— — und Blutzucker 236.
— — und Blutzufluß, ver-
stärkter 170.
— — Cutiproben mit Organ-
extrakt 174.
— — und Depigmentie-
rungen 182.
— — und Dermatosen mit
Blasenbildung s. d. 226.
— — — präcanceröse 228.
— — und Diathermie 240.
— — und Digestionskanal
235.
— — Dysfunctio pluriglan-
dularis 197.
— — und Eiweißstoffwechsel
176.
— — und Ekzem 234, 235.
— — und Entgiftung 234.
— — Epiphyse 196.
— — und Ernährungsstö-
rungen 198.
— — Esophylaxie 196.
— — Experimentelles 172.
— — als Faktor, disponierender für Hautkrankheiten
232.
— — und Fettpolster 181,
184, 185, 186, 187, 192,
194, 231.
— — und Fettstoffwechsel
176.

Sekretion, innere:
— — und Funktionsproben, biochemische und biologische 177.
— — — pharmakodynamische 174.
— — und Geroderma genito-distrofico 189.
— — Geschlechtsdrüsen s. d.
— — und Geschlechtsentwicklung 176.
— — und Geschwülste s. Tumoren 228.
— — und Haarkrankheiten s. d. 210.
— — der Haut 196.
— — — ihr Ausfall 326.
— — und Hautatrophien s. d. 223.
— — Hautbeschaffenheit 171.
— — und Hautelastizität s. d. 230.
— — und Hautkonstitution, allergische 182.
— — und Hautkrankheiten unbekannter Ätiologie 199.
— — Hautreflexe, sympathische 174.
— — und Hauttumoren 198, 233, 237.
— — und Hautveränderungen, herdförmige 200.
— — und Heilmittelexantheme 234.
— — Hormonzufuhr von der Mutter auf das Kind 199.
— — Hypersympathie 174.
— — Hypophyse s. d.
— — und Infektionen 198, 234.
— — Insuffizienz, pluriglanduläre s. d.
— — und Intoxikationen 198.
— — und Jahreszeit 237.
— — und Kalkstoffwechsel 176.
— — und Kastration 184.
— — und Klima 198, 241.
— — und Kohlenhydratstoffwechsel 176.
— — Kolloidtherapie 240, 241.
— — Kombination verschiedener Drüsenpräparate 170.
— — und Krisen, nitroide 234.
— — Leber 196.
— — und Lichteinflüsse 198.
— — Lymphdrüsen 196.
— — und Mineralstoffwechsel 175, 176.
— — und Nagelveränderungen s. d. 214.

Sekretion, innere:
— — Nebennieren s. d.
— — und Nervensystem, vegetatives 168, 199, 200, 236, 240.
— — und Nervina 241.
— — und Neurofibromatosis Recklinghausen 228.
— — Nieren 196.
— — normale 237.
— — und Organtherapie 170, 237, 241.
— — Pankreas s. d. 196.
— — Parathyreoidea s. d.
— — und Pigmentanomalien s. d. 182, 224.
— — Pilocarpininjektion 174.
— — Placenta 196.
— — Proteinkörpertherapie 240, 241.
— — und Pruritus 182.
— — und Psoriasis s. d. 207.
— — und Röntgenstrahlen 170, 198, 234, 240, 241.
— — und Salvarsanexanthem 234.
— — Schäden 198.
— — — endogene 198.
— — — exogene 198.
— — — konstitutionelle 198.
— — — Ursachen derselben 198.
— — Schilddrüse s. Thyreoidea.
— — Schutz des Fetus durch die Mutter 199.
— — als Schutz gegen Hautkrankheiten 237.
— — und Sklerodermie 219.
— — und Stoffwechsel 175.
— — und Stoffwechselprodukte 279.
— — Störungen 169.
— — — Feststellung derselben 169.
— — Streifen, meningitischer 174.
— — — suprarenaler 174.
— — Studium, klinisches 169.
— — und Substitutionstherapie 170.
— — — hormonale 241.
— — und Sympathicus 168.
— — und Syphilis 198, 215, 225.
— — und Temperatureinflüsse 198.
— — Therapie 237.
— — — kombinierte 241.
— — Thymus s. d.
— — Thyreoidea s. d.

Sekretion, innere:
— — und Toxikodermien 234.
— — und Transplantation endokriner Drüsen 170.
— — und Traumen 198.
— — und Tuberkulose 198, 216, 225.
— — und Tumoren 198.
— — und Urticaria 182.
— — und Vasomotorenstörungen s. d.
— — und Verbrennung im Organismus 175.
— — und Verhornungsanomalien s. d. 200.
— — und Wachstum 176.
— — Wirkung auf Hautkrankheiten 231.
Semi-Albinismus 103.
Senkungsgeschwindigkeit der roten Blutkörperchen und Dermatosen 315.
Sensibilisationsdermatosen 262.
— Eczema solare 264.
— endogene 262.
— exogene 262, 263.
— — bei Tieren 263.
— Hydroa aestivalis oder vacciniformis s. d. 262.
— Lichtausschläge, chronische, polymorphe 264.
— Lupus erythematodes 264.
— Melanodermitis toxica 263.
— Pellagra s. d. 263.
— Sommerprurigo 264.
— Urticaria solaris 264.
Sergents suprarenaler Streifen 174.
Sklerodaktylie 217, 257.
— und Vererbung 118.
Sklerödem 257.
Sklerodermie 219.
— Abderhaldensche Methode 221.
— und Akromegalie 220.
— eine Angiotrophoneurose 221, 222.
— Ätiologie 222.
— eine Autointoxikation 222.
— — gastro-intestinale 296.
— und Blutzucker 309, 310.
— Calcinose 221.
— und Calcium 313.
— Degeneration, mucinöse 221.
— Diagnose 220.
— Disposition des Bindegewebe, angeborene 222.
— und Eiweißkörper 307, 308.
— und focal infection 321.
— Gefäßveränderungen 222.
— und Geschlechtsdrüsen 220.
— und Hypophyse 220.

Sklerodermie:
— und Infektionen, akute 220, 222.
— und Insuffizienz, pluriglanduläre 220, 222.
— und Kalkablagerungen in der Haut 257.
— Konstitutionsanomalie, angeborene 222.
— und Magendarmkanal 327.
— Menstruationsstörungen 220, 232.
— und Nebennieren 220.
— und Nervensystem 286.
— — parasympathisches 221.
— — sympathisches 221, 222, 223.
— Opotherapie 221, 222.
— Organtherapie 221, 222, 238.
— Proben, pharmako-dynamische 221.
— Röntgenbestrahlung 222.
— Schleimbildung 221.
— Skeletveränderungen 220.
— und Skorbut 290.
— und Stoffwechsel 265.
— Stoffwechseluntersuchungen 221.
— und Syphilis 220, 222.
— Therapie 221, 222.
— und Thymus 220.
— und Thyreoidea 219, 220, 221, 222.
— und Trauma 222.
— und Tuberkulose 220, 222.
— und Vererbung 118.
Sklerose, tuberöse und Adenoma sebaceum 149.
— — und Vererbung 72, 149.
Skorbut und Dermatosen 290.
Skrofuloderm und Calcium 313.
Skrotalangiome und Vererbung 87.
Sommerprurigo 264.
— und Vererbung 92, 155.
Status thymico-lymphaticus 195, 196, 228, 236.
— varicosus und Glaukoma simplex 86.
— — und Naevi vasculosi 144.
— — und Rhinophym 86.
— — und Syringomyelie 86.
— — und Vererbung 85, 87.
Steatocystoma multiplex und Vererbung 94.
Stickstoffretention bei Psoriasis 306.
Stoffwechsel, Beeinflussung von der Haut aus 252.
— — der Haut von innen her 252, 253.
— Begriff 254.

Stoffwechsel:
— und Haut, Koordination 252.
— und Hautkrankheiten 175.
— intermediärer 299.
Stoffwechseldermatosen 253, 288.
— und Arthropathien, endogene 304.
— Ätiologie, interne 253.
— durch Autointoxikation, gastro-intestinale 295, 298.
— und Bakterienflora des Darms 297.
— und BENCE-JONESsche Krankheit 305.
— Cholesteringehalt des Blutes 299.
— Cutanprüfungen mit Stuhl und Urin 297.
— Cyanose, enterogene 297.
— und Diabetes insipidus 302.
— — mellitus 301.
— Diätfrage 298.
— und Dickdarm 294.
— Dickdarmwaschungen, therapeutische 297.
— und Dünndarm 294.
— und Duodenum 294.
— Einteilung 254.
— und Fermentpräparate 296.
— und Fettgehalt im Stuhl 297.
— bei Fettsucht 300.
— und Gallenzufluß 294.
— durch Gewebswucherungen, pathologische s. d. 320.
— und Gicht 302.
— Glykämie 299.
— und Glykokoll 299.
— Histamin im Stuhl 297.
— und Insulin 299.
— und Kohlenhydratgehalt im Stuhl 297.
— und Leber 298.
— Magendarmkanal 288.
— durch Magendarmstörungen, allgemeine 291.
— durch Magenmotilitätsstörungen 294.
— durch Magensekretionsanomalien 292.
— durch die Nahrung 288.
— — Anaphylaxie 288.
— — Avitaminosen 290.
— — chronische 289.
— — einseitige 289.
— — Hypervitaminosen 290.
— — Quantität 289.
— — verdorbene oder toxische 288.
— und Nieren 316.
— und Pankreasfunktion 294.

Stoffwechseldermatosen:
— spezifische resp. obligate 254, 255.
— — Ablagerungsdermatosen s. d. 255.
— — dyshormonale s. d. 264.
— — Sensibilisationsdermatosen s. d. 262.
— und Stoffwechsel, intermediärer 299.
— und Stoffwechselelemente s. d. 305.
— und Trockensubstanz im Stuhl 297.
— durch Überfütterung 290, 298.
— unspezifische resp. fakultative 254, 265.
— — Allgemeines 265.
— — Diathese s. d. 266.
— — Disposition s. d. 272.
— — Hautaffektionen 265.
— — Stoffwechseleinflüsse an der Haut s. d. 279.
— — und Stoffwechselkrankheiten, große 300.
— — Stoffwechselprodukte, s. d. 276.
— durch Unterernährung 289.
Stoffwechseleinflüsse an der Haut 279.
— Antigenantikörperreaktion 280.
— Auswirkungsmöglichkeiten 279.
— und Dermatosen, chronische 281.
— Einwirkung, unmittelbare 279.
— Ernährungsschädigung oder Nährschaden 281.
— Experimentelles 281, 282.
— von Gewebswucherungen, pathologischen s. d. 319.
— quantitativ verschoben 281.
— Tierfütterungsversuche 282.
— Toxikodermien 279, 284.
— Wechselwirkung, ungewöhnliche, pathologische 280.
Stoffwechseleinwirkung und Auslösung einer Dermatose 283.
— — — durch Allergie 283, 284.
— — — Angriffspunkt 285.
— — — direkte 283, 284.
— — — durch Fermentschädigung in der Haut 287.
— — — infolge Hautveränderungen 287.
— — — indirekte 286.

Stoffwechseleinwirkung und Auslösung einer Dermatose:
— — — über das Nervensystem 286.
— — — durch Reaktionsfähigkeit, veränderte der Haut 283.
— — — durch Schädigung, mitunterstützende 283, 284.
— — — durch Zelldefekte der Haut 287.
Stoffwechselelemente 305.
— Blutuntersuchung 305.
— Blutserumveränderung, physikalisch-chemische 315.
— Eiweißkörper 306.
— Fette s. d. 308.
— Kohlenhydrate s. d. 309.
— Salze, anorganische s. d. 310.
— Untersuchungen, allgemeine 305.
— Urinuntersuchung 305.
— Viscosität und Kolloidschutzwirkung 315.
Stoffwechselkrankheiten, große 300.
— — Arthropathien, endogene 304.
— — Bence-Jonessche Krankheit 305.
— — und Dermatosen 300.
— — Diabetes insipidus 302.
— — Diabetes mellitus s. d. 301.
— — Fettsucht s. d. 300.
— — Gicht s. d. 302.
Stoffwechselprodukte 276.
— Art und Abstammung 276.
— Autointoxikation 277.
— fremdartige, gegenüber dem normalen Stoffwechsel 277.
— und Nervensystem, sympathisches und parasympathisches 279.
— normale 277.
— — Verschiebung derselben 278.
— und Organe, übergeordnete 279.
— und Sekretion, innere 279.
Stoffwechselstörung und Haut- und Körpererscheinungen koordiniert 327.
Stoffwechselvorgänge in der Haut und Erscheinungen im Körper als Folge s. Hautstoffwechsel 322.
Streifen, meningitischer 174.
— suprarenaler 174.

Striae albicantes 192.
— cutis distensae 224.
— — — und Faktoren, äußere 119.
— — — und Vererbung 118.
— — puberales 224.
Striatoxin 224.
Strophulus und Autointoxikation, gastro-intestinale 296.
— und Calcium 313.
— und Dickdarmstörungen 295.
— und focal infection 321.
— infantum als Antigenantikörperreaktion 280.
— — und Geschlechtsdrüsen 233.
— nach Magendarmstörungen 291.
— und Magenmotilität 294.
— und Magensekretion 292, 293.
— als Nahrungsmittelanaphylaxie 289.
— und Senkungsgeschwindigkeit der roten Blutkörperchen 316.
— und Stoffwechsel 265.
— durch Überfütterung 290.
— und Vererbung 88.
Sycosis und Blutzucker 309.
— und Flockungsreaktion 316.
Sympathicus und Nebennieren 194.
— und Sekretion, innere 168, 236.
Symptomenkomplex, variköser 240.
Synophris und Sekretion, innere 123.
— und Vererbung 122.
Syphilide und Senkungsgeschwindigkeit der roten Blutkörperchen 316.
Syphilis und Blutgruppen 160.
— Lokalisation bei Blutsverwandten 159.
— Organdisposition 160.
— Organotropien des Spirochätenstammes 160.
— und Paralyse, progressive 160.
— und Rachitis 160.
— Rassendisposition zur Paralyse 160.
— Reaktionsunterschiede 159.
— Resistenz gegen Paralyse 160.
— und Tabes dorsalis 160.
— und Tuberkulose 160.
— Ursache neuer Krankheitsanlagen 161.
— und Vererbung 159.

Syphilis:
— Verlauf bei Blutsverwandten 159.
Syringom und Vererbung 64, 149.

Tabes doralis und Vererbung 160.
Talgdrüsen und Autointoxikation, gastro-intestinale 296.
— und Blutzucker 309.
— und Hypophyse 191.
— an der Mundschleimhaut, hypertrophische und Vererbung 133.
— und Thyreoidea 179, 180.
Teleangiektasien, multiple, hämorrhagische und Vererbung 87.
— und Vererbung 50, 82, 86.
Testikelpräparate 238.
Testogan 239.
Tethelin 190.
Thalliumalopecie 183, 198, 210, 212, 214.
Thelygan 239.
Thymus 195, 236.
— und Blutbildung 176.
— und Geschlechtsdrüsen 195.
— und Geschlechtsentwicklung 176.
— und Nervensystem, vegetatives 176.
— und Haarwachstum 195, 196.
— und Hämangiome 195, 228.
— Hautveränderungen 195.
— und Naevi 195, 228.
— und Nebennieren 195.
— Organtherapie 240.
— und Pigmentierungen 195.
— und Psoriasis 207, 208, 209.
— und Sklerodermie 220.
— Status thymico-lymphaticus 195, 196, 228, 236.
— und Stoffwechsel 175, 176.
— und Thyreoidea 195.
— Tierversuche 195.
— und Wachstum 176.
Thymuspräparate 240.
Thyreoidea 178, 234.
— und Adipositas dolorosa 230.
— Akrocyanose 179, 216.
— und Akrodermatitis atrophicans 223.
— und Allergie 182.
— und Alopecia areata 211, 212, 213.
— und Arzneimittelexantheme 234.
— Athyreoidismus 179.

Thyreoidea:
— Ausfallsymptome an Tieren 181.
— und Bekämpfung von Infektionen durch die Haut 182.
— und Blutbildung 176.
— und Depigmentierungen 182.
— und Dermatitiden, exfoliative 228.
— und Dermatitis herpetiformis 227.
— und Dermatosen 180.
— und Digestionskanal 180.
— und Ekzeme 180, 234, 235.
— Entgiftungsdrüse 234.
— und Erythrocyanosis crurum puellaris 218, 219.
— und Fettpolster 181, 231.
— und Geschlechtsentwicklung 176.
— und Grundumsatz 181.
— und Haare 179, 180, 182, 234.
— Hautfarbe 179, 180, 182.
— und Hautkonstitution, allergische 182.
— Hauttrockenheit 180, 182.
— und Hautveränderungen 179, 182.
— — Lokalisation 180.
— — pathologisch-anatomische 181.
— Hautverschiebbarkeit 179.
— und Hautzirkulation 179.
— und Herpes gestations 226.
— Hyperfunktion 182, 236.
— und Hypogenitalhand 217, 218.
— Hypothyreoidisme bénign chronique 180.
— und Ichthyosis vulgaris 201.
— und Infektionen 234.
— Kachexia strumipriva 179.
— und Kalkstoffwechsel 181.
— Kältegefühl 179, 181.
— und Kongestionen 182.
— Kretinismus, endemischer 179.
— Morbus Basedowii 182.
— Myxödem 179, 180, 182, 234.
— Myxoedema adultorum 179.
— — congenitum 179.
— — infantum 179.
— — tuberosum 180.
— Myxoedème postopératoire 179.
— Myxödemformen, abortive 180, 182.
— und Nägel 179, 180, 182, 214.
— und Nervensystem 180.

Thyreoidea u. Nervensystem:
— — vegetatives 176.
— Organtherapie 237.
— und Pigmentierungen 182.
— und Pruritus 182.
— und Psoriasis 207, 209.
— und Psyche 180.
— Rhagadenbildung 180.
— und Röntgenstrahlen 234.
— und Schleimbildung 181.
— Schleimhautveränderungen 179, 180.
— Schuppenbildung 179, 180.
— und Schweißsekretion 179, 180, 182, 234.
— Schwielenbildung 180.
— und Sklerodermie 219, 220, 221, 222.
— und Stoffwechsel 176, 181.
— und Talgdrüsensekretion 179, 180.
— Temperaturregulierung 181.
— und Toxikodermien 234.
— und TROUSSEAUsche Flecken 182.
— und Urticaria 182.
— und Vasomotorenstörungen 180, 182, 218, 234.
— und Vitiligo 224, 225.
— und Wachstum 176.
Tierfellmäler 142, 148.
Toxikodermien 279.
— und Sekretion, innere 234.
Trichophytie und Flockungsreaktion 316.
— und Geschlechtsdrüsen 233.
— und Vererbung 158.
Trommelschlegelfinger und Vererbung 129.
TROUSSEAUs, „meningitischer" Streifen 174.
TROUSSEAUsche Flecken 182.
TSCHERMAKscher Vagusdruckversuch 175.
Tuberculide und Geschlechtsdrüsen 233.
— und Thyreoidea 237.
Tuberculose und Vererbung 82, 83, 103, 121, 122, 123, 129, 144, 158.
Tuberculum Carabelli und Vererbung 130.
— incisivum, Hyperplasie desselben und Vererbung 130.
Tumoren 228.
— Adenoma sebaceum 228.
— Dermatosen, präcanceröse s. d. 228.
— Disposition, familiäre 228.
— und Geschlechtsdrüsen 232.
— Naevi 228.
— und Sekretion, innere 228.
— und Stoffwechseldermatosen 320.
— und Vererbung 133.

Überfütterungsdermatosen 290, 301.
Überpigmentierungen, großfleckige, regionäre und Vererbung 98.
— kleinfleckige, regionäre u. Vererbung 98.
Ulcus vulvae acutum und Blutzucker 309.
Ulerythema ophryogenes und Vererbung 113.
UNNAsche Drucktheorie 83.
Unterernährungsdermatosen 289.
Unterlippe, Habsburger 132.
Urämide 317.
Uridrosis 317.
Urobilinurie und Dermatosen 299.
Uroporphyrin 262.
Urticaria 217.
— und Acidität in Urin und Blut 311.
— als Antigenantikörperreaktion 280.
— und Autointoxikation, gastro-intestinale 295, 296, 297.
— und Blutgerinnung 315.
— und Blutzucker 309.
— und Calcium 313.
— und Cholesterin 308, 309.
— chronica cum pigmentatione und Vererbung 88.
— bei Diabetes 301.
— und Dickdarmstörungen 294, 295.
— und Eiweißkörper 307, 308.
— factitia und Autointoxikation 277.
— — und Vererbung 88.
— u. Flockungsreaktion 316.
— und focal infection 321.
— und Geschlechtsdrüsen 232.
— und Gicht 303.
— gigantea und Vererbung 88.
— und HODGKINsche Krankheit 320.
— und Hypophyse 192.
— und Leber 298, 299.
— und Leukämie 320.
— und Magendarmkanal 327.
— nach Magendarmstörungen 291.
— und Magenmotilität 294.
— und Magensekretion 292, 293.
— durch die Nahrung 288.
— als Nahrungsmittelanaphylaxie 289.
— und Nierenstörung 318.
— und Senkungsgeschwindigkeit der roten Blutkörperchen 316.
— solaris 264.
— und Stoffwechsel 265.

Urticaria:
— und Thyreoidea 182.
— und Tumoren 320.
— und Vererbung 87, 88, 89.

Varicen der Beine und Vererbung 84.
Varicellen und Vererbung 161.
Varicocele und Vererbung 85.
Variola und Vererbung 161.
Vasomotorenstörungen 217,
236.
— und Adipositas dolorosa
229.
— Akroparästhesien 217.
— Erythema induratum aty-
picum 218.
— — venosum 218.
— Erythrocyanosis cruris feminarum frigida 218.
— — crurum puellaris 218.
— — symmetrica 218.
— Erythromelalgie 217.
— und Geschlechtsdrüsen 188,
218, 219, 232.
— und Kalkablagerungen in
der Haut 257.
— la main hypogénitale 217.
— Oedema strumosum 218.
— Ödeme, angioneurotische
217.
— Oedème asphyxique sym-
métrique des jambes chez
les filles lymphatiques 218.
— Organtherapie 238.
— RAYNAUDsche Krankheit
217.
— Sklerodaktylie 217.
— und Thyreoidea 182, 218,
219, 234.
— Urticaria 217.
Venenzeichnung und Verer-
bung 84.
Vererbung 1.
— Abortivfälle 52, 72, 78.
— Alterskorrelation 69, 73.
— Angiosen 81.
— Anlagenkoppelung 9.
— Anlagenpaare 4, 5.
— — und Außeneigenschaf-
ten 9.
— — Selbständigkeit dersel-
ben 8, 9.
— — Verschiedenheit in
mehreren 7.
— — Vollständigkeit der
Spaltung 10.
— Anlagenpaarlinge, Rein-
heit derselben 10.
— Anteposition 146.
— Artcharaktere 16.
— und Asymmetrien 42, 77.
— Ätiologie der Krankheits-
anlage 79.
— Atrophien 115.

Vererbung:
— Auftreten und Lokalisa-
tion einer Krankheit 17.
— Auslese 28, 29, 51, 69, 73.
— — soziale 69, 73.
— Auslösungsfaktoren 65.
— und Außenfaktoren 12, 16,
38, 75.
— — mitwirkende 16, 69.
— und Befruchtung, selek-
tive 56.
— Behaftetenproportion 49,
50, 51, 54.
— Blasenbildung, kongenitale
nichtmechanische 60.
— Blastome und Blastoide
133.
— Blutsverwandtschaft,
elterliche s. d. 26.
— — großelterliche 34.
— BRAVAIS-PEARSONscher
Korrelationskoeffizient 70.
— Bullosen 89.
— Canities 46.
— Cercation 56.
— Chromomer 13.
— Chromomeralpathologie
13.
— Chromosom 4, 9.
— Chromosomalpathologie
13.
— Degenerationszeichen 67,
70.
— Dermatologie, klinische 74.
— Dermatosen, entzündliche
153.
— — familiäre 2.
— — infektiöse 158.
— Diathesen 20, 66.
— Differentialdiagnose zwi-
schen Dominanz und Re-
zessivität 54.
— Dimorphismus, fester 11.
— direkte 46.
— Diskordanz 37, 40, 42.
— — und Konkordanz 38.
— Disposition 66.
— Dispositionen, idiotypische
14.
— Dispositionsmerkmale 66.
— Dispositionspathologie 66.
— Dispositionsstaten 66.
— dominant-geschlechtsbe-
grenzte 62.
— dominant-geschlechtsge-
bundene 57.
— dominant-rezessiv 5.
— Dominanz 2, 5, 46, 65, 75.
— — und Prognose 52.
— — regelmäßige 6, 49.
— — unregelmäßige 6, 11, 49.
— — unvollständige 6, 48..
— Dominanzwechsel 6.
— Dystrophien 115.
— echte 4.
— und Eheberatung 78, 80.

Vererbung:
— Einseitigkeit 42, 44.
— Epigenese 12, 36.
— Epistase 7.
— Erbanlagen s. d. 1, 3.
— — ihre Bedeutung, aus-
schlaggebende 14.
— — als Chromosomenteile 4.
— — als Elementarteilchen,
biologische 1.
— — gleiche und Außen-
eigenschaften, verschie-
dene 11, 72.
— — Grundlage, morpholo-
gische 13.
— — Koppelung derselben
72.
— — für die Körperhälften,
getrennte 44.
— — krankhafte, ihre Häu-
figkeit 15.
— — letale 52, 56.
— — ihre Mitwirkung 14.
— — monophäne 10.
— — in Paaren s. u. Anlagepaare 4, 5.
— — polyphäne 10, 66.
— — Reduktionsteilung 4.
— — Reifeteilung 4.
— — semiletale s. subletale
52, 56.
— — symmetrielabile 44.
— — verschiedene und Au-
ßeneigenschaft, gleiche 10.
— — — und Krankheitsver-
schiedenheit 12.
— Erbbedingtheit 13, 15, 16,
25, 43, 53.
— — Ausschluß 75.
— — Grad derselben 16.
— — eines Krankheitssym-
ptoms 21.
— — Nachweis derselben 17,
55.
— Erbforschung s. d. 18.
— Erbgleichheit der eineiigen
Zwillinge 42.
— Erbleiden, rezessives und
Blutsverwandtschaft, elter-
liche 34.
— Erblichkeitsbefund, positi-
ver oder negativer 26.
— Erbmasse und Umwelt 14.
— Erbprognose 6.
— Erbunterschiede bei E. Z.
42.
— Erkrankungswahrschein-
lichkeit 67.
— Faktoren 3.
— Fälle, konjugale 54.
— Familienanamnesen 30, 51.
— Familienpathologie s. d. 21.
— Familienuntersuchungen
32.
— Fehler der kleinen Zahl
48, 69.

Vererbung:
— Follikulosen 92.
— Fragestellung, erbätiologische 17.
— und Geburtenrückgang 80.
— Gene 3.
— Genese, formale 16, 71, 77.
— — kausale 16.
— und Geschlecht, männliches 59.
— Geschlechterpathologie 19.
— Geschlechtsabhängigkeit 57.
— geschlechtsbegrenzte 57, 62, 65.
— Geschlechtsbegrenzung 51.
— — absolute 62.
— — relative 62, 63.
— Geschlechtsbestimmung 12.
— Geschlechtschromosom 13.
— geschlechtsfixierte 57, 64.
— geschlechtsgebundene 57, 75.
— Geschlechtsgebundenheit von Krankheiten 12.
— Geschlechtszellenbildung 4.
— Geschwistermethode 29.
— Gruppierung der Fälle nach Vererbungstypen 27.
— Haare 120.
— Halbgeschwisterfälle 55.
— Häufigkeit, allgemeine 18, 22, 48, 69.
— Häufung, familiäre 21, 22, 65.
— Hautfarbe 10, 96.
— und Hautkrankheiten 1, 13.
— — Ähnlichkeit im Aussehen und Wesen 21.
— — Analyse von Krankheitsgruppen 76.
— — Diagnose, histologische 77.
— — — klinische 27, 76, 77, 78.
— — familiäre 53.
— — Häufung, familiäre 53, 54, 56.
— — hereditäre 53.
— — und Körperbau 67.
— — Krankheitsbereitschaft, übrige 21.
— — und Organe, innere 67.
— — und und Psyche 67.
— — Synthese von Krankheitsgruppen 76.
— — Trennung, ätiologische 76.
— — Wesensverwandtschaft, erbätiologische 76.
— Hauttypen, konstitutionelle 20.

Vererbung:
— Heirat von zwei rezessiv Kranken 54.
— Heiratsauslese 70, 73.
— Hemmungsfaktoren 65.
— Herausspalten oder -mendeln 4.
— und Herkunft 69, 73.
— Heterophänie 11, 72, 86.
— Heterozygote 4, 46, 56.
— Homozygote 4, 46, 52.
— Homozygot-heterozygot 5.
— HORNERsche Regel 59.
— Ida 3.
— Idiokinese 42, 49.
— Idiosomen 4.
— Idiovariation, mitotische 42.
— Idrosen 92.
— Individualauslese 28.
— Intensitäts- und Lokalisationsunterschiede 66.
— Interessantheitsauslese 19, 29, 52.
— Inversion 43.
— — individuelle 26, 43.
— Hypostase 7.
— Idiotypie 13, 71, 72, 74, 93.
— Keratosen 105, 108.
— Konkordanz 38, 39, 40.
— Konstitution 66.
— Konstitutionsmerkmale 20, 66, 69.
— Konstitutionspathologie 20, 66, 67, 77.
— Konstitutionsstaten 20, 66.
— Körperbauformen und Dermatosen 20.
— Körperhälften 41, 42.
— Korrelation, idiotypische 72.
— Korrelationskoeffizient 41, 70.
— Korrelationspathologie 20, 21, 67, 69, 71.
— Krankhaftigkeit beider Paarlinge 33.
— Krankheiten, aneinander gebundene 71, 72.
— — erbliche 13.
— — idiodispositionelle 14, 15.
— — idiotypische 13, 14, 15.
— — mehrere 66.
— — nichterbliche 13.
— — paratypische 13, 14, 15.
— Linkshändigkeit 19, 22, 43, 49, 55.
— Literaturmaterial 26.
— Lokalisation und Faktoren, erbliche 22, 66.
— Lokalisationsneigungen 89.
— Manifestationsbreite 74.
— Manifestationsfestheit 50.
— Manifestationsschwankungen 6, 50, 51, 56, 59, 65, 72, 73.
— — scheinbare 51.

Vererbung:
— Manifestationstermin, später 51.
— Massenstatistik 24.
— Material, ätiologisch-heterogenes 51.
— — — -homogenes 39.
— MENDELsches Gesetz 1.
— Merkmale, polymere 10.
— Merkmalsbild 13.
— Methodik, familienpathologische 25.
— Mixovariabilität 12.
— monolaterale 44.
— Mundschleimhaut 120, 132.
— Nachweis von Dispositionen, erblichen 37, 40.
— — der Erblichkeit 37, 39.
— — der Nichterblichkeit 37, 42.
— Nägel 120, 127.
— Nichterblichkeit von Mißbildungen 39.
— Parakinese und Manifestationsschwankung 12, 51.
— Paratypie 13, 71, 74, 86.
— Paravariabilität 12, 38, 39, 41, 43, 74.
— — und E.Z. 45.
— Phänogenetik 77.
— Phänotypus 13.
— Pigmentosen 96.
— polyid-geschlechtsbegrenzte 64.
— Polyidie 10, 40, 51, 64.
— — heterologe 10, 65.
— — homologe 10, 65.
— — und Manifestationsschwankung 12, 51.
— Polymerie 64.
— Polyphänie 66.
— — obligate 67.
— von Prädilektionsstellen, bestimmten 89.
— Probandenmethode 27, 32, 49, 50.
— und Prognostik 78.
— und Rassenhygiene 80.
— Rassenpathologie s. d. 18, 71.
— recessiv-geschlechtsbegrenzte 63, 64.
— recessiv-geschlechtsgebundene 58.
— Recessivität 5, 52, 65, 75, 86.
— — und Prognose 52.
— — unregelmäßige 56.
— Reduktionsmethode 29.
— Rückkreuzung 7, 46.
— Sammelforschung 32, 33.
— Scheinkorrelationen 69.
— Scheckzeichnung 12, 103.
— Seitenbehaftung 44.
— und Selektion 80.

Vererbung:
— Sippen, umschlagende 11.
— Spiegelbildasymmetrie 45.
— Stammbäume 23, 48, 51.
— Statistik 70, 73.
— Status degeneratious 67.
— und Sterblichkeit, erhöhte 52.
— Stigmen 20.
— Strophoplastentheorie 43.
— Symmetrieschwäche 43.
— Syndese 9.
— Syntropie-Index 71.
— und System der Haut-krankheiten 75, 76.
— Systemerkrankungen 71.
— Syzygiologie 67.
— Teilung, erbungleiche 42.
— Termes principaux 77.
— und Therapie 78, 79.
— — familiäre 78.
— — individuelle 80.
— Überspringen einer Gene-ration 65.
— und Umwelt 69, 73.
— Verhalten, intermediäres 4, 6.
— Vermehrung der Kranken, relative 27.
— Verschwinden von Merk-malen, frühzeitiges 52.
— Verwandtenehe 70, 73.
— Vielanlagigkeit 64.
— Vielmerkmaligkeit 66.
— Vielteiligkeit 64.
— Zähne 120, 130.
— Zusammenhangspathologie 67, 68, 78.
— Zusammenlegung vieler verschiedener Geschwister-schaften 55.
— Zwillingspathologie s. d. 35, 60.
— Zygote 4.
Vererbungsbiologie 3.
— Zwillingsuntersuchungen 42.
— -experimente am Tier 2.
— -lehre, experimentelle 1.
— -modus 40, 46, 76.
— -pathologie 1.
— — allgemeine 3.
— — Aufgaben 14.
— — und Dermatologie, klinische 74.
— — Krankheitsursachen, endogene 1.
— — spezielle der Derma-tosen 81.
— — Ursachenforschung, exogene 1.
— -regel, morphologische (laterotrope) 43.
— — zwillingspathologische 39, 42.

Verhornungsanomalien 200, 238.
— Acanthosis nigricans 205.
— DARIERsche Krankheit 204.
— Epidermolysis bullosa here-ditaria 203.
— Ichthyosis atypica 203.
— — congenita 203.
— — vulgaris s. d. 200.
— Keratoma hereditarium palmare et plantare 203.
— Keratosis follicularis 203.
— Psorospermosis follicularis vegetans 204.
Verrucae planae et vulgares und Vererbung 161.
— seniles s. seborrhoici und Vererbung 162.
Viscosität des Blutserums und Dermatosen 315.
Vitiligo 224.
— und Alopecia areata 105, 126, 211, 225.
— Asthenie 224.
— und Autointoxikation 277.
— und Bauchorgane 225.
— und Calcium 313.
— Darmstörungen 225.
— Dermographismus 225.
— und Dopaoxydase 287.
— Endemien 105.
— und focal infection 321.
— Gefäßsystem 225.
— und Geschlechtsdrüsen 224.
— Hyperhidrose 224.
— Konstitution, neurogene 224.
— und Leber 224.
— und Lichen Vidal 225.
— und Nebennieren 224, 234.
— und Nervensystem 105.
— — vegetatives 224.
— Organtherapie 225.
— Proben, pharmako-dyna-mische 225.
— nach Shock 224.
— und Stoffwechsel 265.
— Stoffwechselunter-suchungen 225.
— Symmetrie 224.
— und Sympathicussystem 225.
— und Syphilis 225.
— und Thyreoidea 224, 225.
— und Tuberkulose 225.
— und Vererbung 104.

Wangenröte und Vererbung 82.
Wärmeregulationsstörungen 324.
Wasserhaushalt und Derma-tosen 312.

Wundheilung und Säuregrad 312.

Xanthom 259.
— bei Allgemeinkrankheiten 259.
— und Arcus senilis corneae 260.
— bei Arthropathien 305.
— Blutcholesteringehalt 259.
— und Blutzucker 309.
— Cholesterinester in der Haut 259, 260.
— Cholesterinstoffwechsel 260.
— bei Diabetes insipidus 259.
— bei Diabetes mellitus 259.
— und Gallensäuren 259, 260.
— Genese 259.
— Hautverhältnisse, lokale 259.
— Insulinwirkung 259, 260.
— und Leber 299.
— bei Leberleiden 259.
— Lokalisation 260.
— und Trauma 260.
Xanthoma juvenile multiplex disseminatum 259.
— palpebrarum 151, 152.
Xanthomatosis 150.
— Arcus lipoides corneae praesenilis und juvenilis 151, 152.
— Blutsverwandtschaft, elter-liche 151.
— Cholesterosis cutis 97, 150.
— Dominanz 150, 151.
— Form 151.
— Gerontoxon 151.
— Hypercholesterinämie 151.
— Ikterus, hämolytischer 151.
— und Krankheiten, innere 150, 151.
— und Lebensalter 151.
— Lidxanthom 151, 152.
— Lokalisation 151.
— Pseudoxanthoma elasti-cum 152.
— Rassenunterschiede 151.
— Recessivität 151.
— Überspringen von Gene-rationen 151.
— und Vererbung 50, 67, 97, 150.
Xanthose 262.
— beim Diabetiker 262.
— beim Gesunden 262.
— durch Lipochrome 262.
— pseudoikterische 262.
Xeroderma pigmentosum 115, 223, 228.
— — eine Atrophia actinica epitheliomatosa 116.
— — und Entwicklung der Kranken 117.

Xeroderma pigmentosum:
— — Epheliden 117.
— — Geschlechtsabhängig-
keit 116.
— — und Hautkrebs 135.
— — Heterozygote 116.
— — Homozygote 116, 117.
— — Konstitution 117.
— — Polyphänie 117.
— — Recessivität 116, 117.
— — und Vererbung 54, 56,
63, 67, 75, 86, 100, 115,
135.

Zahnanomalien und Ver-
erbung 68, 71, 130.
Zähne, Diastema und Ver-
erbung 131.
— Dislokation, asymmetri-
sche und Vererbung 131.
— — symmetrische und Ver-
erbung 131.
— Divergenz, asymmetrische
und Vererbung 131.
— — symmetrische und Ver-
erbung 131.
— Drehung um die Längs-
achse und Vererbung 131.
— Fehlen, asymmetrisches
und Vererbung 131.
— Hutchinsonsche, und Vererbung 130.
— symmetrisches und Ver-
erbung 130.
— Trema und Vererbung
131.
— Vortreibung, fächerförmige
und Vererbung 132.
Zahnkaries und Vererbung 132.

Zahnpigmentierung und Vererbung 132.
Zahnüberzahl und Vererbung
130.
Zahnunterzahl und Vererbung
130.
Zapfenzahn und Vererbung
130.
Zoster und focal infection
321.
— und Leber 299.
— und Senkungsgeschwindigkeit der roten Blutkörperchen 316.
— und Nervensystem 286.
— und Vererbung 161.
Zuckergehalt der Haut 310.
— im Schweiß 310.
Zwergwachstum 193.
Zwillingspathologie 35, 57,
60, 66, 74, 79.
— Ähnlichkeit der E. Z. und
der Körperhälften 42.
— — — und der Z. Z. 40.
— — der Z. Z. und von
Nichtgeschwistern 41.
— Asymmetrie 42.
— Bedeutung, vererbungsbiologische 42.
— Diagnose der Eiigkeit
durch dermatologische
Methode 37.
— Diskordanz 37, 40, 43.
— — und Konkordanz 38.
— Ein- und Zweieiigkeit 36.
— Einseitigkeit 43.
— Erbanlage und Eigen-
schaft, fertige 38.
— Erbgleichheit der eineiigen
Zwillinge 42.

Zwillingspathologie:
— Erbunterschiede bei E. Z.
42.
— Faktoren, nichterbliche 38.
— Inversion 43.
— Konkordanz 39, 40.
— Kontrolluntersuchungen
an zweieiigen Zwillingen
38, 39.
— Korrelationsberechnungen
40.
— Korrelationskoeffizient 41.
— Material, ätiologisch-homo-
genes 39.
— Merkmale 36.
— Nachweis vonDisposi-
tionen, erblichen 37, 40.
— — der Erblichkeit 37, 39.
— — der Nichterblichkeit
37, 43.
— Paravariabilität 38, 39,
42, 44.
— Phänotypus u. Ätiologie 39.
— Polyidie 40.
— Recessivität 57.
— Statistik 38.
— und Therapie 79.
— Verähnlichung durch
nichterbliche Faktoren 45.
— Vererbungsmodus 39, 57.
— Vererbungsregel, morphologische (laterotrope) 42.
— — zwillingspathologische
39.
— Verschiedenheit der E. Z.
38.
— Verunähnlichung durch
nichterbliche Faktoren
45.

Einführung in die allgemeine und spezielle Vererbungspathologie des Menschen. Ein Lehrbuch für Studierende und Ärzte. Von Dr. **Hermann Werner Siemens,** Privatdozent für Dermatologie an der Universität München. Z w e i t e , umgearbeitete und stark vermehrte Auflage. Mit 94 Abbildungen und Stammbäumen im Text. IX, 286 Seiten. 1923.   RM 12.—

Konstellationspathologie und Erblichkeit. Von Dr. **N. Ph. Tendeloo,** o. ö. Professor der Allgemeinen Pathologie und der Pathologischen Anatomie, Direktor des Pathologischen Instituts der Reichsuniversität Leiden. IV, 32 Seiten. 1921.   RM 1.20

Die konstitutionelle Disposition zu inneren Krankheiten. Von Professor Dr. **Julius Bauer,** Wien. D r i t t e , vermehrte und verbesserte Auflage. Mit 69 Abbildungen. XII, 794 Seiten. 1924.   RM 40.—, gebunden RM 42.—

Vorlesungen über allgemeine Konstitutions- und Vererbungslehre. Für Studierende und Ärzte. Von Professor Dr. **Julius Bauer,** Wien. Z w e i t e , vermehrte und verbesserte Auflage. Mit 56 Textabbildungen. IV, 218 Seiten. 1923.   RM 6.50

Innere Sekretion. Ihre Physiologie, Pathologie und Klinik. Von Professor Dr. **Julius Bauer,** Wien. Mit 56 Abbildungen. VI, 479 Seiten. 1927.   RM 36.—, gebunden RM 39.—

Die innere Sekretion. Eine Einführung für Studierende und Ärzte. Von Dr. **Arthur Weil,** ehemaliger Privatdozent der Physiologie an der Universität Halle, Arzt am Institut für Sexualwissenschaft, Berlin. D r i t t e , verbesserte Auflage. Mit 45 Textabbildungen. VI, 150 Seiten. 1923.   RM 5.—, gebunden RM 6.—

Die Krankheiten der endokrinen Drüsen. Ein Lehrbuch für Studierende und Ärzte. Von Dr. **Hermann Zondek,** a. o. Professor an der Universität Berlin, Direktor der Inneren Abteilung des Krankenhauses am Urban. Z w e i t e , vermehrte und verbesserte Auflage. Mit 220 Abbildungen. IX, 421 Seiten. 1926.   RM 37.50, gebunden RM 39.30

Morbus Basedowi und die Hyperthyreosen. ⟨Aus „Enzyklopädie der klinischen Medizin", Spezieller Teil.⟩ Von Dr. **F. Chvostek,** Professor der Internen Medizin an der Universität Wien. XVI, 447 Seiten. 1917.   RM 16.—

Die Erkrankungen der Schilddrüse. Von Professor Dr. **Burghard Breitner,** Erster Assistent der I. Chirurgischen Universitätsklinik in Wien. Mit 78 Textabbildungen. VIII, 308 Seiten. 1928.   RM 24.—, gebunden RM 25.80

VERLAG VON JULIUS SPRINGER / BERLIN

Pathologische Anatomie und Histologie der Drüsen mit innerer Sekretion.
⟨„Handbuch der speziellen pathologischen Anatomie und Histologie", herausgegeben von F. Henke-Breslau und O. Lubarsch-Berlin, 8. Band.⟩ Mit 358 zum Teil farbigen Abbildungen. XII, 1147 Seiten. 1926.

RM 165.—, gebunden RM 168.—

Inhaltsübersicht: A. Schilddrüse. Von Professor Dr. C. Wegelin-Bern. — B. Die Glandula pinealis (Corpus pineale). Von Professor Dr. W. Berblinger-Jena. — C. Pathologie des Thymus. Von Professor Dr. A. Schmincke-Tübingen. — D. Die Hypophyse. Von Professor Dr. E. J. Kraus-Prag. — E. Die Nebenniere und das chromaffine System. (Paraganglien, Steißdrüse, Karotisdrüse). Von Professor Dr. A. Dietrich-Köln und Professor Dr. H. Siegmund-Köln.

Stoffwechsel und Energiewechsel.
Gesamtstoffwechsel, Energiewechsel, Intermediärer Stoffwechsel. Bearbeitet von F. Bertram, K. Boresch, A. Bornstein, P. Ernst, K. Fromherz, E. Grafe, P. Grosser, K. Holm, S. Isaac, H. Jost, G. Klein, F. W. Krzywanek, E. Leupold, O. Neubauer, M. Rubner, H. Schroeder, R. Siegel, W. Stepp, S. J. Thannhauser. ⟨Bildet Band 5 vom „Handbuch der normalen und pathologischen Physiologie mit Berücksichtigung der experimentellen Pharmakologie", herausgegeben von A. Bethe-Frankfurt a. M., G. v. Bergmann-Berlin, G. Embden-Frankfurt a. M., A. Ellinger †-Frankfurt a. M.⟩ Mit 48 Abbildungen. XV, 1325 Seiten. 1928.

RM 118.—, gebunden RM 126.—

Die Elektrolyte.
Ihre Bedeutung für Physiologie, Pathologie und Therapie. Von Dr. med. **S. G. Zondek,** a. o. Professor an der Universität Berlin. Mit 28 Abbildungen. VIII, 365 Seiten. 1927.

RM 24.—

Blut. Bewegungsapparat. Konstitution. Stoffwechsel. Blutdrüsen. Erkrankungen aus physikalischen Ursachen. Vergiftungen.
⟨„Handbuch der inneren Medizin". Zweite Auflage, herausgegeben von G. v. Bergmann-Berlin und R. Staehelin-Basel, vierter Band.⟩

I. Teil. Mit 126 zum Teil farbigen Abbildungen. XII, 1033 Seiten. 1926.

Gebunden RM 69.—

Inhaltsübersicht: Blut und Blutkrankheiten. Von Professor Dr. Paul Morawitz-Leipzig. Unter Mitarbeit von Privatdozent Dr. Gerhard Denecke-Marburg. — Erkrankungen der Muskeln, Knochen und Gelenke. Von Professor Dr. Felix Lommel-Jena. — Konstitution und Konstitutionskrankheiten: I. Klinische Konstitutionslehre. Von Professor Dr. Reinhard von den Velden-Berlin. II. Die Idiosynkrasien. Von Professor Dr. Robert Doerr-Basel. III. Exsudative Diathese. Von Professor Dr. Max Klotz-Lübeck. — Anhang: I. Rachitis. Von Professor Dr. Max Klotz-Lübeck. II. Spätrachitis. Osteomalazie. Senile Osteoporose. Hungerosteopathie. Von Professor Dr. Walter Almens-Frankfurt a. M. — Stoffwechselerkrankungen. Von Professor Dr. Leopold Lichtwitz-Altona. (Gicht: Unter Mitarbeit von Dr. E. Steinitz-Hannover.) — Anhang: Diabetes insipidus. Von Professor Dr. Erich Meyer-Göttingen.

II. Teil. Mit 53 zum Teil farbigen Abbildungen. XVI, 991 Seiten. 1927.

Gebunden RM 69.—

Inhaltsübersicht: Die Erkrankungen der Blutdrüsen. Von Professor Dr. Wilhelm Falta-Wien. — Erkrankungen aus äußeren physikalischen Ursachen. Von Professor Dr. Rudolf Staehelin-Basel. (Mit einem Beitrag: Erkrankungen durch Röntgen- und Radiumstrahlen von Privatdozent Dr. M. Lüdin-Basel.) — Vergiftungen. Von Professor Dr. M. Cloetta-Zürich, Professor Dr. Edward St. Faust-Basel, Professor Dr. Erich Hübener-Luckenwalde und Professor Dr. H. Zangger-Zürich.

Avitaminosen und verwandte Krankheitszustände.
Bearbeitet von Fachgelehrten. Herausgegeben von **W. Stepp** und **P. György.** ⟨Aus „Enzyklopädie der klinischen Medizin", Spezieller Teil.⟩ Mit 194 zum Teil farbigen Abbildungen. XII, 817 Seiten. 1927.

RM 66.—